P. Weinzierl und **M. Drosg**

Lehrbuch der **Nuklear-elektronik**

Springer-Verlag
Wien GmbH 1970

Professor Dr. P. Weinzierl
I. Physikalisches Institut der Universität Wien

Dr. M. Drosg
I. Physikalisches Institut der Universität Wien
Derzeit Los Alamos Scientific Laboratory, Los Alamos, New Mexico

Mit 444 Abbildungen

Softcover reprint of the hardcover 1st edition 1970
Library of Congress Catalog Card Number 72-121997

ISBN 978-3-7091-5110-5 ISBN 978-3-7091-5109-9 (eBook)
DOI 10.1007/978-3-7091-5109-9

Vorwort

In fast allen Wissenschaftsgebieten nehmen heute elektronische Meßmethoden einen hervorragenden Platz ein. Besonders gilt dies für die Kernphysik bzw. Kerntechnik, in der oft höchste Ansprüche an die Meßgeräte gestellt werden. Um aber für eine gestellte meßtechnische Aufgabe die elektronischen Anforderungen richtig abzuschätzen bzw. die Möglichkeiten einer vorgegebenen Apparatur zu erkennen, muß der experimentelle Wissenschaftler bereits über eine beachtliche Kenntnis der Elektronik verfügen. Auch die Fähigkeit, bei einer Mißfunktion eines elektronischen Gerätes den Fehler erkennen, lokalisieren und beheben zu können, ist in der Praxis einer effektiven Forschungsarbeit von größter Wichtigkeit. Schließlich erfordert die Kombination verschiedener Meßeinheiten, die oft von verschiedenen Herstellern stammen, ein genaues Verständnis der Anpassungsbedingungen; die Befähigung, wo nötig, einfache Übergangseinheiten selbst herstellen zu können, erspart viel Zeit und Geldmittel.

Der zunehmende Einsatz integrierter Bauelemente in den letzten Jahren ermöglicht es einerseits, komplexe elektronische Anlagen in sehr kompakter Bauweise zu konstruieren, kommt aber andererseits auch der elektronischen Betätigung der Wissenschaftler entgegen, deren Ziel nicht die Entwicklung elektronischer Apparaturen ist, sondern für die diese nur unentbehrliche Hilfsgeräte darstellen. Denn bei Verwendung dieser integrierten Elemente erfolgt die Dimensionierung fast zur Gänze durch den Hersteller, der bereits funktionsfähige Baueinheiten zur Verfügung stellt. Es genügt dann, über die allgemein gültigen elektronischen Grundlagen Bescheid zu wissen, um in Verbindung mit den technischen Daten der verwendeten Elemente zu einem Verständnis der vorliegenden Schaltungen zu kommen.

Der Aufbau des vorliegenden Buches entspricht dem einer an der Technischen Hochschule Wien gehaltenen Vorlesung, die die Aufgabe hatte, angehenden Physikern die notwendigen elektronischen Kenntnisse zu vermitteln. Hieraus ergab sich auch die Betonung mancher Abschnitte, die in der allgemeinen Ausbildung der Physiker meist nicht, oder nur unzulänglich, enthalten und in umfangreichen einschlägigen Lehrbüchern nur schwer zugänglich sind. Bewußt wurde davon Abstand genommen, auf die Physik und Technologie der elektronischen Bauelemente selbst einzugehen, da nur deren Funktionsdaten für die Anwendung relevant sind.

Dem Leser, der mit der Aufgabenstellung kernphysikalischer Experimente noch nicht vertraut ist, wird empfohlen, beim ersten Studium Kapitel 1 nur kurz durchzugehen. Kapitel 2 beginnt dann, von ganz elementaren

Voraussetzungen ausgehend, mit einer Darstellung der elektronischen Grundtatsachen und der Methoden zur Beschreibung der Funktion elektronischer Einheiten. Kapitel 3 befaßt sich kurz mit den wichtigsten Bauelementen. In den Kapiteln 4 und 5 werden dann die Schalteinheiten der analogen und digitalen Elektronik eingehend besprochen. Erst im Kapitel 6 wird die spezielle Problematik der Nuklearelektronik in der Besprechung einschlägiger Meßgeräte wieder aufgenommen. So soll das vorliegende Buch einerseits dem angehenden Kernphysiker zusätzliche Kenntnisse vermitteln, andererseits aber auch in den dem Umfang nach weit überwiegenden Kapiteln 2 bis 5 eine allgemeine Einführung in die analoge und digitale Verarbeitung von Meßdaten darstellen, die für alle, die elektronische Meßmethoden mit Verständnis anwenden wollen, von Nutzen sein sollte. Das ausführliche Literaturverzeichnis am Ende jedes Kapitels soll dem Leser helfen, weitergehende Informationen und praktisch durchgeführte Schaltungen aufzufinden. Dabei wurde neue und leichter zugängliche Literatur bevorzugt. Aus diesem Grunde wurde von der sonst üblichen alphabetischen Reihung der Zitate Abstand genommen.

Frau GERTRAUD FRADINGER sei an dieser Stelle für ihre unermüdliche technische Hilfe bei der Herstellung des Manuskripts und der Durchführung aller Korrekturen herzlichst gedankt.

Wien - Los Alamos, Herbst 1970

Die Verfasser

Inhaltsverzeichnis

Berichtigungen

S. 53, Zeile 18 von unten lies: komplexe Maximalamplitude $\underline{\mathfrak{i}}$ statt: komplexe Maximalamplitude $\mathfrak{i}$

S. 67, Zeile 20 von oben lies: b und c statt: b und d

S. 69, Abb. 2.1.24: der Spannungspfeil u_2 im Eingangskreis ist umzudrehen

S. 83, Zeile 1 von unten lies: $\frac{u_2}{R_1}$ statt: $\frac{u_D}{R_1}$

Zeile 2 von unten lies: $\frac{u_2}{R}$ statt: $\frac{u_1}{R}$

S. 104, Zeile 1 von unten lies: R_2 statt: R_3

S. 105, Zeile 3 von oben lies: $e^{-j \arctan \omega R_3 C_3}$ statt: $e^{-j \arctan \omega R_2 C_2}$

Zeile 17 von oben lies: $10^{-7}/2\pi$ statt: $10^{-7/2\pi}$

S. 110, Zeile 4 von oben lies: $e^{j \arctan (1/\omega\tau)}$ statt: $e^{j \arctan 1/\omega\tau}$

S. 139, Zeile 17 von oben lies: $K = (1 - m^2)$ statt: $K = 1 - m^2$

S. 153, Zeile 3 von unten lies: $a' \approx (\sqrt{\varepsilon\mu}\,\omega/2)$ statt: $a' \approx \sqrt{\varepsilon\mu}\,\omega/2$

S. 154, Zeile 13 von oben lies: $a' \approx (\sqrt{\varepsilon\mu}\,\omega/2)$ statt: $a' \approx \sqrt{\varepsilon\mu}\,\omega/2$

S. 226, Abb. 4.1.39: E_1 mit E_2 und E^- mit E^+ vertauschen

S. 228, Zeile 9 von oben lies: $\omega_{2R3} = 46 \cdot 10^7 s^{-1}$ statt: $\omega_{2R2} = 37{,}5 \cdot 10^7 s^{-1}$

S. 312, Zeile 11 von oben lies: Abb. 2.1.33*b* statt: Abb. 2.1.3*b*

1. Meßtechnische Problemstellung

Die Strahlungsdetektoren der Kernphysik beruhen auf der Eigenschaft schnell bewegter geladener Teilchen, beim Durchtritt durch Materie elektrische Ladung durch Ionisation freizusetzen, Moleküle und Atome anzuregen bzw. selbst elektromagnetische Strahlung zu emittieren. Strahlungsarten, die wie die Neutronen keine direkte ionisierende Wirkung ausüben, werden auf dem Umweg über von ihnen ausgelöste ionisierende Sekundärteilchen erfaßt. Bei den Ionisationsdetektoren wird die durch die Strahlungswirkung freigesetzte Ladung durch ein elektrisches Feld gesammelt und der entstehende elektrische Impuls der weiteren elektronischen Verarbeitung zugeführt. In Szintillations- und Čerenkov-Detektoren wird primär ein Lichtimpuls erzeugt, der in einem Photo-Sekundärelektronenvervielfacher (SEV) in einen Stromimpuls umgewandelt wird.

Bei der Auswertung dieser elektrischen Signale können prinzipiell zwei Wege beschritten werden:

a) *Impulsmessung:* Es werden die auf die Wirkung einzelner Strahlungsteilchen zurückgehenden Impulse einzeln verstärkt und ausgewertet.

b) *Gleichstrommessung:* Es wird der zeitliche Mittelwert der durch die Strahlungswirkung direkt oder indirekt freigesetzten elektrischen Ladung ermittelt.

Da die Messung des mittleren Detektorstromes, die wegen seiner Kleinheit mit hochohmigen Elektrometern erfolgen muß, nur über die Gesamtionisation im Detektorvolumen Auskunft gibt, jedoch keine Aussage über die Art, die Anzahl und die Energie von Strahlungsteilchen erlaubt, wird sie höchstens bei Strahlungsdetektoren, die als Monitoren für die Sicherheitsüberwachung dienen, durchgeführt.

In den übrigen Fällen der Zählratenmessung werden die Impulse erst verstärkt, dann in ihrer Form und Größe standardisiert, und schließlich wird der zeitliche Mittelwert ihrer Häufigkeit bestimmt, entweder durch Zählung oder aber durch elektronische Mittelwertsbildung (Integration).

Die Auswertung der in den Impulsen steckenden Information erfolgt nach vier Gesichtspunkten:

a) Zählratenmessung: Zählung der Impulsanzahl in der Zeiteinheit.

b) Impulshöhenspektrometrie: Beobachtung der Impulsgrößenverteilung durch Zählung der Impulse, die in bestimmte Impulsgrößenintervalle fallen.

c) Korrelationsmessungen: Bestimmung der zeitlichen Zuordnung von Impulsen aus zwei oder mehreren Detektoren.

d) Teilchendiskrimination: Unterscheidung verschiedenartiger Primärereignisse (Strahlungsarten) auf Grund unterschiedlichen Ansprechverhaltens geeigneter Detektoren.

Vor allem muß klargestellt werden, für welche Arten der Informationsauswertung die üblichen Strahlungsdetektoren Verwendung finden können. Dies und die Frage der ungefähren elektrischen Charakteristik der Ausgangsimpulse, ihrer Größe und Länge, wird in Abschnitt 1.1. behandelt. Die erforderliche nachfolgende Verstärkung wird durch die Impulsgröße bestimmt, eine sinnvolle obere Grenze für die Impulszählgeschwindigkeit hängt offenbar mit der Impulslänge zusammen.

Hierauf sind die vier erwähnten Arten der Impulsauswertung zu behandeln, wobei vor allem der statistische Charakter der beobachteten nuklearen Ereignisse selbst sowie der Vorgänge im Detektorsystem zu berücksichtigen ist. Die statistische Schwankung der Intervalle zwischen den Ereignissen ebenso wie die für das jeweilige Detektorsystem charakteristischen Schwankungserscheinungen der Ausgangsimpulse unterscheiden ja gerade die Problemstellung der Nuklear-Elektronik von der Impulstechnik im allgemeinen. Aus dem statistischen Verhalten der Detektorsignale folgen die sinnvollen Grenzforderungen für die Eigenschaften des elektronischen Systems (z. B. Langzeitstabilität, Linearität, Bandbreite). Sie werden daher für jede Art der Informationsverarbeitung eigens diskutiert. Hier ist es zum Teil besonders schwierig, gültige Aussagen zu machen, da die Vervollkommnung und Weiterentwicklung der Halbleitertechnik es mit sich bringt, daß immer mehr und genauere Information von den Detektoren erhalten werden kann.

1.1. Strahlungsdetektoren als Quellen der Information

Um die von Kernumwandlungen herrührenden Strahlungen nachzuweisen, finden verschiedene Arten von Detektoren Verwendung. Ihre Ausgangssignale werden dann zur Aufklärung kernphysikalischer Zusammenhänge ausgewertet.

Die Auslösezähler (GM-Zählrohr, Funkenzähler) erlauben nur, die Anzahl und den Registrierungsort von Strahlungsereignissen festzustellen; darüber hinaus kann die zeitliche Beziehung zwischen verschiedenen Strahlungsereignissen mit einer gewissen Genauigkeit fixiert werden.

Die proportionalen Detektoren (Ionisationskammer, Proportionalzählrohr, Szintillationszähler) gestatten es außerdem noch, die vom Teilchen im Detektor freigesetzte Ladungsmenge zu messen. Zwischen dieser Ladungsmenge und dem Energieverlust des Teilchens im Detektor besteht meist ein linearer Zusammenhang, so daß ein Rückschluß von der Ladung auf den Energieverlust des Teilchens und oft auf seine Gesamtenergie möglich ist. Die Ausbeute an Ladungsträgern für eine bestimmte absorbierte Teilchenenergie hängt stark von der Detektortype ab. Da außerdem Teilchen in einem weit variierenden Energiebereich registriert werden, erstreckt sich die vom Detektor gelieferte Gesamtladung pro Strahlungsereignis über mehrere Größenordnungen, etwa zwischen 10^{-15} und 10^{-10} Coulomb. Bei einer Detektorkapazität zwischen 10^{-11} F und 10^{-10} F schwankt daher die Signalgröße am Detektorausgang zwischen 10^{-5} Volt und einigen Volt.

Die von den Detektoren nach einem Absorptionsakt gelieferten Ladungsträger werden entweder am Ausgang (auf einer Kapazität) gesammelt und der zugehörige Spannungsimpuls verstärkt („Spannungsverarbeitung"), oder es wird der vom Detektor gelieferte Stromimpuls verstärkt („Stromverarbeitung"), wobei dann die momentane Höhe des Impulses proportional der Produktionsrate der Ladungsträger ist (s. Abb. 1.1.1). Ist man an einer Energiemessung interessiert, so muß im zweiten Fall im Verlauf der Signalverarbeitung eine Integration des vom Stromimpuls gelieferten Signals vorgenommen werden, da die Energieinformation in der integralen Ladung enthalten ist. Je nach Detektor dauert der Stromimpuls für ein Ereignis zwischen 10^{-9} s und 10^{-5} s. Bei der Spannungsverarbeitung bestimmt diese Zeit die Impulsanstiegszeit.

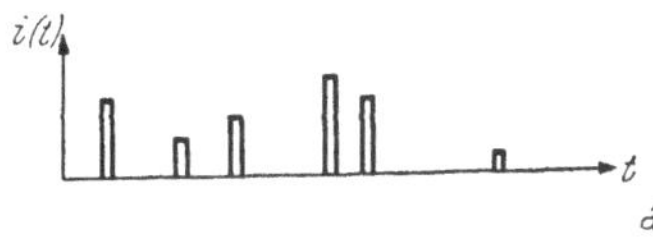

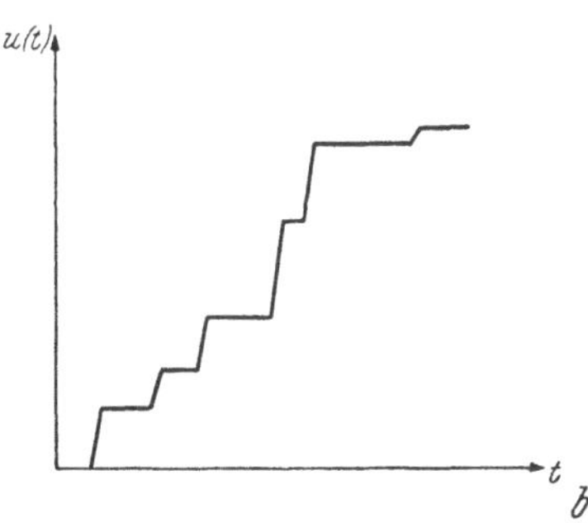

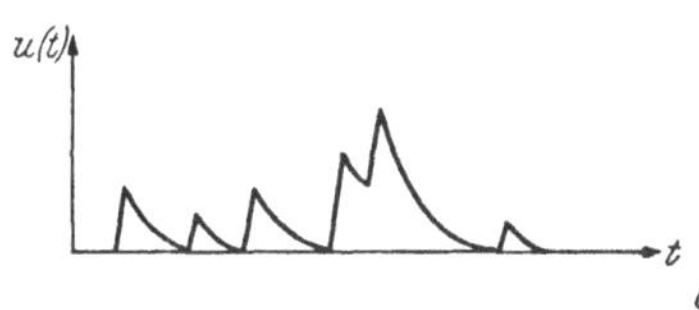

Abb. 1.1.1. Verlauf der Detektor-Ausgangssignale
a) Detektorstrom
b) Detektorspannung ohne Ladungsableitung
c) Detektorspannung bei Ladungsableitung (Differenzieren)

Die Ungenauigkeit einer Zeitmessung ist bei den proportionalen Zählern höchstens von der Größe der Impulsanstiegszeit (meist kann sie noch wesentlich kleiner als diese gemacht werden), bei Auslösezählern ist sie stark von geometrischen Faktoren abhängig und oft größer als die Anstiegszeit.

Čerenkov-Zähler gehören eigentlich keiner der beiden genannten Detektorgruppen an. Meist werden sie in der gleichen Weise wie Auslösezähler eingesetzt, zeichnen sich jedoch gegenüber diesen durch ihre außerordentliche Zeitmeßgenauigkeit (etwa 10^{-10} s) aus.

Die Aufgabe der kernphysikalischen Meßgeräte besteht nun darin, die in den Detektorimpulsen enthaltene Information dem Experimentator mit möglichst großer Genauigkeit verfügbar zu machen. Da man unnötig hohe Anforderungen an die elektronische Präzision vermeiden soll, gehen wir zunächst auf die prinzipiellen Begrenzungen der Güte der in den Detektorimpulsen enthaltenen Information ein.

1.2. Impulszählung

Bei jedem Zählvorgang nuklearer Ereignisse ist die Unregelmäßigkeit des zeitlichen Eintreffens der Impulse das zuerst ins Auge fallende Charakteristikum. Für die Beurteilung der sinnvollen elektronischen Zählgeschwindigkeit für ein gegebenes Detektorsystem und die Abschätzung der Größe der dabei auftretenden Zählverluste ist eine Kenntnis der zugrundeliegenden statistischen Gesetzmäßigkeit erforderlich.

1.2.1. Statistik der Impulshäufigkeit

Zur Veranschaulichung des Begriffes einer Wahrscheinlichkeitsverteilung ist es zweckmäßig, von einem einfach durchschaubaren Modellfall für eine rein zufällige Gesetzmäßigkeit auszugehen. In einem Gefäß mögen sich acht Kugeln, eine weiße und sieben schwarze, befinden. Die Wahrscheinlichkeit, beim beliebigen Herausfassen einer Kugel gerade die weiße zu erwischen, ist einsichtigerweise $p = 1/8$. Die Wahrscheinlichkeit, beim Versuch eine schwarze Kugel zu ziehen, ist $q = 7/8 = 1 - p$. Wie groß ist nun die Wahrscheinlichkeit, bei drei aufeinanderfolgenden Versuchen dreimal die weiße bzw. dreimal eine schwarze Kugel zu ziehen? Gibt man nach jedem Versuch die Kugel wieder in das Gefäß zurück, so ist die Situation für einen nachfolgenden zweiten Versuch unverändert. Die Tatsache, daß der erste Versuch stattgefunden hat, ist — genauso wie sein Ergebnis — für den Ausgang des nachfolgenden Versuches ohne Belang. Für diesen Fall kann man die Wahrscheinlichkeit der Einzelresultate miteinander multiplizieren, und man erhält als Wahrscheinlichkeit dafür, dreimal die weiße Kugel zu ziehen, $(1/8)^3$ bzw. für die schwarze Kugel $(7/8)^3$. Wie steht es nun mit der Wahrscheinlichkeit, daß sich unter drei gezogenen Kugeln zwei weiße und eine schwarze befinden bzw. daß eine andere Kombination erhalten wird? Auf Grund der gleichen Überlegung erhält man allgemein für z Versuche das nachfolgende Resultat:

$$(p+q)^z = p^z + z p^{z-1} q + \frac{z(z-1)}{2!} p^{z-2} q^2 + \ldots + q^z =$$
$$= P_z + P_{z-1} + P_{z-2} + \ldots + P_0. \qquad [1.2.1]$$

Jeder Term in dieser Summe — er werde allgemein mit P_x ($x = z, z-1, \ldots 0$) bezeichnet — gibt die Wahrscheinlichkeit an, bei z Versuchen gerade x-mal die weiße Kugel zu erhalten. Das erste und das letzte Glied entsprechen den oben überlegten einfachsten Fällen. Für die Summe aller Terme P_x gilt

$$(p+q)^z = \sum_{x=z}^{x=0} P_x = 1,$$

da ja das zur Potenz erhobene Binom $(p+q)$ laut obiger Definition gleich 1 ist. Die P_x bilden eine Wahrscheinlichkeitsverteilung, und man erhält, wenn man statt q noch $(1-p)$ einsetzt, den Ausdruck

$$P_x = \frac{z!}{x!\,(z-x)!} p^x (1-p)^{z-x}. \qquad [1.2.2]$$

Diese erstmals von Bernoulli abgeleitete Binomial-Verteilung ist die Wahrscheinlichkeitsverteilung für z voneinander unabhängige Ereignisse, wenn jedes Einzelereignis die Wahrscheinlichkeit p besitzt. Abb. 1.2.1 zeigt diese Verteilung für das oben behandelte einfache Beispiel.

Worin liegt nun die Analogie zwischen dem behandelten Beispiel und einem radioaktiven Zerfallsprozeß? Bekanntlich beeinflussen radioaktive Atome ihren Zerfall gegenseitig nicht. Es seien nun drei Atome gegeben, und wir beobachten sie über einen bestimmten Zeitraum Δt; dann entspricht dies drei voneinander unabhängigen Versuchen aus dem obigen Kugelbeispiel. Wenn die Zerfallskonstante der Atome λ beträgt, dann ist die Wahrscheinlichkeit, daß ein bestimmtes Atom in der Zeit Δt zerfällt, $p = \lambda \Delta t$. p sei in Analogie zum obigen Beispiel wieder gerade $1/8$, dann werden wir bei der Beobachtung aller drei Atome gleichzeitig über einen Zeitraum Δt gerade drei „Versuche" im obigen Sinn angestellt haben. Wenn wir das Zerfallen eines Atoms mit dem Ziehen der weißen Kugel gleichsetzen, erhalten wir genau die Wahrscheinlichkeitsverteilung, die in Abb. 1.2.1

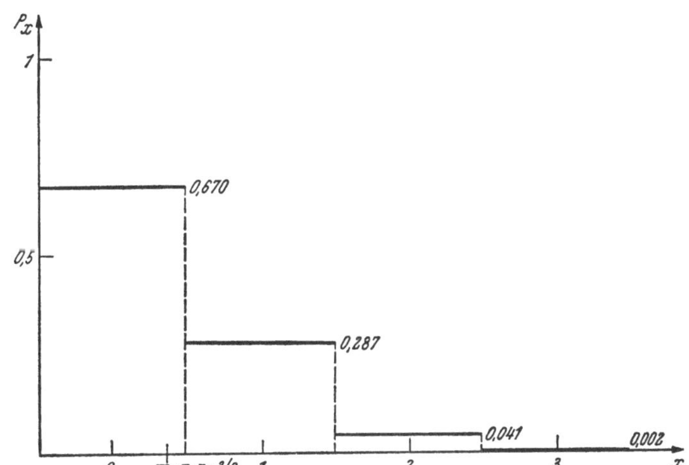

Abb. 1.2.1. Binomialverteilung für $p = 1/8, z = 3$

wiedergegeben ist. Sie gibt uns an, wie groß die Wahrscheinlichkeit ist, im Beobachtungszeitintervall Δt gerade 3, 2, 1 oder 0 Atomzerfälle zu beobachten.

Tritt von z unabhängigen Ereignissen jedes mit der Wahrscheinlichkeit p ein, so ergibt sich der Mittelwert m der insgesamt beobachteten Anzahl x zu

$$m = zp. \qquad [1.2.3]$$

Im obigen Beispiel beträgt $m = 3/8$.

Das betrachtete Beispiel entspricht hinsichtlich der gewählten Zahlenwerte nicht den Verhältnissen bei der Beobachtung radioaktiver Zerfallsereignisse. Normalerweise ist die Zahl der beobachteten Atome z sehr groß, die Wahrscheinlichkeit p, daß ein bestimmtes davon im Beobachtungszeitraum Δt zerfällt, jedoch sehr klein, d. h.

$$p = \lambda \Delta t \ll 1, \quad z \gg 1. \qquad [1.2.4]$$

λ ist die Zerfallskonstante und gibt die Wahrscheinlichkeit an, daß ein bestimmtes Atom in der Zeiteinheit (s) zerfällt. Daraus folgt, daß auch der Mittelwert m wesentlich kleiner als z sein muß:

$$m = pz \ll z. \qquad [1.2.5]$$

Auf Grund der Stirlingschen Formel für die Faktorielle gilt dann näherungsweise

$$\frac{z!}{(z-x)!} \approx z^x.$$

Weiters kann wegen [1.2.4]

$$(1-p)^{z-x} \approx e^{-p(z-x)} \approx e^{-pz}$$

geschrieben werden. Daß x gegen z vernachlässigt werden kann, erkennt man aus [1.2.5]: Wenn der Mittelwert der Verteilung $m \ll z$ ist, gilt dasselbe für alle x-Werte in der Umgebung dieses Mittelwertes, auf die wir uns beschränken wollen.

Damit geht unter den Näherungen [1.2.4] und [1.2.5] aus der Binomialverteilung [1.2.2] die Verteilung

$$P_x = \frac{z^x p^x}{x!}\, e^{-pz} = \frac{m^x e^{-m}}{x!} \qquad [1.2.6]$$

hervor, die als Poissonverteilung bezeichnet wird.

Diese gibt die Wahrscheinlichkeit an, gerade x positive Ereignisse zu beobachten (d. h. Ziehen der weißen Kugel bzw. Eintritt des Zerfalls eines Atoms innerhalb des Beobachtungsintervalls Δt), wenn der „wahre“ Mittelwert der Wahrscheinlichkeitsverteilung m ist. Um die Bedingungen [1.2.4] und [1.2.5] zu erfüllen, d. h. die Gültigkeit der Poissonverteilung [1.2.6] als Spezialfall der allgemein gültigen Binomialverteilung zu gewährleisten, müssen die folgenden Voraussetzungen für ein Zählexperiment gegeben sein: 1. alle Atome müssen untereinander gleich und in ihrem Zerfall voneinander unabhängig sein, 2. ihre mittlere Lebensdauer muß viel größer als ein Beobachtungsintervall Δt sein, 3. die Zahl der Atome und Beobachtungsintervalle muß groß genug sein, um den wahren Mittelwert m in guter Näherung bestimmen zu können.

Die Poissonverteilung besitzt gegenüber der Binomialverteilung die Annehmlichkeit, nur von einem Parameter, nämlich dem Mittelwert m, abzuhängen. Auch sie stellt eine diskontinuierliche Wahrscheinlichkeitsverteilung dar. Viele Gesetzmäßigkeiten lassen sich aber mit hinreichender Genauigkeit durch eine analytische Näherung der Binomialverteilung beschreiben. Diese wird als Normalverteilung oder Gaußverteilung bezeichnet und stellt eine sich von $-\infty$ bis $+\infty$ erstreckende kontinuierliche Funktion dar, die dem Grenzfall $z \to \infty$ der Binomialverteilung entspricht.

$$\mathrm{d}P_x = \frac{1}{\sigma_N \sqrt{2\pi}}\, e^{-\frac{(x-m)^2}{2\sigma_N^2}}\, \mathrm{d}x. \qquad [1.2.7]$$

Die Größe $\mathrm{d}P_x$ stellt die Wahrscheinlichkeit dar, daß das erhaltene Resultat gerade in den Wertbereich zwischen x und $x + \mathrm{d}x$ fällt. Die Verteilung [1.2.7] ist um den Mittelwert m symmetrisch und der Parameter σ_N stellt ein Maß für die Breite der Verteilung dar. m und σ_N sind bei der Normalverteilung von einander unabhängig.

Für eine beliebige Verteilung ist der Mittelwert m — auch als Schwerpunkt oder erstes Moment der Verteilung bezeichnet — durch

$$\sum_{x=-\infty}^{+\infty}(x-m)P_x=0 \qquad [1.2.8]$$

gegeben. (Für eine kontinuierliche Verteilung ist die Summe durch das Integral zu ersetzen.)

Die Breite einer Wahrscheinlichkeitsverteilung kann durch ihr mittleres Schwankungsquadrat σ^2 beschrieben werden. Dieses mißt die Abweichungen der einzelnen Beobachtungswerte x vom Mittelwert, wobei man, um absolute Beträge zu erhalten, jeweils das Quadrat dieser Abweichung heranzieht und mit der Wahrscheinlichkeit P_x multipliziert.

$$\sigma^2=\sum_{x=-\infty}^{+\infty}(x-m)^2P_x. \qquad [1.2.9]$$

σ^2 wird auch als das zweite Moment der Verteilung bezeichnet. Angewandt auf die Binomial- bzw. Poissonverteilung (gekennzeichnet durch die entsprechenden Indizes) erhält man die Ausdrücke

$$\sigma_B{}^2=\sum_{x=0}^{x=z}(x-zp)^2P_{x,B}=pz(1-p), \qquad [1.2.10]$$

$$\sigma_P{}^2=\sum_{x=0}^{\infty}(x-m)^2P_{x,P}=m. \qquad [1.2.11]$$

Für die Normalverteilung wird wieder zum Integral übergegangen, und es folgt

$$\sigma_N{}^2=\int_{-\infty}^{+\infty}(x-m)^2\,\mathrm{d}P_x, \qquad [1.2.12]$$

womit die Bedeutung der in [1.2.7] eingeführten Größe σ_N klar wird. σ_N und m sind bei der Normalverteilung an sich frei wählbare Parameter. Für die anderen Verteilungen gelten jedoch die durch [1.2.10] bzw. [1.2.11] gegebenen Zusammenhänge zwischen Schwankungsquadrat und Mittelwert. Will man daher eine der Poisson- oder der Binomialverteilung analytisch genäherte Normalverteilung finden, so muß der entsprechende Zusammenhang zwischen σ und m auch in der Normalverteilung hergestellt werden. In Abb. 1.2.2 ist für ein Beispiel ein Vergleich zwischen Binomialverteilung, Poissonverteilung und Normalverteilung durchgeführt. Die letztere wurde der Poissonverteilung angepaßt. $m=16$ erfordert demnach $\sigma_N=4$. Die Übereinstimmung zwischen den Verteilungen für hohe Werte von m, wie sie bei Zählexperimenten üblich sind, ist ausgezeichnet. Es sollte jedoch nicht vergessen werden, daß, im Gegensatz zur Normalverteilung, die Poisson- und die Binomialverteilung um den Mittelwert asymmetrisch sind, wie in Abb. 1.2.2 noch klar erkennbar ist.

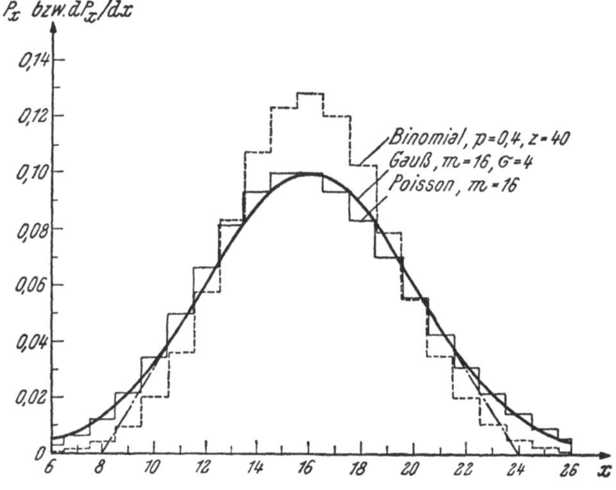

Abb. 1.2.2. Vergleich der Wahrscheinlichkeitsverteilungen für $m = 16$, normiert auf die Einheitsfläche

Eine exakte Bestimmung von m würde gemäß [1.2.12] unendlich viele Beobachtungen erfordern. Aus einer endlichen Zahl n von Versuchen (Stichproben), die Größe x zu bestimmen, kann nur ein Mittelwert $\bar{x}$ aus den gemessenen x_i-Werten erhalten werden:

$$\bar{x} = \frac{1}{n} \sum_{i=1}^{n} x_i \approx m. \qquad [1.2.13]$$

Das Schwankungsquadrat beträgt dann

$$\sigma^2 \approx \frac{1}{n-1} \sum_{i=1}^{n} (x_i - \bar{x})^2. \qquad [1.2.14]$$

Auf ein Beispiel angewendet bedeutet dies: bei einer Serie von n Zählungen an einer radioaktiven Quelle werden jeweils x_i Ereignisse gezählt (das Beobachtungsintervall sei dabei wesentlich kleiner als die mittlere Lebensdauer der Atomkerne). Hieraus können nach [1.2.13] und [1.2.14] Mittelwert und Schwankungsquadrat berechnet werden. Häufig wird dann die gemessene Anzahl N von Zerfällen durch die Angabe

$$N = \bar{x} \pm \sigma \qquad [1.2.15]$$

charakterisiert. Dies ist insoweit irreführend, als eine symmetrische Fehlergrenze angegeben wird, obwohl die wirkliche Verteilung asymmetrisch um den Mittelwert liegt. Für große Werte von $\bar{x}$ ist diese Vorgangsweise jedoch wegen der guten Übereinstimmung mit einer symmetrischen Normalverteilung gerechtfertigt. Für die Praxis erlaubt die Ähnlichkeit mit der analytisch angebbaren Normalverteilung wichtige Abschätzungen. Liegt auch nur eine einzige Messung von x Zählereignissen vor, und sind die Voraussetzungen für einen Poissonprozeß erfüllt, so liefert [1.2.11], wenn man x versuchsweise mit m gleichgesetzt, $\sigma \approx \sqrt{x}$ bereits einen ersten Richtwert für die statistische Qualität des erhaltenen Resultats. Mehrere Messungen gestatten dann, bessere Näherungen für σ und m nach [1.2.13] und [1.2.14] zu finden.

Liegt der Näherungswert $\bar{x}$ für m in der Größenordnung 10^2 oder darüber, was meist der Fall ist, dann ist die Approximation der Wahrscheinlichkeitsverteilung durch die Normalverteilung [1.2.7] mit diesen m- und σ-Werten gerechtfertigt. Die für diese geltenden Folgerungen können zur Bewertung der Resultate herangezogen werden. So gilt

$$\mathrm{HWB} = 2 \cdot \sqrt{2 \ln 2} \cdot \sigma_N = 2{,}35\, \sigma_N, \qquad [1.2.16]$$

wobei unter HWB die volle Breite der Verteilung in halber Höhe verstanden wird. Aus der Form der Normalverteilung kann dann gefolgert werden, daß 68% aller x_i-Werte innerhalb der in [1.2.15] angegebenen Fehlergrenze von $\pm\sigma$ liegen sollen, 95% innerhalb einer Grenze von $\pm 2\,\sigma$ usw. Dies stellt eine wichtige Möglichkeit dar, nicht erkannte systematische Fehler der Messung oder eingetretene Funktionsfehler der Apparatur festzustellen.

Vielfach werden statistische Fehlerangaben auch in Bruchteilen oder Prozenten des Meßwertes gemacht. Für einen Poissonprozeß gilt dann

$$\sigma_r = \frac{\sigma_P}{m} = \frac{1}{\sqrt{m}} = \frac{100}{\sqrt{m}}\,\%. \qquad [1.2.17]$$

Wenn ein nennenswerter Bruchteil der beobachteten Kerne während der Meßzeit zerfällt, sind die Voraussetzungen für die Poissonverteilung nicht mehr gegeben, und man hat die Binomialverteilung anzuwenden. Diese liefert bei großem p eine wesentlich schmälere Verteilung. Dies ist anschaulich einzusehen, wenn man den Fall betrachtet, daß 90% der vorhandenen radioaktiven Kerne innerhalb der Meßzeit zerfallen: die Wahrscheinlichkeit, bei jeder einzelnen Messung nahe an den wahren Wert heranzukommen, ist dann wesentlich größer. Nehmen wir als Beispiel an, bei einer Messung wurden 10^4 Ereignisse gezählt. Liegt ein Poissonprozeß vor, d. h. ist die Zahl der radioaktiven Kerne der beobachteten Quelle $z \gg 10^4$, dann ist der Richtwert für $\sigma_P = 100$. Ist jedoch z nur $1{,}11 \cdot 10^4$, dann ist $p = 0{,}9$ und nach [1.2.10] resultiert ein Richtwert für $\sigma_B = 31{,}7$.

1.2.2. Intervallverteilung zwischen statistischen Impulsen

Für die Genauigkeit einer Impulszählung in meßtechnischer Hinsicht ist die Verteilung der Zeitintervalle zwischen den einzelnen Zählereignissen maßgebend. Diese Intervallverteilung soll für den zumeist vorliegenden Fall eines Poissonprozesses behandelt werden. Der Mittelwert m der gezählten Ereignisse kann durch die Beziehung

$$m = a \cdot t \qquad [1.2.18]$$

wiedergegeben werden, wobei a die wahre mittlere Zählrate und t die Meßzeit darstellt. In die Poissonverteilung [1.2.6] eingesetzt, erhält man

$$P_x = \frac{(a\,t)^x}{x!}\, e^{-at}. \qquad [1.2.19]$$

Die Wahrscheinlichkeit P_0, daß in einer Meßzeit t kein Zählereignis registriert wird, ist somit $(0! = 1)$:

$$P_0 = e^{-at}.$$

Die Wahrscheinlichkeit, daß eine Zählung gerade in dem darauffolgenden kleinen Zeitintervall zwischen t und $t + \mathrm{d}t$ erfolgt, ist auf Grund der Definition von a gerade $a\mathrm{d}t$. Da die beiden Wahrscheinlichkeiten voneinander unabhängig sind, können sie miteinander multipliziert werden. So erhält man die Wahrscheinlichkeit $\mathrm{d}P_t$, daß von 0 bis t kein Ereignis, unmittelbar darauf jedoch ein Zählereignis erfolgt:

$$\mathrm{d}P_t = a \cdot e^{-at}\mathrm{d}t = e^{-at}\mathrm{d}(at). \qquad [1.2.20]$$

Daraus ist zu ersehen, daß kurze Intervalle zwischen den Zählimpulsen in der Verteilung exponentiell bevorzugt sind, ein für alle nuklearen Zählsysteme grundlegendes Resultat. Es ist daher unmöglich, eine Zählung statistisch erfolgender Ereignisse verlustlos durchzuführen, da jede Art von Zählwerk eine „Totzeit", sei sie auch noch so klein, besitzt, in welcher das System nach Registrierung eines Impulses für einen nachfolgenden nicht aufnahmefähig ist. Es ist keineswegs so, daß der häufigste Abstand zwischen den Einzelimpulsen $1/a$ beträgt, wie man ohne Betrachtung der statistischen Gesetzmäßigkeit vielleicht vermuten könnte. Nur der Mittelwert der Impulsabstände beträgt $1/a$.

Einrichtungen, welche nur jeden zweiten, vierten, im allgemeinen Fall jeden s-ten Impuls zur Registrierung weiterleiten, sind für die Zähltechnik von größter Bedeutung und werden als Untersetzer bezeichnet. Es ist daher auch interessant, die Häufigkeitsverteilung der Intervalle zu ermitteln, die zwischen den jeweils s-ten Impulsen einer statistischen Impulsfolge besteht. Auf Grund der Poissonverteilung ist die Wahrscheinlichkeit, daß gerade $(s-1)$ Impulse in der Zeit t gezählt werden,

$$P_{s-1} = \frac{(at)^{s-1}}{(s-1)!} e^{-at}.$$

Die Wahrscheinlichkeit, daß darauffolgend innerhalb $\mathrm{d}t$ wieder eine Zählung erfolgt, ist $a\mathrm{d}t$, und man erhält durch Multiplikation die s-fach-Intervallverteilung $(dP_t)_s$:

$$(\mathrm{d}P_t)_s = \frac{(at)^{s-1}}{(s-1)!} e^{-at}\mathrm{d}(at). \qquad [1.2.21]$$

In Abb. 1.2.3 sind s-fach-Intervallverteilungen wiedergegeben; der Fall $s = 1$ entspricht der Intervallverteilung ohne Untersetzung dP_t [1.2.20]. In dem Einschub ist in verändertem Maßstab gezeigt, wie sehr sich nach einer 16fachen Untersetzung die Impulse bereits um einen mittleren Abstand, der jetzt $16 \cdot 1/a$ entspricht, konzentrieren.

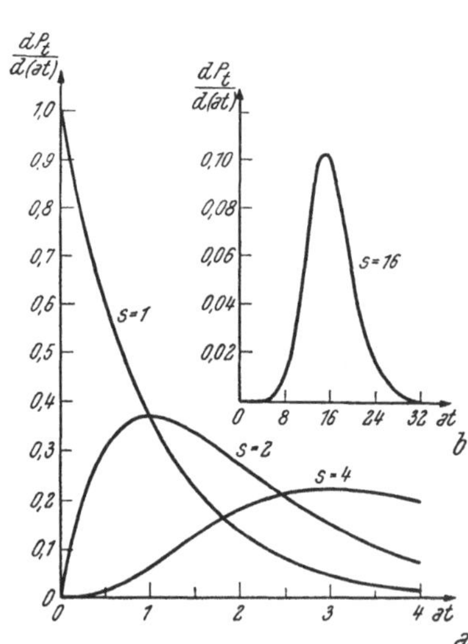

Abb. 1.2.3.
a) s-fach-Intervallverteilungen bei einem Poissonprozeß für $s = 1$, 2 bzw. 4
b) Zunahme der Symmetrie für größere s (z. B. durch Untersetzung), gezeigt für $s = 16$

1.2.3. Zählverluste

Bei Zählexperimenten in der Kern- bzw. Elementarteilchenphysik sind Impulshäufigkeiten von 10^3/s als mäßig anzusehen, 10^5/s und darüber treten oft auf. Beide Zählgeschwindigkeiten überschreiten bei weitem die Zählmöglichkeiten elektromechanischer Register (ca. 10^2/s bei sehr guter Ausführung). Man ist daher weitgehend zu einer rein elektronischen Verarbeitung der Zählereignisse übergegangen, wobei diese sowohl eine fortlaufende Untersetzung der eintreffenden Impulsfolge als auch eine visuell oder elektronisch ablesbare Aufschreibung, „Speicherung", der gezählten Gesamtimpulszahl beinhaltet.

In allen Zählsystemen treten Totzeiten auf, d. h. Zeiten, in denen der Zähler nicht auf Impulse anspricht.

Man unterscheidet zwei Arten von Totzeiten:

Totzeiten 1. Art: Das Zählsystem ist nach Eintreffen eines Impulses auf die Dauer eines Zeitintervalls ϱ tot und dann wieder aufnahmefähig, gleichgültig, ob innerhalb der Totzeit ϱ weitere Impulse eingetroffen sind oder nicht.

Totzeiten 2. Art: Das Zählsystem ist nach jedem eingetroffenen Impuls für eine Zeit ϱ nicht aufnahmefähig, gleichgültig, ob der betrachtete Impuls bereits in das Totzeitintervall eines vorhergehenden Impulses fällt oder nicht.

Abb. 1.2.4 illustriert den Unterschied zwischen den beiden Totzeitarten. Die Totzeitintervalle sind jeweils schraffiert hinter dem zugehörigen Impuls aufgetragen. Die infolge der Totzeit unterdrückten Impulse sind nach unten gerichtet eingezeichnet. Die Zahl der nichtregistrierten Impulse ist bei einer Totzeit 2. Art stets größer oder gleich der Verlustzahl bei einer Totzeit 1. Art.

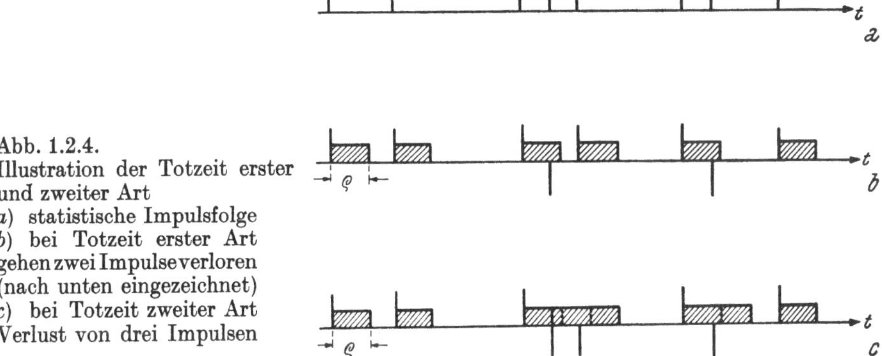

Abb. 1.2.4.
Illustration der Totzeit erster und zweiter Art
a) statistische Impulsfolge
b) bei Totzeit erster Art gehen zwei Impulse verloren (nach unten eingezeichnet)
c) bei Totzeit zweiter Art Verlust von drei Impulsen

Während Auslösezähler ihrer Funktion nach annähernd eine Totzeit 2. Art besitzen, wird bei proportionalen Detektoren die Totzeit meist von der nachfolgenden Elektronik bestimmt. Elektronisch bedingte Totzeiten lassen sich weitgehend ideal als Totzeiten 1. Art realisieren. Für präzise Zählungen erscheint es daher bei allen Detektortypen wünschenswert, elektronische Totzeiten 1. Art einzuführen, um bei Bedarf die Verluste berücksichtigen zu können. Für Auslösezähler bedeutet dies, daß die elektronische Totzeit größer als die Eigentotzeit des Zählers sein muß und daß die primäre Zählrate im Detektor gewisse Grenzen nicht überschreiten soll.

Bei einer Totzeit 1. Art ist ein Zählsystem, in dem a' Ereignisse pro Zeiteinheit registriert werden, für eine gesamte Zeitspanne von $a'\varrho$ pro Zeiteinheit unempfindlich. Daraus folgt, daß für kleine ϱ die wahre Impulshäufigkeit a durch

$$a = \frac{a'}{1 - a'\varrho} \quad \text{bzw.} \quad a' = \frac{a}{1 + a\varrho} \qquad [1.2.22]$$

gegeben ist. Geht die wahre Impulshäufigkeit $a \to \infty$, so erfolgt die Zählung mit gleichmäßigen Zählintervallen, und $a' = 1/\varrho$, was für die Funktion eines Zählsystems mit Totzeit 1. Art charakteristisch ist.

In einem Zählsystem mit einer Totzeit 2. Art werden alle Ereignisse gezählt, deren Intervallabstand vom vorhergehenden größer als ϱ ist. Mit Hilfe der Poissonschen Intervallverteilung [1.2.20] kann man berechnen, daß die Wahrscheinlichkeit für das Auftreten von Impulsabständen $t > \varrho$ bei einer mittleren wahren Impulshäufigkeit a durch

$$P_{t>\varrho} = \int_{t=\varrho}^{\infty} \mathrm{d}P_t = a \int_{\varrho}^{\infty} e^{-at} \mathrm{d}t = e^{-\varrho a}$$

gegeben ist. Für a voneinander unabhängige Ereignisse erhält man gerade das a-fache dieser Wahrscheinlichkeit; daher ist die registrierte Anzahl

$$a' = a e^{-\varrho a}. \qquad [1.2.23]$$

Ein charakteristischer Unterschied gegenüber der Totzeit 1. Art ergibt sich für den Fall $a \to \infty$. Es geht dann $a' \to 0$: es werden keine Ereignisse mehr registriert; ein Zähler mit Totzeit 2. Art ist völlig blockiert.

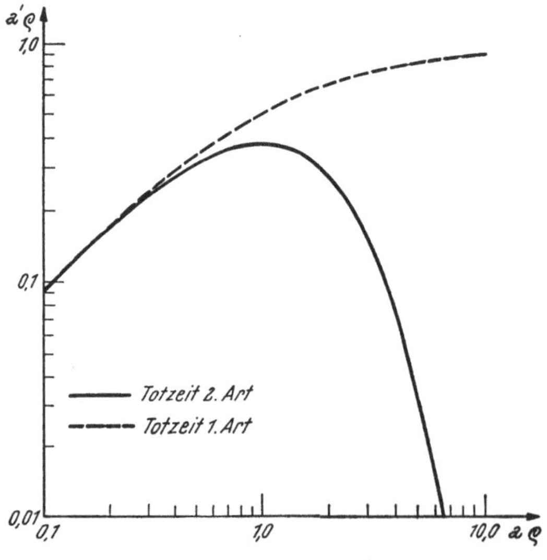

Abb. 1.2.5. Gemessene Zählrate als Funktion der wahren Zählrate

Für den Fall, daß die Totzeitverluste klein sind, $a\varrho \ll 1$ (dies impliziert auch $a'\varrho \ll 1$) gehen [1.2.22] und [1.2.23] in den Näherungsausdruck

$$a \approx a'(1 + a'\varrho) \qquad [1.2.24]$$

über, der als Abschätzung für die Totzeitverluste bzw. die Erforderlichkeit einer Korrektur bei einer bestimmten verlangten Genauigkeit nützlich ist.

In Abb. 1.2.5 ist die Abhängigkeit der registrierten Zählrate a' von der wahren Zählrate a für beide Totzeitarten dargestellt. Während bei einer Totzeit 1. Art das Maximum $\hat{a}' = 1/\varrho$ für $a \to \infty$ eintritt, erhält man bei einer Totzeit 2. Art das Maximum $\hat{a}' = 1/e\varrho$ bei $a = 1/\varrho$.

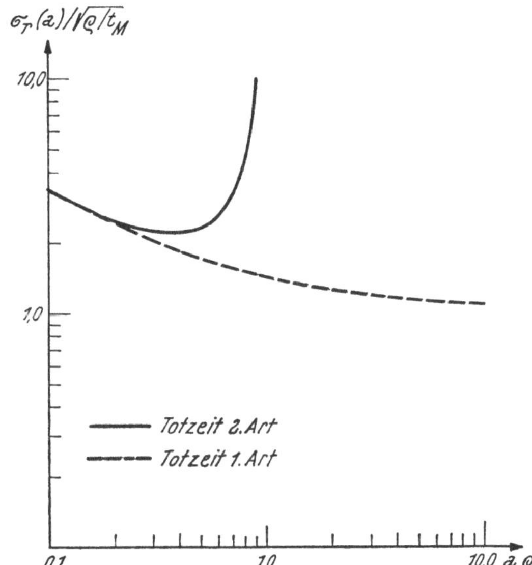

Abb. 1.2.6. Relativer Fehler der Messung als Funktion der wahren Zählrate

Die Wahl der optimalen Zählrate für ein Experiment kann nur unter Berücksichtigung der Totzeit erfolgen. Soll z. B. innerhalb einer bestimmten Meßzeit t_M eine Zählrate a mit möglichst kleinem statistischen Fehler bestimmt werden, so muß die Zählratenabhängigkeit des relativen Fehlers $\sigma_r(a)$, wie sie in Abb. 1.2.6 dargestellt ist, beachtet werden.

Für eine Totzeit 1. Art gilt

$$\sigma_r(a) = \sqrt{\varrho/t_M}\,\sqrt{(1 + a\varrho)/a\varrho}, \qquad [1.2.25]$$

für eine Totzeit 2. Art

$$\sigma_r(a) = \sqrt{\varrho/t_M}\,\sqrt{e^{a\varrho}/a\varrho - 2}\,/(1 - a\varrho). \qquad [1.2.26]$$

In beiden Fällen ist der relative Fehler von a größer, als er bei gleicher Meßzeit ohne Zählverluste ($\varrho = 0$) wäre, denn dann gilt nach [1.2.17]

$$\sigma_r(a; \varrho = 0) = 1/\sqrt{a t_M}.$$

Bei einer Totzeit 1. Art wird der kleinste relative Fehler für $a \to \infty$ erhalten, nämlich

$$\sigma_r(a \to \infty) = \sqrt{\varrho / t_M}.$$

Für $a > 2/\varrho$ ist die Abnahme von $\sigma_r(a)$ jedoch nur unwesentlich, so daß eine Vergrößerung von a über diesen Wert hinaus nicht sinnvoll ist.

Bei einer Totzeit 2. Art tritt der kleinste Fehler bei etwa $a = 0{,}4/\varrho$ auf. Doch ist das Minimum so flach, daß Zählraten größer als $0{,}2/\varrho$ keine wesentlichen Verbesserungen mit sich bringen.

Die auf diese Weise erhaltene optimale Zählrate ($2/\varrho$ bzw. $0{,}2/\varrho$) wird gewöhnlich nicht angestrebt, da die relativen Zählverluste $(a - a')/a$ schon beträchtlich sind (70% bzw. 18%) und sich daher Abweichungen vom mathematischen Modell in der Bestimmung von a stark auswirken.

Deshalb stellen wir folgende Forderungen an ein Zählsystem: Entweder ist die Totzeit so klein, daß die Zählverluste bei der gegebenen Meßaufgabe gegenüber der geforderten Meßgenauigkeit klein sind, oder die Totzeit muß genau definiert sein. Dies führt fast immer auf eine elektronisch bestimmte Totzeit 1. Art, und es kann dann eine Korrektur nach [1.2.22] vorgenommen werden.

Abschließend sei darauf hingewiesen, daß bei der Registrierung von Impulsen in Untersetzersystemen nachfolgende Kreise eine immer langsamere und zeitlich regelmäßigere Impulsfolge erhalten (siehe Abb. 1.2.3b). Es ist daher möglich, ohne merkliche Vergrößerung der Zählverluste für die nachfolgenden Kreise im Zählsystem immer langsamere und damit weniger aufwendige Schalteinheiten zu verwenden.

1.3. Messung von Impulsgrößenverteilungen

In einem Detektor werde Strahlung, die von Kernzerfällen oder Kernreaktionen stammt, absorbiert. Ihre dabei abgegebene Energie möge exakt bestimmten Energiewerten E_{01}, E_{02}, ... entsprechen. Die Genauigkeit der Messung dieser Energiebeträge wird durch die Statistik der Elementarereignisse im Detektor in einem für dieses System charakteristischen Ausmaß verschlechtert. Abb. 1.3.1b zeigt ein Impulsgrößenspektrum, d. h. eine Darstellung der Impulshäufigkeit N/t als Funktion der Impulsamplitude $\hat{u}$. Zwischen $\hat{u}$ und der dissipierten Energie E_0 des Partikels besteht ein gesetzmäßiger, oft einfach proportionaler Zusammenhang. Die Breite der einzelnen Linien des Spektrums in Abb. 1.3.1b ist z. B. bei einem Szintillationsdetektor fast ausschließlich eine Folge statistischer Schwankungserscheinungen im Detektorsystem. (Die physikalische Linienbreite bzw. Energieunschärfe der nuklearen Teilchenenergien ist verschwindend gering gegenüber der experimentellen Breite, die hier wiedergegeben ist.) Durch die Analyse eines solchen Impulsgrößenspektrums soll die Energie und Intensität der einzelnen Linien möglichst genau bestimmt werden. Die Energie kann aus der Lage der Linie im Spektrum, die Intensität aus der Fläche des entsprechenden Maximums (des „Peaks") erschlossen werden. Die kernphysikalische Meßtechnik ist bemüht, erstens durch Entwicklung geeigneter Detektorsysteme die statistische Degeneration der sehr exakten Primärinformation — der dissipierten Energien E_{0i} — möglichst klein zu halten, und zweitens die Qualität dieser Information durch die nachfolgende elektronische Verarbeitung nicht weiter zu verschlechtern.

Wir haben uns hier nur mit der zweiten Aufgabe zu befassen.

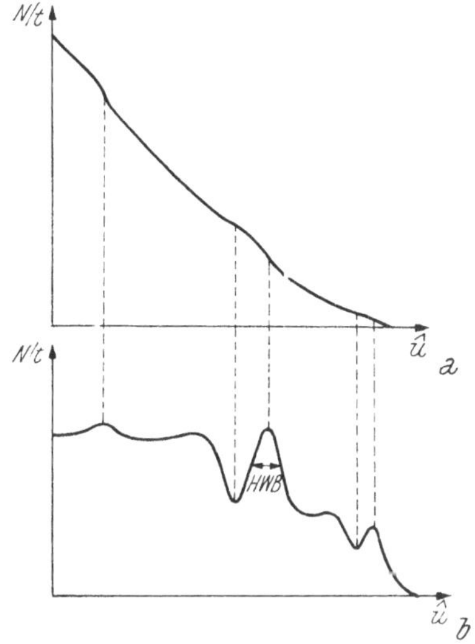

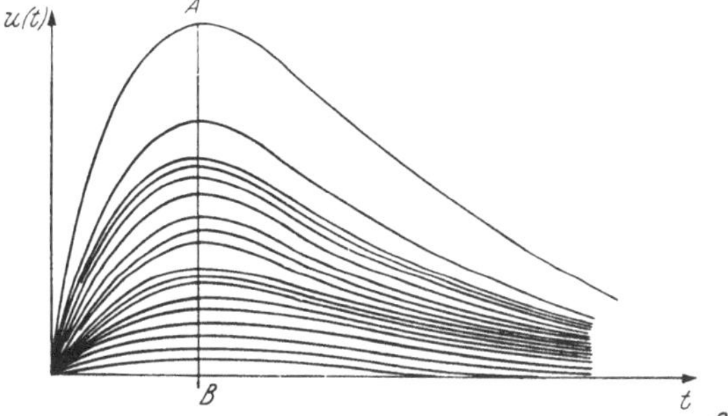

Abb. 1.3.1. Impulshöhenspektrum
a) integrale Kurve
b) differentielle Kurve
c) oszillographische Aufnahme der Impulse: Die Dichteverteilung der Impulse entlang *A—B* entspricht der Darstellung *b*)

Die Statistik der Vorgänge im Detektor wird daher die Qualitätsanforderungen für die nachfolgende Elektronik bestimmen: So erscheint es sinnlos, durch großen Aufwand die Konstanz der Impulsgrößenverstärkung über längere Meßzeiten besser zu halten als einem gewissen Bruchteil der Linienbreite in Abb. 1.3.1b entspricht, z. B. $^1/_{10}$ der Breite der Linie in halber Höhe (HWB). Andererseits muß die Konstanz der Verstärkung so gut sein, daß zwei am Detektorausgang gerade noch voneinander trennbare Linien nicht durch elektronische Instabilitäten ununterscheidbar werden. Auch die Zahl der für die Sortierung nach Impulsgrößen verfügbaren Intervalle („Kanäle") muß ausreichen, um die Form einer Linie so weit nachzuzeichnen, daß eine genaue Flächen- und damit Intensitätsbestimmung möglich wird. Eine sinnvolle Anpassung der Qualität der elektronischen Verstärkungs-

und Impulshöhenmeßeinrichtung an die Qualität der Primärinformation ist wegen des außerordentlichen Einflusses auf die Kosten und die Kompliziertheit einer Anlage von Wichtigkeit.

1.3.1. Statistik der Impulsgrößenverteilung

Hinsichtlich der Impulsgrößenstatistik unterscheiden wir zwei Klassen von Detektoren.

In der Klasse A wird von der Gesamtzahl der Elementarereignisse, die bei der Absorption eines Teilchens im Detektor vor sich gehen, nur ein kleiner Bruchteil erfaßt und verarbeitet, weshalb nicht die Gesamtzahl, sondern die (viel kleinere) Zahl der erfaßten Elementarereignisse für die statistische Schwankung der Impulsgröße entscheidend ist.

In der Klasse B werden alle primären Elementarereignisse erfaßt, weshalb in diesem Fall die Gesamtzahl für die Impulsgrößenstatistik maßgebend ist.

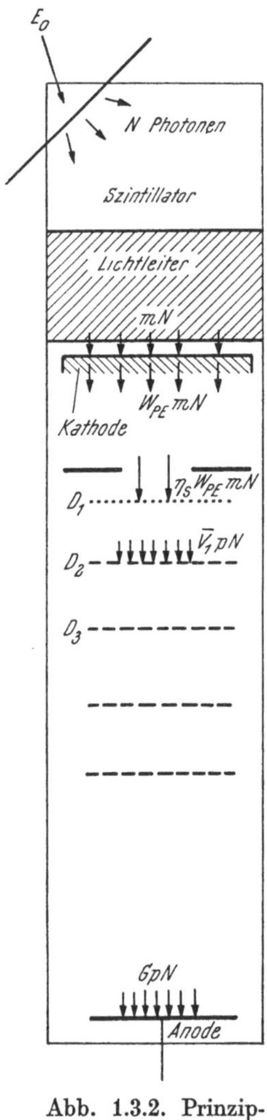

1.3.1.1. Szintillationsdetektoren

Der Szintillationsdetektor ist das wichtigste Beispiel eines Detektors der Klasse A. Sein Funktionsprinzip ist in Abb. 1.3.2 schematisch wiedergegeben. Die auf Grund der Absorption von Strahlung der Energie E_0 im Szintillator gebildeten Leuchtzentren zerfallen unter der Emission von insgesamt N Photonen. Die Photonenintensität nimmt exponentiell nach dem Absorptionsvorgang ab, wobei die Zeitkonstante τ vom Szintillator abhängt. (Oft erfolgt die Lichtemission über verschiedene elementare Mechanismen mit verschiedenen Zeitkonstanten.) Von diesen N Photonen gelangt der Bruchteil m zur Photokathode (der Rest wird im Szintillator absorbiert oder verläßt diesen in anderer Richtung). Mit der Wahrscheinlichkeit W_{PE} schlagen die auftreffenden Photonen aus der Photokathode Elektronen heraus, welche mit einer Ausbeute η_s auf der ersten Dynode des SEV gesammelt werden. Bei einer mittleren Vervielfachung $\bar{V}$ je Stufe und n Stufen erhält man somit am Ausgang des SEV für ein Teilchen der Energie E_0 eine Gesamtladung Q von

$$Q = N \cdot m \cdot W_{PE} \cdot \eta_s \cdot \bar{V}^n = N \cdot p \cdot \bar{V}^n \qquad [1.3.1]$$

mit einer Photoelektronenausbeute p, die in der Größenordnung von 10^{-1} Photoelektronen/Photon liegt.

Abb. 1.3.2. Prinzipskizze eines Szintillationsdetektors

Die Grundbedingung $p \ll 1$ für eine Poissonverteilung [1.2.4] ist gegeben, und zwar nicht etwa durch eine kurze Beobachtungszeit Δt — während der Ladungssammlung am Ausgang des SEV zerfallen praktisch alle Leuchtzentren im Szintillator —, sondern durch den kleinen Umwandlungswirkungsgrad von absorbierter Energie in Photoelektronen.

Als Richtwert kann man einen mittleren Energieaufwand je Photoelektron von etwa $\varepsilon = 10^3$ eV/Photoelektron annehmen. Im Gefolge der Absorption einer Energie E_0 im Szintillator gelangen im Mittel $\bar{x}$ Photoelektronen an die 1. Dynode (D 1), wobei gilt:

$$\bar{x} = E_0/\varepsilon = p \cdot N. \qquad [1.3.2]$$

Nach einer Elektronenvervielfachung $G = \bar{V}^n$ erhält man bei einer Ausgangskapazität C des SEV eine maximale Ausgangsspannung $\hat{u}$ von

$$\hat{u} = Q/C = \bar{x} \cdot q \cdot G/C, \qquad [1.3.3]$$

wobei q die Elementarladung darstellt.

Für die Schwankung der Impulsgröße $\hat{u}$ bzw. der Photoelektronenzahl x gilt nach [1.2.11] und [1.2.13] wegen des Vorliegens eines Poissonprozesses

$$\sigma(x) = \sqrt{\bar{x}} \approx \sqrt{\bar{x}} \qquad [1.3.4]$$

bzw. nach [1.2.17] als relative Schwankung ausgedrückt

$$\sigma_r(x) = \sigma(x)/x \approx 1/\sqrt{\bar{x}}. \qquad [1.3.5]$$

Wenn ε bekannt ist, kann $\bar{x}$ leicht aus [1.3.2] erhalten werden.

Die Schwankung der Photoelektronen täuscht eine Schwankung in der eingefallenen Energie E_0 vor, für die gilt:

$$\sigma(E) = \sqrt{E_0/\varepsilon} \cdot \varepsilon = \sqrt{\varepsilon E_0}. \qquad [1.3.6]$$

Die Überlegungen enthalten zwei Vernachlässigungen:

a) Die Anzahl N ist selbst statistischen Schwankungen unterworfen. Da aber N um etwa eine Größenordnung größer als $\bar{x}$ ist, ist dieser Einfluß klein.

b) Die Schwankungen beim Vervielfachungsprozeß im SEV führen zu einer Fluktuation seines Verstärkungsfaktors G. Eine genaue und kritische Behandlung aller Beiträge zur Schwankung der Ausgangsimpulshöhe findet man z. B. in „The Theory and Practice of Scintillation Counting" von J. B. Birks.

Für die Abschätzung der elektronischen Anforderungen genügen aber unsere vereinfachten Betrachtungen durchaus.

1.3.1.2. Ionisationsdetektoren

Ionisationsdetektoren mit energieproportionaler Funktion (Ionisationskammer, Proportionalzähler, Halbleiterdetektor) gehören zur Klasse B. In ihnen wird die im Detektor abgegebene Energie E_0 für die Freisetzung einer mittleren Anzahl N von Ladungsträgern verbraucht. Bei gasgefüllten Detektoren sind dabei ca. 30 eV pro gebildetes Ionenpaar, in den Halbleitermaterialien ca. 3 eV pro gebildetes Elektron-Loch-Paar als mittlere Ionisationsenergie erforderlich. Obwohl die einzelnen Ionisationsakte voneinander unabhängig betrachtet werden können, gilt dennoch nicht die Poissonstatistik, da die Ionisationsakte insoweit korreliert sind, als bei jedem Absorptionsakt genau die Energie E_0 abgegeben wird. Nach FANO vermindert sich dadurch das Schwankungsquadrat $\sigma^2(N)$ der Anzahl N der tatsächlich freigesetzten Ladungsträgerpaare von

$$\sigma^2(N) = \overline{(N - \bar{N})^2} \approx \bar{N} = E_0/\varepsilon, \qquad [1.3.7]$$

mit ε analog zu [1.3.2] definiert, auf

$$\sigma^2(N) = F \cdot \bar{N} = F \cdot E_0/\varepsilon, \qquad [1.3.8]$$

wobei F den Fanofaktor darstellt, der immer kleiner als 1 ist. Schon im Abschnitt 1.2.1. haben wir an Hand eines Beispiels mit $p = 0{,}9$ gesehen, daß die Breite der statistischen Verteilung in dem Fall, daß die Voraussetzungen für eine Poissonverteilung nicht gegeben sind, kleiner wird (dort ging sie auf $\sigma_P/3$ zurück).

Wegen seiner großen Bedeutung für die kleinste erreichbare Impulsgrößenschwankung am Ausgang eines Detektors (bzw. für dessen maximales Auflösungsvermögen) ist der Fanofaktor äußerst bedeutsam. Nach FANOs Theorie sind für Edelgase Werte zwischen 0,33 und 0,5 zu erwarten. Aber genauso wie bei den Theorien über den Fanofaktor in Halbleiterdetektoren sind die kleinsten gemessenen Werte kleiner als diese Theorie sie voraussagt, und zwar in der Gegend von 0,1 [F(Ge) ≈ 0,13, F(Si) ≈ 0,08, F(Ar + Zusatz) = 0,1 . . . 0,2].

Wenn wir die Impulshöhenschwankung am Ausgang eines Ge(Li)-Spektrometers bei der Photoabsorption monochromatischer Gammastrahlung untersuchen, so können wir Beiträge von folgenden Effekten erkennen:

1. Die oben betrachtete statistische Energieabgabe durch individuelle Zusammenstöße, bei denen die übertragene Energie zur Ionisation ausreicht (Erzeugung von Ladungsträgerpaaren) oder aber zu gering ist. Die Aufteilung der Gesamtenergie auf diese beiden konkurrierenden Prozesse erfolgt statistisch. Da die Anzahl der erzeugten Ladungsträgerpaare die Impulshöhe am Detektorausgang bestimmt, bewirkt deren Schwankung auch eine Schwankung der Ausgangsimpulshöhen, die durch keinerlei Mittel verringert werden kann, da sie eine Detektoreigenschaft ist.

2. Unvollständige Sammlung der Ladungsträger spielt besonders bei Halbleiterdetektoren eine Rolle und kann durch Erhöhung der angelegten Spannung verbessert werden.

3. Abhängigkeit der Impulsanstiegszeit vom Ort des Ionisationsereignisses. Wegen der notwendigen Begrenzung der Impulslänge führt dies zu Impulsgrößenvariationen, die ebenfalls mit zunehmender Spannung verringert werden können.

4. Wird bei Halbleiterdetektoren die Detektor(sperr)spannung erhöht, so nehmen sowohl der Oberflächenstrom als auch der Sperrstrom zu. Damit verbunden ist auch eine Vergrößerung der Schwankungen dieser beiden Größen, also des Detektorrauschens. Das Rauschen (s. 4.1.5.2.) ist ein statistischer Prozeß und überlagert sich den Impulsen, so daß diese statistisch vergrößert oder verkleinert werden, wodurch sich eine weitere Linienverbreiterung ergibt. Mit dem Fortschritt in der Herstellung von Halbleiter-

detektoren und besonders von hochreinen Ausgangsmaterialien kann der Einfluß des Detektorrauschens sehr vermindert werden.

5. Elementare Schwankungserscheinungen (Rauschen) in der elektronischen Apparatur (besonders im Vorverstärker) stellen häufig die Begrenzung der Auflösung dar. Sie werden in 4.1.5.6. eingehend behandelt.

6. Auch in der elektronischen Verarbeitung der Impulse kann es zu weiteren Verbreiterungen der Impulshöhenverteilung kommen. Die Impulsüberlagerungen (pile-up) bei hohen Zählraten sowie die zeitliche Stabilität der Verstärkung bei langen Meßzeiten sind hier die wesentlichen Einflüsse.

Mit der elektronischen Linienverbreiterung werden wir uns in diesem Buch noch ausführlich beschäftigen. Hier wollen wir nur die prinzipiell ununterschreitbare Linienbreite untersuchen, die auf die unter 1. angeführten Effekte im Detektor zurückzuführen ist.

Nach [1.3.8] beträgt die Schwankung $\sigma(N)$ der erzeugten Ladungsträgerpaare gleich

$$\sigma(N) = \sqrt{F \cdot E_0/\varepsilon}. \tag{1.3.9}$$

Ist $N \gg 1$, dann liegt eine Gaußverteilung vor und die „natürliche" Linienform, die vom Detektor geliefert wird, ist gaußförmig mit einer Halbwertsbreite (in der Energieeinheit von ε bzw. E_0 ausgedrückt)

$$\mathrm{HWB_n} = \sqrt{8\varepsilon \mathrm{F} \mathrm{E_0} \cdot \ln 2} = 2{,}35\sqrt{\varepsilon \mathrm{F} \mathrm{E_0}}. \tag{1.3.10}$$

Da auch die Rauschbeiträge eine Gaußverteilung besitzen (deren Halbwertsbreite wir $\mathrm{HWB_R}$ nennen wollen) und die Faltung zweier Gaußverteilungen wieder eine Gaußverteilung mit sich bringt, deren Halbwertsbreite aus der Wurzel der Summe der Quadrate der Beiträge erhalten wird, gilt für die Spektrallinien am Ausgang des Spektrometers

$$\mathrm{HWB} = \sqrt{\mathrm{HWB_n}^2 + \mathrm{HWB_R}^2}. \tag{1.3.11}$$

Diese Beziehung kann umgekehrt dazu benützt werden, aus der gemessenen Halbwertsbreite die natürliche zu bestimmen, und mit Gl. [1.3.10] den Fanofaktor des Detektors zu berechnen.

1.3.2. Impulshöhenspektrometer

1.3.2.1. Gegenüberstellung von integraler und differentieller Impulshöhenanalyse

Sollen aus einem Impulshöhenspektrum diejenigen Impulse, die höher als ein gewählter Schwellenwert sind, herausgesucht werden, so verwendet man einen Integraldiskriminator.

Mißt man mit einem Integraldiskriminator ein Spektrum durch, indem man die Schwelle in kleinen Schritten ändert und bei jeder Stellung die Zählrate derjenigen Impulse feststellt, deren Höhe die Schwelle übersteigt, so erhält man ein integrales Spektrum, wie es in Abb. 1.3.1a gezeigt wird. Durch Differentiation des integralen Spektralverlaufes erhält man dann das eigentliche Impulshöhenspektrum, d. h. die Anzahlverteilung, mit der ein

Impuls mit einer bestimmten Höhe vom Detektor (bzw. Verstärker) geliefert wird (s. Abb. 1.3.1 b).

Durch die Verwendung eines Einkanals (ein Gerät, das nur für Impulse eines vorgegebenen Größenintervalls ein Ausgangssignal liefert) läßt sich das Impulshöhenspektrum direkt messen. Der Vorteil des Einkanals liegt dabei weniger im direkten Ergebnis, als vielmehr in der besseren Statistik des Ergebnisses. Diese Aussage ist grundlegend für jeden Vergleich von integralen mit differentiellen Zählmethoden, weshalb wir sie hier beweisen wollen.

Nehmen wir an, daß der Einkanal aus zwei identischen Integraldiskriminatoren zusammengesetzt ist, deren Schwellen sich jedoch um die „Kanalbreite“ unterscheiden. Hinter jedem Diskriminator sei ein Zähler geschaltet, der diejenigen Impulse zählt, die größer als die jeweilige Schwelle sind. Alle Impulse, die vom Integraldiskriminator mit der höheren Schwelleneinstellung durchgelassen werden, werden auch vom anderen durchgelassen, doch liefert der zweite noch zusätzliche Impulse. Ist nämlich eine Impulshöhe gerade so, daß sie zwischen die beiden Schwellen fällt, so spricht nur der untere, nicht jedoch der obere Diskriminator an. Alle jene Impulse N_F mit einer Amplitude, die im „Fenster“ (d. h. innerhalb der eingestellten Kanalbreite) liegt, bilden die Differenz zwischen der Impulsanzahl N_U hinter dem unteren Diskriminator und der Impulsanzahl N_O hinter dem oberen Diskriminator.

$$N_F = N_U - N_O. \qquad [1.3.12]$$

Da beim Einkanalanalysator alle Impulse N_O auch unter N_U vorkommen, werden bei der Subtraktion identische Ereignisse voneinander abgezogen, weshalb nur die Differenz zwischen beiden einer statistischen Schwankung unterliegt.

$$\sigma(N_F) = \sqrt{N_U - N_O} \qquad [1.3.13]$$

bzw.

$$\sigma_r(N_F) = 1/\sqrt{N_U - N_O}. \qquad [1.3.14]$$

Anders liegt der Fall bei einer integralen Aufnahme des Spektrums. Die Differentiation erfolgt in der Praxis so, daß man den Differenzenquotienten benachbarter Meßpunkte bildet. Da die Differenz N_D aber aus zwei Zählraten, die zeitlich hintereinander gemessen wurden und daher voneinander unabhängig sind, gebildet wird, erhält man mit dem Fehlerfortpflanzungsgesetz als statistischen Fehler der Differenz

$$\sigma(N_D) = \sqrt{\sigma^2(N_1) + \sigma^2(N_2)} = \sqrt{N_1 + N_2}$$

bzw.

$$\sigma_r(N_D) = \sqrt{N_1 + N_2}\,/(N_1 - N_2). \qquad [1.3.15]$$

Um den großen Unterschied richtig deutlich zu machen, sind in Tab. 1.3.1 die Fehler bei gleichen Meßaufgaben gegenübergestellt.

Tabelle 1.3.1. *Statistischer Fehler bei integraler und bei differentieller Messung*

$N_1 = N_U$	$N_2 = N_O$	$N_D = N_F$	$\sigma(N_D)$	$\sigma(N_F)$	$\sigma_r(N_D)$	$\sigma_r(N_F)$
2000	1000	1000	55	32	5,5%	3,2%
10000	9000	1000	138	32	13,8%	3,2%
100000	99000	1000	446	32	44,6%	3,2%

1.3.2.2. Vielkanal-Impulshöhenanalyse

Bei einer Einkanalmessung werden während einer Schwelleneinstellung nur diejenigen Impulse registriert, die ins Fenster fallen, während alle übrigen Impulse unterdrückt werden. Die Aufnahme eines ganzen Spektrums beansprucht daher eine lange Meßzeit. Während dieser Zeit können sich elektronische Instabilitäten, aber auch der Zerfall der Quelle störend bemerkbar machen. Dies läßt sich durch die gleichzeitige Verwendung einer großen Zahl von Einkanälen mit entsprechenden Zählvorrichtungen verhindern, wobei ein Fenster an das nächste anschließt und auch alle Fenster gleich breit sind. Da ein Vielkanal, der so aufgebaut wäre, zu aufwendig ist und vor allem die Bedingung der gleichen Kanalbreite auf diese Weise nur schwer erreicht werden kann, verwenden moderne Vielkanäle zur Impulshöhenanalyse ein anderes Prinzip, was jedoch für unsere prinzipiellen Betrachtungen hier ohne Bedeutung ist.

Hier wollen wir die Mindestforderungen diskutieren, die an einen Vielkanalimpulshöhenanalysator gestellt werden müssen, um in Verbindung mit einem Szintillationszähler bzw. einem Ge(Li)-Detektor angemessene Ergebnisse zu liefern. Dazu betrachten wir Tab. 1.3.2.

Tabelle 1.3.2. *Forderungen an die Spezifikationen eines Impulshöhenspektrometers* ($U_{max} = 10$ V, $R = 1\%$)

Detektor	E_0 [keV]	HWB [keV]	A %	δG, δU_S %	N_K	δU_K [mV]
NaJ(Tl)	500	50	10	1	40	2,5
	2500	125	5	0,5	80	1,25
Ge(Li)	500	2,5	0,5	0,05	800	0,125
	2500	2,5	0,1	0,01	4000	0,025

Die ersten beiden Spalten geben die gewählten Energiewerte E_0 und die zugehörigen Halbwertsbreiten an, die typischerweise zu erwarten sind. In der dritten Spalte ist der Begriff der Auflösung A des Impulshöhenspektrometers eingeführt.

$$A = \mathrm{HWB}/E_0 = 100\ \mathrm{HWB}/E_0\,\%. \qquad [1.3.16]$$

δG in Spalte 4 bezeichnet die Variation des Gesamtverstärkungsfaktors innerhalb der Meßzeit. δU_S bedeutet die zulässige Variation der Spannungshöhe einer Diskriminatorschwelle. Solche Schwellen liegen z. B. als obere und untere Grenze eines jeden Impulsgrößenintervalls (Kanals) vor. $^1/_{10}$ der

Halbwertsbreite der betreffenden Linie erscheint für δG und für δU_S angemessen. Die minimale Gesamtzahl N_K an Kanälen wird durch

$$N_K = \frac{U_{\max} - U_{\min}}{\text{HWB}/4} \qquad [1.3.17]$$

festgelegt, d. h. es werden vier Meßpunkte, verteilt auf die Halbwertsbreite einer Linie, als sinnvolles Minimum angesehen. $U_{\max}$ bzw. $U_{\min}$ stellen die maximale bzw. minimale Spannungsgröße der Impulse dar, die im Spektrum erfaßt werden sollen. U_K ist die Breite der einzelnen Impulsgrößenintervalle (Kanäle), die durch

$$U_K = \frac{U_{\max} - U_{\min}}{N_K} \qquad [1.3.18]$$

bestimmt wird. In Tab. 1.3.2 wurde die maximale Impulsgröße mit 10 V angenommen. Verlangt man, daß die Anzahl der in einem Kanal gespeicherten Impulse mit einer Genauigkeit $R = 1\%$ angebbar sein soll, dann darf die relative Schwankung der Kanalbreite (differentielle Linearität) jedenfalls nicht größer als dieser Wert sein. Für δU_K gilt daher

$$\delta U_K \leq R \cdot U_K/100. \qquad [1.3.19]$$

Wie Tab. 1.3.2 zeigt, sind demnach außerordentlich hohe Stabilitätsanforderungen für die Kanalbreite bei den Ge(Li)-Detektoren, insbesondere bei der Messung hoher Energien, zu stellen.

Um die gute Auflösung der Ge(Li)-Detektoren ausnützen zu können, sind große Kanalzahlen N_K notwendig, wenn auch das hochenergetische Spektrum untersucht werden soll. Um auch mit Vielkanälen mit kleiner Kanalanzahl gute Auflösung für hohe Energien zu erhalten, müssen „Schwellenverstärker" verwendet werden. (Schwellenverstärker sind Linearverstärker, die aus dem Impulsspektrum nur jene Impulsanteile verstärken, die die eingestellte Schwelle übersteigen.) Die gleiche Meßgenauigkeit z. B. für das obere Viertel eines Spektrums, welches mit einem 4096-Vielkanal aufgenommen wurde, erhält man dadurch, daß man einen Schwellenverstärker mit einer vierfachen Verstärkung und einen 1024-Vielkanal benützt.

Welche Anforderungen sind an die Stabilität der Schwelle und der Verstärkung des Schwellenverstärkers zu stellen, damit vergleichbare Ergebnisse erhalten werden?

Schwankungen der Schwelle δU_S wirken sich in einer Linienverbreiterung aus, die für alle Kanalpositionen gleich und proportional zur Verstärkung G_S des Schwellenverstärkers ist. Verstärkungsschwankungen δG_S bringen hingegen eine Verbreiterung, die proportional der Kanalzahl bzw. der Impulshöhe über der Schwelle $\hat{u} - U_S$ ist.

Die Schwankung in der gemessenen Impulshöhe (und damit die Verbreiterung) beträgt somit

$$\Delta\hat{u}_S = G_S[\delta U_S + (\hat{u} - U_S)\delta G_S/G_S]. \qquad [1.3.20]$$

Für den Fall der oben begonnenen Gegenüberstellung nehmen wir $G_S = 4$, $U_S = 7{,}5$ V und $\hat{u} = 10$ V. Wenn wir eine zehnprozentige Verbreiterung der

Halbwertsbreite zulassen, so erhalten wir bei einer Linie mit $\hat{u}$ und einer Auflösung von $A = 10^{-3}$ eine zulässige Schwankung von $\Delta\hat{u} = 10^{-3}$ V. Aus

$$\Delta\hat{u} = \frac{\Delta\hat{u}_S}{G_S} = U_S \cdot \frac{\delta U_S}{U_S} + (\hat{u} - U_S)\frac{\delta G_S}{G_S} \qquad [1.3.21]$$

erhält man mit den obigen Zahlenwerten die Bedingung, daß die Stabilität von U_S und G_S besser als 10^{-4} sein muß, um vergleichbare Ergebnisse wie mit einem 4096-Vielkanal zu erhalten.

1.4. Korrelationsmessungen

Oft besteht in der Kernphysik die Aufgabe, genetische Zusammenhänge zwischen zwei oder mehreren Vorgängen (Strahlen) nachzuweisen. Die Zusammengehörigkeit kommt dadurch zum Ausdruck, daß zwischen den Ereignissen eine bestimmte zeitliche Gesetzmäßigkeit vorliegt, wie z. B. eine Gleichzeitigkeit, eine bestimmte Verzögerung oder eine exponentielle Abnahme der Zählrate von zusammengehörenden Ereignissen bei Vergrößerung des Zeitunterschiedes. In speziellen Fällen, in denen die zeitliche Zuordnung nicht genau genug erfolgen kann (Expositionszeit einer Kernspurplatte, einer Nebel- oder Blasenkammeraufnahme usw.), ist die räumliche Korrelation für die Zuordnung maßgebend. Aber auch bei den übrigen Korrelationsmessungen wird durch die Anwendung von Kollimation, Abschirmung usw. sichergestellt, daß die nachgewiesenen Strahlen aus der gewünschten Richtung (z. B. von der zu untersuchenden Quelle) kommen. Durch diese Zuhilfenahme der räumlichen Korrelation kann die Anzahl von Zufallsereignissen, die eine Korrelation vortäuschen, vermindert werden. Darüber hinaus wird die räumliche Korrelation dazu benutzt, um zusätzliche Information über die Ereignisse zu erhalten. Dies geschieht in Winkelkorrelationsmessungen, in Messungen mit Zählerteleskopen, ortsempfindlichen Detektoren usw. Auch die Flugzeitmessungen gehören hierher, bei denen die Geschwindigkeit (bzw. Energie) von Teilchen aus der Flugzeit, die sie für eine vorgegebene Strecke benötigen, bestimmt wird.

Bei allen diesen Messungen benützt man oft zusätzlich noch die Aussagen über Energie (und Teilchenart), die vom Detektor geliefert werden, um unerwünschte Ereignisse von der Messung auszuschließen.

Allen (elektronischen) Korrelationsmessungen ist jedoch gemeinsam, daß die zeitliche Korrelation entscheidend ist, weshalb wir unsere weiteren Untersuchungen auf reine zeitliche Korrelationen beschränken und irgendwelche Nebenbedingungen höchstens in Ausnahmefällen berücksichtigen.

1.4.1. Koinzidenzmessungen

Zwei (oder mehr) Ereignisse, die „gleichzeitig" auftreten, werden als koinzident bezeichnet. Da das zeitliche Auflösungsvermögen der Meßapparatur nicht beliebig klein gehalten werden kann, spricht man immer dann von einer Koinzidenz, wenn der zeitliche Abstand zwischen zwei Ereignissen kleiner als die Auflösungszeit der Meßapparatur ist.

Wegen der endlichen Auflösungszeit kommt es zu der unerwünschten Erscheinung von zufälligen Koinzidenzen. Dabei handelt es sich um Ereignisse, die ihrer Entstehung nach voneinander unabhängig sind, die aber trotzdem als koinzident registriert werden, weil sie innerhalb der Auflösungszeit der verwendeten Meßanordnung auftreten.

Die Zählrate der zufälligen Koinzidenzen zwischen zwei Detektoren D_{I} und D_{II} kann nach folgenden Überlegungen bestimmt werden:

Werden vom Detektor I in der Zeiteinheit a_{I} Impulse der Länge T_{I} und vom Detektor II a_{II} Impulse der Länge T_{II} geliefert (und sind $a_{I}T_{I}$ und $a_{II}T_{II} \ll 1$) und wird die Koinzidenz dadurch bestimmt, daß eine zeitliche Überlappung dieser beiden Impulse festgestellt wird, so beträgt die Auflösungszeit $T_{I} + T_{II}$. Dadurch ist für Signale aus dem Detektor II während des Bruchteils $a_{I}(T_{I} + T_{II})$ der Meßzeit die Wahrscheinlichkeit einer beobachteten Koinzidenz 100% (auch bei völliger Unabhängigkeit der Ereignisse in den beiden Detektoren). Diese Zählrate zufälliger Koinzidenzen ist daher

$$a_{I,II} = a_{II} \cdot a_{I}(T_{I} + T_{II}), \qquad [1.4.1]$$

also proportional der Auflösungszeit. Deshalb sollte diese möglichst klein gehalten werden.

Eine sinnvolle untere Grenze für die Auflösungszeit ist in erster Linie durch den Detektor und die in ihm nachgewiesene Strahlung gegeben, denn sie bestimmen, wie genau der Zeitpunkt eines Impulses festgestellt werden kann. Für das Experiment entscheidend ist nämlich nicht der Zeitpunkt der Absorption im Detektor und schon gar nicht der Zeitpunkt, bei dem der elektrische Ausgangsimpuls „beginnt" (über den „Beginn" von elektrischen Impulsen wird später zu sprechen sein), sondern der Zeitpunkt der Emission aus der Quelle. Schon wegen der räumlichen Ausdehnung des Detektors legen die verschiedenen Strahlungsteilchen unter Umständen verschiedene Wege zurück, bevor sie im Detektor absorbiert werden. Die Flugzeitstreuung bringt somit eine erste Unsicherheit im Zeitsignal. Im allgemeinen ist jedoch die Zeitungenauigkeit, mit der eine elektrische „Zeitmarke" vom Detektorsignal abgeleitet werden kann, der dominierende Faktor in der Unsicherheit der Bestimmung des Emissionszeitpunktes.

Betrachten wir zuerst den Fall von Rechteckimpulsen, deren Ursache gleichzeitig war (gleichzeitige Emission der Strahlung), die aber aus den oben besprochenen Unzulänglichkeiten nicht gleichzeitig in der Koinzidenzapparatur auftreten, sondern in ihrem zeitlichen Abstand zueinander schwanken (s. Abb. 1.4.1).

In Abb. 1.4.2. ist die Form der zeitlichen Auflösungskurve im idealen und im realen Fall wiedergegeben. Es handelt sich dabei um die Wahrscheinlichkeit einer Überlappung der Rechtecke in der Koinzidenzapparatur in Abhängigkeit vom zeitlichen Abstand der die Impulse auslösenden Ereignisse (z. B. Strahlungsemission). In der Praxis wird diese Auflösungskurve erhalten, indem die Koinzidenzzählrate als Funktion einer kontinuierlich variierten Zeitverschiebung zwischen den beiden Detektorkanälen registriert wird. Ohne Schwankungen der Zeitmarken überlappen die beiden Rechteckimpulse der Länge T genau dann, wenn ihr Abstand kleiner als T ist. Da ein

Impuls in bezug auf den anderen vorher oder nachher kommen kann, ist die Auflösungskurve ein Rechteck der Länge 2 T.

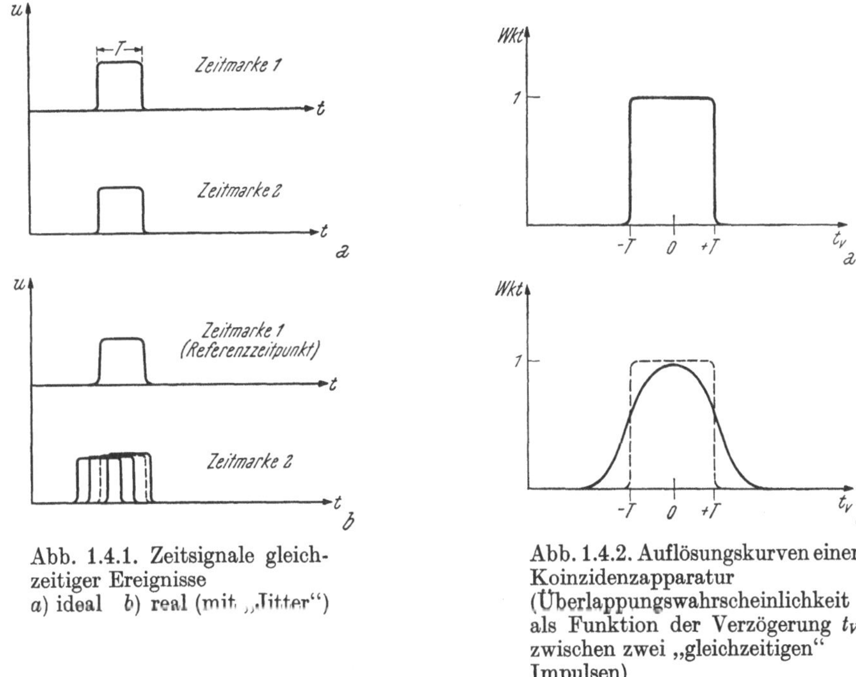

Abb. 1.4.1. Zeitsignale gleichzeitiger Ereignisse
a) ideal *b*) real (mit „Jitter")

Abb. 1.4.2. Auflösungskurven einer Koinzidenzapparatur (Überlappungswahrscheinlichkeit als Funktion der Verzögerung t_V zwischen zwei „gleichzeitigen" Impulsen)
a) ideal *b*) real (Erklärung s. Text)

Erleiden die Zeitmarken Schwankungen um ihre mittlere Position, so gibt es auch für Ereignisse, die länger als T auseinanderliegen, noch Rechteckimpulse, die überlappen. Andererseits gibt es dann auch Ereignisse mit einem zeitlichen Abstand kleiner als T, deren zugehörige Rechteckimpulse nicht überlappen, weshalb die Nachweiswahrscheinlichkeit dort kleiner als eins ist. Dadurch ist im realen Fall die Verteilungskurve nicht mehr rechteckig, sondern verschmiert. Das Maximum dieser Kurve erhält man für wirklich koinzidente Impulse ($\Delta t = 0$). Es ist kleiner als eins, wenn die Zeitmarkenschwankung größer als $\pm T$ ist, d. h. die Koinzidenzausbeute geht bei vorgegebener Zeitmarkenschwankung ab diesem Schwellenwert bei einer Verkleinerung von T zurück. Entscheidend für die Form der Verteilungskurve ist außer der Form der Zeitmarkenschwankung nur deren Verhältnis zur Impulslänge T. Je kleiner die Impulslänge in bezug auf die mittlere Zeitmarkenschwankung ε wird, desto schmäler wird zwar die Halbwertsbreite der Verteilungskurve (auch Koinzidenzbreite genannt), desto geringer wird aber auch die Koinzidenzausbeute (s. Abb. 1.4.3). Die Koinzidenzbreite wird bei kleinem T praktisch durch die Zeitmarkenschwankung bestimmt, weshalb dann eine weitere Verminderung von T nur eine Abnahme der Koinzidenzausbeute, die nach Möglichkeit vermieden werden muß, mit sich bringt.

Es sollte vielleicht noch darauf hingewiesen werden, daß die Flächen unter den beiden Auflösungskurven in Abb. 1.4.2 gleich groß sind. Denn

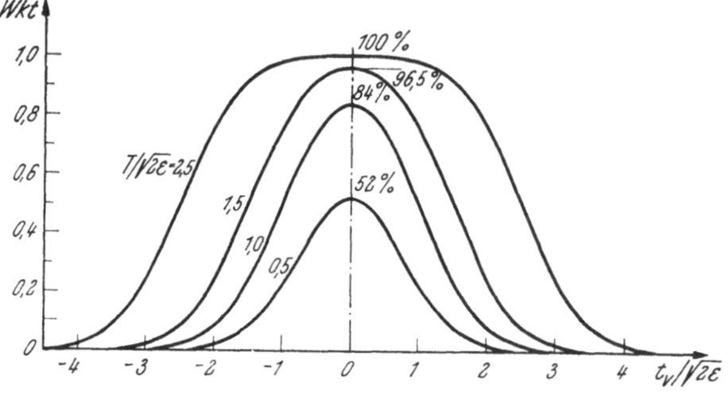

Abb. 1.4.3. Abhängigkeit der Auflösungskurve von der Impulslänge T bei einer mittleren Zeitmarkenschwankung von ε

diese ist bei gegebener Impulslänge T von der Größe der Zeitmarkenschwankung unabhängig. Es überlappen zwar bei größeren Zeitmarkenschwankungen weniger Impulse für kleine Δt, dafür aber mehr für größere.

Aus den obigen Überlegungen sieht man, daß die Auflösungszeit $2\,T$ der Koinzidenzapparatur einerseits möglichst klein sein soll, damit die Rate der zufälligen Koinzidenzen und die Koinzidenzbreite (die minimal auflösbare Zeit) klein sind, andererseits muß sie groß genug sein, damit die Koinzidenzausbeute nicht wesentlich beeinträchtigt wird.

1.4.2. Messungen von Zeitspektren

Abb. 1.4.4 zeigt schematisch die Anordnung eines Experiments, an dem die Messung eines Zeitspektrums diskutiert werden soll.

Die Quelle Q habe das in Abb. 1.4.5 dargestellte einfache Zerfallsschema. Ihre Lebensdauer sei gegenüber der Meßzeit sehr groß und sie erfahre N Zerfälle in der Zeiteinheit, wobei bei jedem Zerfall genau ein β-Teilchen und ein γ-Quant die Quelle verlassen. Die β-Teilchen werden im Detektor D_I mit

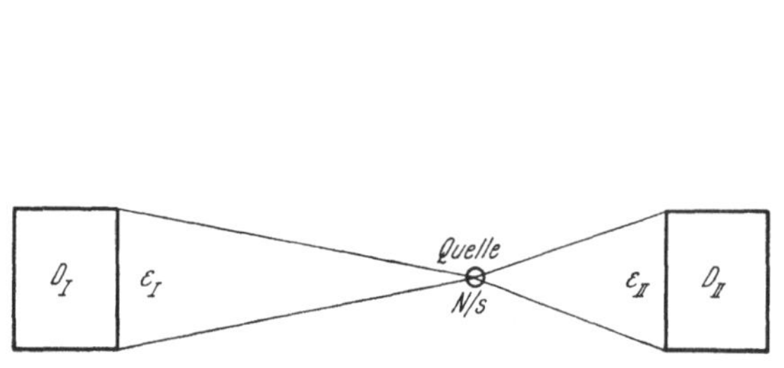

Abb. 1.4.4. Prinzipanordnung für eine Koinzidenzmessung

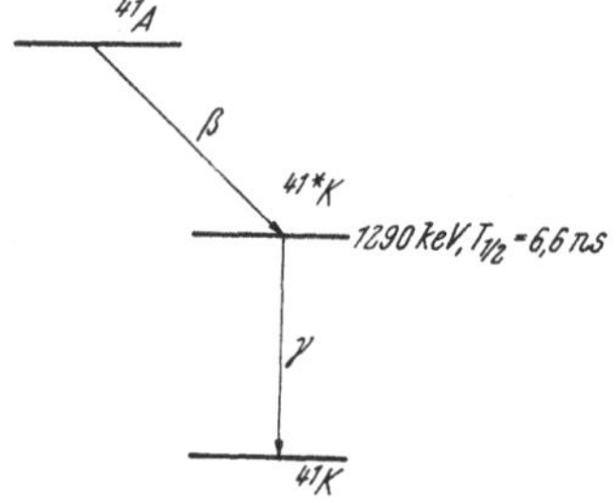

Abb. 1.4.5. Beispiel eines β-γ-Übergangs mit einem Zwischenzustand meßbarer Lebensdauer

einer Nachweiswahrscheinlichkeit ε_I gemessen und die γ-Quanten im Detektor D_{II} mit einer Ausbeute ε_{II}. Dabei seien die Detektoren für die andere Strahlungsart jeweils unempfindlich. Wir erhalten somit eine Zählrate $a_I = \varepsilon_I N$ im Detektor I und $a_{II} = \varepsilon_{II} N$ im Detektor II. Sind die beiden Emissionen „gleichzeitig“ und ist der Nachweis in den beiden Detektoren voneinander unabhängig, so erhält man bei einer Koinzidenzausbeute von eins eine Koinzidenzzählrate N_K:

$$N_K = \varepsilon_{\mathrm{I}}\varepsilon_{\mathrm{II}} \cdot N = a_{\mathrm{I}} \cdot a_{\mathrm{II}} / N. \qquad [1.4.2]$$

Da entsprechend [1.4.1] die Rate von zufälligen Koinzidenzen N_Z bei einer Auflösungszeit von $2\,T$ gleich

$$N_Z = 2\,T \cdot a_{\mathrm{I}} a_{\mathrm{II}} \qquad [1.4.3]$$

ist, erhält man ein Verhältnis von zufälligen zu „echten" Koinzidenzen N_Z / N_K von

$$N_Z / N_K = 2\,TN. \qquad [1.4.4]$$

Dieses Verhältnis gibt an, wie gut eine Meßanordnung ausgelegt ist. Es soll möglichst klein sein, da nur die echten Koinzidenzen Information enthalten, während die zufälligen einen unerwünschten Untergrund bilden. Auffällig ist, daß die Nachweiswahrscheinlichkeit im Detektor in dieses Verhältnis nicht eingeht. Das Produkt von ε_{I} und $\varepsilon_{\mathrm{II}}$ bestimmt aber die Meßzeit, die notwendig ist, um bei gegebenem N das Ergebnis mit einem bestimmten statistischen Fehler zu erhalten.

In die Güte der besprochenen Koinzidenzmeßanordnung geht lediglich die Auflösungszeit $2\,T$ und die Zerfallshäufigkeit N ein. Beide sollen möglichst klein gehalten werden. Die untere Beschränkung von $2\,T$ haben wir in 1.4.1. kennengelernt, die von N ist durch die Forderung nach vernünftiger Meßzeit gegeben. Zur Bestimmung von N_Z kann man folgende Methode anwenden: Die Impulse aus einem Detektor werden um ein solches Zeitintervall $\Delta\,t_v$ verzögert, daß bei einer Koinzidenzmessung dieser Impulse mit denen des anderen Detektors keine echten Koinzidenzen mehr auftreten können, da zwischen ihnen kein genetischer Zusammenhang besteht. Aus der Differenz von $\mathrm{N}_{\mathrm{I,II}}$, die als maximale Koinzidenzzählrate bei $\Delta\,t_v = 0$ gemessen wird, und der Zufallskoinzidenzrate N_Z erhalten wir die echten Koinzidenzen N_K:

$$N_K = N_{\mathrm{I,II}} - N_Z. \qquad [1.4.5]$$

Wenn wir uns nochmals der Abb. 1. 4.5 zuwenden, so erkennen wir, daß zwischen der β-Emission von ${}^{41}A$ und der darauffolgenden γ-Emission von ${}^{41*}K$ Zeit verstreicht, weil der Zwischenkern ${}^{41*}K$ eine nicht vernachlässigbare Lebensdauer besitzt.

Das Zeitsignal von $\mathrm{D_I}$ (dem β-Detektor) gibt den Zeitpunkt der Bildung des ${}^{41*}K$-Zwischenkerns an. Die Wahrscheinlichkeit, daß dieser Kern nach der Beobachtungszeit Δt noch vorhanden ist, ist im Falle eines Poissonprozesses mit $\lambda\Delta t \ll 1$ (λ = Zerfallskonstante des Kerns) gleich

$$P_0 = e^{-m} = e^{-\lambda\Delta t}. \qquad [1.4.6]$$

Beobachtet man insgesamt N Zeitsignale von $\mathrm{D_I}$, so leben von den $N(0)$ gebildeten Zwischenkernen nach einer Zeitspanne Δt nur mehr

$$N(\Delta t) = N(0) \cdot e^{-\lambda\Delta t}. \qquad [1.4.7]$$

Nach einem weiteren Zeitintervall von Δt beträgt die Anzahl der Zwischenkerne, die noch nicht zerfallen sind,

$$N(2\Delta t) = N(0) \cdot e^{-\lambda\Delta t} \cdot e^{-\lambda\Delta t} = N(0) e^{-\lambda 2\Delta t},$$

woraus leicht die Zeitabhängigkeit

$$N(t) = N(0)\,e^{-\lambda t} \qquad [1.4.8]$$

erhalten werden kann.

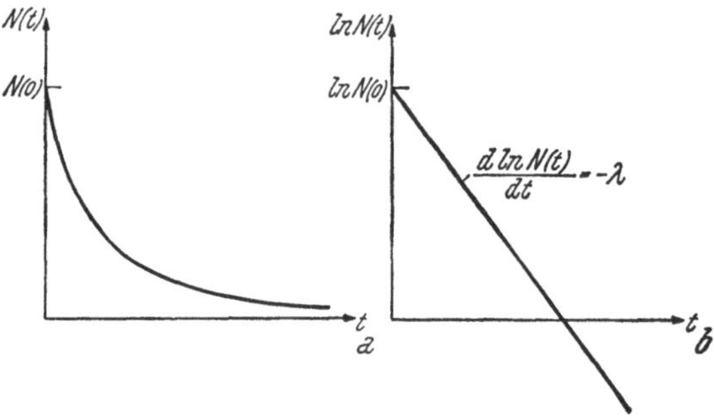

Abb. 1.4.6.
Zählratenabnahme infolge radioaktiven Zerfalls
a) lineare Darstellung
b) halblogarithmische Darstellung zur Bestimmung der Zerfallskonstante λ

In Abb. 1.4.6 ist ein solches „Zeitspektrum" in linearem Maßstab und halblogarithmisch dargestellt. Die halblogarithmische Darstellung ist für die Bestimmung der Halbwertszeit $T_{1/2}$ (bzw. der mittleren Lebensdauer τ_m) besonders wichtig, weil diese Größen aus der Steigung der Geraden ($-\lambda$) erhalten werden können.

$$\lambda = 1/\tau_m = \ln 2 / T_{1/2}. \qquad [1.4.9]$$

Die Gesetzmäßigkeit und auch die Nomenklatur ist völlig gleich wie beim allgemeinen Zerfallsgesetz der Radioaktivität, weil in beiden Fällen die Poissonstatistik anwendbar ist. Voraussetzung dafür, daß bei einer Lebensdauermessung eines Zwischenkerns ein exakter exponentieller Abfall beobachtet wird, ist allerdings die Bedingung $\lambda \Delta t \ll 1$, die aus meßtechnischen Gründen oft nicht leicht realisierbar ist. Neben dem besprochenen exponentiellen Zeitspektrum, bei dem der Referenzzeitpunkt durch einen Detektorimpuls eines vorher emittierten Strahlenquants festgelegt wird, treffen wir in der experimentellen Kernphysik noch auf künstliche Zeitfixpunkte, wie z. B. den Beginn eines Beschleunigerimpulses oder eines gepulsten Neutronenstrahls von einer Flugzeitmeßapparatur. Im zweiten Fall erhält man aus dem Flugzeitspektrum das Geschwindigkeitsspektrum und aus diesem und der Masse das Energiespektrum.

1.4.2.1. Einkanal-Zeitintervallmessungen

Wie bei der Messung von Energiespektren kann auch die Messung von Zeitspektren entweder integral oder aber differentiell erfolgen. Wegen der in 1.3.2.1. auseinandergesetzten statistischen Vorteile der differentiellen (Einkanal-)Analyse eines Spektrums wird diese bei Untersuchungen von Zeitintervallverteilungen stets bevorzugt. Sie erfolgt im allgemeinen so, daß die Koinzidenzzählrate in Abhängigkeit von einer variablen, genau bestimmbaren Verzögerung in einer der beiden Impulsleitungen (bei unserem Beispiel von D_I) gemessen wird (Methode der verzögerten Koinzidenzen). Ansonsten kann die gleiche Apparatur wie zur Messung von „prompten" Koinzidenzen verwendet werden. Der große Zeitbedarf für solche Messungen und die damit verbundenen Schwierigkeiten, wie Instabilität der Elektronik, Zerfall der Quelle usw., haben dazu geführt, daß ähnlich wie in der Energiespektrometrie auch in der Zeitanalyse heute überwiegend Vielkanalanalysatoren verwendet werden.

1.4.2.2. Vielkanal-Zeitintervallmessungen

Gleich wie bei der Impulshöhenanalyse wird die Vielkanalmessung nicht durch eine Vielzahl von Einkanalmeßgeräten, sondern nach prinzipiell anderen Methoden durchgeführt.

A. Digitale Vielkanalmessung

Der Abstand zwischen den beiden Zeitmarken wird direkt gemessen, indem die Anzahl der Schwingungen eines hochkonstanten Oszillators, die zwischen den beiden Marken vorkommen, gezählt werden. Die erreichbare Auflösung (Zeitintervall / Kanal) liegt bei etwa 10^{-8} s, weshalb diese Methode trotz ihrer Vorzüge in bezug auf Einfachheit und Genauigkeit nur beschränkt angewendet wird (z. B. Flugzeitmessungen).

Durch die Verwendung eines Zeitintervalldehners (s. 5.8.1.2.) läßt sich jedoch die Zeitauflösung noch steigern. Eine Realisierung eines solchen Zeitintervalldehners ist nicht einfach, weshalb trotz der großen Zeitauflösung, die prinzipiell erreichbar ist, für Kurzzeitmessungen vor allem eine der analogen Methoden verwendet wird.

B. Analoge Vielkanalmessung

Bei dieser werden die Zeitintervalle in zu diesen proportionale Impulshöhen umgewandelt und diese werden über einen Vielkanal-Impulshöhenanalysator nach ihrer Höhe sortiert und registriert. Die Umwandlung geschieht mit einem Zeit-Amplituden-Konverter, dessen Funktionsweise wir später (4.6.2.) kennenlernen werden. Im allgemeinen erfolgt bei der Impulshöhenanalyse im Analog-Digital-Konverter eine weitere Umwandlung, aus der erst die Kanalzahl bestimmt wird. Diese zweifache Umformung der Information (Zeitintervall → Impulshöhe → Schwingungszahl = Kanalzahl) bringt unvermeidbare Fehler. Außerdem muß der Zeitmaßstab geeicht werden, was bei der digitalen Methode nicht notwendig ist. Da die dadurch hervorgerufenen Fehler jedoch um mehr als eine Größenordnung kleiner gehalten werden können als diejenigen Fehler, die aus der Zeitmarkenschwankung usw. entstehen, wird die analoge Meßmethode häufig verwendet, da mit ihr sehr kleine Auflösungszeiten erreicht werden und Impulshöhenanalysatoren zur Standardausrüstung eines Laboratoriums gehören. Je nach der Art, wie der Zeit-Amplituden-Konverter angesteuert wird, unterscheiden wir eine analoge Zeitanalyse nach dem Start-Stopp-Prinzip bzw. nach dem Überlappungsprinzip.

a) *Das Start-Stopp-Prinzip*: Die beiden Zeitmarken werden dazu benützt, die Aufladung eines Kondensators mit konstantem Strom zu steuern. Die Spannung am Kondensator ist dann proportional der Zeitspanne zwischen den beiden Impulsen. Da nicht zu jedem Startimpuls auch ein Stoppimpuls vorkommt, muß die Aufladung in diesen Fällen künstlich abgebrochen werden. Dies kann natürlich erst geschehen, wenn feststeht, daß kein Stoppimpuls mehr kommt, wenn also die Amplitude höher ist, als dem höchsten Kanal entspricht. Der Impulshöhenanalysator erhält somit außer Impulsen, die relativ niedrig sind, da sie von verzögerten Koinzidenzen stammen, bei denen sich der Kondensator nicht maximal auflädt, noch viele große, die von der maximalen Aufladung des Kondensators wegen des Fehlens eines Stoppimpulses herrühren. Diese Bedingungen sind jedoch für eine genaue Impulshöhenanalyse der kleinen Impulse nicht zuträglich, weshalb meistens das Überlappungsprinzip vorgezogen wird.

Eine Verkleinerung der Auflösungszeit um etwa eine Größenordnung erreicht man durch eine Zeitintervalldehnung (s. 5.8.1.2.).

b) *Das Überlappungsprinzip*: Die Impulse, deren zeitlicher Abstand gemessen werden soll, werden auf eine einheitliche Länge T gebracht, die sehr konstant sein muß. Ist der Abstand der Impulse kleiner als die genormte Impulslänge T, so ist die Größe der Überlappung ein Maß für den zeitlichen Abstand. Bei dieser Methode wird nun der Zeit-Amplituden-Konverter nur während des Überlappungsintervalls in Tätigkeit gesetzt, d. h. man erhält im Gegensatz zur früher besprochenen Methode nur dann Ausgangsimpulse, wenn zwei Impulse mit einem zeitlichen Abstand kleiner als T auftreten. In Abb. 1.4.7 ist das Überlappungsverhalten der Impulse dargestellt. Im Teil *e* der Abbildung ist die Größe der Überlappungsfläche in Abhängigkeit vom zeitlichen Abstand der zu messenden Ereignisse wiedergegeben. Hinsichtlich der nicht korrelierten Impulse in den beiden Kanälen ist zu bedenken, daß Zeitintervalle der gleichen absoluten Größe die gleiche Überlappungsfläche mit sich bringen und nach der Umwandlung vom Impulshöhenanalysator im selben Kanal gespeichert würden. Daher muß die genetisch richtige Reihenfolge der beiden Signale durch entsprechende logische Schaltungen

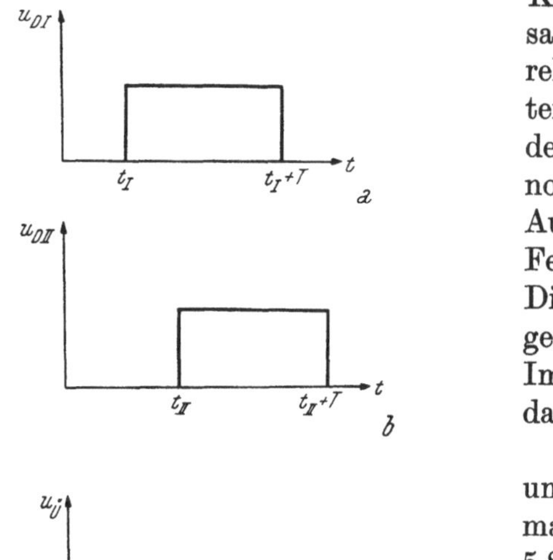

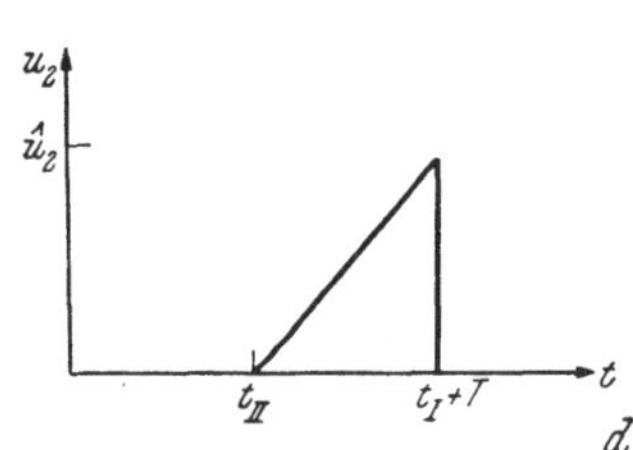

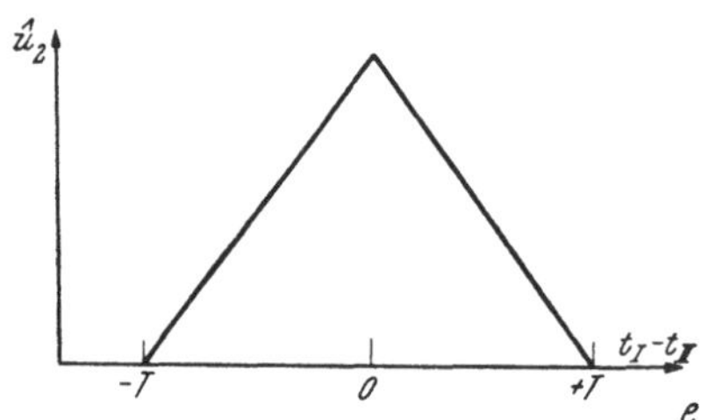

Abb. 1.4.7. Zeit-Amplituden-Konverter nach dem Überlappungsprinzip
a) Impuls vom Detektor I mit der Länge T
b) Impuls vom Detektor II mit der Länge T
c) Überlappungsimpuls
d) Ausgangsimpuls, der proportional der Länge bzw. Fläche des Überlappungsimpulses ist
e) Abhängigkeit der maximalen Ausgangsspannung von der Zeitdifferenz $t_I - t_{II}$

gewährleistet werden. Im anderen Fall erhält man eine Verdopplung der Zählrate zufälliger Koinzidenzen.

1.4.3. Grenzen der elektronischen Kurzzeitmessung

Die Ungenauigkeit einer Zeitmessung nach den vorhin beschriebenen Methoden wird durch zwei Klassen von Fehlerquellen bestimmt. Die eine umfaßt Fehler, die aus der elektronischen Verarbeitung (Verstärkung, Impulsformung, Zeitmessung) entstehen, während die andere die statistische Entstehung des Detektorimpulses berücksichtigt und als Jitter bezeichnet wird.

1.4.3.1. Elektronische Beiträge

Der Beitrag der Koinzidenzapparatur (infolge Laufzeitschwankungen in den elektronischen Bauteilen usw.) zur Zeitmeßungenauigkeit kann kleiner als 10^{-11} s gehalten werden und braucht dann nicht berücksichtigt zu werden. Hingegen spielt das Rauschen eine große Rolle. Es verhindert, daß der Rechteckimpuls für die Koinzidenzapparatur schon mit dem Eintreffen des ersten Elektrons des Impulses beginnen kann, da sonst die Koinzidenzapparatur mit Rechteckimpulsen, die vom Rauschen ausgelöst wurden, überlastet wurde. Vielmehr muß man warten, bis soviel Ladung gesammelt ist, daß die Impulshöhe aus den Rauschimpulsen herausragt, um zu entscheiden, daß dieser Impuls ein echter (und kein Rauschimpuls) ist. Dies geschieht z. B. mit einem Trigger, der ein Rechteck erzeugt, sobald die Signalspannung einen bestimmten Schwellenwert überschreitet. Die endliche Anstiegszeit der Detektorimpulse bringt es nun mit sich, daß verschieden hohe Impulse die Schwelle zu verschiedenen Zeiten erreichen (s. Abb. 1.4.8), wodurch die so abgeleitete Zeitmarke in bezug auf den Impulsbeginn Schwankungen erleidet, die impulshöhenabhängig sind. Weitere Beiträge zu diesen Schwankungen sind Drifterscheinungen der Schwelle und auch das Rauschen, auf dem die Impulse aufsitzen und das die Impulshöhe in bezug auf die Nullinie (und die Triggerschwelle) beeinflußt. Die Schwankungen infolge dieser Impulshöhenabhängigkeit nennt man Wandern („walk“) der Zeitmarke. Zusätzlich tritt noch eine Abhängigkeit der Schnelligkeit, mit der die Zeitmarke nach dem Überschreiten der Triggerschwelle erzeugt wird, davon auf, um wieviel der entsprechende Impuls die Schwelle überragt. Dadurch wird die Amplitudenabhängigkeit weiter vergrößert. Deshalb muß man, wenn das Wandern für ein bestimmtes Meßproblem zu groß ist, weil z. B. keine scharfe Amplitudenselektion durchgeführt werden darf (Comptoneffekt von γ-Strahlen in organischen Szintillatoren), die Zeitmarke nach einer anderen

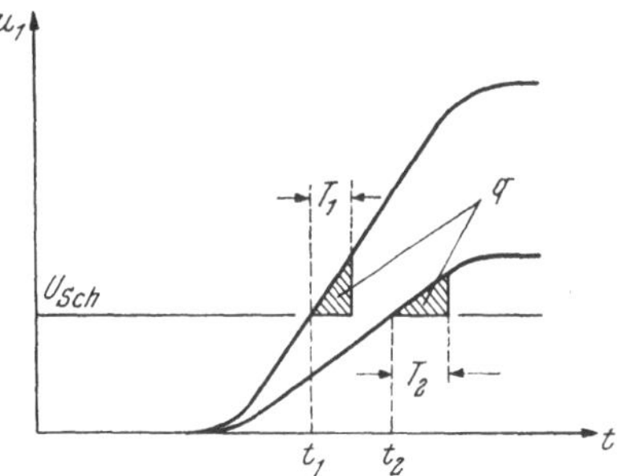

Abb. 1.4.8. Abhängigkeit des Triggerzeitpunktes von der Impulshöhe („walk“)

Methode gewinnen. So kann man z. B. den Schwerpunkt der Ladungsverteilung als Zeitmarke benützen.

Weiters kann durch geeignete Impulsformung erreicht werden, daß alle Impulse zu einem amplitudenunabhängigen Zeitpunkt das Nullniveau passieren und dies zur Auslösung der Zeitmarke benützen („Nulldurchgangstrigger“, 5.5.4.5.). Beste Zeitauflösung erhält man mit Anstiegstriggern mit einer relativen Schwelle, d. h. mit einer Schwelle, die sich bei einem bestimmten Bruchteil der Impulsamplitude auswirkt (s. 5.5.4.5.).

1.4.3.2. Jitter

A. Szintillationszähler

Unter dem Zeitmarkenjitter versteht man Schwankungen der Zeitmarke, die auf Grund der statistischen Entstehung des Detektorimpulses entstehen. Wenn wir zu diesem Zweck die Verhältnisse in einem Szintillationsdetektor, der für kürzeste Zeitmessungen am besten geeignet ist, untersuchen, so erkennen wir folgende Beiträge zum Jitter:

Jitter im Szintillator

a) Infolge der endlichen räumlichen Ausdehnung werden von einer Quelle gleichzeitig emittierte Quanten im allgemeinen zu verschiedenen Zeiten absorbiert (bei Lichtgeschwindigkeit ist der Zeitunterschied für 3 cm Wegdifferenz schon 10^{-10} s).

b) Infolge der endlichen Zeit für die Energieabgabe an die Leuchtzentren.

c) Infolge von Unterschieden im Weg des emittierten Lichtes zur Photokathode des SEV.

Jitter im SEV

a) Streuung infolge verzögerter Photoelektronenemission ($t_v < 10^{-10}$ s).

b) Streuung in der Laufzeit der Photoelektronen infolge von Unterschieden in der Anfangsenergie, dem Emissionswinkel und dem Weg zur 1. Dynode.

c) Laufzeitunterschiede der Sekundärelektronen.

Zu diesem Jitter, dem auch das erste Elektron jedes Impulses unterworfen ist, kommt noch ein weiterer Beitrag dadurch, daß die Triggerschwelle für den Rechteckimpuls, wie oben besprochen wurde, nicht auf das erste Elektron anspricht, sondern erst dann, wenn eine bestimmte Ladungsmenge gesammelt ist. Infolge der statistischen Prozesse im Detektor hat dieser Zeitpunkt Jitter in bezug auf den Zeitpunkt des Eintreffens des ersten Elektrons am Detektorausgang (s. unten), so daß ein zusätzlicher Beitrag zur Zeitmarkenschwankung gegeben ist. Aus diesen Überlegungen sieht man, daß die Zeitmarkenschwankung nicht nur von der Anstiegszeit des Impulses abhängt, sondern auch vom Signal-Rausch-Verhältnis. Sofern die einzelnen Komponenten der Zeitmarkenschwankung für sich einer Gaußverteilung genügen und voneinander unabhängig sind, gilt für die mittlere Gesamtschwankung

$$\sigma(\Delta t) = \sqrt{\sigma^2(\Delta t_1) + \sigma^2(\Delta t_2) + \ldots + \sigma^2(\Delta t_k)}. \qquad [1.4.10]$$

Da in vielen Fällen sowohl das Start- als auch das Stoppsignal von Detektoren geliefert werden, addieren sich auch diese Schwankungen, so daß bei gleichartigen Verhältnissen in den beiden Detektoren die Gesamtschwankung des Zeitintervalls den $\sqrt{2}$-fachen Wert ausmacht. Unter Verwendung der derzeit schnellsten SEV ist deren Beitrag an der Zeitmarkenschwankung einer Koinzidenzanordnung mit zwei Szintillationszählern schon so klein, daß sich die Schwankungen im Szintillator bereits auswirken. Die gemessenen Halbwertsbreiten der Koinzidenzkurven liegen bei diesen schnellsten SEV unter 10^{-10} s. Prompte Kurven (aus Koinzidenzmessungen prompter Kernübergänge) sind im Vergleich dazu etwa doppelt so breit. Dies zeigt deutlich, daß bei diesen SEV die Laufzeitschwankungen im SEV nicht mehr überwiegen. Deshalb verdienen vor allem die statistischen Prozesse im Szintillator und die Auslösung der Photoelektronen unsere Aufmerksamkeit.

Bei der Absorption eines Teilchens, das in einem unitären Szintillator (einem Szintillator mit einer einzigen Abklingkonstante τ_S) insgesamt N Photonen freisetzt, erhält man eine prompte Photonenintensität von N/τ_S, die exponentiell mit τ_S abfällt:

$$n(t) = (N/\tau_S)\,e^{-t/\tau_S}. \qquad [1.4.11]$$

Wir vernachlässigen dabei den Umstand, daß auch der Beginn der Photonenemission durch eine Zeitkonstante τ_R beschrieben werden kann, denn für eine genaue Zeitmessung kommen nur Szintillatoren mit $\tau_R \ll \tau_S$ in Frage.

Auf Grund der obigen Beleuchtungsfunktion erhält man bei einer Photoelektronenausbeute η eine zeitliche Verteilung der Photoelektronen von

$$n_{\mathrm{PE}}(t) = \eta(N/\tau_S)\,e^{-t/\tau_S} = (N_{\mathrm{PE}}/\tau_S)\,e^{-t/\tau_S}. \qquad [1.4.12]$$

Wenn wir τ_S in Nanosekunden angeben, so wird in der ersten Nanosekunde der Bruchteil d_{PE} der Gesamtzahl N_{PE} von Photoelektronen gesammelt.

$$d_{\mathrm{PE}} = 0{,}63\; N_{\mathrm{PE}}/\tau_S.$$

Betrachten wir zuerst den Fall eines NaJ(Tl)-Szintillators, der in Verbindung mit einem empfindlichen SEV etwa 8 Photoelektronen (PE) für 1 keV absorbierter Energie liefert. Mit $\tau_S = 250$ ns erhält man für ein γ-Quant von 100 keV

$$d_{\mathrm{PE}}(\mathrm{NaJ}) = 2\ \mathrm{PE/ns}.$$

Bei einem Plastikszintillator mit 40 Photoelektronen/100 keV und $\tau_S = 2$ ns wird

$$d_{\mathrm{PE}}(\mathrm{Plastik}) = 13\ \mathrm{PE/ns}.$$

Wir sehen also, daß die Güte eines Szintillationszählers für eine Zeitmessung vom Verhältnis der relativen Photoelektronenausbeute zur Szintillationszeitkonstante abhängt, während für die Energiemessung die relative Photoelektronenausbeute allein ausschlaggebend ist. Da die Photoelektronenemission statistisch erfolgt, ist die durch Gl. [1.4.12] gegebene Intensitätskurve nur die mittlere Verteilungskurve für viele ähnliche Prozesse. Deshalb ist die wirkliche Anzahl x von Photoelektronen, die während der Zeit t nach dem Absorptionsakt emittiert werden, durch eine Poissonverteilung um den mittleren Wert a, der sich aus Gl. [1.4.12] als Integral über das Intervall von 0 bis t ergibt, gegeben. Für die Wahrscheinlichkeit des Auftretens von x Elektronen im vorgegebenen Zeitintervall t gilt dann

$$P_x = (at)^x e^{-at} / x! \qquad [1.4.13]$$

Diese Schwankung der vom Detektor innerhalb eines Zeitintervalls gelieferten Ladung ist mit schuld am Jitter. Da wegen des Rauschens nicht der Zeitpunkt des Eintreffens des ersten Elektrons als Zeitmarke verwendet werden kann, muß man bei einem Anstiegstrigger mit einer Schwelle arbeiten, die über dem Rauschen liegt. In Abb. 1.4.9 liegt diese Schwelle

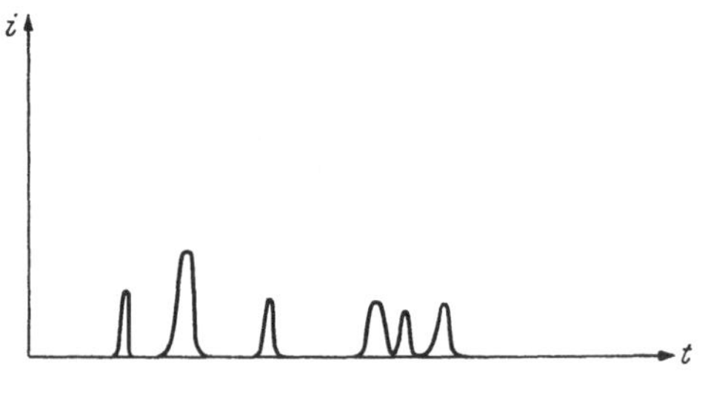

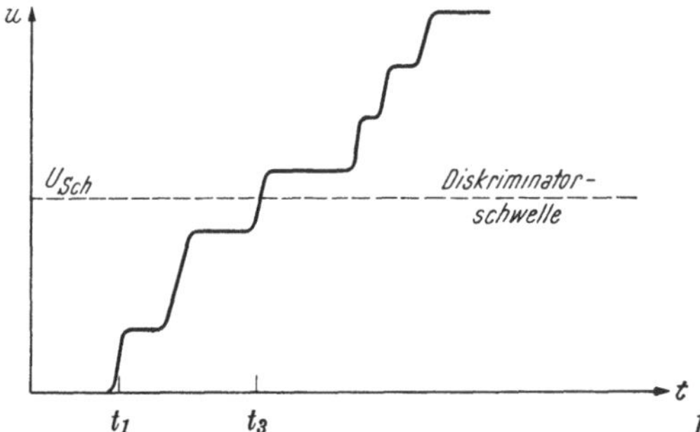

Abb. 1.4.9. Signalverlauf am Ausgang eines SEV
a) Einzelelektronenimpulse
b) Spannungsverlauf

bei einer Spannungshöhe, die einer Sammlung von drei Photoelektronen entspricht. Der Abstand zwischen dem ersten und dem dritten Elektron ist nun entsprechend der Poissonverteilung Schwankungen unterworfen, die den statistischen Beitrag am Jitter darstellen. (Die anderen Komponenten haben wir oben erwähnt.) Ist zum Überschreiten der Schwelle gerade die Ladung von s Elektronen notwendig und ist die mittlere Elektronenanzahl in der Zeiteinheit gleich $a = d_{PE}$, so gilt für den Zeitpunkt des Schwellendurchgangs eine s-fache Intervallverteilung nach Gl. [1.2.21]. Die mittlere Sammelzeit k für s Elektronen ist dann

$$k = s / d_{PE} \qquad [1.4.14\ a]$$

mit einer mittleren Schwankung $\sigma(k)$ von

$$\sigma(k) = \sqrt{s} / d_{PE}. \qquad [1.4.14\ b]$$

Die Schwankung nimmt also mit $s^{1/2}$ zu, weshalb die Schwelle möglichst tief sein soll. Eine Erhöhung von d_{PE} wirkt sich verkehrt proportional auf die Schwankung aus. Deshalb sind Messungen mit schnellen Szintillatoren (kleines τ_s) und großer Photoelektronenanzahl (große Energie, gute Photonen- und Photoelektronenausbeute) am genauesten. Für solche Fälle geht die Intervallverteilung in eine Gaußverteilung mit der Halbwertsbreite

$$\mathrm{HWB} = 2{,}35\,\sigma(k) \qquad [1.4.14\text{ c}]$$

über.

Mit $s = 3$ erhalten wir in unseren beiden Beispielen für NaJ(Tl)

$$k = 3/2 = 1{,}5\ \mathrm{ns},$$
$$\sigma(k) = 0{,}86\ \mathrm{ns}$$

und $$\mathrm{HWB} = 2{,}0\ \mathrm{ns},$$

bzw. für Plastik

$$k = 3/13 = 0{,}23\ \mathrm{ns},$$
$$\sigma(k) = 0{,}13\ \mathrm{ns},$$
$$\mathrm{HWB} = 0{,}31\ \mathrm{ns}.$$

Während unter diesen Annahmen mit einem NaJ(Tl)-Szintillator der Einfluß des Photoelektronenjitters überwiegt, spielen beim Plastikszintillator die übrigen Anteile schon eine wesentliche Rolle. Über die optimale Größe von s läßt sich aus obigen Überlegungen nichts Bestimmtes ableiten. Je nach Meßanordnung werden Werte für das Verhältnis s/N_{PE} zwischen 0,1 und 0,25 als optimal angegeben. Ein solches konstantes s/N_{PE}-Verhältnis verlangt eine impulshöhenabhängige Schwelle, deren Verwirklichung wir später behandeln werden.

B. Halbleiterdetektoren

Wegen der gegenüber der Lichtgeschwindigkeit um mehr als drei Größenordnungen kleineren Sammelgeschwindigkeit der Ladungsträger in Halbleiterdetektoren muß die Dicke von diesen Detektoren besonders gering sein, wenn Zeitsignale mit kleiner zeitlicher Schwankung erhalten werden sollen. In solch dünnen Detektoren (Sperrschichtzählern) geben die Teilchen aber nur einen kleinen Bruchteil ihrer Energie ab. Da deshalb die Ausgangssignale sehr klein sind, müssen an den Vorverstärker hohe Anforderungen gestellt werden. Es werden Impulsanstiegszeiten von 10^{-9} s und Auflösungszeiten, die noch darunter liegen, erreicht. Solch dünne Halbleiterdetektoren finden z. B. bei der Flugzeitmessung geladener Teilchen Verwendung, indem der zeitliche Abstand der beiden Signale, die von zwei räumlich getrennten Detektoren bei Transmission des Teilchens geliefert werden, gemessen wird.

Zum γ-Nachweis werden jedoch Ge(Li)-Detektoren mit großen Schichtdicken benötigt. In diesen ist die Sammelzeit der Elektronen und somit auch die Anstiegszeit der Ausgangsimpulse relativ groß (etwa 10^{-8} bis 10^{-7} s). Deshalb liegen trotz der großen Ausbeute an Ladungsträgern die erreichbaren Auflösungszeiten um etwa ein bis zwei Größenordnungen über den bei Szintillationszählern erzielten Werten.

1.4.3.3. Lebensdauermessungen

Im letzten Abschnitt war schon von der prompten Koinzidenzkurve die Rede. Diese kommt von echten Koinzidenzen und entsteht dadurch, daß die (bei großen d_{PE} gaußförmigen) Zeitmarkenverteilungen aus den beiden Detektoren in der Koinzidenzapparatur miteinander gefaltet werden. Dadurch erhält man eine gaußförmige Koinzidenzkurve der Halbwertsbreite W, mit $W \gtrsim 0{,}2$ ns. Stammen die von den beiden Detektoren gelieferten Impulse jedoch nicht von einer prompten Kaskade, sondern von einer, bei der ein Zwischenkern mit der meßbaren Lebensdauer τ_m entsteht (wie bei $^{41*}K$), so erhält man eine asymmetrische Koinzidenzkurve $V(t)$. Wie in Abb. 1.4.10 gezeigt wird, entsteht diese Asymmetrie aus der Faltung des Zeitspektrums $L(t)$ (dem exponentiellen Abfall) mit der prompten Koinzidenzkurve $P(t)$. Wenn wir die Flächen unter allen Kurven auf eins normieren, erhalten wir mit

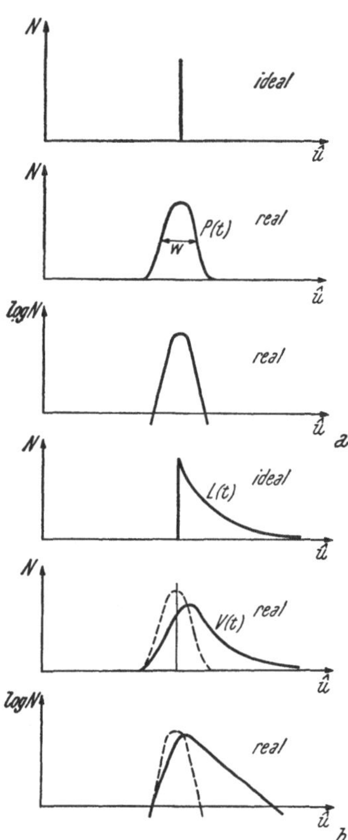

Abb. 1.4.10. „Zeitspektren" mit einem Zeit-Amplituden-Konverter gemessen (s. Abb. 1.4.7)
a) prompte Koinzidenz
b) Lebensdauermessung

$$L(t) = \frac{1}{\tau_m} e^{-t/\tau_m} \qquad [1.4.15]$$

die Koinzidenzkurve

$$V(t) = \frac{1}{\tau_m} \int_0^\infty e^{-u/\tau_m} P(u-t)\,du. \qquad [1.4.16]$$

$V(t)$ zeigt einige interessante Eigenschaften:

1. $V(t)$ und $P(t)$ schneiden einander im Maximum von $V(t)$.
2. Für Zeitintervalle, in denen $V(t) \gg P(t)$ ist, fällt $V(t)$ exponentiell ab. Aus der Steigung der halblogarithmischen Darstellung läßt sich dann τ_m direkt bestimmen.
3. Der Schwerpunkt von $V(t)$ ist um τ_m vom Schwerpunkt von $P(t)$ entfernt, d. h. der Schwerpunkt von $L(t)$ und $V(t)$ stimmt überein, was gleichbedeutend ist mit der Aussage, daß der Schwerpunkt von $V(t)$ unabhängig von $P(t)$ ist.

Sie letzte Eigenschaft ermöglicht es, Asymmetrien, die von kleinen Lebensdauern τ_m herrühren ($\tau_m < W$), auswerten zu können. Für den Schwerpunkt S einer Funktion $\mathrm{f}(t)$ gilt

$$S = \int_{-\infty}^{+\infty} t\,\mathrm{f}(t)\,dt \Big/ \int_{-\infty}^{+\infty} \mathrm{f}(t)\,dt. \qquad [1.4.17]$$

Daraus erhält man mit der Gl. [1.4.15] und bei entsprechender Wahl des Zeitnullpunktes den Schwerpunkt von $L(t)$ mit

$$S(L) = \int_0^\infty (t/\tau_m) e^{-t/\tau_m}\,dt \,/\, 1 = \tau_m. \qquad [1.4.18]$$

Für $S(P)$ gilt wegen der Symmetrie um $t=0$ die Beziehung

$$S(P) = 0.$$

Nach der Faltung von $P(t)$ mit $L(t)$ wird der Schwerpunkt der gefalteten Kurve $V(t)$ durch die Summe der beiden Schwerpunkte erhalten

$$S(V) = S(L) + S(P) = \tau_m, \qquad [1.4.19]$$

d. h. der Schwerpunkt von $V(t)$ ist gleich dem von $L(t)$ und von der prompten Kurve unabhängig.

Ist also τ_m / W klein, so muß der Abstand von $S(V)$ vom Zeitnullpunkt $(= S(P))$ gemessen werden, um τ_m zu erhalten. Dazu braucht man mindestens $(W/\tau)^2$ gemessene Koinzidenzereignisse, damit selbst in günstigen Fällen der statistische Fehler von τ_m nicht zu groß ist. Mit $W = 0{,}2$ ns würde man bei 10^4 bis 10^5 Koinzidenzereignissen noch Aussagen über Lebensdauern zwischen 10^{-12} s und 10^{-11} s erwarten, doch sind die systematischen Fehler unter 10^{-11} s schon so groß, daß selbst bei sehr günstigen Meßbedingungen gültige Aussagen für so kleine Lebensdauern auf elektronischem Wege nicht erreicht werden.

Zum Abschluß dieses Abschnittes wollen wir noch zwei Meßanordnungen kennenlernen, bei denen Koinzidenzen unter Nebenbedingungen gemessen werden. Wir beschränken uns hier auf die Nebenbedingung, daß nur Koinzidenzen zwischen Signalen, die eine bestimmte Höhe haben, gemessen werden sollen (Energieauslese).

A. Die „Schnell-langsam"-Koinzidenzanordnung

In Abb. 1.4.11 ist das Blockschaltschema für eine solche Anordnung sowohl bei Vielkanal- als auch bei Einkanalregistrierung wiedergegeben. Die

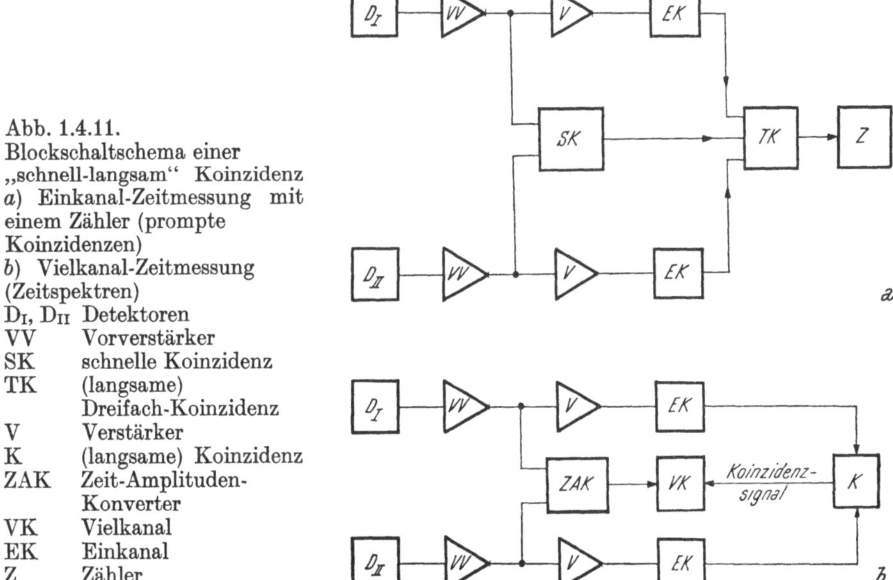

Abb. 1.4.11. Blockschaltschema einer „schnell-langsam" Koinzidenz
a) Einkanal-Zeitmessung mit einem Zähler (prompte Koinzidenzen)
b) Vielkanal-Zeitmessung (Zeitspektren)

D_I, D_{II}	Detektoren
VV	Vorverstärker
SK	schnelle Koinzidenz
TK	(langsame) Dreifach-Koinzidenz
V	Verstärker
K	(langsame) Koinzidenz
ZAK	Zeit-Amplituden-Konverter
VK	Vielkanal
EK	Einkanal
Z	Zähler

Verarbeitung des Zeitsignals und des Energiesignals erfolgt in zwei unabhängigen Kanälen, wodurch es möglich ist, jeweils optimale Bedingungen einzuhalten. Ein Ausgangssignal wird immer nur dann abgegeben, wenn sowohl die Bedingung der (verzögerten) Koinzidenz als auch der richtigen Energie (Impulsgröße) erfüllt ist. Diese Auswahl geschieht in einer Dreifachkoinzidenz bzw. in einer Koinzidenz und der Koinzidenzeinrichtung des Vielkanals.

Die Aufspaltung in die beiden Verarbeitungskanäle ist bei Halbleiterdetektoren kritisch, weil dadurch weder das Zeitsignal noch das Energiesignal in seiner Schärfe beeinträchtigt werden soll. Während Signale vom SEV direkt verwendet werden können, müssen die Signale eines Halbleiterdetektors verstärkt werden. Wird das Zeitsignal direkt am Detektor abgenommen und verstärkt, so leidet die Energieauflösung darunter, erfolgt die Abnahme erst nach dem Vorverstärker, so ist das Zeitsignal infolge der Anstiegszeit des Vorverstärkers viel schlechter.

B. Die „Langsam-schnell"-Koinzidenzanordnung

In dieser wird sowohl die Zeit- als auch die Energieinformation vom selben Signal abgenommen. Da die Energieinformation aus der integrierten Ladung gewonnen wird, ist dieses Signal langsam. Deshalb muß mit einem Nulldurchgangstrigger (s. 5.5.4.5.) gearbeitet werden. Da der Nulldurchgang erst nach dem Impulsmaximum auftritt, kann schon vorher eine Amplitudenselektion erfolgen, wodurch der Nulldurchgangstrigger, der die Zeitmarke bestimmt, und die übrige Koinzidenzapparatur entlastet werden. Diese Anordnung findet vor allem bei mittelschnellen Messungen ($t_{\text{aufl}} \approx 10^{-8}$ s) Verwendung, wenn die Signale von langsamen Szintillatoren (wie NaJ(Tl)) geliefert werden.

1.5. Teilchenidentifizierung

Wir wollen hier von Systemen absehen, die besonders daraufhin ausgelegt sind, die Masse von bestimmten Teilchen zu bestimmen (Massenspektrometer), oder aber aus der Flugzeit, dem Flugweg und der Gesamtenergie über die Masse zu einer Identifizierung von Teilchen zu gelangen, die z. B. bei einer Kernreaktion freigesetzt werden. Vielmehr wollen wir untersuchen, wie wir aus der spezifischen Ionisation eines geladenen Teilchens auf dessen Identität schließen können. Die Beschränkung auf geladene Teilchen ist deshalb zulässig, weil sowohl die γ-Quanten als auch die Neutronen nur über ihre geladenen Reaktionspartner (Elektronen, Rückstoßprotonen, Kernbruchstücke) nachgewiesen werden.

Die einfachste Form einer Teilchendiskrimination geschieht unter Ausnützung der von der spezifischen Ionisation und der Teilchenenergie abhängigen Reichweite des Teilchens. So lassen sich z. B. alle Arten von geladenen Teilchen durch kritisch bemessene Vorabsorber vom Detektor fernhalten, während diese Vorabsorber auf den Nachweis der γ-Strahlung wenig Einfluß haben. Soll andererseits Strahlung einer bestimmten Energie mit hoher spezifischer Ionisation bei Anwesenheit von Störstrahlung gleicher Energie, aber geringerer spezifischer Ionisation gemessen werden, so genügt es, die empfindliche Dicke des Detektors gerade so dick wie die Reichweite der zu untersuchenden Strahlung zu machen. Die Störstrahlung kann dann im Detektor nicht ihre ganze Energie abgeben, die zugehörigen Ausgangsimpulse sind kleiner, und durch bloße Impulshöhenanalyse lassen sich die beiden Strahlungsarten unterscheiden.

Wenn wir von diesen meßtechnischen Vorkehrungen, die nur in Sonderfällen eine „Teilchendiskrimination" erlauben, absehen, gibt es zwei Methoden der Teilchenidentifizierung auf Grund der von Detektoren gelieferten Impulse.

1.5.1. Impulsformdiskrimination

Sowohl in den Ionisationsdetektoren als auch in den Szintillationsdetektoren kann die Anstiegszeit des Ausgangsimpulses von der spezifischen Ionisation (bzw. von der Reichweite) des nachgewiesenen Teilchens abhängen.

Wird in einem Ionisationsdetektor auf Grund der Absorption eines Energiebetrages E_0 eine bestimmte Ladungsmenge freigesetzt, so hängt die Sammelzeit dieser Ladungsmenge davon ab, auf welchen Dickenbereich sich die primär gebildete Ladungswolke erstreckt, also wie groß die Reichweite der Strahlung ist. Impulse gleicher Höhe können somit auf Grund unterschiedlicher Anstiegszeit verschiedenen Teilchen zugeordnet werden.

Im Zusammenhang mit Kernreaktionen besteht oft die Aufgabe, emittierte Kernteilchen zu identifizieren. Dazu kann z. B. auch ein Si(Li)-Detektor verwendet werden, da in diesem, ganz gleich wie in den gasgefüllten Ionisationsdetektoren, welche für diese Zwecke ein zu geringes Flächengewicht haben, die Anstiegszeit von der Reichweite bzw. spezifischen Ionisation abhängt. Die Verwendung von Halbleiter-Sperrschichtzählern zur Teilchenidentifizierung wird in 1.5.2. behandelt.

Bei Szintillatoren mit mehreren Abklingzeitkonstanten wirkt sich die spezifische Ionisation auf die Intensität der einzelnen Komponenten aus. Bei den Alkalihalogeniden ist dieses Verhältnis zusätzlich noch von der Konzentration des Aktivators abhängig. Durch die Anregung von Leuchtzentren längerer Lebensdauer infolge höherer spezifischer Ionisation wird die Sammlungszeit der freigesetzten Ladung größer, der Spannungsimpuls hat eine größere Anstiegszeit. Außerdem ist eine Abnahme der Szintillationsausbeute (bzw. der Impulshöhe) mit zunehmender spezifischer Ionisation festzustellen, d. h. die Alkalihalogenide arbeiten nicht streng energieproportional. Bei CsJ(Tl) wurde auch gezeigt, daß die spektrale Verteilung des vom Szintillator gelieferten Lichtes von der spezifischen Ionisation abhängt. In diesem Fall konnte durch Einfügen eines Farbfilters die Nachweiswahrscheinlichkeit der Untergrundstrahlung vermindert werden. Bei verschiedenen organischen Szintillatoren (z. B. Stilben, Anthrazen, NE 213 usw.) hat die schnelle Komponente eine Abklingzeit von 3 . . . 30 ns, während die nächstlangsamere eine solche zwischen 200 . . . 370 ns hat. Wieder ist bei größerer spezifischer Ionisation die schnelle Komponente benachteiligt, der Ausgangsimpuls hat also eine längere Anstiegszeit. Die Unterschiede in der Anstiegszeit liegen in der Praxis bei einigen 10^{-8} s.

Zur Trennung der Impulsgruppen mit jeweils gleicher spezifischer Ionisation werden folgende Methoden angewendet:

1. Die Subtraktionsmethode:

Die von der schnellen Komponente herrührende Ladung wird von der Gesamtladung abgezogen. Je größer die spezifische Ionisation ist, desto größer bleibt die relative Höhe des Restimpulses.

2. Die Divisionsmethode:

Das Verhältnis der Gesamtladung zu der Ladung, die nach einer bestimmten Zeit gesammelt wurde, wird zur Kennzeichnung der Teilchen verwendet.

3. Die Anstiegszeitmessung:

Die Anstiegszeit der Impulse wird gemessen, indem der zeitliche Abstand des Impulsbeginns vom Nulldurchgang des doppelt differenzierten Signals bestimmt wird. Da im allgemeinen nicht das Spektrum der Anstiegszeiten von Interesse ist, sondern nur die Unterscheidung von Impulsgruppen, deren Anstiegszeit sich mindestens um 10^{-8} s unterscheidet, ist die elektronische Diskrimination dieser Gruppen nicht übermäßig schwierig.

Anstiegszeitdiskrimination kann auch dazu dienen, Untergrund zu unterdrücken, selbst wenn dieser nicht von andersartiger Strahlung herrührt. So gelingt es z. B. bei NaJ(Tl)-Szintillationszählern, Rauschimpulse (die viel steiler sind) durch Anstiegszeitdiskrimination zu unterdrücken. Ähnliches gilt für störende Glasszintillationen, die ebenfalls kürzere Anstiegszeit als die NaJ(Tl)-Impulse haben. Eine weitere Anwendungsmöglichkeit besteht darin, daß man in Ionisationsdetektoren den Wandeffekt unterdrückt. Beim Wandeffekt handelt es sich darum, daß das geladene Teilchen nur einen Teil seiner Energie im aktiven Volumen deponiert, da seine Reichweite zu groß ist. Der Ausgangsimpuls des Detektors ist zu klein. Von gleich hohen Impulsen unterscheidet er sich dadurch, daß seine Anstiegszeit infolge der geringeren spezifischen Ionisation größer ist.

Auch die Impulse von Halbleiterdetektoren, die auf Grund des „Wandeffektes" zu klein sind, zeigen eine erhöhte Anstiegszeit, da die Ladungssammlung bei Randereignissen länger dauert.

Eine weitere Anwendung der Anstiegszeitdiskrimination besteht darin, daß man mit ihrer Hilfe aufgestockte Impulse von einer Zählung ausschließen kann. Das (zweite) Maximum einander (teilweise) überlappender Impulse, das als Summenimpuls die wahre Impulshöhenverteilung verfälscht, trifft später ein als bei echten Impulsen gleicher Höhe, die Anstiegszeit ist also zu lang.

1.5.2. Messungen mit einem $\mathrm{d}E/\mathrm{d}x$-Detektor

Wird ein Detektor so dünn gemacht, daß ein durchfliegendes geladenes Teilchen nur einen kleinen Bruchteil seiner Gesamtenergie in ihm abgibt, so ist die Impulsgröße am Detektorausgang proportional zur spezifischen Energieabgabe $\mathrm{d}E/\mathrm{d}x$. Wird nun in einem zweiten Detektor das geladene Teilchen gestoppt, so liefert dieser das energieproportinale Signal. Mit diesen beiden Signalen kann nun nach verschiedenen Methoden eine Aussage über die Art und die Gesamtenergie des Teilchens gemacht werden. Treten keine

Verluste durch Fenster usw. auf, so ist die Gesamtenergie die Summe der in den beiden Detektoren abgegebenen Energien E. In erster Näherung ist das Produkt der Teilchenmasse M mit dem Quadrat der Teilchenladung Z proportional zu $E\mathrm{d}E/\mathrm{d}x$, also

$$MZ^2 = k \cdot E\mathrm{d}E/\mathrm{d}x. \qquad [1.5.1]$$

Durch elektronische Multiplikation der beiden Ausgangsimpulse erhält man somit ein Signal, dessen Höhe proportional zu MZ^2 ist. Da die Gl. [1.5.1] nur näherungsweise gilt, ist ihre Anwendbarkeit beschränkt. Es gibt deshalb verschiedene bessere Näherungen, auf die wir jedoch hier nicht eingehen.

Als $\mathrm{d}E/\mathrm{d}x$-Detektoren finden heute vielfach Sperrschicht-Halbleiterzähler Verwendung, da sie gegenüber den Transmissionszählrohren den Vorteil haben, daß sie „fensterlos" sind (d. h. die Absorption in der inaktiven Schicht der Detektoroberfläche ist vernachlässigbar) und zuverlässiger arbeiten. Außerdem haben sie eine bessere Energieauflösung, erlauben höhere Zählraten (die Anstiegszeit der Impulse ist viel kleiner) und sind handlicher, da sie mechanisch viel dünner sind.

1.6. Literatur

1.6.1. Allgemeine Literatur

NEUERT, H.: Kernphysikalische Meßmethoden. Karlsruhe: Braun, 1966.

KURENT, V. und A. KUHN: Technik des Messens radioaktiver Strahlung. Leipzig: Akad. Verlagsges., 1960.

STOLL, P.: Experimentelle Methoden der Kernphysik. Heidelberger Taschenbücher. Berlin: Springer, 1966.

GRUHLE, W.: Elektronische Hilfsmittel des Physikers. Berlin: Springer, 1960.

SCHWENKHAGEN, H. F.: Wörterbuch Elektrotechnik und Elektronik. Essen: W. Girardet, 1966.

CHASE, R. L.: Nuclear pulse spectrometry. New York: McGraw Hill, 1961.

SNELL, A. H., Hrsg.: Nuclear instruments and their uses I. New York: Wiley, 1962.

FARLEY, F. J. M., Hrsg.: Progress in nuclear techniques and instrumentation. Amsterdam, 1965.

BECKURTS, K. H., W. GLÄSER and G. KRÜGER, Hrsg.: Automatic acquisition and reduction of nuclear data. Karlsruhe: Ges. f. Kernf., 1964.

BIRKS, J. B., Hrsg.: Proceedings of the Symposium on Nuclear Instruments. London: Heywood, 1962.

SIEGBAHN, K., Hrsg.: Alpha-, beta- and gamma-ray spectroscopy. Amsterdam: North-Holland, 1966.

BIRKS, J. B.: The theory and practice of scintillation counting. Oxford: Pergamon Press, 1964.

PRESTON, M. A.: Physics of the nucleus. Reading, Mass.: Addison-Wesley, 1962.

YUAN, L. C. L. and CH.-SH. WU, Hrsg.: Nuclear physics. New York: Academic Press, 1961 Bd. 1, 1963 Bd. 2.

EVANS, R. D.: The atomic nucleus. New York: McGraw Hill, 1955.

SEGRÉ, E., Hrsg.: Experimental nuclear physics. New York, 1953.

OLSEN, G. H.: Electronics: A general introduction for the non-specialist. London: Butterworth & Co., 1968.

FISHER, J. E. and H. B. GATLAND: Electronics, from theory into practice. Oxford: Pergamon, 1966.

MALMSTADT, H. V. and C. G. ENKE: Electronics for scientists. New York: Benjamin, 1963.

REICH, H. J., J. G. SKALNIK and H. L. KRAUSS: Theory and applications of active devices. Princeton: Van Nostrand, 1966.

SCHLABACH, T. D. and D. K. RIDER: Printed and integrated circuitry. New York: McGraw Hill, 1963.

THOMAS, H. E. and C. A. CLARKE: Handbook of electronic instruments and measurement techniques. Englewood Cliffs, New Jersey: Prentice Hall, 1967.

SARBACHER, R.: Encyclopedic dictionary of electronics and nuclear engineering. London: Prentice Hall, 1959.

GRAF, R. F.: Modern dictionary of electronics. Indianapolis: Sams, 1963.

MICHELS, W. M., R. C. HOYT, J. C. MAY et al.: The international dictionary of physics and electronics. Princeton: Van Nostrand, 1961.

1.6.2. Detektoren

ALLEN, W. D.: Neutron Detection. London: Newnes, 1960.

CURRAN, S. C. and J. D. CRAGGS: Counting tubes. London: Butterworth, 1949.

DEARNALEY, G. and D. C. NORTHROP: Semiconductor counters for nuclear radiation. London: Spon Ltd., 1966.

FÜNFER, E. und H. NEUERT: Zählrohre und Szintillationszähler. Karlsruhe: Braun, 1959.

JELLEY, J. V.: Cerenkov-radiation and its applications. London: Pergamon Press, 1958.

PRICE, W. J.: Nuclear radiation detection. New York: McGraw Hill, 1964.

ROSSI, B. and H. STAUB: Ionisation chambers and counters. New York: McGraw Hill, 1949.

RYBAKOV, B. V. and V. A. SIDOROV: Fast neutron spectroscopy. New York: Consultants Bureau Inc., 1960.

SHARPE, J.: Nuclear radiation detectors. New York: Wiley, 1964.

SHARPE, J.: Nuclear radiation measurement. London: Temple, 1960.

SHUTT, R. P.: Bubble and spark chambers. New York: Academic Press, 1967.

TAYLOR, J. M.: Semiconductor particle detectors. London: Butterworths, 1963.

WILKINSON, D. H.: Ionisation chambers and counters. London: Cambridge Univ. Press, 1950.

FERGUSON, A. T. G.: Recent advances in nuclear radiation detectors in "Nucl. structure and electromagnetic interactions". Hrsg. N. MACDONALD, p. 375—414. New York: Plenum Press, 1965.

DUUREN, K. VAN, A. J. M. JASPERS und J. HERMSEN: G. M.-Counters. Nucleonics **17**, Nr. 6, 86 (1959).

KREBS, A.: Szintillationszähler. Ergebn. exakt. Naturw. **27**, 361 (1953).

ALIAGA, D. and D. R. NICOLL: Recent developments in scintillation detectors. Nucl. Instr. Meth. **43**, 110 (1966).

SHARPE, J. and E. E. THOMSON: Photomultiplier tubes and scintillation counters. Proc. 2nd UN Intern. Conf. on the Peaceful Uses of Atomic Energy, Band 14, 311, Genf, 1958.

BAUER, R. W. and R. C. WEINGART: Scintillation characteristics of thin NaI(Tl) and CsI(Tl) layers fabricated by vacuum deposition. IEEE Trans. Nucl. Sci. NS **15**/3, 147 (1968).

MOTT, W. E. and R. B. SUTTON: Scintillation and Cerenkov counters. Handbuch der Physik **45**, 86 (1958), Hrsg. S. FLÜGGE. Berlin: Springer.

HUTCHINSON, G. W.: Cerenkov detectors. Progr. Nucl. Phys. **8**, 195 (1960).

THORN, R.: Electronic equipment for a Cerenkov radiation detector. Nucl. Instr. Meth. **23**, 237 (1963).

CZULIUS, W., H. D. ENGLER und H. KUCKUCK: Halbleitersperrschicht-Zähler. Ergebn. exakt. Naturw. **34**, 236 (1962).

JUNGCLAUSEN, H.: Halbleiterdetektoren und ihre Anwendung. Kernenergie **8**, 514 (1965).

MEYER, O. und H. J. LANGMANN: Herstellung und Untersuchung von dicken basisfreien Oberflächen-Sperrschicht-Zählern. Nucl. Instr. Meth. **39**, 119 (1966).

GOULDING, F. S.: Semiconductor detectors for nuclear spectroscopy. Nucl. Instr. Meth. **43**, 1 (1966).

NORTHROP, D. C. and O. SIMPSON: Semiconductor counters I. Theory. Proc. Phys. Soc. **80**, pt. 1, No. 513, 262 (1962).

MILLER, G. L., W. M. GIBSON and P. F. DONOVAN: Semiconductor particle detectors. Ann. Rev. Nucl. Sci. **12**, 189 (1962).

BOSCH, H., F. KRMPOTC and A. PLASTINO: Beta spectroscopy with solid state detectors. Nucl. Instr. and Meth. **23**, 79 (1963).

MAYER, J. W.: Semiconductor detectors for nuclear spectrometry. Nucl. Instr. Meth. **43**, 55 (1966).
TRÜMPER, J.: Die Funkenkammer. Kerntechnik **8**, 184 (1966).
BELITZ, W. J.: Zum Mechanismus der Korona-Funkenzähler. Atomkernenergie **8**, 17 (1963).
RAHN, A.: Ansprechvermögen von Korona-Funkenzählern. Atomkernenergie **8**, 24 (1963).
HENNING, P. G.: Die Ortsbestimmung geladener Teilchen mit Hilfe von Funkenzählern. Atomkernenergie **2**, 81 (1957).
WENZEL, W. A.: Spark Chambers. Ann. Rev. Nucl. Sci. **14**, 205 (1964).
WENZEL, W. A.: Recent developments in spark chambers. IEEE Trans. Nucl. Sci. NS **13**/3, 34 (1966).
RUTHERGLEN, J. G.: Spark Chambers. Progr. Nucl. Phys. **9** (1964).
KAWATA, S. and T. ARAGATI: Multiple-wire spark counters for counting alpha-particles and neutrons. Nuovo Cim. **22**, 875 (1961).
EL-NADI, A. and F. M. ALY: Characteristics of spark counters. J. Scient. Instr. **36**, 434 (1959).
CHARPAK, G., L. MASSONNET and J. FAVIER: The development of spark chamber techniques. Progress in Nuclear Techniques and Instrumentation. Hrsg. F. J. M. FARLEY, Bd. I, 321, Amsterdam, 1965.

1.6.3. Statistische Grundlagen

EVANS, R. D.: Statistical fluctuations in nuclear processes, p. 761 von Methods of Experimental Physics, Band 5 B. Hrsg. L. C. L. YUAN and C.-S. WU. New York: Academic Press, 1963.
HAHN, G. J. and S. S. SHAPIRO: Statistical models in engineering. New York: Wiley, 1967.
FELLER, W.: An introduction to probability theory and its applications. New York: Wiley, 1957.
HELSTROM, C. W.: Statistical theory of signal detection. New York: Pergamon, 1960.
MAIER-LEIBNITZ, H.: Statistische Schwankungen und optimale Übertragungsfunktionen beim Zählhäufigkeitsmesser (counting rate meter). Z. angew. Phys. **9**, 57 (1957).
DELOTTO, I., P. F. MANFREDI and P. PRINCIPI: Some considerations on counting statistics. Nucl. Instr. Meth. **30**, 351 (1964).
DELOTTO, I., P. F. MANFREDI and P. PRINCIPI: Counting statistics and dead-time losses. Energia Nucl. (Mailand) **11**, 557 (1964) und **11**, 599 (1964).
COHN, C. E.: The effect of deadtime on counting errors. Nucl. Instr. Meth. **41**, 338 (1966).
RAINWATER, J. and C. S. WU: Application of probability theory to nuclear particle detection. Nucleonics **1**, 60 (1947).
ALAOGLU, L. and N. M. SMITH: Statistical theory of a scaling circuit. Phys. Rev. **53**, 832 (1938).
ELMORE, W. C.: Statistics of counting. Nucleonics **6**, 26 (1950).

1.6.4. Energieauflösung (s. auch 1.6.1, 1.6.2 und 4.7.3)

AITKEN, D. W.: Recent advances in X-ray detection technology. IEEE Trans. Nucl. Sci. NS **15**/3, 10 (1968).
KLEIN, C. A.: Semiconductor particle detectors: A reassessment of the Fano factor situation. IEEE Trans. Nucl. Sci. NS **15**/3, 214 (1968).
MANN, H. M.: Ge-gamma-ray-spectrometers. IEEE Trans. Nucl. Sci. NS **14**/6, 10 (1967).
CHARLES, M. W. and B. A. COOKE: Proportional counter resolution. Nucl. Instr. Meth. **61**, 31 (1968).
STRAUSS, M. G., J. S. SHERMAN, R. BRENNER, S. J. RUDNICK, R. N. LARSEN and H. M. MANN: High resolution Ge(Li) spectrometer for high input rates. Rev. Sci. Instr. **38**, 725 (1967).
BILGER, H. R.: Fano factor in Ge at 77°K. Phys. Rev. **163**, 238 (1967).
ALKHAZOV, G. D., A. P. KOMAR and A. A. VOROBJEV: Ionization fluctuations and resolution of ionization chambers and semiconductor detectors. Nucl. Instr. Meth. **48**, 1 (1967).
DAY, R. B., G. DEARNALEY and J. M. PALMS: Noise, trapping and energy resolution in semiconductor gamma-ray spectrometers. IEEE Trans. Nucl. Sci. NS **14**, 487 (1967).
BERTOLACCINI, M., C. BUSSOLATI, S. COVA, S. DONATI and V. SVELTO: Statistical behaviour of the scintillation counter: Experimental results. Nucl. Instr. Meth. **51**, 325 (1967).
RUGE, J. und P. EICHINGER: Zur Bestimmung des Fano-Faktors von Ge(Li)-Detektoren. Z. Naturf. **21 a**, 2083 (1966).

HEATH, R. L., W. W. BLACK and J. E. CLINE: Designing semiconductor systems for optimum performance. Nucleonics **24**/5, 52 (1966).

GLOS, M. B.: Improved detectors and circuits spur nuclear-particle research. Nucleonics **24**/5, 44 (1966).

HEATH, R. L., W. W. BLACK and J. E. CLINE: Instrumental requirements for high-resolution gamma-ray spectrometry using Li-drifted Ge-detectors. IEEE Trans. Nucl. Sci. NS **13**/3, 445 (1966).

BILGER, H. R.: Optimum energy resolution of semiconductor radiation detectors with pre-amplifiers using tubes, FETs and bipolar transistors. Nucl. Instr. Meth. **40**, 54 (1966).

ANTMAN, S. O. W., D. A. LANDIS and R. H. PEHL: Measurements of the Fano factor and the energy per hole-electron pair in Ge. Nucl. Instr. Meth. **40**/2, 272 (1966).

BERTOLACCINI, M.: The problem of optimum signal to noise ratio in amplitude measurements. Nucl. Instr. Meth. **41**, 173 (1966).

MANN, H. M., H. R. BILGER and I. S. SHERMAN: Observations on the energy resolution of Ge-detectors for 0,1—10 MeV gamma-rays. IEEE Trans. Nucl. Sci. NS **13**/3, 252 (1966).

KALBITZER S., W. MELZER, J. KEMMER und P. WALTHER: Ein hochauflösendes Gamma-Spektrometer mit einem Ge(Li)-Detektor und einem Feldeffekt-Transistor-Vorverstärker. Z. Naturf. **21 a**, 1178 (1966).

BRINKMANN, E.: Messungen zur Ansprechwahrscheinlichkeit und Impulshöhenverteilung eines SEV. Z. Phys. **192**, 340 (1966).

NEILER J. H. and P. R. BELL: The scintillation method. Alpha-, beta- and gamma-spectrometry. Hrsg. K. SIEGBAHN, p. 245. Amsterdam: North-Holland, 1966.

NARAYAN, G. H. and J. R. PRESCOTT: Linewidths in NaI(Tl) scintillation counters for low-energy gamma-rays. IEEE Trans. Nucl. Sci. NS **13**/3, 132 (1966).

ALKHAZOV, G. D., A. A. VORBJEV and A. P. KOMAR: On the maximum resolving power of semiconductor detectors. Izv. Akad. Nauk, SSSR, Ser. Fiz. **29**, 1227 (1965).

ROOSBROECK, W. VAN: Theory of the yield and Fano factor of electron-hole pairs generated in semiconductors by high-energy particles. Phys. Rev. **139**, A 1702 (1965).

EWAN, G. T. and A. J. TAVENDALE: High-resolution studies of gamma-ray spectra using Li-drift Ge gamma-ray spectrometers. Canad. J. Phys. **42**/3, 2286 (1964).

THIEBERGER, P., E. C. O. BONACALZA and H. RYDE: Experimental determination of the influence of nonproportional response of NaI(Tl) crystals upon the resolution of scintillation detectors. Proc. Symp. Nuclear Instr., Hrsg. J. B. BIRKS. London: Heywood & Co., 1962, p. 54.

GAETA, R. and F. MANERO: Characteristics of Dumont 6292 PM tubes. Proc. 2nd UN Internat. Conf. on the Peaceful Uses of Atomic Energy, Band 14, 331, Genf 1958.

BISI, A. and L. ZAPPA: Statistical spread in pulse size of the scintillation spectrometer. Nucl. Instr. **3**, 17 (1958).

BISI, A. and L. ZAPPA: Statistical spread in pulse size of the proportional counter spectrometer. Nuovo Cim. **2**, 988 (1955).

MOYAL, J. E.: Theory of ionization fluctuations. Phil. Mag. **46**, 263 (1955).

FANO, U.: Ionization yield of radiations II. The fluctuations of the number of ions. Phys. Rev. **72**/1, 26 (1947).

1.6.5. Koinzidenzmessungen und Zeitauflösung (s. auch 1.6.1, 1.6.2 und 6.6.8)

EL-WAHAB, M. A., M. SAKKA and M. A. EL-SALAM: Minimum time resolution in scintillation counters. Nucl. Instr. Meth. **59**, 344 (1968).

FOUAN, J. P. and J. P. PASSERIEUX: A time compensation method for coincidences using large coaxial Ge(Li) detectors. Nucl. Instr. Meth. **62**, 327 (1968).

OGATA, A., S. J. TAO and J. H. GREEN: Recent developments in measuring short time intervals by time-to-amplitude converters. Nucl. Instr. Meth. **60**, 141 (1968).

NEILER, J. H. and W. M. GOOD: Time of flight techniques. Fast-neutron physics. Hrsg. J. B. MARION und J. L. FOWLER, New York: Interscience Publ., 1960.

JONES, G. and P. H. R. ORTH: Time resolution and pulse shapes in zero crossover timing. Nucl. Instr. Meth. **59**, 309 (1968).

BELL, J. and M. N. G. A. KHAN: A transistorized time-to-amplitude converter for positron lifetime measurements in solids. Nucl. Instr. Meth. **59**, 314 (1968).

COCCHI, M. and A. ROTA: Some remarks on the scintillator-PM system analysis for timing. Nucl. Instr. Meth. **55**, 365 (1967).

BERLOVICH, E. YE. and V. V. LUKASHEVICH: On lifetime measurements in the ps range using coincidence technique. Nucl. Instr. Meth. **55**, 323 (1967).

BERTOLINI, G., M. COCCHI, V. MANDL and A. ROTA: Time resolution measurements with fast photomultipliers. IEEE Trans. Nucl. Sci. NS **13**/3, 119 (1966).

WIEBER, D. L. and H. W. LEFEVRE: An amplitude-independent nanosecond timing discriminator for fast photo-multipliers. IEEE Trans. Nucl. Sci. NS **13**/1, 406 (1966).

GATTI, E. and V. SVELTO: Review of theories and experiments of resolving time with scintillation counters. Nucl. Instr. Meth. **43**, 246 (1966).

GATTI, E. and V. SVELTO: Synthesis of an optimum filter for timing scintillation pulses. Nucl. Instr. Meth. **39**, 309 (1966).

YATES, E. C. and D. G. CRANDALL: Decay times of commercial organic scintillator. IEEE Trans. Nucl. Sci. NS **13**/3, 153 (1966).

LYNCH, F. J.: Improved timing with NaI(Tl). IEEE Trans. Nucl. Sci. NS **13**/3, 140 (1966).

GRAHAM, R. L., I. K. MACKENZIE and G. T. EWAN: Timing characteristics of large coaxial Ge(Li) detectors for coincidence experiments. IEEE Trans. Nucl. Sci. NS **13**/1, 72 (1966).

EWAN, G. T., R. L. GRAHAM and I. K. MACKENZIE: Use of Ge(Li)detectors in gamma-gamma coincidence experiments. IEEE Trans. Nucl. Sci. NS **13**/3, 297 (1966).

GRUNBERG, J. and L. TEPPER: Fast timing circuits using storage diodes. IEEE Trans. Nucl. Sci. NS **13**/1, 389 (1966).

HENEBRY, W. M. and A. RASIEL: Design features of a start-stop time-to-amplitude converter. IEEE Trans. Nucl. Sci. NS **13**/2, 64 (1966).

HYMAN, L. G.: Time resolution in PM systems. Rev. Sci. Instr. **36**, 193 (1965).

BERTOLACCINI, M., S. COVA and C. BUSSOLATI: A fast coincidence system for low energy gamma-ray spectroscopy. Nucl. Instr. Meth. **37**, 297 (1965).

HARLING, O. K.: Detector time jitter in ^{3}He- and BF_3 proportional counters. Nucl. Instr. Meth. **34**, 141 (1965).

KRUSCHE, A., D. BLOESS and F. MÜNNICH: Nanosecond lifetime measurements with a fast gaseous counter. Nucl. Instr. Meth. **33**, 169 (1965).

GATTI, E. and V. SVELTO: Coincidence circuits and timesorters. Nucleonics **23**/7, 62 (1965).

GRANT, I. S.: The optimization of half-life counting experiments. Nucl. Instr. Meth. **36**, 289 (1965).

GATTI, E. and V. SVELTO: Revised theory of time resolution in scintillation counters. Nucl. Instr. Meth. **30**, 213 (1964).

HYMAN, L. G., R. M. SCHWARCZ and R. A. SCHLUTER: Study of high speed photomultiplier systems. Rev. Sci. Instr. **35**, 393 (1964).

PRESEN, G., A. SCHWARZSCHILD, I. SPIRN and N. WOTHERSPOON: Fast delayed coincidence technique: The XP 1020 photomultiplier and limits of resolving times due to scintillation characteristics. Nucl. Instr. Meth. **31**, 71 (1964).

EULING, R.: Statistics of time in photomultiplication. J. Appl. Phys. **35**, 1391 (1964).

FELDMAN, M.: Photomultiplier transit times. Rev. Sci. Inst. **35**, 1238 (1964).

WILLIAMS, C. W. and J. A. BIGGERSTAFF: Subnanosecond timing with semiconductor detectors. Nucl. Instr. Meth. **25**, 370 (1964).

BLAUGRUND, A. E. and Z. VAGER: A time-to-pulse-height converter with simultaneous random coincidence subtraction. Nucl. Instr. Meth. **29**, 131 (1964).

BRUNNER, W.: Die natürliche Grenze der Kurzzeitmessung mit verzögerter Koinzidenz. Nucl. Instr. Meth. **30**, 109 (1964).

BARTL, W. and P. WEINZIERL: Experimental investigation on the limits of time resolution in scintillation counters. Rev. Sci. Inst. **34**, 252 (1963).

STRAUSS, M. G.: Timing slow pulses for fast coincidence measurements. Rev. Sci. Instr. **34**, 1248 (1963).

SCHWARZSCHILD, A.: A survey of the latest developments in delayed coincidence measurements. Nucl. Instr. Meth. **21**, 1 (1963).

BONITZ, M.: Modern multichannel time analyzers in the ns range. Nucl. Instr. Meth. **22**, 238 (1963).

GATTI E., F. VAGHI and E. ZAGIO: A fast coincidence with slow scintillators. Nuclear Electronics III, p. 105, IAEA, Wien 1962.

GATTI, E. and V. SVELTO: Time resolution in scintillation counters. Proc. Symp. on Nucl. Instr., Hrsg. J. B. BIRKS. London: Heywood & Co., 1962, p. 35.

GATTI, E. and V. SVELTO: Theory of time resolution in scintillation counters. Nucl. Instr. Meth. **4**, 189 (1959).

BENEDETTI, S. DE and R. W. FINDLEY: The coincidence method, Handbuch der Physik **45**, 222 (1958), Hrsg. S. FLÜGGE. Berlin: Springer.

ZAVOISKY, E. K. and G. E. SMOLKIN: An investigation of the time-resolving power of parallel-plate spark counters. J. Nucl. Energy **4**, 353 (1957).

KERNS, Q. A.: Improved time response in scintillation counting. IRE Trans. Nucl. Sci. NS **3**/4, 114 (1956).

1.6.6. Teilchenidentifizierung und Impulsformdiskrimination (s. auch 1.6.1, 1.6.2 und 5.9.5)

KUCHNIR, F. T. and F. J. LYNCH: Time dependence of scintillations and the effect on pulse shape discrimination. IEEE Trans. Nucl. Sci. NS **15**/3, 107 (1968).

JONES, D. W.: A new circuit for pulse shape discrimination. IEEE Trans. Nucl. Sci. NS **15**/3, 491 (1968).

ABE, K., N. KAWAMURA and N. MUTSURO: Pulse shape discrimination with a p-i-n solid state detector. Nucl. Instr. Meth. **63**, 105 (1968).

MILLER, T. G.: Measurement of pulse shape discrimination parameters of several scintillators. Nucl. Instr. Meth. **63**, 121 (1968).

SABBAH, B. and A. Suhami: An accurate pulse-shape discriminator for a wide range of energies. Nucl. Instr. Meth. **58**, 102 (1968).

JOHNSON, F. A.: A pulse-shape-discrimination circuit of wide range and high sensitivity. Nucl. Instr. Meth. **58**, 134 (1968).

BESENMATTER, W., M. DROSG und P. WEINZIERL: Ein Anstiegszeitdiskriminator für Proportionalzählrohre. Acta Phys. Austr. **28**, 46 (1968).

TAMM, U., W. MICHAELIS and P. COUSSIEU: A pulse shape discrimination for Li-drifted Ge-diodes. Nucl. Instr. Meth. **48**, 301 (1967).

BLIGNAUT, E., W. R. MCMURRAY and A. BOTTEGA: A time-of-flight particle identification system. Nucl. Instr. Meth. **51**, 102 (1967).

HOMEYER, H.: A note on $\Delta E \times E$ particle discrimination. Nucl. Instr. Meth. **56**, 355 (1967).

CAINI, V. and P. FORTI: A transistorized particle identifier. IEEE Trans. Nucl. Sci. NS **13**/2, 10 (1966).

GOULDING, F. S., D. A. LANDIS, J. CERNY and R. H. PEHL: An improved particle identifier for studies of low-yield nuclear reactions. IEEE Trans. Nucl. Sci. NS **13**/3, 514 (1966).

STRAUSS, M. G., R. N. LARSEN and L. L. SIFTER: Pulse-shape distributions from gamma-rays in Li-drifted Ge-detectors. IEEE Trans. Nucl. Sci. NS **13**/3, 265 (1966).

SIFFERT, P. and A. COCHE: Low energy alpha-p pulse-shape discrimination with silicon surface barrier detectors. IEEE Trans. Nucl. Sci. NS **13**/1, 757 (1966).

SCHWEIMER, W.: A circuit for pulse shape discrimination. Nucl. Instr. Meth. **39**, 343 (1966).

SIEMER, J. und R. LANGKAU: Untersuchung des Szintillationsverhaltens von CsJ im Hinblick auf die Anwendung zur Teilchendiskriminierung. Z. Naturf. **21 a**/12, 2089 (1966).

KOOTSEY, J. M.: Particle discrimination system for nuclear reactions studies. Nucl. Instr. Meth. **35**, 141 (1965).

LEGG, J. C.: Particle identification using a single counter. Nucl. Instr. Meth. **36**, 343 (1965).

JACKSON, H. E. and G. E. THOMAS: Boron-loaded neutron detector with very low gamma-ray sensitivity. Rev. Sci. Instr. **36**, 419 (1965).

LANDIS, D. A. and F. S. GOULDING: Separation of noise from scintillation pulses. Nucl. Instr. Meth. **33**, 303 (1965).

NADAV, E. and B. KAUFMAN: A pulse shape discriminator with a tunnel-diode zero-crosser. Nucl. Instr. Meth. **33**, 289 (1965).

BASSE, R., W. KESSEL and G. MAJONI: Improved pulse shape discriminator. Nucl. Instr. Meth. **34**, 169 (1965).

FÜLLE, R., G. MATHE and D. NETZBAND: A method for pulse shape discrimination. Nucl. Instr. Meth. **35**, 250 (1965).

LANDIS, D. and F. S. GOULDING: The application of pulse-shape discrimination to separating phototube noise pulse from scintillation pulses. Nucl. Instr. Meth. **33**, 303 (1965).

BASS, R., W. KESSEL and G. MAJONI: Pulse shape discriminator for particle separation and pile-up suppression. Nucl. Instr. Meth. **30**, 237 (1964).

MATHE, G. and B. SCHLENK: Pulse-shape discrimination method for particle identification. Nucl. Instr. Meth. **27**, 10 (1964).

SWENSON, L. W.: A charged particle identification system with broad energy range. Nucl. Instr. Meth. **31**, 269 (1964).

TAKAMI, Y. and M. HOSOE: Statistical problem in pulse shape discrimination technique. Nucl. Instr. Meth. **31**, 347 (1964).

ROUSH, M. L., M. A. WILSON and W. F. HORNYAK: Pulse shape discrimination. Nucl. Instr. Meth. **31**, 112 (1964).

SUHAMI, A. and D. OPHIR: On pulse shape discrimination in anthracene. Nucl. Instr. Meth. **30**, 141 (1964).

GOULDING, F. S., D. A. LANDIS, J. CERNY and R. H. PEHL: A new particle identifier technique for $Z = 1$ and $Z = 2$ particles in the energy range > 10 MeV. Nucl. Instr. Meth. **31**, 1 (1964).

HJORTH, S.: A simple charged particle identification system. Ark. Fys. **25**, 131 (1964).

AMMERLAAN, C. A. J., R. F. RUMPHORST and L. A. CH. KOERTS: Particle identification by pulse shape discrimination in the p-i-n type semiconductor. Nucl. Instr. Meth. **22**, 189 (1963).

SCHEER, J. A.: Pulse discrimination with solid state detectors. Nucl. Instr. Meth. **22**, 45 (1963).

OWEN, R. B.: Pulse shape discrimination — A survey of current techniques. IRE Trans. Nucl. Sci. NS **9**/**3**, 285 (1962).

LANGKAU, R., H. NEUERT und H. WALTER: Teilchendiskriminierung mit KJ(Tl)-Szintillatoren. Z. Naturf. **17 a**, 441 (1962).

FORTE, M., A. KONSTA and C. MARANZANA: Electronic methods for discriminating scintillation shapes in nuclear electronics. II. Proc. Conf. on Nuclear Electronics, International Atomic Energy Agency, Wien, 1962.

ELLIOTT, J. H. and R. H. PEHL: Thin semiconductor transmission counter system for nuclear particle detection. Rev. Scient. Instr. **33**, 713 (1962).

BORMANN, M., R. LANGKAU, G. LINDSTRÖM, H. NEUERT und J. WARNCKE: Teilchendiskriminierung mit Szintillationszählern. Nukleonik **3**, 85 (1961).

SCHMILLEN, A. und K. KRAMER: Fluoreszenzabklingdauer von einigen aromatischen Kohlenwasserstoffen bei Alpha-Strahlanregung. Z. Naturf. **16 a**, 1192 (1961).

BOLLINGER, L. M. and G. E. THOMAS: Measurement of the time dependence of scintillation intensity by a delayed-coincidence method. Rev. Scient. Instr. **32**, 1044 (1961).

TANASESCU, T.: Pulse shape in scintillation counters. IRE Trans. Nucl. Sci. NS **7**, Nr. 2—3, 39 (1960).

BORMANN, M., G. ANDERSSON-LINDSTRÖM, H. NEUERT und H. POLLEHN: Fluoreszenzabklingzeiten in Tl-aktivierten anorganischen Szintillationskristallen für Teilchen verschiedener Ionisierungsdichte. Z. Naturf. **14 a**, 681 (1959).

FORTE, M.: Possibilities of discrimination between particles of different kinds by means of organic scintillator detectors. Proc. 2nd UN Internat. Conf. on the Peaceful Uses of Atomic Energy, Band 14, 300, Genf 1958.

2. Grundlagen der Impulstechnik

Die elektronischen Probleme der Kernphysik sind dadurch gekennzeichnet, daß es sich hier meistens um die Verarbeitung statistisch einlangender Einzelimpulse handelt und daher nicht, wie in vielen anderen Gebieten der Elektronik, regelmäßige Wellenzüge vorliegen. Die Impulsform ist primär vom Detektor her bestimmt und wird bewußt so geändert, daß die gewünschte Information optimal abgeleitet werden kann. So ist die bewußte Impulsformung z. B. davon abhängig, ob vor allem genaue Auskunft über die im Detektor freigesetzte Ladungsmenge oder über den Zeitpunkt des Ereignisses im Detektor erhalten werden soll. Bei fast allen auf eine bloße Zählung hinauslaufenden Operationen (also in digitalen Schaltungen) werden normierte Impulsformen verwendet. Am häufigsten geschieht dies durch eine Normierung der Höhe und der Länge in Form von „Rechteckimpulsen". Die große Bedeutung der Rechteckimpulse beruht nicht zuletzt darauf, daß ihr Verhalten besonders leicht zu durchschauen ist und eine Übertragung der durch sie gewonnenen Einsichten auf anders geformte Impulse oft ohne große Schwierigkeiten gelingt. Deshalb werden wir uns zunächst hauptsächlich mit dem Verhalten elektronischer Netzwerke gegenüber Rechteckimpulsen beschäftigen. Zuerst wollen wir jedoch kurz die elektronische Terminologie erläuternd einführen.

2.1. Elementare Netzwerkanalyse

2.1.1. Allgemeine Grundlagen

Als Ausgangspunkt unserer Betrachtungen nehmen wir die elektrische Ladung q (die aus einzelnen Elementarquanten besteht), da die Information im Detektor durch die freigesetzte Ladung gegeben ist. Als Einheit der Ladung wird 1 Coulomb ($\approx 6{,}2 \cdot 10^{18}$ Elementarquanten) genommen.

Unter dem Strom i versteht man den Fluß der Ladungsmenge $\mathrm{d}q$ während des Zeitelements $\mathrm{d}t$

$$i = \frac{\mathrm{d}q}{\mathrm{d}t} \qquad [\mathrm{A}]. \tag{2.1.1}$$

Die Einheit des Stromes ist 1 Ampere = 1 Coulomb/s.

Unter Spannung (oder Potentialdifferenz) u zwischen zwei Punkten versteht man jene Arbeit $\mathrm{d}A$, die notwendig ist, um $\mathrm{d}q$ von dem einen Punkt zum anderen zu verschieben.

$$u = \frac{\mathrm{d}A}{\mathrm{d}q} \quad [\mathrm{V}]. \qquad [2.1.2]$$

Die Einheit der Spannung ist 1 Volt = 1 Joule/Coulomb.

Spannungen und Ströme werden durch große Buchstaben gekennzeichnet, wenn es sich um zeitlich konstante, d. h. feste Werte handelt. Ändern sie sich jedoch in der Zeit, so werden Kleinbuchstaben benützt. Nach einer Konvention, die in der gesamten Elektrotechnik gilt, ist die Stromrichtung allgemein durch die Bewegungsrichtung positiver Ladungsträger festgelegt, gleichgültig, durch welche Ladungsträger der Strom physikalisch zustande kommt.

Auch beim Zeichnen von Schaltungen ist die Berücksichtigung der technischen Stromrichtung meistens angebracht. Dabei werden die Versorgungsspannungen ihrer Größe nach so geordnet, daß der Strom durch die Schaltelemente von oben nach unten fließt. Diese Vorgangsweise hat sich, besonders seit dem Einsatz komplementärer Transistoren, weitgehend durchgesetzt, da sie besonders bei der Untersuchung der Ströme Zeit spart. Bei der Analyse oder beim Entwurf elektronischer Schaltungen genügt es nämlich nicht mehr, sich auf die Spannungszustände an den verschiedenen Punkten der Schaltung zu beschränken. Vielmehr sind in vielen Fällen auch der Stromverlauf und die Speicherung von Ladung zu berücksichtigen, um zu einem vollen Verständnis der Schaltung zu gelangen. Die Scheu, eine Schaltung „strommäßig“ zu überdenken, ist einesteils historisch bedingt (Steuerung von Elektronenröhren durch Spannung), andererseits dadurch, daß mit dem Kathodenstrahloszillographen (dem wichtigsten Werkzeug des Elektronikers) direkt nur Spannungen gemessen werden.

2.1.2. Elektronische Systeme mit zwei Anschlüssen

Elektronische Systeme können im allgemeinen in Teilsysteme aufgegliedert werden, die aus drei Elementen bestehen: aus einem Generator, der die Information in Form elektrischer Signale liefert, aus einem Umwandler, der die vom Generator gelieferten Signale in spezifischer Weise umformt, und aus dem Verbraucher, der die Information auswertet (Abb. 2.1.1).

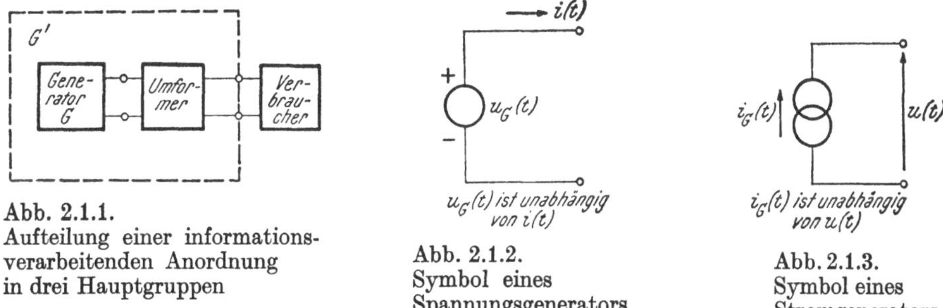

Abb. 2.1.1. Aufteilung einer informationsverarbeitenden Anordnung in drei Hauptgruppen

Abb. 2.1.2. Symbol eines Spannungsgenerators

Abb. 2.1.3. Symbol eines Stromgenerators

Während der Umwandler vier Anschlüsse hat und deshalb „Vierpol“ genannt wird, gehören der Generator und der Verbraucher mit ihren je zwei Anschlüssen zu den „Zweipolen“.

2.1.2.1. Einfache, idealisierte Zweipole

Das Verhalten realer elektronischer Elemente kann durch Kombination der Eigenschaften der unten besprochenen idealen Zweipole linear approximiert werden. Wir unterscheiden aktive und passive Zweipole.

A. *Aktive Zweipole* sind Quellen elektrischer Energie. Zu ihnen gehören:

a) *Die Spannungsquelle*: Sie hält an ihren Klemmen die Spannung $u_G(t)$ aufrecht, unabhängig vom angeschlossenen Netzwerk, d. h. vom entnommenen Strom (s. Abb. 2.1.2).

b) *Die Stromquelle*: Der von ihr gelieferte (bzw. durch sie fließende Strom) $i_G(t)$ ist von der Spannung, die an ihren Klemmen liegt (d. h. auch von der Belastung), unabhängig (s. Abb. 2.1.3).

Im allgemeinen sind i_G und u_G mit der Zeit veränderlich. Dann deutet der Pfeil bzw. die angegebene Polung nur an, wie die augenblickliche Polarität am Generator ist.

B. *Passive Zweipole* sind Senken oder Reservoirs elektrischer Energie. Zu ihnen gehören:

a) *Der konstante Widerstand*: Er heißt auch ohmscher Widerstand R, da er nach dem Ohmschen Gesetz (s. 2.1.3.1) der Proportionalitätsfaktor zwischen Strom und Spannung ist.

$$R = u/i \qquad [\Omega]. \tag{2.1.3}$$

Die Einheit des Widerstandes ist 1 Ohm = 1 Volt/Ampere.
Der Kehrwert des Widerstandes R ist der Leitwert Y

$$Y = \frac{1}{R} \qquad [\mathrm{S}] \tag{2.1.4}$$

mit der Einheit 1 Siemens (bzw. mho) = 1 Ampere/Volt.

Die wesentliche Charakteristik des ohmschen Widerstandes R ist seine Unabhängigkeit von der Größe des durch ihn fließenden Stroms ($\mathrm{d}R/\mathrm{d}i = 0$). Dies führt zu einer linearen Beziehung zwischen Strom und Spannung (lineares Schaltelement).

Der ideale Widerstand R hat keinerlei energiespeichernde Eigenschaften, sondern er ist ein reiner Verbraucher elektrischer Energie. Die Verlustleistung N ergibt sich zu

$$N = i \cdot u = i^2 \cdot R = u^2/R \qquad [\mathrm{W}]. \tag{2.1.5}$$

Die Einheit der elektrischen Leistung ist 1 Watt = 1 Volt · Ampere.

b) *Die konstante Kapazität*: Sie ist ein Zweipol, bei dem das Verhältnis zwischen Ladung und Spannung konstant ist. Die Proportionalitätskonstante ist die Kapazität C

$$C = \frac{q}{u} \qquad [\mathrm{F}]. \tag{2.1.6}$$

Ihre Einheit ist 1 Farad = 1 Coulomb/Volt. Die Kapazität wirkt als Speicher elektrischer Energie in Form des in ihr bestehenden elektrischen Feldes.

c) *Die konstante Induktivität*: In diesem Zweipol ist das Verhältnis von Spannung zu zeitlicher Stromänderung konstant.

$$L = u \Big/ \frac{di}{dt} \quad [\mathrm{H}]. \qquad [2.1.7]$$

Die Proportionalitätskonstante L heißt Selbstinduktivität mit der Einheit 1 Henry = 1 Volt · Sekunde/Ampere. Die Induktivität speichert elektrische Energie in Form des in ihr aufgebauten magnetischen Feldes.

2.1.3. Elektrodynamische Grundgesetze

Eine strenge Behandlung elektronischer Netzwerke im Sinne einer Lösung der Maxwellschen Gleichungen erweist sich nur in Ausnahmefällen, wie z. B. bei koaxialen Impulskabeln, als notwendig und durchführbar. Die praktische Netzwerktheorie wird unter weitgehend vereinfachenden Annahmen aufgebaut.

2.1.3.1. Stationäre Probleme

Unter stationären Problemen versteht man in der Elektrodynamik diejenigen, bei denen der Strom in allen Teilen des betrachteten Netzwerkes zeitlich konstant ist, d. h. $di/dt = 0$. Der zeitlich konstante Strom I erzeugt an einem ohmschen Widerstand R eine Spannung U, die nach dem Ohmschen Gesetz folgender Beziehung genügt

$$U = R \cdot I. \qquad [2.1.8]$$

Außerdem gelten für alle Leitersysteme im stationären Zustand die beiden Kirchhoffschen Sätze:

$$\Sigma I_{zu} = \Sigma I_{ab}, \qquad [2.1.9\ \mathrm{a}]$$

$$\sum_n I_n R_n = \sum_n E_n. \qquad [2.1.9\ \mathrm{b}]$$

Nach dem 1. Kirchhoffschen Satz ist in jedem Verzweigungspunkt (Knoten) des Netzwerkes die Summe der zufließenden gleich der der abfließenden Ströme. Der 2. Kirchhoffsche Satz gilt für alle in sich geschlossenen Leiterkreise (die ,,Maschen" des Netzwerkes) und besagt, daß die Summe aller Spannungsabfälle an den Widerständen R_n, hervorgerufen durch Stromflüsse I_n, gleich der Summe aller in den betreffenden Leiterkreisen vorhandenen elektromotorischen Kräfte E_n ist. Die beiden Kirchhoffschen Sätze liefern damit für jedes System von Leitern ein simultanes, lineares Gleichungssystem, die Netzwerkgleichungen. Wegen der Linearität dieses Gleichungssystems gilt das Superpositionsprinzip: erzeugt im Netzwerk eine elektromotorische Kraft E_1 einen Strom I_1 und eine elektromotorische Kraft E_2 einen Strom I_2, dann ist der Gesamtstrom, den beide elektromotorischen Kräfte bei gleichzeitigem Wirken erzeugen, durch $I = I_1 + I_2$ gegeben.

2.1.3.2. Quasistationäre Probleme

Wenn der Strom in einem Leitersystem nicht zeitlich konstant ist, dann ist eine vereinfachte Behandlung des Problems möglich, wenn nur langsame

Stromänderungen in Betracht gezogen werden. Drückt man die Schnelligkeit der Stromänderung durch eine entsprechende Frequenz f aus, so ist eine „quasistationäre“ Lösung der Netzwerkverhältnisse möglich, wenn die Wellenlänge der betrachteten Schwingung gegenüber den geometrischen Abmessungen des elektrischen Systems groß ist, d. h. wenn der Strom sich im gesamten System annähernd in gleicher Phase befindet.

Ist $\mathrm{d}i/\mathrm{d}t \neq 0$, so treten in einem Netzwerk Spannungsabfälle auf, die im stationären Fall nicht vorhanden sind und die der Ableitung des Stromes nach der Zeit bzw. dem Zeitintegral des Stromes proportional sind. Die Proportionalitätsfaktoren werden (vgl. Tab. 2.1.1) mit L bzw. $1/C$ bezeichnet, wobei L die Selbstinduktion und C die Kapazität des betreffenden Schaltelements darstellt.

Tabelle 2.1.1. *Übersicht über ideale passive Zweipole*

Name	Ohmscher Widerstand	Kapazität	Induktivität
Symbol	+ − i u R	+ − u C	i L
Spannung	$u = R \cdot i$	$u = \frac{1}{C}\int i\,\mathrm{d}t$	$u = L\frac{\mathrm{d}i}{\mathrm{d}t}$
Strom	$i = (1/R)u$	$i = C\frac{\mathrm{d}u}{\mathrm{d}t}$	$i = \frac{1}{L}\int u\,\mathrm{d}t$
Einheit	Ω (Ohm)	F (Farad)	H (Henry)

In der Elektrodynamik wird der Ausdruck für die Selbstinduktion meist mit negativem Vorzeichen angeschrieben, um auszudrücken, daß eine dem Stromfluß entgegengesetzte elektromotorische Kraft auftritt. In der Darstellungsweise der Netzwerktheorie wird die Selbstinduktion jedoch als „Widerstand“ aufgefaßt, an dem durch den veränderlichen Stromfluß ein Spannungsabfall auftritt, der dann in [2.1.9 b] auf der linken Seite zusammen mit anderen Spannungsabfällen den im Kreis wirkenden elektromotorischen Kräften gleichgesetzt wird. Hieraus ergibt sich das positive Vorzeichen von L in [2.1.7].

Bei einer rein sinusförmigen Stromänderung ist gemäß Tab. 2.1.1 die Spannung an der Induktivität eine Cosinusfunktion, die an der Kapazität eine negative Cosinusfunktion. Da die Sinusfunktion bis auf die Phasenverschiebung von 90° mit der Cosinusfunktion übereinstimmt, besteht zwischen dem Strom und der Spannung einer Induktivität bzw. einer Kapazität eine Phasenverschiebung von $-\pi/2$ bzw. $+\pi/2$. Der Zusammenhang zwischen Strom und Spannung in einem quasistationären System bedarf also neben der Aussage über das Größenverhältnis noch einer Angabe über die Phasenrelation. Dieser zweidimensionale Zusammenhang wird am besten in Form eines Polardiagramms dargestellt und rechnerisch durch die komplexe Schreibweise behandelt. Zur Vermeidung von Verwechslungen mit dem Strom i verwendet man dabei als imaginäre Einheit $j=\sqrt{-1}$.

Die harmonischen Funktionen $\sin x$ und $\cos x$ hängen mit der Funktion e^{jx} bekanntlich durch die Beziehung

$$e^{jx}=\cos x+j\sin x \qquad [2.1.10]$$

zusammen. Man kann daher $\cos x$ als Realteil $\mathrm{Re}[e^{jx}]$ und $\sin x$ als Imaginärteil $\mathrm{Im}[e^{jx}]$ von e^{jx} auffassen. Da Gleichungen zwischen komplexen Größen stets in ihrem Realteil sowie auch in ihrem Imaginärteil übereinstimmen müssen, ist es formal möglich, Rechnungen in komplexer Schreibweise durchzuführen und dadurch die Vorteile, die das Rechnen mit der einfachen Exponentialfunktion e^{jx} mit sich bringt, auszunützen. Auf Grund der Beziehung $\sin x=\cos(x-\pi/2)$ können sin-Funktionen in cos-Funktionen umgewandelt werden, so daß alle harmonischen Funktionen als Realteil der komplexen Exponentialfunktion $e^{j(x+\varphi_i)}$ auftreten, wobei φ_i die Phasenlage berücksichtigt.

Die Rechnung wird nun im Komplexen unter Verwendung der Funktion $e^{j(x+\varphi_i)}$ durchgeführt und nach ihrer Lösung kehrt man zum Realteil, d. h. den entsprechenden cos-Funktionen, zurück. (Man kann auch ganz analog alle harmonischen Funktionen in sin-Funktionen überführen, muß aber dann den Imaginärteil des komplexen Ergebnisses verwenden.)

Ein Wechselstrom $i=\hat{\imath}\cos(\omega t+\varphi_i)$ mit der Maximalamplitude $\hat{\imath}$, der Frequenz $f=\omega/2\pi$ und einer gegebenen Phasenbeziehung φ_i gegenüber einem Phasenbezugspunkt läßt sich daher wie folgt schreiben

$$i=\hat{\imath}\cdot\mathrm{Re}[e^{j(\omega t+\varphi_i)}]=\mathrm{Re}[\hat{\imath}e^{j\varphi_i}\cdot e^{j\omega t}],$$

wobei $\hat{\imath}e^{j\varphi_i}$ zeitunabhängig und als komplexe Maximalamplitude $\underline{\hat{\imath}}$ zu betrachten ist.

Es gilt also

$$i=\mathrm{Re}[\underline{\hat{\imath}}e^{j\omega t}] \qquad [2.1.11\text{ a}]$$

und analog

$$u=\mathrm{Re}[\hat{u}e^{j\varphi_u}\cdot e^{j\omega t}]=\mathrm{Re}[\underline{\hat{u}}e^{j\omega t}]. \qquad [2.1.11\text{ b}]$$

Die Berechnung des Zusammenhanges zwischen i und u erfolgt im Komplexen so, daß man die komplexe Spannung $\underline{u}=\underline{\hat{u}}e^{j\omega t}$ und den komplexen Strom $\underline{i}=\underline{\hat{\imath}}e^{j\omega t}$ einführt und die Rechnung formal gleich wie im Reellen durchführt. Der (komplexe) Proportionalitätsfaktor zwischen $\underline{u}$ und $\underline{i}$ ist die Impedanz $\underline{Z}$.

$$\underline{Z}=\underline{u}/\underline{i}=\underline{\hat{u}}/\underline{\hat{\imath}}=\frac{\hat{u}}{\hat{\imath}}\,e^{j(\varphi_u-\varphi_i)}=Z\cdot e^{j\varphi}=R+jX. \qquad [2.1.12\text{ a}]$$

$R=\mathrm{Re}[\underline{Z}]$ = Realteil der komplexen Impedanz (ohmscher Anteil, Wirkkomponente)
$X=\mathrm{Im}[\underline{Z}]$ = Imaginärteil der komplexen Impedanz (Reaktanz, Blindkomponente)
Z = Amplitudenterm
$e^{j\varphi}$ = Phasenterm.

Nun muß noch gezeigt werden, daß X eine Funktion von ω ist, also $\underline{Z} = Z(j\omega)$ gilt.

Dazu berechnen wir die Impedanz einer Kapazität bzw. einer Induktivität.

Für eine Kapazität gilt nach Tab. 2.1.1

$$i = C\frac{du}{dt}$$

und mit $\underline{u} = \underline{\hat{u}} \cdot e^{j\omega t}$ ergibt sich

$$\underline{i} = C \cdot j\omega \underline{\hat{u}} \cdot e^{j\omega t} = C \cdot j\omega \underline{u},$$

also $$\underline{Z} = \underline{u}/\underline{i} = \frac{1}{j\omega C} = Z(j\omega).$$

Analog erhält man für eine Induktivität nach Tab. 2.1.1 und mit $\underline{i} = \underline{\hat{i}} e^{j\omega t}$

$$\underline{u} = L\frac{d\underline{i}}{dt} = L \cdot j\omega \underline{i}, \text{ so daß}$$

$$\underline{Z} = \underline{u}/\underline{i} = j\omega L = Z(j\omega) \text{ gilt.}$$

Für jede Frequenz ω_k gibt es somit einen Proportionalitätsfaktor $Z(j\omega_k)$ zwischen Strom und Spannung, so daß gilt

$$u(j\omega_k) = Z(j\omega_k) \cdot i(j\omega_k).$$

Das bedeutet: Die bei harmonischen Stromänderungen an Induktivitäten und Kapazitäten auftretenden Spannungsabfälle lassen sich genauso wie beim ohmschen Widerstand durch eine lineare Beziehung darstellen, indem wir statt R bei der Induktivität $j\omega L$ und bei der Kapazität $1/j\omega C$ als Proportionalitätsfaktor verwenden. R, L und C werden deshalb als lineare Schaltelemente bezeichnet. Aus der komplexen Impedanz $\underline{Z}$ nach [2.1.12 a] läßt sich durch Bildung des Absolutbetrages die reelle Impedanz $Z = \hat{u}/\hat{\imath}$ erhalten.

$$Z(\omega) = |Z(j\omega)| = \sqrt{R^2 + X^2(\omega)}. \qquad [2.1.12\ b]$$

Als Phasenrelation $\varphi = \varphi_u - \varphi_i$ ergibt sich

$$\varphi = \arctan\frac{\mathrm{Im}[Z(j\omega)]}{\mathrm{Re}[Z(j\omega)]} = \arctan\frac{X}{R}. \qquad [2.1.13]$$

Somit lassen sich auch im Fall periodischer Vorgänge mit Hilfe der linearen Schaltelelemente R, C und L Netzwerkgleichungen, entsprechend den Kirchhoffschen Sätzen [2.1.9 a] und [2.1.9 b], aufstellen. Sie stellen ein System linearer und simultaner Differentialgleichungen dar, das aber in diesem Falle komplexe Widerstände enthält.

Das Superpositionsprinzip bietet nunmehr die Möglichkeit, sämtliche Impulsvorgänge mit Hilfe der obigen Ansätze zu behandeln: Die dem System aufgeprägten Impulse werden durch eine Fourier-Zerlegung (s. 2.2.1) in ihre einzelnen Frequenzkomponenten zerlegt, die Netzwerkgleichungen für alle diese Frequenzen gelöst und das Gesamtverhalten des Netzwerkes durch Summierung errechnet. Es muß lediglich für die höchste im Impuls vorhandene Frequenz die obgenannte quasistationäre Bedingung erfüllt sein.

In der Praxis ist zu beachten, daß es ideale passive Schaltelemente (z. B. einen ohmschen Widerstand ohne Kapazität und ohne Selbstinduktion) nicht gibt und daß mit zunehmendem ω der Einfluß der stets vorhandenen kleinen „Streukapazität" bzw. „Streuinduktivität" zunimmt. Es ist daher nötig, bei hohen Frequenzen auch diese Beiträge zu berücksichtigen. Infolge der Einfachheit der quasistationären Behandlung wird eine in dieser Weise ergänzte Beschreibung eines Netzwerkes durch diskrete R-, C- und L-Schaltelemente auch dann noch vorgezogen, wenn die quasistationäre Bedingung nicht mehr streng erfüllt ist. Eine exakte Behandlung würde meist zu unlösbaren Schwierigkeiten führen.

Schon an dieser Stelle möchten wir darauf hinweisen, daß wir uns oft mit der Besprechung des Niederfrequenzverhaltens bestimmter elektronischer Schaltungen begnügen, damit die Beschreibung noch übersichtlich bleibt. Trotz Vernachlässigung der Reaktanzen sprechen wir auch dann noch von „Impedanzen" (Eingangs-, Ausgangsimpedanz), obwohl sich nur die ohmsche Komponente auswirkt.

2.1.4. Linearisierung von Netzwerken

In diesem und den folgenden Abschnitten sollen einige grundlegende Prinzipien und Vorgangsweisen erläutert werden, die eine rechnerische Analyse elektronischer Netzwerke erleichtern. Es muß dabei von den realen Schaltkomponenten ausgegangen werden, deren Eigenschaften am besten in Form von Kennlinien dargestellt werden. Diese Eigenschaften werden dann in einem Modell angenähert erfaßt und dieses Modell wird der Berechnung zugrunde gelegt.

2.1.4.1. Kennlinien

Am häufigsten werden Strom-Spannungs-Kennlinien dargestellt, und zwar unter Voraussetzung bestimmter Meßvorschriften (Frequenz, Temperatur usw.).

In Abb. 2.1.4 ist die Abhängigkeit des Stromes von der angelegten Spannung für eine Halbleiterdiode dargestellt. Charakteristisch ist die Nichtlinearität, d. h. u hängt nicht linear mit i zusammen. Ein Verdoppeln von u bewirkt also nicht zwangsläufig ein Verdoppeln von i.

Die Netzwerkanalyse kann außer in sehr einfachen Fällen nur für lineare Elemente (Elemente, für die das erweiterte Ohmsche Gesetz streng gilt, wie R, L und C) durchgeführt werden, da sonst, wie oben besprochen wurde, eine additive Superposition nicht zulässig ist. Deshalb müssen Elemente mit nichtlinearer Kennlinie linearisiert werden, d. h. es muß eine Ersatzschaltung aus linearen Elementen gefunden werden, deren Kennlinie (eine Gerade) sich im betrachteten Arbeitsbereich von der nichtlinearen Kennlinie möglichst wenig unterscheidet. Die Näherung durch eine Gerade ist meistens nur für einen bestimmten Wertebereich von u und i optimal, weshalb folgende Vorgangsweise bei einer Kennlinienlinearisierung zu empfehlen ist:

1. Bestimmung des Bereiches von u und i, in welchem das System arbeiten soll.

2. Annäherung der Kennlinie im gewünschten Bereich durch eine Gerade.

Wegen der Wichtigkeit dieser Methode wollen wir hier ein Beispiel besprechen. Eine Halbleiterdiode sei in Durchlaßrichtung mit Hilfe einer Gleichspannungsquelle (Batterie) um 0,5 V vorgespannt. In Serie dazu befinde sich ein Spannungsgenerator, der an seinen Klemmen die variable Spannung u_G aufrechterhält. Das Verhalten dieser Anordnung (wie sie in Abb. 2.1.5 dargestellt ist) soll durch ein lineares Modell angenähert werden. In der

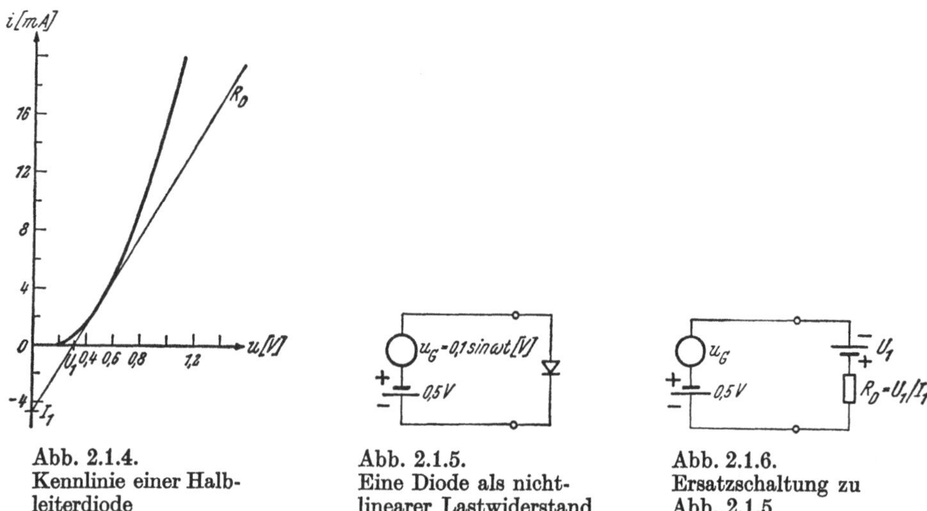

Abb. 2.1.4. Kennlinie einer Halbleiterdiode

Abb. 2.1.5. Eine Diode als nichtlinearer Lastwiderstand

Abb. 2.1.6. Ersatzschaltung zu Abb. 2.1.5

Kennlinie (Abb. 2.1.4) suchen wir zuerst den Arbeitsbereich, der den Angaben von Abb. 2.1.5 entspricht: Er liegt zwischen 0,4 V und 0,6 V. In diesem Bereich ersetzen wir die Kurve durch eine Gerade und bringen diese mit der i-Achse im Punkt I_1 zum Schnitt. Im u-i-Diagramm genügt diese Gerade der Gleichung

$$i = -|I_1| + u\,|I_1|\,/\,U_1. \qquad [2.1.14]$$

Daraus ergibt sich die in Abb. 2.1.6 gezeigte lineare Ersatzschaltung, die einer direkten Analyse mit Hilfe des 2. Kirchhoffschen Satzes und des Ohmschen Gesetzes zugänglich ist. Der durch die Linearisierung im untersuchten Bereich auf Grund des Ohmschen Gesetzes erhaltene Diodendurchlaßwiderstand $R_D = U_1/I_1$ ist in vielen Fällen nahezu gleich dem differentiellen Widerstand $\mathrm{d}u/\mathrm{d}i$ im Mittelpunkt des betrachteten Bereiches, weshalb eine Unterscheidung zwischen beiden oft unterbleibt. Wird die Generatorspannung u_G nämlich infinitesimal klein, so zieht sich der Arbeitsbereich auf einen Arbeitspunkt (in unserem Beispiel 0,5 V) zusammen und der Diodendurchlaßwiderstand in diesem Punkt ist durch die Tangente an die Kennlinie bestimmt, also identisch dem differentiellen Widerstand

$$R_{\mathrm{diff}} = \left.\frac{\mathrm{d}u}{\mathrm{d}i}\right|_{\text{Arbeitspunkt}} \qquad [2.1.15]$$

Soll das statische Diodenverhalten bei größerer Aussteuerung und unter Berücksichtigung des Sperrbereiches linear approximiert werden, so bedient man sich vorteilhaft des Knickkennlinienmodells, das in Abb. 2.1.7 *a* gezeigt wird.

Die zugehörige Ersatzkennlinie ist in Abb. 2.1.7 *b* dargestellt. Das Diodensymbol charakterisiert hier eine ideale Diode (Sperrwiderstand $R_S \approx \infty$, Durchlaßwiderstand $R_D \approx 0$), deren Kennlinie in Abb. 2.1.7 *c* wiederge-

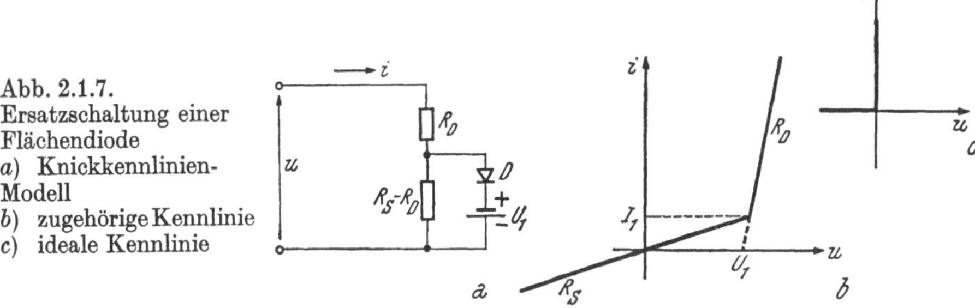

Abb. 2.1.7. Ersatzschaltung einer Flächendiode
a) Knickkennlinien-Modell
b) zugehörige Kennlinie
c) ideale Kennlinie

geben ist. In der Sperrichtung ist der Sperrwiderstand $R_S = (R_S - R_D) + R_D$ wirksam, während in der Durchlaßrichtung für Ströme größer als I_1 nur der Widerstand R_D wirksam ist, da sowohl die ideale Diode in Durchlaßrichtung als auch der ideale Spannungsgenerator den Widerstand Null haben und somit den Widerstand $(R_S - R_D)$ kurzschließen. Für Ströme kleiner als I_1 ist die Diode gesperrt, und der Vorwärtswiderstand ist dann gleich R_S.

Bei der in Abb. 2.1.8 *a* dargestellten Kennlinie einer Tunneldiode lernen wir einen weiteren wichtigen Begriff kennen: Eine Linearisierung der Kennlinie zwischen den Punkten *A* und *B* führt zu einer Geraden, die die beiden

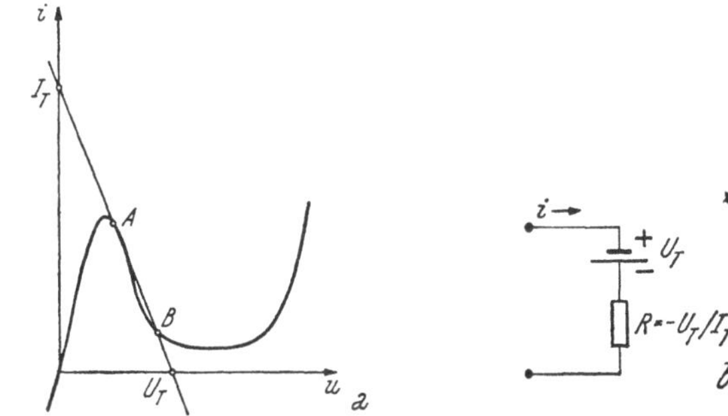

Abb. 2.1.8. Tunneldiode
a) Kennlinie
b) Ersatzschaltung

Achsen bei U_T bzw. I_T schneidet. Der Zusammenhang zwischen *i* und *u* kann durch

$$i = -\frac{I_T}{U_T} u + I_T \qquad [2.1.16\ a]$$

beschrieben werden. Nach *u* aufgelöst,

$$u = \left(-\frac{U_T}{I_T}\right) i + U_T = (-R) i + U_T, \qquad [2.1.16\,b]$$

kann daraus unmittelbar das Ersatzschaltbild 2.1.8 *b* der Tunneldiode für den betrachteten Kennlinienbereich erhalten werden. Darin tritt ein ohmscher Widerstand mit dem negativen Wert $-U_T/I_T$ auf. Es handelt sich dabei eigentlich um einen differentiellen Widerstand, der im Kennlinienbereich A-B nach der Linearisierung als konstant angenommen wird.

Bei Elementen mit negativem differentiellen Widerstand unterscheidet man zwei Gruppen:

a) Elemente, bei denen der Strom eine eindeutige Funktion der angelegten Spannung ist.

b) Elemente, bei denen die Spannung durch den Strom eindeutig festgelegt ist.

In Abb. 2.1.9 sind diese beiden Kennlinientypen (die eine mit N-förmiger, die andere mit S-förmiger Kennlinie) dargestellt. Elemente mit negativem differentiellen Widerstand finden häufig Anwendung in Kippschaltungen. Sie können aber auch als Verstärker eingesetzt werden.

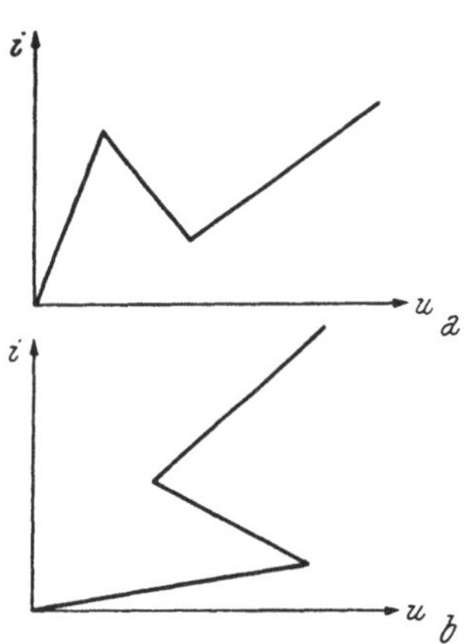

Abb. 2.1.9. Kennlinien mit Bereichen negativen Widerstandes
a) N-förmige Kennlinie
b) S-förmige Kennlinie

2.1.4.2. Arbeitspunkt und Arbeitsgerade

Um ein Schaltelement in einem bestimmten Kennlinienbereich betreiben zu können, ist es notwendig, den Ruhearbeitspunkt durch Vorgabe eines bestimmten Gleichstroms (oder einer bestimmten Gleichspannung) in diesen Bereich zu verlegen.

Nehmen wir als Beispiel eine Diode, bei der der Zusammenhang zwischen i und u durch die dem Datenblatt entnommene Kennlinie $i = f(u)$ festgelegt ist (s. Abb. 2.1.10 *a*). Ist U_B die verfügbare Betriebsspannung und soll im

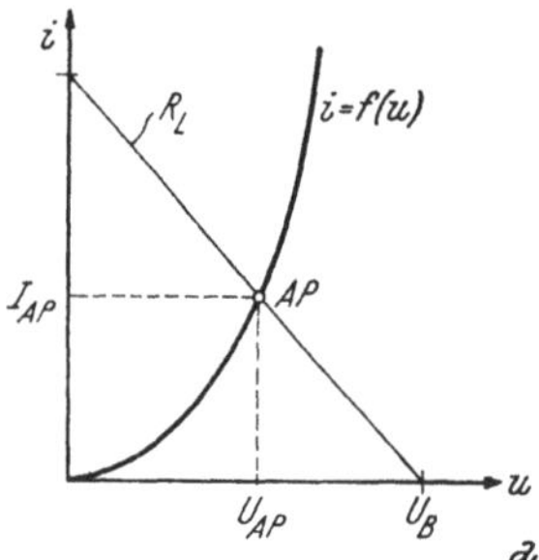

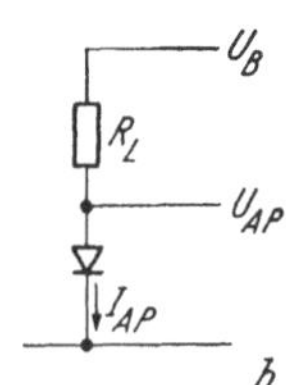

Abb. 2.1.10. Arbeitspunkt einer Flächendiode
a) auf der Kennlinie
b) zugehörige Schaltung

Arbeitspunkt z. B. der Ruhestrom I_{AP} fließen, so kann dies durch die Wahl eines geeigneten Lastwiderstandes R_L erfolgen (s. Abb. 2.1.10 *b*). Wegen des zumeist komplizierten mathematischen Verlaufs der Kennlinie $i = f(u)$ wird R_L am besten graphisch bestimmt: Durch die Kennlinie und den gewünschten Strom I_{AP} ist der Arbeitspunkt AP festgelegt (U_{AP}, I_{AP}). Verbinden wir diesen Arbeitspunkt mit dem Punkt U_B auf der Spannungsachse durch eine Gerade, so lautet deren Gleichung

$$i = \left(-\frac{I_{AP}}{U_B - U_{AP}}\right)(u - U_B). \qquad [2.1.17]$$

Der Spannungsabfall an R_L ist nun gerade $U_B - U_{AP}$, da U_{AP} an der Diode liegt. Da außerdem der gesamte durch die Diode fließende Strom auch durch R_L fließt, erhält man den Wert von R_L zu

$$R_L = \frac{U_B - U_{AP}}{I_{AP}}. \qquad [2.1.18]$$

Die Größe von R_L läßt sich also aus Abb. 2.1.10 *a* bestimmen. Die Gerade, die durch die Gl. [2.1.17] festgelegt ist, heißt (statische) „Widerstandsgerade“ (auch „Arbeitsgerade“). Vereinfacht läßt sich ihre Gleichung schreiben als

$$i = -\frac{1}{R_L}(u - U_B).$$

Bei Vorgabe von U_{AP} statt I_{AP} ist die Vorgangsweise analog.

Umgekehrt läßt sich der Arbeitspunkt mit Hilfe der Arbeitsgeraden bei Vorgabe von R_L, U_B und der Kennlinie auffinden: Vom Punkt U_B wird die Widerstandsgerade mit der Steigung $-1/R_L$ aufgetragen. Der Schnittpunkt mit der Kennlinie liefert dann den Arbeitspunkt.

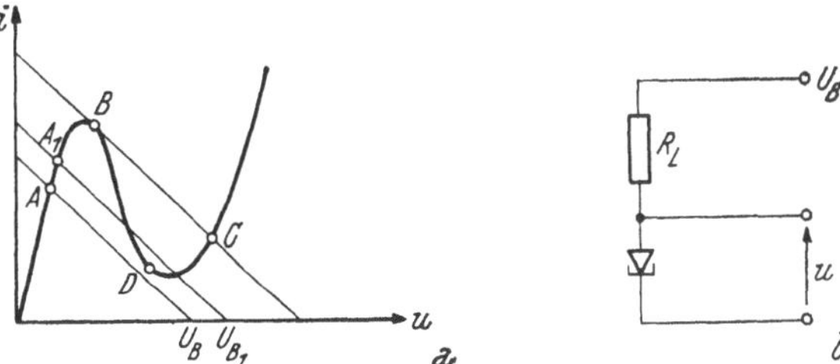

Abb. 2.1.11. Arbeitspunkte einer Tunneldiode mit ohmscher Last
a) Kennlinie (statische Arbeitsgerade)
b) Schaltung

Untersuchen wir nun einen komplizierteren Fall: Es gibt Kennlinien, die von bestimmten Widerstandsgeraden in mehr als einem Punkt geschnitten werden. An Abb. 2.1.11 *a* ist bei der Kennlinie einer Tunneldiode eine solche Widerstandsgerade eingezeichnet. Was geschieht nun bei einer Änderung von U_B, wenn entsprechend Abb. 2.1.11 *b* ein Widerstand R_L in Serie zur Tunneldiode liegt?

Ist U_B gerade so groß, daß die Kennlinie von der Widerstandsgeraden im Punkte A geschnitten wird, so liegt in A ein stabiler Arbeitspunkt vor. Bei einer Erhöhung von U_B verschiebt sich die Arbeitsgerade parallel, wodurch der Strom durch die Tunneldiode vorerst stetig zunimmt. Bei der Spannung U_{B1} schneidet nun die Arbeitsgerade die Kennlinie in drei Punkten. Da die Spannungserhöhung stetig von U_B nach U_{B1} erfolgte, wanderte der Arbeitspunkt von A nach A_1 und nicht zu einem der anderen Schnittpunkte. Von A_1 aus wandert der Arbeitspunkt bei weiterer Erhöhung von

U_B nach B. Dort berührt die Widerstandsgerade die Kennlinie, d. h. es fallen dort zwei Schnittpunkte zusammen. Dieser Arbeitspunkt ist nicht stabil: Jede beliebig kleine Spannungserhöhung an der Tunneldiode verringert den Strom im System, wodurch der Spannungsabfall an R_L abnimmt, die Tunneldiodenspannung also weiter steigt. Dadurch wird der Strom weiter vermindert usf. Der Arbeitspunkt wechselt also entlang der Widerstandsgeraden von B nach C. Dort ist der differentielle Widerstand der Tunneldiode positiv, d. h. Strom und Spannung an der Tunneldiode ändern sich gleichsinnig, weshalb der Arbeitspunkt in C stabil ist.

Eine weitere Erhöhung von U_B bringt nur einfache Schnittpunkte mit der Kennlinie. Der Arbeitspunkt wandert also stetig auf der Kennlinie weiter.

Die (statische) Widerstandsgerade erleichtert also nicht nur die Bestimmung des Ruhearbeitspunktes, sondern erlaubt auch die Feststellung, ob dieser der einzige stabile Arbeitspunkt ist. Vor allem läßt sich aber der Sprung, den die Tunneldiodenspannung beim Übergang von den beiden zusammenfallenden Schnittpunkten zum dritten Schnittpunkt erfährt, mit Hilfe der Widerstandsgeraden einfach darstellen.

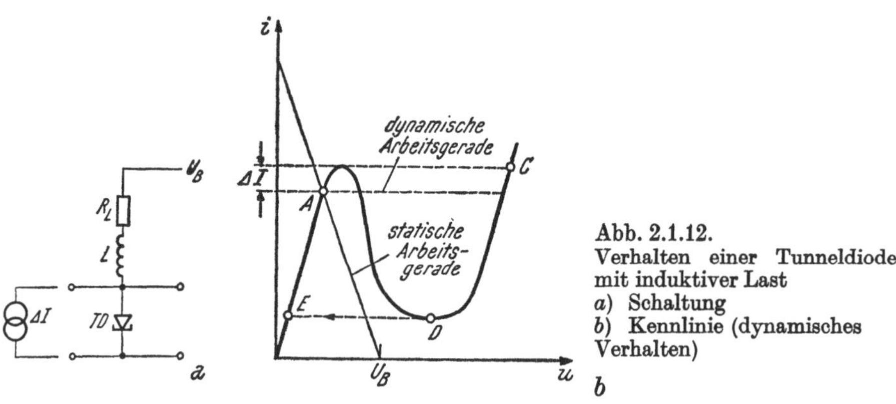

Abb. 2.1.12.
Verhalten einer Tunneldiode mit induktiver Last
a) Schaltung
b) Kennlinie (dynamisches Verhalten)

Nun wollen wir das Verhalten der Anordnung von Abb. 2.1.12 *a* untersuchen, wenn wir, ausgehend vom Arbeitspunkt A, in die Tunneldiode (z. B. über einen Stromgenerator) kurzzeitig einen zusätzlichen Strom ΔI schicken, so daß das Strommaximum der Kennlinie, der Höckerstrom, gerade überschritten wird. Dabei muß der Arbeitspunkt vom Höcker auf jenen Teil der Kennlinie gelangen, der hinter C liegt. Diese Spannungsänderung an der Tunneldiode erfolgt so schnell, daß der Stromfluß über R und L infolge der hohen Impedanz von L für schnelle Signale praktisch nicht geändert wird, d. h. der Tunneldiodenstrom bleibt nahezu konstant, während sich nur die Spannung ändert. Der großen Impedanz der Serienschaltung von R und L für den raschen Arbeitspunktwechsel entspricht im Grenzfall unendlicher Impedanz eine waagrechte Widerstandsgerade (s. Abb. 2.1.12*b*).

An Hand dieser „dynamischen" Arbeitsgeraden läßt sich die Arbeitspunktänderung an einer Tunneldiode nach einer Stromänderung ΔI leicht überlegen.

Die wirksame Impedanz in A für schnelle Signale ist durch die dynamische Arbeitsgerade charakterisiert. Nach einer Stromänderung ΔI berührt die dynamische Arbeitsgerade die Kennlinie gerade im Höcker und der Arbeitspunkt wechselt entlang der dynamischen Arbeitsgeraden zum Schnittpunkt C. Inzwischen beginnt der durch die Induktivität fließende Strom entsprechend der Spannungsänderung abzunehmen. Dadurch wandert der Arbeitspunkt von C nach D, dem Tal der Tunneldiodenkennlinie. Im Punkte D muß die Spannung noch weiter zurückgehen, um auf einen durch die statische Widerstandsgerade und U_B festgelegten stabilen Arbeitspunkt zu gelangen. Da L eine plötzliche Stromänderung verhindert, springt der Arbeitspunkt längs der dynamischen Widerstandsgeraden, die in D die Kennlinie berührt, nach E. Von dort gelangt der Arbeitspunkt durch langsame Zunahme des Stroms in der Induktivität, dem Verlauf der Kennlinie folgend, wieder zum stabilen Ruhepunkt A. Die dynamische Widerstandsgerade erlaubt es also, das Verhalten der Tunneldiode nach einem kurzzeitig aufgeprägten Stromimpuls, das durch zwei sehr schnelle Spannungsänderungen (-Sprünge) gekennzeichnet ist, zu beschreiben.

Dynamische Impedanzen, wie sie im Zusammenhang mit Verstärkern auftreten, und die z. B. in 4.1.3.7 besprochen werden, haben mit der oben eingeführten dynamischen Widerstandsgeraden nichts zu tun. Die dynamischen Widerstandsgeraden erlauben es lediglich, das Verhalten eines Elementes gegenüber Wechselsignalen (ohne Berücksichtigung einer Phasenverschiebung) auf einfachem Wege zu beschreiben.

2.1.4.3. Generatoren

Ein Generator ist ein System mit zwei Anschlüssen, an denen Spannung abgenommen bzw. Strom entnommen werden kann. In der Kernelektronik stellen die Strahlungsdetektoren die wichtigste Klasse von Generatoren dar.

Ein einfacher Fall eines Gleichspannungsgenerators ist ein Akkumulator. Im Gegensatz zu einem idealen Spannungsgenerator kann aus einem Akkumulator nicht beliebig viel Strom entnommen werden, da die Klemmenspannung bei zunehmender Stromentnahme sinkt. Deshalb wird dem Akkumulator ein Innenwiderstand R_2 in Serie zu einem idealen Spannungsgenerator zugeschrieben. An diesem Widerstand fällt beim Stromdurchgang Spannung ab, die am Ausgang dann fehlt. Die lineare Ersatzschaltung eines Akkumulators ist in Abb. 2.1.13 gezeigt.

Ein idealer Spannungsgenerator liegt nur dann vor, wenn R_2 genau $0\,\Omega$ ist.

Die beiden Eigenschaften, die einen realen Spannungsgenerator in linearer Näherung vollständig beschreiben, sind die Generatorspannung U_G (bzw. $u_G(t)$) und der Ausgangswiderstand R_2 (auch Innenwiderstand genannt). Für die Ausgangsspannung u_2 erhält man folgende Beziehung:

$$u_2 = I_G \cdot R_L = \frac{U_G}{R_L + R_2} \cdot R_L. \qquad [2.1.19]$$

Mit Hilfe dieser Gleichung und durch Messung der Ausgangsspannung bei zwei verschiedenen R_L-Werten lassen sich somit U_G und R_2 berechnen

(z. B. für $R_L \to \infty$ erhält man die Leerlaufspannung $u_2 = U_G$ bzw. $u_2 = \frac{1}{2} U_G$, wenn $R_L = R_2$ ist).

Bei einem realen Stromgenerator nimmt die Größe des Laststromes mit Vergrößerung des Lastwiderstandes R_L ab. Andernfalls müßte bei nicht belastetem Ausgang ($R_L \to \infty$) die Ausgangsspannung unendlich groß werden.

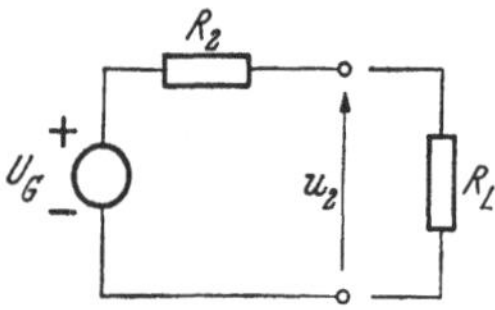

Abb. 2.1.13. Ersatzschaltung eines realen (Gleich-)Spannungsgenerators

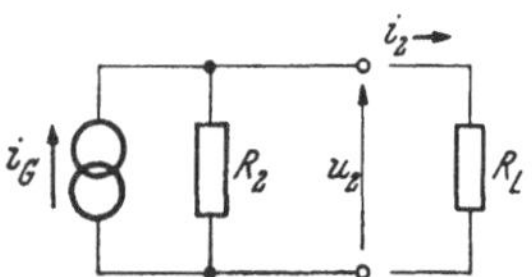

Abb. 2.1.14. Ersatzschaltung eines realen Stromgenerators

Dieses Verhalten kann durch einen Ausgangswiderstand R_2 beschrieben werden, der parallel zum Ausgang liegt und mit dem Lastwiderstand einen Stromteiler bildet (s. Abb. 2.1.14).

Für den Ausgangsstrom i_2 gilt

$$i_2 = i_G - \frac{u_2}{R_2} = i_G - i_2 \cdot \frac{R_L}{R_2} = \frac{i_G}{R_L + R_2} \cdot R_2. \qquad [2.1.20]$$

Der Kurzschlußstrom ($R_L = 0$) ist also gleich groß wie i_G (über den Innenwiderstand fließt dann kein Strom, da $u_2 = 0$) und bei $R_2 = R_L$ erfolgt eine Halbierung des Generatorstroms über die beiden Zweige des Stromteilers, so daß $i_2 = \frac{1}{2} i_G$.

2.1.4.4. Theorem von Thévenin

Jedes lineare Netzwerk von Impedanzen und Generatoren kann, wenn man es von zwei beliebigen Punkten des Netzwerkes aus betrachtet, durch eine ideale Spannungsquelle (mit der Generatorspannung u_G) und eine zu ihr in Serie befindliche Impedanz Z_2 ersetzt werden.

Dieses Theorem ist ein wesentliches Hilfsmittel für das Verständnis und für die Untersuchung von Schaltkreisen. Es beruht nur auf dem Ohmschen Gesetz und den Kirchhoffschen Sätzen. Wegen seiner grundlegenden Bedeutung werden wir es hier an Hand von zwei Beispielen näher erläutern.

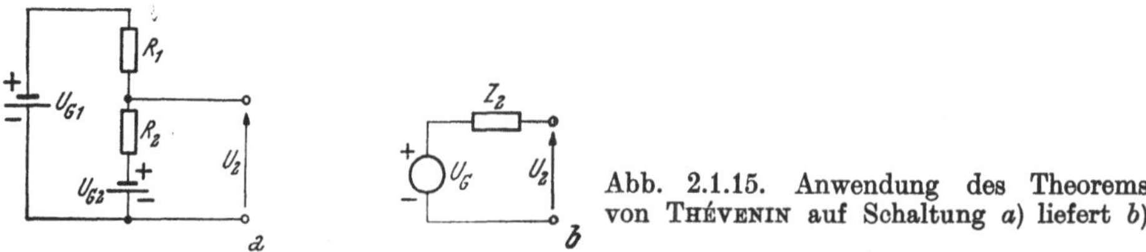

Abb. 2.1.15. Anwendung des Theorems von Thévenin auf Schaltung *a*) liefert *b*)

Zum leichteren Verständnis verwenden wir ohmsche Widerstände als Impedanzen und Gleichspannungsquellen als Generatoren. Wenden wir uns zuerst der Schaltung in Abb. 2.1.15 *a* zu.

Nach dem Theorem von THÉVENIN ist diese Schaltung ihrem elektrischen Verhalten nach der Ersatzschaltung in Abb. 2.1.15 *b* äquivalent. Dazu müssen wir aber U_G und Z_2 durch U_{G1}, U_{G2}, R_1 und R_2 ausdrücken. U_G ist gleich groß wie U_2, welches aus der Abb. 2.1.15 *a* leicht berechnet werden kann.

$$U_G = U_2 = U_{G2} + R_2 \cdot \frac{U_{G1} - U_{G2}}{R_1 + R_2}. \qquad [2.1.21\ a]$$

Z_2 ist die Ausgangsimpedanz der Schaltung, die durch die Parallelschaltung von R_1 und R_2 zustande kommt. (Der Innenwiderstand der Spannungsgeneratoren ist in R_1 bzw. R_2 enthalten zu denken, so daß die eingezeichneten Spannungsquellen ideal sind und daher eine Impedanz von 0 Ω darstellen.)

$$Z_2 = R_1 \| R_2 = \frac{R_1 \cdot R_2}{R_1 + R_2}. \qquad [2.1.21\ b]$$

(Wir verwenden das Zeichen $\|$ zur Kennzeichnung der Parallelschaltung von Widerständen, also der Summierung ihrer Leitwerte.)

Ist ein Netzwerk komplizierter aufgebaut, so kann durch sukzessive Anwendung des Theorems auf Netzwerkteile schließlich das gesamte Netzwerk auf einen einzigen Spannungsgenerator zurückgeführt werden (s. Abb. 2.1.16).

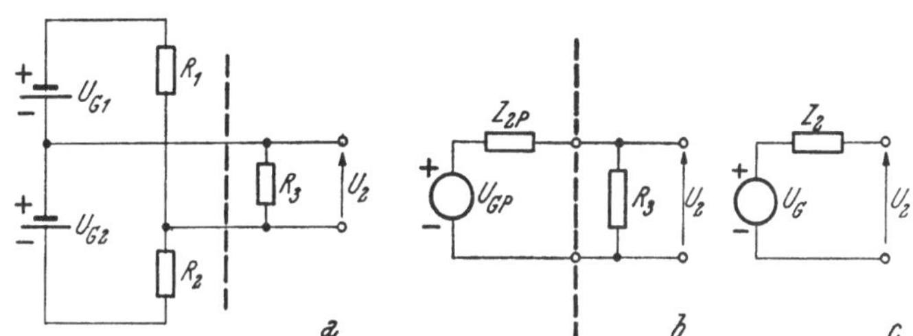

Abb. 2.1.16. Anwendung des Theorems von THÉVENIN. Schrittweise Vereinfachung von Schaltung *a*

Zuerst ersetzen wir nur die beiden Spannungsquellen mit den beiden Widerständen R_1 und R_2 durch einen Spannungsgenerator U_{GP}. Analog zu oben erhalten wir (wegen der umgekehrten Polung von U_{G1})

$$U_{GP} = U_{G2} - R_2 \cdot \frac{U_{G1} + U_{G2}}{R_1 + R_2}$$

bzw. $$Z_{2P} = R_1 \| R_2 = \frac{R_1 \cdot R_2}{R_1 + R_2}. \qquad [2.1.22]$$

In der Gesamtschaltung liegt parallel zum Ausgang noch R_3. Eine neuerliche Anwendung des Theorems auf dieses Ersatzschaltbild ergibt die Lösung:

$$U_G = R_3 \cdot \frac{U_{GP}}{Z_{2P} + R_3},$$

bzw. $$Z_2 = R_3 \| Z_{2P} = \frac{R_3 \cdot Z_{2P}}{R_3 + Z_{2P}}. \qquad [2.1.23]$$

Vom Théveninschen Theorem machten wir übrigens schon in Abb. 2.1.1 Gebrauch, als wir den Generator *G* und das Umformungsnetzwerk zum Generator *G'* zusammenfaßten.

2.1.4.5. Theorem von Norton

Jedes lineare Netzwerk von Impedanzen und Generatoren kann, wenn man es von zwei beliebigen Punkten des Netzwerkes aus betrachtet, durch eine ideale Stromquelle (mit dem Generatorstrom i_G) und eine zu ihr parallele Impedanz Z_2 ersetzt werden.

Unter Berücksichtigung des Theorems von Thévenin kann dieser Tatbestand auch folgendermaßen ausgedrückt werden:

Jeder reale Spannungsgenerator kann als realer Stromgenerator dargestellt werden und umgekehrt (s. Abb. 2.1.17). (Für die beiden Grenzfälle $Z_2 = 0$ bzw. $Z_2 = \infty$ gibt es jedoch nur je eine Darstellungsmöglichkeit.)

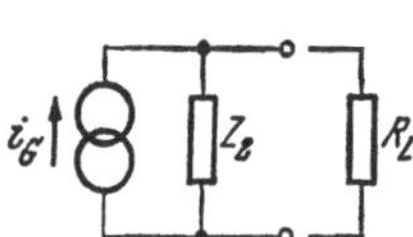

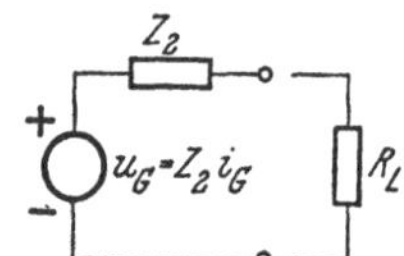

Abb. 2.1.17. Äquivalenz eines Stromgenerators mit einem Spannungsgenerator

In der Praxis geht man so vor, daß man im Ersatzschaltbild einen Stromgenerator verwendet, wenn $Z_2 \gg R_L$ gilt, und einen Spannungsgenerator, wenn $Z_2 \ll R_L$ ist. Denn in diesen Fällen ist das Verhalten etwa so, als ob ideale Generatoren vorlägen: bei $Z_2 \gg R_L$ ist der Ausgangsstrom annähernd unabhängig von R_L, bei $Z_2 \ll R_L$ ist die Ausgangsspannung u_2 annähernd unabhängig von R_L.

Wir sehen auch hier, daß je nach dem vorliegenden Problem eine „strommäßige“ bzw. eine „spannungsmäßige“ Betrachtung vorzuziehen ist (s. auch 2.1.1.).

2.1.5. Verhalten von Vierpolen

Wie wir in 2.1.2. sahen, hat das Teilsystem, in welchem die für den Verbraucher optimale Umformung der primär gegebenen elektrischen Signale geschieht, vier Anschlüsse und wird deshalb Vierpol genannt. Während beim Zweipol die Angabe der (komplexen) Impedanz für das Wechselstromverhalten ausreicht, sind die Verhältnisse beim Vierpol komplizierter, da der Einfluß des Ausgangs auf den Eingang (bzw. umgekehrt) berücksichtigt werden muß. Der funktionale Zusammenhang zwischen u_1, u_2, i_1 und i_2 (der Index „1“ kennzeichnet Größen, die zum Eingang gehören, der Index „2“ Ausgangsgrößen) muß, wie wir oben auseinandersetzten, für die Netzwerkanalyse linear sein. Deshalb müssen nichtlineare Vierpole nach den oben besprochenen Prinzipien linearisiert werden. Aus Abb. 2.1.18 kann die übliche Festlegung der Stromrichtungen und Spannungspolaritäten am Vierpol entnommen werden. Die tatsächlich fließenden Ströme (bzw. auftretenden Spannungen) sind positiv zu zählen, wenn sie mit dieser Konvention übereinstimmen, ansonsten negativ.

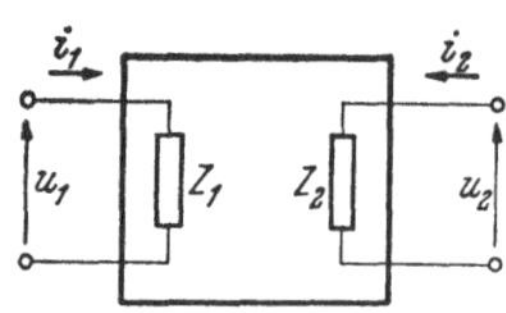

Abb. 2.1.18. Definition der elektrischen Größen am Vierpol

Die Funktion des linearen Vierpols kann stets durch zwei lineare Gleichungen beschrieben werden. Je nachdem, welche elektrischen Größen man miteinander koppelt, erhält man z. B.:

a) die Widerstandsform:

$$u_1 = z_{11} i_1 + z_{12} i_2$$
$$u_2 = z_{21} i_1 + z_{22} i_2 \qquad [2.1.24]$$

b) die Leitwertsform:

$$i_1 = y_{11} u_1 + y_{12} u_2$$
$$i_2 = y_{21} u_1 + y_{22} u_2 \qquad [2.1.25]$$

c) die Hybridform:

$$u_1 = h_{11} i_1 + h_{12} u_2$$
$$i_2 = h_{21} i_1 + h_{22} u_2 \qquad [2.1.26]$$

Das Nebeneinander mehrerer gleichwertiger Paare von Vierpolgleichungen ist notwendig, da man Vierpole auf verschiedene Weise miteinander koppeln kann (in Serie, parallel, in Kaskade usw.) und dann für die Berechnung jeweils ein anderes Paar herangezogen werden muß. (Unter einer Anordnung „in Kaskade“ versteht man das Verbinden der Ausgangsklemmen eines Vierpols mit den Eingangsklemmen eines anderen.) Auf das Rechnen mit Vierpolen wollen wir hier nicht eingehen, da es darüber ausreichend Literatur gibt.

Von den Vierpolgrößen, die nach obigen Gleichungen definiert sind, wollen wir nur die wichtigsten nennen:

$z_{11} = (u_1/i_1)_{i_2=0}$ ... Leerlauf-Eingangsimpedanz
$z_{12} = (u_1/i_2)_{i_1=0}$ ... Leerlauf-Rückwirkungswiderstand
$z_{21} = (u_2/i_1)_{i_2=0}$ ... Leerlauf-Übertragungswiderstand
$z_{22} = (u_2/i_2)_{i_1=0}$ ... Leerlauf-Ausgangsimpedanz
$y_{11} = (i_1/u_1)_{u_2=0}$ ... Kurzschluß-Eingangsleitwert
$y_{12} = (i_1/u_2)_{u_1=0}$ ... Rückwärtssteilheit (remittance)
$y_{21} = (i_2/u_1)_{u_2=0}$ ... (Vorwärts-)Steilheit (transmittance)
$y_{22} = (i_2/u_2)_{u_1=0}$ ... Kurzschluß-Ausgangsleitwert
$h_{11} = (u_1/i_1)_{u_2=0}$ ... Kurzschluß-Eingangsimpedanz
$h_{12} = (u_1/u_2)_{i_1=0}$ ... Leerlauf-Spannungsrückwirkung
$h_{21} = (i_2/i_1)_{u_2=0}$ ... Kurzschluß-Stromverstärkung
$h_{22} = (i_2/u_2)_{i_1=0}$ ... Leerlauf-Ausgangsleitwert

Bei einem Vierpol ist es wesentlich, nicht von „Stromverstärkung“, „Eingangsimpedanz“ usw. schlechthin zu sprechen, sondern man muß berücksichtigen, was am anderen Klemmenpaar geschieht. „Leerlauf-“ bedeutet dabei, daß die anderen Klemmen offen sind, „Kurzschluß-“, daß sie miteinander verbunden sind.

Die Vierpolparameter gelten nur für kleine Signalamplituden (daher „Kleinsignalparameter“), für die die Linearisierung der Kennlinien gerechtfertigt ist. Sie werden meistens für 1 kHz angegeben, in welchem Falle ein „Kurzschluß“ durch einen Kondensator geeigneter Größe erreicht werden kann, ohne den Gleichstrom-Arbeitspunkt des Vierpols zu verändern.

Die auf die Rückwirkung zurückgehende Abhängigkeit der Parameter einer realen Schaltung vom Lastwiderstand R_L bzw. die Abhängigkeit vom Generatorwiderstand R_G muß in der Praxis sorgfältig beachtet werden.

2.1.5.1. Aktive Vierpole

Aktive Vierpole sind dadurch gekennzeichnet, daß man mit ihnen Leistung verstärken kann, d. h. daß die in den Eingang gesteckte (Signal-) Leistung geringer ist als die Leistung, die vom Ausgang abgegeben werden kann. Da die Leistungsverstärkung das Kriterium für das Vorliegen eines „Verstärkers" schlechthin ist (ein Transformator, der die Spannung übersetzt — nicht „verstärkt" —, ist demnach kein Verstärker, da die Leistungsverstärkung $G_N \leq 1$ bleibt), sind „aktiver Vierpol" und „Verstärker" synonym. Leistungsverstärkung liegt also immer dann vor, wenn

$$u_2 \cdot i_2 > u_1 \cdot i_1 \quad \text{ist.}$$

Es gibt vier Arten von idealen aktiven Vierpolen (s. Abb. 2.1.19):

1. stromgesteuerte Spannungsquellen,
2. spannungsgesteuerte Spannungsquellen,
3. stromgesteuerte Stromquellen,
4. spannungsgesteuerte Stromquellen.

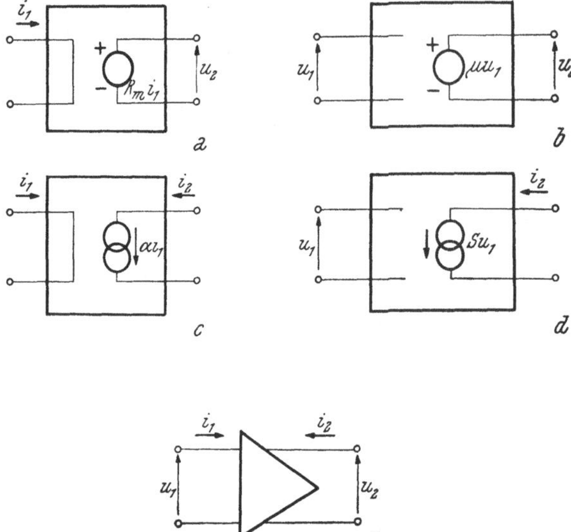

Abb. 2.1.19. Gesteuerte Generatoren
a) stromgesteuerter Spannungsgenerator
b) spannungsgesteuerter Spannungsgenerator
c) stromgesteuerter Stromgenerator
d) spannungsgesteuerter Stromgenerator
e) allgemeines Symbol eines aktiven Vierpols

In allen vier Fällen ist die Steuerleistung Null, da der Eingangsstrom durch den Widerstand $Z_1 = 0$ fließt bzw. die Eingangsspannung an offenen Klemmen steht ($Z_1 = \infty$).

Im Grunde handelt es sich bei den hier behandelten „gesteuerten Quellen" nicht um primäre Quellen elektrischer Energie. Diese sind allein in den Gleichstromversorgungen gegeben, die in dieser Darstellung gar nicht aufscheinen. Die „aktiven" Schaltelemente steuern nur die Stromentnahme aus diesen Primärquellen. In diesem Sinne stellen die aktiven Vierpole sekundäre Energiequellen dar.

Als Symbol für einen Verstärker verwenden wir das in Abb. 2.1.19 *e* gezeigte Dreiecksymbol. Aus diesem Symbol kann man nur ablesen, daß Leistungsverstärkung stattfindet. Außerdem sieht man an den Anschlüssen, wie viele Ein- bzw. Ausgänge vorhanden sind.

Folgende Eigenschaften sind den idealen gesteuerten Quellen gemeinsam:

1. Sie enthalten weder reelle noch komplexe Widerstände.
2. Zwischen Ausgang und Eingang besteht keinerlei direkte Kopplung, weshalb Rückwirkungen nicht auftreten.

Die Steuerung des Generators durch das Eingangssignal geschieht gemäß folgender Beziehungen:

$$\begin{aligned} u_2 &= R_m \cdot i_1, \\ u_2 &= \mu \cdot u_1, \\ i_2 &= \alpha \cdot i_1, \\ i_2 &= S \cdot u_1, \end{aligned} \qquad [2.1.27]$$

wobei gilt:

R_m = Übertragungswiderstand (oder Transimpedanz),
μ = Spannungsverstärkung,
α = Stromverstärkung,
S = Steilheit.

Unter realen Bedingungen sind, wie wir weiter unten noch sehen werden, die Fälle *a* und *c* bzw. *b* und *d* in Abb. 2.1.19 äquivalent, weshalb wir uns hier begnügen, die Kennlinien von *b* und *c* wiederzugeben (s. Abb. 2.1.20), und zwar die Ausgangskennlinien in Abhängigkeit von der Eingangsgröße.

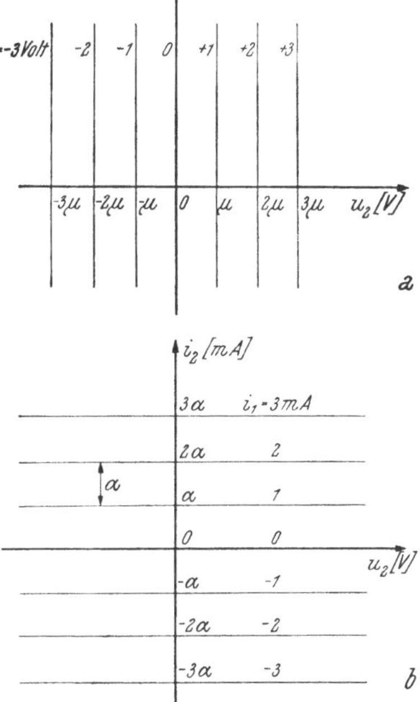

Abb. 2.1.20. Ausgangskennlinien
a) spannungsgesteuerter Spannungsgenerator
b) stromgesteuerter Stromgenerator

Reale verstärkende Elemente unterscheiden sich in vielen oder allen der nun folgenden Punkte von diesen idealen gesteuerten Quellen:

1. Die Generatoren der Ersatzschaltung sind nicht ideal. Das verstärkende Element verbraucht somit Energie.
2. Die Steuerleistung ist nicht Null. Auch dies bedeutet einen Energieverbrauch.
3. Die Rückwirkung vom Ausgang auf den Eingang ist nicht zu vernachlässigen.
4. Nichtlinearitäten sind vorhanden.
5. Ladungsspeicherung tritt auf, die das Hochfrequenzverhalten entscheidend beeinflußt und die durch die Einführung komplexer Widerstände berücksichtigt werden kann.

Mit den ersten drei Punkten wollen wir uns ganz allgemein auseinandersetzen, während die letzten beiden nur in einigen Spezialfällen beachtet werden.

Reale Generatoren sind im linearen Ersatzschaltbild durch die Ausgangsimpedanz $Z_2 (\neq 0, \neq \infty)$ charakterisiert. Da durch diese Impedanz Strom fließt, tritt im verstärkenden Element selbst Verlustleistung auf.

Da, wie wir unter 2.1.4.5. besprochen haben, jede reale Spannungsquelle einer realen Stromquelle äquivalent ist und umgekehrt, verstehen wir nun, daß sich die vier Typen von gesteuerten Generatoren nach Einführung der Ausgangsimpedanz Z_2 auf zwei Typen (spannungs- bzw. stromgesteuerte Generatoren) reduzieren lassen (s. Abb. 2.1.21).

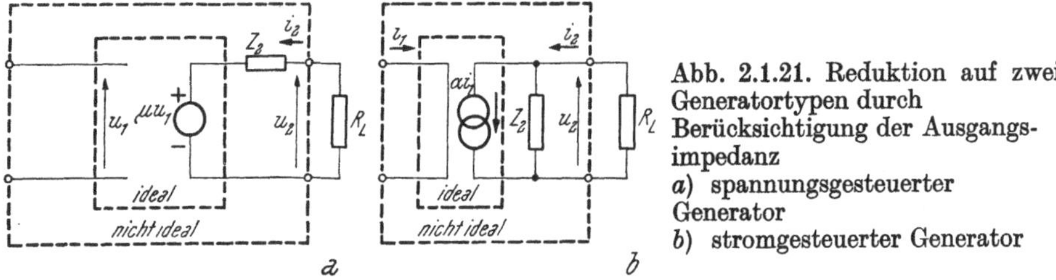

Abb. 2.1.21. Reduktion auf zwei Generatortypen durch Berücksichtigung der Ausgangsimpedanz
a) spannungsgesteuerter Generator
b) stromgesteuerter Generator

Beim spannungsgesteuerten Generator liegt dann entweder ein Spannungsgenerator mit der Steuergröße μ (s. Abb. 2.1.21 *a*) oder der äquivalente Stromgenerator mit der Steuergröße $S = -\mu / Z_2$ im Ausgangskreis, beim stromgesteuerten Generator entweder ein Stromgenerator mit α (s. Abb. 2.1.21 *b*) oder aber der äquivalente Spannungsgenerator mit $R_m = -\alpha \cdot Z_2$.

Die Ausgangsimpedanz in Verbindung mit dem Lastwiderstand R_L bewirkt eine Teilung der Ausgangsspannung

$$u_2 = \mu u_1 \frac{R_L}{R_L + Z_2} \qquad [2.1.28\ a]$$

bzw. eine Teilung des Ausgangsstromes

$$i_2 = \alpha i_1 \frac{Z_2}{Z_2 + R_L}. \qquad [2.1.28\ b]$$

Die zu den beiden Ersatzschaltungen gehörenden Ausgangskennlinienfelder sind in Abb. 2.1.22 wiedergegeben.

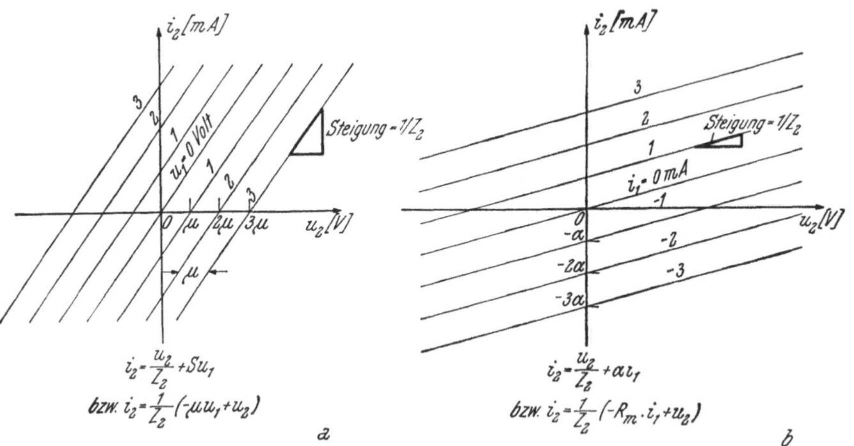

Abb. 2.1.22. Ausgangskennlinien *a*) bei Spannungssteuerung *b*) bei Stromsteuerung

Bei realen stromgesteuerten Generatoren (s. Abb. 2.1.23) muß eine Steuerleistung an der Eingangsimpedanz $Z_1 > 0$ aufgebracht werden.

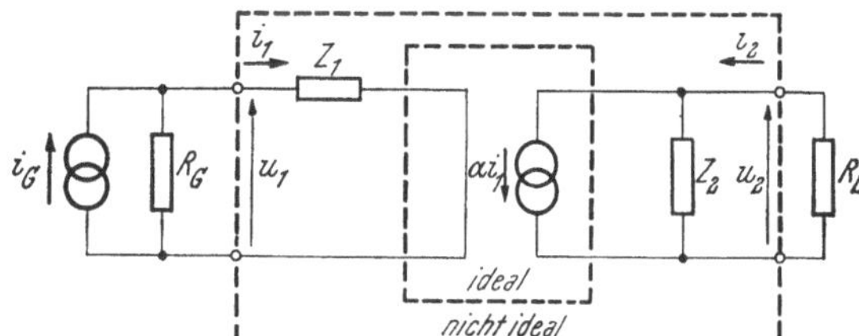

Abb. 2.1.23. Stromgesteuerter Stromgenerator unter Berücksichtigung der Eingangs- und der Ausgangsimpedanz

Bei einer vollständigen Beschreibung eines solchen „Stromverstärkers" darf der Signalgenerator mit seinem Ausgangswiderstand R_G nicht fehlen. Das niederfrequente Verhalten wird dann durch folgende Gleichungen erfaßt:

$$i_1 = i_G R_G / (R_G + Z_1) \quad \text{und}$$
$$i_2 = \alpha i_1 Z_2 / (Z_2 + R_L). \qquad [2.1.29]$$

Aus diesen beiden Gleichungen erhält man als Stromverstärkung dieser speziellen Anordnung

$$\frac{i_2}{i_G} = \frac{\alpha Z_2}{Z_2 + R_L} \cdot \frac{R_G}{R_G + Z_1}. \qquad [2.1.30]$$

Daraus erkennt man, daß für eine Stromverstärkung folgende drei Bedingungen erfüllt sein sollen:

1. $\alpha > 1$,
2. $Z_2 \gg R_L$,
3. $Z_1 \ll R_G$.

Die letzte Bedingung ist ein Hinweis dafür, ob und wie ein verstärkendes Element als Stromverstärker eingesetzt werden soll bzw. kann: Die Eingangsimpedanz darf nicht zu groß sein.

Bei Hinzunahme der zweiten Bedingung erkennen wir eine wichtige Eigenschaft von Stromverstärkern: Mehrstufige Stromverstärker (Kaskaden) sind leicht auszuführen, da die hohe Ausgangsimpedanz Z_2 den Generatorwiderstand der nächsten Stufe darstellt und die niedrige Eingangsimpedanz Z_1 als Lastwiderstand in Erscheinung tritt. Die beiden Bedingungen reduzieren sich also bei gleichen verstärkenden Elementen in Kaskade zur Bedingung $Z_1 \ll Z_2$.

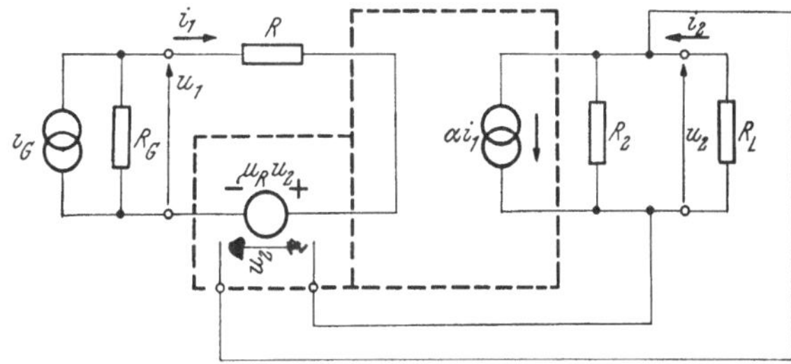

Abb. 2.1.24. Ersatzschaltbild eines Stromverstärkers (unter Berücksichtigung der Rückwirkung)

Eine weitere Verschlechterung der idealen Eigenschaften ist durch die Rückwirkung vom Ausgang auf den Eingang gegeben. Im Modell kann diese durch eine von der Ausgangsspannung kontrollierte Spannungsquelle im Eingangskreis berücksichtigt werden (s. Abb. 2.1.24).

Der Spannungsgenerator im Eingangskreis ändert die charakteristischen Daten des Elementes. Seine Wirkung ist die einer Gegenkopplung, auf die unter 4.1.2 genauer eingegangen wird.

Die Eingangsimpedanz Z_1 ist nun nicht mehr durch eine passive Impedanz wie in Abb. 2.1.23 gegeben, sondern es muß die dynamische Wirkung des Spannungsgenerators $\mu_R u_2$ berücksichtigt werden. Man erhält somit (unter Vernachlässigung reaktiver Anteile)

$$Z_1 = \frac{u_1}{i_1} = R + |\mu_R \alpha| \, R_2 R_L / (R_2 + R_L). \qquad [2.1.31]$$

Die Stromaufteilung zwischen R_G und dem Eingangskreis wird dadurch geändert, die des Ausgangskreises bleibt unverändert.

Hier haben wir ein Beispiel für den Unterschied zwischen Vierpolgröße und Schaltungsgröße eines realen Kreises: R entspricht der Vierpolgröße h_{11}, der Kurzschlußeingangsimpedanz, während Z_1 nach [2.1.31] die Eingangsimpedanz der Schaltung bei einem Lastwiderstand R_L darstellt.

Für die Stromverstärkung der Anordnung gilt

$$i_2 / i_G = \alpha \cdot \frac{R_2}{R_2 + R_L} \cdot \frac{R_G}{R_G + Z_1}. \qquad [2.1.32]$$

Auch der Ausgangsleitwert $Y_2 = 1/Z_2$ ist jetzt nicht mehr wie in Abb. 2.1.23 durch eine passive Impedanz festgelegt, vielmehr wird durch die Rückwirkung der statische Wert $(1/R_2 = h_{22})$ zur dynamischen Größe $(1/Z_2)$ vermindert.

$$Y_2 = 1/Z_2 = i_2/u_2 = 1/R_2 + |\alpha \mu_R| / (R + R_G). \qquad [2.1.33]$$

Die Rückwirkung ändert die Eigenschaften des verstärkenden Elements wesentlich. Der Eingang ist vom Ausgang nicht mehr unabhängig („isoliert"), weshalb sowohl der Generatorwiderstand als auch der Lastwiderstand die Eigenschaften des Elements mitbestimmen (s. Formeln [2.1.31] bis [2.1.33]).

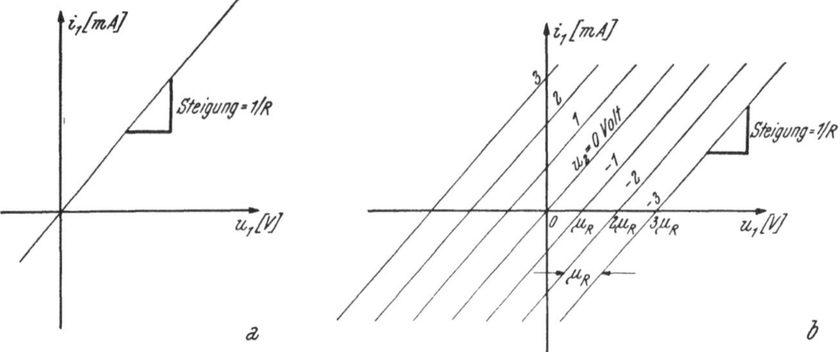

Abb. 2.1.25. Eingangskennlinien *a*) ohne Rückwirkung *b*) mit Rückwirkung

Ohne Rückwirkung besteht das Eingangskennlinienfeld aus einer einzigen Geraden mit der Steigung $1/R$, sonst hingegen aus einer Geradenschar mit u_2 als Parameter (s. Abb. 2.1.25).

Wie aus Abb. 2.1.25 b leicht abgeleitet werden kann, ist der Eingangsstrom i_1 gegeben durch

$$i_1 = (u_1 - \mu_R u_2) / R.$$

Ist $u_2 = 0$ (z. B. bei kurzgeschlossenem Ausgang) oder $\mu_R = 0$ (keine Rückwirkung), so erhält man die gleiche Gerade wie in Bild *a*.

Die zuletzt besprochene Modifikation eines stromgesteuerten Stromgenerators kommt dem physikalisch realisierten Stromverstärker, dem Transistor, schon sehr nahe, wenn wir nur Kleinsignalverstärkung im niederfrequenten Bereich in Betracht ziehen, da dann Nichtlinearitäten und Ladungsspeicherung keine Rolle spielen. Bei der Besprechung der Ersatzschaltung für Transistoren (3.1.1) werden wir auf dieses Modell, das der hybriden Vierpoldarstellung entspricht, zurückgreifen.

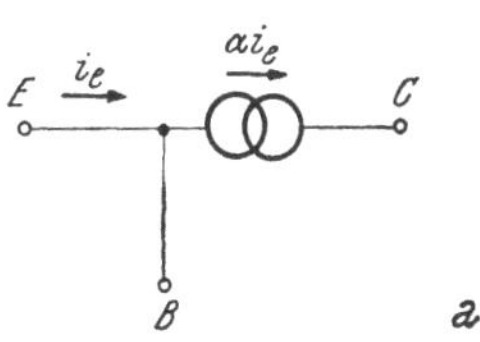

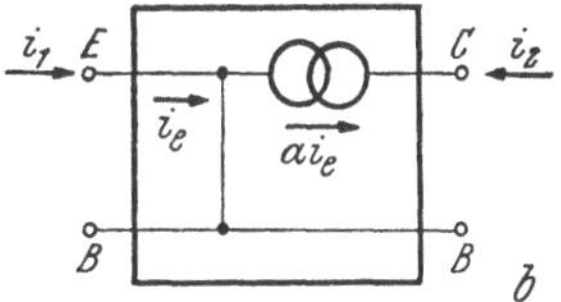

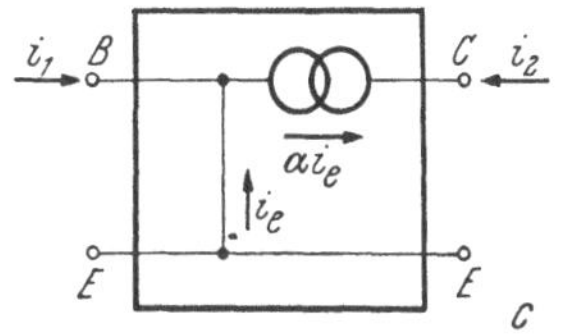

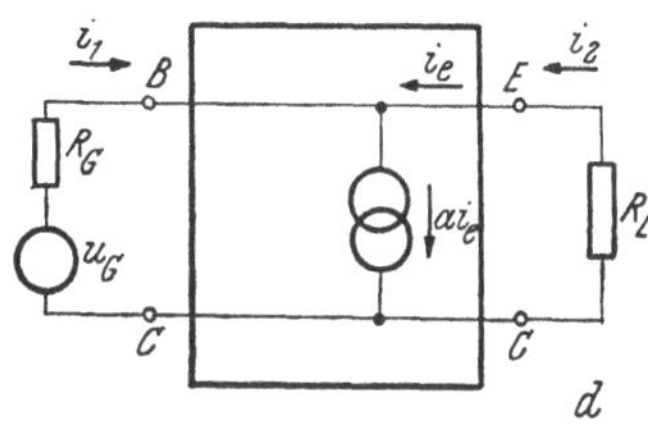

Abb. 2.1.26. Grundschaltung eines stromgesteuerten Stromgenerators
a) stromgesteuerter Stromgenerator mit 3 Anschlüssen (Dreipol)
b) *B*-Schaltung
c) *E*-Schaltung
d) *C*-Schaltung

Die meisten aktiven Elemente elektronischer Schaltkreise (wie z. B. Transistor, FET, Triode), haben drei Anschlüsse (sie sind also „Dreipole"), weshalb es, je nachdem welcher Anschluß sowohl dem Eingang als auch dem Ausgang gemeinsam ist, drei Möglichkeiten einer Anordnung in einem Vierpol gibt (s. Abb. 2.1.26 *b* bis *d*). Jede dieser „Verstärkergrundschaltungen" hat trotz Verwendung des gleichen aktiven Dreipols andere spezifische Eigenschaften. Diese Behauptung wollen wir im einfachen Fall eines stromgesteuerten Stromgenerators beweisen.

Als aktives Element benützen wir also den stromgesteuerten Stromgenerator mit drei Anschlüssen nach Abb. 2.1.26 *a*. Die drei Anschlüsse bezeichnen wir der Reihe nach mit *B*, *C*, *E* und als Steuerstrom betrachten wir den Strom i_e, der in den Anschluß *E* fließt, d. h. der gesteuerte Stromgenerator liefert bei einer Stromverstärkung von α den Strom αi_e.

Die erste Grundschaltung erhalten wir dadurch, daß wir den Anschluß *B* sowohl an den Eingang als auch an den Ausgang führen (s. Abb. 2.1.26 *b*).

Der Eingangsstrom i_1 des Vierpols ist gleich i_e und der Ausgangsstrom i_2 gleich $-\alpha i_e$. Daraus erhalten wir die Stromverstärkung α_B dieser Anordnung

$$\alpha_B = \left(\frac{i_2}{i_1}\right)_B = -\alpha. \qquad [2.1.34\ \mathrm{B}]$$

Bei der zweiten Grundschaltung ist zu beachten, daß die Größe i_e, also der Strom, der in den Anschluß E hineinfließt, als Steuerstrom des Stromgenerators gewählt wurde und sich diese Größe aus i_1 und i_2 zusammensetzt (s. Abb. 2.1.26 *c*). Man erhält somit

$$i_2 = -\alpha i_e = \alpha (i_2 + i_1),$$

und die Stromverstärkung α_E der zweiten Grundschaltung wird

$$\alpha_E = \left(\frac{i_2}{i_1}\right)_E = \frac{\alpha(i_2 + i_1)}{i_1} = \alpha\alpha_E + \alpha,$$

woraus folgt

$$\alpha_E = \alpha/(1-\alpha). \qquad [2.1.34\ E]$$

Wieder ist die Eingangsimpedanz $Z_1 = 0$ und die Ausgangsimpedanz $Z_2 = \infty$. Aber die Stromverstärkung hat sich gegenüber dem ersten Fall wesentlich geändert. Mit einem Wert von α knapp unter 1 erhält man im ersten Fall eine Verstärkung $|\alpha_B| \approx 1$, im zweiten Fall aber $|\alpha_E| \gg 1$.

In der dritten Grundschaltung ist der Anschluß C dem Ausgang und dem Eingang gemeinsam (s. Abb. 2.1.26 *d*).

Der Steuerstrom $i_e = i_2$ und mit

$$\alpha i_e = i_1 + i_2 = \alpha i_2$$

erhält man

$$\alpha_C = \left(\frac{i_2}{i_1}\right)_C = -1/(1-\alpha). \qquad [2.1.34\ C]$$

Mit $\alpha \approx 1$ ist $|\alpha_C| \approx |\alpha_E|$.

In der ersten und der zweiten Grundschaltung ist $Z_1 = 0$ und $Z_2 = \infty$ (s. Abb. 2.1.26 *b* und *c*); es handelt sich also um ideale Stromverstärker. Die dritte Grundschaltung besitzt jedoch diese Eigenschaften nicht: Die Eingangsimpedanz ist vom Lastwiderstand R_L und die Ausgangsimpedanz vom Generatorwiderstand R_G abhängig.

Da jede der beiden Eingangsklemmen ohmisch mit einer Ausgangsklemme verbunden ist, ist die Spannungsverstärkung $G_u = (u_2/u_1)_C$ exakt gleich eins, unabhängig von R_L. Die Eingangsimpedanz Z_1 beträgt

$$Z_1 = u_1/i_1 = u_2/i_1 = -i_2 R_L / i_2(1-\alpha) = R_L \cdot \alpha_C, \qquad [2.1.35\ a]$$

sie ist also gegenüber R_L um die Stromverstärkung α_C vergrößert, die Ausgangsimpedanz Z_2 erhält man zu

$$Z_2 = u_2/i_2 = u_1/i_2 = i_1 R_G / i_1 \alpha_C = R_G/\alpha_C, \qquad [2.1.35\ b]$$

sie ist also um die Stromverstärkung gegenüber R_G vermindert. (Das Vorzeichen von α_C kommt aus der Vierpolkonvention und hat keine physikalische Bedeutung.)

Daß auch diese dritte Anordnung verstärkt, kann leicht gezeigt werden. Das Verhältnis von abgegebener Leistung zu aufgenommener Leistung beträgt (mit [2.1.35 a])

$$G_N = i_2^2 R_L / i_1^2 Z_1 = i_2^2 / i_1^2 \alpha_C = \alpha_C. \qquad [2.1.35\ c]$$

Wegen $G_u = 1$ gilt $G_N = G_i$ und der Verstärker bewirkt nur eine Impedanzwandlung. Der Signalgenerator hat als Arbeitswiderstand $Z_1 = R_L \alpha_C$ statt des Arbeitswiderstandes R_L. Obwohl also der Generator ohmisch mit R_L verbunden ist, wird er nicht mit R_L, sondern infolge der Wirkung des Verstärkers nur mit der „dynamischen Impedanz" $R_L \cdot \alpha_C$ belastet. Ebenso ist die Ausgangsimpedanzerniedrigung als Auftreten einer dynamischen Impedanz zu erklären. Ausführlicher wird auf die dynamischen Impedanzen in 4.1.2.3 und 4.1.3.7 eingegangen

Genauso wie beim stromgesteuerten Stromgenerator ergeben sich auch bei den anderen drei Generatortypen charakteristische Unterschiede je nach Grundschaltung. Wir gehen darauf jedoch nicht ein, sondern beschränken unsere weiteren Betrachtungen auf den Transistor (s. 4.1.1.4).

2.1.5.2. Passive Vierpole

In diesem Abschnitt wollen wir ganz elementar das Verhalten von einfachen Vierpolen untersuchen, die nur aus passiven Elementen aufgebaut sind. Außer den linearen Elementen R, C und L verwenden wir hier auch die beiden nichtlinearen Elemente Diode und Zenerdiode, deren idealisierte Kennlinien in Abb. 2.1.27 gezeigt werden.

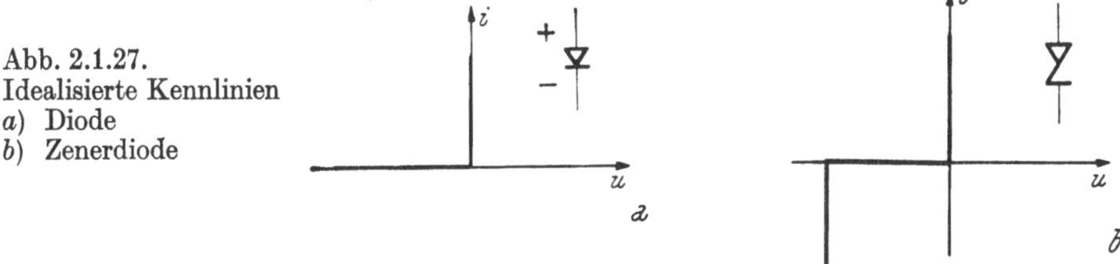

Abb. 2.1.27. Idealisierte Kennlinien *a*) Diode *b*) Zenerdiode

Eine weitergehende Behandlung auch komplizierterer Anordnungen werden wir erst in 2.3 vornehmen, da dazu die in 2.2 behandelten Transformationsmethoden gebraucht werden.

Wir beschränken uns hier darauf, die Übertragung bzw. Umformung von Rechteckimpulsen durch einfache passive Vierpole zu untersuchen. Diese Beschränkung ist deshalb sinnvoll, weil Rechteckimpulse besonders einfach zu behandeln sind und häufig vorkommen, da sie in der digitalen Technik als Normimpulse Verwendung finden.

Ausgangspunkt ist der Stufenimpuls. Dieser wird mathematisch durch

$$\begin{aligned} u(t) &= 0 \quad \text{für} \quad t < t_0 \\ u(t) &= a \quad \text{für} \quad t > t_0 \end{aligned} \qquad [2.1.36]$$

beschrieben. Überlagert man zwei Stufenimpulse gleicher absoluter Größe a, aber umgekehrter Polarität einander mit einem zeitlichen Abstand T, so erhält man einen idealen Rechteckimpuls der Höhe a und der Länge T (s. Abb. 2.1.28a).

Während beim idealen Rechteckimpuls die Amplitudenänderung vom Wert Null auf den Wert a über einen momentanen Sprung erfolgt, ist bei allen elektronisch realisierten Rechteckimpulsen sowohl eine Anstiegs- als auch eine Abfallzeit vorhanden (s. Abb. 2.1.28 b).

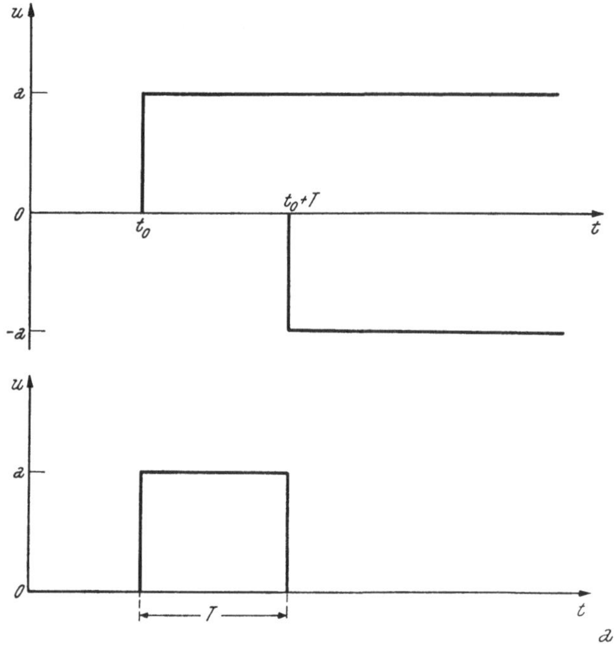

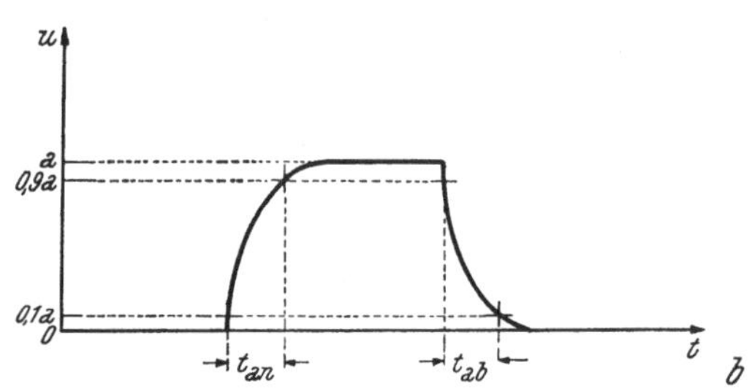

Abb. 2.1.28.
Der Rechteckimpuls
a) Entstehung eines idealen Rechteckimpulses aus der Überlagerung zweier Stufenimpulse
b) reale Form

Die Anstiegszeit eines Impulses ist jene Zeit, in der der Impuls von 10% auf 90% seiner Maximalamplitude ansteigt. In Sonderfällen kann die Anstiegszeit auch anders definiert werden (z. B. bei Abb. 2.2.4 *b*).

Die Abfallzeit ist jene Zeit, in der ein Impuls von 90% auf 10% seiner Maximalamplitude abfällt. Die Anstiegszeit (bzw. Abfallzeit) elektronischer Impulse kann sehr klein gehalten werden (unter 10^{-10} s), sie ist aber prinzipiell größer als Null. Denn schon die Streukapazitäten am Generator bzw. an den Leitungen genügen, um die Impulsflanken etwas zu verflachen.

Besonders bei Rechteckimpulsen ist der Begriff des Tastgrades (duty factor) oft nützlich. Der Tastgrad gibt an, welcher Bruchteil der Zeit von Impulsen eingenommen wird. Bei regelmäßigen Impulsfolgen, wie sie z. B. in Zeitgebereinheiten vorkommen, erhält man den Tastgrad aus dem Verhältnis der Impulslänge T zur Periodendauer τ (s. Abb. 2.1.29). Aber auch bei statistisch kommenden Impulsen läßt sich ein Tastgrad angeben. Dieser wird dann aus der Impulslänge und der Mittelung der Impulsabstände über einen genügend großen Zeitraum erhalten.

Nach der Klärung einiger grundlegender Begriffe der Impulstechnik wenden wir uns nun den passiven Vierpolen zu.

Enthalten diese nur lineare Elemente, so können jeweils zwei zusammengefaßt werden: liegen diese beiden in Serie, so bilden sie einen Spannungsteiler, sind sie parallel, so handelt es sich um einen Stromteiler. Beim Vorliegen komplexer Widerstände ist die Teilung frequenzabhängig, weshalb diese Betrachtungsweise erst bei Anwendung von Fourier- bzw. Laplace-Transformation (s. 2.2) zum Ziele führt. Vorerst wollen wir nur ganz elementar untersuchen, wie sich einfache passive Vierpole gegenüber zwei aufeinanderfolgenden Stufenimpulsen gleicher Amplitude aber verschiedener Polarität verhalten.

A. Einfache lineare Spannungs- und Stromteiler

Bei diesen wird, wie schon der Name andeutet, am besten die Spannung zur Beschreibung des Verhaltens herangezogen. Dabei ist zu beachten, daß die Ansteuerung mit einem Spannungsgenerator ($R_G = 0$) erfolgt und daß der Lastwiderstand $R_L = \infty$ ist. Sind diese beiden Bedingungen nicht hinreichend erfüllt, so muß der Generatorwiderstand R_G als Serienwiderstand zum Spannungsteiler berücksichtigt werden und R_L als Parallelleitfähigkeit am Ausgang.

a) Ohmsche Spannungsteiler

Bei reinen ohmschen Spannungsteilern (s. Abb. 2.1.30) erfolgt die Spannungsaufteilung nach

$$u_2 = u_1 R_2 / (R_1 + R_2). \qquad [2.1.37]$$

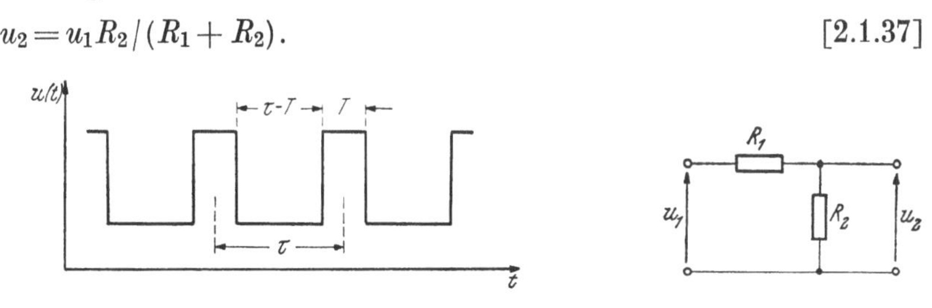

Abb. 2.1.29. Zur Definition des Tastgrades

Abb. 2.1.30. Einfacher Spannungsteiler

Da die Impedanz von ohmschen Widerständen frequenzunabhängig ist, ist es auch die Spannungsteilung. Infolgedessen werden auch beliebige Spannungsverläufe (z. B. Rechteckimpulse) durch einen solchen Spannungsteiler nicht in ihrer Form, sondern nur in ihrer Amplitude geändert. (Sie werden abgeschwächt, „attenuiert".) Bei höchsten Frequenzen lassen sich reine ohmsche Spannungsteiler jedoch nicht realisieren, da innere Kapazitäten und Induktivitäten der Bauteile sowie Streukapazitäten dann nicht mehr zu vernachlässigen sind. Ihr Einfluß auf Attenuatoren wird unter 2.3.1.1 näher behandelt.

b) Integrationsglieder

Die beiden in Abb. 2.1.31 gezeigten Kreise sind bei Ansteuerung mit einem idealen Spannungsgenerator in ihrem Verhalten äquivalent. Sie

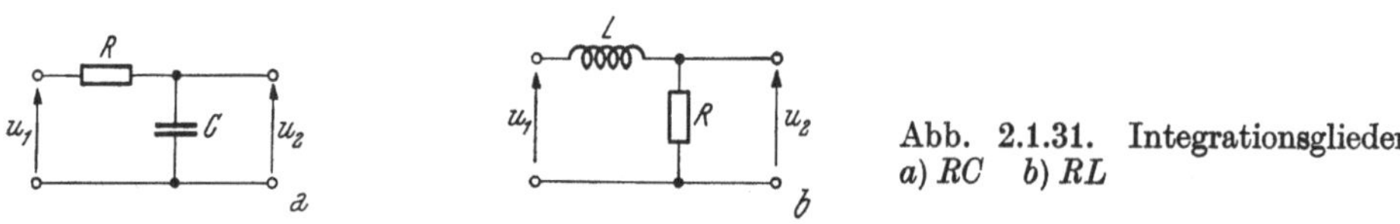

Abb. 2.1.31. Integrationsglieder
a) RC b) RL

unterscheiden sich jedoch in der Frequenzabhängigkeit ihrer Eingangsimpedanz. Für hohe Frequenzen ist die Eingangsimpedanz des RC-Gliedes fast rein reell (R) und die des LR-Gliedes fast rein imaginär (L). Bei niederen Frequenzen ist es umgekehrt; da ist im ersten Fall die Kapazität C ausschlaggebend, im zweiten Fall der Widerstand R. Dies führt zu unterschiedlichem Verhalten der beiden Schaltungen bei Anspeisung mit realen Spannungsgeneratoren.

Drosseln (Induktivitäten) werden gerne vermieden, da sie auf Grund ihrer ohmschen Verluste, der Möglichkeit induktiver Kopplung (magnetische Streuung), ihrer Unförmigkeit bei höheren L-Werten und auch wegen ihres relativ hohen Preises wenig attraktiv sind. Wir untersuchen nur die RC-Kombinationen eingehender, da vor allem sie große praktische Bedeutung haben.

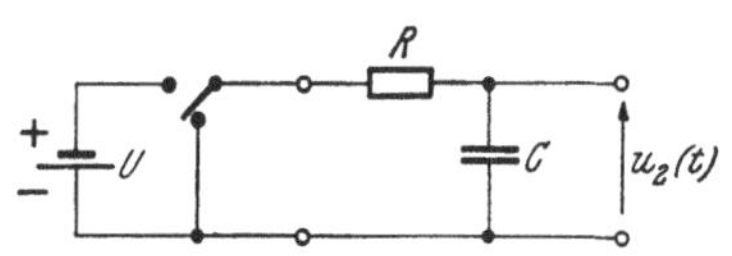

Abb. 2.1.32.
Integration eines Rechteckimpulses

Nach Abb. 2.1.32 können wir am Eingang des Integrationsgliedes einen Rechteckimpuls der Höhe U und der Länge T erzeugen, indem wir eine Zeit T lang den Eingang mit einer Batterie (Spannung U) verbinden und dann den Eingang wieder kurzschließen.

Vor dem Anschließen der Batterie ist die Spannung am Kondensator, also auch am Ausgang, Null. Legt man nun an den Eingang die Spannung U, so liegt diese ganze Spannung U am Widerstand R (C ist ja entladen), durch welchen deshalb der Anfangsstrom $\hat{\imath} = U/R$ fließt. Dieser Strom ist zugleich der Maximalstrom, der durch die gesamte Anordnung (Batterie, Widerstand, Kondensator) fließen kann. Durch den Strom gelangt Ladung in den Kondensator, der sich dadurch auflädt und dabei die am Widerstand stehende Spannung und gleichzeitig den Stromfluß vermindert.

$$\frac{du_2}{dt} = \frac{1}{C} \cdot i = \frac{1}{C} \cdot \frac{U - u_2}{R}. \qquad [2.1.38]$$

Mit der Anfangsbedingung $u_2(t=0) = 0$ erhält man als Lösung dieser Differentialgleichung

$$u_2(t) = U(1 - e^{-t/RC}). \qquad [2.1.39]$$

RC heißt die Zeitkonstante dieses Integrationsgliedes. (Bei einem LR-Glied ist die Zeitkonstante L/R.)

Für $t \ll RC$ erhält man durch die Entwicklung der Exponentialfunktion

$$u_2(t) \approx \frac{1}{RC} \cdot U \cdot t, \qquad [2.1.40]$$

d. h. der Kondensator lädt sich zuerst nahezu linear auf. In Tab. 2.1.2 ist die Ausgangsspannung $u_2(t)$ bezogen auf die Eingangsimpulshöhe U in Abhängigkeit von der Zeit (in Vielfachen der Zeitkonstante RC) dargestellt.

Am Ende des Rechteckimpulses (in unserem Beispiel nach Kurzschließen des Eingangs) beginnt der Kondensator C, sich über den Widerstand R zu entladen. Die Spannung am Ausgang sinkt, bis der Kondensator völlig entladen ist. Die Überlegungen sind nun ganz gleich wie oben, denn das Ende des Rechteckimpulses kann beschrieben werden als das Auftreten eines Spannungssprungs der Größe $-U$, der von der Spannung $+U$ ausgeht, am Eingang also die Spannung Null ergibt.

$$u_2(t) = -U(1 - e^{-t/RC}) + U = U e^{-t/RC}. \quad [2.1.41]$$

Tabelle 2.1.2. *Zeitliche Abhängigkeit des normierten Spannungsverlaufes eines integrierten Stufenimpulses*

t/RC	$u_2(t)/U$
0,0	0,000
0,1	0,095
0,2	0,185
0,4	0,330
1,0	0,632
2,0	0,865
4,0	0,982
8,0	0,9997

Bisher war angenommen worden, daß der Impuls viel länger als eine Zeitkonstante RC dauert. Ist diese Bedingung nicht erfüllt, so hat der Kondensator nicht Zeit, sich auf die Spannung U aufzuladen, da die Stromzufuhr durch R nach dem Ende des Impulses aufhört. Vielmehr beginnt der Kondensator in diesem Augenblick, sich über R mit der Zeitkonstante RC zu entladen.

In Abb. 2.1.33 ist die integrierte Impulsform für verschiedene Impulslängen bei gegebener Zeitkonstante dargestellt.

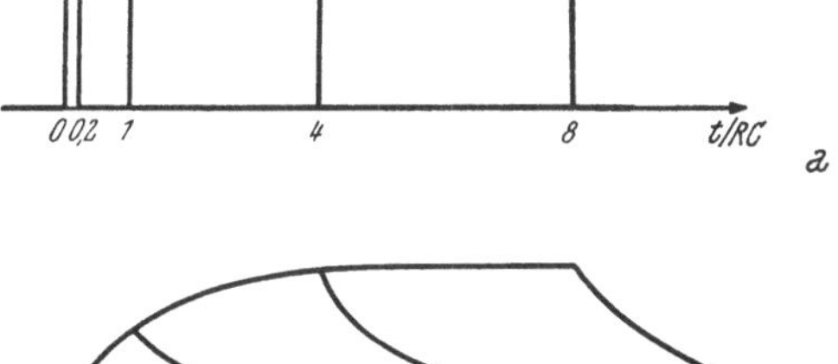

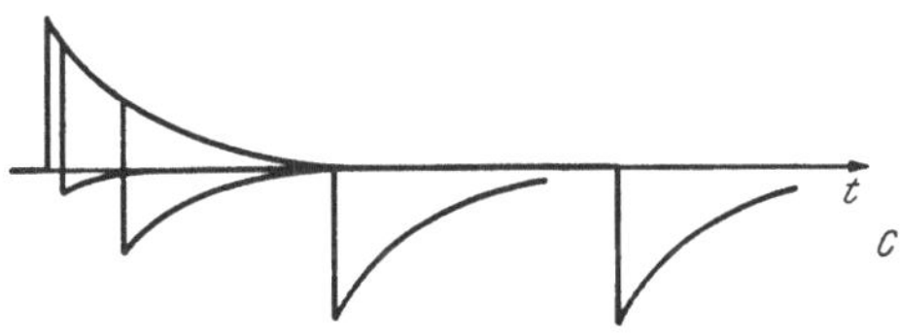

Abb. 2.1.33. Rechteckimpulse verschiedener Länge ($T = 0{,}2\ RC$, $1\ RC$, $2\ RC$ bzw. $8\ RC$) und ihre Verformung durch Integration (*b*) bzw. Differentiation (*c*) mit einer Zeitkonstante $\tau = RC$

Ist die Impulsdauer $T \ll RC$, dann ist die maximale Spannung $\hat{u}_2$, die am Ausgang auftritt, proportional der Fläche des Eingangsimpulses.

$$\hat{u}_2 = u_2(T) = \frac{1}{RC} \cdot U \cdot T. \quad [2.1.42]$$

Diese Eigenschaft ist von der Form des Eingangsimpulses unabhängig. (Man kann den Eingangsimpuls ja in sehr viele kleine Rechtecke zerlegen.) Dies bedeutet, daß dieser Schaltkreis im Grenzfall $T \ll RC$ eine Integration der Eingangsspannung im mathematischen Sinn recht genau durchführt, weshalb er Integrationsglied genannt wird (s. auch 4.1.3.6).

Neben der besprochenen Integration von Spannungen hat auch die des Stromes große Bedeutung. Das Integrationsglied von Abb. 2.1.34 tritt häufig bei Arbeitswiderständen von Röhren und Transistoren auf. Wenn man

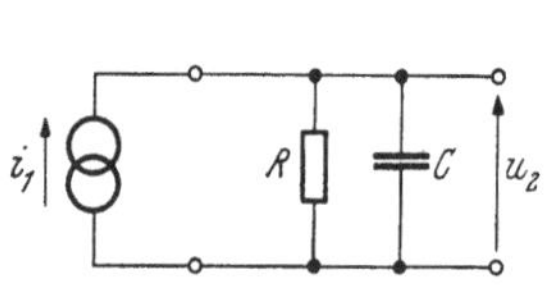

Abb. 2.1.34. Integrierender Stromteiler

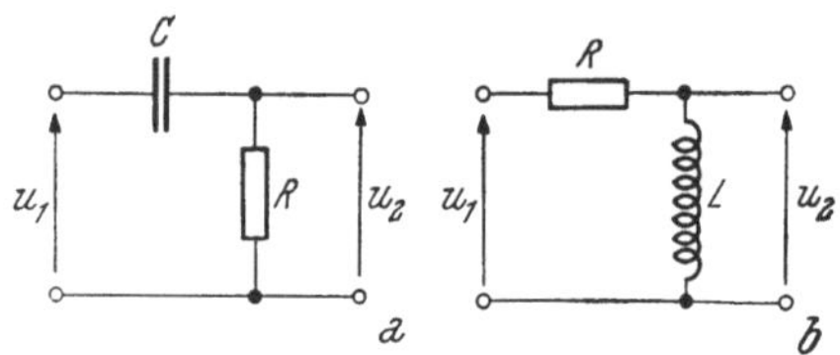

Abb. 2.1.35. Differentiationsglieder *a)* RC *b)* RL

sich die Äquivalenz eines Stromgenerators endlichen Ausgangswiderstandes R mit einem Spannungsgenerator, der den Widerstand R in Serie zum Ausgang hat, vor Augen hält, ist die Integrationswirkung aus dem oben Gesagten sofort einzusehen. Diesmal ist die Eingangsgröße jedoch nicht U, sondern i_1, weshalb sich die Gl. [2.1.38] und [2.1.39] wie folgt ändern:

$$\frac{\mathrm{d}u_2}{\mathrm{d}t} = \frac{1}{C}\left(i_1 - \frac{u_2}{R}\right) = \frac{i_1}{C} - \frac{u_2}{RC} \qquad [2.1.43]$$

und

$$u_2(t) = i_1 \cdot R\left(1 - e^{-t/RC}\right). \qquad [2.1.44]$$

c) Differentiationsglieder

In Abb. 2.1.35 sind zwei gleichwertige Kreise dargestellt. Die Eingangsimpedanz ist völlig gleich wie bei den Integrationsgliedern, weshalb auch die gleichen Überlegungen bezüglich der Frequenzabhängigkeit anzustellen sind.

Wieder kommt dem RC-Glied die größere praktische Bedeutung zu, weshalb wir nur dieses analysieren.

Die Ausgangsspannung u_2 wird diesmal am Widerstand R abgenommen und ist daher dem Strom proportional, der durch das System fließt. Die Spannung am Widerstand ist die Differenz zwischen der Gesamtspannung U des Rechteckimpulses und der Spannung am Kondensator, die wir oben berechneten.

So erhalten wir für die Zeit nach dem Beginn des Impulses

$$u_2(t) = u_2(0) + U - U\left(1 - e^{-t/RC}\right) = U \cdot e^{-t/RC} + u_2(0) \qquad [2.1.45]$$

bzw. für das Ende des Impulses

$$u_2(t) = u_2(0) - U e^{-t/RC}. \qquad [2.1.46]$$

Dabei ist der Zeitnullpunkt $t = 0$ jeweils zu Beginn bzw. am Ende des Rechteckimpulses gewählt.

Wieder ist der Grenzfall $T \ll RC$ besonders interessant. Der Abfall der Impulshöhe ist dann nahezu linear und die Impulsform ist bis auf die kleine „Dachschräge" gut wiedergegeben. Wir müssen jedoch beachten, daß die Fläche des positiven Impulsanteils genau gleich groß ist wie die des negativen. Da $u_2(t)$ proportional dem in den Kondensator fließenden Strom ist, ist die Fläche des positiven Impulsanteils proportional der Ladung, die in den Kondensator gebracht wurde. Bei der Entladung des Kondensators am Ende des Impulses bewirkt der nun fließende Strom den negativen Anteil des Ausgangsimpulses. Da die gesamte Ladung über denselben Widerstand abfließt, ist die Flächengleichheit leicht einzusehen.

Der Name Differentiationsglied kommt daher, weil für $RC \ll T$ mit sehr guter Näherung eine mathematische Differentiation der Eingangsspannung erreicht wird. Man spricht aber auch dann von „differenzieren", wenn die Bedingung $RC \ll T$ nicht erfüllt ist (s. auch 4.1.3.6).

In Abb. 2.1.33 ist auch die Impulsform nach Differentiation verschieden langer Impulse wiedergegeben. Daraus kann man erkennen, daß die maximale Unterschreitung der Nullinie durch den negativen Impulsanteil bei gleichem RC-Wert von der Impulslänge abhängt. Diese Eigenschaft läßt sich dazu verwenden, Impulse gleicher Höhe aber verschiedener Länge zu unterscheiden, indem die relative Größe der maximalen negativen Amplitude gemessen wird. Der quantitative Zusammenhang zwischen diesen beiden Größen kann aus Tab. 2.1.2 entnommen werden.

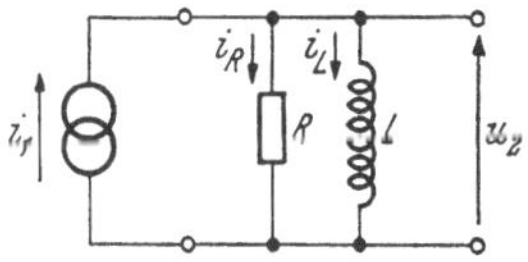

Abb. 2.1.36. Differenzierender Stromteiler

Der differenzierende Stromteiler ist in Abb. 2.1.36 dargestellt. Die zugehörige Differentialgleichung für die Ausgangsspannung lautet

$$\frac{\mathrm{d}u_2}{\mathrm{d}t} = R \cdot \frac{\mathrm{d}i_1}{\mathrm{d}t} - \frac{R}{L}\,u_2. \qquad [2.1.47]$$

Bei rechteckförmigem Stromverlauf erhält man als Lösung

$$u_2(t) = i_1 \cdot R\left(e^{-\frac{R}{L}t}\right) + u_2(0) \qquad [2.1.48\text{ a}]$$

für den ersten Stufenimpuls und

$$u_2(t) = -i_1 \cdot R\left(e^{-\frac{R}{L}t}\right) + u_2(0) \qquad [2.1.48\text{ b}]$$

für den zweiten, wenn der Zeitnullpunkt jeweils zum Zeitpunkt des Sprunges gewählt wird.

B. Einfache Diodenschaltungen

Eine ideale Diode läßt Strom nur in einer Richtung durch. Aus ihrer Kennlinie (Abb. 2.1.27 *a*) erkennen wir, daß sie in Durchlaßrichtung den Widerstand Null und in der Sperrichtung unendlichen Widerstand hat. Bei realen Dioden kann die Leitfähigkeit in Sperrichtung in vielen Fällen unberücksichtigt bleiben, doch muß die gekrümmte Durchlaßkennlinie mit ihrem arbeitspunktabhängigen differentiellen Widerstand beachtet werden (Abb. 2.1.4).

In Ersatzschaltungen deutet das Diodensymbol immer eine ideale Diode an. Die realen Eigenschaften werden in erster Näherung durch einen Serienwiderstand R_D, bei kritischeren Anordnungen durch das Knickkennlinien-Modell (2.1.4.1) berücksichtigt.

a) Diodendiskriminator

Diskriminatoren geben von Signalen nur den Teil weiter, der über einem eingestellten Spannungsniveau liegt. Die zwei prinzipiellen Anordnungen mit Dioden sind in Abb. 2.1.37 dargestellt.

Im ersten Fall liegt die Diode in Serie zum Ausgang. Nur dann, wenn u_G größer wird als die Spannung am Ausgang, die durch die Spannungsquelle U bestimmt ist, öffnet die Diode und läßt den Teil des Signals, der größer als U ist, durch.

Im zweiten Fall liegt die Diode parallel zum Ausgang. Sie ist geöffnet und schließt den Ausgang mit der Spannungsquelle U kurz. Nur wenn ein Signal kommt, das größer als U ist, sperrt die Diode und der Teil des Signals, der größer als U ist, erscheint am Ausgang. Abb. 2.1.37 *c* zeigt den Verlauf von $u_2(t)$.

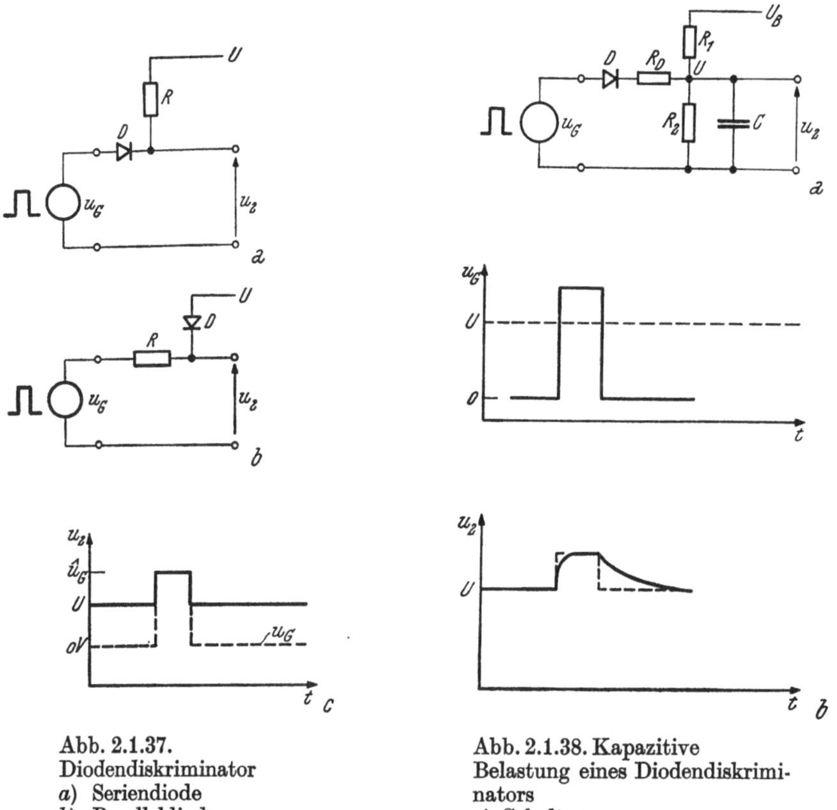

Abb. 2.1.37.
Diodendiskriminator
a) Seriendiode
b) Paralleldiode
c) Ausgangsspannung

Abb. 2.1.38. Kapazitive Belastung eines Diodendiskriminators
a) Schaltung
b) Impulsformen

In Abb. 2.1.38 ist eine Serienschaltung unter realen Bedingungen dargestellt. Die Spannung U wird durch Spannungsteilung von der Betriebsspannung U_B erhalten, die am Ausgang unvermeidbare Kapazität C ist eingezeichnet und der Durchlaßwiderstand R_D der Diode ist berücksichtigt.

Sobald die Diode öffnet, lädt sich C mit der Zeitkonstante $R_D \cdot C$ auf die Höhe der Impulsspannung $\hat{u}_G$ auf (R_1 und $R_2 \gg R_D$). Der Anstieg des Ausgangsimpulses ist also mit dieser Zeitkonstante integriert. Am Ende des Rechteckimpulses, wenn die Eingangsspannung nach Null geht, sperrt die Diode, da die Spannung am Kondensator nicht so schnell sinken kann. Die Entladung des Kondensators kann dann nur über die Widerstände R_1 und R_2 erfolgen, die Entladungszeitkonstante ist somit viel größer als die Aufladungszeitkonstante, nämlich

$$\tau_{\text{entl}} = (R_1 \| R_2) \cdot C = \frac{R_1 \cdot R_2}{R_1 + R_2} \cdot C \gg R_D \cdot C \qquad [2.1.49]$$

wegen R_1 und $R_2 \gg R_D$.

Die Integration von Rechteckimpulsen durch die Kapazität C erfolgt also mit zwei verschiedenen Zeitkonstanten.

Wenn der Kondensator C und die Widerstände R_1 und R_2 groß genug gewählt werden, wirkt die in Abb. 2.1.38 gezeigte Schaltung als Impulsverlängerer (s. 4.5.2). Selbstverständlich können (wie bei den anderen Schaltungen) auch negative Impulse verarbeitet werden, doch muß in diesem Fall die Diode umgepolt und eine negative Versorgungsspannung U_B verwendet werden.

b) Diodenbegrenzer

Des öfteren steht man vor der Aufgabe, zu verhindern, daß Signale eine bestimmte Spannung übersteigen, weil z. B. das nachfolgende Element höhere Spannungen nicht verträgt. Dann müssen die Signale in ihrer Höhe begrenzt werden, zu große müssen abgeschnitten („geklippt“) werden. Die beiden prinzipiellen Anordnungen mit Dioden sind in Abb. 2.1.39 dargestellt.

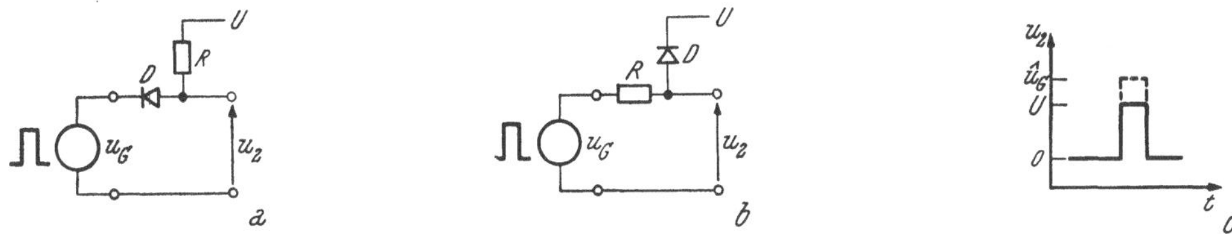

Abb. 2.1.39. Diodenbegrenzer *a)* Seriendiode *b)* Paralleldiode *c)* Ausgangsspannung

Im ersten Fall liegt die Diode in Serie zum Ausgang. Ohne Signal ist die Diode offen und die Ausgangsspannung u_2 Null. Wird u_G größer als U, so sperrt die Diode und u_2 kann nicht über den Wert von U hinauswachsen.

Im zweiten Fall liegt die Diode parallel zum Ausgang. Ohne Signal ist sie gesperrt und $u_2 = 0$. Übersteigt das Signal den Wert von U, so wird der Ausgang mit der Spannungsquelle über die Diode kurzgeschlossen und die Ausgangsspannung bleibt auf diesem Wert, solange $u_G > U$ ist.

Wegen des Durchlaßwiderstandes R_D der Diode und der Nichtlinearität der Diodenkennlinie ist sowohl die Diskriminations- als auch die Abschneidewirkung der Dioden alles andere als ideal. In Wirklichkeit tritt nämlich eine Spannungsteilung zwischen R und R_D ein, so daß die maximale Größe der Ausgangssignale von der der Eingangssignale nicht mehr unabhängig ist. Für $R \gg R_D$ kann dieser Effekt vernachlässigt werden.

Gleiches gilt für den in Abb. 2.1.40 gezeigten Zenerdiodenbegrenzer. Dort erfolgt die Teilung des U_Z übersteigenden Signalanteils zwischen R und dem ab einem bestimmten Spannungswert sehr kleinen differentiellen Widerstand R_Z der Zenerdiode.

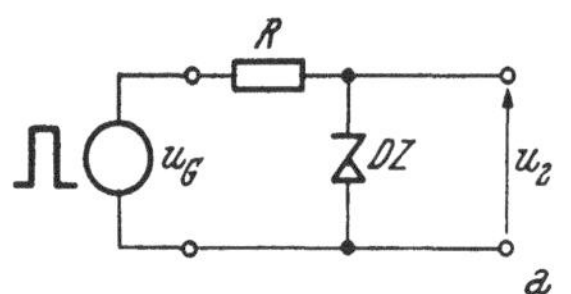

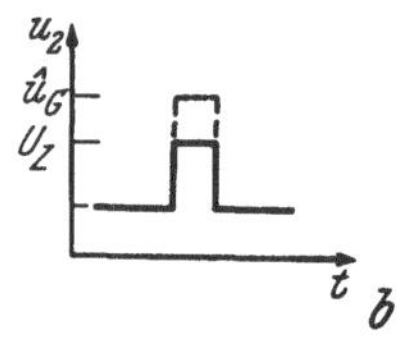

Abb. 2.1.40. Begrenzer mit Zenerdioden
a) Schaltung
b) Ausgangsspannung

Für höhere Ansprüche gibt es Schaltungen mit aktiven Elementen, deren Besprechung wir auf 5.3.2 verschieben.

c) Fangdioden

Wenn es gilt, Spannungsschwankungen an einer bestimmten Stelle des Netzwerkes auf Werte zwischen U_1 und U_2 zu beschränken, so kann dies mit zwei Fangdioden geschehen, die mit verschiedener Polung parallel zum Ausgang gelegt werden (Abb. 2.1.41).

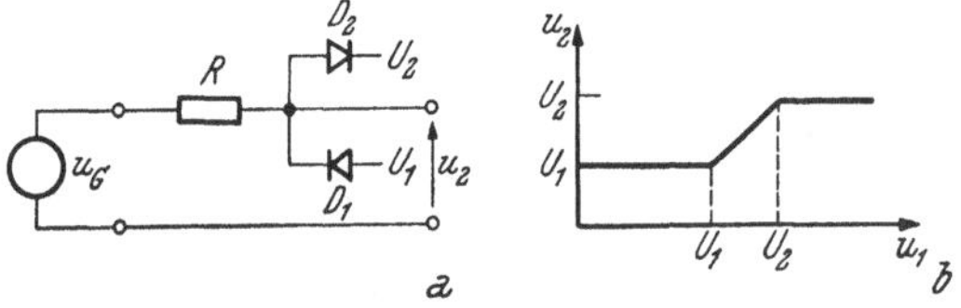

Abb. 2.1.41. Fangdioden in Parallelanordnung
a) Schaltung
b) Übertragungskennlinie

Die Abhängigkeit der Ausgangsspannung von der Eingangsspannung für den Fall idealer Dioden ist in Abb. 2.1.41 *b* dargestellt. Es handelt sich bei dieser Schaltung um die Kombination einer Begrenzerdiode (D_2) und einer Diskriminatordiode (D_1), die den Ausgangsspannungsbereich auf Werte zwischen U_1 und U_2 beschränken. Die analoge Schaltung, bei der die Dioden in Serie zum Ausgang liegen, zeigt Abb. 2.1.42.

d) Klammerdioden

Weiter oben (Abb. 2.1.33) wurde gezeigt, daß ein positiver Impuls beim Differenzieren auch einen negativen Beitrag liefert, dessen Fläche gleich groß wie die des positiven Beitrags ist. Das zeitliche Mittel der Spannung ist also nach einem Differenzierglied Null.

Nun wenden wir uns einer regelmäßigen Impulsfolge mit der Periode τ zu. Weiters gelte $\tau \ll RC$ des Differenziergliedes, so daß die Verformung der Impulse (die Dachschräge) sehr klein ist. Trotzdem besteht ein wesentlicher Unterschied zwischen den Eingangs- und den Ausgangsimpulsen. Auch wenn die Eingangsimpulse polar sind (d. h. ihr Spannungsmittelwert ist ungleich Null), so haben die Ausgangsimpulse keine Gleichspannungskomponente, d. h. die Nullinie geht so durch die Impulsfolge hindurch, daß positive und negative Flächen gleich groß sind (s. Abb. 2.1.43).

Die Größe der Verschiebung der Nullinie ΔU kann mit Hilfe des Tastgrades TG und der Impulsgröße $\hat{u}$ folgendermaßen ausgedrückt werden:

$$\Delta U = TG \cdot \hat{u}. \tag{2.1.50}$$

Mit der Schaltung nach Abb. 2.1.44 kann man erreichen, daß auch die Ausgangsimpulse polar sind. Solche Kreise heißen Festhaltekreise oder

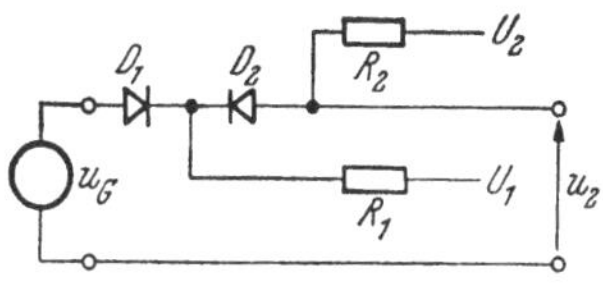

Abb. 2.1.42. Fangdioden in Serienanordnung

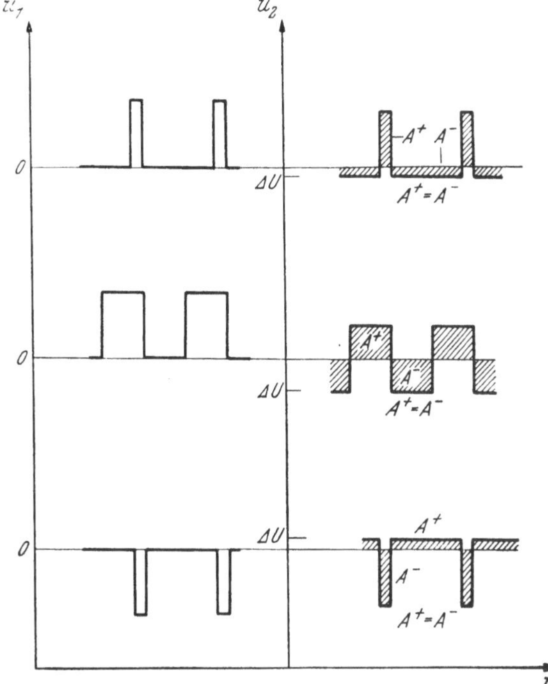

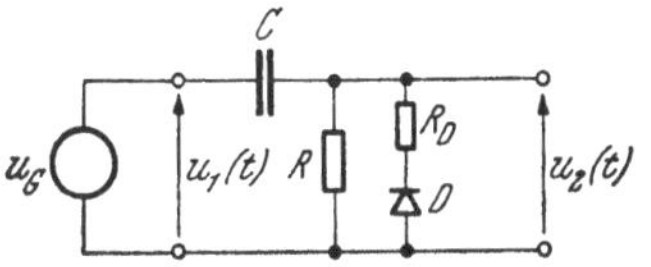

Abb. 2.1.44. Prinzip einer Klammerschaltung

Abb. 2.1.43. Verschiebung der Nullinie durch Differentiation mit einem RC-Glied großer Zeitkonstante

Klammerkreise („clamp circuits"), weil sie Impulse unabhängig von der Folgefrequenz (dem Tastgrad) auf der Nullinie festhalten bzw. an diese „anklammern".

Die Klammerdiode liegt parallel zum Ausgang. Unter Vernachlässigung ihres Sperrwiderstandes hat sie für den positiven Impulsanteil keinerlei Wirkung. Sie öffnet aber, sobald der Kondensator sich entlädt und der negative Impulsanteil sich aufbauen will.

Für den negativen Impulsanteil liegt R_D parallel zu R, der bei der Entladung wirksame Widerstand R_1 beträgt also $R_1 = R_D R/(R_D + R)$ und mit $R \gg R_D$ erhält man eine Entladungszeitkonstante $R_1 C \ll RC$.

Nach Abb. 2.1.45 erhalten wir für die zu- und abfließenden Ladungen folgende Formeln:

$$Q_{\text{zu}} = \int_0^T i_{\text{zu}} \,\mathrm{d}t = \int_0^T \frac{u_1}{R} \,\mathrm{d}t = \frac{1}{R} \cdot F_+ ,$$

$$Q_{\text{ab}} = \int_T^\tau i_{\text{ab}} \,\mathrm{d}t = \int_T^\tau \frac{u_2}{R_1} \,\mathrm{d}t = \frac{1}{R_1} \cdot F_- .$$

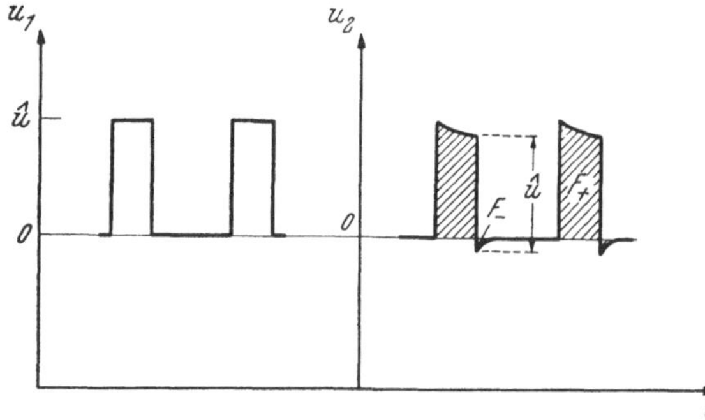

Abb. 2.1.45. Verhalten einer Klammerschaltung gegenüber Rechteckimpulsen

Wegen $Q_{\text{zu}} = Q_{\text{ab}}$ gilt

$$\frac{1}{R} F_+ = \frac{1}{R_1} F_- \quad \text{bzw.} \quad \frac{F_+}{F_-} = \frac{R}{R_1}. \qquad [2.1.51]$$

Diese Betrachtungen gelten für alle Impulsformen, da in [2.1.51] über diese keine Voraussetzungen getroffen wurden.

Nur im Grenzfall $R_D \to 0$ ist eine exakte Wiederherstellung der Nullinie möglich. Da R_D aber für kleine Ströme beträchtliche Werte annehmen kann ($R_D = R_S$ nach dem Knickkennlinien-Modell von Abb. 2.1.7 *b*), ist die Klammerwirkung von Dioden nur begrenzt ausnützbar.

Eine gute Wiederherstellung der Nullinie ist besonders wichtig, wenn die Höhe statistisch kommender Impulse untersucht werden soll, da Impulshöhen immer nur in bezug auf eine fixe Nullinie bestimmt werden können. Da die Verschiebung der Nullinie nach einem differenzierenden RC-Glied sowohl vom Abstand als auch von der Größe des vorangegangenen Impulses abhängt, ist die Schwankung der Nullinie bei statistisch kommenden Impulsen verschiedener Höhe besonders groß. Eine gute Wiederherstellung der Nullinie (bzw. ihre Fixierung) läßt sich mit komplizierteren Schaltungen unter Verwendung aktiver Elemente durchführen.

Polt man die Diode in Abb. 2.1.44 um, so erreicht man, daß die Nullinie auf den Dächern der Impulse aufsitzt.

Eine gesonderte Erklärung dieser geänderten Schaltung ist jedoch nicht nötig, denn obige Überlegungen sind sinngemäß anwendbar, wenn wir nun die Abstände zwischen den positiven Impulsen als negative Impulse der Länge $\tau - T$ ansehen.

Daß eine Anklammerung der Impulsfolge auch an beliebige Potentiale niederohmiger Spannungsquellen erfolgen kann, indem man in Abb. 2.1.44 die Fußpunkte von R und D anstatt mit dem Nullpotential mit einer solchen Spannungsquelle verbindet, sei hier noch erwähnt.

Ist die Bedingung $RC \gg \tau$ nicht erfüllt und ist der Spannungsgenerator, mit dem die Aussteuerung erfolgt, nicht ideal, so tritt eine Verformung sowohl der Eingangs- als auch der Ausgangsimpulse ein, wie sie in Abb. 2.1.46 für einige Zeitkonstanten dargestellt ist.

Infolge der kurzen Zeitkonstante lädt sich der Kondensator C schon während der Impulsdauer merklich auf, weshalb der Ausgangsimpuls am Ende niedriger ist als am Beginn. Sobald die negative Impulsflanke die

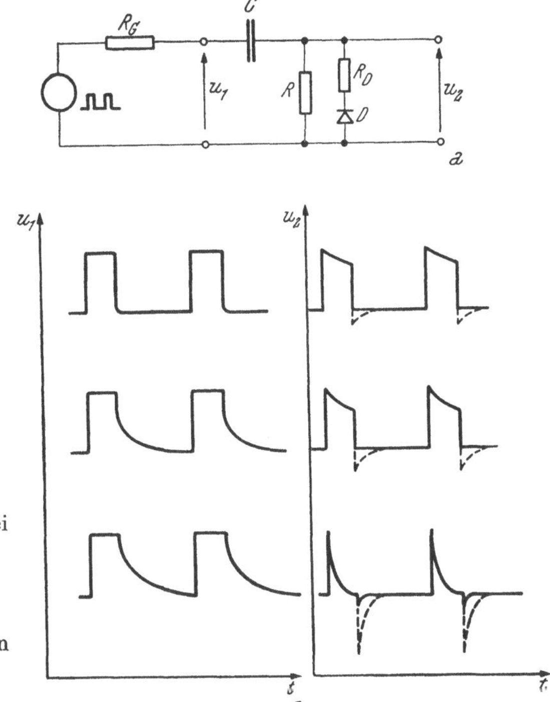

Abb. 2.1.46. Klammerschaltung bei nichtidealer Ansteuerung
a) Schaltung
b) Eingangsspannung u_1
c) Ausgangsspannung u_2
(R_G / R_D nimmt von oben nach unten zu)

Nullinie unterschreitet, wird die Diode in Durchlaßrichtung gepolt. Dann besteht die Eingangsimpedanz des Vierpols im wesentlichen nur noch aus der Kapazität C und dem kleinen Durchlaßwiderstand der Diode in Serie. Mit der Ausgangsimpedanz R_G des Generators bildet nun C ein Integrationsglied (unter Vernachlässigung von R_D gegenüber R_G), so daß das Eingangssignal u_1 am Vierpol mit der Zeitkonstante $R_G \cdot C$ integriert wird, solange die Diode offen ist.

Die kleinen negativen Spitzen, die in einem Fall für u_2 eingezeichnet sind, sind die Folge von $R_D \neq 0$. Dann erzeugt nämlich der Entladestrom an der Diode einen Spannungsabfall.

Die im Abschnitt 2.1.5.2 gebrachten Schaltungsbeispiele sind eine Auswahl wichtiger *RCD*-Kombinationen, deren Verständnis als Ausgangspunkt für die Untersuchung komplizierter Schaltungen geeignet ist.

Allgemeine Methoden zur Netzwerkanalyse finden wir im nächsten Abschnitt.

2.2. Transformationsmethoden der Netzwerkanalyse

Das Verhalten von Netzwerken wird auf zwei verschiedene Arten beschrieben.

Entweder erfolgt eine Untersuchung des statischen Verhaltens (steady state response), die den Frequenzgang der Amplitudenänderung und der Phasenverschiebung feststellt. Oder aber es wird das Einschwingverhalten (auch: Übergangsverhalten, transient response) des Netzwerkes untersucht, also das Verhalten gegenüber Stufenimpulsen (wie im letzten Abschnitt, in welchem wir ganz elementar das Verhalten einfacher Kreise gegenüber Rechteckimpulsen untersuchten). Bei mehrstufigen Anordnungen ist dieses einfache Verfahren meistens nicht anwendbar, da die späteren Stufen bereits verformte Signale an ihren Eingang bekommen. Höchstens dann, wenn eine der Stufen den Hauptanteil an der Verformung trägt, kann man dieses vereinfachte Verfahren anwenden: Jede einzelne Stufe wird für sich mit Rechtecken untersucht, der Einfluß der entscheidenden Stufe festgestellt und das der übrigen Stufen als Korrektur berücksichtigt. Eine exakte Methode werden wir in 2.2.2 kennenlernen.

In 2.1.3.2 wurde gezeigt, daß die Impedanz, der Proportionalitätsfaktor zwischen Strom und Spannung, im allgemeinen Fall frequenzabhängig ist und die Phasenbeziehung zwischen Strom und Spannung durch die komplexe Schreibweise berücksichtigt werden kann.

Wenden wir uns nun dem Frequenzverhalten eines Vierpols zu. Nehmen wir an, daß die Signale so klein sind, daß die Kenngrößen der Schaltelemente als konstant anzusehen sind (Kleinsignal-Verhalten). Da es sich also um ein lineares Netzwerk handelt, gilt das Superpositionsprinzip (s. 2.1.3.1), nach welchem auch beim Vorliegen von Mischungen beliebiger Frequenzen für jede einzelne Komponente ω_k gilt:

$$u_1(j\omega_k) = Z_1(j\omega_k) \cdot i_1(j\omega_k) \qquad [2.2.1]$$

und

$$u_2(j\omega_k) = Z_2(j\omega_k) \cdot i_2(j\omega_k). \qquad [2.2.2]$$

Ist außer diesen beiden Beziehungen, durch die die Eingangs- bzw. die Ausgangsgrößen miteinander verknüpft werden, noch eine dritte, ebenfalls frequenzabhängige Beziehung bekannt, die eine Eingangsgröße mit einer Ausgangsgröße verknüpft, so läßt sich das Frequenzverhalten des Vierpols formelmäßig erfassen.

Als dritte Beziehung verwendet man gerne den Zusammenhang zwischen Ausgangs- und Eingangsspannung

$$u_2(j\omega_k) = G(j\omega_k) \cdot u_1(j\omega_k). \qquad [2.2.3]$$

Wegen der vorausgesetzten Linearität läßt sich diese Beziehung auch auf beliebige Frequenzmischungen anwenden, so daß

$$u_2(j\omega) = G(j\omega) \cdot u_1(j\omega) \qquad [2.2.4]$$

für beliebige $u_1(j\omega)$ gilt.

$G(j\omega)$ heißt dabei die Übertragungsfunktion des Vierpols. Sie gibt an, was mit jeder Frequenzkomponente der Eingangsspannung zu geschehen hat, damit die Überlagerung der geänderten Frequenzkomponenten das Ausgangssignal ergibt. Dabei können sowohl Änderungen der Amplitude als auch der Phase erfolgen, weshalb $G(j\omega)$ in einen Amplituden- und einen Phasenterm gespaltet werden kann:

$$G(j\omega) = g(\omega) \cdot e^{j\varphi(\omega)}. \qquad [2.2.5]$$

Vierpole liegen üblicherweise nicht isoliert vor, sondern in einem Netzwerk. Nach dem Theorem von THÉVENIN kann das Netzwerk, das sich vor dem Eingang bzw. nach dem Ausgang des Vierpols befindet, durch eine Spannungsquelle mit einem Innenwiderstand (Ausgangsimpedanz) ersetzt werden. Die Spannungsquelle vor dem Eingang wird Generator genannt, während am Ausgang meistens nur der Lastwiderstand Z_L als Impedanz aufscheint, der zugehörige Spannungsgenerator also kein Signal liefert (s. Abb. 2.2.1).

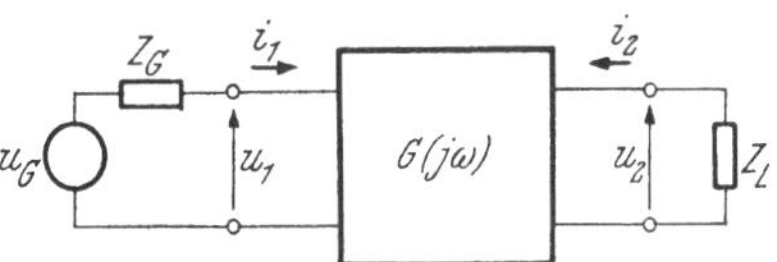

Abb. 2.2.1. Frequenzabhängiger Vierpol

In unseren weiteren Betrachtungen schreiben wir die Frequenzabhängigkeit aller elektrischen Größen nicht mehr explizit an, behalten sie aber trotzdem im Auge.

Mit der komplexen Schreibweise ergeben sich formal die gleichen Formeln wie im Fall rein ohmscher Widerstände. Am Eingang:

$$u_1 = Z_1 \cdot i_1 = \frac{Z_1}{Z_1 + Z_G} u_G = \frac{1}{1 + \dfrac{Z_G}{Z_1}} u_G, \qquad [2.2.6]$$

mit

$$i_1 = \frac{1}{Z_G + Z_1} u_G. \qquad [2.2.7]$$

Gilt $\dfrac{|Z_G|}{|Z_1|} \gg 1$, so wird $i_1 \approx \dfrac{1}{Z_G} \cdot u_G$ unabhängig von Z_1 und man spricht von „Stromansteuerung“ des Vierpols.

Gilt hingegen $\dfrac{|Z_G|}{|Z_1|} \ll 1$, dann ist u_1 unabhängig von Z_1 $(u_1 \approx u_G)$ und man spricht von „Spannungsansteuerung“.

Am Ausgang erhält man ohne Belastung die Spannung $u_{2\infty} = G \cdot u_1$. Das frequenzabhängige G entspricht hier der Spannungsverstärkung μ beim spannungsgesteuerten Spannungsgenerator (s. 2.1.5.1). Die Spannung am ausgangsseitigen Generator des Vierpols ist also $u_{2\infty}$. Sie teilt sich beim Anschließen einer Lastimpedanz an dieser und der Ausgangsimpedanz, weshalb für die Ausgangsspannung u_2 erhalten wird:

$$u_2 = \frac{Z_L}{Z_L + Z_2} \cdot G \cdot u_1 = \frac{1}{1 + Z_2/Z_L} \cdot G \cdot u_1 \qquad [2.2.8]$$

bzw. für den Ausgangsstrom

$$i_2 = \frac{1}{Z_2 + Z_L} \cdot G \cdot u_1. \qquad [2.2.9]$$

Für den Fall $\dfrac{|Z_2|}{|Z_L|} \gg 1$ erhält man

$$i_2 \approx \frac{1}{Z_2} \cdot G \cdot u_1.$$

Diese Formel gilt für $Z_L = 0$ exakt, weshalb i_2 dann „Kurzschlußstrom" genannt wird.

Ist $\frac{|Z_2|}{|Z_L|} \ll 1$, so gilt

$$u_2 \approx G \cdot u_1$$

und die Ausgangsspannung ist gleich groß wie bei offenem (= unbelastetem) Ausgang ($Z_L = \infty$), weshalb sie auch als „Leerlaufspannung" bezeichnet wird.

In diesen Überlegungen wurde nochmals gezeigt, daß die Generatorausgangsimpedanz und die Lastimpedanz das Vierpolverhalten mitbestimmen. Deshalb muß besonders darauf geachtet werden, daß die Übertragungsfunktion $G(j\omega)$, so wie sie oben eingeführt wurde, nur bei Spannungsansteuerung und offenem Ausgang gilt, während in den anderen Fällen diese Impedanzen wie in den Formeln [2.2.6] bis [2.2.9] mitberücksichtigt werden müssen.

2.2.1. Fourier-Transformation

Wenn wir das Impulsverhalten eines elektrischen Netzwerkes untersuchen, müssen wir nach dem oben Gesagten den Einfluß berechnen, den das Netzwerk auf jede einzelne Frequenzkomponente hat, die in dem zu übertragenden Impuls enthalten ist. Es muß daher eine Frequenzzerlegung des betrachteten Impulses vorgenommen werden.

Nach dem bekannten Theorem von Fourier lassen sich periodische Funktionen eindeutig in eine unendliche Summe von Frequenzkomponenten zerlegen. Es gilt also auch für periodische Spannungsänderungen $u(t)$ mit der Periode τ_0

$$u(t) = \sum_{n=-\infty}^{+\infty} a_n e^{nj\omega_0 t}. \qquad [2.2.10]$$

ω_0 stellt die Kreisfrequenz der Grundschwingung der Funktion $u(t)$ dar und hängt mit deren Periode τ_0 und Frequenz f_0 gemäß

$$\omega_0 = \frac{2\pi}{\tau_0} = 2\pi f_0 \qquad [2.2.11]$$

zusammen. Die Koeffizienten a_n der Entwicklung lassen sich unter Verwendung der Orthogonalitätsrelation der harmonischen Funktionen berechnen

$$a_n = \frac{1}{\tau_0} \int_{-\tau_0/2}^{+\tau_0/2} u(t) e^{-nj\omega_0 t} dt. \qquad [2.2.12]$$

Durch Gl. [2.2.10] wird die Funktion $u(t)$ in harmonische Funktionen zerlegt, wobei die der Periode entsprechende Grundfrequenz und deren ganzzahlige Vielfache als Entwicklungsglieder auftreten. Der Koeffizient a_i bezeichnet den Anteil der i-ten harmonischen Schwingung an der betreffenden periodischen Funktion. Für den Koeffizienten a_0 resultiert der zeitliche Mittelwert der Funktion $u(t)$.

Daß in der Zerlegung [2.2.10] negative Werte von n auftreten und damit auch „negative Frequenzen", liegt an der komplexen Darstellungsweise der harmonischen Funktionen. Da der Koeffizient a_{-n} zum Wert a_n konjugiert komplex ist ($a_{-n} = a_n{}^*$), kann man die Entwicklungsterme wie folgt zusammenfassen

$$a_n e^{jn\omega_0 t} + a_{-n} e^{-jn\omega_0 t} = (b_n + jc_n) e^{jn\omega_0 t} + (b_n - jc_n) e^{-jn\omega_0 t} = \\ = b_n \cos n\omega_0 t + c_n \sin n\omega_0 t \qquad [2.2.13]$$

und erhält die Entwicklung in Cosinus- und Sinusfunktionen mit reellen Koeffizienten b_n, c_n und Frequenzen $n\omega_0$. Um den Beitrag einer bestimmten harmonischen Schwingung zu einer periodischen Impulsfolge zu erhalten, genügt es daher, den Betrag von a_n allein für positive Werte von n zu betrachten

$$|a_n| = \sqrt{b_n{}^2 + c_n{}^2}. \qquad [2.2.14]$$

Geht man zu einem Einzelimpuls über, so entspricht dies dem Grenzübergang $\tau_0 \to \infty$ und man erhält aus [2.2.10] bzw. [2.2.12] wegen

$$\frac{1}{\tau_0} \to \mathrm{d}f \quad \text{mit} \quad \mathrm{d}f = \frac{1}{2\pi}\,\mathrm{d}\omega$$

$$u(t) = \frac{1}{2\pi} \int_{-\infty}^{+\infty} A(j\omega)\, e^{j\omega t} \mathrm{d}\omega \qquad [2.2.15]$$

mit

$$A(j\omega) = \int_{-\infty}^{+\infty} u(t) \cdot e^{-j\omega t} \mathrm{d}t = F\{u(t)\}. \qquad [2.2.16]$$

Dabei bezeichnet man $A(j\omega)$ als die Spektralfunktion bzw. als die Fourier-Transformierte $F\{u(t)\}$ von $u(t)$.

Gl. [2.2.15] kann ihrerseits als Umkehrtransformation aufgefaßt werden, die aus einer gegebenen Frequenzverteilung $A(j\omega)$ die Impulsform $u(t)$ ergibt.

Wir sehen, daß eine aperiodische Funktion nicht mehr in diskrete Frequenzkomponenten zerlegt werden kann wie eine periodische Funktion, bei der alle auftretenden Frequenzen Vielfache der Grundfrequenz sind. Sie besitzt vielmehr eine kontinuierliche Frequenzverteilung $A(j\omega)$, die die Intensität angibt, mit der die infinitesimalen Frequenzbänder mit der Breite $\mathrm{d}\omega$ in dem betreffenden Einzelimpuls enthalten sind.

An Hand von einigen Beispielen wollen wir nun die praktische Anwendung der Fourier-Transformation studieren.

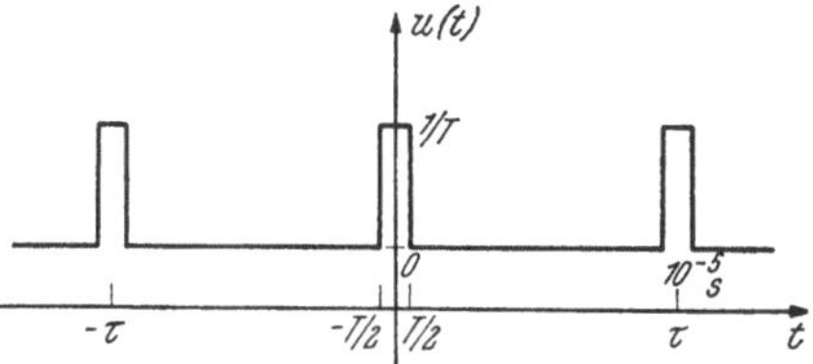

Abb. 2.2.2. Periodische Rechteckspannung

1. Zuerst betrachten wir eine periodische Rechteckfunktion $u(t)$ mit der Periodendauer $\tau = 1/f_0 = 10^{-5}$ s und der Impulslänge $T = 10^{-6}$ s (s. Abb. 2.2.2). Die Impulshöhe ist $1/T$, so daß der zeitliche Mittelwert $\overline{u(t)} = 1/\tau$ ist.

Der Nullpunkt sei so gewählt, daß der Wellenzug symmetrisch zu ihm zu liegen kommt, die Funktion $u(t)$ also gerade ist. Dann gilt mit [2.2.12]

$$a_n = \frac{1}{\tau} \int_{-T/2}^{+T/2} \frac{1}{T} e^{-j2\pi f_0 n t} \mathrm{d}t = \frac{1}{n\pi T} \cdot \sin(n\pi T f_0) \qquad [2.2.17]$$

mit $n = 0, 1, 2, 3, \ldots$

Die Grenzen des Integrals ($\pm T/2$) werden entsprechend dem Bereich, in welchem $u(t) \neq 0$ ist, gewählt. Da $u(t)$ laut Angabe eine gerade Funktion ist, sind die a_n reell.

Für die einzelnen Komponenten a_n erhält man:

$a_0 = 1/\tau = \overline{u(t)}$ den zeitlichen Mittelwert (Gleichspannungsanteil der Impulse),

$a_1 = \frac{1}{\pi T} \cdot \sin(\pi f_0 T)$ den Anteil der Grundschwingung,

a_n mit $n > 1$ die Anteile der Oberschwingungen.

Für alle n, bei denen das Argument des Sinus in [2.2.17] ein Vielfaches von π wird, verschwindet a_n. Die betreffende Oberschwingung fehlt also im Frequenzspektrum, wenn die Bedingung

$$n \cdot \pi \cdot T \cdot f_0 = n \cdot \pi \cdot T/\tau = k\pi \qquad k = 1, 2, 3, \ldots$$

erfüllt ist. Hierzu ist es wegen der Ganzzahligkeit von n und k notwendig, daß, wie in unserem Beispiel, τ/T eine ganze Zahl ist.

In unserem Fall ist $n = 10$ für $k = 1$, d. h. die zehnte Oberschwingung fehlt, weiters die zwanzigste für $k = 2$, usw. (vgl. Abb. 2.2.3 *b*). Bei konstantem T wird mit zunehmender Periodendauer τ die Zahl der Oberschwingungen vor der ersten Nullstelle der Umhüllenden immer größer. Die Nullstellen in der Amplitudenverteilung müssen aber nicht mit einer tatsächlich vorhandenen Oberschwingung zusammenfallen. Sie treten bei den Frequenzen $f_k = k/T$ auf und sind somit von τ unabhängig.

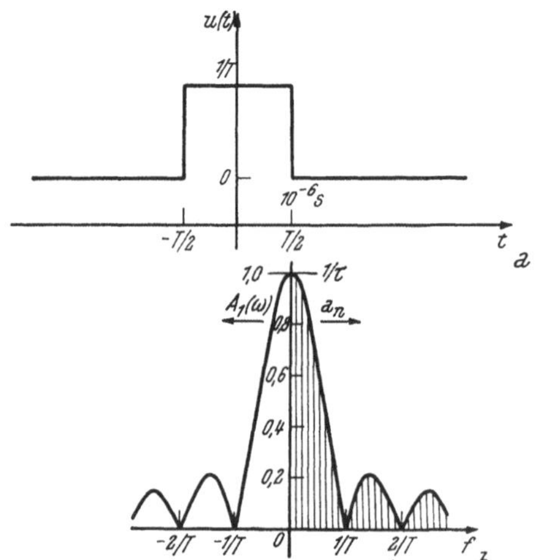

Abb. 2.2.3. *a*) Einzelner Rechteckimpuls *b*) Frequenzspektrum des Einzelimpulses von Abb. 2.2.3 *a* (bei negativen Frequenzen) bzw. des regelmäßigen Impulszuges von Abb. 2.2.2 (bei positiven Frequenzen) bei einer Impulslänge T

2. Jetzt betrachten wir einen einzelnen Rechteckimpuls gleicher Länge und Amplitude wie im ersten Beispiel, der symmetrisch zum Nullpunkt liegt (s. Abb. 2.2.3 *a*).

$u(t)$ ist gerade, weshalb $|A(j\omega)| = A_1(\omega)$ gilt.

$$\begin{aligned} A_1(\omega) &= \int_{-T/2}^{+T/2} \frac{1}{T}\, e^{-j\omega t}\mathrm{d}t = \frac{2}{\omega T}\cdot \sin\frac{\omega T}{2} = \\ &= \frac{1}{\pi f T}\cdot \sin(\pi f T). \end{aligned} \qquad [2.2.18]$$

Die Ähnlichkeit mit [2.2.17] ist auffällig. $A_1(\omega)$ hat jedoch wegen des Auftretens der Frequenz im Nenner eine andere Dimension als a_n. Während a_n die Intensität der Frequenzkomponente $n\omega_0$ angibt, erhält man aus dem Amplitudenspektrum $|A(j\omega)|$, das ja kontinuierlich ist, die Intensität je infinitesimalem Frequenzbereich $\mathrm{d}f$.

$A_1(\omega)$ wird für Frequenzen $f_k = k/T$ Null ($k = 1, 2, 3, \ldots$). Der Anteil der Frequenzen bis zur ersten Nullstelle bei $f = 1/T$ überwiegt so stark, daß es für eine mäßig gute Übertragung von Rechteckimpulsen der Länge T genügt, Frequenzen bis $1/T$ ungestört zu verarbeiten (s. Abb. 2.2.3 *b*).

Geht $T \to 0$, so erhält man die sogenannte „Stoßfunktion". Es gibt dann keine Nullstelle von $|A(j\omega)|$ und alle Frequenzen sind am Zustandekommen gleichwertig beteiligt, sie bilden ein „weißes" Spektrum, $|A(j\omega)| = 1$ (s. Beispiel 4 im Abschnitt 2.2.2).

In Tab. 2.2.1 sind einige Impulsfolgen mit der zugehörigen Spektralzerlegung zusammengestellt.

Wie wir gesehen haben, gibt die Übertragungsfunktion eines Vierpols dessen Verhalten gegenüber den einzelnen Frequenzen wieder. Mit Hilfe der Fourier-Zerlegung kann man nun Impulse eindeutig in ihr Frequenzspektrum zerlegen. Die Wirkung der Übertragungsfunktion auf dieses Frequenzspektrum wird untersucht und das geänderte Frequenzspektrum durch eine Umkehrung der Fourier-Transformation wieder zu einem Impuls zusammengesetzt. Man erhält auf diese Weise die Verformung eines Impulses beim Durchgang durch den Vierpol.

Die Fourier-Transformation bewirkt also eine Zerlegung von $u_1(t)$ in die Frequenzkomponenten $u_1(j\omega_k)$. Diese werden im Vierpol so geändert, daß

$$u_2(j\omega_k) = G(j\omega_k)\cdot u_1(j\omega_k) \qquad [2.2.19]$$

gilt.

Durch die Überlagerung der einzelnen $u_2(j\omega_k)$ erhält man dann das Ausgangssignal $u_2(t)$

$$\begin{aligned} u_2(t) &= \frac{1}{2\pi}\int_{-\infty}^{+\infty} u_2(j\omega)\, e^{j\omega t}\mathrm{d}\omega = \\ &= \frac{1}{2\pi}\int_{-\infty}^{+\infty} G(j\omega)\cdot u_1(j\omega)\cdot e^{j\omega t}\mathrm{d}\omega, \end{aligned} \qquad [2.2.20]$$

womit die Aufgabe im Prinzip gelöst ist. Dabei ist zu beachten, daß $G(j\omega)$ sowohl auf die Phase als auch auf die Amplitude wirkt.

Tabelle 2.2.1. *Spektralzerlegung einiger Impulsfolgen*
($b = T/\tau$, T = Halbwertsbreite des Impulses)

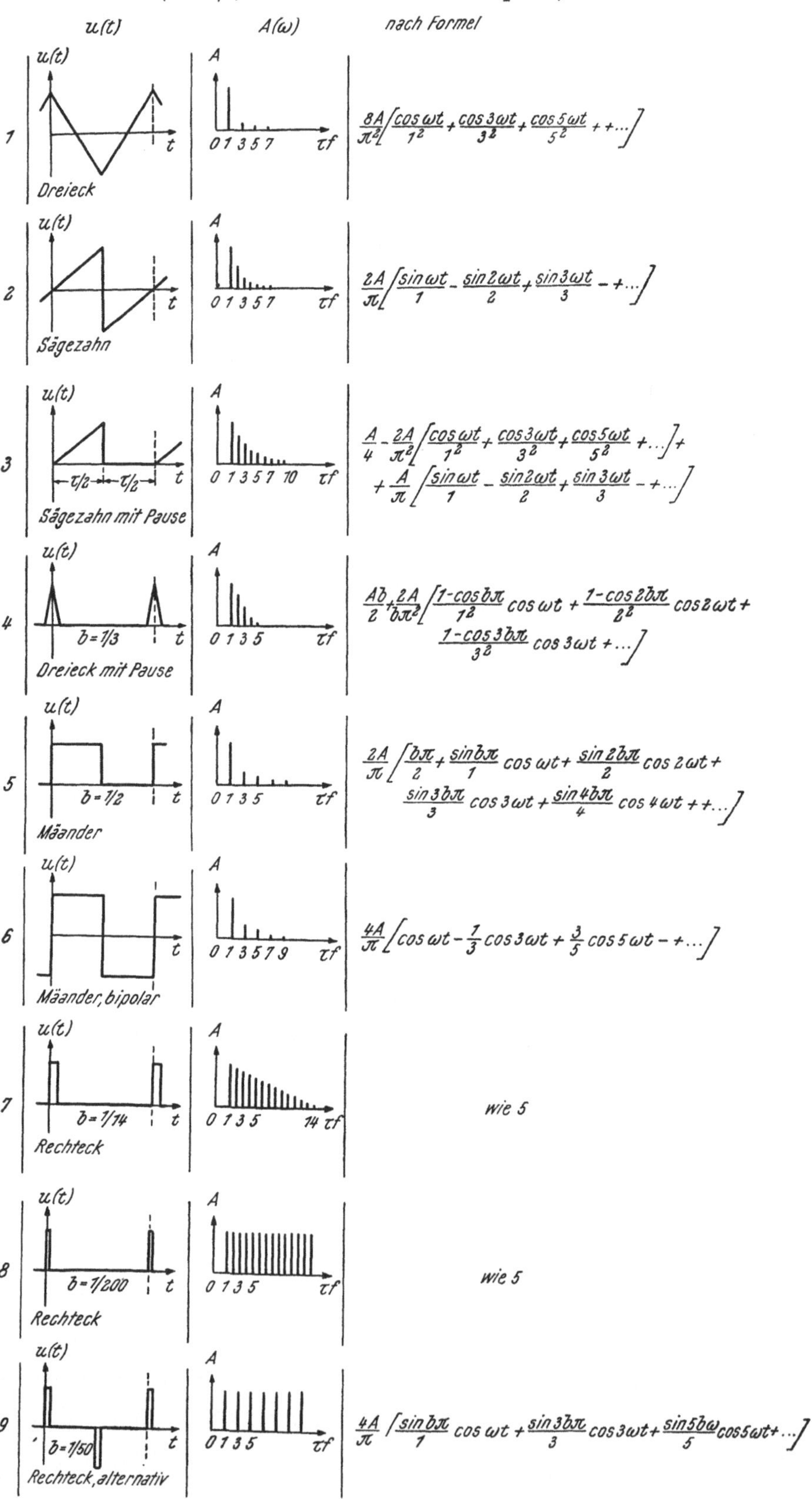

	u(t)	A(ω)	nach Formel
1	Dreieck	0 1 3 5 7 τf	$\frac{8A}{\pi^2}\left[\frac{\cos\omega t}{1^2}+\frac{\cos 3\omega t}{3^2}+\frac{\cos 5\omega t}{5^2}++\dots\right]$
2	Sägezahn	0 1 3 5 7 τf	$\frac{2A}{\pi}\left[\frac{\sin\omega t}{1}-\frac{\sin 2\omega t}{2}+\frac{\sin 3\omega t}{3}-+\dots\right]$
3	Sägezahn mit Pause ($\tau/2$, $\tau/2$)	0 1 3 5 7 10 τf	$\frac{A}{4}-\frac{2A}{\pi^2}\left[\frac{\cos\omega t}{1^2}+\frac{\cos 3\omega t}{3^2}+\frac{\cos 5\omega t}{5^2}+\dots\right]+\frac{A}{\pi}\left[\frac{\sin\omega t}{1}-\frac{\sin 2\omega t}{2}+\frac{\sin 3\omega t}{3}-+\dots\right]$
4	Dreieck mit Pause, $b=1/3$	0 1 3 5 τf	$\frac{Ab}{2}+\frac{2A}{b\pi^2}\left[\frac{1-\cos b\pi}{1^2}\cos\omega t+\frac{1-\cos 2b\pi}{2^2}\cos 2\omega t+\frac{1-\cos 3b\pi}{3^2}\cos 3\omega t+\dots\right]$
5	Mäander, $b=1/2$	0 1 3 5 τf	$\frac{2A}{\pi}\left[\frac{b\pi}{2}+\frac{\sin b\pi}{1}\cos\omega t+\frac{\sin 2b\pi}{2}\cos 2\omega t+\frac{\sin 3b\pi}{3}\cos 3\omega t+\frac{\sin 4b\pi}{4}\cos 4\omega t++\dots\right]$
6	Mäander, bipolar	0 1 3 5 7 9 τf	$\frac{4A}{\pi}\left[\cos\omega t-\frac{1}{3}\cos 3\omega t+\frac{3}{5}\cos 5\omega t-+\dots\right]$
7	Rechteck, $b=1/14$	0 1 3 5 14 τf	wie 5
8	Rechteck, $b=1/200$	0 1 3 5 τf	wie 5
9	Rechteck, alternativ, $b=1/50$	0 1 3 5 τf	$\frac{4A}{\pi}\left[\frac{\sin b\pi}{1}\cos\omega t+\frac{\sin 3b\pi}{3}\cos 3\omega t+\frac{\sin 5b\omega}{5}\cos 5\omega t+\dots\right]$

Besonders wichtig sind Vierpole, die Impulse formgetreu verstärken. Dazu ist es notwendig, daß die Spektralfunktion der Ausgangsspannung $u_2(j\omega)$ bis auf einen frequenzunabhängigen Proportionalitätsfaktor mit der Spektralfunktion der Eingangsspannung $u_1(j\omega)$ übereinstimmt:

$$u_2(j\omega) = g \cdot u_1(j\omega).$$

Eine Spektralfunktion $A(j\omega)$ ist nach [2.2.16] im allgemeinen komplex.

$$A(j\omega) = A_1(\omega) + jA_2(\omega) = W(\omega)e^{j\varphi(\omega)}, \qquad [2.2.21]$$

wobei $\operatorname{Re}\{A(j\omega)\} = A_1(\omega)$ eine gerade Funktion ist, während $\operatorname{Im}\{A(j\omega)\} = A_2(\omega)$ eine ungerade Funktion von ω ist. Der Absolutbetrag der komplexen Spektralfunktion liefert das Amplitudenspektrum

$$|A(j\omega)| = \sqrt{A_1^2(\omega) + A_2^2(\omega)} = W(\omega), \qquad [2.2.22]$$

während

$$\varphi(\omega) = \arctan \frac{A_2(\omega)}{A_1(\omega)} \qquad [2.2.23]$$

die frequenzabhängige Phasenverschiebung, das Phasenspektrum, wiedergibt.

Der Anteil einer bestimmten Frequenz an einem bestimmten Impuls muß unabhängig von der Wahl des Zeitnullpunktes, d. h. $|A(j\omega)|$ muß zeitunabhangig sein. Dies wollen wir nun untersuchen.

Eine Verschiebung des Zeitnullpunktes um die Zeit q läßt $u(t)$ in $u(t-q)$ übergehen. Dann gilt

$$\begin{aligned} A_V(j\omega) &= \int_{-\infty}^{+\infty} u(t-q) \cdot e^{-j\omega t} \mathrm{d}t = \\ &= \int_{-\infty}^{+\infty} u(t-q) \cdot e^{-j\omega q} \cdot e^{-j\omega(t-q)} \mathrm{d}(t-q) = \\ &= e^{-j\omega q} A(j\omega) = \\ &= W(\omega) e^{j[\varphi(\omega) - \omega q]} \end{aligned} \qquad [2.2.24\text{ a}]$$

und

$$|A(j\omega)| = W(\omega) = |A_V(j\omega)|. \qquad [2.2.24\text{ b}]$$

Das Amplitudenspektrum $|A(j\omega)|$ wird also nicht geändert, wohl aber ändern sich die Anteile von $A_1(\omega)$ und $A_2(\omega)$ an ihm. Wurde der Zeitnullpunkt z. B. so gewählt, daß $u(t)$ symmetrisch zu ihm liegt (gerade Funktion), so gilt $A_2(\omega) = 0$ und $|A(j\omega)| = A_{1V}(\omega)$. Ist $u(t)$ eine ungerade Funktion, so ist $A_1(\omega) = 0$ und $|A(j\omega)| = A_{2V}(\omega)$. Die Änderung betrifft ausschließlich das Phasenspektrum. Aus $\varphi(\omega)$ wird $\varphi_V(\omega) = \varphi(\omega) - \omega q$. Die Phasenverschiebung wird also proportional der Frequenz geändert.

Aber auch die umgekehrte Formulierung ist zulässig: Bei einer frequenzproportionalen Phasenverschiebung bleibt das Amplitudenspektrum erhalten, es wird nur die Lage des Impulses in bezug auf den Zeitnullpunkt geändert. Ein Netzwerk, das die Phasenlage proportional der Frequenz ändert, bewirkt eine Verschiebung des Impulses auf der Zeitlinie (= Verzögerung), ohne die Impulsform zu ändern.

Für die formgetreue Übertragung muß also unter Berücksichtigung von [2.2.24 a] gelten

$$u_2(j\omega) = g \cdot e^{-j\omega q} u_1(j\omega), \qquad [2.2.25\ a]$$

d. h. die Übertragungsfunktion $G(j\omega)$, für die allgemein gilt

$$G(j\omega) = g(\omega) \cdot e^{j\varphi(\omega)},$$

muß die Gestalt haben

$$G(j\omega) = g \cdot e^{-j\omega q}. \qquad [2.2.25\ b]$$

Der Amplitudenterm $g(\omega)$ muß also frequenzunabhängig gleich g sein und der Phasenterm $\varphi(\omega)$ proportional zu ω. Diese beiden Bedingungen lassen sich mit elektronischen Schaltungen nicht erfüllen. Da bei sehr vielen Signalformen der Anteil hoher und höchster Frequenzen an der Spektralfunktion verschwindend klein ist, spielen Fehler bei der Übertragung dieser Frequenzanteile keine entscheidende Rolle, so daß man die beiden Bedingungen für eine formgetreue Verstärkung (bzw. Übertragung) folgendermaßen formulieren kann:

Ist in dem Frequenzbereich, in welchem die Fourierzerlegung des Signals nichtvernachlässigbare Frequenzanteile besitzt, der Amplitudenterm der Übertragungsfunktion eines Vierpols konstant und der Phasenterm proportional zur Frequenz, so erfolgt die Übertragung durch den Vierpol formgetreu. Ansonsten erfolgt eine Verformung des Signals. Die Amplitudenverformung infolge $g = g(\omega)$ bewirkt bei einem Rechteckimpuls eine um die Schwerlinie symmetrische Verformung (s. Abb. 2.2.4 *a*). Denn die Spektralfunktion $u_1(j\omega)$ eines Rechteckimpulses, den wir wegen der Unempfindlichkeit des Amplitudenspektrums gegenüber zeitlichen Verschiebungen symmetrisch um den Zeitnullpunkt annehmen können (gerade Funktion), ist nach [2.2.21] reell, weshalb auch das Produkt $u_2(j\omega) = u_1(j\omega) \cdot g(\omega)$ reell ist. Da jedoch nur gerade (um den Nullpunkt symmetrische) Funktionen reelle Spektralfunktionen haben können, ist damit gezeigt, daß $u_2(t)$ symmetrisch um den Zeitnullpunkt ist. Liegt zusätzlich eine frequenzproportionale Phasenverschiebung vor, so ist die Verformung symmetrisch in bezug auf die Schwerlinie des Impulses.

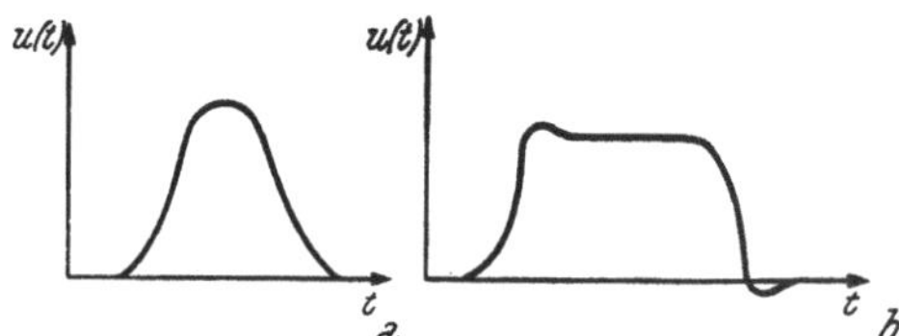

Abb. 2.2.4. Verformung eines Rechteckimpulses
a) Amplitudenverformung
b) Phasenverformung

Eine Phasenverformung tritt dann ein, wenn der Phasenfehler $\varepsilon(\omega)$ (s. Abb. 2.2.5)

$$\varepsilon(\omega) = \varphi(\omega) - \omega \left.\frac{d\varphi(\omega)}{d\omega}\right|_{\omega=0} \qquad [2.2.26]$$

nicht zu vernachlässigen ist. Sie bewirkt bei einem Rechteck (s. Abb. 2.2.4 *b*) ein Über- und Unterschwingen des Impulses, die beide in Prozenten der unverformten Impulshöhe angegeben werden. In solchen Fällen ist für die Bestimmung der Anstiegszeit nicht die Maximalamplitude, sondern die un-

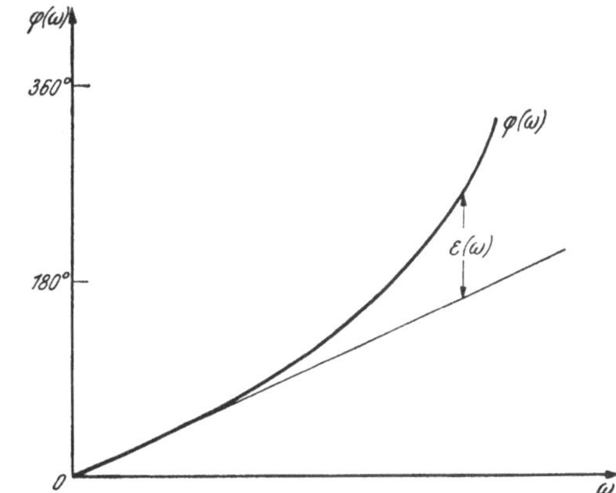

Abb. 2.2.5. Zur Definition des Phasenfehlers $\varepsilon(\omega)$

verformte Impulshöhe maßgebend. Im Gegensatz zur Amplitudenverformung ist die Phasenverformung asymmetrisch. In der Praxis treten beide immer gemeinsam auf.

Derjenige Frequenzbereich eines Vierpols, der für formgetreue Übertragung geeignet ist, wird Bandbreite B des Vierpols genannt. Die Phasenbandbreite B_{Ph} ist jener Frequenzbereich, in welchem der Absolutbetrag des Phasenfehlers $|\varepsilon(\omega)| \leq 1/2$ ist.

Sinkt der Amplitudenterm $g(\omega)$ von seinem Sollwert g bei zunehmender Frequenz und erreicht er bei ω_2 den Wert $g/\sqrt{2}$, so ist ω_2 die obere Grenzfrequenz des Vierpols. Manche Anordnungen haben auch eine analog definierte untere Grenzfrequenz ω_1, so daß für alle ω mit $\omega_1 < \omega < \omega_2$ gilt $g(\omega) > g/\sqrt{2}$. Die Amplitudenbandbreite B_A ist dann definiert als

$$B_A = \omega_2 - \omega_1 .$$

Die Bandbreite B des Systems ist gleich der schmäleren der beiden Bandbreiten B_{Ph} bzw. B_A.

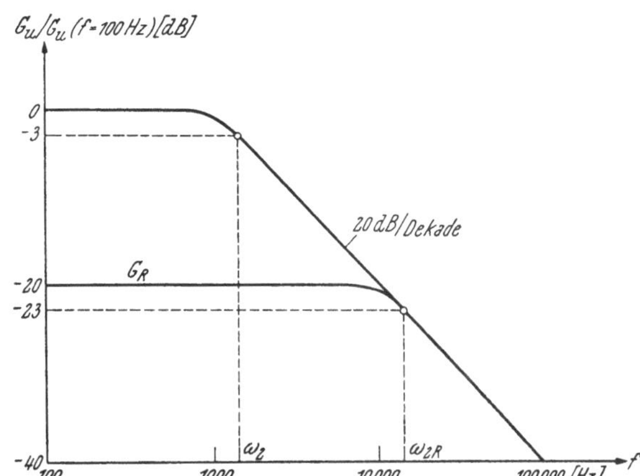

Abb. 2.2.6. Amplitudenterm eines Niederfrequenzverstärkers

In Abb. 2.2.6 ist der Amplitudenterm der Übertragungsfunktion eines Verstärkers dargestellt. Da es sich um einen Gleichstromverstärker handelt, hat er keine untere Grenzfrequenz ω_1 und die Bandbreite $B = \omega_2$. Es ist üblich, sowohl die Frequenz als auch $g(\omega)$ logarithmisch darzustellen. $g(\omega)$ wird dabei in Dezibel = 0,1 Bel angegeben.

Das Bel mit der Untereinheit Dezibel wird vor allem in der Nachrichtentechnik als Einheit der Leistungsverstärkung G_N bzw. der Leistungsabschwächung (erkennbar an den negativen Werten) verwendet.

$$G_N[\text{Bel}] = \log \frac{N_2}{N_1}. \qquad [2.2.27\text{ a}]$$

In der Praxis verwendet man das Dezibel dB

$$G_N[\text{dB}] = 10 \log N_2/N_1. \qquad [2.2.27\text{ b}]$$

Aber auch bei Spannungs- und Stromverhältnissen wird das Dezibel verwendet.

$$G_u[\text{dB}] = 20 \log (u_2/u_1)$$

bzw. $$G_i[\text{dB}] = 20 \log (i_2/i_1). \qquad [2.2.28]$$

Der Faktor 2 gegenüber Gl. [2.2.27 b] rührt von der quadratischen Abhängigkeit der Leistung von Strom bzw. Spannung her (s. [2.1.5]).

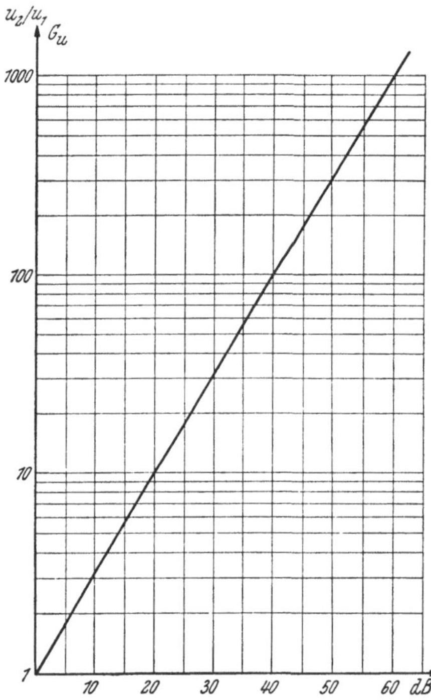

Abb. 2.2.7. Spannungsverstärkung in dB

Verstärkungen von Elementen, die in Kaskade geschaltet sind, lassen sich in dB-Einheiten einfach durch Addition feststellen, weshalb das Bel vor allem für den Nachrichtentechniker große Bedeutung hat. In Abb. 2.2.7 sind die dB-Werte für Spannungsverstärkungen zwischen 1 und 10^3 ablesbar.

Jetzt wollen wir einen Vierpol untersuchen, dessen Bandbreite B begrenzt ist, der aber keine Phasenverschiebung hervorruft und dessen Übertragungsfunktion $G(j\omega)$ folgenden beiden Gleichungen genügt:

$$G(j\omega) = \begin{cases} 1 & \text{für} \quad |\omega| \leq 2\pi B, \\ 0 & \text{für} \quad |\omega| > 2\pi B. \end{cases} \qquad [2.2.29]$$

Die Bandbreitenbegrenzung wirkt sich natürlich am stärksten auf solche Impulse aus, deren Fourierzerlegung auch für beliebig hohe Frequenzen noch Anteile liefert, die nicht vernachlässigt werden dürfen, wie z. B. die Stoßfunktion. Diese wollen wir in unserem ersten Beispiel betrachten.

1. Für den durch die Stoßfunktion beschriebenen Stoßimpuls ist das Amplitudenspektrum weiß, es gilt

$$|A(j\omega)| = 1.$$

Am Ausgang des oben besprochenen Vierpols erhält man

$$u_2(t) = \frac{1}{2\pi} \int_{-2\pi B}^{2\pi B} e^{j\omega t} d\omega = \frac{1}{\pi t} \cdot \sin 2\pi B t. \qquad [2.2.30]$$

Diese Ausgangsimpulsform ist in Abb. 2.2.8 dargestellt, wobei zu beachten ist, daß die Zeitachse normiert ist (Einheit $= 1/2B$).

Je kleiner die Bandbreite ist, desto niedriger ist der Impuls, aber desto breiter ist er auch, da seine Fläche ja gleichbleiben muß. Es tritt nach beiden Seiten ein Oszillieren mit der oberen Grenzfrequenz auf, was eine Folge des abrupten Abschneidens des Amplitudenspektrums ist. (Daß die Schwingungen noch vor der Zeit $t = 0$ einsetzen, würde an sich das Kausalprinzip verletzen. Ein Netzwerk, das die Übertragungsfunktion [2.2.29] besitzt und keine Phasenverschiebung und damit Verzögerung bewirkt, ist aber physikalisch nicht realisierbar.)

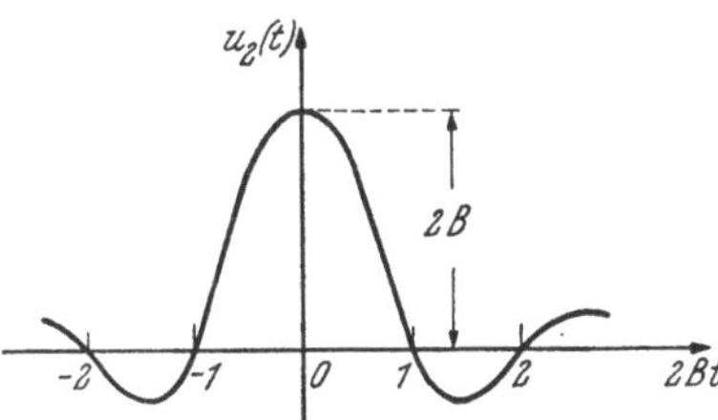

Abb. 2.2.8. Ausgangsspannung eines idealen Tiefpasses als Antwort auf einen Stoßimpuls

2. Die Einheitssprungfunktion gehorcht den beiden Gleichungen

$$\sigma(t) = \begin{cases} 0 & \text{für} \quad -\infty < t < 0, \\ 1 & \text{für} \quad 0 < t < +\infty. \end{cases} \qquad [2.2.31\text{ a}]$$

Ihre Spektralfunktion $A(j\omega)$ divergiert.

$$A(j\omega) = \int_{-\infty}^{+\infty} \sigma(t) e^{-j\omega t} dt = \int_{0}^{\infty} e^{-j\omega t} dt. \qquad [2.2.32\text{ a}]$$

Durch die Multiplikation des Integranden mit $e^{-\alpha t}$ (α reell und positiv) läßt sich die Konvergenz des Integrals erzwingen. $\sigma(t)$ wird dann als $\lim_{\alpha \to 0} \sigma_\alpha(t)$ angesehen, mit

$$\sigma_\alpha(t) = \begin{cases} 0 & \text{für} \quad -\infty < t < 0, \\ e^{-\alpha t} & \text{für} \quad 0 < t < +\infty. \end{cases} \qquad [2.2.31\text{ b}]$$

Die Spektralfunktion $A_\alpha(j\omega)$ von $\sigma_\alpha(t)$ lautet

$$A_\alpha(j\omega) = \int_{0}^{\infty} e^{-\alpha t - j\omega t} dt = \frac{1}{\alpha + j\omega}, \qquad [2.2.32\text{ b}]$$

so daß mit $\alpha \to 0$

$$A(j\omega) = \frac{1}{j\omega} \qquad [2.2.32\text{ c}]$$

erhalten wird.

Mit der Bandbreitenbeschränkung nach [2.2.29], die durch $G(j\omega)$ berücksichtigt wird, erhält man

$$u_2(t) = \frac{1}{2\pi} \int_{-2\pi B}^{+2\pi B} G(j\omega) \cdot A(j\omega) e^{j\omega t} d\omega =$$
$$= \frac{1}{2\pi} \int_{-2\pi B}^{+2\pi B} 1 \cdot (j\omega)^{-1} \cdot e^{j\omega t} d\omega. \qquad [2.2.33 \text{ a}]$$

Dieser Ausdruck läßt sich umformen in

$$u_2(t) = \frac{1}{2} + \frac{1}{\pi} \int_0^{2\pi B} \frac{1}{\omega} \sin \omega t d\omega = \frac{1}{2} + \frac{1}{\pi} \text{Si}(2\pi Bt), \qquad [2.2.33 \text{ b}]$$

wobei $\text{Si}(x) = \int_0^x \frac{\sin u}{u} du$ den Integralsinus darstellt, eine Funktion, die tabelliert ist.

In Abb. 2.2.9 ist $u_2(t)$ dargestellt, wobei als Einheit für t wieder $1/2B$ gewählt wurde.

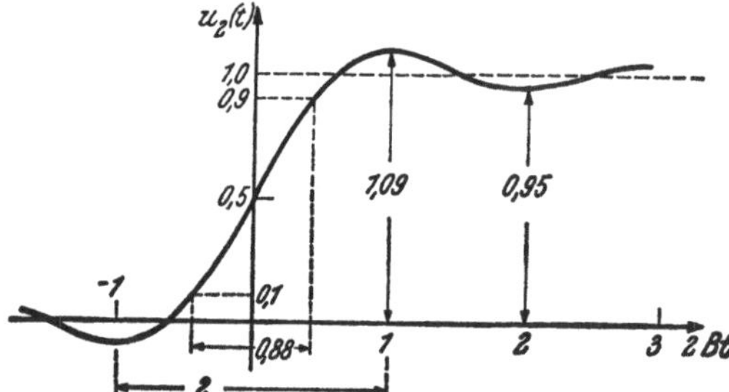

Abb. 2.2.9. Ausgangsspannung eines idealen Tiefpasses als Antwort auf einen Stufenimpuls

Wieder sehen wir die charakteristischen Oszillationen mit der oberen Grenzfrequenz. Auch wenn sich die Frequenz der Oszillationen mit der Bandbreite ändert, die Amplituden der Schwingungen bleiben immer gleich. Die größte Amplitude liegt gleich nach der Sprungstelle und übersteigt die Sprunghöhe um etwa 9%. (Infolge der Frequenzbegrenzung ist die Maximalamplitude des Ausgangssignals größer als die Impulshöhe bei eingeschwungenem Zustand.)

Dieses Überschwingen, das auch Gibbssches Phänomen genannt wird, tritt um so stärker auf, je schärfer die Bandbreite begrenzt ist. Ein kontinuierlicher Verlauf der Übertragungsfunktion vermindert das Überschwingen um so mehr, je genauer sie der Funktion $e^{-a^2\omega^2}$ angenähert ist (a = Konstante).

Schwierigkeiten infolge der Divergenz der Spektralfunktion $A(j\omega)$ bei bestimmten Impulsformen können durch die Anwendung der Laplace-Transformation, der wir uns im nächsten Abschnitt zuwenden, umgangen werden.

2.2.2. Laplace-Transformation

Das Übergangsverhalten (transient response), also das Verhalten eines Netzwerkes gegenüber einem Stufenimpuls $\sigma(t)$ gemäß [2.2.31 a], ist sowohl bei der praktischen Überprüfung mit einem Oszillographen als auch für die

Theorie von großer Bedeutung, da beliebige Impulsformen aus Stufenimpulsen verschiedener Höhe und mit verschiedenen zeitlichen Abständen zusammengesetzt gedacht werden können.

Da die Spektralfunktion des Stufenimpulses, wie wir oben feststellten, divergiert, zieht man zur Behandlung solcher Fälle statt der Fourier-Transformation die allgemeinere Laplace-Transformation heran.

Bei dieser wird die Divergenz eines Integrals der Art [2.2.32 a], wie wir schon zeigten, durch den konvergenzerzeugenden Faktor $e^{-\alpha t}$ erreicht, wobei α eine reelle, positive Zahl ist.

Die Definition der Laplace-Transformierten von $u(t)$ lautet daher

$$L\{u(t)\} = \int_0^\infty u(t)\, e^{-\alpha t}\, e^{-j\omega t} dt. \quad [2.2.34]$$

Da in der Impulstechnik der Beginn eines Impulses immer für Zeiten $t \geq 0$ angesetzt werden kann, bedeutet die Einschränkung auf den Zeitbereich $t = 0$ bis $t = +\infty$ keine Beschränkung der Anwendbarkeit von [2.2.34].

Durch Zusammenfassen von $\alpha + j\omega$ in die komplexe Größe $p = \alpha + j\omega$ geht Gl. [2.2.34] über in

$$L\{u(t)\} = \int_0^\infty u(t)\, e^{-pt} dt. \quad [2.2.35]$$

Die Umkehrtransformation, die die Laplace-Transformierten in die zeitabhängigen Funktionen $u(t)$ zurückführt, kann erhalten werden, wenn man die Gl. [2.2.34] als Fouriertransformierte der Funktion $u(t) \cdot e^{-\alpha t}$ auffaßt. Dann ergibt sich

$$u(t) = \frac{1}{2\pi j} \int_{\alpha - j\omega}^{\alpha + j\omega} L\{u(t)\}\, e^{pt} dp. \quad [2.2.36]$$

Da die Berechnung dieses Inversionsintegrals meistens sehr mühsam ist, verwendet man zur Rücktransformation Tabellen, in denen die Funktionspaare von $u(t)$ und $L\{u(t)\}$ einander gegenübergestellt sind. (Einige Paare findet man auch in Tab. 2.2.2.) Bei festem α kann man nach [2.2.36] die Laplace-Transformation als Zerlegung von $u(t)$ in harmonische Schwingungen interpretieren, wobei deren Amplituden mit $e^{\alpha t}$ zunehmen. Der kleinste Wert von α, bei dem [2.2.34] für eine vorgegebene Funktion $u(t)$ noch konvergiert, heißt Konvergenzabszisse (s. Abb. 2.2.10).

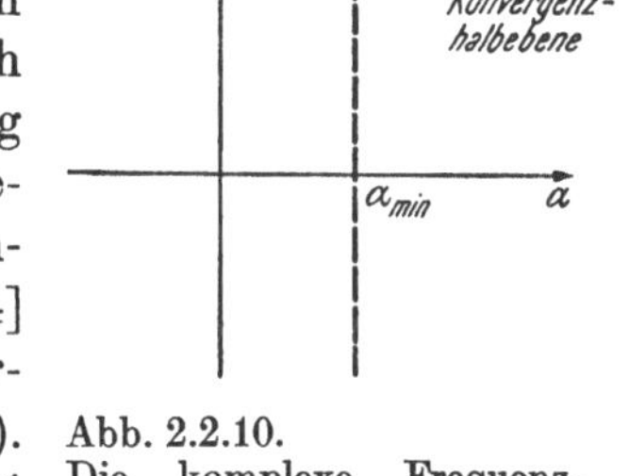

Abb. 2.2.10.
Die komplexe Frequenzebene

Wegen des konvergenzerzeugenden Faktors $e^{-\alpha t}$ läßt sich die Laplace-Transformation [2.2.34] auch in Fällen, in denen die Fourier-Transformation [2.2.16] nicht durchgeführt werden kann, anwenden. Durch den Grenzübergang $\alpha \to 0$ erhält man aus der Laplace- die Fourier-Transformation, soferne der Grenzwert

$$\lim_{\alpha \to 0} L\{u(t)\} = \lim_{\alpha \to 0} F\{u(t)\, e^{-\alpha t}\}$$

existiert.

In Tab. 2.2.2 sind die Laplace-Transformierten und die Fourier-Transformierten einiger Funktionen zusammengestellt.

Tabelle 2.2.2. *Transformationen einiger wichtiger Funktionen*

Originalfunktion		Laplace-Transformierte	Fourier-Transformierte
$f(t)$ für $t > 0$; $f(t) = 0$ für $t \leq 0$		$L\{f(t)\} \equiv f(p) \equiv A(p)$	$F\{f(t)\} \equiv f(j\omega) \equiv A(j\omega)$
$\delta(t)$		1	1
$\sigma(t)$		$1/p$	$1/j\omega$
t		$1/p^2$	$1/(j\omega)^2$
$t^n/n!$	$n = 0, 1, 2, \ldots$	$1/p^{n+1}$	$1/(j\omega)^{n+1}$
$e^{-t/T}$		$1/(p + 1/T)$	$1/(j\omega + 1/T)$
$1 - e^{-t/T}$		$1/p(1 + pT)$	$1/j\omega(1 + j\omega T)$
e^t		$1/(p - 1)$	—
$\frac{t^{n-1}}{(n-1)!} e^{-\beta t}$	$n = 1, 2, 3, \ldots$ $\beta > 0$	$1/(p + \beta)^n$	$1/(j\omega + \beta)^n$

Die Zuordnung von $A(p)$ zur Funktion $u(t)$ kann als eine Abbildung aufgefaßt werden, die durch die Laplace-Transformation bewerkstelligt wird. Die Gesamtheit aller Originalfunktionen $u(t)$ bildet den „Originalraum", die der Bildfunktionen den „Bildraum".

Die große Bedeutung der Laplace-Transformation liegt nun darin, daß einige wichtige Rechenoperationen im Bildraum übersichtlicher und leichter durchgeführt werden können als im Originalraum.

Da wir hier auf die praktische Durchführung der Laplace-Transformation nicht ausführlicher eingehen können, müssen wir in dieser Hinsicht auf die Literatur verweisen. Dort findet man auch Tabellen, mit deren Hilfe die Hin- und Rücktransformation auch komplizierter Ausdrücke leicht bewerkstelligt werden kann.

In Tab. 2.2.3 geben wir einige Beispiele, wie sich Rechenoperationen an einer Funktion $u(t)$ im Originalraum nach Transformation in den Bildraum auf die entsprechenden Funktionen $A(p)$ auswirken.

Besonders ins Auge springend ist die Einfachheit, mit der die Integration und die Differentiation durchgeführt werden kann.

Genauso wie bei der Fourier-Transformation wollen wir auch hier die Vorgangsweise skizzieren.

Tabelle 2.2.3. *Entsprechende Operationen im Original- und im Bildraum*

Original		Bild
$a > 0$	$u(at)$	$\frac{1}{a} \cdot A\left(\frac{p}{a}\right)$
$t > a > 0$	$u(t - a)$	$A(p) \cdot e^{-ap}$
$u(t)\, e^{-\beta t}$		$A(p + \beta)$
$\frac{du(t)}{dt}$		$p \cdot A(p) - u(+0)$
$-t \cdot u(t)$		$\frac{dA(p)}{dp}$
$\int_0^t u(\tau)\, d\tau$		$\frac{1}{p} A(p)$
$\frac{1}{t}\, u(t)$		$\int_p^\infty A(\beta)\, d\beta$
$\sum_{i=1}^n u_i(t)$		$\sum_{i=1}^n A_i(p)$
$\int_0^t u_1(\tau)\, u_2(t - \tau)\, d\tau$		$A_1(p) \cdot A_2(p)$

Gegeben sei ein Vierpol mit der Übertragungsfunktion $G(p)$. An seinen Eingang werde ein Signal $u_1(t)$ gelegt. Gesucht ist die Ausgangsspannung.

Die Laplace-Transformierte von $u_1(t)$ wird aus einer Tabelle entnommen und mit der Übertragungsfunktion $G(p)$ multipliziert. Der so erhaltene Wert wird mit Hilfe der Tabellen rücktransformiert und die Ausgangsspannung $u_2(t)$ wird erhalten.

Nun wollen wir noch auf einige wichtige Impulsformen die Laplace-Transformation anwenden.

1. Die Einheitssprungfunktion (unit step function):

$$u(t) = \sigma(t) = \begin{cases} 1 & \text{für} \quad t > 0, \\ 0 & \text{für} \quad t \leq 0. \end{cases}$$

$$A(p) = \int_0^\infty u(t)\, e^{-pt} \mathrm{d}t = \frac{e^{-pt}}{-p}\Bigg|_0^\infty = \frac{1}{p}. \qquad [2.2.37\text{ a}]$$

Dies gilt dann und nur dann, wenn $e^{-pt} \to 0$ strebt, falls $t \to \infty$ geht, d. h. wenn $\mathrm{Re}\,(p) = \alpha > 0$ ist, also nur für die positive Halbebene.

Die Umkehrformel lautet

$$\frac{1}{2\pi j} \int_{\alpha - j\omega}^{\alpha + j\omega} \frac{1}{p}\, e^{pt} \mathrm{d}p = u(t) - \begin{cases} 1 & \text{für} \quad t > 0, \\ 0 & \text{für} \quad t < 0. \end{cases} \qquad [2.2.37\text{ b}]$$

Erfolgt der Sprung nicht zum Zeitnullpunkt, so finden wir an Hand der Tab. 2.2.3 für $u(t - a)$

$$A(p) = \frac{1}{p} \cdot e^{-ap}.$$

2. Die Funktion $e^{\beta t}$:

$$u(t) = \begin{cases} e^{\beta t} & \text{für} \quad t > 0, \qquad \beta = \text{beliebig} \\ 0 & \text{für} \quad t < 0. \end{cases}$$

$$A(p) = \int_0^\infty e^{\beta t} e^{-pt} \mathrm{d}t = \int_0^\infty e^{-(p-\beta)t} \mathrm{d}t = \frac{1}{p - \beta}$$

$$\text{für} \quad \mathrm{Re}[p] > \mathrm{Re}[\beta]. \qquad [2.2.38]$$

3. Die Sinusfunktion:

$$u(t) = \begin{cases} \sin \omega t & \text{für} \quad t > 0, \\ 0 & \text{für} \quad t < 0. \end{cases}$$

$$A(p) = \int_0^\infty \sin \omega t \cdot e^{-pt} \mathrm{d}t = \frac{1}{2j} \int_0^\infty e^{-pt} (e^{j\omega t} - e^{-j\omega t}) \mathrm{d}t =$$

$$= \frac{1}{2j} \left(\frac{1}{p - j\omega} - \frac{1}{p + j\omega} \right) = \frac{\omega}{p^2 + \omega^2}$$

$$\text{für} \quad \mathrm{Re}[p] > 0. \qquad [2.2.39]$$

4. Der Einheitsrechteckimpuls:

$$u(t)=\begin{cases}0 & \text{für} \quad t\leq 0,\\ 1/T & \text{für} \quad 0<t<T,\\ 0 & \text{für} \quad t\geq T.\end{cases}$$

$$A(p)=\int\limits_0^T \frac{1}{T}e^{-pt}\mathrm{d}t=-\frac{1}{Tp}e^{-pt}\Big|_0^T=-\frac{1}{Tp}e^{-pT}+\frac{1}{Tp}= \qquad [2.2.40\text{ a}]$$
$$=\frac{1}{Tp}(1-e^{-pT}).$$

Für den Stoßimpuls geht $T\to 0$ und man erhält

$$\lim_{T\to 0}A(p)=\lim_{T\to 0}\frac{1}{pT}(1-e^{-pT})=\lim_{T\to 0}\frac{p\cdot e^{-Tp}}{p}=1. \qquad [2.2.40\text{ b}]$$

Dieses Ergebnis haben wir oben vorweggenommen, als wir davon sprachen, daß die Frequenzzerlegung des Stoßimpulses ein weißes Spektrum liefert.

2.3. Übertragungseigenschaften passiver Vierpole

In diesem Abschnitt wollen wir die Übertragungsfunktion einiger passiver Vierpole, welche wir z. T. schon in 2.1.5.2 elementar untersuchten, mit Hilfe der Laplace-Transformation ermitteln.

2.3.1. Einfache *RCL*-Kombinationen

Trotz der Beschränkung auf die linearen Schaltelemente R, C und L kann auch das Kleinsignalverhalten nichtlinearer Elemente durch diese Betrachtungen mit erfaßt werden, da deren Ersatzschaltung, wie es in 2.1.4 auseinandergesetzt wurde, nur aus linearen Elementen aufgebaut ist.

2.3.1.1. Attenuatoren

Attenuatoren dienen dazu, Spannungen, Ströme oder elektrische Leistung in definierter und bekannter Weise abzuschwächen. Dies geschieht am häufigsten durch Widerstandsnetzwerke, die man sich in einem Vierpol mit Eingangs- und Ausgangsklemmen angeordnet denkt. Einige grundsätzliche Anordnungen sind in Abb. 2.3.1 wiedergegeben.

Das Π- und das T-Glied sind die beiden grundlegenden Typen, da die anderen auf diese zurückgeführt werden können. Bei allen hier angeführten Typen haben Ausgang und Eingang eine Klemme gemeinsam. Soll jedoch die mittlere Eingangs- und Ausgangsspannung übereinstimmen, so müssen die Serienwiderstände auf beide Strombahnen so verteilt werden, daß sowohl die beiden Ausgangsklemmen als auch die Eingangsklemmen zueinander symmetrisch liegen. Man erhält dann die in Abb. 2.3.2 gezeigten Grundtypen. Diese benötigen mehr Bauteile und werden daher nur selten verwirklicht.

Wenn wir die Aufgabe des Attenuators berücksichtigen, elektrische Signale eines Generators für einen Verbraucher in bestimmter Weise abzu-

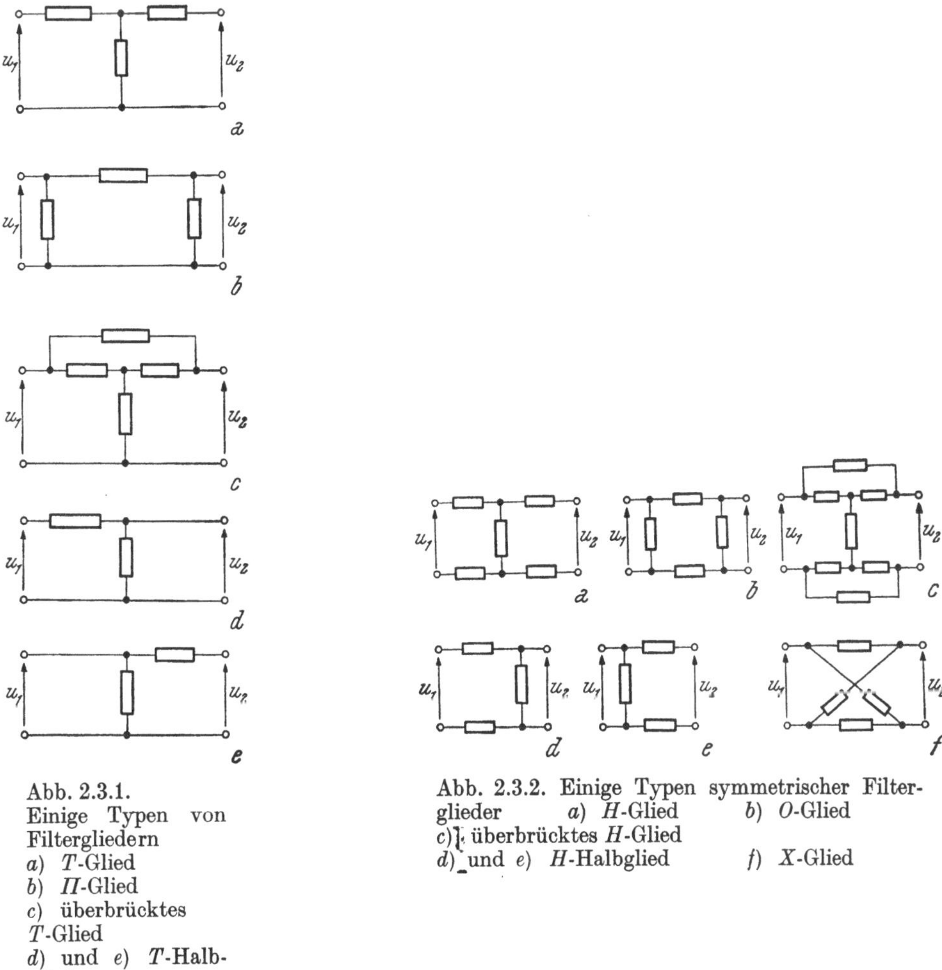

Abb. 2.3.1. Einige Typen von Filtergliedern *a*) *T*-Glied *b*) *Π*-Glied *c*) überbrücktes *T*-Glied *d*) und *e*) *T*-Halbglied

Abb. 2.3.2. Einige Typen symmetrischer Filterglieder *a*) *H*-Glied *b*) *O*-Glied *c*) überbrücktes *H*-Glied *d*) und *e*) *H*-Halbglied *f*) *X*-Glied

schwächen, müssen wir uns mit Abb. 2.3.3 auseinandersetzen. Der wichtigste Fall liegt vor, wenn

$$\begin{aligned} R_G &= Z_1 \quad \text{und} \\ Z_2 &= R_L \end{aligned} \qquad [2.3.1]$$

gilt. Dann bezeichnet man den Attenuator sowohl am Eingang als auch am Ausgang als „abgeschlossen“. In diesem Fall wird, wie sich leicht zeigen läßt, die maximale Leistung vom Generator mit einem Innenwiderstand R_G auf den Attenuator-Eingang Z_1 übertragen. Dies wird als optimale Anpassung (exakter: Leistungsanpassung) bezeichnet. Das gleiche gilt in [2.3.1] für die Übertragung vom Attenuatorausgang Z_2 auf R_L.

Im Abschnitt 2.3.2 werden wir noch andere Eigenschaften der Anpassung kennenlernen.

Die Behandlung von Attenuatoren, die aus Ketten von den oben besprochenen Gliedern bestehen, verschieben wir auf später (2.3.2.2), da sie als Sonderfall der iterativen Filter angesehen werden können. Hier wollen wir nur einige nichtangepaßte Spannungsteiler behandeln.

Wir betrachten zuerst den Fall, daß $R_G \ll Z_1$ und $Z_2 \ll R_L$ ist. Wir nehmen also $R_G = 0$ und $R_L = \infty$. In diesem Fall wird sowohl aus dem T-Attenuator als auch aus dem Π-Attenuator ein einfacher L-Attenuator, den wir schon unter 2.1.5.2 in Abb. 2.1.30 als einfachen Spannungsteiler kennengelernt haben.

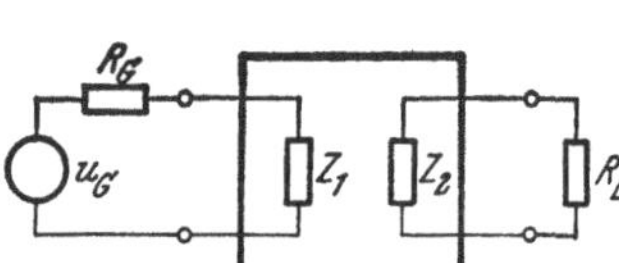

Abb. 2.3.3.
Zur „Anpassung" eines Attenuators

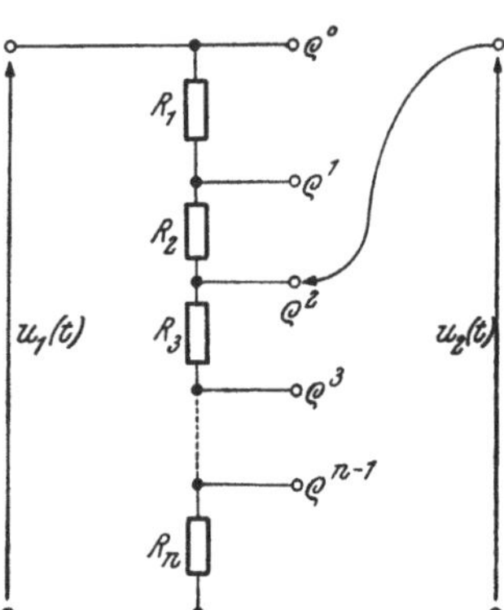

Abb. 2.3.4.
Einfacher Stufenattenuator

Für den Entwurf eines Mehrfach-Attenuators nach Abb. 2.3.4, bei dem die einzelnen Stufen jeweils um den zusätzlichen Faktor ϱ (häufig wird $\varrho = 1/2$ gewählt) mehr abschwächen, brauchen wir folgende Formeln:

$$\begin{aligned} R_1 &= R(1-\varrho), \\ R_s &= R_1\varrho^{s-1} = R_{s-1} \cdot \varrho, \qquad (s = 2, \ldots n-1) \\ R_n &= R \cdot \varrho^{n-1} = \frac{\varrho}{1-\varrho} \cdot R_{n-1}. \end{aligned} \qquad [2.3.2]$$

Dabei ist R der Gesamtwiderstand (Eingangswiderstand Z_1) des Attenuators und ϱ das Abschwächungsmaß je Stufe. Gilt hingegen $R_G = \infty$ (Ansteuerung mit einem Stromgenerator) und ist wie oben $R_L = \infty$, so kann derselbe Attenuator verwendet werden, bloß muß der Eingang mit dem Ausgang vertauscht werden. Die relative Signalgröße ist bei gleicher Dimensionierung in jeder Schalterstellung die gleiche wie oben.

Dieser einfache Aufbau eines Attenuators ist für höhere Frequenzen ungeeignet, da dann selbst sehr kleine Kapazitäten, wie sie als Streukapazitäten unvermeidbar sind, das Frequenzverhalten entscheidend beeinflussen. Wir brauchen uns nur vor Augen zu halten, daß z. B. 3 pF bei 10 MHz eine Impedanz von 5 kΩ, bei 100 MHz aber nur mehr eine von 500 Ω darstellen. Die Spannungsteilung erfolgt also am Widerstand R_1 und der Impedanz Z_2, einer Parallelschaltung von R_2 mit C_2 (s. Abb. 2.3.5). Sie läßt sich am leichtesten komplex berechnen, was wir in den nächsten Abschnitten an mehreren weiteren Beispielen genauer durchführen. Wir erhalten somit

$$\begin{aligned} u_2(j\omega)/u_1(j\omega) &= \frac{C_2 \| R_2}{R_1 + (C_2 \| R_2)} = \\ &= R_2/(R_1 + R_2 + j\omega R_1 R_8 C_2) \end{aligned} \qquad [2.3.3]$$

Durch Zerlegung in einen Amplituden- und einen Phasenterm mit der Abkürzung $R_3 = R_1 R_2 / (R_1 + R_2)$ erhalten wir

$$u_2(j\omega) / u_1(j\omega) = \left(R_3 \Big/ R_1 \sqrt{1 + \omega^2 R_3^2 C_2^2}\right) \cdot e^{-j \arctan \omega R_3 C_2}. \qquad [2.3.4]$$

Das Frequenzverhalten richtet sich also nach der Zeitkonstante $\tau = R_3 C_2$. Für $R_1 \ll R_2$ bzw. $R_2 \ll R_1$ ist R_3 praktisch gleich dem kleineren der beiden Widerstände. Das schlechteste Frequenzverhalten (bei vorgegebenem Gesamtwiderstand $R_1 + R_2$) erhält man für $R_1 = R_2$, denn dann ist $R_3 = R_1/2$ und die Zeitkonstante τ ist am größten.

Wie groß darf nun der Gesamtwiderstand $R = R_1 + R_2$ eines Attenuators bei gegebener Kapazität C_2 höchstens sein?

Vor einen Verstärker mit einer Bandbreite $B = 3$ MHz und einer Eingangskapazität von 20 pF soll ein solcher Attenuator geschaltet werden. Damit der Einfluß des Attenuators auf den Frequenzgehalt des Signals keine wesentliche Rolle spielt, müssen wir für ihn eine Bandbreite von wenigstens 10 MHz vorsehen. Somit erhalten wir für den Gesamtwiderstand R die Beziehung

$$1/\omega_2 = 10^{-7}/2\pi > \tau = C \cdot R/2 = 20 \cdot 10^{-12} \cdot R/2,$$

woraus $R < 1{,}6\ \mathrm{k\Omega}$ folgt.

R darf aber auch nicht zu klein sein ($R >$ etwa 1 Ω), weil sonst die Leitungsinduktivität schon eine Rolle spielen kann.

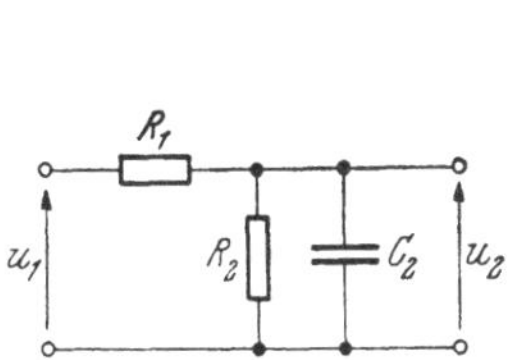

Abb. 2.3.5.
Attenuator mit Berücksichtigung der Eingangskapazität

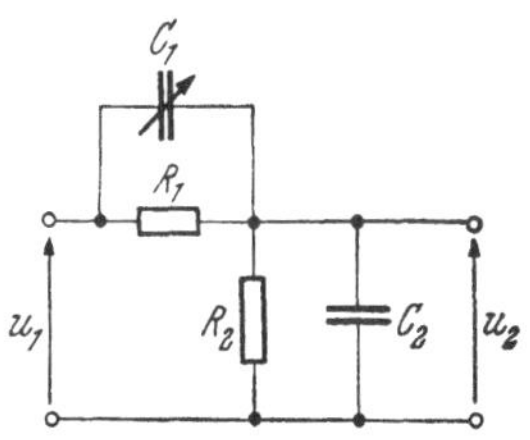

Abb. 2.3.6.
Frequenzkompensierter Attenuator

Entsprechend Abb. 2.3.6 kann man eine Frequenzkompensation des Spannungsteilers erreichen. Die Streu-(oder Eingangs-)Kapazität C_2 wird durch eine Kapazität C_1 parallel zu R_1 kompensiert. Die Spannungsteilung erfolgt dann über die Impedanzen Z_1 und Z_2, wobei

$$Z_i = R_i / (1 + j\omega\tau_i) \qquad [2.3.5]$$

mit $\tau_i = R_i C_i$.

Für die Attenuation gilt dann

$$u_2(j\omega) / u_1(j\omega) = Z_2(j\omega) / [Z_1(j\omega) + Z_2(j\omega)] =$$

$$= \frac{R_2 / (1 + j\omega\tau_2)}{R_1 / (1 + j\omega\tau_1) + R_2 / (1 + j\omega\tau_2)}. \qquad \textbf{[2.3.6 a]}$$

Ist $\tau_1 = \tau_2$, so ist der Attenuator frequenzunabhängig („frequenzkompensiert"), denn dann gilt für alle Frequenzen

$$u_2(j\omega) / u_1(j\omega) = R_2 / (R_1 + R_2). \qquad [2.3.6\ b]$$

Für eine solche Frequenzkompensation ist es selbstverständlich Voraussetzung, daß $u_1(j\omega)$ von einem niederohmigen Generator ($R_G \ll R_1 + R_2$) stammt, da sonst eine frequenzabhängige Spannungsteilung zwischen R_G und dem Attenuator auftritt.

Die praktische Durchführung durch Parallelschaltung von Kondensatoren geschieht am besten so, daß C_2, der größere der beiden Kondensatoren, fix und C_1 ein Trimmkondensator ist. C_1 wird so eingestellt, daß die Attenuation eines Rechteckimpulses möglichst formgetreu erfolgt (s. z. B. Abb. 2.3.8). Ist C_1 zu klein, so ist die Kompensationswirkung zu gering und der Anstieg des Rechtecks ist zu langsam. Wird C_1 zu groß eingestellt, so liegt eine „Überkompensation" vor, die hohen Frequenzen werden bevorzugt und der Ausgangsimpuls zeigt ein Überschwingen. Die empirische Wahl von C_1 ist deshalb notwendig, da die Bedingung $C_1R_1 = C_2R_2$ ziemlich genau erfüllt sein muß, damit die Attenuation sauber erfolgt. Aus diesem Grund läßt sich bei einem kontinuierlich variablen Attenuator mit einem Potentiometer eine Frequenzkompensation praktisch nicht durchführen, da die Bedingung $R_1C_1 = R_2C_2$ sich nicht für alle Stellungen genügend genau einstellen läßt.

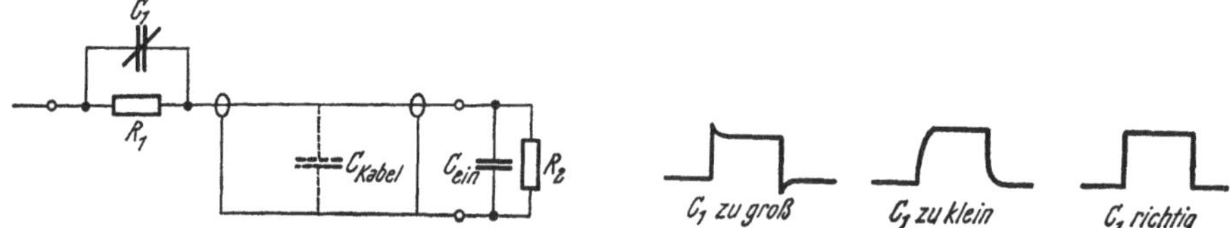

Abb. 2.3.7. Ersatzschaltbild eines abschwächenden Tastkopfs

Abb. 2.3.8. Signalformen beim Abgleich des abschwächenden Tastkopfs von Abb. 2.3.7.

Bei der Untersuchung des Spannungssignals an einem Punkt einer Schaltung mit einem Oszillographen verwendet man oft einen „Tastkopf", der als frequenzkompensierter Attenuator ausgeführt ist (s. Abb. 2.3.7). Die Kapazität des abgeschirmten Kabels von etwa 1 m Länge unter Einbeziehung einer Eingangskapazität des Oszillographen von etwa 15 pF (die parallel dem Eingangswiderstand von 1 MΩ liegt) beträgt etwa 100 pF. Diese Kapazität ist so hoch, daß sie die Verhältnisse in der Schaltung, die man untersuchen möchte, unter Umständen vollständig verfälscht und z. B. auch der Grund für Instabilität (Schwingen) sein kann. Durch einen Spannungsteiler, den man frequenzkompensiert ausführt, wird nicht nur die Spannung, sondern auch die wirksame Kapazität geteilt, da die Hintereinanderschaltung der beiden Kondensatoren die Kapazität verringert.

Für einen 10fach-Abschwächer gilt $R_1 = 9\,R_2$. Aus der Bedingung $R_1C_1 = R_2C_2$ folgt $C_1 = C_2/9$. Die Serienschaltung der beiden Kondensatoren liefert eine Kapazität

$$C = \frac{C_1C_2}{C_1 + C_2} = C_2/10\,.$$

In unserem Beispiel stellt somit der 10fach abschwächende Tastkopf unter Einschluß von Kabel und Oszillographeneingang eine Impedanz von 10 MΩ mit einer Parallelkapazität von 10 pF dar. Die Beeinflussung der zu untersuchenden Schaltung durch eine solche Impedanz ist oft vernachlässigbar.

Der Skin-Effekt

Bei sehr hohen Frequenzen fließt der Strom wegen des Skin-Effekts fast ausschließlich in einer dünnen Oberflächenschicht des Leiters. Der hochfrequente Strom erzeugt ein magnetisches Wechselfeld, das im Leiter eine Wechselspannung induziert, die entsprechend der Lenzschen Regel dem Stromfluß entgegenwirkt. Im Zentrum des Leiters ist das Magnetfeld und daher auch die Gegenspannung am größten, weshalb die Stromdichte nach der Mitte zu abnimmt.

Abb. 2.3.9. Zur Definition der nominellen Eindringtiefe beim Skin-Effekt

Für die Stromdichte $J(z)$ in Abhängigkeit von der Entfernung z von der Oberfläche (Abb. 2.3.9) gilt

$$J(z) = J(o)\, e^{-z/\gamma} (\cos \omega t - z/\gamma) \qquad [2.3.7\text{ a}]$$

mit

$$\gamma = \sqrt{\frac{2\varrho}{\mu\,\omega}}. \qquad [2.3.7\text{ b}]$$

ϱ = spezifischer Widerstand des Leiters,
μ = Permeabilität des Leiters.
γ heißt nominelle Eindringtiefe, das ist jene Tiefe, in der die Stromdichte auf den e-ten Teil der Oberflächenstromdichte zurückgegangen ist. Für Kupfer ($\varrho = 0{,}017\ \Omega\ \text{mm}^2/\text{m}$) erhält man die Formel

$$\gamma_{\text{Cu}} = 6{,}64 \cdot \frac{1}{\sqrt{f}} \quad [\text{cm}] \qquad [2.3.8]$$

mit f = Frequenz der Schwingung.

In Tab. 2.3.1 ist die Eindringtiefe in Kupfer und die Widerstandserhöhung von Kupferdrähten verschiedener Durchmesser ∅ in Abhängigkeit von der Frequenz wiedergegeben.

Tabelle 2.3.1. *Frequenzabhängigkeit der Eindringtiefe und des Widerstandes*

f [MHz]	1	10	100	1000
γ [µm] / ∅ [mm]	66	21	6,6	2,1
0,5	1	1,001	1,05	2,2
1	1	1,008	1,50	4,2
2	1,001	1,12	2,76	8,1
5	1,05	2,24	6,49	19,7
10	1,50	4,19	12,7	39,1

Wie man aus der Tab. 2.3.1 ersieht, ist die relative Erhöhung des effektiven Widerstandes infolge des Skin-Effektes bei dünnen Drähten am geringsten. Deshalb wird für Hochfrequenz bis etwa 10 MHz lackisolierter

Litzendraht eingesetzt, bei dem die relative Widerstandserhöhung nur einen Bruchteil dessen beträgt, wie sie ein Volldraht mit gleichem Querschnitt erfahren würde. (Die Oberfläche des Leiters wird ja dadurch künstlich vergrößert.) Bei höheren Frequenzen ist wegen der Kapazität zwischen den Litzen die Isolierung unwirksam und man verwendet dann vorzugsweise versilberte Kupferdrähte (bzw. -rohre).

Bei der Verarbeitung bzw. Messung kleiner Signale muß man durch eine Abschirmung dafür sorgen, daß diese nicht im eingestreuten Untergrund untergehen. Die Abschirmwirkung eines guten elektrischen Leiters gegenüber elektromagnetischen Feldern ist sehr gut, sofern seine Dicke wesentlich größer als die durch den Skineffekt bestimmte Eindringtiefe γ der elektromagnetischen Welle ist.

Da die Eindringtiefe von der spezifischen Leitfähigkeit des Leiters abhängt, verwendet man für Abschirmungen vor allem Kupfer. Sind die Störquellen zugänglich (z. B. benachbarte Schalteinheiten), so ist es meistens günstig, die Störquelle selbst abzuschirmen. (Im anderen Fall — z. B. Einstreuungen von einem Radiosender — kann man nur den empfindlichen Teil der Schaltung abschirmen.)

Am besten ist es, ein Kupfergehäuse entsprechender Wandstärke zu verwenden, dessen Deckel angelötet ist. In der Praxis muß aber die elektronische Schaltung zugänglich sein und Zuleitungen, Achsen für Bedienungsknöpfe u. ä. müssen durch die Abschirmung durchgeführt werden. Diesen Leckstellen müssen wir besondere Aufmerksamkeit zuwenden. Wenn der Deckel nicht angelötet wird, muß durch exakte mechanische Passung (oder durch andere Maßnahmen) ein niederohmiger Kontakt zum restlichen Gehäuse hergestellt werden. Es muß auf jeden Fall vermieden werden, daß über das Gehäuse Strom fließt, weshalb sorgfältig darauf geachtet werden muß, daß das Gehäuse mit der Erde des Systems nur eine einzige Verbindungsstelle hat. Erdpunkte der Schaltung innerhalb des Gehäuses liegen am besten auf einer Erdungsplatte oder -schiene, die mit dem Gehäuse nur diese einzige Verbindungsstelle hat.

Durchführungen von Versorgungsleitungen durch die Abschirmwände werden am besten als Filter ausgebildet (s. Abb. 2.3.10). Hochfrequenter Strom aus dem Gehäuseinneren wird größtenteils über den Kondensator C zur Masse abgeleitet. Der restliche über Z fließende Strom findet über den Durchführungskondensator C_D und die Gehäusewand seinen Weg zur Masse, so daß der über die Leitung in den Außenraum gelangende Stromanteil verschwindend klein ist.

Die Impedanz Z besteht üblicherweise aus einem (größeren) Widerstand. Ist dies wie z. B. bei der Betriebsspannungszuleitung nicht zulässig, so verwendet man eine niederohmige Drossel, die aber innerhalb der Abschirmung zusätzlich abgeschirmt werden muß, weil sonst in ihr eine Störspannung induziert wird, die nach außen abgegeben wird. Durch Wiederholung solcher Filter kann eine beliebig gute Filterung erreicht werden.

Reicht eine einfache Abschirmung nicht aus, so kann um die eine Abschirmung eine weitere angebracht werden. Wieder ist zu beachten, daß auch diese Abschirmung nur an einem einzigen Punkt mit der Erde der

Schaltung in Verbindung ist, weshalb die Fixierung der beiden Gehäuse gegeneinander über Isolatoren erfolgen muß.

2.3.1.2. Das differenzierende *RC*-Glied

Als erste Schaltung betrachten wir eine *RC*-Kombination, die in Abb. 2.3.11 *a* wiedergegeben ist. $u_1(t)$ stellt den Spannungsverlauf am Eingang,

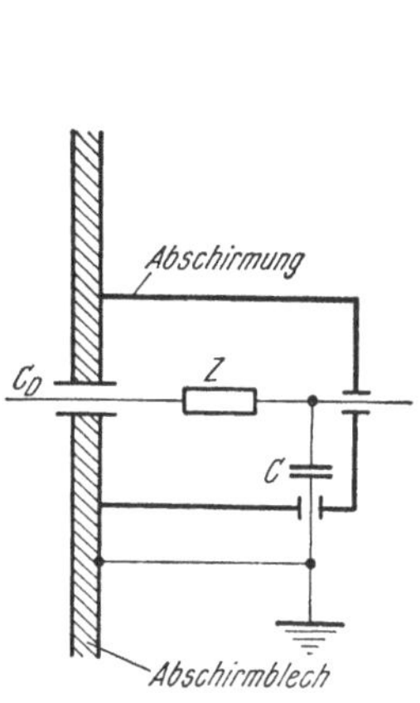

Abb. 2.3.10.
Siebung für eine Versorgungsleitung, die durch eine Abschirmung geführt wird

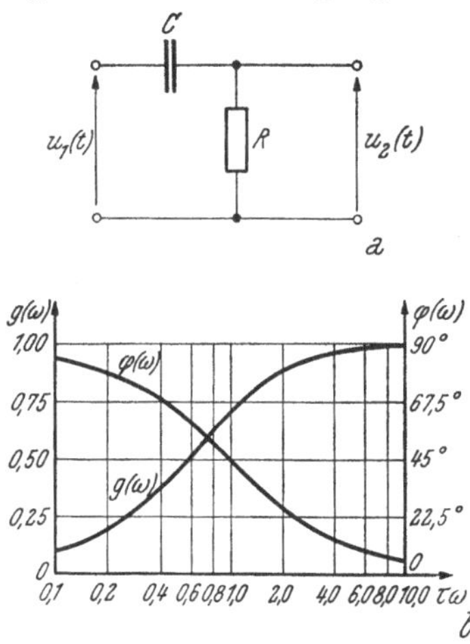

Abb. 2.3.11.
Differenzierendes *RC*-Glied
a) Schaltung
b) Amplitudenterm $g(\omega)$ und Phasenterm $\varphi(\omega)$

$u_2(t)$ denselben am Ausgang dar, $i(t)$ den Stromverlauf. Auf Grund des zweiten Kirchhoffschen Satzes gilt

$$u_1(t) = \frac{1}{C}\int_0^t i(q)\mathrm{d}q + Ri(t). \qquad [2.3.9\text{ a}]$$

Durch Übergang zu den Laplace-Transformierten der zeitabhängigen Größen erhält man

$$u_1(p) = \frac{i(p)}{Cp} + Ri(p) \qquad [2.3.9\text{ b}]$$

und damit eine einfache lineare Gleichung.

Im Ausgangskreis gilt

$$u_2(t) = R \cdot i(t) \qquad [2.3.10\text{ a}]$$

bzw.

$$u_2(p) = R \cdot i(p). \qquad [2.3.10\text{ b}]$$

Kombinieren wir [2.3.9 b] und [2.3.10 b], so erhalten wir die Übertragungsfunktion $G(p)$, indem wir den Quotienten der Laplace-Transformierten der Spannungen $u_i(p)$ bilden.

$$G(p) = \frac{u_2(p)}{u_1(p)} = \frac{RCp}{RCp+1}. \qquad [2.3.11\text{ a}]$$

Lassen wir $\alpha \to 0$ gehen und ersetzen RC durch τ, so folgt

$$G(j\omega) = \frac{j\omega\tau}{j\omega\tau + 1}. \qquad [2.3.11\,b]$$

Diesen Ausdruck spalten wir in den Amplituden- und den Phasenterm auf:

$$G(j\omega) = \frac{\omega\tau}{\sqrt{1 + (\omega\tau)^2}} \cdot e^{j \arctan(1/\omega\tau)}. \qquad [2.3.11\,c]$$

Abb. 2.3.11 *b* zeigt den Verlauf von Amplituden- und Phasenterm als Funktion der Kreisfrequenz ω. Für die in logarithmischem Maßstab aufgetragenen Abszissen wurde als Einheit der Frequenz $1/\tau$ gewählt, da dies den Zusammenhang mit der Zeitkonstante des RC-Gliedes am deutlichsten zum Ausdruck bringt. Man sieht, daß $g(\omega)$ bei der Frequenz $\omega_1 = 1/\tau$ einen Wert von $1/\sqrt{2}$ annimmt, so daß diese Frequenz als die untere Grenzfrequenz ω_1 dieses Schaltelements anzusehen ist. Da $g(\omega)$ für hohe Frequenzen gegen 1 geht, ist keine obere Begrenzung des Frequenzbandes vorhanden. Man bezeichnet ein derartiges Netzwerk als „Hochpaßfilter" oder „Hochpaß". Die Phasenverschiebung nähert sich für niedere Frequenzen dem Wert $\pi/2$, geht bei ω_1 durch $\pi/4$ und nimmt für hohe Frequenzen asymptotisch gegen 0 ab.

Für viele Anwendungen genügt es, die asymptotische Näherung des Amplituden- und des Phasenterms zu verwenden. Die logarithmische Darstellung des Amplitudenterms kann nach Abb. 2.3.12 *a* angenähert durch

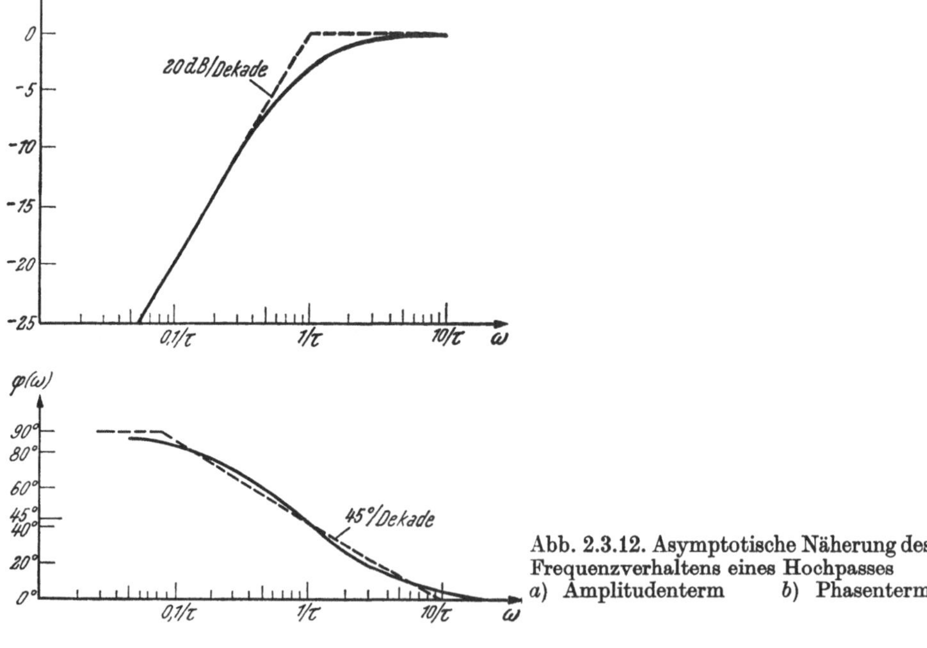

Abb. 2.3.12. Asymptotische Näherung des Frequenzverhaltens eines Hochpasses
a) Amplitudenterm *b*) Phasenterm

zwei Gerade erfolgen. Die eine Gerade hat eine Steigung von 20 dB je Dekade und schneidet bei $1/\tau$ die ω-Achse, die zweite Gerade ist die ω-

Achse selbst. Der Fehler, der durch diese „lineare“ Näherung entsteht, ist bei der unteren Grenzfrequenz ω_1 am größten, nämlich 3 dB. Bei $\omega_1/2$ bzw. $2\omega_1$ ist er dann nur mehr 1 dB.

Auch die halblogarithmische Darstellung des Phasenterms nach Abb. 2.3.12 *b* kann linear angenähert werden. Eine Gerade mit der Steigung —45°/Dekade wird bei $1/\tau$ durch den Ordinatenwert 45° gelegt. Für Frequenzen $\omega > 10/\tau$ wird eine Phasenverschiebung von 0° und für $\omega < 1/10\tau$ eine Phasenverschiebung von 90° eingezeichnet. Gegenüber der tatsächlichen Phasenverschiebung ergibt sich durch diese Näherung ein maximaler Fehler von 5,5°.

Will man das Verhalten des *RC*-Gliedes gegenüber einem Stufenimpuls $\sigma(t)$ untersuchen, so setzt man dessen Laplace-Transformierte $1/p$ als Eingangswellenform $u_1(p)$ ein und es wird

$$u_2(p) = G(p)\,u_1(p) = \frac{\tau p}{\tau p + 1} \cdot \frac{1}{p} = \frac{1}{p + 1/\tau}.$$

Mit Hilfe der Transformationstabelle 2.2.2 erhält man wie in [2.1.45]

$$u_2(t) = e^{-t/\tau}.$$

Die Differentiation eines Stufenimpulses kürzt diesen also, da statt der unendlich langen Stufe ein exponentieller Abfall erhalten wird.

Ein Rechteckimpuls kann als Aufeinanderfolge zweier Stufenimpulse mit entgegengesetzten Vorzeichen und einem zeitlichen Abstand T aufgefaßt werden, weshalb sich das Verhalten eines Netzwerkes gegenüber Rechteckimpulsen direkt aus dem Verhalten gegenüber Stufenimpulsen ergibt.

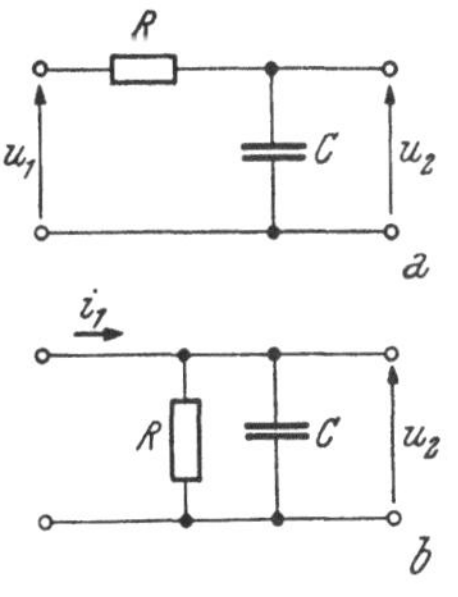

2.3.1.3. Das integrierende *RC*-Glied

Als zweite Schaltung betrachten wir die in Abb. 2.3.13 *a* dargestellte *RC*-Kombination. Der zweite Kirchhoffsche Satz liefert

$$u_1(t) = R \cdot i(t) + \frac{1}{C}\int_0^t i(q)\,\mathrm{d}q \qquad [2.3.12\ \mathrm{a}]$$

bzw.

$$u_2(t) = \frac{1}{C}\int_0^t i(q)\,\mathrm{d}q. \qquad [2.3.13\ \mathrm{a}]$$

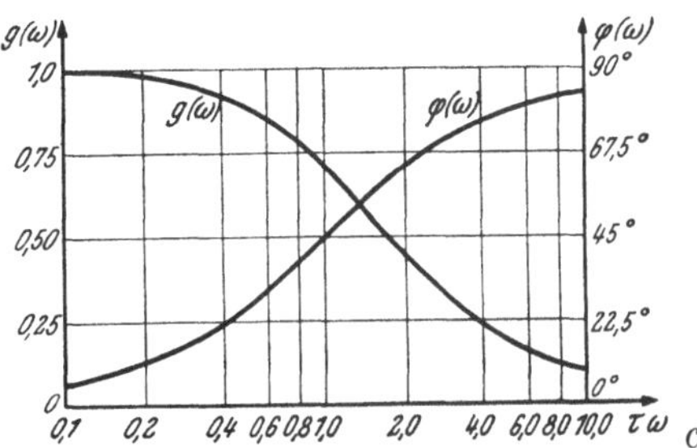

Abb. 2.3.13. Integrierende *RC*-Glieder *a*) Spannungsteiler *b*) Stromteiler *c*) Amplitudenterm $g(\omega)$ und Phasenterm $\varphi(\omega)$

Nach der Laplace-Transformation lauten die Gleichungen

$$u_1(p) = R \cdot i(p) + i(p)/pC \qquad [2.3.12\ \mathrm{b}]$$

bzw.

$$u_2(p) = i(p)/pC. \qquad [2.3.13\ \mathrm{b}]$$

Die komplexe Übertragungsfunktion $G(p)$ wird aus dem Quotienten von $u_2(p)$ und $u_1(p)$ erhalten

$$G(p) = u_2(p)/u_1(p) = 1/(RCp+1). \qquad [2.3.14\text{ a}]$$

Nach dem Grenzübergang $\alpha \to 0$ gilt

$$G(j\omega) = 1/(1+j\omega\tau) \qquad [2.3.14\text{ b}]$$

bzw. nach Umformung

$$G(j\omega) = \frac{1}{\sqrt{1+(\omega\tau)^2}} \cdot e^{-j\arctan\omega\tau}. \qquad [2.3.14\text{ c}]$$

Bevor wir diese Betrachtungen fortsetzen, wenden wir uns der Schaltung von Abb. 2.3.13 *b* zu, die wir schon als integrierenden Stromteiler kennengelernt haben. Da die Eingangs- und Ausgangsspannungen gleich sind, kann die Übertragungsfunktion $G(j\omega)$ nicht direkt erhalten werden, da $G(j\omega) \equiv 1$ gelten würde. Deshalb müssen wir den Stromverlauf untersuchen. Es gilt

$$i_1(t) = i_R(t) + i_C(t) = \frac{u_2(t)}{R} + C \cdot \frac{du_2(t)}{dt}, \qquad [2.3.15\text{ a}]$$

denn aus

$$u_C(t) = \frac{1}{C}\int_0^t i_C(q)\,dq \quad \text{folgt nach [2.3.13 a]}$$

$$\frac{du_C(t)}{dt} = \frac{1}{C} i_C(t).$$

Die Laplace-Transformation liefert

$$i_1(p) = C \cdot p \cdot u_2(p) + u_2(p)/R, \qquad [2.3.15\text{ b}]$$

woraus

$$Z(p) = u_2(p)/i_1(p) = R/(1+p\tau) \qquad [2.3.16]$$

erhalten wird.

Um die wirksame Eingangsspannung $u_1(p)$ zu finden, muß der Stromgenerator durch den äquivalenten Spannungsgenerator ersetzt werden. Die Generatorspannung erhält man dann aus der Leerlaufspannung, d. h. dann, wenn C keine spannungsteilende Wirkung hat, also bei $p=0$. Somit erhält man

$$G(p) = \frac{u_2(p)}{u_2(p=0)} = \frac{Z(p)}{R} = \frac{1}{(1+\tau p)} \qquad [2.3.17\text{ a}]$$

bzw.

$$G(j\omega) = \frac{1}{(1+j\omega\tau)}, \qquad [2.3.17\text{ b}]$$

was mit Gl. [2.3.14] übereinstimmt. Man erkennt, daß die beiden Schaltungen von Abb. 2.3.13 *a* und 2.3.13 *b* die gleiche Übertragungscharakteristik $G(j\omega)$ besitzen.

Abb. 2.3.13 *c* zeigt den Amplituden- und den Phasenterm von $G(j\omega)$ als Funktion von ω in Einheiten $1/\tau$. Die obere Grenzfrequenz ω_2 dieses *RC*-

Gliedes beträgt $1/\tau$, die untere Null, weshalb es „Tiefpaßfilter“ oder „Tiefpaß“ genannt wird. Bei niederen Frequenzen tritt keine Phasenverschiebung auf, für hohe Frequenzen geht sie asymptotisch nach $\pi/2$.

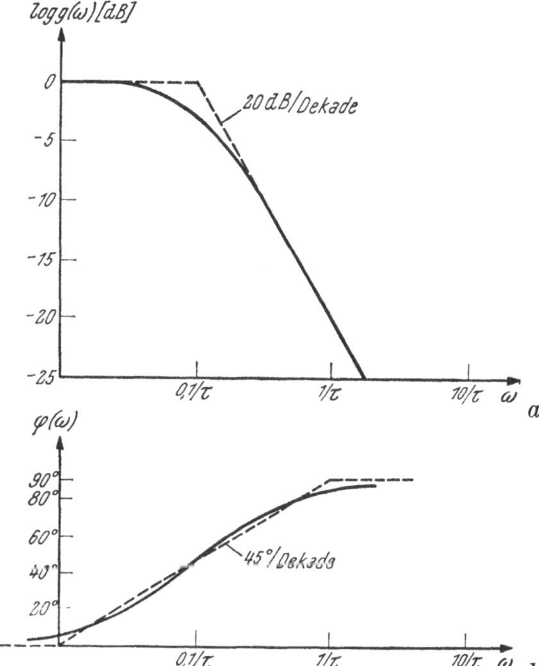

Abb. 2.3.14. Asymptotische Näherungen der Übertragungscharakteristiken eines Tiefpasses
a) Amplitudenterm $g(\omega)$
b) Phasenterm $\varphi(\omega)$

Analog wie beim Hochpaß läßt sich auch beim Tiefpaß eine asymptotische Darstellung des Phasen- und des Amplitudenterms durchführen (s. Abb. 2.3.14). Über den dabei auftretenden Fehler haben wir schon beim Hochpaß gesprochen.

Integrierende Stromteiler findet man z. B. in jedem Anodenkreis von Röhrenverstärkern. (Bei Transistoren sind die Verhältnisse prinzipiell ähnlich, wegen der ω-Abhängigkeit der Transistoreigenschaften jedoch komplizierter.) Denn schon die Streukapazitäten, die parallel zum Arbeitswiderstand liegen und von der Größenordnung 10 pF sind, wirken sich bei Frequenzen über 10^6 Hz beträchtlich aus.

Bringt man in ein Netzwerk der Type Abb. 2.3.13 *a* einen Stufenimpuls $\sigma(t)$, so gilt

$$u_2(p) = G(p) \cdot u_1(p) = \frac{1}{p(1+\tau p)} \qquad [2.3.18\ a]$$

bzw. nach Partialbruchzerlegung

$$u_2(p) = \frac{1}{p} - \frac{1}{(p+1/\tau)}. \qquad [2.3.18\ b]$$

Nach Rücktransformation mit Hilfe der Tab. 2.2.2 erhält man analog zu [2.1.39]

$$u_2(t) = 1 - e^{-t/\tau}. \qquad [2.3.18\ c]$$

Die Übertragung von Rechteckimpulsen verschiedener Länge T durch ein Integrierglied mit $\tau = RC$ haben wir schon in Abb. 2.1.33 kennengelernt. Im Grenzfall $T \gg \tau$ ist der Stufenimpuls zu seiner vollen Höhe angewachsen, bevor der entgegengerichtete Stufenimpuls eintrifft. Es erfolgt eine Abrundung des oberen Teiles des Impulsanstiegs gemäß [2.3.18 c]. Diese tritt nach allen Verstärkerstufen auf und rührt von der Begrenzung der Bandbreite durch das RC-Glied her, das durch den Arbeitswiderstand und parallelliegende Kapazitäten gebildet wird. Ein Stufenimpuls am Eingang erzeugt also einen Impuls mit endlicher Anstiegszeit am Ausgang. Für diese Anstiegszeit gilt unter Benützung von [2.3.18 c]

$$t_{an} = t_{0,9} - t_{0,1} = \tau \cdot \ln 9 \approx 2{,}2\, RC = 2{,}2 / \omega_2 . \qquad [2.3.19]$$

Durch integrierende und differenzierende RC-Glieder kann die Bandbreite nach oben und unten in gewünschter Weise beschnitten werden. Aus Kombinationen von ihnen lassen sich lineare Netzwerke zur Impulsformung herstellen, wie sie für Impulsverstärker in der Kernphysik von großer Bedeutung sind (s. auch 2.3.1.5 und 4.1.5).

Zum Abschluß eine brauchbare Faustformel für die maximale Integrations-Zeitkonstante, die ein Übertragungsglied haben darf, ohne die Impulsform (z. B. ein Rechteck) zu sehr zu verfälschen: Die obere Grenzfrequenz $(1/\tau)$ muß mindestens so groß sein wie der Kehrwert der Impulsbreite (Für einen Impuls von 0,2 μs Länge benötigt man somit mindestens eine Bandbreite von 5 MHz). (Siehe Abb. 2.3.15.)

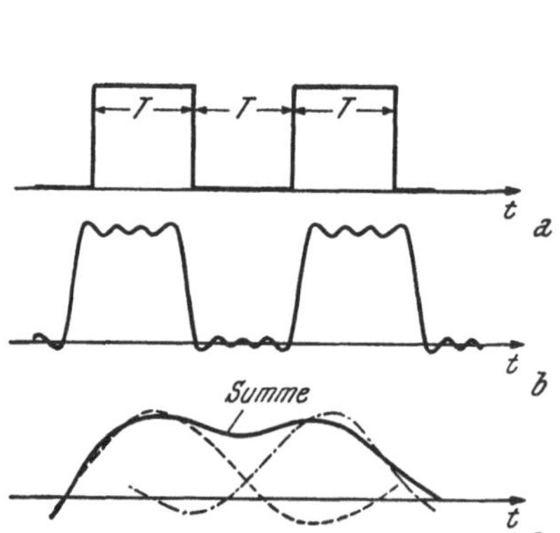

Abb. 2.3.15. Wirkung eines Tiefpasses auf die Übertragung von Rechteckimpulsen
a) Rechteckimpuls-Paar
b) Ausgangsimpulsform bei $\omega_2 \gg 1/T$
c) Verlust der Auflösung bei zu kleinem ω_2

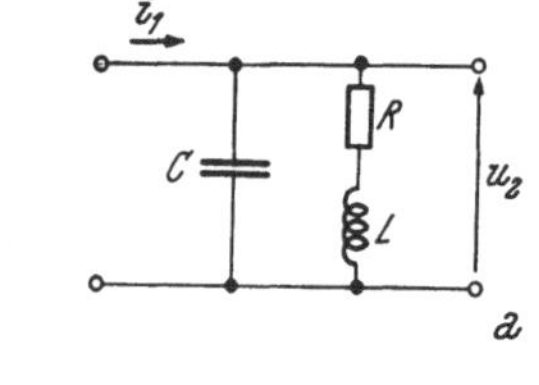

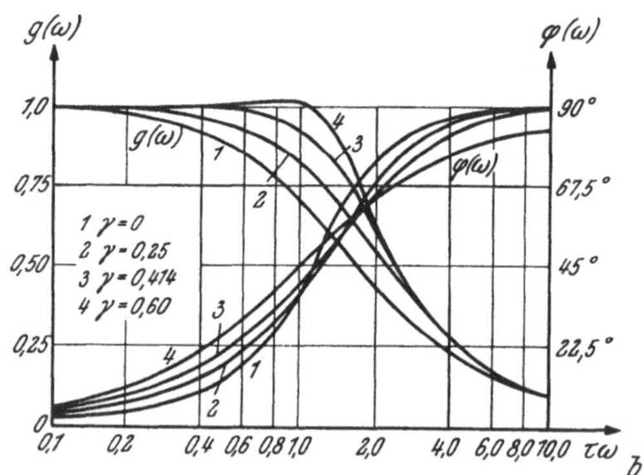

Abb. 2.3.16. Shunt-Kompensation
a) Schaltung
b) Übertragungscharakteristiken

2.3.1.4. Die Shunt-Kompensation

Eine weitere, in der Praxis wichtige Kombination von Schaltelementen ist in Abb. 2.3.16 wiedergegeben. Sie unterscheidet sich durch eine zum Widerstand R in Serie geschaltete Induktivität L von dem einfachen integrierenden RC-Glied in Abb. 2.3.13 *b*. Wir teilen den Eingangsstrom $i_1(t)$ in zwei Anteile, so daß

$$i_1(t) = i_{11}(t) + i_{12}(t) \qquad [2.3.20]$$

erhalten wird. Der Spannungsverlauf $u_2(t)$ muß an den Schaltelementen der beiden Zweige identisch sein, so daß die Beziehungen

$$u_2(t) = R i_{11}(t) + L\frac{\mathrm{d}i_{11}(t)}{\mathrm{d}t} \qquad [2.3.21\text{ a}]$$

und

$$u_2(t) = \frac{1}{C}\int_0^t i_{12}(q)\,\mathrm{d}q \qquad [2.3.22\text{ a}]$$

gelten. Hieraus folgt durch Übergang zu den Laplace-Transformierten

$$u_2(p) = R i_{11}(p) + L i_{11}(p)\cdot p \qquad [2.3.21\text{ b}]$$

und

$$u_2(p) = \frac{i_{12}(p)}{C\cdot p}. \qquad [2.3.22\text{ b}]$$

Daraus ergibt sich die Transformierte des Gesamtstromes

$$i_1(p) = \frac{u_2(p)}{R+Lp} + u_2(p)Cp \qquad [2.3.23]$$

und der komplexe Widerstand $Z(p)$

$$Z(p) = \frac{u_2(p)}{i_1(p)} = \frac{R+Lp}{1+pRC+p^2LC}. \qquad [2.3.24]$$

Nach Übergang zu der Fourier-Transformierten folgt entsprechend [2.3.17 a]

$$G(j\omega) = \frac{Z(j\omega)}{R} = \frac{1+\dfrac{j\omega L}{R}}{1+j\omega RC-\omega^2 LC}. \qquad [2.3.25\text{ a}]$$

Setzt man als Abkürzung

$$\frac{L}{R^2C} = \gamma$$

und bringt [2.3.25 a] in die Form

$$G(j\omega) = g(\omega)\cdot e^{j\varphi(\omega))}, \qquad [2.3.25\text{ b}]$$

so resultiert mit $\tau = RC$

$$g(\omega) = \sqrt{\frac{1+\gamma^2(\omega\tau)^2}{[1-\gamma(\omega\tau)^2]^2+(\omega\tau)^2}} \qquad [2.3.26\text{ a}]$$

bzw.

$$\varphi(\omega) = -\arctan \omega\tau [1 - \gamma + \gamma^2 (\omega\tau)^2]. \qquad [2.3.26\text{ b}]$$

Mit $\gamma \to 0$ gehen [2.3.26 a] und [2.3.26 b] natürlich in [2.3.14 c] über. Abb. 2.3.16 *b* zeigt die beiden Frequenzcharakteristiken [2.3.26 a] und [2.3.26 b] als Funktion von ω (für die Werte $\gamma = 0$, 0,25, 0,414 und 0,60).

Man erkennt aus Abb. 2.3.16 *b*, daß $g(\omega)$ für größere Werte von γ im mittleren Frequenzbereich über 1 anwächst. Der größte Wert von γ, bei dem $g(\omega)$ den Wert 1 nicht übersteigt und bei dem gleichzeitig $g(\omega)$ einen flachen Verlauf über den größtmöglichen Frequenzbereich erfährt, ist $\gamma = \sqrt{2} - 1 \approx 0{,}414$. Diesen Wert erhält man nach Gleichsetzen von Zähler und Nenner in Gl. [2.3.26 a] unter Berücksichtigung der Bedingung, daß für alle ωt gelten muß $g(\omega) \leq 1$.

Um das Verhalten dieser Schaltung (Abb. 2.3.16 *a*) gegenüber Stufenimpulsen zu untersuchen, lassen wir einen Stufenstromimpuls

$$i_1(t) = \frac{1}{R} \cdot \sigma(t) \qquad [2.3.27\text{ a}]$$

mit der Transformierten

$$\dot{i}_1(p) = \frac{1}{R} \cdot \frac{1}{p} \qquad [2.3.27\text{ b}]$$

durch die Impedanz $Z(p)$ ([2.3.24]) fließen. Man berechnet also

$$u_2(p) = i_1(p) \cdot Z(p) = \frac{1}{Rp} \cdot \frac{R + pL}{1 + pRC + p^2 LC}. \qquad [2.3.28\text{ a}]$$

Nach Partialbruchzerlegung und Rücktransformation erhält man für Werte von $\gamma > 0{,}25$ unter Benützung der Abkürzung $b = \sqrt{4\gamma - 1}$

$$u_2(t) = 1 - e^{-\frac{t}{2\gamma\tau}} \left[\cos \frac{bt}{2\gamma\tau} - \frac{2\left(\gamma - \frac{1}{2}\right)}{b} \sin \frac{bt}{2\gamma\tau} \right]. \qquad [2.3.28\text{ b}]$$

Man erkennt, daß sich bei höheren Induktivitätswerten ($L > R^2 C/4$, also $\gamma > 1/4$) dem exponentiellen Anstieg eine gedämpfte Oszillation überlagert. Die Oszillation erfolgt mit der Kreisfrequenz

$$\frac{b}{2\gamma\tau} = \frac{\sqrt{4L/R^2C - 1}}{2L/R} = \sqrt{\frac{1}{LC} - \frac{R^2}{4L^2}}, \qquad [2.3.29]$$

und die Dämpfung ist um so geringer, je kleiner R im Verhältnis zu L ist. An der Grenze des Gültigkeitsbereichs von [2.3.28 b] ($\gamma = 0{,}25$, $b = 0$) geht der Ausdruck über in

$$u_2(t) = 1 - \left(1 + \frac{t}{\tau}\right) e^{-\frac{2t}{\tau}}. \qquad [2.3.28\text{ c}]$$

In Abb. 2.3.17 ist die Ausgangsspannung für vier verschiedene γ-Werte dargestellt.

Bei $\gamma = 0{,}25$ erhält man eine gegen $\gamma = 0$ um etwa 25% verminderte Anstiegszeit, ohne daß ein Überschwingen auftritt. Ist $\gamma < 0{,}25$, so wird $u_2(t)$ anders als in [2.3.28 b] dargestellt. Die Verminderung der Anstiegszeit ist hier geringer als in [2.3.28 c], so daß dieser Fall für die Praxis nur geringe Bedeutung hat.

Bei $\gamma = 0{,}414$ hat zwar $g(\omega)$ einen optimalen Verlauf, aber dem Impuls ist eine gedämpfte Schwingung überlagert, die Übertragungsgüte ist also geringer.

Zum Abschluß geben wir noch eine Erklärung des Wortes Shunt-Kompensation. Shunt ist der englische Ausdruck für Parallelleitfähigkeit (bzw. -widerstand). Die sich bei hohen Frequenzen stark auswirkende Impedanzabnahme der Kapazität, die als Shunt zum Widerstand R parallel liegt, wird durch die im Parallelzweig liegende Induktivität, deren Impedanz mit der Frequenz zunimmt, teilweise kompensiert, und so wird der Abfall von $g(\omega)$ auf höhere Frequenzen hin verschoben.

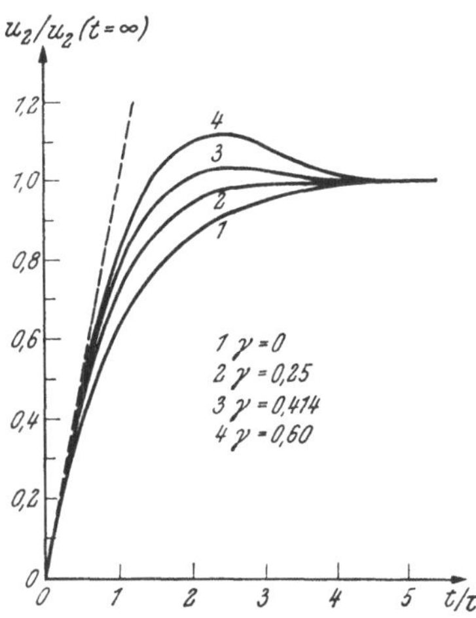

Abb. 2.3.17. Ausgangsspannung nach Shuntkompensation mit verschiedenen γ-Werten als Antwort auf einen Stufen-Stromimpuls

2.3.1.5. Impulsformung durch RC-Glieder

Wird die Ladung, die durch die einzelnen Strahlungsteilchen im Detektor freigesetzt wird, auf dessen Ausgangskapazität gesammelt, so wächst die Ausgangsspannung am Detektor stufenförmig an (s. Abb. 1.1.1). Die endliche Sammelzeit der Ladung hat zur Folge, daß die zu jedem nachgewiesenen Strahlungsteilchen gehörende Stufe nicht ideal ist, sondern entsprechend dem zeitlichen Verlauf des Detektorstromes eine endliche Anstiegszeit besitzt.

Der Ladungsabfluß durch die unvermeidbaren Parallelwiderstände (Isolationswiderstände, Eingangswiderstand des Vorverstärkers, Innenwiderstand des Detektors usw.) sorgt dafür, daß sich die Kapazität durch aufeinanderfolgende Impulse nicht beliebig hoch auflädt. In den meisten Fällen ist die Aufstockung der Impulse dennoch zu groß, um eine zufriedenstellende Verarbeitung zu erlauben, z. B. wenn der Arbeitsbereich des Verstärkers dadurch überschritten wird. Deshalb müssen die Impulse gekürzt werden, um Aufstockungen zu vermeiden bzw. zu vermindern. Neben der Impulskürzung mit Hilfe von differenzierenden RC-Gliedern, die in diesem Abschnitt behandelt wird, können hierfür auch Verzögerungsleitungen (s. 2.3.3.3) Verwendung finden.

Direkt am Detektor kommt dem Arbeitswiderstand und den zu ihm parallel liegenden Widerständen (zusammengefaßt in R_D) differenzierende Wirkung zu. Die Detektorkapazität C_D wird mit der Zeitkonstante $\tau_D = C_D R_D$ entladen, wobei z. B. aus einer stufenförmigen Aufladung der Kapazität die differenzierte Impulsform entsteht, wie sie in 2.1.5.2 und

2.3.1.2 besprochen wurde. Die Spitze des differenzierten Impulses ist dabei gleich hoch wie der Stufenimpuls. Da die Stufenimpulse von Detektoren nicht ideal sind, erreichen die Spitzen des differenzierten Signals die Höhe der Stufe um so weniger, je kleiner die Zeitkonstante τ_D ist, da dann schon während der Ladungsnachlieferung ein nicht vernachlässigbarer Teil der Ladung über R_D abfließt.

Für die Praxis wichtig ist der Fall, daß die „Stufe" exponentiell ansteigt. Deshalb untersuchen wir jetzt die Höhe des Ausgangssignals eines Differenziergliedes in Abhängigkeit von der Zeitkonstante τ_D, wenn an den Eingang ein Stufenimpuls mit exponentiellem Anstieg (Zeitkonstante τ_s) gelegt wird. Aus $u_1(t) = 1 - e^{-t/\tau_s}$ erhält man nach der Laplace-Transformation $u_1(p) = 1/p - 1/(p + 1/\tau_s)$ und nach Anwendung der Übertragungsfunktion $G(p)$ eines Differenziergliedes die Transformierte der Ausgangsspannung:

$$u_2(p) = G(p)\,u_1(p) = \frac{p}{p + 1/\tau_D} \cdot \frac{1/\tau_s}{(p + 1/\tau_s)p}. \qquad [2.3.30]$$

Die Rücktransformation ergibt

$$u_2(t) = \begin{cases} \dfrac{\tau_D}{\tau_D - \tau_s}\,(e^{-t/\tau_D} - e^{-t/\tau_s}) & \text{für} \quad \tau_D \neq \tau_s, \\ (t/\tau_s) \cdot e^{-t/\tau_s} & \text{für} \quad \tau_D = \tau_s. \end{cases} \qquad [2.3.31\,a]$$

Die Abhängigkeit der Ausgangsimpulsform vom Verhältnis $n = \tau_D/\tau_s$ ist in Abb. 2.3.18 für einige Werte von n dargestellt. Ist $\tau_D \gg \tau_s$, so ist ein echter Stufenimpuls weitgehend angenähert und es gilt wie dort

$$u_2(t) \approx e^{-t/\tau_D}. \qquad [2.3.31\,b]$$

Wie aus der Abb. 2.3.18 entnommen werden kann, nimmt die maximale Impulshöhe bei einer Verkleinerung von τ_D stark ab. Außerdem erhält man eine beträchtliche Verkürzung der Impulslänge, die man z. B. durch Verringerung der Halbwertsbreite beschreiben kann.

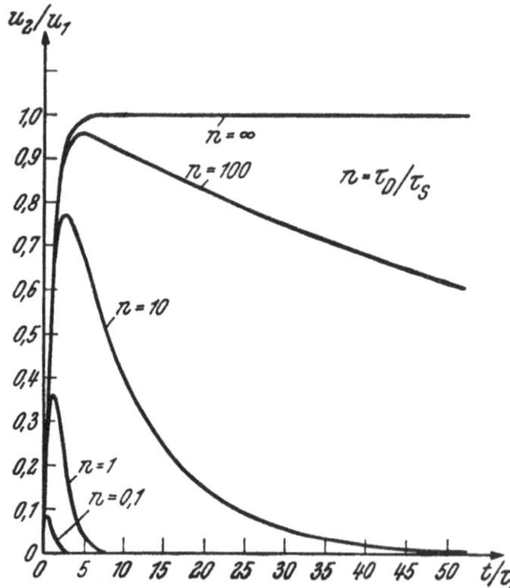

Abb. 2.3.18. Ausgangsimpulsform nach einmaligem Differenzieren und Integrieren eines Stufenimpulses in Abhängigkeit vom Verhältnis n der beiden Zeitkonstanten

Vorläufig ließen wir die Frage offen, wie der exponentiell ansteigende Eingangsimpuls zustande kommt. Eine Möglichkeit besteht darin, einen Stufenimpuls zu integrieren. Somit gelten die obigen Formeln und Überlegungen sinngemäß auch für eine Kaskadenschaltung einer Integrationsstufe ($\tau = \tau_s$) mit einer Differentiationsstufe ($\tau = \tau_D$), wenn an den Eingang der Anordnung ein Einheitsstufenimpuls gelegt wird.

Ein zweites Beispiel wollen wir aus der Praxis nehmen. Der Stromimpuls eines Szintillationsdetektors klingt mit der Zeitkonstante τ_S des Szintillators exponentiell ab (s. 1.4.3.2).

$$i_D(t) = i_0 e^{-t/\tau_S}. \qquad [2.3.32]$$

Fließt dieser Strom in eine Kapazität, so lädt sich diese auf und man erhält einen Spannungsimpuls, der exponentiell mit der Zeitkonstante τ_S ansteigt. (Die Spannung ist proportional der gesammelten Ladung, die aus der Integration des Stromes erhalten wird.)

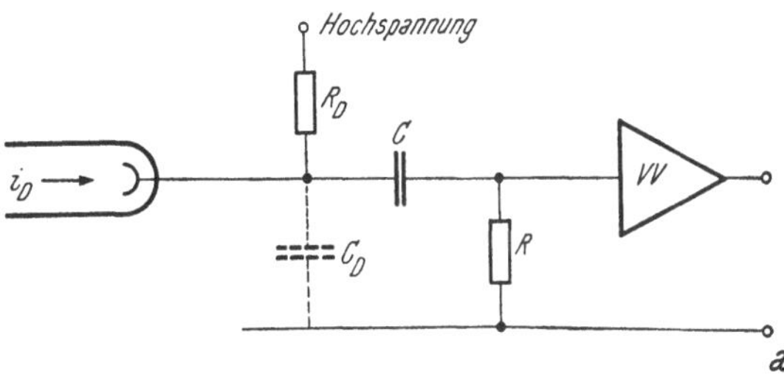

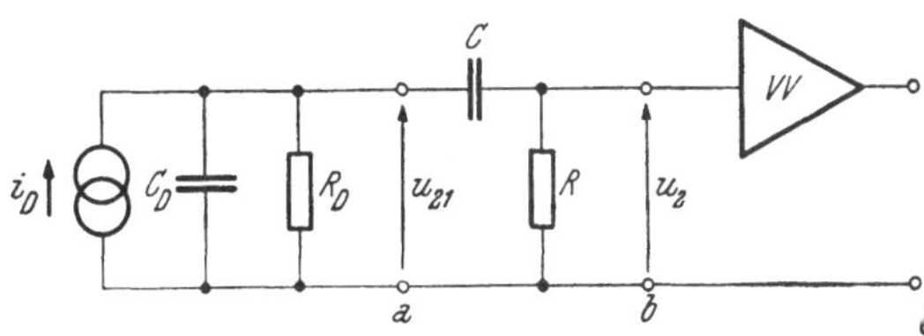

Abb. 2.3.19. *RC*-Netzwerk am Ausgang eines Szintillationsdetektors
a) Prinzipschaltung
b) Ersatzschaltung

Wenn wir entsprechend Abb. 2.3.19 b den Kreis bei *a* öffnen, so erhalten wir mit $Z_D = R_D \| C_D$ am Ausgang des SEV

$$u(t) = Z_D \cdot i_D(t) \qquad [2.3.33\text{ a}]$$

bzw. die Laplace-Transformierten (mit $\tau_D = R_D \cdot C_D$)

$$\begin{aligned} u(p) &= i_0 \frac{1}{p + 1/\tau_S} \cdot \frac{R_D}{1 + p\tau_D} = \\ &= \frac{i_0 R_D}{\tau_D} \cdot \frac{1}{p + 1/\tau_S} \cdot \frac{1}{p + 1/\tau_D} = \frac{i_0 R_D}{\tau_D} \cdot R(p). \end{aligned} \qquad [2.3.33\text{ b}]$$

Nach einer Partialbruchzerlegung von $R(p)$, die die Rücktransformation erleichtert, erhält man

$$u(p) = \frac{i_0 R_D}{\tau_D} \cdot \frac{\tau_S \tau_D}{\tau_D - \tau_S} [1/(p + 1/\tau_D) - 1/(p + 1/\tau_S)], \qquad [2.3.33\text{ c}]$$

woraus folgt

$$u(t) = i_0 R_D \frac{\tau_S}{\tau_D - \tau_S} (e^{-t/\tau_D} - e^{-t/\tau_S}). \qquad [2.3.34]$$

Diese Formel stimmt bis auf die Konstante mit [2.3.31 a] überein.

Wie wir in der Einleitung auseinandersetzten, steckt die Information über die im Detektor abgegebene Energie in der in ihm freigesetzten Ladung Q_S.

$$Q_S = \int_0^\infty i_0 e^{-t/\tau_S} dt = i_0 \tau_S. \qquad [2.3.35]$$

Da die Energiespektrometrie über eine Impulshöhenanalyse erfolgt, muß der Zusammenhang zwischen Q_S und der maximalen Impulshöhe untersucht werden.

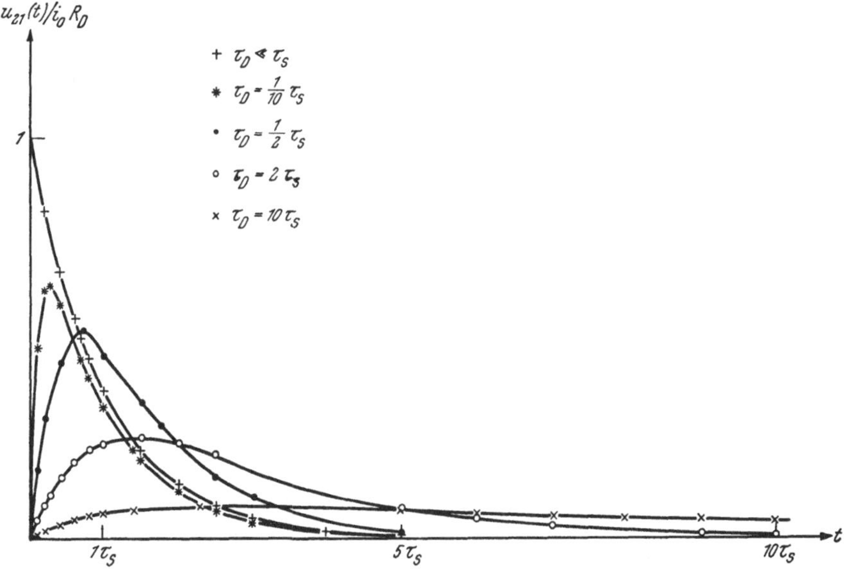

Abb. 2.3.20. Verlauf der Detektorausgangsspannung u_{21} für verschiedene $\tau_D = R_D C_D$-Werte bei festem R_D

Wir wollen hier einige Fälle betrachten (s. Abb. 2.3.20). Gilt $\tau_D \gg \tau_S$, so wird

$$u(t) = i_0 R_D \cdot \frac{\tau_S}{\tau_D} (1 - e^{-t/\tau_S}) = i_0 \tau_S \cdot \frac{R_D}{\tau_D} (1 - e^{-t/\tau_S}) = \frac{Q_S}{C_D} (1 - e^{-t/\tau_S}). \qquad [2.3.34\,a]$$

In diesem Fall wird die maximale Impulshöhe für Zeiten $t \gg \tau_S$ erhalten; sie ist zu Q_S proportional, alle Ladung ist gesammelt, und die Information über die Energie wird mit kleinstem statistischen Fehler erhalten. Die durch τ_D bestimmte große Länge der Impulse ist jedoch nachteilig: Überlagerungen von Impulsen sind sehr wahrscheinlich, weshalb vor einer Impulshöhenanalyse noch eine Impulskürzung notwendig ist. Im Vergleich zu den anderen Fällen mit gleichem R_D ist die maximale Impulshöhe wegen der Größe von C_D klein.

Für $\tau_D = 2\tau_S$ erhält man

$$u(t) = i_0 R_D (e^{-t/2\tau_S} - e^{-t/\tau_S}) \qquad [2.3.34\,b]$$

und für $\tau_S = 2\tau_D$

$$u(t) = i_0 R_D \cdot 2 (e^{-t/\tau_S} - e^{-2t/\tau_S}). \qquad [2.3.34\,c]$$

In allen Fällen $\tau_S \approx \tau_D$ ist die Impulslänge erträglich und auch die Impulshöhe ist nicht wesentlich vermindert.

Ist $\tau_S \gg \tau_D$, so wird die Spannung $u(t)$ praktisch dadurch bestimmt, daß der ganze Strom $i_D(t)$ durch den Widerstand R_D fließt.

$$u(t) = i_0 R_D e^{-t/\tau_S}. \qquad [2.3.34\ d]$$

Der Spannungsimpuls dauert nur so lange, wie Strom aus dem Detektor fließt, er ist also extrem kurz (Stromverarbeitung des Impulses). Durch große R_D müßten sich große Impulse erzielen lassen, doch ist die Größe von R_D wegen der unvermeidbaren Detektor- und Streukapazität C_D infolge der Bedingung $\tau_S \gg \tau_D$ sehr beschränkt, da τ_S für jede Detektortype vorgegeben ist.

Das Zustandekommen eines Maximums beim Spannungsimpuls läßt sich anschaulich so erklären: Für die Dauer des Stromimpulses liefert der Detektor Ladung an die Kapazität C_D, die sich infolgedessen auflädt. Mit zunehmender Spannung fließt aber immer mehr Ladung über den zum Kondensator C_D parallel liegenden Widerstand R_D ab. Das Maximum $\hat{u}$ ist an jener Stelle der Zeitachse, an der die zufließende Ladungsmenge gleich der abfließenden ist.

Ist $\tau_S \gg \tau_D$, so tritt das Maximum gleich am Anfang des Impulses auf und es gilt $\hat{u} = i_0 R_D$. Die Impulshöhe ist proportional zu i_0, und da der Anfangsstrom nur einen kleinen Teil der gesamten freigesetzten Ladung umfaßt, ist die statistische Schwankung der Impulshöhe viel größer, als wenn die gesamte Ladung zur Impulshöhe beiträgt. Letzteres ist der Fall für $\tau_D \gg \tau_S$. Dann vergeht bis zum Maximum eine Zeit in der Dauer von einigen Zeitkonstanten τ_S. Bis zum Zeitpunkt des Maximums wird nahezu die gesamte Ladung gesammelt und die statistische Unsicherheit der maximalen Impulshöhe ist am geringsten (Spannungsverarbeitung).

Die vom Detektor gelieferten Impulse sind polar, d. h. der Mittelwert der Spannung ist ungleich Null. Dies muß so sein, da die Impulsform durch den Strom aus dem Detektor in die Kapazität und deren anschließende Entladung bestimmt ist. Für ein Unterschwingen besteht gar kein Grund.

Nun untersuchen wir den Spannungsverlauf $u_2(t)$ an der Stelle *b* des Netzwerkes von Abb. 2.3.19 *b*. Die Eingangsimpedanz des Vorverstärkers VV wird dabei als sehr groß angenommen und vernachlässigt. Der Koppelkondensator C ist selten zu umgehen, da der Arbeitswiderstand R_D von Detektoren meistens an Hochspannung liegt und der Eingang des VV von dieser getrennt werden muß.

Die Übertragungsfunktion für das RC-Glied mit $RC = \tau$ lautet nach [2.3.11 a]

$$G(p) = \frac{p \cdot \tau}{p\tau + 1} = \frac{p}{p + 1/\tau}. \qquad [2.3.36]$$

Für $u_2(p)$ erhält man somit unter Verwendung von [2.3.33 b]

$$u_2(p) = G(p) \cdot u_1(p) = \frac{i_0 R_D}{\tau_D} \cdot \frac{1}{p + 1/\tau_S} \cdot \frac{1}{p + 1/\tau_D} \cdot \frac{p}{p + 1/\tau} \qquad [2.3.37\ a]$$

und nach Partialbruchzerlegung

$$u_2(p) = \frac{i_0 R_D}{\tau_D} \cdot \tau_G \left(\frac{\tau_D - \tau}{p + 1/\tau_S} + \frac{\tau - \tau_S}{p + 1/\tau_D} + \frac{\tau_S - \tau_D}{p + 1/\tau} \right), \qquad [2.3.37\ b]$$

wobei τ_G durch

$$\tau_G = \frac{\tau_S \tau_D \tau}{\tau_S(\tau_D^2 - \tau^2) + \tau_D(\tau^2 - \tau_S^2) + \tau(\tau_S^2 - \tau_D^2)}$$

gegeben ist. Nach Rücktransformation erhalten wir

$$u_2(t) = i_0 R_D \cdot \frac{\tau_G}{\tau_D}[(\tau_D - \tau)\, e^{-t/\tau_S} + (\tau - \tau_S) e^{-t/\tau_D} + \\ + (\tau_S - \tau_D) e^{-t/\tau}]. \qquad [2.3.38]$$

Zuerst wollen wir den Fall diskutieren, daß τ_D sehr viel größer als τ_S und τ ist. Dann wird

$$\tau_G = \frac{\tau_S \tau}{\tau_D(\tau_S - \tau)}$$

und

$$u_2(t) = i_0 R_D \frac{\tau_S}{\tau_S - \tau} \cdot \frac{\tau}{\tau_D} (e^{-t/\tau_S} - e^{-t/\tau}). \qquad [2.3.38\text{ a}]$$

Der Spannungsverlauf ist bis auf den konstanten Faktor τ / τ_D völlig gleich wie wir ihn in [2.3.34] kennengelernt haben, wenn wir nur τ mit τ_D vertauschen. Dies bedeutet, daß (im Fall $\tau_D \gg \tau_S$ und τ) die Zeitkonstante τ die gleiche Wirkung auf die Impulsform hat wie τ_D im oben behandelten Fall.

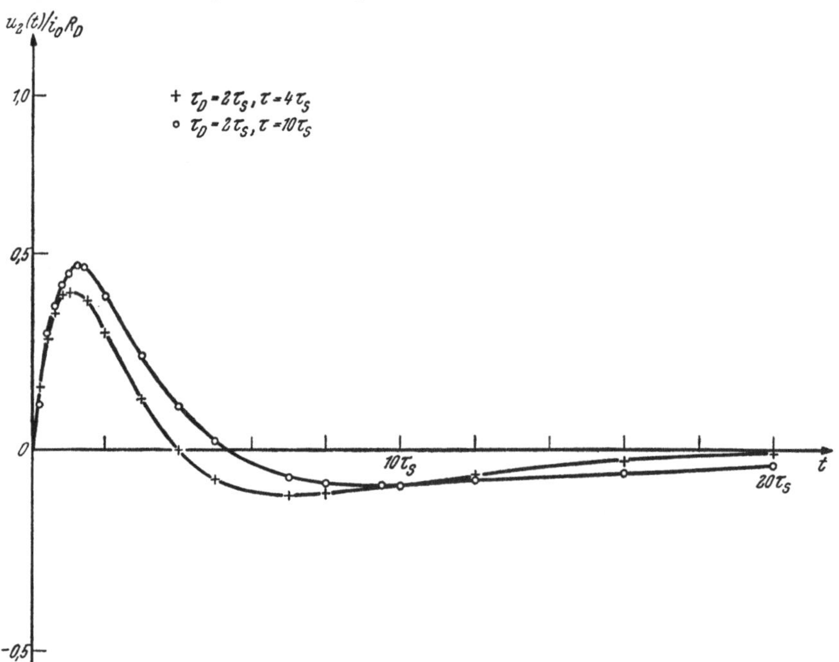

Abb. 2.3.21. Spannungsverlauf $u_2(t)$ am Eingang des Vorverstärkers von Abb. 2.3.19 in zwei Spezialfällen

In Abb. 2.3.21 sind zwei spezielle Fälle dargestellt:

a) $\tau_D = 2\tau_S$ und $\tau = 4\tau_S$ mit

$$u_2(t) = u_0(-2e^{-t/\tau_S} + 3e^{-t/2\tau_S} - e^{-t/4\tau_S}); \qquad [2.3.38\text{ b}]$$

b) $\tau_D = 2\tau_S$ und $\tau = 10\tau_S$ mit

$$u_2(t) = u_0(-8e^{-t/\tau_S} + 9e^{-t/2\tau_S} - e^{-t/10\tau_S}). \qquad [2.3.38\ c]$$

Bei diesen beiden Impulsformen fällt vor allem der Nulldurchgang des Impulses auf. Der positive und der negative Impulsanteil sind gleich groß, der Spannungsmittelwert ist Null. Der einfache Nulldurchgang ist Kennzeichen des doppelten Differenzierens eines Stufenimpulses. Sind die beiden Zeitkonstanten genügend verschieden (etwa eine Größenordnung oder mehr), so verhalten sich die Amplituden der beiden Impulsanteile etwa wie diese Zeitkonstanten. Ganz allgemein gilt, daß bei einer Kaskade von N differenzierenden RC-Gliedern, an deren Eingang ein Stufenimpuls gelegt wird, am Ausgangsimpuls $N-1$ Nulldurchgänge auftreten. Die Amplituden der überschwingenden Impulsanteile nehmen dabei kontinuierlich ab. Sind jedoch zwei Zeitkonstanten gleich und wesentlich kürzer als alle anderen (sind sie „bestimmend"), dann gibt es nur ein ausgeprägtes Unterschwingen und die übrigen Schwingungen sind sehr klein. Man spricht dann von „doppeltem Differenzieren". Im einfachsten Fall wird dieses durch zwei differenzierende RC-Glieder mit gleicher Zeitkonstante erreicht. Das Unterschwingen beträgt dann 13,5% des Hauptimpulses.

Durch zusätzliche Integration mit der gleichen Zeitkonstante erhält man ein Unterschwingen auf etwa 35% der Höhe des Primärimpulses. Diese Art der Impulsformung wird bei Impulsverstärkern häufig angewendet (s. 6.1.2), da sie einerseits bei höheren Zählraten die Auswirkung des Aufsitzens von Impulsen in der Impulshöhenanalyse vermindert und andererseits eine amplitudenunabhängige zeitliche Zuordnung des Impulses ermöglicht, da der Zeitpunkt des Nulldurchgangs in bezug auf den Impulsbeginn amplitudenunabhängig ist.

In der älteren Schaltungstechnik waren längere Kaskaden von differenzierenden RC-Gliedern unvermeidbar, da bei den Röhren fast durchwegs mit Koppelkondensatoren zwischen den Stufen gearbeitet wurde. Die Gleichstromkopplung in Halbleiterschaltungen erlaubt es, sich auf ganz wenige (oder keine) Koppelkondensatoren zu beschränken. Die RC-Glieder dienen dann hauptsächlich zur Impulsformung bzw. zur Bandbreitenbeschneidung. Hingegen sind Kaskaden von integrierenden RC-Gliedern überall und immer aufzufinden, da jede Streukapazität in Verbindung mit der Schaltung ein solches Glied darstellt. Ist eine der integrierenden Zeitkonstanten besonders lang, so ist diese für das Verhalten der Schaltung bestimmend. Denn für die Gesamtanstiegszeit gilt als Faustregel, daß sie die Wurzel aus der Summe der Quadrate der einzelnen Anstiegszeiten ist. Der Beitrag von Teilen der Schaltung, die mindestens dreimal schneller sind als das bestimmende RC-Glied, ist jeweils kleiner als 6% und daher oft vernachlässigbar.

Bei der Messung schneller Vorgänge muß jedoch die Verfälschung der Messung durch die Eigenanstiegszeit des Meßgerätes (z. B. des Oszillographen) entsprechend der Beziehung

$$T_{an}^2 = \sum_{i=1}^{n} (t_{an}^{(i)})^2 \qquad [2.3.39]$$

berücksichtigt werden.

Werden zwei Integrierglieder (mit den Zeitkonstanten τ_1 bzw. τ_2) in Kaskade angeordnet, so erhält das zweite Integrierglied als Antwort des ersten auf einen Stufenimpuls ein Eingangssignal der Form

$$u_{12}(t) = 1 - e^{-t/\tau_1}. \qquad [2.3.40]$$

(Die „Antwort" — engl. response — eines Netzwerkes auf ein Eingangssignal ist das an den Netzwerkausgang gelieferte Signal.)

Wenn wir das Verhältnis der beiden Zeitkonstanten mit $n = \tau_2/\tau_1$ bezeichnen, läßt sich unter Verwendung der Methoden der Laplace-Transformation die Ausgangsspannung $u_2(t)$ in folgender Form erhalten

$$u_2(t) = \begin{cases} 1 + \dfrac{1}{n-1}\, e^{-t/\tau_1} - \dfrac{n}{n-1}\, e^{-t/\tau_2} & \text{für} \quad n \neq 1, \\ 1 - (1 + t/\tau_1)\, e^{-t/\tau_1} & \text{für} \quad n = 1. \end{cases} \qquad [2.3.41]$$

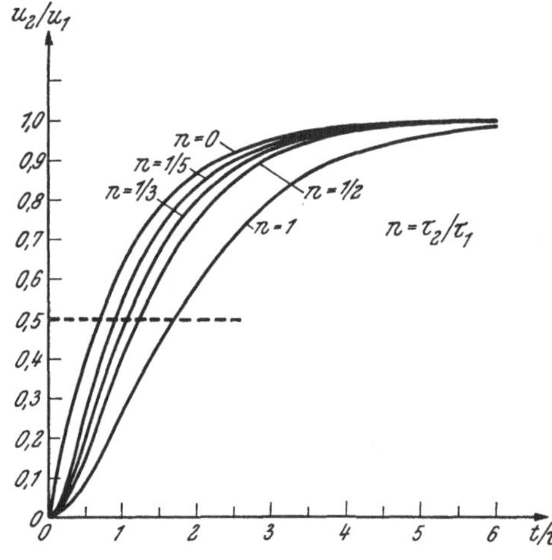

Abb. 2.3.22. Ausgangsspannung nach zwei in Kaskade geschalteten Tiefpässen als Antwort auf einen Stufenimpuls bei verschiedenen Verhältnissen n der Zeitkonstanten

In Abb. 2.3.22 sind Impulsformen für verschiedene Werte von n wiedergegeben. Größere n-Werte bewirken sowohl eine größere Anstiegszeit als auch eine stärkere Verzögerung des Impulses. (Unter Verzögerung verstehen wir jene Zeit, die verstreicht, bis der Impuls auf die halbe Höhe seines endgültigen Wertes angewachsen ist.)

Ist vor zwei solchen Integrationsgliedern mit gleicher Zeitkonstante τ ein Differentiationsglied (ebenfalls mit τ) geschaltet (s. Abb. 2.3.23 *a*), so erhält man als Antwort auf einen Stufenimpuls folgende Transformierte des Ausgangssignals

$$u_2(p) = \frac{1}{p} \cdot \frac{p}{p + 1/\tau} \cdot \frac{1}{1 + p\tau} \cdot \frac{1}{1 + p\tau} = \frac{1}{\tau^2} \cdot \frac{1}{(p + 1/\tau)^3} \qquad [2.3.42\text{ a}]$$

und nach Rücktransformation

$$u_2(t) = \frac{1}{\tau^2} \cdot \frac{t^2}{2!}\, e^{-t/\tau}. \qquad [2.3.42\text{ b}]$$

Jedes weitere integrierende *RC*-Glied liefert einen zusätzlichen Faktor $1/(1 + p\tau)$ zur Laplace-Transformierten.

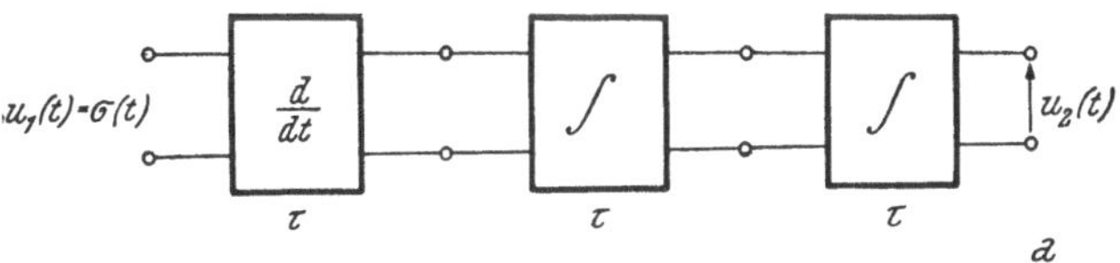

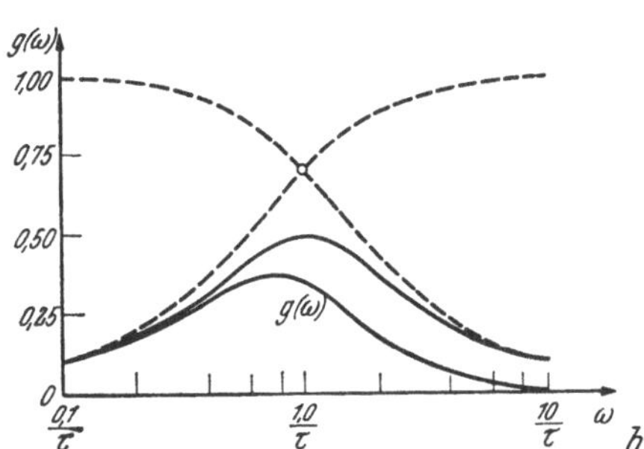

Abb. 2.3.23.
Kaskadenschaltung von einem Differenzierglied und zwei Integrationsgliedern mit gleichen Zeitkonstanten
a) Anordnung
b) Amplitudenterm

Für eine Kaskade von einem differenzierenden und n integrierenden RC-Gliedern mit gleichen Konstanten erhält man somit die (in Abb. 2.3.24 für $n = 1, 2, 4$ dargestellte) Beziehung

$$u_{2n}(t) = e^{-t/\tau}\,(t/\tau)^n/n! \qquad [2.3.43]$$

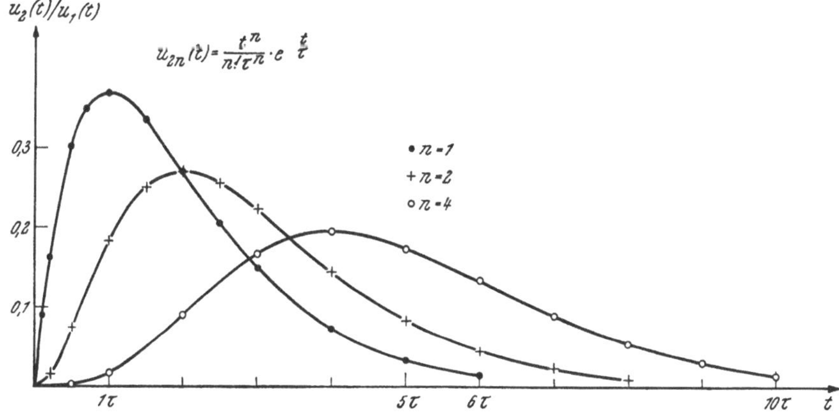

Abb. 2.3.24. Ausgangsspannung $u_2(t)$ nach einmaliger Differentiation und n-maliger Integration ($n = 1, 2, 4$) eines Stufenimpulses mit gleichen Zeitkonstanten

Wie man durch Nullsetzen der zeitlichen Ableitung leicht berechnen kann, verzögert sich der Zeitpunkt des Maximums mit jedem zusätzlichen RC-Glied um τ

$$t(\hat{u}_{2n}) = n \cdot \tau\,. \qquad [2.3.43\text{ a}]$$

Außerdem nimmt die Größe des Maximums ab

$$\hat{u}_{2n} = e^{-n} n^n/n! \qquad [2.3.43\text{ b}]$$

Für große n erhält man unter Verwendung der Stirlingschen Formel $n! = n^n e^{-n}(2\pi n)^{1/2}(1 + 1/12n + \ldots)$

$$\hat{u}_{2n} \approx (2\pi n)^{-1/2}(1 + 1/12n)^{-1}\,. \qquad [2.3.43\text{ c}]$$

(Der Fehler, den man bei $n = 10$ mit dieser Formel macht, ist kleiner als 1%.) Für sehr große n kann man schreiben:

$$\hat{u}_{2n} = (2\pi n)^{-1/2}. \qquad [2.3.43\,\text{d}]$$

Die Form der Gl. [2.3.43] ist die einer Poisson-Verteilung (s. 1.2.1). Diese geht für große n in eine Gaußverteilung über. Wir erhalten somit für $n \gg 1$

$$u_{2n}(t) = (2\pi n)^{-1/2} e^{-(t-n\tau)^2/2n\tau^2}. \qquad [2.3.43\,\text{e}]$$

In Abb. 2.3.23 *b* ist der Amplitudenterm $g(\omega)$ der Übertragungsfunktion $G(j\omega)$ der einzelnen *RC*-Glieder sowie einer Kaskade von einem differenzierenden und einem bzw. zwei integrierenden *RC*-Gliedern dargestellt, wie es der Formel

$$g(\omega) = \frac{\omega\tau}{\sqrt{1+(\omega\tau)^2}} \cdot \frac{1}{\sqrt{1+(\omega\tau)^2}} \cdot \frac{1}{\sqrt{1+(\omega\tau)^2}} \qquad [2.3.44]$$

entspricht. Jedes zusätzliche integrierende *RC*-Glied verkleinert die Bandbreite und verschiebt das Maximum des Amplitudenterms zu niedrigeren Frequenzen.

Durch doppelte Differentiation eines Stufenimpulses und n-fache Integration mit gleichen Zeitkonstanten lassen sich bipolare Impulse erzeugen, die für hohe Zählraten und auch zur Festlegung des Zeitpunktes der Impulse besser geeignet sind. Die Impulsform gehorcht der Gleichung

$$u_{2n}(t) = \big(1/n! - t/\tau(n+1)!\big)(t/\tau)^n e^{-t/\tau}. \qquad [2.3.45]$$

Zur Zeit $t = (n+1)\tau$ erfolgt der Nulldurchgang, bei $t = \big(n+1-\sqrt{n+1}\big)\tau$ ist das Maximum des Hauptimpulses und bei $t = \big(n+1+\sqrt{n+1}\big)\tau$ ist das Maximum des Unterschwingens. Die relative Amplitude des Unterschwingens beträgt

$$H_r(n) = \left(\frac{\sqrt{n+1}+1}{\sqrt{n+1}-1}\right)^n e^{-2\sqrt{n+1}}. \qquad [2.3.45\,\text{a}]$$

Um ideale Symmetrie zu erhalten, braucht man unendlich viele Integrationsglieder, denn

$$\lim_{n\to\infty} H_r(n) = 1. \qquad [2.3.45\,\text{b}]$$

Bei 10 Integrationsgliedern beträgt das Unterschwingen etwa zwei Drittel des Hauptimpulses. Diese Impulsform wird jedoch leichter durch aktive Impulsformung (s. 4.1.3.6) erreicht. Gegenüber der Impulsformung mit Verzögerungskabeln, bei der die Symmetrie nahezu ideal ist (s. 2.3.3.3), hat diese Methode den Vorteil, daß keinerlei Welligkeit auftritt, die bei Verzögerungskabeln selten ganz zu vermeiden ist.

2.3.2. Iterative Filterketten

Die Frequenzcharakteristik der bisher diskutierten einfachen *R-C-L*-Kombinationen weist auf die Möglichkeit hin, den Frequenzgehalt von

Impulsen durch ein bestimmt gewähltes Netzwerk zu verändern. Diese Effekte können offensichtlich durch Hintereinanderschalten mehrerer R-C-L-Kombinationen der gleichen Art noch wesentlich verstärkt werden. Auf die wichtige Anwendung derartiger, sich wiederholender, „iterativer“ Ketten von Schaltelementgruppen als Frequenzfilter in der Fernmelde- und Radiotechnik soll hier nicht eingegangen werden. In der kernphysikalischen Impulstechnik liegt die Betonung nicht so sehr auf der Ausfilterung bestimmter Frequenzbereiche als auf der Erzeugung wohldefinierter Übertragungseigenschaften in Schaltelementkombinationen, die primär eine bestimmte Impulslaufzeit oder Amplitudenabschwächung ergeben sollen.

Je nach der Art der Unterteilung unterscheidet man zwei einfache Arten von Filter-Gliedern, die T- und die Π-Glieder, was in Abb. 2.3.25 erläutert wird.

Als erstes sei der Begriff des charakteristischen oder Wellenwiderstandes einer Filterkette erläutert. Unter diesem versteht man den Eingangswiderstand einer unendlich langen Filterkette, die aus sich regelmäßig wieder-

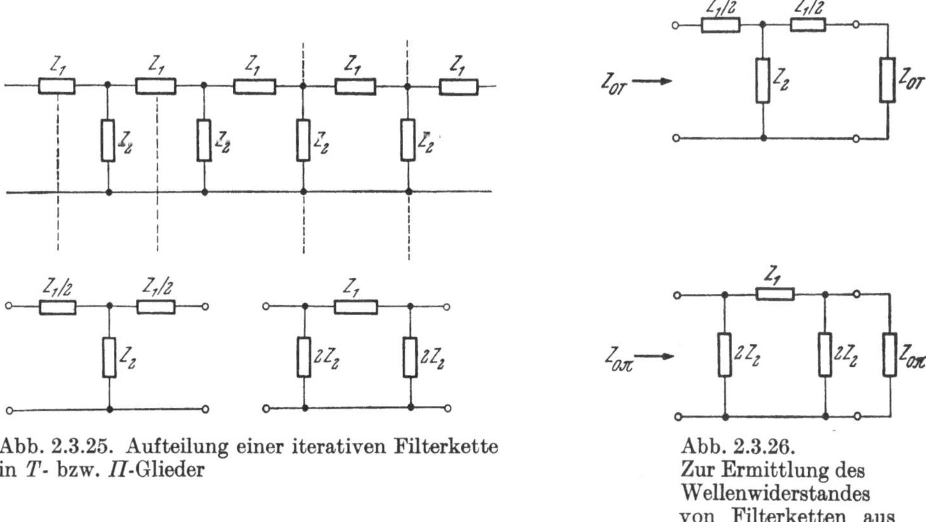

Abb. 2.3.25. Aufteilung einer iterativen Filterkette in T- bzw. Π-Glieder

Abb. 2.3.26. Zur Ermittlung des Wellenwiderstandes von Filterketten aus T- bzw. Π-Gliedern

holenden Gliedern aufgebaut ist. Da dieser Wellenwiderstand Z_0 an jeder Trennstelle der Filterkette als Eingangswiderstand gemessen wird, kann man den Rest der unendlichen Kette durch einen „Abschlußwiderstand“ ersetzen, ohne den vom Eingang des Gliedes aus gemessenen Widerstand zu verändern (s. Abb. 2.3.26).

Betrachten wir zuerst den Fall des T-Gliedes. Die Parallelschaltung der Widerstände Z_2 und $(Z_1/2+Z_{0T})$ ergibt

$$\frac{1}{Z'}=\frac{1}{Z_2}+\frac{1}{\frac{Z_1}{2}+Z_{0T}}=\frac{\frac{Z_1}{2}+Z_{0T}+Z_2}{Z_2\left(\frac{Z_1}{2}+Z_{0T}\right)},$$

woraus folgt

$$Z_{0T} = Z_1/2 + Z' = \frac{Z_1}{2} + \frac{Z_2(Z_1/2 + Z_{0T})}{Z_1/2 + Z_{0T} + Z_2}.$$

Löst man diese Gleichung nach Z_{0T} auf, so erhält man

$$Z_{0T} = \sqrt{Z_1 Z_2 \left(1 + \frac{Z_1}{4Z_2}\right)} \qquad (T\text{-Glied}). \qquad [2.3.46]$$

Die analoge Rechnung liefert für eine aus π-Gliedern aufgebaute Filterkette:

$$Z_{0\Pi} = \sqrt{Z_1 Z_2 / (1 + Z_1/4Z_2)}. \qquad [2.3.47]$$

Eine Filterkette endlicher Länge, welche mit einem Widerstand abgeschlossen ist, der Z_{0T} bzw. $Z_{0\Pi}$ entspricht, verhält sich daher wie eine unendlich lange Filterkette. Daraus folgt vor allem, daß keine Rückwirkungen von dem (unendlich entfernten) Filterende, z. B. keine Reflexionen von Impulsen, auftreten.

Welchen Einfluß besitzt nun ein Abschlußwiderstand, der von Z_0 verschieden ist, auf das Verhalten einer endlichen Filterkette? Innerhalb der Kette stellt zunächst jedes Glied für einen ankommenden Impuls einen Widerstand Z_0 dar. Zwischen der Transformierten von Spannung und Strom des in Abb. 2.3.27 nach rechts laufenden Impulses wird daher die Beziehung

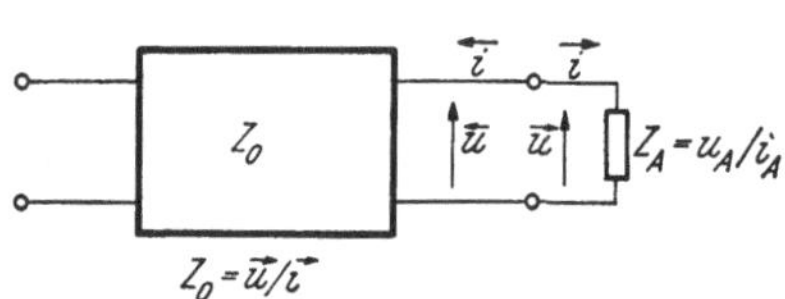

Abb. 2.3.27. Zur Reflexion in einer beliebig abgeschlossenen Filterkette

$$\frac{\vec{u}(p)}{\vec{i}(p)} = Z_0(p) \qquad [2.3.48]$$

bestehen. Beim Abschlußwiderstand Z_A gilt die entsprechende Beziehung

$$\frac{u_A(p)}{i_A(p)} = Z_A(p). \qquad [2.3.49]$$

Für den Übergang des Impulses von der Kette mit dem Wellenwiderstand Z_0 zum Abschlußwiderstand Z_A kann man annehmen, daß an der Übergangsstelle (ähnlich wie an der Grenzschicht eines optischen Mediums) Impulse entstehen, die von der Sprungstelle nach beiden Seiten laufen. Um die Kontinuität aufrechtzuerhalten, muß

$$u_A(p) = \vec{u}(p) + \overleftarrow{u}(p) \qquad [2.3.50\,a]$$

und

$$i_A(p) = \vec{i}(p) + \overleftarrow{i}(p) \qquad [2.3.50\,b]$$

gelten, d. h. hin- und rücklaufende Impulse überlagern sich am Abschlußwiderstand Z_A so, daß Gl. [2.3.49] gültig ist. Für die durch die Kette zurücklaufenden Impulse bestimmt $Z_0(p)$ ebenfalls das Verhältnis von $\overleftarrow{u}(p)$ zu $\overleftarrow{i}(p)$. Da jedoch der Strom als gerichtete (longitudinale) Größe mit der Richtungsumkehr sein Vorzeichen wechselt, die Spannung jedoch nicht, gilt

$$\overleftarrow{u}(p) / \overleftarrow{i}(p) = -Z_0(p). \qquad [2.3.51]$$

Aus Gl. [2.3.51] und [2.3.50 b] folgt nun

$$\overleftarrow{u}(p) = -Z_0(p)[i_A(p) - \overrightarrow{i}(p)] \qquad [2.3.52\text{ a}]$$

und weiter wegen Gl. [2.3.48] und [2.3.49]

$$\overleftarrow{u}(p) = -Z_0(p)\left[\frac{u_A(p)}{Z_A(p)} - \frac{\overrightarrow{u}(p)}{Z_0(p)}\right]. \qquad [2.3.52\text{ b}]$$

Ersetzt man noch $u_A(p)$ gemäß Gl. [2.3.50 a] und löst nach $\overleftarrow{u}(p)$ auf, so folgt

$$\overleftarrow{u}(p) = \overrightarrow{u}(p) \cdot \frac{Z_A(p) - Z_0(p)}{Z_A(p) + Z_0(p)}. \qquad [2.3.52\text{ c}]$$

Das Verhältnis der Transformierten der hin- bzw. zurücklaufenden Spannung liefert den Reflexionsfaktor ϱ

$$\varrho = \overleftarrow{u}(p) / \overrightarrow{u}(p) = \frac{Z_A - Z_0}{Z_A + Z_0}. \qquad [2.3.53]$$

Für $Z_A = Z_0$ wird $\varrho = 0$, d. h. es tritt keine Reflexion auf. Für $Z_A = \infty$ (offenes Ende) folgt $\varrho = 1$; dann ist die zurücklaufende Spannung der hinlaufenden in Polarität und Amplitude gleich. Für $Z_A = 0$ ergibt sich $\varrho = -1$; dann hat die reflektierte Spannung die gleiche Amplitude, aber umgekehrte Polarität, wie die zum Ausgang gelangende Spannung. Sind Z_A und Z_0 reelle Impedanzen, so ist das Reflexionsverhältnis ϱ frequenzunabhängig. Impulse werden dann unverzerrt reflektiert, nur erscheint die reflektierte Spannungsamplitude mit dem Faktor ϱ multipliziert.

Betrachten wir nun das Übertragungsverhalten einer Filterkette. Dazu wenden wir auf das n-te Glied der Kette den zweiten Kirchhoffschen Satz an und erhalten für die Laplace-Transformierten des Stromes (s. Abb. 2.3.28)

$$i_n(p)[Z_1(p) + 2Z_2(p)] - i_{n-1}(p)Z_2(p) - i_{n+1}(p)Z_2(p) = 0. \qquad [2.3.54\text{ a}]$$

Die Übertragungsfunktion $G(p)$ zwischen zwei Gliedern ist definiert durch

$$i_{n+1}(p) = i_n(p) \cdot G(p). \qquad [2.3.55]$$

Nach dem Übergang $p \to j\omega$ schreiben wir auch den Amplitudenterm als Exponentialausdruck

$$G(j\omega) = g(\omega) \cdot e^{j\varphi(\omega)} = e^{a(\omega)} \cdot e^{jb(\omega)} = e^{a(\omega) + jb(\omega)},^* \qquad [2.3.56]$$

so daß die Gleichung

$$i_n(j\omega)[Z_1(j\omega) + 2Z_2(j\omega) - Z_2(j\omega) \cdot e^{-[a(\omega)+jb(\omega)]} - \\ - Z_2(j\omega)e^{a(\omega)+jb(\omega)}] = 0 \qquad [2.3.54\text{ b}]$$

erhalten wird. Daraus folgt

$$\frac{Z_1(j\omega) + 2Z_2(j\omega)}{Z_2(j\omega)} = e^{-[a(\omega)+jb(\omega)]} + e^{a(\omega)+jb(\omega)} = \\ = 2\cosh[a(\omega) + jb(\omega)]. \qquad [2.3.57\text{ a}]$$

---

* Die Änderung der Bezeichnung der Phase $\varphi(\omega)$ in $b(\omega)$ in diesem Abschnitt soll keine geänderte Bedeutung ausdrücken.

Wenn wir folgende Beziehung für den Hyperbelcosinus cosh (s. Abb. 2.3.29) verwenden

$$\cosh(a + jb) = \cosh a \cosh jb + \sinh a \sinh jb = \\ = \cosh a \cos b + \sinh a \sin b \qquad [2.3.58]$$

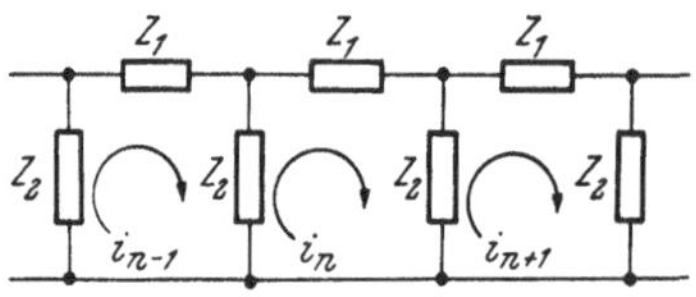

Abb. 2.3.28. Zur Ableitung der Übertragungsfunktion einer iterativen Filterkette

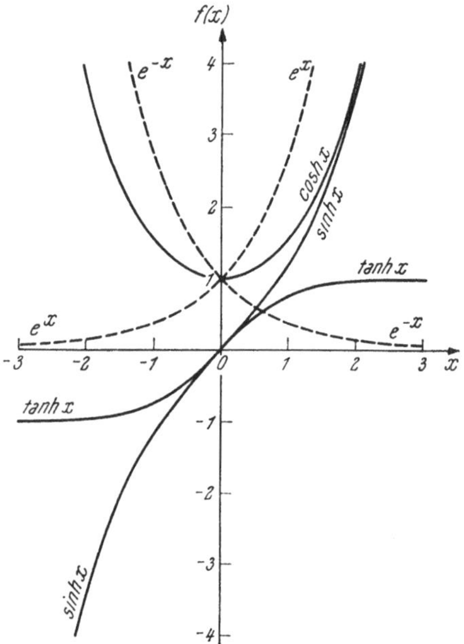

Abb. 2.3.29. Die hyperbolischen Funktionen

und außerdem die Abhängigkeit von ω nicht mehr explizit anschreiben, erhalten wir

$$(Z_1 + 2Z_2)/2Z_2 = 1 + Z_1/2Z_2 = \cosh a \cos b + j \sinh a \sin b. \qquad [2.3.57\ b]$$

Bei der Übertragungsfunktion $G(j\omega)$ können wir zwei Grenzfälle unterscheiden:

1. $g(\omega) \equiv 1$ und $\varphi(\omega) = k\omega$. Dies bedeutet: $a(\omega) \equiv 0$ und $b(\omega) = k\omega$. Wie wir schon besprochen haben, tritt dann keine Abschwächung der Amplitude auf und auch die Impulsform bleibt erhalten; es erfolgt lediglich eine Verschiebung des Impulses auf der Zeitachse: er wird verzögert. Filter mit solchen Eigenschaften heißen deshalb Laufzeitketten.

2. Ist $b(\omega) \equiv 0$ und $a(\omega) \equiv a < 0$, so tritt keine Phasenverschiebung, aber eine frequenzunabhängige Amplitudenabschwächung auf. Es liegt dann ein idealer Attenuator vor.

2.3.2.1. Laufzeitketten

Wegen $a(\omega) \equiv 0$ folgt mit $\cosh 0 = 1$ und $\sinh 0 = 0$ aus [2.3.57 b]

$$\cos b = 1 + Z_1/2Z_2. \qquad [2.3.59]$$

Aus dem Wertbereich der cos-Funktion ergibt sich die Beschränkung

$$-1<\frac{Z_1}{2Z_2}+1<+1$$

bzw.

$$-1<\frac{Z_1}{4Z_2}<0. \qquad [2.3.60]$$

Das bedeutet: Attenuationsfreie Laufzeitketten können nur realisiert werden, wenn der Quotient der beiden komplexen Widerstände Z_1 und Z_2 reell und negativ ist. Damit kommen nur reine Kapazitäten und Induktivitäten für Z_1 und Z_2 in Frage.

Für $Z_1=j\omega L$, $Z_2=\frac{1}{j\omega C}$ folgt

$$\frac{Z_1}{4Z_2}=-\frac{\omega^2 LC}{4} \qquad [2.3.61\text{ a}]$$

bzw. für $Z_1=\frac{1}{j\omega C}$, $Z_2=j\omega L$ folgt

$$\frac{Z_1}{4Z_2}=\frac{-1}{4\omega^2 LC}. \qquad [2.3.61\text{ b}]$$

Da für diese Filter das Produkt $Z_1Z_2=L/C$ eine frequenzunabhängige Konstante darstellt, die in der Literatur meist mit k^2 bezeichnet wird, führen diese einfachen Filter häufig den Namen „konstant-k-Filter“.

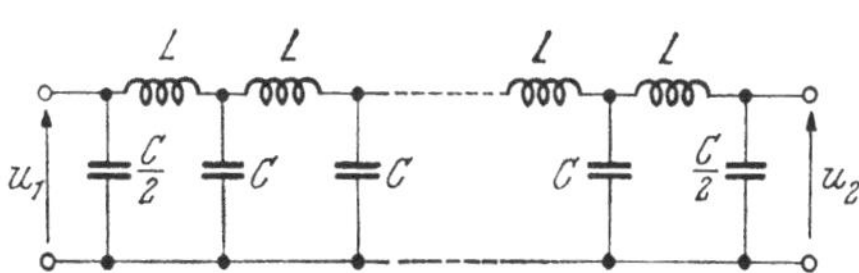

Abb. 2.3.30. Laufzeitkette aus Tiefpaß-Gliedern

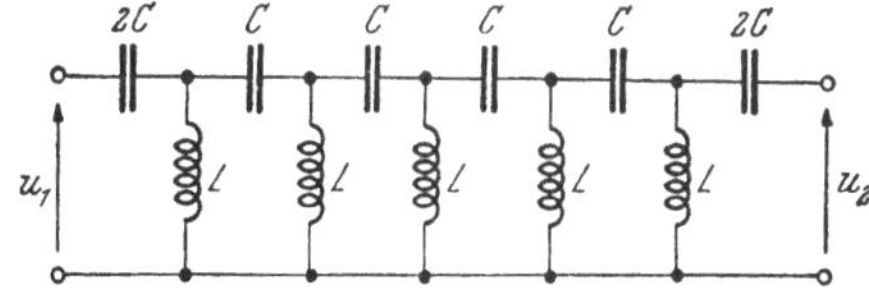

Abb. 2.3.31. Laufzeitkette aus Hochpaß-Gliedern

Die Laufzeitkette des Typs Abb. 2.3.30 ist in einem Frequenzbereich, der durch [2.3.60] bestimmt wird, attenuationsfrei:

$$-1<-\frac{\omega^2 LC}{4}<0. \qquad [2.3.62]$$

Daher folgt für die Grenzen des Durchlaßbandes (des Frequenzbereiches ohne Attenuation)

$$\omega_u=0 \qquad [2.3.62\text{ a}]$$

$$\omega_0=2/(LC)^{1/2}, \qquad [2.3.62\text{ b}]$$

wobei ω_u die untere und ω_0 die obere Abschneidefrequenz (cut off frequency) darstellt. Der Unterschied zur Grenzfrequenz ω_2 (z. B. eines RC-Tiefpasses) liegt darin, daß im Durchlaßband (theoretisch) überhaupt keine Attenuation erfolgt. In praktischen Fällen weicht die Abschneidefrequenz von der Grenzfrequenz nur wenig ab, da wegen der starken Zunahme der Attenuation oberhalb von ω_0 der Amplitudenterm $g(\omega)$ rasch auf $1/\sqrt{2}$ absinkt, so daß $\omega_0 \approx \omega_2$ gilt.

Laufzeitketten entsprechend der Abb. 2.3.30 stellen also Tiefpaßfilter dar mit einer oberen Grenzfrequenz, die nahe an ω_0 liegt. Die Laufzeitkette von Abb. 2.3.31 arbeitet als Hochpaßfilter. Solche Laufzeitketten haben für unsere Zwecke jedoch keine Bedeutung und werden deshalb nicht weiter behandelt.

Nach Gl. [2.3.55] erfahren die Fourier-Komponenten des Stromes im $(n+1)$-ten Glied der Kette gegenüber dem n-ten Glied im Durchlaßband wegen $a \equiv 0$ also nur eine Phasenverschiebung

$$i_{n+1}(j\omega) = i_n(j\omega) \cdot e^{jb(\omega)}. \qquad [2.3.63]$$

Nach [2.3.57 b] folgt für die Phasenverschiebung

$$b = \arccos(1 + Z_1/2Z_2) \qquad [2.3.64\text{ a}]$$

und mit $Z_1 = j\omega L$ und $Z_2 = 1/j\omega C$ wird

$$b = \arccos(1 - \omega^2 LC/2). \qquad [2.3.64\text{ b}]$$

Unter Verwendung von Gl. [2.3.62 b] ergibt sich

$$b = \arccos[1 - 2(\omega/\omega_0)^2]. \qquad [2.3.64\text{ c}]$$

Dies läßt sich umformen in

$$b = 2\arcsin(\omega/\omega_0). \qquad [2.3.64\text{ d}]$$

Aus der Reihenentwicklung erhält man für kleine Werte von ω/ω_0

$$b = 2\left[\omega/\omega_0 + \frac{1}{6}\left(\frac{\omega}{\omega_0}\right)^3 + \dots\right] =$$

$$= \omega\sqrt{LC}\left[1 + \frac{1}{6}\left(\frac{\omega}{\omega_0}\right)^2 + \dots\right]. \qquad [2.3.64\text{ e}]$$

Aus dieser Darstellung sieht man, daß die Phasenverschiebung in einem größeren Teil des Durchlaßbandes proportional zu ω ist. Es gilt dort

$$i_{n+1}(j\omega) \approx i_n(j\omega)\, e^{j\omega\sqrt{LC}}. \qquad [2.3.63\text{ a}]$$

Die Rücktransformation dieser Formel vom Frequenzraum in den Zeitraum zeigt, daß der Stromverlauf $i_{n+1}(t)$ gegenüber $i_n(t)$ eine zeitliche Verschiebung von

$$t_V \approx (LC)^{1/2} \qquad [2.3.65]$$

erfährt, unter Vernachlässigung der quadratischen und höheren Terme in der Entwicklung [2.3.64 e].

Für Impulse, die man ja im Sinne der Fourierzerlegung als die Hüllkurve der Komponenten ansehen kann, ist die Verzögerungszeit t_V durch jene Zeit bestimmt, die der Impuls (also die Hüllkurve) braucht, um das Verzögerungsglied zu durchlaufen. Die Fortpflanzungsgeschwindigkeit der Umhüllenden ist aber nicht die Phasengeschwindigkeit, sondern die Gruppengeschwindigkeit. Für die Impulslaufzeit t_V (die Verzögerungszeit einer Wellengruppe) gilt

$$t_V = \frac{\mathrm{d}b(\omega)}{\mathrm{d}\omega}. \qquad [2.3.66]$$

Man sieht, daß nur im Fall $\frac{\mathrm{d}b(\omega)}{\mathrm{d}\omega} = \text{const}$ die Verzögerungszeit frequenzunabhängig ist und deshalb nur in diesem Fall keine Phasen- (bzw. Laufzeit-) Verformung auftritt, was wir schon in [2.2.25 b] feststellten. Man erhält also als Verzögerungszeit t_V pro Glied

$$t_V = \frac{\mathrm{d}b(\omega)}{\mathrm{d}\omega} = (LC)^{1/2}/[1-(\omega/\omega_0)^2]^{1/2}. \qquad [2.3.66\,\mathrm{a}]$$

Die Frequenzabhängigkeit (auf ω_0 normiert) von t_V und von $b(\omega)$ ist in Abb. 2.3.32 dargestellt. Aus dieser kann entnommen werden, daß frequenzunabhängige Verzögerung, wie sie von idealen Laufzeitketten zu fordern ist, nur für Frequenzanteile mit $\omega \lesssim \omega_0/3$ eintritt.

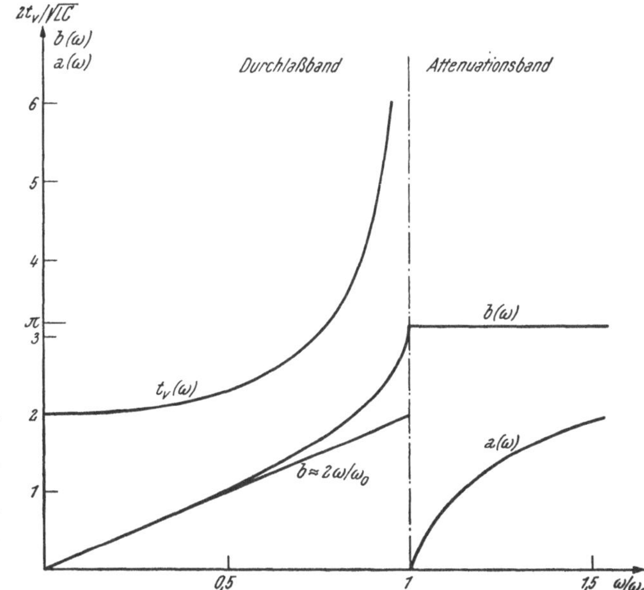

Abb. 2.3.32. Frequenzabhängigkeit der Verzögerungszeit t_V, der Attenuation $a(\omega)$ und der Phasenverschiebung $b(\omega)$ eines Tiefpaßgliedes einer angepaßt abgeschlossenen Laufzeitkette

Um das Verhalten außerhalb des Durchlaßbandes zu untersuchen, greifen wir auf Gl. [2.3.57 b] zurück.

$$\cosh a \cos b + j \sinh a \sin b = 1 + Z_1/2Z_2. \qquad [2.3.57\,\mathrm{b}]$$

In dem behandelten Fall mit $Z_1 = j\omega L$ und $Z_2 = 1/j\omega C$ ist die rechte Seite dieser Gleichung reell, weshalb

$$\sinh a \sin b = 0 \qquad [2.3.67\,\mathrm{a}]$$

und

$$\cosh a \cos b = 1 - \omega^2 LC/2 \qquad [2.3.67\,\mathrm{b}]$$

gilt. Für $\omega > \omega_0 = 2 \cdot (LC)^{-1/2}$ ist $(\cosh a \cos b) < -1$. Das ist aber nur möglich, wenn $a \neq 0$ ist, denn nur dann ist der $\cosh > 1$. Ist aber $a \neq 0$, so muß wegen [2.3.67 a] $\sin b = 0$ sein, d. h. b kann nur die Werte 0, $\pm\pi$ annehmen. Damit obige Ungleichung erfüllt ist, muß $b = +\pi$ gelten, denn dann ist $\cos b = -1$.

Außerhalb des Durchlaßbandes erfolgt also wegen $a \neq 0$ eine Attenuation, deren Frequenzabhängigkeit sich aus

$$-\cosh a = 1 - \omega^2 LC/2 = 1 - 2(\omega/\omega_0)^2 \qquad [2.3.68\ a]$$

zu

$$a = \mathrm{ArCos}[2(\omega/\omega_0)^2 - 1] \qquad [2.3.68\ b]$$

berechnen läßt. Es handelt sich dabei um eine zweiwertige Funktion, deren negativer Ast verwendet wird, da $a(\omega) < 0$ sein muß, damit eine Abschwächung erfolgt. In Abb. 2.3.32 sind $a(\omega)$ und $b(\omega)$ auch für den Attenuationsbereich eingezeichnet.

In die Betrachtungen über das Übertragungsverhalten von Filterketten ging bisher nicht ein, ob die Unterteilung in T- oder in Π-Glieder erfolgt, weshalb die Formeln [2.3.48] bis [2.3.68] für beide Fälle gelten.

Der Unterschied zwischen Ketten aus Π- bzw. T-Gliedern ergibt sich erst aus den Endgliedern. Diese bestimmen den Frequenzverlauf des Wellenwiderstandes der Kette. Aus den Gl. [2.3.46] bzw. [2.3.47] folgt für den Wellenwiderstand von konstant-k-Tiefpaßfiltern

$$Z_{0T} = \sqrt{(1 - \omega^2 LC/4) L/C} = \sqrt{[1 - (\omega/\omega_0)^2] L/C} \qquad [2.3.69]$$

bzw.

$$Z_{0\Pi} = \sqrt{L/C(1 - \omega^2 LC/4)} = \sqrt{L/C[1 - (\omega/\omega_0)^2]}. \qquad [2.3.70]$$

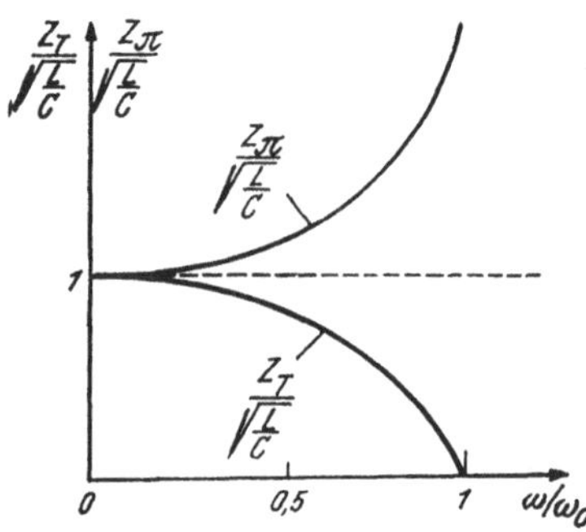

Abb. 2.3.33. Frequenzabhängigkeit des Wellenwiderstandes einer Laufzeitkette aus Tiefpaß-T- bzw. -Π-Gliedern

Die Frequenzabhängigkeit von Z_{0T} und $Z_{0\Pi}$ ist in Abb. 2.3.33 wiedergegeben. Der Wellenwiderstand ist in beiden Fällen für den gesamten Frequenzbereich reell, d. h. rein ohmisch. Für $\omega \ll \omega_0$ kann der Wellenwiderstand für beide Typen durch den konstanten Wert

$$Z_0 = \sqrt{L/C} \qquad [2.3.71]$$

angenähert werden. Ein ohmscher Widerstand der Größe $\sqrt{L/C}$ ersetzt also in seiner Wirkung eine ins Unendliche weitergeführte Filterkette, und es treten keine Reflexionen auf, sofern die Frequenzen nicht zu groß sind.

Soll der gesamte Durchlaßbereich optimal abgeschlossen werden, so muß je nach der gewünschten Eigenschaft ein anderer Abschlußwiderstand gewählt werden.

Für ein Minimum der Summe der Quadrate der Abweichungen müssen beim einzelnen T-Glied folgende Abschlußwiderstande R gewählt werden:

$R = 0{,}75 Z_0$, um einen möglichst frequenzunabhängigen ohmschen Anteil in der Eingangsimpedanz zu erhalten;

$R = 0{,}95 Z_0$, um einen möglichst kleinen nichtohmschen Anteil in der Eingangsimpedanz zu erhalten;

$R = 0{,}97 Z_0$, um eine möglichst lineare Phasenverschiebung zu erhalten.

Die entsprechenden Werte beim Π-Glied lauten:

$R = 1{,}5\, Z_0$,
$R = 2{,}06 Z_0$ bzw.
$R = 1{,}65 Z_0$.

In der Praxis wird man oft deshalb zu Π-Gliedern greifen, weil bei diesen etwaige Eingangskapazitäten der nachfolgenden Stufe bzw. Ausgangskapazitäten des Generators in die Filterkette einbezogen werden können und der Abschluß somit rein reell erfolgen kann.

Bei Laufzeitketten sind Angaben über das Verhalten gegenüber einem Stufenimpuls wichtiger als solche über die Übertragungsfunktion. In Abb. 2.3.34 ist die Antwort eines konstant-k-Gliedes auf einen Stufenimpuls

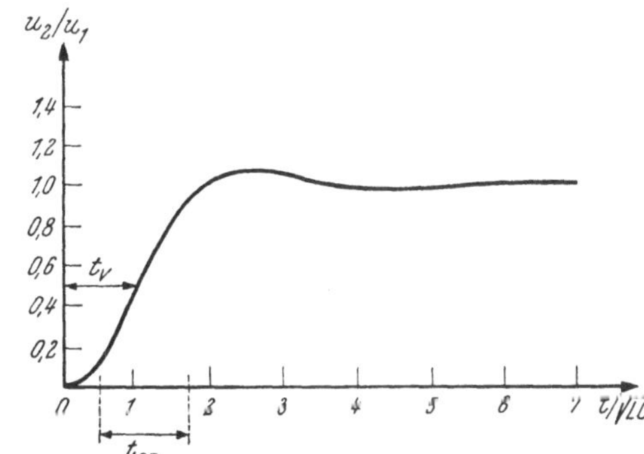

Abb. 2.3.34. Ausgangssignal am Ausgang eines beidseitig abgeschlossenen konstant-k-Gliedes als Antwort auf einen Stufenimpuls

wiedergegeben, wenn das Glied auf beiden Seiten mit $R = \sqrt{L/C}$ abgeschlossen ist. Mit Hilfe der Laplace-Transformation wird dann für das Ausgangssignal erhalten

$$u_2(t) = 0{,}5 - 0{,}5\, e^{-2t/\sqrt{LC}} - 0{,}578\, e^{-t/\sqrt{LC}} \sin(\sqrt{3}\, t/\sqrt{LC}). \qquad [2.3.72]$$

Die Verzögerungszeit t_V, die aus der zeitlichen Verschiebung desjenigen Punktes im Anstieg des Impulses erhalten wird, bei dem gerade die Hälfte des Sättigungswertes erreicht ist, beträgt nach dieser Formel

$$t_V = 1{,}07 \sqrt{LC}. \qquad [2.3.73]$$

Da der Abschlußwiderstand R für höhere Frequenzen eine Fehlanpassung darstellt, gibt es ein Überschwingen von etwa 8%. Aus der Abb. 2.3.34 erhält man bei einem Glied eine Anstiegszeit von

$$t_{an} \approx 1{,}13 \sqrt{LC}. \qquad [2.3.74]$$

Während sich die Verzögerungszeiten der einzelnen Glieder normal addieren, gilt für die Anstiegszeit nach n Gliedern angenähert folgende Bedingung:

$$T_{an}{}^{(n)} \approx \sqrt[3]{n} \cdot t_{an} \approx 1{,}13 \cdot n^{1/3} \cdot \sqrt{LC}. \qquad [2.3.75]$$

Die Güte einer Laufzeitkette, die als das Verhältnis von Gesamtverzögerung T_V zu Gesamtanstiegszeit T_{an} definiert ist, nimmt also entsprechend der Gliederanzahl n mit $n^{2/3}$ zu

$$\frac{T_V{}^{(n)}}{T_{an}{}^{(n)}} = \frac{t_V}{t_{an}} \cdot n^{2/3} \approx 0{,}95\, n^{2/3}. \qquad [2.3.76]$$

Praktische Ausführungen von Laufzeitketten können Güteziffern größer als 10 haben.

Beim Entwurf einer Laufzeitkette sind gewöhnlich die gewünschte Gesamtlaufzeit T_V, ihr Wellenwiderstand Z_0 und eine maximale Anstiegszeit T_{an} (bzw. minimale Bandbreite B) vorgegeben. Zu einem Abschlußwiderstand $R = \sqrt{L/C} = Z_0(\omega = 0)$ erhält man die Verzögerungszeit bzw. Anstiegszeit je Glied aus der Gl. [2.3.73] bzw. [2.3.74]. Eingesetzt in die Beziehung [2.3.76] ergibt sich

$$n = 1{,}1 \left(\frac{T_V}{T_{an}}\right)^{3/2}. \qquad [2.3.77]$$

Aus den Formeln $R = \sqrt{L/C}$, $T_V = n t_V$ und $t_V = 1{,}07\sqrt{LC}$ erhält man dann

$$C = T_V / 1{,}07\, nR \qquad [2.3.78\,a]$$

und

$$L = T_V R / 1{,}07\, n. \qquad [2.3.78\,b]$$

Wenn C nicht zufällig ein Normwert ist, wird üblicherweise ein etwas kleinerer Wert aus der Normreihe gewählt und dafür die Gliederanzahl (und damit die Güte) erhöht, um den Wellenwiderstand beizubehalten. Die Größe von L muß dann mit diesem C abgestimmt werden. Wegen des unvermeidbaren ohmschen Widerstandes der Induktivität, der eine unerwünschte Dämpfung des Signals zur Folge hat, ist es günstig, einen kleinen Wellenwiderstand zu wählen, damit die Induktivität und der sie begleitende ohmsche Widerstand klein ist. Wie man vorgehen kann, wenn nicht eine Anstiegszeit T_{an}, sondern eine bestimmte Bandbreite gefordert ist, wird am Ende dieses Abschnittes an Hand eines Beispiels gezeigt.

Zuvor wollen wir eine Variante von Filtergliedern kennenlernen, die oft günstigere Eigenschaften als die konstant-k-Glieder haben, bei denen ja eine Fehlanpassung bei höheren Frequenzen unvermeidbar ist, da Z_0 zwar reell, aber frequenzabhängig ist. Ein Abschlußwiderstand mit einfacher Struktur kann jedoch entweder nur reell und frequenzunabhängig oder aber frequenzabhängig und nicht reell sein.

Deshalb kann der Abschlußwiderstand nur so gewählt werden, daß die Kette für einen kritischen Frequenzbereich abgeschlossen ist, während für den übrigen Bereich eine Fehlanpassung vorliegt, die u. a. eine Welligkeit des Amplitudenterms infolge nicht verschwindender Attenuation (Dämpfung) im Durchlaßbereich zur Folge hat. (Die Bedingung $a(\omega) \equiv 0$ wurde ja unter der Voraussetzung einer unendlich langen Filterkette bzw. bei idealem Abschluß erhalten.)

Außerdem geht die Dämpfung im Sperrbereich (für $\omega > \omega_0$) erst für unendlich hohe Frequenzen nach Unendlich, was für die meisten Anwendungen in der Kernphysik ohne Bedeutung ist, aber bei einem Einsatz als „Filter“ zur Folge hat, daß steile Filterflanken nur schlecht erhalten werden können.

Frequenzunabhängige, reelle Wellenwiderstände lassen sich bei Filterketten aus X-Gliedern oder aus überbrückten T-Gliedern (s. Abb. 2.3.2 *f* und 2.3.1 *c*) erreichen, wobei diese Filter trotzdem eine frequenzabhängige Übertragungsfunktion besitzen. Sie kommen jedoch selten zur Anwendung, da ihre praktische Realisierung nicht einfach ist. Häufiger werden jedoch die sogenannten Zobel-Glieder, auch m-Glieder (m-derived filters) genannt, verwendet (s. Abb. 2.3.35). Diese können, wie wir später sehen werden, in einem großen Teil des Durchlaßbereiches einen nahezu frequenzunabhängigen reellen Wellenwiderstand haben, weshalb die Dämpfung und die Welligkeit im Durchlaßband bei Abschluß mit diesem Widerstand vernachlässigbar wird. Außerdem kann die Dämpfung im Sperrbereich beliebig groß werden, weshalb steile Filterflanken leicht zu erreichen sind und auch einem Einsatz als Filter nichts im Wege steht.

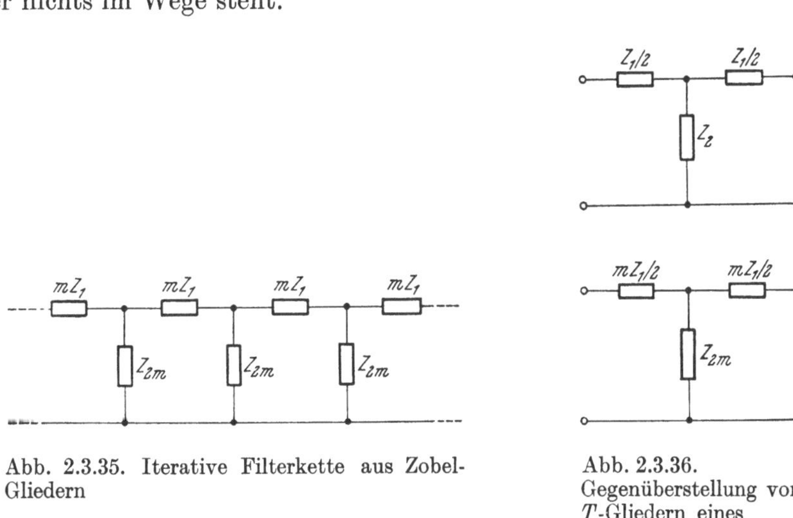

Abb. 2.3.35. Iterative Filterkette aus Zobel-Gliedern

Abb. 2.3.36. Gegenüberstellung von T-Gliedern eines konstant-k- und eines m-abgeleiteten Filters

Man geht bei der Berechnung eines Zobel-Filters von der Voraussetzung aus, daß Z_1 mit einem Zahlenfaktor m multipliziert werden soll und bestimmt dann Z_{2m} aus der Bedingung, daß Z_0 den gleichen Wert wie beim entsprechenden konstant-k-Filter annehmen soll. Es muß also gelten:

$$Z_{0T}^2 = Z_1 Z_2 (1 + Z_1/4Z_2) = m Z_1 Z_{2m} (1 + m Z_1/4Z_{2m}), \qquad [2.3.79\,a]$$

woraus

$$Z_{2m} = Z_2/m + Z_1 (1 - m^2)/4m \qquad [2.3.79\,b]$$

erhalten wird.

Wieder beschränken wir uns auf Tiefpaßfilter. Ein entsprechendes T-Glied ist in Abb. 2.3.36 dargestellt. Für $m = 1$ ist dieses T-Glied identisch mit einem der konstant-k-Type, dessen Bauteile wir von nun an durch den Index „k" kennzeichnen. Entsprechend der Formel [2.3.60] erhalten wir für das Durchlaßband

$$-1 < Z_{1m}/4Z_{2m} < 0$$

bzw.

$$-1 < (mZ_1/4)/[Z_2/m + Z_1(1 - m^2)/4m] < 0. \qquad [2.3.80]$$

Da für den Tiefpaß

$$Z_1 = j\omega L_k \quad \text{und} \quad Z_2 = 1/j\omega C_k \qquad [2.3.81\,a]$$

gilt, erhalten wir für die obere Abschneidefrequenz ω_0, indem wir $Z_{1m}/4Z_{2m} = -1$ setzen, denselben Wert wie beim konstant-k-Glied, nämlich

$$\omega_0 = 2(L_k C_k)^{-1/2}. \qquad [2.3.81\ b]$$

Durch Nullsetzen des gleichen Ausdrucks ergibt sich die untere Abschneidefrequenz $\omega_u = 0$. Dies bedeutet, daß das Durchlaßband in beiden Fällen übereinstimmt.

Entsprechend der Gl. [2.3.59] erhalten wir für die Phasencharakteristik

$$\cos b = 1 + Z_{1m}/2Z_{2m} \qquad [2.3.82]$$

und mit den Beziehungen [2.3.61 a] und [2.3.81 b]

$$b = \arccos \frac{1-(1+m^2)\cdot(\omega/\omega_0)^2}{1-(1-m^2)\cdot(\omega/\omega_0)^2}. \qquad [2.3.83]$$

Dieser Ausdruck geht für $m = 1$ in die Gl. [2.3.64 c] über.

Die Verzögerungszeit t_V je Glied erhält man zu

$$t_V = \frac{\mathrm{d}b}{\mathrm{d}\omega} = \frac{2m}{\omega_0}\,\frac{1}{\sqrt{1-(\omega/\omega_0)^2}}\cdot\frac{1}{1-(1-m^2)\,(\omega/\omega_0)^2}. \qquad [2.3.84]$$

Gegenüber einem Element mit idealer Verzögerung, für das nach [2.2.25 b] $b(\omega) = t_V \cdot \omega$ gelten muß, erhält man einen Phasenfehler ε (s. Abb. 2.3.37 und [2.2.26]):

$$\varepsilon(\omega) = b(\omega) - \omega\cdot\left.\frac{\mathrm{d}b(\omega)}{\mathrm{d}\omega}\right|_{\omega=0}. \qquad [2.3.85]$$

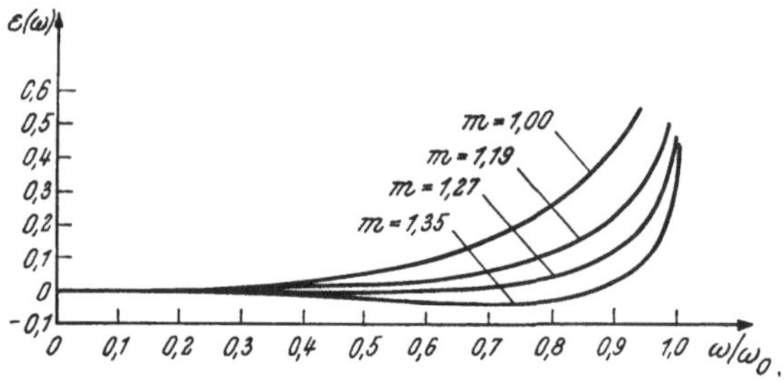

Abb. 2.3.37. Phasenfehler eines Zobel-Gliedes

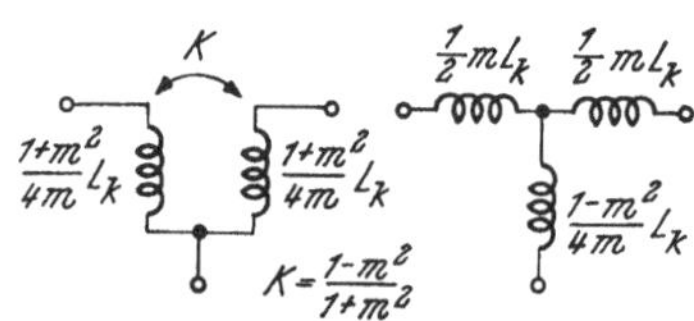

Abb. 2.3.38. Zur Ableitung des Kopplungsgrades K

Für ein Zobel-Glied erhält man aus [2.3.84] und [2.3.85]

$$\varepsilon(\omega) = b(\omega) - 2m\omega/\omega_0. \qquad [2.3.86]$$

Je geringer der Phasenfehler ist, desto geringer ist die Dispersion der einzelnen Frequenzkomponenten bei der Verzögerung und desto mehr gleicht der Ausgangsimpuls dem Eingangsimpuls.

Es zeigt sich, daß für $m = 1{,}27$ ein minimaler Phasenfehler über einen großen Bereich (bis etwa $\omega/\omega_0 = 0{,}7$) erreicht wird. Selbst bis $\omega/\omega_0 = 0{,}85$ ist die Abweichung oft noch tolerierbar (s. Abb. 2.3.37).

Für $m > 1$ muß die Induktivität von Z_{2m} „negativ" sein, denn

$$Z_{2m} = 1 / m j\omega C_k - j\omega L_k (m^2 - 1) / 4m. \qquad [2.3.87]$$

Dies läßt sich nach Abb. 2.3.38 durch Kopplung zwischen zwei Induktivitäten erreichen. Die Äquivalenz der beiden Schaltungen in Abb. 2.3.38 läßt sich leicht durch einen Koeffizientenvergleich in den beiden Maschengleichungen zeigen.

$$\begin{aligned} &\frac{m}{2} L_k \frac{di_1}{dt} - \frac{m^2-1}{4m} L_k \frac{di_1}{dt} + \frac{m^2-1}{4m} L_k \frac{di_2}{dt} = \\ &= a \cdot L_k \frac{di_1}{dt} - M \frac{di_2}{dt} = a \cdot L_k \frac{di_1}{dt} - K \cdot a \cdot L_k \frac{di_2}{dt}. \end{aligned} \qquad [2.3.88]$$

M ist dabei die Gegeninduktivität, deren Größe durch den Kopplungsgrad K zwischen den Spulen bestimmt ist. Dabei ist $|K| < 1$, da die Kopplung nur unvollständig sein kann.

Durch den Koeffizientenvergleich erhält man

$$\frac{m}{2} - \frac{m^2-1}{4m} = a = \frac{m^2+1}{4m}$$

bzw.

$$(m^2 - 1) / 4m = -K \cdot a, \qquad [2.3.89\text{ a}]$$

woraus folgt

$$K = (1 - m^2) / (m^2 + 1). \qquad [2.3.89\text{ b}]$$

Mit $m = 1{,}27$ wird

$$\begin{aligned} K &= -0{,}237, \\ C_m &= m C_k = 1{,}27 C_k, \\ L_m &= a L_k = (m^2+1) / 4m L_k = 1{,}03 L_k, \\ \omega_0 &= 2 (L_k C_k)^{-1/2} = 2{,}28 (L_m C_m)^{-1/2}, \\ Z_0 &= 1{,}11 (L_m / C_m)^{1/2}, \\ t_V &\approx m \cdot 2 / \omega_0 = m (L_k C_k)^{1/2} = 1{,}11 (L_m C_m)^{1/2}. \end{aligned} \qquad [2.3.90]$$

In Abb. 2.3.39 wird eine Ausführungsmöglichkeit eines Zobel-Filters gezeigt. Die Gegeninduktivität wird dadurch erhalten, daß die Induktivität L_m in einem gewickelt ist und C_m an einer Mittelanzapfung angelötet wird.

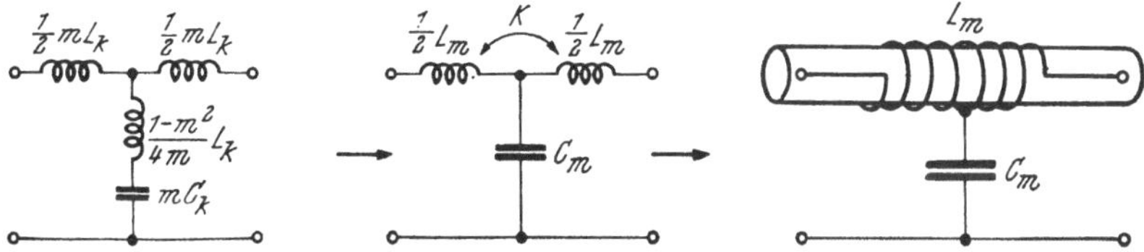

Abb. 2.3.39. Praktische Realisierung eines Zobel-Filters mit negativem K-Wert

Die Wicklung muß jedoch so erfolgen, daß gleichzeitig der Kopplungsgrad K und die Induktivität L erreicht wird, daß also die Anzahl der Windungen und ihr Abstand zueinander entsprechend gewählt wird. Als Spulenkern wird oft Polystyrol verwendet. Ferrite sind nicht geeignet, da sich bei ihnen kleine Kopplungen nur schwer realisieren lassen. Die erreichbaren Induktivitäten sind somit relativ klein, ebenso die Verzögerungszeiten je Glied.

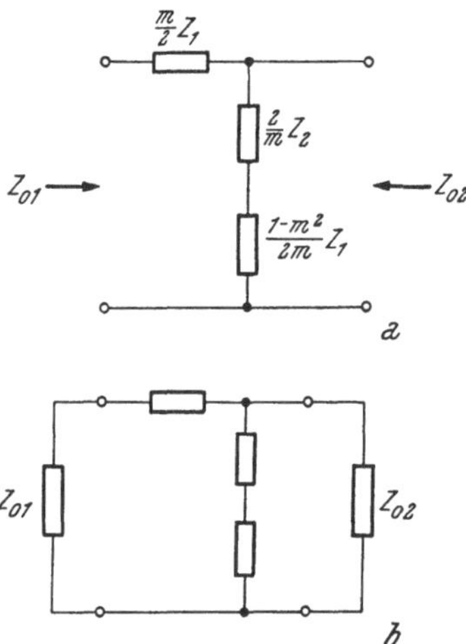

Abb. 2.3.40. Zobel-Halbglied (L-Glied)
a) isoliertes Glied
b) mit Abschluß-Impedanzen

Durch die Verwendung von Zobel-T-Gliedern erhält man über einen viel größeren Frequenzbereich eine sehr befriedigende Phasencharakteristik. Aber der Wellenwiderstand Z_0 hat noch immer die gleiche Frequenzabhängigkeit wie beim einfachen T-Glied. (Die Annahme, daß der Wellenwiderstand gleich ist, war ja der Ausgangspunkt zur Bestimmung von Z_{2m}.)

In Abb. 2.3.40 *a* ist ein m-Glied dargestellt, bei dem die Frequenzabhängigkeit des Wellenwiderstandes bedeutend geringer ist. Und zwar handelt es sich um ein L-Glied, das auch als T-Halbglied angesprochen werden kann. Nach Abb. 2.3.40 *b* wird bei Anpassung am Ausgang und am Eingang die Impedanz Z_{01} am Eingang des L-Gliedes zu

$$Z_{01} = mZ_1/2 + Z_{02} \,||\, [(1-m^2)Z_1/2m + 2Z_2/m]$$

erhalten und die vom Ausgang gesehene zu

$$Z_{02} = (mZ_1/2 + Z_{01}) \,||\, [(1-m^2)Z_1/2m + 2Z_2/m].$$

Aus diesen beiden Beziehungen erhält man

$$Z_{01} = \sqrt{Z_1 Z_2 (1 + Z_1/4Z_2)} \qquad [2.3.91]$$

und

$$Z_{02} = [1 - (1-m^2)Z_1/4Z_2] \cdot \sqrt{Z_1 Z_2/(1 + Z_1/4Z_2)}. \qquad [2.3.92]$$

Während die Formel für Z_{01} identisch ist mit der, die wir für Z_{0T} erhielten (s. [2.3.46]), und von m unabhängig ist, erhalten wir für Z_{02} eine Beziehung, die von m abhängig ist. Ist $m = 1$, so ist diese Beziehung gleich der für $Z_{0\Pi}$ (s. [2.3.47]).

Für ein Tiefpaßfilter mit $Z_1 = j\omega L_k$ und $Z_2 = 1/j\omega C_k$ erhält man unter Verwendung der Beziehung $\omega_0 = 2\,(L_k C_k)^{-1/2}$

$$Z_{02} = \sqrt{\frac{L_k}{C_k}} \cdot \frac{1 - (1-m^2)\,(\omega/\omega_0)^2}{\sqrt{1 - (\omega/\omega_0)^2}}. \qquad [2.3.93]$$

Wie man aus Abb. 2.3.41 sieht, ist Z_{02} bei $m = 0{,}6$ bis zu Werten von etwa $\omega/\omega_0 = 0{,}8$ konstant (Abweichung $< 2\%$). (Da $m < 1$ ist, benötigt dieses m-Glied keine gekoppelte Induktivität.)

In Abb. 2.3.42 ist der optimale Abschluß eines m-T-Filters ($m = 1{,}27$) mit einem m-L-Glied und dem Abschlußwiderstand $Z_0 = \sqrt{L_k/C_k}$ dargestellt. Wegen der mit dem vorangehenden T-Glied gleichen Frequenzabhängigkeit des Wellenwiderstandes am Eingang des L-Gliedes und der weitgehenden Frequenzunabhängigkeit am Ausgang desselben kann durch den Abschluß mit einem ohmschen Widerstand der Größe Z_0 minimale Reflexion erreicht werden.

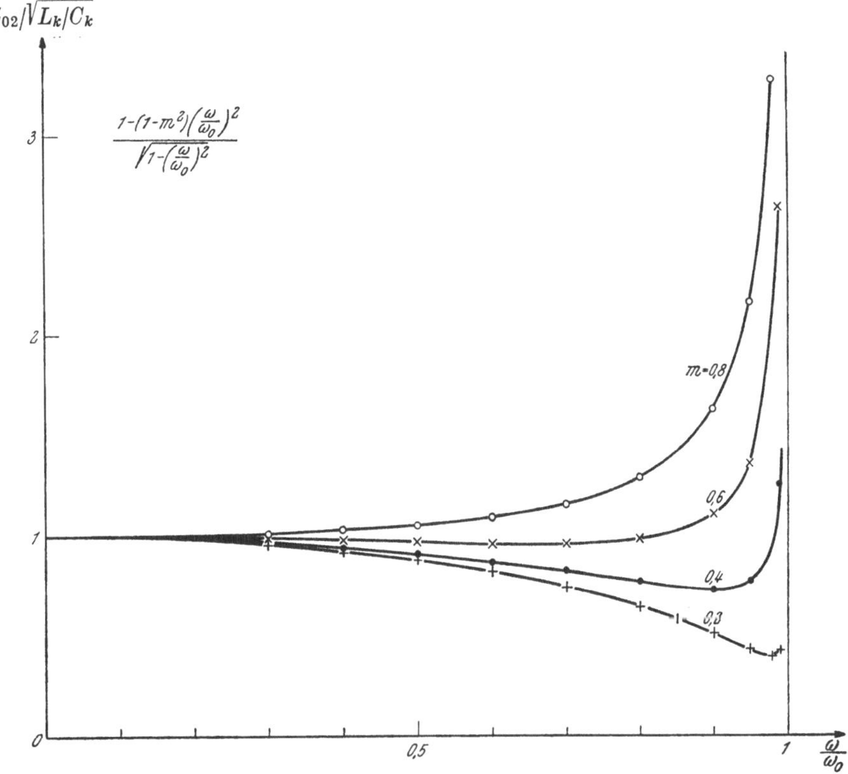

Abb. 2.3.41. Frequenzabhängigkeit von Z_{02} bei verschiedenen m-Werten (zu Abb. 2.3.40)

Wieder ist für uns die Antwort des Filters auf einen Stufenimpuls wesentlicher als die Frequenzcharakteristik. In Abb. 2.3.43 sind deshalb die Antwort-

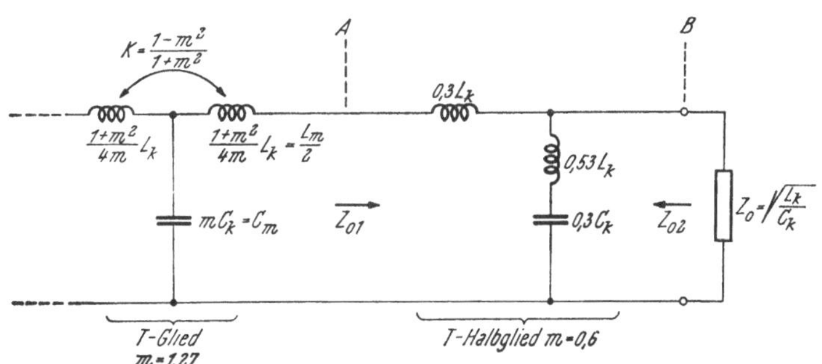

Abb. 2.3.42. Zobel-Filter mit optimaler Phasencharakteristik ($m=1{,}27$) und optimalem Reflexionsverhalten durch ein Abschlußhalbglied mit $m=0{,}6$

kurven verschiedener Zobel-Glieder ($m=1$, $m=1{,}27$ und $m=2$), die beidseitig mit $R=\sqrt{L_k C_k}$ abgeschlossen sind, auf einen Stufenimpuls wiedergegeben.

An Hand der Abb. 2.3.43 wird bei $m = 1{,}27$ für die Verzögerungszeit eines Gliedes $t_V \approx 1{,}20\sqrt{L_k C_k}$ statt $t_V \approx 1{,}27\sqrt{L_k C_k}$ erhalten. Dieses Abweichen ist neben dem Phasenfehler auch der Fehlanpassung durch R bei höheren Frequenzen zuzuschreiben. Gegenüber dem Fall $m = 1$ (konstant-k-Glied) erkennt man zwei Verbesserungen:

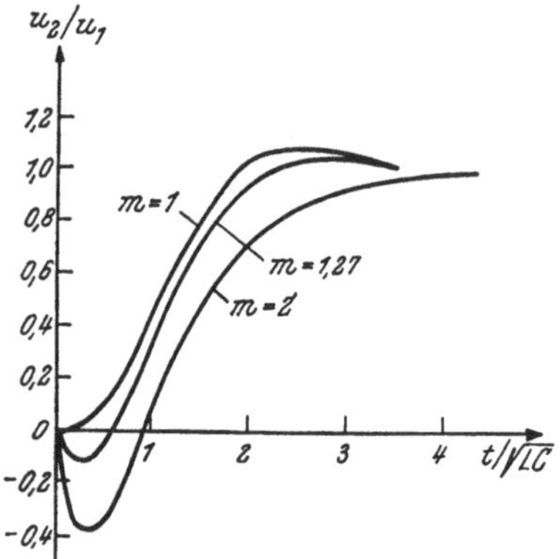

Abb. 2.3.43. Antwortkurven verschiedener beidseitig abgeschlossener Zobel-Glieder ($m = 1$, $m = 1{,}27$ und $m = 2$) auf einen Stufenimpuls

1. Das Überschwingen ist von 8% auf 4% zurückgegangen;
2. Die Güte (t_V / t_{an}) des Gliedes ist um etwa 10% größer. Statt $t_V / t_{an} = 0{,}946$ (bei $m = 1$) gilt $t_V / t_{an} = 1{,}04$ (bei $m = 1{,}27$).

Nachteilig erweist es sich jedoch in einigen Fällen, daß zu Beginn des Impulses ein Unterschwingen auftritt.

Die Vorgangsweise bei der Dimensionierung einer Laufzeitkette aus Zobel-Gliedern ist analog der bei gewöhnlichen k-Gliedern. Der zusätzliche Freiheitsgrad m wird kaum in Anspruch genommen, da $m = 1{,}27$ fast immer das Optimum darstellt. Aus den gegebenen Größen Z_0, T_{an} (bzw. ω_2) und T_V lassen sich (unter der Annahme $m = 1{,}27$ bzw. $K = -0{,}237$) die Größen n, L_m und C_m nach folgenden Formeln berechnen:

$$n = \left(\frac{T_V}{T_{an}} \bigg/ \frac{t_V}{t_{an}}\right)^{3/2} = \left(\frac{T_V}{T_{an}} \bigg/ 1{,}04\right)^{3/2} = 0{,}943\,(T_V / T_{an})^{3/2}, \qquad [2.3.94\text{ a}]$$

$$C_m = m \cdot C_k = 1{,}27\, T_V / 1{,}20\, n Z_0 = 1{,}07\, T_V / n Z_0, \qquad [2.3.94\text{ b}]$$

$$L_m = 1{,}03\, L_k = 1{,}03\, T_V \cdot Z_0 / 1{,}20\, n = 0{,}86\, T_V / Z_0. \qquad [2.3.94\text{ c}]$$

In den folgenden beiden Beipielen wird nicht von der Anstiegszeit T_{an}, sondern von einer geforderten Bandbreite ausgegangen. Ansonsten sind die Überlegungen analog.

1. Mit einem konstant-k-Filter sollen Impulse (mit einer Bandbreite B) um den Betrag T_V verzögert werden, wobei Z_0 als Wellenwiderstand zu nehmen ist. (Zur Vermeidung zu großer Phasenfehler verwenden wir nur etwa ein Drittel des Durchlaßbandes.)

$$B = 20\,\text{MHz}, \quad T_V = 1\,\mu\text{s}, \quad Z_0 = 100\,\Omega.$$

Aus den Gl. [2.3.65 und 2.3.62 b] erhalten wir

$$n = T_V / t_V = \omega_0 T_V / 2 = 2\pi \cdot B \cdot 3 \cdot T_V / 2 = \pi \cdot 60 \cdot 10^6 \cdot 10^{-6} \approx 189$$

und mit [2.3.71]

$$C = T_V / n Z_0 = 10^{-6} / (187 \cdot 100) = 53\,\text{pF}.$$

Wir wählen 56 pF, da dieser Wert genormt ist, müssen dann aber $n = T_V / C Z_0 = 10^{-6} / (100 \cdot 56 \cdot 10^{-12}) \approx 179$ Glieder nehmen, wodurch der

Anteil der geforderten Bandbreite am Durchlaßband um etwa 5% größer wird, die Übertragung also etwas schlechter wird. Zuletzt erhalten wir für die Induktivität $L = Z_0^2 \cdot C = 10^4 \cdot 56 \cdot 10^{-12} = 0{,}56$ µH.

Wie man sieht, ist die Gliederzahl bei einer Verzögerung von 1 µs, wenn an die Bandbreite größere Anforderungen gestellt werden, schon so groß, daß man von einer Realisierung einer Laufzeitkette absieht und zu Verzögerungskabeln greifen wird. Diese werden unter 2.3.2.4 behandelt.

2. Wenn wir das gleiche mit einer Laufzeitkette aus Zobel-Gliedern erreichen wollen, müssen wir folgendermaßen vorgehen: Mit $m = 1{,}27$ können bei Zobel-Gliedern etwa drei Viertel des Durchlaßbereiches ausgenützt werden. Wir erhalten

$$n = T_V \cdot \omega_0 / 2m = 2\pi B \cdot T_V \cdot 4/(3 \cdot 2m) \approx 66,$$
$$C_m = 1{,}07\, T_V / n Z_0 = 162 \text{ pF}.$$

Der nächste Normwert liegt bei $C_m = 150$ pF, weshalb

$$n = 1{,}07\, T_V / C_m Z_0 \approx 71$$

gewählt werden muß. Dadurch wird der verwendete Anteil des Durchlaßbereiches kleiner und damit auch der Phasenfehler.

Schließlich erhalten wir L_m aus

$$L_m = 0{,}81\, Z_0^2 C_m = 1{,}22 \text{ µH}.$$

Die Kopplungskonstante K für die Induktivitäten ist wegen $m = 1{,}27$ zu $K = -0{,}237$ bestimmt.

Bei vergleichbarer Übertragungsgüte benötigen wir also nur 71 Zobel-Glieder gegenüber den 179 einfachen konstant-k-Gliedern. Trotzdem wird man in der Praxis eine Laufzeitkette aus soviel Gliedern selten realisieren, sondern andere Möglichkeiten für eine Verzögerung in Betracht ziehen.

2.3.2.2. Attenuationsketten

Der zweite Grenzfall für die Übertragungsfunktion $G(j\omega)$ nach Gl. [2.3.56] liegt dann vor, wenn $b(\omega) \equiv 0$ und $a(\omega) \equiv a \leq 0$ ist.

Die allgemeine Formel [2.3.57 b] vereinfacht sich dann zu

$$\cosh a = 1 + Z_1 / 2 Z_2. \qquad [2.3.95]$$

Da $\cosh a \geq 1$ ist, muß das Verhältnis $Z_1/2Z_2 \geq 0$ sein, somit auch reell. Die beiden Impedanzen Z_1 und Z_2 müssen also von gleicher Art sein, z. B. reine ohmsche Widerstände. Die anderen Fälle kommen meistens deshalb nicht in Betracht, weil Ketten mit anderen Impedanzen keinen reellen Wellenwiderstand Z_{0T} bzw. $Z_{0\Pi}$ haben und infolgedessen auch nicht mit ohmschen Widerständen abgeschlossen gehören. Also beschränken wir uns auf den Fall

$$a = \operatorname{Ar\,Cos}(1 + R_1 / 2 R_2). \qquad [2.3.96]$$

Die Area-Cosinus-Funktion ist zweiwertig. Wir beschränken uns auf die negativen Werte, da diese in der Übertragungsfunktion die Abschwächung ausdrücken. Da der Attenuator rein ohmisch ist, ist die Abschwächung frequenzunabhängig und läßt sich für den gesamten Frequenzbereich durch eine Zahl ausdrücken, und zwar am besten in Dezibel (s. [2.2.28]).

$$G_i = 20 \log [i_{n+1}(p) / i_n(p)] = 20 \log (i_{n+1} / i_n) = \\ = 20 \log e^a = 8{,}69\, a \quad [\mathrm{dB}]. \qquad [2.3.97]$$

Aus [2.3.46] erhalten wir für das T-Glied

$$Z_{0T} = \sqrt{R_1 R_2 (1 + R_1 / 4 R_2)} \qquad [2.3.98\,a]$$

und aus [2.3.47] für das Π-Glied

$$Z_{0\Pi} = \sqrt{R_1 R_2 / (1 + R_1 / 4 R_2)}. \qquad [2.3.98\,b]$$

Aus den Formeln [2.3.96] und [2.3.98 a] bzw. [2.3.98 b] lassen sich die Widerstandswerte R_i aus vorgegebener Impedanz Z_0 und Abschwächungsfaktor a berechnen. Unter Verwendung der Beziehungen zwischen den Hyperbelfunktionen erhalten wir (unter Vernachlässigung des Vorzeichens)

$$R_{1\Pi} = Z_{0\Pi} \cdot \sinh a, \\ R_{2\Pi} = \frac{1}{2} Z_{0\Pi} \cdot \coth (a/2), \qquad [2.3.99]$$

$$R_{1T} = 2 Z_{0T} \tanh (a/2), \\ R_{2T} = Z_{0T} / \sinh a. \qquad [2.3.100]$$

Der Zusammenhang zwischen R_1 und R_2 läßt sich durch folgende Beziehung darstellen (s. auch Abb. 2.3.44):

$$R_{1\Pi} / R_{2\Pi} = R_{2T} / R_{1T} = 2 (\cosh a - 1). \qquad [2.3.101]$$

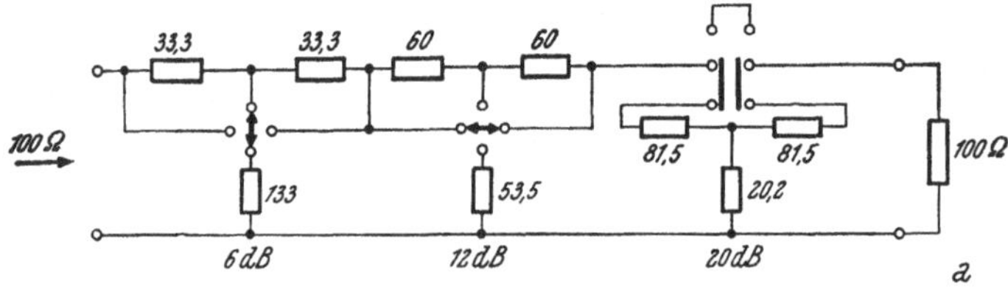

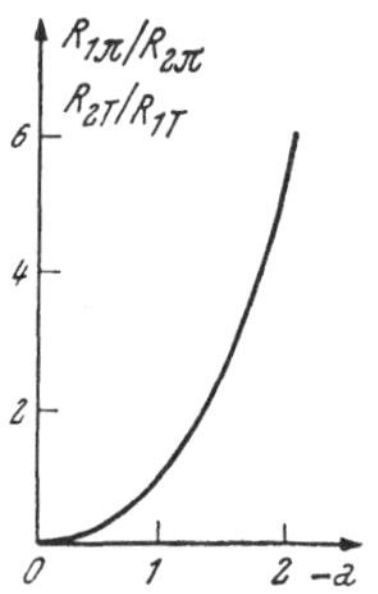

Abb. 2.3.44. Das Verhältnis von $R_{1\Pi} / R_{2\Pi}$ bzw. R_{2T} / R_{1T} in Abhängigkeit von der Attenuation

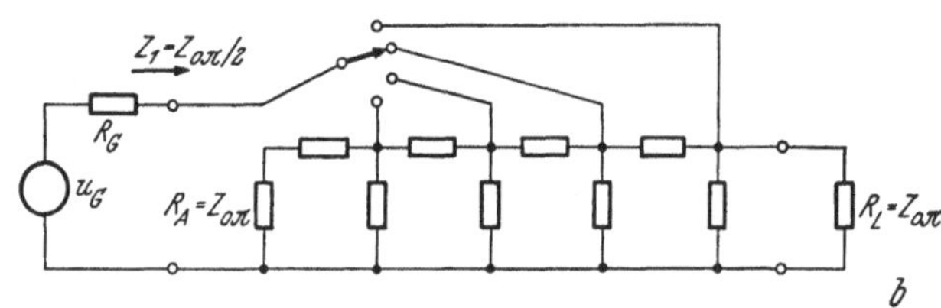

Abb. 2.3.45. Ausführungsformen von Kettenattenuatoren
a) 100-Ω-Attenuator mit zwei verschiedenen Schalteranordnungen
b) Ausführung mit einem Drehschalter

In der Praxis werden T-Glieder vorgezogen, da es oft nützlich ist, einen Punkt zu haben, an dem alle drei Widerstände des Gliedes zusammenstoßen.

Oft ist es erforderlich, variable Attenuation bei Aufrechterhaltung der Anpassung zu erreichen. Kontinuierliche Attenuatoren sind prinzipiell möglich, werden aber wegen des unsicheren Kontaktes des Schleifers sowie des erhöhten Rauschens und der vergrößerten Streukapazität gerne vermieden. Bei Π- und T-Gliedern müssen gleich drei Potentiometer mechanisch miteinander gekoppelt werden, um kontinuierlich variable Attenuation zu erreichen, bei überbrückten T-Gliedern hingegen nur zwei.

Üblicher sind Kettenattenuatoren, bei denen die Abschwächung durch Schalter eingestellt werden kann. Durch eine Abstufung ähnlich wie bei Gewichtsätzen läßt sich eine beliebige Attenuation in vorgegebenen Schritten durchführen. In Abb. 2.3.45 finden wir zwei prinzipielle Möglichkeiten der Ausführung von Kettenattenuatoren. Die eine besteht darin, daß entsprechend der gewünschten Attenuation mit den Schaltern eine bestimmte Anzahl von Gliedern in Kaskade geschaltet werden.

Eine andere Möglichkeit besteht darin, daß bei einer in Kaskade geschalteten Kette von Π-Gliedern das Eingangssignal über einen Drehschalter an verschiedene Stellen der Kaskade geleitet wird. Die Eingangsimpedanz für den Signalgenerator beträgt in jeder Stellung $Z_{0\Pi}/2$, da die beiden Teile der Kette für den Generator parallel liegen. Der Lastwiderstand R_L bildet den einen Kettenabschluß, während am anderen Ende ein Ausgleichswiderstand R_A der gleichen Größe angebracht werden muß. Kettenattenuatoren sind betriebssicherer und erlauben eine genauere Anpassung, als dies mit kontinuierlichen Attenuatoren möglich ist. Außerdem läßt sich eine Frequenzkompensation (s. 2.3.1.1) durchführen, bei der ja die Bedingung $R_i C_i = \text{const}$ möglichst genau erfüllt sein muß. Die Frequenzkompensation ist vor allem dann notwendig, wenn die Kapazität parallel zum Abschlußwiderstand (z. B. die Eingangskapazität eines Verstärkers) nicht vernachlässigt werden kann. Für höchste Frequenzen greift man zu einem koaxialen Aufbau, der die Serienwiderstände in der Achse eines Rohres enthält und als Parallelwiderstände leitende Scheiben senkrecht zur Achse verwendet. Statt einer Scheibe können auch eine Anzahl herkömmlicher Widerstände verwendet werden, die strahlenförmig von der Achse nach außen geführt

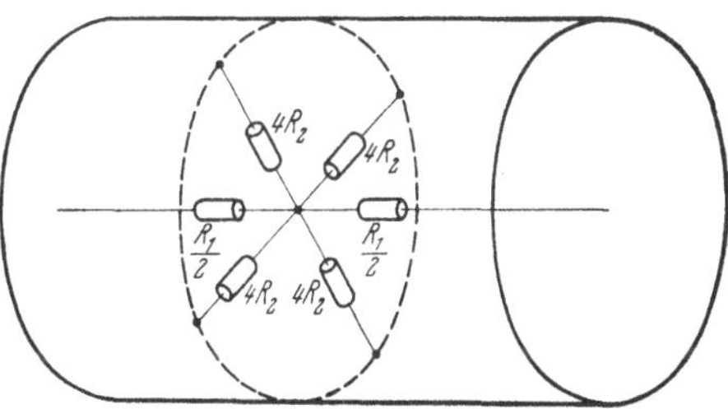

Abb. 2.3.46. T-Attenuator mit quasikoaxialem Aufbau

werden (s. Abb. 2.3.46). Spezialausführungen von Attenuatoren, die bis Frequenzen über 1 GHz Verwendung finden können, sind auch käuflich erhältlich.

Nun wenden wir uns noch dem T-Halbglied (L-Glied) zu, das wir schon früher (2.3.1.1) ausführlich behandelten. Aus den Formeln für das m-T-

Halbglied ([2.3.91] und [2.3.92]) mit $m=1$ und $Z_1=2R_1$ und $Z_2=R_2/2$ erhalten wir

$$Z_{01}=\sqrt{R_1(R_1+R_2)} \qquad [2.3.102\,a]$$

und

$$Z_{02}=R_2\sqrt{R_1/(R_1+R_2)}. \qquad [2.3.102\,b]$$

Das L-Glied kann nun dazu dienen, einen Generator mit der Impedanz Z_{01} an eine Last mit der Impedanz Z_{02} anzupassen. Die Abschwächung ist dabei eine unerwünschte Nebenerscheinung und soll möglichst klein gehalten werden. Unter der Annahme, daß Z_{01} größer als Z_{02} ist (der Serienwiderstand R_1 liegt immer in Serie zur größeren Impedanz und R_2 parallel zur kleineren), erhält man aus [2.3.102 a] und [2.3.102 b] mit der Abkürzung $\alpha=Z_{01}/Z_{02}=$ $=(R_1+R_2)/R_2$:

$$R_1=Z_{01}\sqrt{1-1/\alpha} \qquad [2.3.103\,a]$$

und

$$R_2=Z_{02}/\sqrt{1-1/\alpha}. \qquad [2.3.103\,b]$$

Sind sowohl der Eingang als auch der Ausgang angepaßt abgeschlossen, so ist, wie man an Hand der Abb. 2.3.47 *a* leicht berechnen kann, das Spannungsverhältnis u_2/u_1 durch α allein bestimmt

$$u_2/u_1=1/\left[\alpha+\sqrt{\alpha(\alpha-1)}\right]. \qquad [2.3.104]$$

Dieser Zusammenhang zwischen α und der Attenuation ist in Abb. 2.3.47 *b* dargestellt.

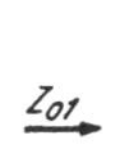

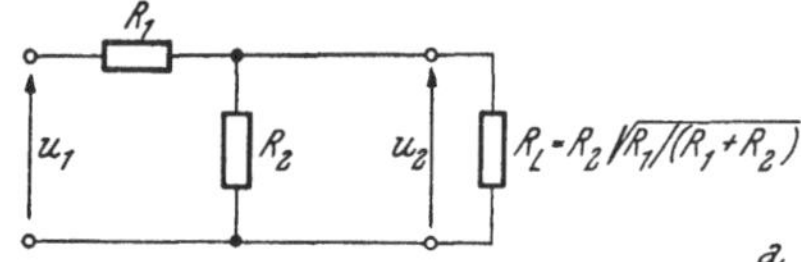

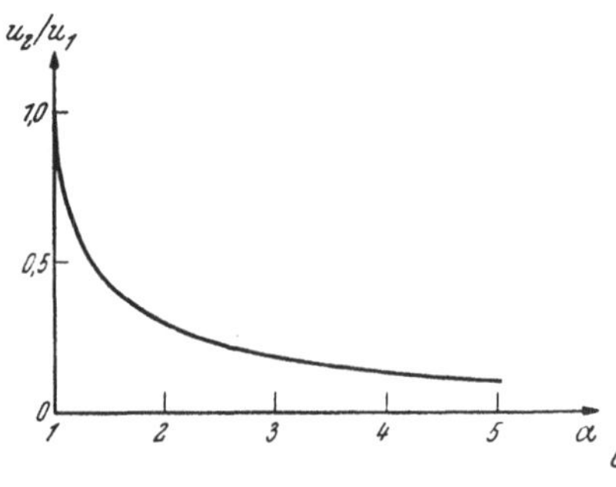

Abb. 2.3.47. L-Glied als Attenuator
a) Schaltung mit Abschlußwiderstand
b) Abschwächung als Funktion von $\alpha=(R_1+R_2)/R_2$

Bei variabler Attenuation kann ein L-Glied mit vorgegebenem α also höchstens einseitig angepaßt abgeschlossen werden. Diesen Fall haben wir bereits in 2.3.1.1 näher untersucht.

Als Abschluß dieses Abschnitts wollen wir die Dimensionierung eines aus T-Gliedern aufgebauten Dreistufenattenuators (je eine Stufe mit einer Abschwächung von 6, 12 bzw. 20 dB) bei einem charakteristischen Widerstand von 100 Ω berechnen. Nach Formel [2.3.97] nimmt dann a die Werte

$-0{,}693$, $-1{,}387$ bzw. $-2{,}301$ an. Mit $R_{2T} = 100/\sinh a$ erhält man die Werte 133 Ω, 53,5 Ω bzw. 20,2 Ω. Als Serienwiderstände müssen je zwei Widerstände mit dem Wert $R_{1T}/2 = R_{2T}(\cosh a - 1)$ verwendet werden. Die daraus erhaltenen Zahlenwerte lauten 33,3 Ω, 60 Ω bzw. 81,5 Ω. Das Schaltbild dieses Attenuators ist in Abb. 2.3.45 *a* wiedergegeben, wobei zwei Schalteranordnungen berücksichtigt wurden.

2.3.3. Übertragungsleitungen

Die Serien-Eigeninduktivität und die Parallel-Eigenkapazität gegen Erde von Verbindungsleitungen schon weniger Zentimeter Länge sind bei hohen Frequenzen nicht mehr zu vernachlässigen. Um schnelle Impulse weiterzuleiten, muß man für größere Längen eine angepaßt abgeschlossene Übertragungsleitung verwenden oder aber die Leitungen sehr kurz halten (höchstens von der gleichen Größenordnung wie die Wellenlänge der höchsten Frequenzkomponenten, die im Signal enthalten sind).

Wir beschränken uns vorerst auf homogene Übertragungsleitungen. Ihre beiden Leiter sind auf der ganzen Länge parallel und haben dort gleichförmigen Querschnitt. Auch das Isolationsmaterial und dessen Anordnung ist über die ganze Länge gleichartig. Bei der praktischen Verwirklichung unterscheidet man zwei Arten: den Bandleiter und den Koaxialleiter. Die Bandleiter haben in der Kernelektronik kaum Bedeutung, wenn man davon absieht, daß bei gedruckten Schaltungen Leitungsbahnen untereinander bzw. mit der Erdungsplatte (bei doppeltkaschierter Ausführung) solche „Bandleitungen" darstellen. Koaxialkabel hingegen haben in der nuklearen Elektronik große Bedeutung, sowohl für die Impulsübertragung als auch für andere Anwendungen (s. 2.3.3.3).

Wenn man auf eine Leitung, die elektromagnetische Impulse formgetreu und verlustlos übertragen soll, die Maxwellschen Gleichungen anwendet, erhält man folgende Lösung:

a) Das elektrische und das magnetische Feld der wandernden transversalen Welle stehen aufeinander und auf der Fortpflanzungsrichtung senkrecht. Die Fortpflanzungsgeschwindigkeit ist dabei frequenzunabhängig. Sie ist gleich der einer ebenen Welle in einem unendlich ausgedehnten Volumen, das mit jenem Dielektrikum gefüllt ist, welches den Raum zwischen den beiden Leitern erfüllt. Die Verzögerungszeit t_V' je Meter ist durch

$$t_V' = \sqrt{\varepsilon\mu} = \frac{10}{3}\sqrt{\varepsilon_r\mu_r} \quad [\mathrm{ns/m}] \qquad [2.3.105]$$

gegeben, wobei ε und μ die Absolutwerte und ε_r bzw. μ_r die Relativwerte (bezogen auf Vakuum) der Dielektrizitätskonstante bzw. der Permeabilität sind.

b) Auf Flächen konstanter Phase oder konstanter Verzögerungszeit sind die beiden Feldstärken zeitlich konstant. Der Feldlinienverlauf kann deshalb aus der Elektrostatik bzw. aus dem Magnetfeld konstanter Ströme abgeleitet werden. Es sind deshalb auch zwei Leiter vonnöten, von denen der eine positiv, der andere negativ aufgeladen ist.

c) Sind die beiden Leiter parallel, so sind die Flächen konstanter Verzögerungen Ebenen, die normal auf den Leitern stehen.

d) Man erhält wegen der Ladungsdichte bzw. des Oberflächenstromes auf den beiden Leitern eine Kapazität bzw. Induktivität. Dennoch stellt (ein unendlich langes) Kabel einen rein ohmschen Widerstand dar, dessen Wert frequenzunabhängig ist.

In Abb. 2.3.48 ist die Feldverteilung im Querschnitt eines flachen Bandleiters bzw. eines Koaxialleiters entsprechend diesen Überlegungen wiedergegeben.

Im Fall der homogenen Übertragungsleitungen ist es nicht notwendig, die Maxwellsche Theorie anzuwenden, da die Filtertheorie im Anschluß an unsere Überlegungen von Abschnitt 2.3.2 unter der Annahme kontinuierlich

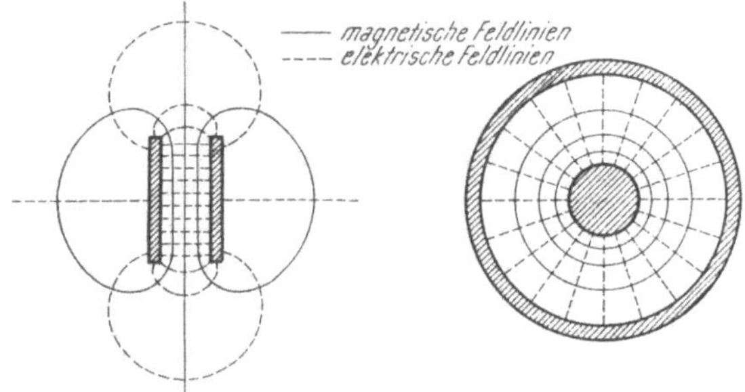

Abb. 2.3.48. Feldverteilung im Querschnitt eines Bandleiters und eines Koaxialkabels

verteilter Kapazitäten und Induktivitäten schneller zum Ziele führt. Diskontinuitäten im Übertragungsweg verlangen hingegen die Anwendung der Maxwellschen Theorie.

In Abb. 2.3.49 *a* ist aus einer Übertragungsleitung der Länge l ein Stück dx herausgegriffen, wobei x die Ortskoordinate in bezug auf den Anfang $(x = 0)$ bedeutet. Der Strich an den elektrischen Größen bedeutet, daß ihr Wert auf die Längeneinheit (m) bezogen ist.

Die Induktivität beider Leiter wird dabei zu L' zusammengefaßt, da die durch den Strom in beiden Leitern erzeugten magnetischen Felder sich überlagern. Eine weitere Vereinfachung ergibt sich dadurch, daß wir R_1' und

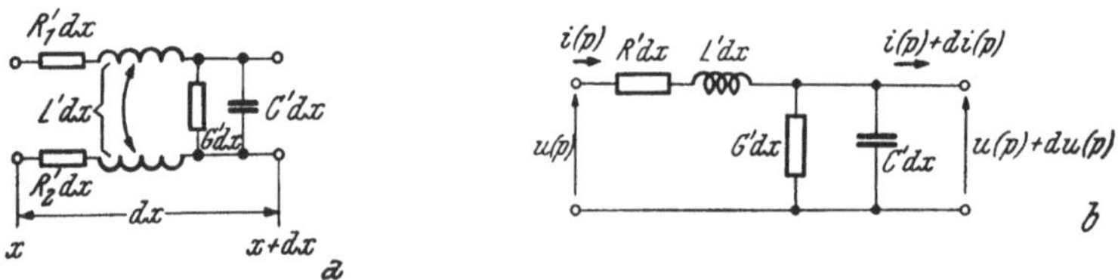

Abb. 2.3.49. *a*) Differentielles Stück aus einer homogenen Übertragungsleitung *b*) vereinfachtes Ersatzschaltbild

R_2' zu R' zusammenfassen. Dabei ist zu beachten, daß $R_1' \neq R_2'$ sein kann und bei Koaxialkabeln praktisch auch immer ist. R' und L' sind infolge des Skineffektes frequenzabhängig. Dieser vergrößert den Widerstand und vermindert die innere Induktivität des Leiters. G' ist die Leitfähigkeit im

Isolator zwischen den beiden Leitern. Infolge dielektrischer Verluste nimmt sie bei hohen Frequenzen stark zu, während sie bei niedrigen Frequenzen vernachlässigbar ist.

Ansonsten werden von den Größen R', L', G' und C' folgende ideale Eigenschaften, die im realen Fall nicht immer gegeben sind, vorausgesetzt:

1. Gleichförmigkeit: Die Größen sind von der Stelle x unabhängig. Diese Bedingung ist durch die Beschränkung auf homogene Übertragungsleiter erfüllt.
2. Linearität: Die Größen sind von der Spannung bzw. dem Strom unabhängig.
3. Konstanz: Es treten weder Temperatureffekte noch Alterungseffekte auf.

An Hand von Abb. 2.3.49 *b* erhalten wir unter Benützung der Kirchhoffschen Sätze die Knotengleichung

$$i(p) = (G' + pC')\mathrm{d}x[u(p) + \mathrm{d}u(p)] + i(p) + \mathrm{d}i(p) \qquad [2.3.106\text{ a}]$$

bzw. mit $\mathrm{d}x \cdot \mathrm{d}u(p) \approx 0$

$$-\frac{\mathrm{d}i(p)}{\mathrm{d}x} = (G' + pC')[u(p) + \mathrm{d}u(p)] \approx (G' + pC')u(p) \qquad [2.3.106\text{ b}]$$

und die Maschengleichung

$$u(p) = (R' + pL')\mathrm{d}x \cdot i(p) + u(p) + \mathrm{d}u(p) \qquad [2.3.107\text{ a}]$$

bzw.

$$-\frac{\mathrm{d}u(p)}{\mathrm{d}x} = (R' + pL')i(p). \qquad [2.3.107\text{ b}]$$

Aus diesen beiden Gleichungen läßt sich leicht durch Differentiation der einen und Einsetzen in die andere die Wellengleichung erhalten.

$$\frac{\mathrm{d}^2u(p)}{\mathrm{d}x^2} = (G' + pC')\,(R' + pL')\,u(p) \qquad [2.3.108\text{ a}]$$

bzw. analog

$$\frac{\mathrm{d}^2i(p)}{\mathrm{d}x^2} = (G' + pC')\,(R' + pL')\,i(p). \qquad [2.3.108\text{ b}]$$

Wenn wir uns zuerst auf den Fall verlustloser Übertragung beschränken, erhalten wir mit $R' \equiv 0$ und $G' \equiv 0$ die beiden Gleichungen

$$\frac{\mathrm{d}^2u(p)}{\mathrm{d}x^2} = p^2L'C'u(p) \qquad [2.3.109\text{ a}]$$

bzw.

$$\frac{\mathrm{d}^2i(p)}{\mathrm{d}x^2} = p^2L'C'i(p). \qquad [2.3.109\text{ b}]$$

Als Lösungen dieser Differentialgleichungen in x erhalten wir

$$u(x,p) = u_x(p) = \begin{cases} \overrightarrow{u_0}(p)\,e^{-p\sqrt{L'C'}x} \\ \overleftarrow{u_0}(p)\,e^{p\sqrt{L'C'}x} \end{cases} \qquad [2.3.110\text{ a}]$$

und für $i(x,p)$ die analogen Lösungen.

Nach Rücktransformation mit

$$L\{u_x(t-T)\}=u_x(p)\cdot e^{-pT}$$

wird daraus

$$u(x,t)=u_x(t)=\begin{cases}\vec{u}_0(t-x\sqrt{L'C'})=\vec{u}_0(t-xt_V') \\ \overleftarrow{u}_0(t+x\sqrt{L'C'})=\overleftarrow{u}_0(t+xt_V')\end{cases} \qquad [2.3.110\ b]$$

mit $t_V'=\sqrt{L'C'}$.

Die allgemeine Lösung besteht aus der Linearkombination beider Lösungen, also lautet sie

$$u_x(t)=\vec{u}_0(t-xt_V')+\overleftarrow{u}_0(t+xt_V') \qquad [2.3.110\ c]$$

mit der Nebenbedingung $t>xt_V'$.

Der erste Beitrag zur Gl. [2.3.110 c] zeigt, daß die Spannung an der Stelle x zur Zeit $t=t_1+xt_V'$ die gleiche ist wie zur Zeit $t=t_1$ an der Stelle $x=0$, d. h. es liegt ein Wandern des Spannungszustandes mit der Geschwindigkeit $1/t_V'$ in der positiven x-Richtung vor. Da t_V' nicht frequenzabhängig ist, erfolgt die Fortpflanzung ohne Dispersion, d. h. es tritt keine Verformung des Signals auf. Die Verzögerungszeit je Längeneinheit ist t_V' mit

$$t_V'=\sqrt{L'C'}. \qquad [2.3.111]$$

Der zweite Beitrag beschreibt eine Welle, die mit der gleichen Geschwindigkeit, aber in der umgekehrten Richtung fortschreitet.

Die gleichen Gleichungen gelten für das Stromverhalten, sofern nur u_x durch i_x und $\vec{u}_0$ bzw. $\overleftarrow{u}_0$ durch $\vec{i}_0$ bzw. $\overleftarrow{i}_0$ ersetzt wird.

Durch Einsetzen der einzelnen Lösungen in die Maschen-(oder Knoten-) Gleichung erhält man z. B. aus

$$\frac{\mathrm{d}\vec{u}_x(p)}{\mathrm{d}x}=-pL'\vec{i}_x(p)$$

die Gleichung

$$-p\sqrt{L'C'}\,\vec{u}_x(p)=-pL'\vec{i}_x(p).$$

Daraus ergibt sich das Verhältnis

$$\vec{u}_x(p)/\vec{i}_x(p)=L'/\sqrt{L'C'}=\sqrt{L'/C'}=Z_0,$$

wobei

$$Z_0=\vec{u}_x(p)/\vec{i}_x(p)=-\overleftarrow{u}_x(p)/\overleftarrow{i}_x(p) \qquad [2.3.112]$$

gilt, da $i_x(p)$ entsprechend Abb. 2.3.27 definiert wurde. Für verlustlose Leitungen ist der charakteristische Widerstand Z_0 also in jedem Punkt der Übertragungsleitung gleich groß (da von x unabhängig) und außerdem frequenzunabhängig. Die Frequenzunabhängigkeit der obigen Beziehungen gilt jedoch nur für den behandelten Fall der verlustlosen Übertragungsleitung.

Verluste in realen Übertragungsleitungen haben drei Ursachen:

1. endliche Leitfähigkeit der Leiter,
2. dielektrische Verluste in der Isolation,
3. Abstrahlungsverluste, sofern die Abschirmung nicht ausreicht (daher besonders bei Bandleitern).

Diese Verluste werden durch R' und G' berücksichtigt. Ist die Leitung verlustarm ($R' \ll \omega L'$, $G' \ll \omega C'$), so erhalten wir

$$Z_0(p) = \sqrt{(R' + pL')/(G' + pC')} \approx \approx \sqrt{L'/C'}[1 + (R'/L' - G'/C')/2p] \qquad [2.3.113]$$

und

$$t_V'(p) = \sqrt{(R' + pL')(G' + pC')} \approx \approx \sqrt{L'C'}[1 + (R'/L' + G'/C')/2p]. \qquad [2.3.114]$$

Es sind also beide Größen frequenzabhängig. Die Dämpfung a' berechnet man durch Einsetzen von $t_V'(p)$ in [2.3.110 a]

$$\vec{u}_x(p) = \vec{u}_0(p)\, e^{-p t_V'(p) x} = \vec{u}_0(p)\, e^{-a' x} e^{-p\sqrt{L'C'}x}$$

zu

$$a' = R'\sqrt{C'/L'}/2 + G'\sqrt{L'/C'}/2 = a'_R + a'_G. \qquad [2.3.115]$$

Bis etwa 10^9 Hz ist der Beitrag von a'_G oft vernachlässigbar. Da R' wegen des Skineffektes (s. 2.3.1.1) proportional zu $\sqrt{\omega}$ ist und die Induktivitätsabnahme infolge des Skineffektes in diesem Frequenzbereich noch keine wesentliche Rolle spielt, gilt dann für viele Kabel

$$a' \approx a'_R \approx k \cdot \sqrt{\omega}. \qquad [2.3.115\ a]$$

Sobald a'_G jedoch an Einfluß gewinnt, wird die Abhängigkeit weniger übersichtlich, da a'_G proportional zu ω ist.

Gegenüber schnellen Signalen zeigen homogene Übertragungsleitungen ähnliche Eigenschaften wie Laufzeitketten, nämlich das Auftreten von Verzögerung, Dämpfung und Reflexion der Signale. Durch den Abschluß mit dem charakteristischen Widerstand wird eine unendlich lange Übertragungsleitung simuliert und Reflexionen werden unterdrückt.

Bei langsamen Signalen bzw. bei sehr kurzen Kabeln kann man oft auf einen angepaßten Abschluß verzichten, sofern die kürzeste Wellenlänge des fourierzerlegten Signals größer als die Kabellänge ist.

Bei Fehlabschluß des Kabels ist die Eingangsimpedanz nicht Z_0 (d. h. rein ohmisch), sondern komplex. Dadurch kommt es einerseits zu einer Verformung des Signals, das vom Generator (mit der Ausgangsimpedanz $R_G \neq 0$) geliefert wird, andererseits kann die in der Eingangsimpedanz enthaltene Reaktanz dazu führen, daß der Arbeitspunkt des Signalgenerators instabil wird und es zu Schwingungen im System kommt.

Die Eingangsimpedanz Z_1 eines Kabelstücks (mit Z_0 und der Länge l), das am Ende mit einem Widerstand Z überbrückt ist, erhält man aus folgenden Überlegungen:

Auf Grund der Spannungsteilung der Generatorspannung u_G gilt für die Transformierte der Eingangsspannung $u_1(p)$

$$u_1(p) = u_G(p) Z_1 / (Z_1 + R_G). \qquad [2.3.116\,a]$$

Andererseits ist die Eingangsspannung (analog zu den Überlegungen in 2.3.2) die Überlagerung der einlaufenden Spannung $\overrightarrow{u_1}(p)$ mit der reflektierten $\overleftarrow{u_1}(p)$, also gilt

$$u_1(p) = \overrightarrow{u_1}(p) + \overleftarrow{u_1}(p) = \overrightarrow{u_1}(p)[1 + \overleftarrow{u_1}(p) / \overrightarrow{u_1}(p)]. \qquad [2.3.116\,b]$$

Bei einem Reflexionsfaktor ϱ_Z nach [2.3.53] von

$$\varrho_Z = (Z - Z_0) / (Z + Z_0)$$

erhält man unter Berücksichtigung der beiden Gleichungen [2.3.110 a]

$$\overleftarrow{u_1}(p) / \overrightarrow{u_1}(p) = \varrho_Z e^{-2p\sqrt{L'C'}\, l}. \qquad [2.3.117]$$

Da R_G im allgemeinen keinen angepaßten Kabelabschluß darstellt, muß auch die Reflexion am Kabeleingang mit dem Reflexionsfaktor

$$\varrho_{RG} = (R_G - Z_0) / (R_G + Z_0)$$

berücksichtigt werden, weshalb für $\overrightarrow{u_1}(p)$ gilt

$$\begin{aligned}\overrightarrow{u_1}(p) &= u_G(p) Z_0 / (Z_0 + R_G) + \overleftarrow{u_1}(p) \cdot \varrho_{RG} = \\ &= u_G(p) Z_0 / (Z_0 + R_G) + \overrightarrow{u_1}(p) \varrho_{RG} \cdot \varrho_Z e^{-2p\sqrt{L'C'}\, l},\end{aligned}$$

woraus

$$\overrightarrow{u_1}(p) = u_G(p) Z_0 / [(Z_0 + R_G)(1 - \varrho_{RG} \cdot \varrho_Z e^{-2p\sqrt{L'C'}\, l})] \qquad [2.3.118]$$

erhalten wird. Nach Gl. [2.3.116 b], [2.3.117] und [2.3.118] wird

$$u_1(p) = u_G(p) Z_0 (1 + \varrho_Z e^{-2p\sqrt{L'C'}\, l}) / [(Z_0 + R_G)(1 - \varrho_Z \varrho_{RG} e^{-2p\sqrt{L'C'}\, l})]$$

und nach Einsetzen von ϱ_{RG} und Vergleich mit Gl. [2.3.116 a] erhält man die Eingangsinpedanz

$$Z_1 = Z_0 (1 + \varrho_Z e^{-2p\sqrt{L'C'}\, l}) / (1 - \varrho_Z e^{-2p\sqrt{L'C'}\, l}). \qquad [2.3.119]$$

Wie es sein muß, ist sie von R_G unabhängig, und sie ist für $Z = Z_0$ (d. h. $\varrho_Z = 0$) rein ohmisch, nämlich gleich Z_0.

Für den Fall, daß $\omega\sqrt{L'C'}\, l \ll 1$ ist (was mit der Bedingung für die Zulässigkeit des Nichtabschlusses bei $\lambda \gg l$ übereinstimmt), erhalten wir unter bloßer Berücksichtigung der linearen Glieder der entwickelten e-Potenz

$$Z_1 \approx Z \frac{1 + p\sqrt{L'C'}\, l (Z_0 - Z) / Z}{1 - p\sqrt{L'C'}\, l (Z_0 - Z) / Z_0}. \qquad [2.3.119\,a]$$

Daraus wird im Falle $Z \ll Z_0$ mit $Z_0 = \sqrt{L'/C'}$

$$Z_1 \approx Z (1 + p\sqrt{L'C'}\, l \sqrt{L'/C'} / Z) = Z + pL'l, \qquad [2.3.119\,b]$$

d. h. die Eingangsimpedanz besteht aus der Serienschaltung einer Induktivität $L'l$ mit dem Abschlußwiderstand Z. Im Falle $Z \gg Z_0$ wird

$$Z_1 \approx Z / (1 + p\sqrt{L'C'}\, l Z / \sqrt{L'/C'}) = 1 / (1/Z + pC'l). \qquad [2.3.119\,c]$$

Die Eingangsleitfähigkeit besteht dann also aus einer Parallelschaltung des Abschlußwiderstandes Z und der Kabelkapazität.

2.3.3.1. Impulskabel

In kernphysikalischen Meßanordnungen erfolgt die Übertragung von Impulsen ausschließlich mit Koaxialkabeln und nicht mit Bandleitern. Koaxialkabel bestehen aus einem (oder mehreren) Innenleiter(n) und einem Außenleiter, der als konzentrisches Rohr bzw. als Schlauch ausgebildet ist. Dazwischen befindet sich der Isolator, dessen Dielektrizitätskonstante viele Eigenschaften des Kabels mitbestimmt.

Der Außenleiter ist gewöhnlich geerdet, in welchem Fall die Anordnung nicht mehr symmetrisch in bezug auf Erde ist. Für hochfrequente Wellen spielt die Erdung jedoch keine Rolle, da die wandernde Welle zwischen Innenleiter und Abschirmung fortschreitet und infolge des Skineffekts der Signalstrom nur auf der Innenseite der Abschirmung fließt.

Gegenüber Bandleitern haben die Koaxialkabel folgende Vorteile:

1. Der geerdete Außenleiter wirkt als Abschirmung. (Bei starken elektromagnetischen Störfeldern verwendet man mehrfache Abschirmung.)
2. Die Abstrahlverluste, die eine erhöhte Signaldämpfung zur Folge haben, sind bedeutend verringert. Dadurch nimmt auch die Kopplung zwischen nebeneinanderliegenden Leitungen ab.
3. Die Bauweise ist im allgemeinen kompakter und platzsparender.

Die elektrischen Eigenschaften eines Koaxialkabels mit einem Durchmesser des Innenleiters von $2r_i$ und einem dünnen Außenleiter mit einem Durchmesser von $2r_a$ gehorchen bei hohen Frequenzen folgenden Formeln

$$\begin{aligned} R' &\approx \sqrt{\mu\omega\varrho_a/2}/r_a + \sqrt{\mu\omega\varrho_i/2}/r_i, \\ L' &= (\mu/2\pi)\ln(r_a/r_i) \approx 0{,}46\mu_r\log(r_a/r_i), && [\mu\text{H/m}] \\ C' &= 2\pi\varepsilon/\ln(r_a/r_i) \approx 24{,}2\varepsilon_r/\log(r_a/r_r), && [\text{pF/m}] \\ G' &= \omega C'\tan\delta, && [2.3.120] \end{aligned}$$

wobei

$$\begin{aligned} \mu &= \text{Permeabilität}, \\ \varrho_a &= \text{spezifischer Widerstand des Außenleiters}, \\ \varrho_i &= \text{spezifischer Widerstand des Innenleiters}, \\ \varepsilon &= \text{Dielektrizitätskonstante des Isolators}, \\ \tan\delta &= \text{Verlustfaktor des Isolationsmaterials} \end{aligned}$$

ist.

Da bei guten Koaxialkabeln die Übertragungsverluste gering sind, erhält man entsprechend den oben gebrachten Formeln für den Wellenwiderstand

$$Z_0 \approx \sqrt{L'/C'} \approx 60\sqrt{\mu_r/\varepsilon_r}\ln(r_a/r_i) \quad [\Omega] \qquad [2.3.121\ \text{a}]$$

und für die Dämpfungskonstante pro Längeneinheit a' aus [2.3.115] mit $\varrho_a = \varrho_i = \varrho$

$$a' \approx \left(\sqrt{\varepsilon\mu}\,\omega/2\right)\left[\pi(1 + r_a/r_i)\sqrt{2\varrho/\mu\omega}\,/r_a\ln r_a/r_i + \tan\delta\right]. \qquad [2.3.121\ \text{b}]$$

Der Phasenterm $b(\omega)$ lautet

$$b(\omega) \approx \sqrt{L'C'}\,\omega x = \sqrt{\varepsilon\mu}\,\omega x,$$

woraus als Verzögerungszeit pro Längeneinheit

$$t_V' = \frac{1}{x}\frac{\mathrm{d}b(\omega)}{\mathrm{d}\omega} \approx \sqrt{L'C'} = \sqrt{\varepsilon\mu} \qquad [2.3.121\ \mathrm{c}]$$

erhalten wird.

Bei bestimmten Verhältnissen von $r_i : r_a$ hat ein Koaxialkabel optimale Eigenschaften. Ist dieses Verhältnis z. B. 1 : 1,65, dann erfolgt maximale Leistungsaufnahme (bei Luftisolierung ist die zugehörige Impedanz gleich 30 Ω), bei 1 : 2,718 ist die Spannungsfestigkeit am größten ($Z_{0\mathrm{Luft}} = 60\ \Omega$). Herrschen die ohmschen Verluste vor, so nimmt die Dämpfungskonstante a' bei einem Verhältnis von r_a/r_i von 3,6 ein Minimum an, weshalb viele Kabel diese Bedingung erfüllen. Mit $r_a/r_i = 3{,}6$ wird

$$Z_0 = \sqrt{\mu/\varepsilon}\,\ln 3{,}6/2\pi \approx 77\sqrt{\mu_r/\varepsilon_r} \qquad [\Omega]$$

und aus [2.3.121 b]

$$a' \approx (\sqrt{\varepsilon\mu}\,\omega/2)(\pi\sqrt{2\varrho/\mu\omega}/r_i + \tan\delta)\,.$$

Bei einer relativen Dielektrizitätskonstante ε_r von 2,3, wie sie bei verlustarmen Isolationsmaterialien (Teflon, Polyäthylen, Polystyrol) auftritt, erhält man mit $\mu_r \approx 1$ einen charakteristischen Widerstand $Z_0 \approx 50\ \Omega$. Solche 50-Ω-Kabel haben außer der guten Eigenschaft minimaler Dämpfung auch den Vorteil, daß die Abschlußwiderstände niederohmig sind. Dadurch wird die Zeitkonstante des Integrationsgliedes, das in Verbindung mit den unvermeidbaren Schaltkapazitäten entsteht, kleiner als bei größeren Abschlußwiderständen. Die Anordnung ist also schneller. Aber der Signalgenerator muß große Ströme liefern können, um diese niederohmigen Lasten anzusteuern. Weitere Schwierigkeiten können sich dadurch ergeben, daß die Ausgangsimpedanz des Signalspannungsgenerators von der Signalgröße abhängt, wie es z. B. beim Emitterfolger der Fall ist. Bei diesem ist die Ausgangsimpedanz näherungsweise umgekehrt proportional zum Ausgangsstrom. Durch die Erniedrigung des Wellenwiderstandes Z_0 wird ein größerer Strom benötigt, um die gleiche Impulshöhe zu erreichen, was eine stärkere Änderung der Größe der Ausgangsimpedanz zur Folge hat. Bezogen auf den dann kleineren Anpassungswiderstand wird die relative Änderung der Ausgangsimpedanz und damit die Fehlanpassung zusätzlich noch vergrößert (s. Abb. 2.3.50).

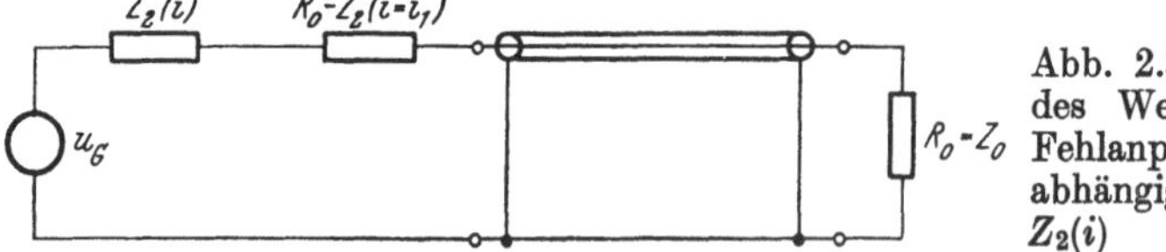

Abb. 2.3.50. Einfluß der Größe des Wellenwiderstandes auf die Fehlanpassung infolge stromabhängiger Ausgangsimpedanz $Z_2(i)$

Die Laufzeit in Impulskabeln (mit $\varepsilon_r = 2{,}3$, $\mu_r = 1$) liegt bei ca. 5 ns/m gegenüber einer Laufzeit von 3,3 ns/m im Vakuum. Für eine Verzögerungszeit von 1 μs benötigt man somit 200 m normales Koaxialkabel, weshalb man für so große Verzögerungszeiten spezielle Verzögerungskabel verwendet (s. 2.3.3.2).

Eine reflexionsfreie (bzw. -arme) Signalübertragung verlangt nicht nur einen angepaßten Abschluß, sondern auch die Anpassung von Übergangsstücken, wie Stecker, Buchsen usw., die also den gleichen Wellenwiderstand wie das Kabel haben müssen. Die Anpassung ist für die Reflexionsfreiheit jedoch nicht allein maßgebend, vielmehr müßte außerdem dafür gesorgt werden, daß der Übergang zwischen z. B. zwei Kabeln gleicher Impedanz, aber verschiedener mechanischer Dimensionen nicht abrupt, sondern langsam, kontinuierlich erfolgt. In Abb. 2.3.51 ist der Längsschnitt von der

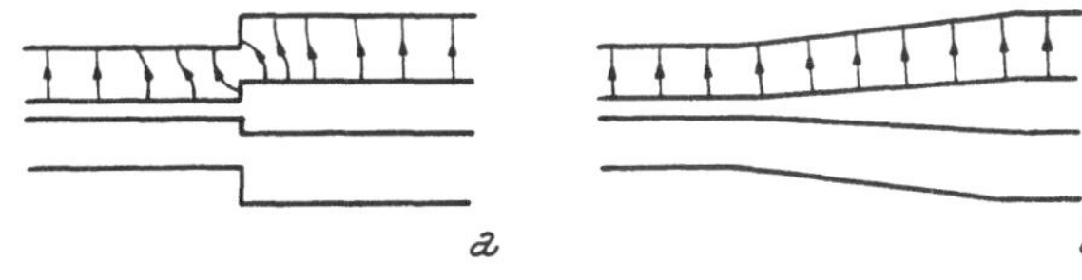

Abb. 2.3.51. Feldverteilung in Koaxialkabeln bei einer Änderung des Durchmessers
a) abrupte Änderung
b) verlaufender Übergang

Stoßstelle zwischen zwei Kabeln gleicher Impedanz (mit gleichem Dielektrikum und gleichem r_a/r_i-Verhältnis) wiedergegeben. Nur durch allmählichen Übergang (auf der Länge einiger Kabeldurchmesser) wird erreicht, daß die Felder nicht zu sehr gestört werden und die Reflexion an der Übergangsstelle auch für höhere Frequenzen vernachlässigbar klein ist. In schnellen Anordnungen müssen daher alle Arten von Übergängen (auch Verbindungsstecker u. ä.) nach Möglichkeit vermieden werden.

Bei sehr langen Impulsleitungen (über Dutzende Meter) kann es zu Störungen der Impulse durch Potentialdifferenzen an den Erdungspunkten bzw. durch „Erdströme" kommen. Diese Störungen sind im Gegensatz zu hochfrequenten Einstreuungen nicht durch (mehrfache) Abschirmung zu verhindern. Das Zustandekommen dieser Störungen läßt sich folgendermaßen erklären:

Die Erdoberfläche, aber auch leitende Teile in Gebäuden usw. sind für höhere Frequenzen keinesfalls Äquipotentialflächen, da sich elektromagnetische Störungen nur durch Wellen mit endlicher Geschwindigkeit fortpflanzen können. Zusätzlich kommt es in den leitenden Teilen zu Vielfachreflexionen, weshalb die gleiche Störung einen Leiter oftmals durchläuft.

In Kabeln, die nur einseitig geerdet sind, induziert dieser „Erdstrom" in der Abschirmung eine Störspannung, die in bezug auf den Erdungspunkt in Serie zur Signalquelle liegt und daher dem Signal überlagert ist.

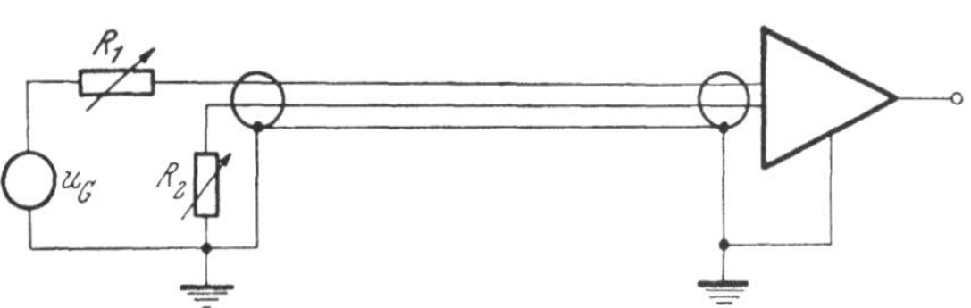

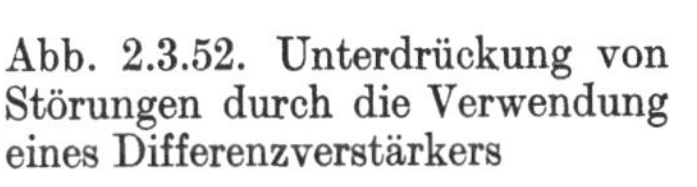
Abb. 2.3.52. Unterdrückung von Störungen durch die Verwendung eines Differenzverstärkers

Ist das Kabel beidseitig geerdet, so überlagert sich die Potentialdifferenz zwischen den beiden Erdungspunkten dem Signal als Störspannung. Außerdem fließt im Außenleiter ein Ausgleichsstrom entsprechend der Potentialdifferenz an den Erdungspunkten. Mit Hilfe der in Abb. 2.3.52 dargestellten Anordnung lassen sich solche Störungen auf etwa 10^{-2} ihres ursprünglichen Wertes vermindern. Der Signalgenerator erhält einen variablen Abschlußwiderstand R_1 in Serie zum Ausgang. Weiters wird ein variabler Widerstand R_2 vom Gehäuse (bzw. der Erdung) des Generators zu einem zweiten Ausgang geführt. Diese beiden Ausgangsbuchsen werden über ein Zwillingskoaxialkabel — dieses besteht aus zwei parallelen Innenleitern und einem gemeinsamen Außenleiter — mit dem Verbraucher verbunden, der am Eingang einen Differenzverstärker hat. Die Störungen wirken sich auf beide Leiter gleichartig aus. Ein Differenzverstärker verstärkt nur die Unterschiede in den Spannungen an den beiden Eingangsklemmen, so daß die Störungen unterdrückt werden. Die Einstellung von R_1 erfolgt so, daß das Kabel optimal angepaßt ist und daher keine Reflexionen auftreten. Mit Hilfe von R_2 kann die Unterdrückung von Störungen optimal eingestellt werden.

Bei den meisten kernphysikalischen Anwendungen sind jedoch solche aufwendigen Maßnahmen nicht erforderlich, wenn man, wie üblich, einen Vorverstärker nach dem Detektor (= Signalgenerator) geschaltet hat.

Bei langen Impulsleitungen kann die Dämpfung des Kabels nicht mehr vernachlässigt werden. Da diese frequenzabhängig ist, beeinflußt sie die Anstiegszeit der übertragenen Impulse. Für den in 2.3.3. diskutierten Fall, daß die Dämpfungskonstante a' proportional $\sqrt{\omega}$ ist, erhält man als Antwort auf einen Einheitsstufenimpuls (zur Zeit $t=0$) am Ausgang eines abgeschlossenen Kabels der Länge l die Spannung

$$u_2(t) = 1 - \Phi\left(a' l / \sqrt{2\omega t_r}\right), \qquad [2.3.122]$$

wobei $t_r = t - t_V'$ und

$$\Phi(x) = (2/\sqrt{\pi}) \int_0^x e^{-q^2}\, dq \qquad \text{(Gaußsches Fehlerintegral)}$$

gilt.

Der normierte Spannungsverlauf, beginnend mit $t = t_V' l$, ist in Abb. 2.3.53 dargestellt. Man sieht vor allem, daß die übliche Anstiegszeitdefinition

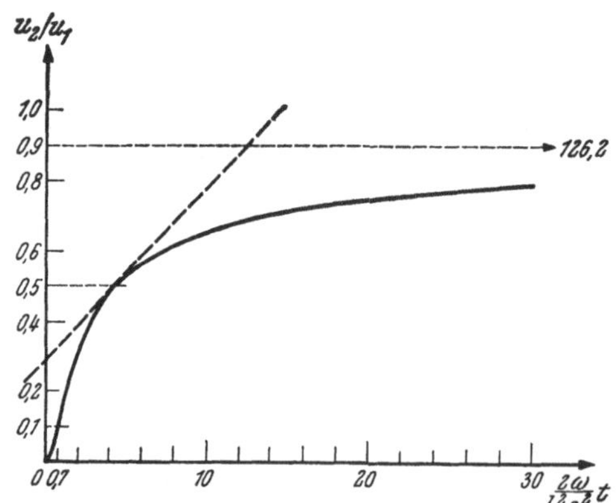

Abb. 2.3.53. Theoretischer Verlauf der Ausgangsspannung eines Koaxialkabels als Antwort auf einen Stufenimpuls

(zwischen 0,1 und 0,9 der Maximalamplitude) hier schlecht angebracht ist, da die Zeit bis zum Erreichen von 90% der Impulshöhe etwa dreißigmal größer ist als die bis zum Erreichen der halben Höhe.

Deshalb ist es hier sinnvoll, die Anstiegszeit für Kabel nach Gl. [2.3.19] zu definieren:

$$t_{an} = 2{,}2 / \omega_2 . \qquad [2.3.123\ a]$$

Die „Grenzfrequenz" ω_2 eines Kabelstückes läßt sich aus folgenden Beziehungen ermitteln:
Mit

$$e^{-a'(\omega_2) l} = 1 / \sqrt{2}$$

wird

$$a'(\omega_2) = \ln 2 / 2l$$

und wegen $a' = k\sqrt{\omega}$ gilt

$$\omega_2 = \left[\frac{a'(\omega_2)}{k}\right]^2 = (\ln 2)^2 / 4k^2 l^2 ,$$

weshalb

$$t_{an} = 8{,}8\, k^2 l^2 / (\ln 2)^2 = 18{,}3\, k^2 l^2 \qquad [2.3.123\ b]$$

erhalten wird.

Im Vergleich dazu ist die zuerst besprochene Anstiegszeit etwa dreimal größer

$$t_{an}(0{,}1 \ldots 0{,}9) = 62{,}8\, k^2 l^2 . \qquad [2.3.123\ c]$$

Bei realen Kabeln ist k keine Konstante, weshalb sie für die höchste vorkommende Frequenz bestimmt werden soll. Für einige Kabel kann k aus der Tab. 2.3.2 entnommen werden.

Tabelle 2.3.2. *Eigenschaften von Koaxialkabeln*

Type	Z_0 [Ω]	C' [pF/m]	U_{eff} [kV]	v/c [%]	Dämpfung [dB/100m] und 10^6-facher Wert von k bei 1	10	100	1000	3000	MHz
RG 115 A/U	50	63,9	5	70	0,55	1,9	6,7	23,9	45,9	dB/100 m
					0,25	0,28	0,31	0,35	0,38	$10^6\, k$
RG 58 A/U	50	98,4	1,9	65,9		5,2	19,6	78,7	177	
						0,75	0,90	1,14	1,48	
RG 71 B/U	93	44,2	0,75	84	0,8	2,8	8,8	28,5	60,6	
					0,37	0,40	0,40	0,41	0,51	
RG 195/U	95	93,5	1,5	70	7,8	10,8	18,7	55,7	145	
					3,58	1,57	0,86	0,81	1,21	
RG 63/U	125	32,8	1	84		2,0	6,5	20,9	40,0	
						0,29	0,30	0,30	0,33	

In der Tabelle sind einige Kabel mit gängigen Impedanzwerten einander gegenübergestellt. Man sieht, daß k im untersuchten Frequenzbereich bei einigen Kabeln ziemlich frequenzunabhängig ist, bei anderen wieder nicht. Auch die vom Aufbau abhängigen Kapazitätsunterschiede sind ins Auge springend. Auf die Kapazität muß vor allem dann, wenn das Kabel nicht abgeschlossen wird, geachtet werden, da sie in diesem Fall (s. [2.3.119 c]) als kapazitive Belastung des Generators eine Rolle spielt.

2.3.3.2. Verzögerungskabel

Zur Verzögerung von Impulsen gibt es außer den schon besprochenen Laufzeitketten (und den Impulskabeln) spezielle Verzögerungskabel, die besonders für die Erzielung größerer Verzögerungszeiten (etwa 10^{-7} bis 10^{-4} s) Verwendung finden. Infolge der unvermeidbaren Dämpfung und des Phasenfehlers treten Attenuation und Signalverformung als unerwünschte Begleiterscheinungen zur Verzögerung auf. Vor der Entscheidung für eine bestimmte Verzögerungsleitung müssen deren Eigenschaften geprüft werden, und oft muß ein Kompromiß zwischen einander widersprechenden Forderungen getroffen werden. Folgende Daten müssen überdacht werden:

Verzögerungszeit und deren Temperatur- und Langzeitstabilität,
Anstiegszeit,
Attenuation,
Phasenverformung,
Wellenwiderstand,
Platzbedarf,
Spannungsfestigkeit,
Genauigkeit der Einstellung einer bestimmten Verzögerungszeit,
Kosten.

Für kleine Verzögerungszeiten ($t_V \lesssim 100$ ns) wird man oft auf normale Koaxialkabel zurückgreifen, da diese in vieler Hinsicht optimal sind. Größere Verzögerungszeiten verlangen aber so große Kabellängen ($t_V' \approx 5$ ns/m), daß sie höchstens in Ausnahmefällen durch Impulskabel verwirklicht werden. Aus der Formel [2.3.121 c] kann man erkennen, daß die Verzögerungszeit pro Längeneinheit proportional $\sqrt{L'}$ ist. Durch die Erhöhung von L' wird nach Formel [2.3.121 a] gleichzeitig der Wellenwiderstand des Kabels vergrößert.

Die Erhöhung der Induktivität wird dadurch erreicht, daß der Innenleiter als Wicklung um einen (ferromagnetischen) Kern ausgeführt ist (s. Abb. 2.3.54). Der Querschnitt ist jetzt nicht mehr über die ganze Länge

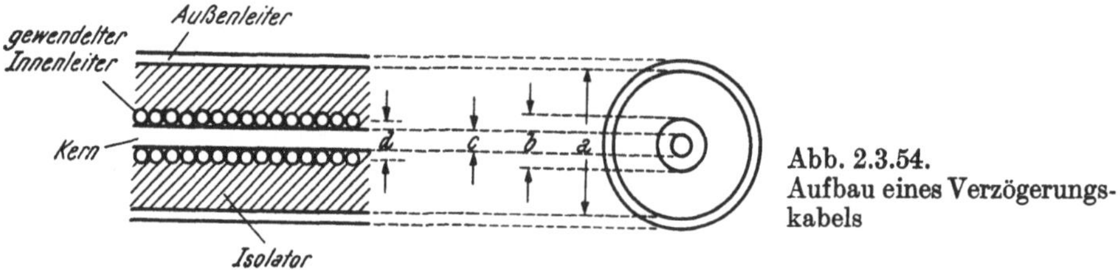

Abb. 2.3.54. Aufbau eines Verzögerungskabels

gleichförmig, weshalb die für homogene Übertragungsleitungen abgeleiteten Ergebnisse höchstens als Richtwerte dienen können (z. B. gilt nicht mehr $\sqrt{L'C'} = \sqrt{\mu \varepsilon}$).

Die Induktivität ergibt sich zu

$$L' = 0{,}1 \cdot \pi^2 \cdot \mu_r \cdot n^2 d^2 \approx 0{,}99\, \mu_r n^2 d^2 \qquad [\mu\text{H/m}] \qquad [2.3.124\text{ a}]$$

mit n = Windungszahl/m,
d = Durchmesser der Spule,

und die Kapazität zu

$$C' = 2\pi\varepsilon / \ln(a/b) \approx 55\,\varepsilon_r / \ln(a/b) \qquad [\mathrm{pF/m}] \qquad [2.3.124\,\mathrm{b}]$$

mit a und b entsprechend der Abb. 2.3.54.

Mit käuflichen Verzögerungskabeln werden je nach Type Verzögerungen zwischen 0,1 µs/m bis etwa 3 µs/m erreicht.

Da die Anstiegszeit t_{an} des Antwortimpulses auf einen Stufenimpuls ungefähr proportional $\sqrt{t_V}$ ist, läßt sich die „Güte" eines Verzögerungskabels am besten durch das Verhältnis $t_{an}/\sqrt{t_V}$ ausdrücken. Wenn wir die Zeiten in µs angeben, erhalten wir Zahlenwerte zwischen 0,02 und 0,08.

In Tabelle 2.3.3 sind charakteristische Werte von einigen Typen von Verzögerungskabeln zusammengestellt.

Tabelle 2.3.3. *Eigenschaften von Verzögerungskabeln*

Type	Z_0 [Ω]	t'_V [µs/m]	B bei 1 µs [MHz]	„Güte" bei 1 µs	R_S [Ω/µs]	dt_V/dT [10^{-4}/grad]
HH 1500 a	1500	0,26	15	0,04	30	4
HH 2000 ≡ RG 176/U	2200	0,36	15	0,04	70	4
HH 2500	2900	2,00	8	0,08	120	6

Infolge des Streufeldes des spiraligen Innenleiters und der engen Kopplung zwischen den benachbarten Windungen unterscheidet sich das Verhalten in mancher Hinsicht wesentlich von dem gewöhnlicher Impulskabel.

1. Bei höheren Frequenzen ist die Phasenverschiebung des Stromverlaufes in aufeinanderfolgenden Windungen nicht mehr vernachlässigbar. Die magnetische Kopplung und damit auch die wirksame Induktivität ist vermindert, wodurch für diese Frequenzen sowohl die Verzögerungszeit als auch der Wellenwiderstand kleiner werden, was zu Phasenverformung und Reflexionen Anlaß gibt. Beidseitiger Abschluß des Kabels ist unbedingt erforderlich, oft unter Heranziehung von Filtergliedern (s. Abb. 2.3.55).

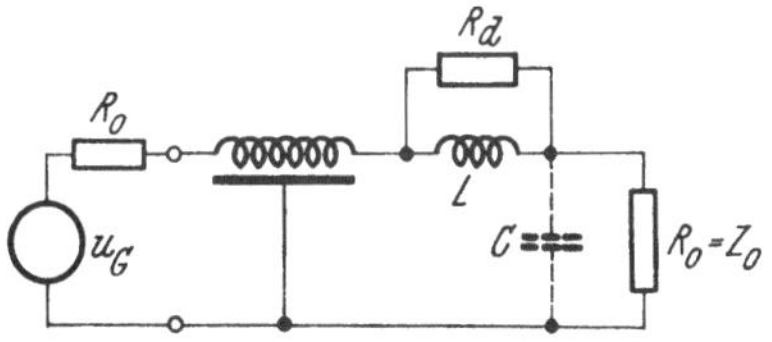

Abb. 2.3.55. Abschluß eines Verzögerungskabels mit einem LC-Glied

2. Die Windungen an den beiden Enden des Kabels haben nur nach einer Seite hin Nachbarn. Dadurch wird in diesen Teilen die effektive Induktivität vermindert und der Wellenwiderstand geändert. Zusätzlich wird auch die Kapazität der beiden Endstücke durch Streu- bzw. Eingangskapazitäten verfälscht. Ein gut angepaßter Abschluß ist dann unter Umständen nicht mehr durchführbar und starke Reflexionen treten auf.

Die Kabelanpassung kann durch ein Filterglied mit gleichem Wellenwiderstand (L experimentell bestimmen, meist zwischen 10 ... 100 µH, C unter Verwendung der schädlichen Kapazitäten) verbessert werden (s. Abb. 2.3.55). Ein Widerstand R_d parallel zur Induktivität (Größe ausprobieren, meistens einige kΩ) kann durch Schwingungsdämpfung eine weitere Verbesserung bringen. Die Anordnung dieser Kompensationsglieder ist sehr kritisch, denn durch zusätzliche Streukapazitäten kann statt einer Verbesserung eine Verschlimmerung der Fehlanpassung eintreten. (Die in Abb. 2.3.55 gewählte Darstellung eines Kabels verwendet man dann, wenn man auf die verzögernden Eigenschaften besonders hinweisen will, während man die Abschirmwirkung durch eine Darstellung wie in Abb. 2.3.50 oder in Abb. 2.3.52 hervorhebt.)

Eine Kompensation der Induktivitätsabnahme und der zusätzlichen Parallelkapazität am Ausgang kann auch dadurch erfolgen, daß der Außenleiter gegen das Kabelende hin kontinuierlich aufgeweitet wird, wodurch C' vermindert wird. Bei gleichartiger Abnahme von C' und L' bleibt der Wellenwiderstand erhalten und Reflexionen werden vermieden.

3. Die Spule im Inneren des Kabels erzeugt ein Streumagnetfeld, das im Außenleiter, wenn dieser ein Rohr oder Schlauch aus Metall ist, Strom induziert. Der Strom in dieser „Kurzschlußwicklung" (mit einer Induktivität L_a und einem Widerstand R_a) nimmt mit der Zeitkonstante $\tau_a = L_a / R_a$ ab. Die Rückwirkung auf den Innenleiter ändert dessen effektive Induktivität und auch den Wellenwiderstand. Außerdem erfolgt durch Abstrahlung eine Dämpfung des Signals.

Abhilfe kann auf zweierlei Weise geschaffen werden:

a) Läßt man R_a nach Unendlich gehen, so wird der induzierte Strom beliebig klein, und die Dämpfung ist minimal. Die praktische Durchführung besteht darin, daß der Außenleiter aus einer Vielzahl paralleler, isolierter Drähte besteht. Eine solche Anordnung hat den Nachteil, daß der Außenleiter keine Abschirmwirkung gegenüber elektromagnetischen Störungen besitzt. Infolgedessen ist eine eigene Abschirmung notwendig, entweder in Form eines geerdeten Gehäuses oder aber durch Unterbringung in einem geerdeten Kupferrohr. Der Kupfermantel um das Verzögerungskabel beeinflußt dessen Eigenschaften jedoch wesentlich. Es ergeben sich z. B. Verminderungen der Verzögerungszeit bis 50%.

b) Läßt man R_a nach Null gehen, was z. B. durch die Verwendung eines Kupferrohres als Außenleiter erreicht werden kann, dann wird die Zeitkonstante τ_a unendlich groß. Da das Abklingen des Stromes im Außenleiter beliebig langsam erfolgt, ist die Rückwirkung auf den Innenleiter zeitlich konstant. Die daraus resultierende Dämpfung ist also weitgehend frequenzunabhängig.

Verzögerungskabel (und andere verzögernde Einheiten) finden nicht nur für bloße Verzögerungen Verwendung, sondern sie werden auch vielfach zur Impulskürzung und -formung eingesetzt.

2.3.3.3. Impulsformung durch Kabel

Bei einer Impulskürzung mit Hilfe der besprochenen verzögernden Einheiten benützt man deren Eigenschaft, Impulse an den Enden zu reflektieren. Die Reflexion und der Reflexionsfaktor ϱ wurden bereits in 2.3.2 besprochen. Jetzt wollen wir einige in der Praxis wichtige Fälle herausgreifen und besprechen.

Gegeben sei eine ideale Verzögerungsleitung mit einer einfachen Laufzeit t_V und einem frequenzunabhängigen Wellenwiderstand Z_0. Der Signalgenerator habe eine Ausgangsimpedanz $R_G \approx Z_0$ (die Leitung ist somit generatorseitig angepaßt abgeschlossen). Das Verhalten dieser Anordnung gegenüber Stufenimpulsen bei verschiedenen Abschlußwiderständen R_2 wollen wir nun untersuchen (s. auch Abb. 2.3.56).

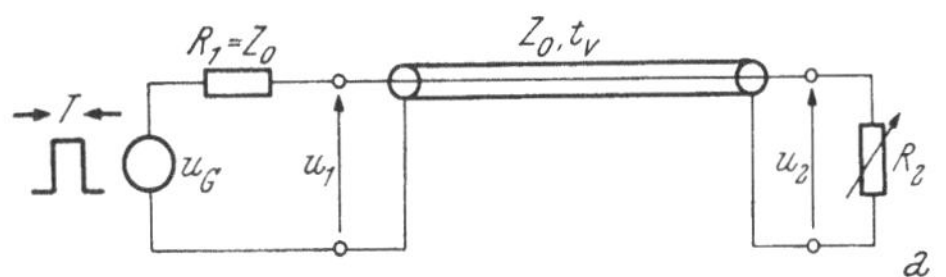

$u_G/2$ | $T < 2t_V$ | $T = 2t_V$
u_1 | u_2 | u_1 | u_2
$R_2 =$
0
$0 < R_2 < Z_0$
Z_0
$Z_0 < R_2 < \infty$
∞
b

Abb. 2.3.56. Signalformen an den beiden Enden einer Verzögerungsleitung bei verschiedenen Abschlußwiderständen
a) Anordnung
b) Signalformen

A. Das Ende der Leitung ist offen: $R_2 = \infty$. Dann ist $\varrho = 1$, d. h. der Stufenimpuls wird gleichsinnig reflektiert. Der Spannungsverlauf am Eingang der Leitung läßt sich für diesen Fall und auch für die anderen diskutierten Fälle (wobei immer $R_G = Z_0$ gilt) in dreifacher Weise anschaulich beschreiben. Es sei dem Leser überlassen, sich von diesen äquivalenten Formulierungen jene zu eigen zu machen, die ihm am einprägsamsten erscheint:

a) Zur Zeit $t = 0$ erscheint eine Stufe mit $u_G/2$ am Eingang, da u_G an R_G und Z_0, die gleich groß sind, geteilt wird. Zur Zeit $t = 2t_V$ erreicht die reflektierte Stufe den Eingang. Die Spannung am Eingang beträgt dann u_G.

b) Zur Zeit $t = 0$ sieht der Generator in Serie zu seiner Ausgangsimpedanz R_G den Wellenwiderstand Z_0, der nach Voraussetzung gleich groß wie R_G ist. Der Generatorstrom beträgt also zuerst $i_G = u_G/(R_G + Z_0)$. Nach der Zeit $2t_V$ „erfährt" der Generator, daß der Ausgang des Kabels offen ist. Gegenüber unendlich großer Last liefert der Generator aber die gesamte Spannung u_G und $i_G = 0$ für $t > 2t_V$.

c) Zur Zeit $t = 0$ beginnt sich die Verzögerungsleitung auf $u = u_G/2$ aufzuladen. Nach $t = t_V$ wird durch die reflektierte Welle die Aufladung vom Ende her auf $2 \cdot u_G/2$ erhöht. Nach $t = 2t_V$ ist die gesamte Leitung auf u_G aufgeladen, und in den Eingang fließt kein Strom mehr.

B. Das Ende ist mit $R_2 = Z_0$ ideal abgeschlossen. Es treten keine Reflexionen auf, es erfolgt somit keine Rückwirkung auf den Eingang. Das Kabel stellt also eine zeitunabhängige ohmsche Belastung der Größe R_2 dar. Der Stufenimpuls erscheint nach der Zeit t_V am Ausgang. Wie wir bereits besprochen haben, ist ein solcher Abschluß Voraussetzung für eine gute Impulsübertragung.

C. Das Ende der Leitung ist kurzgeschlossen: $R_2 = 0$. Der Reflexionsfaktor ϱ ist dann $\varrho = -1$, d. h. die Welle wird gegensinnig reflektiert. Die Signalform am Eingang läßt sich folgendermaßen erklären:

a) Wieder steht zur Zeit $t = 0$ am Eingang die Spannung $u_G/2$, aber wenn zur Zeit $t = 2t_V$ das gegensinnige Signal ankommt, fällt die Eingangsspannung auf Null. Mit den beiden anderen Betrachtungsweisen ergibt sich folgende Deutung:

b) Zuerst ist der Generatorstrom $i_G = u_G/(R_G + Z_0)$. Aber nach der Zeit $t = 2t_V$ „weiß“ der Eingang, daß der Ausgang kurzgeschlossen ist. Dann erhöht sich der Generatorstrom auf den Kurzschlußstrom $i_G = u_G/R_G$ (und die Eingangsspannung ist Null).

c) Die Aufladung der Verzögerungsleitung durch die einlaufende Stufe wird durch die zurücklaufende rückgängig gemacht, da sie umgekehrte Polarität hat. Nach der Zeit $t = 2t_V$ ist die Verzögerungsleitung wieder völlig entladen, und am Eingang steht wieder die Spannung Null.

In Abb. 2.3.56 *b* sind die Signalformen an den beiden Enden einer Verzögerungsleitung bei verschiedenen Abschlußwiderständen R_2 wiedergegeben. Es wurden dabei auch andere Widerstandswerte als in der obigen Besprechung berücksichtigt.

Impulskürzung

Wie wir gesehen haben, wird am Eingang einer am anderen Ende kurzgeschlossenen Verzögerungsleitung nach einer Zeit $2t_V$ nach dem Auftreten eines Stufenimpulses die Eingangsspannung wieder Null, d. h. am Eingang entsteht ein Rechteckimpuls der Länge $2t_V$. Ein (unendlich langer) Stufenimpuls wurde also auf einen Impuls der Länge $2t_V$ gekürzt. Wesentlich ist dabei, daß die Amplitude, ja sogar die ganze Form des Originalimpulses bis zur Zeit $2t_V$ erhalten geblieben ist. Ein wesentlicher Vorteil der Impulskürzung durch Kabel ist, daß t_V nur durch passive Elemente bestimmt ist und deshalb eine sehr gute Konstanz der Impulslänge erreichbar ist.

Dieser Vorgang der Impulskürzung durch Kabel wird oft als „Differenzieren“ bezeichnet, obwohl dies nur im Grenzfall unendlich kurzer Impulse gerechtfertigt ist. Die gelieferte Spannung $u_2(t)$ genügt der Beziehung

$$u_2(t) = u_1(t) - u_1(t - 2t_V).$$

Dieser Ausdruck wird mit $2t_V \to 0$ zum Differential $du_1(t)$. Prinzipielle Anordnungen zum Differenzieren mit Verzögerungsleitungen finden sich in Abb. 2.3.57.

Bild *a* zeigt die Grundschaltung, von der bisher die Rede war. Am Ausgang erscheint ein Signal der Höhe $u_G/2$, das so lange dauert, bis die negativ reflektierte Welle das Signal auslöscht. Dann wirkt sich der Kurzschluß am Kabelende auch auf den Ausgang aus und dieser ist dann kurzgeschlossen.

In Bild *b* ist eine Variante dargestellt, die einen Differenzverstärker benötigt. Zu Beginn des Stufenimpulses erhält der Eingang *1* ein Signal

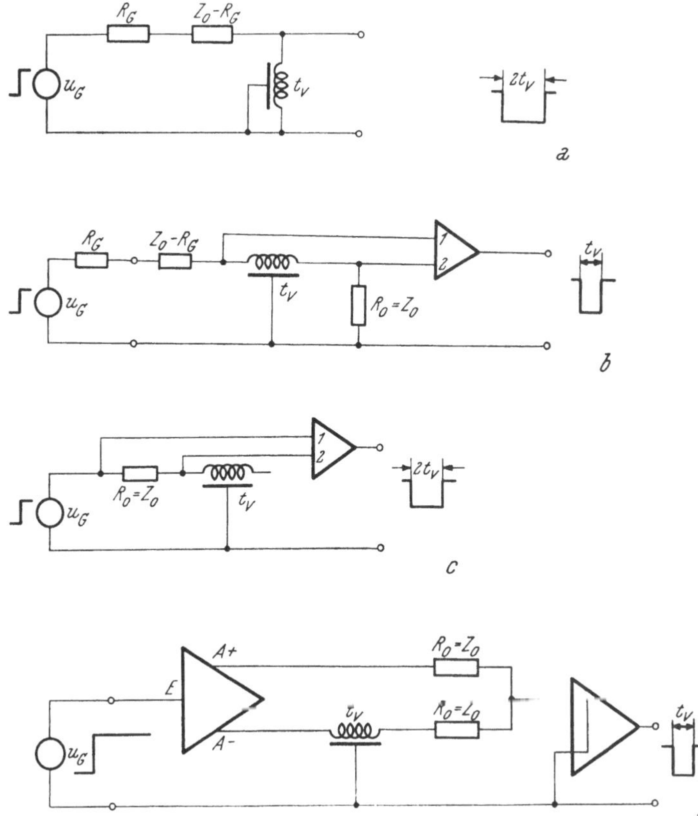

Abb. 2.3.57. Anordnungen zum Differenzieren mit Verzögerungsleitungen

der Höhe $u_G/2$, während der Eingang *2* ohne Signal bleibt. Der Differenzverstärker liefert somit ein Ausgangssignal. Nach der Zeit t_V erhält aber auch der zweite Eingang das gleich große Signal, die Differenz zwischen den beiden Eingangssignalen wird Null, wodurch das Ausgangssignal beendet wird. Dieses dauert im Gegensatz zu anderen Schaltungen nur die einfache Laufzeit t_V. Da das Kabel an beiden Seiten abgeschlossen ist, kommt es zu keinen Reflexionen.

In Bild *c* wird ebenfalls ein Differenzverstärker verwendet. Zu Beginn des Impulses erhält der Eingang *1* ein doppelt so großes Signal wie Eingang *2*, der Verstärker liefert somit ein Ausgangssignal. Nach der Zeit $2t_V$ gelangt das am offenen Ende der Verzögerungsleitung reflektierte Signal zum Eingang *2* und verdoppelt dort die Spannung. Der Generator arbeitet dann gegen einen geöffneten Kreis, und an den beiden Eingängen (die hochohmig sein müssen) steht die gleiche Spannung, das Ausgangssignal des Verstärkers ist somit nach $2t_V$ beendet.

In Bild *d* erhält man durch die Summierung zweier gegenpoliger Stromsignale, die gegeneinander verzögert sind, die gewünschte Kürzung des Stufenimpulses auf die Länge t_V. Die beiden gegenpoligen Signale werden von einem Verstärker mit Gegentaktausgang (s. 4.1.1.6) geliefert, und das gekürzte Stromsignal wird von einem Verstärker mit Stromeingang weiterverarbeitet.

Etwas haben wir bisher nicht berücksichtigt, nämlich den Umstand, daß in den Verzögerungsleitungen z. B. durch ohmsche Verluste Attenuation auftritt und daher z. B. im Fall *a* das reflektierte Signal nicht die gleiche Höhe hat wie das Originalsignal. Die Auslöschung kann daher nur unvollständig sein. Weitere Gründe für eine unvollständige Auslöschung können in einem schlechten Abschluß ($|\varrho| \neq 1$) oder im Auftreten von Phasenverformung gefunden werden. Dies gilt vor allem dann, wenn der Abschluß nicht rein ohmisch ist, weil Parallelkapazitäten vorliegen. Diese können aber, wie schon besprochen wurde, in ein Laufzeitglied zwischen dem Kabel und dem Abschlußwiderstand eingebaut werden. Durch diese Maßnahmen und empirischen Abgleich des Abschlußwiderstandes lassen sich diese Fehler teilweise kompensieren und die durch sie hervorgerufene Welligkeit klein halten. Die Attenuation hingegen ist unwiderruflich und ihre Auswirkung kann nur durch spezielle Vorkehrungen vermindert werden.

Im Falle *a* ist die zurücklaufende Welle nur mehr $u_G \cdot e^{-2a'l}/2$ hoch, d. h. es bleibt ein Podest der Höhe $u_P = (u_G/2) \cdot (1 - e^{-2a'l})$ übrig (a' = Attenuation/Länge, l = Länge des Kabels). Das Zustandekommen des Podests läßt sich auch durch einen äquivalenten Gleichstromwiderstand R_S erklären, der in Abb. 2.3.57 *a* in Serie zu der Verzögerungsleitung zu denken ist und an dem nach Teilung mit dem Abschlußwiderstand Z_0 die Spannung

$$u_P = u_G \frac{R_S}{R_S + Z_0} \approx u_G R_S / Z_0 \qquad [2.3.125\text{ a}]$$

bestehenbleibt. (Die Bedingung $R_S \ll Z_0$ ist praktisch immer erfüllt.) Außerdem gilt mit $e^{-2a'l} \approx 1 - 2a'l$

$$u_P = (u_G/2)\,(1 - e^{-2a'l}) \approx u_G \cdot a'l, \qquad [2.3.125\text{ b}]$$

so daß

$$R_S = a' l Z_0 \qquad [2.3.126]$$

folgt. (Zahlenwerte für R_S findet man z. B. in Tab. 2.3.3.)

Eine Kompensation des Amplitudenabfalls kann nun nach einer Methode erfolgen, die wegen ihrer Einfachheit besticht, die aber, wie sich zeigen wird, doch nicht ideal ist. Es muß erreicht werden, daß der Originalimpuls nach

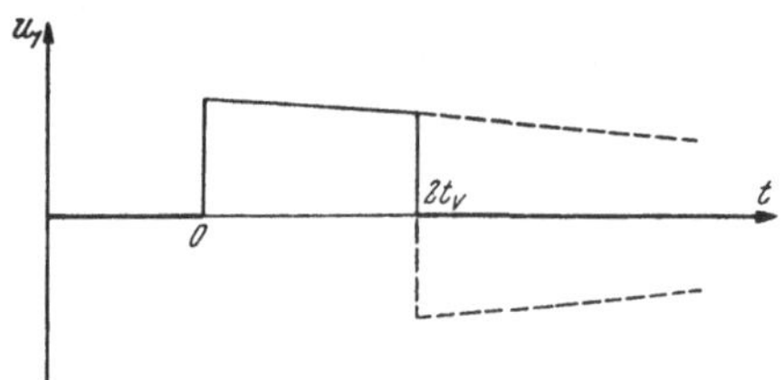

Abb. 2.3.58. Podest-Kompensation durch Differenzieren

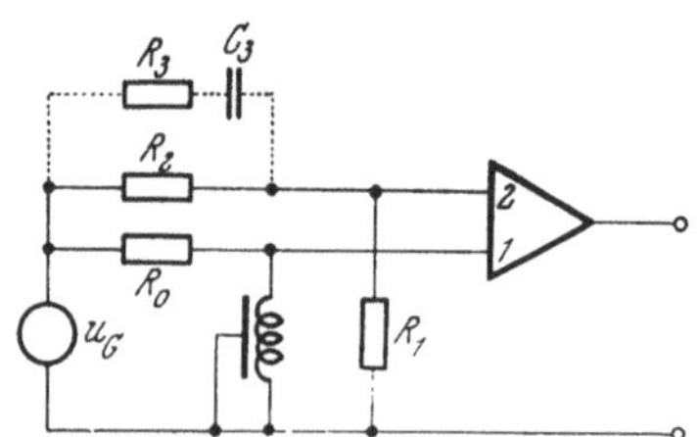

Abb. 2.3.59. Podest-Kompensation nach der Brückenmethode

$2t_V$ gerade so groß ist wie der reflektierte Impuls, so daß sich die beiden Impulse von da an auslöschen. Dazu differenzieren wir den Impuls geringfügig, bevor er zum Kabel gelangt (s. Abb. 2.3.58). Damit der Abfall des

Impulses nach $2t_V$ gerade so groß ist wie u_P, muß für den Koppelkondensator C_K folgende Bedingung erfüllt sein:

$$u_P = u_G \cdot R_S/Z_0 = (u_G/2)\,(2t_V/Z_0C_K),$$

woraus

$$C_K = t_V/R_S = t_V/a'l\,Z_0 = 2\,t_V/KZ_0 \qquad [2.3.127]$$

folgt. (Dabei wurde der infolge der Differentiation auftretende exponentielle Abfall linear angenähert, was wegen seiner Geringfügigkeit praktisch ohne Fehler möglich ist. K ist die relative Podesthöhe.)

Die Unterdrückung des Podests gelingt nach dieser Methode sehr gut, doch ist mit ihr ein nicht umgehbarer Nachteil verbunden: Da die Signalformen, die überlagert werden, voneinander abweichen, kommt es zu einem geringfügigen, aber langdauernden Unterschwingen. Dies muß so sein, da nach einem differenzierenden RC-Glied der Spannungsmittelwert Null sein muß, der positive Impuls also von einem negativen, flächengleichen Unterschwingen begleitet wird. Diese Problematik und die Schädlichkeit des Unterschwingens wurden bereits in 2.1.5.2 diskutiert.

Die Brückenmethode zur Kompensation des Podests nach Abb. 2.3.59 ist dann vorzuziehen, wenn ein Differenzverstärker zur Verfügung steht, dessen Schnelligkeit sowie dessen Fähigkeit, gleichsinnige Eingangssignale zu unterdrücken, ausreichend sind. Auf den zweiten Eingang kommt ein Bruchteil $R_1/(R_1 + R_2)$ von u_G, der gleich groß ist wie die Höhe des Podests. Nach $2t_V$ liegt dann an beiden Eingängen die gleiche Spannung und am Ausgang ist das Podest unterdrückt. Nimmt die Höhe des Podests mit der Zeit ab, so kann durch R_3 und C_3 am anderen Eingang der gleiche Abfall erreicht werden und die Beseitigung des Podests ist vollständig. Der Abgleich ist jedoch schwierig, weshalb man sich oft mit dem Podest abfindet.

Durch die Verwendung von Differenzverstärkern bei der Methode *b* und *c* bzw. auch bei *d* ergeben sich analoge Korrekturmöglichkeiten wie bei der Brückenmethode; es braucht nur vor dem einen Eingang eine kleine Abschwächung erfolgen. Die Methode *b* hat noch den zusätzlichen Vorteil, daß bei ihr die Restwelligkeit besonders klein gehalten werden kann, da das Kabel beidseitig abgeschlossen ist.

Bei sorgfältiger Durchführung der Impulskürzung nach den beschriebenen Methoden ist es möglich, die Restwelligkeit (auf Grund von Reflexionen bzw. Phasenfehlern), die nach zwei bis drei Impulslängen nach dem Impuls noch vorhanden ist, kleiner als 10^{-3} der Originalimpulshöhe zu halten.

Gegenüber der Differentiation mit RC-Gliedern ergibt sich der große Vorteil, daß der Impulsabfall rasch und nicht langsam (exponentiell) erfolgt.

Als Nachteil ist zu erwähnen:

1. Der Aufwand ist wesentlich größer.
2. Die Welligkeit läßt sich bei realen Verzögerungsleitungen nie gänzlich vermeiden.
3. Das Rauschen (s. 4.1.5) wird erhöht, da es ja auch reflektiert wird und sich dem Originalrauschen überlagert. Ist das Rauschen „weiß“, so

addiert es sich quadratisch, da keine Korrelation zwischen den beiden Rauschanteilen besteht, d. h. das Rauschen ist um den Faktor $\sqrt{2}$ erhöht.

Doppeltes Differenzieren mit Verzögerungsleitungen

Läßt man einen einfach differenzierten Impuls (bzw. einen Rechteckimpuls der Länge $2t_V$) erneut durch eine differenzierende Kabelanordnung mit gleicher Verzögerungszeit laufen, so findet der negativ reflektierte Impuls, wenn er zum Eingang zurückkommt, bereits das Nullniveau vor und überlagert sich diesem (s. Abb. 2.3.60 *c*). Es entsteht auf diese Weise ein bipolarer Impuls, dessen Gleichspannungsmittelwert Null ist und der daher nach differenzierenden *RC*-Gliedern keine Nullinienverschiebung hervorruft. Darin liegt die große Bedeutung dieser Impulsform für die Impulshöhenverarbeitung.

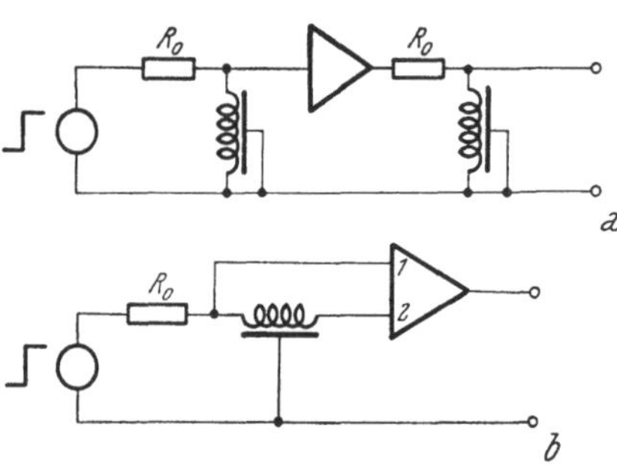

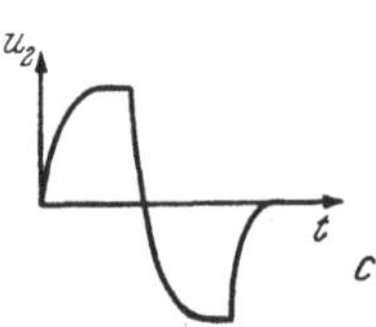

Abb. 2.3.60. Doppeltes Differenzieren mit Verzögerungsleitungen
a) und *b*) Anordnungen *c*) Impulsform

In Abb. 2.3.60 sind zwei prinzipielle Anordnungen zum doppelten Differenzieren dargestellt.

Im Fall *a* erfolgt einfach eine zweimalige Differentiation mit der gleichen Verzögerungszeit t_V. Der Verstärker dient bloß zur Trennung der beiden Anordnungen (Trennverstärker). Die relative Podesthöhe von $1/K$ nach einmaliger Differentiation wird durch die doppelte Differentiation auf $1/K^2$ vermindert und ist dann meistens vernachlässigbar, da $1/K$ gewöhnlich schon klein ist.

Im Fall *b* wird nur eine einzige Verzögerungsleitung benötigt, deren Gesamtlänge aber bei gleicher Impulslänge gleich der Summe der beiden oben verwendeten ist. Die Funktionsweise kann so beschrieben werden: Zur Zeit $t = 0$ kommt an den Eingang *1* ein Signal mit der Höhe $u_G/2$, während Eingang *2* signalfrei ist. Infolgedessen entsteht ein Ausgangssignal. Zur Zeit $t = t_V$ erreicht das Signal den zweiten Eingang und wird, da dieser hochohmig ist, praktisch vollständig (positiv) reflektiert. Dadurch ist jetzt am Eingang *2* das Signal doppelt so groß wie am Eingang *1* und das Ausgangssignal ändert seine Polarität. Zur Zeit $t = 2t_V$ erreicht das reflektierte Signal auch den Eingang *1*, an beiden Eingängen ist die gleiche Spannung, das Ausgangssignal geht auf Null zurück.

Für viele Anwendungen, die noch besprochen werden, bieten doppelt differenzierte Signale große Vorteile. Durch die neuerliche Differentiation erhöht sich jedoch das Rauschen weiter, und zwar um den Faktor $\sqrt{3}$, da diesmal teilweise Korrelation zwischen den Rauschsignalen besteht (s. 4.1.5). Deshalb ist diese Impulsform für hochauflösende Impulshöhen-Spektrometrie nicht sonderlich geeignet.

2.4. Literatur

2.4.1. Allgemeine Literatur

STEINBUCH, K. und W. RUPPRECHT: Nachrichtentechnik. Berlin: Springer, 1967.
RÖSCHLAU, H.: Handbuch der angewandten Impulstechnik. Hamburg: Decker, 1965.
KADEN, H.: Impulse und Schaltvorgänge in der Nachrichtentechnik. München: Oldenbourg, 1957.
STEWART, J. L.: Theorie und Entwurf elektrischer Netzwerke. Stuttgart: Berliner Union, 1958.
SHEA, R. F.: Transistortechnik. Stuttgart: Berliner Union, 1962.
SHEA, R. F.: Transistoranwendungen. Stuttgart: Berliner Union, 1967.
MEJEROWITSCH, L. A. und L. G. SELITSCHENKO: Impulstechnik. Berlin: VEB Verlag Technik, 1959.
SCHLEGEL, H. R. und A. NOWAK: Impulstechnik. Hannover: Schütz, 1955.
MILLMAN J. and H. TAUB: Pulse, digital and switching waveforms. New York: McGraw Hill, 1965.
FARLEY, F. J. M.: Elements of pulse circuits. London: Methuen & Co., 1962.
ELMORE, W. C. and M. SANDS: Electronics, experimental techniques. New York: McGraw Hill, 1949.
BITTERLICH, W.: Einführung in die Elektronik. Wien: Springer, 1967.
SHAW, D. F.: An introduction to electronics. London: Longmans, 1962.
DUMMER, G. W. A., C. BRUNETTI and L. K. LEE: Electronic equipment design and construction. New York: McGraw Hill, 1961.
WINCKEL, F., Hrsg.: Impulstechnik. Berlin: Springer, 1956.
ZEPLER, E. E. and S. W. PUNNETT, Hrsg.: Electronic devices and networks. London: Blackie, 1963.
ZEPLER, E. E. and S. W. PUNNETT, Hrsg.: Electronic circuit techniques. London: Blackie, 1963.

2.4.2. Netzwerk-Analyse

WUNSCH, G.: Theorie und Anwendung linearer Netzwerke. Leipzig: Akad. Verl.Ges., 1961.
CAUER, W.: Theorie der linearen Wechselstromschaltungen. Berlin: Akademie-Verlag, 1954.
COX, C. W. and W. L. REUTER: Circuits, signals and networks. New York: Macmillan, 1969.
BIORCI, G., Hrsg.: Network and switching theory. New York: Academic Press, 1968.
VALKENBURG, M. E. VAN: Introduction to modern network synthesis. New York: Wiley, 1960.
BRENNER, E. and M. JAVID: Analysis of electric circuits. New York: McGraw Hill, 1967.
KUO, B. C.: Linear networks and systems. New York: McGraw Hill, 1967.
CHATTERJEE, B.: Pulse circuits. New York: Asia Publishing House, 1963.
LYNCH, W. A. and J. G. TRUXAL: Signals and systems in electrical engineering. New York: McGraw Hill, 1962.
REED, M. B.: Electric network synthesis. Englewood Cliffs, New Jersey: Prentice Hall, 1955.
SCOTT, R. E.: Linear circuits, Part 1: Time-domain analysis; Part 2: Frequency-domain analysis. Reading, Mass.: Addison-Wesley, 1960.
FRANK, E.: Electrical measurement analysis. New York: McGraw Hill, 1959.
SESHU, S. and N. BALABANIAN: Linear network analysis. New York: Wiley, 1959.
BALABANIAN, N.: Network synthesis. Englewood Cliffs, New Jersey: Prentice Hall, 1958.
GUILLEMIN, E. A.: Introductory circuit theory. New York: Wiley, 1963.
GUILLEMIN, E. A.: The mathematics of circuit analysis. New York: Wiley, 1956.
GUILLEMIN, E. A.: Synthesis of passive networks. Theory and methods appropriate to the realization and approximation problems. New York: Wiley, 1957.
GUILLEMIN, E. A.: Communication networks, Bd. I: The classical theory of lumped constant networks; Bd. II: The classical theory of lines, cables and filters. New York: Wiley, 1953.
WEBER, E.: Linear transient analysis. New York: Wiley, 1954.
WHEELER, H. A.: The interpretation of amplitude and phase distortion in terms of paired echoes. Proc. IRE **27**, 359 (1939).
DITORO, M. J.: Phase and amplitude distortion in linear networks. Proc. IRE **36**, 24 (1948).

2.4.3. Laplace-Transformation

DOETSCH, G.: Anleitung zum praktischen Gebrauch der Laplace-Transformation. München: Oldenbourg, 1961.

DOETSCH, G.: Handbuch der Laplace-Transformation, Bd. 1—3. Basel: Birkhäuser, 1950—56.

NIXON, F. E.: Beispiele und Tafeln zur Laplace-Transformation. Stuttgart: Franckh, 1964.

DAY, W. D.: Introduction to Laplace transforms for radio and electronic engineers. London: Iliffe, 1960.

THOMPSON, W. T.: Laplace transformation. Englewood Cliffs, New Jersey: Prentice Hall, 1960.

JAEGER, J. C.: Introduction to Laplace-transformation with engineering applications. London: Methuen Monographs, 1949.

PANTER, P. F.: Modulation, noise and spectral analysis. New York: MacGraw Hill, 1965.

JAVID M. and E. BRENNER: Analysis, transmission and filtering of signals. New York: McGraw Hill, 1963.

SCHWARZ, R. J. and B. FRIEDLAND: Linear systems. New York: McGraw Hill, 1965.

SU, K. L.: Active network synthesis. New York: McGraw Hill, 1965.

KU, Y. H.: Transient circuit analysis. Princeton: Van Nostrand, 1961.

CHENG, D. K.: Analysis of linear systems. Reading, Mass.: Addison-Wesley, 1959.

2.4.4. Übertragungsleitungen

LEWIS, I. A. D. and F. H. WELLS: Millimicrosecond pulse techniques. London: Pergamon, 1959.

WOHLERS, M. R.: Lumped and distributed passive networks. New York: Academic Press, 1969.

MATICLE, R. E.: Transmission lines for digital and communication networks. New York: McGraw Hill, 1969.

RAGAN, G. L., Hrsg.: Microwave transmission circuits. New York: McGraw Hill, 1948, MIT Series 9.

JOHNSON, W. C.: Transmission lines and networks. New York: McGraw Hill, 1950.

MORRISON, R.: Grounding and shielding techniques in instrumentation. New York: Wiley, 1967.

MAGNUSSON, P. C.: Transmission lines and wave propagation. Boston: Allyn and Bacon, 1965.

BLAKE, L. V.: Transmission lines and waveguides. New York: Wiley, 1969.

JACKSON, W.: High frequency transmission lines. London: Methuen, 1958.

SCHELKUNOFF, S. A.: Electromagnetic waves. Princeton: Van Nostrand, 1943.

CUMMINGS, A. J. and A. R. WILSON: New techniques for superconducting cables. IEEE Trans. Nucl. Sci. NS **13**/1, 321 (1966).

ZIOCK, K.: An impedance matched delay-line clip. Nucl. Instr. Meth. **37**, 351 (1965).

SCHWARTZ, R. B. and A. C. B. RICHARDSON: Behaviour of coaxial connectors for pulses with ns risetimes. Nucl. Instr. Meth. **29**, 83 (1964).

WIGGINGTON, R. L. and N. S. NAHMAN: Transient analysis of coaxial cables considering skin effect. Proc. Inst. Radio Engrs. **45**, 166 (1957).

TURIN, G. L.: Steady state and transient analysis of lossy coaxial cables. Proc. Inst. Radio Engrs. **45**, 878 (1957).

GRIEMSMANN, J. W. E.: An approximate analysis of a coaxial line with a helical dielectric support. IRE Trans. Microwave, Theory and Tech. MTT **4**, 13 (1956).

VALLESE, L. M.: Diffusion of pulsed currents in conductors. J. Appl. Phys. **25**, 225 (1954).

BEHREND, P. und K. SCHEUERMANN: Theorie der Impulsverzerrung in Koaxial-Kabeln. Der Fernmelde-Ing. **7**, Heft 4 (1953).

PÖSCHL, K.: Wellenfortpflanzung längs einer Wendel mit zylindrischem Außenleiter. Arch. elektr. Übertragung **7**, 518 (1953).

ASCOLI, R.: Theory of compensated delay lines. Nuovo Cim. **8**, 914 (1951).

SMITH, P. H.: Optimum coax diameters. Electronics **23**, 111 (1950).

BLEWETT, J. P. and J. H. RUBEL: Video delay lines. Proc. Inst. Radio Engrs. **35**, 1580 (1947).

3. Diskrete aktive Halbleiterelemente

Für das Verständnis der in den Kapiteln 4 bis 6 besprochenen Schaltungen ist die Kenntnis der wichtigsten Eigenschaften der verwendeten aktiven Elemente unumgänglich. Weitergehende Beschreibungen, auch anderer Elemente, findet man in der angegebenen Literatur (s. 3.4). Die Schalteigenschaften verschiedener Elemente werden in 5.2. behandelt.

3.1. Der Transistor

Der (bipolare) Transistor ist ein Halbleiterelement mit zwei p-n-Übergängen und drei Anschlüssen (s. Abb. 3.1.1). Je nachdem, ob die p-Schicht oder die n-Schicht den beiden Übergängen gemeinsam ist, unterscheidet man npn- und pnp-Transistoren; nach dem verwendeten Halbleitermaterial Silizium-Transistoren und Germanium-Transistoren. Zufolge der leichteren Herstellung sind Si-Transistoren überwiegend von der npn-Type und Ge-Transistoren von der pnp-Type.

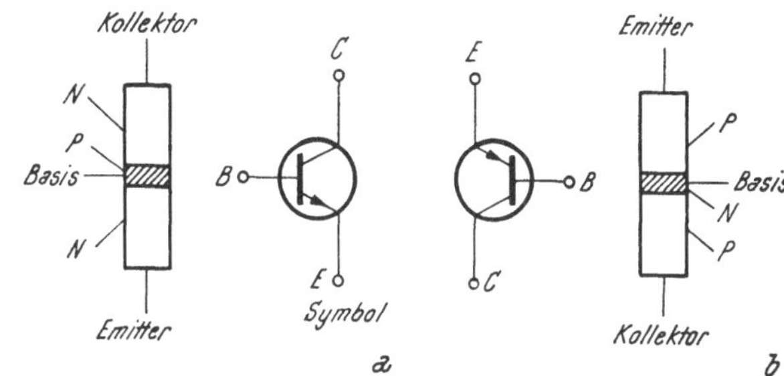

Abb. 3.1.1.
Prinzipieller Aufbau eines Flächentransistors
a) NPN-Typ *b*) PNP-Typ

Die drei Anschlüsse eines Transistors heißen Emitter, Basis und Kollektor. Der Basisanschluß führt zur mittleren Schicht. Der Emitter- und der Kollektoranschluß sind in erster Näherung gleichwertig, weshalb jeder Transistor auf zweierlei Art verwendet werden kann: „normal" und „invers". Im normalen Betrieb können die vom Hersteller durch den Aufbau und durch die Dotierungsunterschiede in den beiden Übergängen erhaltenen speziellen Eigenschaften des Transistors voll ausgenützt werden, während beim inversen Betrieb in einigen Schaltanwendungen bessere Ergebnisse erhalten werden.

In den Datenblättern sind üblicherweise nur die „normalen" Eigenschaften beschrieben. Ein Transistor-Datenblatt enthält folgende Informationen:

A. Beschreibung des mechanischen Aufbaus und des Verwendungszwecks.

B. Absolute Grenzwerte (absolute maximum ratings): Elektrische und thermische Werte, bei deren Überschreitung — auch nur eines einzigen — irreversible Veränderungen eintreten, durch die der Transistor geschädigt wird.

Da ist zunächst die maximal zulässige Sperrschichttemperatur T_j, deren Überschreitung eine Änderung der Dotierung infolge thermischer Diffusion zur Folge hat. Gemeinsam mit dem Wärmewiderstand, der die Abfuhr der Wärmemenge von der Kollektorsperrschicht beschreibt, ist T_j für die maximal zulässige Verlustleistung N_{tot} im Transistor von Bedeutung.

Weiters sind beim Betrieb von Transistoren die Durchbruchspannungen BV (break-down voltage) der gesperrten p-n-Übergänge zu beachten. Die Durchbruchspannung BV_{CBO} zwischen Kollektor und Basis bei offenem Emitter ($I_e = 0$) ist im allgemeinen (wesentlich) größer als BV_{CEO} (die Durchbruchspannung zwischen Kollektor und Emitter bei offener Basis). Die Berührspannung V_{PT} (punch-through voltage) gibt an, bei welcher Spannung die Kollektorsperrschicht so breit wird, daß sie auf den Basis-Emitter-Übergang übergreift und so die Basiszone kurzschließt.

Zufolge der meistens bestehenden Asymmetrie ist die Durchbruchspannung BV_{EBO} zwischen Basis und Emitter gewöhnlich bedeutend kleiner als BV_{CBO}.

Eine weitere Begrenzung der Anwendbarkeit eines Transistors ist durch den maximalen Kollektorstrom $I_{C\max}$ gegeben.

C. Elektrische Kenndaten: Sie sind als Mittelwert vieler Exemplare anzusehen. Oft werden außer den typischen Werten auch garantierte Mindestwerte angegeben. Der Sperrstrom der Kollektor-Basis-Sperrschicht bei offenem Emitter ist der Reststrom I_{CBO}. Er setzt sich aus einem spannungsabhängigen Oberflächenstrom und einem temperaturabhängigen Paarbildungsstrom zusammen. Bei Ge-Transistoren liegt I_{CBO} typischerweise bei 10^{-6} A, bei Si-Transistoren bei 10^{-9} A. Pro 10° C Temperaturerhöhung erhält man für beide Typen etwa eine Verdopplung des Reststroms.

Unter dem Sperrstrom I_{CER} versteht man jenen Kollektorstrom, der durch den Transistor fließt, wenn die Basis mit dem Emitter durch einen Widerstand R verbunden ist. Ist $R = \infty$, d. h. ist die Basis offen, so fließt der Strom I_{CEO}, der etwa um die Stromverstärkung des Transistors größer als I_{CBO} ist. Ist $R = 0$, so fließt der Reststrom I_{CES}.

Die Basis-Emitter-Spannung U_{BE} des leitenden Transistors ist als Eigenschaft der Basis-Emitter-Diode temperaturabhängig. Eine Temperaturabhängigkeit von etwa $-2{,}5$ mV / °C kann als typisch angesehen werden.

Unter der Gleichstromverstärkung h_{FE} versteht man das Verhältnis von Kollektorstrom zu Basisstrom bei einer Emitterschaltung mit $R_L = 0$.

Die für die Verstärkung kleiner Signale maßgebenden Transistoreigenschaften wollen wir im Zusammenhang mit den Transistor-Kennlinien besprechen.

D. Kennlinien: Das typische Verhalten von nichtlinearen Elementen, also auch des Transistors, gegenüber niederfrequenten elektrischen Signalen wird durch die Kennlinien (s. Abb. 3.1.2) vollständig beschrieben. Man bevorzugt dabei die Darstellung des Verhaltens in E-Schaltung (s. 2.1.5.1), bei der der Emitter sowohl dem Eingang als auch dem Ausgang gemeinsam ist und die deshalb „Emitterschaltung“ heißt (s. 4.1.1.4).

Meistens wird sowohl der Kollektorstrom i_C als auch die Eingangsspannung u_{EB} als Funktion von i_B bei festgehaltenem U_{CE} dargestellt bzw. als Funktion von u_{CE} bei festgehaltenem I_B. Dies entspricht der Beschreibung eines linearen Vierpols durch die Hybridform, entsprechend [2.1.26].

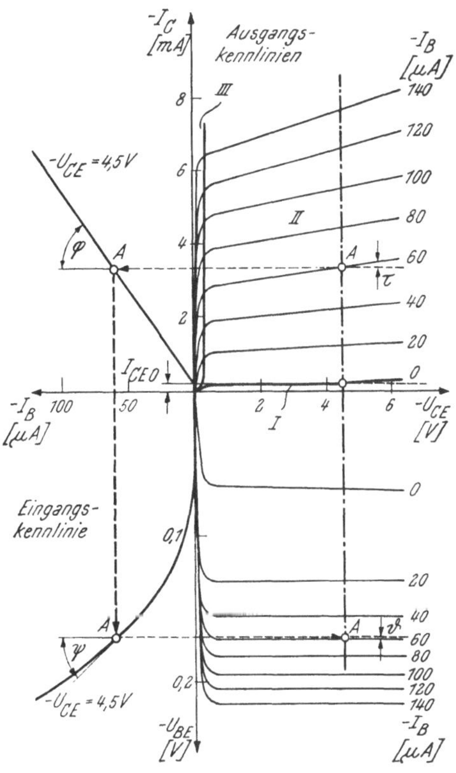

Wenn wir von dem oben erwähnten inversen Betrieb absehen, unterscheiden wir drei Betriebsbereiche des Transistors:

1. Der Sperrbereich (cutoff region): Sowohl die Basis-Kollektor-Diode als auch die Basis-Emitter-Diode sind gesperrt. Der Kollektorstrom besteht nur aus dem Sperrstrom. Im Ausgangskennlinienfeld von Abb. 3.1.2 ist dieser Bereich mit *I* gekennzeichnet.

Abb. 3.1.2. Typische Kennlinien eines Transistors in Emitterschaltung

2. Der Verstärkerbereich (active region): Die Basis-Kollektor-Diode ist gesperrt, die Basis-Emitter-Diode leitend. Mit dieser Vorspannung arbeitet der Transistor als Verstärker. Der entsprechende Bereich ist in Abb. 3.1.2 durch *II* gekennzeichnet.

3. Der Sättigungsbereich (saturation region): Im Bereich *III* von Abb. 3.1.2 sind beide Dioden offen, die Ausgangsimpedanz und die Stromverstärkung sind bedeutend kleiner als im Bereich *II*.

Die beiden Bereiche *I* und *III* sind für die Schalteranwendung des Transistors von großer Bedeutung (s. 5.2.2). Für die Kleinsignalverstärkung ist jedoch nur der Bereich *II* von Interesse.

3.1.1. Niederfrequenzverhalten

Das Verhalten des Transistors im Verstärkerbereich gegenüber niederfrequenten Kleinsignalen läßt sich durch verschiedene Modelle beschreiben. Bevorzugt wird einerseits das hybride Modell (s. Abb. 3.1.3 bzw. Abschnitt 2.1.5.1), andererseits die sogenannte T-Ersatzschaltung (Abb. 3.1.4).

Die Vierpolparameter für das hybride Modell erhält man entweder direkt aus dem Datenblatt oder aber aus den Kennlinien.

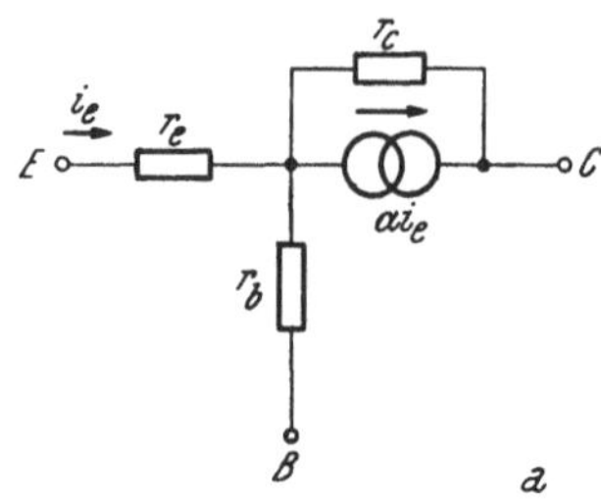

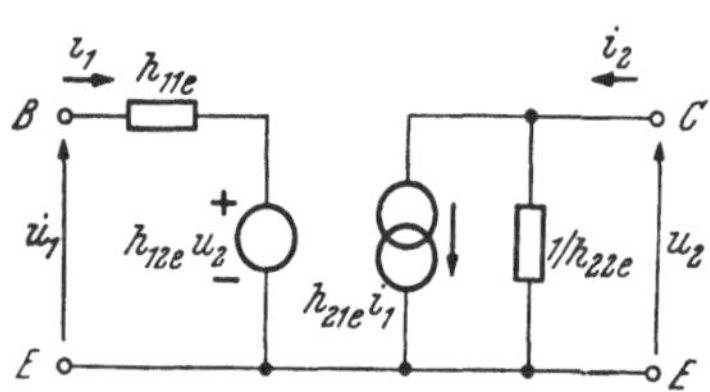

Abb. 3.1.3. Hybrides Modell eines Transistors in Emitterschaltung

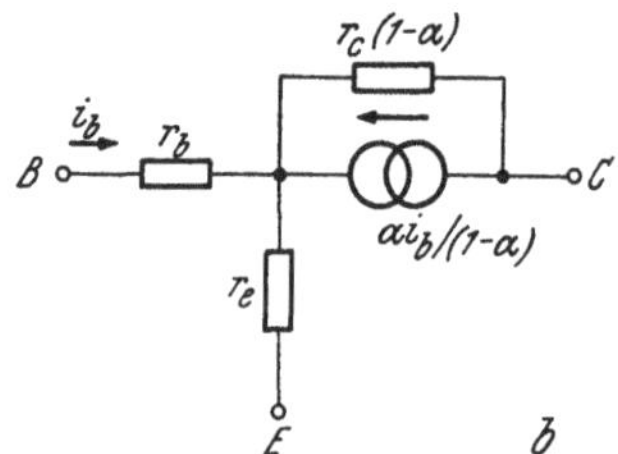

Abb. 3.1.4. *T*-Ersatzschaltung eines Transistors
a) Emitterstrom als Steuerstrom
b) Basisstrom als Steuerstrom

In den Datenblättern wird manchmal statt der in 2.1.5.1 eingeführten Bezeichnungsweise die der englischsprachigen Literatur verwendet:

$h_{11} = h_i$ („input")
$h_{12} = h_r$ („reverse transfer")
$h_{21} = h_f$ („forward transfer")
$h_{22} = h_o$ („output")

Zusätzlich wird durch die Erweiterung des Index durch den Buchstaben *e*, *b* oder *c* angezeigt, auf welche Weise der Transistor (der ja ein Dreipol ist) als Vierpol geschaltet ist (s. 2.1.5.1), d. h. welche Transistorgrundschaltung (s. 4.1.1.4) vorliegt.

Wenn wir den als Dreipol dargestellten idealen stromgesteuerten Stromgenerator von Abb. 2.1.26 durch drei Widerstände erweitern, erhalten wir das T-Ersatzschaltbild des Transistors. Die vorkommenden Widerstände kann man mit Bahnwiderständen identifizieren, weshalb das T-Ersatzschaltbild besonders anschaulich ist. Je nachdem, ob der Transistor in Basisschaltung oder in Emitterschaltung verwendet wird, wird man analog zu Abb. 2.1.26 *b* und Abb. 2.1.26 *c* eine der beiden T-Ersatzschaltungen von Abb. 3.1.4, die leicht ineinander übergeführt werden können, benützen.

Die Transistorparameter sind nicht nur vom Arbeitspunkt (i_C, u_{CE}) abhängig, sondern sie sind auch von Exemplar zu Exemplar derselben Type mehr oder weniger verschieden. Besonders groß ist aber die Typenabhängigkeit (Herstellungsart, Ausgangsmaterial usw.), weshalb man keine für alle

Transistoren gültigen typischen Parameter angeben kann. Um wenigstens einen Einblick in die Größenordnung der einzelnen Parameter zu erhalten, sind nachstehend die typischen Parameter des Si-npn-Planar-Transistors 2N1711 (im Arbeitspunkt $U_{CE} = 5$ V, $I_C = 1$ mA) angeführt.

$$h_{11e} = 4{,}4\ \mathrm{k\Omega}$$
$$h_{12e} = 7{,}3 \cdot 10^{-4}$$
$$h_{21e} = 100$$
$$h_{22e} = 23{,}8\ \mu\mathrm{S}$$
$$\Delta h_e = h_{11e} h_{22e} - h_{12e} h_{21e} = 0{,}0317$$

Daraus erhalten wir die Größen der T-Ersatzschaltung.

$$r_e = h_{12e}/h_{22e} = 30{,}7\ \Omega \qquad [3.1.1]$$

$$r_b = (\Delta h_e - h_{12e})/h_{22e} = 1{,}3\ \mathrm{k\Omega} \qquad [3.1.2]$$

$$r_c = (1 + h_{21e})/h_{22e} = 4{,}2\ \mathrm{M\Omega} \qquad [3.1.3]$$

$$\alpha = (h_{12e} + h_{21e})/(1 + h_{21e}) = 0{,}99 \qquad [3.1.4]$$

Die in den Datenblättern vorkommenden Vorzeichen der einzelnen Größen folgen aus der Wahl der Bezugselektrode (entsprechend der verwendeten Grundschaltung) und der Art des Transistors. In Emitterschaltung wird z. B. die Eingangsspannung u_{EB} eines npn-Transistors positiv, die eines pnp-Transistors negativ ($-u_{EB}$) angegeben. Für die Praxis hat dies jedoch nur geringe Bedeutung, weshalb wir dieses Vorzeichen nicht berücksichtigen.

3.1.2. Hochfrequenzverhalten

Es ist üblich, das Verhalten eines Transistors bei höheren Frequenzen durch ein hybrides π-Modell entsprechend Abb. 3.1.5 zu beschreiben. Die Parameter gelten dabei nur für den gewählten Arbeitspunkt, sind aber als unabhängig von der Frequenz angenommen.

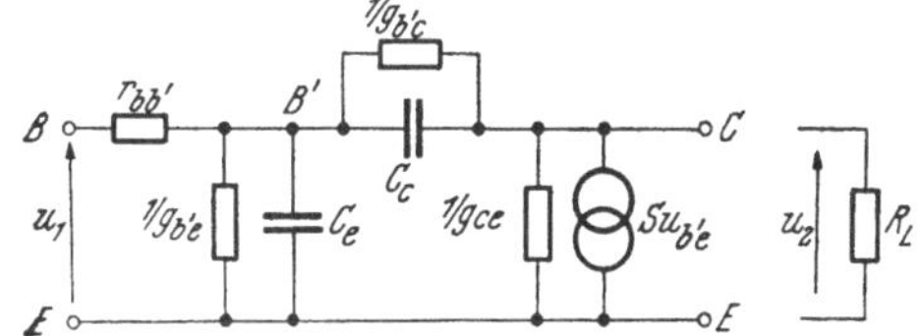

Abb. 3.1.5. Das hybride Π-Modell eines Transistors in Emitterschaltung

Der innere Basispunkt B' ist nicht zugänglich. Er stellt den Verbindungspunkt von drei Widerständen des Modells dar und kommt daher im Index der entsprechenden drei Widerstände vor. Da der Transistor hier als spannungsgesteuerter Stromgenerator (s. 2.1.5.1) betrachtet wird, ist die Steilheit S (bzw. g_m) die für die Verstärkung entscheidende Größe. S ist proportional i_e und umgekehrt proportional der absoluten Temperatur. Es gilt

$$S = \frac{h_{21e}}{1 + h_{21e}} \cdot \frac{|i_e|}{\eta\, U_T} \quad [\mathrm{A/V}] \qquad [3.1.5\ \mathrm{a}]$$

mit $U_T = k\,T/q_e \approx 26$ mV (bei 300° K) und $\eta = 1$ für Ge bzw. ≈ 2 für Si.

Bei $h_{21e} \gg 1$ wird daraus

$$S \approx |i_e| / 0{,}026. \quad [\mathrm{A/V}] \tag{3.1.5 b}$$

Mit den Kleinsignalparametern von Abb. 3.1.3 erhält man die folgenden Beziehungen für die Hochfrequenzparameter:

$$g_{b'e} = 1/r_{b'e} = S/h_{21e}, \tag{3.1.6}$$

$$r_{bb'} = h_{11e} - r_{b'e}, \tag{3.1.7}$$

$$g_{b'c} = 1/r_{b'c} = h_{12e} g_{b'e}, \tag{3.1.8}$$

$$g_{ce} = 1/r_{ce} = h_{22e} - (1 + h_{21e}) g_{b'c}. \tag{3.1.9}$$

Die Sperrschichtkapazität C_c findet man in den Datenblättern als C_{0b}. Es handelt sich dabei um die Ausgangskapazität des Transistors in Basisschaltung bei offenem Eingang (also $i_e = 0$). Bei schnellen Transistoren liegt der Wert von C_{0b} bei 10^{-12} F.

Die Emitterkapazität C_e ist typischerweise um ein bis zwei Größenordnungen größer. Ihr Wert läßt sich durch jene Frequenz f_T, bei der die Kurzschlußstromverstärkung in Emitterschaltung auf eins sinkt, folgendermaßen angenähert angeben:

$$C_e \approx S/2\pi f_T. \tag{3.1.10}$$

Diese Frequenz f_T wollen wir nun an Hand eines vereinfachten Modells berechnen. Bei Kurzschluß am Ausgang ist der Widerstand $1/g_{ce}$ überbrückt, C_c liegt dann parallel zu C_e und $g_{b'c}$ parallel zu $g_{b'e}$. Wegen $g_{b'c} \ll g_{b'e}$ können wir $g_{b'c}$ vernachlässigen und erhalten so das vereinfachte Modell von Abb. 3.1.6.

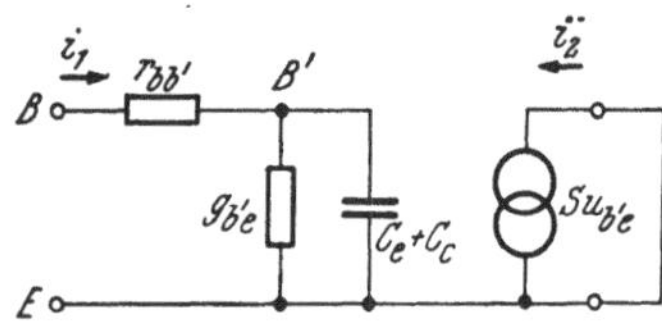

Abb. 3.1.6. Vereinfachtes Modell zur Bestimmung der Kurzschluß-Stromverstärkung

Zuerst wollen wir die Spannung $u_{b'e}$ am inneren Basispunkt B' berechnen. Diese ergibt sich aus i_1 und der Parallelschaltung von $(C_e + C_c)$ mit $g_{b'e}$ zu

$$u_{b'e}(j\omega) = i_1(j\omega)/[g_{b'e} + j\omega(C_e + C_c)]. \tag{3.1.11}$$

Damit erhält man die Kurzschlußstromverstärkung G_{i0} zu

$$G_{i0} = i_2/i_1 = S u_{b'e}/i_1 = S/[g_{b'e} + j\omega(C_e + C_c)]. \tag{3.1.12 a}$$

Mit $g_{b'e} = S/h_{21e}$ nach [3.1.6] wird daraus

$$G_{i0} = h_{21e}/(1 + jf/f_{ae}), \tag{3.1.12 b}$$

wobei

$$f_{ae} = \frac{1}{2\pi} \frac{g_{b'e}}{C_e + C_c} = \frac{1}{h_{21e}} \frac{S}{2\pi(C_e + C_c)} \tag{3.1.13}$$

die „α-Grenzfrequenz in Emitterschaltung“ darstellt, d. h. jene Frequenz, bei der die Kurzschlußstromverstärkung um 3 dB gesunken ist. f_{ae} stellt somit auch die Bandbreite der Anordnung von Abb. 3.1.6 dar. Die Frequenzabhängigkeit von G_{i0} ist also völlig analog zu der in Abb. 2.2.6 dargestellten: ab der oberen Grenzfrequenz f_{ae} nimmt die Stromverstärkung um 20 dB pro Dekade ab.

Schließlich erhalten wir die Transitfrequenz f_T, also die Frequenz, bei der $|G_{i0}| = 1$ wird, aus [3.1.12 b] mit $h_{21e} \gg 1$ zu

$$f_T \approx h_{21e} f_{ae} \qquad [3.1.14\,a]$$

bzw. unter Verwendung von [3.1.13] und mit der praktisch immer erfüllten Bedingung $C_e \gg C_c$

$$f_T \approx \frac{S}{2\pi C_e}. \qquad [3.1.14\,b]$$

Die Transitfrequenz f_T stellt nach [3.1.14 a] das Stromverstärkung-Bandbreite-Produkt des Transistors in Emitterschaltung bei kurzgeschlossenem Ausgang dar. Die Arbeitspunktabhängigkeit von f_T wird oft in Form von Diagrammen angegeben. Wie man aus Abb. 3.1.7 sieht, ist f_T sowohl von

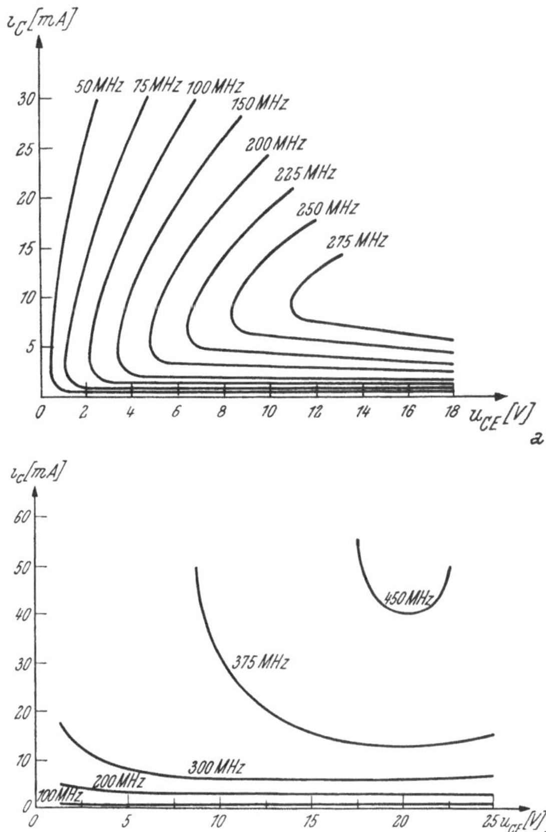

Abb. 3.1.7. Die Abhängigkeit der Transitfrequenz f_T vom Arbeitspunkt
a) Schalt-Transistor
b) Oszillator-Transistor

i_e als auch von u_{CE} abhängig. Die Abhängigkeit ist jedoch bei den einzelnen Transistortypen verschieden.

Außer $f_{ae} (= f_\beta = f_{hfe})$ und f_T wird oft noch die obere Grenzfrequenz f_a der Kurzschlußstromverstärkung in der Basisschaltung angegeben, die analog zu [3.1.12 b] durch

$$\alpha_b = \frac{\alpha_b (f = 0)}{1 + j(f/f_a)}. \qquad [3.1.15]$$

definiert ist.

Wegen

$$f_a = f_{ab} = f_{ae} h_{21e} \qquad [3.1.16]$$

und [3.1.14 a] sollte gelten

$$f_a \approx f_T.$$

Die Abweichung hievon (f_a ist im allgemeinen größer) hat ihren Grund in der verwendeten Ersatzschaltung, die das wahre Verhalten des Transistors nur näherungsweise beschreibt.

3.2. Der Feldeffekttransistor

Beim Feldeffekttransistor (FET) wird der leitende Querschnitt des Grundmaterials — des Kanals — durch eine Spannung an der Steuerelektrode, dem sogenannten „Gate"-Anschluß, beeinflußt. Dadurch wird der Stromfluß zwischen den beiden anderen Anschlüssen, dem „Drain"- und dem „Source"-Anschluß, gesteuert. Der FET ist also seinem Wesen nach als spannungsgesteuerter Stromgenerator anzusprechen.

Der Stromfluß wird durch die Majoritätsladungsträger des Kanals aufrechterhalten, weshalb FET als „unipolare" Transistoren bezeichnet werden (im Gegensatz zu den gewöhnlichen, den „bipolaren" Transistoren). Je nach der Art der Majoritätsladungsträger bzw. der Dotierungsart des Kanals unterscheidet man zwei komplementäre FET-Typen: p-Kanal-FET und n-Kanal-FET.

Eine weitere Unterscheidung der FET ergibt sich aus dem Steuerungsmechanismus: Bei den Sperrschicht-FET gibt es zwischen Gate und Drain bzw. Source einen (gesperrten) p-n-Übergang, bei den übrigen FET ist der Gate-Anschluß vom Kanal isoliert.

3.2.1. Der Sperrschicht-FET

In Abb. 3.2.1 ist der prinzipielle Aufbau eines n-Kanal-Sperrschicht-FETs und ein typisches Ausgangskennlinienfeld dargestellt. Der Gate-Anschluß entspricht dabei dem Gitter der Vakuumröhre (bzw. der Basis), der Drain-Anschluß der Anode (bzw. dem Kollektor) und der Source-Anschluß der Kathode (bzw. dem Emitter). Der Source-Anschluß ist somit der übliche Bezugspunkt für die Eingangsspannung u_G. Hält man $u_G = 0$, so bekommt man folgende Abhängigkeit des Drain-Stromes von der Drain-Spannung: Zuerst nimmt der Strom entsprechend der Leitfähigkeit des Kanals etwa proportional zur Spannung zu. Mit der Drain-Spannung nimmt jedoch auch die Sperrspannung des p-n-Überganges zwischen Gate und Drain zu, wodurch die Raumladungszone größer wird und in den Kanal übergreift. Dadurch wird die Leitfähigkeit des Kanals vermindert.

Wie man in Abb. 3.2.1 *a* sieht, bildet sich die Sperrschicht nicht gleichförmig aus, sondern sie ist in der Nähe des Drain-Anschlusses ausgeprägter. Dies liegt am ohmschen Spannungsabfall zwischen Drain und Source, durch den die Größe der zur Verfügung stehenden Sperrspannung bei Annäherung an den Source-Anschluß immer mehr abnimmt. Ab einem bestimmten Wert der Drain-Spannung, bei der sogenannten „Abschnürspannung“ U_P (pinch-off voltage), nimmt der Drain-Strom i_D auch bei einer weiteren Erhöhung der Drain-Spannung nicht mehr zu, sondern behält den Sättigungswert I_{DSS} (bis zum Durchbruch der Sperrschicht) nahezu unverändert bei (s. Abb. 3.2.1 *b*). Daß durch die Abschnürung der Stromfluß nicht unterbrochen, sondern nur begrenzt wird, läßt sich so erklären, daß die Sperrspannung zwischen dem Gate-Anschluß und der Stelle der größten Verengung im Kanal, die für die Abschnürung verantwortlich ist, durch den vom Strom I_{DSS} im Kanal hervorgerufenen Spannungsabfall entscheidend beeinflußt wird.

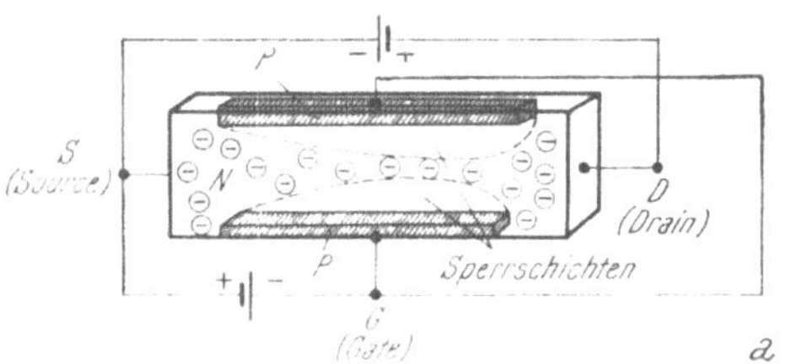

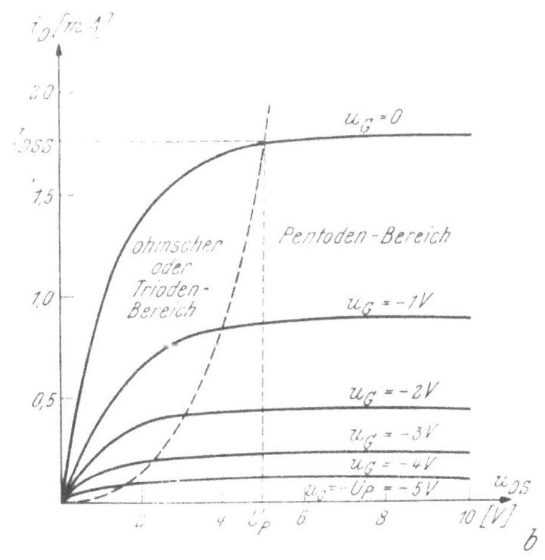

Abb. 3.2.1. Sperrschicht-*n*-Kanal-FET
a) prinzipieller Aufbau
b) Ausgangskennlinienfeld

Legt man an die Gate-Elektrode (eines n-Kanal-FETs) eine (bezogen auf den Source-Anschluß) negative Spannung $u_G < 0$, so erhöht sich die Sperrspannung des p-n-Übergangs um diesen Wert und die Abschnürspannung (und der zugehörige Sättigungs-Drain-Strom) ist niedriger. Ist die Sperrspannung dem Betrag nach gleich $U_P = U_{GS(\mathrm{off})}$, so ist der Kanal bereits mit $u_D = 0$ abgeschnürt und es fließt praktisch kein Strom durch den FET, er ist für jede zulässige Drain-Spannung $u_D \geq 0$ gesperrt.

Durch eine positive Steuerspannung erhält man einen Drain-Strom i_D, der größer ist als bei $u_G = 0$. u_G darf (bei Si-FET) nicht größer als etwa 0,5 Volt werden, um zu vermeiden, daß die Sperrschicht leitend wird und der FET seine Steuerbarkeit verliert.

Da im normalen Betrieb die Sperrschicht zwischen Gate und Kanal gesperrt ist, erhält man eine hohe Eingangsimpedanz (Sperrwiderstand einer Diode). Für niedrige Frequenzen liegt sie um $10^9\,\Omega$ und darüber. Sie wird wesentlich vom Gate-Source-Sperrstrom I_{GS} (gate-source cutoff current) bestimmt, der wie jeder Sperrstrom (s. 3.1) temperaturabhängig ist. Bei höheren Frequenzen spielt vor allem die Gate-Source-Kapazität C_{gs} eine wesentliche Rolle.

Neben der Eingangsimpedanz, dem Gate-Source-Sperrstrom und der Pinch-off-Spannung U_P sind noch folgende Kennwerte von Interesse:

Der Drain-Strom I_{DSS} bei $U_G = 0$ und $U_D \geq U_P$, der durch die geometrischen Abmessungen und die spezifische Leitfähigkeit des Kanals festgelegt ist.

Die Steilheit y_{21s} ist bei allen FET die wichtigste dynamische Kenngröße. (Der Index s deutet auf die Source-Grundschaltung, wie die E-Schaltung bei den FET genannt wird.) Da die Steilheit bis nahe zur Grenzfrequenz konstant bleibt, wird y_{21s} nur für eine Frequenz, und zwar beim Strom I_{DSS}, angegeben. Die Steilheit nimmt mit i_D ab (s. Abb. 3.2.2). Die größten Werte von y_{21s} liegen derzeit bei etwa 30 mA/V (bzw. mS).

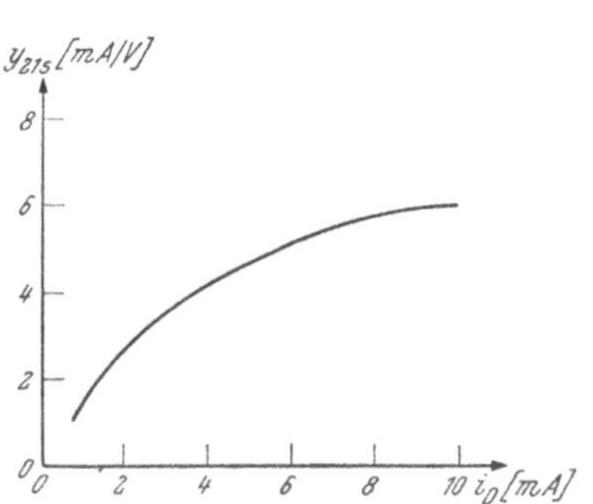

Abb. 3.2.2. Abhängigkeit der Steilheit y_{21s} vom Drainstrom

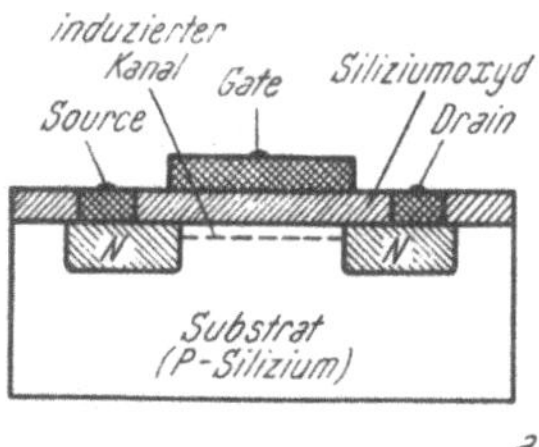

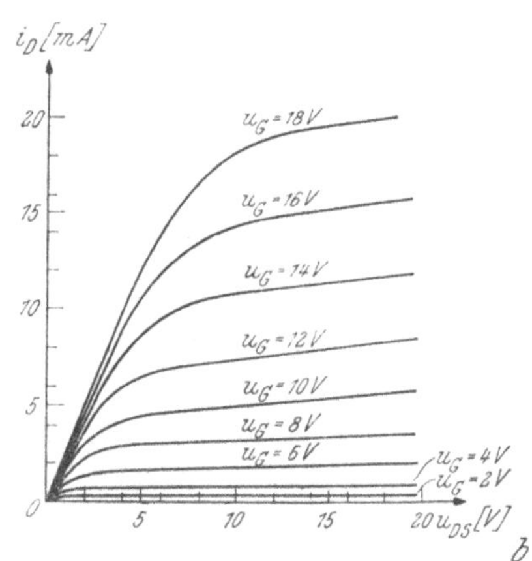

Abb. 3.2.3. n-Kanal MOS-FET (Erregungstype)
a) prinzipieller Aufbau
b) Ausgangs-Kennlinienfeld

Die Ausgangsimpedanz in E-Schaltung $1/y_{22s}$ liegt typischerweise zwischen 10^4 und $10^5\,\Omega$. Sie ändert sich gegensinnig mit i_D. Bis etwa 10^6 Hz bleibt sie reell.

Der Kanalwiderstand $r_{DS(on)}$ zwischen Drain und Source, der sich aus der Steigung der Kennlinie in der Nähe des Nullpunktes bestimmen läßt, beeinflußt die Schaltgeschwindigkeit und ist deshalb vor allem für Schaltanwendungen der FET (s. 5.2.3) von Bedeutung.

Die Drain-Gate-Durchbruchspannung BV_{DG} legt die maximale Betriebsspannung fest.

Das Rauschen von FET wird in 4.2.5.4 besprochen.

3.2.2. Der MOS-FET

Beim MOS-FET ist der Gate-Anschluß durch eine dünne Oxydschicht vom Kanal isoliert; es bildet sich also keine Sperrschicht aus. Der Kanal liegt zwischen der Oxydschicht und dem (entgegengesetzt dotierten) Substrat (s. z. B. den n-Kanal-MOS-FET in Abb. 3.2.3).

Die Funktionsweise des (n-Kanal-)MOS-FETs läßt sich etwa folgendermaßen erläutern: Eine positive Gate-Spannung $u_G > 0$ bewirkt durch die Kondensatorwirkung (Gate-Isolatorschicht-Substrat) im Substrat eine negative Aufladung, wodurch die p-Dotierung kompensiert und der Kanalquerschnitt vergrößert wird, weshalb i_D zunimmt. Eine negative Gate-Spannung hat gerade den umgekehrten Effekt. Auf diese Weise läßt sich i_D durch u_G steuern, und zwar gegenüber I_{DSS} sowohl vergrößern als auch vermindern. Solche FET gehören darum zu den Drosselungs-Erregungs-Typen (depletion-enhancement type).

Da I_{DSS} auch beim MOS-FET von den Kanalabmessungen abhängt, lassen sich auch MOS-FET mit $I_{DSS} = 0$ (bzw. $I_{DSS} < 10^{-8}$ A) herstellen. Bei ihnen ist mit $u_G = 0$ kein leitender Kanal vorhanden, dieser wird vielmehr erst durch die oben besprochene Kondensatorwirkung hervorgerufen. Eine entsprechend gepolte Gate-Spannung erregt in diesem FET einen Drain-Strom. Es handelt sich also um einen FET der Erregungstype (enhancement type).

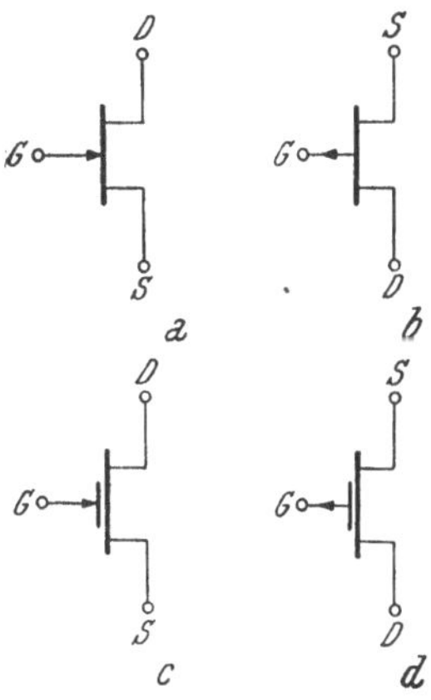

Abb. 3.2.4. Symbole für FET-Trioden
a) *n*-Kanal-Sperrschicht-FET
b) *p*-Kanal-Sperrschicht-FET
c) *n*-Kanal-MOS-FET
d) *p*-Kanal-MOS-FET

Infolge des hohen Isolationswiderstandes der Oxydschicht ist die Eingangsimpedanz von MOS-FET noch höher als bei Sperrschicht-FET. Sie liegt typischerweise bei 10^{15} Ω. Die Oxydschicht ist sehr dünn und hat eine begrenzte Spannungsfestigkeit. Da infolge der Hochohmigkeit praktisch keine Ladung abfließt, genügt oft schon die statische Aufladung der Kapazität C_{gs} allein, daß die Durchschlagspannung überschritten und der FET zerstört wird. Deshalb ist besondere Vorsicht geboten. So soll der Kurzschlußbügel, durch den der FET während des Transportes geschützt ist, erst nach Einbau des FETs in die Schaltung entfernt werden.

Bei den Drosselungs-Erregungs-Typen werden die gleichen Kennwerte wie bei den Sperrschicht-FET angegeben. Bei den reinen Erregungstypen ist aber z. B. die Angabe einer Pinch-off-Spannung sinnlos. Statt dessen wird die Gate-Schwellenspannung U_{gth} (gate threshold voltage) angegeben, das ist jene Gate-Spannung, bei der sich der Kanal auszubilden beginnt und der Drain-Strom einsetzt.

Die Symbole für die einzelnen FET-Arten sind in Abb. 3.2.4 dargestellt.

3.3. Die Tunneldiode

Die Tunneldiode unterscheidet sich von einer normalen Halbleiterdiode vor allem dadurch, daß sie sowohl in der n-Schicht als auch in der p-Schicht um einen Faktor 10^2 bis 10^3 stärker dotiert ist. Dadurch entsteht eine extrem dünne Verarmungszone ($\approx 10^{-6}$ cm), die einen Stromfluß auf Grund des quantenmechanischen Tunneleffektes zuläßt.

In Abb. 3.3.1 wird das Zustandekommen der Kennlinie einer Ge-Tunneldiode erläutert. Während bei einer normalen Flächendiode in der Durchlaßrichtung der Strom erst bei einigen Zehntel Volt stärker zu fließen beginnt, nimmt bei einer Tunneldiode der Strom schon gleich nach dem Nullpunkt kräftig zu. Diese Zunahme erfolgt nur bis zu einem bestimmten Wert, dem Höckerstrom I_P (peak current). Dann nimmt der Strom mit zunehmender Spannung ab (negative Impedanz). Das Stromminimum, das sich in der Kennlinie vor dem Einmünden in die normale Diodenkennlinie bemerkbar macht, heißt „Talstrom“ I_V (valley current).

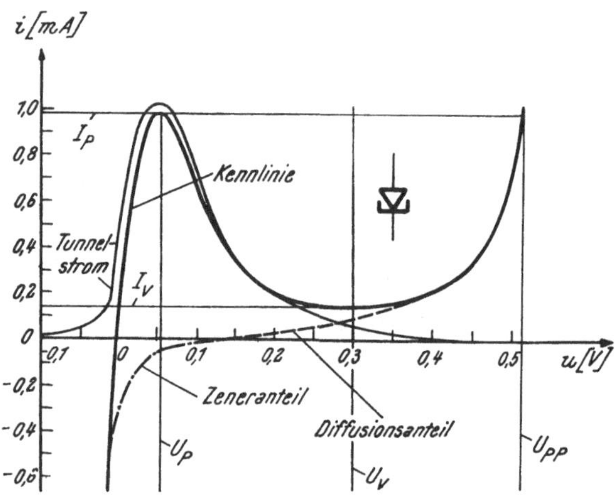

Abb. 3.3.1. Komponenten, durch deren Zusammenwirken die Kennlinie einer Ge-Tunneldiode zustande kommt. Für eine Flächendiode ist der Diffusionsanteil allein entscheidend

In der Sperrichtung hat die normale Flächendiode bis zum Spannungsdurchbruch einen hohen Widerstand, während der Widerstand der Tunneldiode bei Umpolung (in „Sperrichtung“) sehr klein ist.

Die Tunneldiode gehört also zu den Elementen mit N-förmiger Kennlinie (s. 2.1.4.1). Für ihre Anwendung ist ihr negativer Widerstand entscheidend, der ihren Einsatz als Verstärker, in Schwingschaltungen (s. 4.1.6) und in Kippschaltungen (s. 5.5.1) ermöglicht. Die fehlende Trennung zwischen Ausgang und Eingang beschränkt ihre Anwendung als aktives Element auf solche Schaltungen, in denen ihre überragenden Hochfrequenzeigenschaften diesen Nachteil überwiegen.

Am häufigsten finden Tunneldioden aus Ge Anwendung, doch auch solche aus anderen Halbleitermaterialien (vor allem GaAs) werden hergestellt. In Abb. 3.3.2 ist eine typische Kennlinie einer Ge- und einer GaAs-Tunneldiode dargestellt. Da es sich bei der Tunneldiode um einen Zweipol handelt, läßt sich ihr statisches Verhalten durch verhältnismäßig wenige Kenndaten beschreiben (s. Abb. 3.3.1).

1. Der Höckerstrom I_P hängt bei einem vorgegebenen Halbleiter hauptsächlich von der Fläche der Sperrschicht und dem Widerstand des Halbleitermaterials ab. Deshalb können Tunneldioden reproduzierbar (Streuun-

gen von I_P um einige Prozent) in einem großen Strombereich hergestellt werden. Die Spannung, bei der der Höckerstrom I_P fließt, heißt Höckerspannung U_P (peak voltage). Sie ist hauptsächlich durch das verwendete Halbleitermaterial bestimmt (s. auch Abb. 3.3.2).

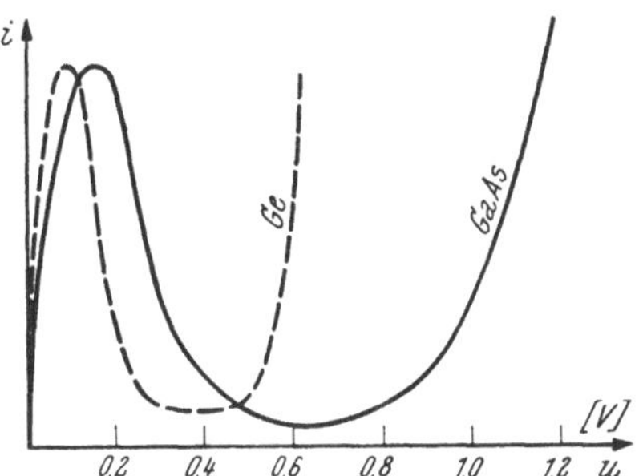

Abb. 3.3.2. Gegenüberstellung der Kennlinie einer Ge- und einer GaAs-Tunneldiode

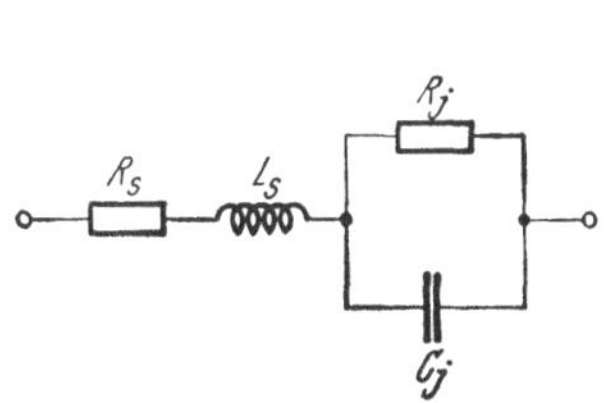

Abb. 3.3.3. Kleinsignal-Ersatzschaltung einer Tunneldiode

2. Die zum Talstrom I_V gehörende Spannung heißt Talspannung U_V (valley voltage). Auch sie hängt vor allem vom Halbleitermaterial ab.

3. Das Höcker-Talstrom-Verhältnis ist für die Schalteigenschaften einer Tunneldiode entscheidend. Bei Ge gilt $I_P : I_V \approx 10$, bei GaAs hingegen $I_P : I_V \approx 20$.

4. Die projizierte Höckerspannung U_{PP} (projected peak voltage) ist der zweite Spannungswert, der an der Tunneldiode auftreten kann, wenn durch sie ein Strom von der Größe des Höckerstroms fließt.

5. Die maximal zulässige Vorwärtsspannung U'_F ergibt sich auf Grund der maximal zulässigen Verlustleistung bzw. des maximal zulässigen Vorwärtsstroms I'_F.

6. Der maximale Sperrstrom I'_R (reverse current) darf genausowenig wie I'_F überschritten werden, damit nicht die Tunneldiode zerstört wird.

Neben diesen Eigenschaften interessieren vor allem die Kleinsignalparameter einer Tunneldiode. Dazu betrachten wir ihr Ersatzschaltbild nach Abb. 3.3.3.

Der Sperrschichtwiderstand R_j ist eine der wichtigsten Eigenschaften einer Tunneldiode. Da es sich um einen differentiellen Widerstand handelt, ist er arbeitspunktabhängig.

$$R_j = \frac{\mathrm{d}u}{\mathrm{d}i} - R_S. \qquad [3.3.1]$$

Der Serienwiderstand R_S in dieser Formel ist der (ohmsche) Bahnwiderstand der Diode. Im Wendepunkt des Kennlinienteils mit negativem Widerstand nimmt $|R_j|$ sein Minimum $R_{\min}$ an, das umgekehrt proportional zu I_P ist:

$$R_{\min} = |R_j|_{\min} \sim \frac{1}{I_P}.$$

Die Serieninduktivität L_S ist eine Eigenschaft des Gehäuses und der Zuleitungen. Die Sperrschichtkapazität C_j hängt von der Frequenz und der

Diodenvorspannung ab. Sie wird meistens für die Talspannung U_V angegeben, da sie dort am leichtesten gemessen werden kann. Das Frequenzverhalten der Sperrschicht wird durch C_j und $R_{\min}$ bestimmt.

Für Verstärkerschaltungen erhält man (bei vernachlässigbarem Serienwiderstand R_S) als Verstärkung-Bandbreite-Produkt

$$f_c = 1/2\pi R_{\min} C_j. \quad [3.3.2]$$

Da $R_{\min}$ bis auf einen vom Halbleitermaterial abhängigen Faktor proportional zu $1/I_P$ ist, gilt für Tunneldioden aus einem bestimmten Material

$$f_c \sim I_P/C_j. \quad [3.3.3]$$

Das Verhältnis I_P/C_j ist der Schnelligkeitsindex der Tunneldiode, der üblicherweise in mA/pF angegeben wird.

Die Eigenresonanzfrequenz f_s der Tunneldiode gehorcht der Gleichung

$$f_s = \sqrt{R_j^2 C_j / L_s - 1}\,/\,2\pi |R_j| C_j. \quad [3.3.4]$$

Der maximale Wert von f_s wird für $|R_j| = R_{\min}$ erhalten. Für Frequenzen kleiner als f_s verhält sich die Tunneldiode wie eine Kapazität, für höhere Frequenzen wie eine Induktivität.

Wichtig ist das Temperaturverhalten der Tunneldiode. Der Höckerstrom I_P nimmt je nach der Größe der Dotierung mit der Temperatur zu oder ab. Für eine mittlere Dotierung ($7 \cdot 10^{19}$ Atome/cm^3) erhält man eine typische Temperaturabhängigkeit von höchstens 10^{-3}/°C. Die Höckerspannung U_P hat einen kleinen negativen Temperaturkoeffizienten (-10^{-3}/°C). Die Talspannung U_V ändert sich im allgemeinen weniger als um $2 \cdot 10^{-3}$/°C, der Talstrom hingegen zeigt eine starke Temperaturabhängigkeit, die mit der Temperatur zunimmt und bis 10^{-2}/°C ansteigt. Schließlich zeigt die projizierte Höckerspannung einen typischen Temperaturkoeffizienten von etwa $-2 \cdot 10^{-3}$/°C, während sich die Sperrspannung U_R um weniger als $2 \cdot 10^{-4}$/°C ändert.

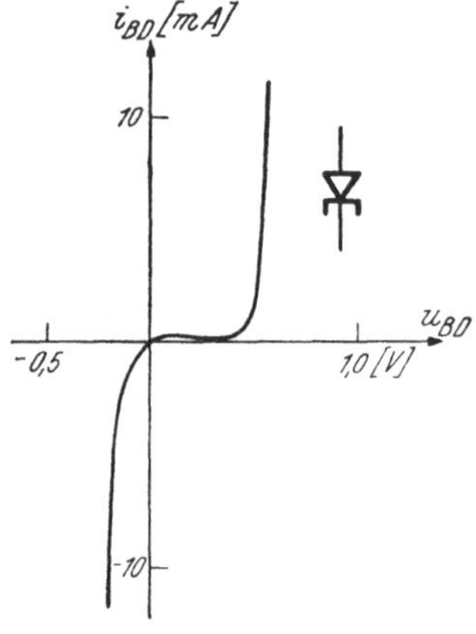

Abb. 3.3.4. Typische Kennlinie und Symbol einer Back-Diode

Bei Tunneldioden mit kleinem Höckerstrom ($I_P < 0{,}1$ mA) wird nicht die negative Impedanz, sondern der Impedanzunterschied zwischen Durchlaß- und Sperrichtung ausgenützt (s. Abb. 3.3.4). Während der Widerstand in „Sperrrichtung" sehr klein ist, fließt in Durchlaßrichtung bis etwa 0,5 Volt praktisch kein Strom ($i_D < 0{,}1$ mA), weshalb man die Diode mit umgekehrter Polung als Gleichrichter („Tunnelgleichrichter") einsetzt. Tunnelgleichrichter, die wegen der verkehrten Polung auch Back-Dioden (backward diode) genannt werden, dienen einerseits als Gleichrichter für höchste Frequenzen bei Amplituden $\lesssim 0{,}5$ Volt, da Speichereffekte vernachlässigbar klein sind, andererseits als nichtlineare Arbeitswiderstände für Tunneldioden (s. z. B. 5.5.1.2), wodurch bessere Schalteigenschaften als mit linearen Widerständen erhalten werden können.

3.4. Literatur

3.4.1. Transistoren

RUSCHE, G., K. WAGNER und F. WEITZSCH: Flächentransistoren. Eigenschaften und Schaltungstechnik. Berlin: Springer, 1961.
DOSSE, J.: Der Transistor. München: Oldenbourg, 1960.
SHEA, R. F.: Transistoranwendungen. Stuttgart: Berliner Union, 1967.
SHEA, R. F.: Transistortechnik. Stuttgart: Berliner Union, 1962.
LENNARTZ, H. und W. TAEGER: Transistor-Schaltungstechnik. Berlin: Verl. f. Radio-Foto-Kinotechnik, 1963.
SCHLEGEL, H. R.: Der Transistor, allgemeine Grundlagen. Hannover: Schütz, 1959.
ROTHFUSS, H.: Transistor-Meßpraxis. Stuttgart: Franckh, 1961.
MOERDER, C.: Transistor-Rechenpraxis. Hamburg: Decker, 1962.
MOERDER, C.: Grundlagen der Transistortechnik. Frankfurt: Akad. Verl.Ges., 1964.
SALOW, H., H. BENEKING, H. KRÖMER und W. VON MÜNCH: Der Transistor. Berlin: Springer, 1963.
PRITCHARD, R. L.: Electrical characteristics of transistors. New York: McGraw Hill, 1967.
SPARKES, J. J.: Junction transistors. Oxford: Pergamon, 1966.
DEAN, K. J.: Transistors, theory and circuity. New York: McGraw Hill, 1964.
WALSTON, J. A. and J. R. MILLER, Hrsg.: Transistor circuit design. New York: McGraw Hill, 1963.
EVANS, J.: Fundamental principles of transistors. London: Heywood, 1962.
FITCHEN, F. C.: Transistor circuit analysis and design. Princeton: Van Nostrand, 1961.
PHILIPS, A. B.: Transistor engineering. New York: McGraw Hill, 1962.
MILLER, H. W. and Q. A. KERNS: Transistors for avalanche-mode operation. Rev. Sci. Instr. **33**, 877 (1962).

3.4.2. Feldeffekttransistoren

WALLMARK, J. T. and H. JOHNSON: Field-effect transistors. Englewood Cliffs, New Jersey: Prentice Hall, 1966.
SEVIN, L. J., JR.: Field-effect transistors. New York: McGraw Hill, 1965.
GOSLING, W.: Field effect transistor applications. London: Temple, 1964.
CRAWFORD, R. H.: MOS-FET in circuit design. New York: McGraw Hill, 1967.

3.4.3. Tunneldioden

Radio Corporation of America: Tunneldiode manual. Somerville, New Jersey, 1963.
General Electric Comp.: Tunneldiode manual. Syracuse, New York, 1961.
CHANG, K. K. N.: Parametric and tunnel diodes. Englewood Cliffs, New Jersey: Prentice Hall, 1964.
CHOW, W. F.: Principles of tunnel diode circuits. New York: Wiley, 1964.
LOCKER, R. J.: Minimum charge detection using selected tunnel diodes and charge multiplying semiconductors. IEEE Trans. Nucl. Sci., NS **13**/1, 382 (1966).

3.4.4. Integrierte Schaltungen

LEWICKI, A.: Einführung in die Mikroelektronik. München: Oldenbourg, 1966.
BERTELE, H. und P. DÜLL: Integrierte Schaltungen in der industriellen Elektronik. Elektrotechnik und Maschinenbau **85**, 461 (1968).
LIN, H. C.: Integrated electronics. San Francisco: Holden-Day, 1967.
DUMMER, G. W. A. and J. W. GRANVILLE: Miniature and microminiature electronics. London: Pitman & Sons, 1966.
HOLLAND, L., Hrsg.: Thin film microelectronics. London: Chapman and Hall, 1965.
KHAMBATA, A. J.: Integrated semiconductor circuits. New York: Wiley, 1963.
CARROLL, J. M.: Microelectronic circuits and application. New York: McGraw Hill, 1965.
KEONJIAN, E., Hrsg.: Microelectronics. New York: McGraw Hill, 1963.

ZIMMERMANN, K. A.: Integrated circuits — their characterization and use in experimental physics. IEEE Trans. Nucl. Sci., NS **13**/1, 336 (1966).
GORE, W., Hrsg.: Microcircuits and their applications. London: Iliffe, 1969.
STERN, L.: Fundamentals of integrated circuits. New York: McGraw Hill, 1968.
BERGHAMMER, J., Hrsg.: Microminiaturisation. München: Oldenbourg, 1966.
NEWCOMB, R. W.: Active integrated circuit analysis. Englewood Cliffs, New Jersey: Prentice Hall, 1968.
CARROL, J. M.: Microelectronic circuits and applications. New York: McGraw Hill, 1965.

3.4.5. Weitere aktive und passive Bauelemente

RUMPF, KARL-HEINZ: Bauelemente der Elektronik, Eigenschaften, Anwendung. Berlin: VEB Verlag Technik, 1966.
BITTERLICH, W.: Einführung in die Elektronik. Wien: Springer, 1967.
VDE, Hrsg.: Halbleiter-Bauelemente und integrierte Schaltungen. VDE-Fachtagung Elektronik 1968, Dt. Messe AG, Hannover 1968.
POLLERMANN, MAX: Bauelemente der physikalischen Technik. Berlin: Springer, 1955.
DAVIS, W. L. und H. R. WEED: Grundlagen der Elektronik. Stuttgart: Berliner-Union, 1964.
DUMMER, G. W. A.: Modern electronic components. London: Pitman & Sons, 1966.
LYON-CAEN, R.: Diodes, transistors and integrated circuits for switching systems. New York: Academic Press, 1968.
DEWAARD, HENDRIK and D. LAZARUS: Modern electronics. A practical guide for scientists and engineers. Reading, Mass.: Addison-Wesley, 1966.
GROB, B.: Basic electronics. New York: McGraw Hill, 1959.
TIETZE, U. und C. SCHENK: Halbleiter-Schaltungstechnik. Berlin: Springer, 1969.
RUNYAN, W. R.: Silicon semiconductor technology. New York: McGraw Hill, 1965.
SPENKE, E.: Elektronische Halbleiter. Berlin: Springer, 1955.
STRUTT, M. J. O.: Semiconductor devices, Vol. I. New York: Academic Press, 1966.
MORANT, M. J.: Introduction to semiconductor devices. Harrap, 1964.
TEICHMANN, H.: Halbleiter. Mannheim: Bibliographisches Inst., 1961.
TERMAN, F. E. and J. M. PETTIT: Electronic measurements. New York: McGraw Hill, 1952.
ZEINES, B.: Principles of applied electronics. New York: Wiley, 1963.
MILLMAN, J. and C. C. HALKIAS: Electronic devices and circuits. New York: McGraw Hill, 1967.
LINVILL, J. G. and J. F. GIBBONS: Transistors and active circuits. New York: McGraw Hill, 1961.
STUDER, J. J.: Electronic circuits and instrumentation systems. New York: Wiley, 1963.
BLEULER, E. and R. O. HAXBY: Electronic methods. New York: Academic Press, 1964.
SLEMON, G. R.: Magnetoelectric devices. Transducers, transformers and machines. New York: Wiley, 1966.
PENFIELD, P., JR. and R. P. RAFUSE: Varactor applications. Cambridge, Mass.: MIT Press, 1962.
GENTRY, F. E., F. W. GUTZWILLER, N. HOLONYAK JR. and E. E. VON ZASTROW: Semiconductor controlled rectifiers: Principles and applications of p-n-p-n devices. Englewood Cliffs, New Jersey: Prentice Hall, 1965.

4. Analoge Schalteinheiten

Als „Schalteinheit" bezeichnen wir die kleinste, zur Ausübung einer bestimmten Funktion befähigte Anordnung von aktiven und passiven Schaltelementen. Das Verhalten eines elektronischen Gerätes kann dann als Ergebnis des Zusammenwirkens solcher Schalteinheiten verstanden werden. Diese Zusammenfassung von Bauteilen in Schalteinheiten bzw. die funktionsmäßige Gliederung größerer Geräte in Schalteinheiten ist für die Übersichtlichkeit und das Verständnis elektronischer Geräte von entscheidender Bedeutung.

„Analoge Schalteinheiten" sind solche, bei denen die im Spannungs- bzw. Stromsignal enthaltene Information (z. B. die Amplitude) beliebige Werte aus einem kontinuierlichen Bereich annehmen kann.

4.1. Verstärker

4.1.1. Einteilung der Verstärker

4.1.1.1. Einteilung nach der Steuergröße

Da die Signale der praktisch vorliegenden Generatoren (z. B. Strahlungsdetektoren) normalerweise zu schwach für eine direkte Verarbeitung sind, müssen sie verstärkt werden, d. h. die Signalleistung muß erhöht werden. Dies kann geschehen, indem entweder der Signalstrom oder die Signalspannung proportional erhöht wird. Wegen der untrennbaren Verknüpfung von Strom und Spannung ist eine Einteilung in Strom- und Spannungsverstärker etwas willkürlich, da praktisch immer eine gemischte Verstärkung vorliegt. Für die Analyse ist es dennoch oft praktisch, eine der beiden Größen als Steuergröße die andere als gesteuerte Größe anzusprechen. Deshalb definieren wir im Anschluß an unsere Überlegungen in 2.1.5.1:

Ein „Stromverstärker" ist ein Verstärker, bei dem $Z_1 \ll Z_2$ ist. Der ideale Stromverstärker wäre ein stromgesteuerter Stromgenerator mit $Z_1 = 0$ und $Z_2 = \infty$. Ein „Spannungsverstärker" ist ein Verstärker mit $Z_1 \gg Z_2$. Mit $Z_1 = \infty$ und $Z_2 = 0$ ist der spannungsgesteuerte Spannungsgenerator ein idealer Spannungsverstärker. Realisierungen von spannungsgesteuerten Stromgeneratoren und von stromgesteuerten Spannungsgeneratoren fallen unter keinen dieser beiden Begriffe. Für sie gibt es keinen Verstärkungsfaktor wie beim Strom- oder Spannungsverstärker, sondern einen Konversionsfaktor. Der FET (s. 3.2), der eine Last hochohmig mit seinem Ausgangsstrom versorgt, ohne einen nennenswerten Eingangsstrom aufzunehmen, kann als Beispiel für einen Spannung-Strom-Konverter dienen.

Da das Verhalten bestimmter Verstärkerschaltungen vom Generator- bzw. Lastwiderstand stark abhängig ist, wird immer dann, wenn der Generator nicht ideal oder die Verstärkung nicht im Kurzschluß ($R_L = 0$) bzw. im Leerlauf ($R_L = \infty$) gemeint ist, bei den Verstärkungsangaben auch die Abhängigkeit von R_G bzw. R_L berücksichtigt.

Man schreibt daher Verstärker-Vierpolen eine der folgenden Eigenschaften zu:

a) Spannungsverstärkung G_u:

$$G_u = u_2/u_1. \qquad [4.1.1]$$

b) Stromverstärkung G_i:

$$G_i = i_2/i_1. \qquad [4.1.2]$$

c) Strom-Spannung-Konversionsfaktor K_u:

$$K_u = u_2/i_1. \quad [\mathrm{V/A}] \qquad [4.1.3]$$

d) Spannung-Strom-Konversionsfaktor K_i:

$$K_i = i_2/u_1. \quad [\mathrm{A/V}] \qquad [4.1.4]$$

Bei den gesteuerten Generatoren (s. 2.1.5.1) wurden die entsprechenden Größen der Tradition entsprechend mit μ, α, R_m und S bezeichnet.

Häufig wird der von einem Detektor gelieferte Strom im Vorverstärker mit Hilfe einer Kapazität integriert und die auftretende Spannung verstärkt. Ist die Integrationszeitkonstante so groß, daß die gesamte freigesetzte Ladung gesammelt wird, so spricht man von einer „ladungsempfindlichen" Verstärkung. Diese wird am zweckmäßigsten durch den Ladung-Spannung-Konversionsfaktor K_{qu} (conversion gain) beschrieben (s. 6.1.1).

Wie wir schon in 2.1.1 auseinandersetzten, ist es derzeit noch immer so, daß man die Verarbeitung von Spannungssignalen vorzieht, weshalb man bei vielen derzeit üblichen analogen Schalteinheiten mit einer bloßen Betrachtung der Spannungsgröße auskommen kann. Bei der Besprechung elektronischer Prinzipien und Grundlagen wollen wir uns aber bemühen, Strom und Spannung als wirklich gleichberechtigt zu behandeln. Gegenüber der „Spannungs"-Elektronik (primär spannungsverstärkend, große Spannungsamplituden) bietet die „Strom"-Elektronik einige nicht zu unterschätzende Vorteile:

Die unvermeidbaren parasitären Induktivitäten wirken sich im allgemeinen erst bei höheren Frequenzen aus als die unvermeidbaren Streukapazitäten. Daher läßt sich mit großen Strom- und kleinen Spannungsamplituden eine kurze Aufladezeit der Streukapazitäten erreichen. Außerdem ist bei den derzeitigen schnellen Halbleiterelementen die Spannungsfestigkeit relativ klein (weshalb auch aus diesem Grunde Stromelektronik angebracht ist).

4.1.1.2. Einteilung nach dem Frequenzverhalten

Für eine wirklich proportionale Signalverstärkung benötigt man einen Verstärker, dessen Verstärkung für alle Frequenzen gleich groß ist. Aus den Überlegungen über die Fourierzerlegung von Signalen wissen wir jedoch, daß der Anteil der höchsten Frequenzen am Amplitudenspektrum sehr klein werden kann, so daß die Verformung bei Unterdrückung dieser Frequenzanteile vernachlässigbar ist. Dies ist äußerst bedeutsam, da es keine Verstärker gibt, die auch beliebig hohe Frequenzen verstärken. Vielmehr hat jeder Verstärker eine obere Grenzfrequenz ω_2, die durch das Sinken der Verstärkung um 3 dB (auf $1/\sqrt{2}$) gegenüber der Verstärkung im mittleren Frequenzbereich definiert ist. Sofern diese Grenzfrequenz genügend hoch und die Verstärkung für kleinere Frequenzen frequenzunabhängig ist, lassen sich die Signale beliebig genau proportional verstärken. Wird die obere Grenzfrequenz durch ein integrierendes *RC*-Glied bestimmt, so gilt $\omega_2 = 1/RC$ und die Antwortfunktion auf einen Stufenimpuls hat die Anstiegszeit

$$t_{an} = 0{,}45/\omega_2 = 0{,}45\,RC. \qquad [4.1.5\text{ a}]$$

Bei Inkaufnahme eines 5%igen Überschwingens läßt sich die Anstiegszeit durch Shunt-Kompensation (s. 2.3.1.4) auf

$$t_{an} = 0{,}35/\omega_2 \qquad [4.1.5\text{ b}]$$

vermindern.

In der Praxis geht man noch weiter und beschneidet durch äußere *RC*-Glieder die obere Grenzfrequenz auf einen solchen Wert, daß die dadurch bewirkte (gewollte) Impulsformung es gerade noch erlaubt, die aus dem Impuls abzuleitende Information mit der erforderlichen Genauigkeit zu erhalten. Durch diese Maßnahme werden hochfrequente Störungen (z. B. der hochfrequente Anteil des Verstärkerrauschens) stark reduziert und die im Impuls enthaltene Information kann trotz einer leichten Verformung des Signals präziser ermittelt werden. Deshalb sollen Verstärker für Signale mit einer minimalen Anstiegszeit t_{an} eine Eigenanstiegszeit $t_{anV} = (0{,}35 \ldots 0{,}45)/\omega_2$ haben, die nicht wesentlich kleiner als t_{an} ist. Es soll also gelten:

$$t_{anV} \lesssim t_{an}. \qquad [4.1.6]$$

Liegt im niederfrequenten Bereich des Amplitudenspektrums keine wesentliche Information, so bringt eine Beschneidung des unteren Frequenzbandes eine weitere Verminderung des Rauschpegels, vor allem auch in Hinblick auf Einstreuungen mit Netzfrequenz. Dies geschieht z. B. durch ein differenzierendes *RC*-Glied, durch welches die untere Grenzfrequenz $\omega_1 = 1/RC$ erhalten wird.

Im Sinne der obigen Überlegungen unterscheidet man

a) Gleichstromverstärker: Verstärker ohne untere Grenzfrequenz ω_1 und

b) Bandpaßverstärker: Verstärker mit (oberer und) unterer Grenzfrequenz.

Je nach dem erfaßten Frequenzband unterscheidet man z. B. noch Niederfrequenzverstärker mit $f_2 = \omega_2/2\pi = 10^4 \ldots 10^5$ Hz und Breitbandverstärker, die über einen möglichst großen Frequenzbereich konstante Verstärkung liefern.

Für die Besprechung der Grundlagen ziehen wir die der Halbleiterelektronik angemessenen Gleichstromverstärker heran, wobei wir vorerst auf künstliche Frequenzbeschneidung im oberen bzw. unteren Frequenzbereich verzichten. Diese kann in vielen Fällen von der Verstärkerfunktion getrennt behandelt werden und ist dann bloß als Spezialisierung eines Gleichstromverstärkers anzusehen.

4.1.1.3. Einteilung nach dem Arbeitspunkt

Die Signalleistung, welche von aktiven Elementen abgegeben wird, ist umgewandelte Gleichstromleistung, die von der Stromversorgung geliefert wird. Die Umwandlung kann nur mit einem Wirkungsgrad $<100\%$ erfolgen und hängt wesentlich davon ab, welche Leistung vom aktiven Element ohne Signal verbraucht wird. Dieser Ruheverbrauch wird durch die statische Arbeitspunkteinstellung bestimmt.

Im Gegensatz zu den Zweipolen, bei denen der statische Arbeitspunkt durch die Betriebsspannung und den Arbeitswiderstand festliegt (s. die Überlegungen in 2.1.4.2), wird der Arbeitspunkt von Vierpolen sowohl eingangs- als auch ausgangsseitig festgelegt. Da die Ausgangsgrößen mit den Eingangsgrößen gekoppelt sind und der Zusammenhang zwischen ihnen z. B. aus den Kennlinien des betreffenden Elementes erhalten werden kann, genügen drei Größen, um den Arbeitspunkt festzulegen. Gewöhnlich wird der Arbeitspunkt im Ausgangskennlinienfeld dargestellt und als dritte Größe entweder der Eingangsstrom oder die Eingangsspannung als Parameter gewählt.

Wie in 2.1.4.2 wird durch Angabe der Betriebsspannung U_B und des Arbeitswiderstandes R_L, an den die Signalleistung abgegeben wird, die statische Arbeitsgerade festgelegt. Der Schnittpunkt dieser Geraden mit jener Kennlinie, die die Abhängigkeit vom gewählten Eingangsparameter darstellt, ist der Arbeitspunkt.

Die schaltungstechnische Festlegung des Arbeitspunktes geschieht durch ein Eingangsnetzwerk aus Widerständen und Spannungsquellen, das den Verstärker mit der Eingangsruhespannung bzw. mit dem Eingangsruhestrom versorgt.

Die Wahl des Arbeitspunktes geschieht nach folgenden Gesichtspunkten:

1. zulässige Verlustleistung des aktiven Elementes (bzw. zulässige Belastung der zur Verfügung stehenden Spannungsversorgung);
2. verlangte Ausgangssignalgröße;
3. Linearität des benützten Kennlinienbereiches;
4. Temperaturinstabilität des Arbeitspunktes und ihr Einfluß auf die unter 1. bis 3. genannten Forderungen.

Da die Temperatur in einem elektronischen Bauelement einen bestimmten Wert nicht übersteigen darf, ohne daß eine Schädigung des Elementes eintritt, ist die Verlustleistung, die in einem solchen Bauteil auftreten darf, auf einen festgelegten Wert begrenzt. Wenn wir, was in vielen (aber nicht in allen) Fällen berechtigt ist, auf die Eingangsverlustleistung keine Rücksicht nehmen, so ist die momentane Verlustleistung gegeben durch

$$N = i_2 \cdot u_2. \qquad [4.1.7]$$

Im Ausgangskennlinienfeld wird diese Beziehung durch eine gleichseitige Hyperbel dargestellt (s. Abb. 4.1.1 *b*). Zur Vermeidung einer Schädigung des Elementes darf der Arbeitspunkt, und erst recht der Ruhearbeitspunkt, nicht oberhalb der Hyperbel zu liegen kommen.

In diesem Zusammenhang erweist sich die in 2.1.4.2 eingeführte dynamische Arbeitsgerade als große Hilfe. Soll mit dem Verstärker in Abb. 4.1.1 eine Frequenz ω verstärkt werden, für die C keinen nennenswerten Widerstand darstellt, so ist u_2 zu i_2 in Phase und man erhält eine dynamische Arbeitsgerade, deren Widerstand einer Parallelschaltung von R_L und R entspricht. (Die statische Arbeitsgerade ist durch R_L bestimmt, da der Kondensator C für Gleichstrom eine unendliche Impedanz hat. Die in Abb. 4.1.1 *b* mit i_{1A} bzw. $i_1{}'_A$ bezeichneten Geraden stellen zwei Ausgangskennlinien des Verstärkers dar.)

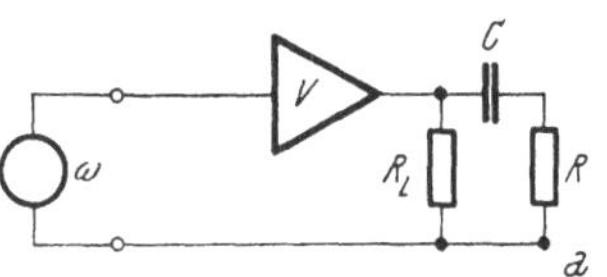

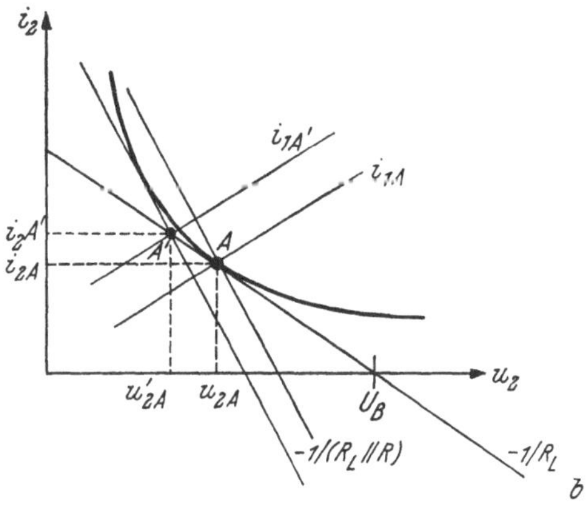

Abb. 4.1.1. *a*) Verstärker mit frequenzabhängigem Lastwiderstand *b*) zugehörige statische und dynamische Arbeitsgeraden

Der Ruhearbeitspunkt A ist nur für sehr langsame Signale zulässig, da in ihm die statische Arbeitsgerade die Verlustleistungshyperbel gerade berührt. Für Signale, bei denen die statische Arbeitsgerade nicht gilt, ist dieser Ruhearbeitspunkt jedoch nicht zulässig, da jede zugehörige dynamische Arbeitsgerade die Verlustleistungshyperbel schneidet. Durch Erhöhung des Eingangsstroms von i_{1A} auf $i_1{}'_A$ erhält man einen anderen Ruhearbeitspunkt, bei dem nicht nur die statische, sondern auch die dynamische Arbeitsgerade die Hyperbel nicht schneidet und somit die zulässige Verlustleistung im Verstärker nicht überschritten wird.

Aus Abb. 4.1.1 sieht man auch, daß der Ausgangsstrom auf der dynamischen Arbeitsgeraden viel größere Werte annehmen kann als auf der statischen.

Je nach der Art der Ausgangssignalgröße wird man den Ruhearbeitspunkt auf einer anderen Stelle der Arbeitsgeraden fixieren. Soll ein symmetrisches Signal (z. B. eine Sinusschwingung) verstärkt werden und soll das Ausgangssignal möglichst groß sein, so wird der Arbeitspunkt etwa in der Mitte der Arbeitsgeraden (Punkt A in Abb. 4.1.2) gewählt. Werden polare Signale verarbeitet, so ist ein Arbeitspunkt an der Stelle AB oder B angebracht.

Die Linearität eines Verstärkers gibt an, wie weit die Ausgangsgröße der Eingangsgröße proportional ist. Nach Abb. 4.1.3 erkennt man, daß die (Spannungs-)Verstärkung arbeitspunktabhängig sein kann. Somit ist auch die Nichtlinearität, d. h. der Unterschied in der Verstärkung bei verschiedenen Signalgrößen vom Arbeitspunkt abhängig (s. auch [6.1.3] und [6.1.4]).

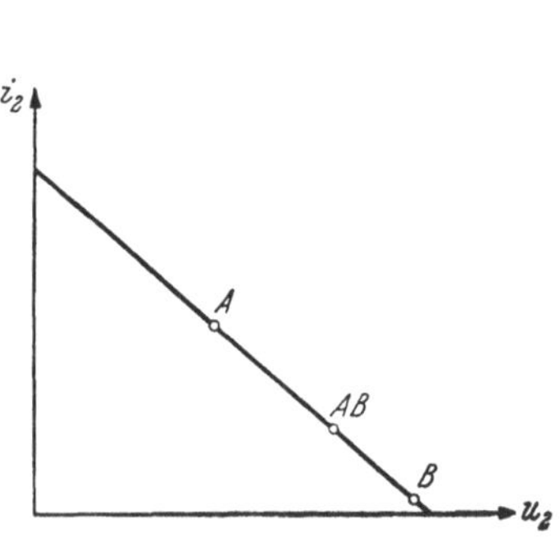

Abb. 4.1.2. Arbeitspunkte im Ausgangskennlinienfeld eines Verstärkers

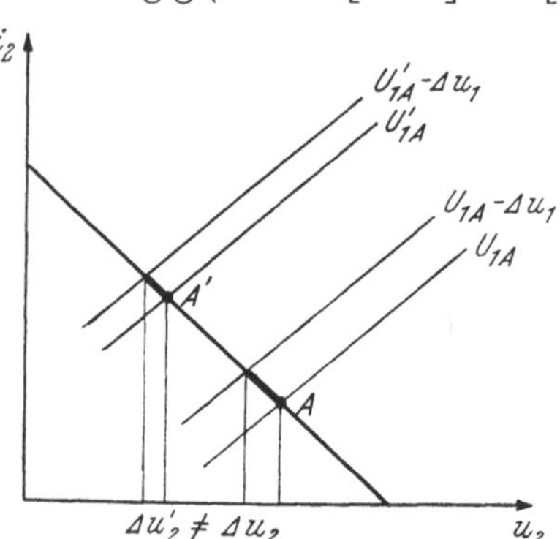

Abb. 4.1.3. Zur Arbeitspunktabhängigkeit der (Spannungs-)Verstärkung

Die Verstärkung einer Eingangsspannungsänderung Δu_1 ruft im Arbeitspunkt A eine Ausgangsspannungsänderung Δu_2 hervor, die größer ist als $\Delta u_2'$, die im Arbeitspunkt A' für eine gleich große Eingangsspannungsänderung erhalten wird. Es gilt also

$$G_u(A) = \frac{\Delta u_2}{\Delta u_1} \neq \frac{\Delta u_2'}{\Delta u_1} = G_u(A'). \qquad [4.1.8]$$

Außerdem muß man beachten, daß auch dann, wenn die Linearität entlang der statischen Arbeitsgeraden ausreicht, die Linearität entlang einer dynamischen Arbeitsgeraden nicht sicher ist.

Schließlich muß bei der Wahl des Arbeitspunktes noch bedacht werden, daß die Kennlinien, die den Zusammenhang zwischen Eingangs- und Ausgangsgrößen darstellen, temperaturabhängig sind, daß sich also der Arbeitspunkt bei festgehaltener Eingangsgröße bei einer Temperaturänderung auf der Arbeitsgeraden verschiebt. Eine Fixierung des Arbeitspunktes ist dadurch zu erreichen, daß man die Eingangsgröße gegensinnig ändert, so daß der Arbeitspunkt auf seinem Platz bleibt. Diese Temperaturkompensation erfolgt so, daß das Netzwerk, das die Eingangsruhegröße festlegt, temperaturabhängig gemacht und die Eingangsgröße im richtigen Maße geändert wird. Meistens begnügt man sich jedoch mit der stabilisierenden Wirkung einer Gegenkopplung (s. 4.1.2.1). Bei höchsten Ansprüchen (z. B. bei Integrationsverstärkern, 4.1.3.6) erfolgt die Stabilisierung des Arbeitspunktes durch eine Regelschaltung.

Die Wahl des Arbeitspunktes ist, wie erwähnt, für die Aussteuerbarkeit eines Verstärkers wesentlich.

In Abb. 4.1.4 finden wir den typischen Zusammenhang zwischen Eingangs- und Ausgangsspannung eines (Spannungs-)Verstärkers. Der Aussteuerungsbereich, in welchem die Ausgangsspannung proportional zur

Eingangsspannung ist, ist bei dieser idealen Kennlinie allein durch die Nichtüberschreitbarkeit der Betriebsspannung begrenzt. Bei Vergrößerung der Eingangsspannung über u_{1S} hinaus bleibt die Ausgangsspannung auf dem Wert u_{2S}, d. h. bei u_{2S} ist die Größe der Ausgangsspannung gesättigt und bleibt es auch bei weiterer Übersteuerung ($|u_1| > |u_{1S}|$). Zwischen den beiden Sättigungsgebieten liegt der Aussteuerungsbereich, der im Idealfall streng linear ist.

Je nach dem Arbeitspunkt, der auch auf der Kennlinie nach Abb. 4.1.4 gewählt werden kann, unterscheidet man Verstärkertypen, die bestimmten Anforderungen genügen.

Sollen Signale beider Polarität verstärkt werden, so ist ein A-Verstärker notwendig. Bei diesem liegt der Ruhearbeitspunkt in der Mitte des Aussteuerungsbereiches. Nachteilig wirkt sich in manchen Fällen (z. B. bei Leistungsverstärkern) der Umstand aus, daß ohne Signal die Verlustleistung im Verstärker am größten ist.

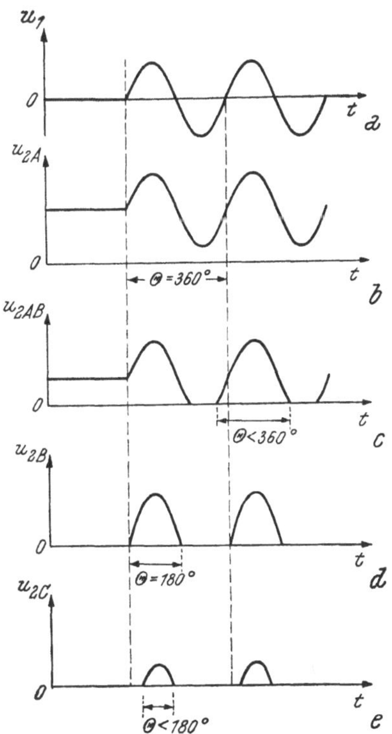

Abb. 4.1.5. Ausgangssignal von Verstärkern bei Ansteuerung mit einem Sinus-Signal
a) Eingangssignal *b*) A-Verstärker
c) AB-Verstärker *d*) B-Verstärker
e) C-Verstärker

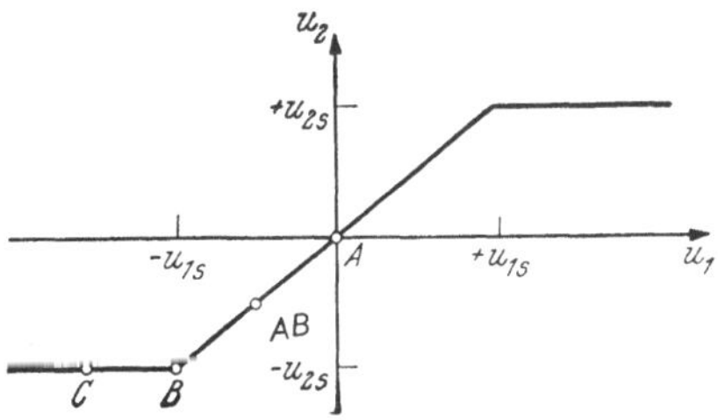

Abb. 4.1.4. Idealisierter Zusammenhang zwischen Eingangs- und Ausgangsgröße eines Verstärkers (mit typischen Arbeitspunkten)

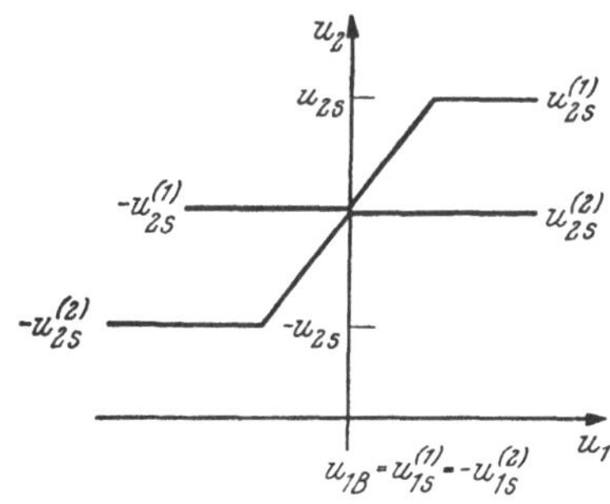

Abb. 4.1.6.
Die aus zwei gewöhnlichen Übertragungskennlinien zusammengesetzte Kennlinie eines Gegentakt-B-Verstärkers

Für Signale einer bestimmten Polarität verwendet man AB- oder B-Verstärker. Bei diesen ist der Arbeitspunkt näher bzw. ganz am Rande des Aussteuerungsbereiches. Dadurch wird einerseits die Verlustleistung ohne Signal vermindert, andererseits der verwertbare Aussteuerungsbereich erhöht. Bei C-Verstärkern ist der Verstärker in Ruhestellung völlig gesperrt. Es ist ein minimales Eingangssignal $|u_{1C} - u_{1S}|$ notwendig, um am Ausgang überhaupt eine merkliche Spannungsänderung zu erhalten. Deshalb ist mit C-Verstärkern keine proportionale Signalverstärkung möglich und ihr Einsatz ist auf Spezialfälle (z. B. als Schwellenverstärker, 4.2.1) beschränkt. In Abb. 4.1.5 ist das Verhalten der verschiedenen Verstärkertypen gegenüber einem sinusförmigen Eingangssignal dargestellt.

Durch Kombination zweier B-(oder AB-)Verstärker in Gegentaktverstärkern lassen sich Signale beider Polarität mit besserem Wirkungsgrad verstärken. In Abb. 4.1.6 ist der Zusammenhang zwischen Eingangsspannung und Ausgangsspannung bei einem Gegentakt-B-Verstärker wiedergegeben. Im realen Fall bildet die Stromübernahme durch den anderen Verstärker bei $u_1 = u_{1B}$ oft einen Grund für Signalverformung, der nicht immer ohne weiteres vollständig beseitigt werden kann.

4.1.1.4. Verstärkergrundschaltungen

Wie wir in 2.1.5.1 feststellten, lassen sich Dreipole auf dreierlei Art zu Vierpolen erweitern. Deshalb erhält man auch bei Transistorverstärkern drei verschiedene Schaltungen, die „Transistorgrundschaltungen", je nachdem, welcher der drei Anschlüsse sowohl dem Eingang als auch dem Ausgang gemeinsam ist.

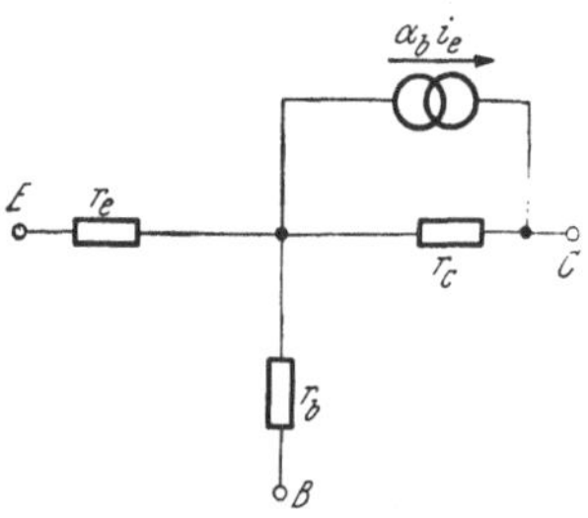

Abb. 4.1.7. T-Ersatzschaltbild des Transistors mit i_e als Steuerstrom

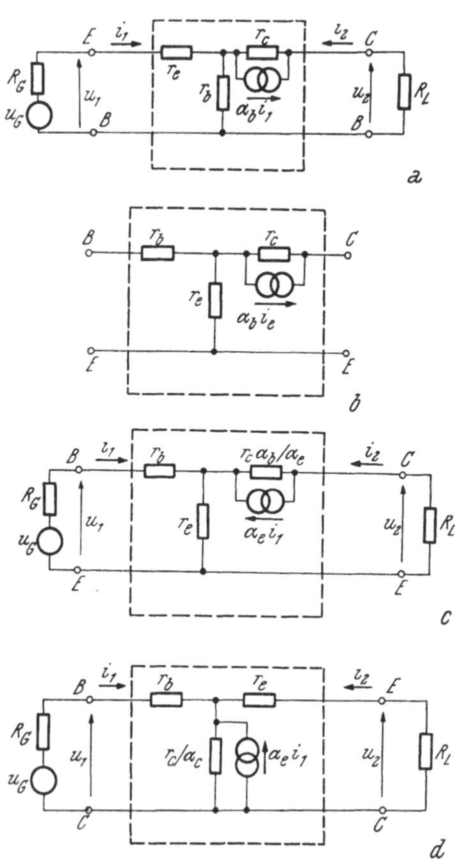

Abb. 4.1.8. T-Ersatzschaltbild der drei Grundschaltungen
a) Basisschaltung
b) Emitterschaltung, mit i_e als Steuerstrom
c) Emitterschaltung, mit i_b als Steuerstrom
d) Kollektorschaltung

Der „B"-Schaltung entspricht beim Transistor die „Basis(grund)-schaltung", der „E"-Schaltung die „Emitter(grund)schaltung" und der „C"-Schaltung die „Kollektor(grund)-schaltung". An Hand des T-Ersatzschaltbildes (s. 3.1.1 und Abb. 4.1.7) wollen wir nun die Eigenschaften der drei Transistorgrundschaltungen berechnen, wobei wir jedoch nur die Basisschaltung ausführlich behandeln.

Basisschaltung

In der Basisschaltung (common base circuit, Abb. 4.1.8 *a*) ist die Basis dem Ausgang und dem Eingang gemeinsam. Die Berücksichtigung des Lastwiderstandes R_L und des Generatorwiderstandes R_G ist wegen des nichtidealen Verhaltens des Transistors notwendig. Diese Abweichung vom idealen Stromverstärker gestattet auch die Verwendung eines Spannungsgenerators als Signalgenerator (s. 2.1.4.5). Folgende Maschengleichungen bestimmen das Verhalten der gezeigten Basisschaltung

$$u_G = (R_G + r_e) i_1 + r_b (i_1 + i_2) = i_1 (R_G + r_e + r_b) + i_2 r_b \qquad [4.1.9]$$

und

$$0 = i_2 R_L + r_c (i_2 + \alpha_b i_1) + r_b (i_1 + i_2) = \\ = i_2 (R_L + r_b + r_c) + i_1 (r_b + \alpha_b r_c). \qquad [4.1.10]$$

Man löst nach den Strömen i_1 und i_2 auf und erhält dann die *Eingangsimpedanz* Z_1 zu

$$Z_1 = u_1 / i_1 = u_G / i_1 - R_G = \\ = r_e + r_b - r_b (r_b + \alpha_b r_c) / (R_L + r_b + r_c). \qquad [4.1.11 \text{ B}]$$

In Abb. 4.1.9 stellt die Kurve *b* eine typische Abhängigkeit der Eingangsimpedanz Z_1 vom Lastwiderstand R_L dar. Für $R_L \to \infty$ wird

$$Z_{1\infty} = r_e + r_b, \qquad [4.1.12 \text{ B}]$$

für $R_L \to 0$ erhält man wegen $r_c \gg r_b$ (und mit 2.1.34 C)

$$Z_{10} \approx r_e + r_b (1 - \alpha_b) = r_e + r_b / \alpha_c. \qquad [4.1.13 \text{ B}]$$

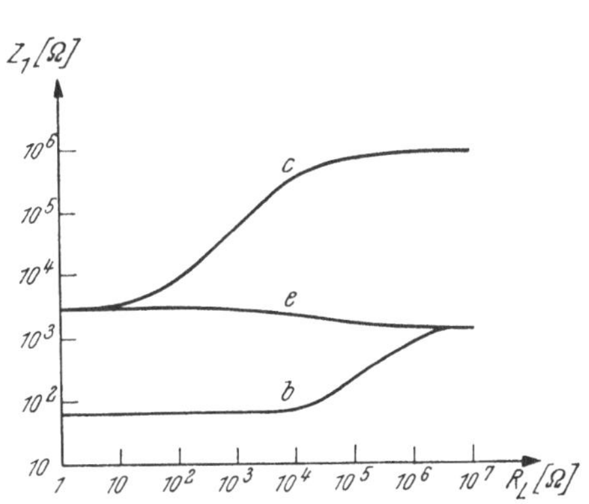

Abb. 4.1.9. Abhängigkeit der Eingangsimpedanz Z_1 vom Lastwiderstand R_L für die drei Transistor-Grundschaltungen

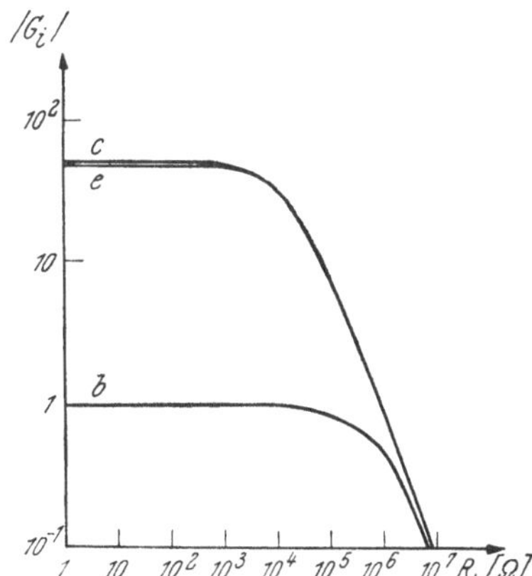

Abb. 4.1.10. Abhängigkeit der Stromverstärkung G_i vom Lastwiderstand R_L für die drei Transistor-Grundschaltungen

Die *Stromverstärkung* G_i erhält man aus Gleichung [4.1.10] zu

$$G_i = i_2 / i_1 = -\frac{r_b + \alpha_b r_c}{R_L + r_b + r_c}. \qquad [4.1.14 \text{ B}]$$

Das negative Vorzeichen zeigt an, daß die Eingangsstromänderung und die Ausgangsstromänderung (nach der Vierpolkonvention) entgegengesetztes Vorzeichen haben. Die Abhängigkeit der Stromverstärkung G_i von R_L ist in Abb. 4.1.10 durch Kurve b wiedergegeben. Für $R_L \to \infty$ geht $G_i \to 0$, für $R_L \to 0$ erhält man wegen $r_c \gg r_b$ die Kurzschlußstromverstärkung

$$G_{i0} \approx -\alpha_b. \tag{4.1.15 B}$$

Die *Spannungsverstärkung* G_u läßt sich berechnen zu

$$G_u = u_2/u_1 = -G_i R_L/Z_1 = \\ = R_L/[(R_L + r_b + r_c)(r_e + r_b)/(r_b + \alpha_b r_c) - r_b]. \tag{4.1.16 B}$$

Ihre Abhängigkeit von R_L findet man in Abb. 4.1.11 als Kurve b. Mit $R_L \to \infty$ wird

$$G_{u\infty} = (r_b + \alpha_b r_c)/(r_e + r_b), \tag{4.1.17 B}$$

während $G_u(R_L = 0)$ klarerweise gleich Null ist.

Für $R_L \ll r_c$ gilt die Näherung

$$G_u \approx \alpha_b R_L/[r_e + r_b(1 - \alpha_b)] = \alpha_b R_L/Z_{10}.$$

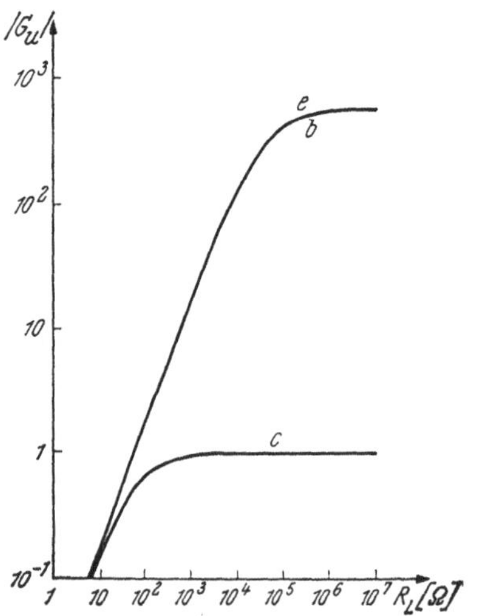

Abb. 4.1.11. Abhängigkeit der Spannungsverstärkung G_u vom Lastwiderstand R_L für die drei Transistor-Grundschaltungen

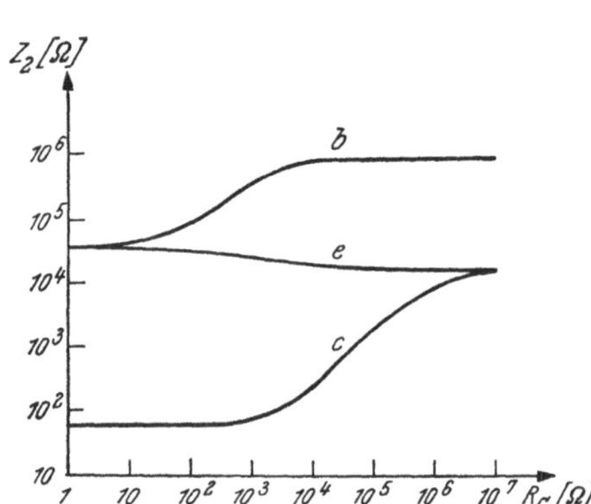

Abb. 4.1.12. Abhängigkeit der Ausgangsimpedanz Z_2 vom Generatorwiderstand R_G für die drei Transistor-Grundschaltungen

Die *Ausgangsimpedanz* gibt an, wie sich die Ausgangsspannung bei einer Änderung des Ausgangsstromes ändert. Mit $u_G = 0$ erhält man nach [4.1.9]

$$0 = i_1(R_G + r_e + r_b) + i_2 r_b$$

und mit $u_2 = -i_2 R_L$ wird nach [4.1.10]

$$u_2 = i_2(r_b + r_c) + i_1(r_b + \alpha_b r_c),$$

woraus folgt

$$Z_2 = u_2/i_2 = r_b + r_c - r_b(r_b + \alpha_b r_c)/(R_G + r_e + r_b). \tag{4.1.18 B}$$

In Kurve b der Abb. 4.1.12 ist dieser Zusammenhang mit dem Generatorwiderstand R_G graphisch dargestellt.

Für $R_G \to \infty$, d. h. bei Stromansteuerung, wird

$$Z_{2\infty} = r_b + r_c \approx r_c, \quad [4.1.19\text{ B}]$$

bei Spannungsansteuerung ($R_G \to 0$) erhält man

$$Z_{20} = [r_b(r_c - \alpha_b r_c) + r_e(r_b + r_c)] / (r_e + r_b) \approx \approx Z_{10} r_c / (r_e + r_b). \quad [4.1.20\text{ B}]$$

Emitterschaltung und Kollektorschaltung

In der Emitterschaltung (common emitter circuit, Abb. 4.1.8 *b*) ist der Emitter dem Ausgang und dem Eingang gemeinsam.

Wollen wir nicht wie in Abb. 4.1.8 *b* i_e als Steuerstrom verwenden, sondern den Eingangsstrom i_1, so erhalten wir ein neues Ersatzschaltbild gemäß Abb. 4.1.8 *c*. Die Stromverstärkung α_e, die auf den Eingangsstrom i_1 bezogen ist, wird dann, analog zur Formel [2.1.34 E] gleich

$$\alpha_e = \alpha_b / (1 - \alpha_b). \quad [4.1.21]$$

Der Widerstand parallel zum Stromgenerator hat dann den Wert

$$r_c \alpha_b / \alpha_e = r_c (1 - \alpha_b) = r_c / \alpha_c,$$

wobei wir die zu [2.1.34 C] analoge Beziehung

$$\alpha_0 = 1 / (1 - \alpha_b) \quad [4.1.22]$$

benützen.

Da auch in der Kollektorschaltung (common collector circuit) der Basisstrom als Steuergröße verwendet wird, brauchen wir Abb. 4.1.8 *c* nur umzuzeichnen (s. Abb. 4.1.8 *d*).

Für beide Schaltungen erfolgt die Aufstellung der Maschengleichungen und die Berechnung der einzelnen Größen analog zur Basisschaltung, weshalb wir uns in diesen Fällen mit der Angabe der Ergebnisse begnügen.

Eingangsimpedanz (s. Abb. 4.1.9):

Emitterschaltung:

$$Z_1 = u_1/i_1 = (u_G - i_1 R_G)/i_1 = = r_b + r_e + r_e(\alpha_b r_c - r_e)/(R_L + r_e + r_c/\alpha_c) \quad [4.1.11\text{ E}]$$

$$Z_{1\infty} = r_b + r_e \quad [4.1.12\text{ E}]$$

$$Z_{10} \approx r_b + r_e(1 + \alpha_e) = r_b + r_e \alpha_c \quad (\text{mit } r_c \gg r_e) \quad [4.1.13\text{ E}]$$

Kollektorschaltung:

$$Z_1 = u_1/i_1 = u_G/i_1 - R_G = = r_b + r_c(r_e + R_L)/(R_L + r_e + r_c/\alpha_c) \quad [4.1.11\text{ C}]$$

$$Z_1 \approx r_b + \alpha_c(r_e + R_L) \approx \alpha_c(r_e + R_L) \quad (\text{mit } R_L \ll r_c/\alpha_c)$$
$$Z_{1\infty} \approx r_c \quad (\text{mit } R_L \gg r_c/\alpha_c > r_b) \quad [4.1.12\text{ C}]$$

$$Z_{10} = r_b + r_c r_e/(r_e + r_c/\alpha_c) \approx \approx r_b + \alpha_c r_e \quad (\text{mit } r_c \gg \alpha_c r_e) \quad [4.1.13\text{ C}]$$

Stromverstärkung (s. Abb. 4.1.10):

Emitterschaltung:

$$G_i = i_2/i_1 = (r_c\alpha_b - r_e)/(R_L + r_e + r_c\alpha_b/\alpha_e) \quad [4.1.14\ \mathrm{E}]$$

$$G_{i0} = \alpha_e(\alpha_b - r_e/r_c)/(\alpha_b + \alpha_e r_e/r_c) \quad [4.1.15\ \mathrm{E}]$$

$$G_{i0} \approx \alpha_e \quad (\text{mit } \alpha_e r_e \ll r_c)$$

Kollektorschaltung:

$$G_i = i_2/i_1 = -r_c/(R_L + r_e + r_c/\alpha_c) \quad [4.1.14\ \mathrm{C}]$$

$$G_{i0} \approx -\alpha_c \quad (\text{mit } R_L \ll r_c/\alpha_c) \quad [4.1.15\ \mathrm{C}]$$

Spannungsverstärkung (s. Abb. 4.1.11):

Emitterschaltung:

$$G_u = u_2/u_1 = \frac{-G_i R_L}{Z_1} =$$

$$= -R_L/[(r_b + r_e)(R_L + r_e + r_c/\alpha_c)/(\alpha_b r_c - r_e) + r_e] \quad [4.1.16\ \mathrm{E}]$$

$$G_u \approx -\alpha_e R_L/[r_b + r_e(1 + \alpha_e)] =$$

$$= -\alpha_e R_L/Z_{10} \quad (\text{mit } R_L \text{ und } r_e \ll r_c)$$

$$G_{u\infty} = (\alpha_b r_c - r_e)/(r_b + r_e) \quad [4.1.17\ \mathrm{E}]$$

Kollektorschaltung:

$$G_u = u_2/u_1 = -G_i R_L/Z_1 =$$

$$= R_L/[r_b/\alpha_c + (R_L + r_e)(1 + r_b/r_c)] \quad [4.1.16\ \mathrm{C}]$$

$$G_{u\infty} = 1/(1 + r_b/r_c) \approx 1 \quad (\text{wegen } r_b \ll r_c) \quad [4.1.17\ \mathrm{C}]$$

Ausgangsimpedanz (s. Abb. 4.1.12):

Emitterschaltung:

$$Z_2 = u_2/i_2 = r_e + r_c\alpha_b/\alpha_e + r_e(r_c\alpha_b - r_e)/(R_G + r_b + r_e) \quad [4.1.18\ \mathrm{E}]$$

$$Z_{2\infty} = r_e + r_c\alpha_b/\alpha_e \approx r_c/\alpha_c \quad [4.1.19\ \mathrm{E}]$$

$$Z_{20} \approx r_c Z_{10}\alpha_b/\alpha_e(r_e + r_b) \quad (\text{wegen } r_e \ll r_c\alpha_b/\alpha_e) \quad [4.1.20\ \mathrm{E}]$$

Kollektorschaltung:

$$Z_2 = u_2/i_2 = r_e + (R_G + r_b)r_c/\alpha_c(R_G + r_b + r_c) \quad [4.1.18\ \mathrm{C}]$$

$$Z_2 \approx r_e + r_b/\alpha_c + R_G/\alpha_c \quad (\text{mit } (r_b + R_G) \ll r_c)$$

$$Z_{2\infty} = r_e + r_c/\alpha_c \approx r_c/\alpha_c \quad [4.1.19\ \mathrm{C}]$$

$$Z_{20} = r_e + r_b r_c/\alpha_c(r_b + r_c) \approx$$

$$\approx r_e + r_b/\alpha_c \quad (\text{mit } r_b \ll r_c) \quad [4.1.20\ \mathrm{C}]$$

Aus diesen Formeln und den Abb. 4.1.9 bis 4.1.12 läßt sich folgendes ablesen:

Die Stromverstärkung der Kollektorschaltung ist um den Faktor $1/(\alpha_b - r_e/r_c)$, also nur geringfügig, größer als die der Emitterschaltung bei gleichem R_L. Dabei ist dieser Faktor von R_L unabhängig.

Die Differenz zwischen der Spannungsverstärkung in der Emitterschaltung und der Basisschaltung ist praktisch immer vernachlässigbar.

Bei der Eingangsimpedanz findet man für $R_L \to 0$ eine Annäherung der Werte in der Kollektor- und in der Emitterschaltung, für $R_L \to \infty$ eine solche der Basis- und der Emitterschaltung.

Bei der Ausgangsimpedanz sind für $R_G \to 0$ die Werte in der Basis- und in der Emitterschaltung gleich, für $R_G \to \infty$ die Werte der Kollektor- und der Emitterschaltung.

Diese Übereinstimmungen erklären sich genauso wie der Zusammenhang zwischen der Eingangsimpedanz der Basisschaltung (bei $R_L = 0$) und der Ausgangsimpedanz der Kollektorschaltung (bei $R_G = 0$) sowie zwischen der Eingangsimpedanz der Kollektorschaltung (bei $R_L \to \infty$) und der Ausgangsimpedanz der Basisschaltung (bei $R_G \to \infty$) zwanglos daraus, daß unter diesen speziellen Annahmen die Ersatzschaltbilder, die das Verhalten des Verstärkers wiedergeben, übereinstimmen.

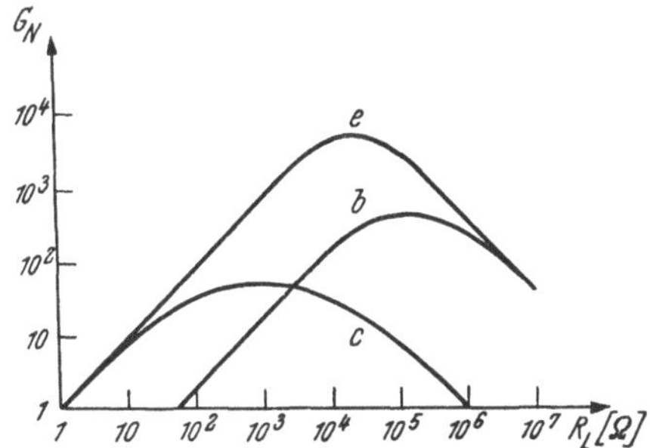

Abb. 4.1.13. Abhängigkeit der Leistungsverstärkung G_N vom Lastwiderstand R_L für die drei Transistor-Grundschaltungen

In Abb. 4.1.13 ist für die drei Grundschaltungen die typische Abhängigkeit der Leistungsverstärkung G_N von R_L dargestellt. Die Emitterschaltung liefert durchwegs die größte Leistungsverstärkung, weshalb diese Grundschaltung meistens vorgezogen wird.

Abschließend wollen wir uns noch überlegen, wie es mit dem Vorzeichen der Spannungsverstärkung in den drei Grundschaltungen bestellt ist. Dazu betrachten wir Abb. 4.1.14, in der die realen Verhältnisse mit Transistoren dargestellt sind.

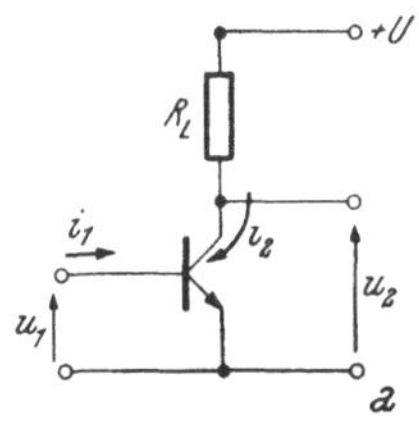

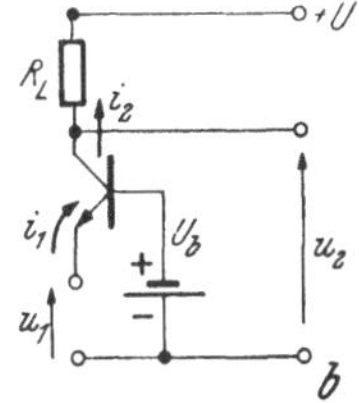

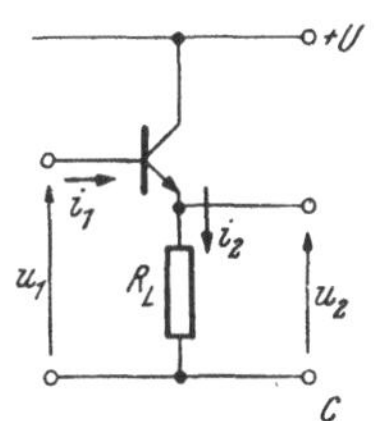

Abb. 4.1.14. Die in realen Grundschaltungen auftretenden Eingangs- und Ausgangsgrößen
a) Emitterschaltung *b*) Basisschaltung *c*) Kollektorschaltung

In der Basisschaltung wird durch eine positive Eingangsspannung der Emitterstrom und somit auch der Kollektorstrom vermindert. Die Verminderung des Kollektorstroms verkleinert den Spannungsabfall am Lastwiderstand R_L, wodurch die Ausgangsspannung u_2 vergrößert wird. Eingangs- und Ausgangsspannung ändern sich also gleichsinnig, der Verstärkungsfaktor ist positiv.

In der Emitterschaltung vergrößert eine positive Eingangsspannung den Basisstrom, wodurch auch der Kollektorstrom ansteigt. Der Spannungsabfall an R_L wird also größer und die Ausgangsspannung u_2 dementsprechend kleiner. Der Verstärkungsfaktor ist also negativ, d. h. die Emitterschaltung bewirkt eine Signalumkehr. Da die Fourier-Komponenten eines umgekehrten Signals bis auf eine Phasenverschiebung von 180° gleich wie die des ursprünglichen Signals sind, spricht man auch von einer Phasenumkehr bzw. Phasendrehung von 180°. Da die Signalumkehr nicht durch frequenzabhängige Elemente zustande kommt und die „Phasendrehung" bei höheren Frequenzen infolge der Verstärkereigenschaften größer als 180° ist, ziehen wir den Ausdruck Signalumkehr vor.

In der Kollektorschaltung ändert sich die Eingangs- und die Ausgangsspannung gleichsinnig, die Spannungsverstärkung beträgt also $G_u \approx +1$.

Analoge Resultate erhält man, wenn in Abb. 4.1.14 ein pnp-Transistor und negative Eingangssignale verwendet werden.

Schließlich weisen wir noch darauf hin, daß wir bei den Verstärkungsfaktoren nur die Größe, nicht aber das Vorzeichen angeben. Die richtige Polarität des Ausgangssignals wird in einer getrennt durchgeführten Überlegung ermittelt.

Da üblicherweise einzelne Grundschaltungen nicht isoliert auftreten, sondern als „Verstärkerstufen" innerhalb einer komplizierteren Schaltung vorkommen und ihre Aufgabe nur im Zusammenhang mit dieser Schaltung verstanden werden kann, begnügen wir uns hier mit den bisher abgeleiteten allgemeinen Gesetzmäßigkeiten.

Eine Ausnahme bildet jedoch die Kollektorschaltung. Diese kann sehr oft isoliert von der Schaltung untersucht werden, da sie folgende Eigenschaften besitzt:

a) Spannungsverstärkung $G_u \approx 1$,
b) hohe Eingangsimpedanz,
c) kleine Ausgangsimpedanz.

Die Spannung am Emitter folgt jeder Spannungsänderung an der Basis in voller Größe, weshalb die Kollektorgrundschaltung auch als „Emitterfolger" bekannt ist. Emitterfolger werden immer dann eingesetzt, wenn eine Impedanzwandlung notwendig ist.

Bei einer gegebenen Last wird die Belastung der vorhergehenden Stufen durch das Dazwischenschalten eines Emitterfolgers vermindert, da dann nur dessen (hohe) Eingangsimpedanz als Belastung wirkt. Außerdem wirkt ein Emitterfolger als Pufferverstärker (buffer amplifier), da er vor ihm liegende Stufen gegenüber Änderungen der Last abpuffert, sodaß selbst große Änderungen der Last nur geringe Belastungsänderungen hervorrufen.

Wichtig ist das Verhalten eines Emitterfolgers gegenüber Stufenimpulsen (s. Abb. 4.1.15). Wegen der unvermeidbaren Streukapazität C_S, die parallel zu R_L gedacht werden kann, ergibt sich folgendes Verhalten (s. auch 2.1.5.2):

Einem positiven Spannungssprung an der Basis (eines npn-Transistors) folgt der Emitter nicht prompt nach, sondern erst in dem Maße, wie sich die Kapazität C_S auflädt. Die entscheidende Zeitkonstante dafür ist

$$\tau = (Z_2 \parallel R_L) C_S \approx Z_2 C_S . \qquad [4.1.23]$$

Da die Ausgangsimpedanz Z_2 der Kollektorschaltung klein ist (Größenordnung $10^1\,\Omega$), ist der Anstieg rasch und die Übertragung des positiven Stufenimpulses gut.

Bei einem negativen Spannungssprung an der Basis muß sich C_S entladen, damit die Emitterspannung folgen kann. Ist das Eingangssignal nun genügend groß und genügend schnell, so wird der Transistor gesperrt, da sich die Emitterspannung zu langsam ändert. Sobald der Transistor gesperrt ist, ist seine Ausgangsimpedanz etwa gleich der einer gesperrten Diode, also $Z_{2\text{gesp}} \gg R_L$ und die Entladezeitkonstante nimmt den Wert an

$$\tau \approx R_L C_S . \qquad [4.1.24]$$

Negative Impulsflanken werden somit bedeutend schlechter übertragen, da R_L praktisch immer sehr viel größer als Z_2 bei stromführendem Transistor ist.

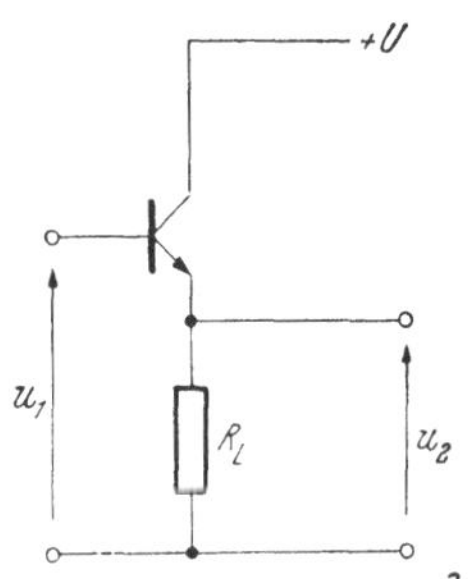

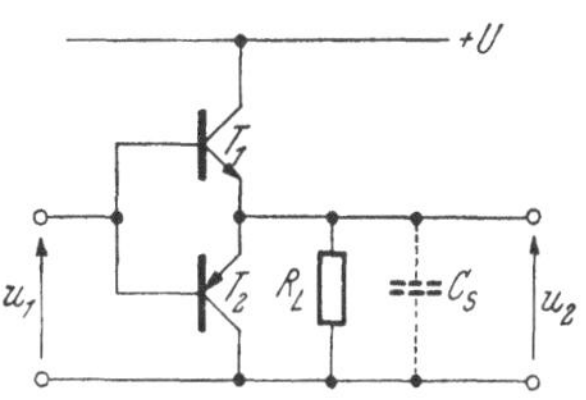

Abb. 4.1.16. Doppelemitterfolger (Prinzipschaltbild)

Durch einen zusätzlichen, im Gegentakt arbeitenden komplementären Transistor läßt sich ein gleichartiges Verhalten sowohl gegenüber negativen als auch positiven Flanken erreichen (s. Abb. 4.1.16). Eine solche Anordnung wird Doppelemitterfolger (auch: Gegentaktemitterfolger oder komplementärer Emitterfolger) genannt. Sie besteht aus der Kombination eines npn- und eines pnp-Transistors mit ähnlichen Kenndaten. Für den positiven Impulsanteil arbeitet der npn-Transistor als Emitterfolger, genauso wie wir es oben besprochen haben. Die Kapazität C_S wird also über Z_2 aufgeladen. Wird aber beim Impulsabfall der npn-Transistor gesperrt ($u_1 < u_2$), so öffnet der pnp-Transistor und entlädt die Kapazität C_S über seine Ausgangsimpedanz, die nach Voraussetzung auch gleich Z_2 ist. In linearen Schaltungen ist es zur Vermeidung von Verzerrungen wichtig, daß die Stromübernahme zwischen den beiden Transistoren stetig erfolgt, was sich durch geeignete Wahl der beiden Transistoren und ihres Arbeitspunktes erreichen läßt. Die Anstiegszeit ist beim Doppelemitterfolger gleich der Abfallzeit, da die bestimmende Zeitkonstante durch C_S und die Ausgangsimpedanz Z_2 des oberen bzw. des unteren Transistors gebildet wird und die beiden Transistoren (nach Voraussetzung) gleiche Ausgangsimpedanz haben.

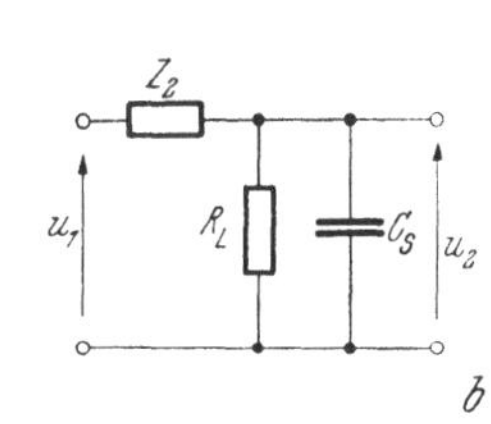

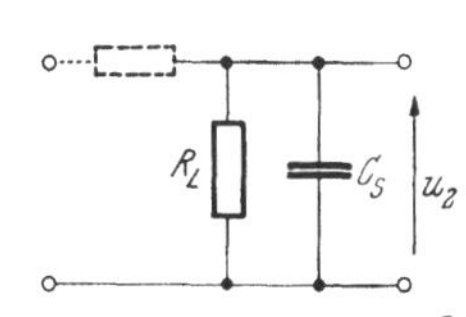

Abb. 4.1.15. Verhalten eines Emitterfolgers gegenüber Stufenimpulsen
a) Schaltung
b) Ersatzschaltung für positive Stufe
c) Ersatzschaltung für negative Stufe

In allen Fällen, in denen die Pufferwirkung eines gewöhnlichen Emitterfolgers zu gering ist, muß man entweder einen anderen Dreipol (z. B. einen FET) verwenden, oder aber mit Hilfe von schaltungstechnischen

Maßnahmen versuchen, eine große Eingangsimpedanz zu erhalten (s. z. B. 4.1.1.5 und 4.1.4.1).

4.1.1.5. Zweistufige Transistorschaltungen

Es gibt insgesamt neun prinzipiell verschiedene Möglichkeiten, zwei Transistoren in Kaskade zu schalten. Berücksichtigt man noch, daß auch komplementäre Transistoren verwendet werden können, so erhält man die 18 Schaltungen, die in den Abb. 4.1.17 bis 4.1.19 dargestellt sind. Für das Kleinsignalverhalten (s. 2.1.5) ist es natürlich uninteressant, ob Transistoren gleicher Polarität oder ob komplementäre Transistoren in Kaskade geschaltet werden. Für die Arbeitspunkteinstellung, den Aussteuerungsbereich, die Temperaturstabilität und weitere Eigenschaften kann die Verwendung komplementärer Transistoren entscheidende Bedeutung haben.

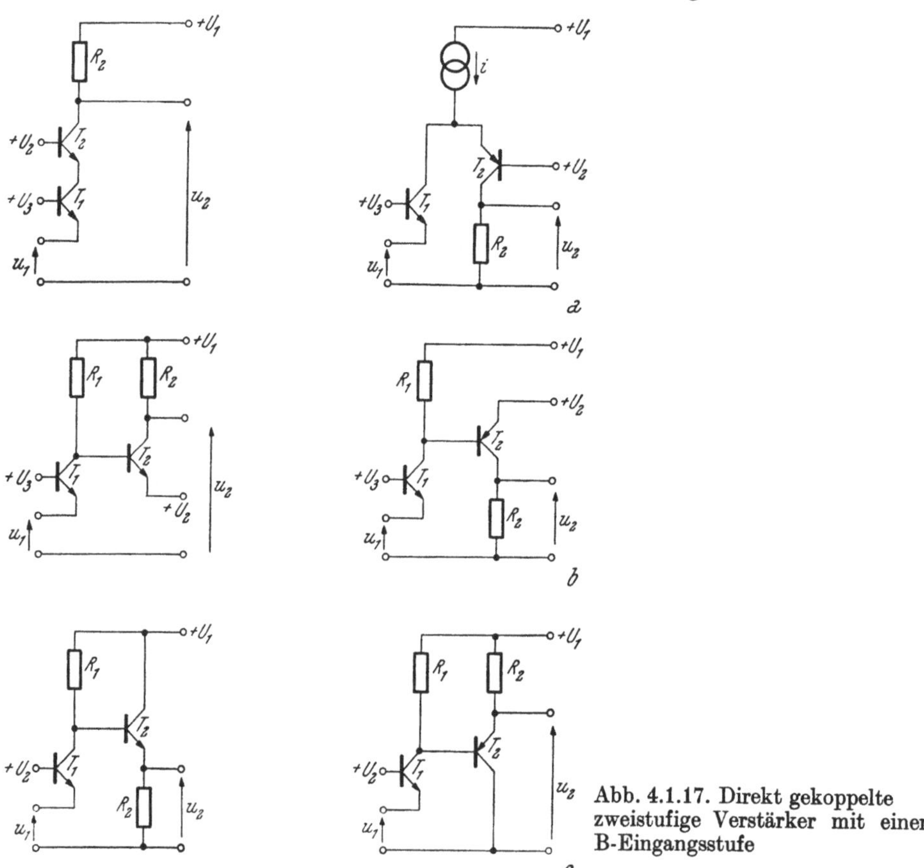

Abb. 4.1.17. Direkt gekoppelte zweistufige Verstärker mit einer B-Eingangsstufe

Zuerst betrachten wir solche Schaltungen, deren Eingangsstufe als Basisschaltung arbeitet (s. Abb. 4.1.17). Die Anordnung zweier Basisschaltungen in Kaskade wie in Abb. 4.1.17 *a* ist nicht sinnvoll, da T_1 weder eine Spannungsverstärkung größer als eins, noch eine Stromverstärkung größer als eins liefert. Denn nach [4.1.15 B] ist

$$|G_i| \approx \alpha_b < 1 \qquad [4.1.25\ a]$$

und nach [4.1.16 B] (mit $R_L \approx Z_{10}$ des zweiten Transistors) gilt

$$|G_u| \approx \alpha_b R_L / Z_{10} \approx \alpha_b < 1 \,. \qquad [4.1.25\,b]$$

Infolge der Fehlanpassung (Z_2 von $T_1 \gg Z_1$ von T_2) ist also keine Leistungsverstärkung durch T_1 möglich. Selbstverständlich ist auch die Kaskadenschaltung zweier komplementärer Basisschaltungen, zu deren Verwirklichung ein Stromgenerator benötigt wird, nicht sinnvoll.

In Abb. 4.1.17 *b* ist eine Emitterschaltung in Kaskade zur Basisschaltung angeordnet, in Abb. 4.1.17 *c* ist die zweite Stufe eine Kollektorschaltung. Für eine universelle Verwendung benötigt man bei diesen beiden Anordnungen drei bzw. zwei Gleichspannungsversorgungen.

Die Anordnung von Abb. 4.1.17 *b* mit komplementären Transistoren wird gerne als Eingangskonfiguration für einen Stromverstärker benützt (s. z. B. 4.1.4.2). Die Verwendung eines komplementären Transistors erlaubt beispielsweise in diesem Fall, daß die Ruhespannung am Eingang und am Ausgang gleich groß gemacht werden kann. Dies bietet schaltungstechnische Vorteile (z. B. beim Hintereinanderschalten solcher Verstärker oder beim Einfügen eines Gegenkopplungswiderstandes wie in 4.1.4.2).

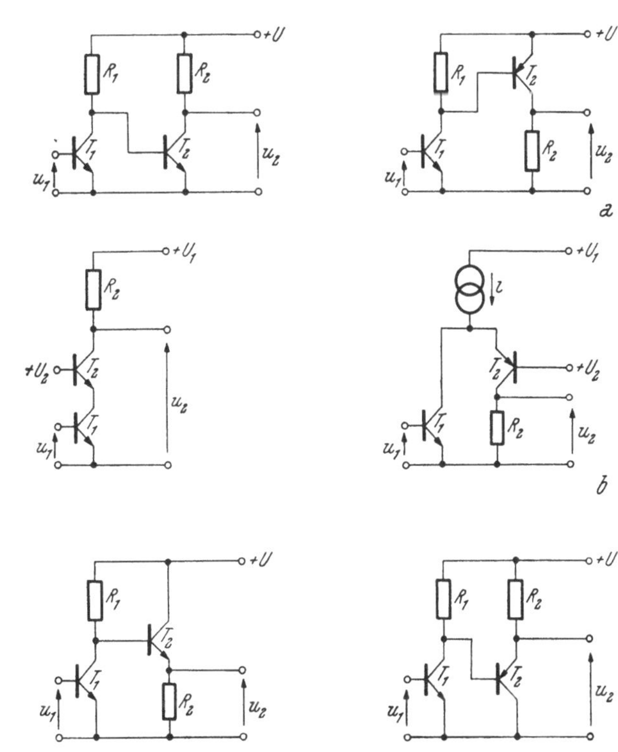

Abb. 4.1.18. Direkt gekoppelte zweistufige Verstärker mit einer E-Eingangsstufe

Größere Bedeutung haben die Schaltungen von Abb. 4.1.18, bei denen die Eingangsstufe als Emitterschaltung arbeitet. Kommt es darauf an, möglichst große Leistungsverstärkung zu erreichen, so wird man eine Anordnung nach Abb. 4.1.18 *a* wählen. Denn die Emitterschaltung ist diejenige

Schaltung, bei der sich die Eingangs- und die Ausgangsimpedanz am wenigsten unterscheiden, so daß in dieser Kombination die Fehlanpassung am geringsten ist.

Steht nur eine Versorgungsspannung zur Verfügung, so bietet die komplementäre Anordnung den Vorteil, daß die Kollektor-Emitter-Spannung von T_1 nicht durch die Basis-Emitter-Spannung von T_2 festgelegt und dadurch praktisch unbeeinflußbar durch andere Schaltungsdetails ist. Der Arbeitspunkt von T_1 kann vielmehr durch die Größe der Versorgungsspannung beeinflußt werden.

Die Kombination einer Emitterschaltung mit einer Basisschaltung (Abb. 4.1.18 *b*) ist als Kaskodeschaltung bekannt. Die komplementäre Anordnung hat praktisch keine Bedeutung, da sie zusätzlich einen Stromgenerator benötigt, der dafür sorgt, daß eine Kollektorstromänderung in T_1 völlig in eine gegensinnige Emitterstromänderung in T_2 umgesetzt wird. Die Bedeutung der Kaskodeschaltung, die auch oft hybrid (Röhre + Transistor, FET + Transistor) ausgeführt wird, liegt in der kleinen Eingangskapazität der Schaltung. Infolge der kleinen Spannungsverstärkung von T_1 ($|G_u| \approx 1$, analog zu [4.1.25 b]) wird nämlich die Basis-Kollektor-Kapazität von T_1 durch den Miller-Effekt (s. 4.1.2.3) nur auf den doppelten statischen Wert $C_{\text{dyn}} = (|G_u| + 1)C_{bc}$ erhöht. T_1 leistet also nur Stromverstärkung, während T_2 die Spannungsverstärkung liefert. Diese Anordnung wird trotz der schlechten Leistungsanpassung nicht selten gewählt, da mit ihr kleine Eingangskapazitäten erreicht werden können.

Die Kombination einer Emitterschaltung mit einem Emitterfolger (Abb. 4.1.18 *c*) liefert einen zweistufigen Verstärker mit kleiner Ausgangsimpedanz.

Benötigt man einen Verstärker mit höherer Eingangsimpedanz, so nimmt man als erste Stufe eine Kollektorschaltung (s. Abb. 4.1.19).

Ist auch die zweite Stufe eine Kollektorschaltung (s. Abb. 4.1.19 *a*), so bleibt zwar die Spannungsverstärkung kleiner als eins, aber es lassen sich besonders hohe Eingangsimpedanzen und niedere Ausgangsimpedanzen erhalten (Kaskaden-, Darlingtonemitterfolger, s. auch Abb. 4.1.64 *b*). Bei der komplementären Anordnung kompensiert sich die Temperaturabhängigkeit der beiden Basis-Emitter-Strecken, und die Ausgangsruhespannung ist daher weniger temperaturabhängig.

Die in Abb. 4.1.19 *b* gezeigten Kombinationen einer Kollektorschaltung mit einer Emitterschaltung haben nur geringe Bedeutung, vor allem wegen der zweiten benötigten Versorgungsspannung.

Die Kaskadenschaltung einer Kollektorschaltung mit einer Basisschaltung (s. Abb. 4.1.19 *c*) wird vielfach verwendet; man spricht dann von Emitterkopplung. Die komplementäre Anordnung kommt selten zur Anwendung, da sich die Temperaturabhängigkeit beider Basis-Emitter-Strecken voll auswirkt. Man nimmt lieber die Notwendigkeit eines Stromgenerators (der oft nur in Form eines genügend großen Emitterwiderstandes R_E verwirklicht wird) in Kauf, um die ausgezeichnete Temperaturkompensation in dieser Anordnung ausnützen zu können. Eine Variante dieser emittergekoppelten Schaltung, bei der auch die Basis von T_2 angesteuert wird, ist der Differenzverstärker (s. 4.1.1.6).

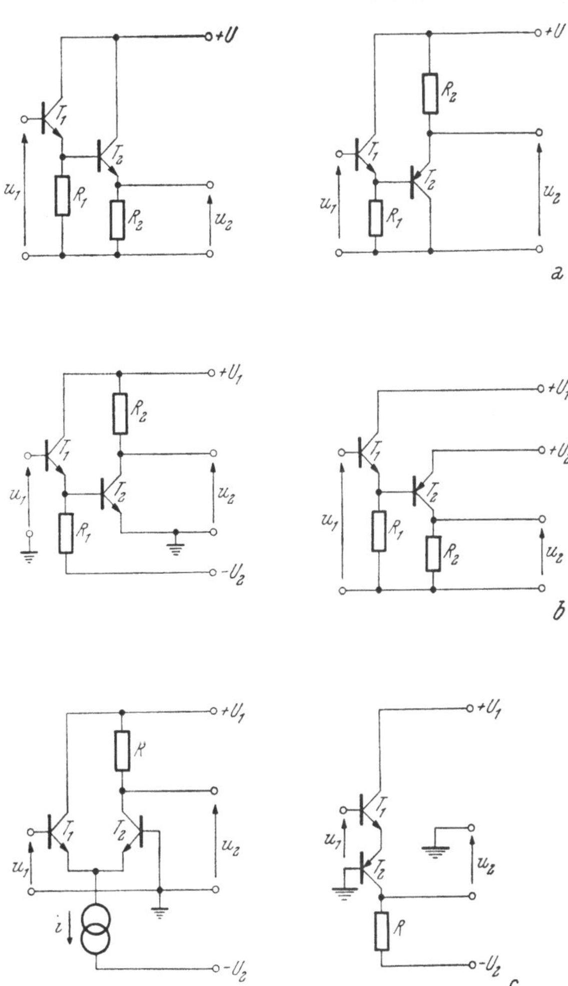

Abb. 4.1.19. Direkt gekoppelte zweistufige Verstärker mit einer C-Eingangsstufe

An Hand von Abb. 4.1.20 wollen wir nun einige Möglichkeiten untersuchen, wie eine Gleichstromkopplung zwischen zwei Verstärkerstufen ausgeführt sein kann. Bisher nahmen wir immer eine direkte Verbindung beider Stufen ohne ohmsche Verluste vor. Bei der in Abb. 4.1.20 *a* dargestellten Schaltung ist dann aber der Arbeitspunkt von T_1 durch die Basis-Emitter-Spannung von T_2 festgelegt, welche kleiner als 1 Volt ist. Eine Vergrößerung der Ruhespannung am Kollektor von T_1 erhält man mit den in Abb. 4.1.20 *b* gezeigten Methoden. Dabei ist es günstig, eine negative Zugspannung zur Verfügung zu haben. Der Verlust an Signalgröße, der durch Spannungsteilung entsteht, kann dadurch gering gehalten werden, daß entweder statt R_K eine Zenerdiode verwendet wird, die ja nur einen kleinen differentiellen Widerstand hat, oder aber dadurch, daß statt R_3 ein Stromgenerator (Abb. 4.1.20 *c*) verwendet wird, gegenüber dessen hoher Ausgangsimpedanz der Wert von R_K klein ist. Der direkten Methode, R_3 sehr viel größer als R_K zu machen, stellt sich die Notwendigkeit einer hohen Zugspannung entgegen.

Eine andere Gruppe direkt gekoppelter Transistoren findet man in Abb. 4.1.21. Dabei werden zwei Transistoren so miteinander verbunden, daß sie zusammen eine Einheit mit besseren Eigenschaften bilden, als sie ein Transistor allein aufweist. Die Anordnung von Abb. 4.1.21 *a* ist eine sogenannte Darlington-Anordnung. Ihre Stromverstärkung ist nahezu gleich dem Produkt der beiden Einzelstromverstärkungen. Dadurch lassen sich in Kollektorschaltung entsprechend den Formeln [4.1.11 C] und [4.1.18 C] besonders hohe Eingangsimpedanzen und niedere Ausgangsimpedanzen erreichen. Die Anordnung nach Abb. 4.1.21 *b* bietet außer der höheren Stromverstärkung noch die niedrigere Ausgangsimpedanz am C'-Ausgang.

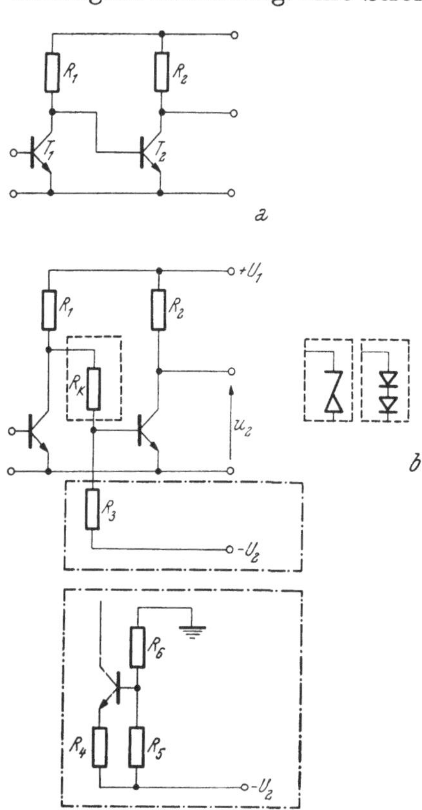

Abb. 4.1.20. Verschiedene Arten von Gleichstromkopplung zwischen Verstärkerstufen

In Fällen, in denen der maximal zulässige Strom oder die maximale Emitter-Kollektor-Spannung eines einzelnen Transistors nicht ausreicht, läßt sich allenfalls mit einer Anordnung nach Abb. 4.1.21 *c* bzw. *d* Abhilfe schaffen. Die Widerstände dienen dabei zur gleichmäßigen Aufteilung des Stroms bzw. der Spannung auf beide Transistoren. Besser ist jedoch in jedem Fall die Auswahl einer anderen Transistortype mit höheren Grenzwerten.

4.1.1.6. Differenzverstärker

Bei einem Verstärker unterscheidet man im allgemeinen drei Paare von Anschlüssen: die Eingangsklemmen, die Ausgangsklemmen und die beiden Anschlüsse für die Betriebsspannung.

Bei gewöhnlichen Verstärkern, die wir bisher behandelten (s. z. B. Abb. 4.1.14) kommen meistens nur vier Anschlüsse vor, da ein Anschluß dem Eingang, dem Ausgang und der Spannungsversorgung gemeinsam ist. Dieser gemeinsame Anschluß wird gewöhnlich als Nullpunkt („Masse") des Systems betrachtet. Oft ist diese Masseklemme auf Erdpotential („geerdet"), was jedoch für das Verhalten der Schaltung an sich ohne Bedeutung ist.

Ein *Gegentaktverstärker* liegt dann vor, wenn keine der beiden Ausgangsklemmen an das Potential der Masseklemme gebunden ist. Der Ausgangsstrom über die Lastimpedanz ist unabhängig von der Spannung jeder der beiden Ausgangsklemmen gegenüber der Masse. Er kommt dadurch zustande, daß die eine Klemme gleich stark positiv gegenüber dem mittleren Ausgangspotential wird, wie die andere negativ.

Der Verstärker hat einen „schwebenden Eingang" (floating input), wenn keine der beiden Eingangsklemmen an das Massepotential gebunden ist.

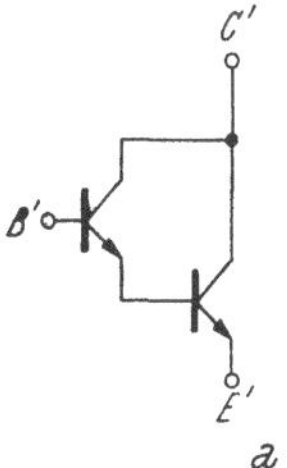

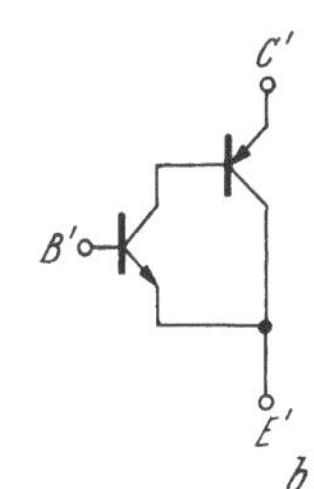

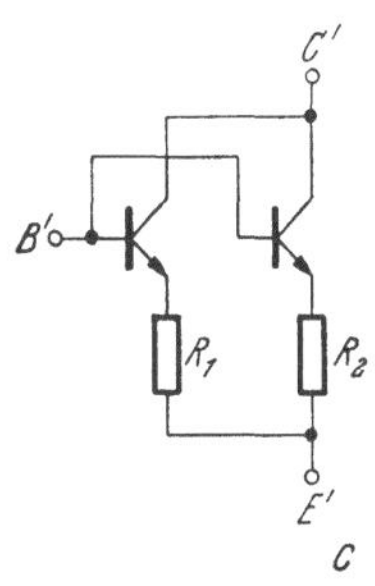

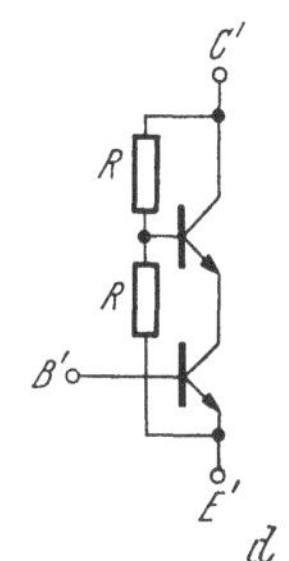

Abb. 4.1.21. Direkte Kopplung von Transistoren zur Erzielung besserer Transistoreigenschaften
a) Erhöhung von h_{FE}
b) Erhöhung von h_{FE} und Verminderung der Ausgangsimpedanz
c) Vergrößerung von $I_{C\,max}$
d) Vergrößerung von $U_{CE\,max}$

Die Ausgangsspannung ist (im Idealfall) vom mittleren Potential der Eingangsklemmen unabhängig und ausschließlich von der Eingangsspannung, der Spannung zwischen den beiden Klemmen, abhängig. Da diese Eingangsspannung als Differenz der Spannungen der beiden Eingangsklemmen gegenüber der Masse aufgefaßt werden, bzw. so zustande kommen kann, nennt man eine solche Verstärkeranordnung einen Differenzverstärker.

Sind gar alle sechs Klemmen voneinander „unabhängig", so liegt ein Gegentakt-Differenzverstärker vor, bei dem sowohl das mittlere Eingangspotential als auch das mittlere Ausgangspotential für die Verstärkerfunktion völlig unmaßgebend ist.

Wir gehen in unseren Betrachtungen vom Gegentakt-Differenzverstärker aus, da die übrigen drei Anordnungen als Sonderfälle betrachtet werden können, bei denen eben zwei oder drei Klemmen miteinander verbunden sind (s. Abb. 4.1.22).

Die einfachste Möglichkeit, einen Gegentakt-Differenzverstärker zu verwirklichen, besteht darin, zwei identische Spannungsverstärker mit der Verstärkung G_u entsprechend Abb. 4.1.23 zu verwenden. Die Spannung u_2 zwischen den beiden Ausgängen beträgt dann

$$u_2 = u_{21} - u_{22} = G_{u1} u_{11} - G_{u2} u_{12} = G_u (u_{11} - u_{12}) = G_u u_1, \qquad [4.1.26]$$

sie ist also proportional der Differenz u_1 der beiden Eingangsspannungen. Diese Anordnung hat zwei wesentliche Nachteile:

1. Es muß der dynamische Bereich sehr groß sein (und damit auch die Betriebsspannung), wenn kleine Differenzen u_1 von großen Eingangssignalen u_{11} und u_{12} verstärkt werden sollen, damit der Verstärker nicht übersteuert wird. Das Gleichtaktsignal (die mittlere Eingangsspannung) $u_{GT} = (u_{11} + u_{12})/2$ wird nämlich gleich stark verstärkt wie das Differenzsignal $u_1 = u_{11} - u_{12}$, so daß das mittlere Ausgangspotential $u_{2GT} = u_{GT} \cdot G_u$.

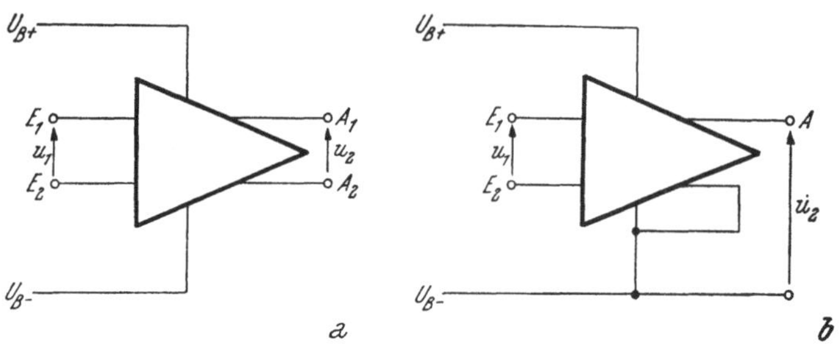

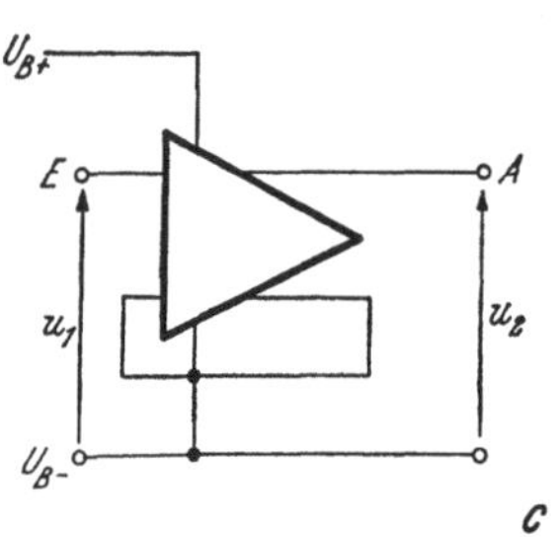

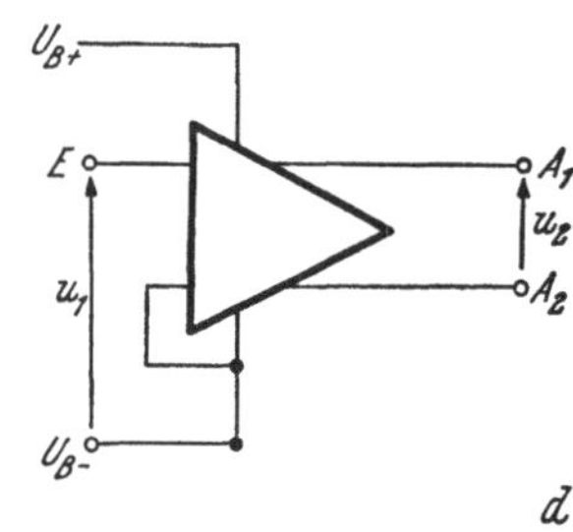

Abb. 4.1.22. Anordnung der Anschlüsse bei Verstärkern
a) Gegentaktdifferenzverstärker
b) gewöhnlicher Differenzverstärker
c) gewöhnlicher Verstärker
d) Gegentaktverstärker

2. Ein einfacher Differenzverstärker ist nicht zu erhalten, da bei Berücksichtigung nur eines Ausganges die Ausgangsspannung proportional der entsprechenden Eingangsspannung und nicht proportional zu $u_1 = u_{11} - u_{12}$ ist.

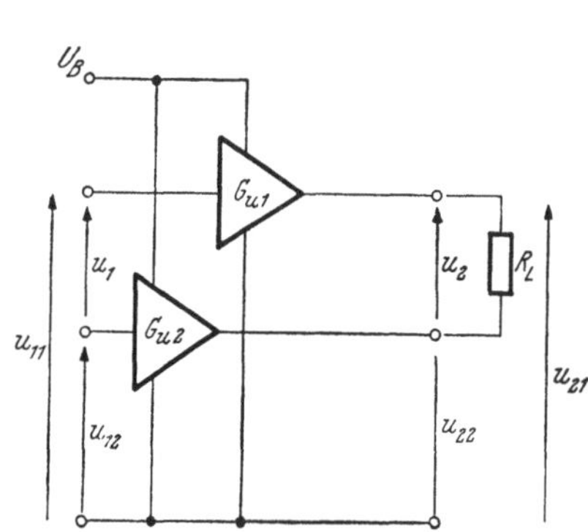

Abb. 4.1.23. Aufbau eines Differenzverstärkers aus zwei gleichartigen Verstärkern

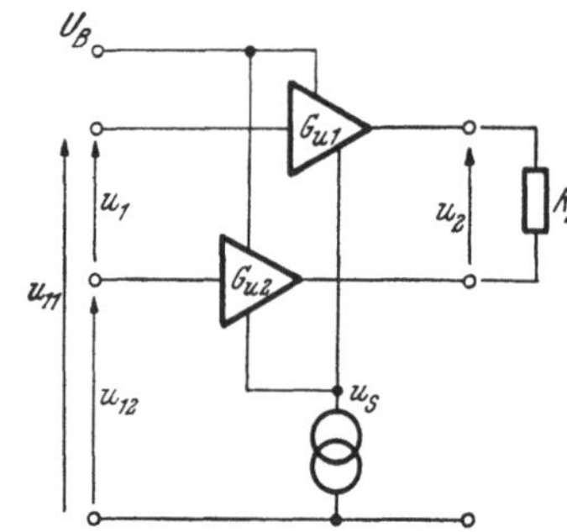

Abb. 4.1.24. Aufbau eines Differenzverstärkers mit Gleichtaktunterdrückung aus zwei gleichartigen Verstärkern und einem Stromgenerator

Durch eine Anordnung nach Abb. 4.1.24 läßt sich eine vollständige Unterdrückung des Gleichtaktsignals erreichen und somit der dynamische Bereich (d. h. die zulässige Gleichtaktspannung) beträchtlich (um den Faktor G_u) erhöhen. Der Stromgenerator hält den durch die Anordnung fließenden Gesamtstrom konstant. Deshalb können sich die Ströme in den beiden Verstärkern nicht gleichsinnig ändern. Ein Gleichtaktsignal, das auf die beiden identischen Verstärker völlig gleichartig wirkt und infolgedessen auch in beiden die gleiche Stromänderung hervorrufen würde, bleibt dadurch wirkungslos, daß das schwebende Potential u_S des Stromgenerators den Wert u_{GT} annimmt, wodurch die auf die Verstärker wirkende Steuerspannung $u_{GT} - u_S$ also gleich Null wird.

Bei einem Differenzsignal erhält der eine Verstärker als wirksame Eingangsspannung

$$u_{11W} = u_{11} - u_S = u_{11} - u_{GT} = (u_{11} - u_{12})/2, \qquad [4.1.27\text{ a}]$$

der andere

$$u_{12W} = u_{12} - u_S = u_{12} - u_{GT} = (u_{12} - u_{11})/2. \qquad [4.1.27\text{ b}]$$

Diese Signale sind bis auf das Vorzeichen gleich. Sie bewirken also in den Verstärkern gleich große, aber entgegengesetzte Stromänderungen, die sich in der Summe aufheben, so daß der Stromgenerator ohne Bedeutung für die Verstärkung des Differenzsignals ist.

$$u_2 = G_{u1}(u_{11} - u_{GT}) - G_{u2}(u_{12} - u_{GT}) = G_u \cdot u_1. \qquad [4.1.28]$$

Bei einem solchen idealen Gegentakt-Differenzverstärker ist also die Ausgangsspannung u_2 ausschließlich von der Differenz $u_1 = u_{11} - u_{12}$ abhängig.

Im realen Fall ergeben sich prinzipiell zwei Abweichungen von diesem idealen Verhalten:

1. Der Stromgenerator ist nicht ideal, sondern es muß sein Innenwiderstand berücksichtigt werden. Dann ist der Gesamtstrom von u_S abhängig und die Unterdrückung von u_{GT} schlechter.

2. Die beiden Verstärkerelemente sind nicht identisch. Schon allein die Spannungsverstärkung G_u der beiden Elemente kann nicht völlig identisch gehalten werden. Wenn wir uns auf Unterschiede in G_u beschränken und z. B. annehmen, daß $G_{u1} = 1{,}01\, G_{u2}$, so erhalten wir als mittlere Ausgangsspannung u_{2GT} (für die Anordnung von Abb. 4.1.23)

$$\begin{aligned} u_{2GT} &= (u_{22} + u_{12})/2 = (G_{u2}u_{12} + 1{,}01\, G_{u2}u_{11})/2 = \\ &= G_{u2}(u_{12} + u_{11})/2 + 0{,}01\, G_{u2}u_{11} = \\ &= G_{u2}u_{GT} + 0{,}01\, G_{u2}u_{11}. \end{aligned} \qquad [4.1.29]$$

Durch die Asymmetrie im Verstärkungsfaktor erhält man selbst bei einem Eingangssignal ohne Gleichtaktspannungsanteil eine Verschiebung des mittleren Ausgangsspannungsniveaus, also eine Ausgangs-Gleichtaktspannung. Neben dieser Beeinflussung der Ausgangs-Gleichtaktspannung durch ein reines Differenzsignal (denn mit $u_{GT} = 0$ gilt $u_{11} = -u_{12}$ und nach [4.1.29] folgt $u_{2GT} = -0{,}01\, G_{u2}u_{12}$) erhält man dann, wenn der Stromgenerator nicht ideal ist, auch eine Rückwirkung vom Gleichtaktsignal auf das Differenzsignal. Durch diese gegenseitige Beeinflussung des Gleichtaktsignals und des Differenzsignals wird bei realen Differenzverstärkern die exakte Analyse recht umständlich. Wir verzichten deshalb auf eine vollständige Darstellung mit um so größerer Berechtigung, als heute der Selbstbau von Differenzverstärkern nur in Ausnahmefällen sinnvoll ist, da im Handel billige integrierte Differenzverstärker erhältlich sind, wodurch Konstruktionsprobleme stark vereinfacht werden.

Folgende Begriffe von allgemeiner Bedeutung müssen jedoch noch eingeführt werden. Da ist zunächst der Gleichtaktunterdrückungsfaktor (common mode rejection ratio). Er gibt das Verhältnis jener Gleichtaktspannung u_{GT} zur Differenzspannung u_1 an, die beide ein gleich großes Ausgangssignal u_2 hervorrufen.

Die Asymmetriespannung (offset voltage) gibt an, welche Eingangsspannung u_1 benötigt wird, um am Ausgang die Spannung Null zu bekommen. Der dabei aufgebrachte Eingangsstrom heißt Asymmetriestrom (offset current).

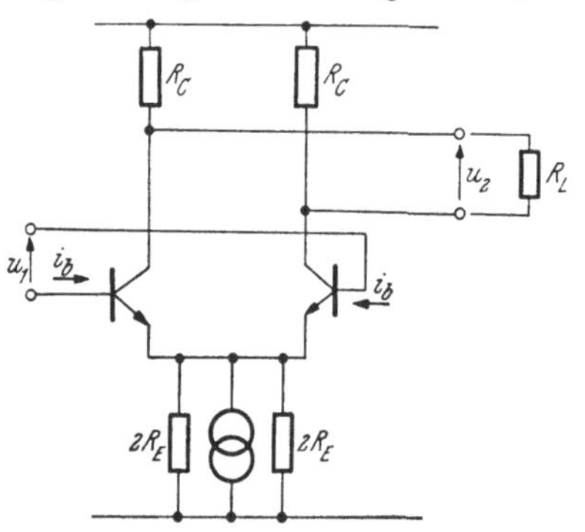

Abb. 4.1.25. Einfacher Differenzverstärker mit zwei Transistoren (Prinzip)

In Abb. 4.1.25 ist die häufigste Differenzverstärkeranordnung, ein emittergekoppeltes Transistorpaar, dargestellt. Der gemeinsame Emitterwiderstand R_E entspricht der Impedanz des Stromgenerators, die beiden Arbeitswiderstände R_C seien gleich groß. Dann läßt sich die Anordnung elementar so analysieren:

Die beiden Eingangssignale u_{12} und u_{11} werden in ein Gleichtaktsignal $u_{GT} = (u_{12} + u_{11})/2$ und ein Differenzsignal $u_1 = (u_{12} - u_{GT}) + (u_{GT} - u_{11}) = (u_{12} - u_{11})$ aufgeteilt und das Verhalten der Anordnung gegenüber den beiden Anteilen getrennt studiert.

Das Gleichtaktsignal u_{GT} wirkt auf beide Transistoren gleichsinnig. Diese besitzen einen gemeinsamen Emitterwiderstand R_E, der als Parallelschaltung der beiden Einzelwiderstände $R_{E1} = R_{E2} = 2\,R_E$ gedacht werden kann, denn wegen des völlig gleichen Verhaltens fließt über die ohmsche Verbindung, die die Parallelschaltung bewirkt, kein Strom, da die beiden Emitterspannungen gleich sind. Es liegen also zwei unabhängige Emitterschaltungen vor, für die die Spannungsverstärkung $G_{u1} = G_{u2}$ infolge der Größe von $2\,R_E$ praktisch durch das Verhältnis $R_C/2\,R_E$ bestimmt ist (s. [4.1.95 b]). Bei Gleichheit der Arbeitswiderstände ist die Differenz $u_{22} - u_{21} = u_2$ gleich Null. Anders ist es mit dem Differenzsignal. Von diesem wirkt $u_1/2$ auf den einen Eingang, während $-u_1/2$ auf den anderen Eingang wirkt. Solange u_1 so klein ist, daß die Änderung der Eingangsspannung um $u_1/2$ eine gleich große (aber inverse) Stromänderung bewirkt wie eine Änderung um $-u_1/2$, ändert sich der Strom durch R_E nicht, d. h. die Emitterspannung bleibt trotz des Differenzeingangssignals konstant. Die Impedanz an den Emittern ist also Null. Ein solcher Punkt einer Schaltung, an welchem trotz veränderlichen Stromflusses die Spannung konstant bleibt, der also infolge des dynamischen Verhaltens der Schaltung verschwindende Impedanz hat, heißt virtuelle Erde (virtual ground) der Schaltung. Virtuell deshalb, weil keine niederohmige Verbindung zur Masse besteht, die niedere Impedanz ausschließlich durch das Verhalten der Schaltung zustande kommt (s. auch 4.1.3.1 und 4.1.3.7).

Für das Differenzsignal arbeitet jede der beiden Stufen als normale Emitterschaltung (s. 4.1.1.4). Bei Verwendung der h-Parameter-Beschreibung (s. 3.1.1) erhält man für die Ausgangsspannung ohne Belastung ($R_L = \infty$) und unter Vernachlässigung von h_{12e}

$$u_2 = u_1 \frac{h_{21e} R_C}{h_{11e} + R_C \Delta h_e} \qquad [4.1.30]$$

und

$$u_{2GT} = u_{GT} \frac{h_{21e} R_C}{h_{11e} + R_C \Delta h_e + 2 R_E (\Delta h_e + h_{21e})}. \qquad [4.1.31]$$

Dabei wurde die wechselseitige Einwirkung von u_1 auf u_{2GT} und von u_{GT} auf u_2 nicht berücksichtigt. Wie man sieht, geht $G_{GT} \to G_u$ mit $R_E \to 0$, d. h die Gleichtaktunterdrückung verschwindet.

Der Einsatz von Feldeffekttransistoren als Eingangselemente ist oft angebracht, da diese eine hohe Eingangsimpedanz besitzen und deshalb bessere Spannungsverstärker darstellen.

Gegentakt-Differenzverstärker werden in der Kernphysik selten angewendet, da das Ausgangssignal meistens auf Masse bezogen wird; dann spricht man von einem Differenzverstärker schlechthin. Vor allem bei operativen Verstärkern (s. 4.1.3) finden wir solche Anordnungen.

Oft wird der eine Eingang geerdet, so daß nur ein einfacher Verstärker vorliegt. Gegenüber anderen Verstärkeranordnungen mit einem Eingang und einem Ausgang bringt die Verwendung eines einseitig geerdeten Differenzverstärkers den Vorteil größerer thermischer Stabilität, da nur die Unterschiede im thermischen Verhalten der beiden Verstärkerkanäle maßgebend sind und nicht die gesamte thermische Änderung. Dabei ist zu beachten, daß der nicht benützte Eingang durch einen Widerstand, der gleich dem Generatorwiderstand ist, mit der Masse verbunden wird, damit sich die thermische Änderung von I_{CBO} auf beide Eingänge möglichst gleichartig auswirkt (s. auch Abb. 4.1.48).

Für ein Signal stellt ein solcher einseitig geerdeter emittergekoppelter Differenzverstärker eine Kaskadenschaltung einer Kollektorschaltung mit einer Basisschaltung dar (s. 4.1.1.5). Ist R_E genügend groß, so ist die Eingangsspannung der Basisschaltung wegen der Gleichheit ihrer Eingangsimpedanz mit der Ausgangsimpedanz der Kollektorschaltung (bei symmetrischen und identischen Transistoren) genau $u_1/2$. Diese Verstärkerkombination ist auch in schnellen Schaltungen beliebt, da sowohl die Basis- als auch die Kollektorschaltung eine hohe Grenzfrequenz besitzen.

Differenzverstärker, bei denen ein Eingang geerdet ist, die aber zwei Ausgänge besitzen, werden gerne als Ausgangsstufen verwendet. Sie liefern nämlich für ein gepoltes Eingangssignal zwei gegenpolige Ausgangssignale. Das eine dieser beiden Signale entsteht auf die schon beschriebene Weise durch die Kaskadenschaltung einer Kollektor- und einer Basisschaltung. Dieses Signal behält die Polarität bei. Das andere Signal entsteht am Kollektorwiderstand des Eingangstransistors. Da dieser für dieses Signal in Emitterschaltung arbeitet (ihr wirksamer Emitterwiderstand ist die Eingangsimpedanz der Basisschaltung), hat dieses Signal umgekehrte Polarität. Da das Verhalten des Differenzverstärkers in bezug auf die beiden Ausgangssignale unterschiedlich ist, genügt die Übereinstimmung der beiden Impulsformen nicht allen Ansprüchen. Durch eine zweite (Gegentakt-)Differenzverstärkerstufe läßt sich die Übereinstimmung der beiden Ausgangssignalformen wesentlich verbessern, da dann beide Ausgangssignale von der Differenz der beiden gegenpoligen Signale abhängen, wodurch die unterschiedliche Entstehung verwischt wird.

4.1.2. Rückkopplung

Bei einem aktiven Vierpol versteht man unter Rückkopplung die Rückführung eines bestimmten Anteils des Ausgangssignals an den Eingang und dessen Überlagerung mit dem Eingangssignal. Dadurch erhält man eine Änderung des Ausgangssignals in charakteristischer Weise.

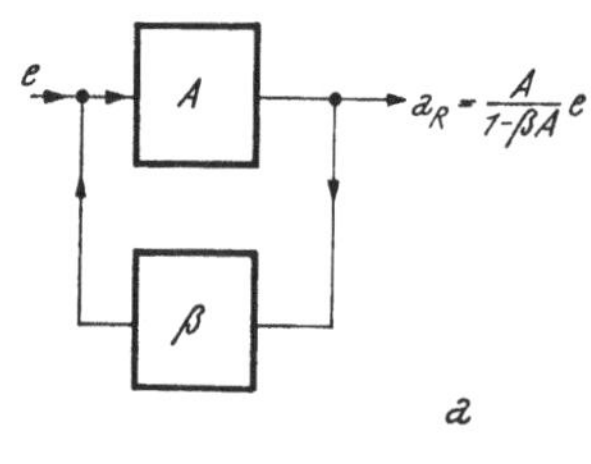

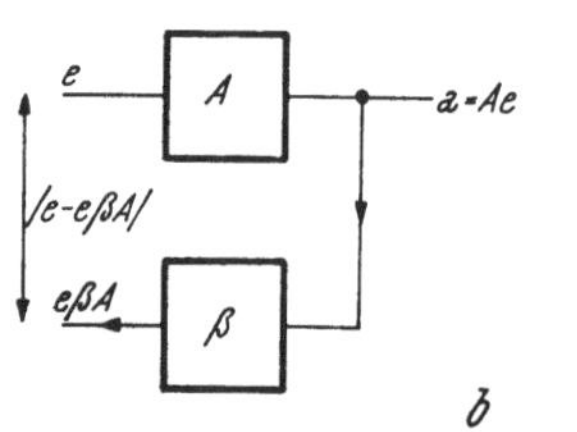

Abb. 4.1.26. Verallgemeinertes Rückkopplungssystem
a) geschlossene Schleife
b) geöffnete Schleife

Entsprechend den vier Möglichkeiten, die Verstärkerwirkung eines aktiven Vierpols zu beschreiben (s. 2.1.5.1), ergeben sich vier Gegenkopplungsarten. Rein formal lassen sich alle vier Arten durch ein verallgemeinertes Rückkopplungssystem nach Abb. 4.1.26 darstellen. Dieses System besteht aus zwei Signalzweigen, von denen der eine (mit der Eigenschaft A) vom Eingang zum Ausgang führt, während der andere Zweig auf Grund seiner Eigenschaft β das Ausgangssignal modifiziert und dem Eingangssignal überlagert.

Ohne Rückkopplung (bei offenem Rückkopplungskreis bzw. mit $\beta = 0$) wird die Eingangsgröße e über das aktive Element mit dem Faktor A geändert, d. h. es wird die Ausgangsgröße a

$$a = e \cdot A \qquad [4.1.32]$$

erhalten. Durch die Rückkopplungswirkung, die durch β dargestellt wird, erhält das aktive Element eine zusätzliche Eingangsgröße $e_R = \beta a_R$, so daß gilt

$$a_R = (e + e_R) \cdot A = (e + \beta a_R) \cdot A\,,$$

woraus

$$A_R = a_R / e = A / (1 - \beta A) \qquad [4.1.33]$$

erhalten wird.

Die gesamte Anordnung reagiert jetzt mit der Größe A_R statt der Größe A auf ein Eingangssignal e.

Schon rein formal erkennt man, daß β die inverse Dimension zu A haben muß, damit das Produkt βA dimensionslos ist. Dieses Produkt $\beta \cdot A$ heißt Kreis-(oder Schleifen-)Verstärkung der Rückkopplungsanordnung, denn in den Fällen, in welchen die Rückkopplung auch in Wirklichkeit durch eine Rückkopplungsschleife erfolgt, kann $\beta \cdot A$ durch Öffnen der Schleife und Bestimmung der Verstärkung zwischen den beiden Enden gemessen werden.

(Dabei ist jedoch zu beachten, daß an der Trennstelle nach dem Öffnen die gleichen Belastungsverhältnisse bestehen wie in der geschlossenen Schleife.)

Der Unterschied $(e - e\beta A)/e = 1 - \beta A$ in der Signalgröße an den beiden Enden (= return difference) ist die charakteristische Größe einer Rückkopplung. Ist $\beta A \gg 1$, so genügt es, die Kreisverstärkung βA allein zu berücksichtigen.

In Abb. 4.1.27 sind die vier Darstellungsarten aktiver Vierpole mit den zugehörigen Gegenkopplungsvierpolen eingezeichnet. Wir bevorzugen die Benennung der vier Rückkopplungsarten danach, wie die Ausgänge und die

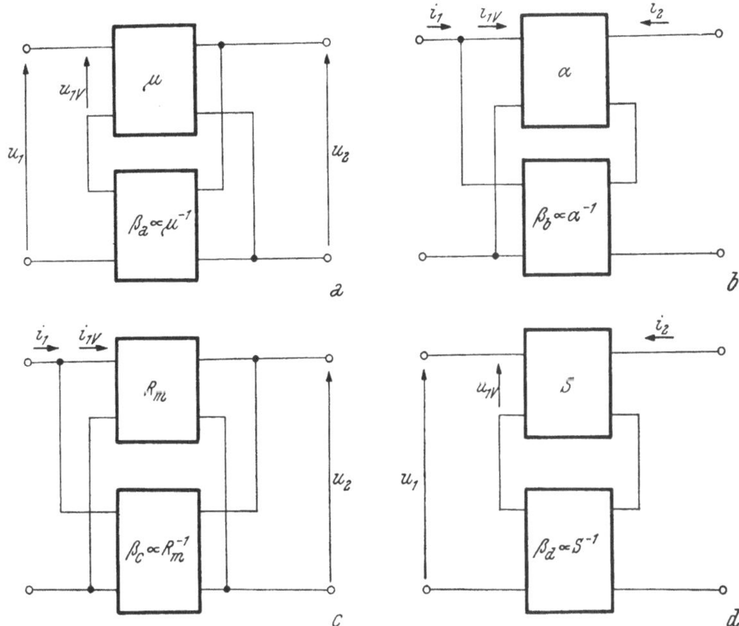

Abb. 4.1.27. Die vier allgemeinen Rückkopplungssysteme
a) Parallel-Serie-Rückkopplung *b*) Serie-Parallel-Rückkopplung
c) Parallel-Parallel-Rückkopplung *d*) Serie-Serie-Rückkopplung

Eingänge der beiden gekoppelten Vierpole zueinander geschaltet sind. Da die Rückkopplung vom Ausgang auf den Eingang wirkt, erfolgt die Namensgebung so, daß zuerst die Ausgangs- und dann erst die Eingangsklemmen berücksichtigt werden.

Somit erhält man:

a) die Parallel-Serie-Rückkopplung,
b) die Serie-Parallel-Rückkopplung,
c) die Parallel-Parallel-Rückkopplung,
d) die Serie-Serie-Rückkopplung.

Je nach dem aktiven Vierpol ist die Ausgangsgröße a (bzw. a_R) der Signalstrom i_2 oder die Signalspannung u_2 und die Eingangsgröße e die Eingangsspannung u_1 oder der Eingangsstrom i_1. Welche Ausgangs- und Eingangsgröße bei einer bestimmten Rückkopplungsart betroffen wird, kann man sofort aus dem Namen ableiten. Parallel zum Ausgang läßt sich nur die

Ausgangsspannung abgreifen, während der Ausgangsstrom in Serie zum Ausgang abgenommen wird. Beim Eingang ist es gerade umgekehrt: Ein zusätzlicher Eingangsstrom wird parallel in den Eingang eingespeist und eine zusätzliche Eingangsspannung in Serie. Infolgedessen sind für die vier Schaltungen auch folgende Namen gebräuchlich:

a) Spannung-Spannung-Rückkopplung,
b) Strom-Strom-Rückkopplung,
c) Spannung-Strom-Rückkopplung,
d) Strom-Spannung-Rückkopplung.

Je nachdem, ob durch die Rückkopplung die wirksame Eingangsgröße $e_V = e + e_R$ größer oder kleiner als die Eingangsgröße e ist, unterscheidet man Mitkopplung und Gegenkopplung.

4.1.2.1. Gegenkopplung (negative Rückkopplung)

Bei der Gegenkopplung hebt das zurückgeführte Signal e_R einen Teil des Eingangssignals e auf, weshalb $a_R < a$ und dementsprechend $A_R < A$ ist. Es muß also gelten $\beta A < 0$ (d. h. $\operatorname{sign} A \neq \operatorname{sign} \beta$), denn dann ist nach [4.1.33]

$$A_R = A/(1 + |\beta A|) < A. \qquad [4.1.34\ \text{a}]$$

Die „return difference" $(1 + |\beta A|)$ ist größer als eins, da die Kreisverstärkung eine Signalumkehr bewirkt. (In Hinkunft berücksichtigen wir das Vorzeichen von βA nicht und schreiben βA statt $|\beta A|$.)

Folgende Eigenschaften eines Systems lassen sich durch Gegenkopplung verbessern: (Über A und β werden noch keine speziellen Annahmen, wie z. B. Frequenzabhängigkeit usw., getroffen!)

a) Stabilität,
b) Linearität,
c) Unempfindlichkeit gegen Störungen.

Als erstes wollen wir untersuchen, wie A_R auf relative Änderungen von A bzw. β reagiert. Durch Differentiation der Gleichung [4.1.34 a] nach A bzw. β erhält man

$$\frac{\Delta A_R}{A_R} \bigg/ \frac{\Delta A}{A} = 1/(1 + \beta A) \qquad [4.1.35]$$

bzw.

$$\frac{\Delta A_R}{A_R} \bigg/ \frac{\Delta \beta}{\beta} = \beta A/(1 + \beta A) \approx 1. \qquad [4.1.36]$$

Aus diesen beiden Gleichungen sieht man, daß eine Gegenkopplung nur dann sinnvoll ist, wenn die Eigenschaft β viel konstanter ist als die Eigenschaft A. In elektronischen Systemen wird das Rückkopplungsnetzwerk aus passiven Elementen aufgebaut, deren Stabilität gegenüber Alterung und Temperatureinflüssen sehr gut ist. Dann wirken sich Schwankungen von A nur mit dem Bruchteil $1/(1 + \beta A)$ auf A_R aus. Die Stabilität des Systems nimmt also um den gleichen Faktor zu, um den die Verstärkung durch die Gegenkopplung erniedrigt wird. Ist der Gegenkopplungsfaktor $|\beta| \gg 1/|A|$, so wird das

Verhalten (und auch die Stabilität) des Systems praktisch nur durch β bestimmt:

$$A_R = 1/(1/A + \beta) \approx 1/\beta. \qquad [4.1.34\ \mathrm{b}]$$

Das Verhalten der Anordnung kann dann durch geeignete Dimensionierung von β in gewünschter Weise beeinflußt werden. Die weitgehende Unabhängigkeit von A erlaubt die Verwendung von aktiven Elementen mit großen Fertigungstoleranzen ohne Beeinträchtigung der Funktionsweise, was für einen Serienbau von großer Bedeutung ist.

Im folgenden wollen wir drei Verstärkeranordnungen in Hinblick auf die Stabilität ihrer Verstärkung untersuchen. Wir verwenden dabei völlig gleichartige Verstärkerstufen mit einer Verstärkung A je Stufe.

In der ersten Anordnung benützen wir m Stufen ohne Gegenkopplung und erhalten somit eine Gesamtverstärkung A_g

$$A_g = A^m. \qquad [4.1.37\ \mathrm{a}]$$

In der zweiten Anordnung verwenden wir n Stufen ($n > m$), wobei jede Stufe in sich so gegengekoppelt ist, daß die Gesamtverstärkung gleich wie im ersteren Fall ist. Es gilt somit:

$$A_{R1} = [A/(1 + \beta_1 A)]^n = A_g. \qquad [4.1.37\ \mathrm{b}]$$

In der dritten Anordnung verwenden wir wiederum n Stufen, doch diesmal gibt es nur eine Gegenkopplung über alle n-Stufen, wobei wiederum die gleiche Gesamtverstärkung erreicht werden soll;

$$A_{R2} = A^n / (1 + \beta_2 A^n) = A_{R1} = A_g. \qquad [4.1.37\ \mathrm{c}]$$

Unter dieser Bedingung ist die Abhängigkeit von einer Änderung des Verstärkungsfaktors A gleich

$$\frac{\mathrm{d}A_g}{\mathrm{d}A} = mA^{m-1}, \qquad [4.1.38\ \mathrm{a}]$$

$$\frac{\mathrm{d}A_{R1}}{\mathrm{d}A} = nA^{m-1} / (1 + \beta_1 A) = nA^{m(1+1/n)-2}, \qquad [4.1.38\ \mathrm{b}]$$

$$\frac{\mathrm{d}A_{R2}}{\mathrm{d}A} = nA^{m-1} / (1 + \beta_2 A^n) = nA^{2m-n-1}. \qquad [4.1.38\ \mathrm{c}]$$

Der Einfluß einer Änderung von A geht im zweiten Fall um den Faktor

$$\frac{\mathrm{d}A_{R1}}{\mathrm{d}A} \Bigg/ \frac{\mathrm{d}A_g}{\mathrm{d}A} = \frac{n}{m} \Bigg/ (1 + \beta_1 A) = \frac{n}{m} \Bigg/ A^{(n-m)/n}$$

zurück, im dritten Fall sogar um

$$\frac{\mathrm{d}A_{R2}}{\mathrm{d}A} \Bigg/ \frac{\mathrm{d}A_g}{\mathrm{d}A} = \frac{n}{m} \Bigg/ (1 + \beta_2 A^n) = \frac{n}{m} \Bigg/ A^{(n-m)}$$

zurück. Man sieht also wieder den Einfluß der Kreisverstärkung $\beta_1 A$ bzw. $\beta_2 A^n$.

Der Vergleich der zweiten Anordnung mit der dritten Anordnung bringt eine grundlegende Erkenntnis: Bei gleicher Stufenanzahl n und gleicher

Gesamtverstärkung ist die Stabilität einer Anordnung, bei der alle Stufen durch eine einzige Gegenkopplung zusammengefaßt werden, um den Faktor

$$(1+\beta_2 A^n) / (1+\beta_1 A) = (1+\beta_1 A)^{n-1} \qquad [4.1.39]$$

größer, als wenn jede Stufe für sich gegengekoppelt ist. Das Zusammenfassen sehr vieler Stufen ist jedoch nicht möglich, da dann infolge der großen Phasenverschiebung (bzw. der Signallaufzeit) die Gegenkopplung für bestimmte Frequenzen als Mitkopplung wirkt und der gegengekoppelte Verstärker schwingt (s. 4.1.6).

Nun wollen wir obige Überlegungen an Hand eines Zahlenbeispiels veranschaulichen.

Eine Spannungsverstärkung von $G_u = 64$ soll einerseits durch eine Stufe ohne Gegenkopplung ($m = 1$), andererseits durch drei gleiche Stufen ($n = 3$) mit einer Verstärkung von jeweils 64 und Anwendung entsprechender Gegenkopplung erreicht werden.

Für die zweite Anordnung erhält man aus [4.1.37 b] einen Gegenkopplungsfaktor $\beta_1 = 15/64$, für die dritte Anordnung aus [4.1.37 c] $\beta_2 \approx 1/64$. Schwankungen in der Verstärkung werden also im zweiten Fall auf

$$\frac{n}{m} \Big/ A^{(n-m)/n} = 3/16$$

vermindert, im dritten Fall aber auf

$$\frac{n}{m} \Big/ A^{(n-m)} = 3/4096.$$

In bezug auf Stabilität ist also die dritte Anordnung etwa 250mal besser als die zweite Anordnung, welche wiederum etwa 5mal so gut ist wie die nichtgegengekoppelte Anordnung.

Dieses Beispiel der Gegenkopplungswirkung auf die Stabilität dient nur der Illustration. In der Praxis wird man selten mehrere völlig gleichartige Stufen in Kaskade finden, doch gelten auch dann unsere grundsätzlichen Ergebnisse.

Bei den vier möglichen Gegenkopplungsanordnungen (s. Abb. 4.1.27) entspricht die Verstärkungsgröße A einmal der Spannungsverstärkung μ, dann der Stromverstärkung α, dann dem Übertragungswiderstand R_m und schließlich der Steilheit S. Durch eine bestimmte Gegenkopplung wird also nur die zugehörige Verstärkungsgröße stabilisiert.

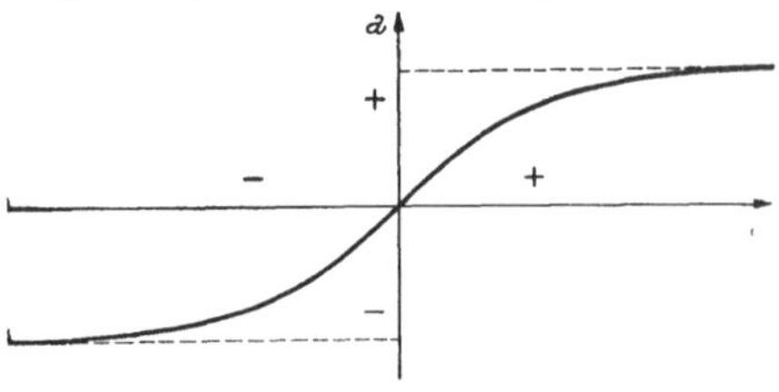

Abb. 4.1.28. Realistische Übertragungskennlinie eines Verstärkers

Wegen der Arbeitspunktabhängigkeit der Eigenschaften eines aktiven Elementes besteht zwischen der Größe von a und e prinzipiell keine exakt lineare Beziehung. Bei einem Verstärker wird beispielsweise die größte Ausgangsspannung durch die Betriebsspannung bestimmt. Die Verzerrungen sind um so größer, je größer das Signal in bezug auf die maximale Ausgangsspannung ist (s. Abb. 4.1.28).

Für diese Verzerrungen des Ausgangssignals ist meistens die letzte Stufe verantwortlich, denn dort ist die Aussteuerung am größten.

Wir vergleichen diesmal zwei Anordnungen, die bei gleicher Endstufe ein gleich großes Ausgangssignal liefern.

Ohne Gegenkopplung ist die Ausgangsgröße a gegeben durch

$$a = A e + F(a), \qquad [4.1.40]$$

wobei $F(a)$ den von a abhängigen Fehler infolge der Nichtlinearität ausdrückt.

Mit Gegenkopplung gilt analog

$$a_R = A e_V + F(a_R) = A(e - \beta a_R) + F(a_R), \qquad [4.1.41\text{ a}]$$

woraus folgt:

$$a_R = \frac{A e + F(a_R)}{1 + \beta A}. \qquad [4.1.41\text{ b}]$$

Damit das gleiche Ausgangssignal erhalten wird, muß e_V den Wert $e(1 + \beta A)$ annehmen. Es gilt dann

$$a_R = a = \frac{A}{1 + \beta A}\, e(1 + \beta A) + F(a)/(1 + \beta A). \qquad [4.1.41\text{ c}]$$

Durch die Gegenkopplung geht der Fehler infolge Nichtlinearität von $F(a)$ auf $F(a)/(1 + \beta A)$ zurück, sofern die Signalverformung ausschließlich in der letzten Stufe erfolgt. Dabei darf natürlich der Arbeitsbereich nicht durch Übersteuern verlassen werden, denn dann geht auch die Kreisverstärkung βA so stark zurück, daß sich die Nichtlinearität in voller Größe auswirkt,

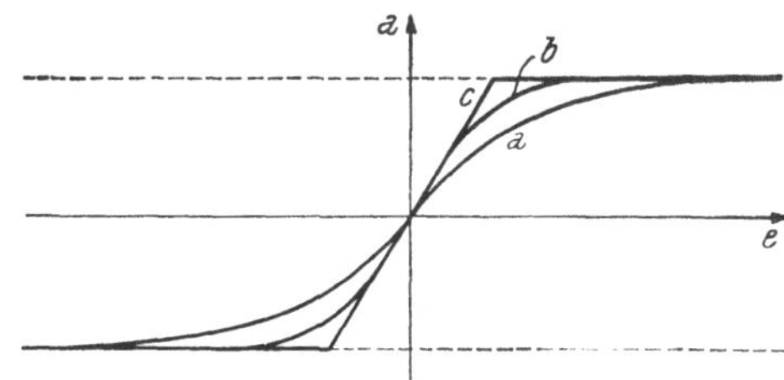

Abb. 4.1.29. Linearisierung der Übertragungskennlinie durch Gegenkopplung

denn die Betriebsspannung kann nicht überschritten werden. In Abb. 4.1.29 ist die prinzipielle Verbesserung der Linearität durch Gegenkopplung dargestellt.

Durch eine lokale Mitkopplung in der ersten Stufe läßt sich die Kreisverstärkung beträchtlich erhöhen (s. auch 4.1.2.2). Da infolge der kleinen Aussteuerung in der ersten Stufe die Nichtlinearitäten dieser Stufe keine Rolle spielen, überwiegt die Erhöhung der Kreisverstärkung die Verschlechterung der Linearität der ersten Stufe durch die Mitkopplung bei weitem, so daß insgesamt eine beträchtliche Verbesserung der Linearität durch die lokale Mitkopplung erhalten wird.

Auch Störungen r, die in A auftreten und das ursprüngliche Signal verfälschen, werden durch Gegenkopplung vermindert. (Die in elektronischen Kreisen vorkommenden Störsignale werden in 4.1.5 ausführlich besprochen.)

Hier wollen wir untersuchen, wie eine Störung im aktiven Element durch die Gegenkopplung verkleinert wird. Dazu vergleichen wir zwei Anordnungen mit gleicher Verstärkung, wobei die Störung in den beiden Verstärkern

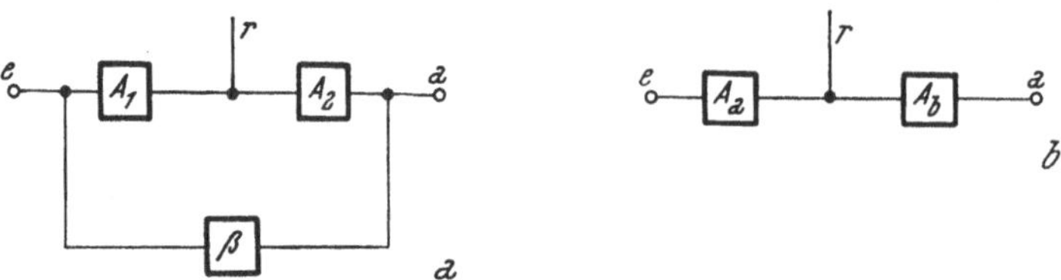

Abb. 4.1.30. Einwirkung eines Störsignals r auf einen Verstärker
a) in einem gegengekoppelten System
b) in einem System ohne Gegenkopplung

an der entsprechenden Stelle zur Wirkung kommt. Deshalb ist das aktive Element in den beiden Schaltungen von Abb. 4.1.30 dort, wo die Störung zur Wirkung kommt, so geteilt, daß

$$A_1/A_2 = A_a/A_b \qquad [4.1.42]$$

gilt.

Unter der Voraussetzung gleicher Verstärkung der beiden Anordnungen wird

$$A_R = \frac{A_1A_2}{1+\beta A_1A_2} = A_aA_b = A,$$

woraus folgt:

$$A_2/A_b = \frac{A_a}{A_1}(1+\beta A_1A_2). \qquad [4.1.43]$$

In der gegengekoppelten Anordnung ist A_2 der aktive Vierpol für eine Störung r, während die Gegenkopplung durch $\beta \cdot A_1$ dargestellt werden kann. Deshalb erhalten wir als Stör-Ausgangssignal

$$a_R(r) = \frac{A_2}{1+(\beta A_1)A_2}\,r. \qquad [4.1.44]$$

Beim gewöhnlichen Verstärker ist das Stör-Ausgangssignal gegeben durch

$$a(r) = A_b r. \qquad [4.1.45]$$

Das Verhältnis der beiden Ausgangsgrößen lautet also unter Berücksichtigung von [4.1.43] und [4.1.42]

$$a_R(r)/a(r) = A_2/A_b(1+\beta A_1A_2) = A_a/A_1 = \\ = \sqrt{A_aA_b}/\sqrt{A_1A_2} = 1/\sqrt{(1+\beta A_1A_2)}. \qquad [4.1.46]$$

Man sieht daraus, daß äquivalente Störungen in gegengekoppelten Systemen etwa mit der Wurzel aus der Kreisverstärkung abgeschwächt werden. Dies gilt natürlich nur für Störungen innerhalb der Gegenkopplungsschleife. Störungen, die auf den Eingang wirken, werden von einem Signal nicht unterschieden und wie dieses verstärkt. Der Rauschabstand (s. 4.1.5.3) kann also nicht vergrößert werden.

4.1.2.2. Mitkopplung (positive Rückkopplung)

Ist in Gl. [4.1.33] $\beta A > 0$, so gilt

$$A_R = A / (1 - |\beta A|) \qquad [4.1.47]$$

und es liegt eine Mitkopplung vor, denn

$$e_V = e + e\beta A > e.$$

Die Gl. [4.1.47] beschreibt nur den statischen Fall einer Rückkopplung, wofür $\beta A < 1$ gewählt werden muß.

Schon bei $\beta A = 1$ geht A_R über alle Grenzen, d. h. das Ausgangssignal ist vom Eingangssignal unabhängig. Für $\beta A > 1$ kommt es wegen $e\beta A > e$ zu einer Aufschaukelung, die das Ausgangssignal genauso wie bei $\beta A = 1$ (nur schneller) über alle Grenzen anwachsen lassen möchte.

Bei einem Verstärker ist dies wegen der Begrenzung der Ausgangsspannung durch die Betriebsspannung nicht möglich. Befindet sich der Verstärker einmal im Übersteuerungsbereich, so tritt wegen der Abnahme von A auf einen Wert $A < 1/\beta$ ein Gleichgewichtszustand ein, der zu einem stabilen Arbeitspunkt im Übersteuerungsbereich führt, der so lange beibehalten wird, bis dieses Gleichgewicht z. B. durch ein geeignetes Eingangssignal gestört wird. Davon macht man bei den elektronischen Schaltern Gebrauch (s. 5.2 und 5.5).

Für linear arbeitende Verstärker sind nur Mitkopplungen mit $\beta A < 1$ interessant. Dann wird $A_R > A$, d. h. die Verstärkung nimmt durch Mitkopplung zu. Diesen Effekt benützt man deshalb manchmal zur Erhöhung der Kreisverstärkung in einer Gegenkopplungsschleife. Häufiger jedoch wird die im nächsten Abschnitt besprochene Impedanzänderung durch Mitkopplung ausgenützt.

4.1.2.3. Impedanzen in rückgekoppelten Verstärkern

Durch die Rückkopplung wird die Eingangsimpedanz sowie die Ausgangsimpedanz eines Verstärkers entscheidend beeinflußt, und zwar sowohl bei Gegen- als auch bei Mitkopplung. Bei der Eingangsimpedanz lassen sich zwei Fälle unterscheiden, je nachdem, ob das Rückkopplungssignal parallel oder in Serie zum Eingangssignal eingespeist wird (s. Abb. 4.1.31).

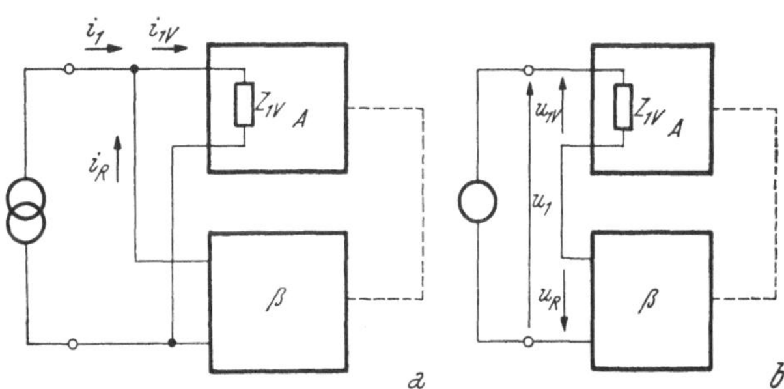

Abb. 4.1.31. Zur Berechnung der Änderung der Eingangsimpedanz durch Rückkopplung
a) Parallel-Konfiguration am Eingang
b) Serie-Konfiguration am Eingang

Der Generatorwiderstand R_G braucht so lange nicht berücksichtigt zu werden, als durch ihn der Rückkopplungsfaktor β nicht geändert wird. Er stellt nämlich gemeinsam mit Z_{1V} für das Rückkopplungsnetzwerk eine

Belastung dar, sofern nicht die Eigenschaften von β bzw. von A als angenähert belastungsunabhängig angesehen werden können. Bei Schaltungen mit „Stromeingang" (Parallel-Rückkopplung) gilt für den zurückgeführten Strom i_R, der sich dem Eingangsstrom i_1 überlagert, wegen $i_{1V} = i_1 + i_R$ und $i_R = \beta A\, i_{1V}$

$$i_R = \frac{\beta A}{1 - \beta A} i_1.$$

Die Eingangsspannung u_1 beträgt dann

$$u_1 = i_{1V} Z_{1V} = (i_1 + i_R) Z_{1V},$$

so daß die Eingangsimpedanz Z_1 erhalten wird

$$Z_1 = u_1 / i_1 = Z_{1V} / (1 - \beta A). \qquad [4.1.48]$$

Im Fall $\beta A < 0$ (Gegenkopplung) wird somit die Eingangsimpedanz der Schaltung im gleichen Ausmaß wie die Verstärkung vermindert, bei $0 < \beta A < 1$ (stabile Mitkopplung) hingegen erhöht. Für $\beta A \to 1$ lassen sich durch Mitkopplung beliebig hohe Eingangsimpedanzen erreichen. Diese Impedanzwerte sind dynamisch, d. h sie sind an das Vorhandensein verstärkender Elemente (an die Kreisverstärkung βA) gebunden (s. auch 4.1.3.7).

Bei einem „Spannungseingang" erhält man nach Abb. 4.1.31 *b* für die rückgeführte Spannung u_R, die sich der Eingangsspannung u_1 überlagert, wegen $u_{1V} = u_1 + u_R$ und $u_R = \beta A\, u_{1V}$

$$u_R = \frac{\beta A}{1 - \beta A} u_1.$$

An der Eingangsimpedanz Z_{1V} liegt also die Spannung $u_{1V} = u_1 + u_R$, und für den Eingangsstrom i_1 folgt

$$i_1 = u_{1V} / Z_{1V} = \left(1 + \frac{\beta A}{1 - \beta A}\right) u_1 / Z_{1V} = u_1 / Z_{1V} (1 - \beta A).$$

Die dynamische Eingangsimpedanz wird dann

$$Z_1 = u_1 / i_1 = Z_{1V} (1 - \beta A). \qquad [4.1.49]$$

Bei Gegenkopplung erreicht man also eine Erhöhung der Eingangsimpedanz im gleichen Ausmaß, wie die Verstärkung durch die Gegenkopplung zurückgeht; bei Mitkopplung läßt sich die Eingangsimpedanz beliebig klein machen.

Die impedanzändernde Wirkung der Rückkopplung beschränkt sich selbstverständlich nur auf Impedanzen, die in der Rückkopplungsschleife enthalten sind. Der Widerstandswert eines Eingangsnetzwerkes, das z. B. zur Arbeitspunkteinstellung verwendet wird und das nicht in der Schleife liegt, wird nicht geändert.

Auf der Ausgangsseite sind die Verhältnisse analog. Zuerst untersuchen wir die Serie-Anordnung am Ausgang (s. Abb. 4.1.32 *a*). In dieser Anordnung ist der Ausgangsstrom i_2 entscheidend. Die Ausgangsimpedanz finden wir durch Ansteuerung der Anordnung vom Ausgang her und Berechnung des Verhältnisses von Ausgangsspannung und Ausgangsstrom ohne das Vorliegen eines Eingangssignals.

Wir prägen also (über einen Stromgenerator) dem Ausgang einen Strom i_2 ein und berechnen die daraus resultierende Ausgangsspannung u_2. Der durch β fließende Strom i_2 ruft am Eingang von A die Größe βi_2 (je nach der Art des Eingangsanschlusses ist βi_2 eine Spannung oder ein Strom; s. Abb. 4.1.27 *b* bzw. *d*) hervor, die vom aktiven Element in die Größe $\beta i_2 \cdot A$ verwandelt wird. Der Strom durch Z_{2V} setzt sich also aus dem eingeprägten Strom i_2 und dem vom Verstärker gelieferten Strom $\beta A i_2$ zusammen. Es gilt somit

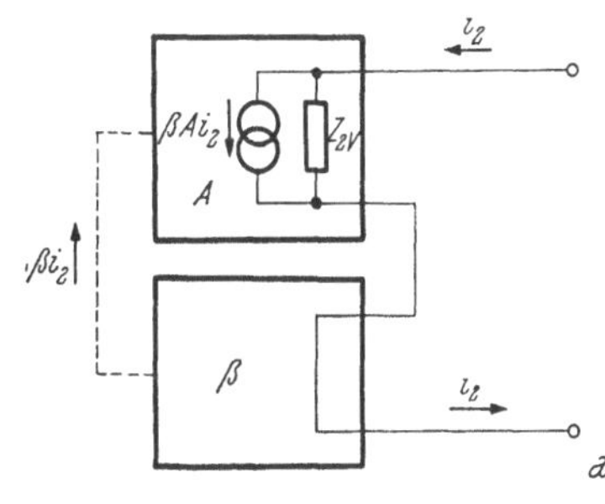

$$u_2 = Z_{2V}(i_2 - \beta A i_2),$$

woraus folgt:

$$Z_2 = u_2 / i_2 = Z_{2V}(1 - \beta A). \quad [4.1.50]$$

Liegt eine Gegenkopplung vor ($\beta A < 0$), so erfolgt durch die Serienkonfiguration am Ausgang eine Erhöhung der Ausgangsimpedanz im gleichen Ausmaß wie die Verstärkung durch die Gegenkopplung vermindert wird. Bei stabiler Mitkopplung wird die Ausgangsimpedanz erniedrigt und kann beliebig klein gemacht werden.

Bei einer Parallel-Konfiguration nach Abb. 4.1.32 *b* zwingt man dem System durch einen Spannungsgenerator die Spannung u_2 am Ausgang auf und ermittelt den Strom, um die Ausgangsimpedanz zu erhalten. (Wiederum ohne Eingangssignal.)

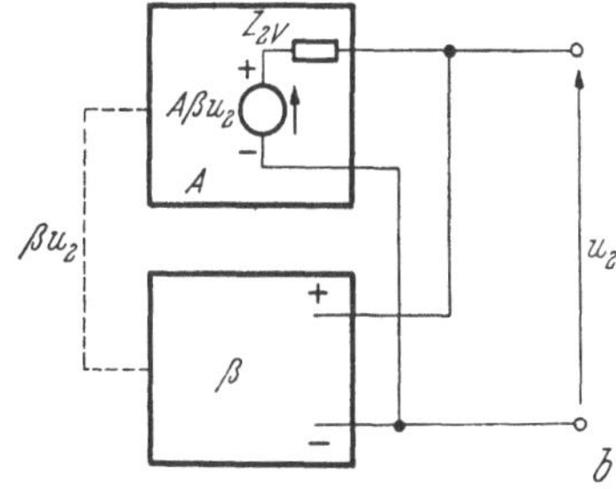

Abb. 4.1.32. Zur Berechnung der Änderung der Ausgangsimpedanz durch Rückkopplung
a) Serie-Konfiguration am Ausgang
b) Parallel-Konfiguration am Ausgang

Das Rückkopplungsnetzwerk liefert an den Eingang des Verstärkers die Größe βu_2 (entweder eine Spannung oder aber einen Strom, je nachdem, wie die Eingangs-Konfiguration beschaffen ist; s. Abb. 4.1.27 *a* bzw. *c*), so daß am gesteuerten Spannungsgenerator die Spannung $\beta A u_2$ steht. Der Strom i_2 durch Z_{2V} beträgt dann

$$i_2 = (u_2 - \beta A u_2) Z_{2V}$$

und die Ausgangsimpedanz

$$Z_2 = u_2 / i_2 = Z_{2V} / (1 - \beta A). \quad [4.1.51]$$

Durch Gegenkopplung ($\beta A < 0$) wird also die Ausgangsimpedanz bei einer Parallel-Anordnung vermindert, während sie durch Mitkopplung ($0 < \beta A < 1$) beliebig hoch gemacht werden kann.

Bei diesen einfachen Rückkopplungsschleifen läßt sich die Auswirkung der Rückkopplung auf die Eingangs- bzw. Ausgangsimpedanz wie folgt zusammenfassen:

Bei einer Gegenkopplung wird durch eine Parallel-Konfiguration des Rückkopplungsvierpols die entsprechende dynamische Impedanz um den Faktor $1/(1+|\beta A|)$ gegenüber dem statischen Wert vermindert, bei einer Serie-Konfiguration hingegen um den Faktor $(1+|\beta A|)$ erhöht (Parallel — verkleinert, Serie — erhöht). Bei der Mitkopplung lauten die entsprechenden Faktoren $1/(1-|\beta A|)$ bzw. $(1-|\beta A|)$, d. h. das Verhalten ist umgekehrt.

In Verstärkern wird Mitkopplung aus folgenden drei Gründen angewendet:

a) lokale Mitkopplung zur Erhöhung der Kreisverstärkung in Gegenkopplungsschleifen,

b) Änderung der Ausgangsimpedanz,

c) Änderung der Eingangsimpedanz.

In diesen Anordnungen wird außer der Mitkopplung praktisch immer auch eine Gegenkopplung verwendet, um die Verstärkung zu stabilisieren.

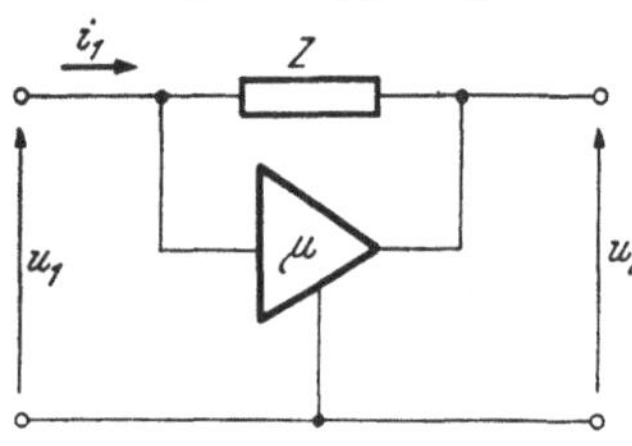

Abb. 4.1.33. Allgemeiner Fall einer dynamischen Impedanz

Rückkopplungsschaltungen, die zu einer dynamischen Erhöhung einer Impedanz verwendet werden, sind als Mitführschaltungen (Bootstrap-Schaltungen) bekannt. Bei diesen wird die Impedanz eines passiven Elementes durch Einbeziehung in eine Rückkopplungsschleife dynamisch erhöht. Dafür gibt es folgende elementare Erklärung (s. Abb. 4.1.33):

Wird an eine Impedanz Z eine Spannung u_1 gelegt und erreicht man durch irgendeine Vorrichtung (ein aktives Element), daß sich die Spannung am anderen Ende von Z gleichsinnig ändert, so ist der über die Impedanz fließende Strom kleiner, die Impedanz wirkt so, als ob sie einen höheren Wert hätte. Bei idealer Mitführung fließt gar kein Strom über Z und die dynamische Impedanz von Z ist unendlich.

Die impedanzvermindernde Wirkung einer Rückkopplung ist vor allem bei der Kapazität als „Miller-Effekt“ bekanntgeworden. Durch ein gegensinniges Signal am anderen Ende von Z wird der Strom durch Z erhöht, die dynamische Impedanz ist also kleiner. Es lassen sich auf diese Weise beliebig kleine Widerstandswerte erreichen, wie wir sie z. B. bei der virtuellen Erde (4.1.1.6) kennenlernten (s. auch 4.1.3.6).

Die Impedanzänderungen durch Rückkopplung haben große praktische Bedeutung. Die hohen Eingangsimpedanzen, die für Spannungsverstärker benötigt werden, damit der Generator nicht belastet wird bzw. die Spannungsteilung am Generatorwiderstand vernachlässigbar wird, lassen sich auf diese Weise auch mit aktiven Elementen erreichen, deren Eingangsimpedanz um Größenordnungen zu klein ist.

Andererseits läßt sich auch die für Stromverstärker zu fordernde kleine Eingangsimpedanz auf dynamischem Wege leicht erreichen.

Die kleine Ausgangsimpedanz von Spannungsversorgungsgeräten wird ebenfalls durch Rückkopplung hervorgerufen. Dadurch wird die Versorgungsspannung weitestgehend belastungsunabhängig.

Die Ansteuerung elektromechanischer Geräte (elektrischer Meßgeräte, Lautsprecher u. a.) erfolgt am besten möglichst niederohmig, denn auf diese Weise werden Eigenschwingungen des Gerätes stark gedämpft. Schließlich sei noch darauf hingewiesen, daß die Impedanzänderungen, die durch Gegenkopplung unvermeidbar auftreten, dadurch kompensiert werden können, daß sowohl Parallel- als auch Serie-Gegenkopplung benützt wird, die auf die Impedanzen gegensinnig, auf A_R aber gleichsinnig wirken.

Abschließend wollen wir Impedanzänderungen durch Rückkopplung folgendermaßen zusammenfassend erklären: Eine Impedanz Z wird dadurch, daß durch sie ein dem Eingangssignal proportionaler Strom entweder gleich- oder gegensinnig zum Eingangsstrom eingeprägt wird, dynamisch erniedrigt bzw. erhöht. Dazu ist aber ein aktives Element notwendig, das über seinen Ausgang die Impedanz Z mit Strom versorgt. Da der Eingang dieses aktiven Elementes mit dem Signalgenerator in Verbindung steht und der Ausgang mit Z, wobei auch Z mit dem Signalgenerator verbunden ist, ist das Auftreten einer dynamischen Impedanz immer an das Vorhandensein einer Rückkopplung gebunden.

4.1.2.4. Frequenzabhängige Rückkopplung (Dynamische Stabilität)

Wir beschränken unsere Betrachtungen auf Parallel-Serie-Gegenkopplung und vermerken bezüglich der anderen Schaltungen nur, daß ihr Frequenzverhalten im Prinzip völlig analog beschrieben werden kann.

In Abb. 4.1.34 finden wir einen spannungsverstärkenden Vierpol, dessen Frequenzverhalten durch die Übertragungsfunktion $G(p)$ dargestellt werde.

Der Gegenkopplungsvierpol bewirke eine Spannungsabschwächung, deren Frequenzabhängigkeit durch $\beta(p)$ beschrieben werde.

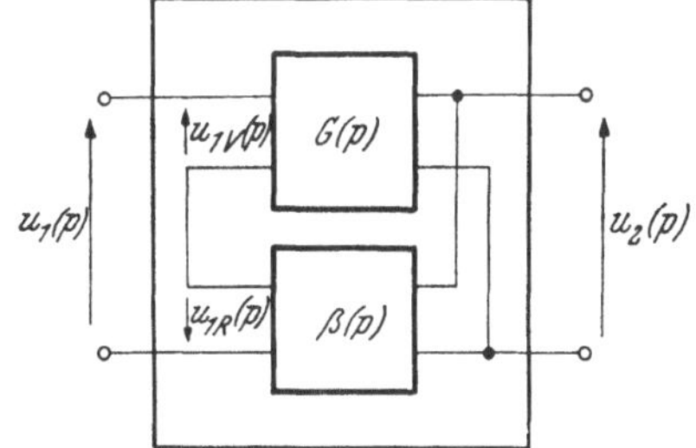

Abb. 4.1.34. Vierpol mit Parallel-Serie-Gegenkopplung

Wenn wir die Gegenkopplung durch die in Abb. 4.1.34 eingetragene Polung von $u_{1R}(p)$ berücksichtigen, erhalten wir die Übertragungsfunktion $G_R(p)$ der kombinierten Anordnung wegen

$$u_2(p) = G(p) \cdot u_{1V}(p) = G(p)[u_1(p) + \beta(p) u_2(p)]$$

zu

$$G_R(p) = u_2(p)/u_1(p) = G(p)/[1 + \beta(p) G(p)]. \qquad [4.1.52]$$

Für Frequenzen, bei denen die Phasenverschiebung in der Kreisübertragungsfunktion $\beta(p) \cdot G(p)$ vernachlässigbar ist, genügt es, den Amplitudenterm allein zu betrachten. Wir erhalten dann

$$g_R(\omega) = g(\omega)/[1 + |b(\omega) g(\omega)|] \qquad [4.1.53\text{ a}]$$

Damit die Voraussetzung der Gegenkopplung erfüllt bleibt, darf der Amplitudenterm $b(\omega) g(\omega)$ der Kreisübertragungsfunktion, der die Frequenzabhängigkeit der Kreisverstärkung wiedergibt, nie Null werden oder gar das Vorzeichen wechseln, was wir uns implizit schon zu Gl. [4.1.34 *a*] überlegten. Analog zu [4.1.34 *b*] erhält man für jene Frequenzen, für die $|b(\omega)| \gg \gg |1/g(\omega)|$ gilt,

$$|g_R(\omega)| = \frac{1}{1/|g(\omega)| + |b(\omega)|} \approx \frac{1}{|b(\omega)|} \qquad [4.1.53\ b]$$

Ist das Gegenkopplungsnetzwerk, durch das $b(\omega)$ festgelegt ist, aus ohmschen Widerständen aufgebaut, so ist $b(\omega)$ in weiten Grenzen von ω unabhängig und man erhält einen „flachen" Frequenzgang des gegengekoppelten Netzwerkes, d. h. eine konstante Verstärkung über einen großen Frequenzbereich (vgl. Abb. 4.1.35). Außerdem wird $b(\omega)$ durch passive Schaltelemente

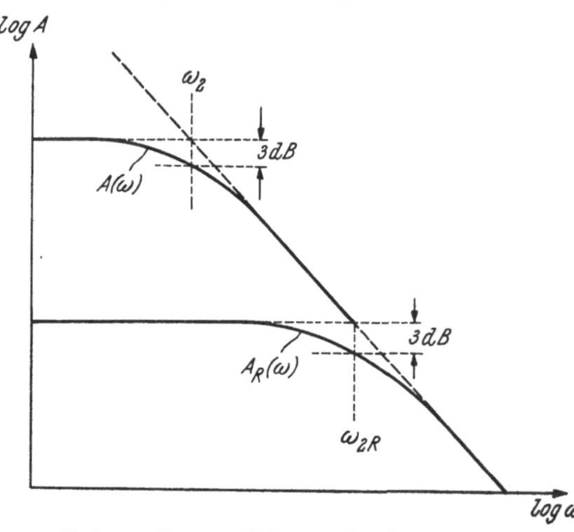

Abb. 4.1.35. Frequenzgang eines Verstärkers mit und ohne Gegenkopplung

realisiert, deren elektrische Daten in bezug auf Alterung und Temperaturänderung um einige Größenordnungen stabiler sind als die Verstärkungseigenschaften aktiver Elemente, durch die $g(\omega)$ festgelegt ist.

Bei Berücksichtigung des Phasenterms von $G(p)$ und $\beta(p)$ ergeben sich grundlegende Schwierigkeiten bei der Behandlung von Gegenkopplungsschaltungen. Die unvermeidbare Signallaufzeit im Verstärker bringt eine Phasenverschiebung, die im Idealfall proportional der Frequenz ist (s. 2.2.1). Deshalb kommt es dazu, daß bei einer bestimmten Frequenz ω_M die Phasenverschiebung infolge der Laufzeit bereits 180° beträgt. Zusammen mit der Signalumkehr des (wegen der Gegenkopplung) invertierenden Verstärkers, die einer zusätzlichen Phasenverschiebung von 180° entspricht, erhält man für Frequenzkomponenten ω_M einen Phasenunterschied zwischen dem Eingangssignal und dem rückgeführten Signal von 360°: das rückgeführte Signal vermindert dann das Eingangssignal nicht, sondern verstärkt es. Infolgedessen ist diese Frequenz mitgekoppelt. Gilt dann

$$b(\omega_M)g(\omega_M) \geq 1,$$

so ist die Anordnung instabil, sie schwingt und ist als Verstärker nicht brauchbar.

Für einen Verstärker muß also gelten, daß für alle Frequenzen, für die $b(\omega) \cdot g(\omega) \geq 1$ ist, der Phasenunterschied $\Delta\varphi(\omega)$ zwischen Eingangssignal und rückgeführtem Signal $< 360°$ ist. Bei einem Linearverstärker fordert man meistens eine große Stabilitätsreserve, damit die Stabilitätsbedingungen auch unter ungünstigen Verhältnissen (z. B. temperaturbedingte Verstärkungsschwankungen) erfüllt sind. Die Phasenreserve (phase margin) soll bei der Frequenz, bei der die Kreisverstärkung $G_K = 1$ wird, nicht unter 50° betragen ($\Delta\varphi = 310°$) und die Verstärkungsreserve (gain margin) soll bei der Frequenz, bei der $\Delta\varphi = 360°$ ist, nicht unter 10 dB (d. h. $G_K < 1/\sqrt{10} \approx 0{,}3$) sein. Bei Verstärkern mit kleiner Bandbreite genügt schon eine Reserve von 30° bzw. 6 dB.

Zur Vermeidung einer Selbsterregung muß also die Kreisverstärkung mit zunehmender Frequenz abnehmen. Dadurch nimmt auch die Wirksamkeit der Gegenkopplung auf die Verstärkungsgröße und auf die Impedanzen ab. Nichtlinearitäten und Störungen wirken sich stärker aus. Ist die Kreisverstärkung so stark zurückgegangen, daß in der Formel [4.1.34 a] 1 gegenüber βA überwiegt, so fällt die Frequenzgangkurve für diese Frequenzen mit und ohne Gegenkopplung praktisch zusammen (besonders in der logarithmischen Darstellung, wie in Abb. 4.1.35, ist der Unterschied kaum zu merken). An Hand dieser Abbildung läßt sich auch die Vergrößerung der Bandbreite des gegengekoppelten Verstärkers zeigen. Bei niederen Frequenzen ist mit $\beta A \gg 1$ die Verstärkung A_R praktisch durch $1/\beta$ gegeben, welche bei Frequenzunabhängigkeit von β wegen der Konstanz von βA bis nahe der oberen Grenzfrequenz ω_2 von A ungeändert bleibt. Der Abfall von A mit zunehmender Frequenz, der oft durch einen Tiefpaß bestimmt ist und dann 6 dB/Oktave (bzw. 20 dB/Dekade) beträgt (s. 2.3.1.3), wirkt sich auf A_R nicht zur Gänze aus, da A sowohl im Nenner als auch im Zähler von [4.1.34 a] steht. (In 4.1.2.1 untersuchten wir diese Abhängigkeit genauer.) Die Abnahme von A_R mit der Frequenz ist ab ω_2 zuerst unmerklich und wird dann immer größer, um schließlich, wie besprochen, den gleichen Wert wie bei A, also 20 dB/Dekade, anzunehmen.

Die obere Grenzfrequenz ω_{2R}, bei der A_R auf den Wert $A_R(\omega = 0)/\sqrt{2}$ gesunken ist, ist also größer als ω_2, und zwar höchstens um den Faktor $(1 + \beta A)$. Durch die Gegenkopplung kann somit wohl die Bandbreite vergrößert werden, nicht jedoch das Produkt Verstärkung × Bandbreite, denn dieses kann wegen der Shuntwirkung des Gegenkopplungsnetzwerkes höchstens abnehmen (s. z. B. 4.1.3.4 C).

$$A_R \cdot B_R \leq \frac{A}{1 + \beta A} \cdot \omega_2 (1 + \beta A) = A\,\omega_2 = A\,B\,.$$

Analoge Überlegungen können auch über die untere Grenzfrequenz angestellt werden, sofern sie durch ein RC-Glied bestimmt ist, das in der Gegenkopplungsschleife enthalten ist. Da solche RC-Glieder bei der heute bevorzugten Gleichstromkopplung nicht auftreten, gehen wir aber nicht weiter darauf ein.

Doch nun wieder zurück zur Untersuchung der Stabilität einer Gegenkopplung. Wegen des Einflusses der Phasenverschiebung müssen wir auch den Phasenterm der Übertragungsfunktion berücksichtigen und schreiben deshalb nach [4.1.52]

$$G_R(p) = \frac{G(p)}{1 + \beta(p) G(p)}.$$

Das Kennzeichen der Instabilität ist das Unendlichwerden von $G_R(p)$. Jene p-Werte, bei denen dies geschieht, heißen Pole (poles). Ist der Realteil α solcher p-Werte ($p = \alpha + j\omega$) größer als Null (liegt der Pol also in der rechten Hälfte der p-Ebene in Abb. 2.2.10), so nimmt die Amplitude einer solchen Schwingung exponentiell zu und das System ist instabil. Liegen jedoch alle Pole des Zählers $G(p)$ und alle Nullstellen (zeros) des Nenners $1 + \beta(p) G(p)$ in der linken Halbebene, so ist das gegengekoppelte System stabil und die Eigenschwingungen klingen ab, da $\alpha < 0$ ist. In der Praxis ist die Untersuchung der Übertragungsfunktion $G_R(p)$ auf Unendlichkeitsstellen in der rechten p-Halbebene oft schon deshalb nicht durchführbar, weil $G(p)$ und $\beta(p)$ nicht genügend genau bekannt sind (es können z. B. parasitäre Reaktanzen nur schwer berücksichtigt werden). Doch macht letzten Endes auch die nun beschriebene meßtechnische Methode zur Untersuchung der Stabilität einer Regelschaltung Gebrauch von den theoretischen Überlegungen über das Auftreten von Polen.

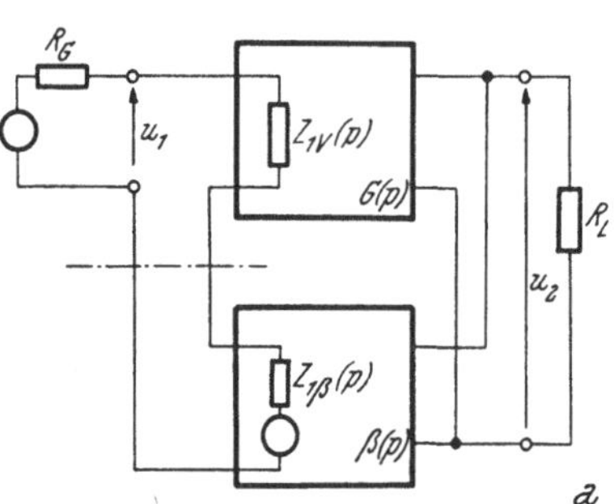

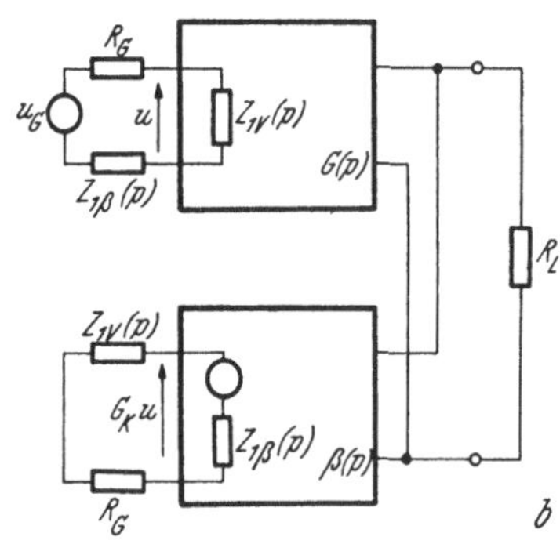

Abb. 4.1.36. Messung der Schleifenübertragungsfunktion
a) Schleife geschlossen
b) Schleife aufgetrennt, bei gleichen Belastungsverhältnissen wie unter *a*)

Die entscheidende Größe für die Gegenkopplung ist die Schleifenübertragungsfunktion $G_K(p) = G(p)\beta(p)$, die die Frequenzabhängigkeit der Kreisverstärkung (s. 4.1.2) und der Phasenverschiebung beschreibt.

Die Messung von $G_K(p)$ erfolgt durch Auftrennen der Rückkopplungsschleife an einer beliebigen Stelle und durch Aufnahme der Übertragungsfunktion zwischen den beiden neu erhaltenen Anschlüssen, wobei jedoch die alten Belastungsverhältnisse wiederhergestellt sein müssen (s. z. B. Abb. 4.1.36). Auf diese Weise erhält man den Amplitudengang und den Phasengang der Kreisverstärkung, wie er in Abb. 4.1.37 logarithmisch dargestellt ist. Diese beiden Darstellungen können in einem Polardiagramm zusammengefaßt werden. In diesen Nyquist-Diagrammen ist für jede Frequenz ω die zugehörige Verstärkung $G_K(\omega)$ als Abstand vom Nullpunkt und die Phasenverschiebung $\Delta\varphi(\omega)$ als Winkel zur positiven x-Achse aufgetragen, wobei die ω-Werte im Uhrzeigersinn zunehmen.

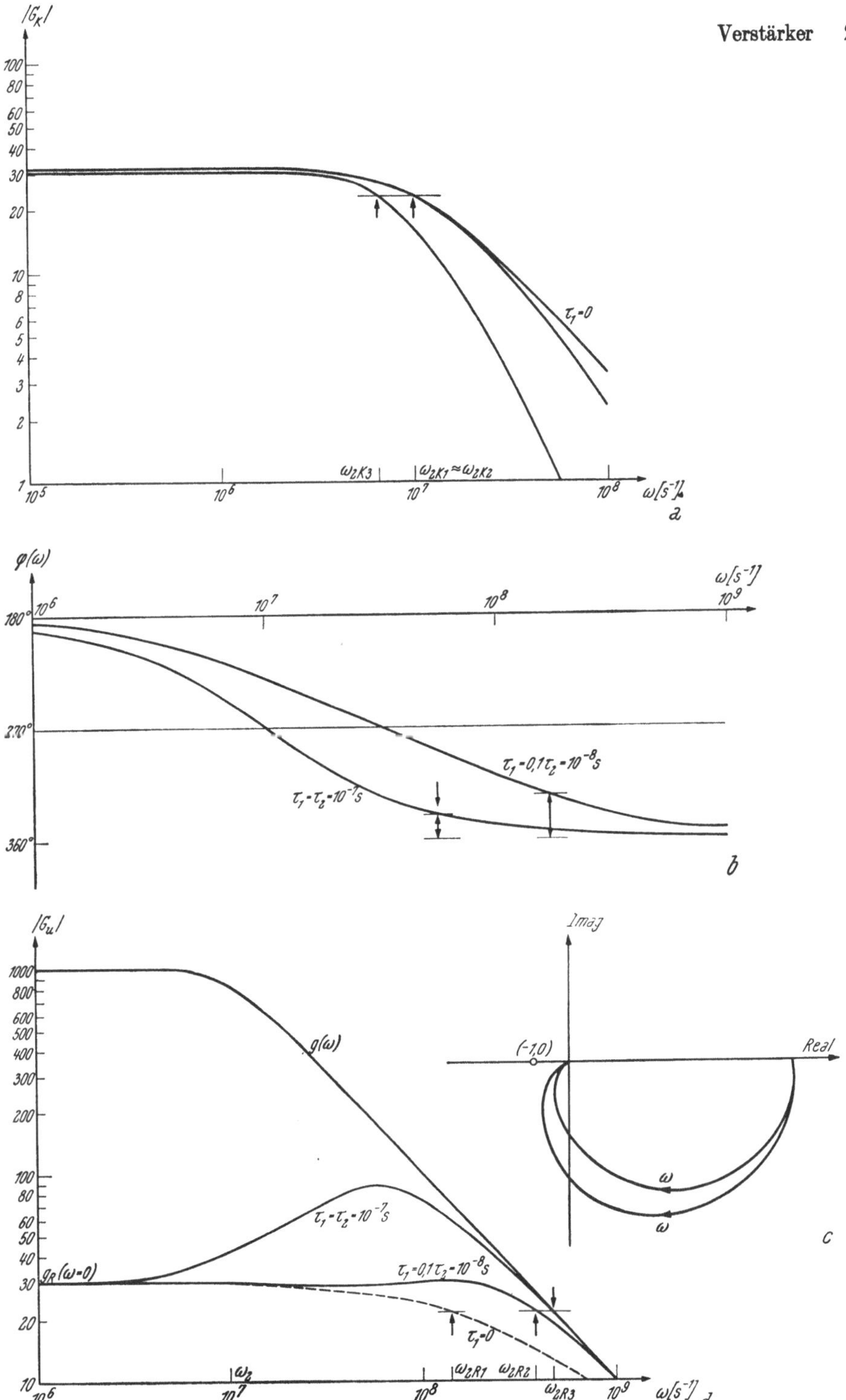

Abb. 4.1.37. Eigenschaften des Verstärkers von Abb. 4.1.39
a) Amplitudenterm der Kreisverstärkung G_K für verschiedene Gegenkopplungsnetzwerke
b) zugehöriger Phasenterm
c) Zusammenfassung von *a*) und *b*) in Nyquist-Diagrammen
d) Amplitudenterm der Spannungsverstärkung G_u

Auf Grund der Theorie über Nullstellen und Pole der Übertragungsfunktion können folgende beiden Feststellungen getroffen werden:

1. Hat $G(p)$ keine Pole in der rechten p-Halbebene, d. h. ist der nicht gegengekoppelte Verstärker stabil, so ist auch das gegengekoppelte System stabil, wenn das Polardiagramm der Kreisübertragungsfunktion $G_K(p) = \beta(p) G(p)$ für alle p (bzw. ω) den kritischen Punkt $-1 + j0$ nicht umschlingt. Gemäß [4.1.52] geht $G_R(p)$ nämlich über alle Grenzen (d. h. das

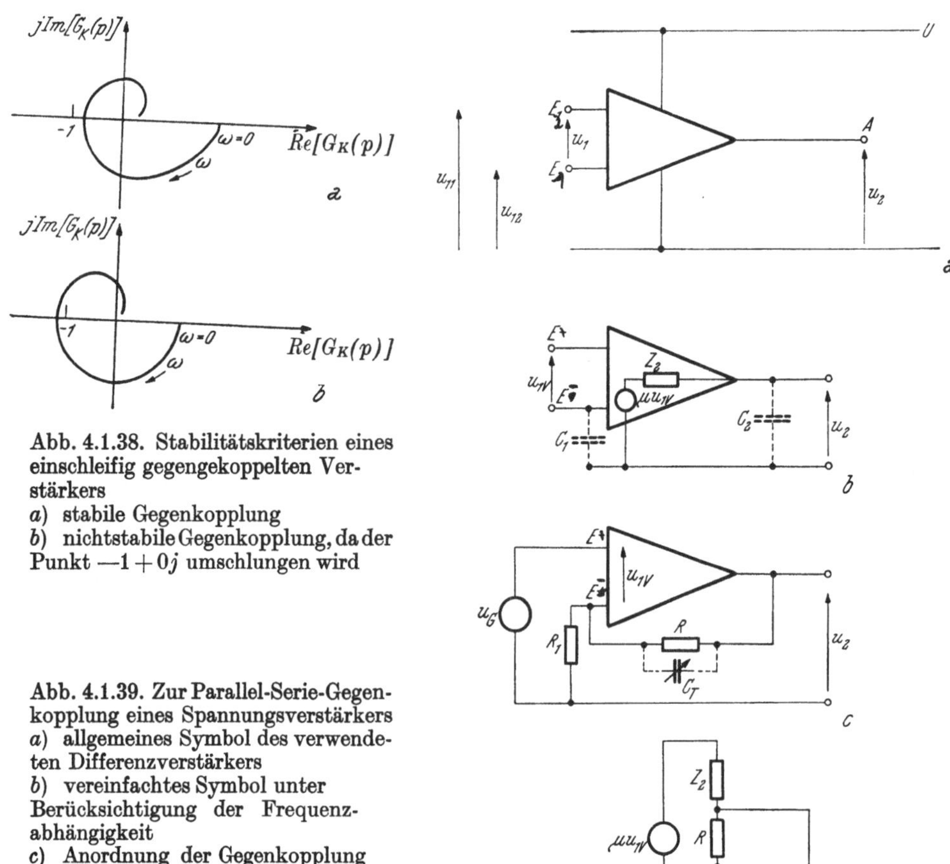

Abb. 4.1.38. Stabilitätskriterien eines einschleifig gegengekoppelten Verstärkers
a) stabile Gegenkopplung
b) nichtstabile Gegenkopplung, da der Punkt $-1 + 0j$ umschlungen wird

Abb. 4.1.39. Zur Parallel-Serie-Gegenkopplung eines Spannungsverstärkers
a) allgemeines Symbol des verwendeten Differenzverstärkers
b) vereinfachtes Symbol unter Berücksichtigung der Frequenzabhängigkeit
c) Anordnung der Gegenkopplung
d) Spannungsteiler für die Berechnung der Schleifenübertragungsfunktion $G_K(p)$

System wird instabil), sobald $\beta(p)G(p)$ den Wert -1 annimmt. Abb. 4.1.38 zeigt zwei charakteristische Ortskurven der Kreisverstärkung von gegengekoppelten Verstärkern.

2. Hat $\beta(p)G(p)$ Pole in der rechten p-Halbebene, so ist das System bei geöffneter Gegenkopplungsschleife instabil. Umschlingt jedoch die $\beta(p)G(p)$-Ortskurve den kritischen Punkt ebensooft gegen den Uhrzeigersinn, wie Pole von $\beta(p)G(p)$ in der rechten p-Halbebene vorkommen, so ist das gegengekoppelte System trotzdem stabil.

Systeme der zweiten Art haben geringere Bedeutung, weshalb wir sie nicht weiter berücksichtigen.

An Hand eines einfachen Beispiels wollen wir ein Nyquist-Diagramm konstruieren und die Stabilität untersuchen.

Dazu nehmen wir einen Differenzverstärker, wie wir ihn in Abb. 4.1.22 *b* kennenlernten (s. Abb. 4.1.39). Bei diesem stellt E_2 den nichtinvertierenden Eingang dar, den wir in Hinkunft mit $E+$ bezeichnen, denn bei Erdung von E_1 werden Eingangsspannungen u_{12}, die an E_2 angelegt werden, ohne Signalumkehr verstärkt. Wird hingegen E_2 geerdet, so werden Eingangsspannungen u_{11} an E_1 mit Signalumkehr verstärkt, weshalb E_1 den invertierenden Eingang $E-$ darstellt. Die Frequenzabhängigkeit der Spannungsverstärkung sowie die Phasendrehung des Verstärkers berücksichtigen wir näherungsweise durch eine Zeitkonstante τ_2, die wir aus dem Realteil der Ausgangsimpedanz, den wir auch weiterhin mit Z_2 bezeichnen, und einer fiktiven Kapazität C_2 entstanden denken (s. Abb. 4.1.39 *b*).

Die Übertragungsfunktion des Verstärkers lautet also analog zu [2.3.14 a]

$$G(p) = \mu/(1 + p\tau_2). \qquad [4.1.54]$$

Die Kapazität C_1 in Abb. 4.1.39 *b* berücksichtigt die Eingangskapazität am nichtinvertierenden Eingang.

An diesem Verstärker bringen wir entsprechend Abb. 4.1.39 *c* durch die beiden Widerstände R und R_1 eine Parallel-Serie-Gegenkopplung an. In R_1 sei auch der ohmsche Anteil der Eingangsimpedanz des nichtinvertierenden Eingangs enthalten. Dann erhalten wir nach Öffnen der Gegenkopplungsschleife am Eingang $E+$ aus dem komplexen Spannungsteiler von Abb. 4.1.39 *d* die Schleifenübertragungsfunktion $G_K(p)$ mit der Abkürzung $\tau_1 = R_1C_1$ zu

$$G_K(p) = \mu/[(1 + p\tau_1)Z_2/R_1 + (1 + p\tau_2) + \\ + (1 + p\tau_2)(1 + p\tau_1)R/R_1]. \qquad [4.1.55\ a]$$

Ihr Amplitudenterm

$$g_K(\omega) = \frac{\mu}{\sqrt{[1 + Z_2/R_1 + (1 - \omega^2\tau_1\tau_2)R/R_1]^2 + [R(\tau_1 + \tau_2) + Z_2\tau_1 + R_1\tau_2]^2 \cdot \omega^2/R_1^2}} \qquad [4.1.55\ b]$$

und ihr Phasenterm

$$\varphi_K(\omega) = \arctan \frac{\omega^2\tau_1\tau_2 R - R_1 - Z_2 - R}{\omega[\tau_1(Z_2 + R) + \tau_2(R_1 + R)]} \qquad [4.1.55\ c]$$

sind in Abb. 4.1.37 gemeinsam mit dem zugehörigen Nyquist-Diagramm dargestellt, und zwar für die Werte $\mu = 1000$, $Z_2 = 100\ \Omega$, $C_2 = 1000$ pF, $R_1 = 1$ kΩ, $C_1 = 100$ pF (bzw. 10 pF) und $R = 30$ kΩ.

Für Gleichstrom beträgt die Kreisverstärkung

$$G_K(\omega = 0) = \mu R_1/(R_1 + R + Z_2) \approx 32. \qquad [4.1.55\ d]$$

Wie die Form des Nyquist-Diagramms (Abb. 4.1.37 *c*) zeigt, erhält man mit zwei integrierenden Zeitkonstanten erst für $\omega \to \infty$ eine Mitkopplung. Die Kreisverstärkung ist für so hohe Frequenzen jedoch beliebig klein, so daß die Anordnung stabil ist.

In der Praxis stellen die Streukapazitäten zusätzliche Integrationsglieder dar, weshalb die Mitkopplung schon bei endlichen Frequenzen erfolgt und die Stabilität nicht selbstverständlich ist.

Die obere Grenzfrequenz ω_2 von $g(\omega)$ (des Verstärkers allein), die durch $\tau_2 = Z_2 C_2$ bestimmt wird und $\omega_2 = 10^7\,\text{s}^{-1}$ beträgt, ist bedeutend kleiner als mit Gegenkopplung.

Bei frequenzunabhängiger Gegenkopplung ($C_1 = 0$) erhält man als obere Grenzfrequenz $\omega_{2R1} = 13{,}5 \cdot 10^7\,\text{s}^{-1}$, mit $\tau_1 = 0{,}1\,\tau_2 = 10^{-8}\,\text{s}$ wird $\omega_{2R3} = 36{,}0 \cdot 10^7\,\text{s}^{-1}$ und mit $\tau_1 = \tau_2 = 10^{-7}\,\text{s}$ erhält man $\omega_{2R2} = 46 \cdot 10^7\,\text{s}^{-1}$ (s. Abb. 4.1.37 *d*). Diese Erhöhung der oberen Grenzfrequenz durch frequenzabhängige Gegenkopplung geht natürlich auf Kosten der Kreisverstärkung (s. Abb. 4.1.37 *a*), weshalb dann die stabilisierende und impedanzändernde Wirkung der Gegenkopplung stark vermindert ist.

Wie man sieht, wird durch die Frequenzabhängigkeit der Gegenkopplung der Abfall von $g(\omega)$ kompensiert, so daß der Verstärkungsabfall in der gegengekoppelten Schaltung geringer wird. Ist τ_1 im Vergleich zu τ_2 zu groß (z. B. $\tau_1 = \tau_2$), so ist die Verminderung der Gegenkopplung mit der Frequenz stärker als die Abnahme von $g(\omega)$ und es erfolgt eine Anhebung der Verstärkung über den Wert von $g_R(\omega = 0)$ hinaus. (Bei $\tau_1 = \tau_2 = 10^{-7}\,\text{s}$ erfolgt das Maximum der Anhebung bei $58 \cdot 10^7\,\text{s}^{-1}$ um nahezu einen Faktor 3.)

Bei $\tau_1 = 0{,}1\,\tau_2$ weicht $g_R(\omega)$ bis $20 \cdot 10^7\,\text{s}^{-1}$ höchstens um 5% von $g_R(\omega = 0)$ ab, d. h. dieser Bereich minimaler Abweichung ist um mehr als eine Zehnerpotenz größer als mit einer frequenzunabhängigen Gegenkopplung ($\tau_1 = 0$).

Da der Frequenzgang des Verstärkers (also „τ_2") und die Eingangskapazität C_1 bei einem bestimmten Aufbau vorgegeben sind und infolgedessen das Verhältnis der zugehörigen Zeitkonstanten sicher nicht optimal ist, muß die Frequenzabhängigkeit der Gegenkopplung durch Schaltelemente beeinflußt werden. Die Wirkung der Eingangskapazität kann, wenn sie, wie meistens, zu groß ist, durch einen Trimmerkondensator C_T, der parallel zu R geschaltet wird, so kompensiert werden, daß der gewünschte Verlauf von $g_R(\omega)$ erhalten wird. Die optimale Einstellung erfolgt empirisch, indem das Übergangsverhalten durch Einspeisung von Stufenimpulsen oszillographisch geprüft wird, womit in eindeutiger Weise auch das Frequenzverhalten erkannt werden kann (s. Abb. 4.1.40).

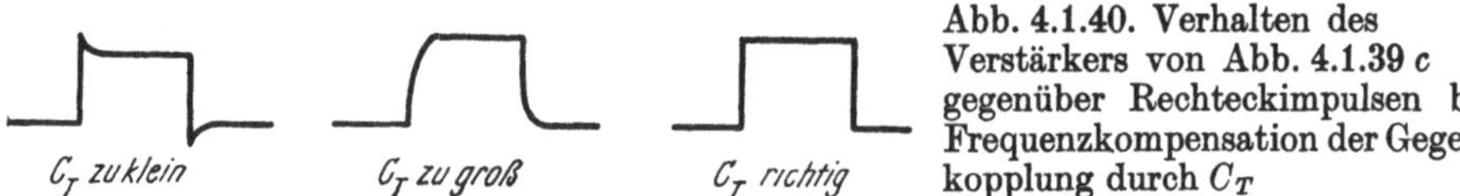

Abb. 4.1.40. Verhalten des Verstärkers von Abb. 4.1.39 *c* gegenüber Rechteckimpulsen bei Frequenzkompensation der Gegenkopplung durch C_T

Hat das Nyquist-Diagramm nicht die gewünschte Form, so muß man entweder den Amplitudenterm oder (und) den Phasenterm entsprechend verändern.

In Abb. 4.1.41 *a* ist der Amplitudenterm der Kreisverstärkung bei Vorliegen von drei wirksamen Zeitkonstanten (mit den Grenzfrequenzen ω_{21}, ω_{22} und ω_{23}) dargestellt. Aus dem darunter dargestellten Phasenterm (und dem Nyquist-Diagramm) sieht man, daß die Anordnung nicht stabil ist, denn bei $|G_K| = 1$ beträgt die Phasenverschiebung mehr als 360°. Durch proportionale Änderung von G_K (gestrichelte Kurve), durch die sich der Phasenterm nicht ändert, läßt sich auf Kosten der Kreisverstärkung eine stabile Anordnung erreichen.

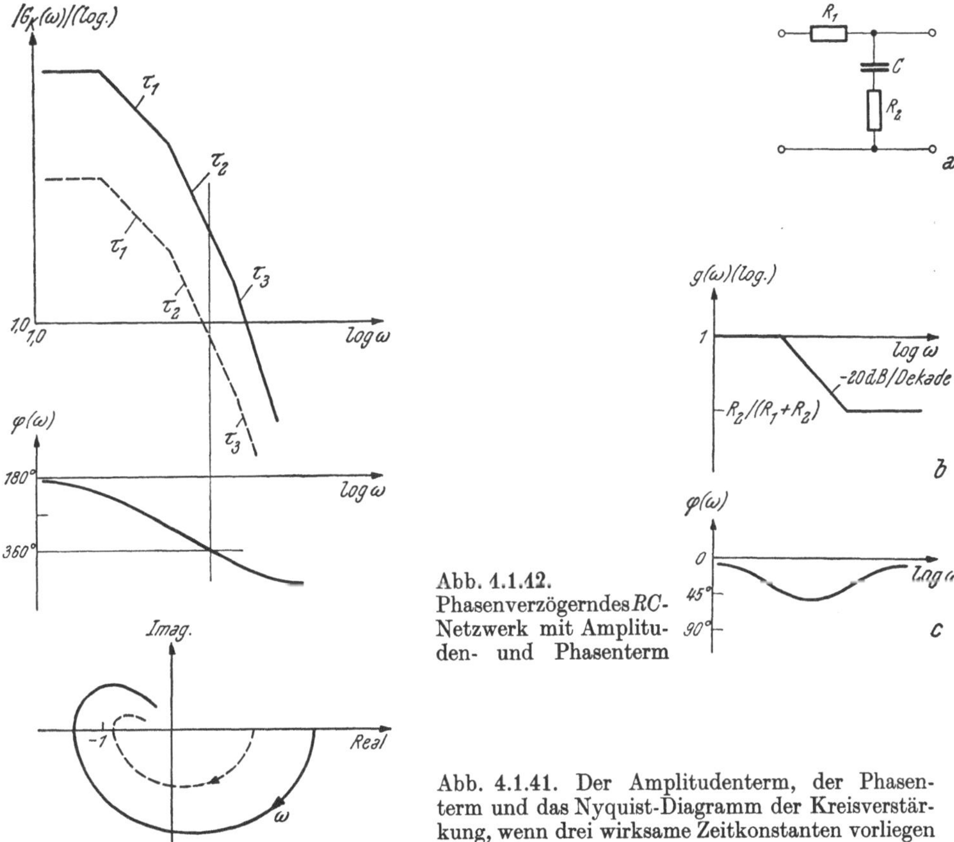

Abb. 4.1.42. Phasenverzögerndes RC-Netzwerk mit Amplituden- und Phasenterm

Abb. 4.1.41. Der Amplitudenterm, der Phasenterm und das Nyquist-Diagramm der Kreisverstärkung, wenn drei wirksame Zeitkonstanten vorliegen

Die andere Vorgangsweise besteht darin, den Phasenterm zu beeinflussen, ohne die Kreisverstärkung (für niedere Frequenzen) zu ändern. Dazu gibt es zwei Arten von Phasenschiebern:

a) phasenverzögernde Glieder (lag networks),

b) phasenvordrehende Glieder (lead networks).

Als phasenverzögernde Glieder finden RC-Kombinationen nach Abb. 4.1.42 *a* Verwendung.

Die Übertragungsfunktion dieser Anordnung ist

$$G(p) = (1 + p\,R_2C)\,/\,[1 + p\,R_2C\,(1 + R_1\,/\,R_2)]. \qquad [4.1.56]$$

Ihr Amplituden- und Phasenterm ist in Abb. 4.1.42 dargestellt.

Kann dieses Netzwerk im Verstärker untergebracht werden, ohne die Belastungsverhältnisse zu ändern, so erhält man wie in Abb. 4.1.43 *a* und *b* den neuen Amplituden- und Phasengang einfach durch Addition. (Die Darstellung ist logarithmisch!) Wie aus dem neuen Nyquist-Diagramm (strichlierte Kurve in Abb. 4.1.43 *c*) zu ersehen ist, ist die neue Anordnung stabil, und die Verstärkung bleibt für niedere Frequenzen ungeändert.

Eine Anordnung nach Abb. 4.1.44 *a* hat phasenvordrehende Wirkung. Ihre Übertragungsfunktion lautet

$$G(p) = (1 + p R_2 C) / (1 + p R_2 C + R_2 / R_1). \qquad [4.1.57]$$

Da durch diese RC-Kombination auch für Gleichspannung Attenuation eintritt, muß bei Einfügen dieses Phasenschiebers die Verstärkung um $(R_2 + R_1) / R_1$ erhöht werden, wenn die niederfrequente Kreisverstärkung

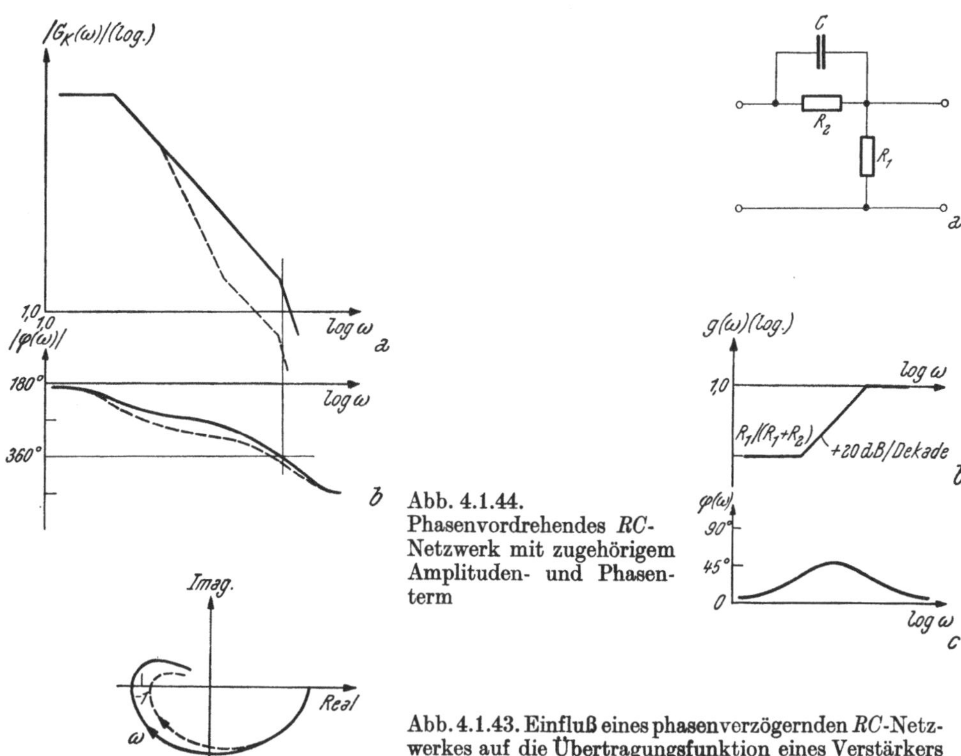

Abb. 4.1.44. Phasenvordrehendes RC-Netzwerk mit zugehörigem Amplituden- und Phasenterm

Abb. 4.1.43. Einfluß eines phasenverzögernden RC-Netzwerkes auf die Übertragungsfunktion eines Verstärkers

nicht geändert werden soll. Dadurch wird zwar nach Abb. 4.1.45 *a* die Verstärkung für hohe Frequenzen erhöht, aber die Verminderung der Phasenverschiebung überwiegt diesen Effekt so stark, daß die Anordnung stabil wird (s. Nyquist-Diagramm nach Abb. 4.1.45 *c*). Bei Verstärkern, die auch eine untere Grenzfrequenz besitzen, kann es zu einer niederfrequenten Instabilität kommen, die man auf analoge Weise überwinden kann.

4.1.2.5. Übergangsverhalten eines gegengekoppelten Verstärkers

Bisher untersuchten wir, wie sich durch Gegenkopplung die Übertragungsfunktion des Verstärkers ändert, also das Gleichgewichtsverhalten (steady state response). Das Verhalten von Verstärkern gegenüber steilen Impulsflanken mit ihrem breiten Fourierspektrum wird jedoch einfacher durch das Übergangsverhalten (transient response, s. 2.2) beschrieben.

Wegen der Endlichkeit der Lichtgeschwindigkeit ist es ohne weiteres einzusehen, daß das rückgeführte Signal unter keinen Umständen wirklich gleichzeitig mit dem Eingangssignal an den Eingang gelangt, sondern vielmehr verspätet. Infolgedessen kann sich die Gegenkopplungswirkung erst nach einer bestimmten Zeit auswirken. Um das Übergangsverhalten leichter durchschauen zu können, treffen wir möglichst einfache Annahmen:

a) Die Übertragungsfunktion $G(p)$ des Verstärkers habe das gleiche Frequenzverhalten wie ein integrierendes RC-Glied mit der Zeitkonstante τ.

b) Die Übertragungsfunktion des Gegenkopplungsnetzwerkes sei frequenzunabhängig, d. h. $\beta(p) \equiv \beta = \text{const.}$

Für die Verstärkung eines Stufenimpulses durch den Verstärker allein gilt (bei einer einzigen Integrationszeitkonstante τ) nach [2.3.17 a]

$$G(p) = G(\omega = 0) / (1 + p\tau), \quad [4.1.58\,a]$$

woraus das Zeitverhalten

$$G(t) = G(t = \infty)(1 - e^{-t/\tau}) \quad [4.1.58\,b]$$

erhalten wird.

Für einen Stufenimpuls wächst also die wirksame Geradeausverstärkung vom Werte 0 bei $t = 0$ mit der Zeitkonstante τ auf den endgültigen Wert $G_u = G(t = \infty)$ an.

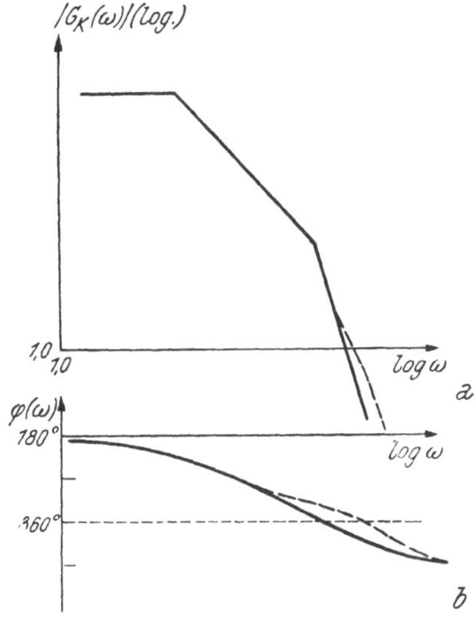

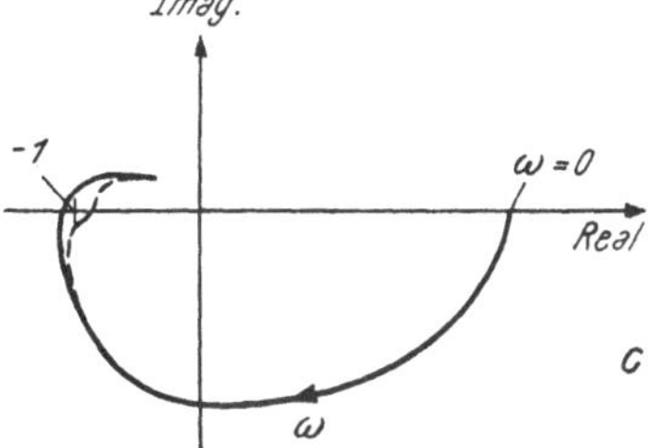

Abb. 4.1.45. Kreisübertragungsfunktion eines gegengekoppelten Verstärkers nach Einfügen eines phasenvordrehenden Gliedes und Kompensation der dadurch bewirkten Attenuation bei $\omega = 0$

Mit [4.1.52] in der Form

$$G_R(p) = 1 / [1 / G(p) + \beta]$$

erhält man

$$\begin{aligned} G_R(p) &= 1 / [(1 + p\tau)/G(0) + \beta] = \\ &= \frac{G(0)}{1 + \beta G(0)} \cdot \frac{1}{1 + p\tau/[1 + \beta G(0)]} = \\ &= G_R(0) / [1 + p\tau/(1 + \beta G(0))] \end{aligned} \quad [4.1.59\,a]$$

bzw. nach Rücktransformation

$$G_R(t) = G_R(t = \infty)(1 - e^{-[1 + \beta G(t = \infty)]\,t/\tau}). \quad [4.1.59\,b]$$

Dies bedeutet, daß bei Gegenkopplung die Zunahme der Verstärkung nicht mit der Zeitkonstante τ, sondern mit der viel kleineren $\tau/[1 + \beta G(t = \infty)]$ erfolgt.

Diese Verringerung der Anstiegszeit eines Stufenimpulses durch die Gegenkopplung entspricht völlig der Bandbreitenvergrößerung, die wir in

4.1.2.4 kennenlernten. Die Anstiegszeit im gegengekoppelten System ist aber im Gegensatz zur Verstärkung [4.1.34 b] sehr empfindlich auf die Geradeausverstärkung $G(\omega = 0)$. Denn sie wird durch die Gegenkopplung nur vermindert, nicht aber stabilisiert. Ist nun ein Impuls kürzer als die Anstiegszeit des nichtgegengekoppelten Systems, so ist die für ihn wirksame Geradeausverstärkung kleiner als $G(\omega = 0)$, und dadurch ist die Gegenkopplung geringer. Diese verliert mit abnehmender Impulslänge immer mehr an Wirkung, bis sie schließlich keinen stabilisierenden Einfluß mehr auf die Impulshöhe hat.

Bei der Verkleinerung der Anstiegszeit durch Gegenkopplung kann es zum sogenannten „slewing" kommen, d. h. für größere Impulse wird die Anstiegszeit immer größer. Dies läßt sich, wie wir in einem Beispiel gleich zeigen werden, z. B. auf eine Übersteuerung im Verstärker zurückführen. Ein Stufenimpuls erzeuge in einem Verstärker ohne Gegenkopplung die Ausgangsimpulsform a in Abb. 4.1.46. Die Bandbreite des Verstärkers werde

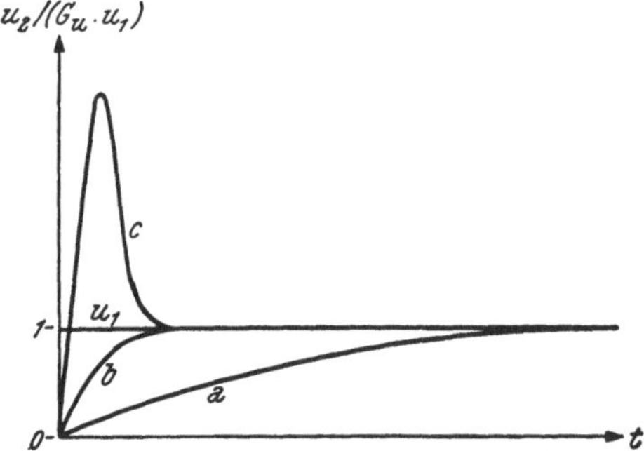

Abb. 4.1.46. Impulsformen an verschiedenen Stellen eines gegengekoppelten Verstärkers bei Vorliegen von „slewing", normiert auf die Eingangsimpulsgröße
a) Ausgangsimpulsform bei einem großen Eingangsimpuls, bei dem sich infolge Übersteuerung keine c) entsprechende Impulsform ausbilden kann.
b) Ausgangsimpulsform bei einem kleinen Eingangsimpuls
c) zugehörige Impulsform vor dem Tiefpaß

dabei durch ein Integrationsglied in einer seiner letzten Stufen bestimmt. Durch die Gegenkopplung erhält man eine kürzere Impulsanstiegszeit (Kurve b). Damit aber diese Impulsform am Ausgang (nach dem Integrationsglied) auftreten kann, muß vor der bandbreitenbestimmenden Stufe der hochfrequente Anteil des Signals viel größer sein, etwa wie der Impuls in Kurve c. Für kleine Signale kann die Spitze von Kurve c noch ohne weiteres übertragen werden. Für größere Signale, die aber am Ausgang des gegengekoppelten Verstärkers noch gar nicht übersteuern, kann es geschehen, daß diese Spitzen übersteuern und abgeschnitten werden. Dadurch wird die Anstiegszeit um so länger, je größer der Impuls ist, es tritt der als „slewing" bekannte Effekt auf.

4.1.3. Operative Verstärker

Ein Verstärker, dessen Übertragungsfunktion praktisch ausschließlich von einem (passiven) Gegenkopplungsnetzwerk bestimmt wird, heißt auch Operationsverstärker (oder Rechenverstärker; operational amplifier), da mit solchen Verstärkern Rechenoperationen an analogen Signalen präzise durchgeführt werden können.

Als aktive Elemente finden überwiegend Spannungsverstärker Verwendung, auf deren Besprechung wir uns deshalb hier beschränken.

4.1.3.1. Ideale operative Verstärker

Im idealen Fall hat ein operativer Verstärker folgende Eigenschaften:

1. Die Spannungsverstärkung μ mit $\mu = |u_{2V}/u_{1V}|$ ist unendlich groß (mit der Nebenbedingung, daß ohne Eingangssignal $u_{2V} = 0$ gilt).

2. Die Bandbreite B geht von 0 bis ∞, d. h. μ ist frequenzunabhängig.

3. Die Phasenverschiebung zwischen Eingang und Ausgang ist vernachlässigbar (Laufzeit $\equiv$ Ansprechzeit $= 0$).

4. Die Ausgangsspannung u_{2V} ist nur von u_{1V} abhängig, Drift und Temperaturabhängigkeit sind nicht vorhanden.

5. Die Eingangsimpedanz $Z_{1V} = \infty$, d. h. der Eingangsstrom $i_{1V} = 0$.

6. Die Ausgangsimpedanz $Z_{2V} = 0$, d. h. die Ausgangsspannung u_{2V} ist von der Last Z_L (bzw. dem Ausgangsstrom i_{2V}) unabhängig.

Die Verwirklichung kleiner (thermischer) Drift verlangt einen Verstärker mit Differenzeingang. Deshalb beschränken wir unsere Betrachtungen auf operative Verstärker mit zwei Eingängen und einem Ausgang. (In manchen Fällen finden auch Gegentakt-Differenzverstärker Verwendung.)

In Abb. 4.1.47 ist die Ersatzschaltung eines operativen Verstärkers dargestellt. Im idealen Fall ist $Z_{1V} = \infty$, $\mu = \infty$ und $Z_{2V} = 0$ zu setzen. Der Eingang $E-$ ist der invertierende Eingang, d. h. Eingangsspannungen u_{E-} bewirken ein Ausgangssignal mit umgekehrter Polarität. Der Eingang $E+$ invertiert nicht.

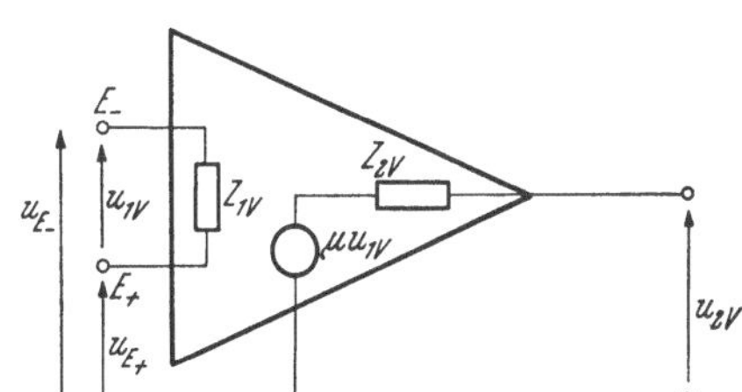

Abb. 4.1.47. Ersatzschaltung eines operativen (Spannungs-)Verstärkers

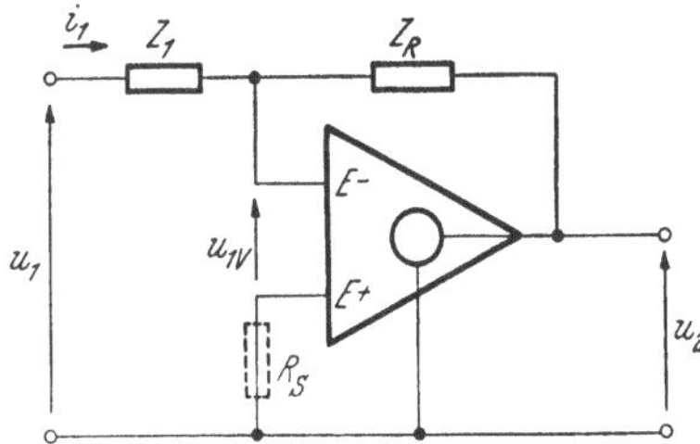

Abb. 4.1.48. Invertierender Operationsverstärker. (Der Widerstand R_S dient zur Driftverminderung)

Für das Ausgangssignal ist allein die Steuergröße $u_{1V} = u_{E-} - u_{E+}$ maßgebend.

In den meisten Fällen findet eine invertierende Anordnung entsprechend Abb. 4.1.48 Verwendung. Diese Schaltung wollen wir nun unter den oben genannten idealen Annahmen untersuchen.

Wegen $i_{1V} = 0$ fließt der gesamte Eingangsstrom i_1 über die Impedanz Z_R. Es gilt somit (in komplexer Schreibweise):

$$(u_1 - u_{1V})/Z_1 + (u_2 - u_{1V})/Z_R = 0. \qquad [4.1.60]$$

Mit $u_2 = -\mu u_{1V}$ erhält man

$$u_{1V} = -u_2/\mu.$$

Dieser Ausdruck geht mit $\mu \to \infty$ nach Null, so daß Gleichung [4.1.60] übergeht in

$$u_1/Z_1 + u_2/Z_R = 0,$$

woraus die Übertragungsfunktion

$$G(p) = u_2(p) / u_1(p) = -Z_R / Z_1 \qquad [4.1.61]$$

erhalten wird.

Von diesen Überlegungen wollen wir drei wichtige Punkte festhalten:

1. Der durch die Gegenkopplungsimpedanz Z_R fließende Strom ist gleich dem Eingangsstrom i_1, gleichgültig, welche Beschaffenheit Z_R hat. So läßt sich mit Hilfe eines operativen Verstärkers ein spannungsgesteuerter Stromgenerator bauen, denn der Strom, der über eine beliebige Impedanz Z_R zwischen dem Eingang $E-$ und dem Ausgang fließt, ist von dieser Impedanz unabhängig. Die Steuerung des Stromes kann über die Eingangsspannung u_1 erfolgen, indem Z_1 rein ohmisch gewählt wird.

2. Die Differenzeingangsspannung $u_{1V} = 0$. Da der nichtinvertierende Eingang geerdet ist, ist auch der zweite Eingang auf Erdpotential. Da über diesen Eingang jedoch kein Strom gegen Erde abgeführt wird, spricht man von einer „virtuellen Erde“. Es handelt sich also um einen Punkt mit sehr niedriger dynamischer Impedanz, im betrachteten idealen Fall ist sie sogar gleich Null. Dies hat folgende Konsequenzen:

a) Die Eingangsimpedanz des gegengekoppelten Verstärkers ist ausschließlich durch Z_1 bestimmt, da in Serie dazu die Impedanz 0 liegt.

b) An die virtuelle Erde können von beliebig vielen Eingängen Impedanzen Z_{1k} angeschlossen werden, ohne daß von einem Eingang auf den anderen eine Rückwirkung besteht. (Wichtig für Summierverstärker!)

3. Die Spannungsverstärkung G_u der Anordnung ist ausschließlich von Z_1 und Z_R abhängig. Dieser Umstand ist vor allem deshalb von Bedeutung, weil die passiven Netzwerke Z_1 und Z_R mit großer thermischer und Alterungsstabilität hergestellt werden können und die Spannungsverstärkung somit sehr genau und stabil eingehalten werden kann. Durch geeigneten Bau der beiden Netzwerke lassen sich für den Vierpol die verschiedensten Übertragungsfunktionen $G(p)$ erreichen.

4.1.3.2. Reale operative Verstärker

Durch besondere schaltungstechnische Maßnahmen lassen sich operative Verstärker mit

$$\mu > 10^6$$
$$Z_{1V} > 10^{11}\,\Omega$$
$$Z_{2V} < 10^1\,\Omega$$

bauen, die auf den ersten Blick als sehr gute Verwirklichung eines idealen Spannungsverstärkers erscheinen. Es sind jedoch bei realen Verstärkern noch weitere Eigenschaften zu berücksichtigen, die bei idealen Verstärkern gar nicht vorkommen (s. auch 4.1.1.6).

1. Die Eingangsasymmetrie (offset; auch: „Nullabweichung“)

Die beiden Eingänge sind wegen der unvermeidbaren Verschiedenheit der verwendeten Bauteile nicht völlig gleich. Deshalb muß an den Eingang eine kleine Spannung, die Eingangsasymmetriespannung (etwa 10^{-3} V), gelegt werden, um die Ausgangsspannung 0 V zu erhalten. Der dazu benötigte Eingangsasymmetriestrom (etwa $10^{-10} \ldots 10^{-6}$ A) und die Eingangsasymmetriespannung sind temperaturabhängig (thermische Drift), aber sonst zeitlich ziemlich konstant (s. Drift).

2. *Das Rauschen* (noise)

Wie später ausführlich dargelegt wird (s. 4.1.5), beschränkt das Rauschen, das wegen der quantenhaften Natur des elektrischen Stromes unvermeidbar ist, die Größe einer sinnvollen Verstärkung. Denn nur dann, wenn sich das Eingangssignal vom Rauschen abhebt, ist es am Ausgang erkennbar. Ist dies nicht der Fall, so nützt auch beliebig große Verstärkung nichts („leere" Verstärkung).

3. *Die Drift*

Unter Drift versteht man langsame Änderungen der Ausgangsspannung u_2, die im Verstärker selbst (ohne äußere Einwirkung) entstehen. Sie kann als Rauschen bei niedersten Frequenzen („Gleichstrom"-Rauschen) aufgefaßt werden und ist deshalb von außen nicht beeinflußbar. Die Drift wird auf den Eingang bezogen und in ihrer Wirkung einer Änderung der Eingangsasymmetrie gleichgesetzt.

Außerdem können äußere Einflüsse auf die Ausgangsspannung wirken: Luftfeuchtigkeit, Betriebsspannungsänderungen, Temperatur usw. Dabei beeinflußt die Temperatur innere Eigenschaften des aktiven Elementes, weshalb man auch von einer Temperaturdrift spricht. Diese wird wieder auf den Eingang bezogen und als Änderung der Asymmetrie aufgefaßt. Dabei ist zu beachten, daß der Temperaturkoeffizient des Eingangsstromes nicht mit dem der Eingangsspannung in einfacher Weise zusammenhängt, das Vorzeichen also auch entgegengerichtet sein kann. Durch geeigneten Aufbau (thermische Kopplung ausgesuchter Bauelemente) läßt sich die thermische Drift klein halten, doch muß darauf geachtet werden, daß sich zwischen den Teilen des Verstärkers bei Temperaturänderungen keine Temperaturgradienten ausbilden (thermische Isolierung).

Eine Verminderung der Drift läßt sich durch einen Widerstand R_S erreichen, dessen Wert gleich groß wie der Gleichstromwiderstand der Parallelschaltung von Z_R und Z_1 ist (s. Abb. 4.1.48).

4. *Der Gleichtaktfehler* (s. auch 4.1.1.6)

Im idealen Fall ist die Ausgangsspannung proportional der Differenz der Eingangsspannungen

$$u_2 = -\mu(u_{E-} - u_{E+}) = -\mu u_{1V}$$

und vom Wert der Gleichtaktspannung $u_{GT} = (u_{E+} + u_{E-})/2$ unabhängig. Im realen Fall gilt

$$u_2 = -\mu(u_{1V} - u_{GT}/\mathrm{GTU}), \qquad [4.1.62]$$

wobei GTU die Gleichtaktunterdrückung (common mode rejection ratio) darstellt.

Die Definition der Gleichtaktunterdrückung ergibt sich aus Formel [4.1.62] mit $u_{1V} = 0$ zu

$$\mathrm{GTU} = \mu u_{GT} / u_2. \qquad [4.1.63]$$

Die Gleichtaktunterdrückung gibt also an, um wievielmal ein Gleichtaktsignal größer sein muß als ein Eingangssignal u_{1V}, um am Ausgang die gleiche Spannung u_2 hervorzurufen. Da es sich dabei um ein Spannungsverhältnis handelt, erfolgt die Angabe meist in dB.

Die Gleichtaktunterdrückung eines realen operativen Verstärkers ist keine Konstante, sondern kann sowohl von u_{GT} als auch von der Frequenz abhängig sein.

In allen Anordnungen, bei denen eine virtuelle Erde vorliegt, ist der Gleichtaktfehler klein, da u_{GT} nahezu gleich Null bleibt.

5. *Laufzeit*

Infolge der Laufzeit kommt es, wie wir in 4.1.2.4 ausführlich diskutierten, zu einer frequenzabhängigen Phasenverschiebung, die zu einer Selbsterregung (infolge Mitkopplung) führen kann. Deshalb haben universelle operative Verstärker ein Frequenzverhalten, das durch einen einzigen Tiefpaß bestimmt wird. Dann fällt der Amplitudenterm bei höheren Frequenzen mit 20 dB/Dekade ab. Ein solches Frequenzverhalten, das für Frequenzen $> \omega_2$ durch ein konstantes Verstärkung-Bandbreite-Produkt charakteristiert ist, erlaubt eine Gegenkopplung durch ein beliebiges *RC*-Glied, ohne daß es zu einer dynamischen Instabilität kommt.

6. *Die Geradeausverstärkung* (open loop gain)

Im Gegensatz zum idealen Verstärker hat die Geradeausverstärkung μ einen endlichen Wert. Außerdem ist dieser Wert nicht nur von der Frequenz, sondern auch von der Eingangsspannung u_{1V} abhängig.

Die Nichtlinearität von μ kann aus der Spannungsübertragungskurve wie in Abb. 4.1.49 entnommen werden. Die Steigung der Tangente ist im Nullpunkt am größten (gleich μ). Die Abweichung der Kurve von der Tangente

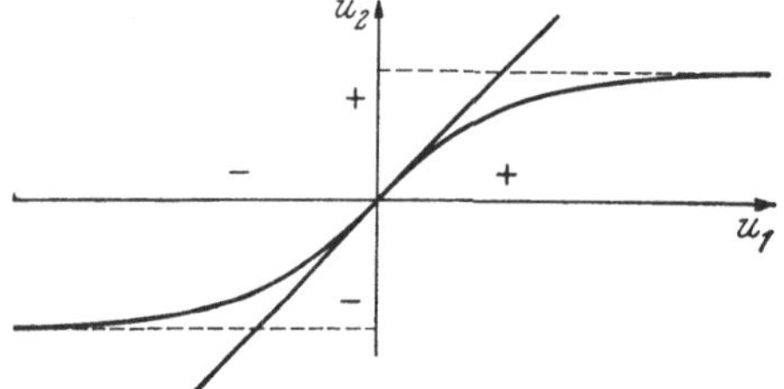

Abb. 4.1.49. Spannungsübertragungskurve eines realen operativen Verstärkers

im Nullpunkt spiegelt die Amplitudenabhängigkeit der Verstärkung wider. Zusätzlich muß beachtet werden, daß der Aussteuerungsbereich begrenzt ist. Bei Vorliegen nur einer frequenzbestimmenden Zeitkonstante genügt für eine asymptotische Darstellung der Frequenzabhängigkeit der Verstärkung die Angabe von zwei Werten: die Gleichspannungsverstärkung μ und die obere Grenzfrequenz ω_2. Bei ω_2 weicht die Verstärkung um 3 dB von der idealen Kurve ab und sinkt bei höheren Frequenzen schließlich mit 20 dB/Dekade ab (s. auch Abb. 2.3.14).

7. Die Eingangsimpedanz

Bei einem operativen Verstärker mit Differenzeingang kann man dreierlei Eingangsimpedanzen unterscheiden.

a) Die Impedanz Z_{M+} des nichtinvertierenden Eingangs $E+$ gegenüber Masse.

b) Die Impedanz Z_{M-} des invertierenden Eingangs $E-$ gegenüber Masse.

c) Die Impedanz Z_{1V} zwischen den beiden Eingangsklemmen, die eigentliche Eingangsimpedanz.

Infolge der Ungleichheit der Bauteile sind die beiden Impedanzen Z_{M+} und Z_{M-} verschieden.

Z_{1V} ist fast immer einige Größenordnungen kleiner als Z_{M-} bzw. Z_{M+}. Je nach der Verwendung und der erforderlichen Annäherung an das ideale Verhalten liegt Z_{1V} zwischen $10^4\,\Omega$ und Werten über $10^9\,\Omega$.

Die Nichtlinearität (Stromabhängigkeit) der Eingangsimpedanzen ist in fast allen Fällen vernachlässigbar, nicht jedoch die Eingangskapazität, da diese zur Phasenverschiebung und damit zu einer Instabilität beitragen kann. In diesem Fall kann, wie in 4.1.2.4 erwähnt wurde, durch Frequenzkompensation des Gegenkopplungsnetzwerkes die Schwingneigung unterdrückt werden.

8. Die Ausgangsimpedanz

Die Ausgangsimpedanz Z_{2V} ist oft von der Größenordnung $10^2\,\Omega$, also von der idealen Bedingung $Z_{2V} = 0$ weit entfernt. Dadurch kann es bei niedrigen Lastwiderständen zu einer Stromsättigung kommen, die sich bei kapazitiver Belastung durch „slewing" bemerkbar macht (s. 4.1.2.5). Außerdem sind Nichtlinearitäten (Stromabhängigkeit) der Ausgangsimpedanz keine Seltenheit.

Diese mäßigen Eigenschaften können durch Gegenkopplung sehr verbessert werden, so daß sie den idealen Eigenschaften (zumindest bei niedrigen Frequenzen) sehr nahe kommen (s. 4.1.2.3).

4.1.3.3. Gegengekoppelte operative Verstärker (Operationsverstärker)

Die Eigenschaften eines Operationsverstärkers werden auch im realen Fall praktisch von der Übertragungsfunktion des Gegenkopplungsnetzwerkes $\beta(j\omega)$ bestimmt. (Die höheren Frequenzen bleiben zunächst unberücksichtigt.) In Abb. 4.1.50 ist $\beta = R_1/(R_1 + R_R)$, also frequenzunabhängig. Wegen $Z_{2V} \neq 0$ muß auch die Belastung des Ausgangs (R_L) berücksichtigt werden.

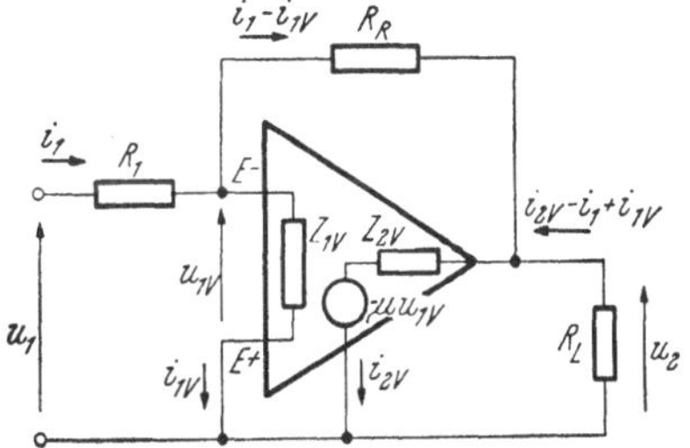

Abb. 4.1.50. Operationsverstärker mit frequenzunabhängiger Gegenkopplung

In dieser gegengekoppelten Anordnung unterscheiden wir vier verschiedene Verstärkungen.

a) Die (wirksame) Geradeausverstärkung oder Vorwärtsverstärkung μ_G (open loop gain)

Zum Unterschied zur Leerlaufverstärkung μ ist die Belastung des Ausgangs berücksichtigt, die zu einer Spannungsteilung des Ausgangssignals an den Lastwiderständen (R_L parallel zum Gegenkopplungsnetzwerk) führt. Deshalb ist $\mu_G < \mu$ und es gilt

$$\mu_G = u_2 / u_{1V} \Big|_{\text{ohne Gegenkopplung}} = \mu \,/\, (1 + Z_{2V} / R_R + Z_{2V} / R_L). \qquad [4.1.64]$$

In vielen Fällen kann ohne großen Fehler $\mu = \mu_G$ gesetzt werden.

b) Die Signalverstärkung G_u

Bei ihr handelt es sich um die Verstärkung des gesamten Vierpols nach Abb. 4.1.50 bei einer Belastung mit R_L, also

$$G_u = u_2 / u_1.$$

Aus den Maschengleichungen

$$\begin{aligned} u_1 &= i_1 R_1 + i_{1V} Z_{1V}, \\ u_2 &= -(-i_1 + i_{1V} + i_{2V}) R_L, \\ u_2 &= -\mu u_{1V} + i_{2V} Z_{2V}, \\ u_2 &= -(i_1 - i_{1V}) R_R + i_{1V} Z_{1V} \end{aligned}$$

nach Abb. 4.1.50 erhält man

$$G_u = u_2 / u_1 = -\frac{R_R}{R_1} \frac{1}{1 + B} \qquad [4.1.65\text{ a}]$$

mit

$$B = (1 + Z_{2V} / R_R + Z_{2V} / R_L)(1 + R_R / R_1 + R_R / Z_{1V}) \,/\, (\mu - Z_{2V} / R_R).$$

Ist Z_{2V} viel kleiner als R_R und R_L, so läßt sich B vereinfachen zu

$$B = (1 + R_R / R_1 + R_R / Z_{1V}) \,/\, \mu.$$

Ist außerdem $Z_{1V} \gg R_R$ (im Idealfall $Z_{1V} = \infty$), so wird

$$B = (1 + R_R / R_1) \,/\, \mu = 1 \,/\, \beta \mu. \qquad [4.1.66]$$

Die Reihenentwicklung von Gl. [4.1.65 a] bringt

$$G_u = -\frac{R_R}{R_1} (1 - B + B^2 - B^3 + \ldots),$$

so daß für kleine B angenähert gilt

$$G_u = -\frac{R_R}{R_1} (1 - B). \qquad [4.1.65\text{ b}]$$

Die relative Abweichung vom idealen Fall $\left(G_u^{\text{ideal}} = -\frac{R_R}{R_1}\right)$ beträgt dann

$$\frac{G_u^{\text{ideal}} - G_u}{G_u^{\text{ideal}}} = B.$$

Wenn wir einen billigen integrierten operativen Verstärker (MC 1530) mit seinen typischen Werten $\mu = 5000$, $Z_{2V} = 25\ \Omega$, $Z_{1V} = 20\ \text{k}\Omega$ verwenden und mit den beiden Widerständen $R_1 = 1\ \text{k}\Omega$ und $R_R = 50\ \text{k}\Omega$ eine ideale Verstärkung $G_u = 50$ erwarten, so wird bei einer Last von $R_L = 1\ \text{k}\Omega$ im realen Fall $B = 0{,}011$, d. h. die wirkliche Verstärkung beträgt nur 49,5.

Bei einer 10%igen Schwankung aller drei angegebenen Werte ändert sich B um etwa 10% und G_u daher um etwa 0,11%.

Die Größe der Abweichung vom idealen Verhalten kann somit aus den Kenndaten des individuellen Verstärkers ermittelt werden.

Wenn wir bei unserem Beispiel bleiben, das bei weitem keinen hervorragenden operativen Verstärker repräsentiert, so erhalten wir bei einem Eingangssignal von $u_1 = 0{,}1\,\mathrm{V}$ folgende Größen:

$$\begin{array}{llll} u_2 \approx 4{,}946\,\mathrm{V} & \text{statt} & u_2 = 5\,\mathrm{V} \\ u_{1V} \approx 1{,}17\,\mathrm{mV} & & u_{1V} = 0\,\mathrm{V} \\ i_1 \approx 98{,}8\,\mu\mathrm{A} & & i_1 = 100\,\mu\mathrm{A} \\ i_{1V} \approx 0{,}06\,\mu\mathrm{A} & & i_{1V} = 0\,\mu\mathrm{A} \end{array}$$

Aus diesen Zahlen sehen wir, daß auch die übrigen elektrischen Größen nicht wesentlich vom idealen Fall abweichen. Besonders der Umstand, daß i_1 nahezu gleich dem Strom durch den Gegenkopplungswiderstand R_R ist, ist bemerkenswert. In unserem Beispiel ist die Abweichung i_{1V}/i_1 kleiner als 10^{-3}. Weiters erkennt man aus der kleinen Größe von u_{1V}, daß die Bezeichnung „virtuelle Erde" berechtigt ist, denn der Fehler, der durch die Vernachlässigung von u_{1V} entsteht, ist praktisch ohne Bedeutung. Für die Analyse von Verstärkern stellen solche virtuelle Erdpunkte eine große Hilfe dar, da ihr Potential als unabhängig vom Signal betrachtet werden kann. Dies gilt jedoch nur, solange die Kreisverstärkung G_K genügend groß ist, was bei höheren Frequenzen nicht mehr der Fall ist.

c) Die Rauschverstärkung

Die Rauschverstärkung (noise gain, closed loop gain) ist gleich der Verstärkung G_R für Signale am nichtinvertierenden Eingang des gegengekoppelten Verstärkers. Der Name kommt davon, daß das Rauschen auf den Eingang des aktiven Elementes bezogen wird, die Rauschausgangsspannung also von G_R abhängt. Ist nach Abb. 4.1.50 $Z_{1V} \gg R_R$ und $Z_{2V} \ll (R_1 + R_R)$, so erhält man

$$G_R = \frac{1}{\beta}\,\frac{1}{1 + (1 + Z_{2V}/R_L)/\mu\beta} \approx \frac{1}{\beta}\,\frac{1}{1 + 1/\mu_G\beta} = \\ = \mu_G/(1 + \mu_G\beta). \qquad [4.1.67]$$

d) Die Kreisverstärkung G_K (loop gain)

Wie in 4.1.2.1 und 4.1.2.4 gezeigt wurde, bestimmt die Schleifenübertragungsfunktion $G_K(j\omega) = \beta(j\omega) \cdot G(j\omega)$ das Verhalten eines gegengekoppelten Verstärkers. Von ihr hängt die Verbesserung der Konstanz und Linearität der Verstärkung durch die Gegenkopplung ab. Wir wollen aber nochmals darauf hinweisen, daß sie auf die Drift und die Eingangsasymmetrie keinen verbessernden Einfluß hat, da es sich dabei um „Eingangsgrößen" handelt, die genauso wie das Eingangssignal verstärkt werden.

Durch die Gegenkopplung läßt sich die Ausgangsimpedanz von operativen Verstärkern sehr klein machen. Dazu betrachten wir unseren invertierenden 50fach-Verstärker nach Abb. 4.1.50. Ein am Ausgang entnommener Strom i_2 kommt einerseits vom Verstärker (i_{2V}), andererseits über den

Widerstand R_R (i_R). Durch einen zusätzlichen Strom i_R in den beiden Widerständen R_1 und R_R ($i_{1V} = 0$!) sinkt die Eingangsspannung u_{1V} um den Wert $i_R \cdot R_1$. Dieses Eingangssignal wird verstärkt und ergibt wegen der endlichen Ausgangsimpedanz Z_{2V} am Ausgang die Spannungsänderung

$$\Delta u_2 = -\mu i_R R_1 + Z_{2V} i_{2V} = i_R(-\mu R_1 - Z_{2V}) + Z_{2V} i_2 .$$

Mit

$$i_R = \Delta u_2 / (R_1 + R_R)$$

folgt

$$\Delta u_2[1 + \mu\beta + Z_{2V} / (R_R + R_1)] = Z_{2V} i_2$$

und wegen $Z_{2V} \ll (R_1 + R_R)$ wird

$$Z_2 = \Delta u_2 / i_2 = Z_{2V} / (1 + \mu\beta) \approx Z_{2V} / G_K . \qquad [4.1.68]$$

Die Ausgangsimpedanz wird also um die Kreisverstärkung G_K vermindert, was wir in allgemeinerer Form schon mit [4.1.51] zeigten.

In unserem Beispiel erhalten wir mit $Z_{2V} = 25\ \Omega$ und $G_K = 5000/50 = 100$ eine Ausgangsimpedanz von $Z_2 = 0{,}25\ \Omega$, die in vielen Fällen zu vernachlässigen ist. Wieder muß jedoch darauf verwiesen werden, daß mit dem Rückgang der Kreisverstärkung bei höheren Frequenzen die Ausgangsimpedanz entsprechend zunimmt. Die Eingangsimpedanz invertierender Verstärker ist wegen der virtuellen Erde bei $E-$ praktisch identisch mit R_1. Wegen der großen Bedeutung von virtuellen Erdungspunkten wollen wir hier ihre Impedanz berechnen. Dazu untersuchen wir, wie groß die Änderung Δu_{1V} der Eingangsspannung an der virtuellen Erde ist, wenn wir dort einen Strom i_1 einspeisen. Unter der Bedingung $R_1 \ll Z_{1V}$ erhalten wir mit den Netzwerkgleichungen

$$\begin{aligned} i_1 &= u_{1V} / R_1 + i_R , \\ i_R &= (u_{1V} + u_2) / R_R , \\ u_2 &= i_L R_L , \\ \mu u_{1V} - u_2 &= (i_L + i_R) \cdot Z_{2V} \end{aligned}$$

die Impedanz der virtuellen Erde zu

$$Z_1^* = \Delta u_{1V} / i_1 = \beta R_R \frac{1 + Z_{2V} / R_L + Z_{2V} / R_R}{1 + \mu\beta + Z_{2V}(\beta / R_1 + 1 / R_L)} . \qquad [4.1.69\ a]$$

Dieser Ausdruck läßt sich ohne großen Fehler vereinfachen zu

$$Z_1^* = \beta R_R \frac{1 + Z_{2V} / R_L}{1 + \mu\beta} . \qquad [4.1.69\ b]$$

Wir sehen wieder den Einfluß der Kreisverstärkung und auch eine, wenn auch kleine, Abhängigkeit vom Lastwiderstand.

Bei unserem Beispiel ist wegen der geringen Kreisverstärkung die Impedanz an der virtuellen Erde etwa 10 Ω, d. h. die Eingangsimpedanz Z_1 der Anordnung beträgt 1010 Ω statt 1000 Ω (= R_1).

Bei nichtinvertierenden Verstärkern (s. 4.1.3.4. *C*) sollte die Eingangsimpedanz im Idealfall unendlich sein ($i_{1V} = 0$!). Diese Bedingung ist in unserem Beispiel (MC 1530) bei weitem nicht erfüllt ($Z_{1V} = 20\ \text{k}\Omega$), doch läßt sich auch bei diesen relativ niederohmigen Verstärkern durch Gegenkopplung eine hohe Eingangsimpedanz erreichen. Dies wollen wir an Hand von Abb. 4.1.51 *a* untersuchen.

Sowohl der Eingangsstrom i_1 als auch der Strom i_R durch den Gegenkopplungswiderstand R_R fließen über R_1 und erzeugen dort einen Spannungsabfall, der gleich $u_1 - u_{1V}$ ist, also

$$u_1 = Z_{1V} i_1 + R_1 (i_1 + i_R). \qquad [4.1.70]$$

i_R erhält man aus

$$i_R \cdot R_R = u_2 - u_1 + u_{1V} = u_2 - u_1 + i_1 Z_{1V},$$

wobei

$$u_2 = \mu \cdot i_1 Z_{1V} - i_R Z_{2V}$$

gilt. Daraus erhält man für Z_1 (unter Vernachlässigung von Z_{2V}) mit [4.1.70]

$$Z_1 = u_1 / i_1 = Z_{1V}(1 + \mu\beta + \beta R_R / Z_{1V}) \approx Z_{1V}(1 + \mu\beta). \qquad [4.1.71]$$

Wieder ist die Kreisverstärkung maßgeblich an der Größe der Eingangsimpedanz beteiligt. Vernachlässigt wurde in dieser Rechnung auch der Eingangswiderstand des Eingangs $E+$ (bzw. $E-$) in bezug auf Erde, der jedoch einige Größenordnungen höher als Z_{1V} ist und deshalb meistens unberücksichtigt bleibt.

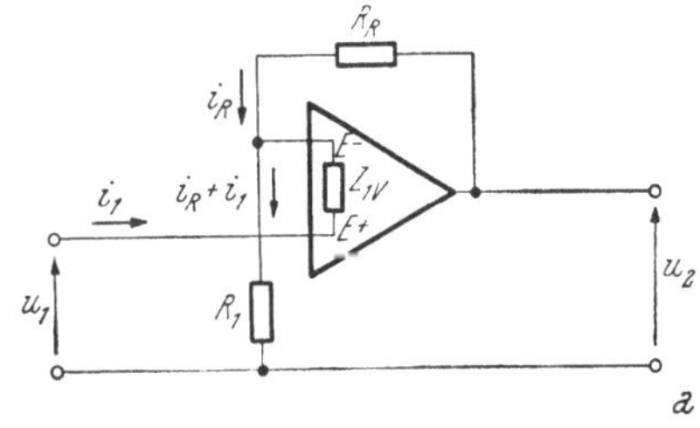

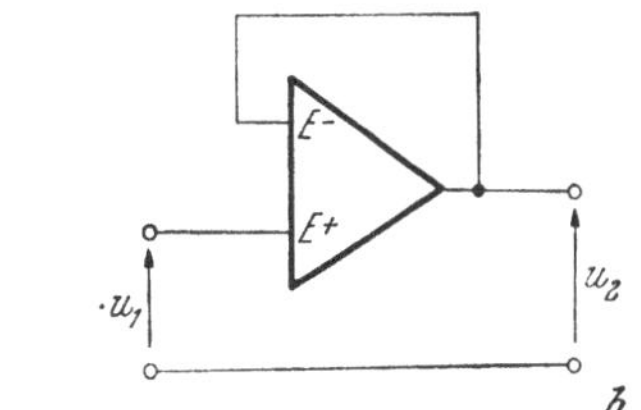

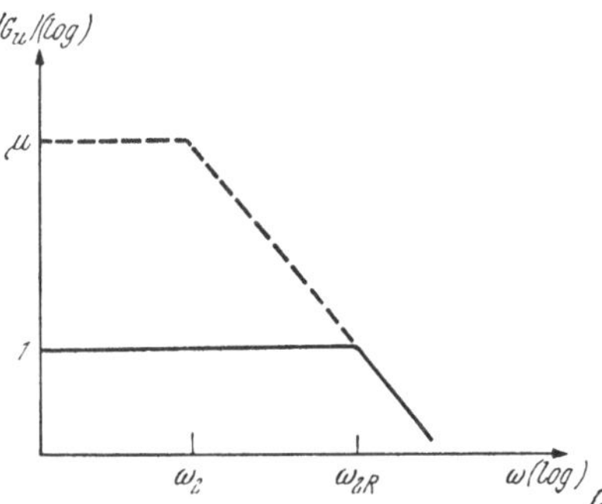

Abb. 4.1.51. *a*) Nichtinvertierender Operationsverstärker mit frequenzunabhängiger Gegenkopplung
b) Spannungsfolger
c) Amplitudenterm eines Spannungsfolgers

4.1.3.4. Proportionale Operationsverstärker

A. Invertierender Verstärker

Mit $Z_1 = R_1$ und $Z_R = R_R$ erhält man einen Verstärker, dessen Verstärkung G_u über einen weiten Frequenzbereich (bis nahe zur oberen Grenzfrequenz ω_{2R}) frequenzunabhängig ist. Im Idealfall wird aus [4.1.61]

$$G_u = -R_R / R_1. \qquad [4.1.72]$$

Ist $R_R = R_1$, so erhält man einen Umkehrverstärker mit $G_u = -1$.

Wird $R_1 = 0\,\Omega$ gewählt, so erhält man statt des invertierenden Spannungsverstärkers einen Strom-Spannungs-Umwandler mit einem Konversionsfaktor $K_u = -R_R$. Die Ausgangsspannung u_2 ist proportional dem Eingangsstrom i_1 und der Übertragungswiderstand $|R_m| = R_R$.

B. Summationsverstärker

Verbindet man mehrere Widerstände R_{1k} mit dem Eingang $E-$ (der virtuellen Erde), so ist die Ausgangsspannung u_2

von der Summe aller Eingangsströme i_{1k} abhängig. Da die Eingangsströme wegen der oben besprochenen Eigenschaft der virtuellen Erde voneinander unabhängig sind, werden die i_{1k} praktisch nur von den Eingangsspannungen u_{1k} und den R_{1k} bestimmt. Es gilt somit

$$u_2 = -(u_{11}/R_{11} + \ldots + u_{1n}/R_{1n}).R_R \qquad [4.1.73\text{ a}]$$

bzw. mit $R_{1k} = R_R$

$$u_2 = -\sum_{k=1}^{n} u_{1k}, \qquad [4.1.73\text{ b}]$$

d. h. im letzten Fall ist die Ausgangsspannung bis auf das Vorzeichen gleich der Summe der Eingangsspannungen.

Selbstverständlich ist diese Methode der Summation nicht auf ohmsche Impedanzen beschränkt, sondern kann mit beliebigen Impedanzen Z_{1k} und Z_R durchgeführt werden, sofern das Frequenzverhalten des Verstärkers es zuläßt.

C. Nichtinvertierender Verstärker

Dieser Verstärker ist insoweit ein Sonderfall, als die Konfiguration des Gegenkopplungsnetzwerkes anders sein muß, da der nichtinvertierende Eingang $E+$ benützt wird (s. Abb. 4.1.51 *a*). Da auch in diesem Fall (unter der Voraussetzung eines idealen Verstärkers) $u_{1V} = 0$ und $i_{1V} = 0$ gilt, ist eine Analyse dieser Anordnung relativ einfach. Wegen $i_{1V} = 0$ gilt

$$u_{E-} = \frac{R_1}{R_1 + R_R} u_2$$

und wegen $u_{1V} = 0$ gilt

$$u_{E-} = u_{E+} = u_1,$$

woraus folgt

$$G_u = u_2/u_1 = \frac{R_1 + R_R}{R_1} = 1/\beta. \qquad [4.1.74]$$

Mit dem nichtinvertierenden Verstärker begegnet uns eine Schaltung, bei der auch die Gleichtaktunterdrückung wesentlich ist. Die mittlere Eingangsspannung bleibt nämlich nicht in der Nähe des Erdpotentials, sondern nimmt jeweils den vollen Wert der Eingangsspannung an. In dieser Anordnung gibt es auch keine virtuelle Erde. Besonders deutlich erkennt man dies beim Spannungsfolger (voltage follower), bei dem $R_R = 0$ und $R_1 = \infty$ ist (s. Abb. 4.1.51 *b*).

Die ideale Spannungsverstärkung beträgt dann

$$G_u = 1 + R_R/R_1 = 1. \qquad [4.1.75\text{ a}]$$

Ist μ sehr groß, so wird dieser Wert durch realisierte Schaltungen beinahe erreicht, denn es gilt

$$G_u = (\mu + Z_{2V}/Z_{1V})/(1 + \mu + Z_{2V}/Z_{1V}) \approx$$
$$\approx \mu/(1+\mu) \approx 1 - 1/\mu \approx 1. \qquad [4.1.75\text{ b}]$$

Unter Berücksichtigung des Gleichtaktfehlers erhält man

$$G_u = (1 + 1/\mathrm{GTU}) / (1 + 1/\mu) \approx 1. \qquad [4.1.75\ c]$$

Die Eingangsimpedanz ist nach [4.1.71] mit $\beta = 1$ gleich

$$Z_1 = Z_{1V}(1 + \mu)$$

sehr hoch, die Ausgangsimpedanz mit

$$Z_2 = Z_{2V} / (1 + \mu)$$

stark verringert.

Der Spannungsfolger wird gerne als Pufferverstärker (buffer amplifier) eingesetzt, da bei ihm der Eingang vom Ausgang wirkungsvoll isoliert ist. Er bringt keine Spannungsverstärkung, sondern bloß eine Impedanzwandlung, die es erlaubt, niederohmige Lasten zu versorgen. Die starke Gegenkopplung (Kreisverstärkung = Geradeausverstärkung) bringt es mit sich, daß Spannungsfolger eine große Bandbreite besitzen (s. Abb. 4.1.51 *c*). Sie ist etwa doppelt so groß wie bei dem oben besprochenen Umkehrverstärker mit $G_u = -1$, denn dort (s. Abb. 4.1.52) ist wegen der Spannungsteilung

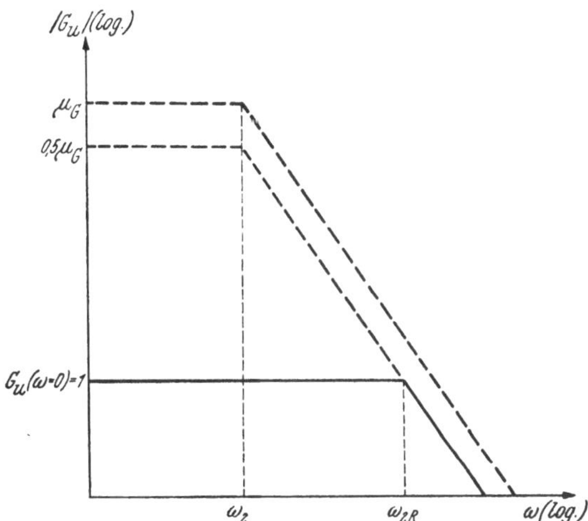

Abb. 4.1.52. Amplitudenterm eines operativen Umkehrverstärkers

zwischen R_R und R_1 die Kreisverstärkung nur halb so groß. (Bei Verstärkern mit $G_u \gg 1$ ist der Rückgang des Verstärkung-Bandbreite-Produktes infolge der Spannungsteilung im Gegenkopplungsnetzwerk so gering, daß er nicht berücksichtigt zu werden braucht.)

D. Differenzenverstärker

Die Differenz zwischen zwei Signalen kann entweder nach der Umkehr eines Signals durch Addition mit einem Summationsverstärker erhalten werden, oder aber dadurch, daß die beiden Eingänge eines operativen Verstärkers benützt werden. Die zweite Methode ist direkter, hat aber den Nachteil, daß die Gleichtaktunterdrückung des benutzten operativen Verstärkers sehr gut sein muß, um genaue Ergebnisse zu liefern. Die Funktionsweise eines operativen Differenzenverstärkers nach Abb. 4.1.53 wird am besten so untersucht, daß man das Verhalten für jeden Eingang getrennt analy-

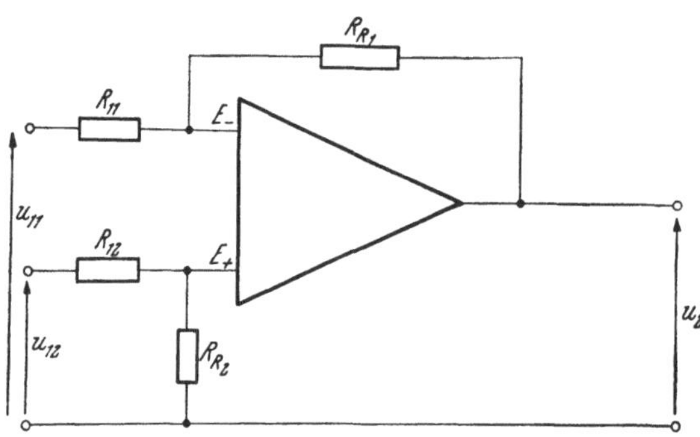

Abb. 4.1.53. Differenzenverstärker

siert. Den anderen Eingang nimmt man jeweils als geerdet an. Bei Erdung des nichtinvertierenden Eingangs erhält man einen invertierenden Verstärker mit den Widerständen R_{11} und R_{R1}. Die Parallelschaltung von R_{12} und R_{R2}, die den anderen Eingang mit Masse verbindet, hat im idealen Fall ($Z_{1V} = \infty$) keinerlei Einfluß und kann bei der Analyse vernachlässigt werden.

Man erhält somit als Anteil am Ausgangssignal (mit [4.1.72])

$$u_{21} = -u_{11} R_{R1} / R_{11}.$$

Durch Erdung des invertierenden Eingangs erhält man einen nichtinvertierenden Verstärker. Das Eingangssignal u_{12} wird jedoch am Spannungsteiler R_{12} und R_{R2} geteilt, so daß nur der Bruchteil

$$R_{R2} / (R_{12} + R_{R2})$$

wirksam ist. Der Anteil am Ausgangssignal beträgt somit (s. [4.1.74])

$$u_{22} = \frac{R_{R2} + R_{12}}{R_{12}} \frac{R_{R2}}{R_{12} + R_{R2}} u_{12} = u_{12} R_{R2} / R_{12}.$$

Die Ausgangsspannung u_2 setzt sich aus beiden Anteilen zusammen, und man erhält mit $R_{R1} = R_{R2} = R_R$ und $R_{11} = R_{12} = R_1$

$$u_2 = u_{21} + u_{22} = (u_{12} - u_{11}) R_R / R_1, \qquad [4.1.76]$$

d. h. die Ausgangsspannung ist proportional der Differenz der beiden Eingangsspannungen.

Nach diesen Überlegungen wird das Ausgangssignal nur von der Differenz $u_{11} - u_{12}$ bestimmt, nicht jedoch von der Größe der einzelnen Spannungen u_{1k} selbst. Die Differenzspannung braucht also nicht in bezug auf die Erde definiert zu sein, es kann sich auch um ein schwebendes (floating) Potential handeln. Da die Gleichtaktunterdrückung nicht beliebig gut sein kann, muß jedoch unter realen Bedingungen auf sie geachtet werden.

4.1.3.5. Nichtlineare Operationsverstärker

Ist bei einem invertierenden operativen Verstärker der Gegenkopplungswiderstand R_R nichtlinear (stromabhängig), so stellt die Ausgangsspannung u_2, die sich ja zwischen der virtuellen Erde und dem Ausgang aufbaut, entsprechend der Kennlinie des nichtlinearen Widerstands und dem Eingangsstrom i_1 ein. Wegen $u_1 = i_1 R_1$ erhält man eine Spannungsverstärkung, die spannungsabhängig ist:

$$G_u(u_1) = -R_R(u_1) / R_1. \qquad [4.1.77]$$

In bestimmten Halbleiterdioden ist der Zusammenhang zwischen Strom und Spannung logarithmisch, so daß sich durch ihre Verwendung als Gegenkopplungswiderstand Logarithmierverstärker herstellen lassen. Diese sind für das elektronische Potenzieren, Wurzelziehen und Multiplizieren von großer Bedeutung, da sich diese Operationen nach Logarithmierung auf Multiplikation mit einem konstanten Faktor („Verstärkung") bzw. Summation zurückführen lassen. Die Genauigkeit wird durch zwei Faktoren beschränkt:

1. Genauigkeit der Kennlinie,
2. Stabilität der Kennlinie.

Durch die Auswahl geeigneter Bauelemente kann man erreichen, daß die Kennlinie über mehrere Dekaden weniger als 10^{-2} von einer idealen logarithmischen Kennlinie abweicht. Bei den oft verwendeten Varistoren muß wegen der Temperaturabhängigkeit der Kennlinie auf höchste Konstanz der Temperatur geachtet werden, weshalb R_R dann in einem Thermostaten untergebracht ist.

Liegt eine parabolische Abhängigkeit zwischen Strom und Spannung in R_R vor, so erhält man einen Quadrierverstärker. Nach dem Zwei-Parabel-Verfahren lassen sich Quadrierverstärker auch zur Multiplikation von zwei Signalen einsetzen:

$$(u_{11} + u_{12})^2 - (u_{11} - u_{12})^2 = 4 u_{11} u_{12}. \qquad [4.1.78]$$

Weitere Möglichkeiten elektronischer Multiplikation, wie sie in Analogrechnern Verwendung finden, sind für Anwendungen auf Impulse meistens zu langsam. Ausnahmen bilden da nur die beschränkt anwendbaren Mehrgitterröhren und der Kreuzfeld-Elektronenstrahlmultiplikator sowie Schaltungen mit FET.

Bei Mehrgitterröhren läßt sich die Steilheit über ein weiteres Gitter beeinflussen, wodurch sich eine Multiplikation zweier Signale über einen beschränkten Amplitudenbereich durchführen läßt.

Beim Kreuzfeld-Elektronenstrahlmultiplikator handelt es sich um eine Kathodenstrahlröhre, in der der Strahl durch ein axiales Magnetfeld (i) und horizontale Platten (u_1) proportional dem Produkt $i \cdot u_1$ horizontal abgelenkt wird. Durch eine Regelanordnung erhält man eine Spannung u_2, die an die vertikalen Platten gelegt werden muß, um die Ablenkung aufzuheben. Es gilt dann

$$u_2 \sim i \cdot u_1.$$

Die Genauigkeit schneller Multiplikatoren ist nicht sehr groß (selten besser als 1% des dynamischen Bereiches), und auch ihr dynamischer Bereich ist nicht sehr groß. Die Präzisionsmethoden der Analogrechner (multiplikative Mischung durch Modulation) sind ihrem Wesen nach für kurze Impulse nicht geeignet.

4.1.3.6. Frequenzabhängige Operationsverstärker (Aktive Filter)

Wie wir schon zu Beginn feststellten, ist die Eigenschaft (idealer) operativer Verstärker, daß der Eingangsstrom gleich dem Strom über die Gegenkopplungsimpedanz Z_R ist, von der Art dieser Impedanz unabhängig. Die Beziehung [4.1.61]

$$G(p) = -Z_R(p)/Z_1(p)$$

gilt also ganz allgemein (für $\mu \to \infty$).

Unter Berücksichtigung der endlichen Geradeausverstärkung μ erhalten wir nach [4.1.65 a] und [4.1.66]

$$\begin{aligned} G(p) &= -\frac{Z_R}{Z_1}\frac{1}{1+(1+Z_R/Z_1)/\mu} = \\ &= -\mu\frac{1}{(\mu+1)\cdot Z_1/Z_R+1} = \\ &= -\mu\frac{Z_R/(1+\mu)}{Z_1+Z_R/(1+\mu)}. \end{aligned} \qquad [4.1.79]$$

Diese Übertragungsfunktion erinnert an die eines (frequenzabhängigen) Spannungsteilers (s. 2.1.5.2 und 2.3.1), nur daß sie mit dem Faktor $(-\mu)$ multipliziert ist und die Größe der Impedanz Z_R dynamisch um den Faktor $(\mu+1)$ vermindert ist. Wie bei den Spannungsteilern erhält man Hoch- und Tiefpässe, doch können zu ihrer Verwirklichung um den Faktor $(\mu+1)$ größere Impedanzen Z_R verwendet werden. Außerdem erhält man zusätzlich eine Verstärkung um den Faktor $(-\mu)$. Schließlich ist wegen der kleinen Ausgangsimpedanz des operativen Verstärkers die Übertragungsfunktion solcher aktiver Filter von der Lastimpedanz Z_L weitgehend unabhängig, was einen großen Vorteil gegenüber passiven Filtern darstellt.

Die Vorteile eines aktiven Filters beschränken sich natürlich nur auf jenen Frequenzbereich, in dem die Geradeausverstärkung μ genügend groß ist. Gegenüber einer Kaskadenschaltung eines passiven Filters mit einem Spannungsverstärker, wodurch die gleiche Ausgangsspannung und auch eine kleine Ausgangsimpedanz erreicht werden kann, ergeben sich folgende Vorteile des aktiven Filters:

a) Zur Erreichung gleichen Frequenzverhaltens können um den Faktor $(\mu+1)$ größere Impedanzen Z_R verwendet werden.

b) Die Anordnung ist auf Einstreuungen unempfindlich, da der Verstärkereingang infolge der virtuellen Erde niederohmig ist.

c) Beim aktiven Filter wird durch Einbeziehung des frequenzabhängigen Spannungsteilers in das Gegenkopplungsnetzwerk die durch das Filter bewirkte Attenuation mit der der Gegenkopplung zusammengefaßt. Die gesamte Attenuation wird dadurch geringer, weshalb sich bei einer gegebenen Geradeausverstärkung des verwendeten Verstärkers eine größere Kreisverstärkung und somit eine bessere Stabilität und Linearität ergibt.

d) Das Rauschen des Verstärkers hat geringeren Einfluß, da es aus den unter c) besprochenen Gründen weniger verstärkt wird. Außerdem muß bei einer Kaskadenschaltung die Bandbreite des Verstärkers größer sein als die des Filters, was unnötige Rauschbeiträge liefert (s. 4.1.5).

1. Aktive Tiefpaßfilter

A. Integrationsverstärker

Ist $Z_1 = R_1$ und $Z_R = C_R$, so gilt für die Übertragungsfunktion

$$G(p) = -Z_R(p)/Z_1(p) = -1/pR_1C_R, \qquad [4.1.80\text{ a}]$$

woraus folgt (s. Tab. 2.2.3)

$$u_2(T) = -\frac{1}{R_1C_R}\int_0^T u_1(t)\,dt,$$

d. h. die Schaltung bewirkt eine Integration des Eingangssignals.

Im realen Fall ($\mu \neq \infty$) lautet die Übertragungsfunktion (s. 2.3.1.3)

$$G(p) = -\mu/[1 + (\mu + 1)pR_1C_R] = -\mu/(1 + p\tau), \qquad [4.1.80\text{ b}]$$

wobei

$$\tau = (\mu + 1)R_1C_R$$

die wirksame Integrationszeitkonstante darstellt. Diese ist somit um den Faktor $(\mu + 1)$ gegenüber der passiven Anordnung gleicher Impedanzen erhöht. Ist $\mu \gg 1$ und $|p(\mu + 1)R_1C_R| \gg 1$, so geht [4.1.80 b] in [4.1.80 a] über und auch die reale Schaltung bewirkt eine ausgezeichnete Integration. Die analoge Bedingung, nämlich $T \ll R_1C_R$, lernten wir als Bedingung für die Integration von Rechtecken mit einem Integrationsglied kennen (s. 2.1.5.2). Ist ω die kleinste Frequenz, die mit einer nicht vernachlässigbaren Amplitude am Fourierspektrum beteiligt ist, so reicht für eine gute Integration die Erfüllung der Bedingung

$$\tau \gtrsim 100/\omega \approx 15/f \qquad [4.1.81]$$

völlig aus.

In diesem Fall ist die Phasenverschiebung der einzelnen Frequenzkomponenten durch den Integrator >89,4°, also nahe dem idealen Wert von 90°, der nur mit der nicht realisierbaren Zeitkonstante $\tau = \infty$ wirklich exakt erreicht werden könnte.

In Abb. 4.1.54 *b* ist der Amplitudengang eines Integrationsverstärkers dargestellt. Bei jener Frequenz f, bei der die Impedanz von C_R gleich R_1 ist, hat der Verstärker die Verstärkung $G_u(f) = (-)1$ (bzw. 0 dB).

Nach kleineren Frequenzen hin nimmt die Verstärkung um 20 dB pro Dekade zu, um im idealen Fall für $\omega = 0$ den Wert ∞ anzunehmen. Bei realen Verstärkern ist die Verstärkung unterhalb der oberen Grenzfrequenz ω_2 konstant gleich μ_G.

Der Umstand, daß für niedrige Frequenzen die Höhe des Ausgangssignals durch die Geradeausverstärkung bestimmt und die Gegenkopplung also unwirksam ist, wirkt sich ungünstig auf das mittlere Ausgangsspannungsniveau aus, da dieses alle Schwankungen von μ_G usw. entsprechend mitmacht. Ein Gegenkopplungswiderstand R_R parallel zu C_R stabilisiert die Verstärkung für niedrige Frequenzen, erhöht jedoch die Grenzfrequenz ω_2 und entfernt die Anordnung noch weiter vom idealen Verhalten, was sich jedoch nur bei tiefen Frequenzen auswirkt. Ein solcher Verstärker wird „proportionalintegrierend" genannt, da er niedrige Frequenzen proportional ver-

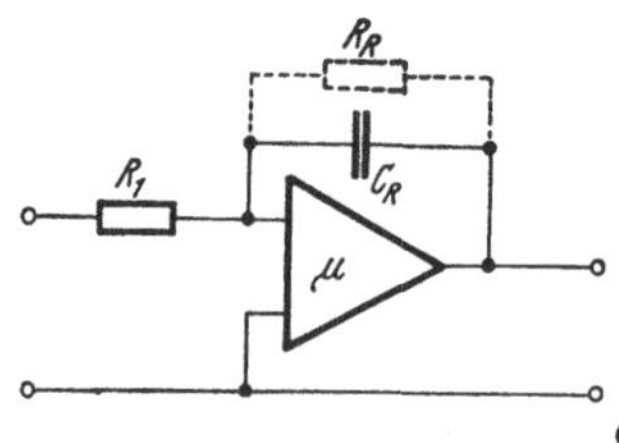

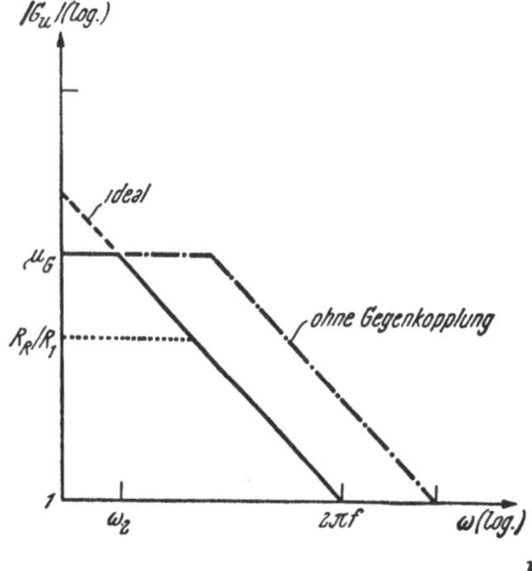

Abb. 4.1.54. Integrationsverstärker
a) Prinzipschaltung *b*) Amplitudengang

stärkt. Die Transformierte der Übertragungsfunktion für einen solchen Verstärker lautet

$$G(p) = -\frac{R_R}{R_1}\frac{1}{1+pC_R R_R} = -\frac{1}{pC_R R_1}\cdot\frac{1}{1+1/pR_R C_R}. \qquad [4.1.80\text{ c}]$$

Die erste Schreibweise spiegelt das niederfrequente Verhalten wider, bei dem die Parallelschaltung von C_R zu R_R als Korrektur zu betrachten ist. Bei der anderen Schreibweise sieht man den Unterschied zur idealen Integration nach [4.1.80 a], der sich jedoch nur bei kleinen Frequenzen auswirkt. Sollen auch kleinste Frequenzen integriert werden, so stellt die Drift des operativen Verstärkers (s. 4.1.3.2) eine große Schwierigkeit dar.

B. Verzögerungsverstärker

Durch ein Tiefpaßfilter nach Abb. 4.1.55 *a* läßt sich erreichen, daß die Phasenverschiebung proportional der Frequenz ist. Dieses ist nach [2.2.25 b] die Bedingung dafür, daß ein Signal ohne Phasenfehler verzögert wird. Aus der Darstellung des Amplitudenterms der Übertragungsfunktion in Abb. 4.1.55 *b* erkennt man die Frequenzabhängigkeit der Amplitude, die sich in einer starken „Dämpfung" bei höheren Frequenzen bemerkbar macht. So ist bei einer Frequenz von $\omega = 1/RC$, bei der die Phasenschiebung gerade 180° beträgt, die Amplitude bereits auf ein Drittel zurückgegangen. Die Transformierte der Übertragungsfunktion des in Abb. 4.1.55 *a* dargestellten Filters lautet

$$G(p) = -1/[(1+2pRC)(1+1{,}2pRC+1{,}6p^2R^2C^2)]. \qquad [4.1.82]$$

Die mit einem einzigen Verstärker erreichbare Verzögerungszeit beträgt

$$t_V = \pi RC, \qquad [4.1.83]$$

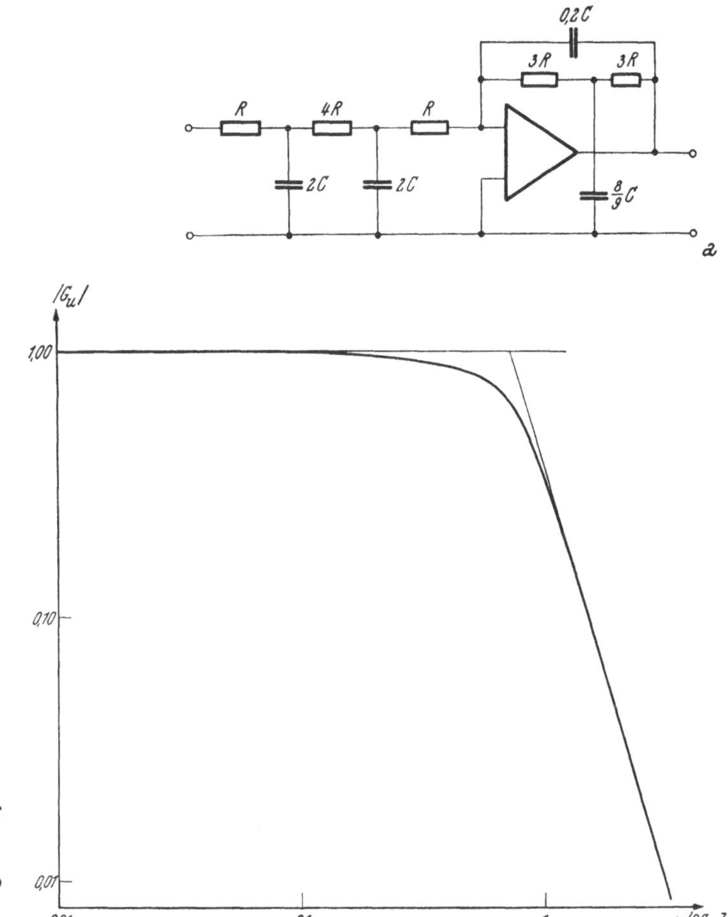

Abb. 4.1.55.
Aktives Tiefpaßfilter als Verzögerungsschaltung
a) Schaltungsprinzip
b) Amplitudenterm

die Anstiegszeit bei der Verzögerung eines Stufenimpulses

$$t_{an} = 1{,}1\pi RC. \qquad [4.1.84]$$

Wie ein Vergleich mit [2.3.76] zeigt, kommt das Verhältnis t_V/t_{an} sehr nahe an den Wert von LC-Filtergliedern. Kaskadenschaltung von n Verstärkern bringt eine Verbesserung des Verhältnisses mit $\sqrt{n}$. Gegenüber Laufzeitketten ergibt sich der Vorteil, daß kein Überschwingen auftritt, doch ist im Hinblick auf den Aufwand die Erreichung großer Bandbreiten schwieriger.

2. *Aktive Hochpaßfilter*

Echte Hochpaßfilter lassen sich mit realen operativen Verstärkern nicht erhalten, da sich deren beschränkte Bandbreite einem solchen Unterfangen widersetzt. Prinzipiell läßt sich daher nur ein Bandpaßfilter realisieren. Ist seine Bandbreite genügend groß (bzw. der benützte Frequenzbereich klein), so lassen sich mit aktiven Hochpaßfiltern trotzdem bessere Ergebnisse erzielen als mit passiven.

Differentiationsverstärker:

Ist $Z_1 = C_1$ und $Z_R = R_R$, so erhält man mit einem idealen operativen Verstärker die Übertragungsfunktion

$$G(p) = u_2(p)/u_1(p) = -Z_R(p)/Z_1(p) = -p\,R_R C_1, \qquad [4.1.85\text{ a}]$$

woraus

$$u_2(t) = -R_R C_1 \frac{\mathrm{d}u_1(t)}{\mathrm{d}t}$$

folgt. Die Ausgangspannung ist also proportional der zeitlichen Ableitung der Eingangsspannung. Unter Berücksichtigung der endlichen Geradeausverstärkung μ wird

$$G(p) = -\mu \frac{p\,R_R C_1/(\mu+1)}{1 + p\,R_R C_1/(\mu+1)} = -\mu p\tau/(1+p\tau). \qquad [4.1.85\text{ b}]$$

Dieser Ausdruck geht in [4.1.85 a] über, sofern $|p\,R_R C_1/(\mu+1)| \ll 1$ und $\mu \gg 1$ ist. Die erste Bedingung entspricht der in 2.1.5.2 angeführten Voraussetzung $R_R C_1 \ll T$ für die Differentiation von Rechteckimpulsen. Die wirksame Zeitkonstante $\tau = R_R C_1/(\mu+1)$ ist gegenüber einem passiven Differentiationsglied mit R_R und C_1 um den Faktor $(\mu+1)$ vermindert, wodurch die Bedingung $\omega\tau \ll 1$ leichter eingehalten werden kann, wobei ω die höchste Frequenz ist, die noch einen merklichen Beitrag zum Fourierspektrum liefert. So genügt für eine gute Differentiation die Einhaltung der Bedingung

$$\tau \lesssim 10^{-2}/\omega = 0{,}0016/f. \qquad [4.1.86]$$

Für alle in Betracht kommenden Frequenzen ist die Phasenschiebung dann größer als 89,4°, also nahe dem Wert, der bei idealer Differentiation mit $\tau = 0$ erreicht würde.

Auch die elementare Erklärung der Differentiationswirkung ist einleuchtend: Der Eingangskondensator C_1 arbeitet gegen die virtuelle Erde bei $E-$, d. h. das Eingangssignal u_1 wird über ein Differentiationsglied mit $R \to 0$ (deshalb auch $\tau \to 0$) geleitet. Beim Differentiationsglied ist die (differenzierte) Ausgangsspannung proportional dem Eingangsstrom, dieser fließt beim (idealen) operativen Verstärker jedoch zur Gänze über R_R, d. h. das Ausgangssignal ist proportional der zeitlichen Ableitung der Eingangsspannung.

Infolge der begrenzten Verstärkung und Bandbreite realer Verstärker erhält man einen Amplitudengang nach Abb. 4.1.56 *b*. Ab jener Frequenz f, bei der die Verstärkung wegen der Gleichheit von R_R und der Impedanz von C_1 gleich $G_u(f) = (-)1$ ist, nimmt die Verstärkung um 20 dB je Dekade so lange zu, bis sie gleich groß wie die Geradeausverstärkung ist, und folgt dann deren Frequenzabhängigkeit. Fällt die Geradeausverstärkung mit 20 dB je Dekade, so ist wegen der Änderung im Umkehrpunkt von 40 dB je Dekade gerade der Grenzfall instabilen Verhaltens gegeben (zwei um je 90° drehende *RC*-Glieder, entsprechend Abb. 4.1.56 *c*). Dagegen hilft ein Widerstand R_1 in Serie zu C_1, da sich dadurch der in Abb. 4.1.56 *b* punktiert eingezeichnete Amplitudengang ergibt.

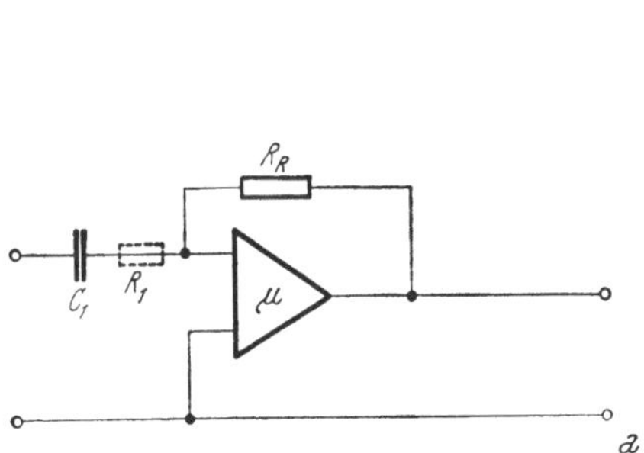

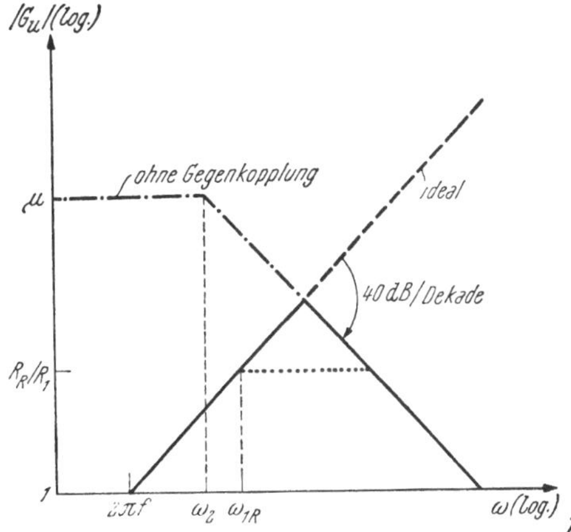

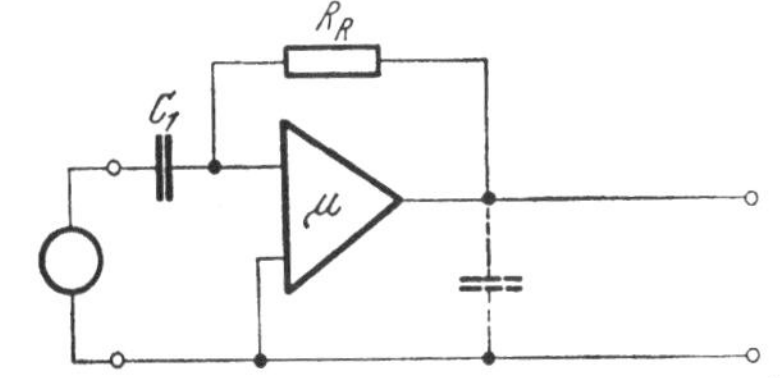

Abb. 4.1.56. Differentiationsverstärker
a) Prinzipschaltung *b*) Amplitudengang
c) zur Erläuterung der Schwingneigung
(40 dB/Dekade)

Die Transformicrte der Übertragungsfunktion dieser „proportional-differenzierenden" Anordnung lautet

$$G(p) = -p\,C_1\,R_R \cdot \frac{1}{1 + p\,C_1\,R_1} = -\frac{R_R}{R_1} \cdot \frac{1}{1 + 1/p\,R_1 C_1}. \qquad [4.1.85\text{ c}]$$

Für hohe Frequenzen ($f > \omega_{1R}/2\pi$) wird die Verstärkung praktisch durch R_R/R_1 bestimmt, sie ist also frequenzunabhängig. Der Übergangspunkt (der nur in der asymptotischen Näherung des Diagramms ein „Punkt" ist) liegt bei $\omega_{1R} = 1/R_1 C_1$. Die gleiche Wirkung läßt sich durch einen Kondensator C_R parallel zu R_R erreichen, sofern $C_R = R_1 C_1/R_R$ gilt. Außer der Verminderung der Schwingneigung erhält man beim proportionaldifferenzierenden Filter infolge der Verminderung der hochfrequenten Verstärkung eine wesentliche Verminderung des (hochfrequenten) Rauschens, das in vielen Fällen das Hauptproblem beim Einsatz von Differentiationsverstärkern darstellt.

Durch die Kombination beider angeführter Methoden wird das Rauschen weiter vermindert. Wenn man $R_1 C_1 = R_R C_R$ wählt, erhält man das Diagramm von Abb. 4.1.57 *b*. Die Transformierte der Übertragungsfunktion lautet

$$\begin{aligned} G(p) &= -p\,C_1 R_R \frac{1}{(1 + p\,C_R R_R)(1 + p\,C_1 R_1)} = \\ &= -p\,C_1 R_1 \frac{1}{(1 + p\,C_1 R_1)^2} = \\ &= -\frac{1}{p\,C_1 R_1} \frac{1}{(1 + 1/p\,C_1 R_1)^2}. \end{aligned} \qquad [4.1.87]$$

Für kleine Frequenzen überwiegt die Differentiationswirkung ($pC_1R_1 \ll 1$), für große hingegen die Integrationswirkung ($1/pC_1R_1 \ll 1$). Diese Anordnung besitzt auch den Vorteil, daß die Verstärkung im ganzen Frequenzbereich durch die Gegenkopplung bestimmt ist (Abb. 4.1.57 *b*), also nirgends mit der Geradeausverstärkung übereinstimmt, somit auch deren Änderung sich nur wenig auswirkt.

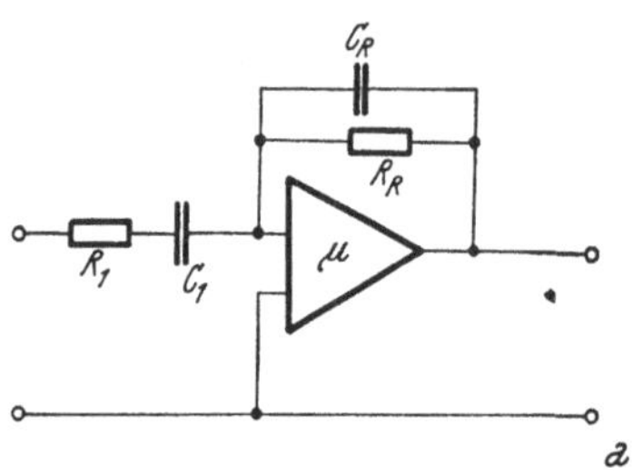

3. Aktive Bandpaßfilter

Ein einfaches Bandpaßfilter stellt der proportionaldifferenzierende Operationsverstärker dar, den wir oben besprochen haben.

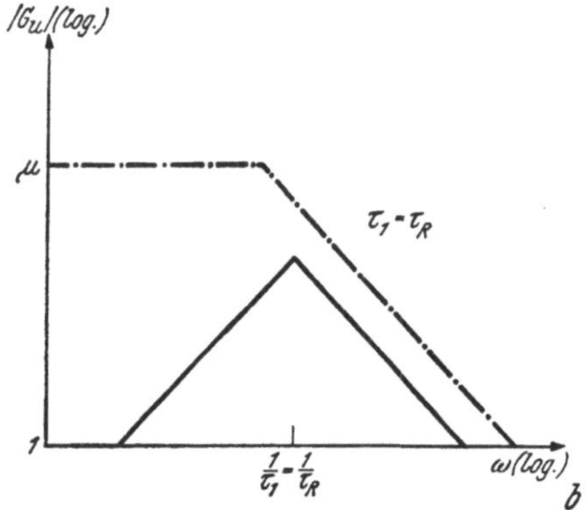

Abb. 4.1.57. Bandpaßfilter
a) Prinzipschaltbild *b*) Amplitudenterm

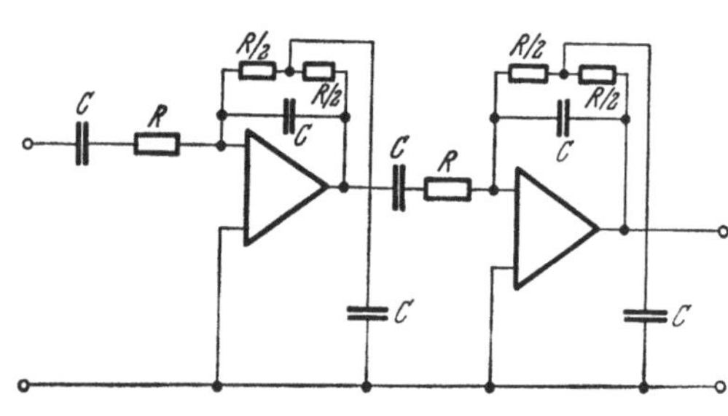

Abb. 4.1.58. Beispiel für eine aktive Impulsformung

Für eine Impulsformung verwendet man Kombinationen von aktiven Hoch- und Tiefpässen, um die gewünschten Filtereigenschaften zu erhalten.

Mit Hilfe zweier operativer Verstärker nach Abb. 4.1.58 erreicht man eine doppelt differenzierte Impulsform mit einem Unterschwingen, dessen Höhe 46,5% des primären Amplitudenmaximums beträgt. Durch Abstimmung der Gegenkopplungszweige läßt sich die relative Höhe auf 65% steigern. Um mit passiven *RC*-Kombinationen eine ähnliche Impulsform zuerhalten, benötigt man zwei differenzierende und neun integrierende *RC*-Glieder (s. 2.3.1.5).

Natürlich besteht auch die Möglichkeit, passive *RC*-Glieder durch Pufferverstärker voneinander und von der Lastimpedanz zu isolieren, doch ist die aktive Impulsformung wegen der schon besprochenen günstigen Eigenschaften, die durch eine starke Gegenkopplung erreichbar sind, meistens vorzuziehen, obwohl ihre Dimensionierung schwieriger ist.

4.1.3.7. Dynamische Impedanzen

Ist die Impedanz zwischen zwei Anschlüssen nicht ausschließlich von den passiven Schaltelementen, die die beiden Anschlüsse verbinden, abhängig, sondern wird das Verhältnis von Eingangsspannung zu Eingangsstrom von einem aktiven Element mitbestimmt, so liegt eine dynamische Impedanz vor. In diesem Sinne ist die Erhöhung bzw. Verminderung der Eingangs- bzw. der Ausgangsimpedanz von Verstärkern durch Rückkopplung gleichbedeutend dem Auftreten dynamischer Impedanzen (s. 4.1.2.3).

1. Steuerbare Impedanzen

Ein einfaches Beispiel des Entstehens einer dynamischen Impedanz ist in Abb. 4.1.59 gezeigt. Als aktives Element wird ein idealer Spannungsverstärker mit Signalumkehr und einer Spannungsverstärkung μ verwendet. Es gilt dann

$$u_G + u_2 = i_1 Z = u_G(1 + \mu),$$

woraus

$$Z_{\text{dyn}} = u_G / i_1 = Z / (1 + \mu) \qquad [4.1.88]$$

erhalten wird.

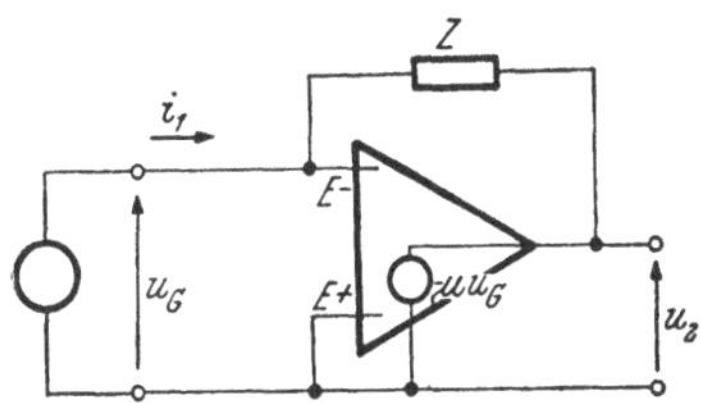

Abb. 4.1.50. Zur Bestimmung der dynamischen Impedanz am Eingang eines Spannungsverstärkers

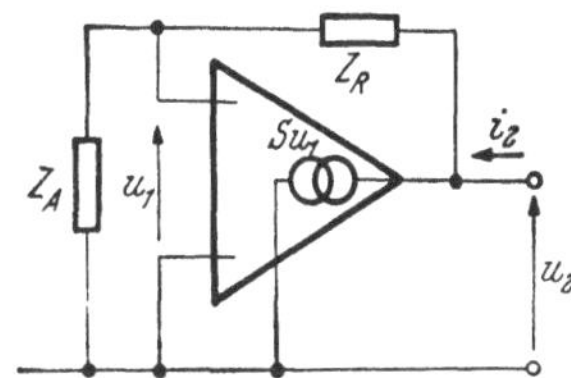

Abb. 4.1.60. Zur Bestimmung der dynamischen Impedanz am Ausgang eines gesteuerten Stromgenerators

Die Wirkung von Z auf den Eingangsstrom ist gegenüber dem Fall, daß Z beispielsweise durch einen Kurzschluß am Verstärkerausgang direkt mit Masse verbunden ist, um den Faktor $1/(1+\mu)$ verringert. Besteht Z zum Beispiel aus einer Kapazität C, so hat die Kapazität C auf den Eingangsstrom die dynamische Wirkung $C_{\text{dyn}} = (1+\mu)C$. Dieser Effekt ist als Miller-Effekt bekannt, und zwar insbesondere im Zusammenhang mit der Vergrößerung der statischen Gitter-Anoden-Kapazität C_{ga} einer Röhre auf ihren dynamischen Wert $(1+\mu)C_{ga}$.

Mit einer solchen Schaltung werden aber in gleicher Weise beliebige Impedanzen verkleinert, also auch reine ohmsche Widerstände, Induktivitäten oder aber L-R-C-Kombinationen (s. z. B. 4.1.3.6).

Elementar läßt sich die Wirkungsweise obiger Schaltung folgendermaßen erklären. Der Eingangsstrom i_1 wird nicht direkt durch die Eingangsspannung u_G bestimmt, sondern vielmehr durch den Spannungsabfall an Z. Da an Z ausgangsseitig ein μ-faches Spannungssignal umgekehrter Polarität steht, ist der gesamte Spannungsabfall an Z gleich $(\mu+1)\cdot u_G$ und der Eingangsstrom $(\mu+1)$-mal größer, als wenn an Z nur die Eingangsspannung u_G stünde, Z also ausgangsseitig geerdet wäre. Die Eingangsimpedanz ist also eine Funktion von μ und läßt sich somit über μ steuern. Auch die äquivalente Schaltung mit einem spannungsgesteuerten Stromgenerator wollen wir besprechen (s. Abb. 4.1.60).

Wie sich leicht ausrechnen läßt, beträgt die Ausgangsimpedanz Z_2 dieser Anordnung (mit $Z_{1V} = Z_{2V} = \infty$)

$$Z_2 = u_2 / i_2 = (Z_R + Z_A) / (1 + S Z_A).$$

Diese Gleichung vereinfacht sich mit $Z_R \gg Z_A \gg 1/S$ zu

$$Z_2 = Z_R / S Z_A. \qquad [4.1.89]$$

Ist z. B. $Z_R = 1/p C_R$ und $Z_A = R_A$, so wirkt die Ausgangsimpedanz wie eine Kapazität, deren Wert gegenüber C_R um den Faktor $S \cdot R_A$ erhöht ist. Diese Kapazität läßt sich infolge ihrer Abhängigkeit von S durch Beeinflussung von S innerhalb gewisser Grenzen ändern. Auf diese Weise läßt sich z. B. die Frequenz eines Oszillators steuern, wenn sich diese Kapazität im frequenzbestimmenden Kreis befindet.

2. Impedanzinverter

Die Eingangsimpedanz von Impedanzinvertern ist bis auf das Vorzeichen gleich dem Lastwiderstand. Die auf diese Weise leicht erreichbaren negativen Impedanzen können z. B. zur Entdämpfung von Schwingkreisen verwendet werden.

In Abb. 4.1.61 ist eine Realisierungsmöglichkeit dargestellt. Die Analyse dieser Schaltung ist sehr durchsichtig. Unter Berücksichtigung der Eigen-

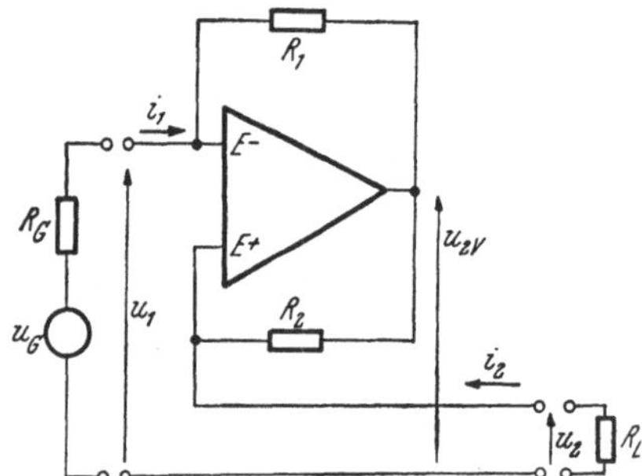

Abb. 4.1.61. Beispiel eines Impedanzinverters

schaft $u_{1V} = 0$ erhält man sofort $u_1 = u_2$. Aus dem gleichen Grund ist $i_1 R_1 = i_2 R_2$, wobei aber zu beachten ist, daß die Richtung von i_1 und i_2 entgegengesetzt ist. Wir erhalten somit als Eingangsimpedanz

$$Z_1 = u_1 / i_1 = u_2 / (-i_2 R_2 / R_1) = -(u_2 / i_2)(R_1 / R_2) = \\ = -R_L \cdot R_1 / R_2 \qquad [4.1.90]$$

eine um den Faktor R_1 / R_2 gegenüber R_L geänderte, jedoch negative Eingangsimpedanz. Analog erhält man für die Ausgangsimpedanz

$$Z_2 = -R_G \cdot R_2 / R_1. \qquad [4.1.91]$$

Die idealisierte Annahme $u_{1V} = 0$ läßt sich bei der Untersuchung der Stabilität der Anordnung nicht aufrechterhalten. Da die Spannung u_{2V} am Ausgang des aktiven Elementes für ein richtiges Arbeiten negativ in bezug auf den (invertierenden) Eingang sein muß, muß u_{1V} positiv sein, d. h. es muß

$u_2 \leq u_1$ gelten. Unter Berücksichtigung einer Belastung am Ausgang (R_L) und am Eingang (R_G) erhält man daraus die Bedingung

$$\frac{R_L}{R_2 + R_L} u_{2V} \leq \frac{R_G}{R_1 + R_G} u_{2V},$$

woraus folgt

$$R_1 / R_G \leq R_2 / R_L. \qquad [4.1.92]$$

Nimmt man $R_1 = R_2$, so ist $R_L \leq R_G$ eine notwendige Bedingung für die Stabilität dieses Impedanzinverters.

Die Bedingung [4.1.92] läßt sich auch so ausdrücken, daß die besprochene Anordnung gegenüber einem Kurzschluß am Ausgang bzw. einem offenen Eingang stabil ist (s. auch 5.5.1).

3. Gyratoren

Ein Gyrator ist ein Vierpol, dessen Eingangsimpedanz reziprok zur Lastimpedanz ist. Hängt man z. B. an den Ausgang eines Gyrators eine Kapazität C_L, so wirkt der Eingang des Gyrators als Induktivität.

In Abb. 4.1.62 ist ein Gyrator durch Kaskadenschaltung zweier Impedanzinverter verwirklicht. Für diese Anordnung wollen wir nun die Eingangsimpedanz Z_1 berechnen und zeigen, daß sie reziprok zur Lastimpedanz Z_L ist.

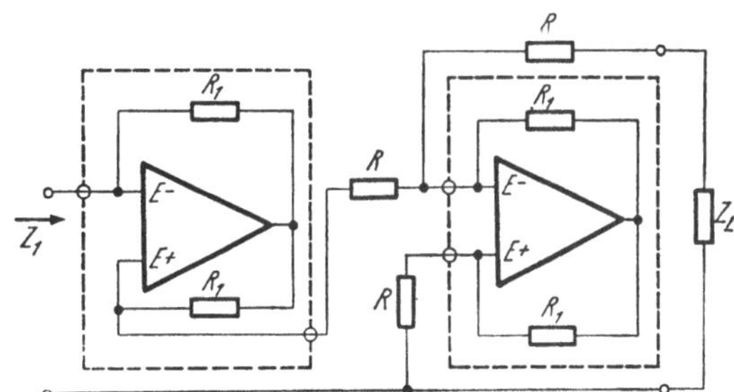

Abb. 4.1.62. Beispiel eines Gyrators

Nach den obigen Überlegungen ist die Eingangsimpedanz Z_1 gleich der negativen Last Z_A des ersten Impedanzinverters. Z_A besteht aus der Serienschaltung von R mit einer Impedanz Z_B, welche wiederum eine Parallelschaltung von $Z_C (= R + Z_L)$ mit $Z_{12} = -R$ darstellt. Wir erhalten somit (wie immer in komplexer Schreibweise):

$$Z_B = \frac{(R + Z_L)(-R)}{R + Z_L - R} = -(R + Z_L) R / Z_L,$$

$$Z_A = R + Z_B = -R^2 / Z_L,$$

$$Z_1 = -Z_A = R^2 / Z_L. \qquad [4.1.93]$$

Ist z. B. Z_L eine Kapazität, so gilt $Z_L = 1 / pC$ und die Eingangsimpedanz $Z_1 = p R^2 C$ hat das gleiche Frequenzverhalten wie eine Induktivität mit $L = R^2 C$.

Infolge des (bei konventioneller Bauweise) komplizierten Aufbaus fanden Gyratoren bisher nur geringes Interesse. In Schaltungen für sehr niedrige Frequenzen sind sie jedoch sehr interessant, da infolge der quadratischen Abhängigkeit von R „Impedanz-Multiplikation“ vorgenommen werden kann, so daß Reaktanzen mit kleinen Werten (und Kosten und Dimensionen) Verwendung finden können. Außerdem können mit ihrer Hilfe Drosseln hoher Güte simuliert werden. (Die Verluste in Kapazitäten sind viel kleiner als in Induktivitäten.)

So lassen sich sämtliche *LRC*-Schaltungen durch aktive Kreise unter Verwendung von R und C allein nicht nur ersetzen, sondern man findet auch Eigenschaften vor, die näher am idealen Verhalten der linearen Schaltelemente liegen, als bei realen passiven Elementen erwartet werden kann.

4.1.4. Gegengekoppelte Transistorschaltungen

4.1.4.1. Einfache Gegenkopplungsanordnungen

Lokale Gegenkopplung, d. h. Gegenkopplung am einzelnen aktiven Element, berechnet man oft elementar aus dem Ersatzschaltbild und versucht nicht unter allen Umständen, die Gegenkopplungsschleife und den Gegenkopplungsfaktor festzustellen.

Bei der lokalen Gegenkopplung am Transistor gehen wir von einem Transistor in Emitterschaltung aus, wobei der Emitter den nichtinvertierenden Eingang, die Basis den invertierenden Eingang und der Kollektor den Verstärkerausgang darstellt. Jede der vier Gegenkopplungsarten beeinflußt eine andere Übertragungseigenschaft (s. 4.1.2.1). Deshalb müssen wir den Transistor, je nach der Gegenkopplung, als Spannungsverstärker, Stromverstärker, Spannung-Strom-Umwandler oder Strom-Spannung-Umwandler ansehen.

Parallel-Serie-Gegenkopplung in einer einzelnen Transistorstufe läßt sich nicht durchführen, es sei denn, man sieht die Kollektorschaltung (s. 4.1.1.4) als gegengekoppelte Emitterschaltung an. Denn die Kollektorschaltung hat alle Eigenschaften, die durch eine solche Gegenkopplung zustande kommen: erhöhte Eingangsimpedanz, verminderte Ausgangsimpedanz, verminderte (und stabilisierte) Spannungsverstärkung.

Die zweistufige Anordnung (s. Abb. 4.1.63) findet vor allem als Spannungsfolger (s. 4.1.3.4) Verwendung, bei dem der Widerstand $R_R = 0$ ist. R_E läßt

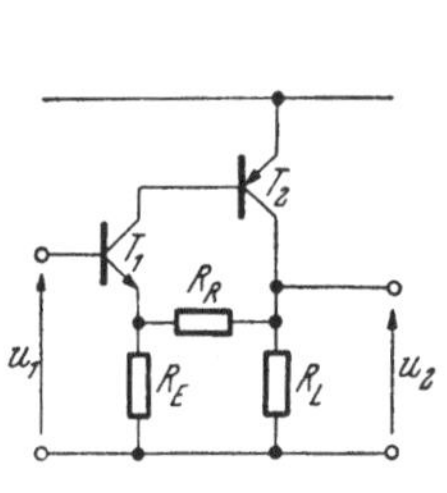

Abb. 4.1.63. Parallel-Serie-Gegenkopplung über zwei Stufen

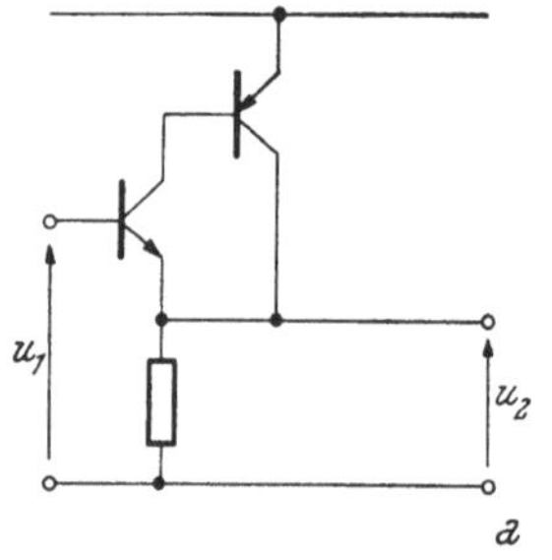

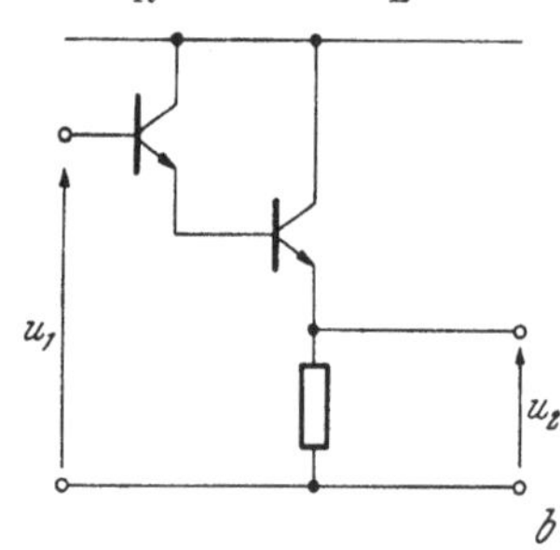

Abb. 4.1.64. Gegenüberstellung eines Spannungsfolgers (*a*) und eines Darlington-Emitterfolgers (*b*)

sich dann mit R_L zusammenfassen (s. Abb. 4.1.64 *a*). Die Verstärkung dieser Anordnung ist praktisch gleich eins. Die Eingangsimpedanz ist um die

Kreisverstärkung erhöht, die dynamische Verminderung der Ausgangsimpedanz am Emitter des ersten Transistors bringt sehr kleine Werte für die wirksame Ausgangsimpedanz ($\lesssim 10^{-2}\,\Omega$). Gegenüber dem wegen seiner einfacheren Dimensionierung beliebteren Kaskaden-Emitterfolger bzw. Darlington-Emitterfolger (s. 4.1.1.5 und Abb. 4.1.64 *b*) hat der Spannungsfolger bessere impedanzwandelnde Eigenschaften, die sich vor allem daraus ergeben, daß die lokale Gegenkopplung beim Emitterfolger durch eine den ganzen Verstärker umfassende Gegenkopplung ersetzt ist. Die hohe Kreisverstärkung bei Spannungsfolgern bringt manchmal eine Schwingneigung, die man z. B. durch phasenverschiebende Glieder (4.1.2.4) an der Basis des zweiten Transistors unterdrücken kann.

Auch die Serie-Parallel-Gegenkopplung läßt sich an einer einzelnen Transistorstufe nicht durchführen, doch kann man die Basisschaltung als eine solche Gegenkopplung auffassen. Denn, wie wir in 4.1.1.4 berechneten, ist im Vergleich zur Emitterschaltung ihre Eingangsimpedanz erniedrigt, ihre Ausgangsimpedanz erhöht und die Stromverstärkung erniedrigt (und stabilisiert). Serie-Parallel-Gegenkopplung über zwei Transistorstufen ist in Abb. 4.1.65 dargestellt.

Die charakteristische Größe der Serie-Serie-Gegenkopplung von Abb. 4.1.66 ist der Spannung-Strom-Konversionsfaktor K_t (bzw. die Steilheit). Aus den Formeln [4.1.14 E] und [4.1.11 E] erhalten wir als Steilheit einer Emitterschaltung

$$K_t = G_i / Z_1 = \\ = 1 / [r_e + (R_L + r_e + r_c/\alpha_c)(r_b + r_e)/(\alpha_b r_c - r_e)] \qquad [4.1.94\ a]$$

bzw. mit $R_L \ll r_c/\alpha_c$, $r_e \ll r_c$, $r_b \ll r_c$

$$K_t \approx \alpha_e / (r_b + r_e \alpha_c). \qquad [4.1.94\ b]$$

Durch die Gegenkopplung wird daraus (mit zusätzlich $R_E \ll r_c$)

$$K_{tR} \approx \alpha_e / (r_b + \alpha_c r_e + \alpha_c R_E), \qquad [4.1.94\ c]$$

d. h. die Steilheit geht durch das Hinzufügen von R_E stark zurück, sie wird stabilisiert.

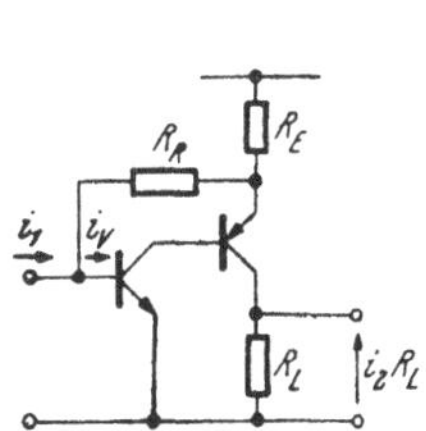

Abb. 4.1.65. Beispiel einer Serie-Parallel-Gegenkopplung über zwei Stufen

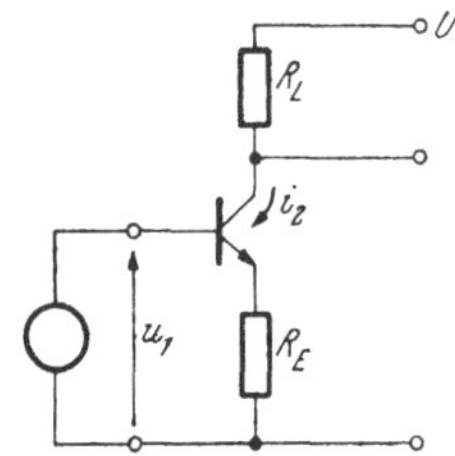

Abb. 4.1.66. Serie-Serie-Gegenkopplung an einer einzelnen Transistorstufe

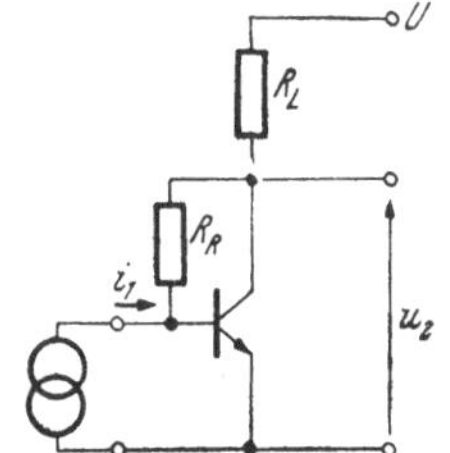

Abb. 4.1.67. Einstufige Parallel-Parallel-Gegenkopplung an einer einzelnen Transistorstufe

Auf die Stromverstärkung wirkt sich die Steilheitsänderung nicht aus, wohl aber auf die Spannungsverstärkung (unter Berücksichtigung von R_L)

$$G_{uR} \approx \alpha_b R_L / (r_e + R_E + r_b/\alpha_c). \qquad [4.1.95\ a]$$

Für starke Gegenkopplung ($R_E \gg r_e + r_b/\alpha_c$) gilt recht gut

$$G_{uR} \approx R_L/R_E, \quad [4.1.95\,b]$$

d. h. die Spannungsverstärkung ist vom aktiven Element weitgehend unabhängig.

Bei der Parallel-Parallel-Gegenkopplung (s. Abb. 4.1.67) wird der Strom-Spannung-Konversionsfaktor K_u (bzw. der Übertragungswiderstand) stabilisiert. Die Erniedrigung der Eingangs- und der Ausgangsimpedanz bei dieser Gegenkopplungsart ist für den Bau von Verstärkern mit höchsten Stabilitätsansprüchen von großer Bedeutung (s. 4.1.4.2).

4.1.4.2. Parallel-Parallel-Gegenkopplung über mehrere Stufen

Die Parallel-Parallel-Gegenkopplung ist für Verstärker mit hohen Stabilitätsansprüchen sehr beliebt. Denn die Stabilität, mit der in einer gegebenen Anordnung ein Signal an eine Lastimpedanz abgegeben wird, hängt nicht nur von der Stabilität der Verstärkung, sondern auch von der der Eingangs- bzw. Ausgangsimpedanz ab. Durch Parallel-Parallel-Gegenkopplung lassen sich die Eingangs- und die Ausgangsimpedanz sehr klein machen. Durch die Serienschaltung eines Widerstandes (mit hoher Stabilität) erhält man dann effektive Eingangs- bzw. Ausgangsimpedanzen, deren Stabilität sehr hoch ist, da sich nur die sehr kleine dynamische Impedanz ändert, was in bezug auf die gesamte wirksame Impedanz keine merkbare Rolle spielt.

Die „Stabilisation“ der Impedanzen durch Serieschaltung von ohmschen Widerständen wird mit einem Verlust an Leistungsverstärkung bezahlt, denn in diesen Widerständen wird Signalleistung verbraucht. Deshalb wird durch extrem kleine Werte von Z_1 und Z_2 die benötigte Größe der Serie-Widerstände klein gehalten, da dann auch der Verlust an Signalleistung für eine bestimmte Stabilitätsanforderung klein ist. Bei Verwendung von Halbleiterdetektoren mit ihrer hohen Auflösung ($A < 10^{-3}$) sind die Stabilitätsanforderungen besonders groß. Es muß mindestens eine Temperaturstabilität der Übertragungsgröße von $10^{-4}/°C$ gefordert werden. Da die Stromverstärkung α_e von Transistoren eine Temperaturabhängigkeit von etwa $10^{-2}/°C$ hat, muß durch eine große Kreisverstärkung eine Stabilisation der Übertragungsgröße vorgenommen werden.

Um die Bedingung: Z_1 sehr klein und Z_2 sehr klein von vornherein sicherzustellen, ist es günstig, als erste Stufe eine Basisschaltung und als letzte Stufe der Gegenkopplungsschleife eine Kollektorschaltung zu verwenden. Um eine genügend große Kreisverstärkung zu erhalten, verwendet man z. B. vier Transistoren entsprechend Abb. 4.1.68 *a*. Vorerst untersuchen wir eine idealisierte Schaltung, indem wir die Arbeitswiderstände der einzelnen Transistoren als sehr groß gegenüber der Eingangsimpedanz der nächsten Stufe annehmen und sie daher vernachlässigen.

Wenn wir die Schaltung beim Emitter von T_1 öffnen, erhalten wir als Geradeaus-Stromverstärkung

$$G_i = \alpha_{b1}\,\alpha_{e2}\,\frac{Z_{22}}{Z_{22} + Z_{13}}\,\alpha_{c3}\,\alpha_{c4}.$$

(Der zweite Index kennzeichnet den Transistor, zu dem die Größe gehört.) Der Faktor $Z_{22}/(Z_{22}+Z_{13})$ kommt daher, daß infolge des großen Wertes von $Z_{13}[Z_{13} \approx \alpha_{c3}\alpha_{c4} R_L R/(R_L + R)]$ für T_2 auf keinen Fall die Kurzschluß-

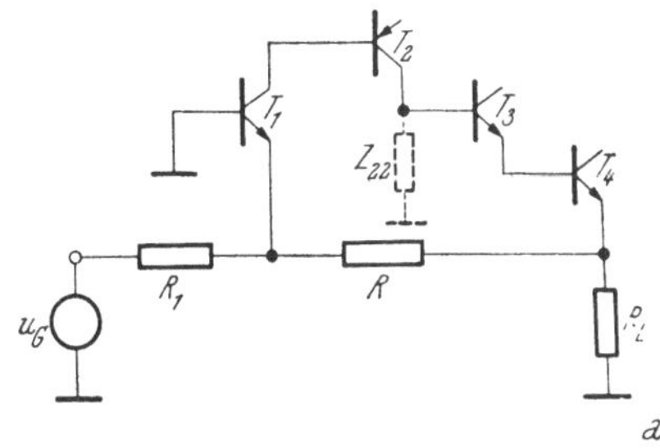

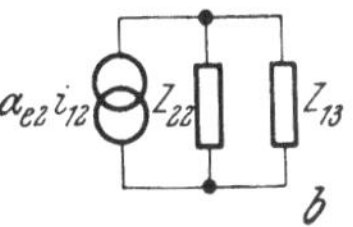

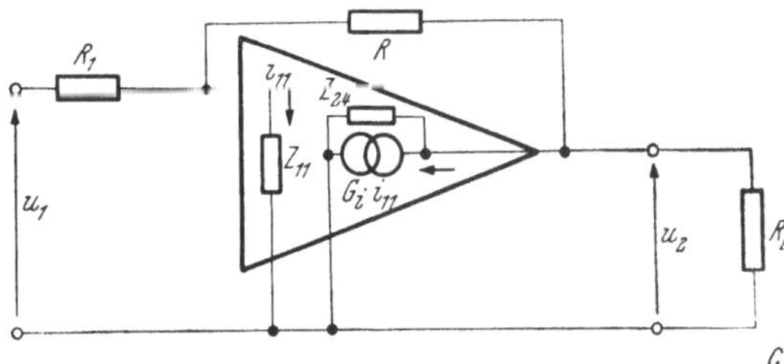

Abb. 4.1.68. Parallel-Parallel-Gegenkopplung über vier Transistorstufen
a) Gegenkopplungsschleife
b) Belastung von T_2
c) vereinfachte Ersatzschaltung

stromverstärkung α_{e2} gilt, sondern die Stromteilung zwischen der Ausgangsimpedanz Z_{22} und dem „Lastwiderstand" Z_{13} berücksichtigt werden muß (s. Abb. 4.1.68 *b*).

Für die Kreisverstärkung ist außerdem noch die Stromteilung zwischen R_L und R wesentlich:

$$G_K = \frac{R_L}{R + R_L} G_i. \qquad [4.1.96]$$

Die Beziehungen für die gegengekoppelte Anordnung erhalten wir aus der Ersatzschaltung in Abb. 4.1.68 *c*.

Die Spannungsverstärkung G_u ist gegeben durch

$$G_u = -\frac{R - Z_{11}/G_i}{R_1[G_K/(1+G_K)] + Z_{11}(R_1 + R + R_L)/R_L G_i} \approx -\frac{R}{R_1}. \qquad [4.1.97]$$

Die Eingangsimpedanz Z_{1R} ist die Summe von R_1 und der dynamischen Eingangsimpedanz am Emitter von T_1, also

$$Z_{1R} = R_1 + Z_{11}/[1 + G_K + Z_{11}/(R + R_L)] \approx R_1 + Z_{11}/G_K \approx R_1. \qquad [4.1.98]$$

Die Ausgangsimpedanz Z_{2R} ist durch die Parallelschaltung von Z_{24} mit der dynamischen Impedanz von R gegeben. Da Z_{24} viel größer ist, kann es vernachlässigt werden und wir erhalten

$$Z_{2R} = \frac{R}{1 + R_1 \dfrac{G_i - Z_{11}/R}{R_1 + (R_1 + R)Z_{11}/R}} \approx \frac{R[R_1 + (R_1 + R)Z_{11}/R]}{G_i R_1}. \qquad [4.1.99]$$

Durch Differentiation der Gl. [4.1.97] nach G_i und Z_{11} erhalten wir die Abhängigkeit der Spannungsverstärkung G_u von diesen Größen:

$$\frac{\Delta G_u}{G_u} = \frac{\Delta G_i}{G_i}[1 + Z_{11}(1/R_1 + 1/R)]/G_K - \frac{\Delta Z_{11}}{Z_{11}}(1/R_1 + 1/R)Z_{11}/G_K =$$

$$= \frac{1}{G_K}\left[\frac{\Delta G_i}{G_i} + Z_{11}(1/R_1 + 1/R)\left(\frac{\Delta G_i}{G_i} - \frac{\Delta Z_{11}}{Z_{11}}\right)\right].$$

In der eckigen Klammer überwiegt der erste Ausdruck, da $Z_{11} < R_1$ und $Z_{11} < R$ praktisch immer gültig ist. Außerdem ist die relative Änderung von Z_{11} mit der Temperatur ($Z_{11} \approx r_{e1} + r_{b1}/\alpha_{c1}$) mit etwa $3 \cdot 10^{-3}$/°C um etwa eine Größenordnung kleiner als die von G_i, da sich diese aus der Änderung von α_{e2}, α_{c3} und α_{c4} von je 10^{-2}/°C auf etwa $3 \cdot 10^{-2}$/°C aufsummiert. (Die Shuntwirkung von Z_{22} für α_{e2} bringt eine zusätzliche Temperaturabhängigkeit infolge ΔZ_{22}.)

Für eine gute Temperaturstabilität ist vorteilhaft:

a) eine hohe Eingangsimpedanz Z_{13}, hervorgerufen durch große α_{c3} und α_{c4}, da durch die Verkleinerung des Einflusses von α_{e2} die Temperaturabhängigkeit von Z_{22} überkompensiert wird;

b) ein hoher Arbeitswiderstand R_2 der ersten Stufe, weil dadurch eine Stromansteuerung von T_2 erfolgt und sich Änderungen von Z_{12} weniger auswirken;

c) $R_{L\,\mathrm{eff}} = R_L R/(R_L + R)$ nicht zu klein, damit die Temperaturabhängigkeit von Z_{24} keine Rolle spielt.

Nun wollen wir untersuchen, wodurch die Kreisverstärkung G_K in diesem Kreis beschränkt ist. Nach wie vor nehmen wir an, daß jeweils der Arbeitswiderstand sehr viel größer als die Eingangsimpedanz der nächsten Stufe ist. Diese Bedingung verlangt wegen der Größe von Z_{13} (und Z_{14}) eine dynamische Erhöhung der entsprechenden Arbeitswiderstände durch eine Mitführschaltung (Abb. 4.1.69). Somit erhalten wir mit

$$Z_{13} = G_{i3} \cdot G_{i4} \cdot R_L R/(R + R_L) \qquad [4.1.100]$$

$$G_i = \frac{G_{i1} \cdot R_2}{R_2 + Z_{12}} \cdot \frac{G_{i2} \cdot Z_{22}}{Z_{22} + Z_{13}} \cdot G_{i3} \cdot G_{i4} =$$

$$= \frac{G_{i1} \cdot R_2}{R_2 + Z_{12}} \cdot \frac{G_{i2} \cdot Z_{22}}{1 + Z_{22}/Z_{13}} \cdot \frac{R + R_L}{R \cdot R_L} \qquad [4.1.101]$$

und nach [4.1.96]

$$G_K = \frac{G_{i1} \cdot R_2}{R_2 + Z_{12}} \cdot \frac{G_{i2} Z_{22}}{1 + Z_{22}/Z_{13}} \cdot \frac{1}{R}. \qquad [4.1.102\ a]$$

Wie man sieht, bestimmt in beiden Fällen das Verhältnis Z_{22}/Z_{13} die Verstärkung entscheidend mit. Mit $Z_{13} \gg Z_{22}$ erhält man die maximale Kreisverstärkung dieser Anordnung zu

$$G_{K(\max)} = G_{i1} \frac{R_2}{R_2 + Z_{12}} \cdot G_{i2} \frac{Z_{22}}{R}. \qquad [4.1.102\ b]$$

(In allen diesen Formeln wurde die Ausgangsimpedanz des letzten Emitterfolgers T_4 gegenüber dem effektiven Lastwiderstand $R_{L\,\mathrm{eff}} = R_L R/(R + R_L)$ vernachlässigt.)

Wegen $G_{i1} \approx 1$ ist die entscheidende Größe für die Kreisverstärkung (bei $R_2 \gg Z_{12}$) das Produkt $G_{i2}Z_{22}$; dies entspricht gerade der Ausgangsimpedanz von T_2 in Basisschaltung. (Der Einfluß von R ist selbstverständlich.)

Diese Überlegungen gelten auch für die endgültige Schaltung nach Abb. 4.1.69, wenn in der Stromverstärkung aller Stufen die Stromaufteilung mit den Arbeitswiderständen berücksichtigt wird.

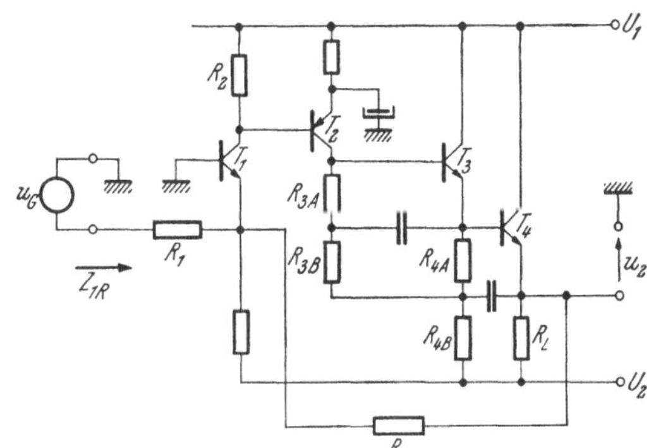

Abb. 4.1.69. Parallel-Parallel-Gegenkopplung über vier Transistorstufen mit allen Schaltkomponenten (nach Hatch)

In dieser Schaltung werden die Arbeitswiderstände von T_2 und T_3 aufgeteilt und über eine lokale Parallel-Parallel-Mitkopplung durch T_4 und T_3 dynamisch so erhöht, daß die Eingangsimpedanzen der folgenden Stufen praktisch den gesamten Strom aufnehmen. Ohne diese lokalen Mitführschaltungen müßte bei $R_{L\,\mathrm{eff}} \approx 10^2\,\Omega$ und $\alpha_e \approx 100$ der Arbeitswiderstand von T_3 sehr viel größer als $10^4\,\Omega$ sein, und der von T_2 sehr viel größer als $10^6\,\Omega$. Letzte Forderung ist aber bei vernünftigen Betriebsspannungen unvereinbar mit einer vernünftigen Arbeitspunkteinstellung ($i_C \approx 10^{-3}$ A), es sei denn, man verwendet die dynamische Widerstandserhöhung.

Die mehrfache Spannungsmitführung nach Abb. 4.1.69 ist z. T. frequenzabhängig durchgeführt. Dies spielt für die Stabilität der Verstärkung jedoch keine Rolle, da einerseits bei Impulsverstärkern die niederen Frequenzen ohnehin sehr oft durch Differenzieren eliminiert werden, zum anderen aber die Stromverstärkung und somit die Kreisverstärkung bei niederen Frequenzen ihren maximalen Wert annimmt.

Durch die Spannungsmitführung wird die Forderung nach hohen Widerstandswerten überflüssig, denn jetzt braucht nur die parallel zur Basis-Emitter-Strecke von T_3 und T_4 liegende Impedanz sehr viel größer zu sein, als die Impedanz der Basis-Emitter-Strecke, also als die Eingangsimpedanz einer Emitterstufe. Diese liegt typischerweise bei $10^3\ \Omega$, so daß Widerstandswerte $R_{3A} > 10\ \mathrm{k}\Omega$ und $R_{3B} \| R_{4A} > 10\ \mathrm{k}\Omega$ ausreichen.

Bevor wir uns dem Frequenzverhalten dieser Anordnung zuwenden, wollen wir uns an Hand typischer Zahlenwerte eine Vorstellung von den Eigenschaften eines solchen Gegenkopplungskreises machen.

Wir nehmen an, alle Transistoren haben folgende gleiche Eigenschaften:

$$\alpha_e = 100,$$
$$r_e = 25\ \Omega,$$
$$r_c / \alpha_c = 200\ \mathrm{k}\Omega,$$
$$\frac{\Delta \alpha_e}{\alpha_e} = 10^{-2}/{}^\circ\mathrm{C}.$$

Weiters sei

$$R_L = 100\ \Omega,$$
$$R = 4{,}7\ \mathrm{k}\Omega,$$
$$R_1 = 1\ \mathrm{k}\Omega.$$

Dann erhalten wir näherungsweise

$$G_i = 170\,000,$$
$$G_K \approx 3\,500,$$
$$Z_{1R} - R_1 = 0{,}007\ \Omega \quad \text{(virtuelle Erde)},$$
$$Z_{2R} = 0{,}028\ \Omega,$$
$$G_u \approx 4{,}7,$$
$$\frac{\Delta G_u}{G_u} = 9 \cdot 10^{-6}/{}^\circ\mathrm{C}.$$

Aus diesen Zahlen erkennen wir folgendes:

1. Die dynamische Eingangsimpedanz ist so klein, daß sie und ihre Änderungen gegenüber R_1 keine Rolle spielen.
2. Die Ausgangsimpedanz ist so klein, daß Impedanzen von der Größenordnung $10^2\ \Omega$ praktisch spannungsgesteuert werden.
3. Der Temperaturkoeffizient der Spannungsverstärkung G_u ist so klein, daß der des passiven Gegenkopplungsnetzwerkes nicht mehr vernachlässigt werden kann, sondern vielmehr bestimmend wird.

Diese hervorragenden Eigenschaften gelten, wie wir schon dargelegt haben, nur für Frequenzen, bei denen die Kreisverstärkung noch nicht zu stark abgesunken ist.

Die frequenzbestimmende Stufe ist die zweite, die Emitterstufe. Ihre Grenzfrequenz ist um mehr als eine Größenordnung kleiner als die der übrigen Stufe und wird durch die infolge des Miller-Effektes um α_{e2} vergrößerte statische Ausgangskapazität C_2 der Emitterstufe T_2 bestimmt. Der Umstand, daß die Frequenzabhängigkeit der Kreisverstärkung praktisch durch diese dominierende Zeitkonstante festgelegt ist, erleichtert die Vermeidung einer dynamischen Instabilität des Verstärkers. Die charakteristische Zeitkonstante ohne Gegenkopplung läßt sich durch

$$\tau_2 = \alpha_{e2} C_2 Z_{22} / (1 + Z_{22} / Z_{13}) \qquad [4.1.103]$$

darstellen. Nach unseren Überlegungen von 4.1.2.5 erhält man die charakteristische Zeitkonstante τ mit Gegenkopplung angenähert durch

$$\tau \approx \tau_2 / G_K. \qquad [4.1.104\,a]$$

Aus [4.1.103] und [4.1.102 a] erhält man somit (mit $G_{i1} \approx 1$ und $R_2 \gg Z_{12}$)

$$\tau \approx C_2 R. \qquad [4.1.104\,b]$$

Aus dieser Formel läßt sich erkennen, daß eine Kapazität zwischen Basis und Kollektor von T_2 die gleiche Wirkung hat wie eine, die parallel zum Gegenkopplungswiderstand R liegt. Deshalb vergrößert man dann, wenn die dynamische Stabilität nicht ausreicht (τ_2 also zu klein ist), C_2 durch eine parallelgeschaltete Kapazität und beeinflußt so direkt auch die Grenzfrequenz des gegengekoppelten Verstärkers.

Die Spannungsverstärkung der besprochenen Parallel-Parallel-Gegenkopplung ist negativ, d. h. der Verstärker invertiert. Durch Erdung des bisherigen Einganges und Benützung der Basis von T_1 als Eingang erhält man einen nichtinvertierenden Verstärker mit einer Spannungsverstärkung

$$G_{uR} = (R + R_1) / R_1. \qquad [4.1.105]$$

Während die Betrachtungen über die Kreisverstärkung und ihre stabilisierende Wirkung auch auf diese Schaltung (bei Spannungsansteuerung) direkt angewendet werden können, ist zu beachten, daß es sich um eine Parallel-Serie-Gegenkopplung mit großer dynamischer Eingangsimpedanz handelt, also um einen „echten" Spannungsverstärker.

4.1.5. Störsignale in elektronischen Systemen

Die Signalgröße in einem Verstärker ist nicht nur nach oben begrenzt, sondern auch nach unten. Während sich die Übersteuerung aus der Nichtlinearität des Verstärkers ergibt (s. auch 4.1.1.1), ist die untere Aussteuergrenze vom Störpegel abhängig, der sich dem Signal überlagert und der deshalb nicht zu groß in bezug auf das Signal sein darf. Der Störpegel ist auf verschiedenste Ursachen zurückzuführen, doch lassen sich zwei Gruppen von Störungen unterscheiden: die vermeidbaren Störungen und die unvermeidbaren Störungen.

4.1.5.1. Vermeidbare Störungen

Störungen dieser Art lassen sich durch Methoden, wie wir sie zum Teil schon besprochen haben (s. 2.3.1.1), prinzipiell beliebig klein machen. Je nach dem Entstehungsort kann man Fremdstörungen und Eigenstörungen unterscheiden.

Bei den Fremdstörungen handelt es sich um elektromagnetische Einstreuungen verschiedenster Störsignale. Am häufigsten sind Einstreuungen von Radiowellen, von Funken (Elektromotoren, Schalter, Autos usw.) und vom Wechselstromnetz. Durch (mehrfache) Abschirmung lassen sich diese Störungen beliebig klein machen (s. 2.3.1.1). Probleme ergeben sich jedoch trotz der Abschirmung dann, wenn mehrere (abgeschirmte) Geräte miteinander verbunden werden. Dann ist die verlangte einfache Erdung nicht immer durchführbar, weshalb entweder die ganze Anordnung (mit einem Faraday-Käfig) abgeschirmt werden muß oder aber experimentell durch Erdung verschiedener Punkte der Abschirmung ein Minimum an Störungen erreicht werden muß.

Die Eigenstörungen ergeben sich aus der Schaltung selbst. Da ist zunächst der Netzbrumm, der der Betriebsspannung überlagert ist, falls die Siebung bzw. Stabilisierung zu gering ist. (Bei einem 50-Hz-Netz beträgt die Frequenz seiner Grundkomponente bei Einphasen-Zweiweg-Gleichrichtung 100 Hz). Zusätzlich kommen über das Lichtnetz auch höherfrequente Störungen nichtentstörter Elektromotoren, Thyristoren u. dgl. Dagegen helfen einerseits Tiefpaßfilter, die als Siebglieder in der Spannungsversorgung enthalten sind, oder aber eine Versorgung über Batterien.

Eine weitere Quelle für Eigenstörungen ist die sogenannte Mikrophonie. Genauso wie am Kondensatormikrophon durch die Erschütterungen der Membrane im Sprechrhythmus eine Wechselspannung entsteht, bewirken Kapazitätsänderungen infolge von Erschütterungen, Vibrationen u. ä. Störspannungen, die sich dem momentanen Spannungswert überlagern. Während Mikrophonie in Halbleiterelementen (im Gegensatz zu Röhren) nicht auftritt, wird bei Änderung der Lage der Bauteile zueinander infolge mechanischer Einwirkungen die Streukapazität geändert und somit eine Störspannung hervorgerufen. Dieser Effekt macht sich vor allem am Eingang hochempfindlicher Vorverstärker bemerkbar, bei denen deshalb auch auf die mechanische Anordnung (bzw. Vermeidung von Erschütterungen) besonders geachtet werden muß.

Fehlerhafte Schaltungskomponenten sowie mangelhafte („kalte") Lötstellen sind ein weiterer Grund für Störsignale (und Störungen).

Schließlich sind noch Störsignale, die auf Grund von Spannungsüberschlägen sowie Koronaentladung in Hochspannungsgeräten entstehen, zu erwähnen.

Neben dem Netzbrumm kommt der Verkopplung verschiedener Teile einer Schaltung, die vom gleichen Netzgerät versorgt werden bzw. die die gleiche Erdung benützen, große Bedeutung zu.

Wegen der endlichen Impedanz einer Spannungsversorgung, zu der noch die Induktivität und der Widerstand der Zuleitungsdrähte hinzukommt, wirkt die Stromentnahme durch einen Teil der Schaltung auf einen anderen Teil als Betriebsspannungsänderung, die sich ihrerseits auf das Ausgangssignal auswirken kann. Handelt es sich dabei um zwei Stufen eines Verstärkers, so wirkt die Betriebsspannungsänderung entweder gleichsinnig oder gegensinnig auf das Ausgangssignal und bewirkt also eine Mit- oder Gegenkopplung, allenfalls sogar eine dynamische Instabilität des Verstärkers. Verarbeiten die gemeinsam versorgten Teile eines Gerätes nicht dasselbe Signal, so kommt es zu einer bloßen Überlagerung des Störsignals mit dem gewünschten Signal. Dagegen hilft man sich durch Entkopplung: Bevor die Betriebsspannung einer empfindlichen Stufe zugeführt wird, wird sie über einen Tiefpaß geleitet, der in vielen Fällen aus einem

RC-Glied besteht oder aber aus einem *LC*-Glied. Dadurch werden Schwankungen der Spannungsversorgung abgeschwächt.

Gegen die Verkopplung über die Erdleitung gibt es eine Abhilfe: direkte (getrennte) Verbindung jeder einzelnen Masseleitung mit dem (möglichst idealen) Erdungspunkt. Denn infolge der Induktivität und des (wegen des Skineffektes erhöhten) Widerstandes der Erdleitung ist die Spannung, die bei wenigen mA hochfrequenten Stromes an einigen Zentimetern einer Leitung abfällt, oft nicht mehr vernachlässigbar, so daß das Massepotential zweier Schaltungen, die in dieser Entfernung voneinander „geerdet“ sind, nicht übereinstimmt, dem Signal (gegen die eigene Masse) also noch das Störsignal zwischen den beiden Massepotentialen überlagert wird.

4.1.5.2. Unvermeidbare Störeinflüsse (Rauschen)

Während die vermeidbaren Störungen durch entsprechenden Aufwand im Bedarfsfall beliebig klein gemacht werden können, ist dies bei den unvermeidbaren Störungen nicht der Fall. Diese haben ihren Ursprung in der quantenhaften Natur der Elektrizität und dem atomaren Aufbau ihrer Leiter und sind als Rauschen bekannt, denn infolge ihres statistischen Auftretens bewirken sie im Hörbereich das wohlbekannte Rauschen im Lautsprecher. Die wichtigsten Beiträge zum Rauschen werden durch folgende Effekte geliefert:

a) Das thermische Rauschen

Die im Leitungsband eines Festkörpers befindlichen Elektronen bewegen sich auf Grund ihrer thermischen Energie und der Wechselwirkung mit den Gitteratomen statistisch im Festkörper. Wird also ein Widerstand R über einen Drahtbügel kurzgeschlossen, so fließt über diesen Drahtbügel infolge der statistischen Bewegung der Leitungselektronen ein Rauschstrom i_R. Sein Mittelwert verschwindet

$$\overline{i_R} = \lim_{\tau \to \infty} \frac{1}{\tau} \int\limits_{t_1}^{t_1+\tau} i_R(t)\,\mathrm{d}t = 0, \qquad [4.1.106]$$

sein quadratischer Mittelwert jedoch nicht

$$\overline{i_R^2} = \lim_{\tau \to \infty} \frac{1}{\tau} \int\limits_{t_1}^{t_1+\tau} i_R^2(t)\,\mathrm{d}t \begin{array}{l} = \text{const} \\ = \text{unabhängig von } t_1. \end{array} \qquad [4.1.107]$$

Die Fourier-Zerlegung des thermischen Rauschens ist bis über 10^{10} Hz weiß, d. h. das Rauschen überdeckt das gesamte, durch herkömmliche Elektronik erfaßte Frequenzband gleichförmig.

Die charakteristische Rauschgröße eines Widerstandes R ist seine mittlere Rauschleistung N_R, d. h. jene elektrische Leistung, die in einem Verbraucher R_L infolge der Rauschwirkung von R umgesetzt wird. Bei Leistungsanpassung ($R_L = R$) erhält man die maximale Rauschleistung, die man aus der thermodynamisch ableitbaren Rauschleistungsdichte (mit $k = 1{,}38 \cdot 10^{-23}$ Ws/°K, Boltzmannkonstante)

$$\frac{\mathrm{d}\overline{N_R}}{\mathrm{d}f} = kT$$

zu

$$\overline{N_R} = \int_0^B kT\,\mathrm{d}f = kTB \qquad [4.1.108]$$

erhält, wobei B die Bandbreite des untersuchten bzw. zur Auswirkung kommenden Frequenzbandes darstellt. Die maximale Rauschleistung ist, wie man sieht, von R unabhängig! Das Verhalten entsprechend [4.1.108] läßt sich durch jedes der beiden Modelle von Abb. 4.1.70 darstellen.

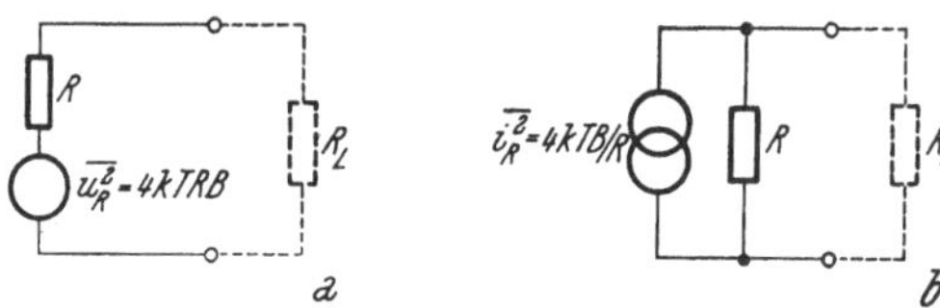

Abb. 4.1.70. Ersatzschaltung für das thermische Rauschen
a) mit einem Spannungsgenerator
b) mit einem Stromgenerator

Im Leerlauf tritt an den beiden Enden des Widerstandes eine mittlere quadratische Rauschspannung $\overline{u_R^2}$ von

$$\overline{u_R^2} = 4kTBR \qquad [4.1.109\ a]$$

auf, bei Kurzschluß ist der mittlere quadratische Rauschstrom $\overline{i_R^2}$ gleich

$$\overline{i_R^2} = 4kTB/R. \qquad [4.1.110]$$

Bei Zimmertemperatur (290° K) ist $kT \approx 4 \cdot 10^{-21}$ Ws, so daß man erhält

$$\frac{\sqrt{\overline{u_R^2}}}{\mu V} = 0{,}13\sqrt{\frac{R}{\mathrm{k\Omega}}\,\frac{B}{\mathrm{kHz}}}. \qquad [4.1.109\ b]$$

Mit $R = 10\ \mathrm{k\Omega}$ und $B = 10\ \mathrm{kHz}$ wird die effektive thermische Rauschspannung 1,3 μV, sie ist also keineswegs in allen Fällen vernachlässigbar.

Die reinen Reaktanzen C und L sind rauschfrei, weshalb bei komplexen Widerständen nur der Realteil einen Rauschbeitrag liefert. Reaktanzen bewirken, daß das Rauschen frequenzabhängig wird, weshalb statt [4.1.109 a] erhalten wird:

$$\overline{u_R^2} = 4kT\int_{f_1}^{f_2} R(f)\,\mathrm{d}f. \qquad [4.1.109\ c]$$

Dieses Verhalten wollen wir an Hand eines Beispiels entsprechend Abb. 4.1.71 genauer untersuchen:

Parallel zu R sei eine Reaktanz X geschaltet (s. Abb. 4.1.71 *a*). Diese Anordnung läßt sich durch Umzeichnen (s. Abb. 4.1.71 *b*) in eine Rausch-

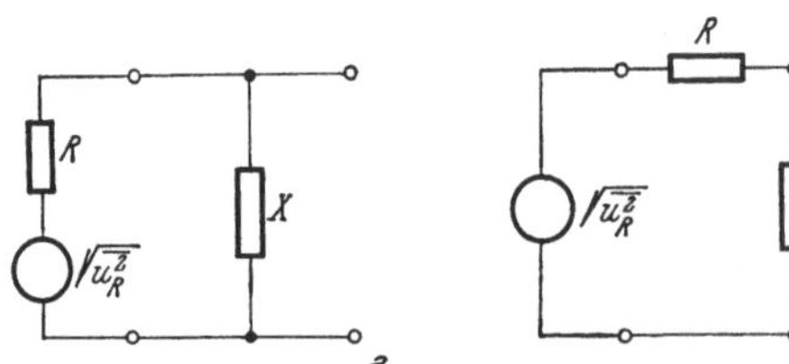

Abb. 4.1.71. Zum Rauschverhalten komplexer Impedanzen (s. Text)

spannungsquelle und einen aus R und X aufgebauten Vierpol aufspalten. Die Übertragungsfunktion dieses Vierpols lautet

$$G(p) = X/(R+X) = 1/(1+R/X). \qquad [4.1.111]$$

Das von R hervorgerufene Rauschen wird also durch die Filterwirkung des von R und X gebildeten Filters frequenzabhängig attenuiert. Häufig ist X eine Kapazität C. Dann wird

$$\overline{u_{R2}{}^2} = 4kTR \int_0^\infty |G(j\omega)|^2 \mathrm{d}f = 4kTR \int_0^\infty \frac{\mathrm{d}f}{1+(2\pi f RC)^2};$$

mit $2\pi f RC = x$ wird daraus

$$\overline{u_{R2}{}^2} = \frac{4kTR}{2\pi RC} \int_0^\infty \frac{\mathrm{d}x}{1+x^2} = \frac{4kTR}{2\pi RC} \cdot \frac{\pi}{2} = kT/C. \qquad [4.1.109\,\mathrm{d}]$$

Der Umstand, daß die Rauschspannung von R unabhängig ist, ist auf den ersten Blick überraschend. Aber da die Bandbreite des Tiefpasses umgekehrt proportional zu R ist, hebt sich in Gl. [4.1.109 d] die Abhängigkeit von R heraus. Eine Abhängigkeit vom Widerstand ist nur über dessen Temperatur T gegeben.

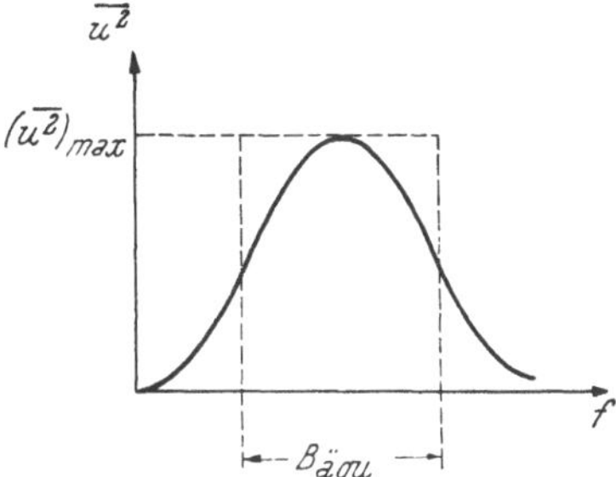

Abb. 4.1.72. Definition der äquivalenten Rauschbandbreite

Die äquivalente Rauschbandbreite $B_{\text{äqu}}$ einer Schaltung ist jene Bandbreite von weißem Rauschen, die die gleiche Rauschleistung liefert wie die in Frage stehende Schaltung (s. Abb. 4.1.72). Wird z. B. die Rauschleistung eines Widerstandes durch ein Filter mit dem Amplitudenterm $g(\omega)$ verringert, so muß entsprechend der Gleichung

$$\overline{u_R^2}/4kTR = \int_0^\infty g^2(\omega)\,\mathrm{d}f = g_{\max}^2 \cdot \mathrm{B}_{\text{äqu}}$$

ein zu $\int_0^\infty g^2(\omega)\,\mathrm{d}f$ flächengleiches Rechteck der Höhe $g_{\max}^2$ aufgefunden werden, dessen Länge dann $B_{\text{äqu}}$ ist.

Eine wichtige Eigenschaft des thermischen Rauschens ist der Umstand, daß das Rauschen zweier Widerstände nicht korreliert ist, d. h. daß ihre Gesamtrauschleistung die Summe der Einzelrauschleistungen ist. Dann gilt

$$\overline{(i_{1R}+i_{2R})^2} = \overline{i_{1R}^2 + 2i_{1R}i_{2R} + i_{2R}^2} = \overline{i_{1R}^2} + \overline{i_{2R}^2}. \qquad [4.1.112]$$

Schwanken die Größen i_{1R} und i_{2R} jede um den Mittelwert Null ohne gegenseitige Abhängigkeit der Amplitude und der Phase, also „unkorreliert", so verschwindet der zeitliche Mittelwert des Produktes dieser beiden Größen. Deshalb ist die Gesamtrauschleistung zweier Widerstände gleich der Summe der Einzelrauschleistungen.

An Hand von zwei einfachen Beispielen wollen wir nun den Begriff der Korrelation erläutern:

a) Gegeben seien zwei Wechselströme i_1 und i_2 beliebiger Frequenz ($\omega_1 \neq \omega_2$) und Amplitude. Es soll festgestellt werden, ob zwischen diesen beiden Strömen eine Korrelation besteht, oder ob sie unkorreliert sind.

Der Summenstrom i ist gegeben durch

$$i = i_1 + i_2 = I_1 \sin\omega_1 t + I_2 \sin\omega_2 t,$$

also
$$i^2 = I_1^2 \sin^2\omega_1 t + I_2^2 \sin^2\omega_2 t + 2 I_1 I_2 \sin\omega_1 t \sin\omega_2 t =$$
$$= I_1^2\left(\frac{1}{2} - \frac{1}{2}\cos 2\omega_1 t\right) + I_2^2\left(\frac{1}{2} - \frac{1}{2}\cos 2\omega_2 t\right) +$$
$$+ I_1 I_2[\cos(\omega_1 - \omega_2)t - \cos(\omega_1 + \omega_2)t].$$

Durch Mittelung erhält man wegen $\overline{\cos x} = 0$ und $\overline{\sin^2 x} = 1/2$

$$\overline{i^2} = \frac{1}{2} I_1^2 + \frac{1}{2} I_2^2 = \overline{i_1^2} + \overline{i_2^2}.$$

Der quadratische Mittelwert der Summe zweier sinusförmiger Ströme verschiedener Frequenzen ist also gleich der Summe der quadratischen Mittelwerte der einzelnen Komponenten. Die Gesamtverlustleistung ist somit die Summe der einzelnen Verlustleistungen; es liegt keine Korrelation vor.

b) Gegeben seien zwei Wechselströme gleicher Frequenz ω, aber mit einer Phasenverschiebung φ. Es gilt also

$$i = i_1 + i_2 = I_1 \sin\omega t + I_2 \sin(\omega t + \varphi)$$

und

$$i^2 = I_1^2\left(\frac{1}{2} - \frac{1}{2}\cos 2\omega t\right) + I_2^2\left[\frac{1}{2} - \frac{1}{2}\cos 2(\omega t + \varphi)\right] +$$
$$+ 2 I_1 I_2\left[\cos\varphi\left(\frac{1}{2} - \frac{1}{2}\cos 2\omega t\right) + \sin\varphi\left(\frac{1}{2}\sin 2\omega t\right)\right].$$

Daraus erhält man den Mittelwert

$$\overline{i^2} = I_1^2/2 + I_2^2/2 + I_1 I_2 \cos\varphi = \overline{i_1^2} + \overline{i_2^2} + 2\sqrt{\overline{i_1^2}\,\overline{i_2^2}}\cos\varphi =$$
$$= \overline{i_1^2} + \overline{i_2^2} + 2\overline{i_1 i_2}.$$

Ist der Korrelationsfaktor $K = \cos\varphi = \overline{i_1 i_2} \Big/ \sqrt{\overline{i_1^2}\,\overline{i_2^2}} \neq 0$, so liegt eine Korrelation vor und es gilt nicht mehr, daß sich die quadratischen Mittelwerte von Strömen zum quadratischen Mittelwert des Gesamtstromes addieren lassen.

Unter Verwendung der Fourierzerlegung lassen sich obige einfache Überlegungen auch auf das Rauschen übertragen.

Während das thermische Rauschen von einem Feld, das eine Vorzugsrichtung in der Bewegung der Ladungsträger schafft, nicht abhängt, handelt es sich bei den anderen Rauscharten um Stromrauschen, d. h. Rauschen, das nur im Zusammenhang mit einem Ladungsträgerfluß auftritt.

b) Das Schrotrauschen

Fließt in einem System ein kontinuierlicher Strom von einer Elektrode zur anderen, so unterliegt die Zahl der fließenden Ladungsträger statistischen Schwankungen. Der Strom $i(t)$ läßt sich dann durch seinen zeitlichen Mittelwert $\overline{i(t)}$ und einen Stromschwankungsterm $i_R(t)$ wie folgt ausdrücken:

$$i(t) = \frac{1}{\tau}\int_0^\tau i(t)\,dt + i_R(t) = \overline{i(t)} + i_R(t). \qquad [4.1.113]$$

Ist die Bewegung der Ladungsträger voneinander unabhängig — was nicht ausschließt, daß sich ihrer ungeordneten Bewegung eine einheitliche Bewegungskomponente überlagert, die zu $\overline{i(t)}$ führt, sondern nur bedeutet, daß Stromschwankungen einander nicht beeinflussen — so gilt

$$\frac{\mathrm{d}\,\overline{i_R^2}}{\mathrm{d}f} = 2q_e\overline{i(t)} \quad \text{bzw.} \quad \overline{i_R{}^2} = 2q_e\overline{i(t)}\,B. \qquad [4.1.114]$$

Dieses Rauschen heißt Schrotrauschen und sein Frequenzspektrum ist genauso wie das des thermischen Rauschens weiß. Der Name kommt von den Vakuumröhren, bei denen die Elektronen, die in ihrer Gesamtheit den Anodenstrom ausmachen, statistisch auf die Anode treffen. Beeinflussen sich die Stromschwankungen gegenseitig (in Vakuumröhren geschieht dies z. B. durch eine Raumladung), besteht also eine Korrelation zwischen den einzelnen Ladungsträgern, so ist die Schwankung der Ladungsträgerzahl kleiner, was durch einen Korrelationsfaktor $K < 1$ beschrieben wird.

$$\frac{\mathrm{d}\,\overline{i_R{}^2}}{\mathrm{d}f} = 2Kq_e\overline{i(t)}. \qquad [4.1.115]$$

Infolge des gleichartigen Frequenzspektrums läßt sich das Schrotrauschen formal auf ein Widerstandsrauschen zurückführen, was durch die Einführung des Äquivalentwiderstandes $R_ä$ erfolgt:

$$R_ä = 2kT/q_e\bar{i}. \qquad [4.1.116]$$

Der Äquivalentwiderstand ist ein Widerstand auf Zimmertemperatur (290° K) von derjenigen Größe, daß sein thermisches Rauschen gleich dem Schrotrauschen des Elementes ist. Er wird auf den Eingang des Elementes bezogen, weshalb in [4.1.116] noch die Verstärkung berücksichtigt werden muß (s. Abb. 4.1.73).

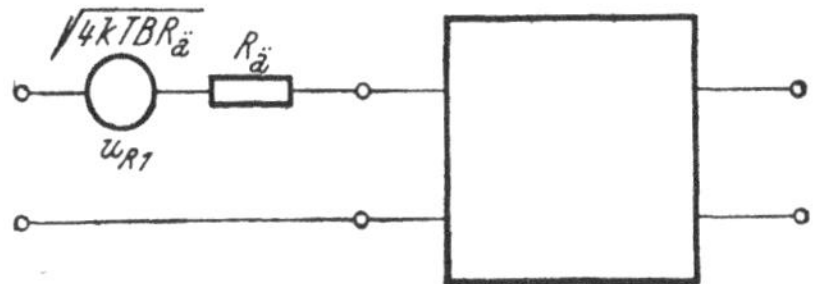

Abb. 4.1.73. Beschreibung des Schrotrauschens eines Vierpols durch einen Äquivalentwiderstand $R_ä$ am Eingang

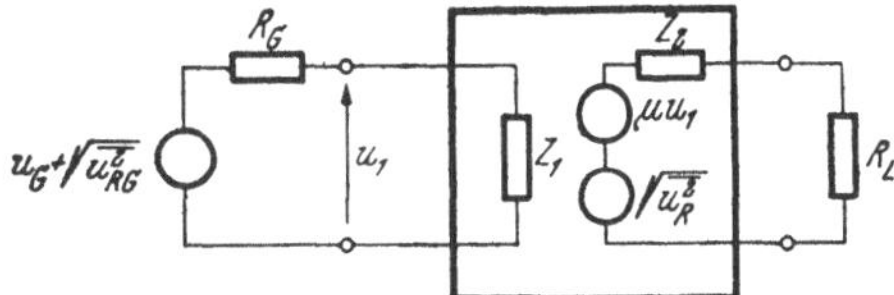

Abb. 4.1.74. Rauschen eines Spannungsverstärkers

Zusätzlich führt jeder Prozeß, der die Bewegung der Ladungsträger unterbricht, zu einer Stromschwankung, die sich als Rauschen auswirkt, wie z. B. das Paarbildungs-Rekombinations-Rauschen in Halbleitern. Da sich die Paarbildung mit der Rekombination nur in einem statistischen Gleichgewicht befindet, ist die Rekombination an einer Stelle nicht mit einer gleichzeitigen Paarbildung an einer anderen Stelle verknüpft. Die Bewegung des freien Ladungsträgers findet also an der Rekombinationsstelle ein Ende, der Strom durch das Element wird kleiner. Bei Paarbildung wiederum nimmt die Anzahl der freien Ladungsträger spontan zu, der Strom durch das Element nimmt also zu. Auch das zeitweise Haftenbleiben von Ladungsträgern an Fehlstellen eines Halbleiters zeigt die gleiche Auswirkung auf das Rauschen. Die Gesetzmäßigkeit für dieses Rauschen ist gleich wie für das Schrotrauschen [4.1.115]. Der Unterschied besteht nur darin, daß die Reichweite der Ladungsträger kleiner als der Elektrodenabstand ist und daß zwischen der Rekombination und Paarerzeugung eine Korrelation besteht.

Ein weiterer Effekt, den wir hier aufzählen müssen, ist das Stromverteilungsrauschen. Wird der mit Schrotrauschen erzeugte Strom über zwei verschiedene Elektroden abgeleitet, so erfolgt die Aufteilung zwischen den beiden Elektroden statistisch, wodurch das Rauschen zunimmt. Das Stromverteilungsrauschen ist ein Grund dafür, daß Pentoden stärker rauschen als Trioden, weil bei ihnen ein Teil des Kathodenstroms über das Schirmgitter fließt.

c) Das $1/f$*-Rauschen*

Das Rauschen vieler Elemente zeigt im Niederfrequenzbereich eine Abhängigkeit von $1/f$

$$\overline{u_R^2} \sim B/f. \qquad [4.1.117]$$

Dieses Rauschen stammt von den verschiedensten Effekten, die noch nicht alle endgültig geklärt sind. Bei Vakuumröhren kommt es auf Grund der Kathodenbeschaffenheit zum sogenannten Funkeleffekt. Bei Massewiderständen wird das $1/f$-Rauschen auf veränderliche Kontaktwiderstände zwischen den Kohlekörnern zurückgeführt.

Bei Halbleitern kommt dieses Rauschen z. B. von Defekten an der Oberfläche des Halbleiters, so daß der Oberflächenstrom „moduliert" wird. Deshalb ist bei Halbleitern die Geometrie und Beschaffenheit der Oberfläche (also die Bauart) des Elementes für ein kleines $1/f$-Rauschen entscheidend.

4.1.5.3. Rauschabstand und Rauschzahl

Die Qualität eines signalverarbeitenden Systems wird durch den Rauschabstand (manchmal auch Signal-Rausch-Verhältnis, signal-to-noise-ratio, genannt) am Verbrauchereingang charakterisiert.

Unter dem Rauschabstand versteht man das Verhältnis von Signalleistung N_S zur Rauschleistung N_R.

Bei einem Vierpol mit der Eingangsimpedanz Z_1 und einer Ausgangsimpedanz Z_2, dessen Rauschen durch eine im Ausgangskreis liegende Rauschspannungsquelle $\sqrt{\overline{u_R^2}}$ berücksichtigt ist, ist sowohl der Rauschabstand am Eingang von R_G unabhängig als auch der Rauschabstand am Ausgang von R_L. Denn bei Änderung von R_G bzw. R_L ist die Auswirkung auf das Signal und auf das Rauschen gleichartig, so daß das Verhältnis der Leistungen gleichbleibt (s. Abb. 4.1.74):

$$N_{S1}/N_{R1} = u_G^2/\overline{u_{RG}^2} \qquad [4.1.118]$$

und

$$N_{S2}/N_{R2} = (\mu u_{S1})^2/(\mu^2 \overline{u_{R1}^2} + \overline{u_R^2}). \qquad [4.1.119]$$

Die Rauschspannung u_{R1} am Eingang entsteht durch Spannungsteilung von u_{RG} an den beiden Widerständen R_G und Z_1. ([4.1.119] gilt nur, wenn

$u_{RG}(t)$ und $u_R(t)$ nicht miteinander korreliert sind und unter Vernachlässigung des Rauschbeitrags von R_L.) Für $\overline{u_R^2} \neq 0$ ist $N_{S1}/N_{R1} > N_{S2}/N_{R2}$, d. h. der Rauschabstand wird durch jedes elektronische System höchstens schlechter.

Da in einem System mit vorgegebenem Rauschen der Rauschabstand von der Signalgröße abhängt, wird das Rauschverhalten besser durch die Rauschzahl F (noise figure) beschrieben, die sich auf das Rauschverhalten des Systems an sich (z. B. eines einstufigen Transistorverstärkers) bezieht. Bei einer Leistungsverstärkung G_N erhält man

$$F = \frac{N_{S1}/N_{R1}}{N_{S2}/N_{R2}} = \frac{N_{R2}}{G_N N_{R1}} = \frac{G_N N_{R1} + N_R}{G_N N_{R1}} = 1 + \frac{N_R}{G_N N_{R1}}. \qquad [4.1.120]$$

Die Rauschzahl F eines Systems ist also das Verhältnis vom Rauschabstand am Eingang zum Rauschabstand am Ausgang. Nur dann, wenn die im System aufgebrachte Rauschleistung N_R gleich Null ist, ist $F = 1$ und das System rauschfrei. Da es sich bei der Rauschzahl um ein Leistungsverhältnis handelt, erfolgt ihre Angabe bevorzugt in dB entsprechend [2.2.27 b]. In die Rauschzahl geht jedoch die Spannungsteilung am Eingang durch R_G und Z_1 ein. Denn u_{S1} und $\sqrt{\overline{u_{R1}^2}}$ von Gl. [4.1.119] werden durch diese Spannungsteilung aus u_G bzw. $\sqrt{\overline{u_{RG}^2}}$ erhalten, während $\sqrt{\overline{u_R^2}}$ als Vierpoleigenschaft durch das Eingangsnetzwerk nicht beeinflußt wird. Infolgedessen wird durch eine stärkere Signalteilung am Eingang das Verhältnis N_{S2}/N_{R2} kleiner und F daher größer.

Liegt eine Kaskade von n rauschenden Systemen mit den Rauschzahlen F_k und der Leistungsverstärkung G_{Nk} vor, so erhält man, wie man unter Verwendung von [4.1.120] zeigen kann, für die Gesamtrauschzahl F

$$F = F_1 + (F_2 - 1)/G_{N1} + (F_3 - 1)/G_{N1}G_{N2} + \ldots + (F_n - 1)/\Big(\prod_n G_{Nk}\Big). \qquad [4.1.121]$$

In F geht also nur F_1 unvermindert ein, während die Rauschzahlen der nachfolgenden Stufen um die vor ihnen erfolgte Leistungsverstärkung vermindert zu F beitragen. Ist also G_{N1} genügend groß, so gilt angenähert

$$F \approx F_1, \qquad [4.1.122]$$

es genügt also dann, den Rauschbeitrag der ersten Stufe (z. B. den Rauschbeitrag des Vorverstärkers) zu berücksichtigen.

Einen Fall, bei dem die Näherung [4.1.122] nicht erlaubt ist, werden wir weiter unten kennenlernen.

Im allgemeinen Fall läßt sich das Rauschen eines Vierpols vollständig durch die Kombination zweier Rauschgeneratoren am Eingang beschreiben (s. Abb. 4.1.75). Die effektive Rauschspannung $\sqrt{\overline{u_{1R}^2}}$ bzw. der effektive Rauschstrom $\sqrt{\overline{i_{1R}^2}}$ wird unter Berücksichtigung der Verstärkung des Vierpols bestimmt, da das Rauschen des Vierpols auf den Ein-

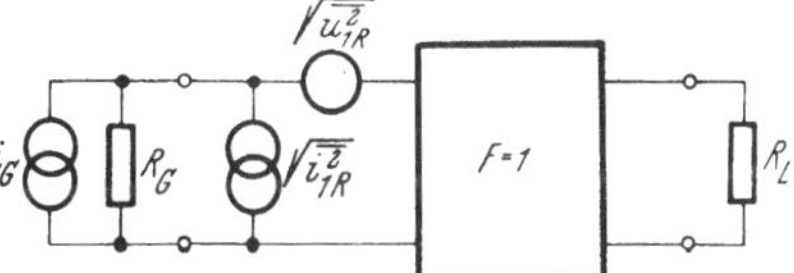

Abb. 4.1.75. Ersatz eines Vierpols durch einen rauschfreien Vierpol mit Rauschquellen am Eingang

gang bezogen wird. Daneben ist die Angabe eines Korrelationsfaktors K zwischen diesen beiden Größen notwendig, um Korrelationen zwischen beiden Rauschquellen berücksichtigen zu können.

Zur Beschreibung des weißen Rauschens kann man statt des Spannungsgenerators den äquivalenten Rauschwiderstand $R_ä$ und statt des Stromgenerators einen äquivalenten Rauschleitwert $G_ä$ einführen (s. Abb. 4.1.76c).

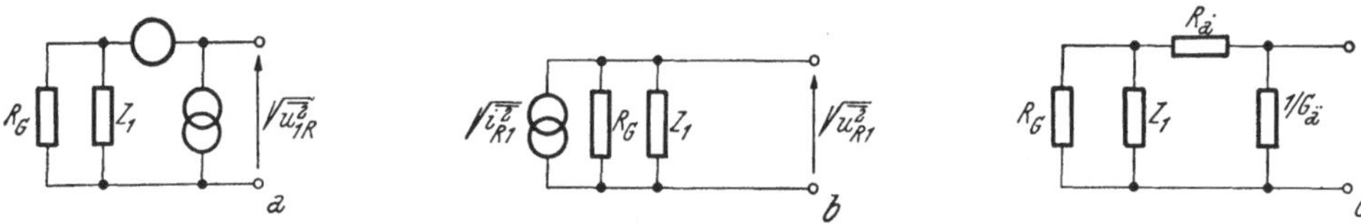

Abb. 4.1.76. Einfluß der im Rauschmodell am Eingang aufscheinenden Widerstände auf das Rauschen (s. Text)

Die Abweichung der Rauschzahl F von eins erhält man in Weiterführung von [4.1.120] aus dem Verhältnis der auf den Eingang bezogenen Ausgangsrauschleistung N_{1R} zu der am Eingang tatsächlich auftretenden Rauschleistung N_{R1}. Während $R_ä$ und $G_ä$ ohne Einfluß auf die Spannungsteilung des thermischen Rauschens von R_G, die $\sqrt{\overline{u_{R1}^2}}$ liefert, bleiben (s. Abb.4.1.76b), ist für $\overline{u_{1R}^2}$, das durch das thermische Rauschen von $R_ä$ und $G_ä$ verursacht zu denken ist, die Belastung durch R_G und Z_1 wegen der Leistungsanpassung wesentlich (s. Abb. 4.1.76 a).
Wenn wir die Parallelschaltung von R_G und Z_1 durch $R = R_G Z_1/(R_G + Z_1)$ abkürzen, wird

$$F-1=\frac{\overline{u_{1R}^2}}{\overline{u_{R1}^2}}=\frac{4kTB}{4kTB}\,\frac{R_ä+2\sqrt{R_ä G_ä R^2}\,K+G_ä R^2+R}{R_G\cdot Z_1^2/(Z_1+R_G)^2}=$$

$$=\frac{R_ä+2\sqrt{R_ä G_ä}\,RK+G_ä R^2+R}{R^2/R_G}. \qquad [4.1.123]$$

Die kleinste Rauschzahl erhält man für einen Generatorwiderstand R_G mit

$$R_{G\,\mathrm{opt}}^2 = R_ä Z_1/[1+R_ä/Z_1+2\sqrt{R_ä G_ä}\,K+Z_1 G_ä], \qquad [4.1.124\ \mathrm{a}]$$

wie man durch Differentiation der Gl. [4.1.123] nach R_G und Nullsetzen leicht berechnen kann. Ist $R_ä \ll Z_1 \gg 1/G_ä$, so wird

$$R_{G\,\mathrm{opt}} = \sqrt{R_ä/G_ä}. \qquad [4.1.124\ \mathrm{b}]$$

4.1.5.4. Das Rauschen elektronischer Bauteile

a) Auf das Rauschen von Vakuumröhren, das sehr genau untersucht wurde und dessen Ursachen weitestgehend bekannt sind, gehen wir hier nicht weiter ein. Es ist nur soviel zu sagen, daß als Eingangsstufen Trioden bevorzugt werden (kein Stromverteilungsrauschen), und zwar in der Kaskode-Anordnung (s. 4.1.1.5), da in dieser die Eingangskapazität, die für das Rauschverhalten sehr wesentlich ist (s. [4.1.132]), durch den Millereffekt (s. 4.1.2.3) nur unwesentlich erhöht wird.

b) Das Rauschen passiver Schaltelemente ist im Idealfall nur thermischer Art, wobei dann nur die Wirkkomponente rauscht. Im realen Fall sind noch zusätzliche Rauschkomponenten feststellbar, die auf die Kontaktierung bzw. eine körnige Widerstandsstruktur zurückzuführen sind.

Am rauschärmsten sind Metallschichtwiderstände. Bei ihnen ist das thermische Rauschen ausschlaggebend.

Bei Drahtwiderständen nimmt infolge des Skineffektes der Widerstand $R(f)$ und damit das Rauschen mit der Frequenz zu. Infolge der parasitären Kapazitäten und Induktivitäten ist das Rauschspektrum noch zusätzlich frequenzabhängig.

Massewiderstände haben wegen ihrer körnigen Struktur ein ausgeprägtes $1/f$-Rauschen. Dieses ist stromabhängig und kann bis Frequenzen von 100 kHz das Rauschen bestimmen.

An empfindlichen Stellen dürfen keine Elektrolytkondensatoren verwendet werden, da diese infolge ihres Leckstromes einen beträchtlichen Rauschbeitrag liefern können.

c) Halbleiterdioden:

Bei ihnen spielt vor allem das Schrotrauschen eine Rolle. In der Formel [4.1.114]

$$\overline{i_R^2} = 2 q_e I_D B$$

läßt sich das Produkt $q_e I_D$ durch kT/R_D ersetzen, denn wie aus der Theorie eines p-n-Überganges folgt, gilt für den differentiellen Widerstand R_D einer Halbleiterdiode

$$R_D \approx kT/q_e I_D. \qquad [4.1.125]$$

Es wird also

$$\overline{i_R^2} = 2kTB/R_D \qquad [4.1.126\text{ a}]$$

bzw.

$$\overline{u_R^2} = 2kTBR_D. \qquad [4.1.126\text{ b}]$$

Im Vergleich dazu ist das thermische Rauschen des Bahnwiderstandes wegen dessen Geringfügigkeit meistens vernachlässigbar.

d) Transistoren:

Die Rauschzahl F von Transistoren kann aus geeigneten Rauschmodellen berechnet werden. Wir wollen uns darauf beschränken, die einzelnen Rauschanteile und ihre Abhängigkeit von den Betriebsdaten zu besprechen.

Das Rauschen eines Transistors ist von seinem Aufbau abhängig. Die Homogenität der Sperrschichte, die Dotierung, der Sperrstrom und die Oberflächenbehandlung spielen eine entscheidende Rolle. Thermisches Rauschen stammt vor allem vom Basis-Bahnwiderstand.

Ursachen für das Schrotrauschen, das Paarbildungs-Rekombinations-Rauschen und das $1/f$-Rauschen haben wir in 4.1.5.2 kennengelernt. Besonders beim $1/f$-Rauschen ist der Einfluß des Transistoraufbaus ausgeprägt: Bei Legierungstransistoren dominiert das $1/f$-Rauschen bis Frequenzen über 10 kHz, während sich bei Planartransistoren das $1/f$-Rauschen erst unter 1 kHz auswirkt.

In Abb. 4.1.77 ist ein typisches Rauschverhalten eines Transistors als Funktion der Frequenz ω dargestellt. Bis ω_A fällt das Rauschen etwa proportional $1/\omega$, dann ist es konstant (weißes Schrotrauschen) und schließlich nimmt es ab ω_B wieder zu. Diese Zunahme ist auf die Abnahme der Strom-

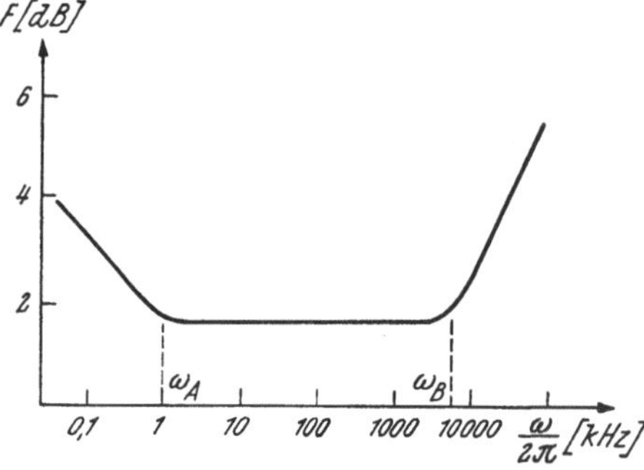

Abb. 4.1.77. Typische Frequenzabhängigkeit des Transistorrauschens

bzw. der Leistungsverstärkung des Transistors zurückzuführen, wodurch das Signal, nicht jedoch das Rauschen des Transistors in seiner Größe vermindert wird. Deshalb hängt ω_B mit der Grenzfrequenz f_{ab} der Stromverstärkung in Basisschaltung zusammen (s. 3.1.2), und zwar gilt angenähert

$$\omega_B \approx 2\pi \cdot \sqrt{1-\alpha_b}\, f_{ab} \approx 2\pi f_{ab}/\sqrt{\alpha_e}. \qquad [4.1.127]$$

Der in Abb. 4.1.78 dargestellte Zusammenhang zwischen F und dem Emitterstrom zeigt, daß bei einem Strom $I_{E\min}$, der gewöhnlich unter 1 mA liegt, ein Rauschminimum vorliegt. Die Abnahme des Schrotrauschens bei Ver-

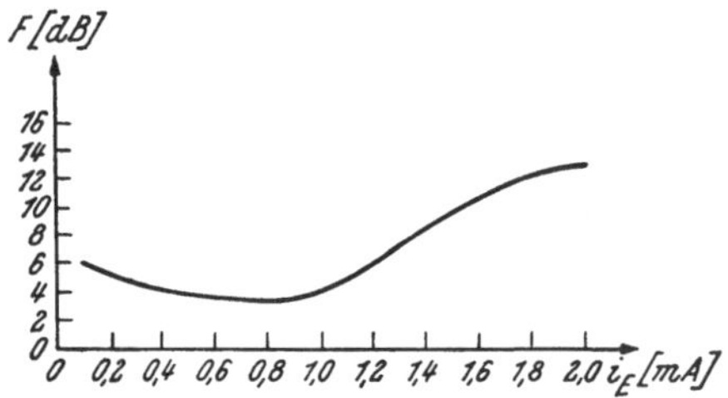

Abb. 4.1.78. Abhängigkeit des Rauschens vom Emitterstrom

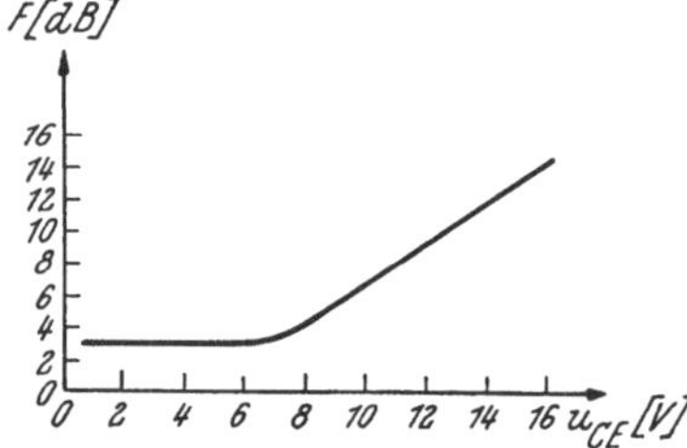

Abb. 4.1.79. Abhängigkeit des Rauschens von der Emitter-Kollektor-Spannung

kleinerung des Stromes wird nämlich unter 1 mA dadurch kompensiert, daß die Stromverstärkung zurückgeht und das Rauschen des Sperrstroms I_{CBO} der Kollektor-Basis-Diode dann nicht mehr vernachlässigbar ist.

Die Spannungsabhängigkeit des Rauschens nach Abb. 4.1.79 läßt sich aus der erhöhten Paarerzeugungsrate in der Sperrschicht verstehen, da ab einer bestimmten Feldstärke neben der thermischen auch die Ionisation durch die Feldwirkung eine Rolle spielt.

Schließlich ist in Abb. 4.1.80 eine typische Abhängigkeit von R_G dargestellt. Im Niederfrequenzbereich liegt der optimale Generatorwiderstand oft bei 500 bis 1000 Ω. Sowohl bei größeren als auch bei kleineren Widerständen nimmt das Rauschen stark zu.

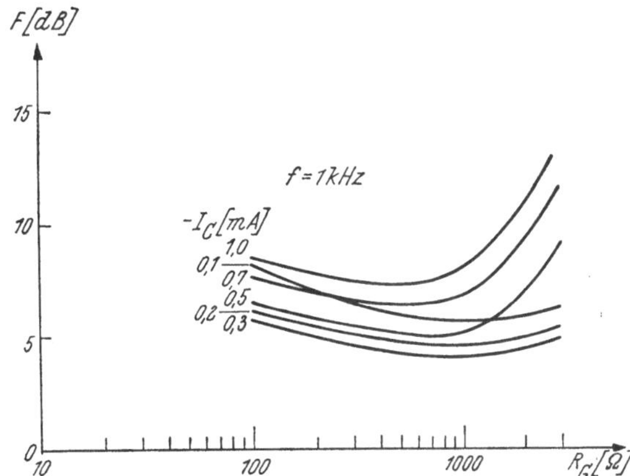

Abb. 4.1.80. Abhängigkeit des Rauschens vom Generatorwiderstand

e) Feldeffekt-Transistoren:

Das thermische Rauschen im FET, das vom Widerstand des Kanals und von parasitären Source- und Drainwiderständen stammt, trägt bei Zimmertemperatur wesentlich zum Gesamtrauschen bei. Wegen seiner Temperaturabhängigkeit kann es durch Kühlung vermindert werden.

Schrotrauschen hat der Gate-Strom von Sperrschicht-FET. Im Kanal hingegen überwiegt das Paarerzeugungs-Rekombinations-Rauschen.

Das $1/f$-Rauschen kann bei FET auf tiefste Frequenzen beschränkt werden ($\omega_A < 2\pi \cdot 10^2\,s^{-1}$). Paarbildungs-Rekombinations-Zentren in der Sperrschicht sind nicht nur für den Reststrom verantwortlich, sondern auch für dieses $1/f$-Rauschen. Der optimale Generatorwiderstand für niederfrequentes Rauschen ist typischerweise größer als 1 MΩ (s. auch Abb. 4.1.81).

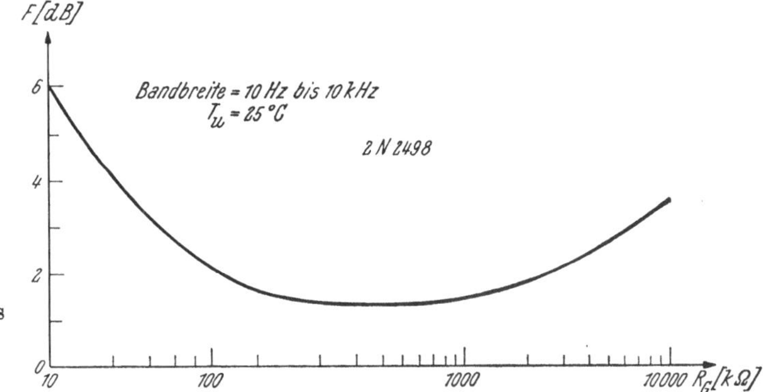

Abb. 4.1.81. Abhängigkeit des Rauschens eines FETs vom Generatorwiderstand

In FET mit isoliertem Gate (MOS-FET) ist der Gate-Strom so klein, daß sein Rauschen zu vernachlässigen ist. Das $1/f$-Rauschen stammt dann hauptsächlich von Haftstellen der polykristallinen Isolatorschicht.

Das thermische Rauschen des Kanals beeinflußt über die Gate-Kapazität C_{gs} den Gate-Strom. Infolgedessen besteht zwischen dem Stromrauschen und dem thermischen Rauschen eine Korrelation, die bei einer modellmäßigen Erfassung des Rauschens berücksichtigt werden muß.

Das Rauschen des Gate-Stromes hängt vom Eingangsnetzwerk ab, weshalb in den äquivalenten Rauschwiderstand $R_ä$ die gesamte, am Eingang des FET liegende Kapazität C eingeht. Bei gekühlten FET, bei denen das $1/f$-Rauschen und das Schrotrauschen des Gate-Stromes vernachlässigt werden kann, läßt sich $R_ä$ schreiben als

$$R_ä = (0{,}7/S)(1 + C_{gs}/3C), \qquad [4.1.128]$$

wobei S die Steilheit und C_{gs} die Gate-Source-Kapazität des FETs ist. Aus dieser Gleichung sehen wir, daß es besonders bei einer großen Kapazität C (zu der z. B. auch die Kapazität eines Halbleiterdetektors beiträgt) wichtiger ist, FET mit großer Steilheit als solche mit kleiner Kapazität C_{gs} zu verwenden.

Unter etwa 120° K bis 140° K nimmt bei Si-FET das Rauschen wieder zu, weil dann die Ladungsträgerdichte im Kanal so stark abnimmt, daß die statistischen Stromschwankungen stärker zunehmen, als das thermische Rauschen abnimmt.

Das Rauschen von Ge-FET bei Kühlung mit flüssigem Helium sollte theoretisch nur ein Fünftel des Rauschens eines gekühlten Si-FET betragen.

4.1.5.5. Allgemeine Prinzipien zur Verminderung des Rauschens

Wird ein Signal mit einem Verstärker verstärkt, dessen Rauschzahl F so groß ist, daß das verstärkte Signal im Rauschen untergeht, so ist eine solche Verstärkung nutzlos.

Ist das Rauschen größer oder vergleichbar mit dem Signal, so bestehen zwei Möglichkeiten zur Erlangung der im Signal steckenden Information.

Bei Signalen, die eine bestimmte Gesetzmäßigkeit zeigen (die miteinander oder mit anderen erfaßbaren Ereignissen korreliert sind), läßt sich eine Heraushebung aus dem Untergrund dadurch erreichen, daß diese Korrelation festgestellt wird, wobei das Rauschen wegen seiner Unkorreliertheit unterdrückt wird.

Impulse von Detektoren, die ja statistisch kommen, zeigen keine solche Korrelation und können deshalb nicht vom Rauschen unterschieden werden. Es bleibt also nur der andere Weg, der darin besteht, das Rauschen klein zu halten.

Das Rauschen eines Verstärkers, d. h. seine Rauschzahl, wird von drei Faktoren bestimmt, die aber miteinander verkoppelt sind. Diese sind

a) die Art der Schaltkomponenten;

b) deren Betriebsbedingungen bzw. die verwendete Schaltung;

c) die verwendete Bandbreite.

Über die Rauscheigenschaften der Schaltkomponenten haben wir im letzten Abschnitt gesprochen. Ebenso über die Betriebsbedingungen, die wir hier kurz zusammenfassen wollen:

a) Kühlung vermindert das thermische Rauschen.

b) Kleine Ströme sind von kleinem Schrotrauschen begleitet.

c) Eingangsanpassung (R_G) so, daß die Rauschzahl am kleinsten ist.

d) Vermeidung einer zu großen dynamischen Vergrößerung der Eingangskapazität infolge des Miller-Effektes durch Verwendung einer B-Schaltung oder einer Kaskodeschaltung. Denn nach [4.1.109 d] ist die effektive Rauschspannung umgekehrt proportional zu $\sqrt{C}$; das Signal ist aber umgekehrt proportional zu C, so daß der Rauschabstand nach [4.1.118] umgekehrt proportional zu $\sqrt{C}$ wird.

e) Vermeidung eines Differenzverstärkers am Eingang, da sich das Schrotrauschen beider Elemente (quadratisch) addiert, das Rauschen gegenüber einem Element also um 41% höher ist.

Wie wir weiter oben darlegten, wird bei genügend hoher Verstärkung der ersten Stufe (bzw. des Vorverstärkers) das Rauschen der gesamten Anordnung praktisch nur von der ersten Stufe (bzw. vom Vorverstärker) bestimmt. Wir wollen nun an einem Beispiel zeigen, daß man bei der Beurteilung des Rauscheinflusses nachfolgender Verstärkerstufen vorsichtig sein muß.

Gegeben sei ein Vorverstärker, der bei einem bestimmten Detektor an den Eingang des Hauptverstärkers eine effektive Rauschspannung $\sqrt{\overline{u_R^2}} = 100\ \mu\text{V}$ liefert. Ist das auf den Eingang der ersten Stufe des Hauptverstärkers bezogene Rauschen kleiner als 20 μV, so ist der Rauschbeitrag des Hauptverstärkers kleiner als 2%, denn nach [4.1.112] addiert sich unkorreliertes Rauschen quadratisch.

$$\sqrt{\overline{u_R^2}} = \sqrt{\overline{(u_{R1} + u_{R2})^2}} = \sqrt{\overline{u_{R1}^2} + \overline{u_{R2}^2}}. \qquad [4.1.129]$$

Wird nun am Eingang des Hauptverstärkers das vom Vorverstärker gelieferte Signal (und dessen Rauschen) durch einen Attenuator z. B. auf 1/10 abgeschwächt, um eine Übersteuerung des Hauptverstärkers zu verhindern, so ändert sich das Verhältnis der beiden Rauschanteile von 100 μV zu 20 μV auf 10 μV zu 20 μV. Durch den Hauptverstärker erhöht sich das Rauschen somit um 124%, d. h. sein Rauschen überwiegt.

Zusätzlich trägt auch das thermische Rauschen des Attenuators zum Gesamtrauschen bei. Deshalb werden niederohmige Attenuatoren bevorzugt, und zwar solche mit konstanter Eingangs- und Ausgangsimpedanz (s. Attenuationsketten, 2.3.2.2). Dadurch wird das thermische Rauschen klein gehalten, eine frequenzunabhängige Attenuation erleichtert und eine attenuationsunabhängige Kabelanpassung gewährleistet. Bei einer Verstärkungsregelung durch Änderung des Gegenkopplungsnetzwerkes bleibt der Rauschabstand gleich groß. In diesem Fall muß jedoch jede Verstärkungseinstellung auf optimales Verhalten gegenüber den Impulsen abgeglichen werden, weshalb meistens Attenuatoren vorgezogen werden.

Die beste Attenuatoranordnung in bezug auf Rauschen besteht darin, den Attenuator aufzuspalten. Der Eingangsattenuator wird erst dann verwendet, wenn der zweite, näher beim Ausgang liegende Attenuator nicht mehr ausreicht. Beim zweiten Attenuator ist das Signal dann schon so groß, daß das Rauschen der folgenden Stufen den Rauschabstand kaum beeinflußt.

Die Bandbreitenbegrenzung in Impulsverstärkern zur Verminderung des Rauschens wird im folgenden Abschnitt behandelt.

4.1.5.6. Beeinträchtigung der Impulshöhenauflösung durch das Rauschen

Die Breite der Linien von Kernstrahlungsspektren ist, wie wir in 1.3.1 diskutierten, primär von der mittleren Ionisationsenergie ε je Ladungsträgerpaar abhängig. Zu der vom Detektor abhängigen Linienbreite Γ_D addieren sich die anderen Beiträge (sofern auch sie eine gaußförmige Verteilung besitzen) quadratisch, d. h. die auftretende Linienbreite Γ ist gegeben durch

$$\Gamma = \sqrt{\sum_k \Gamma_k^2}. \qquad [4.1.130]$$

Eine Ursache für eine größere Linienbreite, als sie auf Grund der statistischen Eigenschaften des Detektors zu erwarten ist, liegt im Rauschen. Denn infolge des Rauschens erleidet die Spannung des Arbeitspunktes Schwankungen um ihren Mittelwert. Da Impulshöhenanalysatoren Impulshöhen nur mit Bezug auf die mittlere Arbeitspunktspannung messen können, addiert sich die momentane Rauschspannung zum Impuls, wodurch die Impulshöhenverteilung verbreitert wird. Impulse exakt gleicher Höhe (z. B. von einem Testimpulsgenerator) werden also vom Impulshöhenanalysator infolge des Rauschens als gaußförmige Linie mit einer Halbwertsbreite Γ_R registriert.

Ist $\Gamma_R \lesssim \Gamma_D/3$, so ist der Rauschbeitrag gegenüber der vom Detektor stammenden Linienbreite vernachlässigbar, denn nach [4.1.130] erleidet die Gesamtbreite lediglich eine Änderung von $\lesssim 5\%$.

Da bei Halbleiterdetektoren besonders gute Auflösung, d. h. eine kleine Linienbreite Γ_D erreicht wird, ist hier das Rauschen ein größeres Problem als bei den anderen Detektoren. Deshalb beschränken wir unsere Untersuchungen auf Halbleiter-Spektrometer.

Jeder Halbleiterdetektor hat unabhängig von der verwendeten Elektronik ein Eigenrauschen, da er ja elektronisch eine gesperrte Halbleiterdiode darstellt. Dieses Rauschen besteht, wie wir schon besprochen haben, aus dem thermischen Rauschen, dem Paarerzeugungs-Rekombinations-Rauschen (bzw. Schrotrauschen des Sperrstroms) und dem $1/f$-Rauschen, das etwa proportional dem Quadrat des Oberflächenleckstroms ist, also stark von der Oberflächenstruktur des Detektors abhängt. Durch Kühlung läßt sich das Rauschen eines Detektors stark vermindern. Bei Ge(Li)-Detektoren liegt die optimale Betriebstemperatur zwischen 10° K und 40° K, doch begnügt man sich meistens mit einer Kühlung durch flüssigen Stickstoff (77° K).

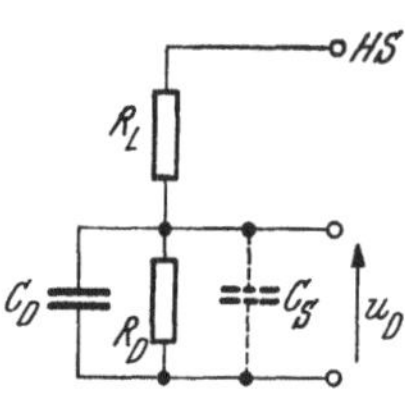

Abb. 4.1.82. Ersatzschaltung eines Ge(Li)-Detektors

In Abb. 4.1.82 ist die Ersatzschaltung eines vorgespannten Halbleiterdetektors dargestellt. Die Eigenkapazität C_D des Detektors liegt parallel zur Streukapazität C_S, und für ein Detektorsignal u_D liegt der Sperrwiderstand R_D parallel zum Arbeitswiderstand R_L. Stromänderungen im Detektor werden also mit einer Zeitkonstante $\tau = (R_L \| R_D)(C_S + C_D)$ integriert. Infolgedessen bildet die Anordnung einen Tiefpaß, so daß für die Rauschspannung nach [4.1.109 d] gilt (mit $C = C_S + C_D$):

$$\overline{u_R^2} = kT/C.$$

Zur Bestimmung des Rauschabstandes eines Signals, das in Form einer energieproportionalen Ladung vorliegt, ist es nun vorteilhaft, auch das Rauschen in Form einer Ladung, durch die Rauschladungen, anzugeben.

$$\sqrt{\overline{u_R^2}} = Q_R/C = n_R \cdot q_e/C = \sqrt{kT/C}. \qquad [4.1.131]$$

q_e = Elektronenladung.

Also wird die Anzahl der Rauschladungen n_R gleich

$$n_R = \sqrt{kTC}/q_e. \qquad [4.1.132]$$

Auf diese Weise erhält man den Rauschabstand am Detektorausgang als Verhältnis der durch eine bestimmte Energie E_0 erzeugten Ladungsträger E_0/ε zur Anzahl der Rauschladungen n_R.

Aus [4.1.132] kann man ein wesentliches Resultat ablesen: Die Rauschladung ist proportional $\sqrt{C}$. Deshalb ist es überaus wichtig, C klein zu halten, was bei einem gegebenen Detektor bedeutet, C_S klein zu halten.

Besonders bei ladungsempfindlichen Vorverstärkern ist es üblich, für eine gegebene Detektor-Vorverstärker-Kombination eine äquivalente Rauschladung zu definieren. Die äquivalente Rauschladung Q_R (equivalent noise charge, ENC) ist jene Ladungsmenge, die man innerhalb einer Zeit, die kurz gegenüber der Ansprechzeit des Verstärkers ist, am Verstärkereingang deponieren muß, um einen Ausgangsimpuls jener Höhe zu bekommen, die gleich der effektiven Rauschspannung $\sqrt{\overline{u_R^2}}$ am Ausgang ist. Die äquivalente Rauschladung Q_R erhält man durch Multiplikation der auf den Eingang bezogenen effektiven Rauschspannung $\sqrt{\overline{u_{1R}^2}} = \sqrt{\overline{u_R^2}}/\mu$ mit der gesamten statischen Kapazität C am Detektorausgang. Der Vorteil in der Verwendung von Q_R liegt, wie wir schon beim Detektorrauschen ausführten, in der einfachen Berechnung des Rauschabstandes von Impulsen, die von einer bestimmten Energie herrühren.

Die oben erwähnte Bedingung, daß die wirksame Kapazität am Detektorausgang klein sein muß, damit das Rauschen des Detektors sich am wenigsten auswirkt, zieht drei Konsequenzen nach sich:

1. Das aktive Element in der ersten Stufe des Vorverstärkers darf nur eine kleine statische Eingangskapazität haben.
2. Das aktive Element einer solchen Schaltung muß so arbeiten, daß die dynamische Eingangskapazität infolge des Millereffektes nicht zu groß ist.
3. Die Anordnung und der Aufbau des Eingangsnetzwerkes sollen so wenig Streukapazität C_S wie möglich besitzen.

Eine kleine Eingangskapazität des Eingangs-FETs ist wegen ihres Einflusses auf $R_ä$ nach [4.1.128] ein wesentlicher Faktor zur Erreichung einer kleinen äquivalenten Rauschladung bei einer Detektorkapazität $C_D = 0$ pF. Es handelt sich dabei um eine reine Vorverstärkereigenschaft, die entweder als effektive Ionenpaar-Anzahl oder als Halbwertsbreite (in bezug auf ein Detektormaterial) angegeben wird. Werte von 40 Ionenpaaren bzw. $\Gamma_R = 300$ eV bei 0 pF wurden schon unterschritten. Die Zunahme der Rauschladung bei Erhöhung der Detektorkapazität wird durch die Angabe der zusätzlichen Ionenpaare/pF bzw. eV/pF angegeben. Werte von 1,7 Ionenpaare/pF bzw. 12 eV(Ge)/pF wurden schon erzielt.

Neben der Eingangsimpedanz des Vorverstärkers müssen auch die anderen Faktoren, die das Rauschen der Eingangsstufe beeinflussen, berücksichtigt werden. Deshalb ist wie in Abb. 4.1.75 im Rausch-Ersatzschaltbild

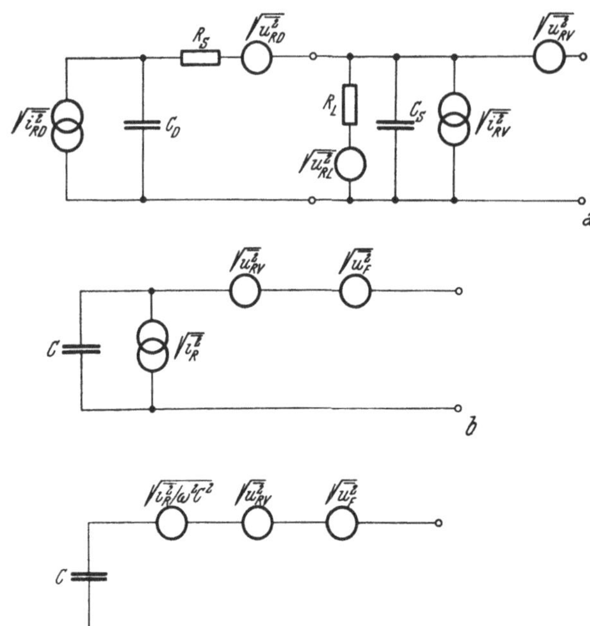

Abb. 4.1.83.
Rausch-Ersatzschaltbild eines Halbleiterdetektors mit Vorverstärker
a) vollständiges Modell
b) und *c*) nach Vereinfachungen

von Abb. 4.1.83 *a* das Verstärkerrauschen durch zwei Rauschgeneratoren berücksichtigt.

In diesem Modell berücksichtigt $\overline{i_{RD}^2}$ das Schrotrauschen des Detektorsperrstroms ($\overline{i_{RD}^2} = 2 q_e I_D B$), $\overline{u_{RD}^2}$ das thermische Rauschen des Bahnwiderstandes R_S, das oft vernachlässigbar ist, $\overline{u_{RL}^2}$ das thermische Rauschen des Lastwiderstandes bzw. des Widerstandsnetzwerkes am Verstärkereingang, $\overline{i_{RV}^2}$ das Eingangsstromrauschen (Schrotrauschen) des Verstärkers und $\overline{u_{RV}^2}$ das auf den Eingang bezogene thermische Rauschen des Verstärkers (das durch $R_ä$ ausgedrückt werden kann).

Bevor wir noch den Rauschgenerator $\overline{u_F^2}$ für das $1/f$-Rauschen einführen, wollen wir das Modell vereinfachen. Bei Vernachlässigung von R_S lassen sich die beiden Kapazitäten zu C und auch die beiden Stromgeneratoren zusammenziehen. Ist R_L genügend groß, so läßt sich statt des Spannungsgenerators ein Stromgenerator ($\overline{i_{RL}^2} = 4kTB/R_L$) verwenden, der dann ebenfalls mit den beiden anderen zusammengefaßt werden kann. Wir erhalten deshalb das in Abb. 4.1.83 *b* dargestellte vereinfachte Rausch-Ersatzschaltbild. Dieses läßt sich durch Umwandlung des Stromgenerators in einen Spannungsgenerator weiter vereinfachen (Abb. 4.1.83 *c*).

Für diese drei in Serie geschalteten Rauschgeneratoren lassen sich folgende Näherungen verwenden:

a) $\overline{u_{iR}^2} = 2\,q_e\bar{i}\,B/\omega^2 C^2.$ [4.1.133 a]

b) $\overline{u_{RV}^2} = 4kT\,R_{ä}\,B.$ [4.1.133 b]

c) $\overline{u_F^2} = A \cdot B/f.$ [4.1.133 c]

Die Konstante A des $1/f$-Rauschens ist von der individuellen Verstärkeranordnung abhängig und geht für gekühlte FET nach Null.

Wir wollen die Vernachlässigungen, die in diesem Modell durchgeführt wurden, zusammenfassen:

1. Vom Detektorrauschen wird nur das Schrotrauschen berücksichtigt.
2. Das thermische Rauschen von R_L wird nicht explizit berücksichtigt, sondern als (kleiner) Beitrag zu $\overline{u_{iR}^2}$ angesehen.

In allen verbliebenen Rauschgeneratoren ist die Frequenzabhängigkeit bzw. die Bandbreite ein wesentlicher Faktor. Die Bandbreite muß durch Hoch- und Tiefpässe so beschnitten werden, daß das Rauschen möglichst stark vermindert wird, ohne durch die Impulsformung des Signals die in ihm steckende Information zu beeinträchtigen. Ist der Amplitudenterm der Übertragungsfunktion des impulsformenden Netzwerkes gleich $g(\omega)$, so erhält man für die drei Rauschbeiträge

a) $\overline{u_{iR}^2} = \frac{q_e\bar{i}}{\pi C^2}\int\limits_0^\infty \omega^{-2} g^2(\omega)\,\mathrm{d}\omega,$ [4.1.134 a]

b) $\overline{u_{RV}^2} = \frac{2\,kT\,R_{ä}}{\pi}\int\limits_0^\infty g^2(\omega)\,\mathrm{d}\omega,$ [4.1.134 b]

c) $\overline{u_F^2} = A\int\limits_0^\infty \omega^{-1} g^2(\omega)\,\mathrm{d}\omega.$ [4.1.134 c]

Die Integration von a) bzw. von b) liefert bei einer einfachen Annahme für $g(\omega)$ Beträge, die proportional zu $1/\omega$ bzw. ω sind. Daraus sieht man, daß mindestens ein Tief- und ein Hochpaß für eine kräftige Verminderung des Rauschens notwendig sind.

Bevor wir den Einfluß der Filter auf das Rauschen weiter untersuchen, müssen wir uns überlegen, wie sich die Filter auf das Signal auswirken. Die durch Filter hervorgerufene Impulsformung haben wir eingehend (2.3.1.5) behandelt. Die Impulsformung ist in der Impulshöhenanalyse schon deshalb notwendig, weil die Detektorimpulse in guter Näherung als Stufenimpulse anzusprechen sind und daher einander überlagern, während es für die Impulshöhenanalyse wichtig ist, daß jeder Impuls vom Nullniveau ausgeht. Deshalb müssen die Stufenimpulse durch Differenzieren gekürzt werden. Bei hohen Zählraten muß die Kürzung der Impulse stärker sein, damit die Impulsüberlagerung vernachlässigt werden kann. Eine Möglichkeit zur Charakterisierung der Länge beliebig geformter Impulse besteht in der Angabe ihrer Auflösungszeit, die als die Länge eines flächengleichen Rechteckimpulses gleicher Höhe definiert ist. Eine kleine Auflösungszeit, wie sie bei hohen Zählraten erforderlich ist, verlangt jedoch eine hohe Bandbreite, mit der wiederum starkes Rauschen verbunden ist. Deshalb kann die optimale Auflösungszeit nur als Kompromiß zwischen den Erfordernissen der Zählrate und denen des Rauschens erhalten werden. Eine bestimmte Auflösungszeit läßt sich durch verschiedenste Impulsformen erhalten. Diese Impulsformen unterscheiden sich im Frequenzspektrum ihrer Fourierzerlegung (s. 2.2.1). Zur guten Wiedergabe eines Rechteckimpulses bzw. eines Dreieckimpulses gleicher Auflösung benötigt man wohl die gleiche untere Grenzfrequenz ω_1, doch ist die obere Grenzfrequenz ω_2 für einen Dreieckimpuls wesentlich kleiner. Infolgedessen ist dann auch die benötigte Bandbreite und das Rauschen kleiner.

Bei Impulsen mit gleicher Form, aber verschiedener Auflösungszeit bleibt wohl das Verhältnis ω_2/ω_1 gleich, nicht jedoch die Bandbreite $\omega_2 - \omega_1$.

Also bestimmen sowohl die Auflösungszeit als auch die Impulsform die Größe des unvermeidbaren Rauschens.

Wegen der Frequenzabhängigkeit nach [4.1.134] wirkt ein bestimmtes Filter auf die einzelnen Rauschanteile verschiedenartig, weshalb auch die Zusammensetzung des Rauschens aus den drei Anteilen die Filterwahl wesentlich beeinflußt.

Schließlich wird der Rauschabstand noch von der Signalhöhe bestimmt, weshalb die Verminderung der Impulshöhe durch das Filter (die wir schon in 2.3.1.5 diskutierten) ein wichtiger Faktor ist. Solange die Impulshöhe weniger verringert wird als das Rauschen, bringt ein Filter einen größeren Rauschabstand.

Für eine solche Untersuchung ist es aber günstig, zur äquivalenten Rauschladung überzugehen. Wir erhalten dann:

$$\text{a)}\qquad Q_{iR}^2 = \frac{q_e \bar{i}}{\pi} \frac{\tau_0}{p_{iR}^2}, \qquad [4.1.135\ \text{a}]$$

$$\text{b)}\qquad Q_{RV}^2 = \frac{2\,kT\,R_{\ddot{a}}C^2}{\pi \cdot \tau_0\, p_{RV}^2}, \qquad [4.1.135\ \text{b}]$$

$$\text{c)}\qquad Q_F^2 = AC^2/p_F^2. \qquad [4.1.135\ \text{c}]$$

τ_0 bedeutet dabei die Zeitkonstante des Tiefpasses, durch den die Auflösungszeit bestimmt ist und auf die somit die Frequenzabhängigkeit normiert wurde. In p_{iR}^2, p_{RV}^2 und p_F^2 sind die Eigenschaften des impulsformenden Netzwerkes enthalten.

Da die Rauschbeiträge von Fall zu Fall verschieden sind, läßt sich kein für alle Fälle optimales Filter angeben. Deshalb ist in Tab. 4.1.1 die Wirkung verschiedener Filter auf jede der Rauschkomponenten getrennt angegeben. Da bei der Berechnung des Rauschabstandes auch die Änderung der Impulshöhe wesentlich eingeht, ist auch der Impulshöhenreduktionsfaktor p berücksichtigt. Die Werte aus der Tab. 4.1.1 sind für die Praxis noch nicht ohne weiteres verwendbar, da die Größe der einzelnen Beiträge individuell verschieden ist. Weiters muß der Einfluß der erhaltenen Impulsform auf die Arbeitsweise des Impulshöhenanalysators berücksichtigt werden.

Tabelle 4.1.1. *Zahlenwerte zur Formel [4.1.135] für verschiedene Filter. Eingeklammerte Werte bedeuten Differentiation mit einer Verzögerungsleitung. (Nach Goulding)*

τ_{diff}	1. τ_{int}	2. τ_{int}	3. τ_{int}	p	$1/p_{tR}$	$1/p_{RV}$	$1/p_F$
τ_0	τ_0	—	—	0,37	0,76	0,76	0,61
(τ_0)	τ_0	—	—	0,63	0,54	0,71	0,52
τ_0	τ_0	τ_0	—	0,27	0,90	0,52	0,59
$2\tau_0$	τ_0	τ_0	τ_0	0,36	0,78	0,57	0,58
τ_0	τ_0	$2\tau_0$	$2\tau_0$	0,30	0,86	0,52	0,59
(τ_0)	τ_0	$2\tau_0$	$2\tau_0$	0,39	0,74	0,58	0,57

Da auch die Linienverbreiterung infolge zeitlicher Überlappung von Impulsen von der Impulsform abhängt, müssen bei höheren Zählraten Filter verwendet werden, die das Rauschen nicht so stark reduzieren, dafür aber Impulsformen hervorrufen, bei denen die Überlappung nur klein ist (s. 6.1.2). Dies geschieht z. B. durch doppeltes Differenzieren (2.3.1.5). Das doppelte Differenzieren mit Verzögerungsleitungen erhöht weißes Rauschen um den Faktor $\sqrt{3}$ gegenüber einmaligem Differenzieren, denn die konstante zeitliche Verzögerung bewirkt eine zeitliche Korrelation für die Überlagerung des reflektierten Rauschens mit dem Originalrauschen.

Die fortdauernden Verbesserungen an den Detektoren und den Vorverstärkern verlangen eine Überprüfung der Berechtigung, das thermische Rauschen des Eingangsnetzwerkes (repräsentiert durch R_L) zu vernachlässigen. Der einfachen Lösung, durch Kühlung des Eingangsnetzwerkes dessen thermisches Rauschen zu vermindern, stellen sich manchmal praktische Schwierigkeiten entgegen, vor allem die starke Änderung des Widerstandes der verwendeten Kohleschichtwiderstände bei einer Abkühlung. Für eine Abschätzung des Einflusses von R_L auf das Rauschen mögen folgende drei Zahlenwerte dienen. Bei Zimmertemperatur und einem impulsformenden Netzwerk mit einer integrierenden und einer differenzierenden Zeitkonstante von je 1,5 μs beträgt die effektive Rauschladung bei $R_L = 5\,\mathrm{M\Omega}$ etwa 500 Ladungsträgerpaare, bei $R_L = 50\,\mathrm{M\Omega}$ etwa 200 und bei $R_L = 500\,\mathrm{M\Omega}$ etwa 100 Ladungsträgerpaare. Aus diesen Werten läßt sich im gegebenen Fall erkennen, wann auch R_L berücksichtigt werden muß.

Für minimales Rauschen in Vorverstärkern ist die ladungsempfindliche Eingangsstufe weniger geeignet als die ihr in Abb. 6.1.1 gegenübergestellte spannungsempfindliche, da das Eingangsnetzwerk sowohl mehr Streukapazität als auch mehr thermisches Rauschen verursacht. In der direkt gekoppelten spannungsempfindlichen Anordnung ist jedoch der mittlere Arbeitspunkt des Eingangs-FETs von der Zählrate abhängig, da der Gate-Strom gleich dem Detektorstrom ist. Infolgedessen ist eine derartige Anordnung nicht universell verwendbar.

Eine Messung des Rauschens am Ausgang eines Vorverstärkers erfolgt entweder mit einem Oszillographen, einem Effektivwertvoltmeter oder man bestimmt es aus der Verbreiterung der Linie, die von Testimpulsen einheitlicher Höhe stammt.

Mit einem Oszillographen läßt sich die Größe des Rauschens höchstens abschätzen. Eine Messung des Effektivwertes ist nicht möglich. Mit einem

Voltmeter, das auf die effektive Spannung geeicht ist und dessen Bandbreite ausreicht, erhält man aus der Anzeige bei Kenntnis des Ladung-Spannung-Umwandlungsfaktors K_{qu} des Verstärkers sofort die äquivalente Rauschladung Q_R. Steht ein geeichter, hochkonstanter Testimpulsgenerator zur Verfügung, so läßt sich, wie wir schon in 1.3.1.2 erwähnten, der Rauschbeitrag zur Linienbreite aus der Position und der Halbwertsbreite der durch die Testimpulse im Spektrum erhaltenen Linie ermitteln. Aus der Position der Linie und der Eichung des Testimpulsgebers erhält man die Halbwertsbreite Γ_R der Linie in eV, aus der die äquivalente Rauschladung Q_R (ausgedrückt in Ladungsträgerpaaren n_R) erhalten wird zu

$$n_R = \Gamma_R / 2{,}355\varepsilon \qquad [4.1.136]$$

mit ε = mittlere abgegebene Energie/Ionenpaar.

4.1.6. Harmonische Oszillatoren

In kernphysikalischen Meßgeräten werden harmonische Oszillatoren überwiegend als Zeitgeber verwendet, und zwar sowohl zur Synchronisation von Impulsfolgen als auch zur Messung von zeitlichen Abständen.

Da der Großteil der harmonischen Oszillatoren aus einem Verstärker und einem frequenzselektiven Mitkopplungsnetzwerk besteht, besprechen wir diese Oszillatoren im Anschluß an die linearen Verstärker. Gerade die Nichtlinearität des Verstärkers wird sich als ein wesentliches Element für die Aufrechterhaltung einer konstanten Schwingung herausstellen. Die andere Gruppe von harmonischen Oszillatoren, in der durch die negative Impedanz der Kennlinie eines Zweipols ein Schwingkreis entdämpft wird, wodurch ebenfalls eine konstante Schwingung erhalten werden kann, ist nur durch ein Beispiel vertreten. Wir werden jedoch zeigen, daß auch bei den Mitkopplungsoszillatoren eine (dynamische) negative Impedanz auftritt, weshalb zwischen den beiden Gruppen kein prinzipieller Unterschied besteht. Eine Schwingschaltung, die die negative Impedanz einer Tunneldiodenkennlinie ausnützt und die besonders für höchste Frequenzen (10^7 bis 10^9 Hz) geeignet ist, ist in Abb. 4.1.84 dargestellt.

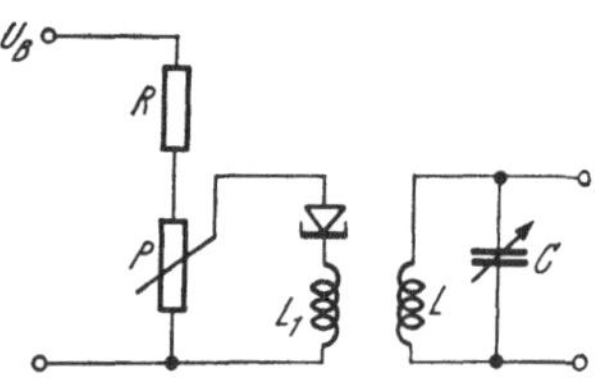

Abb. 4.1.84. Beispiel eines Tunneldioden-Oszillators

Die Arbeitspunkteinstellung der Tunneldiode TD erfolgt mit dem Potentiometer P so, daß die negative Impedanz der Tunneldiode über die Kopplung zwischen L_1 und L den Wirkwiderstand des durch L und C gebildeten Schwingkreises gerade aufhebt. Dadurch wird der Schwingkreis entdämpft und die z. B. durch das Einschalten des Gerätes angefachte Schwingung behält ihre Amplitude bei.

Bei den Mitkopplungsoszillatoren bestehen, wie wir bei der Betrachtung der dynamischen Stabilität von Gegenkopplungsschaltungen genauer ausführten, zwei Bedingungen für die Aufrechterhaltung einer in Amplitude und Frequenz konstanten Schwingung.

1. Das Signal am Eingang muß mit dem rückgeführten Signal in Phase sein.
2. Die Kreisverstärkung muß gleich eins sein.

Die Erfüllung der zweiten Bedingung läßt sich wegen der unvermeidbaren Verstärkungsschwankungen praktisch nur durch die Ausnützung der immer vorhandenen Nichtlinearität des Verstärkers erzielen. Das Vorhandensein einer Nichtlinearität bedeutet ja nichts anderes, als daß die Verstärkung amplitudenabhängig ist. Macht man nun die Kreisverstärkung für kleine Amplituden größer als eins, was auch für ein sicheres Anschwingen des Oszillators notwendig ist, so wird sich die Amplitude der Schwingung so lange vergrößern, bis auf Grund der Nichtlinearität die Kreisverstärkung gleich eins ist. Mit dieser Amplitude wird dann die Schwingung aufrechterhalten.

Die Wahl des Mitkopplungsnetzwerkes hängt von mehreren Faktoren ab. Zunächst bestimmt der verwendete Verstärker, ob die Phasenverschiebung im Mitkopplungsnetzwerk 180° (invertierender Verstärker) oder aber 0° betragen muß. Des weiteren bestimmen die Impedanzverhältnisse am Ausgang und am Eingang des Verstärkers den Aufbau des Mitkopplungsnetzwerkes, da sich diese Impedanzen auch auf die Phasendrehung auswirken. In den meisten praktisch durchgeführten Schaltungen wird der Verstärkereingang als Eingang eines Spannungsverstärkers behandelt, d. h. das Mitkopplungsnetzwerk ist verglichen mit der Eingangsimpedanz niederohmig.

Des weiteren spielen bei der Auswahl des Mitkopplungsnetzwerkes die Anforderungen an den Oszillator eine wesentliche Rolle. Je nach der gewünschten Frequenz, der Amplitudenstabilität, der Frequenzstabilität und der spektralen Reinheit (Oberwellenfreiheit) der Schwingung, wird man zu dieser oder jener Schaltung greifen. Nach den verwendeten passiven Bauteilen im Mitkopplungsnetzwerk unterscheiden wir *RC*-Oszillatoren und *LC*-Oszillatoren.

4.1.6.1. *RC*-Oszillatoren

Bei den *RC*-Oszillatoren wird die für die Mitkopplung erforderliche Phasenlage des rückgekoppelten Signals durch *RC*-Glieder erreicht. Wird ein invertierender Verstärker verwendet, so muß das Rückkopplungsnetzwerk eine Phasenverschiebung von 180° für die gewünschte Schwingfrequenz ω_s bewirken, invertiert der Verstärker nicht, so muß die Mitkopplung aller anderen Frequenzen außer ω_s durch geeignete Phasenverschiebung verhindert werden.

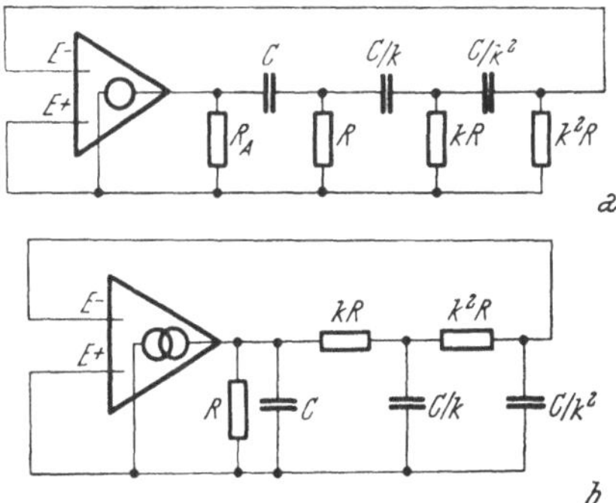

Abb. 4.1.85. Oszillator mit drei phasenschiebenden *RC*-Gliedern
a) bei einem Verstärker mit Spannungsausgang
b) bei einem Verstärker mit Stromausgang

Bei den in Abb. 4.1.85 dargestellten invertierenden Verstärkern benötigt man somit 3 *RC*-Glieder mit gleicher Zeitkonstante in der Rückkopplungsschleife, damit die Anordnung mit jener Frequenz ω_s schwingt, bei der die Phasendrehung je Glied gerade 60° beträgt. (Prinzipiell braucht man mindestens 2 RC-Glieder, um im Grenzfall eine Phasenverschiebung von 180° zu erhalten. Praktisch werden jedoch immer 3 RC-Glieder verwendet, da sich dadurch die Schwingfrequenz ω_s leichter einstellen läßt.) Die beiden Varianten in Abb. 4.1.85 nehmen insoweit Rücksicht auf den Verstärker, als sie sich der Ausgangsimpedanz Z_2 desselben anpassen. Ist Z_2 gegenüber der Impedanz der Rückkopplungsschleife klein, so wird man die unter *a* dargestellte Anordnung mit drei differenzierenden RC-Gliedern wählen, ansonsten aber die unter *b* gezeigte Anordnung mit drei integrierenden RC-Gliedern. Ist die Eingangsimpedanz (unter Berücksichtigung der Eingangskapazität!) für die gewünschte Schwingfrequenz ω_s nicht genügend groß, so muß sie ins Rückkopplungsnetzwerk einbezogen werden, wodurch die Überlegungen komplizierter werden.

Die drei RC-Glieder sind nicht gleich, sie haben jedoch gleiche Zeitkonstante. Durch die Wahl eines großen Proportionalitätsfaktors k erreicht man, daß die Belastung jedes RC-Gliedes durch das nachfolgende vernachlässigbar wird, so daß es ohne großen Fehler als isoliert angesehen werden kann.

In der integrierenden Anordnung steckt im R auch der Arbeitswiderstand R_A. R bildet mit C einen integrierenden Stromteiler (s. 2.3.1.3). Die Schwingfrequenz erhalten wir unter obigen Voraussetzungen im Fall *a* aus

$$\tan 60° = \sqrt{3} = 1/\omega_s RC$$

zu

$$f_s = 1/\sqrt{3}\, 2\pi RC \qquad [4.1.137\ a]$$

bzw. im Fall *b* aus

$$\tan 60° = \sqrt{3} = \omega_s RC$$

zu

$$f_s = \sqrt{3}/2\pi RC. \qquad [4.1.137\ b]$$

Die Spannungsverstärkung G_u muß in beiden Fällen $G_u > 8$ sein, damit die Anordnung schwingt, denn infolge der Halbierung der Spannung in jedem RC-Glied (bei einer Phasendrehung von 60°) beträgt der Rückkopplungsfaktor

$$|\beta(\omega_s)| = (1/2)^3 = 1/8. \qquad [4.1.138]$$

(Unter der „Spannungsverstärkung“ im Fall *b* verstehen wir das Verhältnis von Ausgangs- zu Eingangsspannung ohne Rückkopplungsnetzwerk, aber mit einem Arbeitswiderstand $R_A = R$.)

Die Einhaltung der Bedingung $k \gg 1$ bzw. die Gleichheit der Zeitkonstanten der RC-Glieder ist keine Voraussetzung für die Konstruktion eines RC-Oszillators. Bei Nichterfüllung ist die Analyse jedoch schwieriger und die benötigte Spannungsverstärkung größer.

Liegt ein Verstärker mit Stromeingang vor, so kann eines der beiden Rückkopplungsnetzwerke von Abb. 4.1.86 verwendet werden.

Bei einem nichtinvertierenden Verstärker sind das Eingangs- und das Ausgangssignal (im Idealfall) für jede Frequenz in Phase. Deshalb muß das Rückkopplungsnetzwerk so bemessen sein, daß für alle Frequenzen außer der gewünschten ω_s eine Phasenverschiebung eintritt, wodurch für diese

Frequenzen die Mitkopplung aufgehoben wird. In Abb. 4.1.87 ist ein nichtinvertierender Spannungsverstärker mit einem Rückkopplungsnetzwerk dargestellt, das nur bei einer Frequenz die Phasenverschiebung 0° hat, also

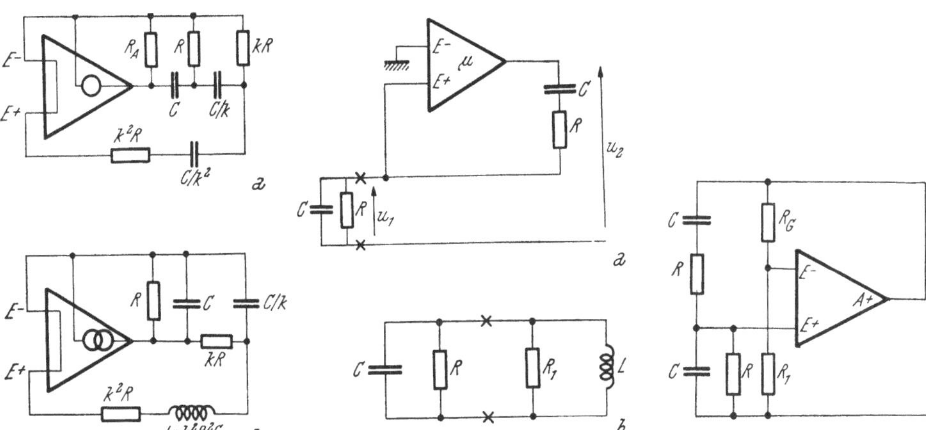

Abb. 4.1.86. Prinzipanordnungen für *RC*-Oszillatoren, wenn das aktive Element einen Stromeingang besitzt
a) bei einem Spannungsausgang
b) bei einem Stromausgang

Abb. 4.1.87. Selektive Mitkopplung bei einem nichtinvertierenden Verstärker
a) Prinzipschaltung
b) Ersatzschaltbild

Abb. 4.1.88. Prinzip des Wienschen Brückenoszillators

eine Mitkopplung gestattet. Die Übertragungsfunktion des Mitkopplungsnetzwerkes erhält man analog zu [4.1.55 a] mit $RC = \tau$ als

$$\beta(p) = u_1(p)/u_2(p) = p\tau/[p\tau + (1 + p\tau)^2]. \qquad [4.1.139\ a]$$

Ihr Amplitudenterm lautet

$$b(\omega) = \omega\tau/\sqrt{1 + 7\,\omega^2\tau^2 + \omega^4\tau^4} \qquad [4.1.139\ b]$$

und ihr Phasenterm

$$\varphi(\omega) = \arctan[(1 - \omega^2\tau^2)/3\,\omega\tau]. \qquad [4.1.139\ c]$$

Unter Vernachlässigung der Phasendrehung des Verstärkers erhält man nur für die Frequenz

$$f_s = \omega_s/2\pi = 1/2\pi RC \qquad [4.1.140]$$

Mitkopplung, d. h. nur dann ist $\varphi(\omega) = 0$.

Damit die Kreisverstärkung $G_K = \mu \cdot b(\omega_s)$ gleich eins ist, braucht die Verstärkung wegen $b(\omega_s) = 1/3$ nur $\mu = 3$ zu sein.

In der Praxis geht man so vor, daß man die stabilisierende Wirkung einer Gegenkopplung ausnützt, um die Eigenschaften des Oszillators (spektrale Reinheit, Stabilität der Amplitude und der Frequenz) zu verbessern.

Es werden beide Eingänge vom Ausgang her über eine Brücke angespeist, weshalb solche Anordnungen Brückenoszillatoren heißen (z. B. Wien-Brücke in Abb. 4.1.88). Ihre Aufgabe ist es, für eine einzige Frequenz an den beiden

Eingängen die gleiche Phasenlage aufrechtzuerhalten. Durch die Gegenkopplung läßt sich die Größe der Kreisverstärkung im Mitkopplungskreis relativ leicht einstellen.

Eine Amplitudenstabilisierung erfolgt am elegantesten dadurch, daß die Gegenkopplung mit temperaturabhängigen Widerständen durchgeführt wird. Beim Einschalten des Gerätes sind die Widerstände kalt, die Verstärkung ist größer als 3, somit wegen $b(\omega_s) = 1/3$ die Kreisverstärkung größer als 1, und der Oszillator schwingt an. Mit zunehmendem Ausgangssignal fließt über die Gegenkopplung immer mehr Strom und die Verlustleistung in den Widerständen R_G und R_1 erhöht deren Temperatur. Hat nun R_G einen negativen Temperaturkoeffizienten oder R_1 einen positiven, so stellt sich dann, wenn auf Grund des temperaturabhängigen Widerstandsverhältnisses die Kreisverstärkung der Mitkopplung genau 1 ist, ein Gleichgewicht ein. Die durch die stabile Schwingung im Widerstand umgesetzte Wärme ist dann genau so groß, daß diejenige Temperatur aufrechterhalten werden kann, bei der der Gegenkopplungsfaktor β des temperaturabhängigen Widerstandsnetzwerkes genau $\beta = 1/3$ ist.

An Hand der Abb. 4.1.87 wollen wir nun zeigen, daß mitgekoppelte Schwingschaltungen auch durch das Auftreten negativer Impedanzen erklärt werden können. Zu diesem Zweck entfernen wir das *RC*-Glied zwischen dem nichtinvertierenden Eingang und der Masse und untersuchen die Eingangsimpedanz der restlichen Anordnung, die aus einem Verstärker mit unendlicher Eingangsimpedanz (Z_1 ist im entfernten R enthalten) und verschwindender Ausgangsimpedanz besteht, bei dem über die Serie-Schaltung einer Kapazität C und eines Widerstandes R eine Mitkopplung besteht.

Wegen der unendlichen Eingangsimpedanz des Verstärkers muß der gesamte Eingangsstrom über den Mitkopplungszweig fließen. Daraus folgt (in komplexer Schreibweise)

$$u_1 - u_2 = u_1(1-\mu) = i_1(R + 1/j\omega C) \qquad [4.1.141\ a]$$

und

$$Y_1 = 1/Z_1 = i_1/u_1 = (1-\mu)(R - 1/j\omega C)/(R^2 + 1/\omega^2 C^2). \qquad [4.1.141\ b]$$

Die weitere Umformung mit $\omega_0 = 1/RC$ liefert

$$\begin{aligned} Y_1 &= -\frac{(\mu-1)}{R}\cdot\frac{1}{1+\omega_0^2/\omega^2} + \frac{(\mu-1)/j\omega CR^2}{1+\omega_0^2/\omega^2} = \\ &= Y(R_1) + Y(L). \end{aligned} \qquad [4.1.141\ c]$$

Der Eingangsleitwert läßt sich somit aufspalten in einen frequenzabhängigen reellen Anteil $Y(R_1)$ und einen Anteil $Y(L)$, dessen Frequenzverhalten das einer Induktivität ist.

$$R_1 = -R(1 + \omega_0^2/\omega^2)/(\mu - 1), \qquad [4.1.142\ a]$$

$$L = CR^2(1 + \omega_0^2/\omega^2)/(\mu - 1). \qquad [4.1.142\ b]$$

Wegen $\mu > 1$ ist R_1 negativ und man erhält das Ersatzschaltbild nach Abb. 4.1.87 *b* für den gesamten Oszillator.

Nach diesem Ersatzschaltbild bildet dieses L mit dem parallelen *RC*-Glied einen Schwingkreis, der dann mit konstanter Amplitude schwingt, wenn die Entdämpfung durch den negativen Widerstand vollständig ist, d. h. wenn gilt

$$R = -R_1 = R(1 + \omega_0^2/\omega^2)/(\mu - 1). \qquad [4.1.143]$$

Für die Resonanzfrequenz ω_s des Schwingkreises erhält man

$$\omega_s = 1/\sqrt{LC} = [(\mu - 1)/R^2C^2(1 + \omega_0^2/\omega_s^2)]^{1/2} = \\ = [(\mu - 1)/(1/\omega_0^2 + 1/\omega_s^2)]^{1/2}. \qquad [4.1.144]$$

Aus der Bedingung [4.1.143] für die konstante Amplitude der Schwingung mit ω_s erhält man

$$\omega_s^2 = \frac{\omega_0^2}{\mu - 2}, \qquad [4.1.144\,a]$$

und nach Einsetzen dieses Ausdrucks in [4.1.144] $\omega_s = \omega_0$, womit sich aus [4.1.144 a] $\mu = 3$ ergibt.

Diese Forderung ist völlig gleich derjenigen, die wir mit $|\beta A| = 1$ für die stabile Oszillation bei einer Mitkopplung stellten. Außerdem wird die gleiche Frequenz wie in [4.1.140] erhalten.

4.1.6.2. LC-Oszillatoren

Eine andere Möglichkeit der Frequenzauslese im Mitkopplungszweig besteht darin, die Mitkopplung über einen Resonanzkreis herzustellen. In Abb. 4.1.89 sind die beiden Arten von Resonanzkreisen dargestellt.

Der Parallelresonanzkreis heißt auch Stromresonanzkreis. Sein (komplexer) Leitwert läßt sich nach den im Kapitel 2 dargelegten Methoden leicht berechnen und beträgt

$$Y(j\omega) = i(j\omega)/u(j\omega) = \\ = R_s/(R_s^2 + \omega^2L^2) + j[\omega C - \omega L/(R_s^2 + \omega^2L^2)]. \qquad [4.1.145]$$

Dieser Leitwert hat sein Minimum bei

$$\omega C = \omega L/(R_s^2 + \omega^2L^2),$$

d. h. bei seiner Resonanzfrequenz

$$\omega_0 = \sqrt{1/LC - R_s^2/L^2} \approx \sqrt{1/LC}. \qquad [4.1.146]$$

Bei Resonanz ist die Impedanz des Parallelschwingkreises reell und hat auch den größten Betrag

$$R_0 = L/C\,R_s. \qquad [4.1.147]$$

Je kleiner R_s ist, desto größer ist die Güte $Q = \omega_0 L/R_s$ des Schwingkreises und desto geringer ist die Dämpfung. Für $R_s \to 0$ geht $R_0 \to \infty$, d. h. der Schwingkreis stellt keine Belastung für einen Generator dar.

Der Serienresonanzkreis nach Abb. 4.1.89 *b* heißt auch Spannungsresonanzkreis. Seine Impedanz ist gegeben durch

$$Z(j\omega) = u(j\omega)/i(j\omega) = R_s + j(\omega L - 1/\omega C). \qquad [4.1.148]$$

Im Resonanzfall mit

$$\omega = \omega_0 = \sqrt{1/LC} \qquad [4.1.149]$$

ist

$$Z(j\omega) = R_s, \qquad [4.1.150]$$

die Impedanz hat ihren minimalen Wert und ist reell.

Der Umstand, daß die Impedanz von Schwingkreisen genau bei einer Frequenz, der Resonanzfrequenz, reell wird, wird nun in Mitkopplungsschaltungen benützt, um für diese eine Frequenz die Phasenbedingung $\Delta\varphi = 0°$ bzw. 360° zu erreichen. Bei einer reellen Impedanz ist Strom und Spannung in Phase, so daß das Ausgangssignal eines nichtinvertierenden Verstärkers ohne Phasenverschiebung an den Eingang gelangen kann. Bei einem invertierenden Verstärker erhält man die benötigte Phasenverschie-

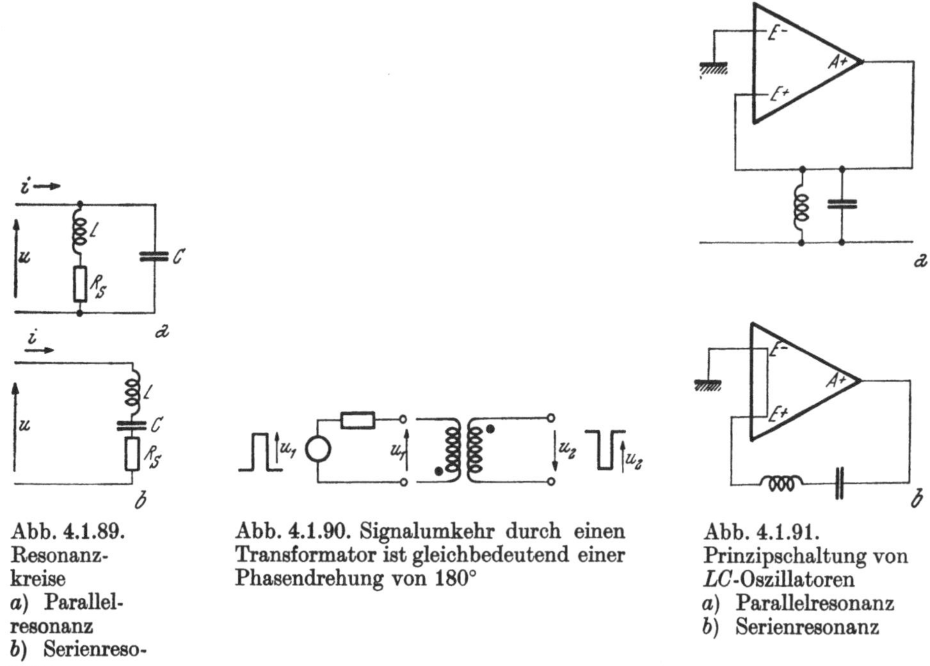

Abb. 4.1.89. Resonanzkreise
a) Parallelresonanz
b) Serienresonanz

Abb. 4.1.90. Signalumkehr durch einen Transformator ist gleichbedeutend einer Phasendrehung von 180°

Abb. 4.1.91. Prinzipschaltung von *LC*-Oszillatoren
a) Parallelresonanz
b) Serienresonanz

bung von 180° durch geeignete Aufspaltung von L und C bzw. über die induktive Kopplung zweier entgegengerichteter Spulen, wie es in Abb. 4.1.90 dargelegt wird.

Je nach der Art des Verstärkers benötigt man also einen Parallel- oder einen Serienschwingkreis im Rückkopplungszweig (s. Abb. 4.1.91).

Bei einem Spannungseingang sorgt ein Parallelresonanzkreis dafür, daß die zurückgeführte Spannung nur für die Resonanzfrequenz in Phase zum Ausgangsstrom ist. Außerdem hat der Mitkopplungsfaktor β für die Resonanzfrequenz ω_0 ein Maximum, da die Impedanz des Parallelschwingkreises bei ω_0 maximal ist.

Bei einem Stromeingang sorgt ein Serienresonanzkreis dafür, daß der dem Eingang zugeführte Strom nur für die Resonanzfrequenz ω_0 mit der

Ausgangsspannung in Phase ist. Bei ω_0 hat die Serieschaltung von L und C außerdem die geringste Impedanz, so daß der Mitkopplungsfaktor β für diese Frequenz ein Maximum annimmt.

In Abb. 4.1.92 sind vier oft verwendete Anordnungen von LC-Mitkopplungsnetzwerken dargestellt, und zwar mit dem aktiven Element in B-Konfiguration. Außer bei der Meißner-Schaltung fällt die E-Konfiguration jedoch mit der B-Konfiguration zusammen, so daß wir uns in diesen Fällen mit der Besprechung der Basisschaltung begnügen können.

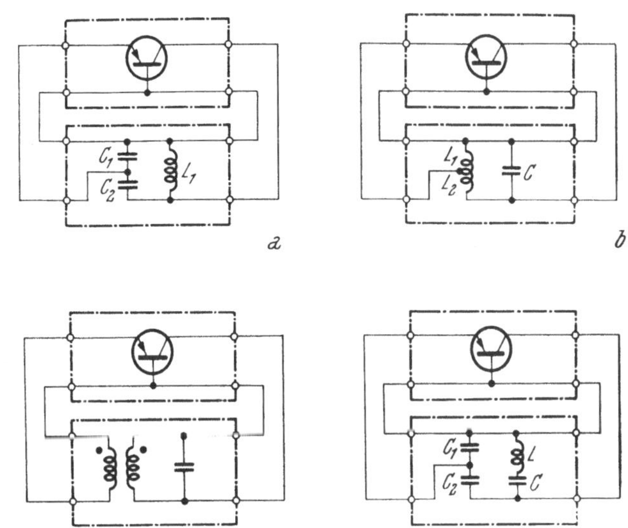

Abb. 4.1.92.
Vier gebräuchliche Typen von LC-Mitkopplung
a) Colpitts Schaltung
b) Hartley-Schaltung
c) Meißner-Schaltung
d) Clapp-Schaltung

Der Unterschied zwischen den vier Schaltungen liegt vor allem darin, wie die Mitkopplungsbedingung $|\beta A| = 1$ erreicht wird.

In der Colpitts-Schaltung wird eine kapazitive Teilung (C_1, C_2), in der Hartley-Schaltung eine induktive Teilung (L_1, L_2) und in der Meißner-Schaltung die Transformation über zwei gekoppelte Spulen verwendet. Beim Clapp-Oszillator handelt es sich um eine modifizierte Colpitts-Schaltung, doch benützt er als einziger unter diesen vier Schaltungen die Serienresonanz. Seine Frequenz ist weniger von den Eigenschaften des verwendeten Vierpols abhängig als die der Colpitts-Schaltung, weshalb er dieser oft vorgezogen wird. Unter Vernachlässigung der Wirkwiderstände im Mitkopplungszweig und unter Verwendung der h-Parameter des Transistors wird die Schwingfrequenz ω_s des Oszillators und die Selbsterregungsbedingung ($|\beta A| > 1$) wie folgt erhalten:

a) Colpitts:

$$\omega_s^2 \approx (C_1 + C_2)/LC_1C_2 + h_{22e}/C_1C_2h_{11e} \approx (C_1 + C_2)/LC_1C_2 \quad [4.1.151\,\mathrm{a}]$$

und

$$h_{21e} > C_2/C_1 + \Delta h_e C_1/C_2 \approx C_2/C_1. \quad [4.1.151\,\mathrm{b}]$$

b) Hartley:

$$\omega_s^2 \approx 1/[(L_1 + L_2 + 2M)C + (L_1L_2 - M^2)h_{22e}/h_{11e}] \approx$$
$$\approx 1/(L_1 + L_2 + 2M)C \quad [4.1.152\,\mathrm{a}]$$

und

$$h_{21e} > (L_1 + M)/(L_2 + M) \approx \frac{n_1}{n_2}, \qquad [4.1.152\text{ b}]$$

wobei M die Kopplung zwischen den beiden Spulen darstellt. Bei vollständiger Kopplung ($M = \sqrt{L_1 L_2}$) läßt sich wegen $L_k \sim n_k^2$ (mit n_k = Windungszahl der k-ten Spule) die Bedingung für eine sichere Selbsterregung auch durch das Verhältnis der Windungszahlen angeben.

c) Meißner:

In der Basisschaltung gilt

$$\omega_s^2 \approx \frac{1}{L_p C} \frac{1}{1 + (L_p L_s - M^2) h_{22b} / h_{11b} L_p C} \approx 1/L_p C \qquad [4.1.153\text{ a}]$$

und

$$|h_{21b}| > |L_p/(M + L_p)|, \qquad [4.1.153\text{ b}]$$

in der Emitterschaltung

$$\omega_s^2 \approx \frac{1}{L_p C} \frac{1}{1 + (L_p L_s - M^2) h_{22e} / h_{11e} L_p C} \approx 1/L_p C \qquad [4.1.154\text{ a}]$$

und

$$h_{21e} > L_p/M. \qquad [4.1.154\text{ b}]$$

d) Clapp-Oszillator (Serienresonanz von L und C):

$$\omega_s^2 \approx \frac{1}{LC} + \frac{C_1 + C_2}{L C_1 C_2} \qquad [4.1.155\text{ a}]$$

und

$$h_{21e} > C_2/C_1. \qquad [4.1.155\text{ b}]$$

Die Art des Schwingkreises beeinflußt entscheidend verschiedene Eigenschaften des Oszillators:

1. Er stellt das Mitkopplungsnetzwerk dar, weshalb seine Resonanzfrequenz und deren Stabilität für die Frequenz des Oszillators maßgebend ist.

2. Die Belastung des Oszillators wird gewöhnlich kapazitiv oder induktiv an den Schwingkreis gekoppelt. Deshalb ist er auch für den Wirkungsgrad der Schwingschaltung verantwortlich.

3. Er beeinflußt die Größe des Rauschens am Ausgang der Schaltung.

Die Stabilität der Eigenfrequenz eines Schwingkreises hängt von seinen Bauteilen ab. Als Induktivität wird meistens eine einlagige Spule verwendet. Sie muß geringe parasitäre Kapazität besitzen und einen möglichst großen Gütefaktor $Q_L = \omega_0 L/R$, da dieser praktisch den Gütefaktor des ganzen (unbelasteten) Schwingkreises bestimmt. Zur Erhöhung des Gütefaktors bzw. auch dann, wenn die Induktivität variabel sein soll, benützt man einen Ferritkern.

Ein Hauptgrund für die Temperaturabhängigkeit der Induktivität einer Spule ist die Zunahme ihres ohmschen Widerstandes mit der Temperatur ($\approx 4 \cdot 10^{-3}/°\mathrm{C}$ bei Cu!). Infolge des Skineffektes (s. 2.3.1.1) ändert sich mit dem Widerstand die Stromverteilung im Drahtquerschnitt und damit die Selbstinduktivität. Diese ist somit frequenz- und temperaturabhängig. Am besten ist es, diesen positiven Temperaturkoeffizienten der Spule durch einen entsprechenden negativen Temperaturkoeffizienten des Kondensators zu kompensieren. Dazu eignen sich vor allem keramische Kondensatoren, von denen es Typen mit verschiedensten Temperaturkoeffizienten gibt. Diese keramischen Kondensatoren haben infolge ihrer großen Dielektrizitätskonstante kleine mechanische Abmessungen, und ihr Aufbau ist induktivitätsarm. Die dielektrischen Verluste sind selbst bei hohen Frequenzen klein.

Versilberte Glimmerkondensatoren zeichnen sich durch einen kleinen Temperaturkoeffizienten ($+2 \cdot 10^{-5}/°C$), kleine parasitäre Induktivität und kleinen Leckstrom aus. Sie werden deshalb immer dann verwendet, wenn es auf kleinen Leckstrom oder aber auf hohe Temperaturstabilität des Kondensators ankommt.

Die Stabilität der Oszillatorfrequenz hängt aber nicht nur von L und C ab, sondern nach Formeln [4.1.151] bis [4.1.154] auch von der Stabilität von h_{11} und h_{22}. Der Einfluß dieser Parameter des aktiven Elementes kann auf zwei Arten vermindert werden. Einerseits durch eine entsprechende Dimensionierung des Mitkopplungszweiges (in [4.1.151 a] z. B. $(C_1 + C_2)/L \gg \gg h_{22b}/h_{11b}$), andererseits durch eine Verringerung der Wirkung von h_{22b} bzw. h_{11b} durch Parallel- bzw. Serienschaltung eines ohmschen Widerstandes,

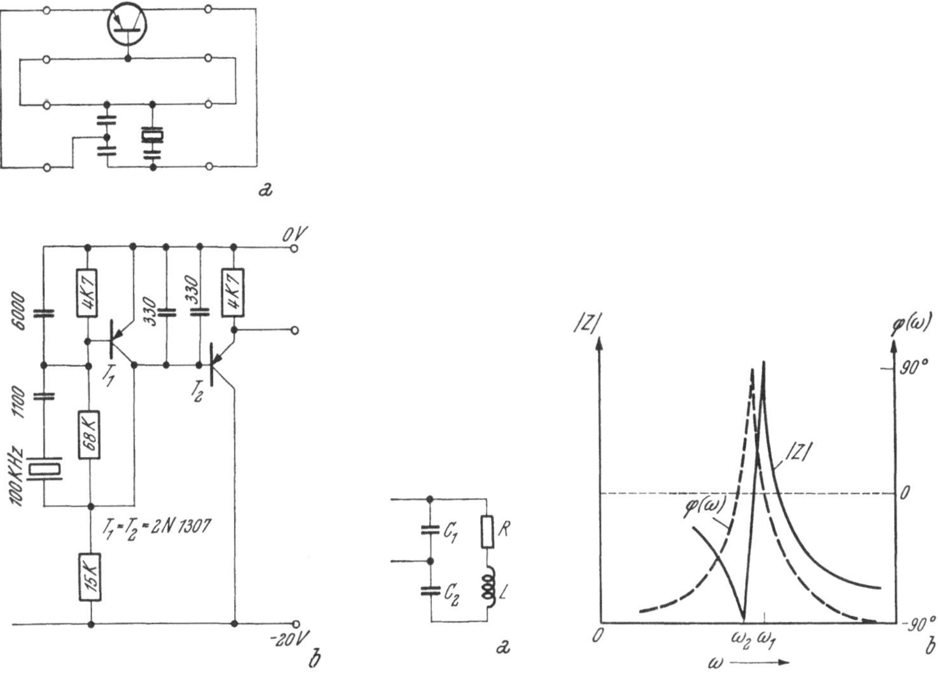

Abb. 4.1.93. Quarzoszillator
a) Prinzipschaltbild eines Clapp-Oszillators
b) praktisch realisierte Schaltung

Abb. 4.1.94. Schwingquarz
a) Ersatzschaltbild *b*) Amplituden- und Phasenterm

so daß dann die Änderung des Parameters den Gesamtwert kaum beeinflußt. Wenn es auf höchste Frequenzstabilität ankommt, verwendet man als frequenzbestimmendes Element des Mitkopplungsoszillators einen Schwingquarz (s. Prinzipschaltbild eines Clapp-Kristalloszillators in Abb. 4.1.93 *a*).

Aus dem Ersatzschaltbild des Schwingquarzes von Abb. 4.1.94 *a* erkennt man, daß beim Quarz sowohl Serien- als auch Parallelresonanz eintreten kann. In Abb. 4.1.94 *b* ist sowohl der Amplituden- als auch der Phasenterm der Impedanz eines Quarzoszillators dargestellt. Bei $\omega_1 = 1/\sqrt{LC_1C_2/(C_1+C_2)}$ tritt Parallelresonanz ein und bei $\omega_2 = 1/\sqrt{LC_2}$ Serienresonanz.

Während mit gewöhnlichen *LC*-Oszillatoren eine Stabilität besser als $10^{-5}/°C$ kaum erreicht wird, haben Quarzschwingkreise eine Güte $Q_L > 10^5$ und eine inhärente Temperaturstabilität, die viel besser als $10^{-6}/°C$ sein kann.

In Abb. 4.1.93 *b* ist ein einfacher 100-kHz-Oszillator dargestellt, wie er als Zeitreferenz in Zeitgebereinheiten (s. 6.2.1) Verwendung findet.

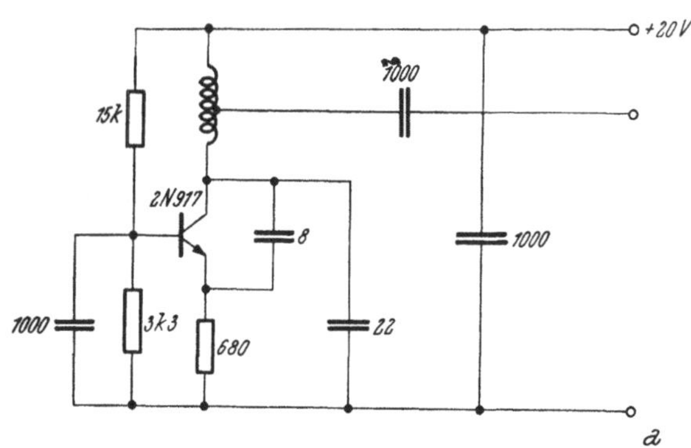

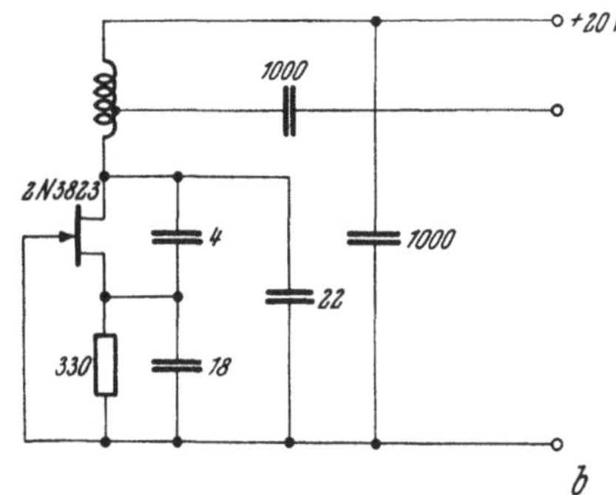

Abb. 4.1.95. Schaltungsbeispiel eines 100 MHz-Oszillators
a) mit einem Transistor
b) mit einem FET

Die beiden Oszillatoren von Abb. 4.1.95 arbeiten bei 100 MHz. Bei höheren Temperaturen (Gehäusetemperatur $T_G >$ etwa 70° C) übertrifft der FET-Oszillator den Transistoroszillator in bezug auf Temperaturstabilität.

4.2. Nichtlineare Verstärker

Wenn wir von der Impulsformung durch Übersteuerung eines Verstärkers (s. z. B. 5.3.2.1) absehen, gibt es zwei Gruppen von häufig verwendeten nichtlinearen Verstärkern:

a) Verstärker, deren Ausgangsspannung eine nichtlineare Funktion der Eingangsspannung ist (z. B. quadratischer oder logarithmischer Zusammenhang).

b) Verstärker, die erst ab einer bestimmten Mindesteingangsspannung den diese Spannung überschreitenden Wert linear verstärken.

Verstärker der ersten Art lernten wir in 4.1.3.5 kennen. Die anderen werden im folgenden besprochen.

4.2.1. Schwellenverstärker

Unter einem Schwellenverstärker (biased amplifier) versteht man einen Verstärker, der von einem Eingangssignal nur jenen Teil verstärkt, der eine bestimmte, vorgegebene Signalhöhe (die „Schwelle", threshold) übersteigt. Eine idealisierte Übertragungskennlinie ist in Abb. 4.2.1 dargestellt. Beim Einsetzpunkt U_{Sch} (cut-in point) beginnt der Verstärker linear zu arbeiten. Die Verstärkung hat im realen Fall für kleine Überschreitungen von U_{Sch} noch nicht denselben Wert wie im linearen Teil, weshalb die Kennlinie bei U_{Sch} abgerundet ist. Schwellenverstärker gehören also zur Klasse der C-Verstärker (s. 4.1.1.3) mit der Besonderheit, daß auf einen möglichst linearen Aussteuerungsbereich Wert gelegt wird. Deshalb wird oft eine (asymmetrische) Differenzverstärker-Anordnung (s. 4.1.1.6) verwendet, denn bei dieser wird die starke Sättigungsnichtlinearität vermieden. Außerdem kompensieren sich thermische Änderungen des Transistorpaares weitgehend. Durch das Einfügen einer Gegenkopplung (s. 4.1.2.1) läßt sich die Übertragungskennlinie im Aussteuerungsbereich linearisieren.

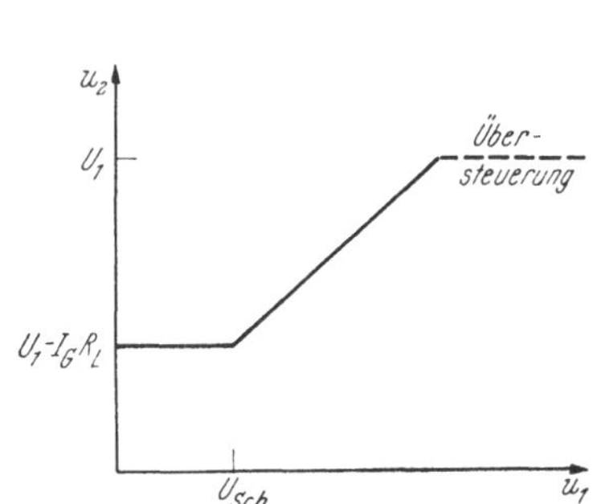

Abb. 4.2.1. Idealisierte Übertragungskennlinie eines Schwellenverstärkers

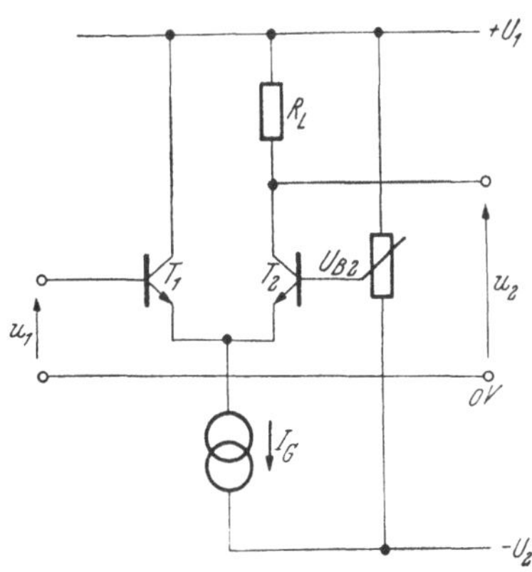

Abb. 4.2.2. Prinzip eines emittergekoppelten Schwellenverstärkers

Bei dem in Abb. 4.2.2 dargestellten Schwellenverstärker ist im Ruhezustand der Transistor T_2 leitend und T_1 gesperrt. Der Generatorstrom I_G fließt also über R_L, die Ausgangsspannung u_2 hat den Wert

$$u_{2r} = U_1 - I_G R_L. \qquad [4.2.1]$$

An diesem Wert ändert sich, solange die Schwelle U_{Sch} nicht überschritten wird, d. h. T_1 gesperrt bleibt, nichts.

Die Schwelle U_{Sch} ist bestimmt durch die (variable) Referenzspannung U_{B2} und die Differenz der Basis-Emitter-Spannung von T_2 im leitenden Zustand und von T_1 beim Übergang vom gesperrten in den leitenden Zustand

$$U_{Sch} = U_{B2} - U_{EB2(\mathrm{auf})} + U_{EB1(\mathrm{ein})}. \qquad [4.2.2]$$

Die Einsetzspannung (cut-in voltage) $U_{EB1(\mathrm{ein})}$ (bzw. allgemein U_{ein}) stellt die Grenze zwischen dem gesperrten und dem verstärkenden Zustand des Transistors dar. Obwohl eine echte Sperrung ($i_E = 0$) bei Zimmertemperatur erst mit etwa $u_{EB} = -0{,}1$ V (bei Ge) bzw. $u_{EB} = 0$ V (bei Si) erfolgt, ist die Zunahme des Kollektorstroms bis $u_{EB} = 0{,}1$ V (bei Ge) und $u_{EB} = 0{,}5$ V (bei Si) im allgemeinen so klein, daß man Spannungen von dieser Größe als die Einsetzspannungen der Transistoren ansieht.

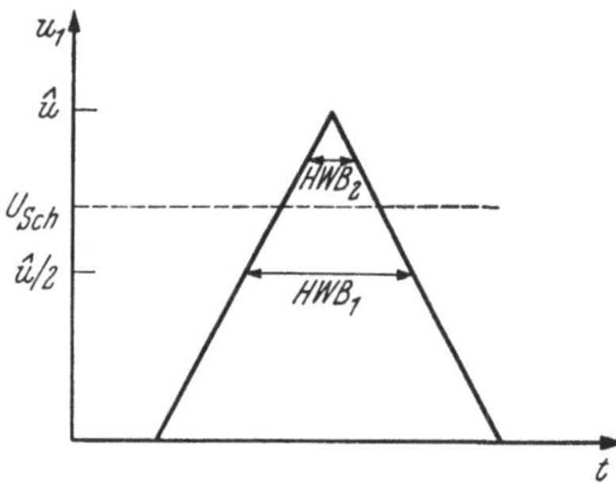

Abb. 4.2.3. Verringerung der Impulsbreite HWB bei Verwendung eines Schwellenverstärkers

Sobald die Spannung an der Basis von T_1 den Wert U_{Sch} überschreitet, wandert der Arbeitspunkt von T_1 aus dem C-Bereich in den Aussteuerungsbereich, T_1 arbeitet nun als Verstärker (in Kollektorschaltung) und steuert T_2 vom Emitter her an. Dadurch erhält man ein Ausgangssignal u_2, das der Spannungsdifferenz $u_1 - U_{Sch}$ proportional ist, d. h. das Eingangssignal u_1 wird bei U_{Sch} abgeschnitten und nur der darüber liegende Teil des Signals wird (linear) verstärkt (s. Abb. 4.2.3).

Drei Eigenschaften sind bei der Verwendung von Schwellenverstärkern (auch „Fensterverstärker", window amplifier) von besonderer Bedeutung:

1. Die Konstanz der effektiven Schwellenspannung U_{Sch} nach [4.2.2].
2. Die Güte der Linearität über den gesamten Aussteuerungsbereich, besonders in der Nähe der Einsetzspannung U_{ein} bzw. U_{Sch}.
3. Die Bandbreite des Verstärkers. Diese muß besonders dann berücksichtigt werden, wenn durch das Abschneiden des Signals die Impulsform bzw. Impulsbreite geändert wird. Beim Beispiel von Abb. 4.2.3 z. B. wird zur gleich guten Wiedergabe des abgeschnittenen Signals eine bedeutend größere Bandbreite des Systems benötigt, da die Impulsbreite bei gleicher Impulsform kleiner geworden ist (s. auch 4.1.5.6 und Tab. 2.2.1). Dieser Umstand macht es manchmal notwendig, die Ausgangsimpulse in geeigneter Weise zu formen (etwa zu verlängern, s. 4.5.2), ohne daß die in der Amplitude enthaltene Information zerstört wird.

4.2.2. Komparatoren

Ist die Verstärkung eines Schwellenverstärkers so groß, daß schon bei einer sehr kleinen Überschreitung der Schwelle der Verstärker am Ausgang übersteuert wird, so nennt man eine solche Anordnung Komparator. Obwohl kein prinzipieller Unterschied gegenüber einem Schwellenverstärker besteht, gehört der Komparator seiner Anwendung nach nicht mehr zu den analogen Schalteinheiten. Denn es sind nur zwei seiner Zustände von Interesse:

a) Ist das Eingangssignal u_1 kleiner als U_{Sch}, so ist am Ausgang die Ruhespannung u_{2r}.

b) Ist das Eingangssignal u_1 größer als U_{Sch}, so ist der Verstärker übersteuert.

Es gibt also nur zwei verschiedene Ausgangsspannungen (unter Vernachlässigung des sehr kleinen Eingangsspannungsbereiches, in dem der Komparator annähernd linear arbeitet), wobei die jeweils herrschende Spannung anzeigt, ob das Eingangssignal größer oder kleiner als U_{Sch} ist. Komparatoren werden deshalb zum Vergleich von Spannungsgrößen $(u_1 - U_{Sch})$ herangezogen.

In Abb. 4.2.4 ist die Schaltung eines Komparators dargestellt. Ist bei diesem die Spannung u_{11} kleiner als u_{12}, so wird T_3 kräftig geöffnet, wodurch T_4 in Sättigung getrieben wird und am Ausgang eine Spannung $u_2 > 0$ entsteht.

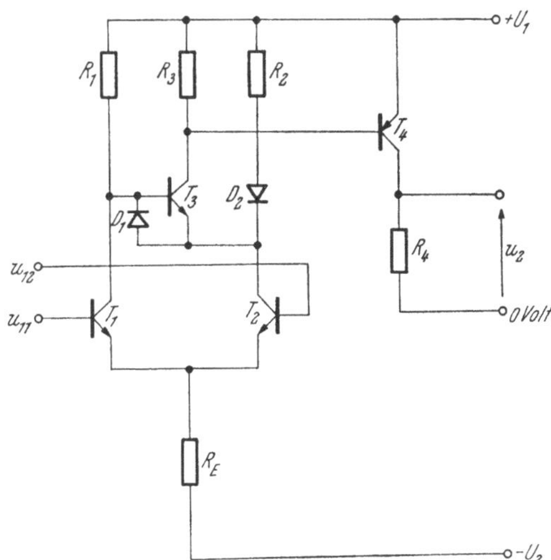

Abb. 4.2.4. Schaltung eines Komparators

Ist aber $u_{11} > u_{12}$, so öffnet D_1, und die Basis-Emitter-Strecke von T_3 ist mit der Durchlaßspannung von D_1 gesperrt. Da T_3 fast keinen Kollektorstrom über R_3 schickt, ist auch T_4 gesperrt (Emitter und Basis sind über R_3 verbunden) und die Ausgangsspannung u_2 ist nahe 0 Volt.

Der Widerstand R_3 darf nicht zu groß sein, damit der Spannungsabfall infolge des Reststroms von T_3 keine Rolle spielt und damit die Entladung der Eingangskapazität von T_4 nach einer Sperrung nicht zu lange dauert.

Die Diode D_2 hat zwei Funktionen: Sie macht die Schaltung symmetrischer, denn mit $R_1 = R_2$ (und $T_1 = T_2$) gilt dann bei $u_{11} = u_{12}$, daß u_{c2} um nahezu die Einsetzspannung U_{ein} von T_3 kleiner ist als u_{c1} und somit das Öffnen von T_3 genauer bei Gleichheit der beiden Eingangsspannungen erfolgt. Weiters kompensiert D_2 bei thermischer Kopplung und geeigneter Auswahl die Temperaturabhängigkeit von T_3.

Der Vorteil dieser Anordnung von T_3 liegt vor allem darin, daß infolge der Gegentaktansteuerung durch die beiden Kollektoren die Gleichtaktunterdrückung (s. 4.1.1.6 und 4.1.3) besser ist und die Spannungsverstärkung (um einen Faktor zwei) ansteigt. Da sich beim Übergang zwischen den beiden Zuständen die Kollektorspannungen von T_1 und T_2 nur um etwa $\pm 0{,}5\,\mathrm{V}$ ändern, kann nicht so leicht Sättigung eintreten. Diese kleine Spannungsänderung wirkt sich auch positiv auf die Schnelligkeit der Anordnung aus, da die parasitären Kapazitäten schneller auf diese Spannungen umgeladen werden können.

In manchen Anwendungen reicht die auf diese Weise erhaltene Eingangsimpedanz nicht aus. Dann kann durch eine Darlington-Anordnung oder durch die Verwendung von FET am Eingang Abhilfe geschaffen werden.

Da es sich bei den Komparatoren praktisch um übersteuerbare (bzw. übersteuerte) Differenzverstärker handelt, sind nicht nur die bei den Differenzverstärkern besprochenen Eigenschaften (s. 4.1.1.6 und 4.1.3.2) von Interesse, sondern auch die spezifischen Komparatoreigenschaften:

1. Auflösung bzw. Empfindlichkeit: Es handelt sich dabei um jenen Bereich der Eingangsspannung, in dem der Komparator linear verstärkt, in dem also die Ausgangsspannung auch andere Werte als die beiden gewünschten Spannungsniveaus annimmt. Durch eine große Verstärkung kann dieser Bereich unter 1 mV gehalten werden.

2. Erholzeit: Nach einer Übersteuerung spricht der Komparator erst mit einer Verzögerung auf ein neues Signal an, da die Umladung aller Kapazitäten eine endliche Zeit benötigt. Die Verzögerung ist um so kleiner, je kleiner die Übersteuerung war.

3. Flankensteilheit des Ausgangssignals: Die Form (und somit auch die Flankensteilheit) des Ausgangssignals wird vor allem durch denjenigen Teil des Eingangsimpulses bestimmt, der in den kleinen Bereich der linearen Verstärkung fällt. Bei vorgegebener Größe dieses „Aussteuerungsbereiches" ist die Flanke also um so steiler, je größer der Eingangsimpuls ist, also je größer die Übersteuerung ist.

Bei einem gegebenen Komparator läßt sich die Empfindlichkeit durch eine Erhöhung der Verstärkung mit Hilfe einer Mitkopplung steigern. Wird dabei die Kreisverstärkung $|G_K| \geq 1$, so erhält man eine Kippschaltung (s. 5.5.4).

4.3. Stromgeneratoren

In 2.1.4.3 wurde ein idealer Stromgenerator dadurch charakterisiert, daß der Ausgangsstrom i_2 vom Lastwiderstand R_L unabhängig ist. Im realen Fall gilt jedoch die Gl. [2.1.20], nach der sich die Abhängigkeit vom Generatorwiderstand R_G wie folgt schreiben läßt:

$$i_2 = i_G / (1 + R_L / R_G). \qquad [4.3.1]$$

Daraus sieht man, daß i_2 um so unabhängiger von R_L ist, je größer R_G in bezug auf R_L ist.

Ein direkter Weg zur Herstellung eines Stromgenerators besteht also darin, den Strom von einer Spannungsquelle über einen Vorwiderstand R_G zu beziehen, der um einige Größenordnungen größer als der verwendete Lastwiderstand R_L ist. Dieser Weg ist jedoch unökonomisch und oft überhaupt nicht gangbar, denn die benötigten Spannungen sind hoch und außerdem ist der Wirkungsgrad sehr klein, da die Verlustleistung am Vorwiderstand R_G um Größenordnungen größer ist als die Nutzverlustleistung am Widerstand R_L.

Die Nachteile einer solchen Schaltung lassen sich umgehen, indem man die dynamische Impedanzerhöhung durch Rückkopplung (s. 4.1.2.3 und 4.1.3.7) ausnützt. In einer Mitführschaltung wird nach [4.1.49] der Widerstand R dynamisch auf den Wert

$$R_G = R_{\text{dyn}} = R/(1 - |G_K|) \qquad [4.3.2]$$

erhöht. Man erhält also bei einer um den Faktor $1/(1 - |G_K|)$ verminderten Versorgungsspannung einen Stromgenerator gleicher Güte. Außerdem ist der Wirkungsgrad entsprechend größer. Ein Nachteil einer solchen „Bootstrap"-Anordnung ist es jedoch, daß R_G wegen der starken Abhängigkeit von G_K nicht auf einfache Weise sehr konstant gehalten werden kann.

Meistens realisiert man daher einen Stromgenerator durch ein Bauelement, das bei der gewünschten Stromstärke eine hohe (differentielle) Ausgangsimpedanz besitzt.

4.3.1. Der Transistor als Stromgenerator

Die große Ausgangsimpedanz eines Transistors erkennt man sofort daran, daß im Ausgangskennlinienfeld (Abb. 3.1.2) der Kollektorstrom bei gegebenem Basisstrom in einem weiten Bereich von der Kollektor-Emitter-Spannung nahezu unabhängig ist.

Die Anordnung von Abb. 4.3.1 stellt einen einfachen konstanten Stromgenerator dar. Die Größe des Generatorstromes I_G wird im wesentlichen durch die Referenzspannung der Zenerdiode ZD und durch die Größe des Emitterwiderstandes R_E bestimmt. Damit I_G möglichst temperaturunabhängig wird, wählt man eine Zenerdiode mit einer Durchbruchspannung bei 6 V als Referenz und kompensiert das Temperaturverhalten der Basis-Emitter-Strecke durch das ähnliche Verhalten der Durchlaßspannung von D, wozu D mit dem Transistor thermisch gekoppelt werden muß.

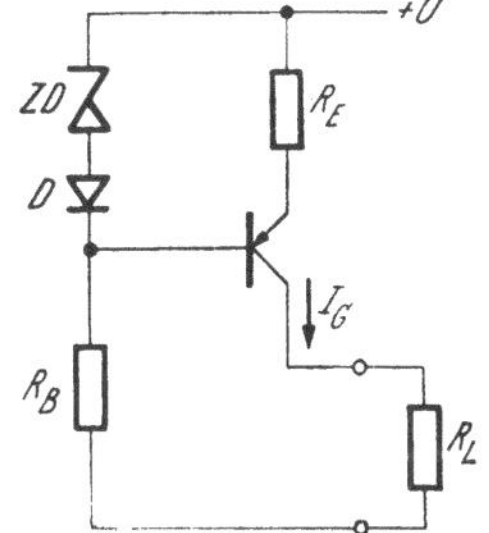

Abb. 4.3.1. Einfacher Stromgenerator mit einem Transistor

Auf diese Weise wird in erster Linie ein konstanter Emitterstrom aufrechterhalten. Dieser Emitterstrom ist sozusagen der Steuerstrom des Transistors, der also in Basisschaltung arbeitet, wodurch die höchsten Ausgangsimpedanzwerte ($> 10^6\ \Omega$) erreicht werden können.

Änderungen des Basisstroms infolge einer Änderung von h_{FE} (mit der Temperatur) wirken sich zur Gänze auf den Kollektorstrom aus. Eine

Änderung des Basisstroms hat aber noch eine weitere Wirkung: Da er über die Referenzspannungsquelle fließt und deren Impedanz größer als 0 Ω ist, ändert er die Referenzspannung und beeinflußt auch auf diesem Wege die Größe des Kollektorstromes. Deshalb baut man oft mehrstufige Stromgeneratoren, bei denen die Belastung der Referenzspannung vernachlässigbar ist (s. auch Abb. 4.3.2).

Abb. 4.3.2. Zweistufiger Stromgenerator zur Verminderung der Belastung der Spannungsreferenz

Durch den Einsatz von FET lassen sich alle Fehler, die mit dem Eingangsstrom zusammenhängen, vermeiden.

4.3.2. Steuerung von Stromgeneratoren

Manchmal besteht die Aufgabe, den von einem Generator gelieferten Strom eine bestimmte Zeit lang abzuschalten. Dies kann auf zwei prinzipiell verschiedene Arten geschehen: entweder durch das Öffnen eines Serienschalters (Abb. 4.3.3 *a*) oder durch das Schließen eines Parallelschalters (Abb. 4.3.3 *c*).

Als Schalter kommen dabei die verschiedensten Elemente in Frage (s. 5.2). So wird in Abb. 4.3.3 *b* eine Diode D_S verwendet und in Abb. 4.3.3 *d* ein Transistor T_S. Ist die Steuerspannung an der Anode der Diode D_S so groß, daß die Diode leitet und den gesamten durch R_E fließenden Strom aufbringt, so ist $i_E = 0$ und der Stromgenerator ist gesperrt. Dazu muß $u_1 > U_{Ref}$

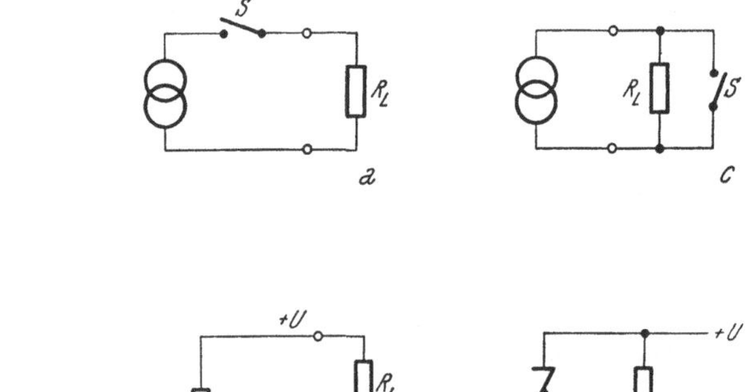

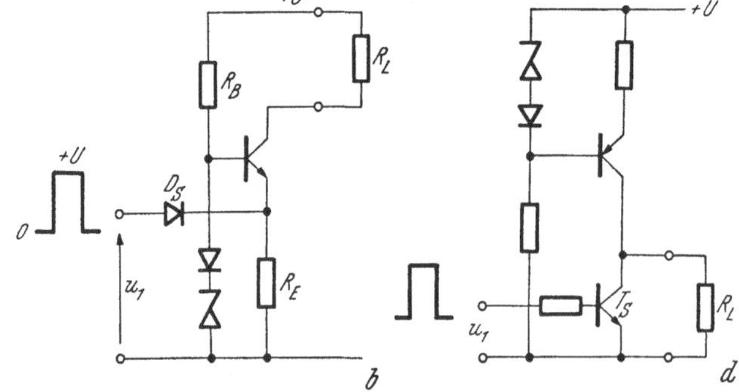

Abb. 4.3.3. Abschalten eines Stromgenerators
a) und *c*) Prinzipien
b) und *d*) Ausführungsformen

sein. Bei der anderen Schaltung wird der Schalttransistor T_S durch ein positives Signal in Sättigung getrieben, so daß am Widerstand R_L nur die kleine Sättigungsspannung U_{CES} auftritt.

Der Nachteil eines Serienschalters ist, daß über seine Kapazität eine Durchstreuung des Signals erfolgen kann. Beim Parallelschalter kann vor allem seine nicht vernachlässigbare Leitfähigkeit im geöffneten Zustand, die parallel zur Generatorimpedanz liegt, stören.

Unzureichende Konstanz von Stromgeneratoren kann auf ungenügende Temperaturkompensation, Einfluß von Betriebsspannungsschwankungen auf die Referenzspannung und einen in bezug auf die Ausgangsimpedanz zu großen Lastwiderstand zurückzuführen sein. Bei gesteuerten Generatoren kommt im gesperrten Zustand noch der Fehler durch I_{CBO} und bei Schaltungen nach Abb. 4.3.3 *b* im leitenden Zustand der Fehler infolge des Sperrstroms der Diode D_S hinzu.

4.4. Lineare Gatter

Unter einem linearen Gatter (linear gate, transmission gate, sampling gate) versteht man eine Schaltung, die Signale während bestimmter Zeiten (während der Dauer der Schlüsselsignale) ungeändert durchläßt, sonst aber kein Ausgangssignal liefert. Bei einer solchen Anordnung sind vor allem zwei Fehlerquellen zu beachten:

a) Beeinflussung der Ausgangsspannung durch die Eingangssignale auch im gesperrten Zustand.

b) Veränderungen der analogen Information beim Durchgang durch das Gatter.

Die erste Fehlergruppe beruht vor allem auf kapazitiver Durchstreuung, d. h. auf ungenügende Isolation zwischen Eingang und Ausgang für hohe Frequenzen.

Die zweite Fehlergruppe macht sich vor allem durch das Auftreten eines Podests (pedestal) bemerkbar: Auch wenn die Eingangsspannung 0 Volt beträgt, ist die Ausgangsspannung im geöffneten Zustand des Gatters nicht so wie im gesperrten Zustand ebenfalls 0 Volt, sondern um die „Podest"-Spannung größer oder kleiner. Gatter, bei denen die Podest-Spannung gegenüber der verarbeiteten Signalgröße vernachlässigbar ist, sind als lineare Gatter brauchbar, denn nur dann enthalten die durchgelassenen Signale die ungestörte Primärinformation.

Zur Verwirklichung linearer Gatter gibt es zwei prinzipiell verschiedene Wege: entweder wird der Signalweg für die Zeit, in der kein Ausgangssignal entstehen soll, unterbrochen, oder aber der Gatterausgang wird solange kurzgeschlossen. Daraus ergeben sich die in Abb. 4.4.1 dargestellten Prinzipien des Serien- bzw. Parallelgatters. Statt des eingezeichneten mechanischen Kontaktes *S*, der geschlossen und geöffnet wird, werden fast ausschließlich elektronische Schalter (s. 5.2) verwendet, da nur diese eine ausreichende Schaltgeschwindigkeit besitzen.

Auf Grund der unvermeidbaren Schalterkapazitäten ergeben sich folgende Unterschiede zwischen den beiden Anordnungen: Beim Seriengatter erfolgt über den geöffneten Kontakt trotz Sperrung des Gatters eine Durchstreuung des Eingangssignals auf den Ausgang, beim Parallelgatter hingegen bewirkt die Schalterkapazität eine Integration des (durchgelassenen) Ausgangssignals.

4.4.1. Seriengatter

4.4.1.1. Diodengatter

Dioden sind als Serienschalter brauchbar, da sie im gesperrten Zustand sowohl eine kleine Kapazität als auch einen großen Widerstand besitzen. Allerdings kann es infolge der Nichtlinearität der Durchlaßkennlinie bei zu kleinem R_L zu einer Signalverformung kommen.

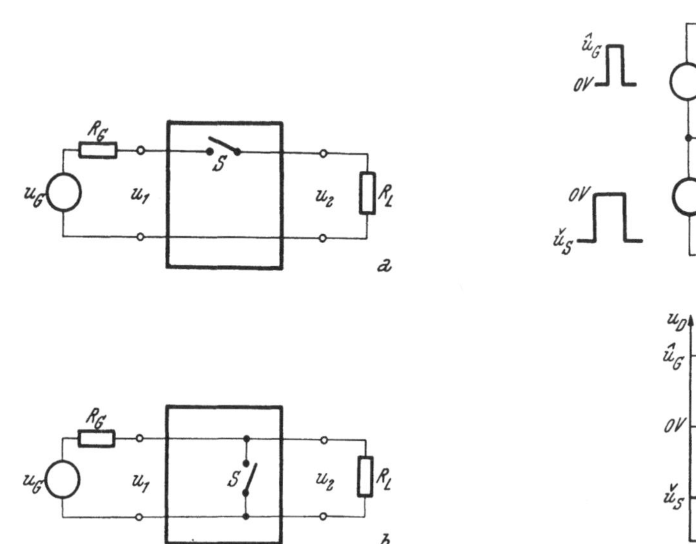

Abb. 4.4.1. Durchführungsarten von linearen Gattern
a) Seriengatter *b*) Parallelgatter

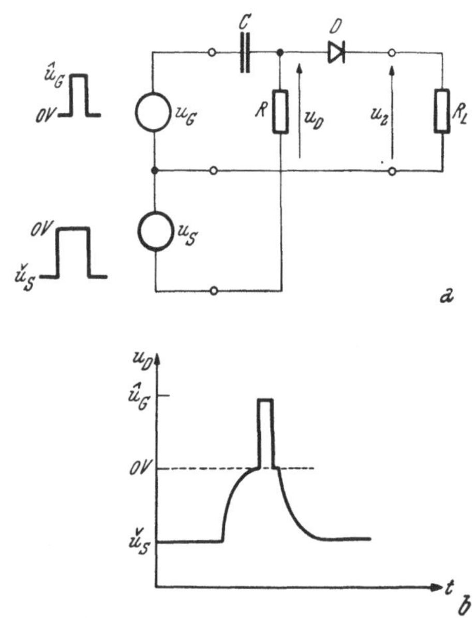

Abb. 4.4.2. Einfaches Diodengatter
a) Schaltung *b*) Verlauf von u_D

In Abb. 4.4.2 *a* ist ein einfaches Diodengatter dargestellt. Nur dann, wenn durch den Schlüsselimpuls u_S die Anode von D vorher auf $u_D = 0$ V gebracht wird, kann das Signal u_G über D (ungeschwächt) an den Ausgang gelangen. Diese einfache Anordnung hat folgende schwerwiegende Schwächen:

1. Der Schlüsselimpuls erhält infolge der Integration durch C eine lange Anstiegszeit (s. Abb. 4.4.2 *b*), so daß eine große Impulslänge erforderlich ist, damit kein Podest auftritt.

2. Der Schlüsselimpuls muß exakt die richtige Höhe haben, damit $u_D = 0$ wird und kein Podest entsteht.

3. Die beiden Generatoren sind über R und C miteinander gekoppelt.

Bessere Ergebnisse erzielt man mit Brückenanordnungen, doch werden bei diesen zwei Schlüsselimpulse entgegengesetzter Polarität benötigt. In Abb. 4.4.3 ist ein sogenanntes Vierdiodengatter dargestellt. Ohne Schlüsselimpulse sind die beiden Dioden D_5 und D_6 leitend, und zwar so stark,

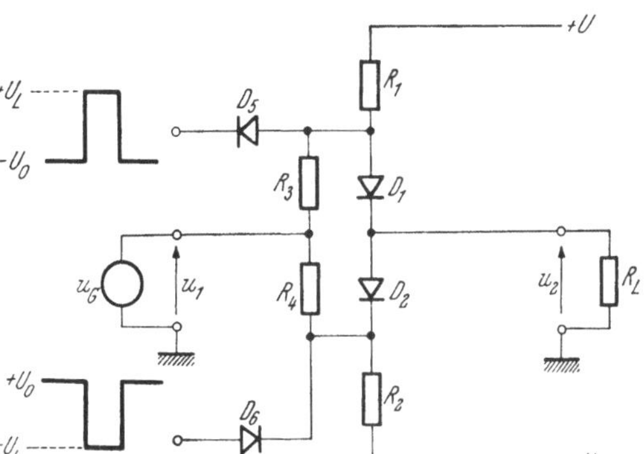

Abb. 4.4.3. Vierdiodengatter

daß die Dioden D_1 und D_2 sperren und durch R_L kein Strom fließt ($u_2 = 0$). Durch die beiden Schlüsselimpulse werden D_5 und D_6 gesperrt, so daß D_1 und D_2 öffnen. Die Ausgangsspannung bleibt bei entsprechendem Abgleich der vier Widerstände jedoch auf 0 Volt. Erst durch ein gleichzeitiges Eingangssignal $u_1 > 0$ V wird die Symmetrie der Anordnung gestört, und am Ausgang entsteht ein Signal. Damit die Stromänderung in den Dioden (und damit die Nichtlinearität) nicht zu groß ist, braucht man große Widerstände R_1, R_2 und R_L. R_3 und R_4 sollen größer sein als der Dioden-Durchlaßwiderstand R_D, schon allein deshalb, damit der Eingangsgenerator ohne Schlüsselimpulse nicht zu stark belastet wird.

Ersetzt man R_3 und R_4 in der Brücke durch die Dioden D_3 und D_4, so erhält man das Sechsdiodengatter, von dem eine praktische Ausführung in Abb. 4.4.4 dargestellt ist. Bei dieser sind zur Linearisierung der Dioden-

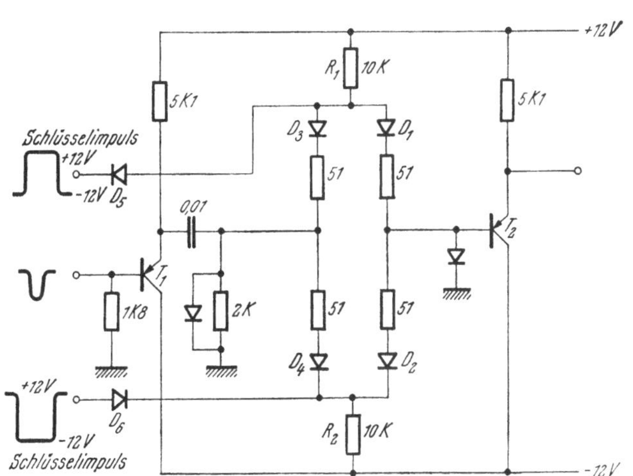

Abb. 4.4.4. Lineares Gatter mit einer Diodenbrücke (Sechsdiodengatter)

Kennlinie und zur Erleichterung des Symmetrie-Abgleichs 51-Ω-Widerstände in Serie zu den Dioden D_1 bis D_4 geschaltet. Bis Eingangsspannungen von etwa 6 Volt bleibt die Nichtlinearität dieses Gatters unter etwa 10^{-2}.

4.4.1.2. Transistorgatter

Auch bei Transistor-Seriengattern haben sich vor allem Brückenanordnungen zur Unterdrückung des Podests bewährt. Bei der Anordnung von

Abb. 4.4.5 *a* wird ein Differenzverstärker verwendet. Die Spannung U_V muß mit dem Potentiometer P so abgeglichen werden, daß der (negative) Schlüsselimpuls auf die Stromaufteilung im Differenzverstärker keinen Einfluß nimmt und somit am Ausgang kein Podest erzeugt. Das Eingangssignal kann nur während der Dauer des Schlüsselimpulses über D_1 an die Basis von T_1 gelangen und ein proportionales Ausgangssignal hervorrufen.

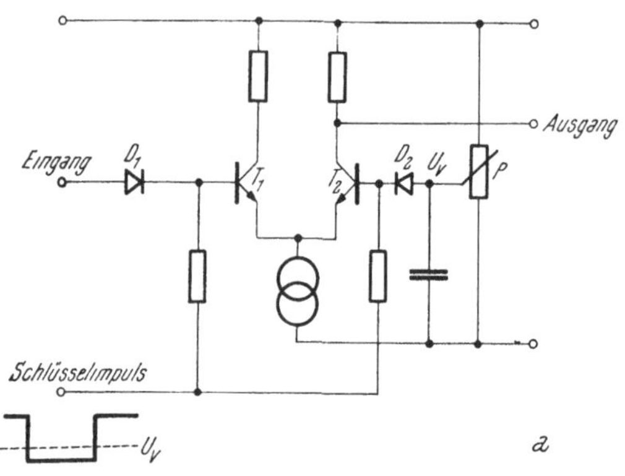

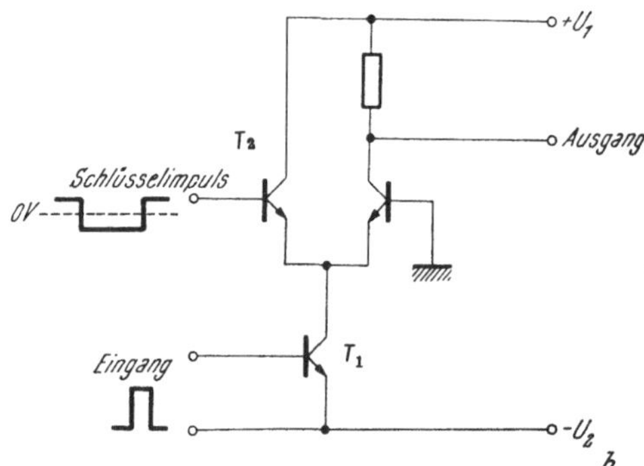

Abb. 4.4.5. Transistor-Seriengatter
a) mit Ruhestromkomponente
b) ohne Ruhestromkomponente

Bei der in Abb. 4.4.5 *b* gezeigten Variante enthält der Ausgangsstrom keine Ruhestromkomponente, wodurch die Anordnung einfacher wird. Durch das Eingangssignal wird der als Stromgenerator wirkende Transistor T_1 geöffnet. Nur dann, wenn T_2 durch einen Schlüsselimpuls gesperrt ist, wird ein Ausgangssignal erhalten.

4.4.1.3. FET-Gatter

Der Einsatz von FET als Serienschalter ist auf Grund zweier Eigenschaften der (Drosselungs-)FET möglich: Zunächst läßt sich durch eine Gate-Sperr-Spannung $> U_P$ der FET praktisch völlig sperren ($i_D < 10^{-8}$ A), also der Ausgang vom Eingang trennen, zum anderen haben FET im ohmschen Bereich einen Drain-Source-Widerstand r_{DS}, der unter $10^2\,\Omega$ liegen kann, wodurch der Eingang mit dem Ausgang niederohmig verbunden wird. r_{DS} ist bei $U_{GS} = 0$ am kleinsten, weshalb durch den Schlüsselimpuls dieser

Zustand hergestellt werden muß. Dies geschieht in Abb. 4.4.6 mit Hilfe eines Widerstandes R und einer Diode D_1. Ohne Schlüsselimpuls ist die Diode leitend und der FET mit $u_{GS} = -U_P$ gesperrt. Durch Eingangssignale u_G wird die Sperrung noch vergrößert ($|u_{GS}| = u_G + U_P$), was auf die Größe

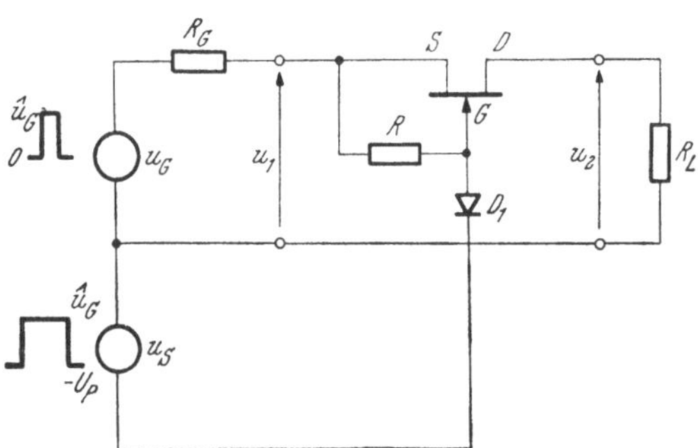

Abb. 4.4.6. FET als Serienschalter

des sehr kleinen Drainstroms i_D keinen merklichen Einfluß hat. Durch einen Schlüsselimpuls, der mindestens so groß wie die maximale Generatorspannung $\hat{u}_G$ sein muß, wird die Diode D_1 gesperrt, und da der Sperrstrom der Diode und des FETs sehr klein ist, fließt über R praktisch kein Strom, G und S sind auf gleichem Potential und der FET hat seinen minimalen Durchlaßwiderstand r_{DS}, wodurch Eingangssignale optimal zum Ausgang gelangen können.

Bei der Schaltung von Abb. 4.4.7 wird im leitenden Zustand die Bedingung $u_{GS} = 0$ V mit Hilfe von D_1 und der Basis-Emitter-Strecke von T_3 unabhängig von der Größe des Eingangssignals erfüllt. Ohne Schlüsselimpuls

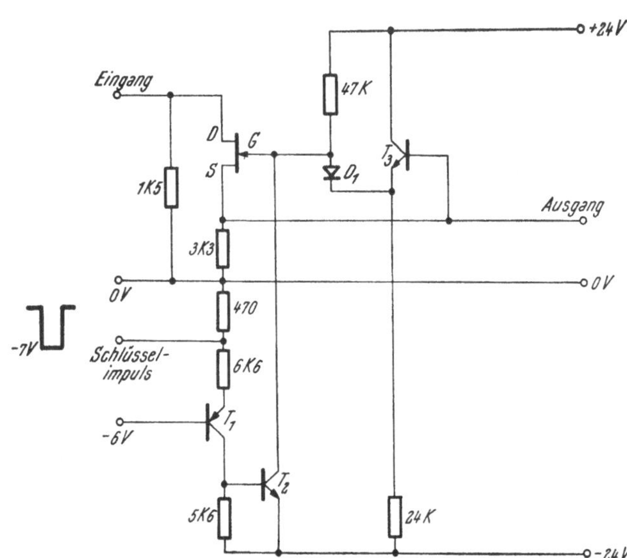

Abb. 4.4.7. Seriengatter mit einem FET

ist T_2 in Sättigung und der FET dementsprechend stark gesperrt. Durch den Schlüsselimpuls werden T_1 und T_2 gesperrt und T_3 stellt im Verein mit D_1 die Potentialgleichheit am Gate- und am Source-Anschluß her, so daß ein

Eingangssignal über den minimalen Widerstand r_{DS} zum Ausgang gelangen kann.

4.4.2. Parallelgatter

Bei den Parallelgattern kommt es vor allem darauf an, daß der Parallelschalter im leitenden Zustand einen besonders kleinen Innenwiderstand besitzt. Dieser kann bei (bipolaren) Transistoren wenige Ohm betragen, weshalb vor allem diese in Parallelgattern verwendet werden.

4.4.2.1. Parallelgatter mit Transistoren

In Abb. 4.4.8 ist ein schnelles lineares Gatter mit Impulsformer und Pufferverstärker dargestellt. Für die Gatterfunktion ist nur T_2 maßgebend. Im Ruhezustand ist dieser Transistor stark gesättigt ($I_B \approx 1{,}4$ mA,

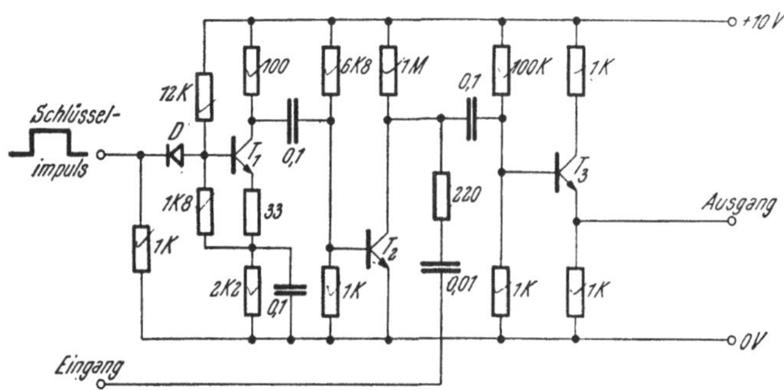

Abb. 4.4.8.
Schnelles lineares Gatter (Parallelgatter)

$I_C \approx 0{,}01$ mA), seine Ausgangsimpedanz liegt bei wenigen Ohm. Jedes Eingangssignal wird über den 220-Ω-Widerstand und die Ausgangsimpedanz geteilt, so daß als Eingangssignal für den Pufferverstärker nur ein vernachlässigbar kleiner Bruchteil des ursprünglichen Signals zur Verfügung steht.

Der Schlüsselimpuls wird zunächst über D und T_1 in seiner Höhe begrenzt: T_1 ist in Ruhe fast gesperrt, während über D ein Ruhestrom fließt. Durch ein Schlüsselsignal, dessen Höhe ausreicht, um D zu sperren, wird T_1 mit einem durch das Widerstandsnetzwerk bestimmten Basisstrom in Sättigung getrieben, wodurch ein negativer Ausgangsimpuls bestimmter Höhe entsteht. Für die Dauer dieses Ausgangsimpulses wird T_2 gesperrt. Die Impedanz des Parallelschalters im gesperrten Zustand besteht aus der Parallelschaltung des 1-MΩ-Widerstandes und der Ausgangsimpedanz des gesperrten T_2, sie ist also um einige Größenordnungen größer als die Eingangsimpedanz des Pufferverstärkers und daher gegenüber dieser vernachlässigbar. In diesem Fall gelangt ein Eingangssignal nur unwesentlich abgeschwächt an den Eingang des Pufferverstärkers und den Ausgang der Schaltung.

4.5. Lineare Änderungen an Impulsen

4.5.1. Impulsverzögerung

Für die Verzögerung analoger Signale finden vor allem Laufzeitketten (2.3.2.1) und Verzögerungskabel (2.3.3.2) Verwendung. Dabei kommt es zu einer Signalverformung, sofern die Bandbreite, die mit zunehmender Verzögerungszeit abnimmt, nicht ausreicht. Diese Verformung ist jedoch linear, d. h. Signale aller Größen werden gleichartig beeinflußt.

Kommt es nur darauf an, den Maximalwert eines Impulses für einen späteren Zeitpunkt zugänglich zu machen, ihn zu speichern, so wendet man besser einen Impulsverlängerer an.

4.5.2. Impulsverlängerung (Impulsdehnung)

Unter einem Impulsverlängerer (pulse lengthener, pulse stretcher) versteht man eine elektronische Anordnung, die zu jedem Eingangsimpuls einen bedeutend längeren (rechteckigen) Ausgangsimpuls liefert, dessen Höhe proportional zum Maximalwert des Eingangsimpulses ist. Das am häufigsten angewandte Prinzip ist in Abb. 4.5.1 dargestellt (s. auch 2.1.5.2):

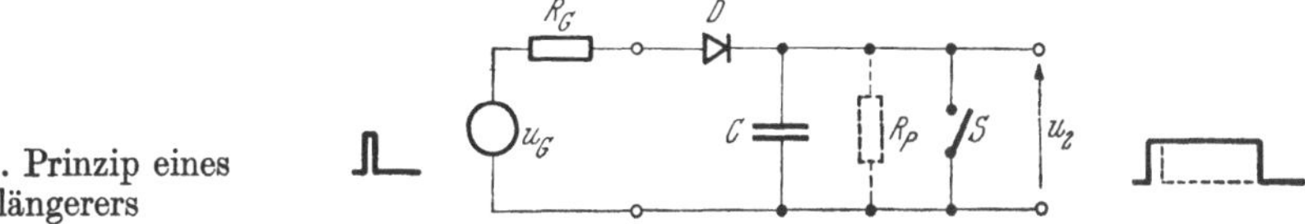

Abb. 4.5.1. Prinzip eines Impulsverlängerers

Der Kondensator C wird über die Diode D auf den Spitzenwert $\hat{u}_G$ von u_G aufgeladen. Die Aufladung von C bleibt so lange bestehen, bis C über den Schalter S entladen wird, worauf die Schaltung für das nächste Signal bereit ist.

Die drei wichtigsten Eigenschaften eines Impulsverlängerers sind:

1. Linearität,
2. Ansprechgeschwindigkeit,
3. Abfall des Ausgangssignals.

Nichtlinearitäten ergeben sich vor allem aus dem Verhalten der Diode: Auf Grund ihrer Kennlinie nimmt der Diodenstrom mit abnehmender Diodendurchlaßspannung immer mehr ab, so daß die Aufladung von C auf die letzten zehntel und hundertstel Volt sehr langsam erfolgt. Dauert dann der Maximalwert des Eingangssignals nicht genügend lange, so fehlt am Kondensator diese restliche Spannung. Ihr Fehlen stört bei großen Signalen weniger als bei kleinen, der Verlängerer ist also nichtlinear.

Die Ansprechgeschwindigkeit gibt an, wie kurz das Eingangssignal höchstens sein darf, damit der Kondensator auf den Maximalwert aufgeladen wird. Außer der Länge ist natürlich auch die Form des Eingangssignals wesentlich. Die endliche Aufladezeit von C ergibt sich vor allem aus dem endlichen Generatorwiderstand und dem endlichen Diodendurchlaßwiderstand. Je länger die Zeit ist, die zur Aufladung von C zur Verfügung steht (track time, sample time), desto genauer kann die Kondensatorspannung dem Eingangssignal folgen, desto kleiner ist also die Nichtlinearität.

Sobald die Eingangsspannung unter den Spitzenwert $\hat{u}_G$ gesunken ist, sperrt die Diode D und der Kondensator behält seine Spannung bei. In realen Schaltungen entlädt sich jedoch der Kondensator mit der Zeitkonstante CR_P. Im Parallelwiderstand R_P sind der Leckstrom des Kondensators, der Sperrwiderstand der Diode D, der Sperrwiderstand des Schalters S und eine allfällige Belastung des Ausgangs berücksichtigt. Durch die Entladung nimmt die Ausgangsspannung mit der Zeit ab. Die Entladung darf nur so klein sein, daß sie noch linear angenähert werden kann (s. [2.1.40]), d. h. der Ausgangsimpuls zeigt eine Dachschräge. Der Abfall (droop, decay) wird oft in V/s oder μV/μs angegeben. Um ihn möglichst klein zu halten, sollte man eine große Kapazität C verwenden. Dies wäre auch aus einem anderen Grund wünschenswert: Über die Kapazität der gesperrten Diode D wird die Kondensatorspannung (infolge kapazitiver Spannungsteilung) um so weniger durch das (kleiner werdende) Eingangssignal beeinflußt, je größer C verglichen mit der (kleinen) Kapazität C_D der gesperrten Diode ist ($C_D \approx 10^{-12}$ F). Zur Vermeidung einer längeren Ansprechzeit muß bei einer Vergrößerung des Kondensators aber auch die Strombelastbarkeit der Diode (und des Schalters S) erhöht werden.

Die Nichtlinearität des Impulsverlängerers läßt sich vermindern, wenn man die Diode im Rückkopplungszweig einer Gegenkopplung anordnet, denn dadurch wird ihr Durchlaßwiderstand dynamisch vermindert (s. 4.1.2.3 und 4.1.3.7), so daß der Kondensator rascher auf den Spitzenwert aufgeladen wird.

Statt der Diode kann auch ein Transistor verwendet werden, dessen Eingangskennlinie ja praktisch eine Diodenkennlinie ist. In Abb. 4.5.2 wird als Schalter ein gesteuerter Stromgenerator (T_2) verwendet. Zu Beginn des

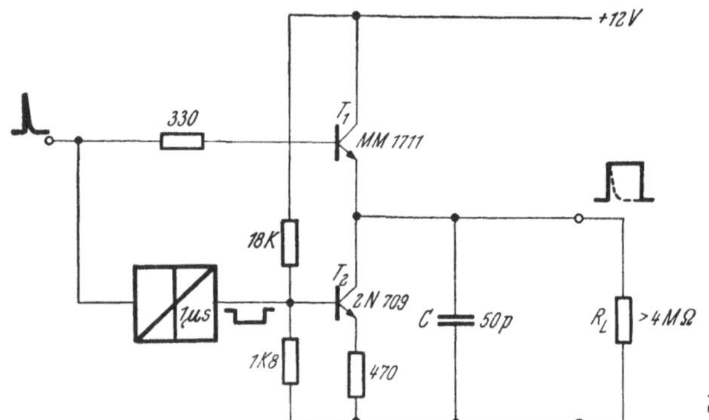

Abb. 4.5.2. Impulsverlängerer mit Transistoren

Eingangsimpulses wird T_2 gesperrt und diese Sperrung wird eine feste Zeit lang (1 μs) aufrechterhalten. (Die Funktion der hierfür verwendeten Schalteinheit wird in 5.5.1.2 behandelt.) Inzwischen folgt der Emitter von T_1 dem Eingangssignal, wodurch C aufgeladen wird. Fällt das Eingangssignal wieder ab, so sperrt T_1 (s. 4.1.1.4) und C bleibt aufgeladen, da parallel dazu nur zwei gesperrte p-n-Übergänge liegen. Erst wenn der Stromgenerator T_2 wieder aktiviert wird, entlädt sich C mit konstantem Strom (2 mA), d. h. es werden bloß 25 ns/V für die Entladung benötigt.

Ein Impulsverlängerer mit Gegenkopplung ist in Abb. 4.5.3 dargestellt. Ein positives Signal lädt über T_3 den Kondensator C auf. Die Spannung am Kondensator wird über den Gegenkopplungszweig (FET-T_4-T_2-T_1) mit dem Eingangssignal verglichen und möglichst rasch auf dessen Wert gebracht.

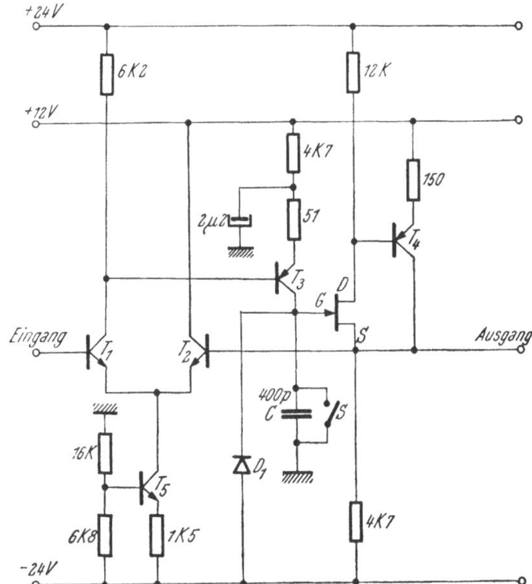

Abb. 4.5.3. Impulsverlängerer mit Gegenkopplung

Ist die Übereinstimmung gegeben, so liefert T_3 keinen Strom mehr (der Reststrom wird durch D_1 kompensiert). Sinkt nun das Eingangssignal, so müßte T_3 den Kondensator entladen, damit das Fehlersignal im Gegenkopplungszweig vernachlässigbar bleibt. T_3 wird jedoch durch das Fehlersignal gesperrt, der Gegenkopplungszweig ist unterbrochen und C bleibt auf dem maximalen Spannungswert des Eingangssignals, bis er durch den Schalter S entladen wird. Der Abfall der Kondensatorspannung ist sehr klein, da am Kondensator nur hochohmige Bauelemente angeschlossen sind. T_4 bildet zusammen mit dem FET einen Spannungsfolger (s. 4.1.3.4 und 4.1.4.1), über den der Ausgang niederohmig versorgt wird.

4.5.3. Impulskürzung

Im Zusammenhang mit kernphysikalischen Detektoren steht man immer wieder vor der Aufgabe, die vom Detektor gelieferten Stufenimpulse zu kürzen. Dies geschieht, wie wir ausführlich in 2.3.1.5 und 2.3.3.3 behandelten, durch „Differentiation“, entweder mit RC-Gliedern oder mit Verzögerungsleitungen.

Auch Impulse endlicher Länge lassen sich nach den gleichen Methoden kürzen. Die Impulsformung durch Differentiation bringt es jedoch mit sich, daß dabei auch Signalanteile entgegengesetzter Polarität entstehen, die unter Umständen stören.

Eine andere Methode, die es erlaubt, beliebige Stücke aus einem Signal herauszugreifen, dieses also zu „kürzen“, bedient sich eines linearen Gatters (s. 4.4): Vom Eingangssignal wird jener Teil durchgelassen, der zur Zeit des Schlüsselimpulses auftritt. In Digitalvoltmetern und Abtastoszillographen werden mit solchen Schaltungen die Signale „gesampelt“ (sampling oscilloscope).

4.6. Die Impulslänge als analoge Größe

Nicht nur die Höhe eines Impulses, sondern auch seine Länge ist kontinuierlich variabel, also eine analoge Größe. Da die Definition der Impulslänge bei (idealen) Rechteckimpulsen sich direkt aus der Anschauung ergibt, beziehen wir unsere Betrachtungen ausschließlich auf Rechteckimpulse. (Für beliebig geformte Impulse läßt sich eine Länge über die Auflösungszeit, s. 4.1.5.6, festlegen.)

Jedes Zeitintervall läßt sich elektronisch als Rechteckimpuls darstellen, weshalb auch diese analoge Größe von unseren Überlegungen betroffen wird.

Je nach dem vorliegenden Meßproblem läßt sich entweder die Impulslänge oder aber die Impulshöhe leichter feststellen. Deshalb ist oft eine Überführung der einen Größe in die andere notwendig. Dies geschieht durch die Erzeugung von Signalen, deren Größe proportional dem Zeitintervall ist.

4.6.1. Signale mit zeitproportionalen Anteilen

Die bekannteste Anwendung von zeitproportionalen Signalen ist die bei der Horizontalablenkung (Zeitbasis) eines Kathodenstrahloszillographen. Bei diesem ist die Ablenkung des Elektronenstrahls proportional der Spannung an den Ablenkplatten bzw. proportional dem durch die Wicklungen des Ablenkmagneten fließenden Strom. Eine zeitlich gleichförmige Ablenkung des Elektronenstrahls verlangt also eine linear mit der Zeit zunehmende Spannung bzw. einen ebensolchen Strom.

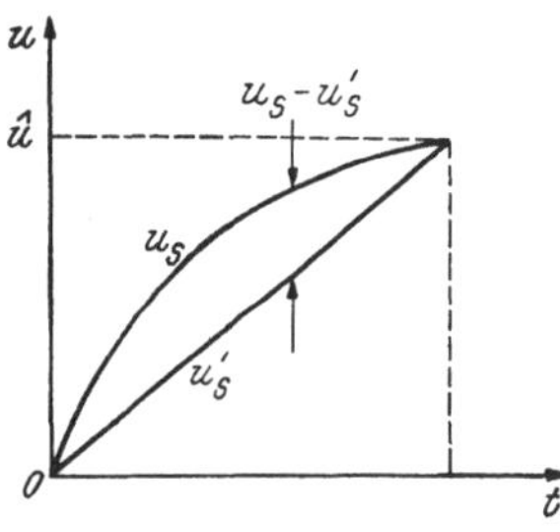

Abb. 4.6.1. Zur Definition des Ablenkungsfehlers

In der Kernphysik werden zeitproportionale Signale (Rampen- oder Sägezahnimpulse) vor allem zur Impulsgrößenmessung (s. 6.5.3) und zur Zeitintervallmessung (s. 4.6.2) benötigt. Für die Genauigkeit dieser indirekten Messungen ist die Güte der Proportionalität zwischen Impulshöhe und Zeitintervall (bzw. Impulslänge) entscheidend. Die Nichtlinearität eines Spannungssignals wird entsprechend Abb. 4.6.1 durch den Ablenkungsfehler $\varepsilon(\hat{u})$ angegeben:

$$\varepsilon(\hat{u}) = \frac{(u_s - u_s')_{\max}}{\hat{u}}.$$

Der Ablenkungsfehler ist also die größte Abweichung des realisierten Spannungsverlaufes u_s von einem idealen u_s', bezogen auf den größten in Betracht gezogenen Spannungswert $\hat{u}$.

Praktisch alle Schaltungen, mit denen linear ansteigende Signalverläufe erzeugt werden, beruhen auf der Integration eines Rechteckimpulses. Sie unterscheiden sich nur in der Art dieser Integration. Die Linearität hängt dabei nur davon ab, wie ideal der Rechteckimpuls ist und wie exakt die Integration erfolgen kann.

Bei der Güte des Rechteckimpulses kommt es hier weniger auf eine steile Flanke (kurze Anstiegszeit) als vielmehr auf die Konstanz der Amplitude an. Durch Schalter (s. z. B. 5.2), die eine hochstabilisierte Spannung aus- und einschalten, erhält man auch ohne allzu großen Aufwand Rechtecke mit hervorragender Amplitudenkonstanz.

Die Güte der Integration hängt letzten Endes davon ab, um wieviel die Integrationszeitkonstante größer ist als die Integrationszeit (z. B. die Länge des Rechteckimpulses). Damit haben wir uns ausführlich in 4.1.3.6 auseinandergesetzt.

In Abb. 4.6.2 sind die vier Grundschaltungen dargestellt, mit denen integrierte Signale erhalten werden können. Beim integrierenden Spannungsteiler von Abb. 4.6.2 *a* ist die integrierte Größe die sich am Kondensator

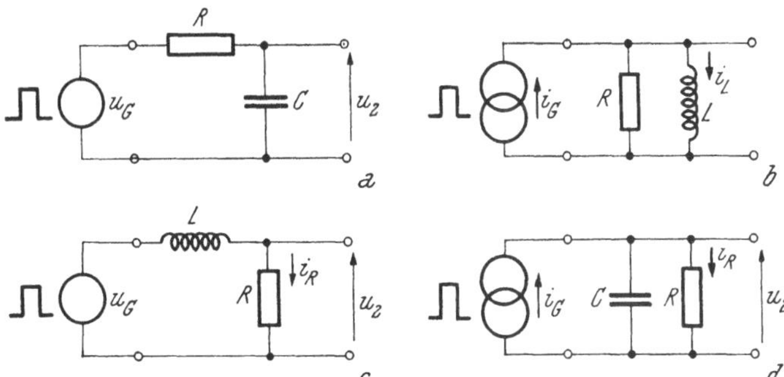

Abb. 4.6.2. Die vier Grundschaltungen zur Erzeugung integrierter Signale

aufbauende Spannung u_2, beim differenzierenden Stromteiler von Abb. 4.6.2 *b* ist der durch L fließende Strom i_L die integrierte Größe, in Abb. 4.6.2 *c* und Abb. 4.6.2 *d* sind wegen der Proportionalität zwischen i und u eines ohmschen Widerstandes sowohl die Ausgangsspannung u_2 als auch der über R fließende Strom i_R integrierte Größen.

Die Schaltungen von Abb. 4.6.2 *b* und Abb. 4.6.2 *c* gewährleisten ein integriertes Stromsignal durch eine Drossel L (bei Abb. 4.6.2 *c* gilt $i_R = i_L$!), weshalb diese Prinzipien bei der magnetischen Ablenkung von Kathodenstrahlen verwendet werden.

Hier beschäftigen wir uns nur mit Schaltungen nach dem Prinzip von Abb. 4.6.2 *a* bzw. Abb. 4.6.2 *d*, also mit Schaltungen, mit denen lineare Spannungsverläufe erzeugt werden können. Obwohl die beiden Schaltungen von Abb. 4.6.2 *a* und Abb. 4.6.2 *d* ineinander übergeführt werden können (s. 2.1.4.5), ist eine getrenne Behandlung sinnvoll, denn die Bedingung für eine ideale Integration ($RC = \infty$) kann im Fall *a* nur durch $C \to \infty$, im Fall *d* nur durch $R \to \infty$ erreicht werden. Unter diesen Bedingungen sind die beiden Schaltungen aber nicht mehr ineinander überführbar.

4.6.1.1. Integration von Spannungsstufen

Bei der Integration eines Stufenimpulses mit einem RC-Glied entsprechend Abb. 4.6.2 *a* erhält man eine exponentiell ansteigende Ausgangsspannung (s. 2.1.5.2). Wie die Reihenentwicklung der Exponentialfunktion zeigt, weicht ihr Verlauf für kleine t ($t \ll RC$) praktisch nicht von einer Geraden ab (s. [2.1.40]), weshalb man für die Erzielung eines zeitproportionalen Spannungsverlaufes nur diese Bedingung erfüllen muß.

Die Forderung nach einer großen Zeitkonstante RC kann am besten durch dynamische Impedanzen erfüllt werden. Eine dynamische Vergrößerung von C erfolgt dann, wenn C in einem Gegenkopplungszweig untergebracht ist (Millereffekt, s. 4.1.2.3). R kann durch eine Mitführschaltung (Bootstrapschaltung, s. 4.1.2.3 und 4.1.3.7) dynamisch erhöht werden. Die Integration mit einem operativen Verstärker (Miller-Integrator) wurde in 4.1.3.6 ausführlich behandelt.

Die Integration eines Rechteckimpulses der Länge T mit einer Zeitkonstante $RC \gg T$ liefert nicht einen Rampenimpuls, sondern der Impuls fällt nach dem (nahezu) linearen Anstieg mit der Zeitkonstante RC exponentiell ab, da sich C über R entlädt (s. z. B. Abb. 2.1.3 *b* mit $T = 0{,}2\ RC$). Einen Rampenimpuls erhält man dadurch, daß man diese Entladezeitkonstante (z. B. mit Hilfe einer Diode wie in 4.5.2) sehr groß macht. Bei der Erzeugung eines Sägezahnimpulses muß man dagegen, wie in Abb. 4.6.3 *a*,

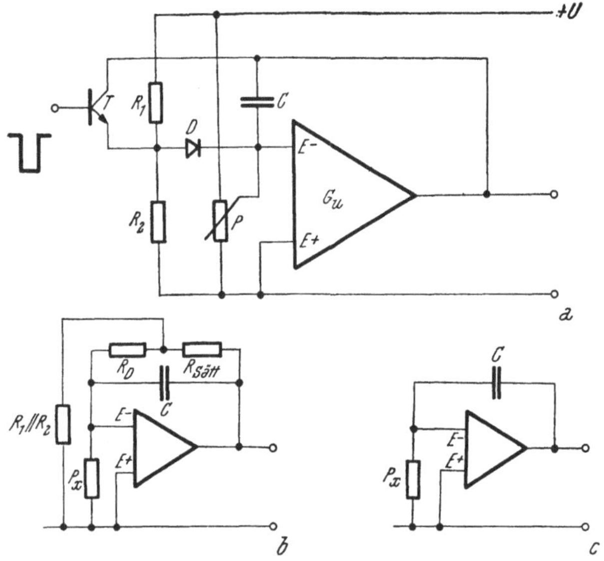

Abb. 4.6.3. Miller-Integrator zur Erzeugung von Sägezähnen
a) Prinzipschaltung
b) Gegenkopplung im Ruhezustand
c) Gegenkopplung während einer Sperrung von T

dafür sorgen, daß C möglichst schnell entladen wird. Bei dieser Schaltung ist im Ruhezustand der als Schalter wirkende Transistor T geöffnet (in Sättigung). Durch den über die Diode D und das Potentiometer P fließenden Strom stellt sich am invertierenden Eingang $E-$ die Ruheeingangsspannung u_{1r} ein. Wie aus der Ersatzschaltung (Abb. 4.6.3 *b*) ersehen werden kann, arbeitet der Verstärker proportionalintegrierend (s. 4.1.3.6), und zwar wegen der Kleinheit des Sättigungswiderstandes $R_{Sätt}$ und des Diodenwiderstandes R_D mit sehr kleiner Verstärkung (und einer kleinen Integrationszeitkonstanten).

Durch eine Sperrung von T wird (bei entsprechender Dimensionierung von R_1 und R_2) auch die Diode D gesperrt und die Eingangsspannung sinkt auf den durch P bestimmten Wert (Stufenimpuls). Für dieses Signal arbeitet nun wegen der vernachlässigbaren Leitfähigkeit des gesperrten Transistors (bzw. auch der Diode) der operative Verstärker als reiner Integrationsverstärker (s. Abb. 4.6.3 *c*), und man erhält am Ausgang eine linear ansteigende

Ausgangsspannung. Sobald das Eingangssignal jedoch beendet ist, überbrückt der wieder geöffnete Transistor (in Serie mit der Diode) den Integrationskondensator, und die Eingangsspannung nimmt rasch wieder ihren Ruhewert u_{1r} an. Da die Zeitkonstante in dieser proportionalintegrierenden Anordnung sehr klein ist, begibt sich auch die Ausgangsspannung rasch auf ihren Ruhewert. Als Antwort auf einen rechteckigen Eingangsimpuls erhält man also einen Sägezahn.

4.6.1.2. Integration von Stromstufen

Will man entsprechend Abb. 4.6.2 *d* möglichst ideal integrieren, so muß R sehr groß sein. In realen Schaltungen ist R immer vorhanden, denn auch wenn kein diskreter Widerstand R verwendet wird, so übernimmt die Generatorimpedanz R_G des Stromgenerators die Rolle von R. Daraus ergibt sich das häufig angewandte Prinzip von Abb. 4.6.4: Aufladung eines Kondensators mit dem konstanten Strom eines Stromgenerators (s. 4.3). Sobald der Schalter S geöffnet wird, fließt der Strom über den Kondensator C und lädt diesen mit dem konstanten Generatorstrom I_G linear auf. Wird der Schalter wieder geschlossen, so entlädt sich C über ihn, I_G fließt direkt zur Masse und die Ausgangsspannung u_2 fällt auf 0 Volt.

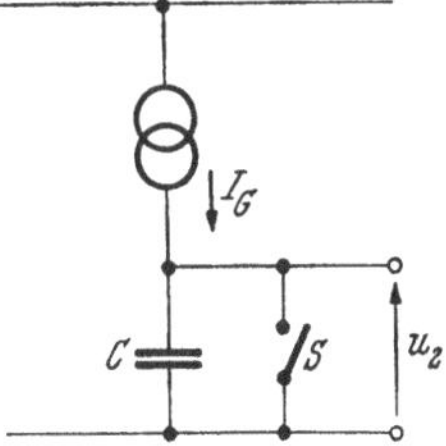

Abb. 4.6.4. Prinzip der Stromintegration zur Erzeugung von Sägezähnen

Bei der Realisierung des Stromgenerators werden vor allem zwei Wege beschritten: Entweder wird wie in Abb. 4.6.5 *a* die große Ausgangsimpedanz bestimmter aktiver Elemente (FET, Transistor, Pentode) zur Erzeugung eines konstanten Stromes verwendet (s. z. B. 4.3.1), oder aber man benützt wie in Abb. 4.6.5 *b* eine Mitführschaltung, um die Impedanz eines ohmschen Widerstandes R dynamisch zu erhöhen. Bei diesem „Bootstrap-Integrator" sollte die Spannungsverstärkung im Idealfall genau gleich eins sein, doch genügt oft die etwas kleinere Verstärkung eines Emitterfolgers. Da die Eingangsimpedanz Z_1 des Verstärkers parallel zu C liegt und deshalb die Integrationswirkung beeinträchtigt, muß Z_1 möglichst groß sein, weshalb die Anwendung eines FET zu empfehlen ist. Bei der Verwendung eines Emitterfolgers ist es wesentlich, daß der Lastwiderstand, der aus der Parallelschaltung von R_E, R_1 und dem dynamisch erhöhten Wert von R besteht, genügend groß ist, da sowohl Z_1 als auch G_u von ihm abhängen. Ist die Signaldauer nicht zu groß, so verwendet man im Mitkopplungszweig häufig statt der Zenerdiode von Abb. 4.6.5 *c* einen Kondensator.

4.6.2. Impulslängen-Impulshöhen-Wandlung

Die Messung einer Impulslänge läßt sich z. B. so bewerkstelligen, daß man sie in eine proportionale Impulshöhe überführt und diese, etwa unter Benützung eines Komparators (s. 4.2.2), mit einer variablen Referenzspannung vergleicht. Für diese indirekte Impulslängenmessung ist es also notwendig, die analoge Größe „Impulslänge" (bzw. „Zeitdifferenz") in die

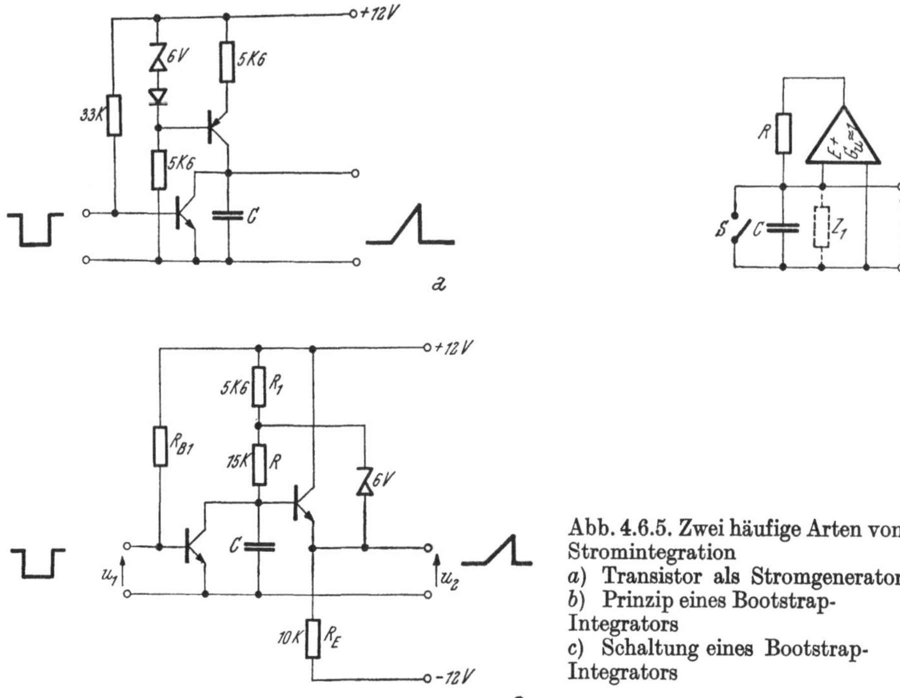

Abb. 4.6.5. Zwei häufige Arten von Stromintegration
a) Transistor als Stromgenerator
b) Prinzip eines Bootstrap-Integrators
c) Schaltung eines Bootstrap-Integrators

ebenfalls analoge Größe „Impulshöhe" überzuführen. Dies läßt sich am einfachsten durch Sägezahngeneratoren (s. 4.6.1) durchführen, denn bei diesen ist ja die momentane Signalgröße proportional der Signaldauer. Die entsprechenden Schaltungen werden Zeitdifferenz-Impulshöhen-Wandler bzw. Zeit-Amplituden-Konverter (time-amplitude-converter, TAC) genannt.

In Abb. 4.6.6 ist ein solcher TAC dargestellt, der Ausgangssignale liefert, deren maximale Höhe proportional der Überlappungszeit ΔT der beiden

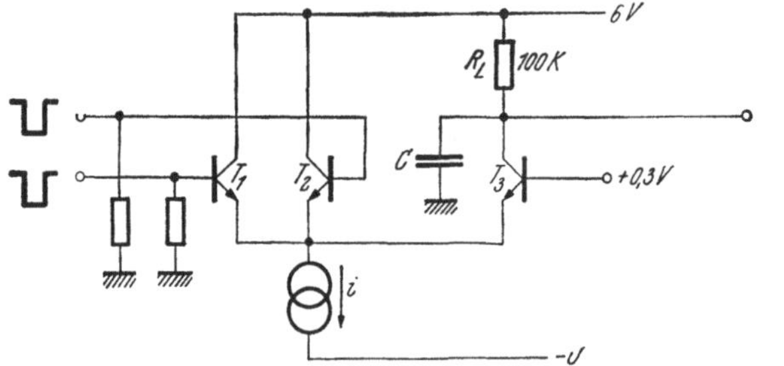

Abb. 4.6.6. Zeit-Amplituden-Konverter, dessen Impulshöhe am Ausgang proportional der Überlappungsdauer zweier rechteckiger Eingangsimpulse ist

Eingangsimpulse ist. Diese Anordnung ist jedoch nur für kleine Impulsdauern ΔT geeignet, da die Integrationszeitkonstante durch den nicht sehr großen Wert von R_L (und der parallel dazu liegenden Ausgangsimpedanz von T_3) in ihrer Größe beschränkt ist. Für ein präzises Arbeiten der Schaltung ist es auch notwendig, daß die Anstiegszeit der beiden Eingangsimpulse wesentlich kleiner als die Überlappungszeit ist.

4.6.3. Impulslängenmodulation

Unter Impulslängenmodulation versteht man die Umwandlung von Signalgrößen (z. B. von Spannungsniveaus) in proportionale Impulslängen. Eine einfache Methode besteht darin, die Zeit festzustellen, die ein Sägezahn (mit einer bestimmten Anstiegsrate bzw. Steigung) benötigt, um den vorgegebenen Spannungswert zu erreichen. Die Gleichheit der Sägezahnspannung mit der Eingangsspannung u_1 wird mit Hilfe eines Komparators festgestellt (s. Abb. 4.6.7; die Schalteinheit, welche das rechteckige Ausgangs-

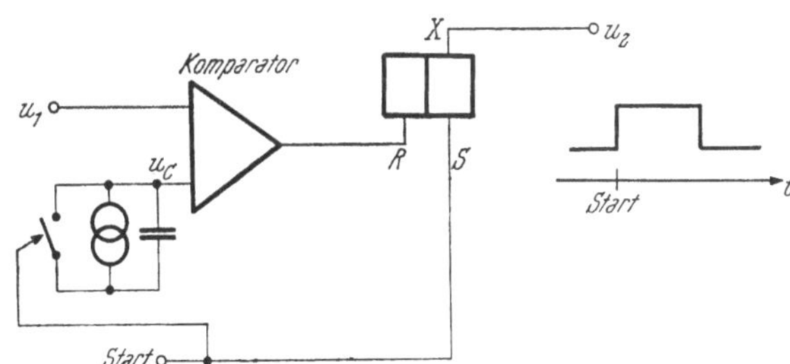

Abb. 4.6.7. Prinzip der Impulslängenmodulation

signal liefert, wird in 5.5.1.1 behandelt). Impulslängenmodulation wird vor allem im Zusammenhang mit Analog-Digital-Wandlern (s. 5.8.) angewendet.

4.7. Literatur

4.7.1. Verstärker (s. auch 3.4, 6.6.3 und 6.6.4)

TIETZE, U. und C. SCHENK: Halbleiter-Schaltungstechnik. Berlin: Springer, 1969.

RUPPRECHT, W.: Lineare Impulsverstärkung. Hamburg: Schenck, 1962.

JOYCE M. and K. CLARKE: Transistor circuit analysis. Reading, Mass.: Addison-Wesley, 1961.

PETTIT, J. M. and M. M. MCWHORTHER: Electronic amplifier circuits. New York: McGraw Hill, 1961.

THORNTON, R. D., C. L. SEARLE, D. O. PEDERSON, R. B. ADLER and E. J. ANGELO JR.: Multistage transistor circuits. SEEC Vol. 5. New York: Wiley, 1965.

HETTERSCHEID, W. T. H.: Designing transistor I. F. amplifiers. New York: Springer, 1966.

HATCH, K. F.: High stability nuclear pulse amplifier analysis. IEEE Trans. Nucl. Sci., NS **12**/1, 314 (1965).

HATCH, K. F.: Analysis and description of a high stability nuclear pulse amplifier. IEEE Trans. Nucl. Sci., NS **13**/1, 351, 767 (1966).

MIDDLEBROOK, R. D.: Differential amplifiers. New York: Wiley, 1963.

SLAUGHTER, D. W.: The emitter-coupled differential amplifier. IRE Trans. Circuit Theory, CT-**3**/1, 51 (1956).

WHITTAKER, J. K.: A simple current generator. Nucl. Instr. Meth. **39**, 183 (1966).

THOMASON, J. G.: Linear feedback analysis. New York: McGraw Hill, 1955.

TAYLOR, P. L.: Servomechanisms. London: Longmans, 1960.

BODE, H. W.: Network analysis and feedback amplifier design. Princeton, New Jersey: Van Nostrand, 1945.

REICH, H. J.: Functional circuits and oscillators. Princeton, New Jersey: Van Nostrand, 1961.

ARBEL, A. F.: The current routing amplifier: A novel circuit element. In: Proc. Symp. on Nucl. Instr., Hrsg. J. BIRKS. London: Heywood & Co., 1962, p. 210.
ARBEL, A. F.: Current operated nucleonic modules. Nucl. Instr. Meth. **32**, 341 (1965).
POENARU, D. N. und N. VILCOV: Analysis of some circuits used in amplifiers for semiconductor nuclear particle detectors. Nucl. Instr. Meth. **36**, 52 (1965).
SCHAPPER, M. A.: A high speed transistor amplifier. Nucl. Instr. Meth. **27**, 172 (1964).
RUSH, C. J.: New technique for designing fast rise transistor pulse amplifiers. Rev. Sci. Instr. **35**, 149 (1964).
LARSEN, R. N.: Transistor-biased amplifier utilizing current switching techniques. Nucl. Instr. Meth. **32**, 147 (1965).
COLLINGE, B.: A high stability amplifier for nuclear physics applications. Nucl. Instr. Meth. **35**, 313 (1965).
JACKSON, H. G.: 1 ns-risetime amplifier with direct coupling. Nucl. Instr. Meth. **33**, 161 (1965).
COLLINGE, B., C. WEST and G. H. LLOYD: A high stability amplifier for nuclear physics application. Nucl. Instr. Meth. **35**, 313 (1965).
COLI, M., S. LUPINI, V. SILVESTRINI and G. PENSO: A wideband, D.C. coupled, fast amplifier. Nucl. Instr. Meth. **33**, 298 (1965).
KATKIEWICZ, W.: Temperatur dependence of FET amplifiers used with junction detectors. CLOR-47/D.
MCMULLEN, CH. W.: Transistorized distributed amplifier. Rev. Sci. Instr. **30**, 1109 (1959).
FRÄNZ, K. and H. PAUKSCH: The stabilization of pulse amplitudes in amplifiers with negative feedback. Nucl. Instr. Meth. **27**, 125 (1964).

4.7.2. Operative Schaltungen

ERNST, D.: Elektronische Analogrechner, Wirkungsweise und Anwendung. München: Oldenbourg, 1960.
KORN, G. A. und T. M. KORN: Elektronische Analogierechenmaschinen (Gleichstromanalogrechner). Stuttgart: Berliner Union, 1960.
TRUITT, T. D. and A. E. ROGERS: Basics of analog computers. New York: Ridér, 1960.
ETERMAN, I. I.: Analogue computers. Oxford: Pergamon Press, 1960.
KARPLUS, W. J.: Analog simulation. New York: McGraw Hill, 1958.
MURRAY, F. J.: Mathematical machines, Vol. I. Digital computers, Vol. II. Analog devices. New York: Columbia University Press, 1961.
HUELSMAN, L. P.: Circuits, matrices and linear vector spaces. New York: McGraw Hill, 1963.
LINVILL, J. G.: Transistor negative impedance converters. Proc. IRE **41**, 725 (1953).
LARKY, A. I.: Negative-impedance converters. IRE Trans. on Circuit Theory, CT-**4**, 124 (1957).
FRANKLIN, D. P.: Direct-coupled negative-impedance converter. Electronics Letters **1**/1, 1 (1965).
LINVILL, J. G.: RC active filters. Proc. IRE **42**, 555 (1954).
SALLEN, R. P. and E. L. KEY: A practical method of designing RC active filters. IRE Trans. on Circuit Theory, CT-**2**/1, 74 (1955).
HIRAMOTO, T.: A logarithmic converter for nuclear pulses. Nucl. Instr. Meth. **32**, 141 (1965).
HORN, L. S. and B. J. KHASANOV: On transfer characteristic of logarithmic amplifier. Nucl. Instr. Meth. **40**, 267 (1966).
LUNSFORD, J. S.: Logarithmic pulse amplifier. Rev. Sci. Inst. **36**, 461 (1965).
BISHOP, S. R.: A logarithmic current to voltage amplifier with high sensitivity, stability and dynamic range, suitable for field application. IEEE Trans. Nucl. Sci. NS **13**/1, 602 (1966).
KAIFER, R. C.: A pulse multiplier using logarithmic diodes. NAS-NCR **40**, 140 (1964).
HIGHLEYMAN, W. H.: An analog multiplier using two FETs. IRE Trans., CS-**10**, 320 (1962).
MILLER, G. L. and V. RADEKA: Analogue multiplication with FETs. NAS-NRC **40**, 104 (1964).
HOGG, G. R. and K. H. LOKAN: An analog ratio circuit for fission fragment mass determination. Nucl. Instr. Meth. **33**, 319 (1965).
GERE, E. A.: A high speed analog pulse divider. IEEE Trans. Nucl. Sci. **11**/3, 382 (1964).
TSUKUDA, M.: A simple pulse voltage dividing circuit (ratio circuit) and its application to the fission fragments study. Nucl. Instr. Meth. **25**, 265 (1964).

4.7.3. Rauschen (s. auch 1.6.4)

PFEIFER, H.: Elektronisches Rauschen, Teil 1. Leipzig: Teubner, 1959.
ZIEL, A. VAN DER: Noise. Englewood Cliffs, New Jersey: Prentice Hall, 1954.
FREEMAN, J. J.: Principles of noise. New York: John Wiley, 1958.
SCHWARTZ, M.: Information transmission, modulation and noise. New York: McGraw Hill, 1959.
BURGESS, R. E.: Fluctuation phenomena in solids. New York: Academic Press, 1965.
DAVENPORT, W. B. and W. L. ROOT: Random signals and noise. New York: McGraw Hill, 1958.
JOLLY, W. P.: Low noise electronics. New York: Elsevier, 1967.
DISSING, E.: Fluctuation noise and device structure. IEEE Trans. Nucl. Sci. NS **15**/3, 471 (1968).
WAX, N., Hrsg.: Selected papers on noice and stoichastic processes. New York: Dover Publ., 1954.
BLACKBURN, J. A.: Statistical noise and spectral analysis. Nucl. Instr. Meth. **63**, 66 (1968).
GILLESPIE, A. B.: Signal, Rauschen und Auflösung in Zählverstärkern für die Kerntechnik. Berlin: VEB Verlag Technik, 1958.
ENDRESEN, W., Hrsg.: Low noise electronics. Oxford: Pergamon, 1962.
FONGER, W. H.: Noise in electrical devices. New York: Wiley, 1957.
Conference-Report, Noise in electronic devices. London: Chapman & Hall, 1961.
SCHUBERT, J.: Transistorrauschen im Niederfrequenzgebiet. A. E. Ü **11**, 331, 379, 416 (1957).
ZIEL, A. VAN DER and A. G. T. BECKING: Theory of junction diode and junction transistor noise. Proc. IRE **46**, 589 (1958).
ZIEL, A. VAN DER: Noise in junction transistors. Proc. IRE **46**, 1019 (1958).
SABIN, A. S., T. V. BLALOCK and J. F. PIERCE: An experimental study of noise in silicon planar transistors. TID-21939 (1963).
NUTT, R., T. V. BLALOCK and J. F. PIERCE: A transistor hybrid-pi noise model. TID-21933 (1962).
BLALOCK, T. V.: A survey and evaluation of the semiconductor noise literature. TID-21902 (1962).
BLALOCK, T. V. and J. F. PIERCE: Application of field-effect transistors in low-noise wideband voltage and charge-sensitive preamplifiers. TID-21901 (1963).
HILGER, U. E., T. V. BLALOCK and J. F. PIERCE: An evaluation of two proposed noise models for the field-effect transistor. TID-21924 (1963).
EBERHARDT, E. H.: Noise in PM-tubes. IEEE Trans. Nucl. Sci. NS **14**/2, 7 (1967).
SHARPE, J.: Dark current in PM-tubes. EMI-Doc. CP 5475.
TSUKUDA, M.: The effect of pulse shaping on the S/N ratio of pulse amplifiers for use with solid state radiation detectors. IRE Trans. Nucl. Sci. NS **9**, 63 (1962).
BERTOLACCINI, M., C. BUSSOLATI, S. COVA, I. DELOTTO and E. GATTI: A method for high resolution amplitude measurements in presence of noise and pile-up fluctuations. Nucl. Inst. Meth. **62**, 221 (1968).
BERTOLACCINI, M., C. BUSSOLATI und E. GATTI: Signal to noise ratio in nuclear pulse amplifiers with high repetition rates. Nucl. Instr. Meth. **42**, 286 (1966).
BLALOCK, T. V.: Minimum-noise pulse shaping with new double delay-line filters in nuclear pulse amplifiers. Rev. Sci. Instr. **36**, 1448 (1965).
BERTOLACCINI, M., C. BUSSOLATI, S. COVA, I. DELOTTO and E. GATTI: Optimum processing for amplitude distribution evaluation of a sequence of randomly spaced pulses. Nucl. Instr. Meth. **61**, 84 (1968).
ONNO, P. and R. E. BELL: Dependence of line widths of scintillation counters on integrating time constant. Nucl. Instr. Meth. **17**, 149 (1962).
FRÄNZ, K. and K. MÜLLER: Dependence of the line widths of scintillation counters with NaI(Tl)-crystals on integration time constant. Nucl. Instr. Meth. **22**, 43 (1963).
RADEKA, V.: Optimum signal-processing for pulse-amplitude spectrometry in the presence of high-rate effects and noise. IEEE Trans. Nucl. Sci. NS **15**/3, 455 (1968).
DEWIT, P. and A. C. WOLFF: The use of tapped delay lines for optimal filtering of nuclear pulses. Nucl. Instr. Meth. **61**, 237 (1968).

WEISE, K.: Das Signal-Rausch-Verhältnis eines zeitabhängigen Filters zur Verbesserung des Energieauflösungsvermögens bei der Kernstrahlungs-Spektroskopie mit Halbleiterdetektoren. Nucl. Instr. Meth. **61**, 241 (1968).

DEIGHTON, M. O.: A time-domain method for calculating noise of active integrators used in pulse amplitude spectrometry. Nucl. Instr. Meth. **58**, 201 (1968).

FAIRSTEIN, E.: Pulse shaping by triple differentiation in nuclear pulse amplifiers. IEEE Trans. Nucl. Sci. NS **13**/1, 596 (1966).

4.7.4. Lineare Gatter

SCHUSTER, H. J.: Eine lineare Torschaltung. Nucl. Instr. Meth. **58**, 179 (1968).

GOULDING, F. S.: The series-parallel transistor switch as a linear gate. NAS-NCR **40**, 121 (1964).

SHIPLEY, M., JR.: Analog switching circuits use field effect devices. Electronics, 28. Dec. (1964).

BARTON, K.: The field-effect transistor used as a low-level chopper. Electron-Eng. **37**/**444**, 80 (1965).

PAPADOPOULOS, L.: Operation of a transistor in saturation state and a linear gate. Nucl. Instr. Meth. **36**, 122 (1965).

SASAKI, A.: A transistorized linear gate for use with a double grid ionization chamber. Nucl. Instr. Meth. **33**, 252 (1965).

FELDMAN, M.: Fast linear gate with very small pedestal. Rev. Sci. Instr. **36**, 241 (1965).

COLI, M.: A new bilateral fast linear gate circuit. Nucl. Instr. Meth. **34**, 235 (1965).

ELAD, E. and S. ROZEN: A transistorized linear gate. Nucl. Instr. Meth. **37**, 58 (1965).

BARNA, A.: 50-ns printed circuit linear gate using transistors. Rev. Sci. Inst. **35**, 881 (1964).

KANDIAH, K.: Linear gate and biased amplifier. NAS-NCR **40**, 119 (1964).

LINDSAY, J. B.: A fast linear gate. Nucl. Instr. Meth. **20**, 345 (1963).

LIU, F. F. and F. J. LOEFFLER: Transistorized linear gate for PM-pulses. Nucl. Instr. Meth. **12**, 124 (1961).

CHAPLIN, G. B. B. and A. J. COLE: A linear gate of 10 to 100 ns duration. Nucl. Instr. Meth. **7**, 45 (1960).

4.7.5. Impulsverlängerer

WEDDIGEN, C.: Nichtintegrierender Verlängerer für Impulse von 20 mV bis 2,5 V Höhe und 6 bis 300 ns Länge. KfK 247 (1964).

GOYOT, M., J. PIGNERET, J. REMILLIEUX, J. J. SAMUELI and A. SARAZIN: Nanosecond pulse stretcher. Nucl. Instr. Meth. **53**, 87 (1967).

ALMARAZ, H. A.: A temporary pulse-storage unit. Nucl. Instr. Meth. **33**, 61 (1965).

WEDDIGEN, C. and E. L. HAASE: Non-integrating stretcher for pulses of 6 to 300 ns length. Nucl. Instr. Meth. **33**, 157 (1965).

VENTURELLO, G.: A pulse stretcher circuit for fast spectrometry. Nucl. Instr. Meth. **33**, 268 (1965).

THOMAS, R. N.: A pulse-lengthening circuit. J. Sci. Instr. **42**, 169 (1965).

KANDIAH, K.: Limiting factors in the use of storage tubes as temporary stores for pulse amplitudes. NAS-NRC **40**, 292 (1964).

4.7.6. Impulslängen-Amplituden-Wandler

COOKE-YARBOROUGH, E. H.: A possible method of improving the low-level linearity of pulse-height to time converters. NAS-NRC **40**, 169 (1964).

BELL, J., S. J. TAO and J. H. GREEN: Construction and performance of a fast time-to-amplitude converter. Nucl. Instr. Meth. **35**, 213 (1965).

BELL, J., J. H. GREEN and S. J. TAO: A wide range high resolution time-to-amplitude converter. Nucl. Instr. Meth. **36**, 320 (1965).

SCHWEIMER, W.: Ein einfacher Zeit-zu-Impulshöhe-Konverter für Stoppsignalfrequenzen von 3—40 MHz. Nucl. Instr. Meth. **32**, 190 (1965).

MAEDER, D.: A time-to-voltage converter for high counting rates. Proc. Conf. on Automatic Acquisition and Reduction of Nuclear Data. Hrsg. K. H. BECKURTS u. a., Karlsruhe 1964, S. 311.

JONES, G. and W. R. FALK: Transistorized time-to-amplitude converter. Nucl. Instr. Meth. **37**, 22 (1965).

BRAFMAN, H.: A fast wide range time to height converter. Nucl. Instr. Meth. **34**, 239 (1965).

WEISBERG, H.: A single valued time to pulse height converter using tunnel diodes. Nucl. Instr. Meth. **32**, 133 (1965).

BLOESS, D. und F. MÜNNICH: Ein transistorisierter Zeit-Amplituden-Konverter nach einer Sampling-Methode. Nucl. Instr. Meth. **28**, 286 (1964).

WEISBERG, H. L. and S. BERKO: A single-valued time-to-pulse-height system using tunnel diodes. IEEE Trans. Nucl. Sci. NS **11**/3, 406 (1964).

WIEBER, D. L.: A fast, wide range, time-to-height conversion system. Nucl. Instr. Meth. **24**, 269 (1963).

5. Digitale Schalteinheiten

Bei der Zählung von Detektorimpulsen ist zunächst eine „JA“-„NEIN“-Entscheidung erforderlich, auf Grund welcher festgelegt wird, ob ein eingetroffenes Signal (z. B. unter Berücksichtigung seiner Größe) als Impuls zu zählen ist oder nicht. Diese geschieht durch Auslösekreise, die bei einer „JA“-Entscheidung einen standardisierten Ausgangsimpuls liefern. Die Weiterverarbeitung (Zählung, Speicherung usw.) erfolgt dann nur noch ziffernmäßig (digital).

In vielen Fällen ist es aber auch zweckmäßig, kontinuierlich variable Information (z. B. die Amplitude oder den zeitlichen Abstand zwischen Impulsen) durch Ziffern darzustellen. Dies geschieht mit Hilfe von Analog-Digital-Wandlern, die die analoge Größe (z. B. die Impulshöhe) in eine entsprechende Zahl umsetzen (s. 5.8).

Zur Darstellung der in einer (Impuls-)Anzahl enthaltenen digitalen Information wird in der Elektronik meistens nicht das gewohnte dezimale Zahlensystem mit seinen zehn verschiedenen Zeichen (Ziffern = digits) verwendet, sondern das binäre mit nur zwei Zeichen, da sich elektronische Systeme, die nur zwei verschiedene Zustände besitzen, besonders leicht aufbauen lassen. Dann ist aber zusätzlich eine Vorrichtung notwendig, die es ermöglicht, binäre Zahlen in der gewohnten dezimalen Art darzustellen.

Tabelle 5.0.1. *Äquivalente binäre und dezimale Zahlen*

0	0
L	1
L0	2
LL	3
L00	4
L0L	5
LL0	6
LLL	7
L000	8
L00L	9
L0L0	10

Die Verarbeitung von Information in binärer (bzw. digitaler) Form bietet folgende Vorteile:

a) Störsignale (Rauschen) sind solange ohne Bedeutung, als sie die Erkennbarkeit des digitalen Signals nicht beeinträchtigen.

b) Die Forderungen an die Stabilität der verwendeten Elektronik sind aus dem gleichen Grund bedeutend geringer.

c) Die Informationsspeicherung läßt sich in digitaler Form besonders leicht und zuverlässig durchführen.

Grundlegende Kenntnisse der binären Arithmetik sind auch für den Kernphysiker notwendig. Binäre Zahlen unterscheiden sich von dezimalen dadurch, daß sich der Stellenwert mit jeder Stelle nur um einen Faktor 2 (und nicht 10) erhöht. Das Anhängen einer Null an eine binäre Zahl bedeutet somit deren Verdopplung im Gegensatz zur Verzehnfachung im dezimalen System. Zur

Vermeidung von Verwechslungen bezeichnen wir die beiden binären Ziffern mit 0 und L. Dann erhalten wir die in Tabelle 5.0.1 dargestellte Äquivalenz zwischen den ersten elf binären und dezimalen Zahlen.

Zur Darstellung der gleichen Zahl benötigt man also im binären System mehr Stellen als im dezimalen System. Die Rechenoperationen sind jedoch ganz gleich wie mit Dezimalzahlen, nur sind sie für den Anfänger ungewohnt.

Elektronische Elemente, die nur zwei konträre Zustände annehmen, denen man „L" und „0" zuordnen kann, nennen wir Schalter. In den meisten Fällen handelt es sich bei den zwei konträren Zuständen um einen hochohmigen Zustand („L") und um einen niederohmigen Zustand („0"), wie bei einem mechanischen Schalter. Die Darstellung einer Information mit Hilfe solcher Schalter kann prinzipiell auf zweierlei Art erfolgen. Bei der parallelen Informationsverarbeitung benötigt man ebenso viele Schalter, wie die Information binäre Stellen hat. Zur Darstellung der Information „33" benötigt man z. B. 6 binäre Stellen ($33 = 2^5 + 2^0 =$ L0000L). Man sagt auch, die Nachricht besteht aus 6 Nachrichteneinheiten NE oder 6 Bit (= binary digit). Durch sechs Schalter, von denen sich genau zwei im hochohmigen Zustand befinden, wobei deren einmal festgelegter Stellenwert 2^5 bzw. 2^0 ist, wird somit die Information „33" dargestellt. Das Wesentliche bei der parallelen Darstellung ist die eindeutige Zuordnung der gleichzeitig auftretenden Impulse (bzw. Schalterstellungen) zu ihrem Stellenwert. Über die Dauer der speziellen Schalterstellungen werden keine Vorschriften gemacht.

Bei der Serien-Informationsverarbeitung genügt zur Darstellung einer beliebigen Information ein einziger Schalter. Die Zahl „33" läßt sich dann folgendermaßen binär darstellen: Ein Taktgeber (eine „Uhr", synchronizer) erzeugt in regelmäßigen Zeitabständen Zeitmarken. Die Aufeinanderfolge der Schalterstellungen (0 und L) bei den einzelnen Zeitmarken stellt die Information dar. Zur Darstellung von Nachrichten, die aus 6 Bit bestehen, müssen jeweils 6 Zeitmarken zu einem „Wort" zusammengefaßt werden (s. Abb. 5.0.1). Zur ersten Zeitmarke des Wortes „33" muß die Schalterstellung „L" sein, entsprechend 2^0. Bei den nächsten 4 Zeitmarken ist die Schalterstellung „0" und dann wieder „L".

Die Darstellung eines Wortes in paralleler Form erfordert genauso viele Schalter, wie das Wort Bits enthält, ist aber auf einmal möglich (z. B. zu einer bestimmten Zeitmarke), während für die Darstellung in Serie nur ein einziger Schalter benötigt wird, aber (bei einer gleich schnellen Elektronik) um sovielmal mehr Zeit, wie das Wort Bits enthält.

Es ist natürlich auch eine gemischte Darstellung möglich, daß z. B. mehrere Wörter parallel und jedes für sich in Serie dargestellt wird oder umgekehrt.

Die Unterscheidung zwischen Information, die in paralleler Form oder aber in Serie vorliegt, ist auch für die Besprechung der Schaltungen wichtig, da die zeitliche Synchronisation von Impulsen bei der Serienverarbeitung wesentlich ist, während man es bei der Parallelverarbeitung in erster Näherung mit eingeschwungenen Zuständen, also mit „Gleichspannungsniveaus" zu tun hat.

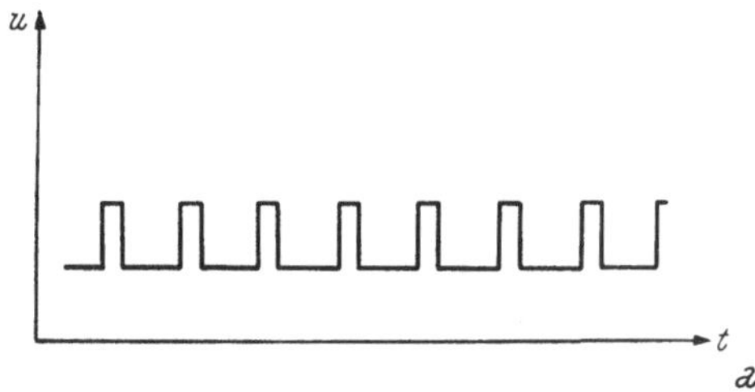

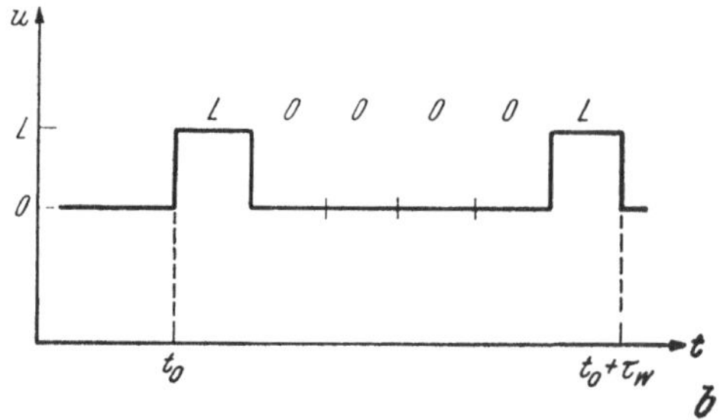

Abb. 5.0.1. Darstellung der Zahl 33 als binäres Wort zu 6 Bit in Serienform
a) Zeitmarken
b) Seriendarstellung des Wortes „33" ≙ L0000L innerhalb einer Wortlänge τ_W von 6 Bit

Die Verknüpfung von Informationen ist bei beiden Verarbeitungsmethoden durchführbar. Treten die beiden zu verknüpfenden Wörter nicht gleichzeitig auf, so werden zusätzlich Speicher benötigt, die die Information bis zur Verarbeitung speichern.

5.1. Grundlagen der binären Logik

Unter binärer Logik verstehen wir die Regeln, nach denen binäre Informationen miteinander verknüpft werden. Infolge des großen Umfanges digitaler elektronischer Anlagen ist es praktisch unmöglich, aus Schaltplänen, die alle einzelnen Bauteile enthalten, die Arbeitsweise des gesamten Gerätes zu verstehen. Da sich aber verschiedene Baugruppen, denen bestimmte (gleichartige) Aufgaben zukommen, dauernd wiederholen, läßt sich die Übersichtlichkeit durch eine symbolische Darstellung dieser Baugruppen erhöhen. Die Aufgliederung binärer Schaltungen in Baugruppen erfolgt in Übereinstimmung mit der Booleschen Algebra, die die mathematische Verknüpfung von Elementen, die wie die Schalter nur zwei Werte (= Zustände) kennen, beschreibt. Die Ergebnisse der Booleschen Algebra werden nur insoweit gebracht, als sie für das Verständnis der zu besprechenden logischen Schaltungen notwendig sind. Wie wir später noch zeigen werden, kommt man mit einer einzigen logischen Verknüpfung zwischen binären Wörtern aus. Durch die Verwendung von drei verschiedenen „elementaren" logischen Funktionen lassen sich die elektronischen Systeme jedoch leichter überschauen.

Vorerst gehen wir auf die schaltungstechnische Realisierung der logischen Elemente nicht ein. Da man heute in fast allen Fällen zu integrierten logischen Bausteinen greifen wird, sind die schaltungstechnischen Realisierungsmöglichkeiten auch von geringerer Bedeutung als die logischen Prinzipien.

In den nachfolgenden Abschnitten geben wir dann einen Überblick über verschiedene elektronische Schaltungen, die die gewünschten logischen Operationen durchführen können.

5.1.1. Einfache logische Operationen

Die Negation

Eine elektronische Anordnung, die aus einem „L"-Signal ein „0"-Signal macht und umgekehrt, heißt Negator oder Umkehrstufe. Zwei der am häufigsten verwendeten Symbole sind in Abb. 5.1.1 *a* dargestellt. Diese NICHT-Schaltungen (NOT-circuits) bewirken also eine Umwandlung von JA ($\equiv$L) in NEIN ($\equiv$0) bzw. von NEIN in JA.

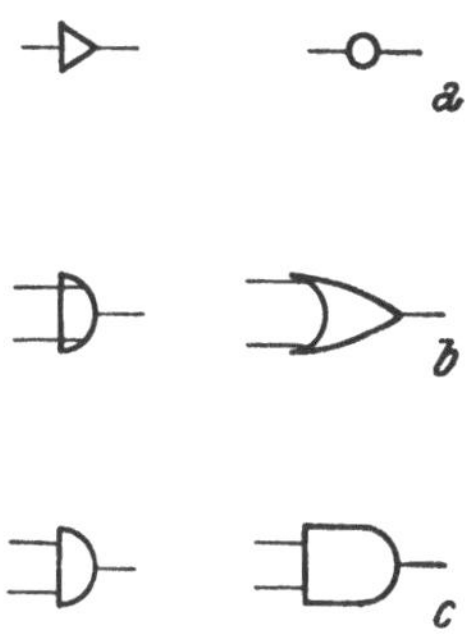

Die Funktion der NICHT-Schaltung liegt somit in der Bildung des Komplements. Die Ausgangsgröße X wird zur Eingangsgröße A in folgenden Zusammenhang gebracht:

$$X = \bar{A},$$

d. h. X ist das Komplement zu A.

Das Komplement bezeichnen wir durch einen Querstrich über der Größe, also NICHT—$A \equiv \bar{A}$.

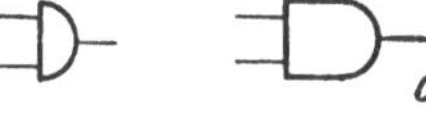

Abb. 5.1.1. Symbole der drei logischen Grundschaltungen (zwei Darstellungsarten)
a) NICHT-Schaltung
b) ODER-Schaltung
c) UND-Schaltung

Der ODER-Begriff (Die Disjunktion)

Die ODER-Schaltung zeigt an ihrem Ausgang immer dann ein JA-Signal, wenn an mindestens einem ihrer Eingänge ein „JA"-Signal liegt. Sie bewirkt eine „Mischung" bzw. „Addition" der Eingangssignale, wobei jedoch berücksichtigt werden muß, daß nur zwei Ausgangszustände (L und 0) auftreten. „0" scheint nur dann auf, wenn an keinem der Eingänge ein „L" liegt, ansonsten ist das Ausgangssignal immer „L". (Ausgangssignal „L" immer dann, wenn an dem einen oder/und dem anderen Eingang „L" eingespeist wird.) In Abb. 5.1.1 *b* sind Symbole für die ODER-Schaltung dargestellt.

Die formelmäßige Darstellung des Verhaltens einer ODER-Schaltung geschieht folgendermaßen: Zu den beiden Eingangssignalen A und B erhält man die Ausgangsgröße X zu

$$X = A + B.$$

Die Richtigkeit dieser Beziehung läßt sich leicht an Hand von Tab. 5.1.1 zeigen, in der das Verhalten der drei Grundschaltungen gegenüber allen Kombinationen von Eingangssignalen dargestellt ist.

Der UND-Begriff (Die Konjunktion)

Der UND-Begriff verlangt, daß am Ausgang nur dann ein JA-Signal auftritt, wenn an *allen* Eingängen ein JA-Signal liegt. Diese Bedingung ist dem Kernphysiker als *Koinzidenz* bekannt. Die Funktionsweise einer

UND-Schaltung läßt sich auch als „Multiplikation" verstehen, denn wenn auch nur ein Eingangssignal 0 ist, ist das Ausgangssignal 0.

Die charakteristische Gleichung der UND-Schaltung lautet also

$$X = AB.$$

In Abb. 5.1.1 *c* finden wir Symbole für die UND-Schaltung. Wie bei der ODER-Schaltung ist die Anzahl der Eingänge beliebig, doch lassen sich alle Schaltungen mit mehreren Eingängen durch eine Anzahl logischer Elemente mit nur zwei Eingängen ersetzen (s. z. B. Abb. 5.1.4).

In Tab. 5.1.1 ist das Verhalten der drei logischen Grundelemente zusammengefaßt.

Tabelle 5.1.1. *Funktionsschema der drei Grundschaltungen*

Eingang		Ausgang		
		NICHT	ODER	UND
A	B	$\bar{A}$	$A+B$	AB
0	0	L	0	0
0	L	L	L	0
L	0	0	L	0
L	L	0	L	L

5.1.2. Zusammengesetzte logische Operationen

In diesem Abschnitt wollen wir einige wichtige zusammengesetzte logische Schaltungen besprechen, die infolge ihrer Häufigkeit eigene Namen haben.

Die ODER-NICHT-Schaltung (NOR-circuit)

Eine Kaskadenschaltung einer ODER-Schaltung mit einer NICHT-Schaltung verknüpft die Eingangssignale so, wie es in Tab. 5.1.2 dargestellt ist.

Tabelle 5.1.2. *Funktionsschema von zusammengesetzten logischen Schaltungen*

Eingang		Ausgang		
		ODER-NICHT	UND-NICHT	NICHT-NICHT
A	B	$\overline{A+B}$	$\overline{AB}$	$\bar{\bar{A}} \equiv A$
0	0	L	L	0
0	L	0	L	0
L	0	0	L	L
L	L	0	0	L

Als Symbol der ODER-NICHT-Schaltung verwendet man entweder die Kaskadenschaltung der beiden Symbole oder aber das in Abb. 5.1.2 *a* gezeigte Sondersymbol. Die Funktion einer ODER-NICHT-Schaltung läßt sich auch durch ein UND-Gatter, vor dessen beiden Eingängen je eine

NICHT-Schaltung gelegt ist, erreichen. Diese Äquivalenz drückt sich in der Booleschen Algebra durch die Beziehung aus

$$\overline{A+B}=\bar{A}\cdot\bar{B}. \qquad [5.1.1]$$

Die UND-NICHT-Schaltung (NAND-circuit)

Die Signale, die man am Ausgang einer Kombination einer UND-Schaltung mit einer NICHT-Schaltung (s. Abb. 5.1.2 *b*) für alle möglichen Paare von Eingangssignalen erhält, sind in Tab. 5.1.2 zusammengestellt. In

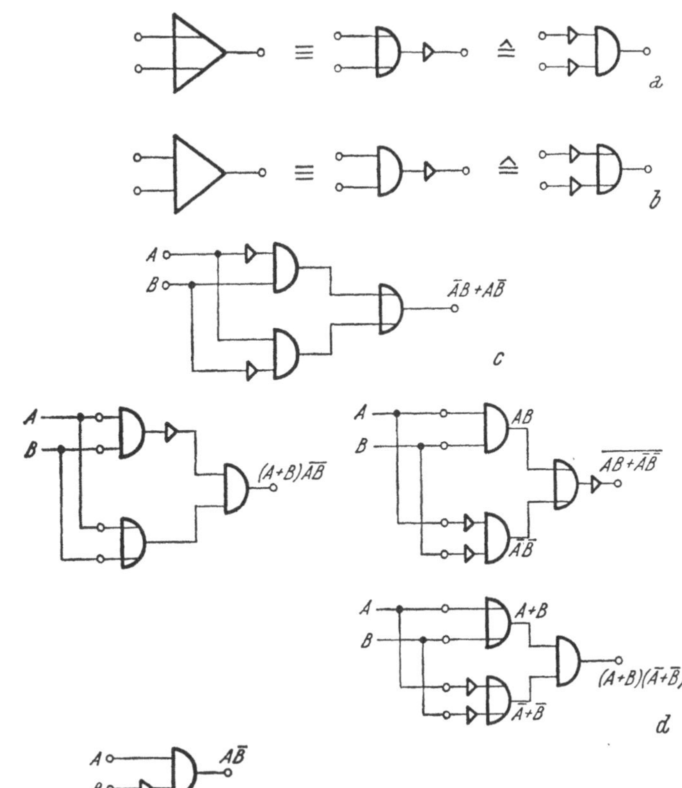

Abb. 5.1.2. Zusammengesetzte logische Schaltungen
a) ODER-NICHT (NOR)
b) UND-NICHT (NAND)
c) E-0-Schaltung
d) drei weitere, gleichwertige Anordnungen für eine E-0-Schaltung
e) INHIBIT-Schaltung

Abb. 5.1.2 *b* findet man außerdem das Sondersymbol für die UND-NICHT-Schaltung.

Wie man durch Ausprobieren aller Kombinationen von Eingangsimpulsen leicht nachweisen kann, wird die UND-NICHT-Funktion auch von einer Schaltung, die aus einem ODER-Gatter mit je einer NICHT-Schaltung vor jedem Eingang besteht, ausgeführt (s. Abb. 5.1.2 *b*). Es gilt also die Beziehung

$$\overline{AB}=\bar{A}+\bar{B}. \qquad [5.1.2]$$

Davon, daß eine Anwendung der NICHT-Funktion auf das Komplement eines Signals wieder das ursprüngliche Signal ergibt, kann man sich leicht selbst überzeugen. Auch die Äquivalenz der drei Grundschaltungen mit

Kombinationen von ODER-NICHT-Schaltungen, die in Abb. 5.1.3 dargestellt sind, läßt sich leicht nachprüfen.

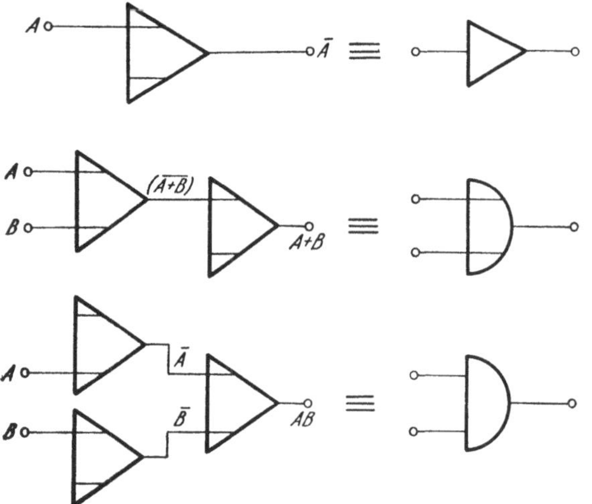

Abb. 5.1.3. Zusammensetzung der drei logischen Grundschaltungen aus ODER-NICHT-Schaltungen

Wie wir es gewohnt sind, hat auch bei den logischen Verknüpfungen die Multiplikation vor der Addition Vorrang. Es gilt also

$$\bar{A}\,B + A\,\bar{B} = (\bar{A}\,B) + (A\,\bar{B}) \neq \bar{A}\,(B + A)\,\bar{B}. \qquad [5.1.3]$$

Die EXKLUSIV-ODER-Schaltung (EXCLUSIVE-OR-circuit)

Die E-O-Schaltung, deren Funktion durch die Gleichung

$$X = A\,\bar{B} + B\,\bar{A}$$

beschrieben werden kann, läßt sich sehr einfach aus den drei Grundschaltungen aufbauen (s. Abb. 5.1.2 *c*). Drei andere Anordnungen, die, wie man durch Aufstellen der zugehörigen Funktionsschemata leicht feststellen kann, das gleiche leisten, sind in Abb. 5.1.2 *d* dargestellt. In Tab. 5.1.3 finden wir das Verhalten bei den verschiedenen Eingangspaaren zusammengefaßt.

Tabelle 5.1.3. *Verhaltensschema einer E-O-Schaltung*

Eingang		Ausgang
A	B	$\bar{A}B + A\bar{B}$
0	0	0
0	L	L
L	0	L
L	L	0

Eine E-O-Schaltung liefert also nur dann ein Ausgangssignal, wenn sich die beiden Eingangsgrößen unterscheiden. Am Ausgang gibt es nur dann ein L, wenn ausschließlich an dem einen oder dem anderen Eingang ein L steht.

Die INHIBIT-Schaltung (Antikoinzidenzschaltung)

Schaltet man vor den einen Eingang einer UND-Schaltung nach Abb. 5.1.2 *e* eine Umkehrstufe, so kann am Ausgang höchstens dann ein „L“ vorkommen, wenn die Umkehrstufe ein „0“ erhält. Durch ein „L“ an deren Eingang läßt sich die Schaltung sperren (daher auch der Name „Schlüsselimpuls“). In der Kernphysik verwendet man für solche Schaltungen den Begriff Antikoinzidenzschaltungen. Die Impulskombinationen einer Antikoinzidenzschaltung sind in Tab. 5.1.4 zusammengestellt (Schlüsselimpuls $= B$).

Wir wollen noch zeigen, daß UND- bzw. auch ODER-Schaltungen mit mehr als zwei Eingängen auf einfache Elemente zurückgeführt werden können. Nehmen wir zuerst ein ODER-Gatter mit vier Eingängen (s. Abb. 5.1.4 *a*). Seine Funktionsweise läßt sich durch folgende Formel beschreiben:

$$X = A + B + C + D.$$

Das Zusammenfassen in Paaren kann beispielsweise folgendermaßen erfolgen

$$X = [(A + B) + C] + D = \\ = (A + B) + (C + D).$$

Tabelle 5.1.4. *Impulskombination für einen Antikoinzidenzkreis*

A	B	X
0	0	0
0	L	0
L	0	L
L	L	0

In beiden Fällen sind drei gewöhnliche ODER-Gatter erforderlich, um ein ODER-Gatter mit vier Anschlüssen zu ersetzen.

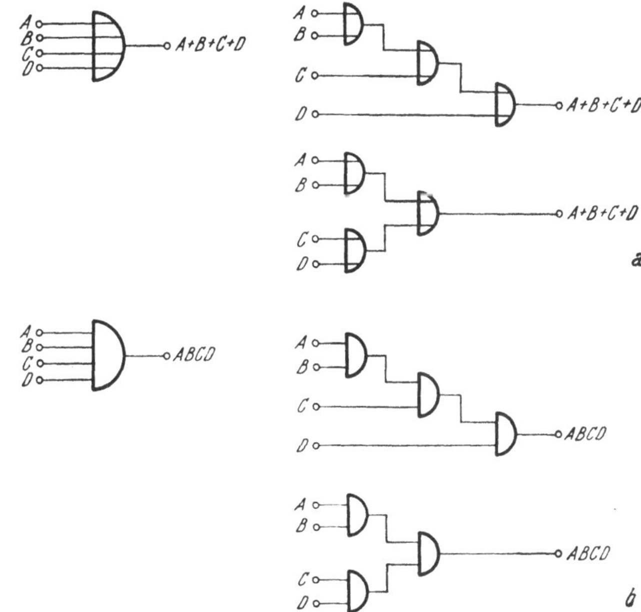

Abb. 5.1.4. Gatter mit mehr als zwei Anschlüssen und ihr Ersatz durch einfache Elemente
a) ODER-Gatter mit 4 Eingängen
b) UND-Gatter mit 4 Eingängen

Die Überlegungen für ein UND-Gatter sind völlig analog

$$X = A\,B\,C\,D = (A\,B)\;(C\,D) = [(A\,B)C]D.$$

Diese Beispiele zeigen auch deutlich, daß eine bestimmte logische Verknüpfung nicht nur auf einem Weg realisiert werden kann, sondern auf die verschiedenste Weise. Welchen Weg man beschreitet, hängt einerseits davon ab, welche logischen Elemente zur Verfügung stehen, zum anderen aber auch von kaufmännischen und anderen praktischen Erwägungen, die besonders bei einem Serienbau eine große Rolle spielen. Ein wichtiger Gesichtspunkt ist vielleicht noch der, daß durch eine Kaskadenschaltung vieler logischer Elemente infolge der Signallaufzeit Verzögerungen eintreten, die nicht nur die Schnelligkeit der Anlage beeinträchtigen, sondern im Extremfall ein verläßliches Arbeiten gar nicht zulassen, da z. B. bei einer Serienverarbeitung der Information die logische Entscheidung zu spät getroffen wird, so daß sie schon dem nächsten Bit zugeschrieben wird. In solchen Fällen sind Schaltungen, bei denen weniger Elemente in Kaskade liegen, prinzipiell vorzuziehen. Mit dem Beispiel von Abb. 5.1.5 soll gezeigt werden, daß es günstig ist, gleich logische Einheiten mit möglichst vielen Eingängen zu verwenden, da der Aufwand an einzelnen Schaltelementen dann bedeutend geringer ist. Deshalb werden die verschiedenen Schaltungssysteme (s. 5.4) auch danach beurteilt, wie viele Eingänge bei jeder Einheit zur Verfügung stehen („fan-in"). Analoge Überlegungen gelten auch für die Belastbarkeit, d. h. für die Zahl der zur Verfügung stehenden Ausgänge („fan-out").

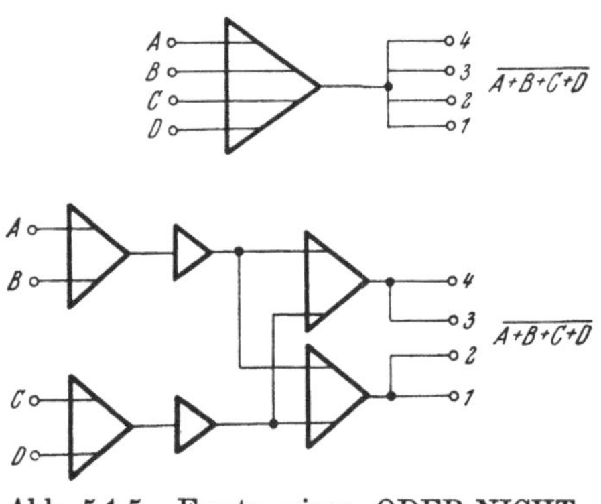

Abb. 5.1.5. Ersatz eines ODER-NICHT-Gatters mit 4 Ein- und 4 Ausgängen durch eine Schaltung aus ODER-NICHT-Gattern mit höchstens je zwei Eingängen und Ausgängen

5.1.3. Logische Operationen unter Verwendung von Speichern

Wie schon in der Einleitung zum Kapitel 5 erwähnt wurde, ist in manchen Fällen der Zeitpunkt, zu dem logische Zusammenhänge festgestellt werden, wesentlich.

Bei Systemen mit „Gleichspannungsniveaus" sind logische Verknüpfungen zu jeder Zeit (außer während des Umschaltungsvorganges) möglich, ebenso bei synchronen Impulsen gleicher Länge. Ansonsten muß ein Taktgeber den Zeitpunkt festlegen, bei dem die logische Entscheidung abgetastet werden soll („sampling"). Dazu ist es wichtig, daß die logische Information zum Abtastzeitpunkt noch vorhanden ist; sie muß also unter Umständen gespeichert werden, bis sie verwendet werden kann. Eine Speicherung ist aber auch dann notwendig, wenn eine Information aus bestimmten Gründen später noch benötigt wird.

Für die Speicherung binärer Information benötigt man Elemente, die zwei leicht unterscheidbare, stabile Arbeitspunkte besitzen, von denen der eine einem „L", der andere einer „0" zugeordnet wird. Das Element verbleibt dabei so lange im einmal angenommenen Zustand, bis es von außen gezwungen wird, den konträren Zustand anzunehmen. Diese bistabilen Elemente werden oft Flip-Flop genannt (s. auch 5.1.3.1).

Bei diesen bistabilen Elementen werden zweierlei Eigenschaften ausgenützt:

1. Die Stellung eines Flip-Flops bleibt so lange erhalten, bis sie durch ein Signal geändert wird. Die in der Stellung des Flip-Flops steckende Information kann also „beliebig" lang gespeichert werden. Diese Eigenschaft erlaubt die Verwendung von bistabilen Elementen in Speichern, die „Register" oder aber „Gedächtnis" genannt werden.

2. Es kann erreicht werden, daß das bistabile Element mit jedem Eingangsimpuls seinen Zustand ändert, d. h. daß es auf den vorangegangenen Zustand Rücksicht nimmt. Diese Eigenschaft wird in binären Zählern ausgenützt.

Bevor wir jedoch auf diese Anwendung näher eingehen, müssen wir uns mit der Addition und der Zählung im binären Zahlensystem auseinandersetzen.

Tabelle 5.1.5. *Addition von binären Ziffern*

Eingang		Ausgang	
A	B	S	K
0	0	0	0
0	L	L	0
L	0	L	0
L	L	0	L

Binäre Addition

Die Addition zweier binärer Ziffern A und B gehorcht der in Tab. 5.1.5 dargestellten Gesetzmäßigkeit.

Diese Gesetzmäßigkeit läßt sich in folgende zwei Formeln zusammenfassen: Die Ziffer S der Summe, die den gleichen Stellenwert wie A und B hat, ergibt sich als

$$S = \bar{A}B + A\bar{B}, \quad [5.1.4\text{ a}]$$

der Übertrag K (mit dem nächsthöheren Stellenwert) als

$$K = AB. \quad [5.1.4\text{ b}]$$

Diese beiden logischen Operationen lassen sich durch jede der beiden in Abb. 5.1.6 dargestellten Schaltungen durchführen. (Die Bedingung für S verlangt eine E-O-Schaltung [s. 5.1.2].) Solche Schaltungen heißen „halbe" Addierwerke („half adders").

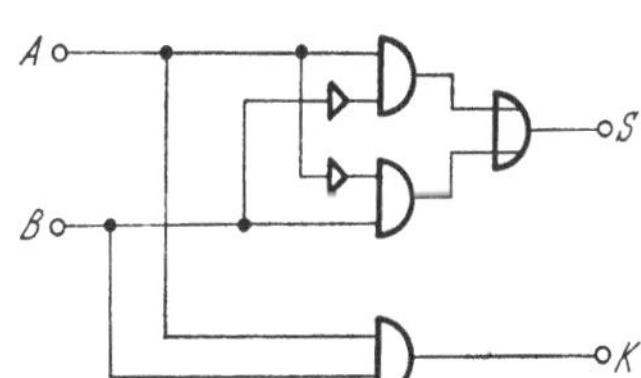

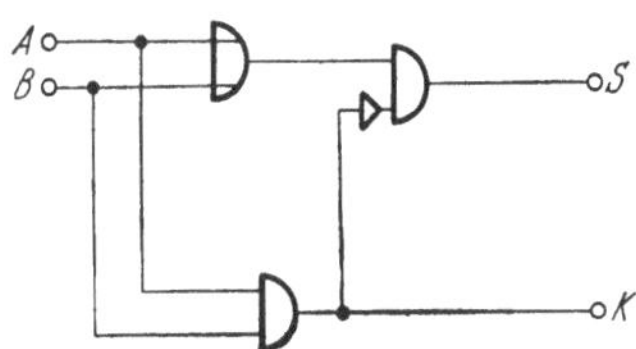

Abb. 5.1.6. Zwei Ausführungsformen eines halben Addierwerkes

Bei der Addition binärer Zahlen, die, wie wir es bei den Dezimalzahlen gewohnt sind, Stelle um Stelle erfolgt, muß der Übertrag K^* der vorhergehenden Stelle berücksichtigt werden. Wir brauchen also für jede Stelle ein Addierwerk mit drei Eingängen (A, B, K^*) und zwei Ausgängen (S, K). Eine solche Schaltung heißt (ganzes) Addierwerk (full adder). Alle vorkommenden Signalkombinationen sind in Tab. 5.1.6 zusammengestellt.

Aus der Tab. 5.1.6 lassen sich die Formeln für die Addition der einzelnen Ziffern einer binären Zahl herleiten:

$$S = ABK^* + A\bar{B}\overline{K^*} + \bar{A}\bar{B}K^* + \bar{A}B\overline{K^*}$$

bzw.

$$S = ABK^* + (A + B + K^*)\bar{K} \quad [5.1.5]$$

mit

$$K = AB + BK^* + AK^*.$$

Aus der Gl. [5.1.5] erkennt man, daß S nur dann gleich „L" wird, wenn sowohl A, B und K^* gleich „L" sind (dann ist $\bar{K} =$ „0" wegen $K =$ „L"), oder aber, wenn nur A oder B oder K^* gleich „L“ ist (dann ist $\overline{K} =$ „L“ wegen $K =$ „0“).

Tabelle 5.1.6. *Addition zweier binärer Zahlen unter Berücksichtigung des Übertrags*

Eingänge			Ausgänge	
A	B	K^*	S	K
0	0	0	0	0
0	0	L	L	0
0	L	0	L	0
L	0	0	L	0
0	L	L	0	L
L	0	L	0	L
L	L	0	0	L
L	L	L	L	L

Die Formel [5.1.5] wurde in Abb. 5.1.7 *a* in Symbolzeichen umgesetzt und so die Schaltung eines ganzen Addierwerkes erhalten. Die Variante von Abb. 5.1.7 *b* (bzw. *c*) ist einfacher. Durch die Mischung der Ausgänge zweier geeignet geschalteter halber Addierwerke erhält man ein ganzes Addierwerk.

Da bei der Verarbeitung von Parallelinformation für jedes Bit (außer für das erste) dieser Information ein ganzes Addierwerk vorhanden sein muß, ist der Schaltungsaufwand für eine Addition nach dieser Methode ziemlich groß. Durch eine Addition in zwei Schritten (zuerst bloße Summation der einzelnen Ziffern und dann erst Berücksichtigung des Übertrags) läßt sich der Aufwand beträchtlich vermindern. Näheres darüber sowie über Subtraktionskreise findet man in Büchern über digitale Rechenmaschinen. (s. 5.9).

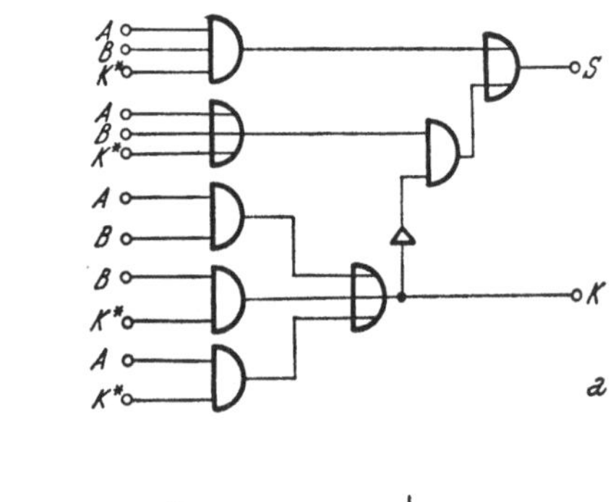

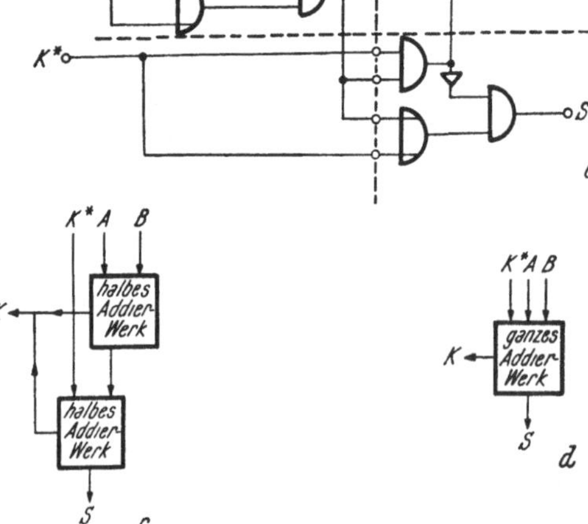

Abb. 5.1.7. Ganzes Addierwerk
a) schaltungstechnische Umsetzung der Formel [5.1.5]
b) Aufbau aus zwei halben Addierwerken
c) wie *b*), schematisch
d) Symbol

Binäre Verschlüsselung dezimaler Ziffern (BCD, binary-coded-decimal numbers)

Infolge der Gewöhnung an das Dezimalsystem ist binäre Information in fast allen Fällen unanschaulich und nicht ohne weiteres entschlüsselbar. Deshalb wurden Verschlüsselungssysteme eingeführt, die es gestatten, die Ziffern 0 bis 9 in binärer Form darzustellen. Die Wortlänge einer dekadischen Ziffer beträgt mindestens 4 Bit. Da mit 4 Bit aber 16 verschiedene Zeichen dargestellt werden können, aber nur 10 dargestellt werden müssen, gibt es sehr viele Zuordnungsmöglichkeiten zwischen den 16 vierstelligen binären Zahlen und den 10 Ziffern. Einige wichtige Verschlüsselungssysteme sind in Tab. 5.1.7 dargestellt.

Tabelle 5.1.7. *Binäre Verschlüsselung der Ziffern 0 bis 9*

Dezimal-ziffer	Verschlüsselung				
	direkt (8-4-2-1)	Dreiexzeß	Aiken (2-4-2-1)	Gray-Code	2 aus 5
0	0000	00LL	0000	0000	LL000
1	000L	0L00	000L	000L	000LL
2	00L0	0L0L	00L0	00LL	00L0L
3	00LL	0LL0	00LL	00L0	00LL0
4	0L00	0LLL	0L00	0LL0	0L00L
5	0L0L	L000	L0LL	0LLL	0L0L0
6	0LL0	L00L	LL00	0L0L	0LL00
7	0LLL	L0L0	LL0L	0L00	L000L
8	L000	L0LL	LLL0	LL00	L00L0
9	L00L	LL00	LLLL	L000	L0L00

Keine dieser Verschlüsselungen ist ideal, sondern jede hat auf einem Gebiet ihre Vorteile.

Der 8-4-2-1- und der 2-4-2-1-Code sind gewichtete Codes. Bei diesen hat jede Stelle der binären Zahlenkombination einen festen Stellenwert. So bedeutet im 8-4-2-1-Code

$$\mathrm{L00L} = 1 \cdot 8 + 0 \cdot 4 + 0 \cdot 2 + 1 \cdot 1 = 9$$

bzw. im 2-4-2-1-Code

$$\mathrm{LLLL} = 1 \cdot 2 + 1 \cdot 4 + 1 \cdot 2 + 1 \cdot 1 = 9.$$

Der 8-4-2-1-Code hat den Vorteil, daß er aus dem binären System direkt durch Weglassen der Zahlen 10 bis 15 entsteht, beim 2-4-2-1-Code hingegen läßt sich die Subtraktion leichter durchführen, da durch Komplementbildung (Anwendung der NICHT-Funktion) zu jeder Ziffer das 9-Komplement erhalten wird (z. B. $3 = \mathrm{00LL} \rightarrow \mathrm{LL00} = 6 = 9 - 3$).

Der Dreiexzeß-Code entsteht aus der binären Zahlenreihe 0 bis 15 dadurch, daß man den binären Zahlenkombinationen von 3 bis 12 die dezimalen Ziffern 0 bis 9 zuordnet. Er ist also um 3 Ziffern gegenüber der normalen Ziffernreihe verschoben. Dieser Code erweist sich bei der Addition und bei der Subtraktion als vorteilhaft, da auch bei ihm die Komplementbildung zum 9-Komplement führt.

Die Gray-Codes, von denen einer in Tab. 5.1.7 dargestellt ist, zeichnen sich dadurch aus, daß bei jedem Schritt in der Ziffernreihe nur ein Bit geändert wird.

Schließlich ist der fünfstellige „2 aus 5"-Code dargestellt, bei dem man ein fünftes Bit dafür opfert, daß das System besonders störungsfrei arbeitet. Denn eine Information ist höchstens dann richtig, wenn an genau zwei Stellen ein L eingespeichert ist. Deshalb ist dieser Code besonders in der Fernmeldetechnik beliebt, da hängende Relais u. ä. sofort bemerkt werden können.

Da die binär kodierten Dezimalzahlen aus Ziffern von mindestens je 4 Bits bestehen, ist eine Addition bedeutend schwieriger als bei rein binären Zahlen, denn alle Bits einer Dezimalstelle müssen gleichzeitig verarbeitet werden. Ein dezimales Addierwerk z. B. für den 2-4-2-1-Code hat 9 Eingänge (A_0, A_1, A_2, A_3, B_0, B_1, B_2, B_3, K^*) und 5 Ausgänge (C_0, C_1, C_2, C_3, K). Eine allgemeine Darstellung aller möglichen Zustände ist praktisch nicht möglich, da 200 verschiedene Eingangszustände vorkommen können. (Sowohl A als auch B kann 10 verschiedene Werte annehmen und zusätzlich kann K^* gleich 0 oder 1 sein.) Deshalb verzichten wir hier auf eine Darstellung eines dezimalen Addierkreises und verweisen auf Spezialliteratur, in der auch Wege zur einfacheren Behandlung des Problems beschrieben sind.

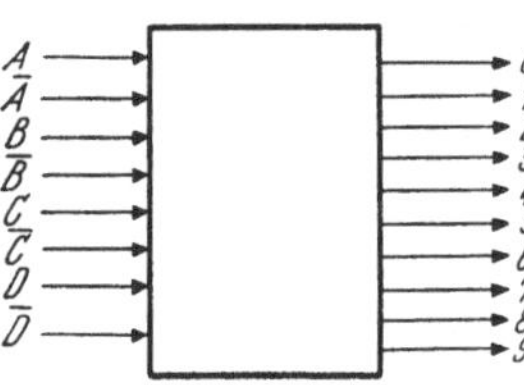

Abb. 5.1.8. Schema einer Decodierschaltung für den 8-4-2-1-Code

Der Nachweis einer bestimmten Kombination von binären Zeichen, die Entschlüsselung oder Dekodierung, erfolgt mit Hilfe logischer Schaltungen. Eine Dekodierschaltung für den 8-4-2-1-Code besitzt wie in Abb. 5.1.8 acht Eingänge (für jede binäre Stelle je einen Eingang für die Information und ihr Komplement) und 10 Ausgänge (0, 1, 2, ... 9). In Tab. 5.1.8 sind die Kombination der binären Ziffern, ihre dezimale Entschlüsselung und die dazu notwendigen logischen Entscheidungen dargestellt. In der letzten Spalte sind die Bedingungen für eine vereinfachte Logik dargestellt. Diese Vereinfachungen sind deshalb zulässig, weil nur 10 der möglichen 16 Zeichenkombinationen vorkommen.

Tabelle 5.1.8. *Dekodierung einer Information im 8-4-2-1-Code*

Binäre Information						
2^3 A	2^2 B	2^1 C	2^0 D	Ausgänge	Dekodierung	vereinfachte Dekodierung
0	0	0	0	0	$\bar{A}\bar{B}\bar{C}\bar{D}$	$\bar{A}\bar{B}\bar{C}\bar{D}$
0	0	0	L	1	$\bar{A}\bar{B}\bar{C}D$	$\bar{A}\bar{B}\bar{C}D$
0	0	L	0	2	$\bar{A}\bar{B}C\bar{D}$	$\bar{B}C\bar{D}$
0	0	L	L	3	$\bar{A}\bar{B}CD$	$\bar{B}CD$
0	L	0	0	4	$\bar{A}B\bar{C}\bar{D}$	$B\bar{C}\bar{D}$
0	L	0	L	5	$\bar{A}B\bar{C}D$	$B\bar{C}D$
0	L	L	0	6	$\bar{A}BC\bar{D}$	$BC\bar{D}$
0	L	L	L	7	$\bar{A}BCD$	BCD
L	0	0	0	8	$A\bar{B}\bar{C}\bar{D}$	$A \quad \bar{D}$
L	0	0	L	9	$A\bar{B}\bar{C}D$	$A \quad D$

Zur praktischen Durchführung der Dekodierung werden, wie man sieht, sehr viele UND-Gatter benötigt. Man verwendet entweder Diodengatter in Form einer Diodenmatrix (s. 5.5.3.4) oder aber integrierte Dekodierschaltungen, die vier Eingänge (sie bilden sich die erforderlichen Komplemente selbst) und 10 Ausgänge besitzen.

5.1.3.1. Das bistabile Grundelement

Ein logisches Ersatzschaltbild eines bistabilen Elementes ist in Abb. 5.1.9 *a* dargestellt. Es handelt sich dabei um die Kaskadenschaltung zweier

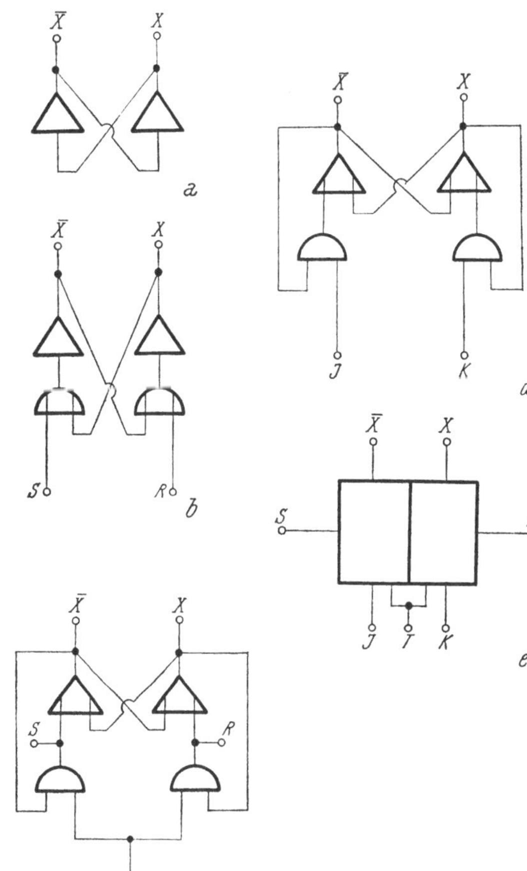

Abb. 5.1.9. Das bistabile logische Element
a) Aufbau aus zwei NICHT-Schaltungen
b) RS-Ansteuerung
c) RST-Ansteuerung
d) JK-Ansteuerung
e) Symbol

NICHT-Stufen mit Rückkopplung. Der Zustand des Elementes wird durch das Signal am Ausgang X angezeigt, während sein Komplement am Ausgang $\bar{X}$ aufscheint. In Tab. 5.1.9 sind die möglichen Zustände zusammengestellt.

Der Zustand „0“ eines solchen Elementes wird als „gelöscht“ bzw. „zurückgestellt“ (reset, cleared) bezeichnet, der Zustand „L“ als „gesetzt“ (set). Zur Änderung des Inhalts einer Speicherzelle benötigt man Eingänge, über die beide

Tabelle 5.1.9. *Zustände einer bistabilen Speicherzelle*

Zustand	X	$\bar{X}$
0	0	L
L	L	0

Speicherzustände hergestellt werden können. Wird die Rückkopplung zwischen den beiden NICHT-Schaltungen über ODER-Schaltungen geführt (s. Abb. 5.1.9 *b*), so läßt sich der Zustand des Flip-Flops von außen beeinflussen. Ein Signal am R(eset)-Eingang stellt das Flip-Flop auf „0" ($X=0$), ein Signal am S(et)-Eingang hingegen auf „L" ($X=\text{L}$). Ohne Signal behält das Flip-Flop seinen alten Zustand X^* bei ($X=X^*$). Dieses Verhalten eines sogenannten *RS*-Flip-Flops ist in Tab. 5.1.10 zusammengefaßt.

Tabelle 5.1.10. *Verhaltensschema eines RS-Flip-Flops*

X^*	R	S	X
0	0	0	0
0	0	L	L
0	L	0	0
0	L	L	V
L	0	0	L
L	0	L	L
L	L	0	0
L	L	L	V

In dieser Tabelle sind zwei Zustände mit V(erboten) gekennzeichnet. Denn durch ein „L"-Signal sowohl auf den „S"-Eingang als auch auf den „R"-Eingang wird verlangt, daß der Zustand des Flip-Flops sowohl „L" als auch „0" sei. Da die beiden Zustände einander ausschließen, muß eine solche Kombination von Eingangsimpulsen bei *RS*-Flip-Flops vermieden werden. In der Praxis würde die Schaltung bei einer solchen Fehlansteuerung je nach den (geringen) vorliegenden Unsymmetrien des Systems einen der beiden Zustände annehmen, wodurch eine Fehlinformation entstünde.

Durch das Hinzufügen zweier UND-Gatter entsprechend Abb. 5.1.9 *c* erhält man ein *T*- (bzw. *RST*-)Flip-Flop. Durch jedes Eingangssignal am *T*-Eingang wird der Zustand des Flip-Flops geändert (L↔0). Der jeweilige Zustand hängt also vom vorhergehenden ab, weshalb *T*-Flip-Flops zum Zählen geeignet sind. In Tab. 5.1.11 bzw. 5.1.12 ist das Verhalten von *T*- bzw. *RST*-Flip-Flops dargestellt.

Tabelle 5.1.11. *Verhaltensschema eines T-Flip-Flops*

X^*	T	X
0	0	0
0	L	L
L	0	L
L	L	0

Tabelle 5.1.12. *Verhaltensschema eines RST-Flip-Flops*

X^*	R	S	T	X
0	0	0	0	0
0	0	0	L	L
0	0	L	0	L
0	0	L	L	V
0	L	0	0	0
0	L	0	L	V
0	L	L	0	V
0	L	L	L	V
L	0	0	0	L
L	0	0	L	0
L	0	L	0	L
L	0	L	L	V
L	L	0	0	0
L	L	0	L	V
L	L	L	0	V
L	L	L	L	V

Wie beim *RS*-Flip-Flop darf auch beim *RST*-Flip-Flop höchstens an einem der Eingänge ein „L" auftreten, damit nicht ein unerlaubter Zustand (V) vorliegt. Unter einem *RT*-Flip-Flop versteht man ein *T*-Flip-Flop (Zähl-Flip-Flop) mit Rückstellung auf „0", unter einem *ST*-Flip-Flop ein solches, bei dem der Zustand „L" eingestellt werden kann. ST-Flip-Flops werden beispielsweise zum Zurückzählen verwendet.

Schließlich gibt es noch JK-Flip-Flops. Bei diesen erzeugt ein Impuls am Eingang J den Zustand „L", ein Impuls am Eingang K den Zustand „0" und gleichzeitige Impulse an beiden Eingängen rufen das Komplement des gerade herrschenden Zustandes hervor. Eine logische Ersatzschaltung ist in Abb. 5.1.9 *d* dargestellt, das Verhaltensschema in Tab. 5.1.13.

In Abb. 5.1.9 *e* ist das Symbol eines allgemeinen bistabilen Elementes mit den fünf möglichen Eingängen und zwei Ausgängen dargestellt.

Tabelle 5.1.13. *Verhaltensschema eines JK-Flip-Flops*

X^*	J	K	X
0	0	0	0
0	0	L	0
0	L	0	L
0	L	L	L
L	0	0	L
L	0	L	0
L	L	0	L
L	L	L	0

In Tab. 5.1.14 findet man das Verhalten der einzelnen Flip-Flops formelmäßig dargestellt.

Tabelle 5.1.14. *Logisches Verhalten der einzelnen Flip-Flops*

Type	Verknüpfung	Nebenbedingung
RS	$X = S + \bar{R}X^*$	$RS = 0$
T	$X = T\overline{X^*} + \bar{T}X^*$	keine
RST	$X = S + T\overline{X^*} + \bar{R}\bar{T}X^*$	$RS + ST + TR = 0$
RT	$X = T\overline{X^*} + \bar{R}\bar{T}X^*$	$RT = 0$
ST	$X = S + T\overline{X^*} + \bar{T}X^*$	$ST = 0$
JK	$X = J\overline{X^*} + \bar{K}X^*$	keine

Bei der Konstruktion dieser Flip-Flops ist die Signalverzögerung innerhalb des logischen Elementes von großer Bedeutung: Wie beim T-Flip-Flop von Abb. 5.1.9 *c* kann der alte Zustand X^* dazu benützt werden, den neuen Zustand X mitzubestimmen, da das Umschalten erst nach einer endlichen Zeit erfolgt. Es ist also möglich, ein Flip-Flop „gleichzeitig", d. h. zu einer bestimmten Zeitmarke, auf seinen Zustand X^* zu untersuchen und umzustellen. Sollte die interne Verzögerung nicht ausreichen, so muß man mit schaltungstechnischen Hilfsmitteln ein verläßliches Arbeiten herbeiführen.

Neben den besprochenen „statischen" Flip-Flops, die durch zwei NICHT-Schaltungen aufgebaut gedacht werden können, gibt es die sogenannten dynamischen Flip-Flops. Darunter versteht man logische Schaltungen, die im „0"-Zustand keine Ausgangssignale, im „L"-Zustand aber Impulse mit einem bestimmten zeitlichen Abstand liefern. In Abb. 5.1.10 ist ein solches dynamisches RS-Flip-Flop dargestellt.

Ist am Reset-Eingang ein Signal (und am Set-Eingang kein Signal), so sind beide UND-Gatter gesperrt und an den Ausgang gelangt kein Signal; es liegt der „0"-Zustand vor. Wird das Reset-Signal beendet, so ändert sich am „0"-Zustand nichts, denn noch immer sind beide UND-Gatter gesperrt.

Durch ein Signal am S-Eingang erhält das zweite UND-Gatter einen Schlüsselimpuls, der es einem gleichzeitigen Synchronisationsimpuls gestattet, über die Verzögerung und einen Verstärker (zur Impedanzanpassung) an den Ausgang der Schaltung zu gelangen. Dieser Ausgangsimpuls gelangt aber auch zum ersten UND-Gatter, welches wegen des NICHT-Kreises nach dem R-Eingang, an dem nach Voraussetzung kein Signal steht, den Impuls durchläßt. Über das ODER-Gatter gelangt dieser Impuls zum zweiten UND-Gatter, wo er, wenn die Verzögerung t_V und die Folgefrequenz $1/\tau$ der Synchronisationsschwingung aufeinander abgestimmt sind ($t_V = n\tau$, n = natürliche Zahl), als Schlüsselimpuls für den nächsten Synchronisationsimpuls dient. Diese Vorgangsweise wiederholt sich so lange, bis das Flip-Flop durch einen Reset-Impuls auf „0" zurückgestellt wird, denn dann gelangt der zurückgeführte Impuls nicht mehr zum zweiten UND-Gatter und kann nicht die Rolle des Schlüsselimpulses übernehmen.

Der „L"-Zustand ist also dadurch gekennzeichnet, daß die Synchronisationsimpulse zum Ausgang gelangen (Impulse mit konstantem Abstand), während beim „0"-Zustand am Ausgang keine Impulse auftreten. Wichtig ist vielleicht noch der Hinweis, daß infolge der Verzögerungsleitung zwischen dem R- bzw. S-Signal einerseits und der entsprechenden Änderung am Ausgang Zeit verstreicht, wodurch es ermöglicht wird, gleichzeitig das Flip-Flop umzustellen und den gespeicherten Zustand X^* abzulesen.

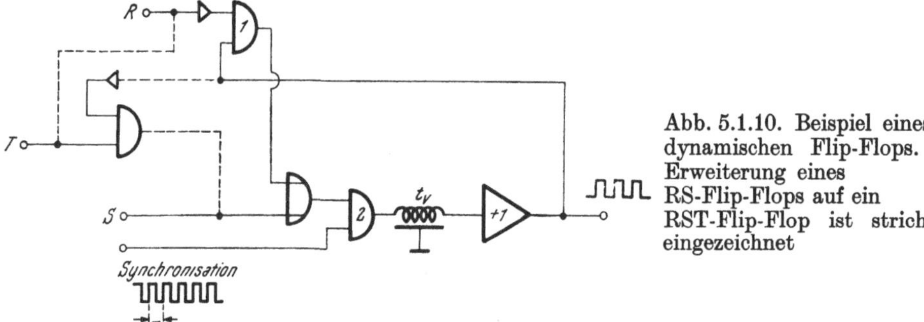

Abb. 5.1.10. Beispiel eines dynamischen Flip-Flops. Die Erweiterung eines RS-Flip-Flops auf ein RST-Flip-Flop ist strichliert eingezeichnet

Durch das Hinzufügen eines UND-Gatters und einer Umkehrstufe (in Abb. 5.1.10 strichliert), läßt sich dieses dynamische *RS*-Flip-Flop in ein *RST*-Flip-Flop umwandeln.

Tabelle 5.1.15. *Zustände der Elemente eines binären Zählers mit 3 Bit*

Gezählte Impulsanzahl	2^2	2^1	2^0
0	0	0	0
1	0	0	L
2	0	L	0
3	0	L	L
4	L	0	0
5	L	0	L
6	L	L	0
7	L	L	L

5.1.3.2. Zähler aus bistabilen Elementen

Mit Hilfe von *RT*-Flip-Flops lassen sich in einfacher Weise binäre Zähler aufbauen. Benötigt werden genau soviele bistabile Elemente, wie die höchste vorkommende Zahl Bit hat. Jedem Flip-Flop wird eine binäre Stelle zugeordnet, und durch logische Schaltungen wird erreicht, daß nur dann ein Umschaltimpuls an den T-Eingang eines bestimmten Flip-Flops gelangt, wenn in der zugehörigen binären Stelle die Ziffer geändert wird. Das binäre Zählschema für eine Zahl mit 3 Bit ist in Tab. 5.1.15 dargestellt, eine Verwirklichungsmöglichkeit in Abb. 5.1.11.

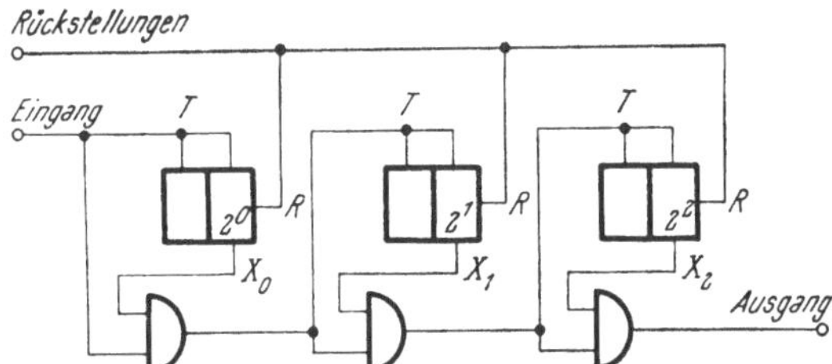

Abb. 5.1.11. Zählanordnung für eine binäre Zahl mit 3 Bit

Jeder Eingangsimpuls stellt das erste Flip-Flop um. Das zweite wird jedoch nur dann umgestellt, wenn das erste auf „L" steht. Diese Bedingung wird durch ein UND-Gatter sichergestellt. Das dritte Flip-Flop soll nur dann seinen Zustand ändern, wenn sowohl das erste als auch das zweite Flip-Flop auf „L" steht. Das dritte UND-Gatter schließlich läßt einen Eingangsimpuls nur dann an den Ausgang gelangen, wenn alle drei Flip-Flops im „L"-Zustand sind.

Zwei Eigenschaften dieser Anordnung wollen wir besonders hervorheben:

1. Aus der Stellung der Flip-Flops geht eindeutig hervor, wie viele Eingangsimpulse (≤ 7) seit der letzten „0"-Rückstellung gezählt wurden.

2. Am Ausgang erscheint nach jeweils 2^n Eingangsimpulsen (n = Bitanzahl des Zählers) ein Signal, das anzeigt, daß der Zähler mit dem Zählen wieder bei „0" anfängt. Dieses Überlaufsignal (overflow) dient entweder als Übertrag für die nächsthöhere binäre Stelle, oder es wird seine Eigenschaft ausgenützt, daß es 2^n-fach „untersetzt" ist, d. h. daß bei regelmäßigen Eingangsimpulsen der Impulsabstand am Ausgang um den Faktor 2^n gegenüber den Eingangsimpulsen erhöht ist.

Die Vergrößerung des Impulsabstandes wirkt sich vor allem auch bei statistisch kommenden Impulsen günstig aus, da entsprechend unseren Überlegungen in 1.2.2 der Abstand zwischen statistischen Signalen mit zunehmender Untersetzung immer gleichmäßiger wird. Dadurch können die Schnelligkeitsanforderungen an nachfolgende Untersetzerstufen kleiner gehalten werden.

Soll ein Zähler nicht nur dazuzählen, sondern auch zurückzählen (abziehen) können (up-down-counter), so läßt sich eine Anordnung nach

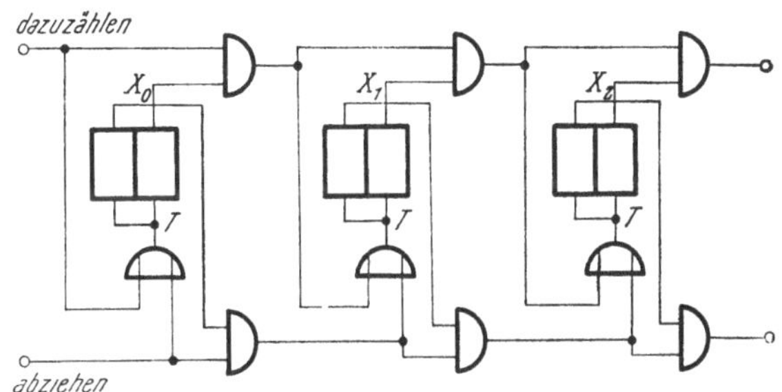

Abb. 5.1.12. Vor- und Zurück-Zähler (up-down-counter) für binäre Zahlen. (Die Rückstellung mit den Anschlüssen R und S ist nicht eingezeichnet, um das Bild nicht zu überladen)

Abb. 5.1.12 verwenden. Das Weiterschalten eines Flip-Flops geschieht immer dann, wenn auf allen niedrigeren Stellen eine „0" eingespeichert ist.

Als Ausgangsstellung für das Zurückzählen dient „L-L-L“ (= 7), weshalb außer dem R-Eingang für das Rückstellen auch noch ein S-Eingang benötigt wird.

Wichtiger als die rein binären Zähler sind in der Kernphysik die dekadischen Zähler, die einen von den in Tab. 5.1.7 dargestellten Codes verwenden. Jede Dezimalstelle wird durch einen 10-fach-Untersetzer berücksichtigt, der aus (mindestens) vier Flip-Flops besteht. Die benötigten logischen Schaltungen ergeben sich direkt aus der gewählten Verschlüsselung.

Zwei 10-fach-Untersetzer nach dem 8-4-2-1-Code sind in Abb. 5.1.13 dargestellt. Die zweite Variante läßt sich mit T-Flip-Flops allein nicht ausführen, sondern es sind RST- oder JK-Flip-Flops notwendig. Das Zustande-

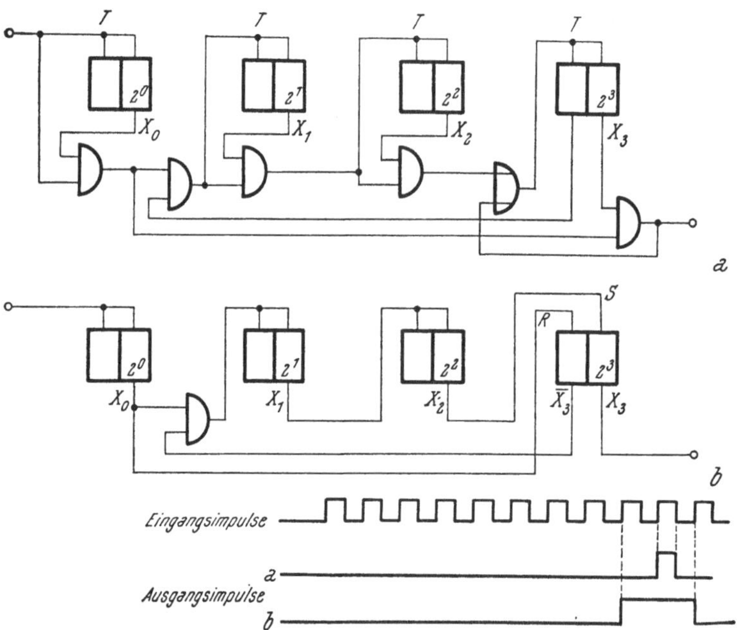

Abb. 5.1.13. Zwei Anordnungen für einen Zehnfachuntersetzer nach dem 8-4-2-1-Code und zugehörige Ausgangsimpulse

kommen der unterschiedlichen Ausgangsimpulse bei den beiden Schaltungen nach Abb. 5.1.13 möge sich der Leser selbst an Hand der Verschlüsselung überlegen.

K-fach-Untersetzer, d. h. Schaltungen, die für k Eingangsimpulse genau einen Ausgangsimpuls liefern, werden in der Elektronik häufig verwendet. Mit binären Schaltungen lassen sich beliebige Untersetzungen erhalten (k = natürliche Zahl). Wir wollen die Vorgangsweise bei der Planung eines k-fach-Untersetzers kurz skizzieren.

Ist k eine gerade Zahl, dann spalten wir von k alle Faktoren, die Vielfache von 2 sind, ab, so daß wir ein ungerades k' erhalten:

$$k = 2^a \cdot k', \qquad a \geq 0, \text{ganz}.$$

Die Untersetzung 2^a ist rein binär und bietet daher keinerlei Schwierigkeiten. Prinzipiell wäre eine k-fache Untersetzung auch dadurch möglich, daß man zuerst k'-fach und dann 2^a-fach untersetzt. Man wird aber meistens die umgekehrte Reihenfolge wählen, da reine binäre Untersetzung keine Rückführungsschleifen von späteren Flip-Flops auf vordere benötigt und infolgedessen bei größeren Zählgeschwindigkeiten verläßlicher arbeitet. Nach einer 2^a-fachen Untersetzung aber ist der mittlere Impulsabstand um den Faktor 2^a vergrößert worden, weshalb dann an die Schnelligkeit des k'-fach-Untersetzers geringere Anforderungen gestellt werden.

Die Planung eines k'-fach-Untersetzers (k' ungerade, positive Zahl) beginnt mit der Feststellung der Minimalzahl m der notwendigen Flip-Flops. Für diese gilt

$$2^{m-1} < k' < 2^m .$$

(Bei einem 81-fach-Untersetzer beispielsweise ist $m = 7$, d. h. man braucht mindestens sieben bistabile Elemente.) Nach jeweils 2^m Eingangsimpulsen nehmen diese m in Kaskade geschalteten Flip-Flops wieder die gleiche Stellung ein. Um diesen Zyklus von 2^m auf k' zu verkürzen, wie es für einen k'-fach-Untersetzer erforderlich ist, müssen $2^m - k'$ Impulse zusätzlich aufgebracht (bzw. vorgetäuscht) werden. Dies geschieht am besten dadurch, daß man durch die Rückstellung, die die Ausgangslage der einzelnen Flip-Flops herstellt, nicht die Anfangsbedingung $000\ldots0$ erzeugt, sondern die binäre Darstellung der Zahl $2^m - k'$. Wird nun am Ende jedes (verkürzten) Zyklus mit dem Ausgangsimpuls gleichzeitig die Rückstellung vorgenommen, so erhält man einen k'-fach-Untersetzer.

5.1.3.3. Register

Ein Register ist eine Anordnung von speichernden Elementen, deren gespeicherte Information zur prompten Verarbeitung bereitsteht („Zwischenspeicher"). Es muß also sowohl eine Vorrichtung zum Einlesen („write") der Information als auch zum Abfragen („read") vorhanden sein. Bei bestimmten Registern besteht außerdem die Möglichkeit, die gespeicherte Information in charakteristischer Weise zu ändern.

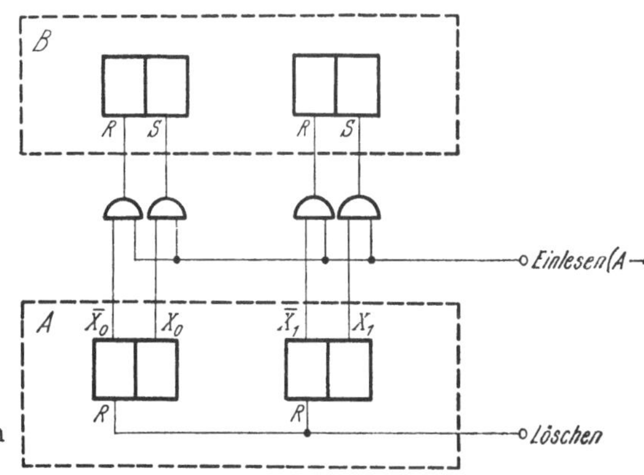

Abb. 5.1.14. Übertragung einer Information in ein Register B (forced transfer)

Ein Register läßt sich beispielsweise aus RS-Flip-Flops (s. Abb. 5.1.14) aufbauen. Für jedes Bit der zu speichernden Nachricht benötigt man ein

Flip-Flop. Das Einlesen einer bestimmten Information, die beispielsweise in der Stellung der Flip-Flops eines Zählers A besteht, wird durch einen „Einlesen“-Impuls am entsprechenden Eingang über die R- und S-Eingänge des Registers B bewirkt, ohne daß auf A eine Rückwirkung besteht. Eine anschließende Löschung bzw. Rückstellung des Zählers A hat ebensowenig einen Einfluß auf die in B gespeicherte Information, so daß A anschließend für neue Aufgaben verwendet werden kann.

Der Schaltungsaufwand für eine Informationsübertragung läßt sich dadurch vermindern, daß diese in zwei Schritten erfolgt. Zuerst wird das Register gelöscht (auf „0“ zurückgestellt), und dann wird über die S-Ein-

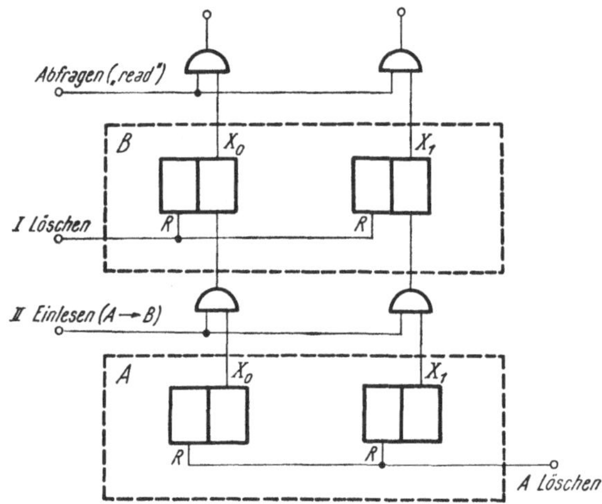

Abb. 5.1.15. Übertragung einer Information in ein Register B in zwei Schritten

gänge die Übertragung der „L“-Zustände vorgenommen (s. Abb. 5.1.15). Dadurch können UND-Schaltungen eingespart werden, aber für die zwei Schritte benötigt man mehr Zeit, die Schaltung arbeitet langsamer.

Das Abfragen („read“) der in B gespeicherten Information geschieht durch einen Impuls am entsprechenden Eingang. Dadurch werden die UND-Gatter am Ausgang des Registers aktiviert und an allen jenen Ausgängen, bei denen im zugehörigen Flip-Flop ein „L“ gespeichert ist, erscheinen „L“-Signale, die weiterverarbeitet werden können.

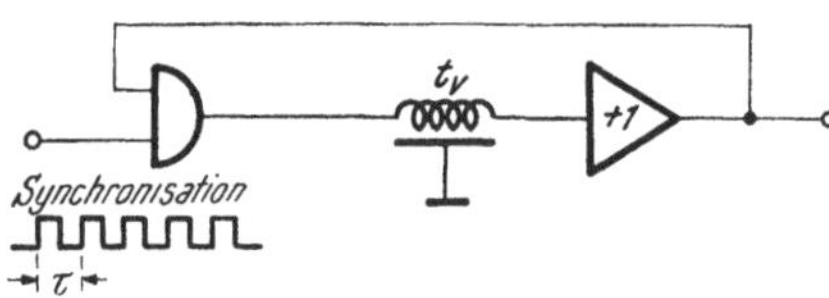

Abb. 5.1.16. Prinzip der Speicherung von Serieninformation

Für Register zur Speicherung von Serieninformation („Serienregister“) verwendet man vorteilhaft Verzögerungsleitungen (beliebiger Bauart). In Abb. 5.1.16 ist die prinzipielle Anordnung für ein solches Speicherelement dargestellt. Bei einem Abstand der Synchronisationsimpulse von τ und einer Gesamtverzögerung t_V, die ein ganzzahliges Vielfaches von τ sein muß, lassen sich mit solch einer Einheit Wörter mit einer Länge von n Bit speichern, wobei

$$n = t_V / \tau . \qquad [5.1.6]$$

Die Information ist in Form eines Impulszuges in der Verzögerungsleitung gespeichert (Serieninformation). Die Wirkungsweise ist leicht zu übersehen:

Immer dann, wenn ein Ausgangsimpuls als Schlüsselimpuls des UND-Gatters dient, wird ein Synchronisationsimpuls an den Eingang der Verzögerungsleitung abgegeben. Dieser Impuls gelangt nach der Zeit t_V wieder an den Ausgang und wirkt erneut als Schlüsselimpuls für einen anderen Synchronisationsimpuls. Auf diese Weise wird der ganze Impulszug, der

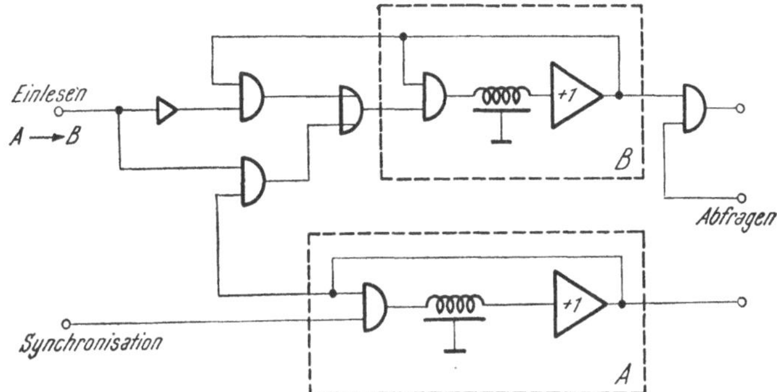

Abb. 5.1.17. Informationsübertragung zwischen Serienspeichern (Serienregistern)

innerhalb einer Verzögerungszeit (Zyklusdauer) auftritt, konserviert. In Abb. 5.1.17 ist dargestellt, auf welche Weise die Übertragung von Serieninformation erfolgen kann:

Liegt kein „Einlese"-Befehl vor, so zirkuliert die gespeicherte Information in beiden Registern unabhängig voneinander. Durch einen Einlesebefehl von genau der Länge einer Zyklusdauer wird die Zirkulation im B-Register unterbrochen und gleichzeitig der Inhalt des A-Registers auf das B-Register übertragen, ohne ihn jedoch im A-Register zu löschen.

Schieberegister

Unter einem Schieberegister versteht man ein Register, bei dem der Stellenwert jeder binären Ziffer einer gespeicherten Zahl geändert werden kann. Beispielsweise erhält man aus der Zahl 00LL0L0L (= 53) durch Verschieben nach links 0LL0L0L0 (= 106) bzw. durch Verschieben nach rechts 000LL0L0 (= 26). Das Verschieben der Kombination der binären Ziffern nach links ist mit dem Fortfall der ersten Ziffer und dem Hinzufügen einer 0 am Ende der Zahl verbunden. Es wird also (unter Berücksichtigung eines Übertrages bei Überschreitung der Speicherkapazität des Registers) dadurch der Wert um einen Faktor 2 erhöht, während bei dem Verschieben der Zahl um eine Stelle nach rechts der Wert in analoger Weise um einen Faktor 2 erniedrigt wird.

An Hand von Abb. 5.1.18 wollen wir die Arbeitsweise eines Schieberegisters untersuchen: Durch einen Schiebeimpuls wird das erste Flip-Flop auf „0" gestellt, während gleichzeitig alle anderen Flip-Flops infolge der UND-Gatter die Stellung des jeweils vorhergehenden Flip-Flops annehmen. Die gespeicherte binäre Zahl wird also durch jeden Impuls um eine Stelle weiterbefördert. Infolge des Auffüllens der nachrückenden Stellen mit „0" wird bei einem Register mit n Speicherlementen spätestens nach n Schiebeimpulsen die ganze Information gelöscht sein. Durch den in Abb. 5.1.18 strichliert gezeichneten Zusatz (und nach Entfernung der Verbindung zum R-Eingang des ersten Flip-Flops) geht die abgeschobene Information nicht

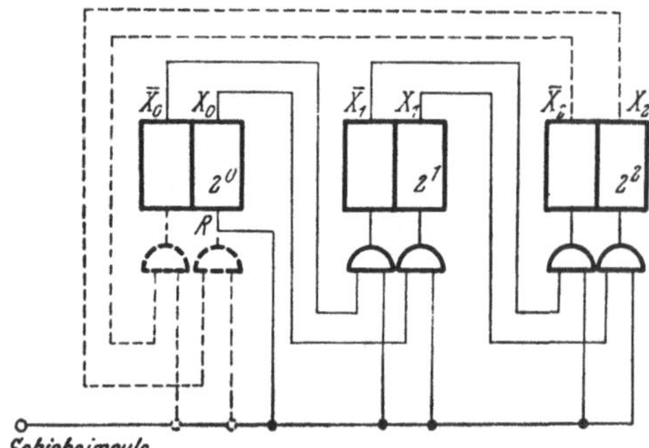

Abb. 5.1.18. Lineares Schieberegister. (Durch Lösen der Verbindung nach R und Erweiterung mit den beiden strichliert gezeichneten Gattern erhält man ein zirkulares Schieberegister)

verloren, sondern sie wird in die nachrückenden Stellen eingespeichert (zirkulares Schieberegister). In diesem Fall ist die Information nach n Schiebeimpulsen nicht gelöscht, sondern wieder in der Originalform gespeichert.

Für das einwandfreie Arbeiten solcher Schieberegister ist es notwendig, daß die Flip-Flops gleichzeitig abgefragt und umgestellt werden können. (Dazu muß zwischen dem Beginn des Schiebeimpulses und dem Umkippen der einzelnen Flip-Flops eine bestimmte Mindestzeit verstreichen.) Ist dies nicht durchführbar, so muß das Verschieben entweder in n aufeinanderfolgenden Schritten geschehen

$$A^*(n-1) \to A(n), A^*(n-2) \to A(n-1), \ldots A^*(1) \to A(2), 0 \to A(1)$$

oder das Verschieben muß über Hilfsspeicher erfolgen. Im zweiten Fall benötigt man jeweils zwei Schiebeimpulse, um eine Information (mit n Bit) um einen Stellenwert zu verschieben.

Ringzähler

Ein zirkulares Schieberegister mit 10 bistabilen Elementen läßt sich leicht in einen dekadischen Ringzähler umwandeln (s. Abb. 5.1.19). Beim Ringzähler benötigt man genauso viele Flip-Flops wie verschiedene Ziffern ver-

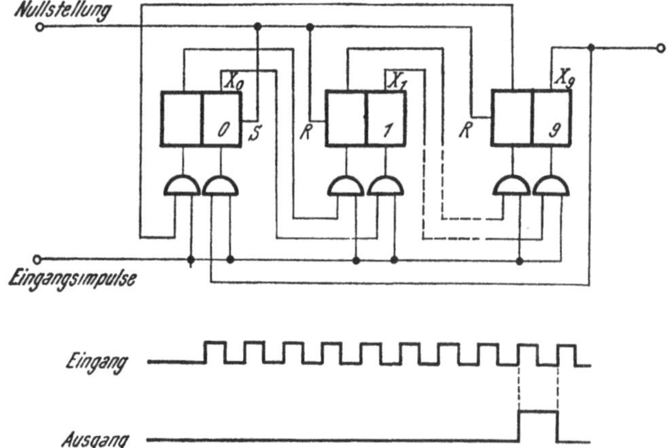

Abb. 5.1.19. Ringzähler mit 10 bistabilen Elementen

wendet werden, denn das Auftreten einer bestimmten Ziffer wird dadurch angezeigt, daß das zugehörige Flip-Flop sich als einziges im „L“-Zustand befindet.

Durch die Nullstellung wird im 0-Flip-Flop der Zustand „L“ hervorgerufen, während alle anderen Flip-Flops gelöscht werden. Der erste Eingangsimpuls stellt das 1-Flip-Flop in den „L“-Zustand (da vom 0-Flip-Flop der entsprechende Schlüsselimpuls geliefert wird) und das 0-Flip-Flop in den „0“-Zustand, da vom 9-Flip-Flop ein Schlüsselimpuls für den „0“-Zustand geliefert wird. Alle anderen Elemente bleiben im „0“-Zustand. Jeder weitere Impuls hat auf die folgenden Elemente eine analoge Wirkung, weshalb die Nummer jenes Elementes, das sich gerade im „L“-Zustand befindet, gleich der Anzahl der registrierten Impulse ist (unter Vernachlässigung des Überlaufes). Auf diese Weise läßt sich eine dekadische Anzeige direkt ohne Dekodierung erreichen.

Serienschieberegister

Zur Änderung des Stellenwertes einer Serieninformation ist es notwendig, daß der Impulszug in bezug auf den Zyklusbeginn um einen Impulsabstand verschoben (verzögert) wird. Beim linearen Schieberegister geht dabei wieder

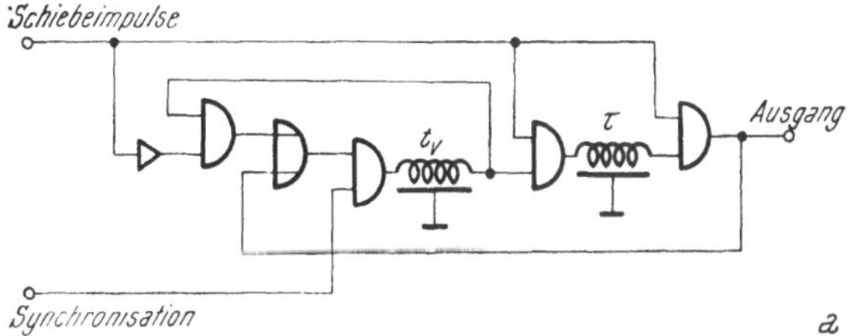

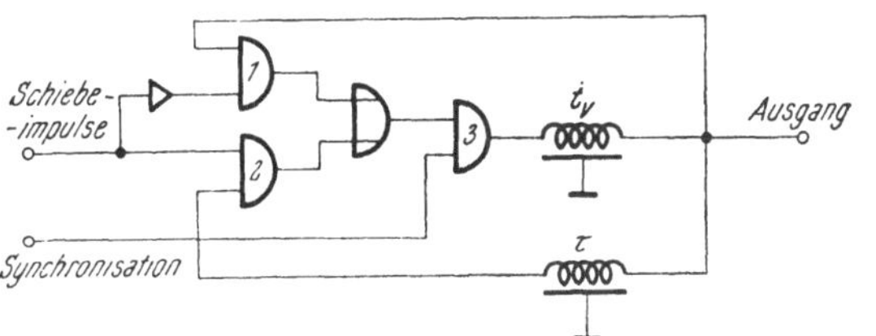

Abb. 5.1.20. Serienschieberegister
a) lineare Anordnung
b) zirkulare Anordnung
(Die impedanzwandelnden Verstärker hinter den Verzögerungsleitungen, die keine logische Funktion ausüben, wurden weggelassen)

die Stelle mit dem größten Stellenwert verloren, während am kleinsten Stellenwert eine „0“ eingespeichert wird. In Abb. 5.1.20 *a* ist ein lineares Serienschieberegister dargestellt.

Durch einen Schiebeimpuls zu Beginn des Zyklus wird die normale Rückführschleife unterbrochen, dafür wird der Impulszug, um τ verzögert, über die Verschiebeschleife zurückgeführt. Da zu Beginn des Schiebeimpulses infolge der Verzögerung τ über die neue Rückführschleife eine „0“ eingeschrieben wird, ist der kleinste Stellenwert eine „0“. Wird der Schiebeimpuls genau nach einer Zyklusdauer beendet, so wird das letzte UND-Gatter in der Verschiebeschleife früher gesperrt, bevor der Impuls, der den höchsten Stellenwert repräsentiert, da ist (Verzögerung τ), so daß dieser Impuls verlorengeht.

Durch ein zirkulares Schieberegister nach Abb. 5.1.20 *b* läßt sich die abgeschobene Information konservieren. Die Information der höchsten Stelle tritt dann an die tiefste Stelle und nach n Verschiebungen ist die alte Information wiederhergestellt. Zu Beginn des Schiebeimpulses, der das UND-Gatter 1 sperrt und das UND-Gatter 2 öffnet, gelangt wegen der Verzögerung τ der letzte Impuls des vorhergehenden Zyklus (also der Impuls mit dem höchsten Stellenwert) in das Speicherelement und dann erst kommen die anderen Impulse des neuen Zyklus in der Reihenfolge ihres Stellenwertes. Auf diese Weise erhält man mit jedem Schiebeimpuls eine Verzögerung des Impulszuges um τ und eine Umspeicherung der höchsten Stelle an den Platz der niedrigsten.

Wie wir schon ausführten, besteht der Vorteil einer Serieninformation darin, daß für die Verarbeitung eines Wortes nur ein Element benötigt wird, während bei Parallelinformation für jedes Bit des Wortes ein eigenes Element gebraucht wird. Daß die Verarbeitung der Serieninformation andererseits länger braucht, wurde auch schon erwähnt.

Die Überführung von Parallelinformation in Serieninformation und umgekehrt läßt sich mit Schieberegister bewerkstelligen.

Parallel-Serien-Konverter

In ein Schieberegister aus n RS-Flip-Flops läßt sich ein Wort aus n Bit parallel einlesen und speichern. Durch n Schiebeimpulse wird die gespeicherte Parallelinformation der Reihe nach an den Ausgang des letzten Flip-Flops gebracht. Erfolgen die Schiebeimpulse also synchron mit einem Taktgeber, so erhält man am Ausgang des letzten Flip-Flops die Information in Serienform.

Serien-Parallel-Konverter

Auch dieser Umwandler verwendet ein Schieberegister. Die Serieninformation wird synchron mit den Verschiebeimpulsen in das erste Flip-Flop eingespeist, so daß nach n Verschiebeimpulsen die gesamte, aus n Bit bestehende Serieninformation in den n Flip-Flops des Schieberegisters eingelesen ist. Diese Information steht dann in paralleler Form zur Verfügung.

5.1.3.4. Binäres Gedächtnis

Müssen viele Wörter gespeichert werden, so geschieht das nicht in Registern, sondern in eigenen Gedächtnissen (memories). Der Unterschied zwischen einer Anhäufung von Registern und einem Gedächtnis liegt vor allem darin, daß die im Gedächtnis gespeicherte Information nicht direkt verarbeitet werden kann, während wir bei den Registern Vorkehrungen dazu kennenlernten. Jedes Wort hat in einem Gedächtnis seinen Platz, der durch die sogenannte Adresse (address), eine Bit-Kombination, festgelegt ist. Die Zuordnung von Adresse und Speicherplatz ist eindeutig, und es besteht keinerlei Wechselwirkung zwischen der Bit-Kombination der Adresse und der gespeicherten Bit-Kombination des Wortes. Die Maximalzahl der Bits, die ein Wort haben darf, damit es ungekürzt gespeichert werden kann, heißt die Kapazität des Speicherplatzes. Die Zahl der verschiedenen Speicherplätze, also die Maximalzahl der Wörter, die gespeichert werden können, ist die Kapazität des Gedächtnisses.

Damit ein Gedächtnis sinnvoll eingesetzt werden kann, müssen mindestens drei Operationen durchgeführt werden können:

1. Es muß der richtige Gedächtnisplatz aufgefunden werden können („select“).
2. In diesen Gedächtnisplatz muß das Wort eingelesen werden können („write“).
3. Das gespeicherte Wort muß zugänglich sein, d. h. der entsprechende Gedächtnisinhalt muß durch Abfragen („read“) einer weiteren Verarbeitung zugeführt werden können.

Den Kontakt mit dem übrigen System besorgen Register. Im allgemeinen gibt es zwei Register:

a) das Adressenregister, in welchem der gesuchte Gedächtnisplatz festgelegt ist (und das oft in zwei Teile gespaltet ist), und

b) das Informationsregister bzw. den Zwischenspeicher, auf den die zum Gedächtnisplatz gehörende Information übertragen wird.

Das Einlesen einer Information erfolgt typischerweise in folgenden Schritten:

1. Aufrufen der gewünschten Adresse im Adressenregister.
2. Übertragung der zu speichernden Information ins Informationsregister (bzw. deren Bildung in demselben).
3. Auslösung des Schreibbefehls.
4. Übertragung der Information aus dem Informationsregister auf den durch das Adressenregister festgelegten Gedächtnisplatz.

Das Abfragen erfolgt in ähnlicher Weise:

1. Aufrufen der gewünschten Adresse im Adressenregister.
2. Auslösung des Lesebefehls.
3. Übertragung der an dem durch das Adressenregister festgelegten Gedächtnisplatz gespeicherten Information an das Informationsregister.

Je nachdem, ob durch das Abfragen eines Gedächtnisplatzes die in ihm gespeicherte Information zerstört wird oder nicht, spricht man von einem zerstörenden (destructive read-out) oder einem zerstörungsfreien Abfragen (nondestructive read-out). Im ersten Fall kann durch ein Einlesen des im Informationsregister gespeicherten Wortes der alte Speicherzustand wiederhergestellt werden, wobei das im Informationsregister gespeicherte Wort anschließend der gewünschten Verarbeitung zugeführt werden kann. Der Unterschied zwischen den beiden liegt vor allem in der benutzten Abfragemethode (und dem Gedächtnistyp) und ist nicht allgemeiner Natur, weshalb wir momentan auf ihn nicht näher eingehen.

Ein wichtiger Unterschied ergibt sich aber in der Zuordnung der Speicherplätze zu bestimmten Wörtern und die Art und Weise, wie diese aufgerufen werden können. Vorerst sollen nur Gedächtnisse besprochen werden, bei denen die Speicherplätze durchnumeriert sind und bei denen diese Nummern mit der Adresse der zu speichernden Wörter in einem gesetzmäßigen Zusammenhang stehen. Bei diesen Gedächtnissen unterscheidet man zwei Typen:

1. solche, bei denen das Aufrufen jedes beliebigen Gedächtnisplatzes die gleiche Zeit erfordert, ganz egal, was für eine Nummer er hat („random access“);

2. solche, bei denen das Aufrufen von Plätzen mit einer größeren Adresse länger dauert, da der Reihe nach die Adresse der Speicherplätze mit der gesuchten Adresse verglichen wird („sequential access“). Zu dieser zweiten Type gehören z. B. Gedächtnisse für Serieninformation (kurz: „Seriengedächtnisse“).

Assoziatives Gedächtnis

In manchen Fällen, so auch bei vielen kernphysikalischen Problemen, sind die Adressen der zu speichernden Wörter nicht kontinuierlich, sondern es ist bei bestimmten Adressen keine Information zu erwarten, während andere bevorzugt werden. In der Energiespektrometrie kann es z. B. vorkommen, daß neben einer Gruppe von Teilchen sehr hoher Energie auch solche mit niedriger Energie vorkommen, während im dazwischenliegenden Energiebereich nur wenige Teilchen nachgewiesen werden bzw. diesem Bereich keine physikalische Bedeutung zukommt. Besonders aber in zweiparametrigen Messungen, wie z. B. bei der gleichzeitigen Messung der Zeit und der Impulshöhe, ist man oft nur an beschränkten Intervallen dieser Parameter interessiert. In solchen Fällen ist es schade, Speicherplätze auch für unbenützte Größenintervalle freizuhalten, nur weil aus der Systematik der Adressenbezeichnung eine fortlaufende Numerierung der Speicherplätze erfolgte. Diese unökonomische Vorgangsweise wird durch die Verwendung eines assoziativen Gedächtnisses vermieden.

Bei einem assoziativen Gedächtnis wird jede Information, wie sie gerade kommt, also in beliebiger Reihenfolge, samt ihrer Adresse gespeichert. Um dann eine bestimmte Adresse auffinden zu können, muß der Computer die bereits gespeicherte Information auf diese Adresse hin durchmustern und den Speicherort feststellen. Dieses Durchmustern geschieht nicht so, daß die ganze Adresse auf einmal gesucht wird, sondern es werden der Reihe nach alle Adressen, die mit der gesuchten im ersten Bit, im zweiten Bit usw. übereinstimmen, festgestellt. Der Speicherplatz kann also in genauso vielen Schritten, wie die Adresse Bit hat, ermittelt werden. Da im allgemeinen ein großer Teil des Gedächtnisses abgefragt wird, bevor die richtige Adresse gefunden ist, kommt nur ein zerstörungsfreies Abfragen in Betracht, weshalb nicht jede Gedächtnisbauart in assoziativen Gedächtnissen verwendet werden kann.

Seriengedächtnis

In Abb. 5.1.21 ist ein Gedächtnis, das eine Verzögerungsleitung enthält, dargestellt. Die gespeicherte Information zirkuliert, wie wir schon bei den Serienregistern besprochen haben, durch die Verzögerungsleitung und die Rückführschleife und wird dabei durch die als Taktgeber arbeitende Uhr synchronisiert. Die aus den Bit zusammengesetzten Wörter haben keinen Speicherplatz, sondern sind durch ihren zeitlichen Abstand vom Beginn des Zyklus den Adressen zugeordnet. Über zwei Zähler, den Bit-Zähler und den Wort-Zähler, wird der Zeitpunkt, der einer bestimmten Adresse zuzuschrei-

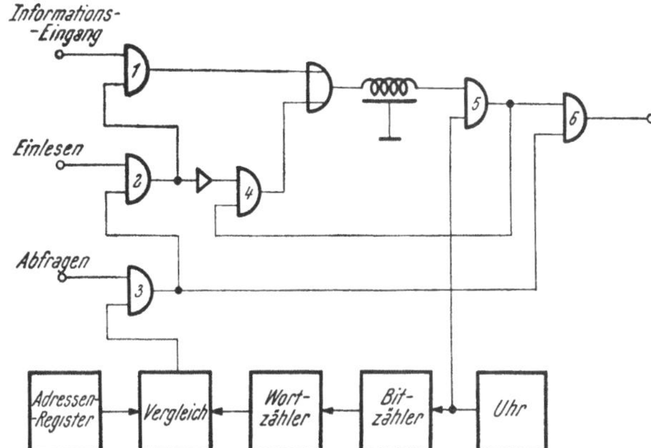

Abb. 5.1.21. Prinzip eines Seriengedächtnisses

ben ist, festgelegt. Der Bit-Zähler beginnt nach jedem Wort wieder von vorn zu zählen, der Wort-Zähler nach jedem Zyklus. Der Zustand des Wort-Zählers ist also für eine bestimmte Adresse spezifisch, denn er nimmt innerhalb jedes Zyklus bei jedem Wort einen bestimmten Zustand ein.

Das Aufrufen einer bestimmten Adresse geschieht so, daß der Inhalt des Adressenregisters mit dem Inhalt des Wortzählers, also der Adresse, verglichen wird. Bei Übereinstimmung öffnet das UND-Gatter 3 und das UND-Gatter 6, und die zur Adresse gehörende Information gelangt zum Ausgang. Da die Zirkulation dadurch nicht gestört wird, bleibt der Gedächtnisinhalt erhalten (nondestructive read-out).

Bei einem Schreibvorgang wird zunächst das Adressenregister auf jenen Adressenwert eingestellt, bei dem die Einspeicherung erfolgen soll. Dann wird durch ein Signal am „Einlesen"-Eingang die Zirkulation unterbrochen und statt einer rückgeführten Information tritt die Information vom Informationseingang in die Laufzeitkette. Nach Ablauf der aufgerufenen Adresse wird die Zirkulation wiederhergestellt, da Gatter 3 und damit auch Gatter 2 gesperrt wird, wodurch Gatter 4 aufmacht und der neue Speicherinhalt zirkuliert.

Im Gegensatz zu den Parallelgedächtnissen ist eine bestimmte Adresse nicht sofort greifbar, sondern nur in der Reihenfolge der Einspeicherung (sequential access). Dies ist in vielen Fällen ein Nachteil. Ebenso der Umstand, daß die Information nach einem Ausfall der Versorgungsspannungen nicht mehr vorhanden ist.

Parallelgedächtnis

Die Speicherung von Parallelinformation geschieht in der Kernphysik hauptsächlich mit Hilfe von magnetischen Speichern. Deshalb besprechen wir nur diese ausführlicher. Andere Methoden werden in 5.5.2 bei der Besprechung der Speicherelemente angeführt.

a) Magnetkernspeicher mit linearer Adressenanordnung

Für jedes Bit jedes Wortes wird ein Magnetkern benötigt. In Abb. 5.1.22 ist ein Gedächtnis für 12 Bit dargestellt, dessen Größe für eine Beschreibung der Funktionsweise ausreicht. Für jede Adresse (jedes Wort) geht eine Leitung

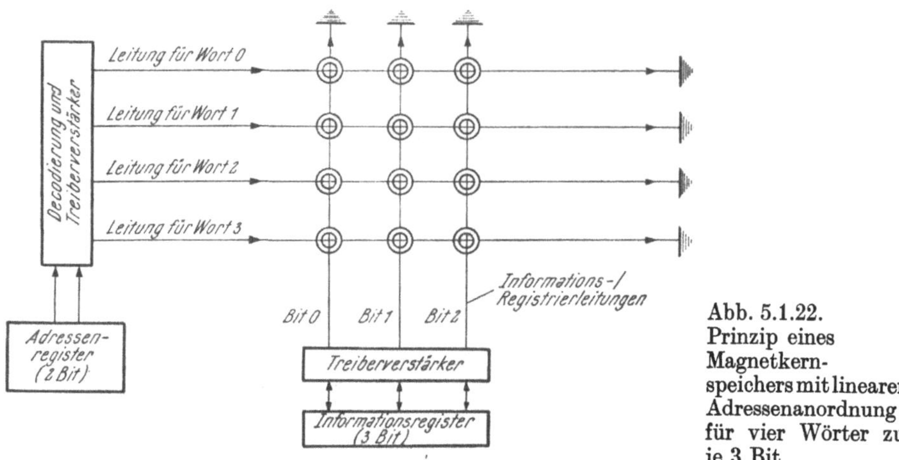

Abb. 5.1.22. Prinzip eines Magnetkern-speichers mit linearer Adressenanordnung für vier Wörter zu je 3 Bit

durch die zugehörigen Magnetkerne und für jedes Bit der Information eine Leitung durch die entsprechenden Magnetkerne. Die Magnetkerne bilden also eine Matrix, deren eine Seite die Adressen (bzw. Wörter) und die andere die Bits der Information enthält. Die gezeigte Anordnung ist zur Speicherung von 4 Wörtern zu je 3 Bit geeignet. Das Adressenregister enthält also 2 Bit und das Informationsregister deren drei. Die Vorgangsweise des Einlesens eines bestimmten Wortes ist leicht zu übersehen. Das Adressenregister ruft das bestimmte Wort auf, d. h. mit Hilfe des Decoders und des Treiberverstärkers wird nur auf jene Leitung, die durch alle zum Wort gehörenden Magnetkerne geht, ein Strom I_w geschickt. Dieser Strom muß die Bedingung

$$I_c/2 < I_w < I_c$$

erfüllen, d. h. er muß so klein sein, daß er nicht imstande ist, einen Magnetkern umzumagnetisieren, aber doch so groß, daß ein doppelt so großer Strom sicher eine Ummagnetisierung bewirkt, wozu mindestens ein Strom der Größe I_c benötigt wird.

Wird also auch über alle jene Informationsleitungen, bei denen sich das Informationsregister im Zustand „L" befindet, ein Strom der Größe I_w geschickt, so klappt die Magnetisierung aller jener Magnetkerne um, die folgende beide Bedingungen erfüllen:

1. Sie gehören zum ausgesuchten Wort, d. h. zur aufgerufenen Adresse.
2. Die zu speichernde Information in dem durch sie vertretenen Bit heißt „L".

Während einer solchen Schreiboperation kann einem Magnetkern folgendes passieren:

1. Er gehört zum ausgesuchten Wort und zu einem Bit mit dem Wert „L": Der gesamte Schreibstrom beträgt dann

$$I_w + I_w = 2 I_w > I_c,$$

d. h. der Kern geht in den Zustand „L" über.

2. Er gehört zum ausgesuchten Wort, aber zu einem Bit mit dem Wert „0“: Der gesamte Schreibstrom ist dann nur

$$I_w < I_c,$$

d. h. der Kern bleibt im Zustand „0“.

3. Er gehört nicht zum ausgesuchten Wort, aber zu einem Bit mit dem Wert „L“: Der gesamte Schreibstrom ist

$$I_w < I_c$$

und der Kern bleibt im Zustand „0“.

4. Er gehört weder zum ausgesuchten Wort noch zu einem Bit mit dem Wert „L“: Es fließt gar kein Strom durch die durch ihn führenden Leitungen und der Kern bleibt im Zustand „0“.

In einer solchen Anordnung ist das Verhältnis $I(\mathrm{L}) : I(0)$ höchstens $2 : 1$. Dieses Verhältnis reicht für eine verläßliche Operation bei den verwendeten Magnetkernen bei weitem aus.

Macht man jedoch den Schreibstrom $I_{w\mathrm{W}}$ für das Wort doppelt so groß wie den Schreibstrom $I_{w\mathrm{L}}$ für die Information „L“ und läßt für die Information „0“ einen Schreibstrom I_{w0} mit umgekehrtem Vorzeichen, aber gleicher Größe wie $I_{w\mathrm{L}}$ fließen, so kann das Verhältnis $I(\mathrm{L}) : I(0)$ auf $3 : 1$ gebracht werden. Dieser größere Unterschied im Magnetisierungsstrom von Kernen, die ummagnetisiert werden sollen, und solchen, deren Magnetisierung gleichbleiben soll, verbessert einerseits die Verläßlichkeit, zum anderen erlaubt sie eine größere Überschreitung von I_c, wodurch die Ummagnetisierung und somit der Schreibprozeß schneller erfolgt.

Der Abfragevorgang (read) ist ebenfalls leicht zu durchschauen. Über die Adressenleitung (word line) wird ein Strom I_r mit $I_r > I_c$ in umgekehrter Richtung zu $I_{w\mathrm{W}}$ geschickt. Dieser Strom magnetisiert alle jene Magnetspeicher des aufgerufenen Wortes, in denen „L“ gespeichert war, um. Das Umklappen der Magnetisierung wird entweder in den Bit-Leitungen oder in eigenen Registrierleitungen (sense lines) festgestellt und so der Zustand „L“ eines Bits registriert. (Bei Kernen mit dem Zustand „0“ ändert sich die Magnetisierung nur unwesentlich, weshalb die induzierte Spannung in den Registrierleitungen viel kleiner ist.)

Zwei Eigenschaften eines solchen Gedächtnisses sind meistens unerwünscht:

1. Durch das Abfragen wird das Gedächtnis gelöscht (destructive readout).

2. Vor dem Einlesen müssen alle Magnetkerne im Zustand „0“ sein, da nur „L“-Zustände eingelesen werden.

Infolgedessen muß jedem Schreibprozeß ein Löschprozeß vorausgehen, der alle Speicher auf „0“ zurückstellt, und nach jedem Abfrageprozeß muß der ursprüngliche Gedächtnisinhalt wiederum eingelesen werden. Letzteres kann so geschehen, daß die vom Gedächtnis in das Informationsregister übertragene Information in das Gedächtnis übertragen (eingelesen) wird. Dabei bleibt die Information im Informationsregister erhalten und kann weiterverarbeitet werden.

In manchen Anwendungen, wie bei der Impulshöhenanalyse in Vielkanälen, folgt auf jeden Lesebefehl ein Schreibbefehl. In solchen Fällen kann auf das Wiedereinlesen nach dem Lesebefehl (der ja den Inhalt der betreffenden Adresse löscht) und auf das Löschen vor dem Schreibbefehl selbstverständlich verzichtet werden, wodurch Speicherzeit eingespart wird. Ein Gedächtnis mit einer solchen Arbeitsweise wird auch Puffer-Gedächtnis (buffer-memory) genannt.

Ein großer Nachteil der linearen Anordnung der Wörter liegt vor allem darin, daß für jedes Wort eine eigene Steuerleitung mit zugehörigem Treiberverstärker benötigt wird. Durch eine zweidimensionale Anordnung der Wörter läßt sich dieser Aufwand vermindern.

b) Magnetkernspeicher mit zweidimensionaler Adressenanordnung

Durch eine Anordnung nach Abb. 5.1.23 läßt sich der Aufwand für ein Magnetkerngedächtnis beträchtlich verkleinern. Jeder Platz in der *X*-*Y*-Matrix entspricht einem Gedächtnisplatz und in jeder solchen Gedächtnis-

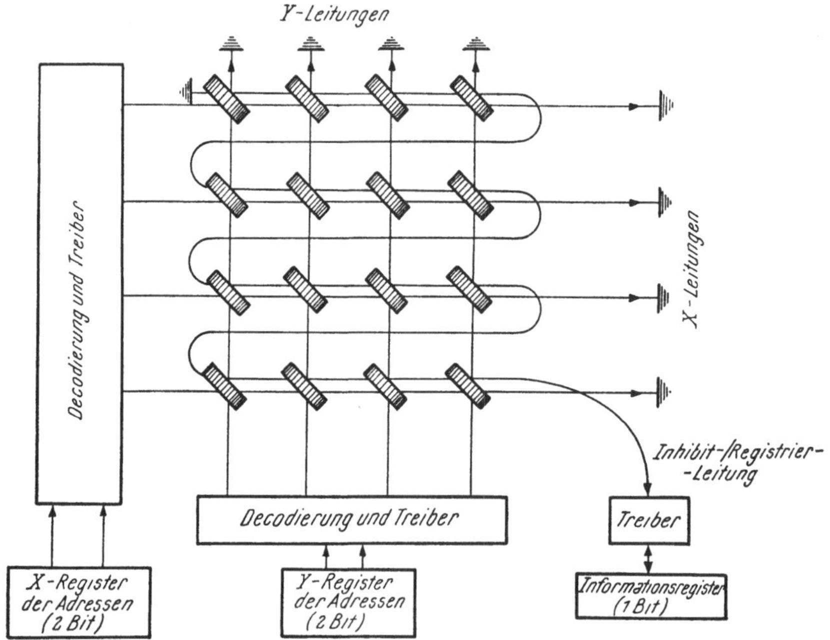

Abb. 5.1.23. Prinzip eines Magnetkernspeichers mit zweidimensionaler Adressenanordnung für 16 Wörter zu je einem Bit

ebene kann ein Bit der Information gespeichert werden. Zuerst wollen wir den Fall betrachten, daß die Information nur aus einem Bit besteht. Dann lassen sich in 16 eben angeordneten Magnetkernen 16 Wörter speichern. Die Adresse für die 16 Wörter bzw. Gedächtnisplätze besteht also aus 4 Bits, die von zwei 2-Bit-Adressenregistern (*X*- und *Y*-Adresse) geliefert werden. Jedes der beiden Adressenregister ruft eine der zugehörigen vier Leitungen auf und jener Magnetkern, bei dem sich die beiden Leitungen kreuzen, ist der gesuchte Gedächtnisplatz.

Das Einlesen geschieht folgendermaßen: Zuerst müssen alle Kerne im Zustand „0“ sein, d. h. das Gedächtnis muß gelöscht sein. Durch einen Strom $I_{wx} = I_{wy} = I_c/2$ in den beiden durch die Adressenregister bestimmten Leitungen wird der ausgewählte Gedächtnisplatz auf „L“ gestellt, denn nur am Kreuzungspunkt dieser beiden Leitungen reicht der Gesamtstrom $I_{wx} + I_{xy} = I_c$ zu einer Ummagnetisierung aus. Ist die zu speichernde Information jedoch nicht „L“, sondern „0“, so muß der wirksame Gesamtstrom durch einen entgegengerichteten Informationsstrom (inhibit current) kleiner als I_c gemacht werden, so daß der „0“-Zustand erhalten bleibt.

Während eines Schreibvorgangs kann mit einem Magnetkern sechserlei passieren:

1. Er liegt sowohl in der X-Adresse als auch in der Y-Adresse und die zu speichernde Information ist „L“:

$$I_{\text{ges}} = I_{wx} + I_{wy} = I_c,$$

also Ummagnetisierung.

2. Er liegt sowohl in der X-Adresse als auch in der Y-Adresse, aber es soll „0“ gespeichert werden:

$$I_{\text{ges}} = I_{wx} + I_{wy} - I_{w0} = I_c/2,$$

daher keine Ummagnetiserung.

3. Er liegt entweder in der X-Adresse oder in der Y-Adresse und im Informationsregister steht ein „L“:

$$I_{\text{ges}} = I_{wx} = I_c/2 \quad \text{bzw.} \quad I_{\text{ges}} = I_{wy} = I_c/2,$$

keine Ummagnetisierung.

4. Er liegt entweder in der X-Adresse oder in der Y-Adresse und im Informationsregister steht „0“:

$$I_{\text{ges}} = I_{wx} - I_{w0} = 0 \quad \text{bzw.} \quad I_{\text{ges}} = I_{wy} - I_{w0} = 0.$$

5. Er liegt weder in der X- noch in der Y-Adresse und im Informationsregister steht „L“:

$$I_{\text{ges}} = 0.$$

6. Er liegt weder in der X- noch in der Y-Adresse und im Informationsregister steht „0“:

$$I_{\text{ges}} = -I_{w0} = -I_c/2.$$

Eine Ummagnetisierung erfolgt also nur in dem einen Fall, daß auf dem aufgerufenen Platz „L“ gespeichert werden soll.

Die Abfrage des gespeicherten Inhalts ist einfach. Durch einen Abfragestrom von $I_{rx} = -I_{wx}$ in der Leitung der X-Adresse und von $I_{ry} = -I_{wy}$ in der Y-Adresse wird der aufgerufene Speicherplatz ummagnetisiert, falls in ihm „L“ gespeichert war, aber seine Magnetisierung bleibt gleich, falls „0“ gespeichert war. Eine Ummagnetisierung induziert in der Informationsleitung ein Signal, das zur Feststellung des vorhanden gewesenen „L“-Zustandes dient. Wie in der linearen Anordnung ist auch hier nach dem Abfragen das Gedächtnis gelöscht.

Informationen mit mehreren Bit werden in Stapeln von solchen Gedächtnisebenen gespeichert. Jede Ebene repräsentiert ein Bit des gespeicherten Wortes. Da man in jeder Gedächtnisebene dieselbe X- und Y-Adresse aufruft, können die Leitungen der einzelnen Ebenen in Serie zueinander liegen (s. Abb. 5.1.24), wodurch der Schaltungsaufwand bedeutend verringert wird. (Eine Parallelschaltung der Ebenen, die auch möglich wäre, wird wegen des großen Strombedarfes nicht durchgeführt.) Durch das Aufrufen einer X- und einer Y-Adresse werden also beim Vorliegen von n Gedächtnisebenen n Magnetkerne angesprochen, d. h. es läßt sich ein Wort aus n Bits speichern.

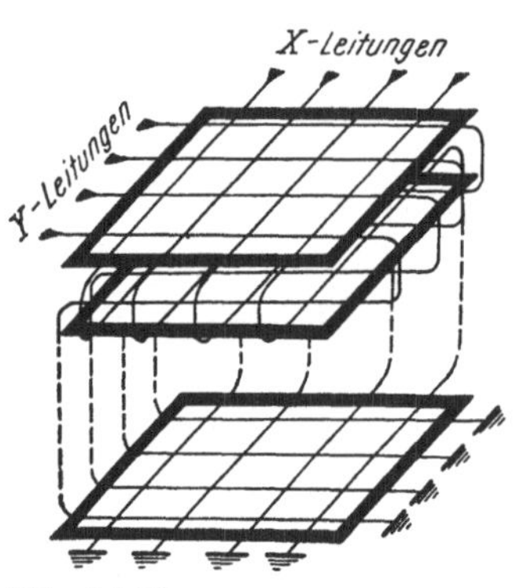

Abb. 5.1.24. Anordnung der Gedächtnisebenen bei zweidimensionaler Adressenanordnung

Jede Ebene ist durch eine Leitung mit dem Informationsregister verbunden. Diese „Inhibit“-Leitung verhindert immer dann eine Ummagnetisierung, wenn das zu speichernde Bit gleich „0“ ist. Beim Abfragen liefert sie hingegen die Information, welches Bit des aufgerufenen Wortes ungleich „0“ ist.

5.2. Der elektronische Schalter

Unter einem Schalter wollen wir ganz allgemein eine Schaltung verstehen, die zwei konträre Zustände annehmen kann. Meistens handelt es sich bei diesen beiden um einen hochohmigen Zustand und um einen niederohmigen Zustand, genauso wie bei einem Lichtschalter, der nur im niederohmigen Zustand Strom zum Verbraucher fließen läßt. Genau genommen entspricht der Lichtschalter einem bistabilen Element, denn durch ein Eingangssignal (eine Handbewegung) wird einer der beiden möglichen Zustände eingestellt und dieser Zustand wird so lange beibehalten, bis ein neues Eingangssignal (eine entgegengesetzte Handbewegung) wieder den anderen Zustand herstellt. Der elektronische Schalter (im engeren Sinn) ist jedoch eher mit einem Klingelknopf zu vergleichen. Denn der zum Ruhezustand konträre Zustand wird nur so lange eingenommen, wie am Eingang ein Signal steht (entsprechend dem Druck mit dem Finger auf den Klingelknopf).

Auf Leistungsschalter gehen wir nicht ein, sondern nur auf Schalter, wie sie in der binären Logik Verwendung finden. Bei diesen kommt es vor allem darauf an, daß die beiden Schaltzustände leicht unterschieden werden können.

Es ist meist üblich, dem hochohmigen Zustand die binäre Ziffer „L“ zuzuordnen und dem niederohmigen „0“. Die zugehörigen Gleichstromwiderstände (bzw. Innenwiderstände) des Schalters wollen wir mit R_{iL} bzw. R_{i0} bezeichnen.

Die Entscheidung, welches Element als Schalter verwendet werden soll, hängt von mehreren Umständen ab:

1. Von der geforderten Schnelligkeit der Umschaltvorgänge und ihrem zeitlichen Abstand.

2. Von der Impedanz des Lastwiderstandes.

3. Von der zur Verfügung stehenden Steuerleistung.

Wenn wir vorerst vom dynamischen Verhalten und der Steuerleistung absehen, so ist ein idealer Schalter dadurch gekennzeichnet, daß $R_{i0} = 0\,\Omega$ und R_{iL} beliebig groß ist. Dann kann praktisch jede Last mit diesem Schalter versorgt werden. Die beste Realisierung eines solchen „idealen" Schalters erfolgt mechanisch (z. B. mit einem Relais), denn so lassen sich einerseits Übergangswiderstände, die nur einen kleinen Bruchteil von $1\,\Omega$ betragen, realisieren und Sperrwiderstände, die wesentlich größer als $10^{12}\,\Omega$ sein können. Infolge der großen Trägheit mechanischer Systeme ist die Verwendung von Relais auf langsame Anwendungen ($> 10^{-3}$ s) beschränkt. Muß man, wie in der Kernphysik, schneller arbeiten, so verwendet man andere Elemente als Schalter. Man muß dann aber größere R_{i0}-Werte und kleinere R_{iL}-Werte akzeptieren.

In Abb. 5.2.1 *a* ist ein idealer Schalter, der über einen Widerstand R_L an einer Spannung hängt, dargestellt. In Abb. 5.2.1 *b* wird die zugehörige Strom-Spannung-Kennlinie gezeigt. Die Widerstandsgerade schneidet die

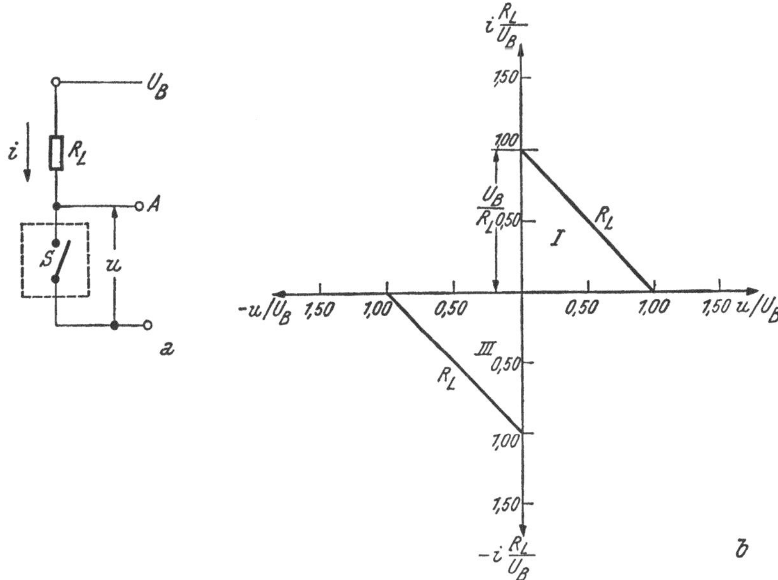

Abb. 5.2.1. Idealer Schalter *a*) Ersatzschaltung *b*) Kennlinie

Spannungs- bzw. Stromachse bei U_B bzw. U_B/R_L. Die zwei Arbeitspunkte des Schalters lauten also: ($I_{A1} = 0$, $U_{A1} = U_B$) und ($I_{A2} = U_B/R_L$, $U_{A2} = 0$). (Bei Verwendung einer negativen Betriebsspannung ändert sich an diesen Beziehungen nichts, denn der Strom ändert genauso wie die Spannung die Polarität.) Da im einen Arbeitspunkt die Spannung, im anderen der Strom Null ist, ist die Ruheverlustleistung eines idealen Schalters gleich Null.

Das statische Verhalten eines realen Schalters läßt sich aus Abb. 5.2.2 *a* entnehmen. Im leitenden Zustand besitzt der Schalter den relativ kleinen Innenwiderstand R_{i0}, im nichtleitenden Zustand einen in bezug auf R_{i0} sehr großen Leckwiderstand R_{iL}. In Abb. 5.2.2 *b* ist die zugehörige Aus-

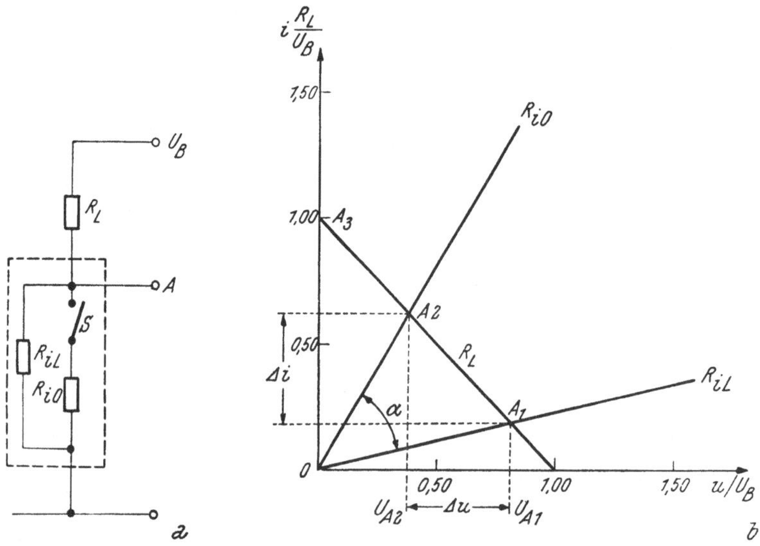

Abb. 5.2.2. Realer Schalter
a) statische Ersatzschaltung *b*) zugehörige Kennlinie

gangskennlinie dargestellt. Als Arbeitspunkte erhält man die Schnittpunkte der Arbeitsgeraden (R_L) mit der Kennlinie des Leckwiderstandes bzw. des Innenwiderstandes, die im Grenzfall ($R_{iL} = \infty$ bzw. $R_{i0} = 0$) mit der x- bzw. y-Achse zusammenfallen (idealer Schalter). Die beiden stabilen Arbeitspunkte lauten somit: ($I_{A1} = U_B/(R_L + R_{iL})$, $U_{A1} = I_{A1} R_{1L}$) und ($I_{A2} = U_B/(R_L + R_{i0})$, $U_{A2} = I_{A2} R_{i0}$). (Im leitenden Zustand wurde wegen $R_{iL} \gg R_{i0}$ die Parallelschaltung von R_{iL} nicht berücksichtigt.)

Entsprechend erhält man die im Schalter umgesetzte Verlustleistung zu

$$N_1 = U_B^2 R_{iL}/(R_L + R_{iL})^2 \qquad [5.2.1]$$

und

$$N_2 = U_B^2 R_{i0}/(R_L + R_{i0})^2 .$$

Entscheidend in vielen Anwendungen ist das Verhältnis von Nutzverlustleistung zu Verlustleistung im leitenden Zustand. Die im Verbraucher R_L umgesetzte Nutzleistung beträgt

$$N = U_B^2 R_L/(R_L + R_{i0})^2, \qquad [5.2.2]$$

woraus

$$N/N_2 = R_L/R_{i0} \qquad [5.2.3]$$

erhalten wird. Man sieht daraus die Bedeutung eines kleinen Innenwiderstandes R_{i0} des Schalters für seinen Wirkungsgrad.

Für das Schaltverhalten muß das Ersatzschaltbild von Abb. 5.2.3 *a* herangezogen werden. (In diesem Ersatzschaltbild sind parasitäre Induktivitäten nicht berücksichtigt.) In der „schädlichen“ Kapazität C_{sch} sind nicht nur die inneren Kapazitäten des Schalters berücksichtigt, sondern auch dessen Streukapazitäten sowie alle zu R_L parallel liegenden Kapazitäten, da diese so wirken, als ob sie parallel zum Schalter liegen würden. (Die Spannungsversorgung hat ja verschwindende Impedanz.) Wenn der Schalter zur Zeit t_1 geschlossen und zur Zeit t_2 geöffnet wird, erhält man nach

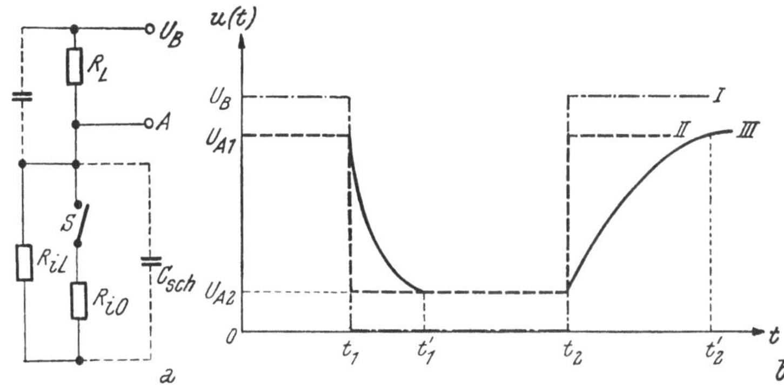

Abb. 5.2.3. Realer Schalter
a) dynamisches Ersatzschaltbild *b*) Spannungsverlauf im Schaltvorgang

diesem Ersatzschaltbild am Schalter den Spannungsverlauf *III* in Abb. 5.2.3 *b*. Mit *I* ist das ideale Verhalten und mit *II* das Verhalten bei verschwindender Kapazität gekennzeichnet. Die Kurven *I* und *II* bedürfen keiner näheren Erläuterung.

Die Kurve *III* kommt folgendermaßen zustande:

Zur Zeit t_1, wenn der Schalter in den leitenden Zustand umgeschaltet wird, kann die Spannung nicht plötzlich von U_{A1} auf U_{A2} absinken, da C_{sch} auf U_{A1} aufgeladen ist und sich erst entladen muß. Für die Entladung ist die Parallelschaltung von R_{i0}, R_L und R_{iL} maßgebend, so daß wir wegen $R_{iL} \gg R_{i0}$ für die Zeitkonstante des Spannungsabfalls erhalten:

$$\tau_1 = C_{\text{sch}} \cdot \frac{R_L R_{i0}}{R_{i0} + R_L}. \qquad [5.2.4\ \text{a}]$$

Zur Zeit t_2 kann die Spannung nach Öffnen des Schalters nicht sofort auf den Wert U_{A1} ansteigen, da die Aufladung von C_{sch} auf diesen Wert eine endliche Zeit benötigt. Die entsprechende Zeitkonstante τ_2 erhält man zu

$$\tau_2 = C_{\text{sch}} \cdot \frac{R_L \cdot R_{iL}}{R_{iL} + R_L} \approx C_{\text{sch}} R_L, \qquad [5.2.4\ \text{b}]$$

sofern $R_{iL} \gg R_L$.

Wie man sieht, gilt prinzipiell $\tau_2 > \tau_1$. Da die schädliche Kapazität in einer bestimmten Anordnung nicht unter einen bestimmten Wert vermindert werden kann, muß man R_L entsprechend verkleinern, wenn ein Schalter schneller arbeiten soll. Dadurch geht aber sein Wirkungsgrad (R_L / R_{i0}) zurück.

Diese Überlegungen lassen sich auch auf andere elektronische Schalter übertragen. Daß man große Abweichungen vom „idealen" Verhalten in Kauf nimmt, nur um schnell schalten zu können, erkennt man an der Verwendung der Tunneldiode als Schalter. Bei dieser ist nämlich der Unterschied zwischen R_{t0} und R_{tL} um viele Größenordnungen kleiner als bei den übrigen Schaltern.

Zum Abschluß fassen wir die Eigenschaften eines guten Schalters folgendermaßen zusammen:

1. R_{tL} groß.
2. R_{t0} klein und von der Größe des Steuersignals u_1 bzw. i_1 unabhängig.
3. Kleine Steuerleistung (u_1 bzw. i_1 klein).
4. Kleine Verzögerung zwischen Steuersignal und Schaltsignal.
5. Keine Beeinflussung der Form des Schaltsignals durch das Steuersignal (Isolation zwischen Eingang und Ausgang).
6. Kleine Erholzeit, dadurch kleine Schaltabstände möglich.
7. Große Verläßlichkeit und Lebensdauer.

5.2.1. Die Halbleiterdiode als Schalter

Die beiden Schaltzustände einer Diode sind der leitende Zustand (niederohmig) und der nichtleitende Zustand (hochohmig). Das Umschalten geschieht durch Umpolen der Diode von der Durchlaßrichtung in die Sperrrichtung. In Abb. 5.2.4 ist die Arbeitskennlinie einer Diode mit einem Serien-

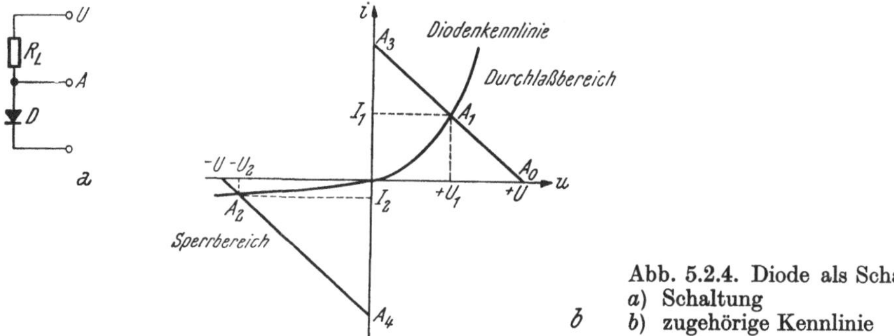

Abb. 5.2.4. Diode als Schalter
a) Schaltung
b) zugehörige Kennlinie

widerstand R_L dargestellt. Ihr Arbeitspunkt im Durchlaßbereich ist mit A_1, der im Sperrbereich mit A_2 beschriftet. Aus diesen beiden Arbeitspunkten erhält man sofort das statische Schaltverhalten der Diode.

Ein wesentlicher Nachteil bei der Verwendung von Dioden als Schalter ist ihr endlicher Durchlaßwiderstand bzw. der Spannungsabfall an der geöffneten Diode. Dieser Spannungsabfall unterliegt Streuungen, auch bei Halbleiterdioden derselben Type, und ist außerdem eine Funktion der Temperatur. Deshalb kann es zu unerwünschten Streuungen in der Größe der Ausgangsspannung kommen (s. Abb. 5.2.5).

Bei Ge-Dioden, die nahezu immer als Spitzendioden ausgeführt sind, ist bei Parallelschaltung vieler Dioden allenfalls auch der Sperrstrom nicht mehr vernachlässigbar, sondern er muß berücksichtigt werden.

5.2.1.1. Das Übergangsverhalten einer Schaltdiode

Infolge der Eigenschaften des p-n-Überganges, auf die wir hier nicht näher eingehen, ist ein konstanter Stromfluß durch eine Halbleiterdiode mit der Speicherung einer bestimmten Ladungsmenge in ihr verbunden.

Nach einer Spannungsänderung am System Widerstand-Diode stellt sich das Gleichgewicht zwischen gespeicherter Ladung und dem neuen statischen Strom erst in endlicher Zeit ein, in der die fehlende bzw. überschüssige Ladung zugeführt bzw. abgeführt werden muß.

Einschaltvorgang bei Flächendioden

Wird entsprechend Abb. 5.2.6 *a* und *b* zur Zeit t_0 ein Stufenstromimpuls der Größe I_D durch eine Diode geschickt, so erhält man einen zeitlichen

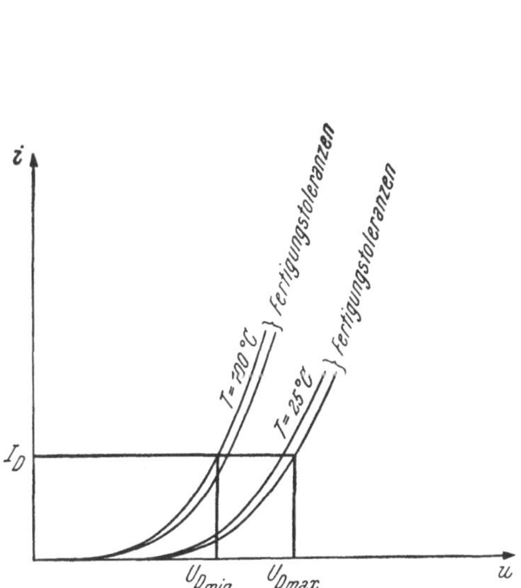

Abb. 5.2.5. Abhängigkeit der Durchlaßspannung einer Halbleiterdiode von der Temperatur und von Fertigungstoleranzen bei vorgegebenem Strom

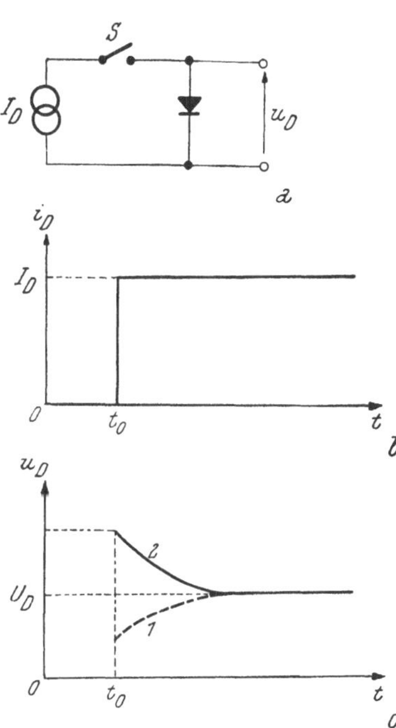

Abb. 5.2.6. Einschaltvorgang bei Flächendioden
a) Schaltung
b) Eingangsstrom
c) zeitlicher Verlauf der Diodenspannung

Verlauf der Diodenspannung, wie er in Abb. 5.2.6 *c* dargestellt ist. Ist I_D nicht zu groß, so wirkt die Diode kapazitiv (Kurve *1*), bei großem I_D induktiv (Kurve *2*).

Abschaltverhalten bei Flächendioden

Wird der die Diode durchfließende stationäre Strom I_D plötzlich unterbrochen (s. Abb. 5.2.7), so erhält man an der Diode den in Abb. 5.2.7 *c* gezeigten Spannungsverlauf. Infolge der gespeicherten Ladung sinkt die Spannung nicht sofort nach der Stromunterbrechung auf 0 Volt, sondern nur um einen Betrag Δu mit

$$\Delta u = r_D \cdot I_D,$$

wobei r_D der Bahnwiderstand der Diode ist. Erst nach der Abfuhr der gespeicherten Ladung ist $u_D = 0$ Volt und die Diode nicht mehr in Durchlaßrichtung gepolt.

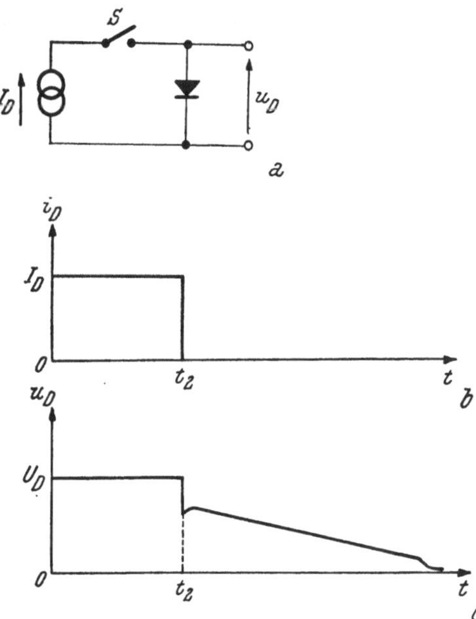

Abb. 5.2.7. Abschaltverhalten von Flächendioden
a) Schaltung *b*) Eingangsstrom
c) zeitlicher Verlauf der Diodenspannung

Diese Überlegungen sind besonders für die Untersuchung des dynamischen Verhaltens beim Sperren einer Diode von Wichtigkeit (s. Abb. 5.2.8). Wird die Diode, durch die der stationäre Strom I_D fließt, zur Zeit t_0 über einen großen Widerstand R ($R \gg r_D$) an eine Sperrspannung U_S gehängt, so wird die gespeicherte Ladung wegen $R \gg r_D$ mit nahezu konstantem Strom I_r abgeführt (s. Abb. 5.2.8 *b*), wobei die Diodenspannung u_D gegen 0 V geht (s. Abb. 5.2.8 *c*). Zum Zeitpunkt t_1 sperrt die Diode und der inverse Strom durch die Diode geht von I_r auf den Sperrstrom der Diode zurück. Dabei nimmt die Sperrspannung exponentiell mit $\tau = RC_D$ (C_D = Kapazität der gesperrten Diode) zu, bis sie praktisch den Wert U_S erreicht.

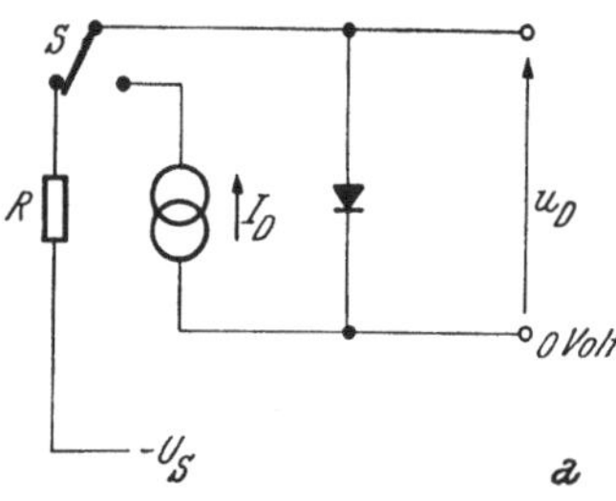

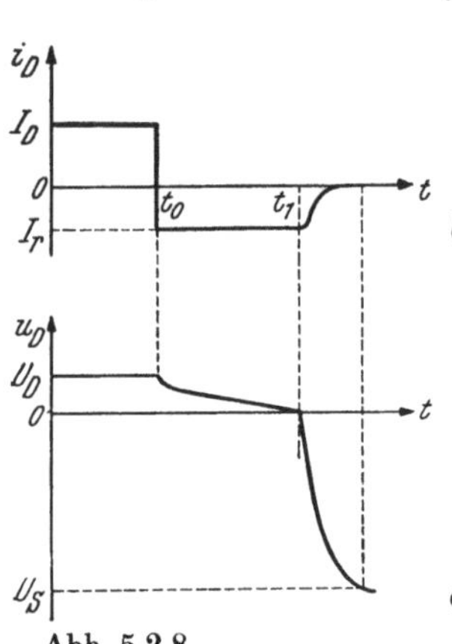

Abb. 5.2.8.
Umschaltvorgang bei einer Flächendiode
a) Schaltung
b) Eingangsstrom
c) Diodenspannung

Dieses Übergangsverhalten beschränkt die Schnelligkeit, mit der logische Entscheidungen getroffen werden können. Bei sehr schnellen logischen Diodenschaltungen ist es daher wesentlich, Dioden mit kleiner Erholzeit (recovery time) zu verwenden. Diese zeichnen sich durch kleine wirksame Kapazitäten aus. Die kürzesten Erholzeiten liegen um 10^{-9} s.

Den beiden Zuständen der Diode „leitend" und „gesperrt" werden die beiden logischen Zeichen „0" und „L" zugeordnet.

5.2.2. Der Transistor als Schalter

Wie wir schon in 3.1 ausführten, kann man bei einem Transistor vier Betriebsbereiche unterscheiden (Angabe der Polarität für einen npn-Transistor).

1. Der Verstärkerbereich: Die Basis-Emitter-Diode ist offen, die Basis-Kollektor-Diode gesperrt (symbolisch: $U_{EB} > 0$, $U_{CB} < 0$).
2. Der Sperrbereich: Beide Dioden sind gesperrt ($U_{EB} < 0$, $U_{CB} < 0$).
3. Der Sättigungsbereich: Keine der beiden Dioden ist gesperrt ($U_{EB} > 0$, $U_{CB} \geq 0$).
4. Der inverse Verstärker: Emitter und Kollektor tauschen ihre Rolle ($U_{EB} < 0$, $U_{CB} > 0$).

Der große Ausgangswiderstand im Sperrbereich und der kleine im Sättigungsbereich erlauben die Verwendung des Transistors mit Arbeitspunkten in diesen beiden Bereichen als Schalter.

An Hand von Abb. 5.2.9 wollen wir das Schaltverhalten des Transistors untersuchen. Ohne Signal ist der Transistor mit der negativen Spannung U_2 gesperrt. Der Kollektorstrom (und auch der Laststrom i_L) besteht aus dem Sperrstrom der Kollektor-Basis-Diode und ist daher (zumindest bei Si-Transistoren) fast immer vernachlässigbar (Schalterstellung „L"). Ein Stufenspannungsimpuls der Höhe u_1 schickt einen Basisstrom i_{B1} in den Transistor. Die Zunahme des Kollektorstromes erfolgt etwas verzögert, da einerseits durch i_{B1} die Basis-Emitter-Kapazität C_{BE} erst umgeladen werden muß und zum anderen die Diffusion des Emitterstromes durch die Basiszone Zeit benötigt. Diese Verzögerung ist um so kleiner, je größer i_{B1} ist und je weniger der Transistor gesperrt war (geringere Umladezeit von C_{BE}).

Der Übersteuerungsfaktor gibt an, um wievielmal i_{B1} größer ist als jener minimale Basisstrom I_{BS}, der in der speziellen Anordnung gerade ausreicht, den Transistor in Sättigung zu treiben ($U_{BE} > 0$, $U_{CB} = 0$). Damit also Sättigung eintritt (Schalterstellung „0"), muß der Übersteuerungsfaktor mindestens 1 sein.

Das Zurückschalten erfolgt durch einen negativen Stufenimpuls der Höhe $u_{1,2}$, der bewirkt, daß aus der Basis des Transistors ein Strom i_{B2} herausfließt. Durch diesen Strom wird die infolge der Sättigung in der Basiszone gespeicherte Ladung abgeführt. Erst nachdem dies geschehen ist, sperrt der Transistor, i_{B2} nimmt den Wert des Sperrstromes an und der Schalter ist wieder in der Stellung „L".

In Abb. 5.2.10 sind die Impulsformen, die bei der Ansteuerung der in Abb. 5.2.9 dargestellten Schaltung auftreten, dargestellt. An ihnen sollen nun die vier Schaltzeiten besprochen werden.

t_d (bzw. t_V) ist die Verzögerungszeit (delay time), die angibt, um welche Zeit das Ausgangssignal später als das Eingangssignal 10% des endgültigen Wertes annimmt. Die Ursache dieser Verzögerungszeit beim Öffnen des Transistors haben wir weiter oben besprochen.

t_r (bzw. t_{an}) ist die Anstiegszeit (rise time) des Ausgangsimpulses. Sie hängt von der Grenzfrequenz, der Stromverstärkung und von der Größe des Eingangsstromes ab. Je größer der Übersteuerungsfaktor ist, desto kürzer ist die Anstiegszeit.

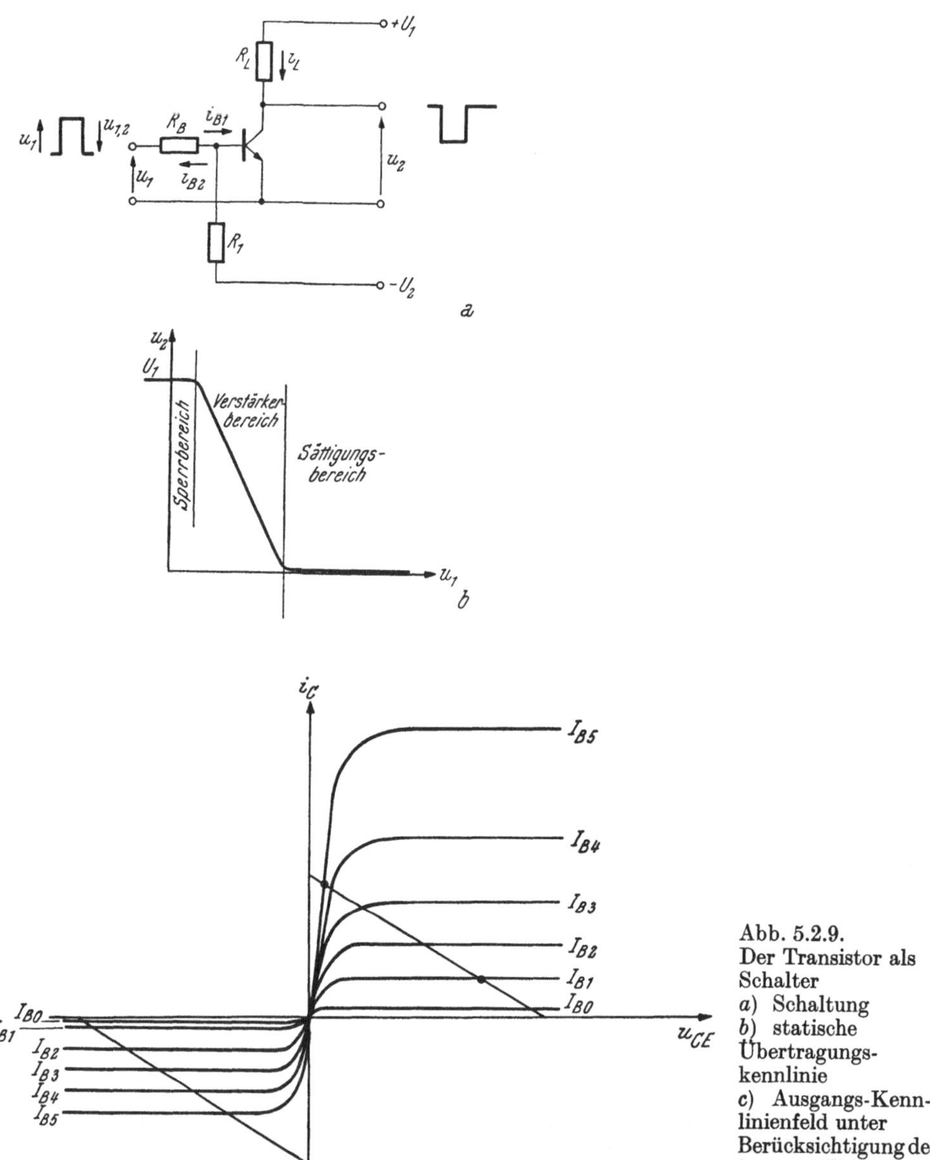

Abb. 5.2.9.
Der Transistor als Schalter
a) Schaltung
b) statische Übertragungskennlinie
c) Ausgangs-Kennlinienfeld unter Berücksichtigung des inversen Betriebs

t_s ist die Speicherzeit (storage time), die angibt, um wieviel die Ausgangsspannung später als die Eingangsspannung auf 90% ihres maximalen Wertes abgefallen ist. Die Speicherzeit wird zur Abfuhr der Ladung aus der Basiszone des gesättigten Transistors benötigt. Sie hängt also von der Größe der gespeicherten Ladungsmenge (von der Übersteuerung, also i_{B1}) und vom Strom i_{B2} (also von $u_{1,2}$ und h_{FE}) ab und ist infolgedessen um so größer, je größer h_{FE} und i_{B1} und je kleiner $u_{1,2}$ ist.

t_f (bzw. t_{ab}) ist die Abfallzeit (fall time), die genauso wie t_r vom Frequenzverhalten des Transistors bestimmt wird. Daneben hängt sie auch davon ab, wie groß das Sperrsignal $u_{1,2}$ ist.

Eine weitere wichtige Eigenschaft von Schaltern (bzw. von digitalen Einheiten überhaupt) ist die Laufzeit t_p (propagation time). Unter der Laufzeit t_p versteht man den Abstand der beiden Zeitpunkte, an denen das

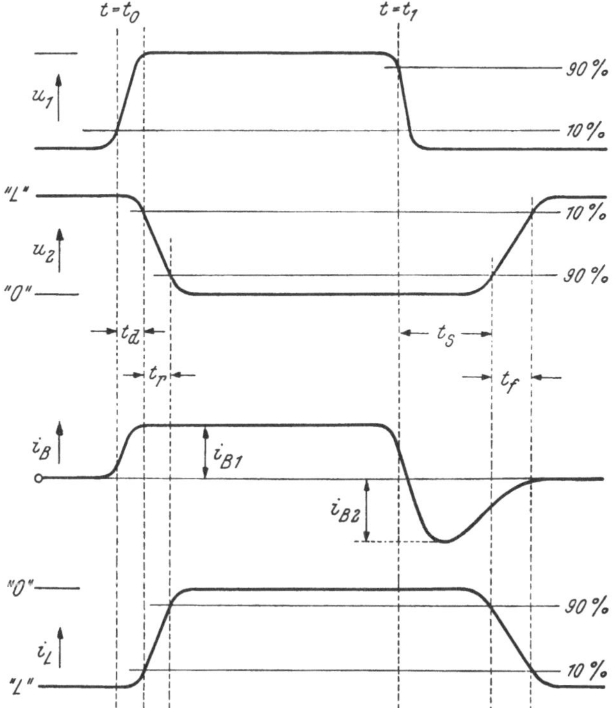

Abb. 5.2.10. Impulsformen bei einem Transistorschalter nach Abb. 5.2.9 *a*

Eingangssignal bzw. das Ausgangssignal 50% des endgültigen Wertes angenommen hat. Aus Abb. 5.2.10 erkennt man, daß die Laufzeit für öffnende Flanken kleiner ist als für sperrende Flanken. Als Mittelwert erhält man

$$t_p \approx (t_d + t_r/2 + t_s + t_f/2)/2. \qquad [5.2.5\text{ a}]$$

Mit $t_r \gg t_d$ und $t_f \ll t_s$ erhält man als Laufzeit

$$t_p \approx t_r/4 + t_s/2. \qquad [5.2.5\text{ b}]$$

Die Laufzeit hat in allen solchen logischen Schaltungen, bei denen der Zeitpunkt eines Signals wichtig ist, große Bedeutung.

Zwei Maßnahmen werden bei Transistoren zur Beschleunigung des Schaltvorganges ergriffen. Zunächst läßt sich eine zu große Übersteuerung, durch welche größere Ladungsmengen in die Basiszone gelangen, durch Fangdioden wie in Abb. 5.2.11 verhindern. Sobald die Dioden öffnen, kann der Kollektorstrom über sie fließen und die Spannung sinkt nicht weiter (s. auch 2.1.5.2). Die Arbeitskennlinie folgt zuerst der Widerstandsgeraden von R_L und biegt, sobald die Fangdiode D_F öffnet, auf die Widerstandsgerade des Durchlaßwiderstandes R_D von D_F über. (Genau genommen bildet dann die Parallelschaltung von R_D mit R_L den Arbeitswiderstand, doch ist meistens $R_D \ll R_L$.)

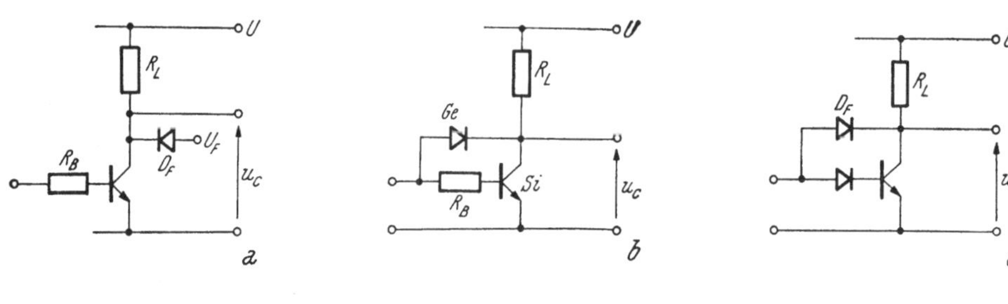

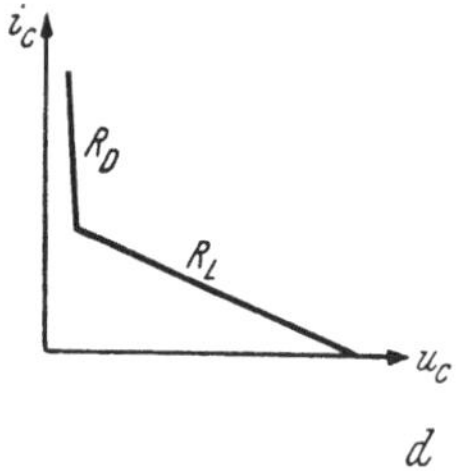

Abb. 5.2.11. Schutz vor zu starker Sättigung durch Fangdioden
a) bis *c*) Schaltungsvarianten *d*) Kennlinie

Die zweite Maßnahme besteht darin, den Basisschutzwiderstand R_B mit einem Kondensator zu überbrücken (s. Abb. 5.2.12). Dadurch erhält man vorübergehend (für die hohen Frequenzkomponenten zu Beginn des Im-

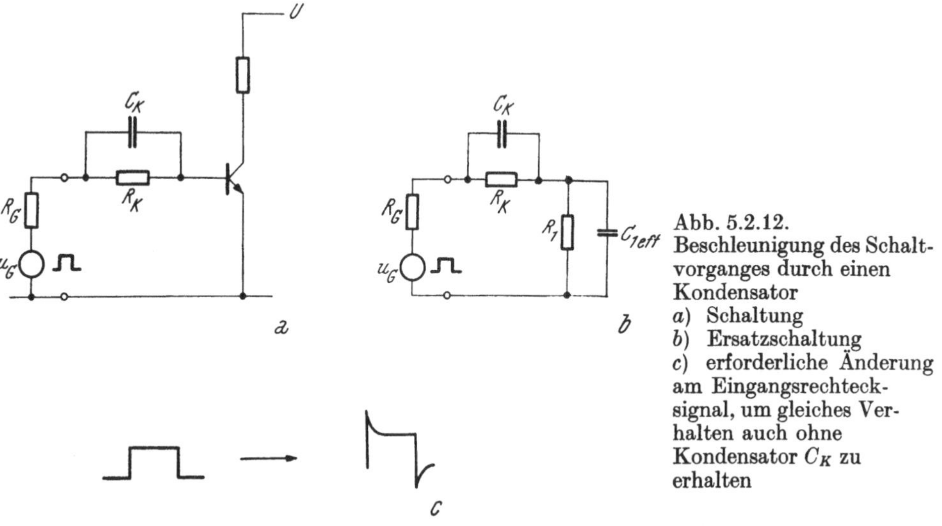

Abb. 5.2.12.
Beschleunigung des Schaltvorganges durch einen Kondensator
a) Schaltung
b) Ersatzschaltung
c) erforderliche Änderung am Eingangsrechtecksignal, um gleiches Verhalten auch ohne Kondensator C_K zu erhalten

pulses) einen starken Übersteuerungsfaktor, der eine rasche Umladung bzw. ein schnelles Ausräumen der Basiszone erlaubt, während für niedere Frequenzanteile (im statischen Zustand) die Übersteuerung klein ist, wodurch eine zu starke Sättigung vermieden wird. Die richtige Größe von C_K ergibt sich aus folgender Überlegung: Ist C_K zu groß, so wirkt sich der große Übersteuerungsfaktor zeitlich zu lange aus, und der Transistor ist längere Zeit stärker gesättigt. Das Optimum tritt dann ein, wenn (entsprechend Abb. 5.2.12 *b*) $C_K R_K = R_1 C_{1\,\mathrm{eff}}$, welche Bedingung wir schon bei der Frequenzkompensation kennenlernten. In diesem Fall wird einerseits zu Beginn des Schaltvorganges für eine ausreichende Übersteuerung gesorgt, andererseits bleibt $R_1 C_{1\,\mathrm{eff}}$ als entscheidende Zeitkonstante. $C_{1\,\mathrm{eff}}$ beschreibt dabei das

Speichervermögen der Basiszone. Die gleiche Wirkung wie mit einem Kondensator C_K erreicht man durch die Verwendung einer Eingangsimpulsform, wie sie in Abb. 5.2.12 *c* dargestellt ist.

5.2.3. Der FET als Schalter

In zwei Schaltereigenschaften übertrifft der FET (s. 3.2) den bipolaren Transistor:

1. Infolge seiner hohen Eingangsimpedanz können durch einen FET-Schalter beliebig viele andere FET-Schalter gesteuert werden (wenn man von der Belastung durch die nicht vernachlässigbaren Eingangskapazitäten absieht); die Eingangsverlustleistung ist wie bei Vakuumröhren vernachlässigbar.

2. Es gibt FET-Typen (die MOS-Erregungstypen, enhancement types), bei denen der FET mit einer Gate-Spannung von $U_{GS} = 0$ Volt zu öffnen beginnt. Dadurch lassen sich selbst kleinste Spannungen noch verarbeiten.

Die wesentlichen Eigenschaften eines FETs als Schalter sind:

1. Der Widerstand R_{tL} im hochohmigen Zustand: Der Strom durch den Lastwiderstand im gesperrten Zustand ergibt sich praktisch aus dem Sperrstrom, der sehr klein sein kann ($I_{DSS} < 10$ nA bei MOS-Erregungstypen).

2. Der Widerstand R_{t0} ($= r_{DS}$) im niederohmigen Zustand. Dieser liegt etwa zwischen 10^1 und $10^2\,\Omega$ und ist daher ungefähr eine Größenordnung größer als der Sättigungswiderstand $R_{Sätt}$ der Kollektor-Emitter-Strecke von bipolaren Transistoren. Dadurch ergibt sich ein schlechterer Wirkungsgrad beim Schalten großer Ströme. Der Temperaturkoeffizient von R_{t0} liegt bei $+0{,}5\%/°C$.

In der Übertragungskennlinie von Abb. 5.2.13 *b* sind die beiden Schaltstände des FETs auf den beiden flachen Stücken leicht auszumachen. Kleine Änderungen der Eingangsgröße rufen in diesen beiden Gebieten keine we-

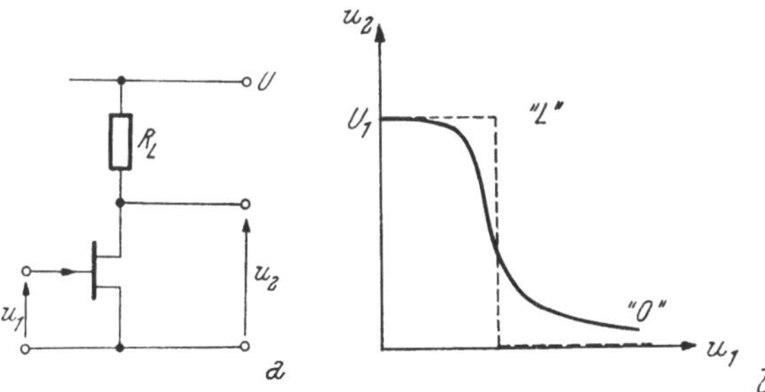

Abb. 5.2.13. Der FET als Schalter und seine typische Übertragungskennlinie

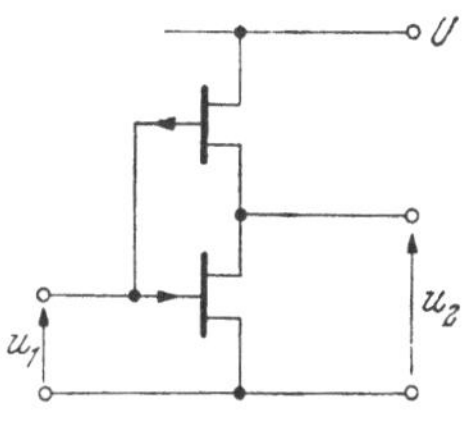

Abb. 5.2.14. Schalter mit zwei komplementären FET

sentliche Änderung der Ausgangsgröße hervor; der Schalter ist umso unempfindlicher auf Störungen, je genauer die strichliert eingezeichnete Übertragungskennlinie eines idealen Schalters angenähert ist.

Der Nachteil des nicht vernachlässigbaren Widerstandes R_{t0} läßt sich durch die Kombination zweier komplementärer FET überwinden (s. Abb. 5.2.14). Als Arbeitswiderstand des unteren n-Kanal-FETs dient ein p-Kanal-FET, dessen Funktionsweise entweder als gesteuerter Widerstand oder aber als Teil eines „Gegentaktschalters" aufgefaßt werden kann. Durch das Zusammenspiel von R_{t0} des unteren FETs mit dem großen R_{tL} des oberen FETs und umgekehrt lassen sich der Wirkungsgrad eines FET-Schalters erheblich steigern und die Übertragungskennlinie verbessern. Die relativ einfache Herstellung integrierter FET-Schaltungen ermöglicht eine problemlose Anwendung von solchen Schaltungen in logischen Kreisen. Da dabei die meisten Dimensionierungsprobleme bereits vom Hersteller gelöst wurden, brauchen wir darauf und auf die speziellen Schalteigenschaften eines einzelnen FETs nicht näher einzugehen.

5.2.4. Die Tunneldiode als Schalter

Allgemeine Eigenschaften der Tunneldiode haben wir in 3.3 kennengelernt. Hier wollen wir jene Eigenschaften untersuchen, die für das Schaltverhalten von Bedeutung sind. Dazu speisen wir entsprechend Abb. 5.2.15 *a*

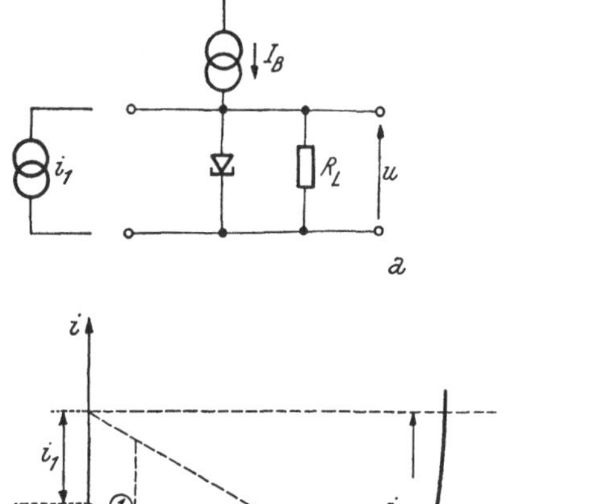

Abb. 5.2.15. Die Tunneldiode als Schalter
a) Anordnung *b*) Kennlinie

die Tunneldiode und den parallel zu ihr liegenden Lastwiderstand R_L über einen Stromgenerator mit dem konstanten Strom I_B an. Liegt R_L innerhalb bestimmter Grenzen, so schneidet seine Arbeitsgerade die Kennlinie der Tunneldiode in drei Punkten (s. Abb. 5.2.15 *b*). Von diesen drei Punkten kommen zwei als stabile Arbeitspunkte in Frage (s. 2.1.4.2). Im Arbeitspunkt (*1*) beträgt der Ausgangsstrom $i_{2,1}$, der durch R_L fließt,

$$i_{2,1} = I_B - I_{AP1}.$$

Wird an den Eingang ein Stromstufenimpuls der Höhe i_1 eingespeist, so verschiebt sich die Arbeitsgerade entsprechend Abb. 5.2.15 *b*, und es wird ein neuer Schnittpunkt mit der Kennlinie erhalten. In diesem Punkt (*2*) beträgt der durch R_L fließende Strom

$$i_{2,2} = I_B + i_1 - I_{AP2}.$$

Für eine Anwendung als Schalter ist es wesentlich, daß die den Schaltvorgang auslösende Größe bedeutend kleiner als die geschaltete Größe ist, also

$$G_i = (i_{2,2} - i_{2,1})/i_1 \gg 1.$$

Da $i_{2,2} - i_{2,1}$ kleiner als $i_1 + I_P - I_V$ sein muß, erhält man als maximale Schaltstromverstärkung einer solchen Anordnung

$$\hat{G}_i = 1 + \frac{I_P - I_V}{i_1}. \qquad [5.2.6]$$

Aus dieser Gleichung ersieht man die Wichtigkeit eines großen Unterschiedes zwischen I_P und I_V.

Die Schaltgeschwindigkeit hängt vor allem vom Sperrschichtwiderstand R_j und der Sperrschichtkapazität C_j ab (s. 3.3). Wenn wir C_j während des Schaltvorganges als konstant ansehen, erhalten wir als Schaltzeit t_s zwischen den beiden Arbeitspunkten

$$t_s = C_j \int\limits_{U_{AP1}}^{U_{AP2}} \frac{du}{i_{Cj}}. \qquad [5.2.7]$$

Fließt der ganze Strom über die Tunneldiode ($R_L \to \infty$) und ist $I_{AP1} + i_1$ praktisch nicht größer als I_P, so erhält man statt Gl. [5.2.7] die Näherung

$$t_s \approx C_j \int\limits_{U_P}^{U_V} \frac{du}{I_P - I_V} = C_j \frac{U_V - U_P}{I_P - I_V}. \qquad [5.2.8]$$

Bei Ge-Tunneldioden ist $U_V - U_P \approx 0{,}5$ V und $I_V \ll I_P$, so daß dann mit $R_L \to \infty$ gilt

$$t_s \approx C_j / 2 I_P.$$

Ist $C_j = 10^{-11}$ F und $I_P = 10^{-2}$ A, so erhält man als typische Schaltzeit $t_s = 0{,}5$ ns.

Analoge Überlegungen gelten auch für das Zurückschalten von (*2*) nach (*1*). Der Serienwiderstand R_S hat auf das Schaltverhalten keinen merklichen Einfluß. Auch die Serieninduktivität L_S ist für die Schnelligkeit des Schaltvorganges unmaßgebend, nicht jedoch für die Erholzeit (recovery time) des Systems. Denn bevor das System zurückgeschaltet werden kann, muß der Strom durch die Tunneldiode unter den Talstrom I_V sinken und diese Abnahme hängt von der Zeitkonstante L_S / R_D ab, wobei R_D einen mittleren wirksamen Diodenwiderstand für $u > U_V$ repräsentiert.

Je nach der Größe des wirksamen Gleichstrom-Lastwiderstandes unterscheiden wir drei Arbeitsweisen der Tunneldiode als Schalter (s. Abb. 5.2.16).

Wählen wir den Arbeitswiderstand so, daß die zugehörige (statische) Arbeitsgerade die Kennlinie in drei Punkten schneidet, so gibt es bei einer vorgegebenen Betriebsspannung U_{B1} zwei stabile Arbeitspunkte (bistabiler Betrieb).

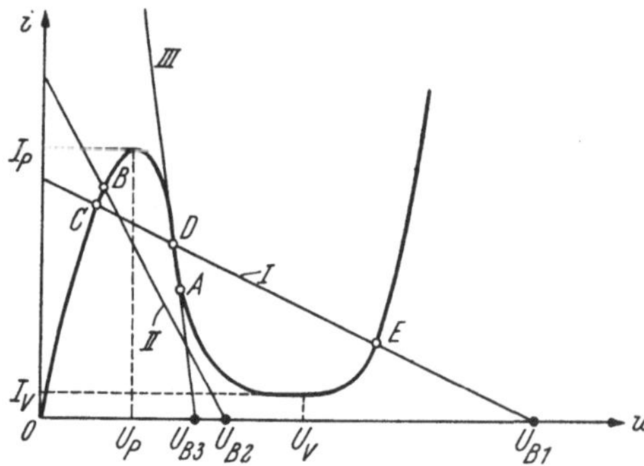

Abb. 5.2.16. Typische Widerstandsgeraden für die drei Arbeitsweisen einer Tunneldioden-Kippschaltung
I bistabil, *II* monostabil, *III* astabil

Haben der Arbeitswiderstand und die Betriebsspannung solche Werte, daß die statische Arbeitsgerade die Kennlinie in einem Bereich mit positivem differentiellem Widerstand nur in einem Punkt schneidet, so ist dieser Arbeitspunkt für monostabile Schaltanordnungen geeignet (ein einziger stabiler Arbeitspunkt).

Schneidet schließlich die Arbeitsgerade von $R_{L\text{eff}}$ die Kennlinie nur in einem Punkt, und zwar im Bereich mit negativem differentiellem Widerstand (dazu muß $R_{L\text{eff}} < R_{\text{min}}$ sein), dann ist diese Anordnung für astabile Schaltungen geeignet (s. 5.5.1.3).

Die Anwendungen der Tunneldiode als Schalter bei logischen Schaltungen werden in 5.4 und bei Kippschaltungen in 5.5 behandelt.

Die große Schaltgeschwindigkeit der Tunneldioden überwiegt in manchen Anordnungen ihre Nachteile:

1. Der Unterschied zwischen R_{t0} und R_{tL} ist nicht sehr groß.

2. Es besteht keine Isolierung zwischen Eingang und Ausgang, da die Tunneldiode ein Zweipol ist.

Beide Nachteile lassen sich durch Heranziehen weiterer Bauelemente (Transistoren, Back-Dioden) umgehen (s. 5.4 und 5.5).

5.2.5. Schaltzustände bei ferromagnetischen Elementen

Zufolge ihrer Zuverlässigkeit und permanenten Speicherfähigkeit werden magnetische Elemente gerne in digitalen Schaltungen verwendet. Wenn wir von komplizierteren Elementen absehen, so sind den beiden möglichen Magnetisierungszuständen der Elemente die beiden Schalterstellungen „0“ und „L“ zugeordnet.

Das Umschalten zwischen den beiden Zuständen erfolgt durch ein Magnetfeld, das von einem stromdurchflossenen Leiter aufgebracht wird. Ein ideales Schaltverhalten ließe sich mit einem magnetischen Material, das eine rechteckige Hysteresisschleife besitzt, erzielen (s. Abb. 5.2.17 *a*). Unabhängig von der vorhergehenden Magnetisierung nimmt ein solches Element den Zustand „L“ ein, sobald der Magnetisierungsstrom i_m größer als der Wert I_c wird. Durch einen umgekehrt gepolten Magnetisierungsstrom gleicher Größe wird hingegen der Zustand „0“ eingestellt. Der Magnetisierungszustand bleibt auch nach dem Abschalten des Magnetisierungsstromes in voller Höhe erhalten (magnetische Remanenz). Bei einem idealen magnetischen Element erhält man also immer nur dann eine Änderung des magnetischen Flusses, wenn das Element umgeschaltet wird. Eine durch die Flußänderung in einer Pick-up-Spule induzierte Spannung zeigt also eine Änderung des Schaltzustandes an. Diese induzierte Spannung steht dann als elektrische Information über den Schaltzustand (bzw. Magnetisierungszustand) zur Verfügung.

Bei einer realen Hysteresisschleife, wie sie bei Ferriten erhalten wird (s. Abb. 5.2.17 *b*), ist die Rechteckform nur angenähert. Infolgedessen ergeben sich entsprechend dem wirksamen Magnetisierungsstrom i_m Änderungen im magnetischen Fluß auch dann, wenn der Zustand „L“ bzw. „0“

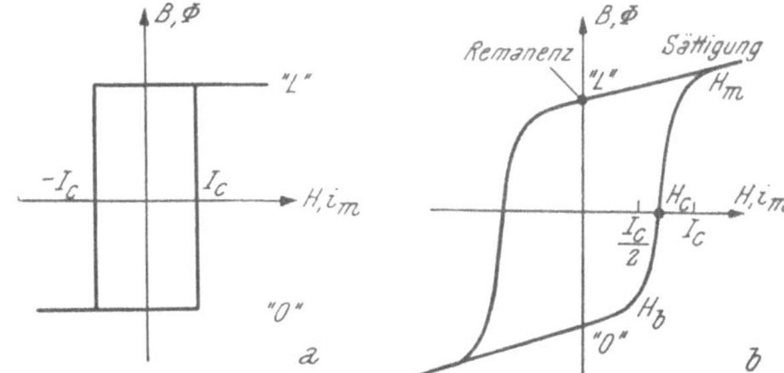

Abb. 5.2.17. Hysteresis magnetischer Elemente
a) ideale Form
b) in Ferriten praktisch erreichte Form

nicht geändert wird. Man erhält also auch ohne Änderung des Schaltzustandes eine induzierte Spannung in der Pick-up-Spule. Sofern diese Spannung entsprechend kleiner ist als die, die bei einer Ummagnetisierung entsteht, ist das magnetische Material für logische Schaltungen brauchbar. Ist bei einem Element mit einer Hysteresis nach Abb. 5.2.17 *b* der Magnetisierungsstrom i_m kleiner als $I_c/2$, wobei I_c gerade eine Ummagnetisierung hervorrufen kann, so ist die damit verbundene Flußänderung (und damit die induzierte Störspannung) noch tolerierbar klein. Dieser Umstand wird beim Aufbau magnetischer Speicher (s. 5.1.3.4) ausgenützt.

Häufig werden Ring-Ferrit-Kerne (magnetic cores) verwendet (s. Abb. 5.2.18). Durch einen genügend starken Strom I wird der Kern entweder im oder gegen den Uhrzeigersinn magnetisiert, entsprechend den beiden Schal-

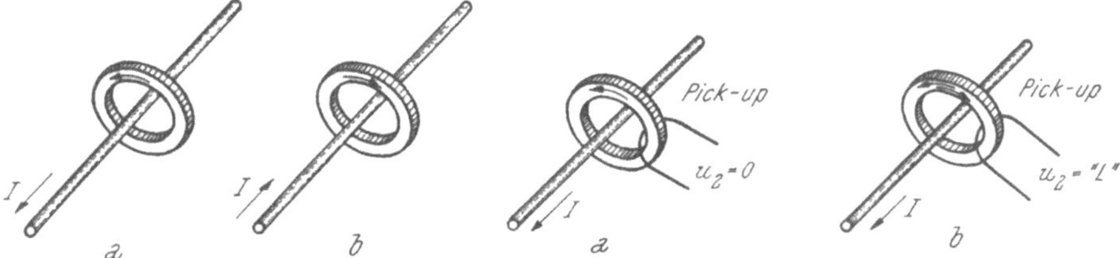

Abb. 5.2.18. Die beiden Magnetisierungszustände eines Ferritmagnetkerns
a) Einspeicherung von „0“
b) Einspeicherung von „L“

Abb. 5.2.19. Abfragen des Schaltzustandes eines Ferrit-Magnetkerns
a) Beim Vorliegen eines „0“-Zustandes: kein Ausgangssignal
b) Beim Vorliegen eines „L“-Zustandes bewirkt die Ummagnetisierung ein Ausgangssignal

terstellungen „0“ und „L“. Infolge der großen Remanenz (s. Abb. 5.2.17) bleibt die Magnetisierung auch nach der Beendigung des Stromflusses nahe der Sättigungsmagnetisierung.

Das Abfragen des Schaltzustandes erfolgt durch einen Abfragestrom, der den Magnetisierungszustand „0“ herstellen soll (s. Abb. 5.2.19). Ist der Magnetkern bereits im Zustand „0“, so ändert sich die Magnetisierung nicht, während bei einer Ummagnetisierung von „L“ nach „0“ in der Pick-up-Spule ein Signal induziert wird, das als Nachweis des „L“-Zustandes verwendet wird. Dieses Abfragen ist „zerstörend“ (destructive), weshalb nach jedem Abfragen der alte Schaltzustand „L“ durch eine neuerliche Ummagnetisierung wieder hergestellt werden muß.

Ferritkerne benötigen eine Ummagnetisierungszeit von der Größenordnung 10^{-6} s. Sie sind also relativ langsam und daher in vielen logischen Geräten für die Schnelligkeit der Operationen bestimmend. Durch eine Verringerung der Größe bzw. durch spezielle Ausführungen läßt sich die Ummagnetisierungszeit (also die Schaltzeit) um etwa eine Größenordnung vermindern (s. auch 5.5.2.1).

5.2.6. Supraleitende Schalter

Der große Unterschied in der Leitfähigkeit eines Supraleiters über und unter der kritischen Temperatur kann als der Unterschied zwischen zwei Schaltzuständen angesehen werden:

Ein besonders gut geeignetes Material für so einen Schalter ist Tantal, da seine kritische Temperatur knapp über der Siedetemperatur von He ist. Ein Ta-Draht, der auf der Temperatur siedenden Heliums ist, ist also supraleitend. Durch ein äußeres Magnetfeld läßt sich die Supraleitfähigkeit jedoch aufheben (s. Abb. 5.2.20). Dieses Magnetfeld wird am einfachsten durch eine supraleitende Spirale erzeugt, deren kritische Temperatur bedeutend höher als die von Ta liegt (z. B. Niob). Man erhält somit einen Schalter, dessen Durchlaßwiderstand durch eine kleine Stromänderung in der Spirale um viele Größenordnungen geändert werden kann. Die Schnelligkeit dieses Schalters ist vor allem durch die Leitungsinduktivitäten begrenzt.

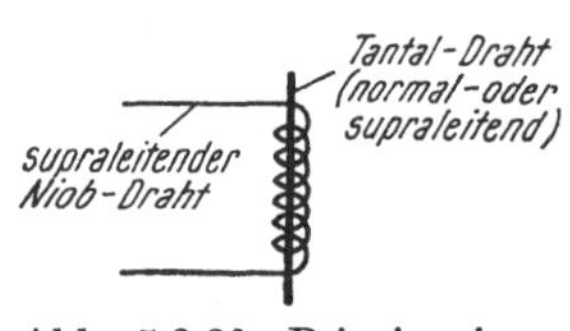

Abb. 5.2.20. Prinzip eines supraleitenden „Schalters“

Durch geeignete Anordnungen und Kombinationen von supraleitenden Schaltern lassen sich praktisch alle logischen Einheiten erhalten (auch Flip-Flops als Speicher!), so daß ganze binäre Systeme ausschließlich aus supraleitenden Schaltern aufgebaut werden können.

Die Notwendigkeit einer Kühlung mit flüssigem Helium beschränkt jedoch die breite Anwendbarkeit solcher Systeme, weshalb wir nicht näher auf sie eingehen.

5.3. Erzeugung logischer Niveaus

Die Verarbeitung einer Parallelinformation erfolgt durch logische Verknüpfung der zu einem bestimmten Zeitpunkt an den Eingängen der logischen Elemente vorliegenden Spannungsniveaus. Dazu ist es notwendig, den beiden Zuständen „0" und „L" voneinander eindeutig unterscheidbare Spannungsniveaus zuzuordnen. So kann es z. B. heißen: Ist die Spannung 0 Volt, so liegt der Zustand „0" vor, ist sie 3 Volt, so bedeutet dies den Zustand „L". Da nur zwei Zustände berücksichtigt zu werden brauchen, kann die Toleranz der geforderten Spannungen sehr groß sein (s. Abb. 5.3.1). So genügt es, die Bedingung zu stellen:

$u < 0{,}8$ V für den Zustand „0",
$u > 2{,}2$ V für den Zustand „L".

Dazwischenliegende Spannungswerte $0{,}8\text{ V} < u < 2{,}2\text{ V}$ sind nicht gestattet, da sie weder dem Zustand „0", noch dem Zustand „L" zugeordnet werden können. Aber auch Spannungswerte größer als etwa 6 V und negative Spannungswerte wird man bei einem solchen logischen System vermeiden müssen, denn das System ist für solche Spannungen nicht dimensioniert und könnte daher zerstört werden. Es müssen daher Vorkehrungen getroffen werden, die die Spannungen am Eingang auf Werten innerhalb festgelegter Grenzen halten. Dies geschieht durch nichtlineare impulsformende Schaltungen, die als Begrenzer (limiter), Abschneideschaltungen oder Klippschaltungen (clipping circuits) bezeichnet werden.

Das Abschneiden von Signalen bei einem bestimmten Spannungswert geschieht entweder so, daß der Ausgang nach Erreichen der maximalen Ausgangsspannung durch einen Parallelschalter niederohmig mit einem entsprechenden Gleichspannungsgenerator verbunden wird, oder aber durch eine Unterbrechung der Verbindung zum Signalgenerator mit Hilfe eines Serienschalters (Serien- und Parallelschalter s. auch 4.4).

5.3.1. Passive Klippschaltungen

Klippschaltungen mit Dioden (Diodenbegrenzer) wurden im Abschnitt 2.1.5.2 bei den allgemeinen elektronischen Prinzipien behandelt. Dabei wurde das Schaltverhalten der Dioden nicht berücksichtigt.

Das Schaltverhalten (s. 5.2.1) spielt vor allem beim Klippen sehr kurzer Signale eine Rolle, denn für diese sind die Diodenkapazitäten von entscheidender Bedeutung.

Zur Vermeidung einer störenden Integration darf der Vorwiderstand R nicht zu groß sein (s. Abb. 5.3.2). Dann ist aber die an R_D abfallende Spannung beim Klippen allenfalls nicht mehr vernachlässigbar.

Zusätzlich muß noch berücksichtigt werden, daß die wirksame Impedanz der gesperrten Diode aus der Parallelschaltung des Sperrwiderstandes und der Kapazität der Diode besteht, daß also der Unterschied zwischen der Diodenimpedanz im offenen und im gesperrten Zustand für schnelle Signale bedeutend kleiner ist als im statischen Zustand.

5.3.2. Klippschaltungen unter Verwendung aktiver Elemente

5.3.2.1. Klippen durch Übersteuerung von Transistoren

Beide Nichtlinearitäten beim Transistor (infolge Sättigung bzw. Sperrung) können zum Klippen verwendet werden. Soll der nichtgeklippte Teil des Signals linear verstärkt werden, so ist eine Stromansteuerung des Transistors angebracht. Denn für diese Großsignalverstärkung ist die Nichtlinearität der Eingangskennlinie (s. Abb. 3.1.2) nicht mehr vernachlässigbar.

In Abb. 5.3.3 ist dargestellt, wie ein Signal durch Übersteuerung eines Transistors geklippt wird. Bei diesem Beispiel arbeitet der Transistor im C-Betrieb (s. 4.1.1.3). Das Ausgangssignal ist sowohl unten als auch oben

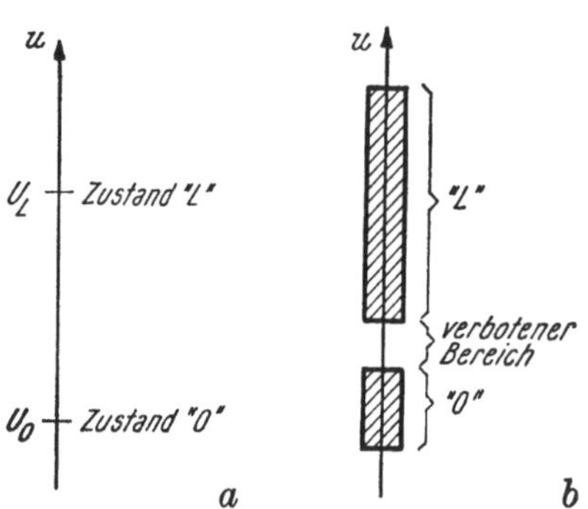

Abb. 5.3.1. Darstellung der beiden binären Ziffern durch Spannungsniveaus
a) ideal *b*) real

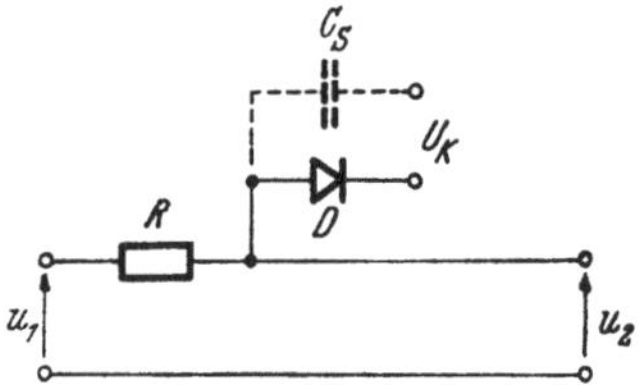

Abb. 5.3.2.
Berücksichtigung von parasitären Kapazitäten beim Klippen mit Dioden

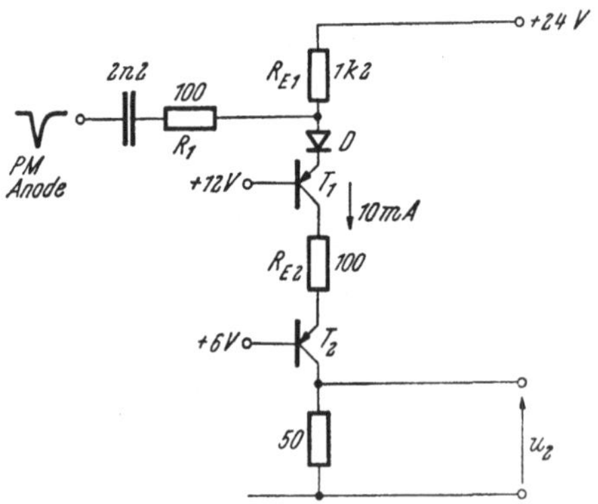

Abb. 5.3.4. Begrenzer-Schaltung. (D als Schutzdiode für die Basis-Emitter-Strecke des Transistors)

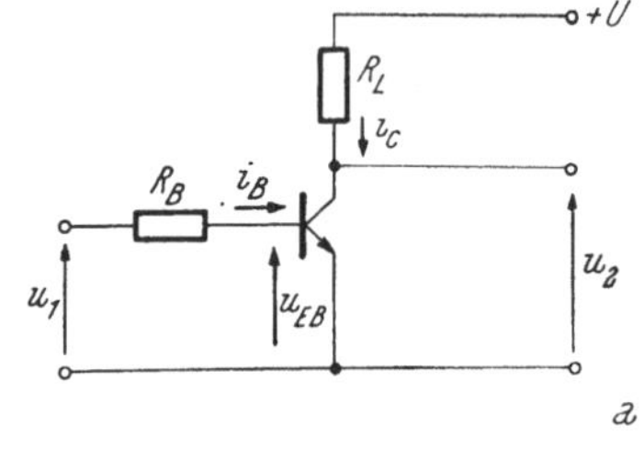

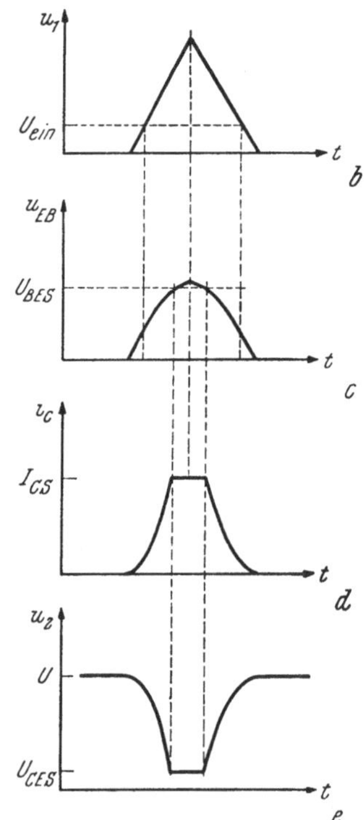

Abb. 5.3.3.
Klippschaltung mit einem Transistor
a) Schaltung
b) Eingangsspannung u_1
c) Spannung u_{EB} am Transistoreingang
d) Kollektorstrom i_c
e) Ausgangsspannung u_2

beschnitten. Die Form der Transistoreingangsspannung ergibt sich aus der Spannungsteilung zwischen dem Generatorwiderstand R_B und der Eingangsimpedanz des Transistors.

Die Eingangsimpedanz Z_1 des Transistors durchläuft drei typische Bereiche:

1. Im Sperrbereich besteht sie aus der Parallelschaltung der gesperrten Basis-Kollektor- und der gesperrten Basis-Emitter-Diode. Sie kann also $10^7\ \Omega$ und mehr betragen.

2. Im Verstärkerbereich ist die Eingangsimpedanz Z_1 durch die in 4.1.1.4 abgeleiteten Größen gegeben. Sie nimmt mit zunehmendem Emitterstrom ab und liegt typischerweise bei $10^3\ \Omega$ bis $10^4\ \Omega$.

3. Im Sättigungsbereich sind beide Dioden geöffnet, die Eingangsimpedanz wird noch kleiner ($< 10^2\ \Omega$). Infolge der Spannungsteilung mit R_B wird das dreieckige Eingangssignal entsprechend Abb. 5.3.3 *c* verformt.

Sobald der Transistor gesättigt wird, kann der Kollektorstrom i_C praktisch nicht mehr zunehmen (s. Abb. 5.3.3 *d*), sondern er bleibt auf dem Wert i_{CS}.

$$i_{CS} = \frac{U - U_{CES}}{R_L}. \qquad [5.3.1]$$

Das Ausgangssignal u_2 nimmt dann die Form von Abb. 5.3.3 *e* an.

Für binäre Schaltungen ist das Auftreten zweier konstanter Spannungsniveaus (U bzw. U_{CES}) von Bedeutung, denn diese können als logische Niveaus verwendet werden.

Die Verwendung des Sättigungsbereiches zum Klippen hat den Nachteil, daß die Sättigungsverzögerung (s. 5.2.2) ein schnelles Arbeiten behindert. Deshalb verwendet man in schnellen Anordnungen strombegrenzende Schaltungen.

5.3.2.2. Strombegrenzende Schaltungen

Eine einfache Klippschaltung für negative Impulse ist in Abb. 5.3.4 dargestellt. Im Ruhezustand fließt durch die Serienschaltung der beiden Transistoren ein Strom von 10 mA, der durch den Widerstand R_{E1} und die Spannungsdifferenz zwischen der Basis von T_1 und der Betriebsspannung bestimmt ist. Die Ausgangsspannung beträgt also 0,5 Volt. Beide Transistoren sind leitend, aber nicht in Sättigung.

Durch ein negatives Eingangssignal wird T_1 gesperrt und somit auch T_2. Die Ausgangsspannung wird 0 Volt. Diese Schaltung kann besonders schnell arbeiten, denn sie verwendet die Transistoren in Basisschaltung und vermeidet höhere Impedanzen. Sie wurde zur Erzeugung von Zeitmarken aus SEV-Impulsen entwickelt. R_1, R_{E2} und D sind für die prinzipielle Funktion der Schaltung unwesentlich, sie dienen nur zum Schutz der beiden Transistoren. R_1 begrenzt den Strom, der (bei positiven Eingangsimpulsen) in T_1 hineinfließen kann. R_{E2} begrenzt den Strom für T_2 und schützt diesen z. B. dann, wenn die Basis-Kollektor-Strecke von T_1 einen Kurzschluß hat. Die Diode D schließlich, deren Schaltzeit mit der gewünschten Schnelligkeit des Signals im Einklang sein muß, schützt die Basis-Emitter-Strecke vor einem Durchbruch, wenn das Eingangssignal so groß ist, daß BV_{EBO} überschritten wird.

Durch ein emittergekoppeltes Transistorpaar (s. Abb. 5.3.5) lassen sich auch bipolare Signale klippen, ohne daß die Sättigungsinlinearität wie beim einfachen Transistor-Klippkreis (5.3.2.1) zu Hilfe genommen werden muß. Ist die Eingangsspannung u_1 im Ruhearbeitspunkt kleiner als $U_{B2} - U_{EB1}$, dann fließt der vom Stromgenerator eingeprägte Strom über T_1 und T_2 ist gesperrt, denn es gilt $U_{B2} > U_{E2} = U_{E1}$. Durch R_{C2} fließt nur der Reststrom von T_2, der meistens vernachlässigt werden kann. Infolgedessen gilt

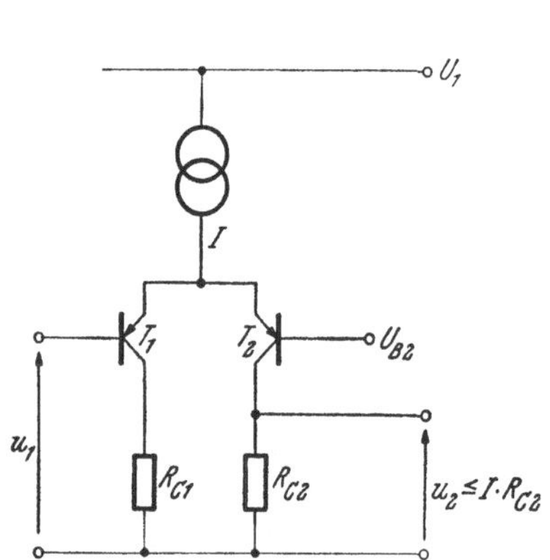

Abb. 5.3.5.
Strombegrenzende Klipp-Schaltung

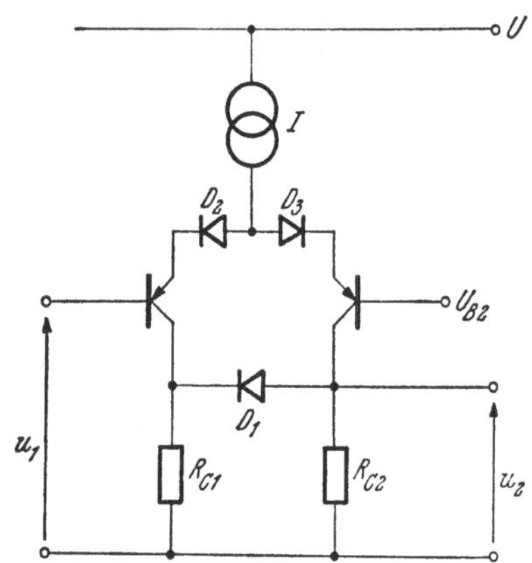

Abb. 5.3.6.
Strombegrenzende Schaltung mit Schaltdiode D_1 und Schutzdioden D_2 und D_3

$u_2 \approx 0$, d. h. die Schaltung befindet sich im „0"-Zustand. Sofern die obige Bedingung für u_1 erfüllt ist, bleibt u_2 praktisch konstant gleich 0 Volt, unabhängig von u_1. Durch ein Eingangssignal $u_1 > U_{B2} + U_{EB2}$ wird T_1 gesperrt, da U_{E1} keinen größeren Wert als $U_{B2} + U_{EB2}$ annehmen kann, und der gesamte vom Stromgenerator eingeprägte Strom I fließt über T_2 und R_{C2}. Dieser Strom ist unabhängig davon, wie stark T_1 gesperrt ist, also davon, wie sehr u_1 den Wert $U_{B2} + U_{EB2}$ übersteigt. Wir haben somit eine Schaltung vorliegen, bei der für beliebige Eingangsspannungen, die kleiner als $U_{B2} - U_{BE1}$ sind, die Ausgangsspannung ziemlich genau 0 Volt beträgt, während für beliebige Spannungen, die größer als $U_{B2} + U_{EB2}$ sind, die Ausgangsspannung den konstanten Wert $I \cdot R_{C2}$ annimmt. Da sowohl I als auch U_{B2} in weiten Grenzen variiert werden können, lassen sich mit solchen und ähnlichen Anordnungen beliebige Signalbegrenzungen erreichen.

Bei extremen Eingangsspannungen könnte es vorkommen, daß die maximal zulässige Sperrspannung der Basis-Emitter-Diode der Transistoren überschritten wird. Dagegen hilft eine Schutzdiode in Serie zum Emitter, sofern deren Sperrspannung ausreicht (s. z. B. Abb. 5.3.6). Eine gesperrte Basis-Emitter-Diode kann dann nämlich nicht durchbrechen, da der Strom durch den Sperrstrom der Schutzdiode begrenzt wird.

Begrenzerschaltungen mit emittergekoppelten Transistoren zeichnen sich vor allem durch eine hohe Eingangsimpedanz aus, denn entweder arbeitet der Eingangstransistor als Emitterfolger (in Kollektorschaltung) oder er ist gesperrt. Da die Schaltung so dimensioniert werden kann, daß keiner der beiden Transistoren in Sättigung getrieben wird, ist auch die Schnelligkeit der Anordnung von dieser Seite her nicht beeinträchtigt.

Durch die Anwendung einer Schaltdiode D_1 nach Abb. 5.3.6 läßt sich der Übergangsbereich, in dem das Ausgangssignal weder „0“ noch „L“ ist, weiter einschränken. Denn schon ab $u_1 \approx U_{B2}$ beginnt die Diode D_1 zu leiten. Ab diesem Moment bleibt auch bei weiterer Erhöhung von u_1 die Ausgangsspannung u_2 nahezu konstant: Sobald die Diode nämlich offen ist (und ihr Widerstand gegenüber R_{C1} vernachlässigt werden kann), bildet die Parallelschaltung von R_{C1} und R_{C2} den gemeinsamen Lastwiderstand für beide Transistoren, die in bezug auf diese Last also parallel liegen. Da die Summe beider Kollektorströme konstant gleich I ist, bleibt die Aufteilung von I in den Transistoren ohne Bedeutung auf die Spannung an den beiden Widerständen, also auch auf u_2.

Daß u_2 nach Öffnen von D_1 nicht (wesentlich) ansteigt, obwohl von T_2 zusätzlicher Strom geliefert wird, läßt sich auch durch das Auftreten einer (sehr kleinen) dynamischen Impedanz am Kollektor von T_2 erklären. Wie es zu dieser dynamischen Impedanz kommt, geht aus 4.1.2.3 und 4.1.3.7 hervor.

5.3.2.3. Aussteuerungsbegrenzung durch Dioden

Verwendet man die in 5.3.1 besprochene Diodenbegrenzung am Ausgang von Verstärkern (s. Abb. 5.3.7 *a*), so ändert sich an den prinzipiellen Überlegungen gar nichts. Die Parallelschaltung von R_L und Z_2 des Verstärkers

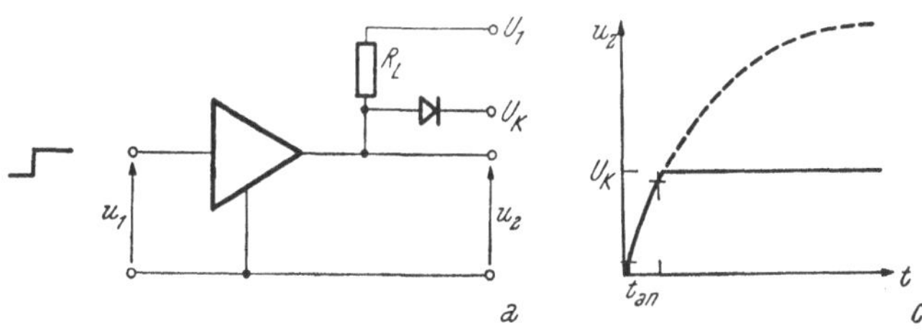

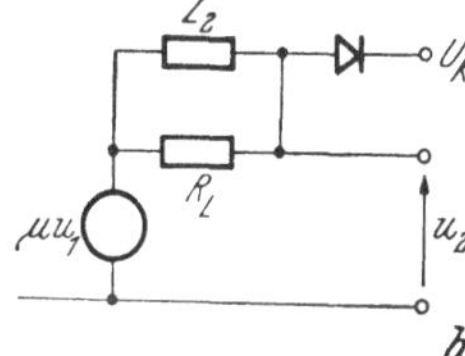

Abb. 5.3.7. Diodenbegrenzung an einem Verstärkerausgang
a) Schaltung
b) Ersatzschaltung
c) Ausgangssignal

übernimmt bloß die Rolle von R (s. Abb. 5.3.7 *b*). Wie man aus Abb. 5.3.7 *c* leicht entnehmen kann, läßt sich die effektive Anstiegszeit von Ausgangssignalen durch das Klippen bedeutend verringern. Da sich die Klippdiode erst bei U_K auswirkt, beginnt das Ausgangssignal ganz so, als ob es die volle, durch die Verstärkung bestimmte Höhe annehmen würde, weshalb der

Spannungswert U_K früher erreicht wird, als wenn der Verstärker Impulse dieser Höhe ohne Klippen hervorbrächte.

Durch das Einfügen der Diode in den Gegenkopplungszweig (s. Abb. 5.3.8) ergibt sich eine Verbesserung der Klippschaltung. Bei der eingezeichneten Polung der Diode kann die Ausgangsspannung (bis auf die Diodendurchlaßspannung) nicht negativer als die Spannung am invertierenden Eingang werden. Diese Spannung ist (sofern die Geradeausverstärkung des Verstärkers genügend hoch ist), praktisch gleich der Spannung am anderen Eingang,

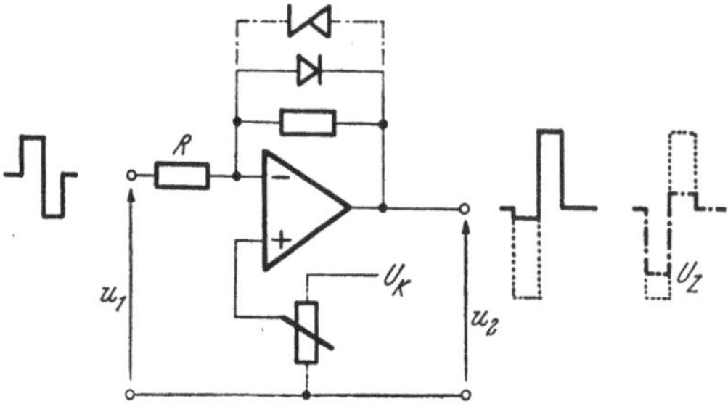

Abb. 5.3.8. Signalbegrenzung durch eine Diode in der Gegenkopplungsschleife

die über ein Potentiometer einstellbar ist. Diese Referenzspannung kann (bei einem hochohmigen Verstärkereingang) im Gegensatz zur passiven Klippschaltung hochohmig sein, da über sie praktisch kein Eingangsstrom abfließen muß.

Will man eine Begrenzung der Impulshöhe bei fixen positiven oder negativen Werten, so kann dies auch entsprechend Abb. 5.3.8 durch Zenerdioden im Gegenkopplungsweg erzielt werden.

5.3.3. Die Umkehrstufe

Erfolgt eine Impulshöhenbegrenzung dadurch, daß man ein aktives Element voll aussteuert bzw. übersteuert (s. 5.3.2.1) und wird das aktive Element dabei in E-Schaltung betrieben, so ist diese Betriebsart mit einer Signalumkehr verbunden. Die Funktionsweise überschneidet sich also mit der der NICHT-Schaltungen, weshalb wir diese hier gemeinsam besprechen.

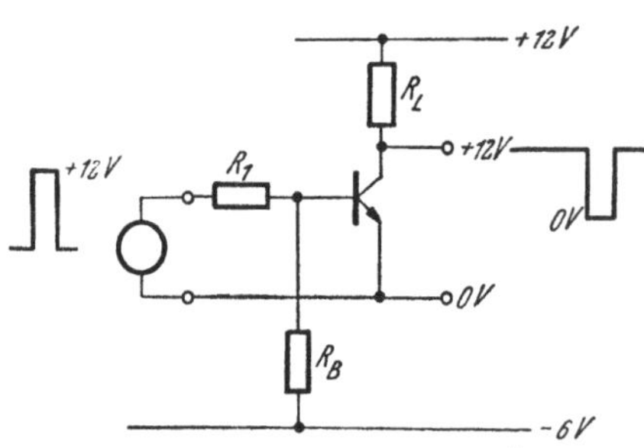

Abb. 5.3.9. NICHT-Schaltung (Negator) mit einem Transistor

5.3.3.1. NICHT-Schaltung mit einem Transistor

In Abb. 5.3.9 ist eine NICHT-Schaltung (NOT-circuit) mit einem Transistor dargestellt. Bei einem Kurzschluß am Eingang ($u_1 = 0$ V) ist der Transistor infolge der negativen Zugspannung und der Spannungsteilung zwischen R_1 und R_B gesperrt, über R_L fließt praktisch kein Strom und die Ausgangsspannung ist gleich der Betriebsspannung von 12 Volt. Durch ein

Eingangssignal von $+12$ Volt wird (bei geeigneter Wahl von R_1 und R_B) der Transistor ganz geöffnet und in Sättigung getrieben. Die Ausgangsspannung u_2 ist dann gleich der Sättigungsspannung U_{CES}, die unter 0,1 Volt sein kann, also praktisch 0 Volt beträgt. Bei beliebiger Eingangsspannung kann die Ausgangsspannung daher nur zwischen 0 Volt und $+12$ Volt liegen (Begrenzerwirkung). Hier interessiert uns aber die NICHT-Funktion: Ein „0"-Signal (0 Volt) am Eingang liefert ein „L"-Signal (12 Volt) am Ausgang und umgekehrt.

Wenn es darauf ankommt, das invertierte Signal niederohmig abzugeben, dann kann man z. B. einen Emitterfolger in Kaskade schalten.

In Abb. 5.3.10 ist eine interessante Schaltung dargestellt: Durch Umpolung der einen Betriebsspannung von $+U_1$ auf $-U_2$ erhält man aus einer Umkehrstufe einen Emitterfolger. Bei einer Betriebsspannung von $-U_2$

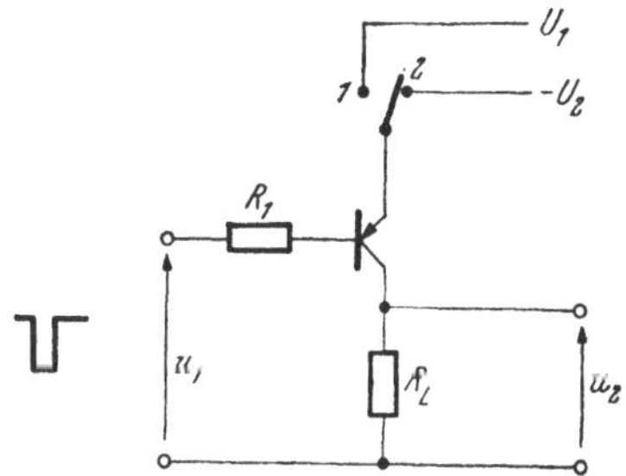

Abb. 5.3.10. Umkehrstufe (*1*), die auch als Emitterfolger (*2*) betrieben werden kann

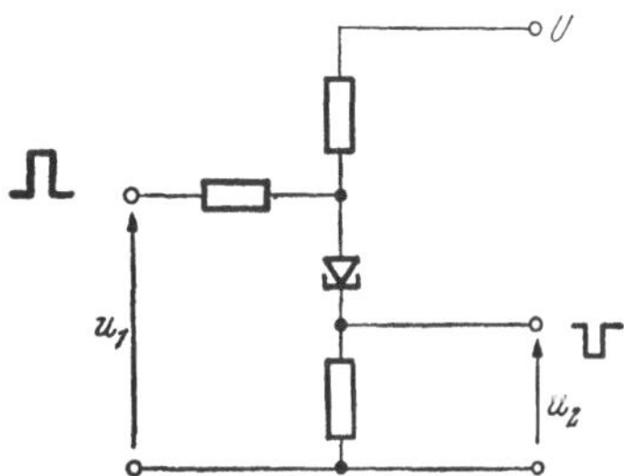

Abb. 5.3.11. NICHT-Schaltung mit einer Tunneldiode

arbeitet der Transistor nämlich invers (s. 5.2.2), d. h. Kollektor und Emitter vertauschen ihre Funktion. Da die Transistoren jedoch nicht symmetrisch aufgebaut sind, gelten für den inversen Betrieb andere Transistorparameter (s. 3.1).

5.3.3.2. NICHT-Schaltung mit einer Tunneldiode

Auch mit Tunneldioden läßt sich eine NICHT-Schaltung aufbauen (s. z. B. Abb. 5.3.11), nur ist diese Schaltung nicht so universell anwendbar wie die schon besprochene. Ist der gewählte Arbeitspunkt der einzige stabile, so lassen sich nur Signale einer Art (z. B. „L") invertieren, gibt es hingegen zwei stabile Arbeitspunkte, dann bleibt die Ausgangsspannung so lange auf dem konträren Wert des letzten Eingangssignals, bis ein neues Eingangssignal umgekehrter Polarität vorkommt.

Die Wirkungsweise ist leicht zu erklären (s. auch Abb. 5.2.16, *II*): Durch einen positiven Impuls nimmt die Tunneldiode den hochohmigen Zustand an, weshalb weniger Strom durch sie fließt und der Spannungsabfall am Widerstand, der parallel zum Ausgang liegt, kleiner wird. Da der Strom durch die Tunneldiode von der Größe des Eingangssignals abhängt, ist die Ausgangssignalgröße auch vom Eingangssignal abhängig. Dies ist ein weiterer Nachteil dieser Anordnung. Der Vorteil großer Schaltgeschwindigkeit, die kurze Impulsdauern zuläßt, ist jedoch manchmal für ihren Einsatz entscheidend.

5.3.3.3. Signalumkehr mit einem Impulstransformator

Sollen Impulse invertiert werden, die genügend kurz sind, so läßt sich eine Signalumkehr und damit die Negatorfunktion durch einen Impulstransformator erreichen. Dazu müssen die beiden Spulen nur im Gegensinn gewickelt sein, d. h. die Primärwicklung und die Sekundärwicklung müssen an entgegengesetzten Enden geerdet werden. (Diese Erdung wird in Abb. 4.1.90 durch einen Punkt angegeben.) Daß mit einer solchen Anordnung wegen des Fehlens einer Gleichstromkopplung logische Gleichspannungsniveaus nicht invertiert werden können, bedarf wohl keiner weiteren Erläuterung.

5.4. Logische Gatter

Unter einem logischen Gatter verstehen wir eine binäre Schaltung, deren Ausgangssignal aus der Verknüpfung von mindestens zwei Eingangssignalen zustande kommt. Wie wir schon im Abschnitt 5.1 darlegten, läßt sich die Funktionsweise aller solcher Schaltungen durch eine Kombination der drei grundlegenden logischen Operationen erklären. Da die drei grundlegenden logischen Operationen nicht zwingend mit den grundlegenden Baugruppen (bzw. Schalteinheiten) zusammenfallen, werden auch andere Gatter als die einfachen UND- und ODER-Gatter besprochen.

Bei einem Einsatz integrierter logischer Einheiten sind die Dimensionierungsprobleme bereits vom Hersteller gelöst worden, und bei ihrer Verwendung braucht man sich praktisch nur noch mit der binären Logik bzw. der richtigen Auswahl und Zusammensetzung dieser Einheiten zu befassen. Wenn wir trotzdem noch diskrete Schaltungen besprechen, so geschieht dies vor allem deshalb, weil am Beispiel dieser Schaltungen allgemeine elektronische Prinzipien dargelegt werden können.

Vorerst wollen wir einige Abkürzungen bringen, die vor allem im Zusammenhang mit integrierten logischen Schaltungen zur Charakterisierung der spezifischen Eigenschaften verwendet werden. Diese Eigenschaften sind vor allem:

a) Zahl der zur Verfügung stehenden Eingänge (fan-in);
b) Belastungsfähigkeit des Ausganges durch gleichartige Schaltungen (fan-out);
c) Verzögerungszeit je Schaltvorgang;
d) Leistungsbedarf;
e) Anfälligkeit gegenüber Störsignalen.

Je nachdem, welche dieser Eigenschaften hochgezüchtet wurde, erhält man andere Schaltungsfamilien, von denen einige mit ihren Abkürzungen in Tabelle 5.4.1 zusammengestellt sind.

Tabelle 5.4.1. *Gebräuchliche Logik-Arten mit ihren Abkürzungen*

CML	Current-Mode-Logic
CTL	Complementary-Transistor-Logic
DCDL	Diode-Capacitor-Diode-Logic
DCTL	Direct-Coupled-Transitor-Logic
DL	Diode-Logic
DTL	Diode-Transistor-Logic
DTLZ	Diode-Transistor-Logic with Zenerdiodes
ECTL	Emitter-Coupled-Transistor-Logic
EECL	Emitter-Emitter-Coupled-Logic
ETL	Emitterfollower-Transistor-Logic
HLTTL	High-Level-Transistor-Transistor-Logic
HTL	High-Threshold-Logic
LLL	Low-Level-Logic
mWRTL	milli-Watt-Resistor-Transistor-Logic
RCTL	Resistor-Capacitor-Transistor-Logic
RTL	Resistor-Transistor-Logic
TDL	Tunnel-Diode-Logic
TTL	Transistor-Transistor-Logic
VTL	Variable-Threshold-Logic

5.4.1. Passive Gatter

UND- und ODER-Gatter lassen sich sehr einfach und billig aus Dioden und Widerstanden aufbauen (s. Abb. 5.4.1).

Beim UND-Gatter ist das Ausgangssignal gleich „0", solange auch nur ein Eingang auf 0 Volt ist, da die Ausgangsspannung u_2 in diesem Fall höchstens den Wert der Diodendurchlaßspannung annehmen kann. Werden aber beide Dioden durch „L"-Signale am Eingang gesperrt, so entsteht auch am Ausgang ein „L"-Signal, dessen Größe durch die beiden Spannungen U_1 und $-U_2$ und die Spannungsteilung über R_1 und R_2 bestimmt ist. (Wie in Abb. 5.4.1 strichliert angedeutet ist, lassen sich auch mehr als zwei gleichberechtigte Eingänge verwirklichen.)

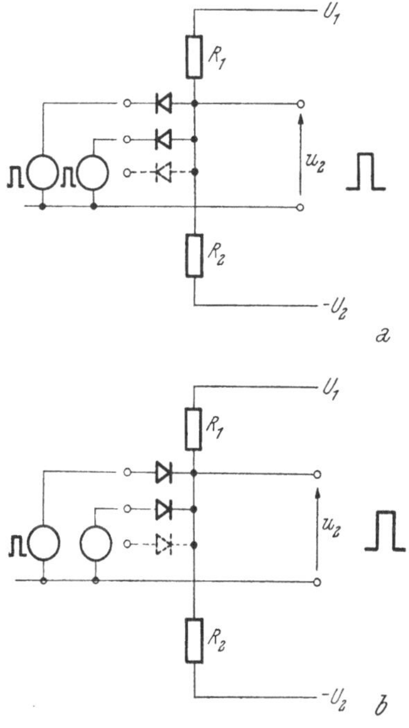

Abb. 5.4.1. Dioden-Gatter
a) UND-Gatter *b*) ODER-Gatter

Beim ODER-Gatter nach Abb. 5.4.1 *b* sind die beiden Dioden bei eingangsseitigen Kurzschlüssen (Signal „0") leitend (bei entsprechender Dimensionierung von R_1 und R_2) und u_2 ist nur knapp unter 0 Volt (Zustand „0"). Bei einem „L"-Signal an einem Eingang (oder an beiden Eingängen) bleibt die zugehörige Diode leitend und auch die Ausgangsspannung nimmt den Wert „L" an. Die Dioden bewirken eine Trennung der beiden Eingänge. Denn steht an einem Eingang (und daher auch am Ausgang) ein „L"-Signal, während am anderen ein „0"-Signal steht, dann ist die eine Diode gesperrt und ihr Sperrwiderstand stellt eine wirkungsvolle Isolierung zwischen den beiden Eingängen dar.

Der Nachteil solcher rein passiver Logikschaltungen liegt vor allem darin, daß wegen der Voraussetzung $(R_D + R_G) \ll (R_1 \| R_2)$, die eine konstante Höhe des „L"-Niveaus gewährleistet, die Kaskadenschaltung derartiger

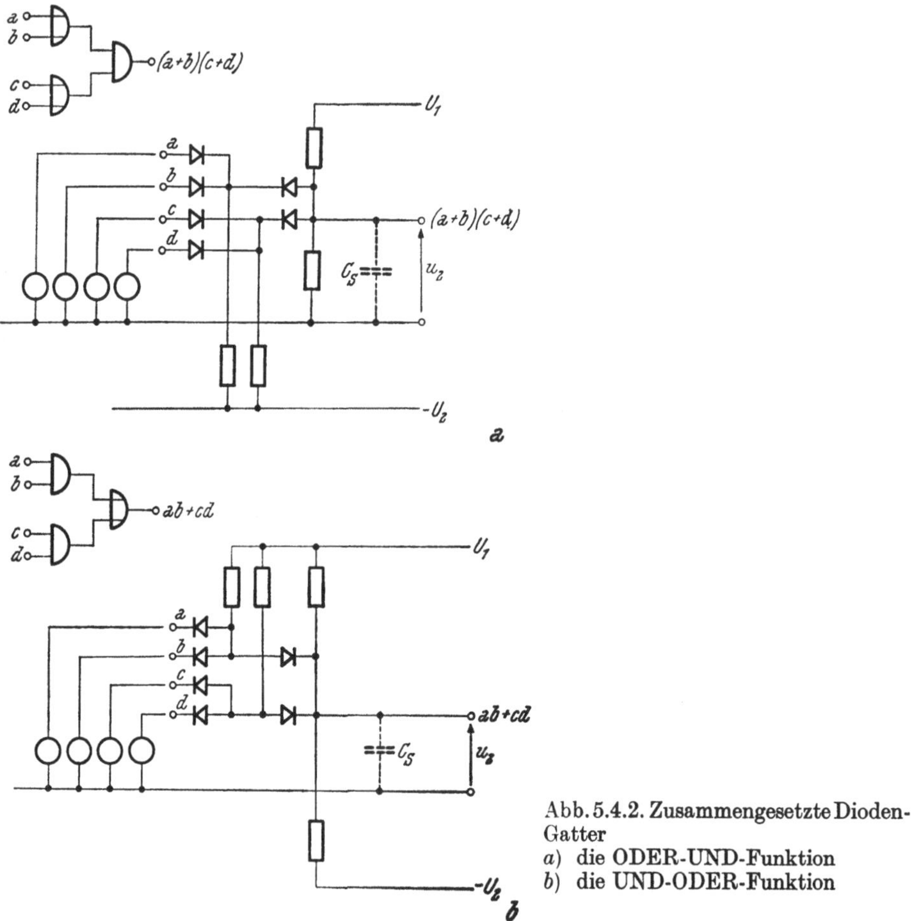

Abb. 5.4.2. Zusammengesetzte Dioden-Gatter
a) die ODER-UND-Funktion
b) die UND-ODER-Funktion

logischer Elemente starken Beschränkungen unterliegt. Durch Zusammenfassen von Widerständen wie in Abb. 5.4.2 *a* und 5.4.2 *b* lassen sich jedoch auch kompliziertere logische Operationen mit passiven Elementen allein durchführen.

Die Hochohmigkeit beschränkt aber nicht nur die Belastungsfähigkeit des Ausgangs, sondern auch die Schnelligkeit, mit der logische Operationen durchgeführt werden können, da z. B. die Streukapazität C_s am Ausgang (in Abb. 5.4.2 strichliert) über R aufgeladen werden muß.

Bei der Verarbeitung schneller Signale muß zusätzlich das Schaltverhalten der Dioden (s. 5.2.1) berücksichtigt werden. Dieses ist für kapazitive Durchstreuungen und für Impulsverformung verantwortlich.

Haben die logischen Signale keinen Gleichspannungsanteil, weil sie wie in Abb. 5.4.3 *a* und *b* über Kondensatoren geführt werden, so muß zusätzlich darauf geachtet werden, daß die Abfallzeitkonstanten der *RC*-Glieder genügend klein sind, damit sich die Gleichspannungsniveaus, die für das Öffnen der Diode entscheidend sind, nicht zu stark verschieben.

Beim UND-Gatter von Abb. 5.4.3 *a* wird das „0"-Niveau nach einem „L"-Impuls am Eingang des Gatters dadurch rasch wiederhergestellt, daß sich der Eingangskondensator C_1 (bzw. C_2) über die Diodendurchlaßwiderstände R_{D1} und R_{D3} (bzw. R_{D2} und R_{D3}) rasch entladen kann.

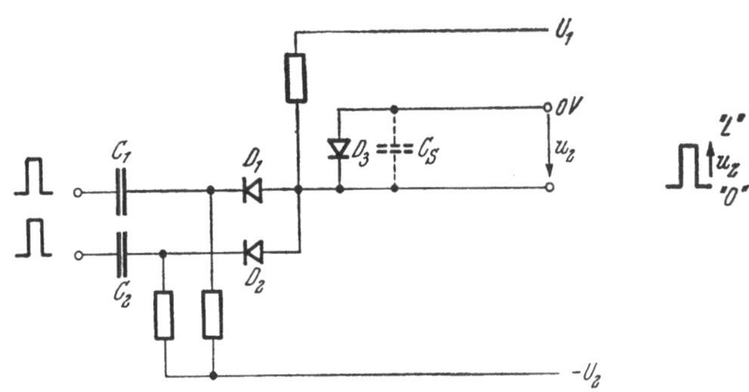

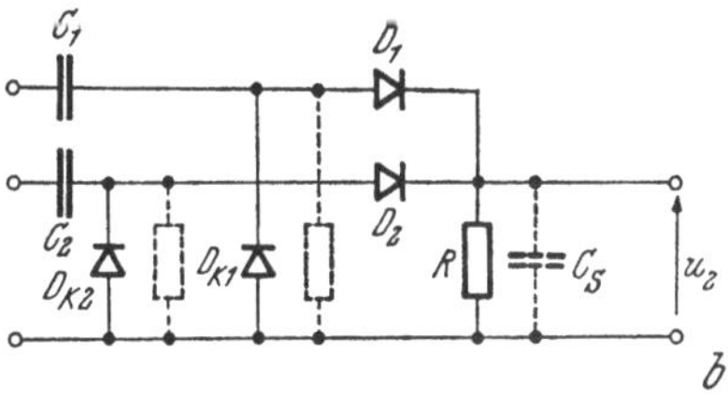

Abb. 5.4.3. Entladung der Eingangskondensatoren über Dioden
a) Beispiel eines UND-Gatters
b) Beispiel eines ODER-Gatters

Beim ODER-Gatter (Abb. 5.4.3 *b*) empfiehlt es sich, statt des strichliert eingezeichneten Widerstandes (oder zusätzlich) Klammerdioden (s. 2.1.5.2) zu verwenden, die verhindern, daß infolge Aufladung des Kondensators die Eingangsspannung an der Schalterdiode D_1 (bzw. D_2) wesentlich unter 0 Volt sinkt und dadurch „L"-Signale am Eingang wirkungslos werden, da sie nicht mehr imstande sind, die Dioden zu öffnen.

Sind die beiden Eingänge eines UND-Gatters nicht gleichberechtigt, sondern ist der eine Eingang für kurze Impulse vorgesehen, während der andere Eingang für lange Impulse (bzw. logische Spannungsniveaus) gedacht ist, so kann man eine der in Abb. 5.4.4 gezeigten Schaltungen verwenden. Der Ausgangsimpuls hat praktisch die Länge des (kurzen) Eingangsimpulses, da sich diese Länge wie bei fast allen UND-Gattern aus der Überlappungszeit der beiden Eingangsimpulse ergibt.

Eine der beiden in Abb. 5.4.4 *a* strichliert eingezeichneten Dioden kann wahlweise zur Unterdrückung negativer Impulsanteile verwendet werden. Die Schaltung von Abb. 5.4.4 *b* hat einen gleichspannungsmäßig isolierten Impulseingang, weshalb einige Änderungen vorgenommen werden müssen. Bei der Schaltung von Abb. 5.4.4 *c* handelt es sich um einen Antikoinzidenzkreis (INHIBIT-Funktion). Die Schaltungen von Abb. 5.4.4 *d* und *e* sind für bipolare Impulse geeignet. Es müssen dazu zwei Schlüsselsignale mit entgegengesetzter Polarität vorhanden sein. Durch das Potentiometer läßt sich in Abb. 5.4.4 *e* die Spannungsteilung der beiden Schlüsselimpulse so

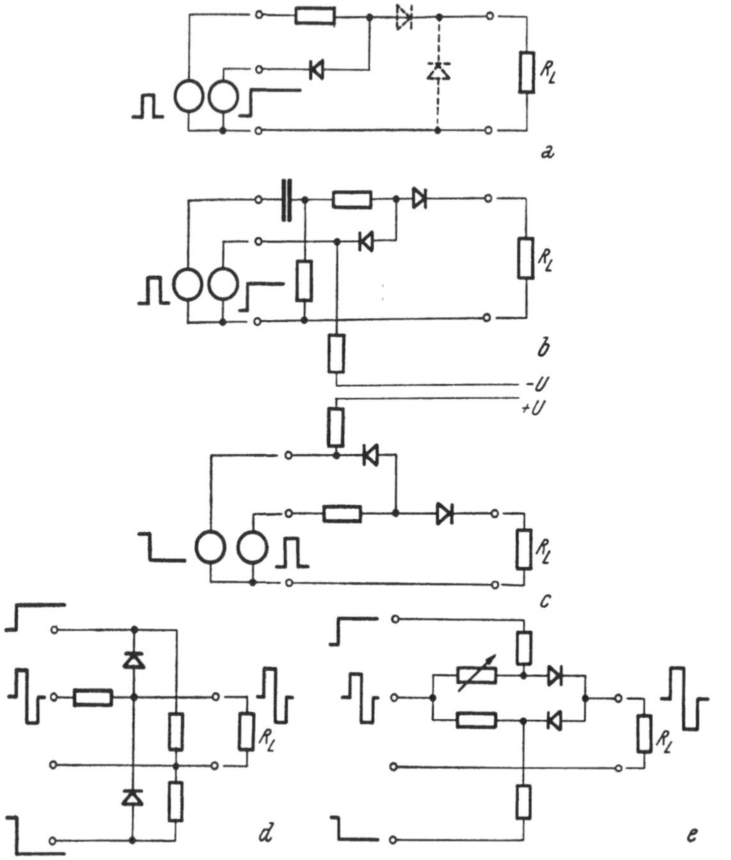

Abb. 5.4.4. Dioden-UND-Gatter mit nichtgleichberechtigten Eingängen

vornehmen, daß diese keinerlei Beitrag zum Ausgangsimpuls liefern (Brükkenschaltung, s. auch 4.4.1.1).

Bei den DCD-Gattern (Diode-Capacitor-Diode) wird die Aufladezeit eines Kondensators z. B. dafür verwendet, mit demselben Signal den logischen Zustand einer Schaltung festzustellen und zu ändern.

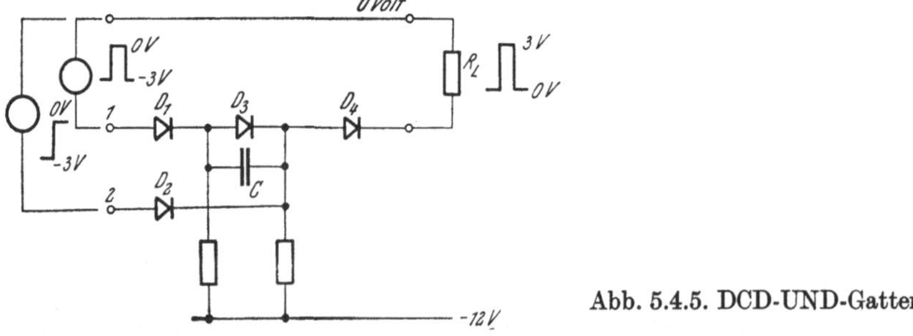

Abb. 5.4.5. DCD-UND-Gatter

Dies wollen wir an Hand des DCD-UND-Gatters von Abb. 5.4.5 untersuchen. Die Eingänge auch dieses Gatters sind nicht gleichwertig. Eingang *1* ist für Impulse gedacht und Eingang *2* für logische (Gleichspannungs-) Niveaus. Ist der Eingang *2* auf —3 Volt, so bleibt die Diode D_4 gesperrt, gleichgültig ob am anderen Eingang die Spannung 0 Volt oder —3 Volt ist. Durch ein „L"-Niveau (0 Volt) am Eingang *2* wird der Verbindungspunkt von D_3 und D_4 nahe 0 Volt gebracht. Die Anode von D_3 bleibt jedoch etwas negativer als —3 Volt (da am Eingang *1* die Spannung —3 Volt steht), d. h. D_3 ist gesperrt und am Kondensator C stehen 3 Volt. Kommt jetzt ein „L"-Impuls an den Eingang *1*, so gelangt dieser über D_1 an die Anode der Diode D_3, die jedoch gesperrt bleibt, und über C zur Anode von D_4. Dort überlagert sich der Impuls dem vom Eingang *2* hervorgerufenen Gleichspannungsniveau von nahezu 0 Volt, sperrt D_2 und öffnet D_4. Am Widerstand R_L entsteht also ein gegenüber Masse positiver Ausgangsimpuls. Infolge der endlichen Aufladungszeit von C ist für die Gatterwirkung dasjenige logische Niveau am Eingang *2* maßgebend, das knapp vor dem Auftreten des Impulses herrscht.

Diese Funktionsweise ist z. B. dann erwünscht, wenn der Kipp-Impuls eines Flip-Flops auf Grund der Stellung des Flip-Flops zum richtigen Eingang geführt werden soll (siehe z. B. Umwandlung eines *RS*-Flip-Flops in ein *RST*-Flip-Flop, Abb. 5.1.9 *c*).

Die Anwendung der Diodengatter ist dadurch gekennzeichnet, daß die Belastbarkeit am Ausgang gering ist, während bei einem ausgeprägten Knick in der Diodenkennlinie der Durchlaßrichtung die Anzahl der gleichwertigen parallelen Eingänge ziemlich groß sein kann. Bei Dekodierschaltungen (s. 5.5.3.4) z. B. benötigt jedes zu einer dekadischen Ziffer gehörige Gatter vier Eingänge. Solche Schaltungen lassen sich einfach mit Dioden durchführen.

5.4.2. Gatter unter Verwendung aktiver Dreipole

Das häufigste Schalterelement in logischen Schaltungen ist der (bipolare) Transistor, heute meistens schon als Teil einer integrierten Schaltung. Gegenüber den Dioden bietet die Leistungsverstärkung der Transistoren sowie der kleine Sättigungswiderstand R_{t0} einen entscheidenden Vorteil.

Wird der Transistor, wie meistens, in Emitterschaltung betrieben, so wird wegen der Signalumkehr stets auch die NICHT-Operation durchgeführt, d. h. ein UND-NICHT-Gatter bzw. ein ODER-NICHT-Gatter ist einfacher als ein UND-Gatter bzw. ein ODER-Gatter.

Am einfachsten und (in konventioneller Bauweise) am billigsten ist die RT-Logik. Sie verwendet ausschließlich Widerstände (R) und Transistoren (T).

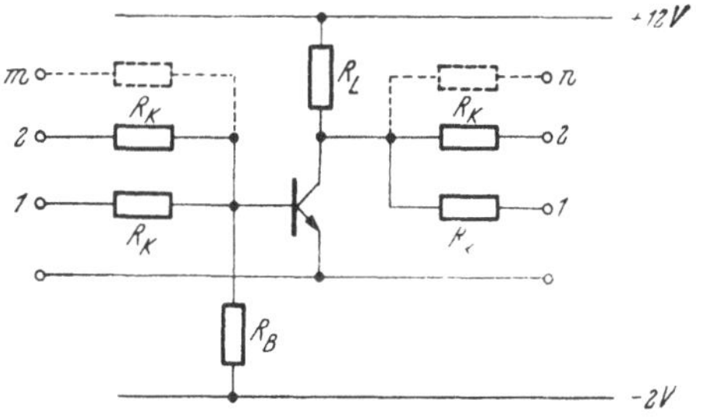

Abb. 5.4.6. RTL-ODER-NICHT-Gatter

In Abb. 5.4.6 ist ein RTL-ODER-NICHT-Gatter dargestellt. Bei einem „L"-Signal an irgendeinem der Eingänge geht der Transistor in Sättigung und am Ausgang entsteht ein invertiertes „L"-Signal (= „0"-Signal). Die

Widerstände R_K am Ausgang sind gleichzeitig die Widerstände R_K am Eingang der nächsten logischen Einheiten. Damit die Toleranzen der Bauteile weniger Rolle spielen, sind im Vergleich zur Steuerspannung U_{EB} große Betriebsspannungen günstig. Dann müssen aber die Widerstandswerte groß sein, damit die Verlustleistung des Transistors nicht überschritten wird. Mit großen Widerstandswerten ist der Transistor aber langsam (s. 5.2.2). Deshalb zieht man dennoch kleine Spannungen und Widerstandswerte vor, auch wenn die Dimensionierung komplexer Schaltungen infolge der Bauteiltoleranzen schwierig wird. Die Temperaturabhängigkeit, die Störanfälligkeit und die Schaltzeiten solcher Schaltungen sind im allgemeinen groß.

Verwendet man bei der RTL Überbrückungskondensatoren (s. 5.2.2) zur Verbesserung des Schaltverhaltens des Transistors, so spricht man von RCTL (Resistor-Capacitor-Transistor-Logic). Dabei ist jedoch Vorsicht geboten, denn ohne weitere Vorkehrungen sind die verschiedenen Eingänge dann kapazitiv miteinander verbunden; ihre Isolierung ist für höhere Frequenzanteile nicht mehr gewährleistet.

Eine Kombination von RTL mit Dioden führt zur DTL (Diode-Transistor-Logic). Beim DTL-UND-NICHT-Gatter in Abb. 5.4.7 *a* führen die Eingangsdioden zusammen mit R_{L0} die UND-Funktion aus, während der

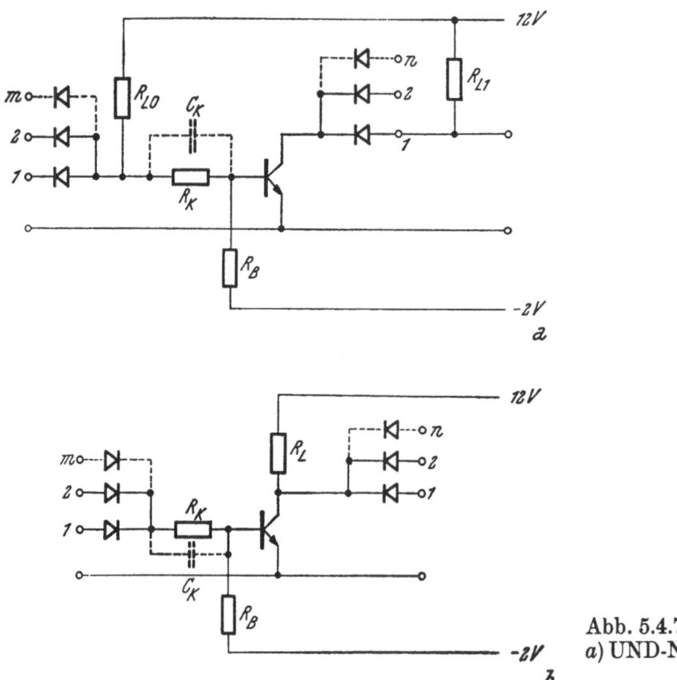

Abb. 5.4.7. DTL-Gatter
a) UND-NICHT *b*) ODER-NICHT

Transistor das Signal invertiert und für die Ansteuerung der nächsten Stufen sorgt. R_K ist ein Schutzwiderstand, der den Basisstrom begrenzt, R_B sorgt dafür, daß der Transistor außer im UND-Fall sicher gesperrt ist. Die Dioden am Ausgang gehören schon zur nächsten logischen Schaltung. Ähnlich aufgebaut ist das ODER-NICHT-Gatter von Abb. 5.4.7 *b*.

Durch zusätzliche Dioden wie in Abb. 5.4.8 läßt sich die Abhängigkeit der Transistoraussteuerung von der Eingangsimpulsgröße weitgehend vermeiden. Beim UND-NICHT-Gatter des LLL-Typs müssen die Eingangssignale gerade ausreichen, um die Eingangsdioden zu sperren. Der Eingangsstrom, der den Transistor in den „0"-Zustand treibt, wird dann allein vom Spannungsteiler, bestehend aus R, R_B, D_3, D_4 und der Eingangsimpedanz des Transistors, aufgebracht.

Beim ODER-NICHT-Gatter (Abb. 5.4.8 *b*) genügt ein Signal, das die Diode D_3 umpolt, an einem Eingang, um den Transistor über R_B mit dem nötigen Strom für den „0"-Zustand zu versorgen. Wieder ist die Aussteuerung des Transistors von der Größe des Eingangssignals (sofern dieses D_3 umpolt) unabhängig.

Die DTL-Schaltungen zeichnen sich gegenüber RTL-Schaltungen durch geringere Störanfälligkeit aus. Sie sind auch wegen des kleinen Diodendurchlaßwiderstandes R_D im allgemeinen schneller. Durch den Einsatz von Zenerdioden läßt sich die Störsicherheit weiter vergrößern. (DTLZ = Diode-Transistor-Logic with Zenerdiodes.) Bei einem Störabstand in der Gegend von 5 V werden solche Schaltungen besonders in der industriellen Elektronik bei großem Störpegel eingesetzt. In Abb. 5.4.9 ist ein ODER-NICHT-Gatter einer DTLZ dargestellt. Nur dann, wenn die Spannung an mindestens einem Eingang so groß ist, daß die zugehörige Zenerdiode im Durchbruchbereich arbeitet ($u_1 > U_Z + U_{EB}$),

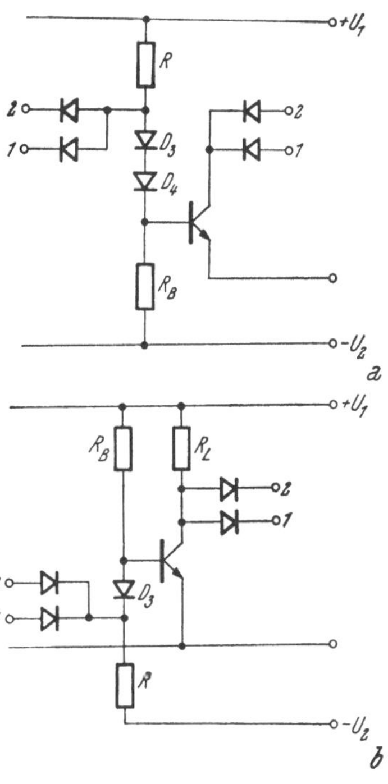

Abb. 5.4.8. LLL-Gatter
a) UND-NICHT-Gatter
b) ODER-NICHT-Gatter

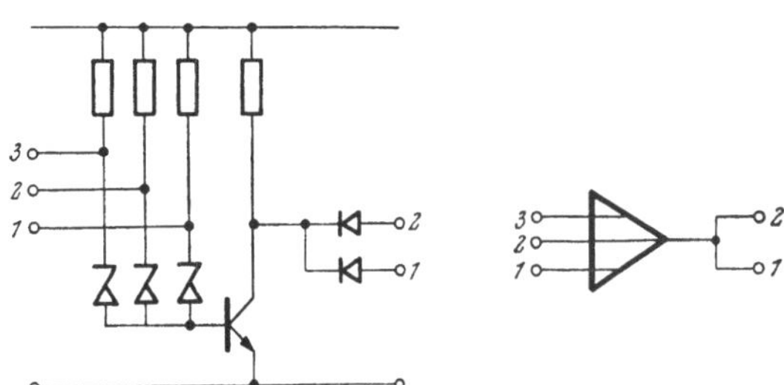

Abb. 5.4.9.
ODER-NICHT-Gatter in der DTLZ

wird genügend Basisstrom für den Transistor aufgebracht, um den „0"-Zustand am Ausgang hervorzurufen.

Bei der DCTL (Direct-Coupled-Transistor-Logic) gibt es zwei Gatterarten: das Parallel-Gatter, das auf die historische Koinzidenzschaltung von Rossi zurückgeht, und das Serie-Gatter, das als Bothe-Schaltung in die Geschichte der Kernelektronik einging. Wegen der Äquivalenz von [5.1.2]

$$\overline{A\,B} = \overline{A} + \overline{B},$$

läßt sich jede der beiden Schaltungen sowohl als UND-NICHT-Gatter als auch als ODER-NICHT-Gatter verwenden, sofern nur der Ruhearbeitspunkt und die Signalpolarität entsprechend gewählt werden (s. Abb. 5.4.10 und Abb. 5.4.11). Wegen der weiten Verbreitung dieser Gatterarten wollen wir die Funktionsweise explizit untersuchen.

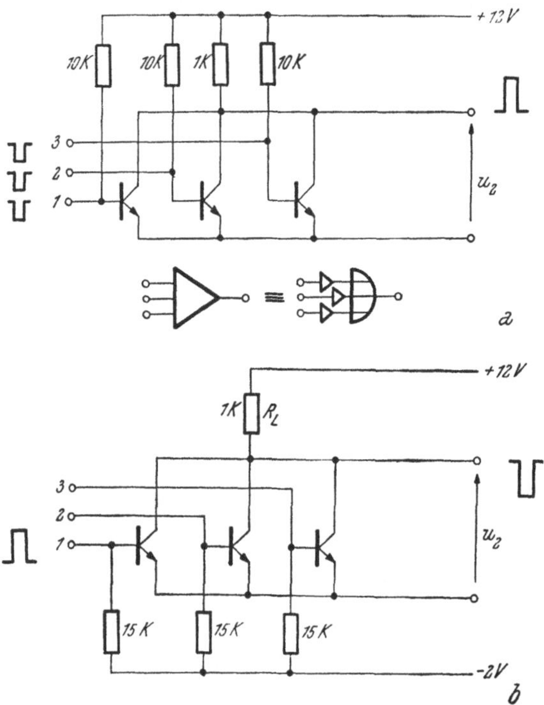

Abb. 5.4.10.
DCTL-Gatter (Parallelanordnung nach Rossi)
a) UND-NICHT-Gatter
b) ODER-NICHT-Gatter

Beim Rossi-UND-NICHT-Gatter von Abb. 5.4.10 *a* ist die Ruheausgangsspannung nahe 0 Volt, da alle drei Transistoren mit einem Basisstrom von etwa je 1,2 mA (12 V / 10 kΩ, wegen $U_{EB} \ll 12$ V) versorgt werden. Da der gesamte Strom durch den Lastwiderstand von 1 kΩ jedoch höchstens 12 mA sein kann, beträgt der Kollektorstrom je Transistor höchstens 4 mA, d. h. die Stromverstärkung kann höchstens 3,3 sein. Diese Bedingung wird von den Transistoren nur im Sättigungsbereich erfüllt, d. h. alle drei Transistoren sind in Sättigung und die Ausgangsspannung ist gleich der Sättigungsspannung U_{CES} bei einem Kollektorstrom i_2 von 4 mA und einem Basisstrom i_1 von 1,2 mA.

Wird nun einer der drei Transistoren durch ein negatives Signal gesperrt, so werden die 12 mA für den Lastwiderstand von den beiden restlichen Transistoren aufgebracht, die Stromverstärkung muß dann gleich 5 sein und die beiden Transistoren bleiben in Sättigung. Ihre Sättigungsspannung U_{CES} und damit das Ausgangspotential hat entsprechend dem neuen Arbeitspunkt ($i_1 = 1{,}2$ mA, $i_2 = 6$ mA) unwesentlich zugenommen.

Auch ein Sperren zweier Transistoren bringt noch keine Änderung des logischen Ausgangspotentials. Der dritte Transistor verbleibt in Sättigung mit einer Sättigungsspannung, die dem neuen Arbeitspunkt ($i_1 = 1{,}2$ mA, $i_2 = 12$ mA) entspricht. Erst wenn alle Transistoren gesperrt werden, ändert sich das Ausgangspotential. Das Gatter hat also eine UND-Wirkung, die wegen der Signalumkehr als UND-NICHT-Funktion anzusprechen ist. Die Länge des Ausgangsimpulses ergibt sich (unter Vernachlässigung von Speichereffekten im Transistor), wie praktisch bei allen Gattern mit UND-Funktion, aus der Überlappungszeit der einzelnen Eingangsimpulse.

Das Rossi-ODER-NICHT-Gatter von Abb. 5.4.10 *b* unterscheidet sich elektronisch vom UND-NICHT-Gatter nur dadurch, daß im Ruhezustand alle Transistoren gesperrt sind. Einen Ausgangsimpuls gibt es immer dann, wenn an irgendeinem der drei Eingänge ein positiver Eingangsimpuls auftritt, der den zugehörigen Transistor in Sättigung treibt. Für die Größe der Ausgangsspannung ist es bei geeigneter Dimensionierung unwesentlich, wie viele der drei Transistoren in Sättigung sind, da die Unterschiede in der Sättigungsspannung, wie wir schon oben auseinandersetzten, sehr klein gehalten werden können. Erst beim Parallelschalten vieler Transistoren, also bei Gattern mit vielen Eingängen, ergeben sich dabei Schwierigkeiten, denn die Ausgangsimpedanz der Schaltung hängt davon ab, wie viele Transistoren leitend sind, und kann daher stark variieren. Deshalb ist manchmal die Kaskadenschaltung eines Emitterfolgers angebracht, wodurch auch Belastungsschwankungen vermindert werden. Oft ist eine Begrenzung der Anzahl der parallelgeschalteten Transistoren durch die Größe des Sperrstromes gegeben, da dieser die Größe der Ausgangsspannung des gesperrten Transistors (also den „L"-Zustand) beeinflußt.

Serien-Gatter (s. Abb. 5.4.11) können im allgemeinen nur wenige Eingänge haben. Beim UND-NICHT-Gatter (Abb. 5.4.11 *a*) sind im Ruhezustand alle drei Transistoren mit Hilfe der negativen Zugspannung gesperrt. Da die drei Transistoren für den Ausgangsstrom in Serie liegen, kann dieser nur dann fließen, wenn alle drei Transistoren leitend sind, d. h. wenn an allen dreien ein positives Eingangssignal eingespeist wird. Da die Sättigungsspannung U_{CES} jedoch nicht exakt gleich Null ist, ist die Emitterspannung U_{E3} des obersten Transistors T_3 größer als die der anderen Transistoren ($U_{E3} = U_{CES1} + U_{CES2}$), weshalb die Eingangssignalgröße auf $u_3 - U_{E3} < u_3$ vermindert wird. Beim Aufstocken vieler Transistoren reicht deshalb die Eingangsspannung nicht mehr aus, um auch den letzten Transistor zu öffnen, weshalb man sich auf wenige Eingänge beschränken muß.

Beim ODER-NICHT-Gatter (Abb. 5.4.11 *b*) sind im Ruhezustand alle drei Transistoren in Sättigung. Es genügt ein Sperrsignal an einem der Eingänge, um den Stromfluß durch die Serienschaltung der Transistoren und den Lastwiderstand zu unterbinden und die Ausgangsspannung zu ändern.

Das Auftreten von Sättigung in der DCTL ist ein Nachteil, da dadurch die Schnelligkeit beeinträchtigt wird. Trotzdem ist die DCTL gegenüber der DTL im allgemeinen schneller.

In integrierten logischen Schaltungen werden lineare passive Elemente nach Möglichkeit vermieden. Eine gern benützte Technik ist die TTL (Transistor-Transistor-Logic). In Abb. 5.4.12 ist ein UND-NICHT-Gatter in TTL-Technik dargestellt. Der Eingangstransistor hat vier gleichwertige Emitteranschlüsse. Solange auch nur einer von ihnen geerdet ist („0"-Signal), ist dieser Transistor T_1 in Sättigung. Dadurch ist T_2 (und T_4) gesperrt und über den Emitterfolger T_3 wird das „L“-Signal niederohmig abgegeben. Sind an allen Eingängen „L“-Signale, so arbeitet T_1 invers, T_2 wird geöffnet und treibt T_4 in Sättigung, wodurch am Ausgang ein „0“-Signal entsteht. Die Ausgangskonfiguration mit T_3 und T_4 ist niederohmig, weshalb auch kapazitive Lasten ($< 10^3$ pF) versorgt werden können, ohne die Schnelligkeit wesentlich zu beeinträchtigen. Arbeitsfrequenzen von 20 MHz und Anstiegszeiten von 10 ns sind ohne größere Schwierigkeiten zu erreichen.

Durch die Verwendung komplementärer Transistoren (CTL = Complementary-Transistor-Logic) läßt sich die Schnelligkeit weiter steigern. Mit dem UND-Gatter nach Abb. 5.4.13 lassen sich mit schnellen Transistoren

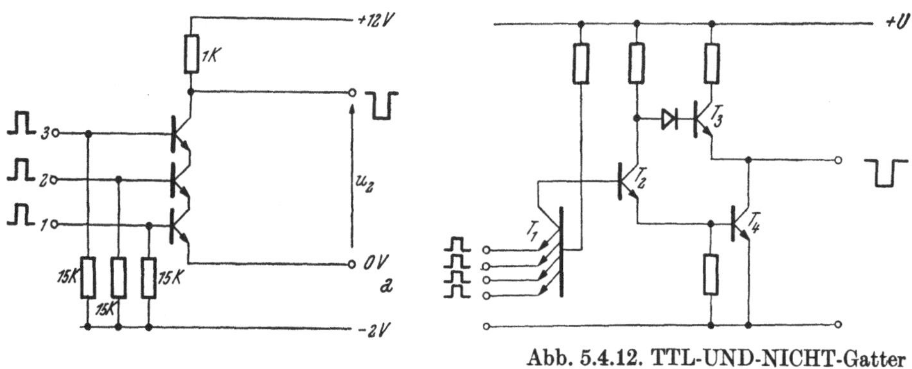

Abb. 5.4.12. TTL-UND-NICHT-Gatter

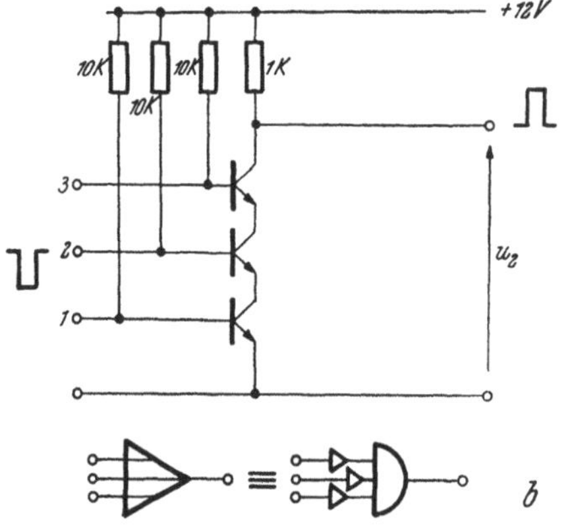

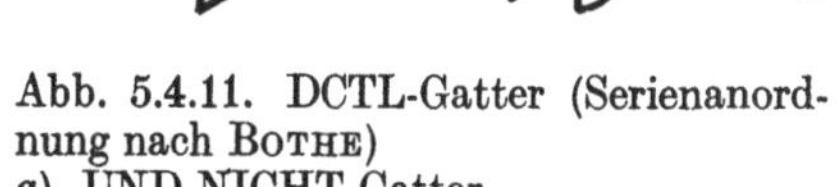

Abb. 5.4.11. DCTL-Gatter (Serienanordnung nach BOTHE)
a) UND-NICHT-Gatter
b) ODER-NICHT-Gatter

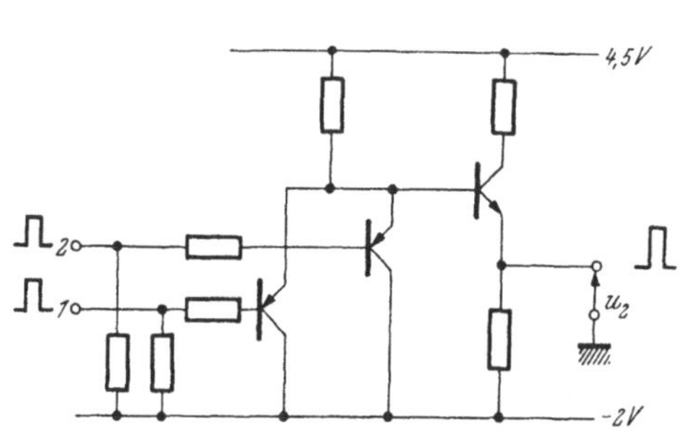

Abb. 5.4.13. CTL-UND-Gatter

Anstiegszeiten unter 10 ns und Laufzeiten unter 5 ns erreichen. Dies ist vor allem darauf zurückzuführen, daß alle Transistoren in Kollektorschaltung arbeiten.

Bei den bisher besprochenen Gattern waren die beiden Schaltzustände durch zwei vorgegebene Spannungsniveaus bestimmt. In der „Stromlogik“

(CML = Current-Mode-Logic) werden die beiden Schaltzustände durch zwei Stromstärken charakterisiert (s. z. B. 5.3.2.2). Bei der in Abb. 5.4.14 dargestellten Anordnung handelt es sich um eine solche Stromlogik, die man zur Untergruppe ECL (Emitter-Coupled-Logic) zählt.

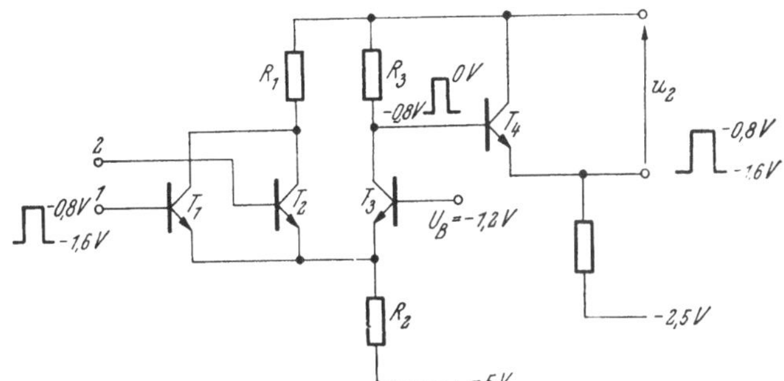

Abb. 5.4.14. Beispiel eines ECL-ODER-Gatters

Der Strom durch den Widerstand R_2 ist durch die fixe Spannung $U_B = -1{,}2$ V und die Zugspannung von -5 V festgelegt. Sind die beiden logischen Eingänge (die Basis von T_1 bzw. T_2) auf $-1{,}6$ V (dem „0"-Niveau), so fließt der ganze Strom über R_3 und am Kollektor von T_3 stellt sich eine Spannung von $-0{,}8$ V ein. Durch einen Emitterfolger, der die Ansteuerung vieler logischer Schaltungen erlaubt, wird dieses Niveau auf etwa $-1{,}6$ V erniedrigt, so daß diese Anordnung ein ODER-Gatter darstellt, dessen Ausgangssignale direkt als Eingangssignale einer analog aufgebauten logischen Schaltung verwendet werden können. Denn auch bei einem „L"-Signal ($-0{,}8$ V) an mindestens einem der Eingänge erhält man ein Ausgangssignal $u_2 \approx -0{,}8$ V, dessen Größe sich wegen der Sperrung von T_3 aus der Emitter-Basis-Spannung von T_4 ergibt.

Der Vorteil der Stromlogik liegt vor allem in ihrer großen Schaltgeschwindigkeit. Die beiden verwendeten Grundschaltungen (Kollektorschaltung und Basisschaltung) haben eine hohe Grenzfrequenz, und eine Sättigung im leitenden Zustand wird vermieden. Laufzeiten von 1 ns je Gatter, Anstiegszeiten von 2 ns und Ausgangsimpedanzen von 3 Ω werden derzeit mit solchen Schaltungstypen erreicht.

Das UND-NICHT-Gatter von Abb. 5.4.15 möge als einziges Beispiel integrierter FET-Logik dienen. Alle passiven Bauelemente sind durch aktive ersetzt, da sich FET leicht in integrierter Form herstellen lassen. Die Schaltung stellt eine Kombination einer Rossi- mit einer Bothe-Schaltung dar, denn die p-Kanal-FET bilden ein Parallel-UND-NICHT-Gatter, während die n-Kanal-FET ein Serie-UND-NICHT-Gatter darstellen.

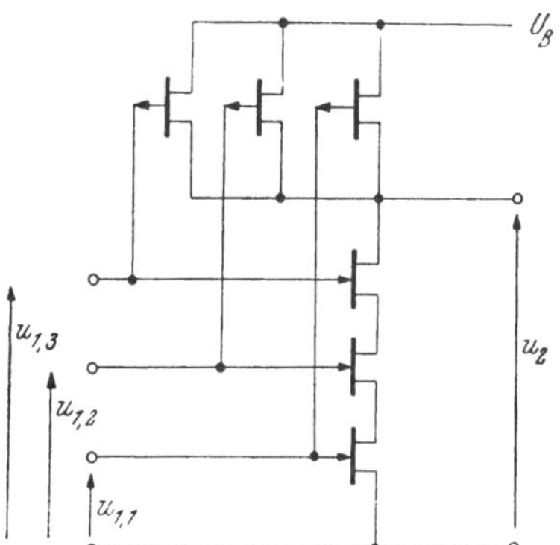

Abb. 5.4.15. UND-NICHT-Gatter einer FET-Logik

Diese beiden Schaltungen arbeiten im „Gegentakt", d. h. wenn die eine hochohmig ist, ist die andere niederohmig und umgekehrt. So läßt sich durch die Verwendung komplementärer Typen ein ausgezeichnetes Schaltverhalten (s. 5.2.3) erreichen.

5.4.3. Tunneldioden-Gatter

Das Auftreten zweier stabiler Arbeitspunkte bei bestimmten Werten von R_L (s. 5.2.4) erlaubt die Verwendung von Tunneldioden als logische Elemente. Das Umschalten von einem Zustand in den anderen erfolgt immer dann, wenn ein bestimmter Stromwert über- bzw. unterschritten wird. Abb. 5.4.16*a*

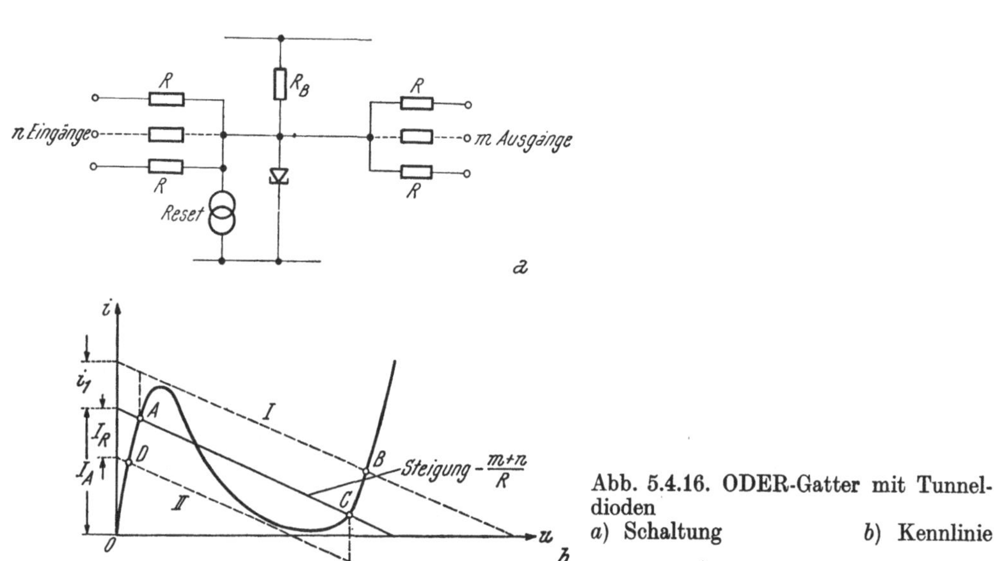

Abb. 5.4.16. ODER-Gatter mit Tunneldioden
a) Schaltung *b*) Kennlinie

zeigt den Aufbau eines ODER-Gatters mit einer Tunneldiode. Im zugehörigen *i*-*u*-Diagramm von Abb. 5.4.16 *b* stellt *A* den normalen Arbeitspunkt der Tunneldiode dar. Wird über irgendeinen der Eingänge ein Strom der Größe i_1 eingespeist, so nimmt die Tunneldiode den Arbeitspunkt *B* ein. Die Steigung der Arbeitsgeraden beträgt $-(m+n)/R$, sofern $R_B \gg R$ ist und *n* Eingänge und *m* Ausgänge vorliegen, die niederohmig angespeist werden bzw. gegen niederohmige Lasten arbeiten.

Nach Beendigung des Eingangssignals wird der stabile Arbeitspunkt *C* eingenommen. Bevor die Schaltung eine neuerliche logische Operation durchführen kann, muß sie durch einen negativen Stromimpuls I_R (*II* im Diagramm) zurückgestellt werden, wodurch sie zum Arbeitspunkt *D* gelangt. Nach Beendigung des Rückstellimpulses wird wieder der Ausgangspunkt *A* erreicht. Diese ODER-Schaltung läßt sich auch als UND-Schaltung verwenden, sofern *A* und die in die Eingänge fließenden Ströme so gewählt werden, daß I_P dann und nur dann überschritten wird, wenn alle Eingänge angesteuert werden.

Solche einfache Schaltungen haben zwei prinzipielle Nachteile:

1. Infolge der kleinen Schaltstromverstärkung (s. 5.2.4) von Tunneldioden ist die Anzahl der Ein- und Ausgänge kritisch, weshalb wegen der

Bauteiletoleranzen ein Serienbau von logischen Schaltungen mit mehreren Ein- und Ausgängen schwierig und kostspielig ist.

2. Die fehlende Isolation zwischen Eingang und Ausgang bringt es mit sich, daß die Schaltung auch auf Impulse, die vom Ausgang kommen, anspricht.

Durch eine Schaltung nach Abb. 5.4.17 lassen sich beide Nachteile umgehen. In ihr erhält man durch die Kaskadenschaltung zweier Tunneldioden größere Stromverstärkung, so daß auch bei normalen Widerstandstoleranzen eine größere Anzahl von Ein- und Ausgängen verwendet werden können.

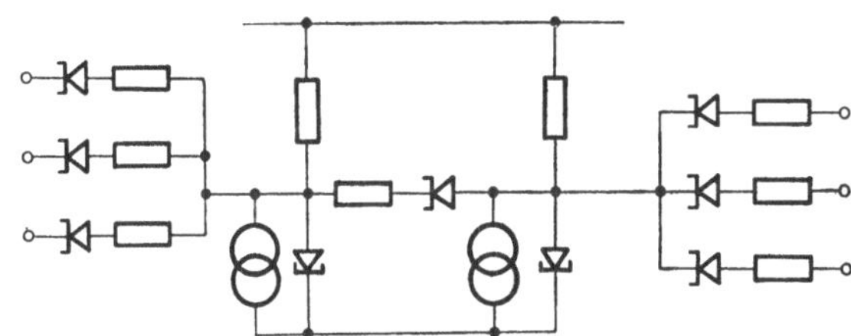

Abb. 5.4.17. Prinzip eines ODER-Gatters mit zwei Tunneldioden und unter Verwendung von Backdioden

Durch die Verwendung von Back-Dioden (s. 3.3) erreicht man außerdem die gewünschte Isolation zwischen Ausgang und Eingang. Stört die noch immer erforderliche Rückstellung über die beiden Stromgeneratoren, so kann man, wie in 5.5.1.2 erläutert wird, eine automatische Rückstellung einführen (monostabile Arbeitsweise).

5.4.4. Sonstige Gatter

Im Prinzip lassen sich alle Schaltertypen, von denen wir die wichtigsten in 5.2 kennenlernten, so anordnen, daß sie ein Gatter bilden. Hier wollen wir nur noch Gatter aus Ferritkernen kurz behandeln.

Beim ODER-Gatter von Abb. 5.4.18 wird der Magnetkern durch jeden Impuls an einem der Eingänge (E_1 oder/und E_2) in den „L"-Zustand getrieben. Dieser Zustand kann durch einen Abfrageimpuls, der am F-Eingang eingespeist wird und eine „0"-Magnetisierung des Kerns bewirkt, festgestellt werden, da dann durch die Ummagnetisierung am Widerstand R eine Ausgangsspannung u_2 auftritt. Ohne vorhergehenden Eingangsimpuls ändert sich der „0"-Zustand nicht und es entsteht kein Ausgangssignal u_2.

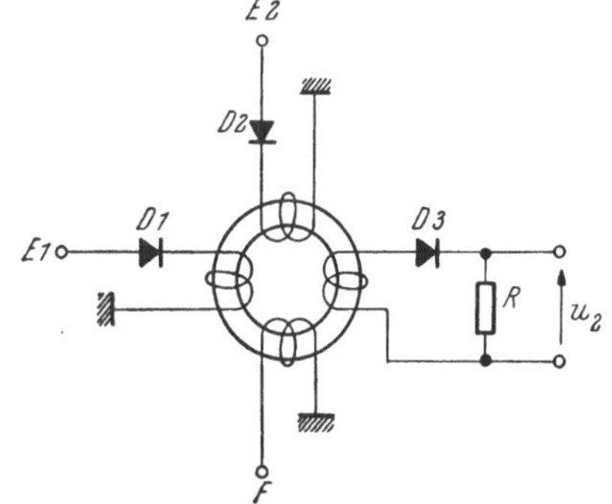

Abb. 5.4.18. Gatter mit einem Ferrit-Kern

Beim UND-Gatter, das völlig gleich wie das ODER-Gatter aufgebaut ist, muß die Größe der Eingangssignale so bemessen sein, daß eine Ummagnetisierung dann und nur dann erfolgt, wenn an beiden Eingängen „L"-Signale stehen, nicht jedoch, wenn nur an einem Eingang ein solches Signal eingespeist wird.

5.5. Kippschaltungen

Unter Kippschaltungen (regenerative circuits) verstehen wir Schaltungen, die einen sprunghaften Wechsel zwischen zwei Arbeitspunkten durchführen können. Je nachdem, ob beide Arbeitspunkte, nur einer oder gar keiner der Arbeitspunkte stabil ist, d. h. als Ruhearbeitspunkt dienen kann, spricht man von bistabilen, monostabilen oder astabilen Kippschaltungen.

5.5.1. Aufbau der grundlegenden Kippschaltungen

Alle Kippschaltungen lassen sich durch das Auftreten einer Strom-Spannung-Kennlinie mit negativem differentiellen Widerstand erklären. In Abb. 2.1.9 lernten wir die beiden Kennlinientypen kennen, bei denen ein negativer Widerstand auftritt. Bei der N-förmigen Kennlinie ist der Strom eine eindeutige Funktion der Spannung, bei der S-förmigen die Spannung eine eindeutige Funktion des Stroms. Andererseits gibt es bei Elementen mit N-förmiger Kennlinie Stromwerte, zu denen drei Spannungswerte gehören, und bei den anderen Spannungswerte, zu denen drei Stromwerte gehören.

Bei den Zweipolen mit negativer Impedanz haben wir uns vor allem mit der Tunneldiode beschäftigt (s. 2.1.4.2 und 3.3). Sie hat eine N-Kennlinie. Eine S-Kennlinie hat z. B. die Vierschichtdiode und auch die Glimmröhre. Bei den Dreipolen finden wir negative Kennlinien z. B. bei der Tetrode, bei der Doppelbasisdiode (= Unijunction-Transistor) und beim Spitzentransistor. Zunächst sei dargelegt, daß es durch geeignete Schaltmaßnahmen möglich ist, mit Hilfe von Verstärkern Strom-Spannung-Kennlinien mit negativem Widerstand zu erhalten.

Zuerst untersuchen wir die Anordnung von Abb. 5.5.1 *a*. Es handelt sich dabei um einen Spannungsverstärker mit Parallel-Parallel-Mitkopplung, bei dem entsprechend [4.1.141 c] (mit $C = \infty$) eine negative Eingangsimpedanz auftritt. Wie sieht nun die Strom-Spannung-Kennlinie einer solchen Anordnung aus?

In 4.1.1.3 wurde darauf hingewiesen, daß in den beiden Übersteuerungsbereichen eines Verstärkers die Verstärkung μ praktisch gleich Null ist. In diesen Bereichen ist die Eingangsimpedanz gleich dem Widerstand R, d. h. die Spannung u_1 nimmt linear mit i_1 zu. Sobald der Arbeitspunkt in den Aussteuerungsbereich gelangt, nimmt μ zu. Mit $\mu = 1$ wird die Eingangsimpedanz unendlich und die Kennlinie hat einen Umkehrpunkt (Höcker der Kennlinie). Dann wird $\mu > 1$ und der Bereich mit negativer Impedanz beginnt. Dieser dauert so lange, bis infolge Annäherung an die andere Aussteuerungsgrenze die Verstärkung μ wieder abnimmt und gleich 1 wird (Tal der Kennlinie). Danach wirkt wieder R als Eingangsimpedanz, d. h. die Spannung nimmt linear mit dem Strom zu. So kommt es zu einer N-förmigen Kennlinie, wie sie schematisch in Abb. 5.5.1 *b* dargestellt ist.

Völlig analoge Überlegungen lassen sich bei der Anordnung von Abb. 5.5.2 *a* anstellen. Hier handelt es sich um eine Serie-Serie-Mitkopplung, die einen Zusammenhang zwischen Eingangsstrom und Eingangsspannung entsprechend einer S-förmigen Kennlinie hervorruft.

Ist der Arbeitspunkt einer der beiden Anordnungen im Bereich mit negativer Impedanz, so genügt eine beliebig kleine Spannungs- bzw. Stromänderung, um den Arbeitspunkt auf eine Stelle mit positiver Impedanz zu verschieben, d. h. die Anordnung in einen stabilen Zustand zu kippen. Dabei ist jedoch folgendes zu beachten:

A. Ist beim Spannungsverstärker die Impedanz R_G des steuernden Generators zu klein, so ist der Rückkopplungsfaktor β (s. 4.1.3.3) wegen $\beta = R_G/(R_G + R)$ so klein, daß die Kreisverstärkung kleiner als 1 wird und jeder Arbeitspunkt auf der Kennlinie stabil wird. Dies erkennt man am Extremfall $R_G = 0$, dessen Arbeitsgerade bei der Kennlinie in Abb. 5.5.1 *b* eingezeichnet ist. Die Anordnung von Abb. 5.5.1 *a* ist also gegenüber einem

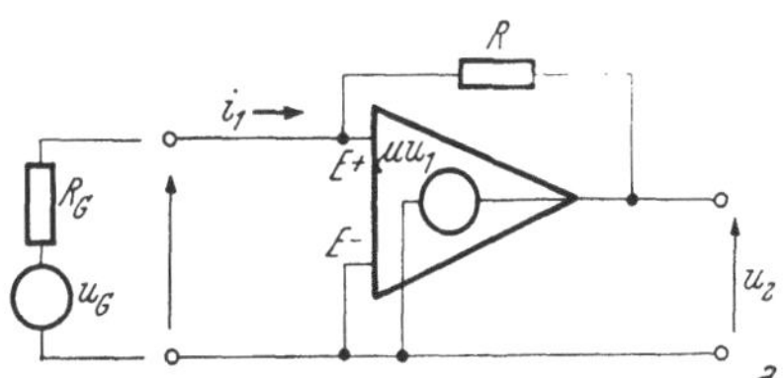

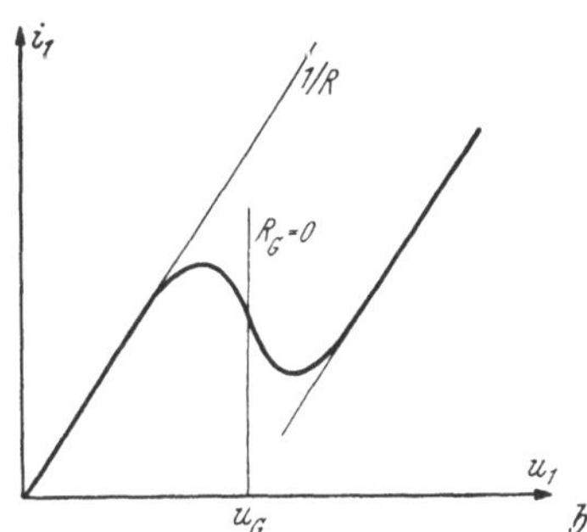

Abb. 5.5.1. Mitkopplung bei einem Spannungsverstärker zur Erzeugung einer negativen Eingangsimpedanz
a) Anordnung
b) zugehörige Kennlinie

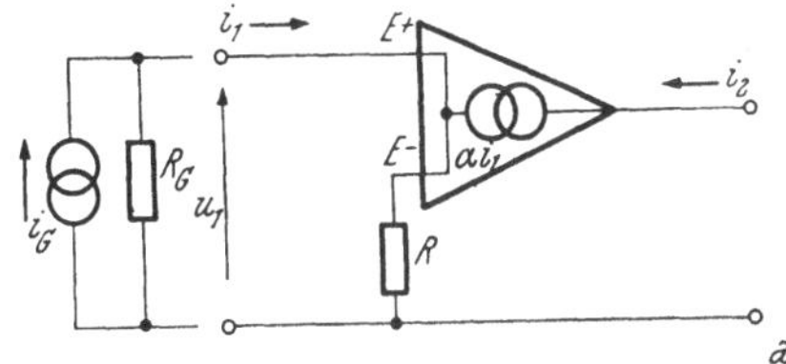

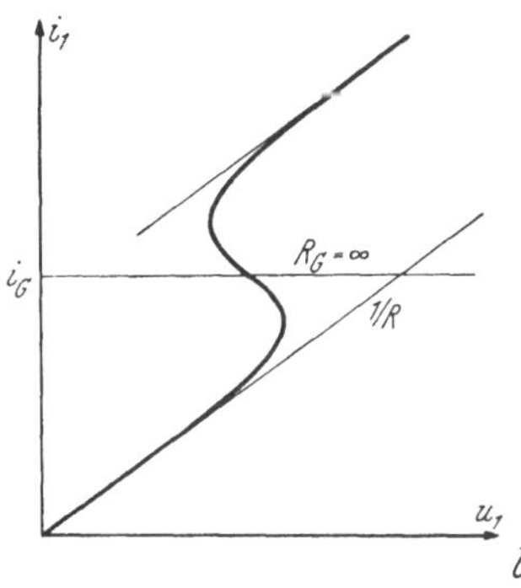

Abb. 5.5.2. Mitkopplung bei einem Stromverstärker zur Erzeugung einer negativen Eingangsimpedanz
a) Anordnung
b) zugehörige Kennlinie

Kurzschluß am Eingang stabil. Dieses Verhalten ist auch anschaulich klar, denn ist R_G klein, so wird u_1 vor allem durch die Generatorspannung u_G (die einen eindeutigen Wert hat) festgelegt, während der durch i_1 hervorgerufene Spannungsabfall an R_G vernachlässigbar ist.

B. Wird der mitgekoppelte Stromverstärker von Abb. 5.5.2 *a* mit einem idealen Stromgenerator angesteuert, so beeinflußt die Serienschaltung des Mitkopplungswiderstandes R den Eingangsstrom in keiner Weise. Die Mitkopplung ist wirkungslos, jeder Arbeitspunkt auf der Kennlinie (Abb. 5.5.2 *b*) ist stabil. Dies erkennt man auch an der Arbeitsgeraden für $R_G = \infty$, die unabhängig von der Größe des Eingangsstroms jeweils nur einen Schnittpunkt mit der Kennlinie besitzt. Erst für kleinere Generatorwiderstände wird die Mitkopplung wirksam, und die Arbeitspunkte im Kennlinienteil mit negativer Impedanz sind dann instabil. Elemente mit S-förmiger Kennlinie heißen deshalb auch: „stabil bei offenem Eingang" (= „leerlaufstabil").

Auch wenn R_G und U_G (bzw. I_G) so gewählt wurden, daß die Widerstandsgerade die Kennlinie nur in einem einzigen Punkt schneidet, so kann es trotzdem zu einer Instabilität kommen, wenn sich am Eingang eine Reaktanz befindet.

Dazu betrachten wir zuerst den Zweipol von Abb. 5.5.3, der eine N-förmige Eingangskennlinie besitzt. R_G und U_G seien so gewählt, daß der Gleichstromarbeitspunkt der Anordnung im Teil der Kennlinie mit negativer Impedanz

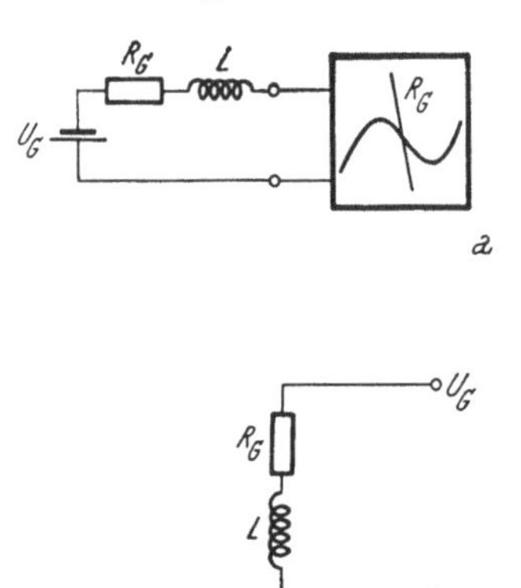

Abb. 5.5.3.
a) Prinzip einer astabilen Kippschaltung unter Verwendung einer Induktivität
b) Beispiel mit einer Tunneldiode

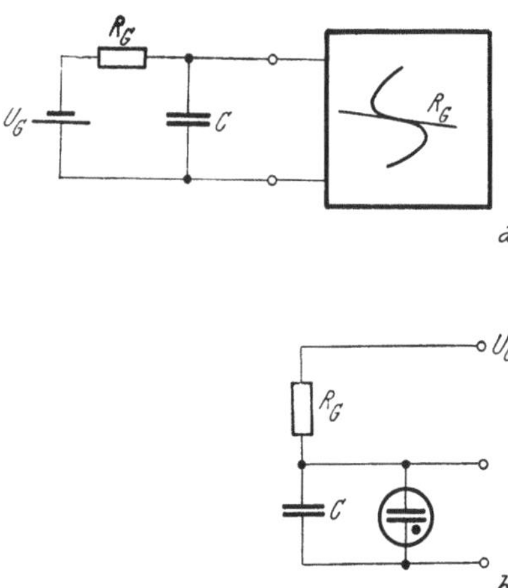

Abb. 5.5.4.
a) Prinzip einer astabilen Kippschaltung unter Verwendung einer Kapazität
b) Beispiel mit einer Glimmröhre

zu liegen kommt und daß die Arbeitsgerade die Kennlinie nur in einem Punkt schneidet (R_G genügend klein). Durch die Serienschaltung von L ist jedoch für höhere Frequenzen die wirksame Impedanz am Eingang so groß, daß der Arbeitspunkt instabil ist und die Schaltung schwingt (z. B. astabile Kippschaltung mit Tunneldioden, s. 5.5.1.3).

Beim Zweipol mit S-förmiger Kennlinie (Abb. 5.5.4) wird durch die Kapazität C der Eingang für höhere Frequenzen kurzgeschlossen. Gegenüber diesen ist die Anordnung instabil, auch wenn durch die Wahl eines großen Generatorwiderstandes R_G und eine geeignete Vorspannung U_G ein stabiler Gleichstromarbeitspunkt im Kennlinienbereich mit negativer Impedanz eingestellt wurde. Als Beispiel diene die einfache Kippschaltung mit einer Glimmlampe (Abb. 5.5.4 *b*).

Für sich selbst erregende Kippschaltungen ist also je nach der Kennlinientype eine andere Reaktanz notwendig: eine Serieninduktivität für kurzschlußstabile Systeme, eine Parallelkapazität für leerlaufstabile Systeme.

Bei gesteuerten Kippschaltungen wird der momentane Arbeitspunkt durch ein Signal in den Bereich mit negativer Impedanz getrieben. Die Instabilität des Arbeitspunktes in diesem Bereich erzwingt einen raschen Wechsel des Arbeitspunktes in ein Gebiet mit positiver Impedanz, die Schaltung kippt. In welchem Kennlinienzweig mit positiver Impedanz der neue Arbeitspunkt liegt, wird durch die Polarität des auslösenden Signals entschieden.

Wie wir aus diesen Betrachtungen sehen, lassen sich Eigenschaften von Mitkopplungsschaltungen durch ihre Eingangskennlinie beschreiben. Die Form dieser Eingangskennlinien ist dabei sehr ähnlich der von Zweipolen, die in Kippschaltungen Verwendung finden.

5.5.1.1. Bistabile Kippschaltungen

Bistabile Kippschaltungen werden oft als bistabile Multivibratoren oder kurz als Flip-Flops bezeichnet. Je nachdem, ob ein Flip-Flop aus zwei „Verstärkern" oder aber aus einem Zweipol mit negativer Impedanz aufgebaut ist, ergeben sich zwei prinzipielle Anordnungen. Diese wollen wir am Beispiel des Transistors bzw. der Tunneldiode untersuchen.

Bei aktiven Elementen läßt sich, wie wir in 5.5.1 sahen, durch Mitkopplung mit einer Kreisverstärkung $G_K > 1$ eine Strom-Spannung-Kennlinie mit negativer Impedanz erhalten, deren Auftreten für Kippschaltungen charakteristisch ist. Wegen der Signalumkehr von Verstärkern in „E"-Schaltung, die wegen der erforderlichen Leistungsverstärkung meistens gewählt wird, läßt sich die notwendige (Gleichspannungs-)Mitkopplung nur durch die Anwendung zweier aktiver Elemente erreichen, wie es in Abb. 5.5.5 dargestellt ist.

Für ein verläßliches Arbeiten müssen folgende Bedingungen erfüllt sein:

1. Während des Kippvorgangs (auch: Schaltvorgang) arbeiten die beiden Verstärker im normalen Aussteuerungsbereich. Die Kreisverstärkung G_K muß dort viel größer als 1 sein.

2. Durch die Nichtlinearität der Übertragungskennlinie sinkt die Verstärkung (eines oder beider aktiver Elemente) bei geeigneter Aussteuerung so stark, daß die Kreisverstärkung $G_K < 1$ wird. In diesem Bereich kann das System also einen stabilen Arbeitspunkt einnehmen. Dieser stabile Zustand bleibt so lange aufrecht, bis ein geeignetes Signal einen Kippvorgang auslöst.

3. Infolge des symmetrischen Aufbaus (bzw. der Verwendung zweier gleicher Elemente) können die beiden Elemente ihre Rolle vertauschen. Die Nichtlinearität jedes der beiden kann für die Verminderung der Kreisverstärkung unter eins verantwortlich sein, weshalb es auch zwei gleichberechtigte stabile Arbeitspunkte gibt.

Bei den Transistoren wird die ausgeprägte Nichtlinearität bei der Sperrung und bei der Sättigung ausgenützt. Sättigung-Sperr-Flip-Flops lassen sich besonders leicht analysieren, da der Kollektorstrom eines gesperrten Transistors meistens vernachlässigt werden kann und außerdem die Kollektor-Emitter-Spannung eines gesättigten Transistors oft ohne großen Fehler gleich 0 Volt gesetzt werden kann.

Als Ausgangspunkt für eine Analyse der Schaltung von Abb. 5.5.5 nehmen wir an, daß jener stabile Arbeitspunkt vorliegt, bei dem T_1 in Sättigung und T_2 gesperrt ist. Damit dieser Zustand bestehen kann, muß (bei gesperrtem T_2) die Spannungsteilung von U_1 über $R_{L2} + R_{K1}$ und R_{B1} zu einer

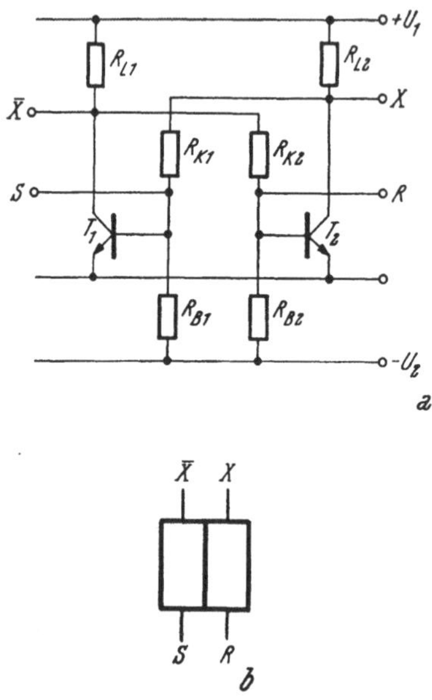

Abb. 5.5.5. Transistor-Flip-Flop
a) Grundschaltung
b) Symbol eines RS-Flip-Flops

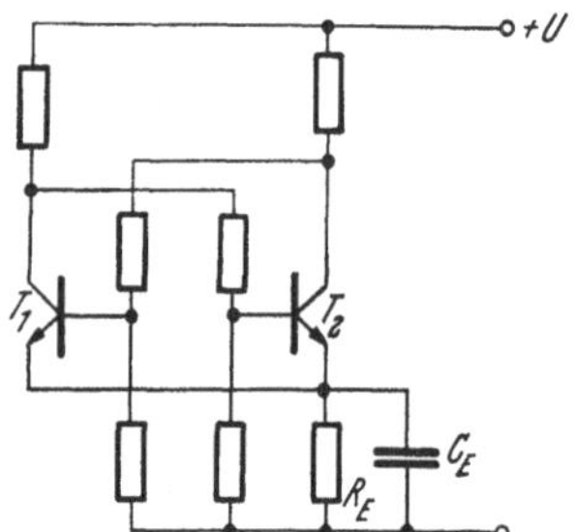

Abb. 5.5.6.
Flip-Flop mit einer einzigen Betriebsspannung

Basisvorspannung für T_1 führen, die dessen Sättigung bewirkt. (Es muß dabei jedoch berücksichtigt werden, daß die Basisspannung auch vom Basisstrom, der über R_{L2} und R_{K1} fließt, abhängt.) Wegen der Sättigung von T_1 ist dessen Kollektorspannung nahezu auf 0 Volt. Die Teilung dieser Spannung durch R_{K2} und R_{B2} liefert die Basisspannung von T_2, die eine sichere Sperrung von T_2 bewirken muß. (Da T_2 gesperrt ist, kann in diesem Fall der Basisstrom vernachlässigt werden.) Durch geeignete Dimensionierung von R_K und R_B müssen also die beiden besprochenen Zustände (bei gegebenen Versorgungsspannungen, Transistoren und Lastwiderständen R_L) erreicht werden. Diese Dimensionierung ist nicht eindeutig, sondern man hat innerhalb bestimmter Grenzen eine freie Wahl.

Die „gegebenen" Größen sollen mit folgenden Bedingungen im Einklang stehen:

a) U_1 und U_2 sollen viel größer als U_{CES} und $U_{BE(\text{auf})}$ sein, damit deren Änderungen keine Rolle spielen.

b) U_1 und R_L müssen so gewählt werden, daß die Grenzwerte (Strom, Spannung, Leistung) des Transistors nicht überschritten werden.

c) Der Sättigungsstrom $I_{CS} \approx U_1/R_L$ soll so sein, daß die Stromverstärkung, die oft stark von i_C abhängig ist, nicht zu klein ist.

d) R_L muß in schnellen Schaltungen viel kleiner als $1/C_{0b}\,\omega_T$ sein, andererseits aber viel größer als die Eingangsimpedanz des Transistors.

Steht nur eine Versorgungsspannung U_1 zur Verfügung, so erhält man über einen Emitterkomplex ($C_E \| R_E$) nach Abb. 5.5.6 die benötigte Sperrspannung. Als Emitterspannung U_E genügt meistens 0,5 V $< U_E <$ 1,5 V.

Die Zeitkonstante $\tau_E = R_E C_E$ sollte viel größer sein als die Dauer des Schaltvorganges im Flip-Flop. Ist die Sättigungsspannung der beiden Transistoren verschieden, so würde U_E in den beiden Zuständen des Flip-Flops verschiedene Werte annehmen und die Verläßlichkeit der Schaltung ist dann geringer. In einem solchen Fall ist statt des Emitterkomplexes die Verwendung einer niederohmigen Spannungsquelle (z. B. einer Zenerdiode) angebracht.

Während die Dimensionierung des Widerstandsnetzwerkes den stabilen Arbeitspunkt (also das Gleichgewichtsverhalten) festlegt, ist das Schaltverhalten primär durch die Schalteigenschaften der Transistoren bestimmt, mit denen wir uns in 5.2.2 auseinandersetzten.

Außer durch Vermeidung der Sättigung, die z. B. mit Fangdioden (s. 2.1.5.2) erreicht werden kann, läßt sich das Schaltverhalten durch Überbrückung von R_K mit einem „speed-up"-Kondensator C_K verbessern. Deshalb findet man praktisch immer parallel zu R_K einen Kondensator (s. z. B. Abb. 5.5.7). Dadurch wird die Kreisverstärkung für hohe Frequenzen ver-

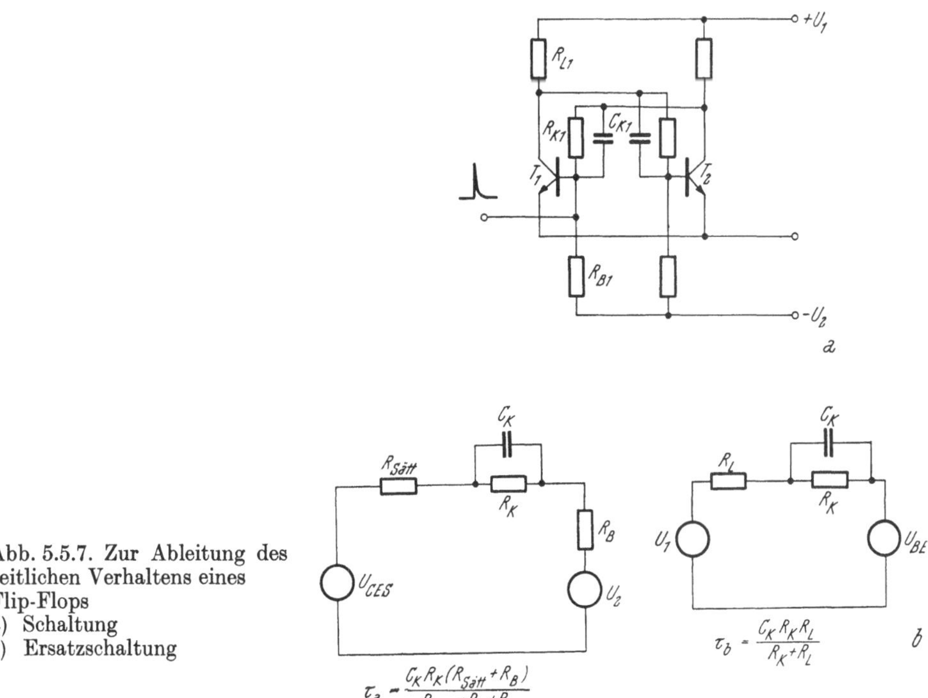

$$\tau_a = \frac{C_K R_K (R_{Sätt} + R_B)}{R_{Sätt} + R_B + R_K}$$

$$\tau_b = \frac{C_K R_K R_L}{R_K + R_L}$$

Abb. 5.5.7. Zur Ableitung des zeitlichen Verhaltens eines Flip-Flops
a) Schaltung
b) Ersatzschaltung

größert, der Kippvorgang wird also schneller. Es muß aber dabei darauf geachtet werden, daß C_K nicht zu groß gewählt wird. Dauert nämlich die Auf- und Entladung von C_K zu lange, so beschränkt nicht mehr der Transistor, sondern C_K den kürzesten Abstand zwischen zwei Kippvorgängen und die Anordnung ist langsamer. Dabei ist, wie es in Abb. 5.5.7 *b* dargestellt wurde, für die Auf- bzw. Entladung von C_K einmal der Basiswiderstand R_B und dann der Lastwiderstand R_L maßgebend, weshalb sich die beiden zugehörigen Zeitkonstanten im allgemeinen wesentlich unterscheiden.

Ist Q_s diejenige Ladung, die in der Basis gespeichert werden muß, bevor der Transistor in Sättigung getrieben werden kann, so muß für C_K angenähert gelten

$$C_K \approx k\, Q_s / U_1 \qquad [5.5.1]$$

mit dem Sicherheitsfaktor $k = 1{,}5 \ldots 2{,}0$.

Auch für den Koppelkondensator C_1 (bzw. C_2) des Schaltungsbeispiels von Abb. 5.5.8 gibt es eine optimale Dimensionierung. Es soll gelten

$$C_1 \approx k\, Q_B / U_1 . \qquad [5.5.2]$$

Dabei stellt Q_B die gesamte in der Basiszone (des übersteuerten) Transistors tatsächlich gespeicherte Ladung dar ($Q_B \geq Q_s$).

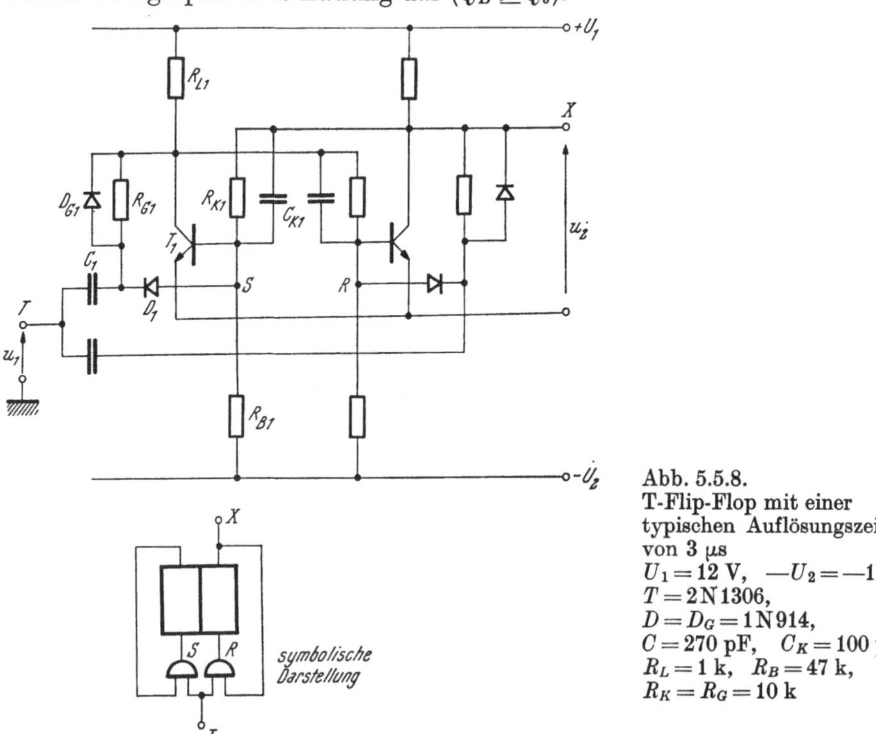

Abb. 5.5.8. T-Flip-Flop mit einer typischen Auflösungszeit von 3 µs
$U_1 = 12$ V, $-U_2 = -12$V,
$T = 2$N1306,
$D = D_G = 1$N914,
$C = 270$ pF, $C_K = 100$ pF,
$R_L = 1$ k, $R_B = 47$ k,
$R_K = R_G = 10$ k

Hat der Triggerimpuls eine endliche Anstiegszeit t_{an} und ist seine Höhe gleich $\hat{u}_1$, so muß für C_1 gelten:

$$C_1 > k(i_{B1} t_{an} + Q_B) / \hat{u}_1 , \qquad [5.5.3]$$

damit über den Kondensator genügend Ladung aus der Basiszone entfernt werden kann, um den Transistor zu sperren.

Andererseits dürfen die Kondensatoren C_K bzw. C_1 (bzw. C_2) nicht zu groß gewählt werden, um die Auflösungszeit t_{aufl} (den minimalen Abstand zweier Impulse, die sicher ein Kippen hervorrufen) nicht zu vergrößern Als Richtwert kann deshalb gelten:

$$R_K C_K < t_{aufl} / 3 . \qquad [5.5.4]$$

Die Größe von C_1 wird wesentlich durch die von R_{G1} bestimmt. R_{G1} sollte genügend groß sein, um die Eingangsimpedanz nicht zu sehr zu erniedrigen; aber auch genügend klein, denn (bei $R_{G1} \gg R_{L1}$) muß gelten:

$$R_{G1}C_1 < t_{aufl}/6. \qquad [5.5.5]$$

Durch eine schnelle und kapazitätsarme Diode D_{G1} parallel zu R_{G1} (wie in Abb. 5.5.8) läßt sich die wirksame Entladezeitkonstante von C_1 vermindern, so daß dann nur die Bedingung

$$R_{G1}C_1 < t_{aufl}/1{,}4 \qquad [5.5.6]$$

eingehalten werden muß.

Das Flip-Flop von Abb. 5.5.8 ist ganz konventionell (wie das in Abb. 5.5.5) aufgebaut. Außer den Überbrückungskondensatoren C_K enthält die Schaltung zusätzlich nur noch die beiden Diodengatter, bestehend aus D_1, R_{G1}, D_{G1} und C_1 bzw. D_2, R_{G2}, D_{G2} und C_2, die eine Verwendung als T-Flip-Flop ermöglichen. Dabei erhält man durch die Dioden D_G die oben besprochene Verbesserung in der Auflösungszeit.

In Abb. 5.5.9 sind noch andere Möglichkeiten der Ansteuerung von T-Flip-Flops dargestellt. Bei einer Ansteuerung am Kollektor (Abb. 5.5.9 *b*) ist beim Diodengatter ein Widerstand R_G oder eine Diode D_G notwendig,

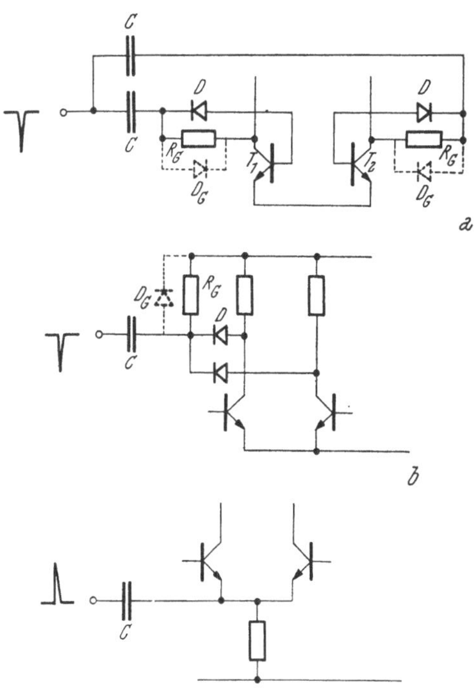

Abb. 5.5.9. Verschiedene Ansteuerungsmethoden von T-Flip-Flops
a) an der Basis *b*) am Kollektor
c) am Emitter bei Emitterkopplung (s. Abb. 5.5.10)

damit sich der Verbindungspunkt zwischen den beiden Dioden nicht nach einem Signal positiv auflädt und auf diese Weise die Gatterwirkung beeinträchtigt wird. Denn diese Ladung kann bei Fehlen von R_G und D_G nur über den Sperrwiderstand der Dioden abfließen. Die wirksame Eingangsimpedanz ist bei so einer Ansteuerung größer als bei einer Basisansteuerung.

Eine Ansteuerung am Emitter (Abb. 5.5.9 *c*) kann bei emittergekoppelten Flip-Flops erfolgen. Bei diesen (s. Abb. 5.5.10) arbeiten die beiden über R_K mitgekoppelten Verstärkerstufen in bezug auf die Mitkopplung nicht in Emitterschaltung (wie in Abb. 5.5.5), sondern in Kollektorschaltung (T_2) und Basisschaltung (T_1). Wieder gibt es zwei Arbeitsbereiche, in denen die Kreisverstärkung kleiner als eins ist, weshalb zwei stabile Arbeitspunkte vorkommen. Durch geeignete Signale läßt sich ein Kippen zwischen diesen beiden Arbeitspunkten erzwingen, die Schaltung arbeitet bistabil. Die Eingangsimpedanz ist bei einer Emitteransteuerung natürlich besonders klein.

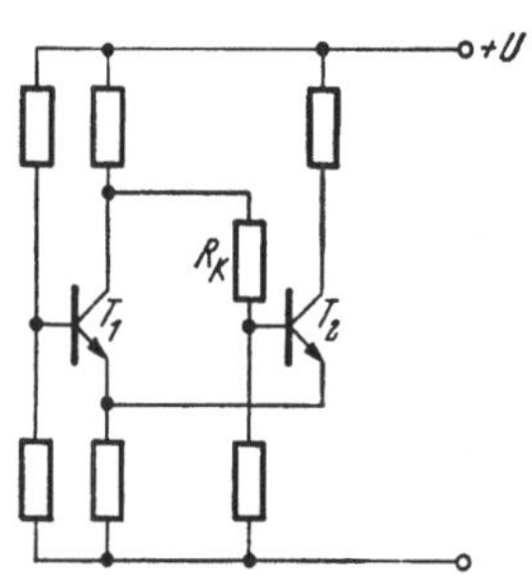

Abb. 5.5.10. Emittergekoppeltes Flip-Flop

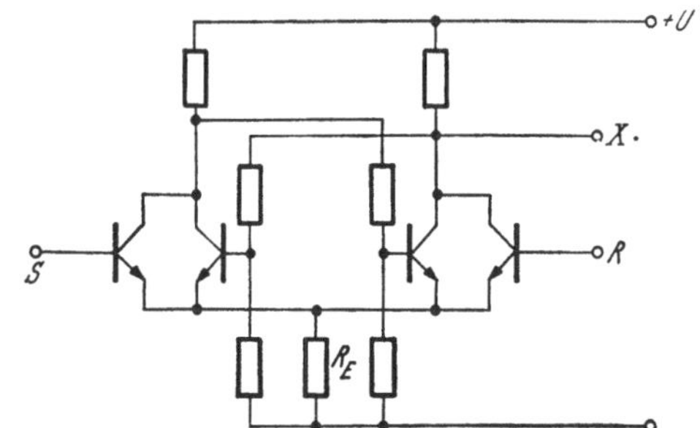

Abb. 5.5.11. CML-RS-Flip-Flop mit Steuerstufen

Wird ein emittergekoppeltes Flip-Flop so dimensioniert, daß beim Kippen ein durch R_E bestimmter Strom geschaltet wird (s. Abb. 5.5.11), ohne daß einer der beiden Transistoren in Sättigung getrieben wird, so zählt dieses Flip-Flop zur Current-Mode-Logic (CML, s. 5.4).

Bei der Ansteuerung (Triggerung) von Flip-Flops sind prinzipiell folgende Punkte zu beachten:

1. Impedanz des Generators;
2. Type des aktiven Elementes;
3. Arbeitspunkt des angesteuerten Elementes;
4. Polarität des Triggersignals;
5. Form des Triggersignals.

Die Impedanz des Steuergenerators wirkt sich zweifach aus: Einerseits soll sie klein sein, so daß trotz der Spannungsteilung mit der Eingangsimpedanz der Schaltung eine genügend große Steuergröße (Ladungsmenge) aufgebracht wird. Andererseits bewirkt eine kleine Generatorimpedanz, daß die Mitkopplung so lange vermindert ist, als über die Gatterdiode (des T-Flip-Flops) ein Signal geliefert wird, denn so lange ist die Basis des einen Transistors über den Signalgenerator niederohmig mit Masse verbunden und die Mitkopplung wird durch die zusätzliche Spannungsteilung beeinträchtigt.

Die Type des aktiven Elementes spielt für die Triggerung insoweit eine Rolle, als sowohl die Eingangsimpedanz als auch die Eingangsempfindlichkeit primär durch das aktive Element und erst in zweiter Linie durch die Dimensionierung der Schaltung festgelegt sind.

Der Arbeitspunkt des angesteuerten Elementes kann entweder im Sättigungsgebiet, im Sperrbereich oder aber (bei CML) auch im Verstärkerbereich liegen. Dementsprechend variiert auch die Eingangsimpedanz in weiten Grenzen.

Schließlich ist auch die Form des Triggersignals wesentlich. Zur Auslösung des Kippvorganges ist dabei nicht so sehr die maximale Impulshöhe als vielmehr die aufgebrachte Ladung entscheidend, denn es muß eine Anzahl von Kapazitäten aufgeladen werden. Bei einer vorgegebenen Höhe muß der Impuls also eine bestimmte Minimallänge besitzen. Da die Entladung der Kondensatoren erst nach Beendigung des Eingangsimpulses einsetzen kann, trägt seine Länge auch zur Auflösungszeit bei, weshalb er auch nicht zu lange dauern sollte.

Nun wollen wir die zeitliche Aufeinanderfolge der Vorgänge beim Triggern eines Flip-Flops untersuchen (s. Abb. 5.5.7 *a*). Der zu steuernde Transistor T_1 sei dabei gesperrt und als Triggersignal stehe ein positiver Impuls ausreichender Höhe zur Verfügung.

Zu Beginn besteht die Eingangsimpedanz aus der Parallelschaltung von R_{B1}, R_{K1} und C_{K1} sowie der Eingangsimpedanz (bzw. Eingangskapazität) des gesperrten Transistors.

Sobald die Basisspannung von T_1 genügend groß ist, beginnt T_1 Strom zu führen (cut-off-delay). Es fließt Basisstrom, der vom Generator aufgebracht werden muß, und die Eingangsimpedanz des Flip-Flops wird durch die zusätzliche Parallelschaltung von Z_1 des als Verstärker arbeitenden Transistors vermindert.

Die Stromzunahme in T_1 bewirkt ein Absinken seiner Kollektorspannung. Durch C_{K2} (und R_{K2}) wird diese Spannungsänderung auch an die Basis von T_2 übertragen.

Infolge der Sättigung reagiert T_2 erst verzögert auf die Verminderung seiner Basisspannung (s. 5.2.2), weshalb seine Kollektorspannung U_{C2} verspätet zunimmt.

Die Zunahme von U_{C2} wird über C_{K1} (und R_{K1}) an die Basis von T_1 übertragen. Dieses Signal hat die gleiche Polarität wie das Triggersignal, es besteht also eine Mitkopplung. Ab jetzt ist das Triggersignal nicht mehr notwendig, denn die Schaltung kippt wegen $G_K \gg 1$ in den konträren Zustand. Dieser wird aber erst dann endgültig eingenommen, wenn alle Kondensatoren entladen sind. (Wegen der notwendigen Auf- bzw. Entladung der Kapazitäten erfolgt das Kippen nicht beliebig schnell, sondern mit einem exponentiellen Anstieg.)

Vier Gegebenheiten sind also für das Schaltverhalten eines Flip-Flops besonders wichtig:

1. Zu Beginn gibt es die Ansprechverzögerung des gesperrten Transistors T_1.
2. Der Kollektor von T_1 arbeitet zunächst über C_{K2} gegen die Basis von T_2. Die Eingangsimpedanz von T_2 ist wegen seiner Sättigung aber klein, weshalb der wirksame Arbeitswiderstand und damit die Verstärkung von T_1 auch klein sind.
3. In T_2 tritt infolge der Sättigung eine Verzögerung auf.
4. Die Eingangsimpedanz von T_1 nimmt bei Eintritt der Sättigung ebenfalls einen kleinen Wert an, weshalb auch T_2 über C_{K1} gegen einen kleinen Arbeitswiderstand arbeiten muß.

Bei kleiner Eingangsimpedanz der Transistoren stellt also C_K eine kapazitive Belastung des Kollektors dar, das Kollektorsignal wird integriert. Deshalb wird bei zu großem C_K das Flip-Flop langsamer, die Auflösungszeit geht zurück (s. [5.5.4]).

Eine Verminderung der kapazitiven Belastung der Kollektoren erreicht man durch Emitterfolger wie in Abb. 5.5.12. Dadurch läßt sich die Auflösungszeit verkleinern. Die Dioden wirken zusammen mit den Widerständen R_F als Fangdioden, die eine Sättigung der Transistoren verhindern.

Emitterfolger finden auch als Pufferverstärker am Ausgang von Flip-Flops Verwendung. Dadurch wird eine zu große Asymmetrie der Schaltung durch die äußere Belastung verhindert, ihre Verläßlichkeit erhöht. Außerdem wird eine Beeinflussung der Ansprechzeit des Flip-Flops durch Belastungsänderungen vermieden.

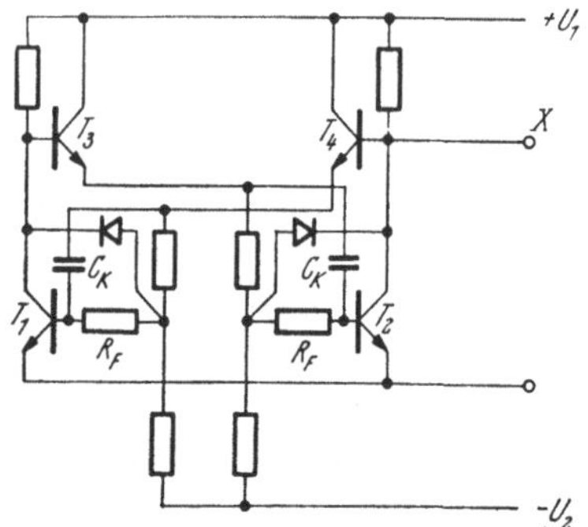

Abb. 5.5.12. Verminderung der kapazitiven Last an den Kollektoren von Flip-Flops durch Emitterfolger

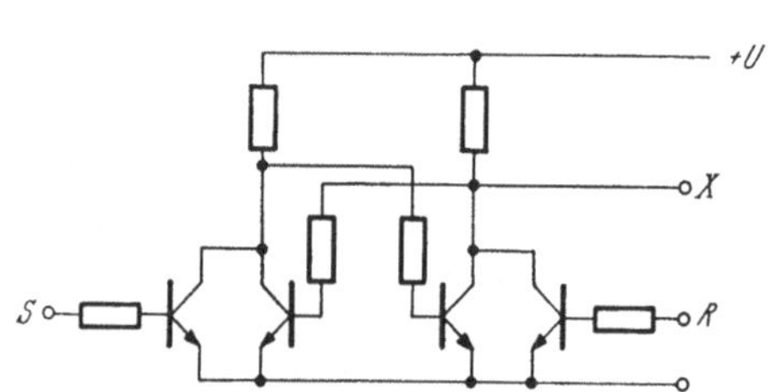

Abb. 5.5.13. DCTL-RS-Flip-Flop

Bei Schalttransistoren ist die Sättigungsspannung U_{CES} entsprechend kleiner als die Basis-Emitter-Spannung U_{BE} des geöffneten Transistors. Dann stellt auch die vereinfachte Anordnung von Abb. 5.5.13 ein verläßliches Flip-Flop dar. Dem Bautyp nach gehört es zur DCTL (s. 5.4).

Eine interessante Schaltung ist in Abb. 5.5.14 wiedergegeben. Es handelt sich dabei um ein Flip-Flop mit zwei komplementären Transistoren. Anders als die normalen Flip-Flops sind die beiden stabilen Zustände nicht völlig gleichwertig. Im „0"-Zustand sind beide Transistoren gesperrt und die Bedingung $G_K < 1$ wird durch die Nichtlinearität des Sperrbereiches erfüllt, im „L"-Zustand sind beide Transistoren in Sättigung, und diese ist für die Nichtlinearität verantwortlich. Der große Vorteil der komplementären Flip-Flops besteht darin, daß sie im Ruhezustand („0"-Stellung) praktisch keinen Strom verbrauchen.

Als zweite Gruppe wollen wir Flip-Flops besprechen, die die negative Impedanz von Tunneldioden ausnützen. Wie wir in 5.2.4 feststellten, wird bei geeigneter Wahl des Arbeitswiderstandes die Kennlinie einer Tunneldiode durch die Widerstandsgerade in zwei stabilen Arbeitspunkten geschnitten. In Abb. 5.5.15 ist ein solches einfaches RS-Flip-Flop mit Kennlinie und Impulsformen dargestellt. Nach einem positiven Stromimpuls liegt der „L“-Zustand der Tunneldiode (der hochohmige Zustand) vor (S-Signal), während das Löschsignal (R-Signal) aus einem negativen Impuls besteht, der die Tunneldiode wieder in den niederohmigen Zustand bringt bzw. einen bereits bestehenden „0“-Zustand unverändert läßt.

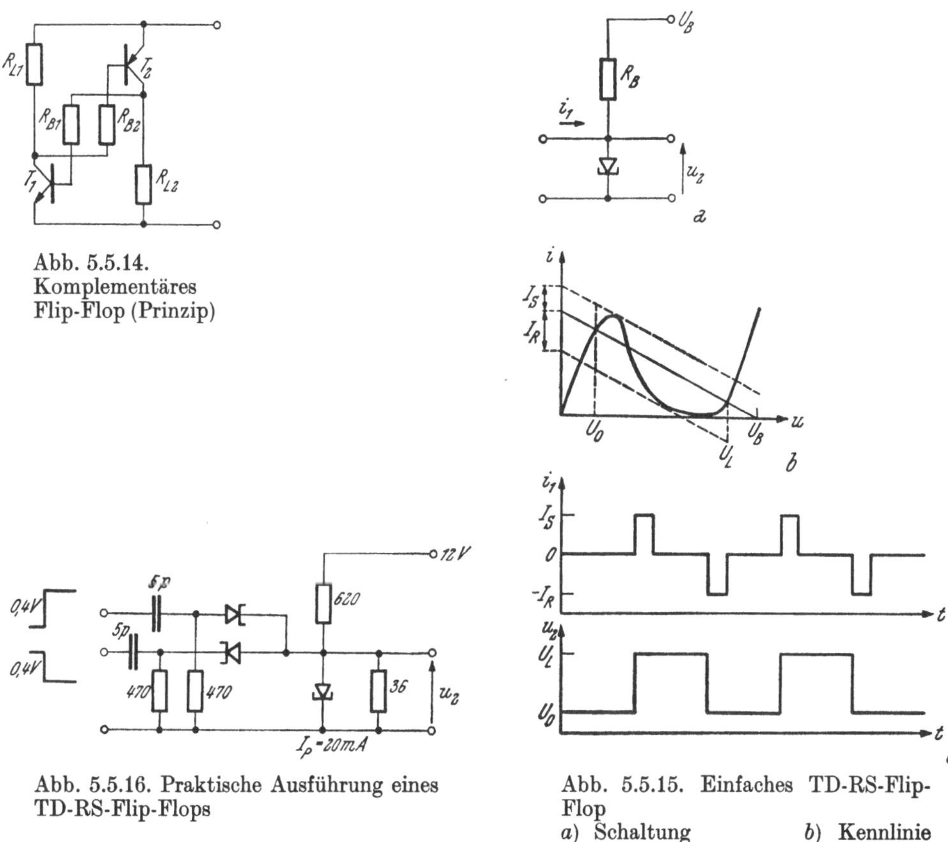

Abb. 5.5.14. Komplementäres Flip-Flop (Prinzip)

Abb. 5.5.16. Praktische Ausführung eines TD-RS-Flip-Flops

Abb. 5.5.15. Einfaches TD-RS-Flip-Flop
a) Schaltung b) Kennlinie
c) Impulsformen

Eine praktische Ausführung eines solchen RS-Flip-Flops unter Verwendung von Back-Dioden findet man in Abb. 5.5.16. Mit solchen Schaltungen lassen sich Impulsauflösungszeiten unter 5 ns erreichen.

Stehen nur positive Eingangsimpulse zur Verfügung, so kann man eine Schaltung nach Abb. 5.5.17 verwenden. Wegen der Induktivität wird die Auflösungszeit jedoch größer. Bei der Schaltung von Abb. 5.5.17 *b* beträgt sie etwa 10 ns.

T-Flip-Flops lassen sich nicht auf einfache Weise realisieren. Ein Prinzip, bei dem zwei Tunneldioden benötigt werden, ist in Abb. 5.5.18 dargestellt. Die Größe der benötigten Induktivität ist durch die maximal zulässige Auflösungszeit beschränkt. Das Prinzip eines solchen Flip-Flops läßt sich folgendermaßen erläutern: Ist die Tunneldiode TD_1 im „0“-Zustand, so befindet sich TD_2 im „L“-Zustand, da sich der Ruhearbeitspunkt durch entsprechende Wahl des Widerstandsnetzwerkes so einstellt. Dann erhält aber TD_1 (wegen der Gleichheit von R) einen Teil ihres Stromes über die Induktivität L. Durch einen positiven Eingangsimpuls erhöht sich die Spannung an den beiden in Serie liegenden Tunneldioden so, daß sich daraufhin beide Tunneldioden im „L“-Zustand befinden. TD_1 erhält jedoch nach wie vor einen Teil ihres Stromes über die Induktivität L, da sich der Strom durch diese nicht so schnell ändern kann. Infolgedessen gilt $i_{TD1} > i_{TD2}$, weshalb nach Absinken der Eingangsspannung der Talstrom I_V früher von i_{TD2} unterschritten wird, wodurch TD_2 in den „0“-Zustand gelangt, während TD_1 im „L“-Zustand bleibt. Es stellt sich also der zweite Gleichgewichtszustand ein, bei dem ein Teil von i_{TD2} über L abfließt. Das Zurückkippen, durch das TD_1 wieder in den „0“-Zustand gelangt, läßt sich analog erklären.

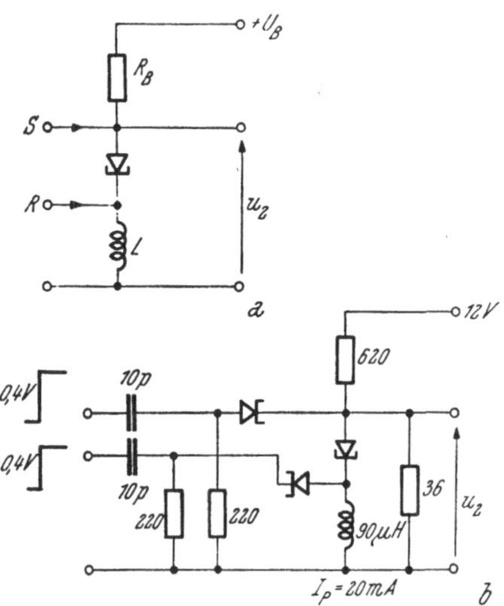

Abb. 5.5.17. TD-RS-Flip-Flop für positive Eingangssignale
a) Prinzip *b*) praktisches Beispiel

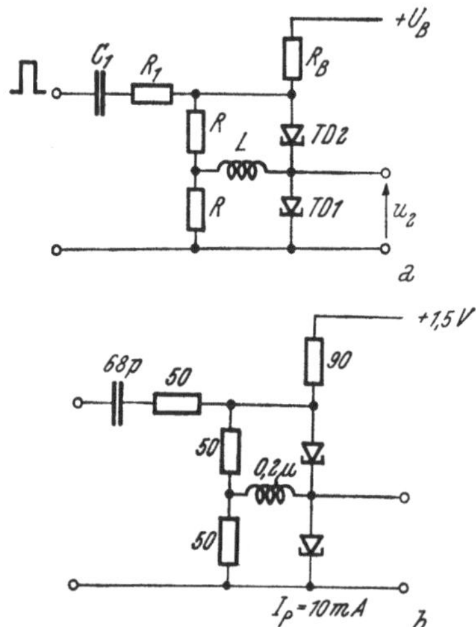

Abb. 5.5.18. TD-T-Flip-Flop
a) Prinzip
b) Schaltungsbeispiel

Die praktische Ausführung in Abb. 5.5.18 *b* ist für eine Auflösungszeit von etwa 10 ns dimensioniert.

Die Verwendung der Tunneldiode als Vierpol bringt einen großen Nachteil mit sich. Der Ausgang und der Eingang sind ohmisch verbunden, weshalb die Rückwirkung sehr groß ist. Ein weiterer Nachteil der Tunneldiode ist es, daß sie nur Ausgangssignale von etwa 0,5 V liefern kann. Durch eine hybride Anordnung, wie sie im Prinzip in Abb. 5.5.19 *a* dargestellt ist, können beide Nachteile überwunden werden. (Unter einer hybriden Anordnung versteht man ganz allgemein Schaltungen, die zwei verschiedene Arten von aktiven Elementen benützen, z. B. Röhre-Transistor, Tunneldiode-Transistor usw.) Die Spannungsverstärkung und die Isolation des Einganges vom Ausgang, die der Transistor bewirkt, gehen dabei auf Kosten der Schnelligkeit der Anordnung. Da jedoch die Ansteuerung des Transistors durch die Tunneldiode niederohmig erfolgt, lassen sich mit schnellen Transistoren trotzdem kurze Schaltzeiten erreichen. Bei der in Abb. 5.5.19 *c* dargestellten Schaltung z. B. liegt die Auflösungszeit bei 20 ns.

In Abb. 5.5.19 *b* ist die Kennlinie der Kombination einer Ge-Tunneldiode mit einem Ge-Transistor dargestellt. Man erhält sie aus der Überlagerung der Eingangskennlinie des Transistors mit der Tunneldioden-Kennlinie.

An Hand dieser Kennlinie wollen wir die Arbeitsweise der Schaltung von Abb. 5.5.19 *a* untersuchen. Ohne Eingangssignal gibt es auf Grund des wirksamen Lastwiderstandes R_L und der gewählten Vorspannung zwei

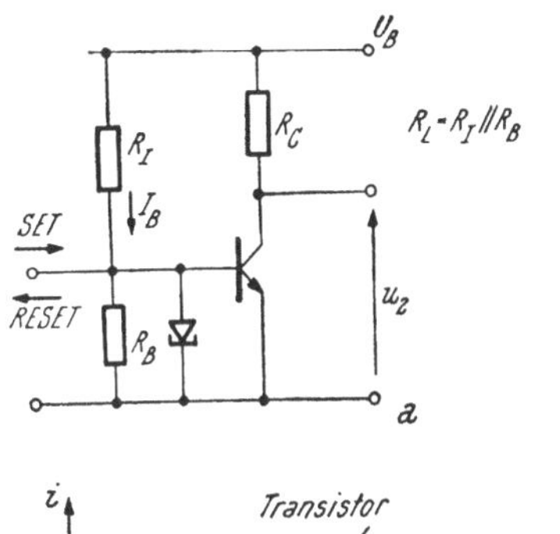

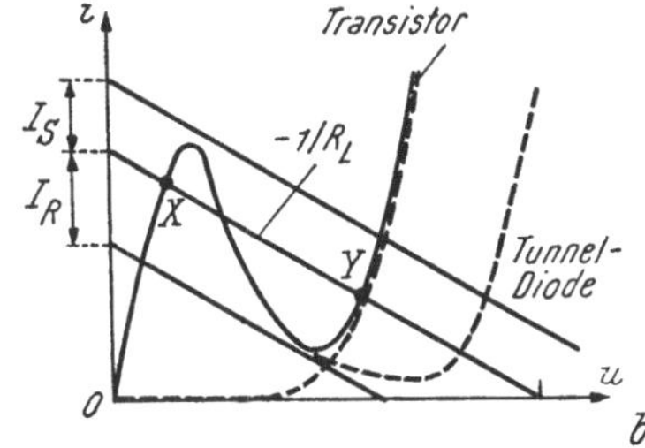

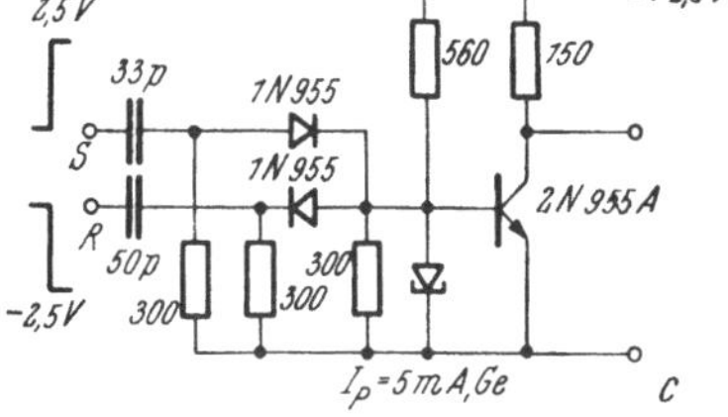

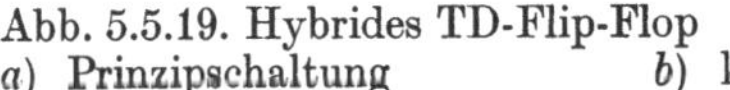

Abb. 5.5.19. Hybrides TD-Flip-Flop
a) Prinzipschaltung *b*) kombinierte Kennlinie *c*) Schaltungsbeispiel

stabile Arbeitspunkte X und Y. Durch das Setzsignal, einen positiven Impuls der Größe I_S, läßt sich der Übergang von X nach Y, und durch das Löschsignal, einen negativen Impuls der Größe I_R, ein solcher von Y nach X erreichen. Der Strom im Arbeitspunkt Y muß ausreichen, um den Transistor in Sättigung zu treiben, auf daß am Ausgang eindeutige logische Signale entstehen.

5.5.1.2. Monostabile Kippschaltungen

Monostabile Kippschaltungen besitzen nur einen stabilen Arbeitspunkt. Durch ein geeignetes Eingangssignal wird die Schaltung in den konträren Schaltzustand gekippt, aus dem sie nach einer bestimmten Zeit von selbst in den stabilen Zustand zurückkehrt. In Abb. 5.5.20 ist eine monostabile Schaltung dargestellt, die als direkte Realisierung dieser Definition angesprochen werden kann. Das Eingangssignal für das Flip-Flop muß über ein UND-Gatter gelangen, das Signale nur dann weiterleitet, wenn sich das Flip-Flop im „0"-Zustand befindet. Der Stufenimpuls, der beim Kippen des Flip-Flops in den „L"-Zustand entsteht, wird differenziert und dieses differenzierte Signal wird über eine Verzögerung der Länge t_V an den Löscheingang geleitet. Dadurch wird das Flip-Flop in den „0"-Zustand zurückgestellt. Die Dauer des „L"-Zustandes ist also durch t_V festgelegt. In Abb. 5.5.20 *b* ist die praktische Durchführung einer solchen Schaltung dargestellt. Der relativ große Aufwand ist dann gerechtfertigt, wenn besonders gute Konstanz der erhaltenen Impulslänge erforderlich ist. Diese wird praktisch nur durch die Konstanz der Verzögerungszeit t_V bestimmt.

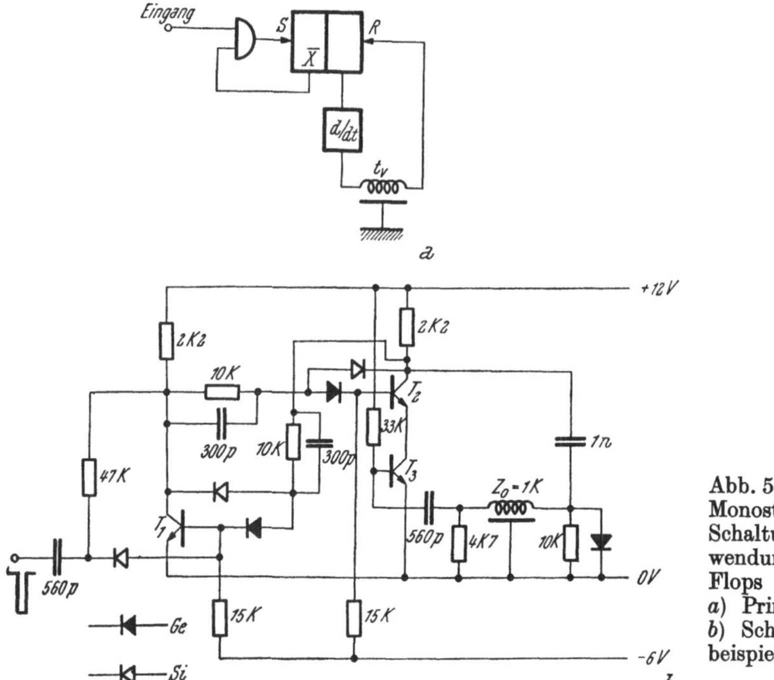

Abb. 5.5.20. Monostabile Schaltung unter Verwendung eines Flip-Flops
a) Prinzip
b) Schaltungsbeispiel

Bistabile Kippkreise, die aus zwei mitgekoppelten Verstärkerstufen bestehen, lassen sich leicht in monostabile Kreise umbauen, indem man in den Mitkopplungsweg ein Differenzierglied als zeitbestimmendes Glied einbaut. Solche Schaltungen nennt man dann Uni- oder Monovibratoren. Der Univibrator von Abb. 5.5.21 *a* geht aus dem Flip-Flop von Abb. 5.5.5 dadurch hervor, daß R_{K2} durch einen Kondensator C ersetzt ist. Der stabile Arbeitspunkt liegt dann vor, wenn T_2 mit $-U_2$ gesperrt ist und T_1 über den Spannungsteiler R_{L2}, R_{K1} und R_{B1} genügend Basisstrom erhält, um geöffnet zu sein. Ist die Sperrspannung $-U_2$ größer als die maximal zulässige Sperrspannung BV_{EBO} der Basis-Emitter-Diode von T_2, so ist eine Schutzdiode (wie in Abb. 5.5.21 *b*) notwendig.

Günstiger ist es jedoch, den Univibrator entsprechend Abb. 5.5.21 *b* zu bauen. R_{B2} ist hier mit der positiven Betriebsspannung verbunden, T_2 ist daher geöffnet und T_1 gesperrt. Bei einer Triggerung an der Basis von T_1 braucht jetzt nicht zuerst die Sättigungsverzögerung überwunden zu werden, weshalb diese Schaltung schneller anspricht.

Durch ein positives Triggersignal wird T_1 leitend. Der negative Spannungssprung am Kollektor von T_1 wird über C an die Basis von T_2 übertragen und der Kippvorgang wird ganz gleich wie beim bistabilen Kreis ausgelöst. Nach dem Kippen ist T_1 leitend und T_2 nichtleitend. Der Arbeitspunkt von T_1 ist durch die Spannungsteilung mit R_{L2}, R_{K1} und R_{B1} festgelegt, der von T_2 durch die Spannung an seiner Basis. Die Größe der Eingangsspannung von T_2 findet man folgendermaßen: Ohne Eingangssignal ist die Spannung gleich der Eingangsspannung des gesättigten Transistors U_{BES}. Sobald die Anordnung auf Grund der Mitkopplung kippt, sinkt die

Kollektorspannung des Transistors T_1 von $+U_1$ gegen 0 Volt. Dieser Spannungssprung wird über C und die Parallelschaltung von R_{B2} mit der Eingangsimpedanz von T_2 differenziert. An der Basis von T_2 sinkt also plötzlich die Spannung, wodurch T_2 gesperrt wird. Anschließend nimmt die Basisspannung entsprechend dem differenzierten Spannungssprung exponentiell zu. (Da die Eingangsimpedanz des gesperrten Transistors sehr groß ist, ist die wirksame Differentiationszeitkonstante durch $R_{B2} \cdot C$ gegeben.) Sobald die Spannung an der Basis von T_2 so weit zugenommen hat, daß T_2 aufmacht, ist die Mitkopplung wiederhergestellt und die Schaltung kippt in den stabilen Zustand zurück.

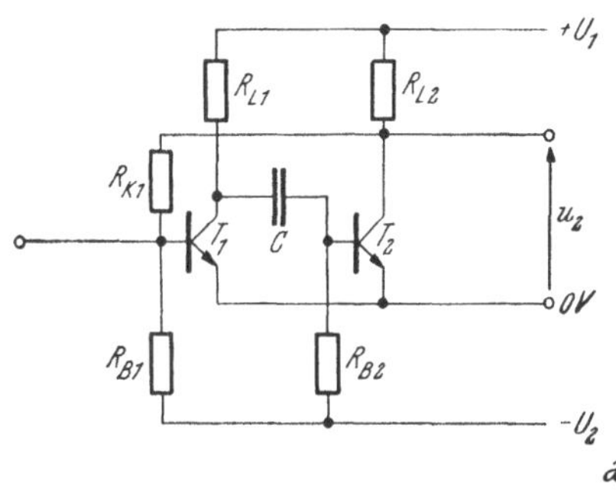

Die Zeit T, während der nach dem Hinkippen wegen der Sperrung von T_2 die Mitkopplung aufgehoben ist und die der Univibrator im nichtstabilen Schaltzustand zubringt, beträgt angenähert

$$T \approx R_{B2} \cdot C \ln 2 \approx 0{,}7\, R_{B2} C. \qquad [5.5.7]$$

Bei der Dimensionierung müssen folgende Punkte berücksichtigt werden:

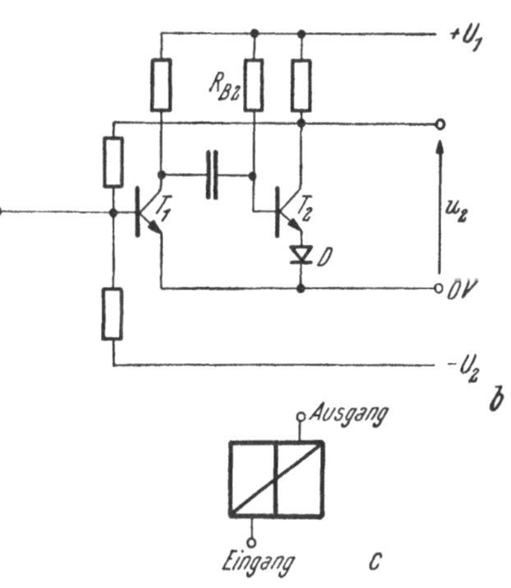

Abb. 5.5.21. Prinzipschaltungen eines Univibrators
a) Eingangstransistor leitend
b) Eingangstransistor gesperrt
c) Symbol

1. R_{L2} ist der Generatorwiderstand für das Ausgangssignal, er muß also entsprechend gewählt werden.

2. R_{K1} und R_{B1} müssen so klein sein, daß durch sie der für die Sättigung von T_1 notwendige Basisstrom geliefert werden kann, aber doch so groß, daß die Stromteilung mit R_{L2} keine große Rolle spielt.

3. Die Spannungsteilung der Kollektorspannung von T_2 durch R_{K1} und R_{B1} soll im Ruhezustand eine Sperrung von T_1 gewährleisten.

4. Parallel zu R_{K1} soll ein „speed-up“-Kondensator C_{K1} gelegt werden, dessen richtige Dimensionierung bei den Flip-Flops besprochen wurde.

5. R_{B2} soll genügend klein sein, so daß i_{B2} auch unter stärkster Belastung noch eine Sättigung von T_2 im Ruhezustand bewirkt.

6. Die Größe von C wird entsprechend der gewünschten Impulslänge T [5.5.7] gewählt.

7. R_{L1} soll einerseits groß sein, damit die Verstärkung von T_1 ausreicht, andererseits aber klein, damit der Anstieg des Impulses nicht zu flach ist. Die Integration des Kollektorsignals durch die kapazitive Belastung hängt nämlich von der Ausgangsimpedanz der Transistorstufe ab, also auch von R_{L1}.

8. Durch Fangdioden läßt sich eine Sättigung verhindern, wodurch die Sättigungsverzögerung vermieden wird.

Auch die anderen Flip-Flop-Typen (z. B. das emittergekoppelte Flip-Flop von Abb. 5.5.10) lassen sich auf ähnliche Weise in einen Univibrator umbauen.

Monostabile Kippschaltungen lassen sich aber auch mit einer einzigen Verstärkerstufe aufbauen. Da die Mitkopplung für Gleichspannungssignale nicht benötigt wird, kann sie durch die Verwendung eines Transformators verwirklicht werden. Arbeitet die Verstärkerstufe in der E-Schaltung, so wird der Transformator so angeschlossen, daß er eine Phasendrehung von 180° bewirkt, wodurch in Verbindung mit der Signalumkehr der Schaltung eine Mitkopplung zustande kommt. Bei einer B-Schaltung verwendet man den Transformator nur zur Impedanzanpassung (ohne Phasendrehung). Die wirksame Belastung des Ausganges besteht dann nicht aus der kleinen Eingangsimpedanz der Basisschaltung, sondern aus dem hinauftransformierten Wert, wodurch Leistungsverstärkung und damit eine Kreisverstärkung größer als eins erhalten wird.

In Abb. 5.5.22 ist ein solcher monostabiler Sperrschwinger (blocking oscillator) mit einem Transistor in Emitterschaltung dargestellt. Durch einen positiven Eingangsimpuls macht der Transistor, der im Ruhezustand gesperrt ist, auf, und die Ausgangsspannung sinkt. Diese Spannungsänderung bewirkt wegen der gegensinnigen sekundären Transformatorwicklung am Eingang nach Öffnen von D_2 eine Erhöhung der Eingangsspannung, also eine Mitkopplung. Dadurch wird der Transistor ganz geöffnet und in Sättigung getrieben. Infolge der Abnahme der Impedanz der Primärwicklung, die für langdauernde Signale nahezu gleich dem Gleichstromwiderstand der Spule ist, reicht nach einer bestimmten Zeit der Kollektorstrom nicht mehr dazu aus, den Sättigungszustand aufrechtzuerhalten, weshalb die Kollektorspannung wieder ansteigt. Diese Ausgangsspannungsänderung vermindert die Spannung an der am Eingang liegenden Sekundärspule, der Strom durch D_2 und damit auch die Eingangsspannung nimmt ab und der Transistor wird wieder gesperrt. Die Spannungsüberhöhung in der Primärspule, die durch das Sperren des Transistors entsteht, könnte zu einer Überschreitung der maximal zulässigen Basis-Kollektor-Sperrspannung BV_{CBO} führen, weshalb die Schutzdiode D_1 dafür sorgt, daß die Kollektorspannung die Betriebsspannung praktisch nicht überschreiten kann.

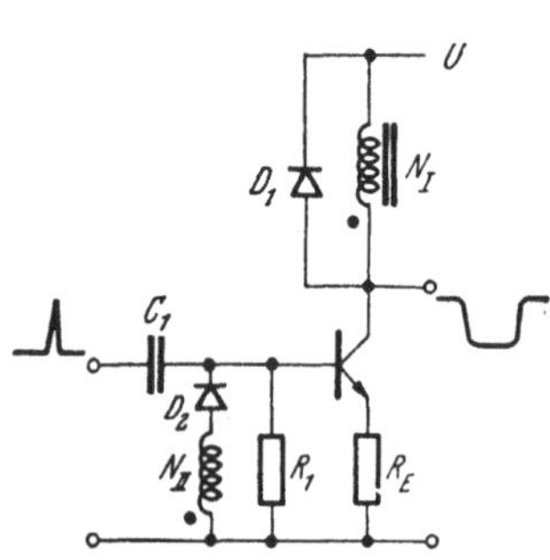

Abb. 5.5.22. Monostabiler Sperrschwinger mit einem Transistor in Emitterschaltung

Für die Impulslänge T gilt näherungsweise

$$T \approx \frac{L}{R} \ln[1 + n R / (r_e + R_E)], \qquad [5.5.8]$$

für den maximalen Kollektorstrom $\hat{\imath}_C$

$$\hat{\imath}_C \approx \frac{U}{R + \frac{1}{n} r_e + \frac{1}{n} R_E}, \qquad [5.5.9]$$

wobei R die Summe des Gleichstromwiderstands der Primärspule des Transformators, des Sättigungswiderstandes am Kollektor und der Emitterwiderstände r_e und R_E ist, n das Übersetzungsverhältnis des Transformators $N_{II} : N_I$ ist und L seine Magnetisierungsinduktivität.

Bei dem in Abb. 5.5.23 dargestellten Sperrschwinger arbeitet der Transistor in Basisschaltung. Durch die Fangdiode D_1 wird eine Sättigung des Transistors vermieden, wodurch ein schnelleres Arbeiten des Sperrschwingers erreicht werden kann. Die Funktionsweise dieses Sperrschwingers läßt sich folgendermaßen erklären: Durch einen negativen Impuls am Emitter macht der Transistor auf, die Kollektorspannung sinkt; diese Spannungsänderung bewirkt über die Sekundärspule eine gleichsinnige Eingangsspannungsänderung, also eine Mitkopplung. Sobald die Kollektorspannung die Spannung U_1 unterschreitet, öffnet D_1 und die Ausgangsspannung wird festgehalten. Der Strom durch D_1 nimmt in dem Maße ab, wie die Impedanz der Primärspule abnimmt. Sobald D_1 sperrt, steigt die Ausgangsspannung wegen der weiteren Abnahme der wirksamen Impedanz der Primärspule. Die gleichsinnige Spannungsänderung an der Sekundärseite bewirkt über C_1 eine Erhöhung der Eingangsspannung und somit ein Sperren des Transistors der wieder seinen Ruhearbeitspunkt einnimmt. Die Schutzdiode D_2 verhindert das Ansteigen der Kollektorspannung über die Versorgungsspannung U.

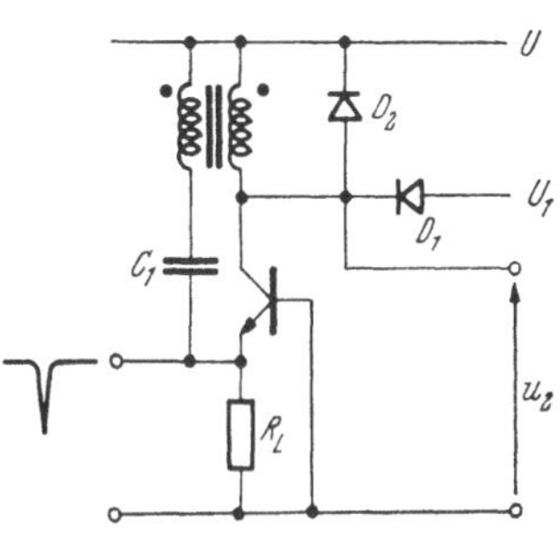

Abb. 5.5.23. Monostabiler Sperrschwinger mit einem Transistor in Basisschaltung

Mit Sperrschwingern werden üblicherweise Impulslängen T zwischen 10^{-8} s und 10^{-4} s erreicht.

Schließlich wollen wir untersuchen, wie Univibratoren mit Tunneldioden aufgebaut werden können.

Wie wir in 5.2.4 besprachen, ist es für einen monostabilen Betrieb der Tunneldiode notwendig, daß der Ruhearbeitspunkt in einem Bereich mit positiver Impedanz liegt und daß die statische Arbeitsgerade die Kennlinie nur in diesem Punkt schneidet. Da die Tunneldiode zwei Bereiche mit positivem Widerstand besitzt, gibt es zwei Gruppen von monostabilen Schaltungen.

Liegt der Arbeitspunkt im Bereich mit kleinerer Spannung (z. B. X in Abb. 5.5.24 *b*), so wird ein positiver Stromimpuls zur Auslösung des Schaltvorganges benötigt und auch das Ausgangssignal ist positiv (s. Abb. 5.5.24 *d*).

Liegt der Arbeitspunkt hingegen im anderen Bereich, so erfolgt der Schaltvorgang nach einem negativen Stromimpuls und auch das Ausgangssignal ist negativ.

Wird in der Schaltung von Abb. 5.5.24 *a* ein Eingangsstrom i_1 eingespeist, so springt der Arbeitspunkt der Tunneldiode nach einer kleinen Verzögerungszeit, die durch die endliche Anstiegszeit des Eingangsimpulses und die parasitäre Eingangskapazität verursacht wird, von A nach B (s. Abb. 5.5.24 *b*). Für den Schaltvorgang stellt die Induktivität, wie wir in 2.1.4.2 näher ausführten, eine hohe Impedanz dar, weshalb die zuständige dynamische Ar-

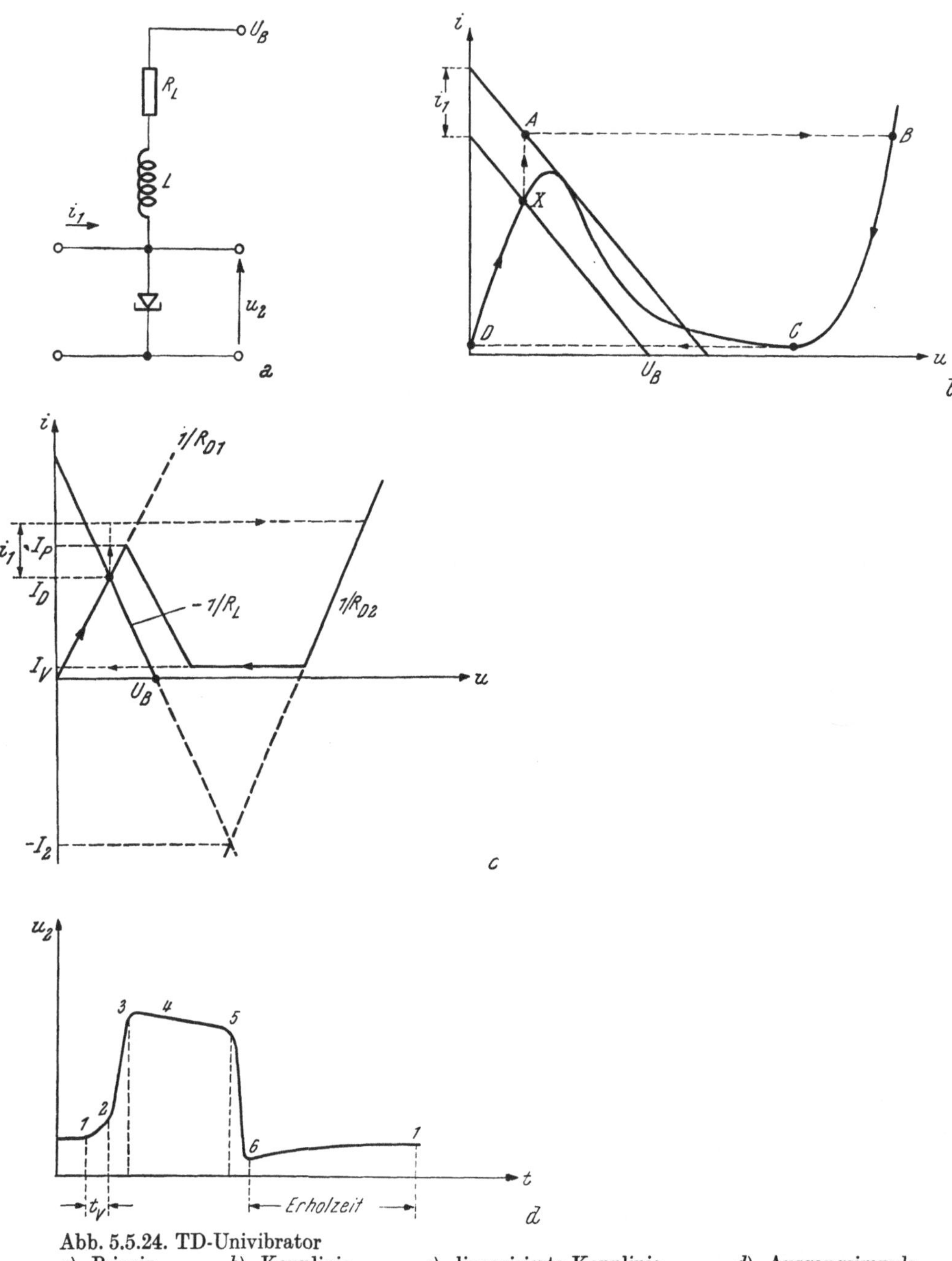

Abb. 5.5.24. TD-Univibrator
a) Prinzip *b*) Kennlinie *c*) linearisierte Kennlinie *d*) Ausgangsimpuls

beitsgerade nahezu waagrecht ist. Die Schnelligkeit der Stromabnahme ($B \rightarrow C$) hängt von der Größe der Induktivität L ab, also bestimmt L die Impulslänge. Die Abfallzeit des Impulses hängt von der Schaltzeit $C \rightarrow D$ ab, die Erholzeit $t_{6,1}$ wiederum von der Induktivität, denn diese beschränkt die Schnelligkeit, mit der der Strom zunimmt und der stabile Arbeitspunkt wieder erreicht wird.

Für ein einwandfreies Arbeiten des Univibrators muß die Schaltzeit der Tunneldiode kleiner als die Dauer des Eingangsimpulses T_1 und diese wiederum kleiner als die durch die Induktivität bestimmte Dauer des Ausgangsimpulses T_2 sein. Die Länge des Ausgangsimpulses ist in diesem Fall bestimmt durch L, R_{eff} und dem differentiellen Widerstand der Tunneldiode.

Nach einer Linearisierung der Kennlinie entsprechend Abb. 5.5.24 c gilt

$$T_2 = \frac{L}{R_L + R_{D2}} \ln \frac{I_2 + I_D + i_1}{I_2 + I_V}. \qquad [5.5.10]$$

Mit einem Univibrator nach Abb. 5.5.25 erhält man Ausgangsimpulse mit $T_2 \approx 5$ ns und einer Auflösungszeit von etwa 15 ns.

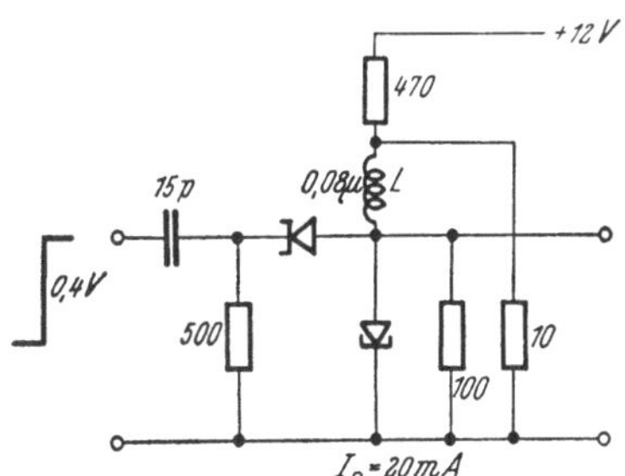

Abb. 5.5.25. TD-Univibrator, praktische Ausführung

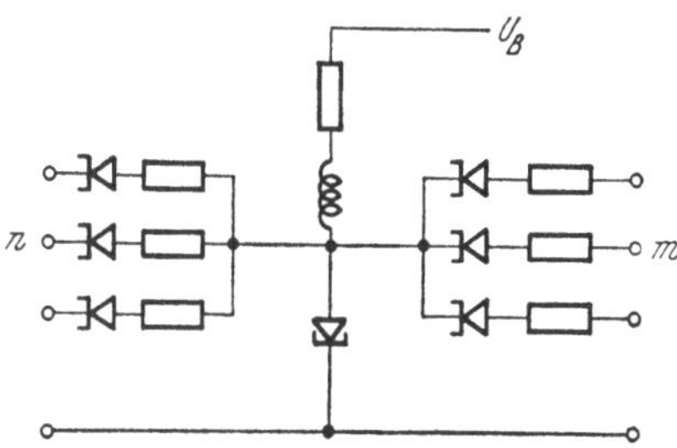

Abb. 5.5.26. TD-ODER-Gatter mit automatischer Rückstellung

Durch die Anwendung des oben besprochenen Prinzips für monostabile Kippschaltungen lassen sich logische TD-Schaltungen bauen, bei denen kein Rückstellungsimpuls benötigt wird (z. B. beim ODER-Gatter von Abb. 5.5.26).

Die Impulsauflösungszeit ist im wesentlichen durch die Summe der Impulsbreite und der Erholzeit bestimmt. Für ein schnelles Arbeiten muß deshalb die Erholzeit verkleinert werden. Dies kann durch die Verwendung eines nichtlinearen Arbeitswiderstandes (einer Back-Diode) geschehen, wie es in Abb. 5.5.27 a dargestellt ist. Nach dem Theorem von Thevenin lassen sich die beiden Spannungsquellen U und U_{CL} zu U_B zusammenfassen. Das gleiche gilt für die beiden als Lastwiderstand wirkenden Impedanzen R und R_{BD} (s. Abb. 5.5.27 b). Die Kennlinie des wirksamen Lastwiderstandes $R(I)$ ist in Abb. 5.5.27 c dargestellt, die durch ihn hervorgerufene nichtlineare Arbeitskennlinie in Abb. 5.5.27 d. Den Unterschied gegenüber einem linearen Arbeitswiderstand erkennt man aus Abb. 5.5.28. Vor allem zwei Punkte sind wesentlich:

1. Von einem gegebenen statischen Arbeitspunkt B aus ist bei einem nichtlinearen Arbeitswiderstand ein kleinerer Eingangsstrom i_1 notwendig, um die Schaltung zu kippen (die Schalt-Stromverstärkung ist größer).

2. Die Erholzeit wird kleiner, da die an der Induktivität stehende Spannung U_{L2} größer ist. Dadurch wird wegen

$$\frac{di_L}{dt} = U_L/L$$

auch die Stromänderung größer und somit die Erholzeit kleiner.

Das Ablesen der Größe der Spannung U_{L2} bzw. U'_{L2} aus dem Kennlinienfeld Abb. 5.5.28. beruht auf folgenden Überlegungen: Nach dem zweiten

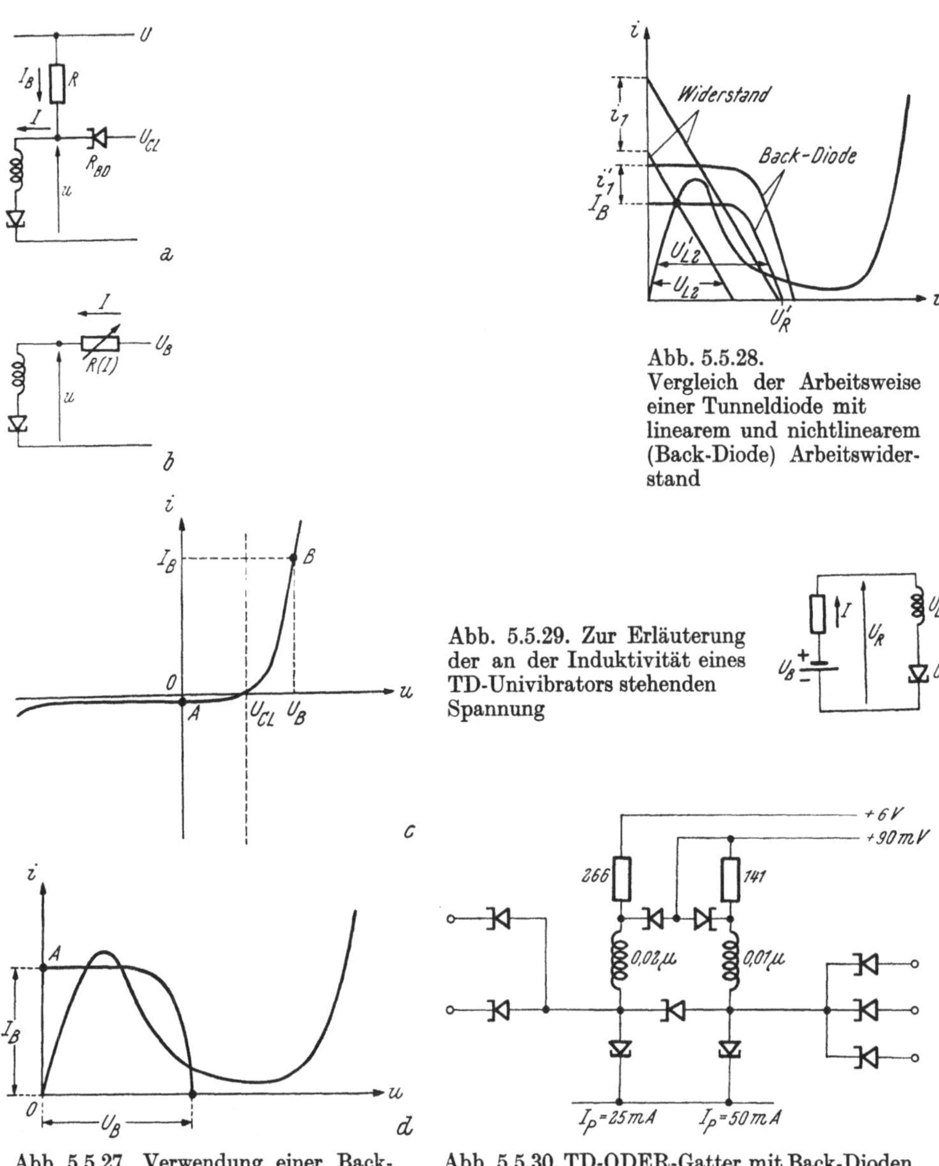

Abb. 5.5.28. Vergleich der Arbeitsweise einer Tunneldiode mit linearem und nichtlinearem (Back-Diode) Arbeitswiderstand

Abb. 5.5.29. Zur Erläuterung der an der Induktivität eines TD-Univibrators stehenden Spannung

Abb. 5.5.27. Verwendung einer Backdiode als nichtlinearen Widerstand eines TD-Univibrators
a) Prinzipschaltung
b) Zusammenfassung der Spannungsquellen und der Lastwiderstände
c) zugehörige zusammengesetzte Kennlinie von $R(\mathrm{I})$ (unter der Annahme $R \gg R_{BD}$)
d) zugehörige Arbeitslinie

Abb. 5.5.30. TD-ODER-Gatter mit Back-Dioden als nichtlinearen Arbeitswiderständen

Kirchhoffschen Satz muß in einer Masche die Summe aller Spannungsabfälle gleich Null sein. In der Masche nach Abb. 5.5.29 muß also der momentane

Spannungsabfall U_R an der Induktivität und der Tunneldiode gleich sein wie der an der Versorgungsspannung U_B und dem Generatorwiderstand R. Im i-u-Diagramm stellt die Arbeitskennlinie den Zusammenhang zwischen I und U_R dar, weshalb für jeden I-Wert die Größe von U_L aus der Differenz von U_R und der an der Tunneldiode bei diesem Strom I liegenden Spannung $U(I)$ erhalten wird. Durch eine Anordnung mit einer Back-Diode erhält man nach Abb. 5.5.28 für das I, bei dem die Tunneldiode zurückkippt, eine größere Spannung U_R' als mit einem linearen Widerstandsnetzwerk, weshalb die Spannung U_{L2}' an der Induktivität größer ist. Die Stromänderung durch die Induktivität erfolgt somit schneller, der stabile Arbeitspunkt wird früher wieder eingenommen und die Erholzeit und damit auch die Auflösungszeit ist kleiner geworden.

In Abb. 5.5.30 und Abb. 5.5.31 ist je ein Beispiel für ein ODER- und ein UND-Gatter gegeben, die beide nichtlineare Arbeitswiderstände und eine selbständige Rückstellung in den „0"-Zustand besitzen. Die beiden Eingänge

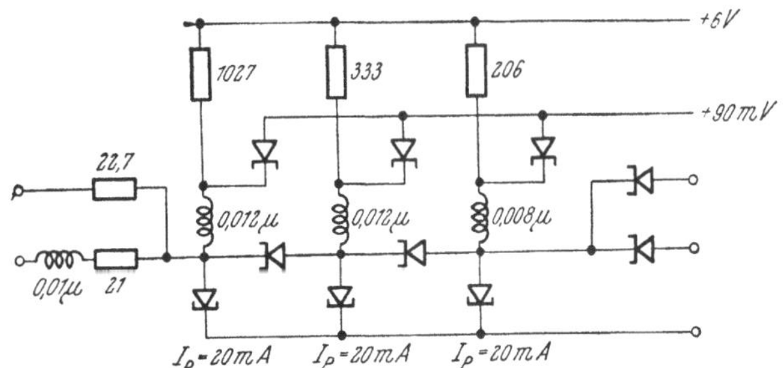

Abb. 5.5.31. TD-UND-Gatter mit Back-Dioden als nichtlinearen Arbeitswiderständen

des UND-Gatters sind dabei nicht gleichwertig, sondern der mit der Induktivität gegenüber schnellen Signalen abgesicherte Eingang ist für den (längeren) „Schlüsselimpuls" vorgesehen, der es zuläßt, daß ein (kurzer) Impuls am zweiten Eingang die Schaltung kippt. Die Kaskadenschaltung von Tunneldioden in einer Schalteinheit bewirkt eine größere Schalt-Stromverstärkung (s. 5.2.4), wodurch eine Ansteuerung mit mehreren Ein-

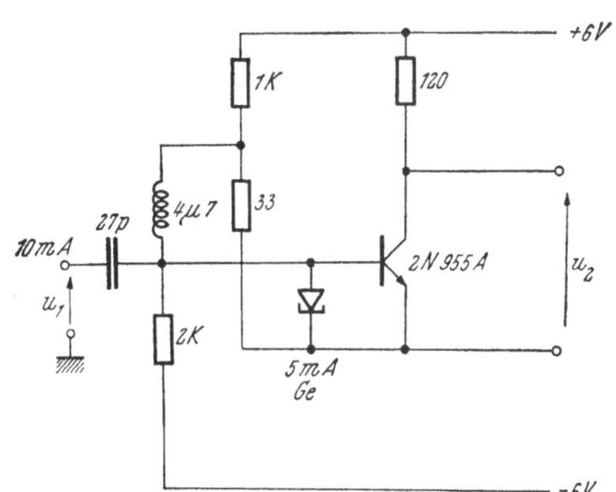

Abb. 5.5.32. Hybrider TD-Univibrator

gängen und eine Signalabgabe an mehrere Verbraucher ermöglicht wird. Bei dem in Abb. 5.5.32 dargestellten hybriden Univibrator erlaubt die Leistungsverstärkung des Transistors die Anspeisung kleiner Lasten.

5.5.1.3. Astabile Kippschaltungen

Astabile Kippschaltungen kippen in regelmäßigen, durch Schaltelemente festgelegten Abständen zwischen zwei Schaltzuständen. Nehmen wir an dem Flip-Flop von Abb. 5.5.5 an beiden Verstärkerstufen eine solche Änderung vor, wie wir sie in Abb. 5.5.21 *b* an einer vornahmen, so erhalten wir die in Abb. 5.5.33 dargestellte astabile Kippschaltung (Multivibrator).

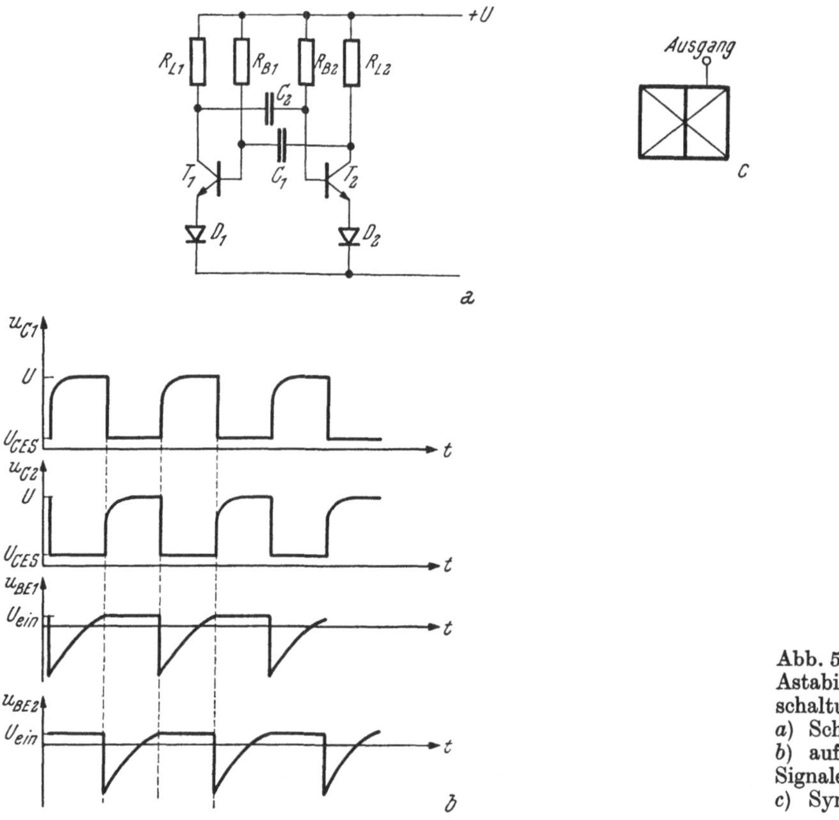

Abb. 5.5.33. Astabile Kippschaltung
a) Schaltung
b) auftretende Signale
c) Symbol

Der „Ruhe"-Arbeitspunkt der beiden Stufen ist so gewählt, daß beide Transistoren leitend sind und die Kreisverstärkung für höhere Frequenzen größer als 1 ist. Dann genügt schon ein beliebig kleines Signal (z. B. das Rauschen), um den einen Transistor (z. B. T_1) in Sättigung zu treiben und den anderen (T_2) zu sperren und so die Mitkopplung aufzuheben. Nach Unterbrechung der Mitkopplung beginnt die Vorspannung von T_2 den Ruhewert anzunehmen, d. h. die Spannung an der Basis von T_2 nimmt wegen der Aufladung von C_2 exponentiell zu. Sobald T_2 öffnet, ist die Mitkopplung wiederhergestellt und der Multivibrator geht in den anderen Schaltzustand über. Der Stufenimpuls am Kollektor von T_2 wird über C_1 und $R_{B1} \| Z_{1,1}$ differenziert, und dieses differenzierte Signal sperrt nun T_1 so lange, bis die Basisspannung von T_1 wieder genügend groß ist, um T_1 zu öffnen, wodurch die Anordnung in den vorhergehenden Schaltzustand gekippt wird. Es erfolgt also ein selbsttätiges Hin- und Herkippen zwischen den beiden Schaltzuständen.

Die Dauer der temporären Stabilität (das Verharren im gesperrten Zustand) hängt von der Entladung von C_1 bzw. C_2 ab. Die Sperrzeit von T_1 wird durch die Zeitkonstante $\tau_1 = R_{B1} \cdot C_1$, die von T_2 durch $\tau_2 = R_{B2} \cdot C_2$ bestimmt. Bei symmetrischem Aufbau sind die beiden Transistoren genau gleich lange gesperrt, d. h. nach jeder halben Periodenlänge ändert sich der Schaltzustand.

Die Dauer T_S eines Schaltzustandes läßt sich beschreiben durch

$$T_{S1} = R_{B1} C_1 \cdot \ln[(2U - U_{BE(\mathrm{auf})})/(U - U_{BE(\mathrm{auf})})] \qquad [5.5.11]$$

bzw. mit $U_{BE(\mathrm{auf})} \ll U$

$$T_{S1} \approx R_{B1} C_1 \cdot \ln 2 = \tau_1 \ln 2. \qquad [5.5.12]$$

Die Formel [5.5.11] gilt nur für nicht zu hohe Frequenzen und Sperrströme $[R_B(I_{CBO} + I_{EBO}) \ll U]$. Bei höheren Frequenzen spielen die Eingangskapazität der Transistoren und die in der Basis gespeicherte Ladung eine Rolle. Für ein frequenzstabiles Arbeiten muß dann (ähnlich wie in [5.5.2])

$$C \lesssim Q_B/U$$

gelten.

Beim Sperren jedes der beiden Transistoren erfolgt eine Teilung des Kollektorstromes zwischen dem Lastwiderstand R_L und dem Kondensator C, der über die Basis-Emitter-Strecke des anderen, gesättigten Transistors niederohmig mit Masse verbunden ist. Diese Stromteilung ist frequenzabhängig, sie bewirkt eine Integration des Signals am Kollektor (s. 5.5.1.1). Diese Integration ist bei gegebenem C umso geringer, je kleiner R_L ist. Für steile Impulsflanken darf deshalb R_L nicht zu groß sein:

$$R_{L1} \ll R_{B2} C_2 / C_1,$$
$$R_{L2} \ll R_{B1} C_1 / C_2. \qquad [5.5.13]$$

Die beiden Dioden in Abb. 5.5.33 sind Schutzdioden, die dann notwendig sind, wenn die Basis-Emitter-Durchbruchspannung $BV_{EBO} < U$ ist.

Soll der Tastgrad nicht 0,5 sein, so braucht man nur $\tau_1 \neq \tau_2$ zu wählen. Ist der Unterschied zwischen den beiden Zeitkonstanten jedoch zu groß ($\tau_1 \gtrsim 10\,\tau_2$), so kann es infolge zu starker Asymmetrie dazu kommen, daß die Schaltung nicht verläßlich arbeitet und z. B. gar nicht anspringt.

Für den Aufbau eines freischwingenden Multivibrators mit einer Tunneldiode (s. Abb. 5.5.34) müssen folgende drei Bedingungen erfüllt sein (s. auch 5.2.4):

1. Der statische Arbeitspunkt A muß in einem Bereich der Kennlinie liegen, in dem der differentielle Widerstand negativ ist.

$$U_P < (U_B - I_A R_B) < U_V. \qquad [5.5.14]$$

2. Die statische Arbeitsgerade muß so steil sein (die wirksame Lastimpedanz muß so klein sein), daß die Tunneldioden-Kennlinie nur in einem Punkt geschnitten wird. Hierzu muß der Lastwiderstand R_B kleiner als der kleinste negative Widerstand R_{min} der Tunneldiode sein.

$$R_B < R_{\mathrm{min}}. \qquad [5.5.15]$$

3. Die wirksame Gesamtinduktivität muß so groß sein, daß der dynamische Arbeitspunkt instabil wird.

$$(L + L_s) > (R_B + R_S) / R_{\min} C_j . \qquad [5.5.16]$$

Aus diesen drei Bedingungen sieht man, daß die drei Tunneldioden-Eigenschaften L_S, C_j und $R_{\min}$ die minimale Größe von L und damit die höchste erreichbare Schwingfrequenz des Multivibrators bestimmen (s. [5.5.17] und [5.5.18]).

An Hand der linearisierten Kennlinie von Abb. 5.5.34 *b* wollen wir das Verhalten des Multivibrators untersuchen und seine Schwingfrequenz berechnen.

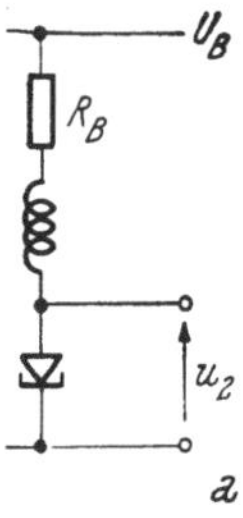

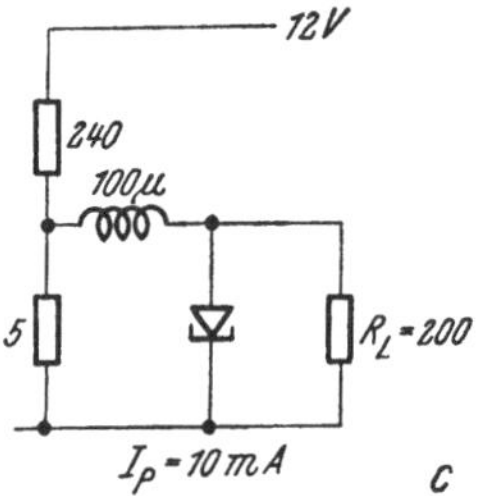

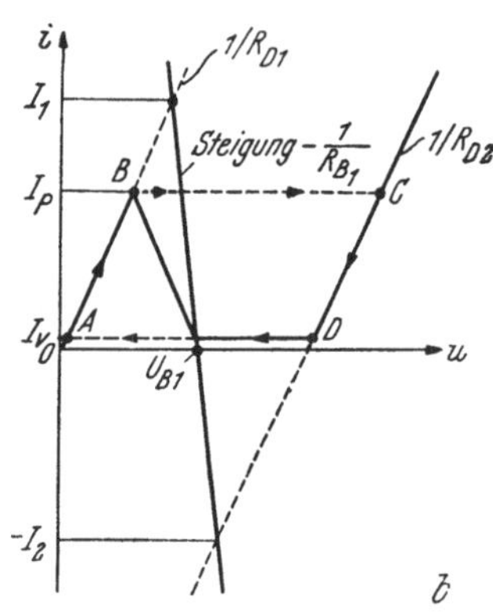

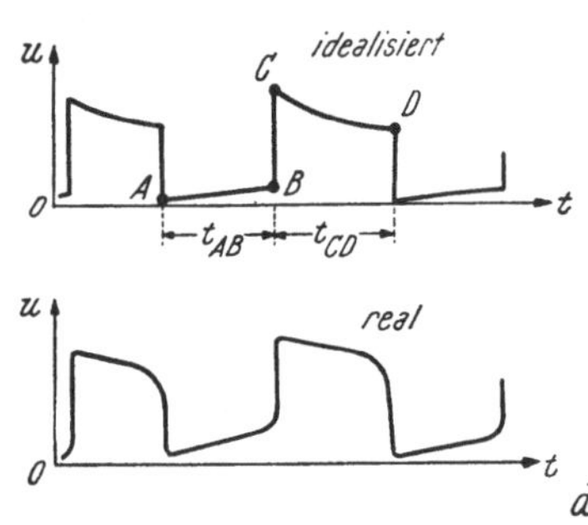

Abb. 5.5.34. Astabiler TD-Multivibrator
a) Prinzip *b*) linearisierte Kennlinie *c*) Schaltungsbeispiel *d*) Ausgangsimpulse

Beim Einschalten der Betriebsspannung U_B wandert der momentane Arbeitspunkt vom Nullpunkt aus entlang der Kennlinie, um seinen stabilen Wert einzunehmen. Der statische, stabile Arbeitspunkt ist aber erst hinter dem Höcker an jener Stelle, an der die negative Impedanz der Kennlinie gleich der wirksamen Gleichstromimpedanz ist. Dorthin kann der momentane Arbeitspunkt jedoch nie gelangen, denn nach Überschreiten des Höckers verhindert die Induktivität eine plötzliche Abnahme des Stromes und der Arbeitspunkt springt deshalb von B nach C (die Tunneldiode schaltet). Dann nimmt der Strom mit der Zeitkonstante $L_{\text{eff}} / R_{\text{eff}}$ ab, der momentane Arbeitspunkt wandert von C nach D und springt dann, da die Induktivität wiederum eine rasche Stromänderung verhindert, zum Punkt A, von dem aus er längs der Kennlinie nach B wandert. Dann wiederholt sich der Zyklus. Es kann sich kein stabiler Arbeitspunkt einstellen, sondern die Schaltung kippt von einem Schaltzustand in den anderen. Die Zeit, die der Arbeitspunkt braucht, um von A nach B zu gelangen („0“-Zustand), läßt sich durch

$$t_{AB} = \frac{L}{R_B + R_{D1}} \ln \frac{I_1 - I_V}{I_1 - I_P} \qquad [5.5.17\text{ a}]$$

beschreiben, die Zeit, in der die Schaltung im „L“-Schaltzustand verharrt, durch

$$t_{CD} = \frac{L}{R_B + R_{D2}} \ln \frac{I_2 + I_P}{I_2 + I_V}. \qquad [5.5.17\text{ b}]$$

(Die Bedeutung der verwendeten Symbole kann direkt aus Abb. 5.5.34 *b* ersehen werden.) Da die Schaltzeiten bedeutend kleiner sind (<1 ns) (s. [5.2.8]), erhält man die Frequenz der Kippschwingung zu

$$f \approx 1/(t_{AB} + t_{CD}). \qquad [5.5.18]$$

In Abb. 5.5.34 *d* sind die Ausgangsimpulsformen nach dem linearisierten Modell und von einer realen Schaltung einander gegenübergestellt.

5.5.2. Binäre Speicherung

5.5.2.1. Speicherelemente

Alle Arten von elektronischen Systemen mit zwei stabilen Zuständen kommen als statische Speicher für die beiden binären Ziffern „0“ und „L“ in Frage. Neben allen Ausführungsformen von RS-Flip-Flops finden vor allem auch Magnetkerne mit ihren zwei Magnetisierungszuständen Verwendung. Diese bieten einerseits den Vorteil, daß die Speicherung auch durch einen Netzausfall nicht beeinträchtigt wird, andererseits ist aber das Abfragen (außer in speziellen Anordnungen) mit der Zerstörung dieses gespeicherten Inhalts verbunden (destructive read-out) (s. 5.1.3.4).

Neben dieser permanenten Speicherung (der Speicherinhalt existiert so lange, bis der Speicher gelöscht wird) gibt es noch die temporäre Speicherung, die es erlaubt, einen logischen Zustand eine bestimmte Zeit lang nach einer Änderung noch in der alten Form zugänglich zu haben. Hierzu können Univibratoren verwendet werden (s. 5.6.2), deren Impulslänge die Dauer der Speicherung bestimmt, oder aber Verzögerungsschaltungen (s. 5.6.1), die die einzelnen logischen Zustände erst eine bestimmte Zeit später verfügbar machen.

Verzögerungsleitungen werden vor allem zur Speicherung von Serieninformationen verwendet (s. 5.1.3.4). Die Anzahl derjenigen Impulse, die in eine in sich geschlossene Verzögerungsleitung eingespeist werden können, bevor der erste Impuls zurückkehrt, hängt vom Impulsabstand (also auch von der Impulslänge) und von der Verzögerungszeit t_V der Leitung ab. Die Kapazität eines solchen Speicherelementes läßt sich also durch das Produkt Verzögerung $\times$ Bandbreite beschreiben. Da die Bandbreite von verzögernden Elementen eine Funktion der Gesamtverzögerung ist (s. 2.3.2.1 und 2.3.3.2), läßt sich die Größe dieses Produktes nicht durch eine Vergrößerung der Verzögerung beliebig steigern. Außerdem muß beachtet werden, daß die Attenuation mit der Verzögerungszeit zunimmt, der Rauschabstand des Signals aber genügend groß bleiben muß.

Auf Grund dieser Einschränkungen lassen sich mit einer elektromagnetischen Leitung kaum mehr als etwa 50 Bits speichern (t_V einige 10^{-4} s).

Eine größere Speicherkapazität haben die akustischen Verzögerungsketten (= magnetostriktive Verzögerungsketten). In einem Draht, der aus einer Nickellegierung besteht, wird durch eine Erregerspule für jedes logische „L"-Signal eine örtliche Kontraktion bewirkt, die sich in Form einer longitudinalen Kompressionswelle im Draht ausbreitet. Am anderen Ende des Drahtes wird durch eine Nachweisspule (Pick-up) die durch die Kompressionswelle hervorgerufene Änderung der magnetischen Eigenschaften des Drahtes registriert. Die Wanderzeit von solchen „L"-Signalen kann einige Millisekunden betragen, die Speicherkapazität bei 10^3 Bits.

5.5.2.2. Register

Unter einem Register versteht man eine Anzahl von Speicherzellen, die in bestimmter Weise angeordnet sind (s. 5.1.3.3). Der Aufbau von Registern aus diskreten Bauelementen ist nur in Ausnahmefällen sinnvoll, da die integrierte Bauweise speziell bei dieser Anhäufung von Schalteinheiten mit gleicher Funktion am Platze ist.

In Abb. 5.5.35 ist ein Schieberegister (s. 5.1.3.3) mit Transistor-Flip-Flops dargestellt. Es besteht aus drei gleichen bistabilen Elementen (Speicher-

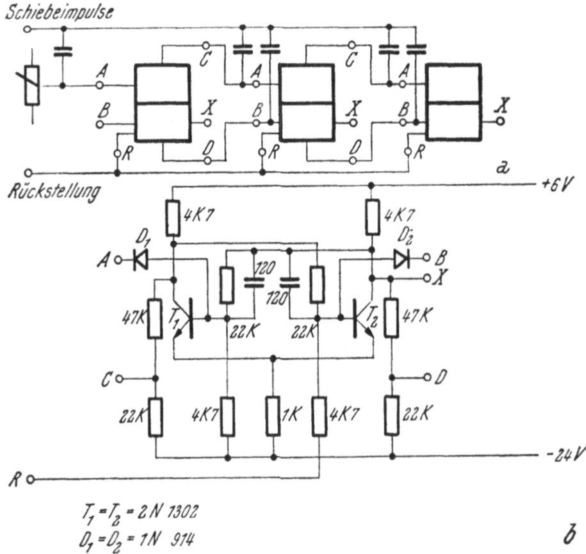

Abb. 5.5.35. Schieberegister
a) Blockschaltschema
b) Aufbau des einzelnen Elementes

kapazität: 3 Bit), deren Schaltung in Abb. 5.5.35 *b* wiedergegeben ist. Die Auflösungszeit dieser Schaltung beträgt etwa 2 µs. Die gewünschte Funktionsweise erreicht man dadurch, daß jeder Schiebeimpuls entsprechend dem Zustand des vorhergehenden Flip-Flops (d. h. den Spannungen an C und D) entweder zum Eingang A oder B geleitet wird.

Ein Schieberegister unter Verwendung von Magnetkernen findet man in Abb. 5.5.36. Ein Schiebeimpuls, der einen Stromgenerator (T_1) öffnet, bewirkt eine „0“-Magnetisierung aller Kerne. War der Kern vorher im „L“-

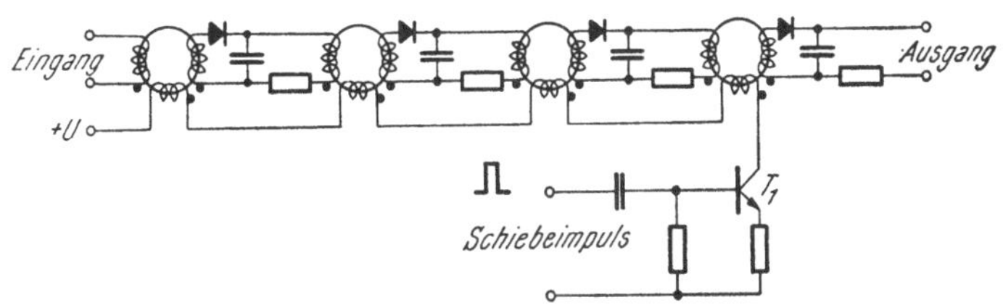

Abb. 5.5.36. Schieberegister mit Magnetkernen

Zustand, so wird der durch das Umkippen der Magnetisierung induzierte Strom dazu benützt, den folgenden Magnetkern so zu magnetisieren, daß dieser nun im „L“-Zustand ist. Man erhält dadurch mit jedem Schiebeimpuls ein Fortschreiten des Magnetisierungszustandes um einen Magnetkern. Die Dioden verhindern dabei, daß der Fluß der Information in der falschen Richtung erfolgt.

5.5.2.3. Gedächtnis

Die Verwendung von (integrierten) Mitkopplungs Flip Flops in Gedächtnissen ist infolge des großen Aufwandes und der nichtvernachlässigbaren permanenten Verlustleistung auf kleinere Systeme beschränkt. Ähnliches gilt für Tunneldioden-Speicher, die bei höchsten Anforderungen an die Speicherzeit verwendet werden. Gedächtnisse mit Magnetkernspeichern (s. 5.1.3.4 und 5.2.5) sind relativ langsam, doch haben sie nur während der Schaltvorgänge einen Leistungsverbrauch, weshalb der Gedächtnisinhalt auch durch einen Ausfall der Betriebsspannung nicht gestört wird.

Die in Abb. 5.5.37 dargestellte Gedächtniszelle mit einer Ge-Tunneldiode und einer GaAs-Back-Diode kommt mit einer Gedächtnisumspeicherzeit von etwa 25 ns aus. Wenn wir für diesen Fall die Zuordnung zwischen den beiden

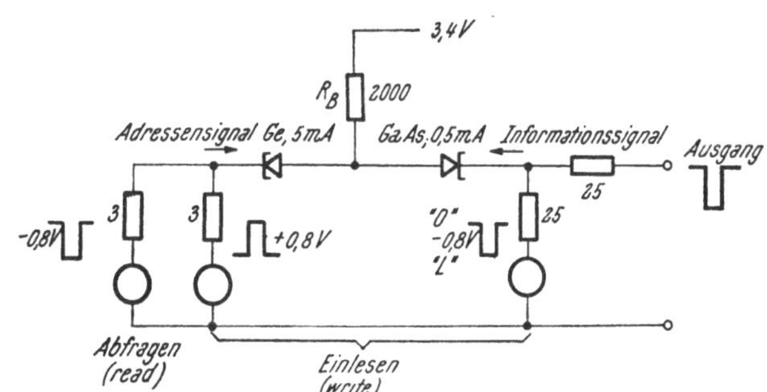

Abb. 5.5.37. Gedächtniszelle mit Tunneldioden

binären Ziffern und den Schaltzuständen ausnahmsweise anders als sonst treffen (hochohmiger Zustand = „0“, niederohmiger Zustand = „L“), läßt sich das Verhalten dieser Schaltung folgendermaßen erklären: Durch ein negatives Abfragesignal von $-0{,}8$ V erfolgt dann, wenn „L“ eingespeichert war, ein Schalten der Tunneldiode in den „0“-Zustand, und am Ausgang erhält man einen negativen Ausgangsimpuls. War „0“ eingespeichert, so bleibt der Schaltzustand erhalten und es gibt kein Ausgangssignal. Wie beim Magnetkernspeicher (s. 5.1.3.4) geht durch das Abfragen also der Speicherinhalt verloren. Soll er nach dem Abfragen noch immer eingespeichert sein, so muß das am Ausgang bei einem „L“-Zustand erhaltene Signal dazu benützt werden, wiederum ein „L“ einzulesen. Dies geschieht dadurch, daß an die Back-Diode ein negatives und an die Tunneldiode ein positives Signal von je 0,8 V gelegt wird. Dadurch wird die Tunneldiode in den „L“-Zustand versetzt.

In Abb. 5.5.38 sind die Kennlinien mit den bei den Schaltvorgängen auftretenden Arbeitspunkten dargestellt. In Abb. 5.5.38 *a* sind die beiden sta-

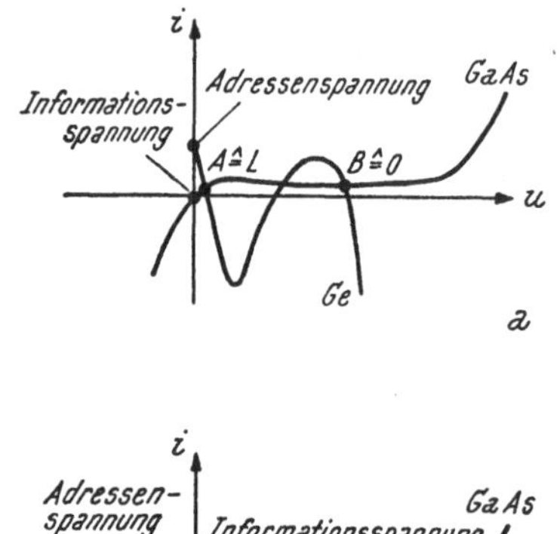

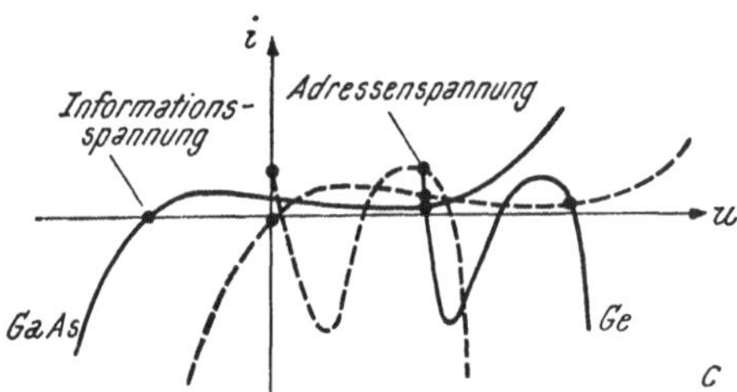

Abb. 5.5.38. Erläuterungen zur Arbeitsweise der Schaltung von Abb. 5.5.37
a) Die beiden statischen Zustände ohne Eingangssignal
b) Abfragen durch eine negative Adressenspannung
c) Einlesen durch gleichzeitiges Auftreten einer negativen Informations- und einer positiven Adressenspannung

bilen Arbeitspunkte *A* und *B* eingezeichnet, die von der Schaltung bei geeigneter Wahl von U_B und R_B ohne Eingangssignal eingenommen werden können.

In Abb. 5.5.38 *b* wird gezeigt, wie sich auf Grund des Abfragesignals, durch welches die an der Kathode der Tunneldiode liegende Spannung um 0,8 V gesenkt wird, der „0“-Zustand einstellt. In Abb. 5.5.38 *c* sieht man, wie durch gegensinnige Vorspannung der Tunneldiode und der Back-Diode der „L“-Zustand entsteht.

Durch die Kombination und logische Verknüpfung vieler solcher Zellen lassen sich binäre Gedächtniseinheiten zusammenstellen, die sich durch extrem schnelles Arbeiten auszeichnen. Der große Aufwand und die Empfindlichkeit gegenüber Störsignalen sind Gründe dafür, daß man nur dann, wenn diese mit anderen Methoden unerreichbaren kleinen Gedächtnis-Totzeiten gefordert werden, solche Speicher benützt.

Eine Verminderung des Aufwandes läßt sich durch Vermeidung der Back-Dioden erreichen. Dabei muß man jedoch das schlechtere Verhalten linearer Arbeitswiderstände in Kauf nehmen (s. z. B. 5.5.1.2). In Abb. 5.5.39 ist eine

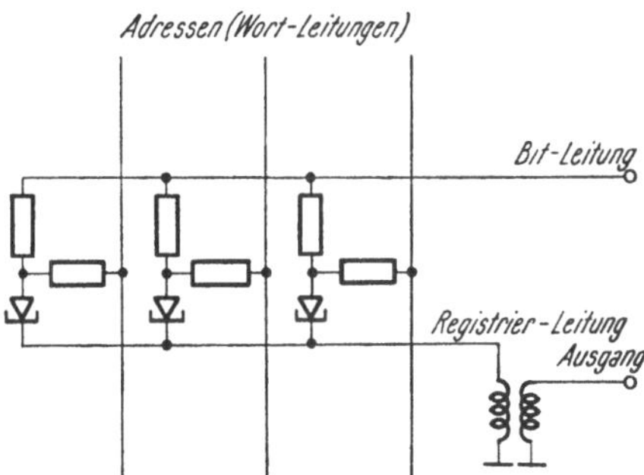

Abb. 5.5.39. Prinzip eines Tunneldioden-Speichers mit linearer Adressenanordnung

solche Schaltung im Prinzip wiedergegeben Es handelt sich dabei um ein Gedächtnis mit linearer Adressenanordnung, von dem drei Speicherplätze herausgegriffen werden.

Das Löschen, d. h. die Rückstellung in den niederohmigen Zustand (= „0"), erfolgt durch einen negativen Spannungsimpuls an den „Wort-Leitungen". Das Einlesen an einen bestimmten Gedächtnisplatz geschieht durch das Beschicken der entsprechenden Wort- und Bit-Leitung mit je einem positiven Signal solcher Größe, daß eines allein für ein Umschalten der Tunneldiode nicht ausreicht. Am ausgewählten Gedächtnisplatz wirken jedoch beide Signale und die Tunneldiode schaltet in den hochohmigen (den „L"-) Zustand. Das Abfragen geschieht durch eine Löschung des ausgewählten Speicherplatzes. War „L" eingespeichert, so erhält man durch das Umschalten der Tunneldiode in der Registrierleitung eine Stromänderung, die über einen Transformator ein Ausgangssignal liefert. Auch hier ist nach dem Abfragevorgang der Gedächtnisplatz gelöscht.

Gedächtnisse mit Tunneldioden sind selten, da sie infolge des großen Aufwandes für große Speicherkapazitäten nicht in Frage kommen. Deshalb findet man in kommerziellen Geräten nahezu ausschließlich magnetische Gedächtnisse, die sich vor allem durch ihre Verläßlichkeit auszeichnen Mit magnetischen Speicherelementen erreicht man allerdings keine so kurzen Zykluszeiten wie mit Tunneldioden.

Bei Ferriten liegt die Schaltzeit nicht unter 10^{-7} s, weshalb ein Gedächtnis-Umspeicherzyklus (der von der Kerngröße abhängt) im allgemeinen länger als 1 μs dauert. Bei der Verwendung von magnetischem Film liegen die Werte etwa eine Größenordnung niedriger.

Ein weiterer Nachteil der magnetischen Speicher ist der große Strom, der für eine Ummagnetisierung benötigt wird. Er liegt oft bei 0,5 A. Dieser große Strom ist auch ein Grund dafür, daß in größeren Gedächtniskomplexen die Anordnung der Kernspeicher und der Leitungen nicht wie in Abb. 5.1.23, sondern wie in Abb. 5.5.40 erfolgt. Dadurch wird das Nebensprechen (cross talk) von den X-Leitungen auf die Registrierleitung vermindert, das durch elektromagnetische Einstreuungen zwischen parallelliegenden Leitungen entsteht. In Abb. 5.5.40 ist zusätzlich die Informationsleitung (inhibit line)

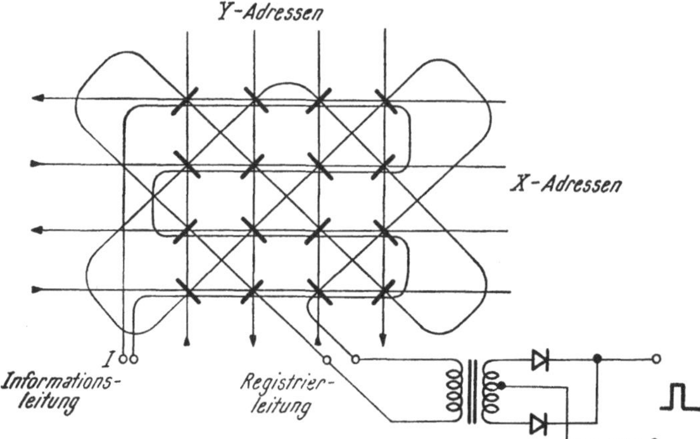

Abb. 5.5.40. Anordnung der Leitungen und Ferritkerne in einer Gedächtnisebene eines Magnetkernspeichers, durch die das Nebensprechen vermindert wird

von der Registrierleitung getrennt. Ein Nachteil dieser Anordnung besteht darin, daß beim Abfragen der „L"-Zustände, je nach dem Magnetkern, entweder ein positives oder ein negatives Signal in der Registrierleitung induziert wird, weshalb in dieser Anordnung eine Gleichrichtung der von der Registrierleitung gelieferten Impulse notwendig ist.

5.5.3. Untersetzung und Zählung

5.5.3.1. Binäre Zähler

Binäre Zähler werden meistens nicht nach dem Prinzip aufgebaut, das wir in 5.1.3.2 kennenlernten, da die dabei benötigten Gatter einen zu großen Aufwand darstellen. Vielmehr wird das (differenzierte) Ausgangssignal jedes Flip-Flops dazu benützt, das nachfolgende Flip-Flop zu kippen, und zwar jeweils beim Übergang vom Zustand „L" in den Zustand „0". Auf diese Weise erhält man genau die gleiche Zuordnung zwischen der Zahl der Eingangsimpulse und den Zuständen der Flip-Flops wie bei der Anordnung mit den Gattern nach Tab. 5.1.15.

Auch das Zurückzählen läßt sich auf einfache Weise bewerkstelligen. Man braucht jeweils nur das Komplement der Flip-Flop-Zustände zu verwenden: z. B. vom Zustand LLLL = $\bar{0}\bar{0}\bar{0}\bar{0}$ verringert sich die binäre Zahl mit jedem Impuls um eine Einheit, der Zähler zählt zurück.

5.5.3.2. BCD-Zähler

Wie wir schon in 5.1.3 ausführten, werden in der Praxis fast ausschließlich Zähler verwendet, die das Ergebnis in dezimaler Form liefern. Ist dabei der Zähler aus bistabilen Elementen aufgebaut, so handelt es sich um einen „dezimal kodierten binären" Zähler (binary coded decimal counter, BCD). Zwei solche Zähler nach dem 8-4-2-1-Code unter Verwendung von Gattern haben wir bereits kennengelernt (s. 5.1.3.2). Außer dieser Möglichkeit, mit Hilfe einer Logik einen 16fach-Untersetzer in einen 10fach-Untersetzer zu

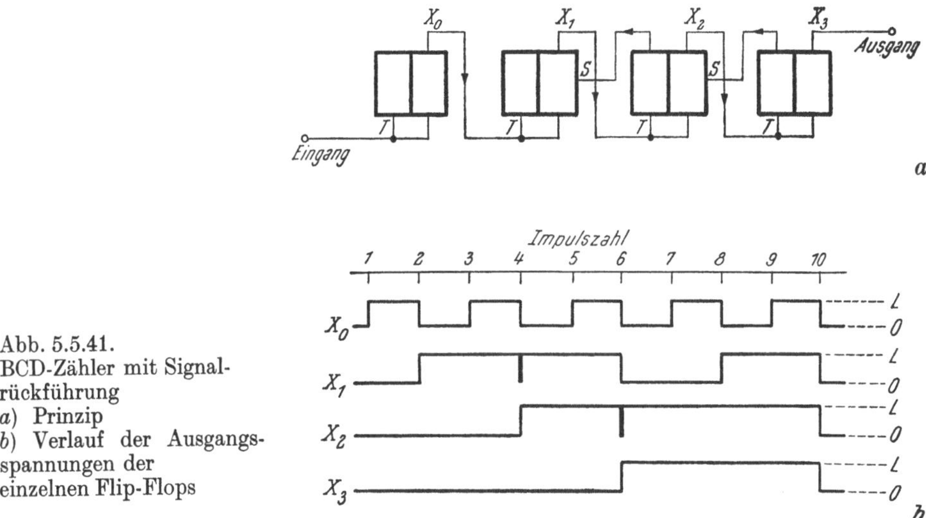

Abb. 5.5.41. BCD-Zähler mit Signalrückführung
a) Prinzip
b) Verlauf der Ausgangsspannungen der einzelnen Flip-Flops

verwandeln, besteht noch die häufiger angewandte Methode, durch Rückführung von Signalen späterer Flip-Flops sechs zusätzliche Impulse vor-

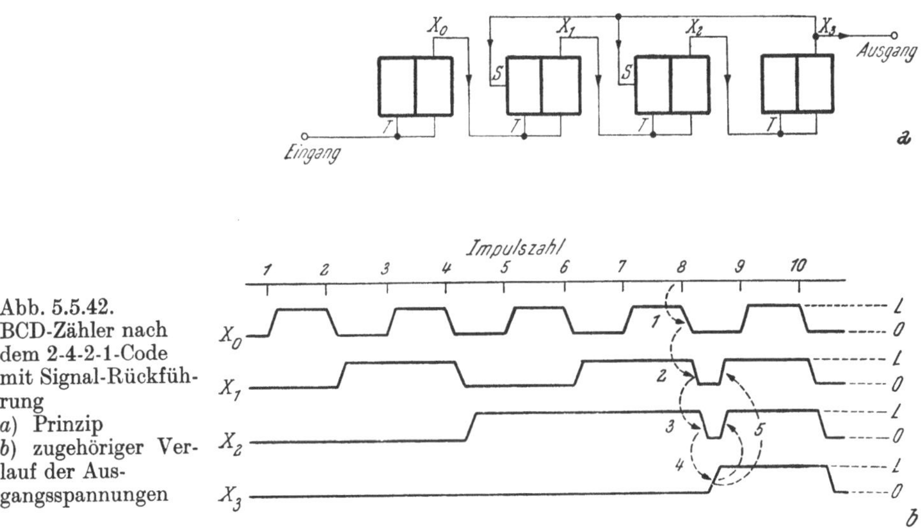

Abb. 5.5.42. BCD-Zähler nach dem 2-4-2-1-Code mit Signal-Rückführung
a) Prinzip
b) zugehöriger Verlauf der Ausgangsspannungen

zutäuschen. Zwei Vorgangsweisen sind in Abb. 5.5.41 bzw. Abb. 5.5.42 dargestellt, die zugehörige Kodierung in Tab. 5.5.1.

Unter Verwendung der in den Abbildungen wiedergegebenen Impulsformen läßt sich die Arbeitsweise der Signalrückführung leicht verstehen: Sobald an der entsprechenden späteren Stufe ein Umschaltimpuls entsteht, wird dieser dazu benützt, die (temporäre) Stellung eines weiter vorn liegenden Flip-Flops (ohne das Vorliegen eines weiteren Eingangssignals) zu ändern. Deshalb gibt es in Tab. 5.5.1 Zahlen, für die es nicht nur ein binäres Äquivalent, sondern deren zwei gibt. Das erste binäre Wort gehört jeweils zum temporären Zustand, das zweite zum permanenten. Die Rückführung eines Korrektursignals wird erst durch die endliche Signallaufzeit (bzw. Umschaltzeit) in den einzelnen Stufen sinnvoll, was in Abb. 5.5.42 *b* übertrieben dargestellt ist. Gegenüber der Anordnung von Abb. 5.1.13 *a*, bei der das Eingangssignal zum Kippen aller (und nicht nur des ersten) Flip-Flops benützt wird, ist die Signallaufzeit (carry time) beträchtlich größer, denn sie besteht (im Extremfall) nicht wie dort aus der Summe der Laufzeiten der einzelnen Gatter, sondern aus der Summe der Umschaltzeiten der einzelnen Flip-Flops, die bedeutend größer ist.

Tabelle 5.5.1. *Kodierung der beiden BCD-Zähler von Abb. 5.5.41 und Abb. 5.5.42*

Dezimale Ziffer	Binäres Wort	
	Abb. 5.5.41	Abb. 5.5.42 (2-4-2-1)
0	0000	0000
1	000L	000L
2	00L0	00L0
3	00LL	00LL
4	0L00 ↘ 0LL0	0L00
5	0LLL	0L0L
6	L000 ↘ LL00	0LL0
7	LL0L	0LLL
8	LLL0	L000 ↘ LLL0
9	LLLL	LLLL

Größere Bedeutung als die Signallaufzeit, die für die Schnelligkeit der Wiedergabe eines Zählergebnisses sowie für die Rückführung von Korrektursignalen wichtig ist, hat die Auflösungszeit eines Zählers, d. h. jener minimale Abstand zwischen zwei Impulsen, bei dem noch beide Impulse gezählt werden. Im allgemeinen ist für die Auflösungszeit eines Zählers die Umschaltzeit und die Erholzeit des ersten Flip-Flops entscheidend. Wie man aber aus Abb. 5.5.42 *b* erkennen kann, gibt es auch Fälle, in denen die Laufzeit zwischen den Flip-Flops für den minimalen Impulsabstand entscheidend sein kann: Damit es nicht zu einer Fehlfunktion kommt, darf während der Summe von fünf Einzellaufzeiten (in Abb. 5.5.42 *b* strichliert eingezeichnet und numeriert) höchstens ein weiterer Eingangsimpuls kommen, denn sonst ist das zweite Flip-Flop noch nicht zählbereit und es kommt zu einer Fehlzählung.

Für kleinste Auflösungszeiten kommen daher Rückführzähler nicht in Frage, sondern es werden bevorzugt Ringzähler verwendet.

5.5.3.3. Ringzähler

Unter einem einfachen Ringzähler versteht man ein zirkulares Schieberegister (s. 5.1.3.3), das an einer Stelle ein „L“ eingespeichert hat. Dieser Zustand „L“ wird mit jedem Eingangsimpuls um eine Stelle verschoben, so daß die Stelle, an der das „L“ eingespeichert ist, anzeigt, wie viele Eingangsimpulse bereits gezählt wurden. Für eine Dekade benötigt man somit zehn bistabile Elemente. Diese können aus den verschiedensten Elementen aufgebaut sein (Transistor, Tunneldiode, Unijunction-Transistor, Thyristoren usw.). In Abb. 5.5.43 ist ein Beispiel eines hybriden Tunneldioden-Ringzählers dargestellt.

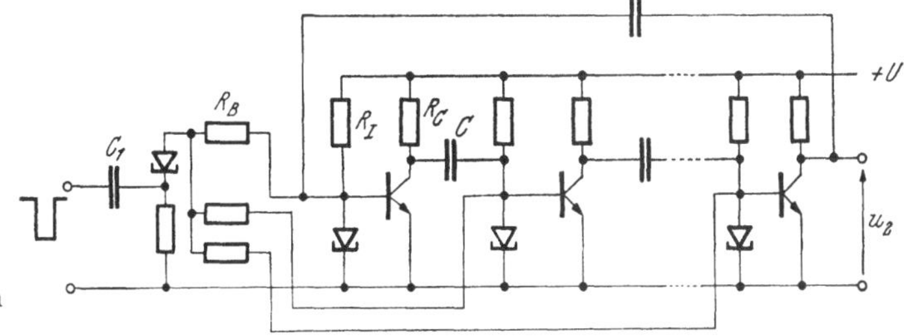

Abb. 5.5.43. Ringzähler aus hybriden TD-Flip-Flops

Wenn es auf kleinste Auflösungszeiten ankommt, bietet sich der „switch-tail"-Ringzähler von Abb. 5.5.44 an. Bei diesem benötigt man für eine Dekade nur fünf Flip-Flops. Mit jedem Eingangsimpuls wird im nächsten Flip-

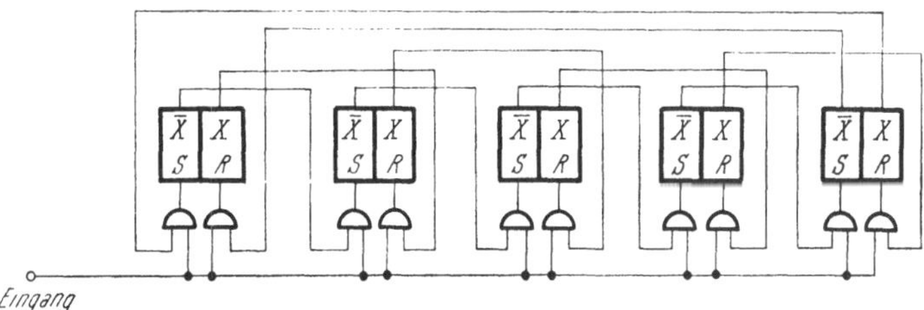

Abb. 5.5.44. Anordnung eines Ringzählers mit besonders kleiner Auflösungszeit (switch-tail ring-counter)

Flop der Zustand des vorhergehenden gespeichert, nur das erste Flip-Flop erhält das Komplement des Zustandes des letzten. Daraus ergibt sich der in Tab. 5.5.2 dargestellte Zusammenhang zwischen der Zahl der Eingangsimpulse und den Flip-Flop-Stellungen.

Wie man aus dieser Tabelle sieht, wird durch jeden Impuls nur die Stellung eines einzigen Flip-Flops geändert. Sobald ein Flip-Flop gekippt ist, kann bereits das nächste Signal gezählt werden. Die Auflösungszeit besteht also nur noch aus der Umschaltzeit, da die Erholzeit jedes Flip-Flops ohne Bedeutung für das Ansprechen des nächsten ist.

Tabelle 5.5.2. *Kodierung des „switch-tail"-Ringzählers*

Dezimale Ziffer	Binäres Wort
0	00000
1	0000L
2	000LL
3	00LLL
4	0LLLL
5	LLLLL
6	LLLL0
7	LLL00
8	LL000
9	L0000

5.5.3.4. Dekodierung

Zum Abfragen eines BCD-Zählers benötigt man eine Logik, die auf Grund der Zustände der einzelnen Flip-Flops entscheidet, welche dezimale Ziffer vorliegt.

Das Dekodierschema für den 8-4-2-1-Code haben wir in Tab. 5.1.8 kennengelernt. Die Dekodierung erfolgt am besten mit Hilfe integrierter UND-Gatter, die schon so miteinander verbunden sind, daß der integrierte Baustein nur 8 (bzw. 4) Eingänge und 10 Ausgänge enthält. Es gibt integrierte Dekodierschaltungen, mit deren Ausgangssignal gleich direkt Ziffernanzeigeröhren angesteuert werden können, die also keine Treiberstufen für diese Röhren benötigen.

Häufig erfolgt die Dekodierung noch mit Diodengattern. Für jede dezimale Ziffer ist ein Gatter mit vier Eingängen notwendig, wie es für die Ziffer 7 in Abb. 5.5.45 *a* gezeigt wird. Nur dann, wenn an allen vier Genera-

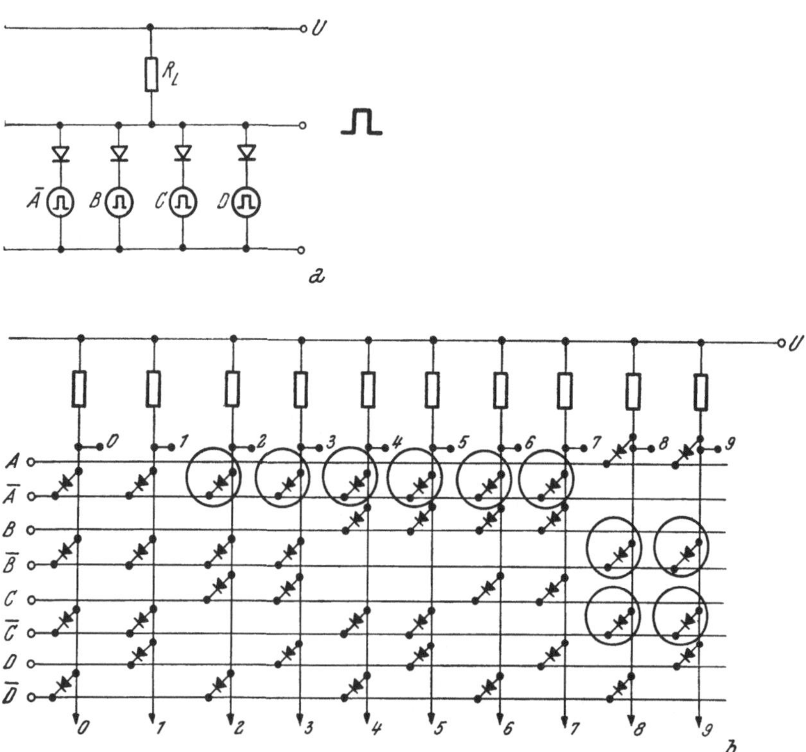

Abb. 5.5.45. Dioden-Logik zur Dekodierung des 8-4-2-1-Codes
a) Gatter zur Darstellung der Ziffer „7“ *b*) Zusammenfassung aller Gatter in einer Matrix

toren ein „L“ erscheint, gibt es ein „L“-Ausgangssignal. Dieses zeigt dann an, daß eine „7“ im 8-4-2-1-Code vorliegt. (Es wird das Komplement des Zustandes von A als Steuergröße verwendet!)

Der Zusammenbau der Diodengatter für alle zehn Ziffern erfolgt in Form einer Dekodiermatrix, wie sie in Abb. 5.5.45 *b* dargestellt ist. In dieser Matrix können die zehn eingekreisten Dioden eingespart werden, da, wie aus der letzten Spalte von Tab. 5.1.8 hervorgeht, nicht bei allen zehn Ziffern alle vier Bits für ihre eindeutige Kennzeichnung benötigt werden.

5.5.4. Auslösekreise (Trigger)

Ein Trigger zeigt den Zeitpunkt an, bei dem ein Signal einen bestimmten Referenzwert (die Schwelle, engl. threshold) übersteigt. Je nachdem, ob besonderer Wert auf den Zeitpunkt des Signals oder auf die Konstanz der

Schwelle gelegt wird, spricht man von den eigentlichen Triggern oder von Diskriminatoren.

Die Schwelle ist bei einem Trigger, der zur Erzeugung von Zeitmarken verwendet wird, deshalb notwendig, weil Störsignale (z. B. Rauschen) von Informationssignalen getrennt (diskriminiert) werden müssen.

Bei Diskriminatoren hingegen zeigt das Ausgangssignal des Triggers an, daß das Informationssignal größer ist als eine bestimmte Referenz. Obwohl dieser Vergleich zwei analoge Größen betrifft, handelt es sich um eine binäre Schaltung: Der Eingangsimpuls ist entweder größer als die Schwelle („ja", „L") oder nicht („nein", „0").

5.5.4.1. Der Schmitt-Trigger

Beim Schmitt-Trigger handelt es sich um einen mitgekoppelten Komparator (s. 4.2.2). Durch die Mitkopplung mit einer Kreisverstärkung $|G_K| > 1$ erreicht man ein rasches Kippen der Anordnung zwischen den beiden logischen Zuständen „0" und „L" (s. 5.5.1.1).

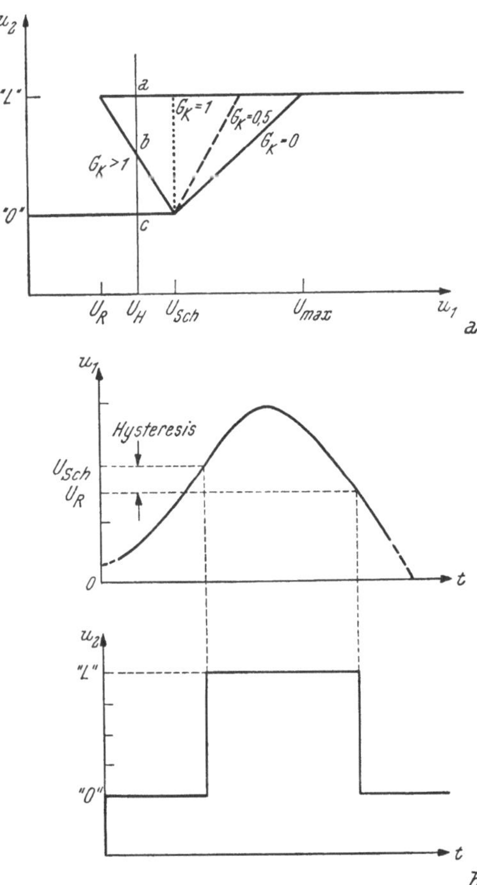

Abb. 5.5.46. Schmitt-Trigger
a) Übertragungskennlinie
b) Verhalten gegenüber einem Eingangssignal

An Hand der Übertragungskennlinie von Abb. 5.5.46 wollen wir das Verhalten einer solchen Schaltung untersuchen. Besteht keine Mitkopplung ($G_K = 0$), so verhält sich der Schmitt-Trigger wie ein Schwellenverstärker

(s. 4.2.1): Signalanteile zwischen U_{Sch} und U_{max} werden linear verstärkt. Bei Mitkopplung wird dieser lineare Aussteuerungsbereich umso kleiner, je mehr sich $|G_K|$ dem Wert 1 nähert, und für $|G_K| = 1$ wird er beliebig klein. Bei einer Mitkopplung mit $|G_K| > 1$ erhalten wir entsprechend unseren Überlegungen in 5.5.1 eine Eingangskennlinie mit negativer Impedanz, wodurch die Schaltung befähigt wird, zwischen zwei Zuständen zu kippen. Die zugehörige Übertragungskennlinie ist S-förmig: Liegt u_1 zwischen 0 und dem Wert U_{Sch}, so bleibt u_2 auf dem „0"-Niveau. Nach Überschreiten von U_{Sch} ändert sich u_2 abrupt von „0" auf „L", auf welchem Niveau die Ausgangsspannung auch bei weiterer Vergrößerung von u_1 bleibt.

Wird umgekehrt u_1, ausgehend von einem Wert größer als U_{Sch}, vermindert, so bleibt die Ausgangsspannung u_2 so lange auf dem „L"-Niveau, bis u_1 den Wert U_R unterschreitet. In diesem Moment kippt die Schaltung zurück und die Ausgangsspannung nimmt wieder den „0"-Wert ein.

Für Eingangsspannungen u_H, die zwischen dem unteren Triggerpunkt U_R und dem oberen Triggerpunkt U_{Sch} liegen, gibt es auf Grund dieser Kennlinie drei mögliche Ausgangszustände (a, b, c), von denen jedoch nur zwei (a, c) stabil sind. Je nach der Vorgeschichte der Eingangsspannung u_1 wird der Punkt a oder c eingenommen. Diese Hysteresis bewirkt, daß der Schmitt-Trigger für Eingangsspannungen zwischen U_R und U_{Sch} als bistabiles Element anzusprechen ist.

Eine praktische Ausführung eines Schmitt-Triggers mit Transistoren ist in Abb. 5.5.47 dargestellt. Sind beide Transistoren im Aussteuerungsbereich, so besteht folgende Mitkopplung: u_1 wird von T_1 verstärkt und das verstärkte Signal gelangt über den frequenzabhängigen Spannungsteiler, bestehend aus $(R_{K2} \| C_{K2})$ und R_{B2} zur Basis von T_2. T_2 arbeitet als Emitterfolger und steuert den Transistor T_1 an, der für das rückgeführte Signal in Basisschaltung arbeitet. Da das rückgeführte Signal eine gleichsinnige Stromänderung in T_1 hervorruft wie u_1, handelt es sich um eine Mitkopplung. Um ein Kippen zwischen den beiden Schaltzuständen auszulösen, muß die Kreisverstärkung der Mitkopplung größer als 1 sein (s. 5.5.1.1).

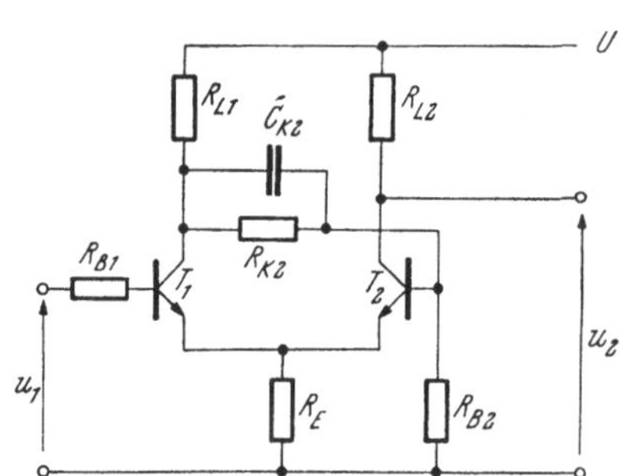

Abb. 5.5.47. Prinzipschaltung eines Schmitt-Triggers
Dimensionierungsbeispiel:
$U = 12$ V, $R_{L1} = 3K9$, $R_{K2} = 2K2$, $R_{B2} = 6K8$, $R_E = 3K3$, $R_{L2} = 1K$, $R_{B1} = 1K$, $h_{FE} > 40$, $C_{K2} = 330$ pF

Im Ruhezustand ist T_1 gesperrt und T_2 geöffnet. Die Vorspannung von T_2 ist dabei so gewählt, daß sich T_2 nicht im Sättigungsbereich befindet, denn in diesem ist die Verstärkung zu gering, wodurch das Erreichen einer Kreisverstärkung $|G_K| > 1$ erschwert würde. Unter Vernachlässigung des Kollektorstromes von T_1 erhält man die Basisspannung von T_2 aus der Teilung von U durch die Widerstände R_{L1}, R_{K2} und R_{B2} zu

$$U_{B2} \approx \frac{R_{B2}}{R_{B2} + R_{K2} + R_{L1}} U \qquad [5.5.19]$$

und die Emitterspannung der Anordnung im „0“-Zustand zu

$$U_E = U_{B2} - U_{BE2(\text{auf})}. \qquad [5.5.20]$$

Sobald nun die Eingangsspannung u_1 den Schwellenwert U_{Sch} übersteigt und T_1 öffnet, tritt die oben besprochene Mitkopplung in Aktion und die Schaltung kippt in den „L“-Zustand. C_{K2} dient nur zur Erhöhung der Kreisverstärkung für höhere Frequenzen, so daß der Kippvorgang schneller vor sich geht (s. 5.5.1.1). Der Kippvorgang beginnt dabei in dem Moment, in dem T_1 gerade so weit geöffnet ist, daß seine Verstärkung im Zusammenspiel mit der Attenuation durch R_{K2} und R_{B2} einerseits sowie durch die beiden Emitterimpedanzen andererseits gerade $|G_K| = 1$ ergibt. Man erhält also den oberen Triggerpunkt

$$U_{Sch} = U_E + U_{BE1(GK=1)} \approx U_{B2} - 0{,}1. \quad [\text{V}] \qquad [5.5.21]$$

Die Näherung macht davon Gebrauch, daß der Unterschied in der Basis-Emitter-Spannung eines geöffneten Transistors ($U_{BE2(\text{auf})}$) und eines sich gerade öffnenden Transistors ($U_{BE1(GK=1)}$) etwa 0,1 V beträgt. Nach dem Sperren von T_2 durch ein Signal $u_1 > U_{Sch}$ arbeitet T_1 als stark gegengekoppelter Verstärker (R_E!), wobei das Eingangssignal u_1 auf die Ausgangsspannung u_2 keinerlei Einfluß mehr hat, da T_2 gesperrt ist. Umgekehrt ist auch der Einfluß von R_{L2} auf das Kippen des Schmitt-Triggers vernachlässigbar klein. Eine kapazitive Belastung am Ausgang oder eine Änderung des Arbeitswiderstandes hat praktisch keinen Einfluß auf die Funktionsweise des Schmitt-Triggers, es sei denn die Belastung ist derart, daß T_2 in Sättigung getrieben wird. Aber nicht nur der Ausgang ist isoliert, sondern auch der Eingang, da die Mitkopplung nicht zur Eingangsklemme (die Basis von T_1), sondern an den Emitter von T_1 geführt wird.

Sinkt u_1 (und damit auch $U_{E1} = U_{E2}$) wieder so tief, daß T_2 öffnet, so tritt abermals die Mitkopplung in Aktion, die Anordnung kippt zurück und T_1 ist wieder gesperrt. Diesen unteren Triggerpunkt U_R erhält man aus folgenden Überlegungen: Zum Zeitpunkt des Rückkippens ist T_1 mit $U_{EB1(\text{auf})}$ und T_2 mit $U_{EB2(GK=1)}$ geöffnet und die Basisspannung von T_2 sei U_{B2R}. Dann gilt (unter Vernachlässigung von der Wirkung R_{B1})

$$U_R = U_{B2R} - U_{EB2(GK=1)} + U_{EB1(\text{auf})}. \qquad [5.5.22]$$

Die Kollektorspannung U_{C1}

$$U_{C1} = U \frac{R_{K2} + R_{B2}}{R_{K2} + R_{B2} + R_{L1}} - I_{C1} \frac{R_{L1}(R_{K2} + R_{B2})}{R_{K2} + R_{B2} + R_{L1}}$$

wird mit [5.5.19] gleich

$$U_{C1} = (U - I_{C1} R_{L1})(R_{K2} + R_{B2}) U_{B2} / U R_{B2}.$$

Diese Beziehung benötigt man für die Gleichung

$$U_{B2R} = U_{C1} R_{B2} / (R_{B2} + R_{K2}) = (U - I_{C1} R_{L1}) U_{B2} / U. \qquad [5.5.23\text{ a}]$$

Eine weitere Gleichung für U_{B2R} lautet

$$\begin{aligned} U_{B2R} &= U_{EB2(GK=1)} + R_E(I_{B1} + I_{C1}) = \\ &= U_{EB2(GK=1)} + (1 + 1/h_{FE}) I_{C1} R_E. \end{aligned} \qquad [5.5.23\text{ b}]$$

Aus [5.5.23 a] und [5.5.23 b] ergibt sich

$$I_{C1} = \frac{U_{B2} - U_{EB2(GK=1)}}{R_{L1} U_{B2} / U + R_E (1 + 1/h_{FE})}$$

und nach Einsetzen in [5.5.23 b] und [5.5.22]

$$U_R = \frac{U_{B2} - U_{EB2(GK=1)}}{1 + (R_{L1}/R_E) U_{B2} / U (1 + 1/h_{FE})} + U_{EB1(\mathrm{auf})}. \qquad [5.5.24]$$

Bei $h_{FE} \gg 1$ läßt sich diese Formel noch geringfügig vereinfachen.

Durch die Dimensionierung läßt sich der Unterschied zwischen U_{Sch} [5.5.21] und U_R [5.5.24] beliebig klein machen, doch ist die Verminderung der Hysteresis $U_{Sch} - U_R$ nur auf Kosten der Kreisverstärkung möglich (s. Abb. 5.5.46). Diese muß aber größer als 1 bleiben, weshalb die Hysteresis prinzipiell nicht vermieden werden kann. Eine Reserve in der Kreisverstärkung ist vor allem deshalb notwendig, weil diese sich mit der Temperatur, der Aussteuerung, der Größe der Betriebsspannung usw. ändern kann und trotzdem $|G_K| > 1$ bleiben muß.

Die Größe der Kreisverstärkung und damit das Ausmaß der Hysteresis kann außer durch die besprochene Dimensionierung noch durch das Einfügen eines Emitterwiderstandes bei einem der beiden Transistoren beeinflußt werden. Ein Emitterwiderstand R_{E1} bei T_1 wirkt nur dann, wenn T_1 leitend ist, also nur auf U_R; ein Widerstand R_{E2} in Serie zum Emitter von T_2 wirkt aus dem analogen Grund nur auf U_{Sch}.

Die in Abb. 5.5.48 dargestellte Modifikation eines Schmitt-Triggers bietet besonders bei ihrem Einsatz als Diskriminator einige Vorteile. Die Arbeitsweise ist weitgehend analog der des Schmitt-Triggers. Nur wird der Zeit-

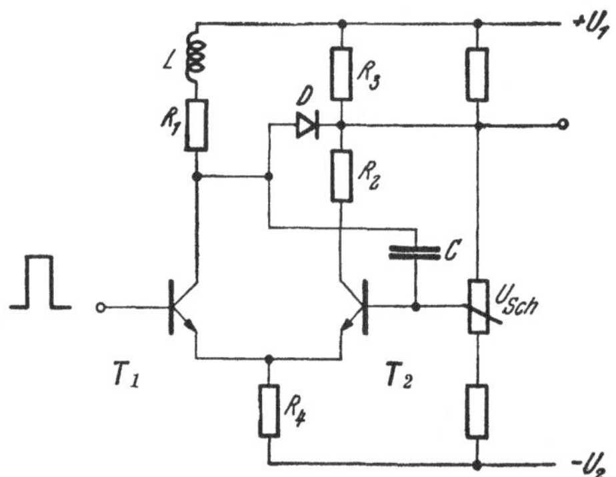

Abb. 5.5.48. Modifizierter Schmitt-Trigger als Diskriminator für nicht zu lange Signale mit einer Induktivität zur Shunt-Kompensation

punkt des Kippvorganges nicht durch die Nichtlinearität der Transistoren, sondern durch eine Diode zwischen den beiden Kollektoren bestimmt.

Im Ruhezustand ist T_1 gesperrt. Wegen $R_2 + Z_{2,2} \gg R_3$ ist sein statischer Arbeitswiderstand gleich $R_1 \| (R_D + R_3)$. Diese Größe wird jedoch dynamisch vermindert, da eine Stromänderung in T_1 (sein Öffnen) eine entgegengesetzte Stromänderung in T_2 bewirkt, so daß sich die Kollektorspannung von T_1 im Kollektornetzwerk, durch welches der von R_4 bestimmte Gesamtstrom fließt, praktisch nicht ändert. Dieser kleine dynamische Arbeitswiderstand von T_1 bewirkt eine kleine Spannungsverstärkung dieser Stufe, so daß die Kreisverstärkung der durch C bewirkten Mitkopplung zunächst (trotz Öffnen von T_1) für alle Frequenzen kleiner als 1 ist und die Schaltung im Gegensatz zum Schmitt-Trigger auch in beiden Transistoren Strom führen kann ohne zu kippen. Je mehr Strom von T_1 übernommen wird, desto weniger Strom fließt über die Diode und desto größer wird der (differentielle) Diodenwiderstand R_D. Damit nimmt aber auch der wirksame Arbeitswiderstand von T_1 zu, wodurch dessen Spannungsverstärkung erhöht wird. Spätestens dann, wenn durch die Diode kein Strom mehr fließt (wenn der Spannungsabfall an der Diode verschwindet), ist die Spannungsverstärkung so groß, daß die Kreisverstärkung den Wert 1 annimmt und die Schaltung kippt. Dadurch wird T_2 gesperrt, während T_1 mit R_1 und R_4 einen stark gegengekoppelten Verstärker bildet.

Damit die Symmetrie dieser Differenzverstärkeranordnung (s. 4.1.1.6) voll ausgenützt wird, muß die Schaltung so ausgelegt sein, daß im Moment des Kippens durch beide Transistoren gleich viel Strom fließt.

Ist das Eingangssignal wohl so groß, daß es T_1 öffnet, reicht es jedoch nicht aus, den Strom durch die Diode so stark zu vermindern, daß $|G_K| > 1$ wird, so kippt die Anordnung nicht, sondern man erhält ein Ausgangssignal, das höchstens so groß wie die Durchlaßspannung der Diode ist.

Die Hysteresis ist größer als bei einem äquivalenten Schmitt-Trigger, da der obere Triggerpunkt durch die Wirkung der geöffneten Diode auf die Mitkopplung höher liegt, während die (gesperrte) Diode auf den Beginn des Rückkippvorgangs keinen Einfluß hat.

Die Induktivität L dient zur Shunt-Kompensation (s. 2.3.1.4), wodurch die Schnelligkeit der Anordnung erhöht wird. Außerdem kann der Trigger wegen der ausschließlich kapazitiven Mitkopplung mit Hilfe von C nur für kurze Impulse verwendet werden.

Auch der in Abb. 5.5.49 dargestellte Univibrator kann als Diskriminator eingesetzt werden, wenn man T_1 mit U_{Sch} sperrt, so daß nur Eingangssignale, die diese Sperrung aufheben, den Univibrator auslösen.

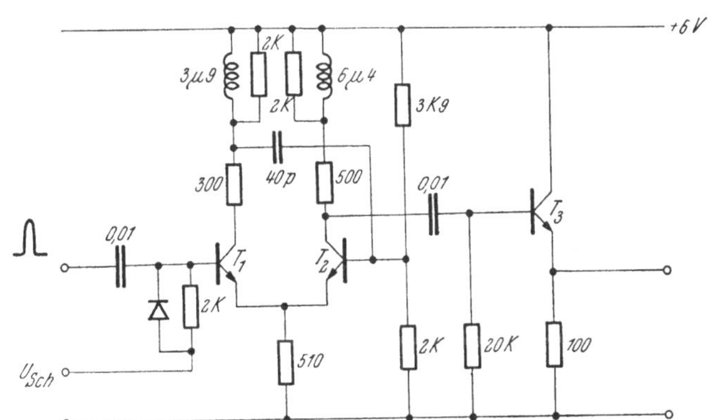

Abb. 5.5.49. Univibrator als Diskriminator mit einer Auflösungszeit von etwa 0,1 µs

5.5.4.2. Der Sperrschwinger-Diskriminator

In Abb. 5.5.50 ist eine Schaltung dargestellt, die als Sperrschwinger arbeitet und als Trigger eingesetzt werden kann.

Durch R_B wird der Arbeitspunkt des Transistors so eingestellt, daß er leitend, aber nicht gesättigt ist. Da der Transistor in Kollektorschaltung arbeitet, muß die im Basiskreis liegende Sekundärspule eine größere Windungszahl N_{II} als die in Serie zum Emitter liegende Primärspule (N_I) haben. Schon mit

$$N_{II}/N_I \approx 2$$

erhält man eine Kreisverstärkung $|G_K| > 1$, aber nur dann, wenn in Serie zur Sekundärwicklung kein zu großer Widerstand liegt. Ist die Diode D nämlich gesperrt (und ist ihr Sperrwiderstand bedeutend größer als 100 kΩ), so liegt der 100-kΩ-Widerstand in Serie zur Sekundärwicklung, weshalb in diesem Fall nur ein kleiner Teil der in ihr induzierten Spannung am Transistoreingang abfällt und $|G_K| < 1$ ist. Liegt aber ein Eingangssignal vor, das negativer als die Referenzspannung U_{Ref} ist, so öffnet die Diskriminatordiode D (s. 2.1.5.2 B) und es liegen nur noch der Durchlaßwiderstand R_D der Diode sowie der Widerstand R_1 in Serie zur Sekundärwicklung. Beide sind sehr viel kleiner als 100 kΩ und sie sind so bemessen, daß die Kreiverstärkung trotz der durch sie bewirkten Spannungsteilung größer als 1 wird. Durch die Vergrößerung der Kreisverstärkung über den Wert 1 wird der Sperrschwinger aktiviert, der so lange schwingt, wie die Diode offen ist.

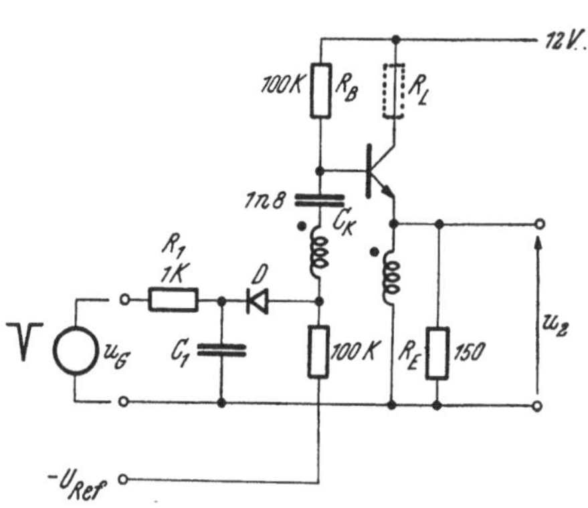

Abb. 5.5.50. Sperrschwinger als Trigger

Durch den Kondensator C_1 werden hochfrequente Störungen vom Eingang ferngehalten und außerdem erhöht er die Kreisverstärkung für hohe Frequenzen, da er R_1 überbrückt, und verbessert so das Schaltverhalten.

Durch einen geeignet dimensionierten Emitterwiderstand R_E (z. B. $R_E = 150\ \Omega$ in Abb. 5.5.50) parallel zur Primärwicklung wird der astabile Sperrschwinger zu einem monostabilen, d. h. nach dem Öffnen von D gibt es am Ausgang einen kurzen negativen Impuls und der Transistor bleibt so lange gesperrt, bis das Signal die Referenzspannung wieder überschreitet und D gesperrt wird.

Die Stabilität der Schwelle ist praktisch ausschließlich durch den Diodendiskriminator (s. 2.1.5.2 B) vor dem Eingang des Transistors bestimmt.

5.5.4.3. Der Tunneldioden-Trigger

Drei Eigenschaften der Tunneldiode machen diese sehr geeignet für Anwendungen in Triggerkreisen:

1. Die Größe des Höckerstromes, die bei verschiedenen Exemplaren derselben Type innerhalb enger Toleranzen gehalten werden kann, ist nur geringfügig temperaturabhängig (s. 3.3).

2. Die Kippdauer einer Tunneldiodenschaltung kann sehr klein gemacht werden (s. 5.2.4).

3. Zur Auslösung des Kippvorganges kann man mit einer Energie von 10^{-15} Ws auskommen. Daraus ergibt sich aber auch eine große Empfindlichkeit auf Störungen (Einstreuungen).

In Abb. 5.5.51 ist das Prinzip eines Tunneldioden-Diskriminators dargestellt. Durch die Wahl von R und eines konstanten Vorstroms I wird ein monostabiler Arbeitspunkt A der Tunneldiode eingestellt. Überschreitet der vom Signalgenerator gelieferte Strom den Wert I_{Sch}, so wird der Höckerstrom I_P der Tunneldiode überschritten und wegen der Induktivität L springt der Arbeitspunkt von B nach C. In dem Maße, wie sich über L das Stromgleichgewicht einstellen kann, folgt der momentane Arbeitspunkt den Änderungen von i_G auf der Kennlinie. Unterschreitet i_G den Wert I_R, so springt der Arbeitspunkt nach F und es stellt sich mit $i_G = 0$ wieder der stabile Arbeitspunkt A ein.

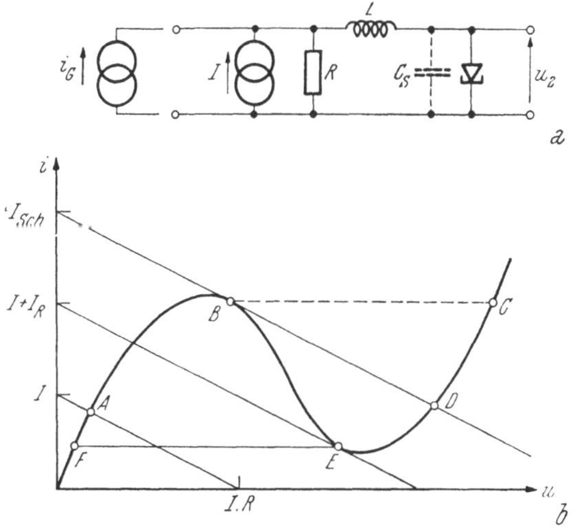

Abb. 5.5.51. Tunneldioden-Diskriminator
a) Prinzipschaltbild *b*) zugehörige Kennlinie

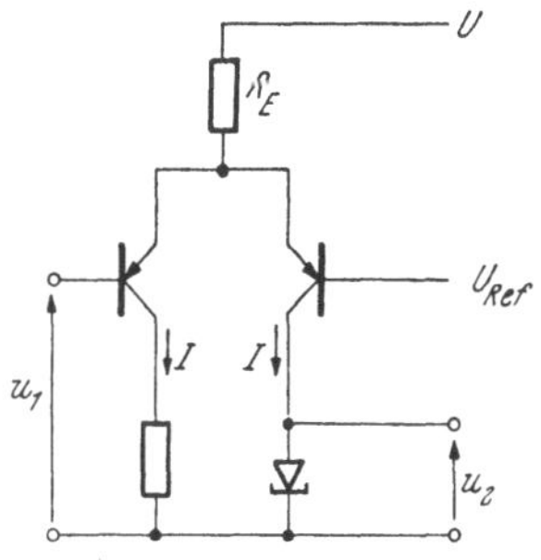

Abb. 5.5.52. Tunneldioden-Diskriminator unter Verwendung eines emittergekoppelten Transistorpaares

Die Schaltung entspricht völlig dem *TD*-Univibrator, nur wird dort auf die Diskriminationswirkung kein übermäßiger Wert gelegt und die auslösenden Impulse (i_G) sind dort kürzer als die Ausgangsimpulse, weshalb die Rücktriggerung nur durch die Zeitkonstanten der Schaltung bestimmt wird (s. 5.5.1.2).

In Abb. 5.5.52 ist eine häufig verwendete Anordnung eines Diskriminators mit Tunneldioden dargestellt. Als Stromgenerator dient ein Differenzverstärker, dessen Arbeitspunkt so gewählt ist, daß im Ruhezustand über jeden der beiden Transistoren der Strom I fließt. Dies hat gegenüber dem ebenfalls ein emittergekoppeltes Transistorpaar benützenden Schmitt-Trigger von Abb. 5.5.47 den Vorteil, daß im Ruhezustand beide Transistoren einen ähnlichen Arbeitspunkt einnehmen und deshalb ihr Verhalten (auch gegenüber Temperaturschwankungen) besser ist als bei dem konträre Arbeitspunkte einnehmenden Paar des Schmitt-Triggers. Die Funktionsweise der Schaltung bedarf wohl keiner weiteren Erläuterung.

5.5.4.4. Allgemeine Eigenschaften von Triggern

1. Stabilität

Unter Stabilität eines Diskriminators versteht man diejenige Änderung des Eingangssignals, die im Laufe der Zeit notwendig wird, um bei festgehaltener Schwelle (Referenzspannung) den Kreis gerade zum Ansprechen zu bringen. Unter Kurzzeitstabilität versteht man Änderungen, die sich innerhalb von Minuten abspielen, unter Langzeitstabilität solche in Tagen, Wochen und Monaten.

Die Ursachen für die Instabilität können sowohl in der Schaltung selbst als auch in einer Änderung der Referenz liegen. Hauptursachen sind Temperatureinflüsse, Änderungen in der Versorgungsspannung, Drift in den aktiven Elementen und Alterung von Bauelementen. In schnellen Schaltungen liegt die Temperaturdrift bei etwa 10^{-3} V/°C.

2. Schnelligkeit

Die Ansprechschnelligkeit, d. h. die zeitliche Verzögerung zwischen dem Zeitpunkt, in dem das Eingangssignal gerade die Schwelle übersteigt, und dem Zeitpunkt, zu dem der Trigger das Ausgangssignal (machine time) liefert, hängt sowohl von der Anstiegszeit des Eingangsimpulses als auch von der die Schwelle übersteigenden Impulsgröße $u_1 - u_{Sch}$ ab. Dies läßt sich so ausdrücken, daß zum Auslösen des Triggers eine bestimmte Ladungsmenge q benötigt wird, die um so größer ist, je größer die (parasitären) Kapazitäten am Triggereingang sind. Entsprechend Abb. 1.4.8 trägt diese Verzögerung (T_1 bzw. T_2) noch zusätzlich zum Wandern der Zeitmarken bei, denn bei einem kleinen Signal wird eine größere Zeit gebraucht, bis die Ladung q gesammelt ist. Der Unterschied in der „machine time" zwischen den beiden Signalen von Abb. 1.4.8 beträgt also $t_2 + T_2 - (t_1 + T_1)$. Das Wandern der Zeitmarken ist also größer als beim reinen Anstiegszeiteffekt $(t_2 - t_1)$.

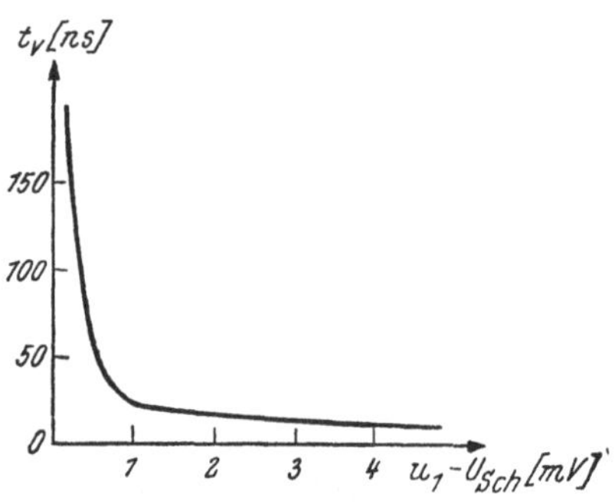

Abb. 5.5.53. Typische Abhängigkeit der Verzögerung eines Triggerimpulses von der Impulsgröße (Stufenimpulse am Eingang)

In Abb. 5.5.53 ist eine typische Abhängigkeit der Verzögerung des Triggerimpulses von der Impulsgröße dargestellt. Es wurden dabei Stufenimpulse als Eingangssignale verwendet, damit nur die Triggereigenschaften eine Rolle spielen.

3. Ansprechunsicherheit

Ist die die Schwelle übersteigende Impulshöhe so klein, daß die von ihr in die Schaltung gelieferte Ladung nicht ausreicht, den Trigger auszulösen, so erhält man am Ausgang nicht einen normierten Ausgangsimpuls, sondern einen kleineren, dessen Gestalt davon abhängt, wie der die Schwelle übersteigende Impulsanteil aussieht.

Da zum Auslösen des Triggers infolge seiner Eingangskapazität eine bestimmte Mindestladung notwendig ist, ist der Amplitudenbereich über der Schwelle, in der am Ausgang keine Normsignale geliefert werden, von der Impulsform abhängig. Als günstig erweist sich eine Impulsform wie in Abb. 5.5.54, da durch die Spitze die zum Aufladen der Kapazitäten benötigte Ladung rasch geliefert wird, wodurch die Verzögerung des Ausgangssignals (in Abb. 1.4.8 mit T_1 bzw. T_2 bezeichnet) verkleinert wird.

4. Hysteresis

Das Ausgangssignal dauert so lange, wie die Eingangsspannung größer als der Schwellenwert ist. Wegen der Notwendigkeit einer Mitkopplung mit $|G_K| > 1$ erfolgt das Zurückkippen, durch das das Ausgangssignal beendet wird, erst bei einem niedrigeren Schwellenwert als das Hinkippen (s. z. B. 5.5.4.1). Deshalb zeigt der Zusammenhang zwischen Eingangs- und Ausgangsspannung eine Hysteresis (s. z. B. Abb. 5.5.46), deren Größe von der speziellen Schaltung und ihrer Dimensionierung abhängt. Durch diese Hysteresis ist natürlich auch der kleinste Schwellenwert festgelegt, bei dem die Schaltung bei polaren Impulsen noch verläßlich zurücktriggert.

5.5.4.5. Trigger als Zeitmarkengeber

Bei den Korrelationsmessungen (s. 1.4) kommt es darauf an, den zeitlichen Zusammenhang zwischen zwei Ereignissen möglichst genau festzustellen.

Die zeitliche Unsicherheit zwischen dem Ereignis selbst und dem vom Detektor gelieferten Impuls ist elektronisch nicht beeinflußbar (s. 1.4.3) und wird deshalb hier nicht untersucht. Hier soll nur dargestellt werden, wie man von den Detektorimpulsen, die entsprechend der registrierten Energiemenge verschieden hoch sind, Triggerimpulse ableiten kann, deren Beginn möglichst geringe zeitliche Schwankungen gegenüber dem Beginn des Detektorimpulses (bzw. dem Zeitpunkt des registrierten Ereignisses) erleidet.

Der direkte Weg zur Erzeugung einer Zeitmarke besteht darin, mit dem Beginn des Impulses z. B. einen Schmitt-Trigger auszulösen, d. h. einen

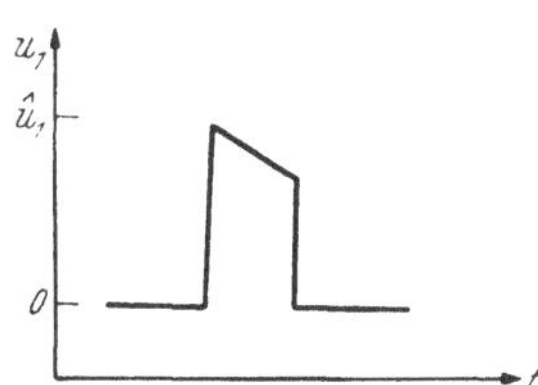

Abb. 5.5.54. Günstige Impulsform für einen Trigger

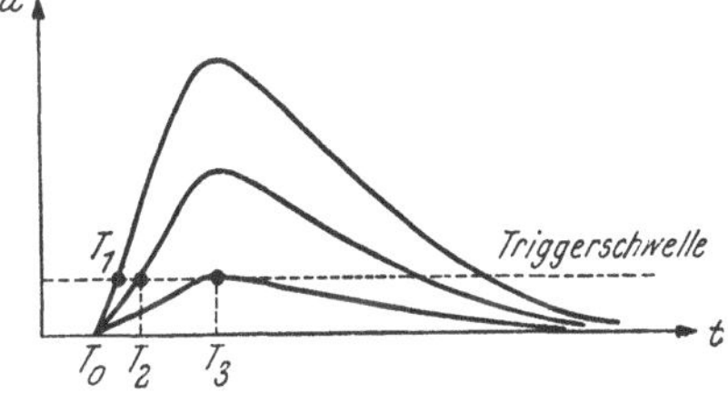

Abb. 5.5.55. Wandern (walk) der von einem Anstiegstrigger gelieferten Zeitmarke (s. auch Abb. 1.4.8)

Anstiegstrigger zu verwenden. Da die Triggerschwelle wegen des Rauschens einen endlichen Wert haben muß, ergibt sich, wie in Abb. 5.5.55 dargestellt ist, eine Abhängigkeit des Zeitpunktes der Zeitmarke von der Impulshöhe, die wir in 1.4.3.1 und 5.5.4.4 als Wandern (walk) der Zeitmarke kennenlernten. Dieses Wandern ist bei Anstiegstriggern unvermeidbar. Seine Größe kann jedoch dadurch eingeschränkt werden, daß man sich auf Impulse eines bestimmten Größenintervalls beschränkt, wie es z. B. in „schnell-langsam"-Koinzidenzexperimenten geschieht (s. Abb. 1.4.11).

Durch eine relative Triggerschwelle, die für jeden Impuls bei einem bestimmten Bruchteil der Gesamtamplitude wirksam ist, wird das Wandern praktisch ausgeschaltet. Dies wird in Abb. 5.5.56 schematisch gezeigt. Zu jedem Detektorimpuls wird ein negatives Podest, dessen Höhe proportional zur entsprechenden Impulshöhe ist, erzeugt, und dieses Podest wird mit dem verzögerten Detektorimpuls überlagert. Dadurch erhält man einen

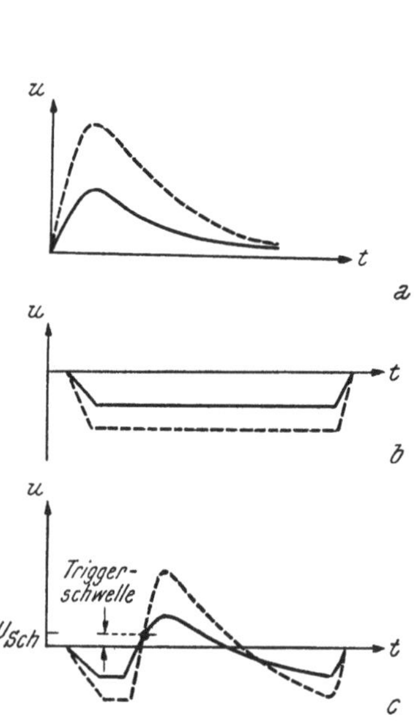

Abb. 5.5.56.
Erläuterungen der relativen Triggerschwelle bei der Erzeugung amplitudenunabhängiger Zeitmarken
a) Detektorsignale
b) impulshöhenproportionales negatives Podest
c) Überlagerung der verzögerten Detektorimpulse mit dem Podest

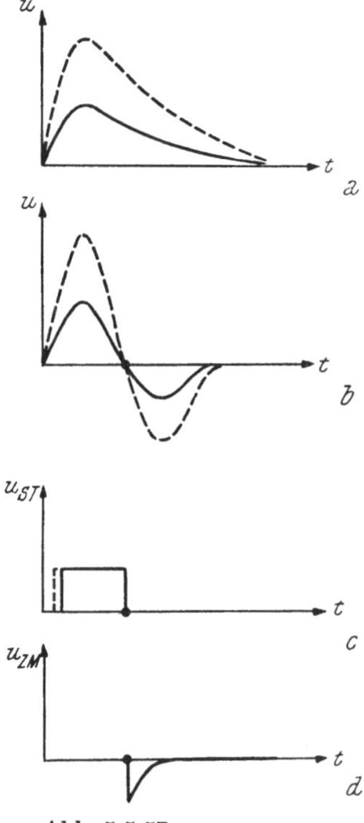

Abb. 5.5.57.
Verminderung des Wanderns der Zeitmarke durch einen Nulldurchgangstrigger
a) Detektorimpulse
b) doppeltdifferenziertes Signal
c) Ausgangssignal des Schmitt-Triggers
d) Zeitmarke

bestimmten Spannungswert, den alle Impulse, unabhängig von ihrer Größe, zum gleichen Zeitpunkt (bezogen auf den Impulsbeginn) durchlaufen. Wird die Triggerschwelle auf diesen Spannungswert gesetzt, so tritt kein Wandern mehr auf.

Eine weitere Methode zur Unterdrückung des Wanderns beruht auf der Tatsache, daß der Nulldurchgang eines doppelt differenzierten Stufenimpulses unabhängig von der Amplitude einen konstanten zeitlichen Abstand vom Beginn des Impulses hat. Dazu wird der üblicherweise einfach differenzierte Detektorimpuls (Abb. 5.5.57 *a*) ein zweites Mal differenziert (*b*). Diese doppelt differenzierten Signale werden über einen Schmitt-Trigger geleitet, dessen Triggerschwelle den gleichen Wert wie die Hysteresisspannung des Triggers hat. Dadurch erfolgt die Rücktriggerung genau bei 0 Volt, also beim Nulldurchgang des Signals, und dieser Zeitpunkt wird als Zeitmarke für den Impuls verwendet. (Die Amplitudenabhängigkeit der Ansprechgeschwindigkeit des Schmitt-Triggers (5.5.4.4) kann durch eine kleine Korrektur an der Höhe der Triggerschwelle kompensiert werden.) Die Verwendung doppelt differenzierter Signale bietet zusätzlich noch den Vorteil, daß bereits vor dem Erzeugen der Zeitmarke eine Vorauswahl in bezug auf Impulshöhe (bzw. Energie) getroffen werden kann, was man in den sogenannten „langsam-schnell"-Koinzidenzanordnungen ausnützt (s. 1.4.3.3 B).

5.6. Änderungen im zeitlichen Verhalten binärer Signale

Änderungen an binären Signalen bereiten weniger Schwierigkeiten als solche an analogen Signalen, mit denen wir uns in 4.5 auseinandersetzten, da nur „L"-Signale mit einer genormten Höhe vorliegen. In manchen Fällen (z. B. dann, wenn es auf eine sehr konstante Verzögerung ankommt) wird man die gleichen Methoden wie bei analogen Signalen anwenden (Verzögerungsleitungen), doch kann auch dann der Aufwand kleiner gehalten werden (Welligkeit der Ausgangsspannung infolge unexakten Abschlusses stört nicht). Eine Anwendung der im folgenden besprochenen Methoden auf analoge Signale ist jedoch nicht möglich.

5.6.1. Impulsverzögerung

Bei der Verzögerung von Standardimpulsen kommt es entweder darauf an, die durch eine der beiden Impulsflanken dargestellte Zeitmarke um eine bestimmte Zeit zu verzögern, oder aber den Zustand „L" für die Weiterverarbeitung zu einem späteren Zeitpunkt zu konservieren. Im ersten Fall wird man oft zu Verzögerungsleitungen greifen; die im zweiten Fall notwendige temporäre Speicherung erfolgt entweder durch einen Impulsver-

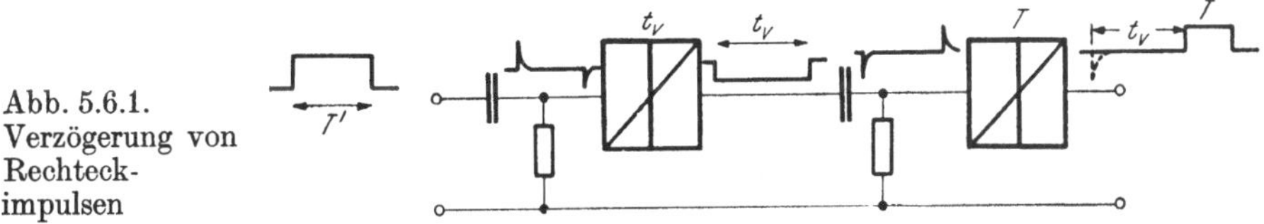

Abb. 5.6.1. Verzögerung von Rechteckimpulsen

längerer (s. 5.6.2) oder aber durch eine Anordnung nach Abb. 5.6.1. Bei dieser wird mit der ersten Impulsflanke der Verzögerungs-Univibrator angestoßen, der einen Rechteckimpuls der Länge t_V liefert. Die zweite Flanke dieses Impulses steuert den impulsformenden Univibrator, dessen Ausgangssignal mit der Länge T gegenüber dem Eingangssignal um die Zeit t_V verzögert ist. Die Konstanz dieser Verzögerung ergibt sich aus der Konstanz der Impulslänge des Verzögerungs-Univibrators, die ihrerseits von der Konstanz der bestimmenden Zeitkonstanten (und in kleinerem Grade von der Konstanz der Parameter der aktiven Elemente) abhängt.

5.6.2. Impulsverlängerung

Eine einfache Methode, mit der Rechteckimpulse verlängert werden können, bedient sich der Speicherzeit eines Transistors in Sättigung (s. 5.2.2): Wird der Transistor durch das Eingangssignal stark gesättigt, so sperrt der Transistor nicht in dem Moment, in dem das Eingangssignal aufhört, sondern infolge der Speicherung von Ladungsträgern in der Basiszone dauert der Kollektorstrom (und somit auch das Ausgangssignal) länger an (s. auch Abb. 5.2.10). Für manche Fälle reicht die dadurch erreichte Verlängerung aus.

Spitzen von differenzierten Rechtecksignalen lassen sich leicht durch einen klippenden Schwellenverstärker verlängern. Je nach der Höhe der Schwelle ist die Länge des Ausgangsimpulses anders (s. Abb. 5.6.2). Ist der

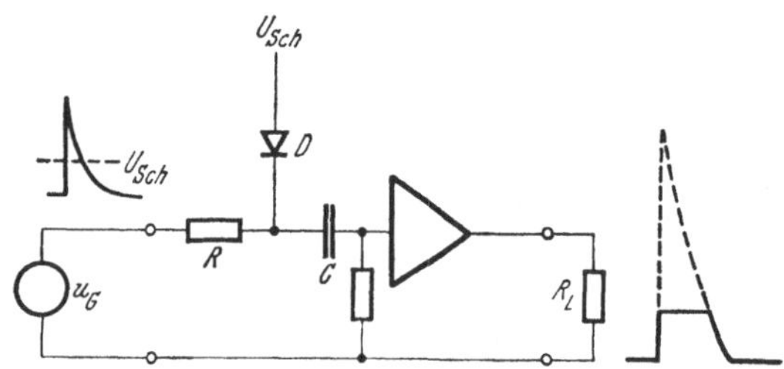

Abb. 5.6.2. Impulsverlängerung durch die Übersteuerung eines Verstärkers mit Schwelle

Signalabfall in einer bestimmten Anwendung zu flach, so läßt sich dieser Fehler durch Nachschalten eines Schmitt-Triggers (s. 5.5.4.1) beheben.

Eine weitere Möglichkeit der Impulsverlängerung besteht einfach darin, mit der Flanke des Eingangssignals einen Univibrator anzustoßen. Die Länge des Ausgangssignals ist dann durch die charakteristische Zeitkonstante des Univibrators (s. 5.5.1.2) bestimmt.

5.6.3. Impulskürzung

Durch eine Umkehrung der in 5.6.2 zuerst besprochenen Schaltung lassen sich Rechteckimpulse um die Größe der Speicherzeit des verwendeten Transistors kürzen: Ein Transistor sei im Ruhezustand stark gesättigt. Ein sperrendes Eingangssignal wirkt erst nach dem Ablauf der Speicherzeit auf den Kollektorstrom, das Ausgangssignal beginnt also später. Am Ende des Eingangsimpulses öffnet der Transistor sofort, das Ausgangssignal hört gleichzeitig mit dem Eingangssignal auf; es ist also um die Speicherzeit kürzer.

Bei der in Abb. 5.6.3 dargestellten Schaltung wird durch das Eingangssignal ein Schwingkreis angestoßen, der durch den Diodendurchlaßwiderstand so stark gedämpft wird, daß am Ausgang praktisch nur eine halbe

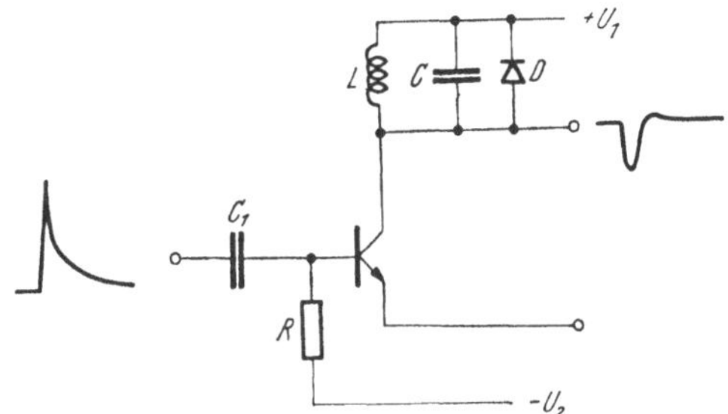

Abb. 5.6.3. Impulskürzung durch einen stark gedämpften Schwingkreis

Schwingung auftritt. Die Impulslänge am Ausgang ist dementsprechend die halbe Periodendauer.

5.7. Digital-Analog-Wandlung

Die Darstellung beschränkt sich auf Digital-Analog-Wandler (DAC, digital-analog-converter), bei denen die analoge Größe eine Signalamplitude ist. Nach der Art der vorliegenden digitalen Information wollen wir zwei Grundtypen von DAC unterscheiden. Handelt es sich um ein digitales Wort mit einem binären, gewichteten Code, so läßt sich die Konversion durch ein Parallel-DAC in einem Schritt durchführen. Besteht die digitale Information hingegen aus einer Anzahl von Impulsen, so kann eine direkte Konversion nur mit Serien-DAC erfolgen.

5.7.1. Parallel-DAC

Jeder Parallel-DAC besitzt ein Steuerregister, das das umzuwandelnde Wort in paralleler Form eingespeichert hat. Liegt eine Serieninformation vor, so muß diese zunächst über ein Schieberegister auf parallele Form gebracht werden (s. 5.1.3.3) und dann auf das Steuerregister übertragen werden (wie in Abb. 5.7.1). Die Verwendung des Schieberegisters gleich als Steuerregister hat den Nachteil, daß während des Einlesens der Serieninformation am Ausgang des DACs entsprechend der dauernden Änderung der Flip-Flop-Stellungen Spannungsschwankungen auftreten, die Störungen verursachen können. Es muß dann eine bestimmte Zeit abgewartet werden, bis alle Einschwingvorgänge abgeklungen sind und vom Ausgang des DACs der Gleichgewichtswert geliefert wird. Deshalb ist, zumindest für die höchsten Stellen, die besonders große Beiträge zur Gesamtspannung (und auch zu den Störungen) liefern, das Dazwischenschalten eines eigenen Steuerregisters zu empfehlen. Je nachdem, ob das Steuerregister Verbindungen zu Referenzspannungen oder zu Referenz-Stromgeneratoren herstellt, unterscheiden wir DAC mit Referenzspannungen und DAC mit Stromgeneratoren.

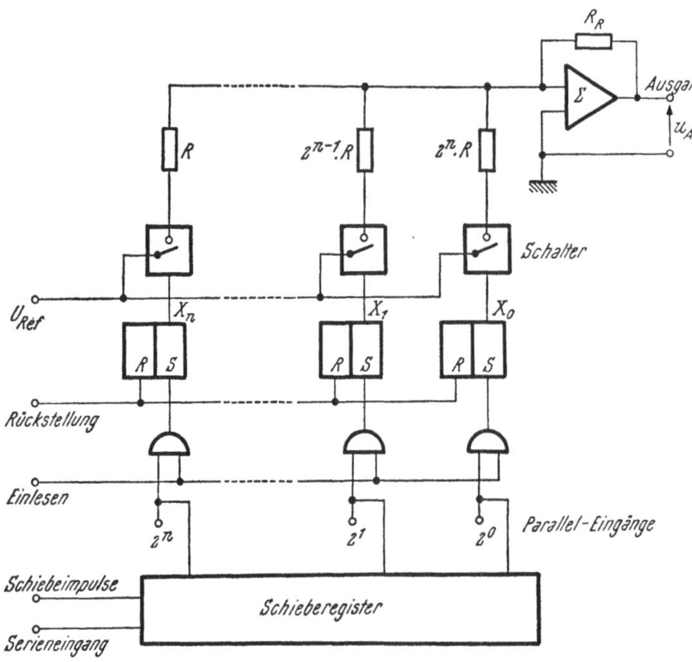

Abb. 5.7.1. Digital-Analog-Wandler mit paralleler Arbeitsweise für die Verarbeitung von binärer Serien-information

5.7.1.1. DAC mit Stromgeneratoren

Bei einem gewichteten Code kommt jedem Bit ein bestimmter Stellenwert zu. Aktiviert nun der „L"-Zustand im Register einen Stromgenerator (s. 4.3.2), dessen Stromstärke proportional zum zugehörigen Stellenwert ist, so ist die Summe der von den einzelnen Generatoren gelieferten Ströme das analoge Äquivalent zu jenem digitalen Wort, das im Register gespeichert ist. In Abb. 5.7.2 fließt dieser Gesamtstrom über den Widerstand R_L, so

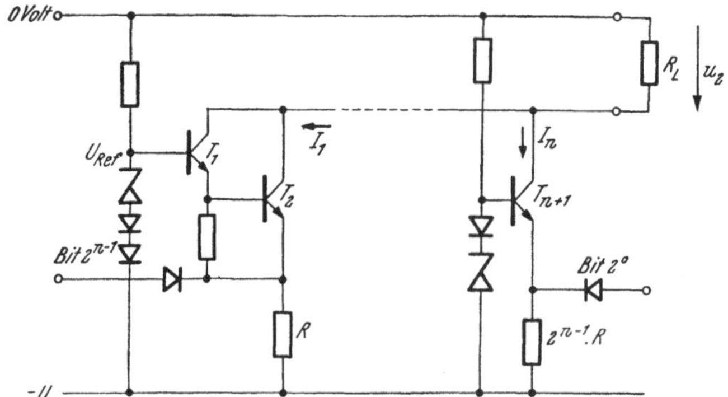

Abb. 5.7.2. Digital-Analog-Wandler mit gewichteten Stromgeneratoren

daß die Ausgangsspannung u_2 die konvertierte Größe darstellt. Als Fehlerquellen sind außer den bei den Stromgeneratoren (4.3) besprochenen noch folgende zu beachten: Infolge des gemeinsamen Kollektorwiderstandes $R_L > 0$ ist die Kollektor-Emitter-Spannung U_{CE} jedes Transistors vom momentanen Gesamtstrom abhängig, also bei jedem digitalen Wort anders und somit auch die Gleichstromverstärkung h_{FE}, da diese von U_{CE} abhängt.

Weiters kann die Summe der Sperrströme vieler gesperrter Stromgeneratoren einen Spannungsabfall an R_L bewirken, der nicht immer zu vernachlässigen ist. Weitere Fehlerquellen liegen in einer ungenauen Abstufung der Emitterwiderstände, wobei auch der Sperrwiderstand der Eingangsdioden, über die das Steuersignal geliefert wird, zu berücksichtigen ist.

Aber nicht nur gewichtete Stromgeneratoren, sondern auch Stromgeneratoren, die alle den gleichen Strom I liefern, können verwendet werden. Man benötigt dann ein entsprechendes Widerstandsnetzwerk, wie es in

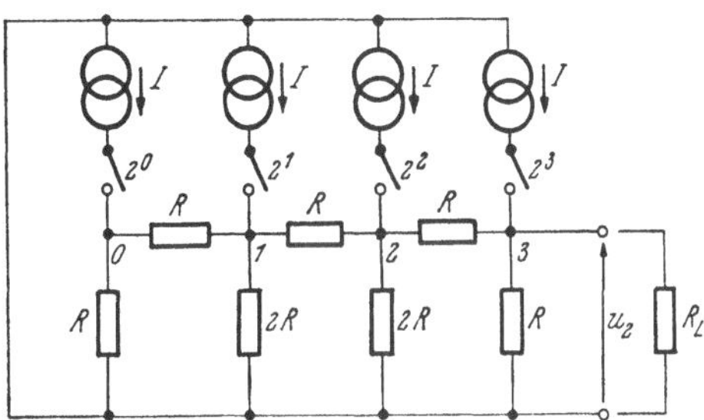

Abb. 5.7.3. Widerstandsnetzwerk für einen DAC mit 4 Bit und vier gleichartigen Stromgeneratoren

Abb. 5.7.3 dargestellt ist. Seine Ausgangsimpedanz beträgt $2R/3$, die Ausgangsspannung u_{20} (ohne R_L) bei Anschluß eines einzigen Stromgenerators ist gleich

$$u_{20} = a_k I R, \tag{5.7.1}$$

wobei a_k wegen der Attenuation in der Attenuationskette (s. 2.3.2.2) vom Ort der Einspeisung des Stromes I abhängt. Für das in Abb. 5.7.3 gezeigte Beispiel ist $a_0 = 1/12$, $a_1 = 1/6$, $a_2 = 1/3$ und $a_3 = 2/3$, so daß man bei Anschluß aller vier Stromgeneratoren und des Lastwiderstandes R_L die maximale Ausgangsspannung $\hat{u}_2$ erhält zu

$$\hat{u}_2 = \left(\frac{1}{12} + \frac{1}{6} + \frac{1}{3} + \frac{2}{3}\right) I R \frac{R_L}{R_L + 2R/3}. \tag{5.7.2}$$

Gegenüber der Anordnung mit gewichteten Stromgeneratoren hat diese Anordnung zwei Nachteile. Zunächst muß von den Stromgeneratoren ein Vielfaches jener Leistung aufgebracht werden, die in R_L dann umgesetzt wird, denn nur ein (kleiner) Teil des Generatorstroms fließt über R_L. Sodann ist die Anordnung auch langsamer, da die parasitären Kapazitäten beim Widerstandsnetzwerk bedeutend größer sind als bei dem einzigen Lastwiderstand der Anordnung von Abb. 5.7.2.

5.7.1.2. DAC mit Referenzspannungen

Will man die Anwendung von Stromgeneratoren vermeiden, so kann man so wie in Abb. 5.7.4 *a* vorgehen. Das Steuerregister stellt die Verbindung zu den entsprechenden Referenzspannungen U_k her, die über einen operativen Summationsverstärker (s. 4.1.3.4) summiert werden. Bei einer Dimensionierung wie in Abb. 5.7.4 *b* kommt man sogar mit einer einzigen Referenzspannung aus.

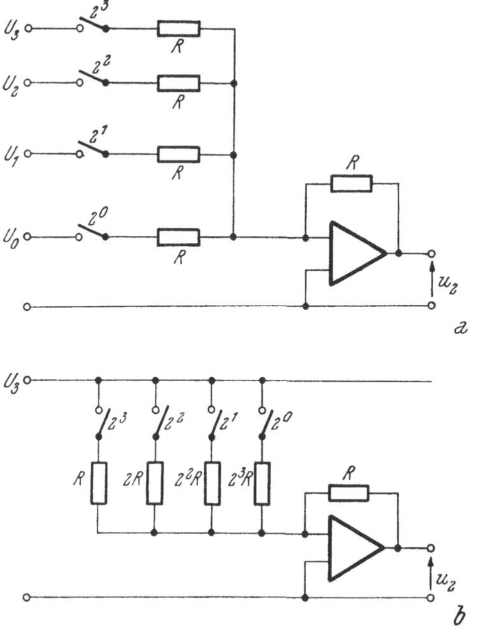

Abb. 5.7.4. Summierung der Referenzspannungen für einen DAC mit 4 Bit
a) abgestufte Referenzspannungen
b) einzige Referenzspannung

Neben dieser operativen Summierung besteht noch die Möglichkeit, eine einzige Referenzspannung und eine Attenuationskette analog zu Abb. 5.7.3 zu verwenden.

5.7.2. Serien-DAC

Von Serien-DAC wird eine Ausgangsspannung geliefert, deren Höhe proportional zu der seit dem Konversionsbeginn eingelangten Impulszahl ist.

Ist das Steuerregister der im Abschnitt 5.7.1 besprochenen Parallel-DAC als Zähler aufgebaut, so können diese DAC auch als Serien-DAC verwendet werden. Mit jedem einlangenden Impuls vergrößert sich das eingespeicherte Wort um 1 und der DAC erhöht die Ausgangsspannung dementsprechend um eine Einheit, so daß ein treppenförmig ansteigendes Ausgangssignal mit Stufen gleicher Höhe entsteht.

Mit normalen binären Zählern ist diese Art des Betriebs eines Parallel-DACs nicht ganz problemlos, denn z. B. der Übergang vom Zustand 0LLL in den Zustand L000, durch den die Ausgangsspannung nur um eine Einheit geändert wird, ist mit einem Kippen aller Flip-Flops verbunden, wodurch große Schaltstöße entstehen können, die die analoge Ausgangsspannung eine Zeitlang stören können. Durch Drosseln zwischen dem Steuerregister und dem DAC kann der Einfluß dieser Störungen vermindert werden.

Da der digitale Wert bei allen diesen DAC gespeichert bleibt, ist auch die analoge Ausgangsspannung beliebig lang (während der Dauer der Speicherung) mit gleichbleibender Güte erhältlich. Es lassen sich nach dieser Methode DAC mit einer Temperaturabhängigkeit von weniger als $10^{-5}/°C$

bauen und die Genauigkeit der analogen Spannung kann bei $5 \cdot 10^{-5}$ der maximalen Ausgangsspannung $\hat{u}_2$ liegen.

Werden keine so großen Ansprüche an die Genauigkeit gestellt, und braucht das Ausgangssignal vor allem nur kurzzeitig zur Verfügung zu stehen, so läßt sich ein Serien-DAC auch mit Hilfe anderer Treppengeneratoren realisieren.

5.7.2.1. Treppengeneratoren

Unter einem Treppengenerator versteht man eine Schaltung, die eine in gleichen äquidistanten Schritten ansteigende Ausgangsspannung liefert. Die Ausgangsspannung ist also, wenn man von der Quantisierung absieht, proportional der Zeit, sie stellt also unter dieser Einschränkung einen Sägezahn dar.

Sehr gute Sägezähne dieser Art lassen sich durch DAC in Verbindung mit hochkonstanten Oszillatoren herstellen. Dazu brauchen die Schwingungen des Oszillators nur in den oben beschriebenen Serien-DAC eingespeist zu werden.

Durch eine Diodenpumpe, wie sie in Abb. 5.7.5 dargestellt ist, erhält man Treppenspannungen auf direktem Wege: Ein positiver Stufenimpuls gelangt über C_1 und D_2 auf den Kondensator C_2, der vorher über S entladen wurde,

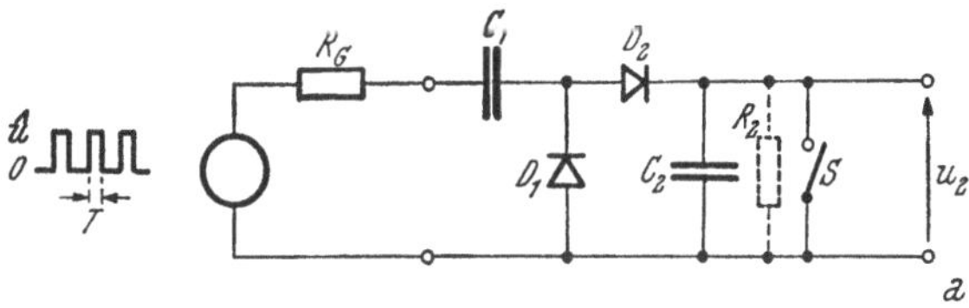

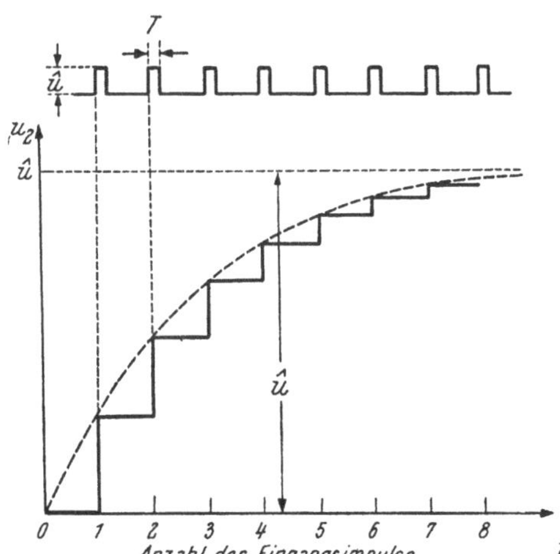

Abb. 5.7.5. Diodenpumpe als Treppengenerator
a) Schaltungsprinzip ($R_2 \to \infty$)
b) Form der Ausgangsspannung

und lädt diesen mit einer bestimmten Ladungsmenge Q_1 auf. Vom nächsten (negativen) Stufenimpuls wird D_2 gesperrt, so daß die Ladung von C_2 nicht abfließen kann. Infolge der Klammerwirkung von D_1 kann das Potential an der Anode von D_2 praktisch nicht unter 0 Volt sinken, so daß der nächste positive Stufenimpuls die gleichen Potentialverhältnisse an dieser Stelle vorfindet. Wegen der Aufladung von C_2 öffnet D_2 aber erst etwas später, so daß die diesmal auf C_2 deponierte Ladungsmenge Q_2 etwas kleiner als Q_1 ist. Diese Prozesse wiederholen sich bei jedem weiteren Impuls und die Spannungszunahme am Ausgang wird entsprechend Abb. 5.7.5 *b* bei jedem Impuls kleiner.

Damit alle Stufen gleich hoch werden, ist es notwendig, daß vor jedem Signal das Anodenpotential von D_1 mit dem Kathodenpotential von D_2 übereinstimmt (bzw. sich von diesem um einen konstanten Wert unterscheidet). Dies läßt sich auf zweierlei Weise durchführen:

a) Vermeidung einer nennenswerten Spannungsänderung an der Kathode von D_2 durch die Impulse;

b) Mitführung der Klammerspannung, also der Anodenspannung von D_1, mit der Kathodenspannung von D_2.

Die erste Bedingung läßt sich durch einen hinreichend großen Kondensator C_2 erreichen, z. B. durch die Verwendung der dynamischen Kapazität eines Integrationsverstärkers (s. 4.1.3.6). Bei dieser Anordnung ist die Kathode von D_2 mit der virtuellen Erde verbunden, so daß sich ihre Spannung praktisch nicht ändert. Die zweite Bedingung kann durch eine Mitführschaltung (Bootstrap-Schaltung, s. 4.1.2.3) erfüllt werden.

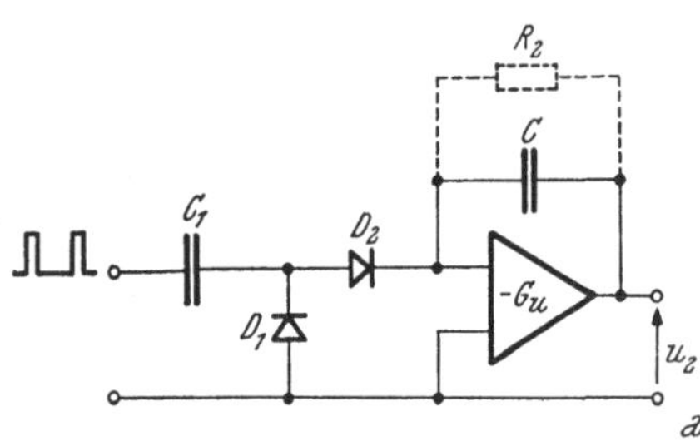

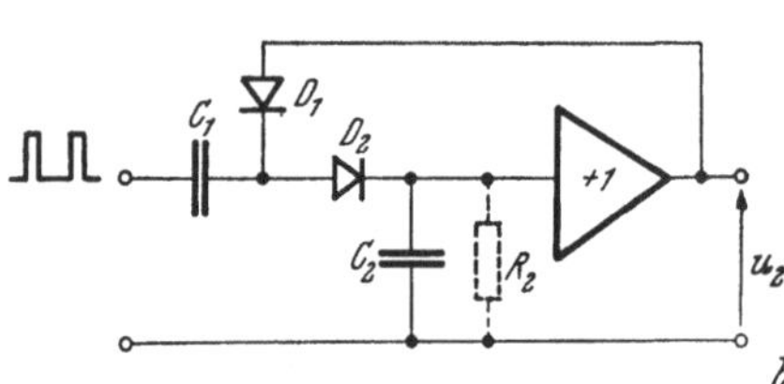

Abb. 5.7.6. Linearisierung der Diodenpumpe von Abb. 5.7.5 durch aktive Elemente
a) Verwendung einer dynamischen Kapazität
b) Verwendung einer Mitführschaltung

In Abb. 5.7.6 sind beide Methoden in ihrem Prinzip dargestellt. Als Mitführverstärker benötigt man einen hochohmigen Spannungsfolger, dessen Spannungsverstärkung möglichst nahe bei $G_u = 1$ ist. Bei beiden Verstärkern ist die Hochohmigkeit am Eingang notwendig, damit sich C bzw. C_2 zwischen den Impulsen nicht zu sehr entlädt. Da eine Entladung nicht völlig zu unterbinden ist, eignen sich solche Treppengeneratoren nur dann als Serien-DAC, wenn der Abstand zwischen den Impulsen nicht zu groß (und vorzugsweise konstant) ist und die konvertierte Spannung möglichst gleich verarbeitet wird. Die Konversionsgüte wird außerdem beeinflußt durch die Konstanz der Amplitude und der Form des Impulses (bzw. der verarbeiteten Impulsflanke, hier des positiven Stufenimpulses), da davon die pro Impuls aufgebrachte Ladung abhängt. Außerdem müssen die folgenden Bedingungen hinreichend gut erfüllt sein:

a) $T > 5\,R_1 C_1$,

wobei T die Impulslänge und R_1 die Summe des Generatorwiderstandes und des Durchlaßwiderstandes der Diode D_1 ist. Eine niederohmige Anspeisung ist daher vorteilhaft.

b) $\tau \gg R_1 C_1$,

wobei τ der Abstand zwischen zwei Eingangsimpulsen ist.

Da nur die (positive) Impulsflanke Ladung für C_2 liefert, ist das Verhalten gegenüber positiven und gegenüber negativen Rechteckimpulsen völlig gleich, sofern deren positive Impulsflanke gleich ist. Eine Umpolung der Dioden ändert die Polarität der Ausgangsspannung und macht die Anordnung für negative Impulsflanken empfindlich.

Treppengeneratoren sind auch als Untersetzer für Impulsfolgen geeignet. Für eine n-fache Untersetzung ist es bloß notwendig, einem Komparator als fixe Referenzspannung U_{Ref} das analoge Äquivalent des DACs von $(n-\frac{1}{2})$ zur Verfügung zu stellen und an den anderen Eingang die Ausgangsspannung u_A des DACs zu legen. Beim n-ten Impuls übersteigt somit u_A die Referenzspannung U_{Ref} und der Komparator schaltet in den „L"-Zustand. Mit diesem Signal des Komparators wird der Schalter S von Abb. 5.7.5 so lange geschlossen, bis C_2 völlig entladen ist (wobei der Komparator wieder den „0"-Zustand einnimmt) und die Anordnung ist für den $(n+1)$-ten Impuls bereit, der das gleiche Ausgangssignal u_A wie der erste liefert. Für n Eingangsimpulse erhält man einen „L"-Zustand des Komparators, es liegt also eine n-fache Untersetzung vor.

5.7.2.2. Serien-DAC zur Mittelwertbildung (Zählratenmessung)

Durch eine kleine Änderung an den bisher besprochenen Diodenpumpen, nämlich durch die Parallelschaltung eines Widerstandes R_2 zum Kondensator C_2 (in den Abbildungen strichliert gezeichnet), erhält man Schaltungen, deren Ausgangsspannung u_2 nicht proportional der Impulsanzahl seit dem Einschaltzeitpunkt ist, sondern proportional der Impulsrate, also der Impulsanzahl, die in der Zeiteinheit eintrifft. Solche Schaltungen werden deshalb als Zählratenmesser (counting rate-meter) eingesetzt.

Bei einer idealen Diodenpumpe, bei der jeder Impuls infolge Spannungsteilung an den Kapazitäten wegen $C_2 \gg C_1$ den gleichen Spannungssprung $u \approx (C_1/C_2)\,\hat{u}$ bewirkt, beträgt die pro Impuls auf C_2 gesammelte Ladung

$$Q = C_2 \cdot u = C_1 \hat{u}. \qquad [5.7.3]$$

Da jedoch über R_2 Ladung abfließt, kann die von den einzelnen Impulsen gelieferte Ladung auf C_2 nicht verlustlos gesammelt werden, sondern es stellt sich (bei einer gleichmäßigen Ladungszufuhr, d. h. bei einer regelmäßigen Impulsfolge von n Impulsen in der Zeiteinheit) nach einer bestimmten Zeit ein Gleichgewichtszustand $u_2(n)$ für die Ausgangsspannung u_2 ein, wenn nämlich die gesamte zugeführte Ladung über R_2 abfließt:

$$nQ = u_2(n) / R_2, \qquad [5.7.4]$$

woraus mit [5.7.3] wird

$$u_2(n) = nQ\,R_2 = nC_1 \hat{u}\,R_2 \qquad [5.7.5\text{ a}]$$

bzw. (mit einem bisher nicht berücksichtigten Korrekturterm für nichtideales Verhalten)

$$u_2(n) = \frac{n C_1 \hat{u} R_2}{1 + (C_1/C_2)/(1 - e^{-1/n R_2 C_2})}. \qquad [5.7.5\,b]$$

Diese Formel gibt Auskunft über eine wichtige Eigenschaft von R_2: Bei einer gegebenen Diodenpumpe und einer bestimmten Zählrate ist die Ausgangsspannung $u_2(n)$ um so größer, je größer R_2 ist. Die Empfindlichkeit des Zählratenmessers kann also über R_2 gesteuert werden. Bei nichtidealen Anordnungen (wie in Abb. 5.7.5) muß jedoch der Einfluß von u_2 auf die Linearität berücksichtigt werden.

Bei einem regelmäßigen Impulszug, wie er z. B. bei der Messung der Frequenz eines Oszillators auftritt, erhält man somit nach einer bestimmten Einstellzeit eine konstante Ausgangsspannung $u_2(n)$, die als Maß für die Frequenz anzusehen ist (Frequenz-Amplituden-Konverter).

Die Faktoren, die die Einstellzeit beeinflussen, erhält man aus folgender Überlegung: Infolge des Ladungsabflusses gehorcht der zeitliche Verlauf der Ausgangsspannung u_2 als Antwort auf einen einzigen Impuls folgender Gesetzmäßigkeit:

$$u_2(t) = \frac{C_1}{C_2} \hat{u}\, e^{-t/R_2 C_2}, \qquad [5.7.6]$$

sofern die Zeitkonstante τ_1 des ersten RC-Gliedes ($\tau_1 \approx R_1 C_1$) gegenüber $\tau_2 = R_2 C_2$ vernachlässigbar klein ist. Je größer die Zeitkonstante τ_2 ist, desto weniger fällt u_2 bis zum Eintreffen des nächsten Impulses ab, desto schneller wird also der die Frequenz repräsentierende Sättigungswert $u_2(n)$ erreicht, desto kleiner ist die „Ansprechzeit". Durch die Wahl von τ_2 wird natürlich auch festgelegt, wie rasch der Frequenzmesser auf plötzliche Frequenzänderungen reagiert. Dies ist besonders dann von Bedeutung, wenn die Impulse statistisch kommen, also bei den Zählratenmessern der Kernphysik, denn bei diesen unterliegt die Zählrate statistischen Schwankungen, denen der Zählratenmesser je nach der Größe von τ_2 mehr oder weniger folgen kann.

Die Spannungsschwankungen am Ausgang des Zählratenmessers lassen sich nach dem Theorem von Campbell berechnen, welches lautet:

$$\overline{(\Delta u)^2} = n \int_{-\infty}^{+\infty} u_2^2(t)\,\mathrm{d}t. \qquad [5.7.7]$$

Bei Verwendung von [5.7.6] und Integration von 0 bis $+\infty$ (der Zählratenmesser wird zum Zeitpunkt $t = 0$ eingeschaltet) und nach Multiplikation mit n erhalten wir

$$\overline{(\Delta u)^2} = n \frac{C_1^2}{C_2^2} \hat{u}^2 \frac{R_2 C_2}{2} \qquad [5.7.8]$$

und daraus die wahrscheinliche relative Schwankung σ_r zu

$$\sigma_r = 0{,}67 \frac{\sqrt{\overline{(\Delta u_2)^2}}}{u_2} = \frac{0{,}67}{\sqrt{2 n C_2 R_2}}. \qquad [5.7.9]$$

Die Größe der Schwankungen ist also, wie wir schon oben besprochen haben, von der „Integrationszeitkonstante“ $C_2 R_2$ abhängig. Diese kann nur durch C_2 variiert werden, wenn R_2 zur Festlegung der Empfindlichkeit (des Konversionsmaßstabes) verwendet wird.

Ist R_2 kein linearer Widerstand, sondern hat er eine logarithmische Kennlinie, so erhält man einen Zählratenmesser mit logarithmischer Anzeige, mit dem ein großer Zählratenbereich ohne Änderung des Meßbereiches des Anzeigegerätes erfaßt werden kann. Es wird dann bevorzugt die Anordnung von Abb. 5.7.6 *a* verwendet, bei der R_2 im Gegenkopplungszweig liegt (s. auch 4.1.3.5).

5.8. Analog-Digital-Wandlung

Die Angabe einer analogen Information, wie sie in Form einer Spannung, eines Stromes, eines Winkels, eines Zeitintervalls, einer Frequenz, einer Teilchenenergie oder irgendeiner anderen kontinuierlichen Größe vorliegt, durch Zahlen ist unvermeidbar mit einem Verlust an Genauigkeit („Auflösung“) verbunden, denn analoge Größen, die sich um weniger als den kleinsten zählenden Stellenwert der Zahl voneinander unterscheiden, werden durch die gleiche Zahl dargestellt.

Jede Zahl (jedes digitale Wort) repräsentiert also ein Größenintervall, wodurch die kontinuierliche analoge Information stufenförmig angenähert wird (s. Abb. 5.8.1). Analoge Werte, die durch das gleiche digitale Wort beschrieben werden, können sich also höchstens um eine Quantisierungseinheit (kurz ein „Quant“) unterscheiden. Je kleiner diese Quantisierungseinheit gewählt wird, desto kleiner ist der Quantisierungsfehler (desto größer ist die Auflösung), aber desto mehr Stellen hat das digitale Wort, wodurch der Schaltungsaufwand entsprechend zunimmt.

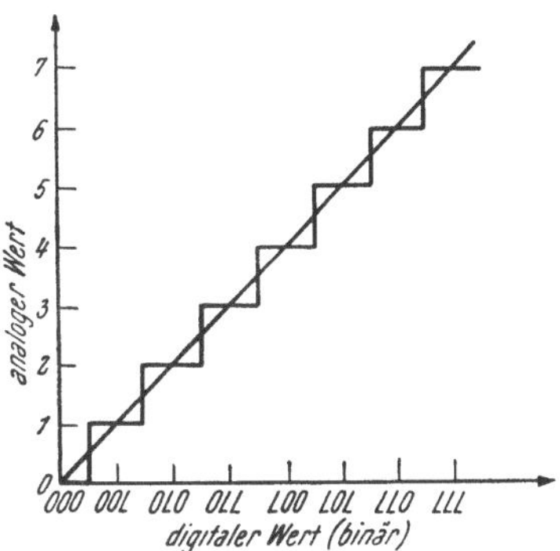

Abb. 5.8.1. Darstellung einer linear zunehmenden analogen Größe in digitaler Form

Die Verminderung des Informationsgehaltes durch die Quantisierung wird meistens dadurch mehr als wettgemacht, daß digitale Information auch durch beliebig oftmalige Verarbeitung in ihrer Präzision nicht beeinträchtigt wird, während analoge Information (infolge von Rauschen usw.) durch jede elektronische Operation verschlechtert wird, was letzten Endes auch auf Kosten der Auflösung geht.

Bei den weiteren Betrachtungen beschränken wir uns auf Fälle, in denen die analoge Information durch einen zeitlichen Abstand oder durch die Amplitude eines elektrischen Signals gegeben ist, denn fast immer läßt sich die zu verarbeitende analoge Größe in solche Größen umwandeln. Die Konversion des analogen Signals in ein digitales (bzw. binäres) Wort geschieht in den Analog-Digital-Wandlern (bzw. -Konvertern), für die wir die englische Abkürzung ADC (analog-digital-converter) verwenden wollen.

Folgende Eigenschaften eines ADCs sind besonders wichtig:

A. *Konversionsgüte*: Unter der Konversionsgüte versteht man die Güte der Wiedergabe der analogen Signale durch die quantisierten digitalen Wörter. Die Abweichung wird meistens in Prozenten, bezogen auf die maximale Eingangsspannung, angegeben. Die Fehler der Konversion setzen sich aus folgenden Beiträgen zusammen:

1. Quantisierungsfehler: Seine Größe ist durch die Stellenanzahl des digitalen Wortes bestimmt und ist ein Maß für die Auflösung des ADCs. Der unvermeidbare Quantisierungsfehler beträgt höchstens eine Quantisierungseinheit. In Sonderfällen (s. z. B. 5.8.1.1) ist der maximale Quantisierungsfehler aber doppelt so groß.

2. Analoge Fehlerquellen: Die analogen Fehler beruhen einerseits auf Zuordnungsfehlern (Eichfehler) zwischen den digitalen und den analogen Größen, zum anderen aber auf der zeitlichen und thermischen Abhängigkeit dieser Zuordnung infolge der Eigenschaften der verwendeten Bauteile. Hierbei spielen die Nullabweichung (offset) und die Gleichtaktunterdrückung der verwendeten Komparatoren eine entscheidende Rolle.

In der Impulshöhenanalyse ist man besonders an der Linearität des ADCs interessiert.

a) Unter der integralen Linearität (besser sollte es „Nichtlinearität" heißen) eines ADCs versteht man die größte Abweichung des durch die Digitalisierung erhaltenen treppenförmigen Spannungsverlaufes vom idealen, in Abb. 5.8.1 dargestellten Verhalten, bezogen auf die maximale, verarbeitbare Impulshöhe.

b) Die differentielle Linearität hingegen beschreibt die größte prozentuelle Abweichung der Höhe der einzelnen Stufen vom mittleren Wert, der durch die Auflösung des ADCs und die maximale, verarbeitbare Spannung festgelegt ist.

Die Forderung nach guter differentieller Linearität beschränkt die Anzahl der für die Impulshöhenanalyse verwendbaren Konversionsmethoden.

3. Störquellen: Durch Überlagerung mit den analogen Signalen erzeugen das Rauschen sowie die Welligkeit der Betriebsspannung usw. (s. 4.1.5) einen Fehler, der die Analog-Digital-Wandlung beeinträchtigt. Nach Durchführung der Konversion sind diese Störungen jedoch bedeutungslos, da sie digitale Information nicht entscheidend beeinträchtigen können. In vielen Anordnungen entstehen Störungen durch Schaltvorgänge im ADC. Diese Störungen klingen mit einer charakteristischen Zeitkonstante ab, weshalb man nach jedem Schaltvorgang eine durch die gewünschte Genauigkeit festgelegte Zeit abwarten muß, ehe die Konversion des Signals weitergeführt werden kann.

B. *Konversionsrate*: Die Zeit, die ein ADC für eine Umwandlung benötigt, also seine „Totzeit", beschränkt die Anzahl der Konversionen, die in der Zeiteinheit durchgeführt werden können, also die Schnelligkeit des ADCs. Die Totzeit ist außer von der verwendeten Methode noch von der gewünschten Konversionsgüte abhängig (s. oben).

C. *Eingangsbereich*: Für jeden ADC gibt es eine bestimmte maximale Eingangssignalgröße, die konvertiert werden kann, und eine andere, im allgemeinen größere, die ohne Schädigung des ADCs am Eingang auftreten darf. Außerdem muß die Ausgangsimpedanz des Generators, der das analoge Signal liefert, bestimmte Anforderungen erfüllen (die von der Eingangsimpedanz des ADCs abhängen), damit der ADC die angegebenen Spezifikationen einhält.

D. *Ausgangsgrößen*: Für die Weiterverarbeitung der digitalen Information ist es wesentlich, in welchem Code diese abgegeben wird und wie die Impulsform ist (t_{an}, t_{ab}, u(„L"), u(„0"), Z_2).

E. *Stromversorgung*: Die Anforderungen an das Netzgerät (Stabilität, Rauschen, Welligkeit, Belastbarkeit usw.) sind je nach der gewählten Konversionsmethode verschieden und müssen ebenfalls berücksichtigt werden.

5.8.1. Digitale Darstellung von Impulslängen

Die digitale Darstellung von Zeitdifferenzen hat nicht nur für die Zeitmessung große Bedeutung, sondern in der Kernphysik vor allem auch für die Impulsgrößenanalyse. Denn elektrische Amplituden lassen sich nach Methoden, die wir in 4.6.3 besprachen, in Impulslängen überführen (Impulslängonmodulation).

Solche Analog-Digital-Konverter verwenden meistens einen Referenzoszillator, dessen Schwingungen während der Impulslänge gezählt werden, wodurch sich diese als Zahl (gezählte Schwingungsanzahl) ausdrücken läßt.

5.8.1.1. Impulslängenmessung durch direkten Vergleich mit einem Oszillator

Werden die Schwingungen eines möglichst frequenzkonstanten Oszillators während der Dauer eines Impulses (zwischen einem Start- und einem Stopp-Signal) gezählt, so liefert die erhaltene Zahl (das digitale Wort) ein Maß für die Impulslänge. Je höher die Frequenz des Oszillators ist, desto feiner ist die Quantisierung und desto besser ist die Auflösung des ADCs. Der (digitale) Quantisierungsfehler beträgt je nachdem, ob die Oszillatorfrequenz mit dem Impulsbeginn synchronisiert ist oder nicht, eine oder zwei Quantisierungseinheiten bzw. Schwingungen (s. Abb. 5.8.2). Ohne Synchronisation bleibt der Teil des Impulses vor der ersten Zeitmarke ZM (Abb. 5.8.2 *c*) unberücksichtigt. Im Extremfall kann dieser fast eine ganze Einheit betragen. Außerdem trägt auch die Impulslänge nach der letzten Zeitmarke nicht zum digitalen Wort bei, wodurch ein weiterer Fehler von nahezu einer Einheit entstehen kann. Durch Synchronisation des Impulsbeginns mit der Zeitmarke 1 (in Abb. 5.8.2 *d* strichliert) wird der maximale Quantisierungsfehler QF auf eine Einheit, dem Minimum für ADC (s. 5.8 A), reduziert.

Die Synchronisation erfolgt entweder so, daß der Oszillator mit dem Impulsbeginn angestoßen wird, oder dadurch, daß der Impuls zu einer bestimmten Phasenlage der nächsten Oszillatorschwingung beginnt. Bei Ver-

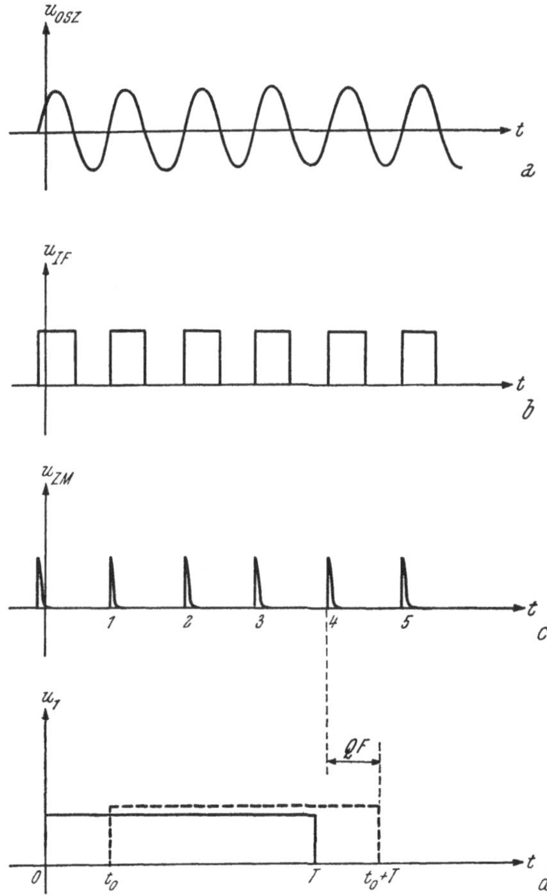

Abb. 5.8.2. Quantisierungsfehler bei der Impulslängenmessung mit Hilfe eines Referenzoszillators
a) Oszillatorsignal
b) und *c*) Ableitung der Zeitmarken
d) Impuls ohne und mit Synchronisation

wendung von Quarzoszillatoren (s. 4.1.6.2), die wegen der erforderlichen Frequenzkonstanz zu bevorzugen sind, wird wegen des unsicheren Anschwingens praktisch immer die zweite Methode benützt.

Bei den meisten Vielkanalanalysatoren, dem Standardgerät des Kernphysikers, arbeiten die ADC nach diesem Prinzip. Zur Impulshöhenanalyse braucht nur ein Impulslängenmodulator vorgeschaltet zu werden (s. 6.5.3).

A. Einfacher ADC nach der Zählermethode

In Abb. 5.8.3 ist ein solcher ADC unter Einbeziehung des Impulslängenmodulators dargestellt.

Sobald am Start-Eingang ein „L"-Signal erscheint (das in der Impulshöhenanalyse vom Eingangsimpuls abgeleitet wird), werden die beiden UND-Gatter *1* und *2* aktiviert und bei der nächsten Zeitmarke des Referenzoszillators (Synchronisation!) wird das Steuer-Flip-Flop gekippt, das den Schalter *S* des Impulslängenmodulators unterbricht, und gleichzeitig werden die Zeitmarkenimpulse zum Zähler durchgelassen. Sobald der Strom I_G des Generators nicht mehr über den als Schalter *S* wirkenden Transistor fließen kann, lädt er den Kondensator *C* linear auf. Ist u_C noch kleiner als die Eingangsspannung u_1, so bleibt der Komparator im „L“-Zustand und der Zähler erhält weitere Zeitmarkenimpulse. (u_1 muß also eine Zeitlang konstant gehalten werden, beispielsweise unter Verwendung eines Impulsverlängerers, 4.5.2.) Erreicht u_C den Wert von u_1, so schaltet der Komparator in den „0“-Zustand, wodurch das UND-Gatter *2* gesperrt wird und keine weiteren Impulse zum Zähler gelangen können. Gleichzeitig werden die Ausgabe-Gatter aktiviert und der Zählerinhalt kann abgefragt werden.

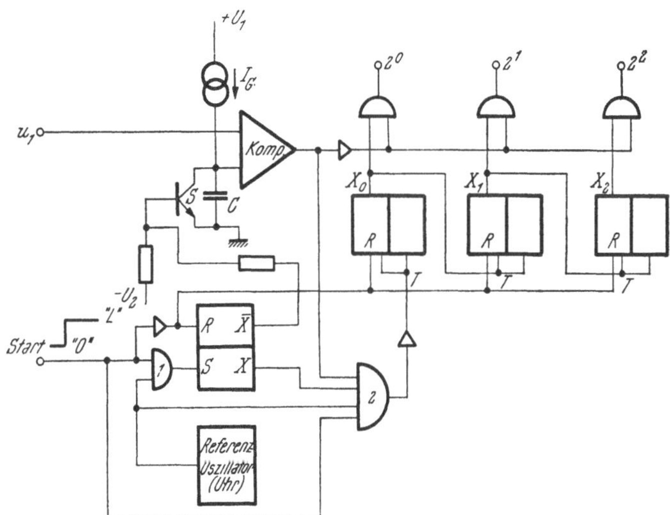

Abb. 5.8.3. ADC mit Impulslängenmodulator und direkter Zeitmessung (synchronisiert)

Dieser ist ein (quantisiertes) Maß für die Zeit, die der Kondensator dafür braucht, mit einem konstanten Strom I_G auf die Spannung u_1 aufgeladen zu werden, also für die Spannung u_1 selbst. Die zeitliche Zuordnung der Signalformen, die in der Schaltung gemäß Abb. 5.8.3 auftreten, ist in Abb. 5.8.4 dargestellt.

ADC, die nach dieser Methode arbeiten, sind relativ einfach, da sie nur wenige elektronische Elemente enthalten, haben eine mittlere Konversionsgüte (Fehler nicht unter 10^{-3}) und eine mittlere Konversionsgeschwindigkeit. Durch Referenzoszillatoren mit sehr hohen Frequenzen (200 MHz) erhält man selbst bei großer Auflösung (bei Wortlängen bis 12 Bit) erträgliche Totzeiten. Ein Vorteil der Impulslängenmodulation liegt auch darin, daß die im Zeitmarkenabstand enthaltene Information über die Impulsgröße über lange Strecken transportiert werden kann, ohne die Güte der Information zu beeinträchtigen. So kann der eigentliche ADC vom Impulslängenmodulator räumlich weit entfernt sein.

Die Fehler eines solchen Amplituden-Digital-Konverters kommen überwiegend vom Impulslängenmodulator: thermische und zeitliche Einflüsse auf den Stromgenerator, die Kapazität und den Leckstrom des Kondensators, den Eingangsstrom und den Umschaltpunkt des Komparators und auf den als Schalter wirkenden Transistor; daneben die begrenzte Eignung des Transistors als Schalter. Die digitalen Fehler (Frequenzstabilität, Quantisierungsfehler) sind verglichen damit weniger schwerwiegend.

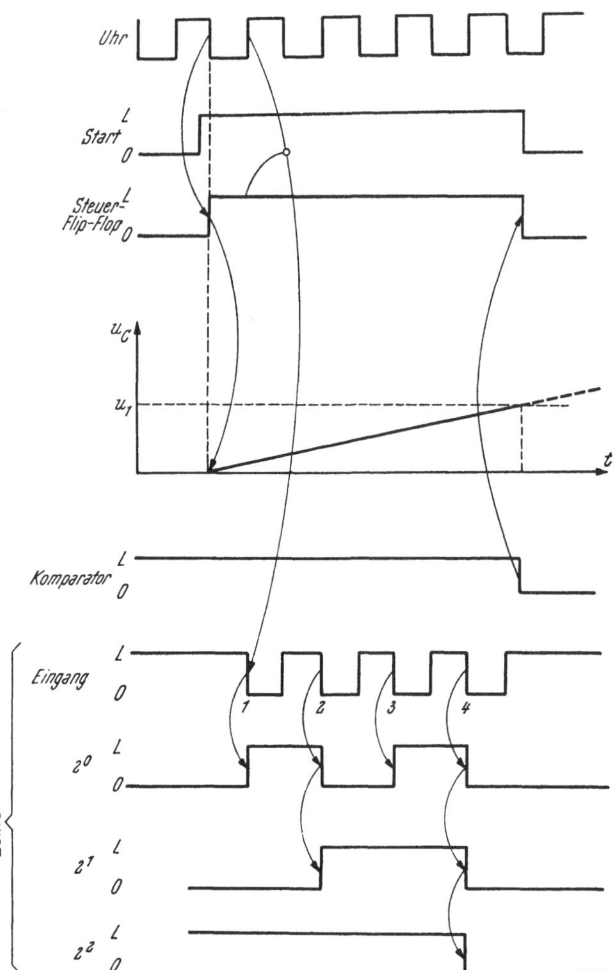

Abb. 5.8.4. Impulsformen zur Abb. 5.8.3

Eine Kompensation analoger Fehler erreicht man mit der

B. Up-Down-Methode

Bei dieser Methode werden die bei der Integration im Impulslängenmodulator vorkommenden (absoluten) Fehler durch eine entgegengerichtete Integration vermindert: Zuerst erfolgt die Integration des durch Impulsverlängerung erhaltenen Stufenimpulses von der Größe der zu verarbeitenden Spannung u_1 eine bestimmte Zeit t_1 lang (s. Abb. 5.8.5 *a*). Dann wird an den Eingang die fixe, umgekehrt gepolte Referenzspannung $-U_{R1}$ gelegt und es wird die Zeit gemessen, die verstreicht, bis die Ausgangsspannung des Integrationsverstärkers wieder ihren Ruhewert U_{R2} erreicht hat. In Abb. 5.8.5 *b* ist das Prinzip eines solchen ADCs für 3 Bit dargestellt. Als Zeit t_1 wird die Dauer von 2^3 Schwingungen des Referenzoszillators benützt. Während dieser Zeit wird das Eingangssignal (mit der Höhe u_{1x} bzw. u_{1y}) integriert, wodurch ein Rampenimpuls entsteht, dessen maximale Höhe u_x bzw. u_y proportional zur Eingangsspannung ist (lineare Näherung der Integration). Nach acht Schwingungen des Oszillators werden die beiden

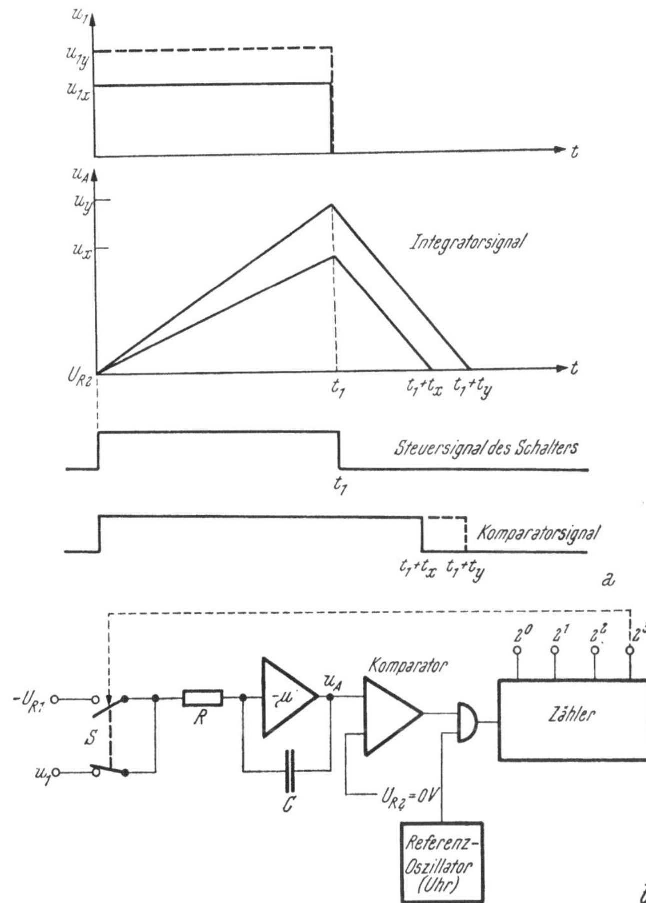

Abb. 5.8.5.
ADC mit einem Impulslängenmodulator nach der „up-down"-Integrationsmethode
a) Signalformen
b) Prinzipanordnung

gekoppelten Schalter umgestellt und C beginnt sich wegen der umgekehrten Polung von U_{R1} mit konstanter Rate zu entladen. Zu diesem Zeitpunkt sind die drei niedersten Stellen des Zählers im Zustand „0", so daß die nun folgenden Oszillatorimpulse einen „gelöschten" Zähler vorfinden. Sobald die Ausgangsspannung u_A des Integrators den Wert u_{R2} (z. B. 0 Volt) unterschreitet, spricht der Komparator an und sperrt das Gatter, so daß keine weiteren Impulse mehr zum Zähler gelangen können. Da durch die Integration ein linearer Zusammenhang zwischen u_{1x} und u_x sowie zwischen u_x und t_x hergestellt wird, ist t_x proportional zu u_{1x}, weshalb die in den ersten drei Bit des Zählers gespeicherte Impulsanzahl die digitale Information über die Höhe des Eingangsimpulses darstellt.

Diese Anordnung ist völlig unempfindlich auf langsame Änderungen der wirksamen Integrationszeitkonstante τ sowie der Frequenz des Referenzoszillators. Denn aus den beiden Gleichungen

$$u_x = \frac{1}{\tau}\, u_{1x} t_1 \qquad [5.8.1]$$

und

$$u_x = \frac{1}{\tau}\, |U_{R1}|\, t_x \qquad [5.8.2]$$

erhält man

$$t_x = \frac{1}{|U_{R1}|} t_1 u_{1x}. \qquad [5.8.3]$$

Aus dieser Gleichung sieht man, daß t_x von τ unabhängig ist (sofern sich τ während des Konversionsvorgangs nicht merklich ändert) und außerdem proportional zu t_1, so daß die Einheit, in der t_1 gemessen wurde (die Oszillatorfrequenz), keine Rolle spielt, sofern auch t_x mit der gleichen Einheit gemessen wurde. Die Konstanz der Referenzspannung U_{R1} ist jedoch wesentlich.

Die größere Genauigkeit dieser Anordnung wird durch den größeren elektronischen Aufwand und die längere Konversionszeit (Totzeit) bezahlt.

5.8.1.2. ADC mit Zeitintervall-Dehnung

Eine direkte Digitalisierung von Zeitintervallen nach der oben besprochenen Methode stellt bei Auflösungen unter etwa 10^{-8} s sehr große Anforderungen an die Zähler (und die Gatter), weshalb man dann lieber andere Methoden anwendet. Will man den indirekten Weg über eine Zeit-Amplituden-Konversion (s. 4.6.2) vermeiden oder ist auch dann die erreichbare Auflösung noch zu gering, so läßt sich mit Hilfe des Nonius-Prinzips vor der Konversion eine Zeitintervall-Dehnung vornehmen, wodurch mit den gleichen Quantisierungsschritten eine bessere Auflösung erhalten wird.

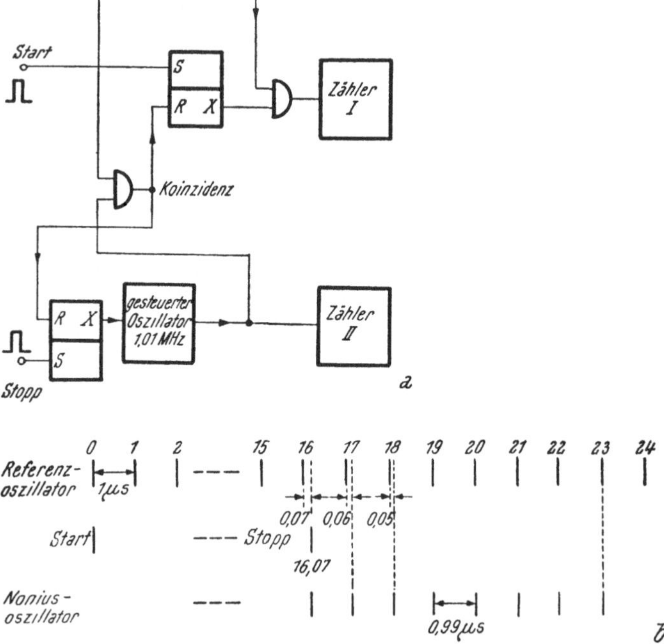

Abb. 5.8.6. Prinzip einer verfeinerten Impulslängenmessung (vernier counting) nach dem Nonius-Prinzip
a) Anordnung
b) Zeitschema für eine Impulslänge von 16,07 µs

Das Nonius-Prinzip wollen wir an Hand des Beispiels von Abb. 5.8.6 erläutern. Das Startsignal (der Beginn des Zeitintervalls) möge gleichzeitig mit einer Zeitmarke der Uhr (des Oszillators I mit $f_I = 1$ MHz) eintreffen — wir besprechen der Einfachheit halber nur synchrone Systeme — und den Eingang des Zählers I für die Zählung der Zeitmarken freigeben. Bei einer Impulslänge von beispielsweise 16,07 μs tritt nach dem Verstreichen von 16 Zeitmarken des 1-MHz-Oszillators und einer zusätzlichen Zeit von 0,07μs das Stoppsignal auf, das das Ende des Zeitintervalls anzeigt und den Nonius-Oszillator anstößt, dessen Periodenlänge τ_{II} etwa um 1% kleiner als $\tau_I = 1/f_I$ ist. Die erste vom Nonius-Oszillator gelieferte Zeitmarke ist wegen dessen höherer Frequenz von der 17. Zeitmarke des Oszillators I nur noch 0,06 μs entfernt, und nach jeder Schwingung verringert sich der Abstand um weitere 0,01 μs, bis die beiden Zeitmarken zusammenfallen. Ist N_I die Anzahl der Zeitmarken des Oszillators I bis zu dieser Koinzidenz (16 + 7) und N_{II} jene des Oszillators II (7), so erhält man das Zeitintervall Δt zu

$$\Delta t = (N_I - N_{II})/f_I + N_{II}(1/f_I - 1/f_{II}), \qquad [5.8.4]$$

in unserem Beispiel also

$$\Delta t = 16 \cdot 10^{-6} + 7 \cdot 10^{-8} = 16{,}07\ \mu s.$$

Die Anordnung von Abb. 5.8.6 *a* enthält zwei besonders kritische Elemente. Zunächst muß die zeitliche Auflösung der Koinzidenz 10 ns betragen. Sodann werden an die Frequenzstabilität des Nonius-Oszillators besonders hohe Anforderungen gestellt. Für seine maximale Arbeitsdauer ($99 \cdot 0{,}99\mu s \approx \approx 98\ \mu s$) darf die Abweichung der Periodenlänge τ_{II} vom Sollwert $0{,}99/f_I$ höchstens $0{,}01/99 f_I$ (also $\approx 10^{-10}$ s) betragen, d. h. die Stabilität muß besser als 10^{-4} sein.

Stehen Zähler zur Verfügung, die z. B. 5 MHz verarbeiten können, so läßt sich bei entsprechender Erhöhung der Oszillatorfrequenzen eine Auflösung von 10 ns mit etwas geringeren Anforderungen an den Nonius-Oszillator und auch in kürzerer Konversionszeit erhalten: Die Frequenzstabilität muß während der maximalen Arbeitsdauer von nur 3,6 μs besser als $5 \cdot 10^{-4}$ sein.

Nach einem ähnlichen Prinzip arbeitet die Schaltung von Abb. 5.8.7: Das Startsignal und das Stoppsignal zirkulieren so lange in ihrer in sich

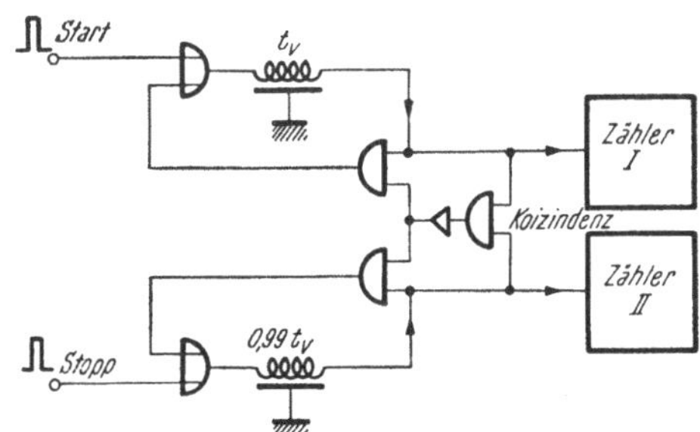

Abb. 5.8.7. ADC nach dem Nonius-Prinzip unter Verwendung von Verzögerungsleitungen

geschlossenen Verzögerungsleitung, bis der Stoppimpuls den Startimpuls einholt, was durch die (um 1%) geringere Verzögerung des Stoppimpulses ermöglicht wird. Zum Zeitpunkt der Koinzidenz werden die beiden Zirkulationen unterbrochen. Aus der Anzahl N_{I} bzw. N_{II} der Zirkulationen erhält man den Abstand der beiden Impulse zu

$$\Delta t = (N_{\mathrm{I}} - N_{\mathrm{II}}) t_V + N_{\mathrm{II}} (t_V - 0{,}99 t_V) \qquad [5.8.5]$$

völlig analog zu [5.8.4]. Die Hauptschwierigkeit bei dieser Schaltung liegt darin, daß die Impulsform wegen der nichtidealen Übertragungseigenschaften der Verzögerungsleitungen (s. 2.3.3) schlechter wird, wodurch eine saubere Feststellung der Koinzidenz erschwert wird.

Die Digitalisierung der gedehnten Impulse erfolgt entweder direkt (s. 5.8.1.1) oder aber nach einer Zeit-Amplituden-Konversion (s. 4.6.2) mit den im folgenden besprochenen Methoden.

5.8.2. Direkte Digitalisierung von Signalgrößen

Durch einen Vergleich mit diskreten Referenzspannungen, denen bestimmte digitale Werte zugeordnet werden, läßt sich für jede Signalgröße die zugehörige digitale Beschreibung finden. Die dazu benützten ADC-Typen unterscheiden sich vor allem in der Art und der Anzahl der Referenzspannungen und somit auch der Anzahl der Komparatoren (s. 4.2.2). Da die Analog-Digital-Wandlung über einen Spannungsvergleich erfolgt, sind die Komparatoren die wichtigsten Elemente dieser ADC.

Werden die Grenzen zwischen allen digitalen Wörtern durch fixe Referenzspannungen festgelegt, so kann in einem Schritt festgestellt werden, zwischen welchen Grenzen ein bestimmtes Eingangssignal liegt. Bei diesen „Parallel-ADC" werden also für jede Grenze eine Referenzspannung und ein Komparator benötigt. Für Wörter mit N Bit beträgt ihre Anzahl $2^N - 1$.

Werden die diskreten Referenzspannungen, die die Grenzen zwischen den einzelnen digitalen Wörtern festlegen, nacheinander erzeugt, so benötigt man zwar nur einen Komparator, aber im Extremfall $2^N - 1$ Schritte, um den Komparator zum Ansprechen zu bringen. Bei diesen „Serien-ADC" ist der elektronische Aufwand selbst bei sehr langen Wörtern (guter Auflösung) gering, doch ist die Totzeit beträchtlich.

Alle anderen ADC mit Spannungsvergleich lassen sich zwischen diesen beiden extremen Typen einordnen. Sie brauchen weniger Komparatoren als entsprechende „Parallel-ADC" und weniger Konversionszeit als äquivalente „Serien-ADC".

5.8.2.1. Serien-ADC

Eine typische Anordnung eines Serien-ADCs (counter ADC, ramp ADC) ist in Abb. 5.8.8 *a* dargestellt. Wird zur Zeit t_R (s. Abb. 5.8.8 *b*) der Zähler auf 0 gestellt, so liefert der Digital-Analog-Wandler DAC die Spannung $u_A = 0$. Mit $u_1 > 0$ befindet sich der Komparator im „L"-Zustand, weshalb das Gatter für die Impulse der Uhr geöffnet ist und der Zähler diese Impulse zählt. Synchron mit der gezählten Impulsanzahl steigt die Ausgangsspannung u_A des DACs so lange, bis sie zur Zeit t_S die Eingangsspannung u_1 übertrifft und der Komparator deshalb in den „0"-Zustand übergeht. Dadurch wird das Gatter gesperrt und in den Zähler können keine weiteren

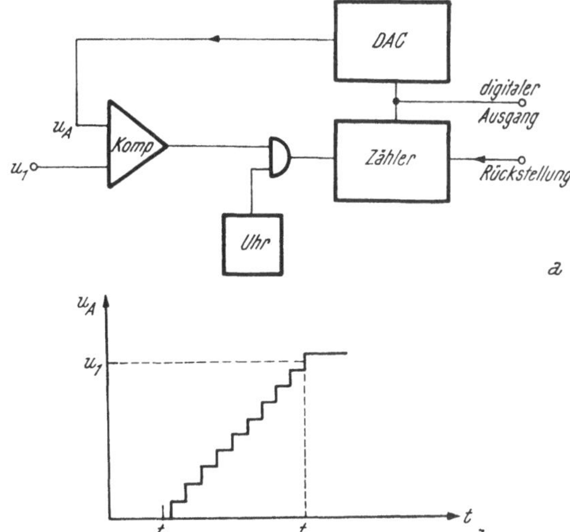

Abb. 5.8.8. *a*) Typische Anordnung eines Serien-ADC
b) Spannungsverlauf am zweiten Komparatoreingang

Impulse mehr gelangen. Die im Zähler gespeicherte Zahl stellt dann das digitale Äquivalent zur Größe der Eingangsspannung u_1 dar.

Bei dem in Abb. 5.8.9 dargestellten ADC liefert nicht eine Uhr die Impulse für den Zähler, sondern über eine in sich geschlossene Verzögerungskette wird derselbe Impuls in bestimmten zeitlichen Abständen so lange zum Zähler geschickt, als der Komparator noch nicht angesprochen hat.

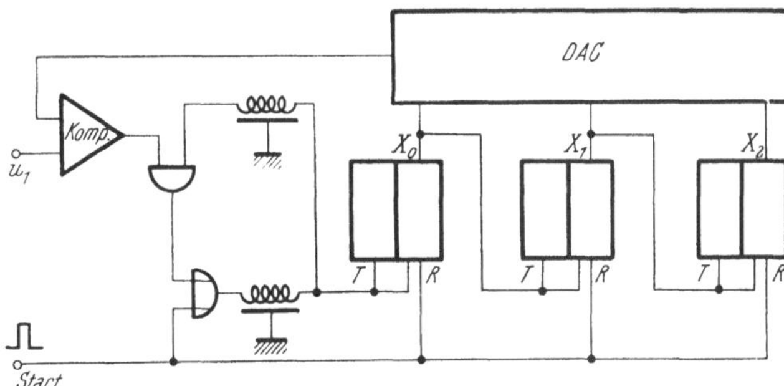

Abb. 5.8.9. Serien-Analog-Digital-Wandler für 3 Bit

Serien-ADC arbeiten langsam, denn bei der Konversion der größten verarbeitbaren Eingangsspannung u_1 muß der Zähler $2^N - 1$ Impulse zählen, wobei N die Anzahl der Bits je Wort darstellt, durch die wiederum die Auflösung des ADCs festgelegt ist. Der elektronische Aufwand ist jedoch verhältnismäßig gering und die differentielle Linearität hervorragend, denn der Spannungsvergleich erfolgt nur über einen Komparator, an dem die Vergleichsspannung u_A nur in kleinen, gleich großen Schritten geändert wird. Entscheidend für die Konversionsgüte ist die Güte des DACs, der deshalb besondere Beachtung verdient.

5.8.2.2. Parallel-ADC

Beim parallelen bzw. simultanen ADC sind für jedes digitale Niveau eine eigene Referenzspannung und ein eigener Komparator notwendig. Bei dem in Abb. 5.8.10 dargestellten ADC werden die diskreten Referenzspannungen durch Spannungsteilung aus einer einzigen Referenzspannung U_{Ref} gewonnen. Die Ausgänge der einzelnen Komparatoren werden durch eine Logik verknüpft, die für jede Signalgröße ein kodiertes Binärwort liefert. Der in der Abb. 5.8.10 verwendete Code ist ein Gray-Code (jede nachfolgende Zahl

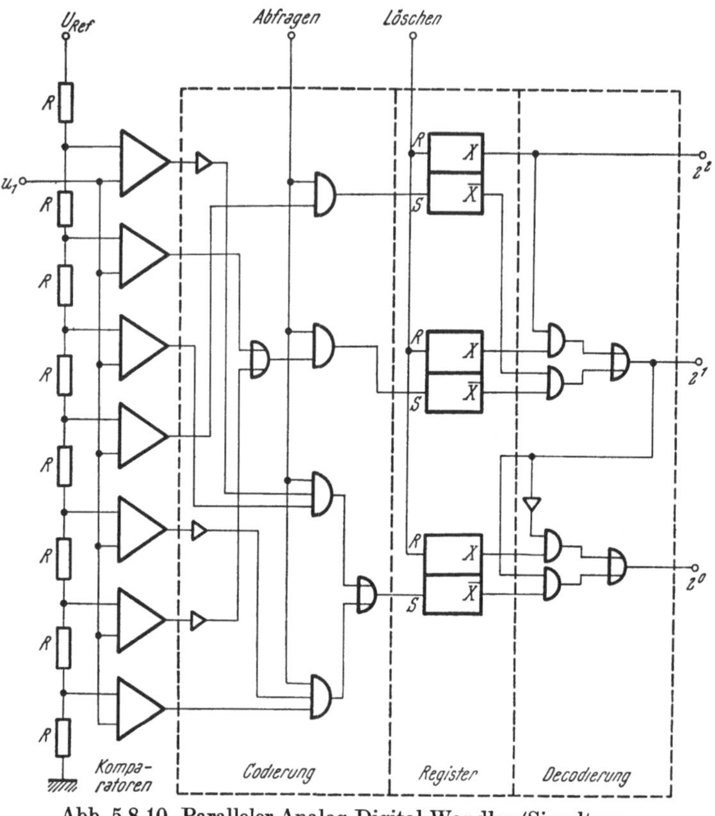

Abb. 5.8.10. Paralleler Analog-Digital-Wandler (Simultaner ADC) für 3 Bit. Verwendeter Gray-Code:

0	0L0	4	L00
1	0LL	5	L0L
2	00L	6	LLL
3	000	7	LL0

unterscheidet sich genau in einer Stelle), der ein besonders schnelles kontinuierliches Arbeiten des Registers zuläßt. Am Ausgang des Registers wird der Gray-Code in den gewöhnlichen Binär-Code umkodiert.

Die Konversion erfolgt auf einmal, doch ist der Aufwand beträchtlich, denn für jedes weitere Bit muß er verdoppelt werden. Solche ADC sind also nur mit kleiner Auflösung realisierbar. Die Schnelligkeit der Konversion wird von keiner anderen Type erreicht.

5.8.2.3. ADC nach der Methode der schrittweisen Näherung

Bei diesen ADC wird mit jedem Schritt jener Spannungsbereich, in dem u_1 liegt, halbiert und jene Hälfte, in der u_1 liegt, festgestellt. Pro Bit ist also ein Schritt erforderlich, der in Abb. 5.8.11 *a* durch einen Pfeil angezeigt wird.

Der in Abb. 5.8.11 *b* dargestellte ADC benützt außer dem Steuerregister für den DAC noch ein Verteilerregister, durch das festgelegt wird, welcher Schritt gerade durchgeführt wird. Bei dem gewählten Beispiel handelt es

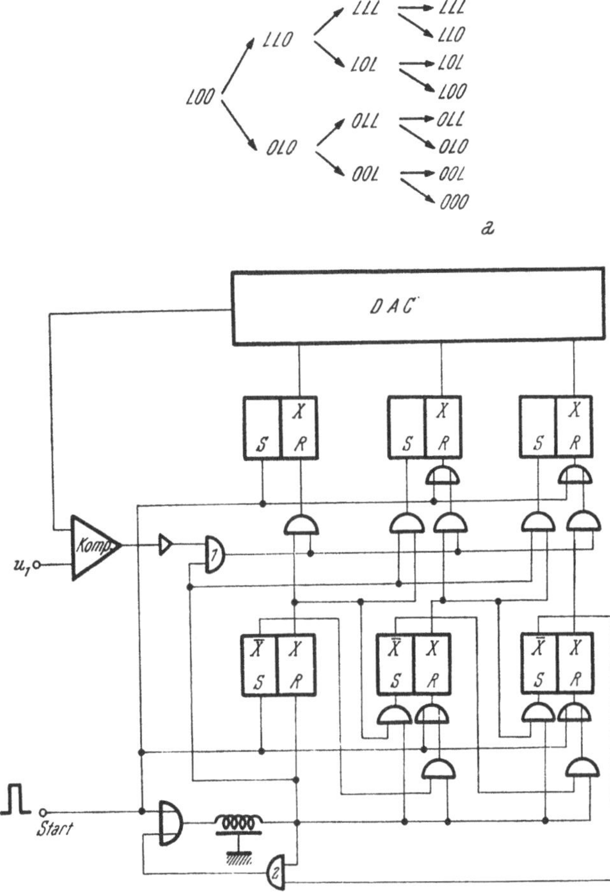

Abb. 5.8.11. Analog-Digital-Wandler nach der Methode der schrittweisen Näherung
a) Arbeitsschema
b) Prinzipschaltung

sich um ein Schieberegister, in dem mit jedem Schritt ein einzelner Impuls um eine binäre Stelle verschoben wird.

Durch das Startsignal werden beide Register gelöscht, außer der höchsten Stelle, auf die ein „L" eingelesen wird. Am Ausgang des DACs erscheint eine Spannung u_A, die halb so groß wie die maximale Vergleichsspannung ist. Gilt nun $u_1 > u_A$, so bleibt der Komparator im „L"-Zustand, andernfalls ($u_1 < u_A$) geht er in den „0"-Zustand. Inzwischen gelangt der Startimpuls über eine Verzögerung, die es dem DAC und dem Komparator gestattet, einzuschwingen, an die Eingänge der beiden Register. Am DAC-Register bewirkt dieser Eingangsimpuls folgende Änderungen: Ist der Komparator im „0"-Zustand, so wird Gatter *1* aktiviert und die höchste Stelle auf „0" gestellt. Die Position des „L"-Zustandes im Schieberegister steuert daneben die Einspeicherung eines „L"-Zustandes in die nächste Stelle, wozu der verzögerte Startimpuls als Schiebeimpuls für das Schieberegister benötigt wird.

Nun erfolgt neuerdings ein Vergleich der geänderten Spannung u_A mit u_1 im Komparator und die Vorgänge wiederholen sich, wobei nur jedesmal eine tieferliegende binäre Stelle drankommt. Die Steuerimpulse werden vom Startsignal geliefert, das so lange in einer in sich geschlossenen Verzögerungskette zirkuliert, bis der Konversionsvorgang beendet ist, wodurch Gatter *2* gesperrt und die Zirkulation abgebrochen wird. (Oft werden die Steuersignale nicht auf diesem Wege erhalten, sondern sie werden von einem Taktgeber (Oszillator) geliefert.) Das Ergebnis der Konversion ist im DAC-Register gespeichert und kann aus diesem abgefragt werden. Neben dieser parallelen Ausgabe des Ergebnisses erhält man das Ergebnis auch als Serieninformation, wenn man die Aufeinanderfolge der Zustände des Komparators auswertet.

Die Methode der schrittweisen Näherung erlaubt den Aufbau von schnellen ADC bei mittlerem elektronischen Aufwand. Wird jedoch höchste Genauigkeit (10^{-4} und besser) gefordert, so müssen lange Abklingzeiten in Kauf genommen werden, wodurch der ADC langsam wird. Doch läßt bei diesen, wie bei allen ADC, die viele verschiedene Schwellenspannungen verwenden (z. B. 5.8.2.2), die differentielle Linearität zu wünschen übrig, weshalb diese Methoden in der Impulsgrößenanalyse noch kaum Eingang gefunden haben. Erst bei Anwendung einer Mittelungsmethode erhält man auch mit diesen ADC eine differentielle Linearität unter 0,5%.

Bei einer dieser Mittelungsmethoden verwendet man, je nach der gewünschten Güte, bis zu 128 mehr Kanäle, als entsprechend der Auflösung notwendig ist. Dem Spannungsnullpunkt wird nun nacheinander (nach jedem registrierten Impuls, in beliebiger Reihenfolge) einer dieser überzähligen (128) Kanäle zugeordnet, wobei sowohl die analoge Vergleichsspannung als auch das digitale Äquivalent um den diesem Kanal entsprechenden Wert gesenkt wird. Dadurch wird erreicht, daß Impulse einer Höhe, die ohne die Mittelungsmethode im Kanal N entsprechend seiner individuellen Kanalbreite zum Spektrum beitragen würden, nun in Kanäle mit verschiedener Breite (und mit den Nummern N, $N+1$, ... $N+128$) fallen, wodurch sich die individuellen Kanalbreiten ausmitteln und eine hervorragende differentielle Linearität erreicht wird.

Die Anwendung dieser aufwendigen Methode lohnt sich bei ADC mit sehr guter Auflösung (mehr als 1000 Kanäle), da die Totzeit bei den in 5.8.2.2 und 5.8.2.3 besprochenen ADC kanalunabhängig und klein (wenige Mikrosekunden) gehalten werden kann, weshalb große Zählraten verarbeitet werden können. Für eine genaue Konversion ist es notwendig, daß die Eingangsspannung während der Konversionsdauer konstant ist. Dies geschieht durch Impulsverlängerer (4.5.2), die die Maximalamplitude eines Impulses eine bestimmte Zeit lang erhalten.

Die übrigen, hier nicht behandelten Methoden, nach denen ADC mit Spannungsvergleich arbeiten, sind so wie der ADC mit schrittweiser Näherung ein Kompromiß zwischen Aufwand und Konversionsrate. So gibt es Serien-ADC mit abgestufter Auflösung und Parallel-ADC in der Parallel-Serie-Anordnung, bei welcher die Auflösung in aufeinanderfolgenden Schritten immer besser wird.

Zum Abschluß wollen wir noch darauf hinweisen, daß es auch Schaltungen gibt, die nicht die Referenzspannung schrittweise erhöhen, sondern die das Eingangssignal um definierte Spannungswerte schrittweise vermindern. Daraus ergeben sich jedoch keine prinzipiell anderen Konversionsmethoden, da die beim Spannungsvergleich verwendeten Komparatoren ja nur auf Unterschiede in der Spannung ansprechen.

5.9. Literatur

5.9.1. Binäre Logik und Digitalrechner

PRESSMAN, A. J.: Digitale Schaltungen mit Transistoren. Stuttgart: Berliner Union, 1963.
PRESSMAN, A. J.: Design of transistorized circuits for digital computers. New York: J. Rider, 1959.
WEYH, U.: Elemente der Schaltungsalgebra. München: Oldenbourg, 1964.
STEINBUCH, K.: Taschenbuch der Nachrichtenverarbeitung. Berlin: Springer, 1962.
RECHENBERG, P.: Grundzüge digitaler Rechenautomaten. München: Oldenbourg, 1964.
KNOOP, A. R.: Fundamentals of relay circuit design. New York: Reinhold, 1965.
APPELS, J. T. and B. H. GEELS: Handbook of relay switching technique. New York: Springer, 1966.
KLAR, R.: Digitale Rechenautomaten. Berlin: Walter de Gruyter, 1969.
GUROW, W. S., G. A. JEMELJANOW, N. N. JETRUCHIN und J. W. BASILEWITSCH: Grundlagen der Datenübertragung. Leipzig: Akad. Verl. Ges., 1969.
MALMSTADT, H. V. and C. G. ENKE: Digital electronics for scientists. New York: Benjamin, 1969.
MALEY, G. A. and J. EARLE: The logic design of transistor digital computers. Englewood Cliffs, New Jersey: Prentice Hall, 1963.
GSCHWIND, H. W.: Design of digital computers, an introduction. Wien: Springer, 1967.
BRAUN, E. L.: Digital computer design. New York: Academic Press, 1963.
CALDWELL, S. H.: Switching circuits and logical design. New York: Wiley, 1958.
HALL, J. A. P., Hrsg.: Computers in education. Oxford: Pergamon Press, 1962.
PHISTER, M., JR.: Logical design of digital computers. New York: Wiley, 1958.
RICHARDS, R. K.: Digital computer components and circuits. Princeton: Van Nostrand, 1957.
BARTEE, T. C., I. L. LEBOW and I. S. REED: Theory and design of digital machines. New York: McGraw Hill, 1962.
CHU, Y.: Digital computer design, fundamentals. New York: McGraw Hill, 1962.
LEDLEY, R. S.: Digital computer and control engineering. New York: McGraw Hill, 1960.
HUSKEY, H. D. and G. A. KORN: Computer handbook. New York: McGraw Hill, 1962.
SIEGEL, P.: Understanding digital computers. New York: Wiley, 1961.
BARTEE, T. C.: Digital computer fundamentals. New York: McGraw Hill, 1960.
IRWIN, W. C.: Digital computer principles. Princeton: Van Nostrand, 1960.
SMITH, C. V. L.: Electronic digital computers. New York: McGraw Hill, 1959.

5.9.2. Schalter und Kippschaltungen (s. auch 3.4)

LUKES, J. H.: Halbleiter-Dioden-Schaltungen. München: Oldenbourg, 1968.
CAN, C. LE, K. HART und C. DE RUYTER: Schalteigenschaften von Dioden und Transistoren. Eindhoven: Philips, 1963.
GELDER, E.: Der Transistor als Schalter. Stuttgart: Franckh, 1963.
MEYERHOFF, A. J., Hrsg.: Digital applications of magnetic devices. New York: Wiley, 1960.
TOWERS, T. D.: Elements of transistor pulse circuits. Princeton: Van Nostrand, 1965.
PETTIT, J. M.: Electronic switching, timing and pulse circuits. New York: McGraw Hill, 1959.
MILLMAN, J. and H. TAUB: Pulse and digital circuits. New York: McGraw Hill, 1956.

SPEISER, A. P.: Impulsschaltungen, Erzeugung und Verarbeitung von Impulsen mit Röhren und Transistoren. Berlin: Springer, 1963.

WINCKEL, F., Hrsg.: Impulstechnik. Berlin: Springer, 1956.

MILLER, R. E.: Switching theory, Band I und Band II. New York: Wiley, 1965.

LYON-CAEN, R.: Diodes, transistors and integrated circuits for switching systems. New York: Academic Press, 1968.

5.9.3. Zählschaltungen

DANCE, J. B.: Electronic counting circuits. London: Iliffe Books, 1967.

DEAN, K. J.: An introduction to counting techniques and transistor circuit logic. London: Chapman & Hall, 1964.

SCHURIG, E.: Dimensionierung störfester Zähldekaden. Elektronik **14**, 333 (1965).

HAHN, H.: 10-MHz-Zählschaltung mit Si-Epitaxial-Planar-Transistoren und -Dioden. Elektronik **14**, 280 (1965).

MCGINNIS, G. A.: A fresh approach to readout counting systems. Nucl. Instr. Meth. **36**, 255 (1965).

HILBERG, W.: A 500 MHz twisted ring counter whose resolution is limited by gate switching speed only. Nucl. Instr. Meth. **33**, 322 (1965).

COOKE-YARBOROUGH, E. H., E. A. SAYLE and J. P. KERRY: An improved decimal scaling circuit. Nucl. Instr. Meth. **30**, 106 (1964).

NENTWICH, H.: Ein 100-MHz-Voruntersetzer in biquinärer Tunneldioden-Transistor-Schaltung. DESY 65/17.

WEBER, J.: Eine Tunneldiodendekade für Folgefrequenzen bis zu 250 MHz. Nucl. Instr. Meth. **26**, 325 (1964).

FOOTE, R. S. and D. JOHNSON: High-speed decade pulse counting. Rev. Scient. Instr. **35**, 1126 (1964).

ROWLES, J. B. and R. A. W. STEELS: A fast general purpose binary-decimal converter. Nucl. Instr. Meth. **27**, 129 (1964).

ORTEL, W. C. G.: A one gigacycle binary counter. Proc. IEEE **52**, 1746 (1964).

TARCZY-HORNOCH, M.: Five-binary counting technique makes faster decimal-counting-units. Electronic Design **9**/2, 34 (1961).

ALEXANDER, T. K. and D. R. HEYWOOD: A 20 MHz transistor decade scaler. Nucl. Instr. Meth. **13**, 83 (1961).

5.9.4. Speicherung

RAJCHMAN, J. A.: Magnetic memories — capabilities and limitations. J. Appl. Physics **34**, 1013 (1963).

POHM, A. V. and E. N. MITCHELL: Magnetic film memories — a survey. Trans. IRE, PGEC-**9**, 308 (1960).

RAJCHMAN, J. A.: Memories in present and future generations of computers. IEEE Spectrum, Nov. 1965.

RAFFEL, J. I.: Future developments in large magnetic film memories. J. Appl. Phys. **35**, 748 (1964).

KOENIG, M.: Magnetic thin film as digital storage device. Computer design, p. 16—24, March 1964.

LOUIS, H. P. and W. L. SHEVEL JR.: General survey: storage systems — present status and anticipated development. Proc. Conf. on Automatic Acquisition and Reduction of Nuclear Data. Hrsg. K. H. BECKURTS u. a. Karlsruhe 1964.

TAKABA, S.: Multistage delay line memory systems and their application to multichannel pulse height analyser featuring short dead time. Nucl. Instr. Meth. **58**, 223 (1968).

MAEDER, D.: An electromagnetic analog storage system with nanosecond resolution. Proc. Conf. on Automatic Acquisition and Reduction of Nuclear Data. Hrsg. K. H. BECKURTS u. a. Karlsruhe 1964.

STÜBER, W.: Some theoretical and practical results of buffer storage development. Proc. Conf. on Automatic Acquisition and Reduction of Nuclear Data. Hrsg. K. H. BECKURTS u. a. Karlsruhe 1964.

DAVIES, P. M.: Design for an Associative Computer. Proc. Pacific Computer Conf., March 1963, p. 109—117.
McKEEVER, B. T.: The associative memory structure. AFIPS Conf. Proc. **27**/1, 371 (1965).
CHU, Y.: A destructive read-out associative memory. Trans. IEE, EC-**14**/4, 600 (August 1965).

5.9.5. Diskriminatoren

NEETSON, P. A.: Considerations on Schmitt trigger level detectors. Electronic Appl. **28**/2, 41 (1968).
KLEIN, S. S., L. HULSTMAN and J. BLOK: A high-stability discriminator using a common diode as discriminating element. Application to a multiple channel pulse height analyser. Nucl. Instr. Meth. **60**, 88 (1968).
GEDCKE, D. A. and W. J. McDONALD: Design of the constant fraction of pulse height trigger for optimum time resolution. Nucl. Instr. Meth. **58**, 253 (1968).
JUNG, H., M. BRÜLLMANN und D. MEIER: Ein schneller Impulshöhendiskriminator mit Kompensation der Anstiegszeit und des Schwelleneffektes. Nucl. Instr. Meth. **55**, 301 (1967).
GEDCKE, D. A. and W. J. McDONALD: A constant fraction of pulse height trigger for optimum time resolution. Nucl. Instr. Meth. **55**, 377 (1967).
SOUCEK, B. and R. L. CHASE: Tunnel diode pulse shape discrimination. Nucl. Instr. Meth. **50**, 71 (1967).
GRIEDER, P. K. F.: Fast gated pulse height discriminator with small time slewing. Nucl. Instr. Meth. **56**, 229 (1967).
BEHRINGER, K.: A transistorised counting channel for measuring beta-activities with proportional counters. EIR-97 (1966).
WHITTAKER, J. K.: A zero-crossing discriminator with ps time slewing. IEEE Trans. Nucl. Sci. NS **13**/1, 399 (1966).
ABBATISTA, N., M. COLI and V. L. PLANTAMURA: Dynamic behaviour of tunnel diode monostable circuits. Nucl. Instr. Meth. **44**, 29 (1966).
SHOFFNER, P. M. and E. F. SHRADER: True zero-crossing fast discriminator. IEEE Trans. Nucl. Sci. NS **13**/1, 394 (1966).
DIAMOND, J. M.: A tunnel diode discriminator with fixed dead time. Nucl. Instr. Meth. **36**, 293 (1965).
ALSTON, W. J. and J. E. DRAPER: A simple zero crossing discriminator. Nucl. Instr. Meth. **35**, 155 (1965).
ABBATTISTA, A., V. L. PLANTAMURA and M. COLI: Operative definition of the threshold of tunnel diode switching circuits. Nucl. Instr. Meth. **37**, 323 (1965).
JUNG, H.: Ein schneller Impulshöhendiskriminator. Nucl. Instr. Meth. **32**, 109 (1965).
WINTER, J.: Theoretical and experimental study of a fast integral discriminator. Nucl. Instr. Meth. **28**, 229 (1964).
WAGNER, R. H.: Redundant pulse height discriminator. IEEE Trans. Nucl. Sci. NS **11**, 308 (1964).
RIGHINI, B.: On a Tunnel diode fast discriminator. Nucl. Instr. Meth. **29**, 89 (1964).
ADIN, A. and B. SABBAH: Notes on voltage sensitive TD discriminators. Nucl. Instr. Meth. **26**, 355 (1964).
PANDARESE, F.: Behaviour of tunnel diode amplitude discriminator. IEEE Trans. Nucl. Sci. **11**, 16 (1964).
ORMAN, P. R.: A synchronising discriminator for scintillation counter pulses. Nucl. Instr. Meth. **21**, 121 (1963).
BJERKE, A., Q. A. KERNS and T. A. NUNAMAKER: Pulse shaping and standardizing of photomultiplier signals for optimum timing information using tunnel diodes. Nucl. Instr. Meth. **15**, 249 (1962).
ZURK, R. VAN: Circuit discriminateur d'amplitude utilisant des diodes «tunnel». Nucl. Instr. Meth. **16**/2, 157 (1962).
VERWEIJ, H.: A fast transistorized discriminator. Nucl. Instr. Meth. **10**, 308 (1961).
RABSON, T. A.: Utilisation of tunnel diodes in fast trigger circuits. Nucl. Instr. Meth. **12**, 127 (1961).
ADLER, A., M. PALMAI and V. PEREZ-MENDEZ: 100 MHz tunnel diode discriminator and pulse shaper. Nucl. Instr. Meth. **13**, 197 (1961).

GOULDING, F. S. and L. B. ROBINSON: Achieving discriminator levels with a biased input diode. Electronics **33**, 89 (1960).

GRUHLE, W.: A new method of pulse timing applied to fast coincidence work. Nucl. Electronics, p. 189, IAEA, Wien 1959.

WEINZIERL, P.: New timing method for scintillation events in fast coincidence experiments. Rev. Scient. Instr. **27**, 226 (1956).

5.9.6. ADC und DAC (s. auch 6.6.8)

HOESCHELE, D. F.: Analog-to-digital / digital-to-analog conversion techniques. New York: Wiley, 1968.

SUSSKIND, A. K.: Notes on analog-digital-conversion techniques. New York: Wiley, 1957.

ROBINSON, L. B., F. GIN and F. S. GOULDING: A high speed 4096 channel analogue-digital converter for pulse height analysis. Nucl. Instr. Meth. **62**, 237 (1968).

SZAVITS, O.: Analog-to-digital converter nonlinearity due to the loss current. Nucl. Instr. Meth. **39**, 293 (1966).

GERE, E. A. and G. L. MILLER: A 4096 channel 50 MHz servo-stabilized analogue-to-digital converter. IEEE Trans. Nucl. Sci. NS **13**/3, 508 (1966).

COMISKEY, G. F., R. A. KARLIN and R. D. CARLSON: One microsecond ADC uses gated, 55 megacycle oscillator. IEEE Trans. Nucl. Sci. NS **12**/1, 325 (1965).

KRUEGLE, H. A.: Staircase waveform generator. Rev. Sci. Instr. **36**/11, 1672 (1965).

EMMER, T. L.: A fast ADC for pulse height analysis. IEEE Trans. Nucl. Sci. NS **12**/1, 329 (1965).

FRÄNZ, K. and J. SCHULZ: A fast binary analog to digital converter. Proc. Conf. on Automatic Acquisition and Reduction of Nuclear Data. Hrsg. K. H. BECKURTS u. a. Karlsruhe 1964 bzw. NAS-NRC **40**, 172 (1964).

GATTI, E.: General survey: Fast analog to digital converters. Proc. Conf. on Automatic Acquisition and Reduction of Nuclear Data. Hrsg. K. H. BECKURTS u. a. Karlsruhe 1964.

KANDIAH, K.: The performance of an analog-to-digital converter of recent design. NAS-NRC **40**, 177 (1964).

LENG, J. and P. K. PATWARDHAN: An analog-to-digital converter using a comparator technique. NAS-NRC **40**, 180 (1964).

MANFREDI, P. F. and A. RIMINI: Considerations on some causes of inaccuracy in the analog to digital conversion. NAS-NRC **40**, 186 (1964).

PIZER, H. I.: A fast pulse encoder. Nucl. Instr. Meth. **20**, 358 (1963).

ALBERIGI-QUARANTA, A. and B. RIGHINI: A new encoder. Nucl. Instr. Meth. **20**, 355 (1963).

BONSIGNORI, C., D. MALOSTI and U. PELLEGRINI: Transistorized analog-to-digital converter for nuclear spectroscopy. Nucl. Instr. Meth. **20**, 362 (1963).

BARTON, J. C. and A. CRISPIN: Simple logarithmic pulse height analyzer. Nucl. Instr. Meth. **16**, 39 (1962).

CHASE, R. L.: A servo stabilized analogue-to-digital converter for high resolution pulse-height analysis. IRE Trans. Nucl. Sci. NS **9**/1, 119 (1962).

6. Geräte zur Verarbeitung von Detektorimpulsen

Die ständige Verkleinerung bzw. Miniaturisierung elektronischer Schalteinheiten hat gemeinsam mit dem immer größer werdenden Aufwand dazu geführt, daß man sehr oft elektronische Geräte für kernphysikalische Anwendungen nicht als Einzelgeräte ausführt, sondern daß sie als Einschübe für ein Mutterchassis, aus dem sie die Versorgungsspannung beziehen, aufgebaut sind.

Die derzeit verbreitetste Norm, nach der die mechanischen und elektrischen Eigenschaften solcher „Modul"-Geräte festgelegt sind, ist der AEC/NIM-Standard.

Nach dieser Norm sind folgende logische Niveaus vorgeschrieben: Am Ausgang eines Gerätes muß das „L"-Signal zwischen 4 V und 12 V, das „0"-Signal zwischen −2 V und +1 V groß sein.

Der Eingang muß Spannungen zwischen 3 V und 12 V als „L"-Signal, solche zwischen −2 V und +1,5 V als „0"-Signal betrachten.

Für schnelle logische Einheiten sind die Verbindungen mit 50-Ω-Kabeln herzustellen. Die Niveaus der schnellen Logik sollen folgende Werte haben:

Am Ausgang wird ein „L"-Signal durch einen Strom zwischen −14 mA und −18 mA dargestellt, ein „0"-Signal zwischen −1 mA und +1 mA.

Der Eingang muß Ströme zwischen −12 mA und −36 mA als „L"-Signal, solche zwischen −4 mA und +20 mA als „0"-Signal ansehen.

Auch die Größe der Versorgungsspannungen ist genormt: Für jeden Einschub soll 115 V Wechselspannung sowie ±24 V, ±12 V und ±6 V Gleichspannung zur Verfügung stehen. Der umfangreiche Einsatz integrierter logischer Bausteine läßt es dabei als angebracht erscheinen, die für sie benötigte 6-V-Spannung besonders stark belastbar (z. B. 5 A) auszuführen.

Im folgenden sollen an Hand von Beispielen die wichtigsten Eigenschaften häufig verwendeter Geräte besprochen werden.

6.1. Impulsverstärkung

Wie in 1.1 besprochen, variiert die Höhe der Ausgangsimpulse von Detektoren um mehrere Größenordnungen, etwa zwischen 10^{-5} V und einigen Volt. Man braucht also, je nach Detektor bzw. nachgewiesener Energie, eine andere Verstärkung, um die für die Halbleiterelektronik günstige Impulsgröße von einigen Volt zu bekommen. Aber nicht nur aus diesem Grund gibt es keinen Allzweckverstärker, mit dem alle Verstärkungsaufgaben optimal gelöst werden können. So sind die Anforderungen an einen Verstärker, mit dem beste Energieauflösung erzielt werden soll (kleines Rauschen) nicht verträglich mit den Forderungen einer großen Bandbreite, die bei Zeitmessungen höchster Präzision gestellt werden.

Die Forderung nach minimaler Kapazität der Verbindung Detektor — 1. Verstärkerstufe und kleinstmöglicher störender Einstreuung in diesem empfindlichsten Bereich machte es zweckmäßig, den Verstärker in einen Vorverstärker *VV* und einen Hauptverstärker *V* aufzuspalten. Aus einer kleineren Auswahl von Vorverstärkern und Hauptverstärkern läßt sich dann für jedes Meßproblem eine optimale Kombination finden.

6.1.1. Vorverstärker

Vorverstärker werden immer möglichst knapp am Detektor angebracht. Dies verringert die Kapazität am Detektorausgang, die den Rauschabstand der Signale (s. 4.1.5.6) beeinflußt. Sie haben alle eine kleine Ausgangsimpedanz, die es ermöglicht, Signale über lange Koaxialkabel zu senden. Der Hauptverstärker und die übrige Elektronik kann dann weit vom Detektor entfernt aufgestellt werden, ohne daß die Detektorsignale an Informationsgehalt einbüßen. Diese räumliche Trennung von Detektor und Meßplatz ist auch aus Sicherheitsgründen oft notwendig.

Entsprechend den beiden Methoden, nach denen Detektorimpulse verarbeitet werden (Spannungsverarbeitung und Stromverarbeitung, s. 1.1), gibt es auch zwei grundlegend anders aufgebaute Vorverstärkertypen: Bei der Stromverarbeitung ist das Ausgangssignal proportional dem Detektorstrom, bei der Spannungsverarbeitung proportional dem integrierten Detektorstrom. Im ersten Fall läßt sich nur bei nachfolgender Integration des Signals eine Aussage über die im Detektor abgegebene Energie erhalten.

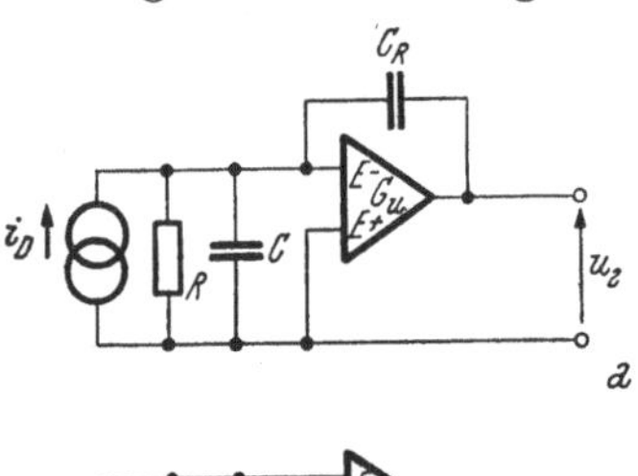

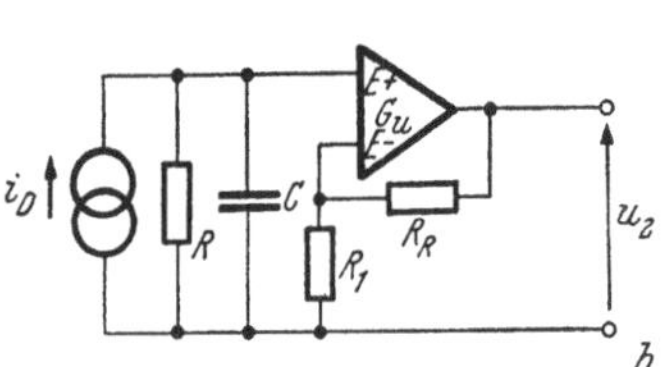

Abb. 6.1.1. Gegenüberstellung von aktiver (*a*) und passiver (*b*) Integration des Eingangsstroms
a) „ladungsempfindlicher" Verstärker
b) „spannungsempfindlicher" Verstärker

Für die Energiespektrometrie muß daher die Impulsintegration an geeigneter Stelle auf jeden Fall vorgenommen werden. Die dazu nötige Integration des Detektorstroms kann aktiv oder passiv erfolgen.

Bei der passiven Integration dient die Ausgangskapazität am Detektor als Integrationskapazität. Da diese sehr klein ist und auch sein muß (s. oben), müssen die parallelliegenden Impedanzen (z. B. die Eingangsimpedanz des Vorverstärkers) sehr groß sein, damit die Integrationszeitkonstante genügend groß ist. Man muß also einen Spannungsverstärker (große Z_1) verwenden. Die Vorteile und die Durchführung der aktiven Integration wurden in 4.1.3.6 besprochen.

In Abb. 6.1.1 sind die aktive und die passive Impulsintegration einander gegenübergestellt. Der Detektor ist als Stromgenerator dargestellt, parallel zu dessen Ausgang (zusammengefaßt in *R*) seine Ausgangsimpedanz, der Arbeitswiderstand und der Eingangswiderstand des Vorverstärkers liegen sowie die in C zusammengefaßten Kapazitäten, wie Detektor-, Streu- und Eingangskapazität.

Ist R genügend groß und die Spannungsverstärkung des aktiven Elements gleich G_u, so erhält man bei der Anordnung von Abb. 6.1.1 *a* eine maximale Ausgangsspannung $\hat{u}_2$ von

$$\hat{u}_2 = -\frac{G_u}{C + C_R(1+G_u)} \int i_D \mathrm{d}t =$$

$$= -\frac{G_u}{C + C_R(1+G_u)} Q \approx -Q/C_R, \qquad [6.1.1]$$

sofern $G_u \gg 1$ und $C_R(1+G_u) \gg C$.

Beim Verstärker von Abb. 6.1.1 *b* ist die entsprechende Ausgangsgröße (mit $R \to \infty$ und $G_u \gg 1$) gleich

$$\hat{u}_2 \approx \frac{Q}{C} \cdot \frac{R_1 + R_R}{R_1}. \qquad [6.1.2]$$

Obwohl also bei beiden Ausführungen das Ausgangssignal u_2 der Gesamtladung Q proportional ist, bezeichnet man nur den Verstärker mit aktiver Integration als „ladungsempfindlich", da bei diesem nach [6.1.1] die Ausgangsspannung nahezu unabhängig ist von Schwankungen der Eingangskapazität C (in der auch die Detektorkapazität enthalten ist). Im zweiten Fall [6.1.2] ist die Ausgangsspannung umgekehrt proportional zu C, was beispielsweise bei Halbleiterdetektoren, bei denen die Detektorkapazität von der Betriebsspannung abhängt, ein Nachteil ist. Eine Schaltung gemäß Abb. 6.1.1 *b* wird als „spannungsverstärkend" bezeichnet.

Die Bedeutung von C für die ladungsempfindliche Anordnung ist zweifach: Nach 4.1.5.6 ist die Rauschladung am Verstärkereingang proportional $\sqrt{C}$ und nach 4.1.2.5 nimmt die charakteristische Anstiegszeit eines Verstärkers durch die Gegenkopplung um einen Faktor, der von der Kreisverstärkung G_K bestimmt wird, ab (und die Bandbreite dementsprechend zu); da für hohe Frequenzen $G_K \approx G_u \cdot C_R/\mathrm{C}$ gilt, ist es also nicht nur für eine rauscharme, sondern auch für eine schnelle Anordnung wichtig, daß C klein ist.

Bei den ladungsempfindlichen Vorverstärkern wird parallel zu C_R ein Gegenkopplungswiderstand R_R eingebaut, wodurch einerseits der Arbeitspunkt (gleichstrommäßig) stabilisiert wird und zum anderen der Kondensator C_R zwischen den einzelnen Impulsen entladen wird, so daß durch die Aufstockung der Impulse (s. Abb. 1.1.1) nicht der Arbeitsbereich des Verstärkers verlassen wird. Als Entladezeitkonstante wird typischerweise $\tau = 10^{-4}$ bis 10^{-3} s gewählt, damit diese Zeitkonstante viel größer als die Impulsanstiegszeit und die Differentiationszeitkonstante für die Impulsformung ist.

Der Verstärker von Abb. 6.1.2 ist für Proportionalzählrohre gebaut. Er besteht aus einem aktiven Integrator (FET, T_1, T_2, T_3 und T_4) mit einem Ladungskonversionsfaktor von etwa 500 mV/pC und einer span-

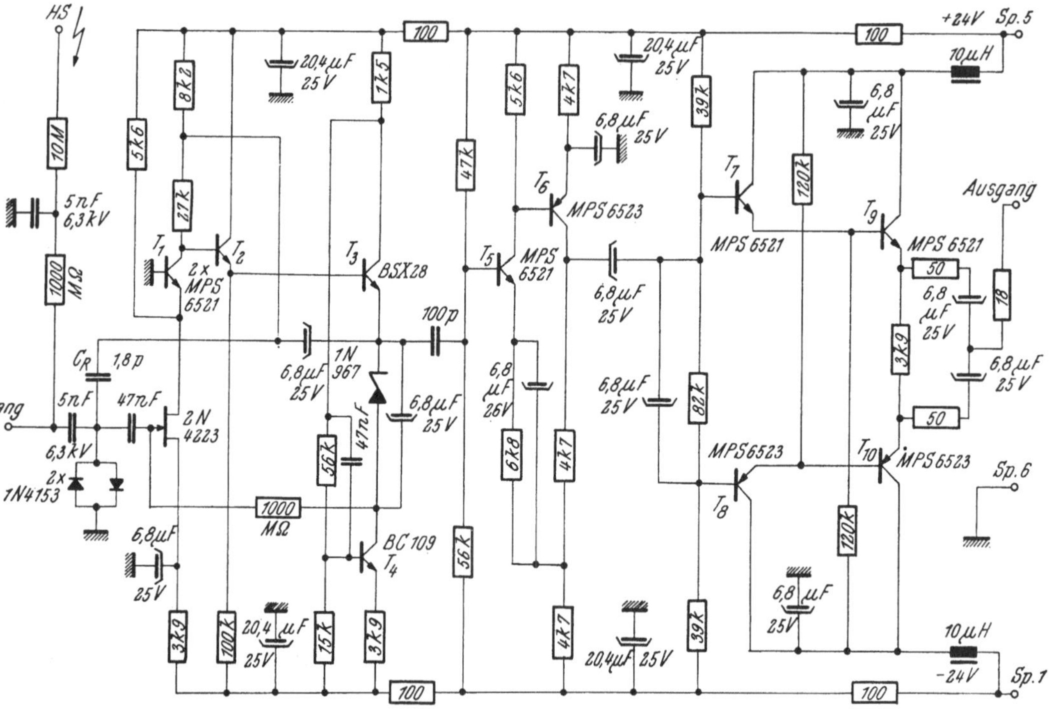

Abb. 6.1.2. Ladungsempfindlicher Vorverstärker für ein Proportionalzählrohr

nungsverstärkenden Endstufe (T_5, T_6, T_7, T_8, T_9 und T_{10}), zwischen denen ein impulskürzendes Differentiationsglied mit $\tau_d = 2{,}5$ µs angeordnet ist.

Am Eingang schützen zwei antiparallele Dioden den FET vor Spannungsstößen. Die Erhöhung des Rauschens durch diese Schutzdioden ist bei Zählrohren ohne Bedeutung, da wegen ihres internen Verstärkungseffekts der Rauschabstand hinreichend groß ist (s. 1.3.1.2). Bei einer Verwendung mit Halbleiterdetektoren muß man diese Schutzdioden entfernen. Außerdem hat dann wegen der Kleinheit der Impulse die Impulsformung erst im Hauptverstärker zu erfolgen.

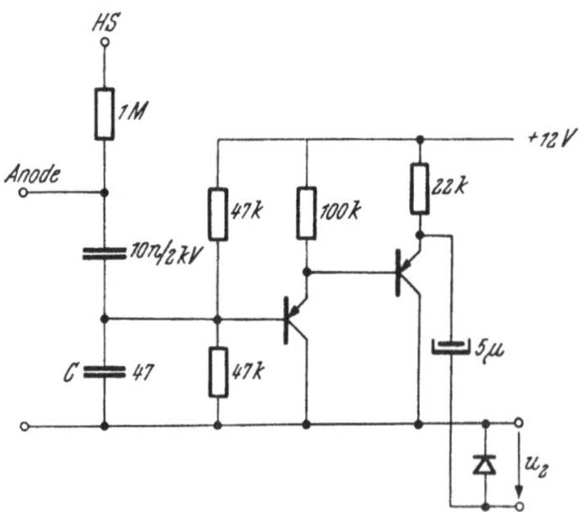

Abb. 6.1.3. Impedanzwandler für einen Szintillationszähler

In Abb. 6.1.3 ist ein einfacher Vorverstärker für einen Szintillationszähler (NaJ) dargestellt. Wegen der internen Verstärkung im SEV kann man sich mit einer bloßen Impedanzwandlung begnügen, die hier durch die Kaskadenschaltung zweier Emitterfolger (s. 4.1.1.5) erreicht wird. Es werden die negativen, von der Anode des SEVs gelieferten Impulse verarbeitet. Der benötigte Ruhestrom ist so gering, daß die Spannungsversorgung dieser Anordnung über den Spannungsteiler der SEV-Dynoden erfolgen kann. Der 47-pF-Kondensator in Abb. 6.1.3 ist der Anstiegszeit von 0,25 μs bei NaJ(Tl)-Impulsen angepaßt.

6.1.2. Hauptverstärker (Linearverstärker)

Neben einer Anpassung der Signalgröße an den Verbraucher (durch Verstärkung) obliegt dem Hauptverstärker die Aufgabe, die Signale unter Erhaltung der Linearität so zu formen, daß die gewünschte Information optimal aus den Signalen erhalten werden kann.

Die Verstärkungseigenschaft wird durch die Größe, die Stabilität und Linearität der Verstärkung sowie durch die Größe des Aussteuerungsbereiches bestimmt. Außerdem ist die Größe der Eingangs- und Ausgangsimpedanz von Interesse.

Die Wahl der notwendigen Impulsformung wird durch folgende Verstärkereigenschaften beeinflußt:
Bandbreite (bzw. Eigenanstiegszeit) des Verstärkers,
Übersteuerungsverhalten,
Verhalten gegenüber Nullinienverschiebung,
Rauschladung am Verstärkereingang.

A. *Größe der Verstärkung*: Sie ist das Verhältnis des Maximalwerts des Ausgangssignals zum Maximalwert des zugehörigen Eingangssignals. Ihr Wert läßt sich entweder in Abstufungen oder stufenlos vorwählen, und zwar üblicherweise zwischen etwa 2 und 1000. Dies geschieht fast ausschließlich durch Attenuatoren und nicht durch eine Beeinflussung der die Verstärkung bestimmenden Gegenkopplung, da deren Abgleich schwierig ist. Als Attenuatoren finden überwiegend Kettenattenuatoren (s. 2.3.2.2) wegen ihrer konstanten Ein- und Ausgangsimpedanz Verwendung.

Die Lage der Attenuatoren im Signalweg ist von großer Bedeutung. Liegt der Attenuator am Eingang, so ist die Gefahr, daß durch ein Signal der dynamische Bereich, d. h. der zulässige Aussteuerungsbereich, verlassen wird, am kleinsten. Allerdings wird dadurch der Rauschabstand verschlechtert (s. 4.1.5.5), da nur das Signal, nicht jedoch das Rauschen des Verstärkers attenuiert wird.

Befindet sich der Attenuator in der Mitte des Verstärkungsweges, so wird zwar das Verstärkerrauschen (das nach 4.1.5.3 vor allem von der ersten Verstärkerstufe stammt) ganz gleich wie das Signal geschwächt (der Rauschabstand bleibt gleich), aber die Aussteuerung ist in den vorhergehenden Stufen um den Attenuationsfaktor größer als bei der ersten Anordnung.

Durch Aufspalten des Attenuators in zwei Hälften, von denen eine am Verstärkereingang, die andere in der Mitte des Verstärkungsweges eingebaut wird, läßt sich ein Optimum erreichen.

B. *Stabilität der Verstärkung*: Durch extreme Gegenkopplung, ausgewählte Bauteile und Temperaturkompensation erhält man Stabilitäten besser als 10^{-4}/°C. Die Stabilität des Verstärkers ist vor allem für die Auflösung in der Impulshöhenspektrometrie von Bedeutung.

C. *Linearität der Verstärkung*: Sie gibt an, inwieweit der lineare Zusammanhang zwischen Eingangs- und Ausgangsspannung erfüllt ist. Die Größe der Nichtlinearität, also die Abhängigkeit der Verstärkung von der Impulsgröße, wird auf zwei Weisen angegeben: Die „integrale Linearität" eines Verstärkers ist die maximale Abweichung $(\Delta u)_{max}$ der Übertragungskennlinie (s. 4.1.1.3) von einer Geraden, bezogen auf die Größe u_{2max} des Aussteuerungsbereichs (bei einem festen Ruhearbeitspunkt):

$$L_i = \frac{(\Delta u)_{max}}{u_{2max}}. \qquad [6.1.3]$$

Die „differentielle Linearität" ist ein Maß für die Abhängigkeit der Verstärkung vom Ruhearbeitspunkt (ähnlich wie bei einem Kleinsignalparameter). Infolge des Aufsitzens von Impulsen ist nämlich (besonders bei höheren Zählraten) der Arbeitspunkt nicht konstant, sondern er verschiebt sich genauso wie die Nullinie. Für einen Spannungsverstärker erhält man also

$$L_d = \frac{(\Delta \mu)_{max}}{\mu}. \qquad [6.1.4]$$

Beide Größen können unter 10^{-2} gehalten werden, aber L_i leichter als L_d.

Bei einem Vorverstärker ist die differentielle Linearität ausschlaggebend, denn in ihm werden kleine und lange („Stufen-")Impulse verstärkt. Je nach dem momentanen mittleren Gleichspannungswert, den man aus zu [5.7.7] und [5.7.8] analogen Formeln berechnen kann, ist infolge der differentiellen Nichtlinearität eine andere Verstärkung wirksam, was zu einer Linienverbreiterung im Impulshöhenspektrum führt. Wegen der Proportionalität der Nullinienverschiebung zu $\sqrt{n}$ in [5.7.8] erlaubt ein Vorverstärker mit doppelt so großem Aussteuerungsbereich eine Verarbeitung der vierfachen Zählrate mit gleicher Güte.

Beim Hauptverstärker kann die Nullinie mit den unter F. besprochenen Methoden weitgehend konstant gehalten werden, weshalb in diesem Fall die integrale Nichtlinearität entscheidend ist. Diese bewirkt eine nichtlineare Zuordnung zwischen der Größe des Eingangs- und der des Ausgangssignals, was z. B. zu einer nichtlinearen Zuordnung zwischen Energie und Kanalzahl in der Energiespektrometrie beiträgt.

D. *Übersteuerung* (overload): Ein Eingangssignal u_1 übersteuert einen Verstärker, wenn das Produkt aus u_1 mit der Spannungsverstärkung größer als der Aussteuerungsbereich, d. h. die maximale Ausgangsspannung, ist. In Linearverstärkern für die Kernphysik ist das Übersteuerungsverhalten von besonderer Bedeutung, da es häufig vorkommt, daß der Detektor neben der gewünschten Strahlung auch solche nachweist, die 10^2- bis 10^3mal mehr Energie abgibt und dementsprechend größere Impulse liefert. Nimmt der Verstärker nach einem so großen Impuls, der ihn übersteuert, rasch wieder seinen normalen Arbeitspunkt ein, so werden die nachfolgenden Impulse ungestört verstärkt. Bleibt er jedoch lange im Übersteuerungsbereich und gelangt er nur langsam zu seinem normalen Arbeitspunkt, so gehen Impulse verloren (Totzeit) bzw. sie werden nichtlinear verstärkt, d. h. verformt (Erholzeit). Lange Erholzeiten kommen vor allem dann vor, wenn im Verstärker durch den übersteuernden Impuls eine Kapazität rasch aufgeladen wird, die sich aber nur langsam entladen kann (s. z. B. 2.1.5.2, 4.1.1.4 und 4.5.2).

Ein gutes Übersteuerungsverhalten des Verstärkers wird durch eine eigene Begrenzerstufe (s. z. B. 5.3) gewährleistet, die die maximale Ausgangsgröße festlegt und dabei so aufgebaut ist, daß nach dem Impuls wieder rasch der Ruhearbeitspunkt eingenommen wird.

Die Angabe der Übersteuerungsfestigkeit erfolgt so, daß jene Zeit angegeben wird, in der der Ruhearbeitspunkt auf z. B. 2% genau wieder erreicht ist, wenn ein Eingangsimpuls eingespeist wird, der z. B. eine 200fache Übersteuerung verursacht. Wesentlich ist dabei die zu verstärkende Impulsform, da es z. B. bei einem exponentiell abfallenden Impuls lange dauert, bis er wieder zur Nullinie gelangt (s. z. B. 5.6.2), während bei einem Rechteckimpuls dies sofort geschieht.

E. *Verstärkerimpedanzen*: Besonders bei schnellen Verstärkern ist oft sowohl die Eingangs- als auch die Ausgangsimpedanz gleich 50 Ω, so daß diese den richtigen Abschluß für 50-Ω-Kabel darstellen. Häufig sind jedoch auch Eingangsimpedanzen um 10^3 Ω anzutreffen und Ausgangsimpedanzen, die zur Speisung von 100-Ω-Kabeln ausgelegt sind.

F. *Bandbreite*: Die maximale Bandbreite eines Verstärkers wird meistens durch seine Eigenanstiegszeit angegeben. Diese liegt bei den Universalverstärkern bei etwa 10^{-8} s, bei schnellen Verstärkern aber wesentlich darunter. Für optimale Impulshöhenspektrometrie wird die Bandbreite sowohl nach oben als auch nach unten hin beschnitten (s. 4.1.5.6) und damit der Rauschabstand erhöht. Dies geschieht mit Tief- und Hochpässen (passiv, 2.3.1, oder aktiv, 4.1.3.6) bzw. mit Verzögerungsleitungen (2.3.3.3).

Trotz des um den Faktor $\sqrt{2}$ größeren Rauschens wird man die Impulskürzung durch eine Verzögerungsleitung dann vorziehen, wenn viele Übersteuerungsimpulse vorkommen, da dadurch schneller wieder die Nullinie (der Ruhearbeitspunkt) erreicht wird. Aber auch bei Impulsen einer Größe, die nicht übersteuern, ist bei höheren Zählraten die Differentiation mit einer Verzögerungsleitung (*VL*) vorzuziehen: das Aufsitzen (pile-up) von Impulsen auf Ausläufern vorhergehender bewirkt eine geringere Verformung des Spektrums, wie in Abb. 6.1.4 schematisch (unter Vernachlässigung der seltenen mehrfachen Überlagerung) dargestellt ist.

Da Koppelkondensatoren selten ganz zu vermeiden sind, kommen im Verstärker keine echten polaren Impulse vor, sondern diese haben ein Unterschwingen unter die Nullinie, das flächengleich mit dem Primärimpuls ist (s. 2.1.5.2). Nachfolgende Impulse beginnen nun nicht bei der Nullinie, sondern auf dem Unterschwingen. Die mittlere Spannung, bei der die Impulse beginnen (die effektive Nullinie), verschiebt sich also mit zunehmender

Zählrate und die Primärimpulse werden dementsprechend kleiner, da ihre Höhe bei der Messung auf die absolute Nullinie bezogen wird.

Zusätzlich schwanken die Fußpunkte der Impulse um diese mittlere Spannung entsprechend dem Theorem von CAMPBELL nach [5.7.7]. Dadurch

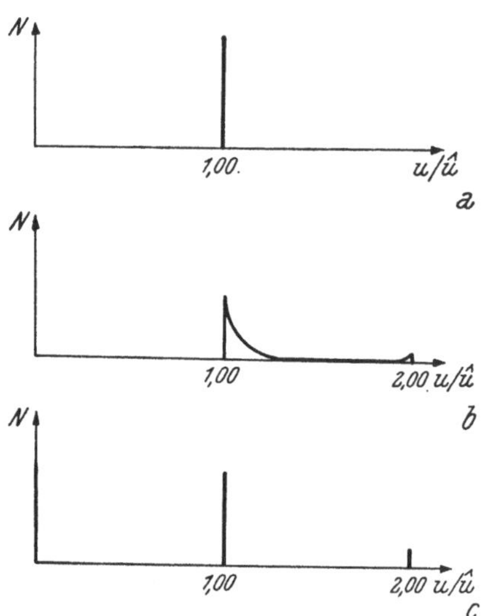

Abb. 6.1.4. Verformung eines Einzellinienspektrums infolge des Aufsitzens (pile-up) einfach differenzierter (polarer) Impulse
a) ideales Spektrum
b) *RC*-Differentiation
c) *VL*-Differentiation

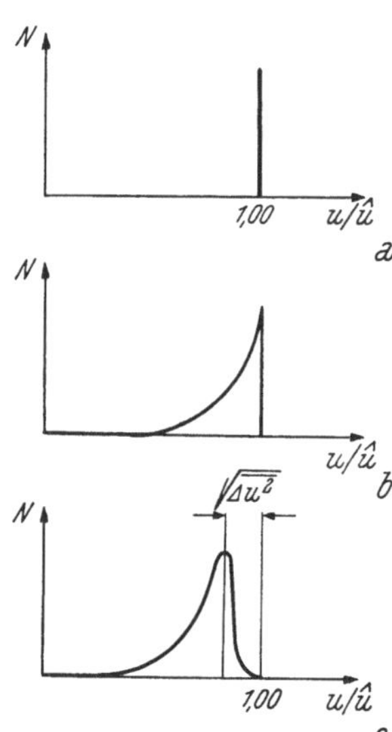

Abb. 6.1.5. Verformung eines Ein-Linien-Spektrums infolge der Nullinienverschiebung (ohne Berücksichtigung des Aufsitzens auf Primärimpulsen)
a) ideales Spektrum
b) kleine Zählrate
c) große Zählrate

erhält man statt einer einzigen scharfen Linie eine verschobene und verbreiterte Linie entsprechend Abb. 6.1.5.

Durch doppelte Differentiation wird die Nullinienverschiebung auch bei höheren Zählraten vernachlässigbar, nicht jedoch die Spektrenverformung durch Überlagerung. Da die Überlagerung entweder mit dem Primärimpuls oder aber mit dem Unterschwingen erfolgt, erhält man statt einer einzigen Impulsgröße ein weites Spektrum von Impulshöhen (bezogen auf die feste Nullinie), wie es in Abb. 6.1.6 für *RC*- und *VL*-Differentiation dargestellt ist. Bei doppelter *RC*-Differentiation mit einfacher Integration erhält man Impulshöhen zwischen etwa 65% (Unterschwingen ≈35%, s. 2.3.1.5) und 200% der wahren Impulsgröße mit Häufigkeitsmaxima bei 65%, 100% und 200%, bei *VL*-Differentiation häufen sich die Impulsgrößen bei 0%, 100% und 200% der Originalimpulshöhe. Die kürzere Dauer der *VL*-Impulse macht diese für höhere Zählraten geeigneter, da eine Überlagerung weniger wahrscheinlich ist. Das um den Faktor $\sqrt{6}$ höhere Rauschen ist jedoch ein Grund dafür, daß bei einem schlechten Rauschabstand doppelte *RC*-Diffe-

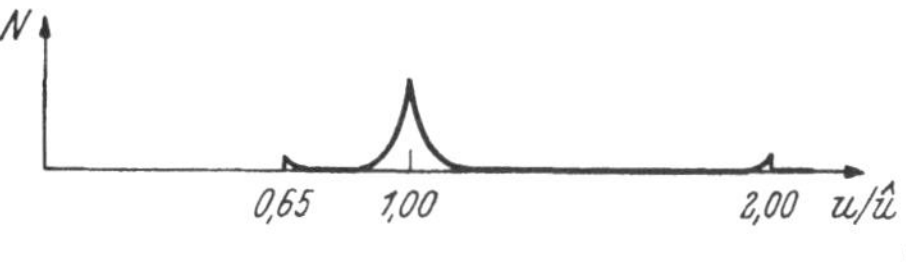

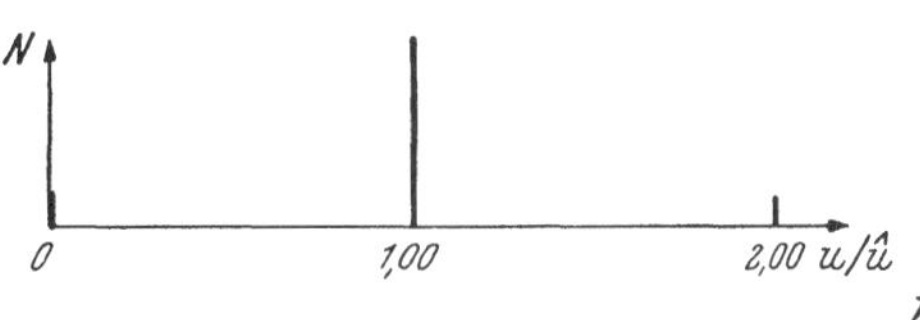

Abb. 6.1.6. Verformung eines Einzellinienspektrums infolge Aufsitzens doppelt differenzierter Impulse
a) doppelte *RC*-Differentiation und einfache Integration mit gleicher Zeitkonstante
b) doppelte Differentiation mit Verzögerungsleitungen

rentiation vorgezogen wird, da sie eine geringere Linienverbreiterung und daher eine bessere Energieauflösung liefert.

In Abb. 6.1.7 sind die häufigsten Arten der Impulsformung dargestellt. Welche man wählt, hängt von der Meßaufgabe (Amplituden- oder Zeitmessung), vom Detektor und von der Zählrate ab. Sie wird am besten experimentell bestimmt. Zu diesem Zweck enthalten Linearverstärker umschaltbare Differentiations- und Integrationsglieder mit Zeitkonstanten zwischen etwa 10^{-8} s und 10^{-5} s.

Die Anordnung des ersten Differentiators erfolgt meistens in der Nähe des Eingangs, da dadurch ein mehrfaches Aufsitzen der Impulse in den nachfolgenden Stufen verhindert wird, so daß sich deren Arbeitspunkt nicht zu sehr verschiebt, was auch im Hinblick auf die nichtideale differentielle Linearität von Bedeutung ist. Eine Anordnung in der Nähe des Ausgangs hat dagegen den Vorteil, daß niederfrequente Störungen (Rauschen, Netzbrumm usw.), die im Verstärker entstehen, unterdrückt werden. Deshalb befindet sich der zweite Differentiator nahe beim Ausgang.

Die Lage des Integrators ist ohne große Bedeutung für das Verstärkerverhalten. Liegt er näher beim Ausgang, so kann man knapp vor ihm ein verstärktes Signal, dessen Anstiegszeit noch nicht durch den Integrator vergrößert ist, zu einem „schnellen" Ausgang führen.

Eine typische Anordnung, bei der die obigen Überlegungen berücksichtigt sind, ist in Abb. 6.1.8 dargestellt.

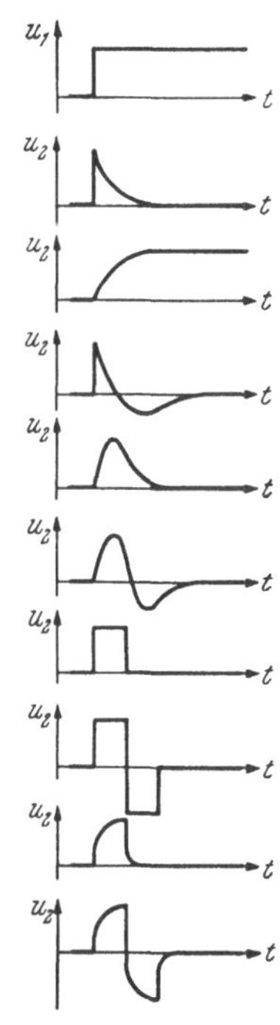

Abb. 6.1.7. Häufig verwendete Impulsformen in der Kernspektroskopie (Stufenimpuls als Eingangssignal)

Eine Verminderung bzw. Unterdrückung der Nullinienverschiebung bei Verarbeitung unipolarer Impulse erreicht man durch Pole-Zero-Cancellation oder durch Klammerschaltungen (s. auch 2.5.1.2), die als Baseline-Restorer (Nullinien-Festhalteschaltungen) bezeichnet werden.

Der Name Pole-Zero-Cancellation weist darauf hin, daß der Pol der Übertragungsfunktion (s. 4.1.2.4) durch eine an der gleichen Stelle der Frequenzebene wirkende Nullstelle unwirksam gemacht wird. An

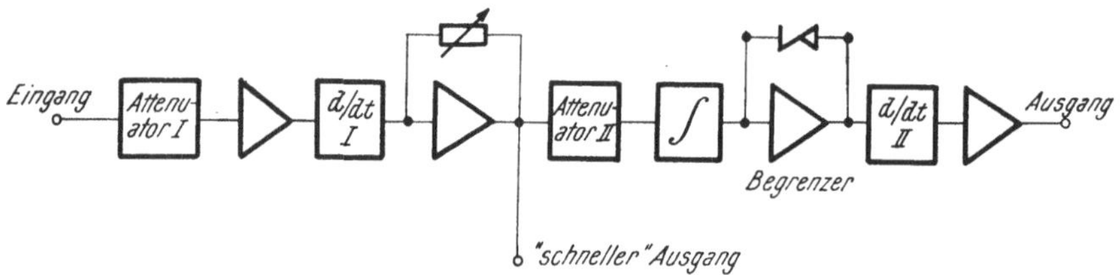

Abb. 6.1.8. Typische Anordnung der Elemente eines Linearverstärkers

Hand des Beispiels in Abb. 6.1.9 (mit $\tau_1 \gg \tau_2$), das infolge zweifacher Differentiation Impulse mit Unterschwingungen liefert (vgl. Abb. 2.3.21), sei diese Methode erläutert.

Wird C_2 in Abb. 6.1.9 *a* mit einem Widerstand R von solcher Größe überbrückt, daß R mit C_2 die gleiche wirksame Zeitkonstante hat wie R_1 mit C_1 (also τ_1), so wird die Differentiationswirkung von $C_1 R_1$ aufgehoben und am Ausgang verschwindet das Unterschwingen. (Die Wirkung solcher phasendrehender Glieder wurde ganz allgemein in 4.1.2.4 behandelt.) Auch in der Übertragungsfunktion (Abb. 6.1.9 *b*) erkennt man die Wirksamkeit von R: nach seinem Einfügen verschwindet der Knick, und man erhält den strichlierten Verlauf, als ob nur τ_2 wirksam wäre. In manchen Fällen führt diese Vergrößerung der Übertragungsfunktion für $\omega < 1/\tau_1$ zu einem Hervortreten niederfrequenter Störungen.

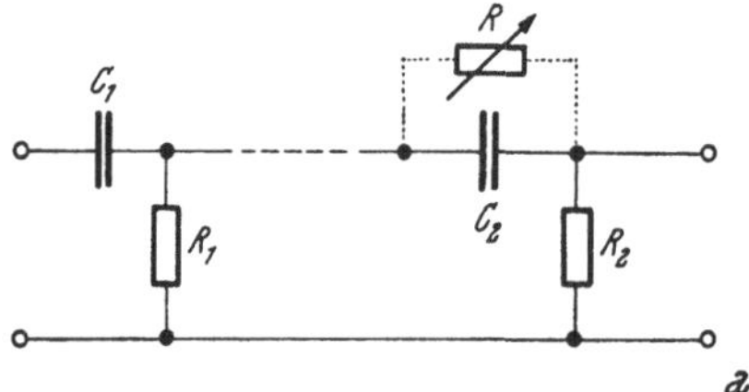

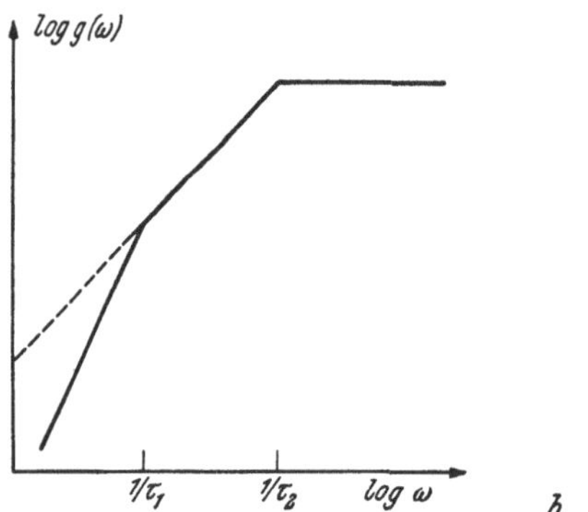

Abb. 6.1.9. Pole-Zero-Cancellation.
a) Schaltungsdetails
b) Amplitudenterm der Übertragungsfunktion

Die Nullinienfesthaltung mit Dioden (Klammerschaltung, 2.1.5.2) ist wegen der endlichen Durchlaßspannung realer Dioden (U_1 in Abb. 2.1.7) keineswegs zufriedenstellend, da U_1 einige Zehntel Volt beträgt. Durch eine Schaltung mit zwei parallelliegenden Dioden wie in Abb. 6.1.10 wird dieser Nachteil umgangen. Mit Hilfe zweier Stromgeneratoren, von denen der eine doppelt so viel Strom liefert wie der andere ($I = 0{,}1$ mA ist typisch), schickt man im Ruhezustand durch beide Dioden den gleichen Strom und erhält so am Ausgang die Spannung Null. Bei vernachlässigbarem Z_1 (Z_1 sehr groß) wirkt zunächst die Serienschaltung der beiden Diodendurchlaßwiderstände (etwa 500 Ohm) als Eingangswiderstand, so daß C für kleine Signale differenzierende Wirkung hat. Übersteigt die Eingangsspannung etwa 0,1 Volt, so sperrt D_1 und D_2 übernimmt den gesamten Strom $2I$. Der wirksame Eingangswiderstand ist dann der Sperrwiderstand von D_1 und die Differentiationswirkung von C ist dementsprechend gering. Ein rechteckiges Eingangssignal liefert infolge der Aufladung von C mit dem konstanten Strom I ein Ausgangssignal mit kleiner Dachschräge (s. Abb. 6.1.10). Am Ende des Impulses entsteht also ein kleines Unterschwingen, das nur etwa eine

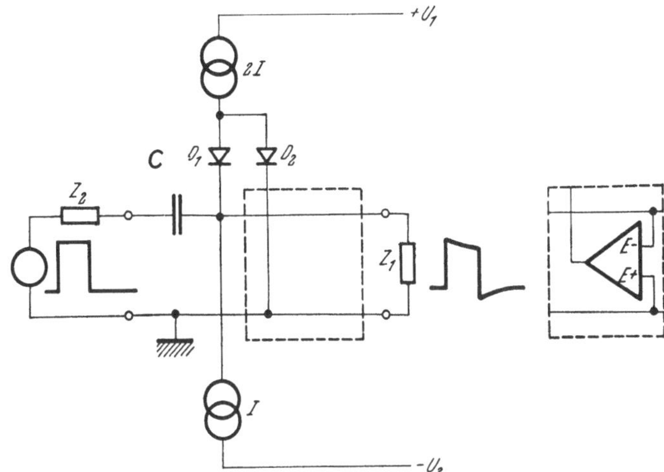

Abb. 6.1.10. Prinzip des Baseline-Restorers ohne und mit operativem Verstärker

Impulslänge dauert, da D_1 von D_2 Strom übernimmt, wodurch die Entladung von C rascher erfolgen kann.

Die Nichtlinearität der Dioden bringt es mit sich, daß das Unterschwingen nach einer Impulslänge noch nicht zur Gänze verschwunden ist. Deshalb verwendet man einen operativen Verstärker zur dynamischen Verminderung des Durchlaßwiderstandes (s. 4.1.3.7), was im Einschub von Abb. 6.1.10 gezeigt wird. Dadurch wird einerseits die zum Sperren von D_1 benötigte Spannung vermindert und zum anderen die Entladung von C schneller bewerkstelligt, denn der um die Kreisverstärkung verminderte Diodendurchlaßwiderstand ist dann gegenüber Z_2 vernachlässigbar, so daß Z_2C die entscheidende Zeitkonstante ist. Die Schaltung wirkt auf kleine Signale, also auch auf Rauschen, differenzierend, wodurch niederfrequentes Rauschen vermindert wird, und zwar um so mehr, je größer Z_2C ist. Deshalb wählt man, wenn die Zählrate nicht groß ist, ein relativ großes C (etwa so, daß Z_2C zehnmal so groß ist wie die charakteristische Differentiationszeitkonstante der zu verarbeitenden Impulse). Für höhere Zählraten muß C jedoch kleiner sein, damit die Nullinienverschiebung vernachlässigbar bleibt. Deshalb gibt es bei den meisten Baseline-Restorern einen Schalter, mit dem eine große oder eine kleine Zeitkonstante ausgewählt werden kann.

In Abb. 6.1.11 ist die Übertragungskennlinie eines Baseline-Restorers und die Größe der Nullinienverschiebung in Abhängigkeit vom Tastgrad (bei Impulsen einheitlicher Größe $\hat{U}$) dargestellt. Durch den operativen Verstärker (strichlierte Linie) wird die Nichtlinearität der Übertragungskennlinie für kleine Signale praktisch aufgehoben. Der Unterschied gegenüber einer Verstärkeranordnung ohne Baseline-Restorer besteht dann nur noch in einer Unempfindlichkeit gegenüber Signalen unter einer bestimmten Größe U_m, wodurch der Nullpunkt und somit das ganze Spektrum um U_m

verschoben wird, ohne jedoch die Linearität (bezogen auf den neuen Nullpunkt) für größere Signale zu beeinträchtigen.

Der besprochene Baseline-Restorer ist symmetrisch, d. h. er wirkt auf positive und negative Impulse gleichartig. Liegen negative Impulse vor, so übernimmt D_2 die Aufgabe von D_1 und der Strom I zur Aufladung von C wird vom oberen Stromgenerator geliefert, da über den unteren nur die Hälfte des Stromes abfließen kann.

Hält man sich diese Symmetrie vor Augen, so ist das in Abb. 6.1.11 *b* gezeigte Verhalten ohne weiteres einzusehen: ist der Tastgrad *TG* positiver Impulse größer als 50%, so ist die Wirkung auf einen Baseline-Restorer die gleiche wie die negativer Impulse mit einem Tastgrad kleiner als 50%, weshalb er die „negativen" Impulse anklammert (bzw. die Dächer der positiven Impulse). Deshalb macht die Nullinie beim Überschreiten der 50%-Grenze einen Sprung um $\hat{U}$.

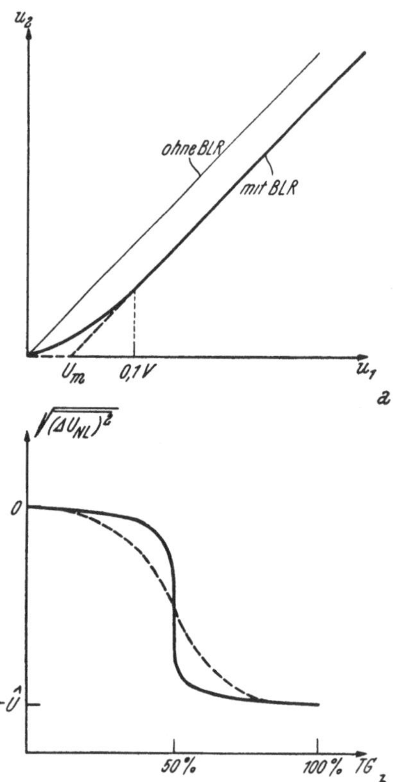

Abb. 6.1.11. Baseline-Restorer (BLR)
a) Übertragungskennlinie,
b) Nullinienverschiebung

Da Detektorimpulse in statistischen Abständen kommen, kann es geschehen, daß bei einem mittleren Tastgrad von 40% der effektive Tastgrad eine Zeitlang 50% überschreitet, wodurch es zu einem kurzzeitigen Sprung der Nullinie kommt. Deshalb können symmetrische Baseline-Restorer nur bis zu einem Tastgrad von etwa 30% verwendet werden.

Billigere Baseline-Restorer verwenden Stromgeneratoren mit nichtvernachlässigbarer Ausgangsimpedanz und zu kleinen Z_1-Werten. Dadurch wird die Zählratenabhängigkeit ungünstiger, was in Abb. 6.1.11 *b* strichliert angedeutet ist.

Durch Weglassen von D_2 in der Anordnung mit dem operativen Verstärker (Abb. 6.1.10) erhält man einen asymmetrischen Baseline-Restorer für positive Signale. Dieser hat keine Zählratenbeschränkung. Er ist jedoch empfindlich auf negative Impulsanteile (er liefert dann einen kleinen positiven Sekundärimpuls nach dem Hauptimpuls) und auch auf Rauschen, da er dieses gleichrichtet, wodurch es zu einer Verschiebung der Nullinie kommt.

Viele moderne Verstärker haben sowohl Pole-Zero-Cancellation als auch einen Baseline-Restorer eingebaut.

G. *Rauschen*: Die effektive Rauschspannung von Hauptverstärkern, bezogen auf den Eingang, liegt meistens um 10^{-5} V. Der Beitrag dieser Rauschspannung zum Gesamtrauschen wurde in 4.1.5.5 behandelt.

6.2. Impulszählung

Jede Impulszählung läuft letzten Endes auf eine Zählratenmessung hinaus, d. h. auf eine Bestimmung der Impulszahl, die während eines Zeitintervalls (z. B. in der Zeiteinheit) an den Eingang gelangt. Denn nur so lassen sich Vergleiche anstellen bzw. Häufigkeitsverteilungen von Impulsen in Abhängigkeit von verschiedenen Meßparametern messen.

Anordnungen zur Zählratenmessung müssen sowohl ein zeitbestimmendes als auch ein akkumulierendes System enthalten. Diese bestehen bei einer digitalen Zählratenmessung meistens aus zwei getrennten Geräten, dem Zeitgeber und dem Impulszähler. Daneben gibt es die sogenannten eigentlichen (analogen) Zählratenmesser (ratemeter), bei denen man die Zählrate am Zeigerausschlag eines Meßwerkes ablesen kann, die also eine zur Zählrate proportionale Ausgangsspannung liefern.

6.2.1. Zeitgeber

Die elektronische Auslösung und Beendigung von Zählvorgängen ist genauer als die manuelle, da keine „persönliche Zeitkonstante" auftritt und auch Irrtümer vermieden werden. Mechanische Uhrwerke, die elektrische Kontakte auslösen, sind heute von rein elektronischen Zeitgebern weitgehend verdrängt worden.

Bei den elektronischen Zeitgebern erhält man beliebige Zeitintervalle durch Untersetzung (s. 5.5.3) einer Referenzfrequenz. Als Frequenznormal dient dabei entweder die Netzfrequenz (50 Hz), die Frequenz einer Stimmgabel (um 10^3 Hz) oder die Frequenz eines Quarzoszillators (meistens 10^5 Hz oder 10^6 Hz).

Da bei der Bestimmung der Zählrate der Fehler in der Meßzeit zur Gänze eingeht, müssen bei Präzisionsmessungen an das Frequenznormal hohe Anforderungen gestellt werden. Bei den meisten Messungen kommt es dabei weniger auf die exakte Eichung der Frequenz als vielmehr auf deren Konstanz an.

Am besten sind Quarzoszillatoren (s. 4.1.6.2), die in einem Thermostaten untergebracht sind. Bei ihnen kann die Frequenzänderung bei einer Änderung der Umgebungstemperatur zwischen 0° C und +40° C kleiner als $5 \cdot 10^{-6}$ gehalten werden. Eine so gute Stabilität ist jedoch in den seltensten Fällen notwendig. So reicht die von Stimmgabel-Oszillatoren erreichte Stabilität, die um etwa zwei Größenordnungen kleiner ist, für praktisch alle Fälle aus. In vielen Anwendungsbereichen genügt sogar die Stabilität der Netzfrequenz.

Außer dem Referenzoszillator benötigt ein Zeitgeber noch einen Untersetzer sowie eine Vorwahleinrichtung, mit der die Dauer der Messung eingestellt werden kann. Diese Einheiten sind zusammen mit den zur Steuerung benötigten logischen Schaltungen in Abb. 6.2.1 schematisch zusammengestellt.

Durch ein Startsignal wird das Steuer-Flip-Flop gekippt, wodurch das UND-Gatter geöffnet wird und gleichzeitig am Ausgang das Steuersignal (für einen Zähler) beginnt. Durch das geöffnete UND-Gatter gelangen die Zeitmarken des Referenzoszillators zum Untersetzer und werden dort gezählt. Die vom Untersetzer gezählten Impulse werden einerseits angezeigt (die Anzeige liefert bei geeigneter Untersetzung gleich die verstrichene Zeit in Sekunden oder Minuten), andererseits wird ihre Zahl mit der in der Vorwahl (preset) gespeicherten Zahl verglichen. Sobald diese erreicht wird (oder durch einen externen Stopp-Befehl), wird das Steuer-Flip-Flop zurückgekippt, wodurch das Steuersignal beendet und das UND-Gatter gesperrt wird. Die abgelaufene Zeit ist dann noch im Untersetzer gespeichert und wird angezeigt. Durch einen Rückstellimpuls wird der Untersetzer auf Null gestellt und die nächste Messung kann erfolgen. Die Anzeige erfolgt heute meistens durch Ziffernröhren.

6.2.2. Impulszähler

Das Herz jedes Zählers sind die in 5.5.3 besprochenen Schalteinheiten. Dazu kommen noch die Steuer- und Anzeigeeinheiten, von denen die wichtigsten in Abb. 6.2.2 eingezeichnet sind.

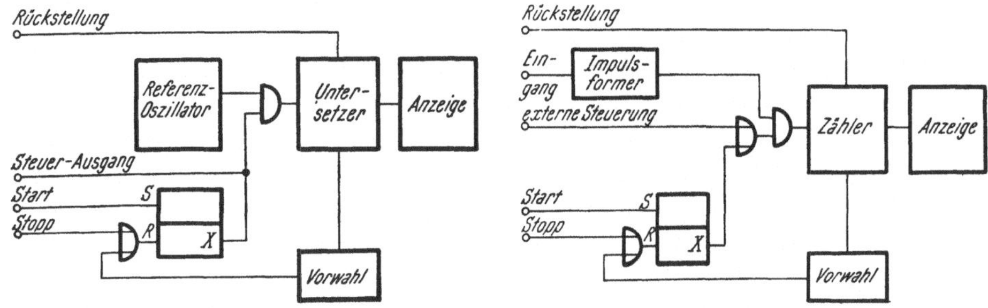

Abb. 6.2.1. Typischer Aufbau eines Zeitgebers

Abb. 6.2.2. Prinzipaufbau eines Zählgerätes

Solange das UND-Gatter entweder durch ein externes Steuersignal (z. B. von einem Zeitgeber) oder durch das Steuer-Flip-Flop geöffnet ist, gelangen die Eingangsimpulse zum Zähler. Der Zählerinhalt wird laufend durch die Anzeige-Einheit dezimal dargestellt. Außerdem wird überprüft, ob er schon die in der Impulsvorwahl (preset count) angegebene Zahl erreicht hat, in welchem Fall ein Stopp-Impuls für das Steuer-Flip-Flop erzeugt wird.

Die Schnelligkeit eines Zählgerätes wird entweder durch die maximale Zählrate regelmäßiger Impulse (in „Hz") angegeben, die noch verläßlich verarbeitet wird, oder durch die Auflösungszeit (s. auch 5.5.3). Diese deckt sich im allgemeinen mit der des verwendeten Untersetzers. Bei integrierten Untersetzern ist eine Auflösungszeit von 10^{-7} s üblich. Bei Spezialzählern liegt sie jedoch unter 10^{-8} s.

Die Eingangsempfindlichkeit gibt an, wie groß die Impulse sein müssen, damit der Zähler anspricht. Neben einer minimalen Höhe ist auch eine minimale Länge vorgeschrieben, da die Eingangskapazität aufgeladen werden muß.

Bei Zählern mit *RC*-Eingang hängt die Ansprechempfindlichkeit wegen der frequenzabhängigen Spannungsteilung am Eingang von der Anstiegszeit der Signale ab. Oft liegt die Eingangszeitkonstante bei 10^{-3} s. Häufig findet man jedoch schon einen Gleichstromeingang, in welchem Fall im Impulsformer ein Schmitt-Trigger enthalten ist. Die Eingangsimpedanz ist bei sehr schnellen Zählern 50 Ω, bei anderen oft um 10^3 Ω.

Die Zählkapazität (und die Anzahl der Stellen bei der Anzeige) muß an die Schnelligkeit des Zählers angepaßt sein. Für einen 10-MHz-Zähler ist eine Kapazität von etwa 10^6 gerade ausreichend. Wird die Kapazität eines Zählers überschritten, so läßt sich die Kapazität durch die Verwendung eines zweiten (langsamen) Zählers erweitern, indem man mit diesem die Überlaufimpulse des ersten Zählers zählt.

6.2.3. Zählratenmesser

Ein Zählratenmesser zeigt kontinuierlich an, wie groß die Zählrate, gemittelt über ein bestimmtes Zeitintervall, ist. Die Größe des Zeitintervalls kann dabei zwischen etwa 10^{-1} s und 10^3 s gewählt werden.

6.2.3.1. Digitale Zählratenmesser

Durch die Kombination eines Zeitgebers und eines Impulszählers läßt sich leicht ein Gerät aufbauen, das in digitaler Form die Zählrate anzeigt. Es braucht nur dafür gesorgt zu werden, daß nach jeder Messung, deren Dauer durch die Zeitvorwahl bestimmt ist, automatisch die nächste Messung gestartet wird. Außerdem muß ein sogenannter Pufferzähler (buffer counter) verwendet werden, der das alte Resultat so lange für die Anzeige speichert, bis das neue Resultat vorliegt, also die nächste Messung abgeschlossen ist. Die Anzeige ändert sich also nur nach dem Ablauf jedes Mittelungsintervalls entsprechend dem neuen Zählergebnis. Die Totzeit zwischen den einzelnen Messungen, in der die Zählung neu gestartet wird, kann bedeutend kleiner als 10^{-4} s sein und ist dann ohne Bedeutung.

Die Eigenschaften (Auflösungzeit, Eingangsempfindlichkeit usw.) eines digitalen Zählratenmessers ergeben sich aus denen des Zählers (s. 6.2.2) bzw. des Zeitgebers (s. 6.2.1).

6.2.3.2. Analoge Zählratenmesser

Analoge Zählratenmesser verwenden mittelwertbildende Serien-DACs (s. 5.7.2.2), deren Ausgangsspannung mit einem Voltmeter gemessen wird. Der Zusammenhang zwischen Zählrate und Vollausschlag des Meßgerätes wird entsprechend [5.7.5] durch stufenweise Änderung des Widerstandes R_2 festgelegt. Meßbereiche zwischen 10^0 und 10^4 Impulsen/s sind üblich.

Das Mittelungszeitintervall, das entsprechend [5.7.9] durch die Zeitkonstante R_2C_2 festgelegt ist, wird durch die Verwendung verschiedener Kondensatoren C_2 bestimmt. Große Mittelungszeiten ($> 10^2$ s) sind nur über große Zeitkonstanten R_2C_2, also schwieriger als mit digitalen Geräten, zu erhalten.

Eine präzise Konversion setzt eine exakte Impulsformung am Eingang des Gerätes voraus sowie die in 5.7.2.2 besprochenen Linearisierungsmethoden.

Die integrale Linearität kann kleiner als 10^{-2} gehalten werden, die Stabilität um $10^{-4}/°C$.

Außer der normalen (linearen) Anzeige findet man oft noch die Möglichkeit einer Nullpunktunterdrückung, wodurch Zählratenänderungen leichter registriert werden können, sowie die Möglichkeit einer logarithmischen Wiedergabe des Meßergebnisses. Dies geschieht unter Verwendung von Logarithmierverstärkern (s. 4.1.3.5).

6.3. Einkanal-Impulshöhenmessung

Bei einer Impulshöhenmessung besteht entweder die Aufgabe, Impulse unter einer bestimmten Minimalgröße (z. B. Rauschimpulse) zu unterdrücken, oder aber Impulse eines bestimmten Größenintervalls aus einer Impulsgrößenverteilung (dem Spektrum) herauszugreifen. Im ersten Fall benötigt man einen (Integral-)Diskriminator, im zweiten einen Einkanal-Impulshöhenanalysator.

6.3.1. Integraldiskriminator

Ein Integraldiskriminator gibt immer dann, wenn ein Eingangsimpuls höher als eine wählbare Schwelle ist, einen genormten Ausgangsimpuls ab. Schaltungen mit dieser Funktion haben wir bei den Auslösekreisen (5.5.4) kennengelernt.

Für einen Integraldiskriminator sind die Stabilität der Schwelle und die Linearität der Zuordnung zwischen Schwelleneinstellung und Impulsgröße äußerst wichtig. Eine Stabilität der Schwellenspannung von $10^{-4}/°C$ (bzw. 1 mV/°C) und eine Linearität um 10^{-3} werden oft erreicht.

Durch die Auflösungszeit t_{aufl} wird die maximal verarbeitbare Zählrate begrenzt. Sie liegt bei Diskriminatoren, die für die Impulshöhenanalyse eingesetzt werden, selten unter 0,2 μs (s. auch 6.4.1).

Außer der eigentlichen Diskriminatorschaltung enthalten Integraldiskriminatoren oft noch logische Schaltkreise, die das Auftreten von Ausgangsimpulsen von Bedingungen abhängig machen (Koinzidenz- bzw. Antikoinzidenzeingang). Manchmal ist es auch vorgesehen, daß die Schwellenspannung nicht wie üblich durch ein Präzisionspotentiometer eingestellt, sondern von außen eingespeist wird.

6.3.2. Einkanal-Impulshöhenanalysator

Werden die Ausgangssignale zweier Diskriminatoren, deren Eingänge parallelgeschaltet sind, über logische Schaltungen geschickt, die nur dann einen Ausgangsimpuls durchlassen, wenn nur einer der beiden Diskriminatoren anspricht (wenn also die Impulsgröße zwischen den beiden Schwellenspannungen gelegen ist), so nennt man die Anordnung einen Einkanal. Dieser ist, wie wir in 1.3.2.1 genau ausführten, zur Messung von Impulshöhenverteilungen bedeutend besser geeignet als ein einfacher Integraldiskriminator.

Wie wir bei der Prinzipschaltung von Abb. 6.3.1 sehen, ist die benötigte Logik relativ umfangreich. Dies liegt daran, daß man nicht mit einer einfachen Antikoinzidenzschaltung zwischen den beiden Diskriminatoren auskommt, da sich ihr Triggerzeitpunkt wegen der endlichen Anstiegszeit der Impulse unterscheidet (s. Abb. 1.4.8). Deshalb muß mit Hilfe eines temporären Speichers (s. 5.6.1 und 5.6.2) der Zustand des zur niedrigeren Schwelle gehörenden Diskriminators bis zu dem Zeitpunkt, an dem die logische Entscheidung getroffen werden kann, gespeichert werden. Dieser Zeitpunkt kann sich bis zum Auftreten des Impulsmaximums hinauszögern. Haben alle Impulse gleiche Anstiegszeit, so genügt eine temporäre Speicherung

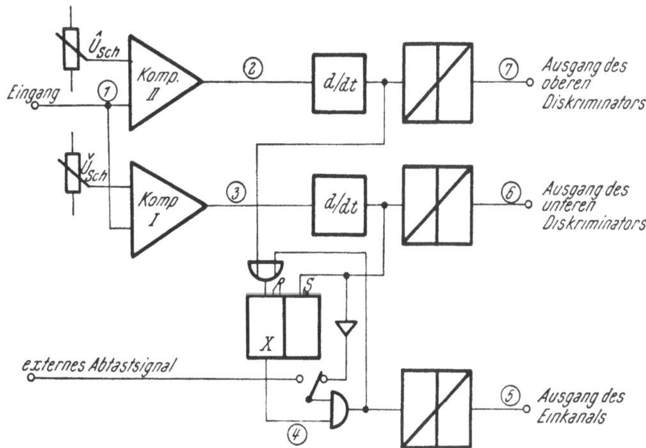

Abb. 6.3.1. Aufbau eines Einkanals aus zwei Diskriminatoren

(z. B. mit Hilfe eines Univibrators), die etwas länger als die Anstiegszeit anhält. Impulse mit zu langer Anstiegszeit (etwa auf Grund des Wandeffektes in Proportionalzählrohren) können in diesem Fall Fehlimpulse liefern, falls die obere Schwelle erst nach der fix eingestellten Speicherzeit überschritten wird und deshalb das vom oberen Diskriminator gelieferte Antikoinzidenzsignal zu spät kommt.

Wird wie in der Schaltung von Abb. 6.3.1 die temporäre Speicherung des „L"-Zustandes des unteren Diskriminators so lange aufrechterhalten, bis der Impulsabfall die untere Schwelle unterschreitet, so werden Fehlimpulse auf Grund zu langer Anstiegszeiten vermieden. Da der Zeitpunkt der Schwellenunterschreitung, zu dem das Abtastsignal (strobe pulse) für die Logik und auch der Ausgangsimpuls ausgelöst wird, nicht bei allen Impulsen den gleichen zeitlichen Abstand vom Beginn des Eingangsimpulses hat, sind die Ausgangssignale von solchen Einkanälen nicht als Zeitmarken brauchbar. Deshalb ist manchmal ein „Strobe"-Eingang vorhanden, über den man den Abtastzeitpunkt festlegen kann. Diese externen Abtastimpulse können z. B. von „time pick-off"-Geräten (s. 6.4.1) geliefert werden.

Bei der in Abb. 6.3.1 gezeigten Anordnung wird als temporärer Speicher ein Flip-Flop verwendet, das entweder so lange im „L"-Zustand verharrt, wie der Impuls größer als die untere Schwelle ist (falls der andere Diskriminator nicht anspricht), oder aber so lange, bis der obere Diskriminator anspricht. In Abb. 6.3.2 ist die zeitliche Zuordnung der einzelnen Impulse dargestellt, und zwar für die beiden Fälle, daß der Impuls beide Schwellen übersteigt bzw. nur eine Schwelle übersteigt.

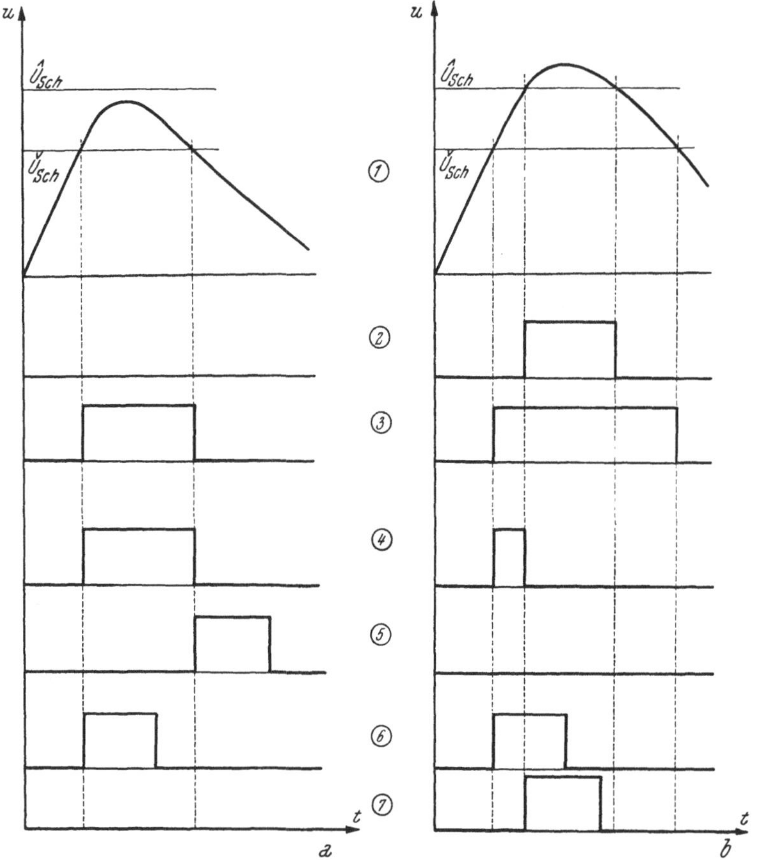

Abb. 6.3.2. Signalverlauf bei einem Einkanal nach Abb. 6.3.1.
a) Impulsmaximum liegt zwischen den beiden Schwellen
b) Impulsmaximum liegt über der höheren Schwelle

Ist der Unterschied zwischen den beiden Schwellenspannungen, der als Fensterbreite des Einkanals bezeichnet wird, klein, so hat eine Anordnung mit zwei unabhängigen Diskriminatoren wie in Abb. 6.3.1 einen großen Nachteil. Da die Kanalbreite eine kleine Differenz zweier großer Werte ist, machen sich auch sehr kleine Änderungen der beiden großen Werte beim Differenzbetrag stark bemerkbar. So wirkt sich eine entgegengerichtete Änderung der beiden Schwellen von 10^{-4} auf eine Kanalbreite, die 10^{-2} der Schwellenspannung beträgt (1% Auflösung), bereits mit 2% aus. Da die Breite des Kanals direkt in die gemessene Zählrate eingeht, sind solche Schwankungen nicht tolerierbar. Deshalb muß eine andere Anordnung am Eingang des Einkanals gewählt werden, durch welche die Kanalbreite nicht als Differenz zweier Spannungen, sondern als von der Schwelle unabhängige

Größe eingestellt werden kann (s. z. B. Abb. 6.3.3). Diese Anordnung hat noch den Vorteil, daß man mit einer fix eingestellten Kanalbreite das ganze Impulshöhenspektrum abtasten kann und nicht jedesmal das Fenster als Differenz zweier Spannungen einstellen muß.

Eine andere, seltener angewandte Methode besteht darin, daß man beide Diskriminatoren an dieselbe Schwellenspannung U_{Sch} hängt, aber den Eingangsimpulsen, die zu jenem Diskriminator geführt werden, der die obere Kanalgrenze bestimmt, eine Stufe konstanter Höhe überlagert (pulse increment method). Dann und nur dann, wenn der obere Diskriminator anspricht und der untere es nicht tut, liegt der entsprechende Impuls in der durch die Stufenhöhe bestimmten Fensterbreite.

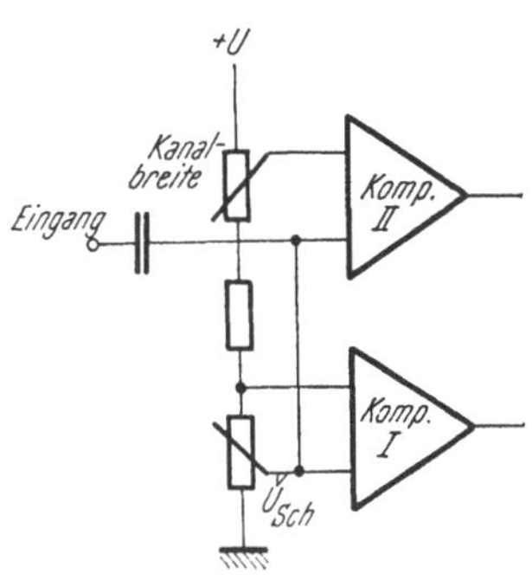

Abb. 6.3.3. Änderungen am Eingang von Abb. 6.3.1, die eine von der unteren Schwelle unabhängige Einstellung der Kanalbreite erlauben

Ist die Stufe nicht konstant, sondern ist ihre Höhe proportional der Impulsgröße, so erhält man eine relative Fensterbreite, d. h. die Breite des Fensters ist proportional der Schwellenspannung.

Eine andere Möglichkeit, eine relative Fensterbreite zu erhalten, besteht einfach darin, das Signal für die untere Schwelle um einen bestimmten Betrag zu attenuieren.

Bei den bisher besprochenen Einkanälen weicht die Kanalposition, der man die am Ausgang registrierte Zählrate zuordnen muß, von der (unteren) Schwellenspannung um eine halbe Fensterbreite ab. Will man also bei gleicher Kanalposition die Fensterbreite ändern, so muß man sowohl die Fensterbreite als auch die Schwellenspannung ändern. Dieser Nachteil wird meistens in Kauf genommen, da der Aufwand zur Erzeugung eines Fensters, das symmetrisch zur Schwellenspannung liegt, beträchtlich ist.

Die Stabilität und Linearität eines Einkanals sind durch die seiner Diskriminatoren (s. 6.3.1) bestimmt. Die differentielle Linearität, d. h. die Konstanz der Fensterbreite in Abhängigkeit von der Schwellenspannung ist nur selten kleiner als 10^{-3} der maximalen Fensterbreite. Die Auflösungszeit liegt meistens zwischen 10^{-7} s und 10^{-6} s.

6.4. Einkanal-Zeitintervallmessung

Bei Korrelationsmessungen (s. 1.4) besteht unter anderem die Aufgabe, die Gleichzeitigkeit von Ereignissen nachzuweisen. Dazu ist es vor allem notwendig, elektrische Signale zu erzeugen, deren Beginn in einem eindeutigen Zusammenhang mit dem Zeitpunkt des Ereignisses steht. Dies geschieht mit den sogenannten Triggern. Die Gleichzeitigkeit zweier oder mehrerer Impulse, d. h. ihr Auftreten innerhalb einer bestimmten, endlichen Auflösungszeit (s. 1.4.1), wird mit Hilfe von Koinzidenzgeräten festgestellt.

6.4.1. Geräte zur Erzeugung von Zeitmarken

Die genaue zeitliche Zuordnung einer Zeitmarke (der „machine time") zum Beginn des auslösenden Impulses wird durch Wandern (s. 1.4.3.1) und Jitter (s. 1.4.3.2) gestört. Um diese Störungen klein zu halten, müssen je nach Art des Impulses (bzw. des Detektors) andere Maßnahmen ergriffen werden.

Diskriminatoren, die primär zur Erzeugung von Zeitmarken ausgelegt sind (wie z. B. der Tunneldioden-Trigger, 5.5.4.3), haben Auflösungszeiten unter 10^{-8} s.

Auf die Linearität der Schwelleneinstellung wird weniger Wert gelegt, sie ist fast nie unter 10^{-2}. Die Temperaturabhängigkeit der Schwelleneinstellung liegt typischerweise unter 1 mV/°C. Als Ein- und Ausgangsimpedanz wird 50 Ω gewählt, da schnelle Signale (mit t_{an} um 10^{-9} s) verarbeitet werden müssen.

Die Signallaufzeit liegt bei 10^{-8} s, ihr Jitter bei 10^{-11} s und ihre Temperaturabhängigkeit bei 10^{-11} s/°C. Da das Wandern eines solchen als Anstiegstrigger (s. 5.5.4.5) arbeitenden Diskriminators bei einer Amplitudenänderung um einen Faktor 10 kaum unter 10^{-9} s gehalten werden kann (daran ist auch die Ansprechverzögerung, in Abb. 1.4.8 mit T_1 bzw. T_2 bezeichnet, schuld), sind diese schnellen Diskriminatoren für schnellste Anordnungen nicht geeignet. Deshalb erzeugt man bei den schnellsten, von Szintillations- oder Čerenkovzählern gelieferten Signalen (Anstiegszeit um 10^{-9} s) die Zeitmarken ohne Verwendung von Kippschaltungen. Wie in Abb. 5.3.4 erhält man durch Abschneiden (Klippen) des Anodenimpulses einen steilen Impuls, dessen Anstieg als Zeitmarke verwendet wird. (Impulse von einer der letzten Dynoden stehen bei dieser Anordnung für eine Impulshöhenanalyse zur Verfügung.) Durch eine Differentiation mit einem Kabel läßt sich der in der Höhe begrenzte Anodenimpuls kürzen, wodurch die für eine nach dem Überlappungsprinzip arbeitende Koinzidenz (s. 6.4.2) benötigten Rechteckimpulse konstanter Länge erzeugt werden.

Durch einen Trigger mit relativer Schwelle (s. 5.5.4.5) läßt sich bei Verwendung eines Szintillationszählers das Wandern selbst bei Amplitudenänderungen von 1 : 100 kleiner als 10^{-9} s halten. Bei einem Szintillationszähler wird der Bau eines solchen Triggers dadurch vereinfacht, daß die letzte Dynode ein zum Anodensignal gegenpoliges Signal liefert, das zur Podestherstellung verwendet werden kann. Die Höhe der Triggerschwelle hat auf das Wandern wenig Einfluß, sofern sie nur kleiner als etwa 50% gewählt wird. Die Zeitmeßgenauigkeit im allgemeinen ist etwas größer als bei den Anstiegstriggern.

Bei den Halbleiterdetektoren muß das Zeitsignal entweder von einem „schnellen" Ausgang des Hauptverstärkers (s. 6.1.2) geliefert werden, oder aber es muß eine Zeitabnahme-Einheit (time pick-off) verwendet werden. Letztere liefert bessere Zeitsignale, jedoch auf Kosten der Energieauflösung. Diese wird dabei typischerweise um mindestens 1 keV verschlechtert.

Ein „time pick-off" besteht aus einem Impulstransformator mit einer niederohmigen Primärwicklung ($Z_I < 10\,\Omega$), über die der Detektorstrom zum Vorverstärker fließt. Auf der Sekundärseite erhält man Zeitsignale, die die Form des Stromverlaufs haben. Diese Zeitsignale dienen dann dazu, die Trigger für die Zeitmarkenherstellung auszulösen. Bei entsprechend großen Signalen bleibt der Jitter kleiner als 10^{-10} s.

Bei Signalen von langsamen Detektoren, wie z. B. von NaJ(Tl), benützt man am besten den Nulldurchgang der doppeltdifferenzierten Signale zur Erzeugung einer Zeitmarke mit Hilfe eines Nulldurchgangstriggers (s. 5.5.4.5). Dabei hat sich doppelte Differentiation des vom Detektor gelieferten Stufenimpulses mit Verzögerungsleitungen in Verbindung mit einer nachfolgenden einfachen Integration (τ etwa 0,1 μs) besonders bewährt. Das Wandern der Zeitmarke liegt bei einigen 10^{-9} s, wenn sich die Amplitude um zwei Größenordnungen ändert.

Auch bei schnellen Detektoren werden Nulldurchgangstrigger den Anstiegstriggern dann vorgezogen, wenn die Amplitudenschwankungen sehr groß sind. Selbst bei Änderungen der Impulshöhe um einen Faktor 100 läßt sich das Wandern in speziellen Anordnungen (clipping stub technique) auf Werte um 10^{-10} s halten.

Manche Diskriminatoren können wahlweise als Anstiegs- oder als Nulldurchgangstrigger verwendet werden.

6.4.2. Koinzidenzmeßgeräte

Die „Gleichzeitigkeit“ von zwei oder mehreren Ereignissen wird von einer Koinzidenzanordnung immer dann angezeigt, wenn die zugehörigen Zeitmarken innerhalb der Auflösungszeit des Meßgerätes auftreten. Der Nachweis der Koinzidenz erfolgt dabei über logische Gatter (s. 5.4), an die jedoch wegen der Schärfe der Zeitmarken besondere Ansprüche gestellt werden.

Die minimale verwendbare Auflösungszeit wird durch die Unsicherheit der einzelnen Zeitmarken in bezug auf das tatsächliche Ereignis festgelegt (s. 1.4.1). Da die zeitlichen Schwankungen der Zeitmarken (durch Jitter, Wandern, thermische Drift usw.) vom speziellen Meßproblem abhängen, muß das Koinzidenzgerät mit einer variablen Auflösungszeit ausgestattet sein. Diese liegt bei schnellen Koinzidenzen zwischen 10^{-9} s und 10^{-7} s, bei langsamen zwischen 10^{-7} s und 10^{-5} s. Bei der in Abb. 6.4.1 *a* dargestellten Anordnung wird die Auflösungszeit durch jene Zeit festgelegt, die die Spannung eines Sägezahngenerators benötigt, um auf eine über ein Potentiometer gewählte Spannung U_{Ref} anzusteigen. Die Temperaturabhängigkeit dieser Zeit liegt typischerweise bei 10^{-10} s/°C und ihr Jitter bei 10^{-10} s.

Durch das Einfügen der beiden Verzögerungen t_V (kleiner als etwa 100 ns) kann die Genauigkeit für kleinste Auflösungszeiten erhöht werden. Denn, wie in Abb. 6.4.1 *b* gezeigt wird, wird dadurch der Zeitnullpunkt für die Auflösungszeit um t_V gegenüber dem Beginn der Rampe verschoben, so daß die Fehler, die beim Beginn der Rampe auftreten (z. B. durch Einschwingvorgänge), die Größe der Auflösungszeit nicht beeinflussen. Der Auflösungszeit $t_{aufl} = 0$ entspricht also eine Referenzspannung $U_{R\min}$ endlicher Größe. Um diese Verzögerungszeit wird die Totzeit des Gerätes gegenüber der reinen Auflösungszeit vergrößert. Der Diskriminator am Ausgang dient dazu, Aus-

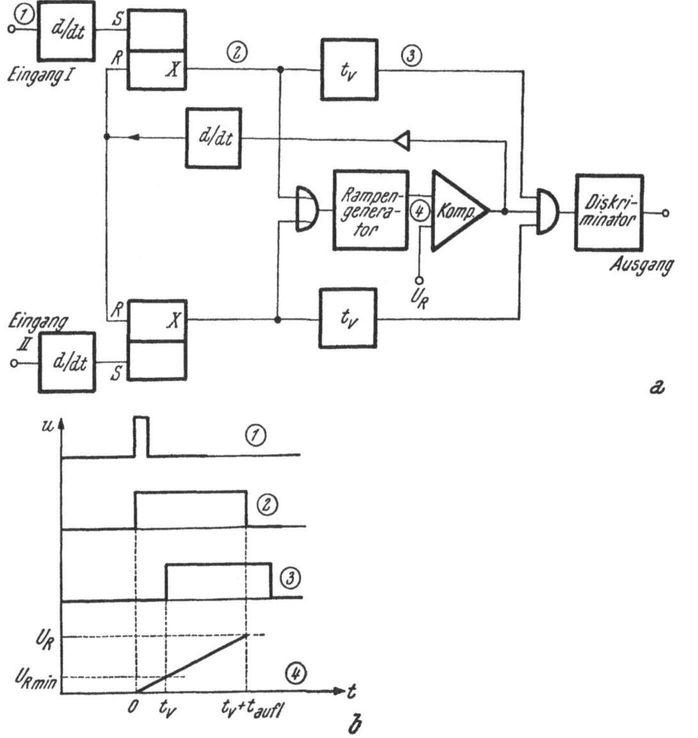

Abb. 6.4.1.
Beispiel einer schnellen Zweifach-Koinzidenz mit wählbarer Auflösungszeit
a) Anordnung
b) Impulsformen bei Auftreten nur eines Signals innerhalb der Auflösungszeit

gangsimpulse des UND-Gatters, die nicht die volle Höhe erreichen, abzuweisen. Solche kleinere Ausgangsimpulse entstehen dann, wenn sich am Gattereingang nur der Impulsanstieg bzw. -abfall eines der Steuersignale (nicht jedoch das Steuersignal in gesamter Höhe) auswirkt und das Gatter daher nicht vollständig geöffnet wird.

Durch die Verwendung eines UND-Gatters mit mehr als drei Eingängen und die entsprechende Erweiterung der übrigen Schaltung lassen sich nach dem gleichen Prinzip auch Mehrfachkoinzidenzen aufbauen. Ein Signalweg ist dann meistens als Antikoinzidenz ausgebildet.

Die schnellsten Koinzidenzgeräte arbeiten meistens nach dem Überlappungsprinzip, so daß Kippschaltungen (s. 5.5) vermieden werden können. Die durch Amplitudenbegrenzung und durch Kürzung mit Kabeln zu Rechtecken der Länge $t_{aufl}/2$ geformten Impulse erzeugen nach Impulsaddition im Koinzidenzfall einen Überlappungsimpuls, der sich durch seine Höhe von den anderen Impulsen unterscheidet (s. Abb. 6.4.2). Mit dieser Methode lassen sich Zählraten bis 200 MHz (minimaler Abstand der Ausgangsimpulse 5 ns) verarbeiten. Die Auflösungszeit wird durch die Länge der Impulse festgelegt (s. auch 1.4.1).

6.5. Vielkanalmessungen

Bei sehr vielen kernphysikalischen Messungen kommt es darauf an, die Häufigkeit jener Ereignisse festzustellen, denen eine bestimmte Eigenschaft zukommt. Die Häufigkeitsverteilung dieser Ereignisse kann entweder

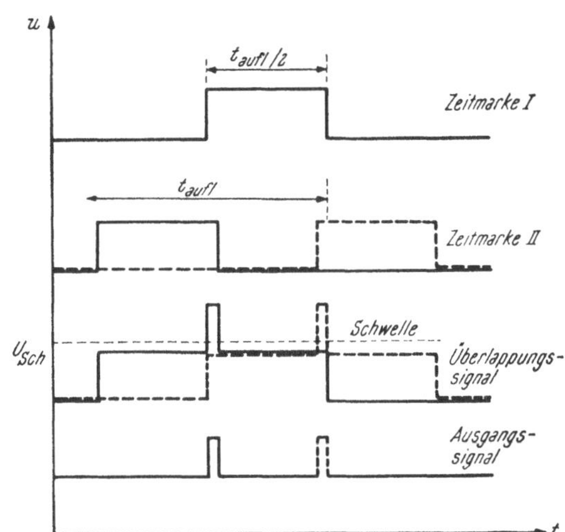

Abb. 6.4.2. Funktion einer Überlappungskoinzidenz. Zeitmarke *II* ist für t_{II} vor t_I (ausgezogen) und für t_{II} nach t_I (strichliert) eingezeichnet. Zählung der Ausgangssignale ergibt Koinzidenz mit t_{aufl}.
Integration der Ausgangssignale, deren Fläche proportional $|t_{II}-t_I|$ ist, ergibt Zeit-Amplituden-Konverter, dessen Zeitauflösung nur durch Jitter der Zeitmarken begrenzt ist. Mit nachgeschaltetem Amplituden-Vielkanal resultiert Zeit-Vielkanalanalysator.

schrittweise nacheinander (Einkanalmessungen, s. 1.3.2.1, 1.4.2.1, 6.3 und 6.4) oder parallel nebeneinander aufgenommen werden (Mehrkanalmessung). Da alle Kanäle gleichwertig sind, ist im zweiten Fall der Aufwand proportional zur Kanalzahl, weshalb diese Methode auf Kanalzahlen (wesentlich) kleiner als etwa 100 beschränkt ist. Da z. B. in der Energiespektroskopie Auflösungen unter 10^{-3} erreicht werden, braucht man hierfür Geräte mit 1000 und mehr Kanälen, damit die vom Meßgerät gebotene Auflösung ausgenützt wird. Solche Geräte, die sogenannten Vielkanalanalysatoren (multichannel analyzers), sind so aufgebaut, daß die beiden bei einer Einkanalmessung ausgenützten Funktionen des Zählers, nämlich die Fähigkeit zu zählen und die zu speichern (Register!), von zwei verschiedenen Baueinheiten übernommen werden. Es wird dann unabhängig von der Kanalzahl nur ein Zähler benötigt, aber ebenso viele Speicher, wie Kanäle vorhanden sind. Bei N Kanälen erspart man sich also $N-1$ Zähler. Der Aufwand für das zusätzlich benötigte Adressenregister ist bei großen N ($N > 10$) verglichen mit dieser Ersparnis gering.

Die Zuordnung zwischen einer Kanalzahl und ihrem Speicherplatz geschieht über logische Schaltungen. Bei den eigentlichen Vielkanälen ist diese Zuordnung ein für allemal festgelegt (fixed wired analyzers), bei den „on-line"-Experimenten hingegen erfolgt die Speicherung in programmierbaren, digitalen elektronischen Rechenmaschinen.

Der direkte Einsatz (on-line) von Computern im Experiment ist bei manchen Anordnungen sehr nützlich und auch notwendig; bei den normalen Vielkanalmessungen ist jedoch oft eine „off-line"-Anwendung des Computers (Auswertung nach einer Zwischenspeicherung im fixverdrahteten Vielkanal) zweckmäßiger.

Die Vorteile der „on-line"-Anwendung liegen auf der Hand:

1. Die Kapazität des Gedächtnisses läßt sich „beliebig" auf die Kanalzahl und auf die Wortlänge aufteilen (Kapazität = Wortlänge × Kanalzahl). Auch mehrdimensionale Messungen, bei denen die Häufigkeitsverteilung in Abhängigkeit von mehreren Variablen (= Dimensionen) gespeichert werden

müssen, sind durchführbar. Allerdings wird ein nicht geringer Teil der durch die optimale Auswahl von Kanalzahl und Wortlänge gewonnenen Speicherplätze für die benötigte Programmierung verbraucht. (Sind die zu messenden Verteilungen jedoch nicht kontinuierlich, so erhält man durch eine assoziative Speicherung (s. 5.1.3.4) eine bedeutend bessere Ausnützung des Gedächtnisses als mit einem fixverdrahteten Gerät.)

2. Durch die Programmierung ist es möglich, besonders interessante Gebiete der Häufigkeitsverteilung mit größerer Auflösung zu messen als die anderen.

3. Eine automatische Steuerung des Experiments ist möglich, die allenfalls schon Zwischenergebnisse der laufenden Messung berücksichtigt.

Nicht nur wegen des großen Aufwandes, sondern auch aus prinzipiellen Gründen kann die „on-line"-Anordnung problematisch sein: Wird die Verarbeitung der gespeicherten Information schon während der Messung vorgenommen, so geht die Ursprünglichkeit der Detektorinformation verloren. Es ist dann z. B. bedeutend schwieriger, Fehlerquellen in der Meßapparatur aufzufinden. Außerdem kann ein Informationsverlust eintreten, wenn beispielsweise durch die während der Messung durchgeführte Untergrundkorrektur der Absolutwert und damit der statistische Fehler des Untergrundes nicht mehr zugänglich ist.

Im folgenden beschäftigen wir uns nur mit fixverdrahteten Vielkanälen. Wir trennen dabei die Aufgabe, das digitale Äquivalent der zu messenden physikalischen Größe — also die Kanalzahl — zu finden, von der Aufgabe, die Impulsanzahl jedes einzelnen Kanals zu zählen und zu speichern.

6.5.1. Gedächtniseinheit

Der typische Aufbau der Gedächtniseinheit eines Vielkanals ist in Abb. 6.5.1 dargestellt. Um Ereignisse, die dem Kanal N zugeordnet werden sollen,

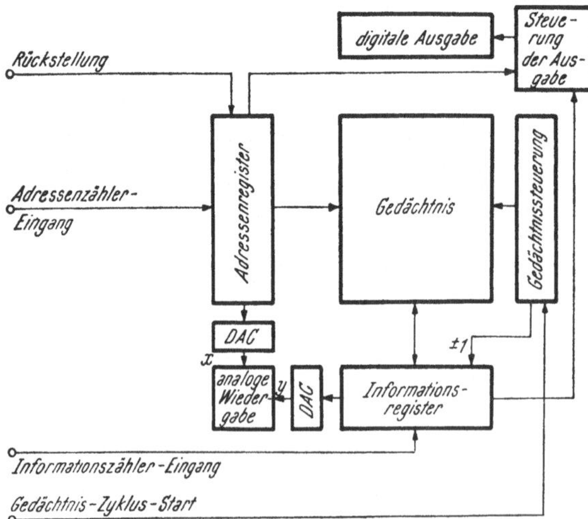

Abb. 6.5.1. Typische Organisation einer fest-verdrahteten Gedächtniseinheit eines Vielkanals

einspeichern zu können, muß zuerst die richtige Adresse im Gedächtnis (s. 5.1.3.4) aufgerufen werden. Dazu wird zunächst das Adressenregister mittels des Rückstellimpulses gelöscht und dann wird die Zahl N eingelesen (etwa durch Zählung von N Signalen mit dem als Zähler arbeitenden Register). Ein Abfrageimpuls der Gedächtnissteuerung, der von dieser nach Auslösung des Gedächtniszyklus erzeugt wird, bewirkt dann die Übertragung der Information vom Speicherplatz N in das Informationsregister (oder Zwischenspeicher, accumulator). Die im Zwischenspeicher vorliegende Zahl wird sodann entsprechend dem Meßergebnis geändert, etwa um 1 erhöht, und die neue Zahl wird durch einen Schreibbefehl vom Zwischenspeicher auf den Gedächtnisplatz N, der ja durch das Adressenregister festgehalten ist, übertragen. Die Art des Gedächtniszyklus einer Gedächtniseinheit hängt von der speziellen Meßaufgabe ab und wird deshalb bei deren Besprechung (6.5.2 und 6.5.4) behandelt. Nach dem Abschluß einer solchen Umspeicherung kann die nächste Messung bzw. Speicherung erfolgen.

Neben der Zählung und Speicherung muß die Gedächtniseinheit auch für eine Ausgabe der gespeicherten Information sorgen. Zu diesem Zweck wird das Gedächtnis Kanal um Kanal abgefragt, indem die im Adressenregister gespeicherte Zahl in Einheitsschritten bis zur maximalen Kanalzahl erhöht wird und der in den Zwischenspeicher übertragene Gedächtnisinhalt verarbeitet wird. Die Ausgabe der Information erfolgt entweder digital (Drucker, elektrische Schreibmaschine, Lochstreifen, Magnetband usw.) oder analog. Die Umwandlung der in digitaler Form vorliegenden Information in Spannungsgrößen über DAC (s. 5.7) ermöglicht die Abbildung des Spektrums (bzw. der Verteilung) auf einem Oszillographenschirm (display) bzw. die Aufzeichnung mittels eines Spannungsschreibers. Daneben besteht die Möglichkeit, die während der Messung erfolgende Einspeicherung am Oszillographen zu verfolgen.

Soll die Häufigkeitsverteilung in Abhängigkeit von mehr als einem Parameter gemessen werden (etwa Energie und Winkel), so gewinnt man dadurch, daß man den zweiten Parameter (z. B. den Winkel) nicht in vielen aufeinanderfolgenden Einzelmessungen variiert, sondern gleich mit mehreren Detektoren unter verschiedenen Winkeln arbeitet, an Meßzeit und Meßgenauigkeit. Sind die Anforderungen an die Auflösung dieser zweiten Dimension klein, so kommt man unter Umständen mit einem einfachen Vielkanal aus, denn es besteht meistens die Möglichkeit einer gesteuerten Aufteilung des Gedächtnisses in beispielsweise vier Teile, wodurch ein Vielkanal die Funktion von vier Vielkanälen mit geviertelter Kanalzahl ausüben kann. Spezielle fixverdrahtete Geräte erlauben zweidimensionale Messungen bis 128 Kanäle in jeder Dimension (16384-Kanal). Zur Erzielung noch besserer Auflösung oder bei Messungen mit mehr als zwei Dimensionen verwendet man Geräte mit Magnetband und Zwischenspeicher, die eine ähnliche Flexibilität und Speicherkapazität wie kleine Computer besitzen.

Der Vielkanal benötigt auch einen Zeitgeber, mit dessen Hilfe die Dauer eines Experiments gesteuert (bzw. vorgewählt) werden kann. Da der Vielkanal während der Umspeicherzeit (und einer allfälligen Analysierzeit) für Impulse nicht aufnahmefähig ist, besitzt er eine Totzeit, und zwar eine Totzeit erster Art (s. 1.2.3). Die effektive Meßzeit kann beispielsweise so erhalten werden, daß der Zeitgeber während jeder individuellen Totzeit keine Signale des Referenzoszillators registriert. Der Zeitgeber mißt dann die Zeit, während der das Gerät wirklich aufnahmefähig ist, die „live time" anstatt der Uhrzeit („clock time" bzw. „true time").

6.5.2. Flugzeitanalysator (Start-Stopp-Zeitmessung)

Bei der Flugzeitmessung kommt es darauf an, den zeitlichen Abstand zwischen zwei Zeitmarken zu messen. Dies geschieht wie beim besprochenen ADC für Zeitintervalle (s. 5.8.1.1) durch Vergleich mit einem Referenzoszillator.

Die Prinzipanordnung (s. Abb. 6.5.2) ist recht einfach: Mit dem Startsignal wird das Adressenregister gelöscht und das Steuer-Flip-Flop gekippt, wodurch das Gatter geöffnet wird. Dieses läßt die Signale des Referenz-

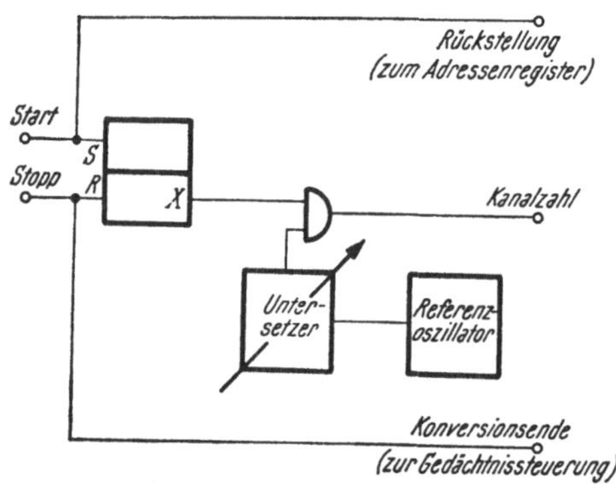

Abb. 6.5.2. Prinzip einer Anordnung zur Flugzeit-Messung

oszillators zum Adressenregister gelangen, welches die einlangenden Impulse zählt. (Um Zeitintervalle verschiedener Länge unter Ausnützung aller Kanäle messen zu können, kann die Oszillatorschwingung nach Wahl untersetzt werden.)

Wird durch das Stoppsignal das Flip-Flop zurückgestellt und das Gatter gesperrt, so ist die Gesamtzahl N der im Adressenregister gespeicherten Impulse die digitalisierte Information des zeitlichen Abstands zwischen Start- und Stoppsignal.

Das Stoppsignal, mit dessen Auftreten die Analog-Digital-Konversion abgeschlossen wird, löst in der Gedächtnissteuerung den Gedächtniszyklus aus:

1. Der Gedächtnisplatz N wird auf Grund der Stellung des Adressenregisters aufgerufen und sein Inhalt wird in das Informationsregister (Zwischenspeicher, accumulator) übertragen.

2. Das Auftreten des Ereignisses, das dem Kanal N zuzuordnen ist, wird durch die Erhöhung des Zwischenspeicherinhaltes um 1 berücksichtigt.

3. Der (geänderte) Inhalt des Zwischenspeichers wird durch einen Schreibbefehl auf den Gedächtnisplatz N, der noch durch die Stellung des Adressenregisters festgelegt ist, übertragen.

Während der Analysierzeit und der Gedächtnis-Umspeicherzeit muß die Anordnung für weitere Startsignale gesperrt werden, da die vorhergehende

Information noch nicht vollständig verarbeitet ist. Wie man leicht einsieht, ist diese Totzeit $T(N)$ von der Kanalzahl N abhängig, und zwar gilt

$$T(N) = T_G + N\tau_R, \qquad [6.5.1]$$

wobei T_G die Dauer eines Gedächtniszyklus und τ_R die Periodendauer der vom Untersetzer gelieferten Signale darstellt. T_G liegt üblicherweise zwischen etwa 0,1 µs und 40 µs (s. 5.5.2.3) und τ_R (ohne Untersetzung) zwischen 5 und 250 ns.

τ_R wird durch die Auflösungszeit des Zählers im Adressenregister bestimmt, die auch in den schnellsten Geräten nicht unter 5 ns (entsprechend einer Oszillatorfrequenz von 200 MHz) ist. Daraus ergibt es sich, daß der kleinste Digitalisierungsschritt — d. h. das kleinste meßbare Zeitintervall —, der ohne Verwendung eines Zeitintervalldehners (s. 5.8.1.2) auftreten kann, bei 5 ns liegt.

Dieses Prinzip eines ADCs für Zeitintervalle ist dann nicht geeignet, wenn es mehrere Ereignisse gibt, deren zeitlicher Abstand von demselben Startsignal gemessen werden soll. Bei Flugzeitmessungen muß also die Strahlintensität so klein sein, daß die Wahrscheinlichkeit, zu einem Startsignal mehr als nur ein zugehöriges Ereignis nachzuweisen, vernachlässigbar klein ist. Sonst erhält man durch die Bevorzugung der schnellen Teilchen (der hohen Energien) eine Verfälschung der Häufigkeitskurve, da zu jedem Startsignal nur der zeitliche Abstand des zuerst einlangenden Teilchens analysiert werden kann.

Steht eine größere Anzahl von Ereignissen in zeitlicher Beziehung zu einem einzigen Startsignal, so muß eine andere Meßmethode, etwa ein Vielfachzähler (s. 6.5.4), verwendet werden.

6.5.3. Impulshöhenanalysator

Durch Vorschalten eines Amplituden-Zeitintervall-Wandlers (s. 4.6.3) erhält man aus dem besprochenen Flugzeitmeßgerät einen Impulshöhenanalysator.

Bei dem in Abb. 6.5.3 dargestellten Prinzip besteht der Amplituden-Zeit-Konverter aus einem Impulsverlängerer, dessen Kapazität mit einem gesteuerten Stromgenerator entladen wird, und aus einem Komparator, der den Nulldurchgang der dadurch erzeugten Rampe feststellt. Die Entladedauer des Kondensators, die proportional der Impulshöhe ist, bestimmt jenes Zeitintervall, während dem die Schwingungen des Referenzoszillators gezählt werden. Dadurch erhält man im Adressenregister eine Zahl N, die der Impulshöhe proportional ist. Die Arbeitsweise der Gedächtniseinheit ist völlig gleich wie bei der Flugzeitmessung (s. 6.5.2).

Vor dem Amplituden-Zeit-Konverter befindet sich ein lineares Gatter (s. 4.4), das nur solche Impulse durchläßt, die eine bestimmte Größe nicht überschreiten (zur Verringerung der Totzeit bei Vorliegen vieler großer, den Meßbereich übersteigender Impulse) und die nicht in die Arbeitsperiode des Amplituden-Zeit-Konverters (bzw. in die gesamte, auch durch den Umspeicherzyklus mitbestimmte Totzeit des Vielkanals) fallen. Außerdem läßt

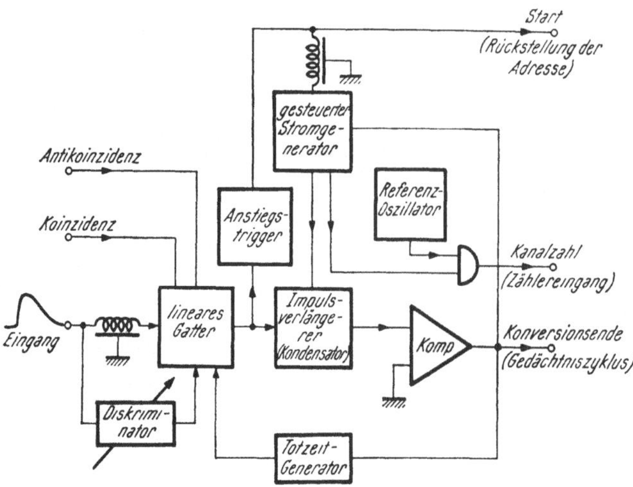

Abb. 6.5.3. Typische Organisation einer Impulshöhen-Einheit eines Vielkanals

sich das lineare Gatter extern durch den Koinzidenz- (bzw. Antikoinzidenz-) Eingang steuern.

Zu Beginn jedes durchgelassenen Eingangsimpulses wird mit Hilfe eines Anstiegstriggers die Start-Zeitmarke für die Gedächtniseinheit erzeugt, die über eine (variable) Verzögerung auch dazu dient, den Beginn der Entladung des Konversionskondensators (somit auch die Dauer der Impulsverlängerung) zu bestimmen.

Das Signal des Komparators, welches das Ende der Entladung anzeigt und das Gatter für die Referenzzeitmarken sperrt, dient auch zur Auslösung des Gedächtniszyklus. Nach dessen Ablauf wird das lineare Gatter (das vom Totzeitgenerator gesperrt war) wieder geöffnet und der Vielkanal ist zur Analyse der Höhe des nächsten Impulses bereit.

Die Totzeit ist nach [6.5.1] von der Kanalzahl, also der Impulshöhe, abhängig. Damit sie auch bei großen Vielkanälen (z. B. bei 4096-Kanälen) noch in vernünftigen Grenzen gehalten wird, muß vor allem die Frequenz des ADC-Oszillators sehr hoch sein (um 100 MHz).

6.5.4. Vielfachzähler (Multiscaler)

Bei den beiden bisher besprochenen Anwendungen des Vielkanals wird pro Gedächtniszyklus der Zwischenspeicherinhalt jeweils nur um 1 geändert.

Beim Vielfachzähler wird die für die Vielkanalfunktion typische Trennung von Zählung und Speicherung besonders augenfällig. Er hat nämlich die Funktion einer Reihe von Zählern, die nacheinander eine bestimmte (gleiche) Zeit lang für die Zählung aktiviert werden, während ihr Eingang die übrige Zeit gesperrt bleibt. Während der Öffnungszeit ist die maximale Zählrate, die verarbeitet werden kann, nur durch die Auflösungszeit des Zählers (des Informationsregisters) beschränkt.

Die Messung eines Zeitspektrums (etwa die Messung der Intensitätsabnahme der Strahlung eines kurzlebigen Radioisotops) erfolgt so, daß nach einem Startsignal die Strahlungsintensität, gemittelt über die Öffnungszeit jedes Zählers, in Abhängigkeit von der Zeit (in Schritten, die ebenfalls durch die Öffnungszeit pro Zähler bestimmt sind) gemessen und in aufeinanderfolgenden Kanälen gespeichert wird.

Ein typischer Aufbau für einen Vielfachzähler ist in Abb. 6.5.4 dargestellt. Das Startsignal löscht das Adressenregister und aktiviert über das Steuer-Flip-Flop das Gatter *1*, das die erste Zeitmarke des Oszillators zur

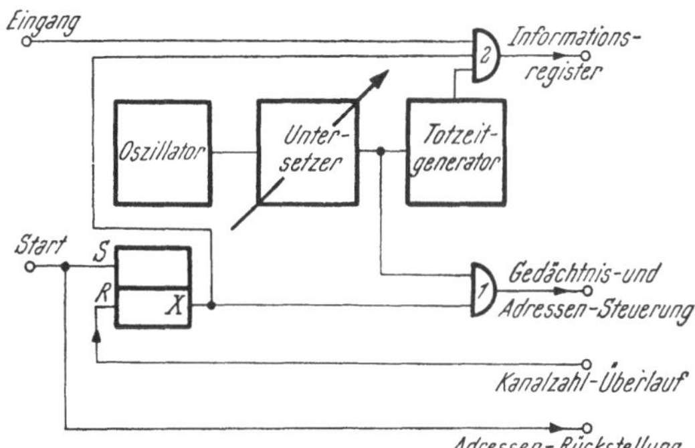

Abb. 6.5.4. Typische Organisation einer Vielfachzähler-Einheit eines Vielkanals

Gedächtniseinheit schickt. Diese Zeitmarke stellt im Adressenregister den Zustand $N=1$ her und veranlaßt das Abfragen des Speicherinhalts von $N=1$, der im Zwischenspeicher gespeichert bleibt. Sobald das Abfragen abgeschlossen ist, öffnet der Totzeitgenerator das Gatter *2*. Nun können die Eingangsimpulse zum Zwischenspeicher gelangen und werden von diesem zu der bereits gespeicherten Zahl hinzugezählt. Beim Auftreten der zweiten, vom Untersetzer gelieferten Zeitmarke (die Einstellung des Untersetzers bestimmt das Zeitintervall je Kanal, also die Auflösung) sperrt der Totzeitgenerator das Gatter *2*, der (neue) Inhalt des Zwischenspeichers wird auf dem Gedächtnisplatz $N=1$ eingespeichert und im Adressenregister wird die Adresse um einen Wert (auf $N=2$) erhöht. Sodann erfolgt das Abfragen von $N=2$, das Öffnen des Gatters *2* und die Zählung der einlangenden Impulse. Dies wiederholt sich unter dauernder Erhöhung der Kanalzahl in Einheitsschritten. Nach der Einspeicherung des neuen Inhalts für den letzten Kanal zeigt die Gedächtniseinheit den Überlauf des Adressenregisters an, wodurch das Steuer-Flip-Flop rückgestellt wird und die Messung abgeschlossen ist.

Zwischen jeder Öffnungszeit gibt es eine konstante Totzeit, während der die Informationsumspeicherung erfolgt. Diese ist unabhängig davon, ob Eingangsimpulse gezählt wurden oder nicht. Die Totzeit für jeden Kanal ist gleich T_G (s. 6.5.2), denn durch die hier geänderte Reihenfolge der Signale des Gedächtniszyklus wird seine Dauer praktisch nicht beeinflußt. Beim Vielfachzählerbetrieb besteht der Gedächtniszyklus aus folgenden Schritten:

1. Einlesen des Zwischenspeicherinhalts auf den Speicherplatz N;
2. Erhöhung der Adresse auf $N+1$;
3. Abfragen der Information des Gedächtnisspeicherplatzes $N+1$.

Bei hohen Zählraten wirkt sich auch die Totzeit des Zwischenspeichers bei der Zählung der Ereignisse aus, wodurch die gesamte Totzeit größer als T_G wird.

Aus der Größe von T_G ergibt sich die minimale Öffnungszeit eines Kanals. Wird diese gleich T_G gemacht, so beträgt diese Totzeit 50% der Meßzeit (unabhängig von der Zählrate!). Kleinere Digitalisierungsschritte als etwa 2 T_G sind daher kaum sinnvoll. (Bei der Flugzeitmessung beträgt der kleinste Digitalisierungsschritt τ_R!)

Bei der Messung von Zeitspektren bietet also der Flugzeitanalysator eine um etwa zwei Größenordnungen bessere Auflösung als der Vielfachzähler. Ist jedoch zu einem Startsignal mehr als nur ein Ereignis zeitlich korreliert, so kann der Flugzeitanalysator (ohne umfangreiche Modifikationen) nicht sinnvoll eingesetzt werden.

Mit Hilfe von Zeitintervalldehnern (s. 5.8.1.2) oder durch die Verwendung eines Zeit-Amplituden-Konverters (s. 4.6.2) in Verbindung mit einem Impulshöhenanalysator (6.5.3) lassen sich noch kürzere Auflösungszeiten als mit dem normalen Flugzeitanalysator erhalten.

6.6. Literatur

6.6.1. Allgemeine Literatur (s. auch 1.6)

GUILLON, H.: Review of basic instruments and trends. Nucl. Instr. Meth. **43**, 230 (1966).

JUNGCLAUSSEN, H.: Entwicklungstendenzen auf dem Gebiet der kernphysikalischen Meßtechnik. Kernenergie **8**, 330 (1965).

FARLEY, F. J. M., Hrsg.: Progress in nuclear technique and instrumentation, Vol. I + II. Amsterdam: North Holland Publ. Co., 1965.

ROBINSON, L. B., A. E. LARSH and M. NAKAMURA, Hrsg.: Instrumentation techniques in nuclear pulse analysis. NAS-NRC Pub. 1184, Proc. Conf. Monterey, Calif., 1963.

BIRKS, J. B., Hrsg.: Proc. Symp. on Nucl. Instr., Harwell 1961. London: Heywood & Co., 1962.

GABRIEL, R. and A. M. SEGAR: Some transistor circuits for nuclear physics research. Nucl. Instr. Meth. **12**, 307 (1961).

BECKURTS, K. H., W. GLÄSER and G. KRÜGER, Hrsg.: Automatic acquisition and reduction of nuclear data. Karlsruhe: Ges. f. Kernforschung m. b. H., 1964.

WAGNER, S. W., Hrsg.: Stromversorgung elektronischer Schaltungen und Geräte. Hamburg: R. v. Decker's Verlag, G. Schenk, 1964.

DUMMER, G. W. A., C. BRUNETTI and L. K. LEE: Electronic equipment design and construction. New York: McGraw Hill, 1961.

6.6.2. Zählratenmessung (s. auch 5.9.3)

GIANELLI, G. and V. MANDL: Transistorised precision ratemeter. Rev. Scient. Instr. **31**, 623 (1960).

MARVIN, J. F., W. D. MILLER and M. K. LOKEN: Transistorised ratemeter design. Rev. Scient. Instr. **31**, 1228 (1960).

SHEPHERD, B.: A transistor ratemeter with 2 μs resolution. Electron. Eng. **37**, 437 (1965).

ZODICARIO, J., J. GRÜNBERG and U. SOLD: A new type of linear ratemeter and output stage. Nucl. Instr. Meth. **33**, 238 (1965).

VINCENT, C. H. and J. B. ROWLES: A digital linear ratemeter. Nucl. Instr. Meth. **22**, 201 (1963).

6.6.3. Vorverstärker

ELAD, E. and M. NAKAMURA: Hypercryogenic detector-FET-unit-core of high-resolution spectrometer. IEEE Trans. Nucl. Sci. NS **15**/3, 477 (1968).

KRANER, H. W. and R. L. CHASE: A total absorption Ge(Li) γ ray spectrometer. IEEE Trans. Nucl. Sci. NS **15**/3, 381 (1968).

BRADLEY, A. E.: Design for a versatile charge sensitive preamplifier for nuclear radiation detector. IEEE Trans. Nucl. Sci. NS **13**/1, 611 (1966).

BLALOCK, T. V.: Wide-band low-noise charge-sensitive preamplifier. IEEE Trans. Nucl. Sci. NS **13**/3, 457 (1966).

SMITH, K. F. and J. E. CLINE: Low-noise charge-sensitive preamplifier for semiconductor detectors using paralleled field-effect-transistors. IEEE Trans. Nucl. Sci. NS **13**/3, 468 (1966).

RADEKA, V. and R. L. CHASE: A parametric radiation detector preamplifier. IEEE Trans. Nucl. Sci. **13**/3, 477 (1966).

LA PATRA, J. W. and E. J. WESLEY: Radiation measurement utilizing communication theory. IEEE Trans. Nucl. Sci. NS **13**/1, 276 (1966).

SPLICHAL, W. F., JR.: Charge-sensitive amplifier with non-critical components. Nucl. Instr. Meth. **41**, 156 (1966).

ELAD, E. and M. NAKA-MURA: Low energy spectra measured with 0,7 keV resolution. Nucl. Instr. Meth. **42**, 315 (1966).

BLALOCK, T. V.: Optimization of semiconductor preamplifiers for use with semiconductor radiation detectors. ORNL-TM-1055 (1965).

RADEKA, V.: Low-noise preamplifiers for nuclear detectors. Nucleonics **23**/7, 52 (1965).

MEYER, O.: Ein rauscharmer ladungsempfindlicher Vorverstärker mit Feldeffekt-Transistoren. Nucl. Instr. Meth. **33**, 164 (1965).

MAY, F. and F. SEMTURS: Low background preamplifier-amplifier system for proportional counters. Nucl. Instr. Meth. **34**, 121 (1965).

BLALOCK, T. V.: A low-noise charge-sensitive preamplifier with a field-effect transistor in the input stage. IEEE Trans. Nucl. Sci. NS **11**/3, 365 (1964).

BLALOCK, T. V. and J. F. PIERCE: Application of FETs in low noise wideband voltage and charge sensitive preamplifiers. NAS-NRC **40**, 204 (1964).

RADEKA, V.: FETs in charge sensitive amplifiers. NAS-NRC **40**, 70 (1964).

COTTINI, C., E. GATTI and G. GIANELLI: Minimum noise preamplifier for ionization chambers. Nuov. Cim. **102**, 173 (1956).

6.6.4. Impulsverstärker (s. auch 4.7.1 und 4.7.3)

FAIRSTEIN, E. and J. HAHN: Nuclear pulse amplifiers — Fundamentals and design practice. Nucleonics **23**/7, 56; **23**/9, 81; **23**/11, 50 (1965); **24**/1, 54; **24**/3, 68 (1966).

BLANKENSHIP, J. L. and C. H. NOWLIN: New concepts in nuclear pulse amplifier design. IEEE Trans. Nucl. Sci. NS **13**/3, 495 (1966).

FAIRSTEIN, E.: Considerations in the design of pulse amplifiers for use with solid state radiation detectors. IRE Trans. Nucl. Sci. NS **8**/1, 129 (1961).

EMMER, T. L.: Low noise transistor amplifiers for solid state detectors. IRE Trans. Nucl. Sci. NS **8**/1, 140 (1961).

DEIGHTON, M. O.: Calculation of noise-to-signal-ratio of a nuclear pulse amplifier employing gated active integration. AERE-R 5021.

CHASE, R. L. and V. SVELTO: A double-delay-line-clipped linear amplifier. IRE Trans. Nucl. Sci. NS **8**/3, 45 (1961).

GOULDING, F. S., R. W. NICHOLSON and J. B. WAUGH: A double delay-line linear amplifier employing transistors I. Nucl. Instr. Meth. **8**, 272 (1960).

GOYOT, M., J. J. SAMUELI and A. SARAZIN: Low noise high input impedance nanosecond pulse amplifier. Nucl. Instr. Meth. **46**, 149 (1967).

ALMAREZ, H. A.: An electrically controlled variable gain pulse amplifier using different controlled elements. Nucl. Instr. Meth. **32**, 283 (1965).

NOWLIN, C. H. and J. L. BLANKENSHIP: Elimination of undesirable undershoot in the operation and testing of nuclear pulse amplifiers (pole-zero cancellation). Rev. Sci. Inst. **36**, 1830 (1965).

LASCARIS, C. and L. PAPADOPOULOS: Overloading eliminator for linear amplifiers. Nucl. Instr. Meth. **31**, 250 (1964).

BAYER, R.: A non-overloading high stability linear pulse amplifier. INR-746.

GERE, E. A. and G. L. MILLER: Active D.C. restoration in nuclear pulse spectrometry. IEEE Trans. Nucl. Sci. NS **14**, 89 (1967).

CHASE, R. L. and L. R. POULO: A high precision DC restorer. IEEE Trans. Nucl. Sci. NS **14**, 83 (1967).

Robinson, L. B.: Reduction of baseline shift in pulse-amplitude measurements. Rev. Sci. Inst. **32**, 1057 (1961).
Fuschini, E.: Circuit for rejecting pile-up pulses. Nucl. Instr. Meth. **41**, 153 (1966).
Bertolini, G., V. Mandl and G. Melandrone: Pile-up detection circuit. Nucl. Instr. Meth. **29**, 357 (1964).
McGervey, J. D. and V. F. Walters: Detection of pulse pile-ups with tunnel diodes. Nucl. Instr. Meth. **25**, 219 (1964).
Blatt, S. L., J. Mahieux and D. Kohler: Elimination of pulse pile-up distortion in nuclear radiation spectra. Nucl. Instr. Meth. **60**, 221 (1968).
Weisberg, H.: A pile-up elimination circuit. Nucl. Instr. Meth. **32**, 138 (1965).
Lilley, J. R.: A method for analytically removing pulse pile-up effects. IEEE Trans. Nucl. Sci. NS **13/1**, 281 (1966).
DeLotto, I., D. Dotti and D. Mariotti: A method to correct the amplitude distortions due to pile-up effects. Nucl. Instr. Meth. **40**, 169 (1966).
Gold, R.: Calculation of spectral distortion due to pile-up effect. Rev. Sci. Instr. **36**, 784 (1965).

6.6.5. Spektrumstabilisation

Tamm, K.: Eine Regelanordnung zur Verstärkungsstabilisierung von Szintillationszählern. Nucl. Instr. Meth. **40**, 355 (1966).
Fricke, K. und J. Nitschke: Ein transistorisierter Spektrumstabilisator. Nukleonik **6**, 115 (1964).
Ferguson, J. M.: The statistics of digital stabilizers. Nucl. Instr. Meth. **58**, 318 (1968).
Williams, D.: Spectrum stabilizer. Nucl. Instr. Meth. **39**, 141 (1966).
Brimhall, J. E. and L. A. Page: Cancellation of photomultiplier gain drift following source intensity change. Nucl. Instr. Meth. **35**, 328 (1965).
Borbas, R., D. J. Doyle, J. H. Aitken and L. Jones: A spectrum stabilizer using ready-made circuit modules. Nucl. Instr. Meth. **37**, 183 (1965).
Comunetti, A. M.: A new gain stabilizing system for scintillation spectrometers. Nucl. Instr. Meth. **37**, 125 (1965).
Hinrichsen, P. F.: A stabilized scintillation counter. IEEE Trans. Nucl. Sci. NS **11/3**, 420 (1964).
Black, J. L. and E. Valentine: An automatic gain stabilizer for scintillation counters. Nucl. Instr. Meth. **31**, 325 (1964).
Dudley, R. A. and R. Scarpatetti: Stabilization of a γ scintillation spectrometer against zero and gain shifts. Nucl. Instr. Meth. **25**, 297 (1964).
Kosina, Z.: A simple digital stabilization of the γ-ray spectrometer. UJV 1729.
Hendrick, R. W.: Precision photomultiplier gain stabilization. Rev. Scient. Instr. **27**, 240 (1956).

6.6.6. Einkanalimpulshöhenanalyse (s. auch 1.6.4 und 5.9.5)

Polly, P.: Ein transistorisierter Einkanal-Impulshöhenanalysator. Nucl. Instr. Meth. **16**, 214 (1962).
Welter, L. M.: Fast single-channel pulse-height analyzer. Rev. Sci. Instr. **36/4**, 487 (1965).
Brafman, H.: A fast wide range single channel pulse height analyser. Nucl. Instr. Meth. **32**, 321 (1965).
Arbel, A. F.: Transistorized circuit modules for pulse height analysis. NAS-NRC **40**, 79 (1964).
Sold, U. and S. Brojdo: A tunnel-diode single channel pulse height analyzer. Nucl. Instr. Meth. **26**, 147 (1964).
Mori, M.: A new single channel pulse-height analyzer. Nucl. Instr. Meth. **27**, 348 (1964).

6.6.7. Vielkanalanalysatoren (s. auch 1.6.1, 1.6.4 und 5.9.1)

Euler, B.: A versatile, large-memory pulse-height analyzer for γ-ray spectrometry. Nucl. Instr. Meth. **61**, 311 (1968).
Schneider, W. J.: A pulse-height analyzer for space application. IEEE Trans. Nucl. Sci. NS **15/3**, 556 (1968).

Jones, J. A.: On line computers: a survey of techniques and concepts applied to low energy nuclear research. IEEE Trans. Nucl. Sci. **14**/1, 576 (1967).

Lidofskey, L. J.: Programs and systems for on-line computers in low energy nuclear phystes. IEEE Trans. Nucl. Sci. NS **15**/1, 93 (1968).

Koch, H. Wand, R. W. Johnston (Editors): Multichannel pulse-height analyzers. NAS-NRC 467 (1957).

Guillon, H.: Review of multichannel and multiparameter analyzer systems. Nucl. Instr. Meth. **43**, 240 (1966).

Broberg, J. B.: Modular hardware for on-line handling of nuclear data. IEEE Trans. Nucl. Sci. NS **13**/1, 192 (1966).

Wyckoff, J. M.: Modular software for on-line handling of nuclear data. IEEE Trans. Nucl. Sci. NS **13**/1, 199 (1966).

Best, G. C., S. A. Hickman, I. N. Hooton and G. M. Prior: A contents addressable analyzer for one million channels. IEEE Trans. Nucl. Sci. NS **13**/3, 559 (1966).

Best, G. C.: Associative storage with a small computer. IEEE Trans. Nucl. Sci. NS **13**/3, 566 (1966).

Soucek, B. and R. J. Spinrad: Megachannel analysers. IEEE Trans. Nucl. Sci. NS **13**/1, 183 (1966).

Robinson, L.: Applications of small computers in nuclear spectroscopy. IEEE Trans. Nucl. Sci. NS **13**/1, 161 (1966).

Gemmell, D. S.: Experience with an on-line computing system in low-energy nuclear physics. IEEE Trans. Nucl. Sci. NS **13**/1, 158 (1966).

Frederick, D. E. and T. Marshall: A computer-based multiparameter analyzer. IEEE Trans. Nucl. Sci. NS **13**/1, 144 (1966).

Spinrad, J. R.: Digital systems for data handling. Progress in Nuclear Technique and Instrumentation, Vol. I, 221. Hrsg. F. J. M. Farley. Amsterdam 1965.

Stanford, G. S.: An introduction to multichannel analysers. Nucl. Instr. Meth. **34**, 1 (1965).

N. N.: Digital computers in nuclear radiation counting. Nucleus (Chic.) **19**/1, 1 (1965).

H. L. D.: Program converts on-line computers into megachannel analyzers. Nucleonics **23**/4, 66 (1965).

Crouch, D. F. and R. L. Heath: Routine testing and calibration procedures for MCA and γ-ray spectrometers. USAEC IDO-17261 (1965).

Miller, R. H.: On-line data analysis. IEEE Trans. Nucl. Sci. NS **12**/4, 97 (1965).

Kantele, J.: A versatile routing system for multichannel analysers. Nucl. Instr. Meth. **37**, 265 (1965).

Carlson, R. D., G. F. Comiskey and R. A. Karin: An ultra high-speed analyzer-computer. NAS-NRC **40**, 229 (1964).

Alexander, T. K. and R. A. McNaught: A multidimensional kicksorter using magnetic-tape storage. NAS-NRC **40**, 305 (1964).

Nakamura, M. and G. S. Simonof: A multiparameter pulse-height recording system. NAS-NRC **40**, 287 (1964).

Kandiah, K.: Magnetic tape systems at Harwell. NAS-NRC **40**, 296 (1964).

Lidofsky, L. J.: Report of conference on utilization of multiparameter analyzers in nuclear physics. NAS-NRC **40**, 1 (1964).

Robinson, L. B.: A "ramp-pulser" for testing linearity of pulse analysis systems. NAS-NRC **40**, 216 (1964).

Kandiah, K.: High speed intermediate storage systems. Proc. Symp. on Nucl. Instr., Harwell 1961. Hrsg. J. B. Birks. London: Heywood & Co., 1962, p. 168.

6.6.8. Zeitmessung (s. auch 1.6.5, 1.6.6 und 4.7.6)

Amram, Y.: General survey: Time measurements in nuclear physics. Proc. Conf. on Automatic Acquisition and Reduction of Nuclear Data. Hrsg. K. H. Beckurts u. a. Karlsruhe 1964.

Cresswell, J. and P. Wilde: A vernier chronometer. Proc. Conf. on Automatic Acquisition and Reduction of Nuclear Data. Hrsg. K. H. Beckurts u. a. Karlsruhe 1964.

Simms, P. C.: Fast coincidence system based on a transistorized time-to-amplitude converter. Rev. Sci. Instr. **32**, 894 (1961).

HOHENBERGER, M. and H. LINDEMAN: Digital time-interval analyzer. Rev. Sci. Instr. **36**, 464 (1965).

GOULDING, F. S. and R. A. MCNAUGHT: A transistorized fast-slow coincidence and pulse amplitude selecting system II. Nucl. Instr. Meth. **8**, 282 (1960).

DUMAS, J. C., C. AUBRET and P. BENOIT: Coincidences rapides transistorisees. Nucl. Instr. Meth. **21**, 323 (1963).

HEEK, K. H. VAN, H. D. SCHILLING und L. WALLEK: Eine transistorisierte fast-slow Koinzidenzapparatur mit schnellen Einkanaldiskriminatoren. Nucl. Instr. Meth. **29**, 35 (1964).

MILLER, R. H.: Simplified coincidence circuits using transistors and diodes. Rev. Scient. Instr. **30**, 395 (1959).

WHETSTONE, A. and S. KONOUSN: Nanosecond coincidence circuit using tunnel diodes. Rev. Sci. Instr. **33**, 423 (1962).

CHASE, R. L.: Multiple coincidence circuit. Rev. Sci. Instr. **31**, 945 (1960).

BALDINGER, E., P. HUBER and K. P. MEYER: High speed coincidence circuit used for multipliers. Rev. Sci. Instr. **19**, 473 (1948).

GARWIN, R. L.: A useful fast coincidence circuit. Rev. Sci. Instr. **21**, 569 (1950).

BELL, R. E., R. L. GRAHAM and H. E. PETCH: Design and use of coincidence circuits of short resolving time. Canad. J. Phys. **30**, 35 (1952).

BAY, Z. and G. PAPP: Coincidence device of 10^{-8} to 10^{-9} second resolving power. Rev. Sci. Instr. **19**, 565 (1948).

BAKER, S. C.: A transistor coincidence-discriminator circuit for 10^{-8} second pulses. Nucl. Instr. Meth. **12**, 20 (1961).

BARNA, A., J. H. MARSHALL and M. SANDS: A nanosecond coincidence circuit using transistors. Nucl. Instr. Meth. **7**, 124 (1960).

VERWEIJ, H.: A photomultiplier pulse shaper with minimal time slewing, incorporating a tunnel diode cascade trigger unit. Nucl. Instr. Meth. **41**, 181 (1966).

Sachverzeichnis